ILLUSTRIERTE

TECHNISCHE WÖRTERBÜCHER

IN SECHS SPRACHEN:

Deutsch, Englisch, Französisch, Russisch, Italienisch, Spanisch

Nach der besonderen Methode Deinhardt-Schlomann

bearbeitet von

Alfred Schlomann, Ingenieur

BAND VII

Hebemaschinen

und

Transport-Vorrichtungen.

Unter redaktioneller Mitwirkung von

Dipl.-Ing. PAUL STÜLPNAGEL, Duisburg.

Mit über 1500 Abbildungen und zahlreichen Formeln

VERLAG:

MÜNCHEN UND BERLIN, R. OLDENBOURG

London: CONSTABLE and Co. LTD. — **Paris:** H. DUNOD & E. PINAT — **St. Petersburg:** K. L. RICKER — **Mailand:** ULRICO HOEPLI — **Madrid:** BAILLY-BAILLIÈRE É HIJOS

1910

Vorwort.

Der vorliegende Band befaßt sich mit dem Gebiete der Hebe- und Transportvorrichtungen. Der Stoff ist derart geordnet, daß in den ersten Kapiteln die Grundbegriffe und die Elemente dieser Maschinen, in den dann folgenden die aus den Elementen zusammengesetzten Triebwerke behandelt werden. Den Beschluß bilden dann die kombinierten Maschinen und Anlagen. Eingeschoben wurde ferner ein Kapitel über »Antriebsarten und Betriebsmittel«.

Diese Anordnung bürgt für eine leichte Übersichtlichkeit, die ohne besonderen Zwang bei der Vielgestaltigkeit des Stoffes sonst kaum zu erzielen gewesen wäre.

Bei dem Aufbau gerade dieses Bandes war ein häufiges Zurückgreifen auf früher bereits erschienene Bände, besonders aber auf den Band I »Die Maschinenelemente« in besonderem Maße geboten, stellen doch die Hebemaschinen die reinste Anwendung der Maschinenelemente dar. Die Anzahl der Wiederholungen wurde auf das für den Fachingenieur absolut notwendige Maß beschränkt; die Kapitel, welche die Maschinenelemente behandeln, wurden um eine große Anzahl von Spezialausdrücken bereichert.

Es war selbstverständlich, daß im Rahmen dieses Fachbandes den Massentransportmitteln bei der Bedeutung, die sie für die heutige Technik gewonnen haben, so weitgehend als irgend möglich Raum gegeben wurde. Hierdurch wird diese Arbeit nicht nur dem Erbauer von Hebemaschinen, sondern jedem Werk von

Nutzen sein, in dessen Betriebe der Massentransport eine wesentliche Rolle spielt. Dieser Band wird auch dem Benutzer der Bände für »Eisenbahnmaschinenwesen« und »Eisenhüttenwesen« eine wertvolle Ergänzung an die Hand geben.

Die Bearbeitung dieses VII. Bandes der »Illustrierten Technischen Wörterbücher« hat gleich seinen Vorgängern das Interesse der Fachwelt aller Länder gefunden; in besonderem Maße bin ich den im Verzeichnisse der Mitarbeiter aufgeführten Ingenieuren der Praxis, Professoren, technischen Korporationen, Industriefirmen etc. für die vielfachen Anregungen und schätzbare Mitarbeit dankbar. Vornehmlich danke ich Herrn Dipl.-Ing. Paul Stülpnagel, Duisburg, für die Übernahme der redaktionellen Verarbeitung des Materials und den auf unserer Redaktion ständig tätigen Herren, vor allem den Ingenieuren August Boshart, Pietro Contin, Douglas J. Cruickshank, Wetscheslaw Dobrotworsky, Victor Ruelens und Alexander Trettler.

In gleichem Umfange wie früher muß ich auch bei diesem Bande der Verlagsbuchhandlung R. Oldenbourg meinen herzlichsten Dank aussprechen. Durch Gewährung reicher Mittel ermöglichte sie in noch größerem Umfange als früher den Mitarbeitern der Redaktion die persönliche Fühlungnahme mit den in Frage kommenden Industrien des Auslandes. Die Güte und Vollständigkeit des Manuskriptes konnte hierdurch naturgemäß nur gewinnen.

Möge auch dieser Band, mit dem wiederum ein wichtiges Gebiet des Maschinenbaues behandelt ist, den Illustrierten Technischen Wörterbüchern weitere Freunde gewinnen.

München, im Februar 1910.

Der Herausgeber:

Alfred Schlomann, Ingenieur.

Verzeichnis der Mitarbeiter.

Revisoren und Mitarbeiter des deutschen Textes:

Ingenieur W. L. Andree, Duisburg.
Anton Böttcher, Oberingenieur, Hamburg.
Professor Max Buhle, Dresden.
Dr.-Ing. Franz Jordan, Berlin-Friedenau.
Allgemeine Elektrizitäts-Gesellschaft, Lit. Bureau, Berlin N.
Benrather Maschinenfabrik A.-G., Benrath b. Düsseldorf.
Duisburger Maschinenbauanstalt, vorm. Bechem & Keetmann, Duisburg.
Haniel & Lueg, Düsseldorf-Grafenberg.
Hasenclever & Söhne, Maschinenfabrik, Düsseldorf 59.
Eisenwerk vorm. Nagel & Kaemp, A.-G., Hamburg 21.
Maschinenfabrik und Mühlenbauanstalt G. Luther, A.-G., Braunschweig.
Mohr & Federhaff, Mannheim.
Maschinenfabrik Örlikon, Örlikon, Schweiz.
Orenstein & Koppel — Arthur Koppel, A.-G., Berlin NW.
Prinz & Co., G. m. b. H., Ohligs.
Ludwig Stuckenholz, Wetter a. Ruhr.
Vereinigte Maschinenfabrik Augsburg und Maschinenbaugesellschaft Nürnberg, A.-G.
Zobel, Neubert & Co., Schmalkalden.
Auf Sprachreinheit in germanistischer Hinsicht wurden die deutschen Ausdrücke geprüft von emer. Pastor Hölscher, Karlsruhe.

Revisoren und Mitarbeiter des englischen Textes
in England und Amerika:

John C. Davenport, 20 North John Street, Liverpool.
Wyndham Hulme, Esq., Chief Librarian of the Patent Office, London.
G. F. Simpson, Esq. c. o. Mather & Platt, Ltd., Salford Ironwork, Manchester.
J. Storey, 104, Sandy Lane, Chorloton-cum-Hardy, Manchester.
G. F. Zimmer, Civil Engineer, 82 Mark Lane, London, E. C.
The General Electric Company, Schenectady, N. Y.

Revisoren und Mitarbeiter des französischen Textes
in Frankreich und Belgien:

M. M. Edgard Charlier-Desmet, ingénieur-civil, rue de Boers 82, Bruxelles.
Daydé et Pillé, ingénieurs constructeurs, rue Auber, Paris.
E. Keller, 28, rue Bourgneuf, Saint-Etienne.
Leflaive et Cie., Saint Etienne (Loire).
Georges Lévy, ingénieur des arts et manufactures, directeur de «La Machine Moderne», Paris, 76, Faubourg du Temple.
L. Paris & Cie., rue Montéra 19, Paris.
Abel Pifre, rue de Courcelles 174—176, Paris.

Ateliers de Construction de la Biesme, Soc. an., Bouffioulx près Chatelineau.
Société an. de Constructions Électriques, Charleroi-Belgique.
Société an. des Ateliers de Construction de Hal, Hal.
Société an. Forges, Usines et Fonderies de Haine St. Pierre, Haine-St. Pierre.
Société an. des Usines et Fonderies de Baume et Marpent, Haine-St. Pierre.
Société nouvelle des Établissements Décauville Ainé, Petit-Bourg
Société an. Maison Beer, Jemeppe.

Revisoren und Mitarbeiter des russischen Textes
in Rußland:

M. N. Berloff, Ing.-Technologe, Prof. am Polytechnikum, Riga.
F. I. Cholujanoff, Elektroingenieur, Dozent am Elektrotechnischen Institut, St. Petersburg.
L. G. Kiefer, Dozent an der Kaiserlichen Technischen Hochschule und der Wegebauschule, Moskau.
T. W. Njelubowitsch, Ing.-Technologe, St. Petersburg.
A. D. Samuß, Prof. am Technologischen Institut und am Bergcorps, St. Petersburg.
G. L. Sandberg, Ing.-Technologe, Moskau.
R. F. Schüler, Ing.-Technologe, Assistent am Polytechnikum, Riga.
A. A. Wahlberg, Leiter der techn. Werkstätten in der Anstalt des Prinzen P. v. Oldenburg, St. Petersburg.
S. W. Wjachireff, Ing.-Technologe, St. Petersburg.
R. N. Wulff, Ing.-Technologe, St. Petersburg.
St. Petersburger Polytechnischer Verein, St. Petersburg.
Arthur Koppel, A. G., Moskau.
Kolomnaer Maschinenfabrik, Kolomna.
Schuchardt & Schütte, St. Petersburg.
Technisches Bureau A. Erichson, Moskau.
Technisches Bureau A. Gerlitz, St. Petersburg.
Technisches Bureau Eduard Kerber, St. Petersburg.
Technisches Bureau Gebr. Lindemann, Moskau.
Technisches Bureau E. Petersen, St. Petersburg.

Revisoren und Mitarbeiter des italienischen Textes
in Italien:

Comm. Prof. G. Colombo, direttore del istituto tecnico superiore, Mailand.
Ingenieur Pietro Oppizzi, Via Buonarroti 15, Mailand.
Diplom-Ingenieur Benvenuto Tavolato, Berlin, i. Fa. Allgemeine Elektrizitäts-Gesellschaft, Berlin.
Ingenieure Porro Lodi e Camurati, Via Carducci 23, Mailand.
Ingenieure Ceretti & Tanfani, Mailand.

Revisoren und Mitarbeiter des spanischen Textes
in Spanien:

Professor Luis Jiménez, Santander, Travesía de S. Luis en proyecto 2—3.
Ingenieur Alberto Oettli, Madrid, Calle de la Huertas $84/_1$.
Ingenieur Guillermo Ortega, Madrid, Luisa Fernanda 15—30.
Ingenieur Luis de la Peña, Madrid, Olózaga 13.
Ingenieur Esteban Puiggali, Paseo Industria 14, Barcelona.
Don José M^a. Samaniego, Calle de Ferraz 40, Madrid.
Don Ricardo Yesares, director de la Fábrica de Electricidad, Calatayud, Prov. de Zaragoza.
La Maquinaria Anglo-Americana, R. D'Aulignac, Cortes 559. Barcelona.

Inhaltsübersicht.

I. **Last und Lastbewegung** 1

II. **Grundbegriffe der Dynamik** 18

III. **Elemente der Hebezeuge** 24
- a) Huborgane 24
- b) Übersetzungsorgane 61
- c) Transmissionsorgane 75
- d) Haltorgane 92
- e) Befestigungsorgane 113

IV. **Statik und Eisenkonstruktionen** 127

V. **Konstruktionsmaterial und Materialfestigkeit** 163

VI. **Antriebe und Steuerungen** 176
- a) Handantrieb 177
- b) Transmissionsantrieb 184
- c) Elektrischer Antrieb 196
- d) Dampfantrieb 226
- e) Druckwasserantrieb 228
- f) Druckluftantrieb 234
- g) Rohrleitung 235
- h) Steuergestänge 243

VII. **Triebwerke** 250

VIII. **Einfache Hebezeuge** 261

IX. **Winden** 266

X. **Krane** 280

XI. **Fahrbahnen und Gleise** 326

XII. **Aufzüge** 331

XIII. **Förder- und Transportvorrichtungen** 358

XIV. **Lagervorrichtungen** 380

XV. **Seilförderung** 388

Alphabetisch geordnetes Wortregister mit Angabe der Seite und Spalte, in denen jedes einzelne Wort zu finden ist.

a) deutsch, englisch, französisch, italienisch, spanisch in einem Alphabet 423

b) russisch 600

I.

Last und Lastbewegung

Load and Movement of Load

Charge et mouvement de la charge

Грузъ и перемѣщеніе груза

Carico e movimento dei carichi

Carga y movimiento de la carga

Hebevorrichtung (f), Hebemaschine (f), Hebezeug (n), Hebewerkzeug (n), Hebewerk (n)
hoisting apparatus, lifting device, lifting machine
engin (m) *ou* appareil (m) de levage

[грузо]подъёмное приспособленіе (n); [грузо]подъёмная машина (f)
apparecchio (m) di sollevamento, macchina (f) di sollevamento
aparato (m) *ó* máquina (f) de levantamiento *ó* para levantar — 1

Last (f)
load
charge (f), fardeau (m)

a

грузъ (m)
peso (m), carico (m)
carga (f), peso (m) — 2

Nutzlast (f), Gebrauchslast (f), Arbeitslast (f)
useful *or* working load
charge (f) utile, charge (f) de marche, charge (f) de travail

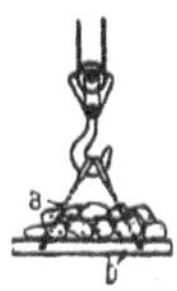

a

полезный грузъ (m); рабочій грузъ
peso (m) utile
carga (f) *ó* peso (m) útil — 3

Totlast (f)
dead load
poids (m) mort

b

мёртвый грузъ (m)
peso (m) morto
carga (f) muerta — 4

Nullast (f)
no load
charge (f) nulle

безъ нагрузки; нулевая нагрузка (f)
peso (m) nullo
carga (f) nula, peso (m) nulo — 5

1 Höchstlast (f), Vollast (f), Maximallast (f), Grenzlast (f)
maximum load
charge (f) maxima, pleine charge (f), charge (f) limite

максимальный грузъ (m); полный грузъ; предѣльный грузъ
peso (m) massimo, carico (m) massimo *o* limite
carga (f) máxima *ó* limite

---

2 Probelast (f)
test load
charge (f) d'épreuve

пробный грузъ (m); пробная нагрузка (f)
carico (m) di prova
carga (f) de prueba

---

3 Förderlast (f)
conveying load
charge (f) utile, poids (m) utile, charge (f) de travail, charge (f) d'extraction

подымаемый грузъ (m); рабочій грузъ
carico (m) da sollevare
carga (f) para levantar, carga (f) útil

---

4 Kranlast (f)
crane load
charge (f) utile, poids (m) utile, fardeau (m) *ou* charge (f) (de travail) de la grue

нагрузка (f) крана
carico (m) di gru
carga (f) de la grúa *ó* para grúa

---

5 Tragfähigkeit (f), Tragkraft (f), Hebekraft (f)
capacity, lifting power
puissance (f), force (f) de levage, force (f) portante

грузоподъёмность (f); подъёмная сила (f)
portata (f)
fuerza (f) *ó* potencia (f) de levantamiento

---

6 Lastgröße (f)
size of load
grandeur (f) *ou* importance (f) de la charge

величина (f) груза *или* нагрузки
entità (f) *o* grandezza (f) del carico
importancia (f) *ó* tamaño (m) de la carga

---

7 Laststufe (f)
grade of load
degré (m) de charge

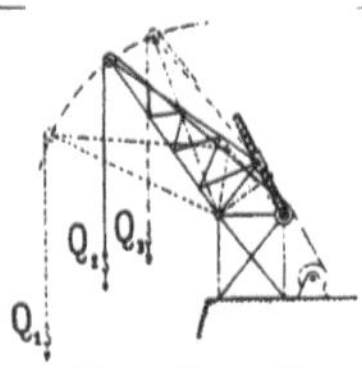

$Q_1 < Q_2 < Q_3$

степень (f) нагрузки; ступень (f) нагрузки
grado (m) di carico
grado (m) de la carga

---

8 Laststellung (f)
position of load
position (f) de la charge *ou* du fardeau

A, B

положенie (n) груза
posizione (f) del carico
posición (f) de la carga

höchste Laststellung (f)
highest position of load
position (f) limite supérieure de la charge *ou* du fardeau

A

высшее *или* крайнее верхнее положение (n) груза *или* крюка
posizione (f) limite superiore del carico
posición (f) limite superior de la carga 1

---

tiefste Laststellung (f)
lowest position of load
position (f) limite inférieure de la charge *ou* du fardeau

B

низшее *или* крайнее нижнее положение (n) груза *или* крюка
posizione (f) limite inferiore del carico
posición (f) limite inferior de la carga 2

äußerste Laststellung (f)
extreme position of load
position (f) extrême et extérieure de la charge

крайнее положение (n) груза
posizione (f) estrema del carico
posición (f) limite exterior de la carga 3

---

innerste Laststellung (f)
innermost position of load
position (f) la moins écartée de la charge

промежуточное положение (n) груза
posizione (f) la più interna del carico
posición (f) la más interna de la carga 4

---

einseitige Laststellung (f)
unilateral position of load
position (f) latérale de la charge

одностороннее положение (n) груза
posizione (f) unilaterale del carico
posición (f) lateral de la carga 5

---

ein Hebezeug belasten (v)
to load a lifting device
charger (v) un appareil de levage

нагру-зить (-жать) подъёмную машину
caricare (v) un apparecchio di sollevamento
cargar (v) un aparato de levantamiento 6

Belastung (f)
loading
charge (f)

нагрузка (f)
carico (m)
carga (f) 7

Überlastung (f)
overloading
surcharge (f)

перегрузка (f)
sovraccarico (m)
sobrecarga (f) 8

---

ein Hebezeug überlasten (v)
to overload a lifting apparatus
surcharger (v) *ou* forcer (v) *ou* surmener (v) un appareil de levage

перегру-зить (-жать) подъёмную машину
sovraccaricare (v) un apparecchio di sollevamento
sobrecargar (v) un aparato de levantamiento 9

1	Überlastungsfähigkeit (f) overload capacity pouvoir (m) de fonctionner avec surcharge, résistance (f) aux surcharges		способность (f) къ перегрузкѣ; способность нести перегрузку; возможность (f) перегрузки capacità (f) d'essere sovraccaricato poder (m) de funcionar con una sobrecarga, resistencia (f) á las sobrecargas
2	Entlastung (f) discharging of load allégement (m), déchargement (m)		разгрузка (f) discarico (m) alivio (m), aligeramiento (m), descarga (f)
3	Lastbewegung (f) movement of load mouvement (m) *ou* déplacement (m) de la charge *ou* du fardeau		передвиженіе (n) груза; перемѣщеніе (n) груза movimento (m) del carico movimiento (m) de la carga
4	Bewegungsübertragung (f) transmission of motion transmission (f) de mouvement		передача (f) движенія trasmissione (f) del movimento transmisión (f) del movimiento
5	Bewegungsvorgang (m) process of motion marche (f) du déplacement	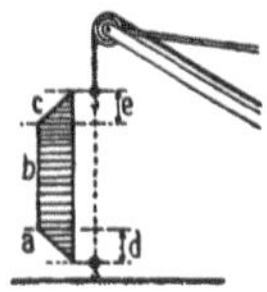	процессъ (m) перемѣщенія *или* передвиженія procedimento (m) di movimento marcha (f) del movimiento
6	Anlauf (m), Anlaufen (n), Anfahren (n) starting, speeding up démarrage (m)	a	троганіе (n) съ мѣста; брать съ мѣста; пускъ (m) въ ходъ avviamento (m) arranque (m)
7	Beharrungszustand (m) state of inertia [état (m) d'] inertie (f) [*ou* d'équilibre]	b	стаціонарное состояніе (n); установившееся состояніе stato (m) d'inerzia estado (m) de inercia ó de equilibrio
8	Auslauf (m), Auslaufen (n), Nachlauf (m) running out fonctionnement (m) prolongé par l'inertie (à l'arrêt)	c	движеніе (n) по инерціи; остановка (f) funzionamento (m) per inerzia funcionamiento (m) por inercia hasta la parada
9	Anlaufweg (m), Anfahrweg (m) speeding-up path trajet (m) *ou* parcours (m) [nécessaire] au démarrage	d	путь (m) разбѣга; путь ускореннаго движенія strada (f) percorsa durante l'avviamento camino (m) recorrido durante el arranque

e

Auslaufweg (m), Stoppweg (m), Nachlaufweg (m) slowing-down path trajet (m) *ou* parcours (m) [nécessaire] à l'arrêt	путь (m), проходимый по инерціи *или* во время остановки strada (f) percorsa dopo l'arresto camino (m) recorrido por inercia [hasta la parada]	*1*
Anlaufzeit (f), Anfahrzeit (f) starting time *or* period durée (f) de démarrage	время (n) troганія съ мѣста; время ускореннаго движенія tempo (m) impiegato all' avviamento tiempo (m) necesario para el arranque	*2*
Auslaufzeit (f), Stoppzeit (f) slowing time *or* period temps (m) nécessaire pour l'arrêt	время (n) *или* продолжительность (f) движенія по инерціи *или* остановки tempo (m) impiegato all' arresto tiempo (m) necesario para la parada	*3*
Anlaufwiderstand (m), Anfahrwiderstand (m) starting resistance résistance (f) au démarrage	сопротивленіе (n) движенію при пускѣ въ ходъ resistenza (f) d'avviamento resistencia (f) al arranque	*4*
Anlaufbeschleunigung (f), Anfahrbeschleunigung (f) starting acceleration accélération (f) de démarrage	ускореніе (n) разбѣга accelerazione (f) d'avviamento aceleración (f) de arranque	*5*
Anlaufarbeit (f) work to start *or* to speed up travail (m) de démarrage	работа (f), расходуемая при пускѣ въ ходъ; работа троганія съ мѣста; работа разбѣга lavoro (m) d'avviamento trabajo (m) de arranque	*6*
Anzugkraft (f), Anlaufkraft (f), Anfahrkraft (f) starting *or* speeding-up force effort (m) de démarrage, force (f) de démarrage	усиліе (n) при троганіи съ мѣста; сила (f) при пускѣ въ ходъ sforzo (m) d'avviamento esfuerzo (m) *ó* fuerza (f) de arranque	*7*
Anzugmoment (n), Anfahrmoment (n), Anlaufmoment (n) starting moment couple (m) *ou* moment (m) de démarrage	моментъ (m) троганія съ мѣста; моментъ пуска въ ходъ momento (m) d'avviamento momento (m) de arranque	*8*

1	Bewegungsrichtung (f) direction of movement sens (m) de mouvement	направленіе (n) движенія senso (m) del movimento sentido (m) del movimiento
2	Hubrichtung (f) direction of lift direction (f) de la levée *ou* pendant la levée	направленіе (n) подъёма direzione (f) del sollevamento dirección (f) durante el ascenso
3	Senkrichtung (f) direction of lowering direction (f) de la descente *ou* pendant la descente	направленіе (n) спуска direzione (f) della discesa dirección (f) durante el descenso
4	Hubbewegung (f), Aufwärtsbewegung (f), Aufwärtsgang (m), Hißbewegung (f), Hochgehen (n) lifting movement levée (f), mouvement (m) d'ascension	движеніе (n) *или* ходъ (m) вверхъ; подъёмъ (m) movimento (m) di sollevamento movimiento (m) de levantamiento *ó* de ascenso *ó* de subida
5	Senkbewegung (f), Abwärtsbewegung (f), Abwärtsgang (m), Niedergehen (n) lowering movement descente (f)	движеніе (n) внизъ; опусканіе (n); травленіе (n); травить грузъ movimento (m) di discesa *o* di calata movimiento (m) de descenso
6	Hubperiode (f) lifting time période (f) de levage	періодъ (m) подъёма periodo (m) di sollevamento periodo (m) de levantamiento
7	Hub (m), Hubhöhe (f), Hubweg (m) lift, height of lift levée (f), course (f) *ou* hauteur (f) de levage	подъёмъ (m); высота (f) подъёма; путь (m), проходимый во время подъёма груза corsa (f) di sollevamento *o* d'alzata carrera (f) *ó* altura (f) [de levantamiento]
8	Lasthub (m) lift of load course (f) de la charge *ou* du fardeau	подъёмъ (m) груза corsa (f) del carico carrera (f) de la carga
9	Hubbahn (f) path of lift trajet (m) de la charge *ou* du fardeau, course (f) de levage	путь (m) подъёма; ходъ (m) груза corsa (f) di sollevamento camino (m) recorrido por la carga

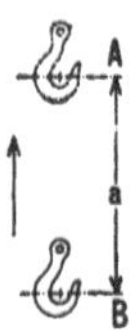

a

die Last heben (v) *oder* anheben (v) *oder* hissen (v) [heißen (v)] to lift the load lever (v) la charge *ou* le fardeau	подн-ять(-имать)грузъ; приподн-ять (-имать) грузъ; выводить (вываживать) грузъ sollevare (v) *od* alzare (v) il carico levantar (v) *ó* alzar (v) la carga	*1*
Lastheben (n), Heben (n) der Last, Hissen (n) lifting the load levage (m) de la charge *ou* du fardeau	подъёмъ (m) груза; вываживаніе(n)груза sollevare (m) il carico, issare (m) *od* alzare (m) il carico levantamiento (m) de la carga	*2*
die Last aus der Schwebe anheben (v) to lift the suspended load remonter (v) la charge *ou* le fardeau suspendu[e]	приподнять подвѣшенный грузъ sollevare (v) il carico già sospeso levantár (v) de nuevo la carga suspendida, seguir (v) levantando la carga suspendida	*3*
Heben (n) des leeren Hakens lifting the empty hook levage (m) à vide du crochet	поднятіе (n) ненагружённаго *или* порожняго крюка sollevamento (m) del gancio a vuoto levantamiento (m) del gancho no cargado	*4*
Anhub (m), Anheben (n) lift soulèvement (m) [du fardeau]	подъёмъ (m); поднятіе (n) sollevamento (m) origen (m) del levantamiento	*5*
Anhubmoment (n) lifting moment moment (m) de soulèvement	моментъ (m) подъёма; подъёмный моментъ momento (m) di sollevamento momento (m) de arranque	*6*
die Last stillsetzen (v) to put down the load mettre (v) la charge au repos	остановить грузъ sospendere (v) il movimento del carico descansar (v) la carga	*7*
Senkperiode (f) lowering time période (f) de descente	періодъ (m) опусканія *или* травленія; время (n) опусканія periodo (m) di discesa periodo (m) de descenso	*8*
Senkweg (m), Fallhöhe (f) lowering distance hauteur (f) de descente *ou* de chute	высота (f) опусканія *или* травленія; высота паденія altezza (f) di discesa altura (f) de descenso *ó* de caída	*9*

1	Senkstufe (f) lowering step intervalle (m) *ou* étage (m) de descente	ступень (f) опусканія grado (m) di discesa grado (m) de descenso
2	die Last senken (v) *oder* sinken lassen (v) *oder* niedergehen lassen (v), die Last fieren (v) to lower the load descendre (v) *ou* faire (v) descendre la charge *ou* le fardeau, larguer (v) *ou* affaler (v) la charge	опус-тить (-кать) *или* травить грузъ calare (v) *o* far discendere (v) il carico bajar (v) la carga
3	Senken (n) der Last, Lastsenken (n), Lastsenkung (f) lowering of the load descente (f) de la charge *ou* du fardeau	опусканіе (n) *или* травленіе (n) груза discesa (f) del carico descenso (m) de la carga
4	die Last sinkt *oder* geht nieder the load is lowered *or* descends la charge *ou* le fardeau descend	грузъ (m) опускается il carico discende la carga baja
5	Niedersinken (n) *oder* Niedergang (m) der Last descent of the load descente (f) de la charge *ou* du fardeau	опусканіе (n) груза discesa (f) del carico descenso (m) de la carga
6	die Last stürzt ab *oder* fällt the load falls la charge *ou* le fardeau tombe	грузъ (m) падаетъ *или* срывается *или* обрывается il carico cade la carga cae
7	Abstürzen (n) *oder* Absturz (m) *oder* Fallen (n) der Last, Laststurz (m) falling of the load chute (f) du fardeau, tombée (f) du fardeau	паденіе (n) *или* срываніе (n) *или* обрывъ (m) груза caduta (f) del carico caída (f) de la carga
8	Freifall (m) der Last free descent of load descente (f) *ou* chute (f) libre de la charge	свободное паденіе (n) груза caduta (f) a piombo *o* caduta libera del carico descenso (m) *ó* caída (f) libre de la carga
9	Freifallperiode (f) period of free descent période (f) de descente *ou* de chute libre	періодъ (m) *или* продолжительность (f) свободнаго паденія periodo (m) della caduta a piombo *o* caduta libera periodo (m) de descenso *ó* de caída libre

Freifallhöhe (f) free falling distance hauteur (f) de chute libre	высота (f) свободнаго паденія altezza (f) di caduta libera altura (f) de caida libre	*1*
die Last sackt the load sags la charge *ou* le fardeau descend *ou* se tasse	грузъ (m) садится il carico fa sacco *o* sacca la carga se hunde *ó* se aplasta	*2*
Sacken (n) der Last sagging of the load descente (f) *ou* tassement (m) du fardeau *ou* de la charge, descente (f) par extension du câble *ou* de la chaîne	осажденіе (n) груза saccare (m) della fune per il peso hundimiento (m) de la carga, descenso (m) de la carga por extensión del cable *ó* de la cadena	*3*
die Last aufnehmen (v) to pick up the load recevoir (v) la charge	принять грузъ prendere (v) in consegna il carico recibir (v) la carga	*4*
die Last absetzen (v) *oder* ablegen (v) to put down the load déposer (v) la charge, décrocher (v) la charge, délivrer (v) la charge (à quelqu'un)	освободить грузъ discaricare (v) *o* deporre (v) il carico retirar (v) *ó* descolgar (v) la carga	*5*
Lastrücktrieb (m) return of the load retour (m) de la charge *ou* du fardeau	стремленіе (n) груза вращать подъёмный механизмъ по направленію спуска ritorno (m) del carico retorno (m) de la carga	*6*
Rücklauf (m) der Last running back of the load redescente (f) de la charge, retour (m) de la charge	обратный ходъ (m) груза; обратное движеніе (n) груза ritorno (m) del carico retorno (m) de la carga	*7*
Lastgeschwindigkeit (f) speed of load *or* winding vitesse (f) de la charge *ou* du fardeau	скорость (f) груза velocità (f) del carico velocidad (f) de la carga	*8*
Arbeit[s]geschwindigkeit (f) working speed vitesse (f) de travail	рабочая скорость (f) velocità (f) normale di lavoro velocidad (f) de trabajo	*9*
Hubgeschwindigkeit (f), Lasthebegeschwindigkeit (f) lifting speed vitesse (f) de levage de la charge	скорость (f) подъёма груза velocità (f) di sollevamento del carico velocidad (f) de levantamiento de la carga	*10*

1	Senkgeschwindigkeit(f), Abgangsgeschwindigkeit (f) lowering speed vitesse (f) de descente		скорость (f) опусканія velocità (f) di discesa *o* di calata velocidad (f) de descenso
2	die Last beschleunigen (v) to accelerate the load accélérer (v) la vitesse de la charge		ускор-ить (-ять) движеніе груза accelerare (v) la velocità del carico acelerar (v) la velocidad de la carga
3	Lastbeschleunigung (f) load acceleration accélération (f) de la vitesse de la charge		ускореніе (n) груза accelerazione (f) della velocità del carico' aceleración (f) de la velocidad de la carga
4	Hubbeschleunigung (f) acceleration of lift accélération (f) de la vitesse de levage		ускореніе (n) подъёма accelerazione (f) di sollevamento aceleración (f) [de la velocidad] de levantamiento
5	Massenwiderstand (m) der Last resistance of mass *or* inertia of the load résistance (f) d'inertie de la charge		сопротивленіе (n) массъ груза; сопротивленіе отъ инерціи груза resistenza (f) d'inerzia *o* della massa del carico resistencia (f) de inercia *ó* de la masa de la carga
6	Hubarbeit (f), Hebearbeit (f) lifting work travail (m) de levage	 $Q \cdot h$	работа (f) подъёма lavoro (m) di sollevamento trabajo (m) de levantamiento
7	Arbeit[s]aufwand (m) work done travail (m) absorbé		затрата (f) работы lavoro (m) assorbito gasto (m) de trabajo
8	Arbeit[s]verlust (m) loss of work perte (f) de travail		потеря (f) работы perdita (f) di lavoro pérdida (f) de trabajo
9	Leerlaufarbeit (f), Leergangsarbeit (f) no-load work travail (m) à vide		холостая работа (f); работа холостого хода *или* въ холостую lavoro (m) a vuoto trabajo (m) en vacío, trabajo (m) consumido *ó* gastado

Leerlaufverlust (m) no-load loss perte (f) due à la marche à vide		потери (fpl) при холостомъ ходѣ perdita (f) per lavoro a vuoto pérdida (f) por trabajo en vacío	*1*
Leerlauf (m) running unloaded *or* idle marche (f) *ou* fonctionnement (m) à vide		холостой ходъ (m) funzionamento (m) a vuoto marcha (f) *ó* funcionamiento (m) en vacío	*2*
leerlaufen (v) to run light marcher (v) à vide		работать въ холостую; работать безъ нагрузки marciare (v) a vuoto funcionar (v) en vacío	*3*
Lastmoment (n) moment of load moment (m) de la charge *ou* résistant	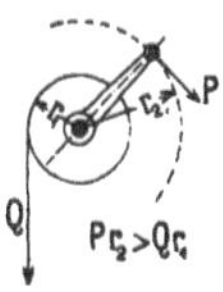 $Q \cdot r_1$	грузовой моментъ (m); моментъ груза momento (m) prodotto dal carico momento (m) de la carga *ó* resistente	*4*
Lastarm (m), Hebelarm (m) der Last leverage of load bras (m) de levier du fardeau *ou* de la charge	r_1	плечо (n) груза; грузовое плечо рычага braccio (m) di leva del carico brazo (m) de palanca de la carga	*5*
Antriebmoment (n), Kraftmoment (n) driving moment couple (m) *ou* moment (m) moteur	$P \cdot r_2$	движущій моментъ (m); ведущій моментъ momento (m) motore *o* di comando momento (m) motor *ó* de impulsión	*6*
Wirkungsverlust (m) loss of moment to overcome friction perte (f) d'effet [utile]	$P \cdot r_2 - Q \cdot r_1$	потеря (f) дѣйствія; потеря при передачѣ perdita (f) d'effetto pérdida (f) de efecto [útil], trabajo (m) perdido	*7*
Wirkungsgrad (m), Gütegrad (m), Güteverhältnis (n), Nutzeffekt (m) efficiency rendement (m), effet (m) utile	$\frac{Q \cdot r_1}{P \cdot r_2} = \eta$	коеффиціентъ (m) полезнаго дѣйствія; отдача (f) rendimento (m), effetto (m) utile rendimiento (m), efecto (m) útil	*8*
Selbsthemmung (f) automatic stopping enrayement (m) automatique	$\eta < 0{,}5$	самоторможеніе (n) arresto (m) automatico detención (f) automática	*9*

1 selbsthemmendes Getriebe (n)
self-stopping gear
mécanisme (m) [de transmission] à arrêt automatique
самотормазящій приводъ (m)
meccanismo (m) a trasmissione con arresto automatico
mecanismo (m) [de transmisión] con detención automática

---

2 Selbstsperrung (f)
self-locking
arrêt (m) *ou* encliquetage (m) automatique
самоостановъ (m)
autochiusura (f), arresto (m) automatico
cierre (m) automático

---

3 selbstsperrendes Getriebe (n)
self-locking gear
mécanisme (m) d'encliquetage automatique
самоостанавливающійся *или* самозадерживающійся приводъ (m)
meccanismo (m) di chiusura automatico
mecanismo (m) de cierre automático

---

4 Fahrbewegung (f)
horizontal travelling motion
[mouvement (m) de] translation (f)

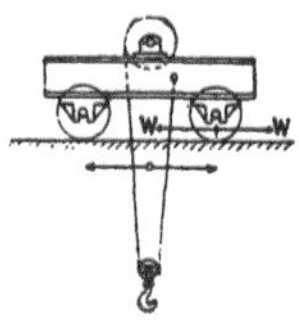

перемѣщеніе (n); горизонтальное передвиженіе (n)
movimento (m) di traslazione
movimiento (m) [horizontal] de translación

---

5 Fahrwiderstand (m)
resistance against horizontal motion
résistance (f) à la translation
W
сопротивленіе (n) при перемѣщеніи
resistenza (f) di traslazione
resistencia (f) al movimiento horizontal [de translación]

---

6 fahren (v)
to move horizontally
rouler (v), se déplacer (v), marcher (v)
перемѣщаться; катиться; передвигаться
muovere (v) in senso orizzontale
rodar (v)

---

7 Fahren (n)
moving horizontally
translation (f), roulement (m), marche (f)
перемѣщеніе (n); каченіе (n); катаніе (n); передвиженіе (n) [кѣмъ нибудь]
traslazione (f), movimento (m) orizzontale
rodadura (f), translación (f)

---

8 verfahren (v)
to run
déplacer (v)
перемѣщать; передвигать; катить
procedere (v)
poner (v) en movimiento, mover (v)

Verfahren (n) being run mise (f) en mouvement		перемѣщеніе (n); каченіе (n); катаніе (n); передвиженіе (n) [чего-нибудь] messa (f) in movimento acción (f) de poner en movimiento	*1*
fahrbar (adj) portable (adj) mobile (adj), transportable (adj)		катучій; подвижной; передвижной; способный перемѣщаться viabile (agg), percorribile (agg) móvil (adj), transportable (adj)	*2*
Fahrbarkeit (f) portability mobilité (f)		способность (f) перемѣщаться mobilità (f) movilidad (f)	*3*
Fahrgeschwindigkeit (f) speed of horizontal motion vitesse (f) de translation		скорость (f) перемѣщенія velocità (f) di traslazione velocidad (f) de translación	*4*
Fahrweg (m) [working] span distance (f) de translation	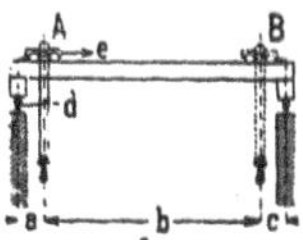 b	длина (f) пути перемѣщенія via (f), cammino (m), percorso (m), strada (f) distancia (f) de translación	*5*
Endstellung (f) end position position (f) finale, fin (f) de course	A, B	конечное *или* крайнее положеніе (n) posizione (f) estrema posición (f) extrema, fin (m) de la carrera	*6*
Anfahrmaß (n), verlorener Weg (m) slip course (f) perdue	a, c	потерянный путь (m) corsa (f) perduta camino (m) perdido	*7*
Fahrbahn (f), Laufbahn (f) runway chemin (m) de roulement	d	путь (m) перемѣщенія via (f) da percorrere, strada (f) da farsi camino (m) de rodadura	*8*
Fahrrichtung (f) direction of motion direction (f) de la translation	e	направленіе (n) перемѣщенія direzione (f) del percorso *o* di via *o* del cammino dirección (f) de la translación	*9*
Vorwärtsfahrt (f), Vorwärtsgang (m) ahead running marche (f) avant		перемѣщеніе (n) впередъ; передній ходъ (m) avanzata (f), marcia (f) in avanti marcha (f) adelante	*10*

1	Rückwärtsfahrt (f) Rückwärtsgang (m) astern running marche arrière		перемѣщеніе (n) назадъ; задній ходъ (m) ritirata (f), marcia (f) in dietro marcha (f) atrás
2	Drehbewegung (f), Rotation (f), drehende Bewegung (f), Drehung (f) slewing, rotating motion pivotation (f), rotation, giration (f)	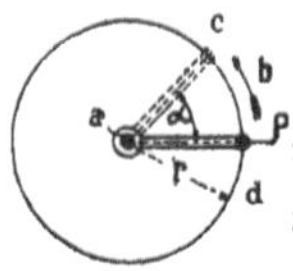	вращеніе (n); поворачиваніе (n); вращательное движеніе (n) movimento (m) rotatorio, rotazione (f) rotación (f), movimiento (m) giratorio
3	drehen (v) to turn girer (v), faire (v) tourner, virer (v)		вращать, повернуть girare (v) girar (v)
4	drehbar (adj) revolvable qui peut être tourné, giratoire (adj)		вращаемый girevole (agg) giratorio (adj), reversible (adj)
5	Drehachse (f) axis of slewing *or* rotation axe (m) de pivotation *ou* de rotation	a	ось (f) вращенія *или* поворота asse (f) di rotazione eje (m) de rotación
6	sich um eine Achse drehen (v) to rotate about an axis pivoter (v), tourner (v) autour d'un axe		вращаться *или* поворачиваться вокругъ оси girarsi (v) attorno ad un asse girar (v) alrededor de un eje
7	Zentrifugalkraft (f), Fliehkraft (f) centrifugal force force (f) centrifuge	*P*	центробѣжная сила (f) forza (f) centrifuga fuerza (f) centrifuga
8	Umdrehungswinkel (m), Drehwinkel (m) angle of rotation angle (m) de rotation	α	уголъ (m) поворота angolo (m) di rotazione ángulo (m) de rotación
9	Umdrehungsbogen (m) arc of rotation arc (m) de rotation	c d	дуга (f) поворота arco (m) di rotazione arco (m) de rotación
10	Umlaufrichtung (f), Umdrehungsrichtung (f), Drehsinn (m) direction of rotation sens (m) de rotation	b	направленіе (n) вращенія senso (m) di rotazione sentido (m) de la rotación
11	Drehung (f) im Sinne des Uhrzeigers clockwise rotation rotation (f) *ou* giration (f) dans le sens des aiguilles d'une montre		вращеніе (n) по направленію часовой стрѣлки rotazione (f) nel senso di una sfera d'orologio rotación (f) en el sentido de las agujas de un reloj

Drehung (f) entgegengesetzt dem Uhrzeigersinne
anti- *or* counterclockwise rotation
rotation (f) *ou* giration (f) dans le sens opposé à celui des aiguilles d'une montre

вращенiе (n) въ направленiи, обратномъ движенiю часовой стрѣлки
rotazione (f) nel senso contrario di una sfera d'orologio 1
rotación (f) en el sentido opuesto de las agujas de un reloj

Umdrehung (f), Umlauf (m)
revolution, turn
tour (m), révolution (f)

поворотъ (m); оборотъ (m)
giro (m) 2
revolución (f), vuelta (f)

„*n*" Umdrehungen (f pl) *oder* Umläufe (m pl) *oder* Touren (f pl) in der Minute
„*n*" revolutions per minute
n tours (m pl) par minute

n-оборотовъ въ минуту
n giri (m pl) per minuto
n vueltas (f pl) *ó* revoluciones (f pl) por minuto 3

Umlaufzahl (f)
speed, number of revolutions
nombre (m) de tours

„*n*"

число (n) оборотовъ
numero (m) di giri
número (m) de vueltas *ó* revoluciones 4

Umfang[s]geschwindigkeit (f)
circumferential speed
vitesse (f) à la circonférence

окружная скорость (f)
celerità (f) alla circonferenza 5
velocidad (f) en la circunferencia

Winkelgeschwindigkeit (f)
angular velocity
vitesse (f) angulaire

$$\frac{2 \cdot \pi \cdot n}{60}$$

угловая скорость (f)
velocità (f) angolare 6
velocidad (f) angular

Winkelbeschleunigung (f)
angular acceleration
accélération (f) angulaire

угловое ускоренiе (n)
accelerazione (f) angolare 7
aceleración (f) angular

---

eine Last drehen (v) *oder* schwenken (v)
to turn *or* swing *or* slew a load
virer (v) *ou* orienter (v) une charge *ou* un fardeau, faire (v) tourner une charge *ou* un fardeau

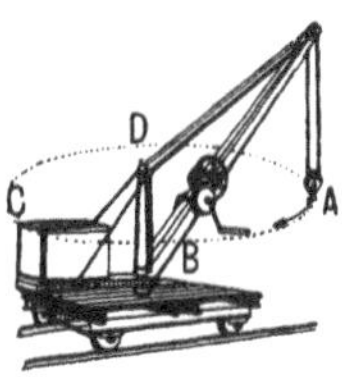

повернуть (поворачивать) грузъ
girare (v) il carico, far girare (v) il carico 8
girar (v) *ó* virar (v) la carga

Schwenkung (f)
slewing
orientation (f) (brusque *ou* vive), giration (f) *ou* déplacement (m) angulaire (brusque)

[быстрый] поворотъ (m)
virare (v) di fianco, variare (v) di direzione 9
virar (v) (bruscamente)

A, B, C, D

1 vorwärtsschwenken (v)
swinging *or* slewing forwards
orienter (v) *ou* virer (v) (brusquement *ou* vivement) en avant *ou* pour effectuer le travail
[быстро] повернуть (поворачивать) впередъ
virare (v) in avanti *o* anticonversione
virar (v) (bruscamente) adelante

---

2 zurückschwenken (v), rückwärtsschwenken (v)
swinging *or* slewing backwards
virer (v) *ou* orienter (v) en revenant en arrière (brusquement *ou* vivement)
[быстро] повернуть (поворачивать) назадъ
virare (v) per di dietro *o* retroconversione
girar (v) para volver atrás (bruscamente)

---

3 Schwenkweg (m), Drehweg (m)
swinging *or* slewing path
chemin (m) parcouru en tournant, trajectoire (f) circulaire
путь (m) поворота
arco (m) percorso nel girare
camino (m) de rotación

---

4 Schwenkstellung (f)
slewing position
position (f) de giration
положенiе (n) [быстраго] поворота
posizione (f) di conversione
posición (f) de giro

---

5 Drehen (n), Schwenken (n), Lastdrehen (n)
swinging *or* slewing
virage (m), déplacement (m) circulaire, rotation (f), giration (f)
поворачиванiе (n) груза; вращенiе (n) груза
girare (m), virare (m)
rotación (f), giro (m)

---

6 schwenkbar (adj)
slewable
qui peut être tourné vivement, giratoire (adj)
способный [быстро] поворачиваться
convertibile (agg)
giratorio (adj), reversible (adj) (bruscamente)

---

7 Schwenkbarkeit (f)
slewability
facilité (f) à virer *ou* à orienter (brusquement *ou* vivement)
способность (f) [быстро] поворачиваться
convertibilità (f)
facilidad (f) de giro brusco, movilidad (f)

---

8 Schwenkbewegung (f)
slewing motion
mouvement (m) de déplacement angulaire *ou* de giration partielle (brusque *ou* vif)
[быстрое] поворотное движенiе (n)
movimento (m) di conversione
movimiento (m) de giro (brusco)

---

9 Schwenkwiderstand (m)
resistance against slewing
résistance (f) à l'orientation *ou* à la giration angulaire (vive)
сопротивленiе (n) [быстрому] поворачиванiю
resistenza (f) alla conversione
resistencia (f) al (movimiento de) giro

Wippbewegung (f), Einziehbewegung (f)
jib motion
mouvement (m) d'inclinaison *ou* de bascule *ou* de variation de la flèche

движенiе (n) укосины *или* стрѣлы
movimento (m) in bilico *o* di inclinazione, variazione (f) della freccia 1
movimiento (m) de inclinación *ó* de báscula, variación (f) de la aguja *ó* flecha

---

Wippen (n), Verstellen (n) der Ausladung
altering the jib working angle, luffing
inclinaison (f) *ou* variation (f) de la portée *ou* de la volée

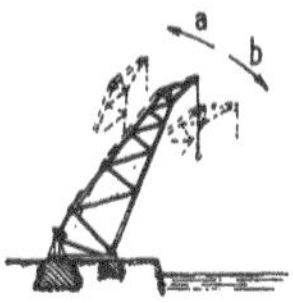

измѣненiе (n) вылета; измѣненiе (n) наклона укосины *или* стрѣлы
traballare (v) in bilico *o* di inclinazione, variazione (f) della portata *o* dell'inclinazione 2
variación (f) de la volada

---

wippen (v), die Ausladung verstellen (v)
to alter the jib working angle, to luff
incliner (v), faire basculer (v), faire varier (v) la portée *ou* la volée

мѣнять вылетъ (m); мѣнять наклонъ укосины *или* стрѣлы
inclinare (v), far bilanciare (v), traballare (v), variare (v) la portata *o* l'inclinazione 3
hacer (v) variar la inclinación *ó* la volada

---

einziehen (v), den Ausleger einziehen (v)
to pull up the jib
faire varier (v) la volée, relever (v) *ou* abaisser (v) la flèche

a

приближать укосину къ стойкѣ; притягивать стрѣлу къ стойкѣ
ritirare (v) il bilico, far variare (v) la volata, rialzare (v) *od* abbassare (v) la freccia 4
disminuir (v) la inclinación, levantar (v) nuevamente la flecha

---

auslegen (v), den Ausleger auslegen (v)
to let out the jib
incliner (v) *ou* pencher (v) la flèche

b

наклон-ить (-ять) укосину *или* стрѣлу
far traballare (v) *od* inclinare (v) la freccia 5
inclinar (v) la flecha

---

wippbar (adj), einziehbar (adj)
inclinable (adj)
inclinable (adj)

способный измѣнять наклонъ
traballabile (agg), variabile (agg), inclinabile (agg) 6
inclinable (adj), variable (adj), capaz (adj) de ser inclinado

---

Wippbarkeit (f), Veränderlichkeit (f) der Ausladung
variability of the jib working angle
inclinabilité (f), variabilité (f) de la portée *ou* de la volée

измѣняемость (f) вылета; способность (f) укосины *или* стрѣлы измѣнять наклонъ
traballabilità (f), variazione (f) della portata 7
inclinabilidad (f), variabilidad (f) de la portada *ó* volada

II.

Grundbegriffe der Dynamik
Fundamental Principles of Dynamics
Principes fondamentaux de la dynamique
Основныя понятія динамики
Principii fontamentali di dinamica
Principios fundamentales de la dinámica

---

1 Bewegung (f)
motion
mouvement (m)
движеніе (n)
movimento (m), moto (m)
movimiento (m)

---

2 Bewegungswiderstand (m)
resistance to motion
résistance (f) au mouvement
сопротивленіе (n) движенію
resistenza (f) al movimento
resistencia (f) al movimiento

---

3 Bahn (f) der Bewegung, Bewegungsbahn (f)
path of motion
parcours (m), chemin (m) de roulement *ou* de translation, trajet (m)
траекторія (f) *или* путь (m) движенія
cammino (m) *o* traiettoria (f) del movimento
trayecto (m) del movimiento, trajectorio (f)

---

4 Bahnwiderstand (m)
resistance of path
résistance (f) de la voie au roulement *ou* au mouvement
сопротивленіе (n) пути
resistenza (f) di scorrimento
resistencia (f) del camino á la translación

---

5 geradlinige Bewegung (f)
rectilinear motion
mouvement (m) rectiligne
прямолинейное движеніе (n)
movimento (m) rettilineo
movimiento (m) rectilineo

krummlinige Bewegung (f), Bewegung (f) auf gekrümmter Bahn
curvilinear motion
mouvement (m) curviligne

криволинейное движеніе (n); движеніе по кривой
movimento (m) curvilineo
movimiento (m) curvilineo 1

---

gleichförmige Bewegung (f)
uniform motion
mouvement (m) uniforme

равномѣрное движеніе (n)
movimento (m) uniforme
movimiento (m) uniforme 2

---

ungleichförmige Bewegung (f)
irregular motion
mouvement (m) non uniforme *ou* varié

неравномѣрное движеніе (n)
movimento (m) vario
movimiento (m) variable *ó* no uniforme 3

---

gleichmäßig beschleunigte Bewegung (f)
uniformly accelerated motion
mouvement (m) uniformément accéléré

равномѣрно ускоренное *или* равноускоренное движеніе (n)
movimento (m) uniformamente accelerato
movimiento (m) uniformemente acelerado 4

Beschleunigung (f)
acceleration
accélération (f)

ускореніе (n)
accelerazione (f)
aceleración (f) 5

Beschleunigungsweg (m)
acceleration path
chemin (m) d'accélération *ou* parcouru pendant la période d'accélération, accélération (f) en fonction du chemin

траекторія (f) *или* путь (m) ускоренія
cammino (m) percorso durante l'accelerazione
camino (m) recorrido durante la aceleración, aceleración (f) en función del camino 6

Beschleunigungszeit (f)
acceleration time
temps (m) *ou* durée (f) de l'accélération, accélération (f) en fonction du temps

время (n) ускоренія
durata (f) dell'accelerazione
tiempo (m) *ó* duración (f) de la aceleración, aceleración (f) en función del tiempo 7

Beschleunigungswiderstand (m)
resistance to *or* against acceleration
résistance (f) à l'accélération

сопротивленіе (n) ускоренію
resistenza (f) all'accelerazione
resistencia (f) á la aceleración *ó* aceleratriz 8

Beschleunigungskraft (f)
accelerating force
force (f) accélératrice

сила (f) ускоренія
forza (f) d'accelerazione
fuerza (f) de aceleración 9

Beschleunigungsmoment (n)
accelerating moment
moment (m) d'accélération

моментъ (m) ускоренія; ускоряющій моментъ
momento (m) d'accelerazione
momento (m) de aceleración 10

1	Beschleunigungsarbeit (f) work for acceleration travail (m) d'accélération		работа (f) ускоренія lavoro (m) d'accelerazione trabajo (m) de accleración
2	gleichmäßig verzögerte Bewegung (f) uniformly retarded motion mouvement (m) uniformément retardé		равномѣрно замедленное *или* равнозамедленное движеніе (n); равномѣрно укоснительное движеніе movimento (m) uniformamente ritardato movimiento (m) uniformemente retardado
3	Verzögerung (f) retardation rétardation (f), ralentissement (m)		замедленіе (n) ritardo (m) retardo (m), aceleración (f) negativa
4	Verzögerungskraft (f) retarding force force (f) retardatrice		сила (f) замедленія; замедляющая сила forza (f) ritardatrice fuerza (f) retardatriz
5	Verzögerungsmoment (n) retarding moment moment (m) de ralentissement		моментъ (m) замедленія; замедляющій моментъ momento (m) di ritardo momento (m) de retardo
6	ungleichmäßig beschleunigte (verzögerte) Bewegung (f) irregularly accelerated (retard) motion mouvement (m) irrégulièrement accéléré (retardé)		неравномѣрно ускоренное (замедленное) движеніе (n); неравноускоренное (неравнозамедленное) движеніе movimento (m) non uniformamente accelerato (ritardato) movimiento (m) irregularmente acelerado (retardado)
7	Zeit (f) time temps (m)	t	время (n) tempo (m) tiempo (m)
8	Weg (m) path chemin (m)	s	путь (f) strada (f), cammino (m) espacio (m) ó camino (m) recorrido
9	Geschwindigkeit (f) speed, velocity vitesse (f)	$v = \frac{s}{t}$	скорость (f) velocità (f) velocidad (f)
10	Anfanggeschwindigkeit (f) initial speed vitesse (f) initiale		начальная скорость (f) velocità (f) iniziale velocidad (f) inicial
11	Endgeschwindigkeit (f) final speed vitesse (f) finale		конечная скорость (f) velocità (f) finale velocidad (f) final

mittlere Geschwindigkeit (f) mean *or* average speed vitesse (f) moyenne		средняя скорость (f) velocità (f) media velocidad (f) media	1
Kraft (f) force force (f)	P	сила (f) forza (f) fuerza (f)	2
Arbeit (f) work travail (m)		работа (f) lavoro (m) trabajo (m)	3
Kilogrammeter (n), Meterkilogramm (n) meter-kilogram kilogrammètre (m)		килограммометръ (m) chilogrammetro (m) kilográmetro (m)	4
Leistung (f), Arbeit[s]leistung (f), Effekt (m) output, work per second effet (m), puissance (f), travail (m) par unité de temps	$\frac{P \cdot s}{t} = P \cdot v$	производительность (f); мощность (f) potenza (f) potencia (f), rendimiento (m)	5
Pferdestärke (f), Pferdekraft (f), Pferdeleistung (f), PS horse-power cheval (m) [dynamique], cheval-vapeur (m), [chev]	PS, HP, 75 kgm/sec., 550 footpounds/sec	лошадиная сила (f) cavallo-vapore (m) caballo-vapor (m)	6
lebendige Kraft (f), kinetische Energie (f), Arbeit[s]vermögen (n) kinetic energy énergie (f) cinétique, puissance (f) *ou* force (f) vive	$\frac{m v^2}{2}$	кинетическая энергія (f); живая сила (f) energia (f) cinetica energía (f) cinética, energía (f) mecánica, fuerza (f) viva	7
Masse (f) mass masse (f)	m	масса (f) massa (f) masa (f)	8
Gewicht (n) weight poids (m)		вѣсъ (m) peso (m) peso (m)	9
Freifallbeschleunigung (f), Erdbeschleunigung (f) acceleration due to earth accélération (f) dans la chute libre, accélération (f) due à la pesanteur	$g = 9{,}81$ m	ускореніе (n) свободнаго паденія; ускореніе силы тяжести acceleramento (m) della caduta libera, acceleramento (m) tellurico aceleración (f) en la caída libre *ó* debida á la gravedad	10
Energie (f) der bewegten Massen energy of moving masses énergie (f) des masses en mouvement		энергія (f) движущихся массъ energia (f) delle masse in moto energía (f) de las masas en movimiento	11

1 Energie (f) der rotierenden Massen
energy of rotating masses
énergie (f) des masses en rotation *ou* tournantes

энергія (f) вращающихся массъ
energia (f) delle masse rotanti
energía (f) de las masas girantes *ó* rotatorias

---

2 Reibung (f)
friction
frottement (m)

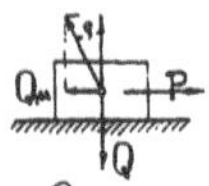

$Q \cdot \mu$

треніе (n)
attrito (m)
rozamiento (m), fricción (f), frotamiento (m)

---

3 Reibungswiderstand (m)
frictional resistance
résistance (f) de frottement *ou* due au frottement

сопротивленіе (n) тренія
resistenza (f) d'attrito
resistencia (f) de rozamiento

---

4 Reibungskoeffizient (m), Reibungszahl (f)
coefficient of friction
coefficient (m) de frottement

μ

коеффиціентъ (m) тренія
coefficiente (m) d'attrito
coeficiente (m) de rozamiento

---

5 Reibungswinkel (m)
angle of friction
angle (m) de frottement

ϱ

уголъ (m) тренія
angolo (m) di attrito
ángulo (m) de rozamiento

---

6 Reibungsweg (m)
friction path
chemin (m) de frottement *ou* parcouru pendant le frottement

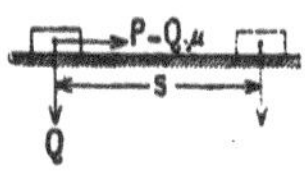

s

длина (f) пути тренія
via (f) della frizione
camino (m) recorrido durante el rozamiento

---

7 gleitende Reibung (f)
sliding friction
frottement (m) de glissement

скользящее треніе (n); треніе при скольженіи; треніе перваго рода
attrito (m) radente
rozamiento (m) de deslizamiento

---

8 rollende Reibung (f)
rolling friction
frottement (m) de roulement

треніе (n) при катаніи *или* при каченіи; треніе при перекатываніи; треніе второго рода; катящее треніе
attrito (m) volvente
rozamiento (m) de rotación

---

9 Leerlaufreibung (f), Leergangreibung (f)
no load friction
frottement (m) à vide

треніе (n) при холостомъ ходѣ
attrito (m) a vuoto, attrito (m) nella marcia a vuoto
rozamiento (m) en vacío, rozamiento (m) en la marcha en vacío

Höchstlastreibung (f) friction at maximum load frottement (m) à la charge maxima		треніе (n) при полной нагрузкѣ attrito (m) a carico massimo rozamiento (m) con carga máxima	1
Reibungsarbeit (f) work due to friction travail (m) de frottement	$P \cdot s$	работа (f) тренія lavoro (m) d'attrito trabajo (m) de rozamiento	2
Reibungsverlust (m) loss due to friction perte (f) par frottement		потеря (f) на треніе; потеря (f) отъ тренія perdita (f) d'attrito pérdida (f) por rozamiento	3

III.

Bestandteile oder Elemente der Hebezeuge

Элементы подъёмныхъ машинъ

Elements of Lifting Machines

Elementi degli apparecchi di sollevamento

Élements des appareils de levage

Elementos de los aparatos de levantamiento

1	**Huborgane** **Lifting gear** **Organes de levage**		**Подъёмные органы** **Organi di sollevamento** **Órganos de levantamiento**
2	Huborgan (n), Lastorgan (n), Lastmittel (n) part of lifting mechanism organe (m) de levage		органъ (m) подъёма; подъёмный органъ organo (m) di sollevamento órgano (m) de levantamiento
3	Tragorgan (n) supporting gear organe (m) de suspension, organe (m) porteur	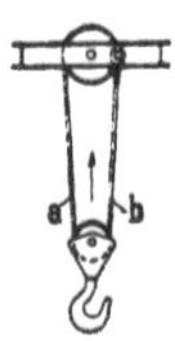	органъ (m) подвѣса; органъ для подвѣшиванія organo (m) portante órgano (m) portante ó de suspensión
4	Strang (m), Trumm (n) (pl: Trümmer) side (of the chain *or* rope) brin (m), bout (m)	a, b	конецъ (m) tratto (m), pezzo (m) ramal (m), trozo (m)
5	loses Trumm (n), ablaufender Strang (m), ablaufendes Seilende (n) [Kettenende (n)] running off side brin (m) descendant, bout (m) libre	a	сбѣгающій конецъ (m); спускающійся конецъ каната [конецъ цѣпи] tratto (m) discendente parte (f) conducida, ramal (m) conducido ó libre

festes Trumm (n), auflaufender Strang (m), auflaufendes Seilende (n) [Kettenende (n)] running on side brin (m) fixé, bout (m) montant	b	набѣгающій конецъ (m); подымающійся конецъ каната [конецъ цѣпи] tratto (m) montante parte (m) conductor, ramal (m) fijo	*1*
Ablauf (m) (der Kette, des Seiles) running out (of the chain *or* rope) descente (m) (de la chaîne, du câble)		спускъ (m) *или* вытравленіе (n) (цѣпи, каната) discesa (f) (della catena, della fune) descenso (m) (de la cadena, del cable)	*2*
Auflauf (m) (der Kette, des Seiles) running on (of the chain *or* rope) montée (f) *ou* enroulement (m) (de la chaîne, du câble)		набѣганіе (n) (цѣпи, каната) ascesa (f) (della catena, della fune) ascenso (m) (de la cadena, del cable)	*3*
Schlinge (f) loop boucle (f)	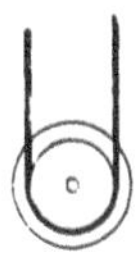	петля (f) cappio (m) lazo (m)	*4*
Seilschlinge (f), (Kettenschlinge (f)) rope (chain) loop boucle (f) de câble (de chaîne)		канатная [цѣпная] петля (f) cappio (m) della fune (della catena) lazo (m) de cable (de cadena)	*5*
Lasttrumm (n), Laststrang (m) load side (of rope) brin (m) *ou* bout (m) porteur	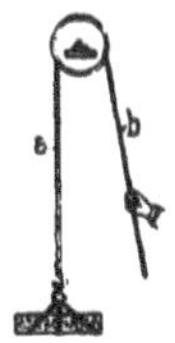 a	грузовой конецъ (m); нагружённый конецъ tratto (m) portante *o* caricato ramal (m) cargado	*6*
Zugtrumm (n), Zugstrang (m) pull side (of rope) brin (m) *ou* bout (m) tracteur, garant (m)	b	тяговой конецъ (m) tratto (m) di trazione *od* in tiro ramal (m) de tiro	*7*
Kette (f) chain chaîne (f)		цѣпь (f) catena (f) cadena (f)	*8*

1	Kettenrad (n), Kettenscheibe (f), Kettentreibscheibe (f) chain wheel, sprocket roue (f) à chaîne *ou* à empreinte	a	цѣпное колесо (n) ruota (f) a catena polea (f) de cadena
2	Eingriff (m) der Kette engagement of chain engrènement (m) de la chaîne		обхватъ (m) цѣпи ingranaggio (m) della catena engranaje (m) de la cadena
3	Kettenreibung (f) chain friction frottement (m) de la chaîne		тренiе (n) цѣпи attrito (m) della catena rozamiento (m) de la cadena
4	Kettenverschleiß (m), Abnutzung (f) der Kette wear of chain usure (f) de la chaîne		износъ (m) *или* изнашиванiе (n) цѣпи consumo (m) *o* logorio (m) della catena desgaste (m) de la cadena
5	die Kette verschleißt *oder* nutzt sich ab the chain wears la chaîne s'use		цѣпь (f) изнашивается la catena si logora la cadena se desgasta *ó* se usa
6	Peitschen (n) *oder* Schlagen (n) der Kette whipping of chain flottement (m) *ou* fouettement (m) de la chaîne		захлёстыванiе (n) цѣпи sbattimento (m) della catena salto (m) de la cadena
7	die Kette peitscht *oder* schlägt the chain whips la chaîne flotte *ou* fouette		цѣпь (f) захлёстываетъ *или* бьётъ la catena sbatte la cadena salta
8	Klettern (n) der Kette climbing *or* creeping of the chain raccourcissement (m) de la chaîne par torsion		навиванiе (n) цѣпи sormontare (m) *o* rampicare (m) della catena acortamiento (m) de la cadena por torsión
9	die Kette klettert the chain creeps *or* climbs la chaîne se raccourcit par torsion		цѣпь (f) навивается la catena sormonta *o* rampica la cadena se acorta por torsión
10	Längen (n) der Kette elongation of the chain allongement (m) de la chaîne		вытягиванiе (n) цѣпи allungare (m) della catena alargamiento (m) de la cadena
11	die Kette längt sich the chain becomes elongated la chaîne s'allonge		цѣпь (f) вытягивается la catena s'allunga la cadena se alarga *ó* se estira

Kettentrumm (n), Kettenstrang (m) chain side brin (m) *ou* bout (m) de chaîne	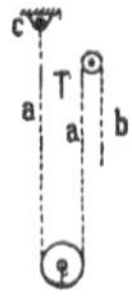	конецъ (m) цѣпи tratto (m) di catena ramal (m) de la cadena	*1*
belastetes Kettentrumm (n), belasteter Kettenstrang (m) loaded chain side bout (m) de chaine chargé, tronçon (m) de chaîne chargé	a	нагружённый *или* грузовой конецъ (m) цѣпи tratto (m) di catena caricato ramal (m) cargado de la cadena	*2*
leeres Kettenende (n) unloaded chain end brin (m) *ou* bout (m) libre de la chaîne	b	свободный конецъ (m) цѣпи tratto (m) di catena non caricato *o* libero ramal (m) libre de la cadena	*3*
Aufhängung (f) der Kette anchorage *or* attachment of chain suspension (f) *ou* attache (f) de la chaîne	c	подвѣсъ (m) *или* подвѣшиваніе (n) цѣпи sospensione (f) della catena suspensión (f) de la cadena	*4*
Kettenzug (m), Belastung (f) der Kette chain pull, load of chain charge (f) de la chaîne	T	натяженіе (n) цѣпи; нагрузка (f) цѣпи carico (m) *o* tensione (f) della catena carga (f) de la cadena	*5*
Kettenbruch (m) fracture of chain rupture (f) de la chaîne		разрывъ (m) цѣпи rottura (f) della catena rotura (f) de la cadena	*6*
Kettenprobe (f), Kettenprüfung (f) chain test épreuve (f) *ou* essai (m) de la chaîne		испытаніе (n) цѣпи prova (f) della catena, esame (m) della catena prueba (f) de la cadena	*7*
Bruchprobe (f), Zerreißprobe (f) breaking test essai (m) de rupture à la traction		испытаніе (n) *или* проба (f) на разрывъ prova (f) di rottura ensayo (m) *ó* prueba (f) de rotura	*8*
Bruch[probe]last (f) breaking test load charge (f) [d'essai *ou* d'épreuve] de rupture		разрушающая *или* разрывная нагрузка (f); разрушающій грузъ (m) carico (m) di prova *o* di rottura carga (f) [de ensayo] de rotura	*9*
Reckprobe (f) elongation test épreuve (f) d'allongement		испытаніе (n) *или* проба (f) на растяженіе prova (f) di stiramento prueba (f) de alargamiento	*10*

1 Reckprobelast (f)
elongation test load
charge (f) d'essai d'allongement

нагрузка (f) для испытанія на растяженіе
carico (m) di prova per stiramento
carga (f) de prueba de alargamiento

---

2 Wirbel (m), Kettenwirbel (m)
swivel
maillon (m) tournant, émerillon (m)

вертлюгъ (m)
attorcimento (m) della catena a tornichetto, maglia (f) a molinello
eslabón (m) giratorio de cadena

---

3 Gliederkette (f), Schakenkette (f), Rundeisenkette (f)
chain, link chain
chaîne (f) ordinaire

обыкновенная цѣпь (f); кольцевая цѣпь
catena (f) a maglia comune
cadena (f) de eslabones

---

4 Kettenglied (n), Schake (f)
link of a chain, chain-iron (A)
anneau (m) de la chaine, maillon (m)

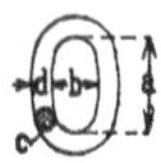

звено (n) цѣпи; цѣпное звено
maglia (f) di catena
eslabón (m)

---

5 Kettenteilung (f), Baulänge (f), lichte Gliederlänge (f)
inside length
pas (m) de la chaîne *ou* du chaînon, longueur (f) intérieure des maillons

a

длина (f) звена въ свѣту
passo (m) della catena
paso (m) *ó* longitud (f) interior del eslabón

---

6 lichte Breite (f) des Kettengliedes, lichte Gliederbreite (f)
inside breadth
largeur (f) intérieure du maillon

b

ширина (f) отверстія звена; ширина звена въ свѣту; просвѣтъ (m) звена
larghezza (f) interna della maglia
ancho (m) interior del eslabón

---

7 Ketteneisen (n)
chain iron
fer (m) de la chaine

c

цѣпное желѣзо (n)
ferro (m) della catena
hierro (m) de la cadena

---

8 Ketteneisenstärke (f)
thickness *or* diameter *or* strength of chain iron
épaisseur (f) *ou* diamètre (m) du fer de la chaine

d

толщина (f) цѣпного желѣза
grossezza (f) della maglia
espesor (m) del eslabón

---

9 geschweißte Kette (f)
welded chain
chaîne (f) à maillons soudés

заварная *или* сваренная цѣпь (f)
catena (f) a maglie saldate
cadena (f) de eslabones soldados

Kopfschweiße (f) end lap weld soudure (f) en haut		сварка (f) въ загибъ; концевая сварка maglia (f) saldata in testa soldadura (f) en un extremo	1
Seitenschweiße (f) side lap weld soudure (f) latérale, soudure (f) sur côté		сварка (f) сбоку; боковая сварка maglia (f) saldata di fianco soldadura (f) por el lado	2
kurzgliedrige Kette (f) short-link chain chaîne (f) à maillons courts		цѣпь (f) съ короткими звеньями; англійская цѣпь catena (f) a maglia corta cadena (f) de eslabones cortos	3
langgliedrige Kette (f) long-link chain chaîne (f) à maillons longs		цѣпь (f) съ длинными звеньями; нѣмецкая цѣпь catena (f) a maglia lunga cadena (f) de eslabones largos	4
kalibrierte *oder* adjustierte Kette (f) calibrated chain, tested chain chaîne (f) calibrée		калиброванная цѣпь (f) catena (f) calibrata cadena (f) calibrada	5
Hakenkette (f) hook link chain chaîne (f) à crochets	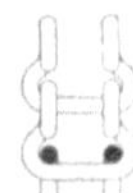	крючковая цѣпь (f); цѣпь Вокансона catena (f) a ganci cadena (f) abierta *ó* de ganchos	6
Gelenkkette (f), Laschenkette (f) flat link chain, sprocket chain chaîne (f) à articulations *ou* à fuseaux	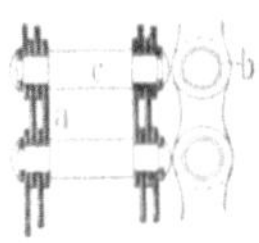	шарнирная цѣпь (f) catena (f) articolata cadena (f) articulada	7
Kettenlasche (f) chain link flasque (m) de chaîne	a	накладка (f) *или* пластинка (f) цѣпи; звёнышко (n) piastra (f) della catena malla (f) *ó* brida (f) de cadena	8
Laschenkopf (m), Laschenauge (n) enlarged end *or* eye of link tête (f) de maille, oeillet (m) de maille	b	головка (f) накладки *или* пластинки testa (f) della piastr[ell]a cabeza (f) *ó* ojo (m) de la malla	9
Kettenbolzen (m), Kettenzapfen (m) chain pin boulon (m) *ou* tourillon (m) *ou* fuseau (m) de chaîne	c	цѣвка (f) *или* валикъ (m) *или* болтъ (m) цѣпи perno (m) della catena tornillo (m) *ó* perno (m) de la cadena	10

1 Gallsche Kette (f)
Gall's chain
chaîne (f) Gall

цѣпь (f) Галля
catena (f) di Gall
cadena (f) de Gall

---

2 Endglied (n)
end link
maillon (m) extrême

крайнее звено (n); концевое звено
maglia (f) estrema
eslabón (m) final

---

3 Kettenverbindung (f)
chain joint
joint (m) *ou* raccordement (m) de chaînes

соединенie (n) звеньевъ
giunto (m) di catena
junta (f) de cadena, unión (f) de las cadenas

---

4 Kettenschloß (n)
chain joint, coupling
joint (m) de chaîne, manille (f), maillon (m) de fermeture

цѣпной замокъ (m); соединитель (m) *или* замокъ для цѣпи; соединительное звено (n); смычка (f)
serratura (f) della catena
cierre (m) de cadena

---

5 Schlußbolzen (m)
end pin, coupling pin
fuseau (m) de fermeture

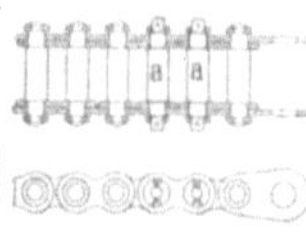

a

соединительный *или* смычковый *или* замыкающій болтъ (m)
bullone (m) di chiusura
tornillo (m) de cierre

---

6 Spannvorrichtung (f), Nachspannvorrichtung (f), Spannschloß (n), Kettenspanner (m)
chain tightening device, stretching screw
tendeur (m) de chaîne

приборъ (m) для натяженія цѣпи
tenditore (m) per catene, dispositivo (m) tenditore
tensor (m) de cadena

---

7 Kettennuß (f), Kettenwirbel (m)
sprocket wheel
noix (f), pignon (m) à chaîne, rouleau (m) de chaîne, roue (f) à empreintes pour chaîne

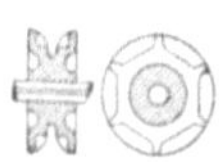

звѣздочка (f); цѣпное колесо (n); цѣпная шестерня (f)
rocchetto (m) da catena, noce (f) della catena
rueda (f) dentada para cadena

---

8 Zahn (m), Daumen (m)
tooth
dent (f)

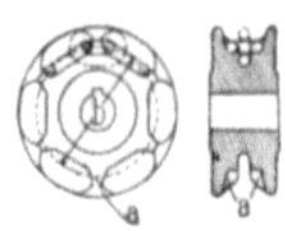

a

зубъ (m); зубецъ (m)
dente (m)
diente (m)

---

9 Zähnezahl (f), Zahnzahl (f), Daumenzahl (f)
number of teeth
nombre (m) de dents

число (n) зубцовъ
numero (m) dei denti
número (m) de dientes

Teilkreis (m)
pitch circle
cercle (m) primitif

начальная окружность (f); дѣлительный кругъ (m)
circolo (m) primitivo
círculo (m) de paso, circunferencia (f) 1

Haspelrad (n), Handkettenrad (n)
hand chain wheel
roue (f) à chaîne de manœuvre

тяговое колесо (n)
ruota (f) di manovra a catena
rueda (f) para maniobrar la cadena 2

Haspelkette (f), Handkette (f)
hand chain
chaîne (f) de manœuvre, chaîne (f) à main

тяговая цѣпь (f); ручная цѣпь
catena (f) di manovra
cadena (f) de maniobra 3

---

verzahntes Kettenrad (n), Daumenrolle (f), Daumenrad (n)
toothed chain wheel
roue (f) dentée à chaîne, pignon (m) pour chaîne [Gall]

зубчатое цѣпное колесо (n)
ruota (f) dentata da catena
rueda (f) dentada para cadena 4

Kettenradkranz (m)
rim of chain wheel
couronne (f) dentée pour chaîne

зубчатый вѣнецъ (m) для цѣпи
corona (f) dentata per catena
corona (f) de la rueda dentada para cadena 5

Kettenachse (f)
chain pinion axle
arbre (m) à chaîne, arbre (m) du pignon [Gall]

цѣпная ось (f); цѣпной валъ (m)
albero (m) da catena
árbol (m) de la rueda dentada para cadena 6

Kettenführung (f), Führung (f) der Kette
chain guiding
guidage (m) de la chaîne

направляющія (f pl) цѣпи
guida (f) di catena
guía (f) de la cadena 7

Kettenführungsbügel (m)
chain guard
étrier (m) guide-chaîne

направляющій бугель (m) *или* хомутъ (m) цѣпной передачи
staffa (f) di guida della catena
estribo (m) guía de la cadena 8

Kettenführungsgehäuse (n), Kettenhaube (f)
chain guard casing
chape (f) guide-chaîne

направляющая цѣпная коробка (f)
scatola (f) di guida per la catena, cuffia (f) di guida per catena
caja (f) guarda-cadena 9

Abstreifdaumen (m), Kettenabweiser (m), Kettenabstreicher (m)
chain guide
taquet (m) *ou* doigt (m) d'évitement de la chaîne

скребокъ (m); клинъ (m) для отвода звеньевъ
deviatore (m) per catena
desviador (m) para cadena 10

1 Kettenkasten (m)
chain box
caisse (f) à chaîne

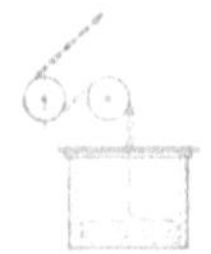

цѣпной ящикъ (m)
cassa (f) per catena
caja (f) para cadena

---

2 Kettenmagazin (n), Schleifenaufhängung (f) der Kette
chain magazine
suspension (f) de chaîne, râtelier (m) à chaîne

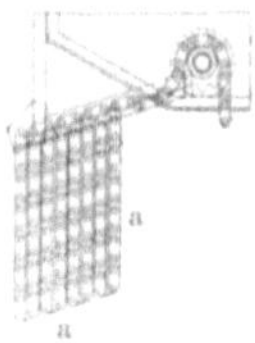

цѣпной магазинъ (m)
rastrelliera (f) per catena, sospensione (f) della catena
dispositivo (m) de suspensión para cadena, porta-cadenas (f)

---

3 Kettenschleife (f)
loop of chain
boucle (f) de chaine

a

наборъ (m) цѣпи
nodo (m) di sospensione della catena
lazo (m) de cadena

---

4 Kettenzug (m), Kettenlauf (m)
chain path
chaîne (f) (dans son ensemble), développement (m) de chaîne

направленіе (n) цѣпи; линія цѣпной передачи
disposizione (f) generale della trasmissione a catena
carrera (f) de la cadena, desarrollo (m) de la cadena

---

5 Kettenführungsrolle (f), Kettenleitrolle (f)
chain guide pulley
poulie (f) de renvoi *ou* de guidage pour chaîne

a

роликъ (m) *или* блокъ (m), направляющій цѣпь; направляющій цѣпной роликъ
girella (f) di guida per catena
rodillo (m) de guía para cadena

---

6 Lastkette (f), Hubkette (f)
load chain
chaîne (f) porteuse

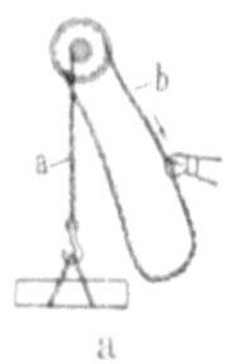

грузоподъёмная *или* грузовая цѣпь (f)
catena (f) portante
cadena (f) de carga

---

7 Zugkette (f)
pull chain
chaîne (f) tractrice *ou* de traction

b

тяговая цѣпь (f)
catena (f) di trazione
cadena (f) de tracción

---

8 Kettenbetrieb (m)
chain working
commande (f) par chaîne

оборудованіе (n) цѣпями; цѣпной приводъ (m)
movimento (m) a catena
maniobra (f) *ó* mando (m) por cadena

Krankette (f)
crane chain
chaîne (f) pour *ou* de grue

крановая цѣпь (f)
catena (f) della gru
cadena (f) para guía 1

Verholkette (f)
pulling chain
chaîne (f) de halage, chaîne (f) de touage, chaîne(f) de manœuvre (pour tracteurs)

тауэрная цѣпь (f)
catena (f) di trazione 2
cadena (f) de tracción, cadena (f) de sirga

Kettentrieb (m), Kettenantrieb (m)
chain drive, chain gearing
transmission (f) par chaîne

цѣпная передача (f)
trasmissione (f) a catena 3
transmisión (f) por cadena

Treibkette (f)
driving chain
chaîne (f) motrice *ou* de commande

a

приводная цѣпь (f)
catena (f) motrice *o* di comando 4
cadena (f) de transmisión *ó* de mando *ó* motriz

Treibkettenscheibe (f)
driving chain wheel
poulie (f) de la chaîne de commande

b

колесо (n) цѣпного привода
puleggia (f) per catena di comando 5
polea (f) para la cadena de mando

Seil (n)
rope
câble (m)

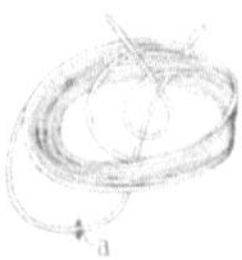

канатъ (m)
fune (f), corda (f), cavo (m) 6
cable (m), cuerda (f)

Seildurchmesser (m), Seilstärke (f)
rope diameter
diamètre (m) *ou* grosseur (f) de câble

a

діаметръ (m) каната; толщина (f) каната
diametro (m) della fune 7
grueso (m) del cable *ó* de la cuerda

Seilgeschwindigkeit (f)
rope velocity
vitesse (f) de câble, vitesse (f) de corde

скорость (f) каната
velocità (f) della fune 8
velocidad (f) del cable *ó* de la cuerda

Drall (m) des Seiles
twist of the rope
tors (m) *ou* torsion (f) du câble

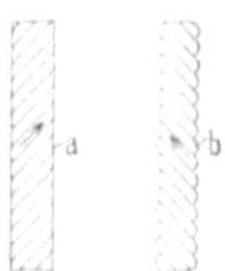

крутка (f) *или* свивка (f) каната; ходъ (m) витка; подъёмъ (m) нитки витого каната 9
torsione (f) della fune
torsión (f) del cable

Rechtsdrall (m)
right-handed twist
tors (m) *ou* torsion (f) à droite

a

крутка (f) каната вправо; правая свивка (f); правый ходъ (m) витка 10
torsione (f) destrorsa *od* a destra
torsión (f) á la derecha

1	rechts geschlagenes Seil (n) rope with lay to the right câble (m) à torsion droite *ou* dextrorsum		канатъ (m), свитый вправо fune (f) avvolta a destra cable (m) de torsión derecha ó á dextrorsum
2	Linksdrall (m) left-handed twist tors (m) *ou* torsion (f) à gauche	b	крутка (f) каната влѣво; лѣвая свивка (f); лѣвый ходъ (m) витка torsione (f) a sinistra, fune (f) sinistrorsa torsión (f) á la izquierda
3	links geschlagenes Seil (n) rope with lay to the left câble (m) à torsion gauche *ou* sinistrorsum		канатъ (m), свитый влѣво fune (f) avvolta a sinistra cable (m) de torsión isquierda ó à sinistrorsum
4	drallfreies Seil (n) rope without twist câble (m) non tordu		некручёный *или* несвитый канатъ (m) fune (f) senza torsione cable (m) ó cuerda (f) sin torsión
5	Drallfreiheit (f) absence of twist absence (f) de torsion		отсутствіе (n) [с]крутки *или* свивки assenza (f) di torsione falta (f) de torsión
6	Drallausgleicher (m) twist compensator compensateur (m) de torsion	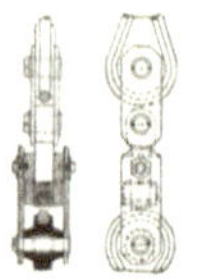	уравнитель (m) свивокъ *или* крутки compensatore (m) della torsione compensador (m) de torsión
7	Verschlingen (n) der Seile, Verdrehen (n) der Seile twisting of the ropes torsion (f) du câble sur lui-même		перекручиваніе (n) канатовъ contorcimento (m) *od* attorcigliamento (m) della fune torsión (f) del cable ó de la cuerda
8	die Seile verdrehen sich the ropes are twisting les câbles se tordent		канаты (m pl) скручиваются le funi si contorcono los cables se tuercen
9	Hängeseil (n), Schlappseil (n), Schlaffseil (n) slack rope câble (m) lâche		ненатянутый канатъ (m) fune (f) pensile cable (m) flojo
10	das Seil (die Kette) wird schlaff *oder* schlapp the rope (the chain) becomes slack le câble (la chaîne) se détend *ou* devient lâche		канатъ (m) ослабъ; цѣпь (f) ослабла la fune (la catena) è allentata el cable (la cadena) se afloja

Schlaffwerden (n) *oder* Schlappwerden (n) des Seiles (der Kette)
becoming slack of the rope (chain)
relâchement (m) du câble (de la chaîne)

ослабѣванiе (n) каната [цѣпи]
allentamento (m) della fune (della catena) 1
aflojamiento (m) del cable (de la cadena)

Seilbiegung (f)
flexibility *or* bending of rope
flexion (f) du câble

изгибъ (m) каната
flessione (f) della fune
flexión (f) del cable *ó* de la çuerda 2

---

biegsames Seil (n)
flexible rope
câble (m) flexible *ou* souple

гибкiй канатъ (m)
fune (f) flessibile
cable (m) *ó* cuerda (f) flexible 3

Seilsteifigkeit (f)
stiffness of rope
raideur (f) du câble

жёсткость (f) каната
rigidità (f) della fune
rigidez (f) del cable *ó* de la cuerda 4

Seilsteifigkeitskoëffizient (m)
rope stiffness coefficient
coefficient (m) de raideur du câble

коеффицiентъ (m) жёсткости каната
coefficiente (m) di rigidità della fune 5
coeficiente (m) de rigidez

Aufwicklungsdurchmesser (m) des Seiles
coiling diameter of rope
diamètre (m) d'enroulement du câble

дiаметръ (m) окружности наматыванiя каната
diametro (m) d'avvolgimento della fune 6
diámetro (m) de arrollamiento del cable

Seildehnung (f)
rope elongation
extension (f) *ou* allongement (m) du câble

удлиненiе (n) каната
allungamento (m) della fune 7
extensión (f) del cable

Seilreibung (f)
rope friction
frottement (m) du câble

тренiе (n) каната
attrito (n) della fune 8
rozamiento (m) del cable

Seilschmiere (f)
rope lubricant
graisse (f) de câble

мазь (f) для канатовъ
lubrificante (m) per fune 9
engrase (m) del cable *ó* de la cuerda

---

das Seil schlagen (v) *oder* zusammenschlagen (v)
to spin the rope, to twist the rope
tordre (v) le câble

скрутить (скручивать) канатъ
intrecciare (v) la corda 10
torcer (v) el cable *ó* la cuerda

Seilschlag (m), Schlag (m) des Seiles
spin of the rope
torsion (f) du câble

а) скручиванiе (n) каната; б) крутка (f) каната [родъ *или* характеръ крутки]
intreccio (m) della fune 11
torsión (f) del cable, torcimiento (m) del cable

1 Seilschlagmaschine (f)
rope spinning machine
machine (f) à tordre les cordes

канатный станокъ (m)
macchina (f) per intrecciare funi
maquina (f) para trenzar ó retorcer la cuerda

---

2 Verseilung (f)
twisting
câblage (m), torsion (f)

свиванiе (n) канатовъ
accordonatura (f)
cableado (m), torsión (f)

---

3 verseilen (v)
to twist
câbler (v)

сви-ть (-вать) канатъ
fare (v) corde
cablear (v)

---

4 Verseilungsfaktor (m)
twisting coefficient
facteur (m) de câblage

коеффицiентъ (m) свиванiя; коэффицiентъ скручиванiя
coefficiente (m) di cordonatura
coeficiente (m) de cableado

---

5 Lastseil (n), Hubseil (n)
load rope
câble (m) porteur

a

грузоподъёмный *или* грузовой канатъ (m)
fune (f) portante
cable (m) ó cuerda (f) de carga

---

6 Zugseil (n)
pull rope
câble (m) tracteur

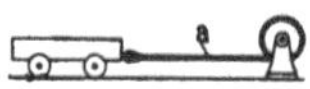

a

тяговый канатъ (m)
fune (m) di trazione
cable (m) ó cuerda (f) de tracción

---

7 Seiltrumm (n), Seilstrang (m)
side of rope
brin (m) *ou* bout (m) de câble

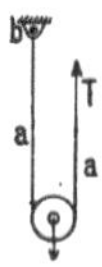

a

конецъ (m) каната
tratto (m) di fune
ramal (m) del cable

---

8 Seilbefestigung (f), Seilaufhängung (f)
rope fixing, rope suspension
fixation (f) du câble, suspension (f) du câble

b

укрѣпленiе (n) *или* закрѣпленiе (n) каната
attacco (m) della fune, sospensione (f) della fune
sujeción (f) ó suspensión (f) del cable

---

9 Seilzug (m), Seilspannung (f), Spannkraft (f) im Seil
rope tension
tension (f) du câble

T

усилiе (n), растягивающее канатъ; натяженiе (n) каната
tensione (f) della fune
tensión (f) del cable

---

10 Bruchfestigkeit (f) des Seiles, Bruchlast (f)
breaking strength (of rope)
résistance (f) à la rupture du câble

сопротивленiе (n) разрыву каната
resistenza (f) della fune alla rottura
resistencia (f) á la rotura del cable

Seilbruch (m), Reißen (n) des Seiles
fracture of rope
rupture (f) du câble

разрывъ (m) каната
rottura (f) della fune 1
rotura (f) del cable

---

das Seil reißt *oder* bricht
the rope breaks
le câble (m) se déchire *ou* se rompt

канатъ (m) разрывается
la fune si rompe *o* si spezza 2
el cable se rompe *ó* se desgarra

Seilfestwert (m)
breaking stress of rope
coefficient (m) de résistance du câble

коеффиціентъ (m) прочности каната
valore (m) di resistenza della fune, valore (m) del carico ammissibile 3
coeficiente (m) de resistencia del cable

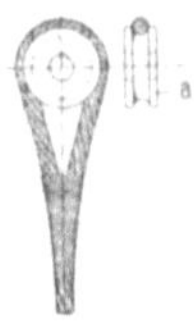

[Seil]kausche (f)
dead-eye
estrope (f) *ou* boucle (f) (de câble)

коушъ (m)
occhio (m) *o* capo (m) della fune 4
lazo (m) de cable, ojal (m) del cable, estrovo (m)

---

a

Kauschring (m)
eye ring
cosse (f)

коушное кольцо (n)
anello (m) dell'occhio 5
anillo (m) del ojal (del cable)

Herzkausche (f)
heart-shaped dead-eye
cosse (f) [pour estrope] en coeur

сердцевидный коушъ (m)
gassa (f) del cuore 6
guardacabos (m) en corazón

---

eine Kausche einspleißen (v)
to splice an eye in
épisser (v) une boucle *ou* estrope

встращивать *или* вплетать коушъ
intrecciare (v) il capo della fune 7
entrelazar (v) un lazo de cable

Einspleißen (n) einer Kausche
splicing an eye in
épissure (f) d'une boucle *ou* estrope

встращиваніе (n) *или* вплетаніе (n) коуша
intrecciamento (m) del capo della fune 8
empalme (m) de un cabo

Seilverbindung (f)
rope joint *or* junction
jonction (f) de câbles

соединеніе (n) канатовъ
unione (f) della fune 9
unión (f) *ó* juntura (f) *ó* enlace (m) de cables

Seilschloß (n)
cable joint
joint (m) de câbles, attache (f) de câble

канатный соединитель (m); замокъ (m) для канатовъ; канатная сцѣпка (f) 10
giunto (m) della fune
cierre (m) de cables

Seilkupplung (f)
rope coupling
accouplement (m) de câbles

муфта (f) для соединенія канатовъ
giunto (m) della fune 11
acoplamiento (m) de cables

1 Seilspleißung (f)
rope splicing
épissure (f) de câbles

сплетенiе (n) *или* срощенiе (n) канатовъ
impalmatura (f) della fune
empalme (m) de cables

---

2 Spleißstelle (f)
splice position
[endroit (m) d'une] épissure (f)

мѣсто (n) сплетенiя *или* срощенiя
impalmatura (f)
[punto (m) de] empalme (m)

---

3 Spleißüberlänge (f)
length of splice
longueur (f) supplémentaire nécessaire pour faire une épissure

добавочная длина (f) на сплетенiе
lunghezza (f) eccedente per la impalmatura
longitud (f) excedente para el empalme

---

4 das Seil spleißen (v) *oder* verspleißen (v)
to splice a rope
épisser (v) le câble

сплетать канатъ; сростить (сращивать) канатъ
impalmare (v) la fune
empalmar (v) el cable

---

5 Seilverschleiß (m)
wear of rope
usure (f) du câble

износъ (m) *или* изнашиванiе (n) каната
logorio (m) della fune
desgaste (m) del cable

---

6 Hanfseil (n)
hemp rope
câble (m) en chanvre

пеньковый канатъ (m)
fune (f) di canape
cable (m) de cáñamo

---

7 Baumwollseil (n)
cotton rope
câble (m) en coton

хлопчатобумажный канатъ (m)
fune (f) di cotone
cable (m) de algodón

---

8 Stahlseil (n)
steel rope
câble (m) en acier

стальной канатъ (m)
fune (f) d'acciaio
cable (m) de acero

---

9 Eisenseil (n)
iron rope
câble (m) en fer

желѣзный канатъ (m)
fune (f) di ferro
cable (m) de [alambres de] hierro

---

10 Drahtseil (n)
wire rope
câble (m) métallique

проволочный канатъ (m); тросъ (m)
fune (f) metallica
cable (m) metálico

---

11 Stahl[draht]seil (n)
steel-[wire-]rope
câble (m) en (fils d') acier

стальной [проволочный] канатъ (m) *или* тросъ (m)
fune (f) d'acciaio
cable (m) de hilos de acero

---

12 blankes *oder* unverzinktes Drahtseil (n)
ungalvanised wire rope
câble (m) métallique nu *ou* non zingué *ou* galvanisé

(свѣтлый) неоцинкованный проволочный канатъ (m) *или* тросъ (m)
fune (f) metallica nuda *o* non zincata
cable (m) metálico desnudo *ó* no galvanizado

verzinktes Drahtseil (n)
galvanised wire rope
câble (m) métallique galvanisé *ou* zingué

оцинкованный проволочный канатъ (m) *или* тросъ (m)
fune (f) metallica zincata 1
cable (m) galvanizado

---

feindrähtiges Seil (n)
fine-wire rope
câble (m) métallique en fils minces

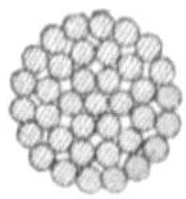

канатъ (m) изъ тонкихъ проволокъ
fune (f) metallica a filo sottile 2
cable (m) metálico de alambres delgados

---

grobdrähtiges Seil (n)
coarse-wire rope
câble (m) métallique en gros fils

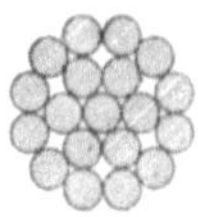

канатъ (m) изъ толстыхъ проволокъ
fune (m) metallica a filo grosso 3
cable (m) metálico de alambres gruesos

Seilkonstruktion (f), Seilart (f), Seilfügung (f)
rope construction
système (m) du câble

конструкція (f) каната
sistema (f) della fune 4
sistema (m) del cable

Litzenseil (n)
stranded rope
câble (m) à torons

канатъ (m) изъ прядей *или* стренгъ
fune (f) a trefoli 5
cable (m) de cordones *ó* torones

Hanfseele (f), Hanfkern (m)
hemp core
âme (f) de chanvre

пеньковая сердцевина (f) 6
anima (f) di canape
alma (f) de cáñamo

Kreuzschlag (m), Trossenschlag (m)
twist in opposite direction
tors (m) croisé, commettage (m) croisé

свиваніе (n) прядей обыкновеннымъ способомъ; крутка (f) накрестъ
torcitura (f) normale 7
arrollamiento (m) *ó* torsión (f) normal, torcimiento (m) cruzado

---

Albertschlag (m), Längsschlag (m)
twist in same direction
tors (m) allongé (dans la même direction), tors (m) Albert

крутка (f) по способу Альберта
torcitura (f) Albert
arrollamiento (m) alargado, torsión (f) alagarda, arrollamiento (m) Albert 8

---

flachlitziges Seil (n)
flat strand rope
câble (m) à torons plats

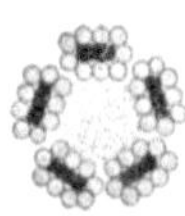

канатъ (m) съ плоскими прядями
fune (f) a trefoli piatti 9
cable (m) de cordones *ó* torones planos

---

doppelflachlitziges Seil (n)
double flat stranded rope
câble (m) à doubles torons plats

канатъ (m) съ двойными плоскими прядями
fune (f) a doppi trefoli piatti 10
cable (m) de dobles cordones *ó* torones planos

1	Dreikantlitzenseil (n) rope with strands of triangular section câble (m) à torons triangulaires		канатъ (m) съ треугольными прядями fune (f) a trefoli triangolari cable (m) de cordones ó torones triangulares
2	Spiralseil (n) twisted rope, spiral rope câble (m) héliçoidal	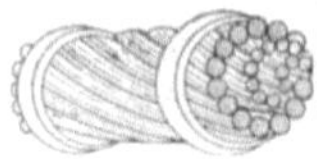	спиральный канатъ (m) fune (f) a spirale cable (m) ó cuerda (f) en espiral
3	Kabelseil (n) cable câble (m)		кабельный канатъ (m) cavo (m) cable-cuerda (m)
4	verschlossenes [*oder* vollschlächtiges] Seil (n) locked cable, locked rope câble (m) clos	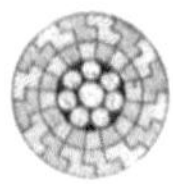	закрытый канатъ (m) fune (f) chiusa, cavo (m) chiuso *o* rivestito cable (m) cerrado *ó* revestido
5	halbverschlossenes Seil (n) semi-locked cable câble (m) demi-clos	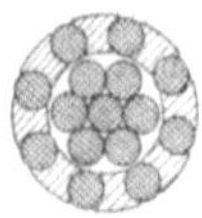	полузакрытый канатъ (m) fune (f) semi-chiusa, cavo (m) chiuso rivestito cable (m) semi-cerrado
6	Einfachseil (n) simplex rope *or* cable câble (m) simplex	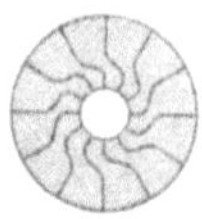	канатъ (m) симплексъ fune (f) simplex, cavo (m) sistema simplex cable (m) simplex
7	Rundseil (n) circular rope *or* cable câble (m) rond		круглый канатъ (m) fune (f) tonda, cavo (m) tondo cable (m) redondo
8	Rundschlag (m) circular twist commettage (m) de câble rond		круглая [с]крутка (f) *или* свивка (f) fune (f) tonda, cavo (m) tondo non intrecciato torsión (f) de un cable redondo
9	Flachseil (n), Bandseil (n) flat rope *or* cable câble (m) plat		плоскій канатъ (m); ленточный канатъ fune (f) piatta cable (m) plano *ó* en forma de cinta
10	Vierkantseil (n) square rope *or* cable câble (m) carré		четырёхгранный канатъ (m); канатъ четырёхугольнаго сѣченія fune (f) quadra cable (m) cuadrado
11	Hohlseil (n) hollow rope *or* cable câble (m) creux		полый канатъ (m) fune (f) cava cable (m) hueco

Vollseil (n)
solid rope *or* cable
câble (m) plein
сплошной *или* массивный канатъ (m)
fune (f) piena 1
cable (m) macizo

Kranseil (n)
crane rope *or* cable
câble (m) de grue
канатъ (m) для крановъ
fune (f) per gru 2
cable (m) para grúa

Aufzugseil (n)
lift rope
câble (m) d'ascenseur *ou* de monte-charge
канатъ (m) для подъёмниковъ
fune (f) per montacarichi 3
cable (m) para ascensor ó montacargas

Förderseil (n)
hauling rope *or* cable
câble (m) d'extraction, câble (m) de levage
канатъ (m) для шахтныхъ подъёмниковъ
fune (f) per organo di estrazione 4
cable (m) de transporte

Haspelseil (n)
winch rope
câble (m) pour cabestans *ou* pour treuils, câble-remorqueur (m)
канатъ (m) для воротовъ
fune (f) per aspo 5
cable (m) para cabrestante, cable (m) para tornos

Schiffseil (n), Trosse (f)
ships rope
câble (m) de navire, filin (m)
тросъ (m)
fune (f) *o* corda (f) per marina 6
cable (m) *ó* cabo (m) para buques

Seilzug (m), Seillauf (m) Seilführung (f)
rope guiding
trajet (m) du câble
направленіе (n) каната
percorso (m) della fune 7
carrera (f) del cable

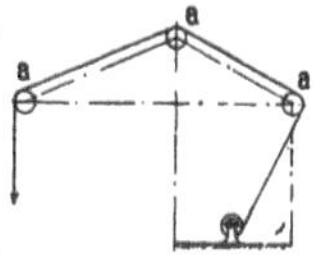

Seilführungsrolle (f), Leitrolle (f)
rope guide pulley *or* jockey pulley
galet (m) guide[-câble] *ou* de renvoi

a

шкивъ (m), направляющій канатъ; направляющій канатный роликъ (m) 8
girella (f) di guida della fune, guida-fune (f)
rodillo-guia(m) del cable

Seilleitungswiderstand (m)
rope guiding resistance
résistance (f) de guidage du câble
сопротивленіе (n) направляющихъ каната; сопротивленіе, вызываемое направленіемъ каната 9
resistenza (f) della guida della fune
resistencia (f) de la guia del cable

Seil(Ketten)ablenkung (f), Ablenkung (f) des Seils (der Kette)
deflection *or* deviation of the rope
déviation (f) du câble (de la chaîne)

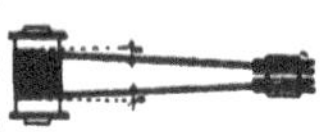

отклоненіе (n) каната (цѣпи)
deviazione (f) della fune (della catena) 10
desviación (f) del cable (de la cadena)

Ablenkungswinkel (m)
angle of deflection
angle (m) de déviation

α

уголъ (m) отклоненія
angolo (m) di deviazione 11
ángulo (m) de desviación

1 das Seil (die Kette) ablenken (v)
to deflect the rope (*or* chain)
dévier (v) le câble (la chaîne)

отклон-ить (-ять) канатъ (цѣпь)
deviare (v) la fune (la catena)
desviar (v) el cable (la cadena)

---

2 Seilbetrieb (m)
rope working
commande (f) par câble, équipement (m) avec câble

канатный приводъ (m)
comando (m) del cavo
mando (m) *ó* maniobra (f) por cable

---

3 Seiltrieb (m)
rope drive
transmission (f) par câble, commande (f) par câble

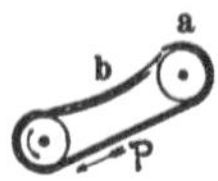

канатная передача (f)
trasmissione (f) a fune
transmisión (f) por cable *ó* por cuerda *ó* funicular

---

4 Treibscheibe (f), Treibrolle (f)
driving pulley, driver, driving drum
poulie (f) de commande, poulie (f) motrice

a

ведущій шкивъ (m)
puleggia (f) motrice *o* di comando
polea (f) de mando

---

5 Treibseil (n), Triebwerkseil (n), Transmissionsseil (n)
driving rope, transmission rope
câble (m) de transmission

b

приводный канатъ (m)
fune (f) motrice
cuerda (f) motriz, cable (m) motor, cable (m) de transmisión

---

6 Seilspannung (f)
rope tension
tension (f) du câble

P

натяженіе (n) каната
tensione (f) della fune
tensión (f) del cable

---

7 Antriebseil (n)
driving rope
câble (m) de commande, corde (f) de commande

передаточный канатъ (m); приводный канатъ
fune (f) di comando
cable (m) de mando

---

8 Gurt (m)
belt
courroie (f)

плоскій ремень (m); лента (f)
cinghia (f), cursoia (f)
correa (f)

---

9 Trommel (f)
drum
tambour (m)

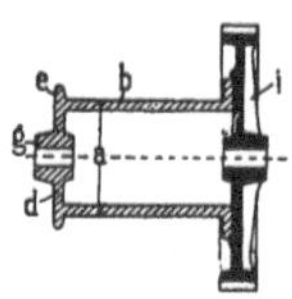

барабанъ (m)
tamburo (m)
tambor (m)

---

10 Trommelmantel (m)
drum barrel
corps (m) du tambour, fût (m) du tambour

b

стѣнка (f) барабана
corpo (m) *o* mantello (m) del tamburo
cuerpo (m) del tambor

Stirnwand (f) der Trommel
front wall of drum
paroi (f) de bout du tambour, fond (m) du tambour

d

лобовая стѣнка (f) барабана
parete (f) frontale del tamburo
pared (f) frontal ó fondo (m) del tambor 1

Trommelflansch (m)
drum flange
bride (f) *ou* joue (f) du tambour

e

фланецъ (m) *или* закраина (f) *или* буртикъ (m) барабана
flangia (f) del tamburo
brida (f) del tambor 2

Trommelnabe (f)
boss of drum
moyeu (m) du támbour

g

втулка (f) *или* ступица (f) барабана
mozzo (m) del tamburo
cubo (m) del tambor 3

Trommelrad (n)
drum wheel
roue (f) de tambour

i

барабанное колесо (n)
ruota (f) del tamburo
rueda (f) del tambor 4

Trommelstern (m)
drum spider
centre (m) *ou* nervures (fpl) du tambour

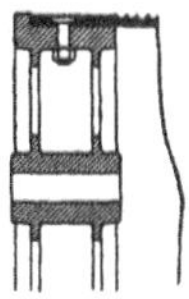

спицы (fpl) *или* ручки (fpl) барабана
stella (f) di razze del tamburo
centro (m) del tambor 5

Trommelwelle (f)
drum spindle *or* shaft
arbre (m) du tambour

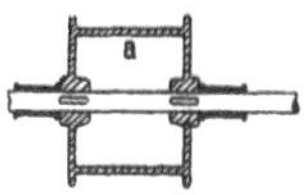

валъ (m) барабана
albero (m) del tamburo
árbol (m) del tambor 6

---

feste Trommel (f)
fixed drum
tambour (m) claveté

a

заклинённый барабанъ (m)
tamburo (m) fisso
tambor (m) fijo 7

---

lose Trommel (f)
loose drum
tambour (m) fou

свободнонадѣтый барабанъ (m)
tamburo (m) folle
tambor (m) loco 8

a

---

glatte Trommel (f)
smooth drum
tambour (m) lisse

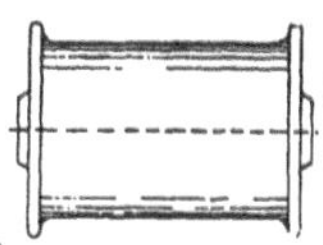

гладкій барабанъ (m)
tamburo (m) liscio
tambor (m) liso 9

Rillentrommel (f), profilierte *oder* genutete Trommel (f)
grooved drum
tambour (m) à gorges

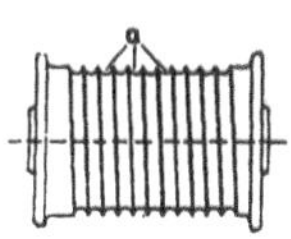

бороздчатый *или* желобчатый барабанъ (m)
tamburo (m) a gole o scanalato
tambor (m) de ranuras ó gargantas, tambor (m) ocanalado 10

1 Trommelrille (f), Trommelnute (f), Trommelwindung (f), Trommelgang (m)
drum groove *or* spiral
gorge (f) *ou* rainure (f) du tambour

a

бороздка (f) *или* канавка (f) *или* жёлобъ (m) барабана
gola (f) *o* scanalatura (f) del tamburo
garganta (f) *ó* ranura (f) del tambor

---

2 das Seil (die Kette) auf die Trommel aufwickeln (v)
coiling the rope (the chain) on the drum
enrouler (v) le câble (la chaîne) sur le tambour

намотать (наматывать) канатъ (цѣпь) на барабанъ
avvolgere (v) la fune (la catena) sul tamburo
arrollar (v) el cable (la cadena) sobre el tambor

---

3 das Seil in einer Lage auf die Trommel wickeln (v)
to wind the rope up in one layer
enrouler (v) une couche de câble sur le tambour

намотать (наматывать) канатъ на барабанъ въ одинъ слой
avvolgere (v) la fune in posizione sul tamburo
enrollar (v) una tendida de cable sobre el tambor

---

4 das Seil (die Kette) von der Trommel abwickeln (v)
to uncoil the rope (the chain) from the drum
dérouler (v) le câble (la chaîne) du tambour

смотать (сматывать) *или* вытравлять канать [цѣпь] барабана
svolgere (v) la fune (la catena) dal tamburo
desarrollar (v) el cable (la cadena) del tambor

---

5 Aufwickellänge (f) der Trommel, nutzbare Länge (f), Wickelbreite (f)
coiling length of drum
longueur (f) d'enroulement sur le tambour, longueur (f) utile

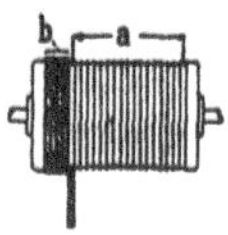

a

обмоточная длина (f) барабана; длина наматыванія
lunghezza (f) d'avvolgimento del tamburo
longitud (f) de arrollamiento sobre el tambor, longitud (f) útil

---

6 Reservewindung (f), Sicherheitswindung (f)
spare coil
spire (f) *ou* tour (m) de réserve *ou* de garde

b

запасные витки (m pl) намотки
spira (f) *o* giro (m) di riserva
espira (f) *ó* vuelta (f) de reserva

---

7 rechtsgängige Trommel (f)
drum with right hand groove
tambour (m) [enroulant] *ou* avec pas à droite

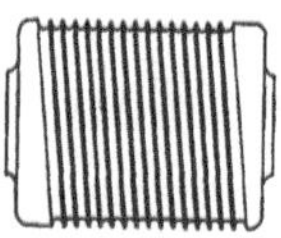

барабанъ (m) съ правымъ ходомъ *или* съ правой ниткой
tamburo (m) elicoidale a destra *o* destrorso
tambor (m) de paso derecho

---

8 linksgängige Trommel (f)
drum with left hand groove
tambour (m) [enroulant] *ou* avec pas à gauche

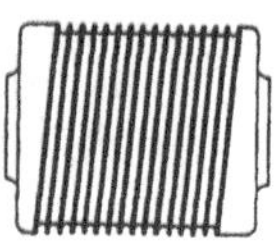

барабанъ (m) съ лѣвымъ ходомъ *или* съ лѣвой ниткой
tamburo (m) elicoidale a sinistra *o* sinistrorso
tambor (m) de paso izquierdo

Trommel (f) mit eingegossenen Rillen
drum with cast-in grooves
tambour (m) à gorges brutes de fonte

барабанъ (m) съ отлитыми бороздками
tamburo (m) con scanalature greggie di getto 1
tambor (m) con gargantas fundidas

Trommel (f) mit gedrehten Rillen
drum with turned grooves
tambour (m) à gorges tournées

барабанъ (m) съ выточенными бороздками
tamburo (m) con scanalature tornite 2
tambor (m) con gargantas torneadas, tambor (m) estriado

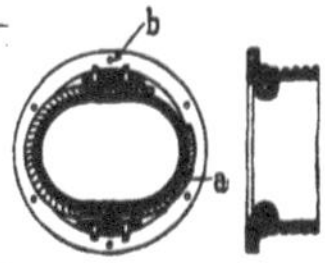

Seiltrommel (f)
rope *or* cable drum
tambour (m) à câble

канатный барабанъ (m)
tamburo (m) per fune 3
tambor (m) para cable

Seilwindung (f)
turn *or* coil of rope
spire (f) *ou* tour (m) de câble

a

витокъ (m) каната
spira (f) di fune 4
espira (f) del cable

Seilbefestigung (f)
rope fastening
fixation (f) du câble

b

укрѣпленіе (n) каната
attacco (m) della fune 5
sujeción (f) de cable

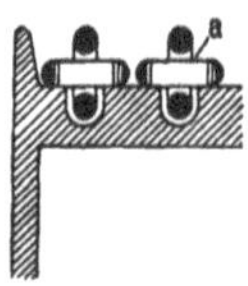

Kettentrommel (f)
chain drum
tambour (m) à chaîne

цѣпной барабанъ (m)
tamburo (m) per catena 6
tambor (m) para cadena

Kettenwindung (f)
chain turn *or* coil
spire (f) *ou* tour (m) de chaîne

a

витокъ (m) цѣпи
spira (f) di catena 7
vuelta (f) de cadena

Endbefestigung (f) der Kette
fastening of chain end
fixation (f) de l'extrémité de la chaîne

укрѣпленіе (n) *или* закрѣпленіе (n) конца цѣпи
attacco (m) d'estremità 8
della catena
fijación (f) del extremo de la cadena

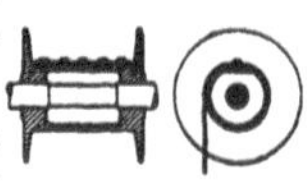

Gurttrommel (f), Bobine (f)
bobbin, reel
tambour (m) à courroie

барабанъ (m) для плоскаго ремня
tamburo (m) per cinghia, 9
bobina (f)
tambor (m) para correa

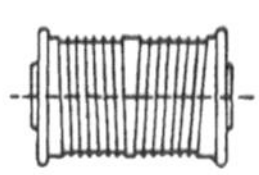

Zwillingtrommel (f), zweiseitige Trommel (f)
twin drum
tambour (m) double

двойной *или* сдвоенный барабанъ (m)
tamburo (m) doppio *o* gemello 10
tambor (m) doble *ó* bilateral

Differentialtrommel (f)
differential drum
tambour (m) différentiel

дифференціальный барабанъ (m)
tamburo (m) differen- 11
ziale
tambor (m) diferencial

1 Reibungstrommel (f), Spillwindentrommel (f)
friction drum
tambour (m) à frottement [du cable], tambour (m) de cabestan

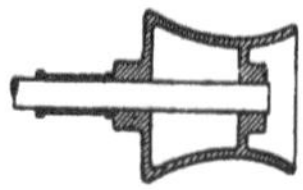

барабанъ (m) шпиля *или* кабестана
tamburo (m) a frizione
tambor (m) de rozamiento ó de cabrestan

---

2 Lasttrommel (f)
load drum
tambour (m) (de charge)

грузоподъёмный *или* грузовой барабанъ (m)
tamburo (m) per carico
tambor (m) para carga

---

3 Auflegen (n) des Seiles auf die Trommel
putting the rope on the drum
application (f) du câble sur le tambour

надѣваніе (n) каната на барабанъ
applicazione (f) della fune sul tamburo
aplicación (f) del cable sobre el tambor

---

4 Rolle (f)
pulley, roller, sheave
galet (m), poulie (f)

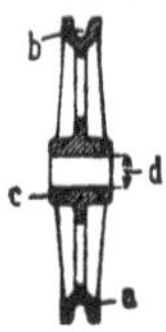

блокъ (m); шкивъ (m)
girella (f) *o* puleggia (f) a gola
rodillo (m), polea (f)

---

5 Rollenkranz (m)
rim of pulley *or* sheave
jante (f) *ou* couronne (f) du galet

a

ободъ (m) блока
corona (f) della girella *o* puleggia a gola
corona (f) de la polea

---

6 Rille (f), Nute (f), Lauf (m) der Rolle
groove of pulley *or* sheave
gorge (f) du galet

b

жёлобъ (m) *или* канавка (f) *или* бороздка (f) блока
gola (f) della girella *o* puleggia a gola
garganta (f) de la polea

---

7 Rollennabe (f)
pulley *or* sheave boss
moyeu (m) du galet

c

втулка (f) *или* ступица (f) блока
mozzo (m) della girella *o* puleggia a gola
cubo (m) de la polea

---

8 Nabenbohrung (f)
bore of boss
alésage (m) du moyeu

d

отверстіе (n) втулки *или* ступицы
alesatura (f) del mozzo
taladro (m) del cubo

---

9 Seilrolle (f), Seilscheibe (f)
rope pulley *or* sheave
poulie (f) à câble

канатный блокъ (m) *или* шкивъ (m)
puleggia (f) per fune
polea (f) para cable

---

10 Drahtseilrolle (f), Drahtseilscheibe (f)
wire rope pulley *or* sheave
poulie (f) à câble métallique

блокъ (m) для проволочнаго каната
puleggia (f) per fune metallica
polea (f) para cables metálicos

Hanfseilrolle (f), Hanfseilscheibe (f)
hemp rope pulley *or* sheave
poulie (f) à câble de chanvre, poulie (f) à corde

блокъ (m) для пеньковаго каната
puleggia (f) per fune di canape 1
polea (f) para cable de cáñamo

Kettenrolle (f)
chain pulley *or* sheave
poulie (f) à chaîne

цѣпной блокъ (m)
puleggia (f) per catena 2
polea (f) para cadena

Gurtscheibe (f)
belt-disc
poulie (f) pour courroie

шкивъ (m) для плоскаго ремня
disco (m) per cinghia 3
polea (f) para correa

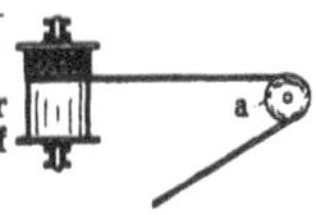

a

Umlenkrolle (f)
snatch block, pulley for changing direction of rope
poulie (f) de déviation *ou* de renvoi

отклоняющій роликъ (m) *или* шкивъ (m); отводящій блокъ (m)
puleggia (f) di rinvio 4
polea (f) de inversión ó de desvío

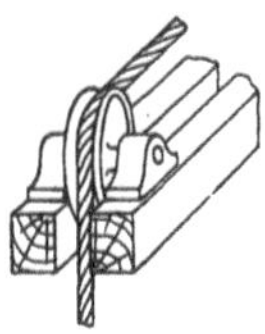

Leitrolle (f), Führungsrolle (f)
guide pulley *or* sheave
poulie (f) de guidage

направляющій роликъ (m) *или* шкивъ (m) *или* блокъ (m)
puleggia (f) di guida, girella (f) 5
polea (f) guía

Lastrolle (f)
load pulley *or* sheave
poulie (f) de suspension de la charge

грузовой роликъ (m); грузоподъёмный шкивъ (m) *или* блокъ (m)
puleggia (f) di sospensione del peso 6
polea (f) de suspensión de la carga

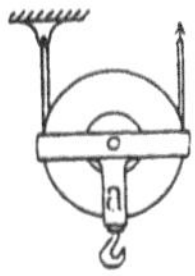

lose Rolle (f), Arbeitsrolle (f)
working sheave *or* pulley
poulie (f) mobile

подвижной блокъ (m); векша (f)
carrucola (f) folle, girella (f) mobile 7
polea (f) móvil ó loca

---

a

Rollenbügel (m)
sheave *or* pulley fork, yoke
chape (f) de la poulie

обойма (f) блока
staffa (f) della carrucola
orejas (f pl), amarre (f), abrazadera (f), armadura (f) de la polea 8

Rollenübersetzung (f)
pulley *or* sheave transmission
(rapport (m) de) transmission (f) par poulies

передача (f) блока
trasmissione (f) a puleggie 9
transmissión (f) por poleas

1 feste Rolle (f)
simple fixed pulley
poulie (f) fixe

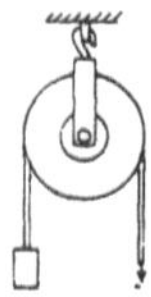

неподвижный *или* глухой блокъ (m)
carrucola (f) fissa
polea (f) fija

---

2 Treibrolle (f), umgekehrte lose Rolle (f)
driving pulley, driver
poulie (f) motrice, poulie (f) mobile renversée

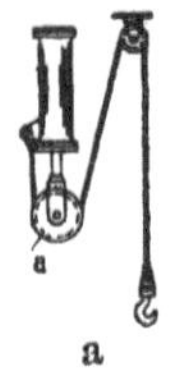

движущій блокъ (m): обращённый подвижной блокъ
puleggia (f) motrice
polea (f) motriz, polea (f) móvil invertida

---

3 Doppelrolle (f)
double pulley
poulie (f) double

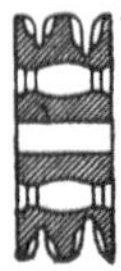

двойной блокъ (m)
puleggia (f) doppia
polea (f) doble

---

4 doppelrillige Seilrolle (f)
double groove pulley
poulie (f) à double gorge

двухбороздчатый канатный блокъ (m)
puleggia (f) a doppia gola per fune
polea (f) de doble garganta

---

5 Rollengehäuse (n)
pulley casing *or* block
enveloppe (f) de poulie, chape (f) *ou* flasque (m) de poulie

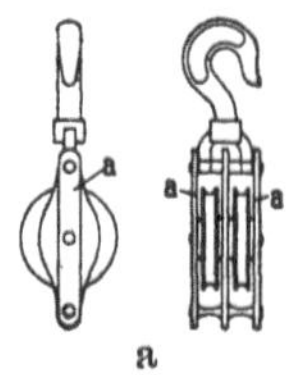

коробка (f) *или* серьга (f) *или* обойма (f) *или* обоймица (f) блока
gabbia (f) della carrucola
armadura (f) *ó* caja (f) para polea, cubrepolea (m)

---

6 Rollenbock (m)
pulley support *or* bracket
chevalet (m) porte-poulie

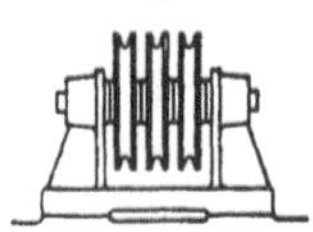

козлы (m pl) съ блоками
cavalletto (m) porta-carrucola
caballete (m) porta-polea

---

7 Flaschenzug (m), Rollenzug (m), Talje (f), Klobenzug (m)
pulley blocks *or* tackle
palan (m)

полиспастъ (m); сложный блокъ (m); таль (f)
taglia (f), paranco (m)
aparejo (m), garrucha (f), polipasto (m), motón (m)

Flasche (f), Block (m), Kloben (m), Rollenkloben (m), Rollenblock (m) block [chape (f) de] moufle (f)	a, b	блокъ (m); обойма (f) *или* обоймица (f) *или* коробка (f) блока bozzello (m) [armadura (f) de] motón (m), [juego (m) de] polea[s] (f), garrucha (f)	*1*
feste Flasche (f), Oberflasche (f) top *or* fixed block [chape (f) de] moufle (f) fixe *ou* supérieure	a	верхній *или* неподвижный блокъ (m); верхняя коробка (f); неподвижная обойма (f) *или* обоймица (f) bozzello (m) fisso [armadura (f) de] motón (m) fijo	*2*
lose Flasche (f), Unterflasche (f), Hakenflasche (f) bottom *or* running block [chape (f) de] moufle (f) mobile *ou* inférieure	b	нижній *или* подвижной блокъ (m); нижняя коробка (f); подвижная обойма (f) *или* обоймица (f) bozzello (m) mobile [armadura (f) de] motón (m) loco	*3*
Hakenflasche (f) block with hook moufle (f) du bas, moufle (f) à crochet, moufle (f) mobile	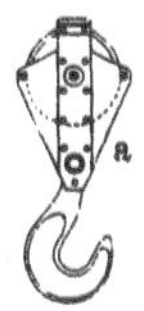	блокъ (m) съ крюкомъ; коробка (f) *или* обойма (f) *или* обоймица (f) съ крюкомъ bozzello (m) con gancio [armadura (f) de] motón (m) con gancho	*4*
Wange (f) der Flasche side *or* cheek of block flasque (m) de la moufle	a	щека (f) обоймы *или* обоймицы piastra (f) del bozzello gualdera (f) del motón	*5*
x-rollige Flasche (f) block with x rollers moufle (f) à x poulies		блокъ (m) съ x роликами; обойма (f) *или* обоймица (f) съ x роликами *или* блоками taglia (f) a x carrucole aparejo (m) de x poleas	*6*
Taukloben (m) rope block moufle (f) à câble		блокъ (m) для пеньковыхъ канатовъ bozzello (m) da fune garrucha (f) para cable	*7*
Lastrollenzug (m) load pulley block moufle (f) porteuse, palan (m) porteur	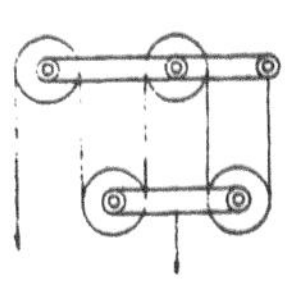	грузоподъёмный полиспастъ (m) taglia (f) per carichi motón (m) para carga	*8*

1 Treibrollenzug (m)
mechanically driven pulley block
moufle (f) motrice

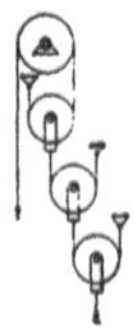

движущій полиспастъ (m)
taglia (f) motrice
polipasto (m) motor

---

2 Handflaschenzug (m), Handrollenzug (m)
hand pulley block
palan (m) à main

ручной полиспастъ (m)
paranco (m) a mano
polipasto (m) de mano

---

3 Faktorenflaschenzug (m)
works pulley block
mouflage (m) à plusieurs brins

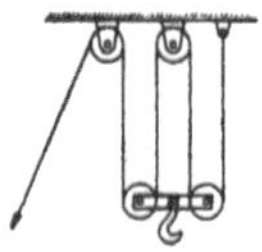

мультипликаторный полиспастъ (m)
taglia (f) multipla
polipasto (m) multiplicador

---

4 Potenzflaschenzug (m)
developed pulley block
mouflage (m) étagé

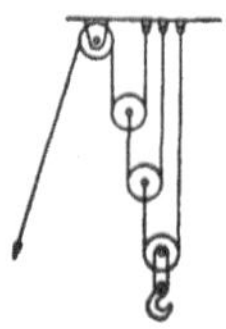

потенціальный полиспастъ (m)
taglia (f) a potenza
aparejo (m) múltiple [á potencia]

---

5 Gruppenflaschenzug (m)
group pulley blocks
mouflage (m) à plusieurs groupes

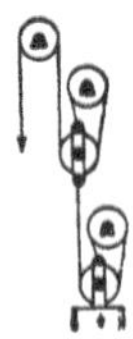

групповый полиспастъ (m)
taglia (f) a gruppi
aparejo (m) de grupos

---

6 Differentialflaschenzug (m)
differential pulley block
palan (m) différentiel

дифференціальный блокъ (m) *или* полиспастъ (m); дифференціальная таль (f)
taglia (f) differenziale
aparejo (m) diferencial, polea (f) diferencial

---

7 Differentialrolle (f)
differential pulley *or* sheave
poulie (f) différentielle

a

роликъ (m) дифференціальнаго блока
carrucola (f) *o* taglia (f) differenziale
polea (f) diferencial

---

8 Stirnradflaschenzug (m), Zahnradzug (m)
spur wheel pulley block
palan (m) à engrenages droits

блокъ (m) *или* полиспастъ (m) *или* таль (f) съ цилиндрическими колёсами; блокъ (m) съ зубчатыми колёсами
taglia (f) a ruote cilindriche
aparejo (m) de ruedas cilindricas

Schrauben[flaschen]zug (m)
worm and worm-wheel pulley block
palan (m) à vis [sans fin]

винтовой блокъ (m) *или* полиспастъ (m); винтовая таль (f)
taglia (f) a vite senza fine
aparejo (m) de tornillo sin fin 1

Schnellflaschenzug (m)
high speed pulley block
palan (m) de vitesse

быстроходный блокъ (m) *или* полиспастъ (m); быстроходная таль (f)
paranco (m) *o* taglia (f) celere
motón (m) de velocidad 2

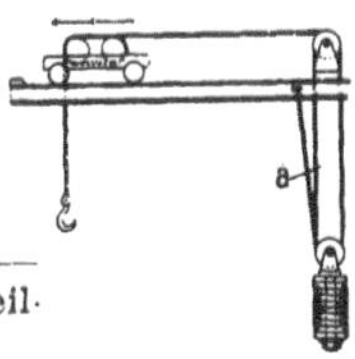

a

Spannflaschenzug (m)
tension pulley block
palan (m) tendeur

натяжной блокъ (m)
taglia (f) tenditrice
aparejo (m) tensor 3

Seilflaschenzug (m), Seilrollenzug (m)
rope pulley block
palan (m) *ou* moufle (f) à câble

канатный блокъ (m) *или* полиспастъ (m); канатная таль (f)
taglia (f) a fune
garrucha (f) de cable 4

Kettenflaschenzug (m), Kettenrollenzug (m)
chain pulley block
palan (m) *ou* moufle (f) à chaîne

цѣпной блокъ (m) *или* полиспастъ (m); цѣпная таль (f)
taglia (f) a catena
aparejo (m) de cadena 5

---

ein Seil (eine Kette) in den Flaschenzug einziehen (v)
to insert a rope (chain) in a pulley block
garnir (v) un palan (de sa chaîne) de son câble

вводить канатъ (цѣпь) въ полиспастъ; надѣ-ть (-вать) канатъ (цѣпь) на полиспастъ
infilare (v) una fune (una catena) in una taglia
introducir (v) un cable (una cadena) en el aparejo 6

Einziehen (n) des Seiles (der Kette) in den Flaschenzug
inserting a rope (chain) in the pulley block
introduction (f) du câble (de la chaîne) dans le palan

надѣванie (n) каната (цѣпи) на полиспастъ
infilare (m) una fune (una catena) in una taglia
introducción (f) del cable (de la cadena) en el aparejo 7

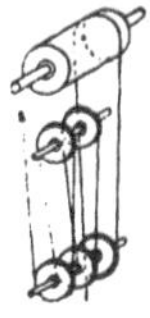

Zwillingflaschenzug (m)
twin *or* double pulley block
palan (m) jumelé

сдвоенный блокъ (m) *или* полиспастъ (m)
taglia (f) gemella
aparejo (m) gemelo 8

1	Ausgleichhebel (m), Balancier (m) balancing lever balancier (m), levier (m) d'équilibrage	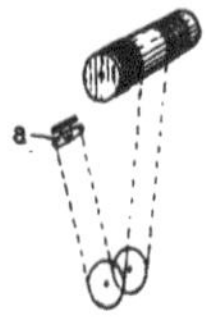 a	уравнительный рычагъ (m); балансиръ (m) bilanciere (m), leve (f) di compensazione balancín (m)
2	Kranrollenzug (m) crane pulley block moufle (f) *ou* poulie (f) attachée à une grue	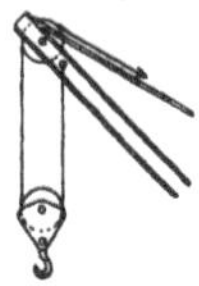	крановый полиспастъ (m) *или* блокъ (m); крановая таль (f) taglia (f) per gru aparejo (m) para grúa
3	Lastaufhängung (f) suspension of load suspension (f) de la charge		подвѣсъ (m) груза sospensione (f) del carico suspensión (f) de la carga
4	Tragwerkzeug (n) holding tackle appareil (m) de suspension, organes (m pl) de suspension		приспособленіе (n) для подвѣшиванія apparecchio (m) portante *o* d'attacco aparato (m) de suspensión
5	Haken (m) hook crochet (m)		крюкъ (m) gancio (m) gancho (m)
6	Lasthaken (m) load hook crochet (m) porte-charge		грузовой *или* грузоподъёмный крюкъ (m) gancio (m) porta-carico gancho (m) porta-carga
7	Hakenmaul (n), Hakenweite (f) opening of hook ouverture (f), bec (m) du crochet	a	отверстіе (n) крюка apertura (f) del gancio boca (f) del gancho
8	Hakenschaft (m) hook shank fût (m) *ou* tige (f) du crochet	b	цапфа (f) крюка fusto (m) del gancio cuello (m) del gancho
9	Hakenkehle (f) body of hook coude (m) *ou* gorge (f) du crochet	c	стержень (m) крюка collo (m) del gancio cuerpo (m) del gancho
10	Hakenform (f) shape of hook forme (f) du crochet		форма (f) крюка forma (f) del gancio forma (f) del gancho
11	Hakengeschwindigkeit (f) hook speed *or* velocity vitesse (f) du crochet		скорость (f) крюка velocità (f) [di sollevamento] del gancio velocidad (f) [de elevación] del gancho

Hakengehäuse (n) hook casing *or* housing boite (f) du crochet	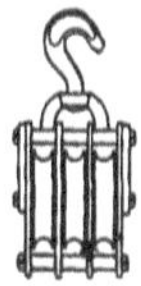	коробка (f) *или* обойма (f) крюка gabbia (f) del gancio caja (f) del gancho	*1*
Hakenweg (m) travel of hook trajet (m) du crochet	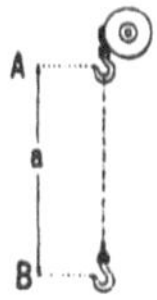 a	путь (m) крюка via (f) del gancio trayecto (m) del gancho	*2*
Hakenstellung (f) hook position position (f) du crochet	A B	положенiе (n) крюка posizione (f) del gancio posición (f) del gancho	*3*
höchste Hakenstellung (f) highest position of hook position (f) supérieure du crochet	A	высшее *или* крайнее верхнее положенiе (n) крюка posizione (f) maggiore del gancio posición (f) superior del gancho	*4*
tiefste Hakenstellung (f) lowest position of hook position (f) inférieure du crochet	B	низшее *или* крайнее нижнее положенiе (n) крюка posizione (f) minore del gancio posición (f) inferior del gancho	*5*
Hakengeschirr (n) hook utensils *or* fittings accessoires (m pl) du crochet		упряжка(f) крюка; принадлежности (f pl) къ крюку accessori (m pl) del gancio accesorios (m pl) del gancho	*6*
Hakengewicht (n), Belastungsgewicht(n) des Hakens weight on hook poids (m) d'entrainement *ou* additionnel, contrepoids (m) du crochet	a	грузило (n) крюка peso (m) del gancio peso (m) de carga *ó* adicional del gancho	*7*
Kugelgewicht (n) weight of ball contrepoids (m) à boulet		шаровый грузъ (m); шаровое грузило (n) peso (m) a palla peso (m) esférico *ó* en forma de bola	*8*

1 Kettenhaken (m)
chain hook
crochet (m) de chaîne

цѣпной крюкъ (m)
gancio (m) da catena
gancho (m) para cadena

---

2 Seilhaken (m)
rope hook
crochet (m) de câble

канатный крюкъ (m)
gancio (m) da fune
gancho (m) para cable

---

3 Doppelhaken (m), Widderkopf (m)
double ramshorn *or* hook
crochet (m) double

двойной крюкъ (m)
gancio (m) doppio
gancho (m) doble

---

4 Ösenhaken (m)
eye hook
crochet (m) à œillet

крюкъ (m) съ ушкомъ
griffa (f) adocchiello
gancho (m) de ojal

---

5 Wirbelhaken (m)
shackle *or* swivel hook
crochet (m) à tourillon, émerillon (m)

вертлюжный крюкъ (m)
griffa (f) *o* gancio (m) giratorio
gancho (m) giratorio

---

6 S-Haken (m)
S-hook
crochet (m) en S

S-образныи крюкъ (m)
gancio (m) in forma di S
gancho (m) en S

---

7 Karabinerhaken (m)
carbine
crochet (m) porte-mousqueton

крюкъ (m) съ замкомъ; крюкъ съ карабиномъ
gancio (m) porta-carabina
gancho (m) de mosquetón *ó* mosquetero

---

8 Sicherheitshaken (m)
safety hook
crochet (m) de sûreté

предохранительный крюкъ (m)
gancio (m) di sicurezza
gancho (m) de seguridad

Klauenhaken (m)
claw-hook
crochet (m) à griffes

когтеобразный крюкъ (m)
gancio (m) a griffa 1
gancho (m) de garras ó garfios

Zughaken (m)
draw bar hook
crochet (m) de traction *ou* d'attelage

a

тяговый крюкъ (m)
gancio (m) di trazione 2
gancho (m) de tracción

---

leerer *oder* unbelasteter Haken (m)
empty hook
crochet (m) à vide

пустой *или* ненагружённый крюкъ (m)
gancio (m) non caricato 3
gancho (m) no cargado

---

die Last an den Haken hängen (v) *oder* in den Haken einhängen (v), die Last einhaken (v)
to put the load on the hook
accrocher (v) la charge, suspendre (v) *ou* amarrer (v) la charge au crochet

прицѣпить *или* подвѣсить грузъ къ крюку
sospendere (v) *od* attaccare (v) il carico al gancio 4
suspender (v) *ó* colgar (v) la carga al gancho

Schlaufe (f), Lastbügel (m)
loop, triangular lifting eye
boucle (f) *ou* oeillet (m) de suspension

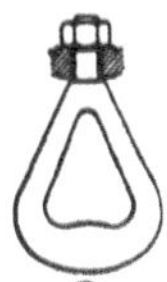

петля (f); грузовой бугель (m)
occhiello (m) triangolare 5
aspa (f), ojuelo (m)

Schäkel (n)
shackle
maillon (m) d'émerillon

дужка (f) *или* ушко (n) крюка
anello (m) porta-gancio 6
eslabón (m) giratorio

Kuhmaul (n)
D-shackle
manille (f) en forme de D

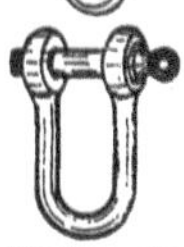

D-образная дужка (f)
maniglia (f) in forma di D 7
grillete (m) en forma de D

Öse (f)
eye
œillet (m)

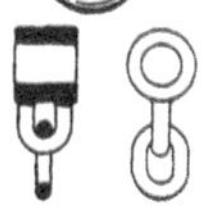

ушко (n); петля (f)
occhiello (m) 8
grillete (m), ojal (m)

Anschlagkette (f), (Anschlagseil (n)), [Last-] Schlingkette (f), Schlenkkette (f)
sling chain (sling rope)
chaîne (f) (câble (m)) à deux bouts tendus

грузовая цѣпь (f), (грузовой канатъ (m))
catena (f) *o* fune (f) da imbracatura 9
cadena (f) de dos ramales

1 die Last anschlingen (v) *oder* anschlagen (v)
to sling the load
embrasser (v) le fardeau par un nœud [coulant]

накинуть цѣпь на грузъ
imbracare (v) il carico
abrazar (v) la carga

---

2 Anschlingen (n) *oder* Anschlagen (n) der Last
slinging of load
amarrage (m) par nœud

накидываніе (n) цѣпи на грузъ
imbracatura (f)
abrazamiento (m)

---

3 Faßkette (f)
barrel chain
chaîne (f) (à griffes) pour tonneaux

цѣпь (f) для подвѣшиванія бочекъ
catena (f) da barile
cadena (f) [con garras] para toneles

---

4 Bindekette (f)
binding chain
chaîne (f) embrassante pour fardeau

цѣпь (f) для подвѣшиванія
catena (f) abbracciacarico
cadena (f) para ceñir la carga

---

5 Greifwerkzeug (n)
gripping device
appareil (m) *ou* organes (m pl) de préhension

приспособленіе (n) для захвата; схватъ (m)
apparecchio (m) di presa
aparato (m) de toma

---

6 [Last-]Hebemagnet (m), Hubmagnet (m), [Kran-]Lastmagnet(m)
lifting magnet
électro-aimant (m) de suspension [de la charge]

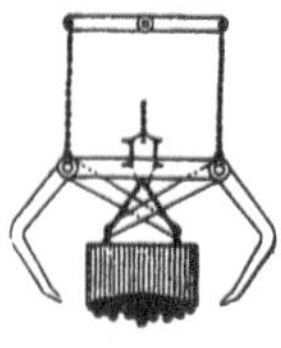

грузовой *или* грузоподъёмный магнитъ (m)
magnete (m) leva-carico, magnete (m) di sospensione
electro-imán (m) de suspensión (de la carga)

---

7 Ringmagnet (m)
ring *or* annular magnet
électro-aimant (m) annulaire

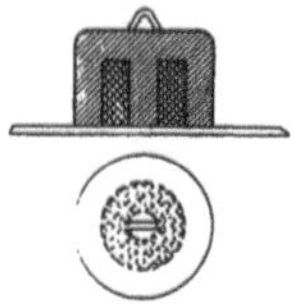

кольцевой магнитъ (m)
magnete (m) annulare
electro-imán (m) anular

---

8 Lastmagnet (m) mit beweglichen Polen
lifting magnet with movable poles
électro-aimant (m) de soulèvement *ou* de préhension de fardeau à poles mobiles

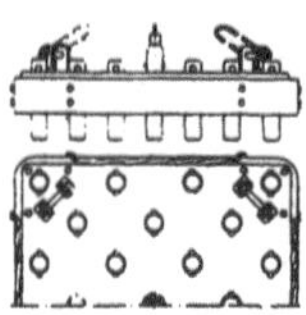

грузовой *или* грузоподъёмный магнитъ (m) съ подвижными полюсами
magnete m) di sollevamento a poli mobili
electro-imán (m) de elevación con polos móviles

Lastmagnet (m) mit Sicherheitsbügeln load magnet with safety jaws *or* claws électro-aimant (m) de préhension de fardeau avec grappin de sûreté	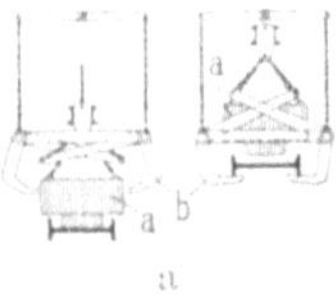	грузовой *или* грузоподъёмный магнитъ (m) съ предохранительными скобами *или* схватами magnete (m) di sollevamento con staffe di sicurezza electro-imán (m) de elevación con estribos de seguridad	*1*
Sicherheitsbügel (m), Sicherheitsgreifer (m) safety gripper étrier (à griffes) de sûreté, grappin (m) de sûreté	b	предохранительная скоба (f); предохранительный схватъ (m) staffa (f) di sicurezza, griffa (f) di sicurezza estribo (m) (con garras ó de garfios) de seguridad	*2*
Pendelmagnet (m) pendulum magnet électro-aimant (m) pendulaire		качающійся магнитъ (m) magnete (m) a pendolo pendulo (m) magnetico	*3*
Zange (f) tongs tenailles (f pl), tenaille (f), pince (f)	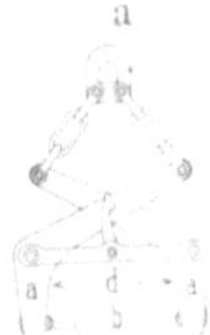	клещи (f pl) tanaglia (f) tenazas (f pl)	*4*
Zangenschenkel (m), Zangenarm (m) tong arm bras (m) de la tenaille	a	плечо (n) клещей braccio (m) della tanaglia brazo (m) de las tenazas	*5*
Zangenmaul (n) tong jaws mâchoire (f) de tenaille	b	зѣвъ (m) *или* пасть (f) клещей mascella (f) della tanaglia abertura (f) de las tenazas	*6*
Körnerspitze (f), Zangenspitze (f) tong point arêtes (f pl) de la mâchoire *ou* de la tenaille	c	остріе (n) клещей punta (f) della tanaglia morsa punta (f) de las tenazas	*7*
Spitzenentfernung (f), Maulweite (f) width of jaw distance (f) entre arêtes (de mâchoire), ouverture (f) de tenaille	d	растворъ (m) клещей larghezza (f) tra mascelle distancia (f) entre las puntas	*8*

1	gesteuerte Zange (f) guided tongs tenaille (f) commandée mécaniquement		управляемыя клещи (f pl) tanaglia (f) comandata tenazas (f pl) mandadas mecánicamente
2	Zangensteuerung (f) tongs control commande (f) [mécanique] de tenaille	a	приспособленіе (n) для управленія клещами comando (m) della tanaglia mando (m) de las tenazas
3	Zange (f) mit Schlitzführung tongs with slot guide tenaille (f) coulissante *ou* à guidage à coulisse		клещи (f pl) съ направляющей кулиссой *или* съ направляющимъ прорѣзомъ tanaglia (f) con guida ad intaglio tenazas (f pl) con guiadera
4	Schlitzführung (f) slot guide guidage (m) à coulisse	a	направляющая кулисса (f); направляющій прорѣзъ (m) guida (f) ad intaglio guiadera (f)
5	geführte Zange (f) guided tongs tenaille (f) guidée	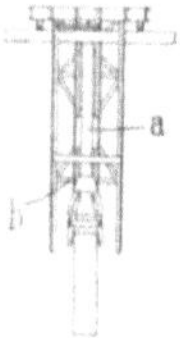	направляемыя клещи (f pl) tanaglia (f) guidata tenazas (f pl) guiadas
6	Zangenbaum (m), Zangenstempel (m) tong beam poinçon (m) *ou* tige (f) porte-tenaille	a	стержень (m), несущій клещи albero (m), porta-tanaglia (f) árbol (m), porta-tenazas (f)
7	Zangenführung (f) tongs guiding guidage (m) de tenaille	b	направляющія (f pl) клещей guida (f) della tanaglia guía (f) de las tenazas
8	Kniehebelzange (f) toggle lever tongs grappin (m) à leviers coudés	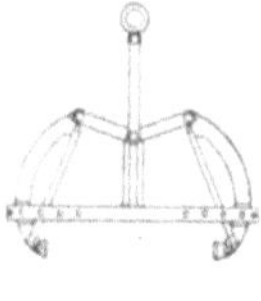	клещи (f pl) *или* схваты (m pl) съ колѣнчатыми рычагами tanaglia (f) a leva articolata tenazas (f pl) de palancas acodadas

Blockzange (f)
tongs for blocks
tenaille (f) à lingot

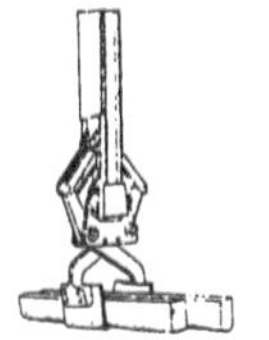

клещи (f pl) *или* схваты (m pl) для болванокъ
tanaglia (f) per blocchi 1
tenazas (f pl) para lingotes

---

wagerechte Blockzange (f)
horizontal block tongs
tenaille (f) horizontale pour lingot

горизонтальныя клещи (f pl) *или* схваты (m pl) для болванокъ
tanaglia (f) da blocchi orizzontale 2
tenazas (f pl) horizontales para lingotes

Blechzange (f)
sheet iron tongs
tenaille (f) pour tôle

схваты (m pl) для листовъ
tanaglia (f) da lamiera 3
tenazas (f pl) para chapas

Trägerzange (f)
girder tongs
tenaille (f) *ou* grappin (m) de suspension

клещи (f pl) *или* схваты (m pl) для балокъ
tanaglia (f) di sospensione 4
tenazas (f pl) *ó* garfio (m) de suspensión

Kistenzange (f)
box tongs
grappin (m) *ou* pince (f) de suspension pour caisses

клещи (f pl) *или* схваты (m pl) для ящиковъ
tanaglia (f) per sospensione delle casse 5
tenazas (f pl) de suspensión para cajas *ó* para suspender las cajas

---

Sackzange (f)
sack tongs
pince (f) pour sacs

схваты (m pl) для мѣшковъ *или* для тюковъ 6
tanaglia (f) per sacchi
tenazas (f pl) para sacos

Steinzange (f)
stone tongs
pince (f) *ou* grappin (m) de suspension pour blocs de pierre

клещи (f pl) *или* схваты (m pl) для камней
tanaglia (f) per la sospensione delle pietre 7
tenazas (f pl) (de suspensión) para bloques de piedras

Steinwolf (m)
lewis
louve (f), pince (f) à soulever les pierres

схватъ (m) для подниманія камней
lupo (m) levasassi 8
loba (f), clavija (f) *ó* tenazas (f pl) para levantar piedras

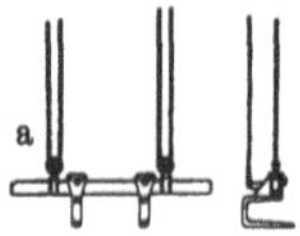

1 Pratze (f)
claw
griffe (f)

лапа (f)
branca (f), tanaglia (f) ugna (f)
garra (f), zarpa (f)

---

2 Pratzengehänge (n)
claw suspension gear
[appareil (m) de] suspension (f) à griffes

a

подвѣска (f) лапы
apparecchio (m) di sospensione di branca *o* di tanaglia
aparato (m) de suspensión de las garras

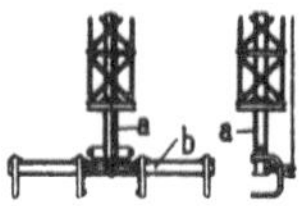

3 Pratzenbaum (m), Pratzenstempel (m)
claw beam
poinçon (m) *ou* tige (f) porte-griffes

стержень (m), несущій клещи
punzone (m), asta (f), porta-branca (f), porta-tanaglia (f)
árbol (m) porta-garras

a

---

4 Pratzentraverse (f)
claw traverse
traverse (f) porte-griffes

b

поперечина (f) лапы
traversa (f) di branca tanaglia
traviesa (f) de la garra

---

5 eine Last mit den Pratzen aufnehmen (v)
to take up a load with the claws
saisir (v) un fardeau par des griffes

поднять грузъ на лапѣ
afferare (v) un fardello con branche
tomar (v) una carga con la garra

---

6 eine Last von den Pratzen abwerfen (v)
to throw a load off the claws
dégager (v) des griffes une charge *ou* un fardeau

сбросить грузъ съ лапы
svincolare (v) un peso dalle branche
soltar (v) los garfios una carga

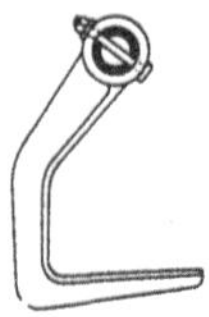

7 feste Pratze (f)
fixed claw
griffe (f) fixe

неподвижная лапа (f)
branca (f) *o* tanaglia (f) fissa
garra (f) fija

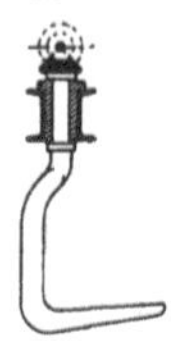

8 drehbare Pratze (f)
revolvable claw
griffe (f) rotative

поворотная лапа (f)
branca (f) *o* tanaglia (f) rotativa
garra (f) giratoria

9 kippbare Pratze (f)
tiltable claw
griffe (f) basculante

опрокидывающаяся лапа (f)
branca (f) *o* tanaglia (f) a bilancia
garra (f) volcadora

die Pratze kippen (v)
to tilt the claw
faire basculer (v) la griffe

опроки-нуть (-дывать) лапу
far bilanciare (v) la tanaglia *o* la branca
volcar (v) la garra 1

Übersetzungsteile
Geared Transmission
Organes de transmission

Передача
Organi di trasmissione 2
Órganos de transmisión

Übersetzungsgetriebe (n)
geared transmission mechanism
mécanisme (m) de réduction *ou* de multiplication *ou* de transmission, engrenages (m pl) intermédiaires

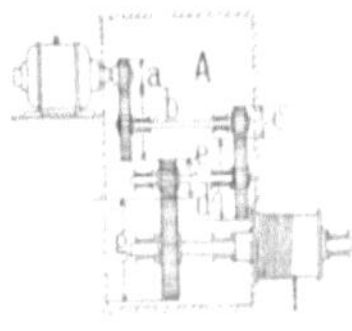

A

передаточный механизмъ (m)
meccanismo (m) di trasmissione 3
mecanismo (m) de transmisión *ó* de multiplicación

Übersetzungsverhältnis (n)
gear-ratio
rapport (m) de multiplication *ou* de transmission

$$\frac{a}{b} \times \frac{c}{d} \times \ldots$$

передаточное число (n); отношение (n)
rapporto (m) di trasmissione 4
relación (f) de transmisión *ó* de multiplicación

Übersetzung (f)
simple gear
multiplication (f), réduction (f), démultiplication (f)

$$\frac{a}{b}$$

передача (f)
trasmissione (f)
transmisión (f), multiplicación (f) 5

Übersetzungsstufe (f)
gear graduation
degré (m) de multiplication *ou* de réduction

$$\frac{a}{b}, \frac{c}{d}, \frac{e}{g}$$

частичная *или* частная передача (f); величина (f) *или* ступень (f) передачи
grado (m) di trasmissione 6
grado (m) de transmisión

Übersetzungsorgan (n)
part of gear
organe (m) de transmission

передаточный органъ (m)
organo (m) di trasmissione 7
órgano (m) de transmisión

Geschwindigkeitsübersetzung (f)
speed gearing
multiplication (f) *ou* réduction (f) de vitesse

передача (f) скорости
trasmissione (f) di velocità 8
transmisión (f) de velocidad

Übersetzung (f) ins Langsame
gearing down
division (f), démultiplication (f), réduction (f) de vitesse [par la transmission]

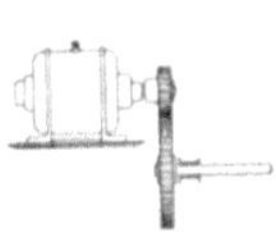

замедлительная *или* замедленная передача (f)
trasmissione (f) con riduzione di velocità 9
transmisión (f) con reducción de velocidad

1 die Bewegung ins Langsame übersetzen (v)
to gear down
réduire (v) la vitesse du mouvement [par la transmission]
замедлить движенie посредствомъ передачи
trasmettere (v) il movimento con riduzione di velocità
reducir (v) la velocidad por transmisión

---

2 Übersetzung (f) ins Schnelle
gearing up
multiplication (f) (proprement dite), augmentation (f) de vitesse [par la transmission]

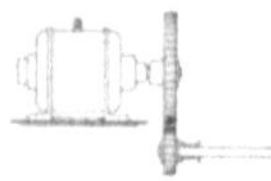

ускорительная *или* ускоренная передача (f)
trasmissione (f) con aumento di velocità
transmisión (f) con aumento de velocidad

---

3 die Bewegung ins Schnelle übersetzen (v)
to gear up
multiplier (v) *ou* augmenter (v) la vitesse
ускорить движенie посредствомъ передачи
trasmettere (v) il movimento con aumento di velocità
aumentar (v) la velocidad por multiplicación

---

4 Kraftübersetzung (f)
increasing force by gearing
multiplication (f) de force
передача (f) силы
rapporto (m) di forza
transmisión (f) de fuerza

---

5 Hubübersetzung (f)
increasing lift by gearing
multiplication (f) de la course [de levage], rapport (m) de transmission en fonction de la course
передача (f) перемѣщенія *или* подъёма *или* хода
rapporto (m) di sollevamento
multiplicación (f) de carrera

---

6 Wegübersetzung (f)
alteration of path by gearing
multiplication (f) du trajet
передача (f) пути
rapporto (m) di corsa
multiplicación (f) de camino

---

7 Zahnradgetriebe (n), Räderwerk (n), Zahnradübersetzung (f), Räderübersetzung (f)
tooth gear
[transmission (f) par] engrenage (m), harnais (m) d'engrenages

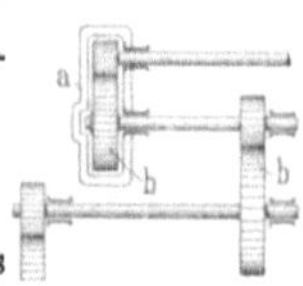

зубчатая передача (f); колёсная передача (f)
ingranaggio (m)
sistema (m) de engranaje, transmisión (f) por engranaje

---

8 Räderschutzkasten (m), Zahnradkasten (m)
toothed wheel box
carter (m) *ou* boite (f) d'engrenages, couvre-engrenage (m)
кожухъ (m) *или* коробка (f) *или* ящикъ (m) для зубчатыхъ колёсъ
scatola (f) dell'ingranaggio
caja (f) de engranaje, cubre-engranaje (m)

Zahnradvorgelege (n) tooth gear engrenage (m) de renvoi, renvoi (m) à engrenages	b	зубчатая передача (f); передача зубчатыми колёсами ingranaggio (m) di rinvio, rinvio (m) ad ingranaggio contramarcha (f) de engranaje	*1*
Zahnradantrieb (m) tooth gear drive commande (f) par roues dentées, commande (f) par engrenages		зубчатый приводъ (m) comando (m) a ruote dentate mando (m) *ó* impulsión (f) por ruedas dentadas	*2*
einfache Räderübersetzung (f) simple geared transmission multiplication (f) *ou* transmission (f) simple par engrenages	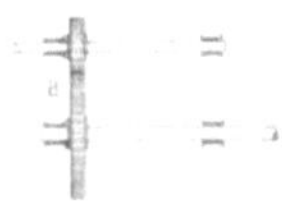	простая зубчатая *или* колёсная передача (f) trasmissione (f) a ruote dentate semplice transmisión (f) sencilla de ruedas dentadas	*3*
Zahnräderpaar (n) pair of toothed wheels paire (f) de roues dentées *ou* de roues d'engrenage	a	пара (f) зубчатыхъ колёсъ paio (m) *o* coppia (f) di ruote dentate par (m) de ruedas dentadas	*4*
doppelte Räderübersetzung (f) double geared transmission multiplication (f) *ou* transmission (f) double par engrenage *ou* à deux harnais	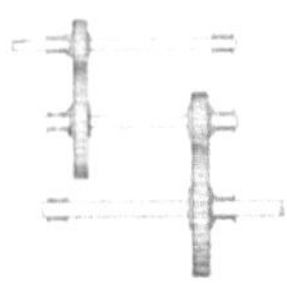	двойная зубчатая *или* колёсная передача (f) trasmissione (f) a ruote dentate doppia transmisión (f) doble de ruedas dentadas	*5*
umschaltbare *oder* auswechselbare Räderübersetzung (f) exchangeable spur gear réduction (f) *ou* multiplication (f) variable par engrenages		переключаемая колёсная передача (f) trasmissione (f) a ruote dentate interscambiabile transmisión (f) variable de ruedas dentadas	*6*
Wechselvorgelege (n) changing gear renvoi (m) de changement de marche, mécanisme (m) intermédiaire pour le renversement de marche	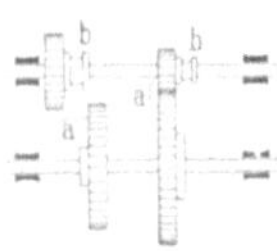 a	приводъ (m) со смѣнной передачей rinvio (m) ad innesto cambio (m) de marcha por tren de engranajes desplazable	*7*
ein- und ausrückbares Zahnrad (n) sliding spur wheel pignon (m) mobile (dans le sens de l'arbre), roue (f) dentée baladeuse, pignon (m) d'embrayage *ou* baladeur	b	вдвижное и выдвижное *или* включаемое и выключаемое зубчатое колесо (n) rocchetto (m) spostabile *o* ad innesto rueda (f) dentada móvil, piñón (m) desplazable	*8*

1 Wechselrädergetriebe (n), Wechselräderwerk (n)
change wheel drive
engrenage (m) à baladeurs *ou* à débrayage
передача (f) съ перемѣнными скоростями; передача со смѣнными колёсами
ingranaggio (m) ad innesto
engranaje (m) de cambio *ó* de embrague

---

2 Zahnrad (n)
toothed wheel
roue (f) d'engrenage, roue (f) dentée

зубчатое колесо (n)
ruota (f) d'ingranaggio, ruota (f) dentata
rueda (f) dentada *ó* de engranaje

---

3 Teilkreis (m)
pitch circle, pitch-line
cercle (m) primitif

b

начальная *или* дѣлительная окружность (f)
circolo (m) primitivo
circunferencia (f) primitiva

---

4 Kopfkreis (m), Spitzenkreis (m), Kronenkreis (m)
addendum-circle, point circle
cercle (m) de tête, cercle (m) de couronne

c

кругъ (m) выступовъ *или* головокъ; окружность (f) выступовъ
circolo (m) di testa *o* esterno
circunferencia (f) de cabeza, periferia (f)

---

5 Fußkreis (m), Wurzelkreis (m)
root-circle, root-line, dedendum-line
cercle (m) de fond, cercle (m) de pied, cercle (m) intérieur

d

кругъ (m) впадинъ *или* ножекъ; корневая окружность (f)
circolo (m) di base
circunferencia (f) de pie *ó* interna

---

6 Zahnteilung (f), Teilung (f) des Zahnrades, [Zahn-]Radteilung (f)
pitch of teeth
pas (m) circulaire

шагъ (m) зацѣпленія; шагъ зубца *или* зуба
passo (m) della dentatura
paso (m) circular

---

7 Modulteilung (f)
diametral pitch
pas (m) de la denture *ou* circulaire [étant un multiple de „π"]

шагъ (m), выраженный въ π
divisione (f) a modulo
paso (m) del engranaje

---

8 Modul (m), Stichzahl (f)
module
module (m), pas (m) diamétral

$t = m \cdot \pi$

модуль (m); діаметральный шагъ (m)
modulo (m)
módulo (m)

---

9 Zahn (m)
tooth
dent (f)

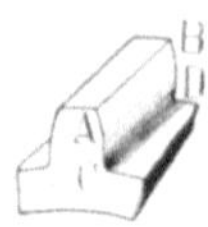

зубъ (m); зубецъ (m)
dente (m)
diente (m)

---

10 Zahnform (f), Zahnprofil (n)
tooth end elevation
profil (m) de la dent

A — C

профиль (f) зубца; боковая поверхность (f) зуба
profilo (m) del dente
perfil (m) del diente

Zahnflanke (f)
flank of a tooth, face of tooth (A)
foce (f) *ou* flanc (m) de la dent

A B D C

очертанiе (n) зубца; боковая поверхность (f) зуба 1
fianco (m) del dente
flanco (m) del diente

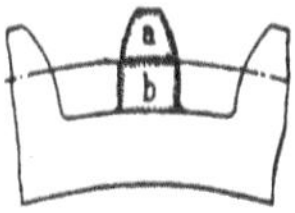

Zahnkopf (m)
point of tooth
tête (f) de la dent

головка (f) зубца; выступъ (m) зуба 2
testa (f) del dente
cabeza (f) del diente

a

---

b

Zahnfuß (m)
root of tooth
pied (m) de la dent

ножка (f) зубца; основанiе (n) зуба
piede (m) del dente 3
base (f) ó pie (m) del diente

Kopfhöhe (f)
height of point
hauteur (f) de la tête

высота (f) выступа *или* головки зубца 4
larghezza (f) della testa
altura (f) de la cabeza

a

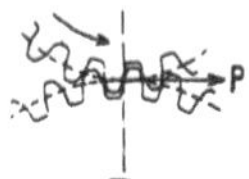

Zahndruck (m)
pressure on tooth
pression (f) sur la dent

давленiе (n) на зубъ *или* на зубецъ 5
pressione (f) sul dente
presión (f) sobre el diente

P

Zahnbruch (m)
fracture of tooth
rupture (f) de dent

поломка (f) зубца *или* зуба 6
rottura (f) del dente
rotura (f) del diente

Zahnreibung (f)
tooth-friction
frottement (m) des dents

тренiе (n) на зубьяхъ *или* на зубцахъ
attrito (m) fra i denti 7
rozamiento (m) del diente

Zahnreibungsarbeit (f)
work done against tooth friction
travail (m) de frottement des dents

работа (f) тренiя на зубьяхъ *или* на зубцахъ
lavoro (m) d'attrito fra i denti 8
trabajo (m) de rozamiento del diente

---

roh gegossener Zahn (m)
rough tooth, cast tooth
dent (f) brute de fonderie

литой необработанный зубецъ (m) *или* зубъ (m)
dente (m) greggio di fusione 9
diente (m) fundido en bruto

---

geschnittener Zahn (m)
machine cut tooth
dent (f) taillée

нарѣзанный зубъ (m)
dente (m) tagliato 10
diente (m) cortado

---

gefräster Zahn (m)
milled tooth
dent (f) taillée à la fraise

фрез[ир]ованный зубецъ (m); вышарошенный зубъ (m) 11
dente (m) fresato
diente (m) fresado

1 aus dem Vollen gefräster Zahn (m)
tooth cut from the solid wheel
dent (f) fraisée dans la masse
зубъ (m), фрез[ир]ованный изъ диска; зубецъ (m), выпарошенный изъ цѣлаго
dente (m) fresato nella massa
diente (m) fresado en la masa

---

2 gehobelter Zahn (m)
planed tooth
dent (f) rabotée
строганный зубъ (m) *или* зубецъ (m)
dente (m) lavorato, dente (m) piallato
diente (m) cepillado

---

3 Zahneingriff (m)
engagement *or* mesh *or* gear of tooth
engrènement (m) de la dent
зацѣпленіе (n) зуба
ingranaggio (m) del dente
engrane (m) del diente

---

4 die Räder in Eingriff bringen (v)
to throw into gear, to engage, to mesh
faire engrener (v), mettre (v) en prise
сцѣп-ить (-лять) колёса
ingranare (v) le ruote
engranar (v)

---

5 die Räder außer Eingriff bringen (v)
to throw out of gear *or* mesh, to disengage
désengrener (v)
расцѣп-ить (-лять) колёса
disingranare (v) le ruote
desengranar (v) las ruedas

---

6 die Räder stehen in Eingriff *oder* greifen ein
the wheels engage *or* mesh *or* gear
les roues sont engrenées, les roues engrènent
колёса (n pl) сцѣплены
le ruote ingranano
las ruedas engranan

---

7 Zykloïdenverzahnung (f)
cycloidal gear system *or* teeth
denture (f) cycloïdale

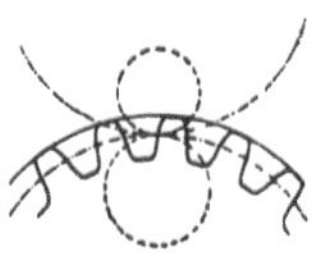

циклоидальное зацѣпленіе (n)
dentatura (f) cicloidale
engranaje (m) cicloidal

---

8 Evolventenverzahnung (f)
involute system *or* teeth, single curve gear
denture (f) à développante de cercle

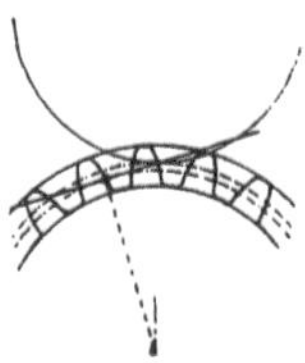

эвольвентное *или* развёрточное зацѣпленіе (n)
ingranaggio (m) a sviluppante
engranaje (m) de evolvente de círculo

---

9 Triebstockverzahnung (f)
pin wheel, mangle gear
denture (f) à fuseaux

цѣвочное зацѣпленіе (n)
ingranaggio (m) a lanterna
engranaje (m) de linterna de husillos

Punktverzahnung (f)
point gear
tracé (m) des dents par points

точечное зацѣпленіе (n)
traccia (f) dei denti per punte 1
trazado (m) de dientes por medio de puntas

Innenverzahnung (f)
internal teeth
denture (f) intérieure

внутреннее зацѣпленіе (n)
dentatura (f) interna 2
engranaje (m) interior

Aussenverzahnung (f)
external teeth
denture (f) extérieure

внѣшнее зацѣпленіе (n)
dentatura (f) esterna 3
engranaje (m) exterior

Stirnradantrieb (m)
spur wheel driving
commande (f) par roues dentées cylindriques, commande (f) par roues dentées droites

приводъ (m) съ цилиндрическими колёсами
comando (m) a ruote dentate cilindriche 4
impulsión (f) *ó* mando (m) por ruedas cilíndricas

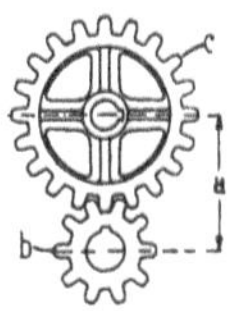

Stirnrädergetriebe (n)
spur wheel gear
engrenage (m) droit

передача (f) цилиндрическими колёсами; цилиндрическая зубчатая передача 5
ingranaggio (m) cilindrico
engranaje (m) cilíndrico

---

a

Zentrale (f), Achsendistanz (f), Achsenabstand (m), Achsenentfernung (f), Achsenverbindungslinie (f)
distance between axes
distance (f) d'axe en axe *ou* des centres

разстояніе (n) между осями
distanza (f) tra centro e centro 6
distancia (f) entre los ejes

---

b

Zahntrieb (m), Ritzel (n), Triebling (m), Antriebritzel (n), Trieb (m), Treibrad (n), Antriebrad (n)
driving wheel, driver
pignon (m), roue (f) dentée motrice

приводное *или* ведущее колесо (n); шестерня (f)
rocchetto (m), pignone (m) 7
piñón (m), rueda (f) motriz

---

c

Stirnrad (n)
spur wheel
roue (f) dentée droite

цилиндрическое колесо (n)
ruota (f) dentata cilindrica 8
rueda (f) [dentada] cilíndrica *ó* recta

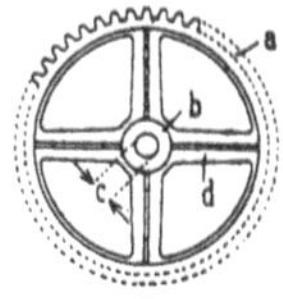

Zahnkranz (m)
spur *or* toothed rim
couronne (f) dentée

зубчатый вѣнецъ (m) *или* ободъ (m)
corona (f) dentata 9
corona (f) dentada

a

1	Radnabe (f) nave, boss, hub (A) moyeu (m) de la roue	b	втулка (f) *или* ступица (f) колеса mozzo (m) della ruota cubo (m) de la rueda
2	Bohrung (f) bore alésage (m)	c	отверстіе (n) въ ступицѣ foro (m), alesatura (f) mandrilnado (m), alesaje (m)
3	Radarm (m), Speiche (f) arm of a wheel, spoke bras (m) de la roue rais (m) rayon (m)	d	спица (f); ручка (f) razza (f) brazo (m) *ó* radio (m) de la rueda
4	aufgesetzter Zahnkranz (m) built-up toothed rim couronne (f) rapportée		насаженный *или* наставной ободъ (m) corona (f) riportata corona (f) postiza
5	Pfeilrad (n), Rad (n) mit Winkelzähnen double helical spur wheel, herringbone wheel roue (f) à denture à chevrons	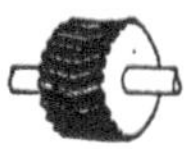	колесо (n) съ угловыми зубцами *или* со стрѣльчатыми зубьями; шевронное колесо ruota (f) con dentatura a cuspide rueda (f) de dientes angulares
6	Winkelzahn (m) double helical tooth, herringbone tooth dent (f) à chevron, chevron (m)		угловой зубецъ (m) *или* зубъ (m); шевронный зубецъ dente (m) a cuspide diente (m) angular
7	Zahnstangengetriebe (n) toothed rack and pinion engrenage (m) à crémaillère	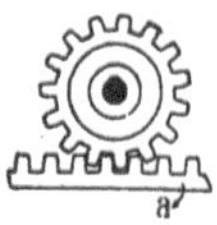	передача (f) зубчатой рейкой ingranaggio (m) ad asta dentata *o* dentiera *o* cremagliera engranaje (m) de cremallera
8	Zahnstange (f) toothed rack crémaillère (f)	a	зубчатая рейка (f) asta (f) dentata, cremagliera (f) cremallera (f)
9	Kegelradgetriebe (n) bevel gear system engrenage (m) conique *ou* d'angle	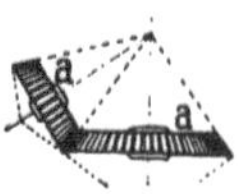	коническая зубчатая передача (f) ingranaggio (m) a ruote coniche engranaje (m) cónico
10	Kegelrad (n) bevel spur wheel roue (f) conique	a	коническое колесо (n) ruota (f) conica rueda (f) cónica

Winkelgetriebe (n), Winkeltrieb (m) mitre wheel gearing engrenage (m) conique *ou* d'angle		передача (f) коническими колёсами подъ прямымъ угломъ; коническая зубчатая передача подъ прямымъ угломъ ingranaggio (m) conico ad angolo retto engranaje (m) cónico de ángulo recto	*1*
Winkelrad (n) mitre wheel roue (f) d'angle	a	коническое колесо (n) зубчатой передачи подъ прямымъ угломъ ruota(f)conica ad angolo retto rueda (f) cónica de ángulo recto	*2*
Triebstockvorgelege (n) pin wheel gear transmission (f) à roues dentées à fuseau		цѣвочный приводъ (m) ingranaggio (m) a lanterna transmisión (f) de linterna de husillos	*3*
Triebstock (m) spindle *or* pin of pin wheel fuseau (m) de roue dentée	a	цѣвка (f) lanterna (f) husillo (m)	*4*
Triebstockrad (n) pin wheel roue(f)dentée à fuseaux, roue (f) à lanterne	b	цѣвочное колесо (n) ruota (f) a lanterna rueda (f) dentada de linterna [de husillos]	*5*
Triebstockkranz (m) lantern gear [couronne (f) de] lanterne (f) *ou* roue (f) à fuseaux	c	ободъ (m) цѣвочнаго колеса corona (f) *o* lanterna (f) a denti d'ingranaggio [corona (f) de] linterna (f) de husos	*6*
Planetenradgetriebe (n) sun and planet wheel gear engrenage(m) planétaire	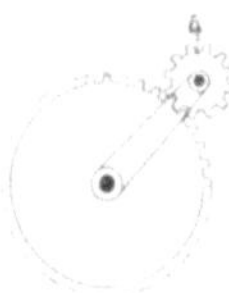	приводъ (m) съ планетнымъ колесомъ; планетный приводъ; планетарная передача (f) ingranaggio (m) planetario engranaje (m) planetario	*7*
Planetenrad (n) planet wheel roue (f) planétaire	a	планетное *или* планетарное колесо (n) ruota (f) planetaria piñón (m) planetario	*8*
Zwischenrad (n) intermediate *or* idle wheel roue (f) intermédiaire	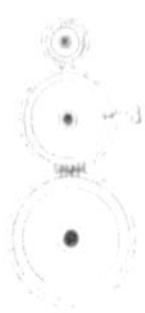 a	промежуточное колесо (n) ruota (f) intermediaria rueda (f) intermedia	*9*

1 Wendegetriebe (n), Kehrgetriebe (n)
turning gear
engrenage (m) de renversement de marche

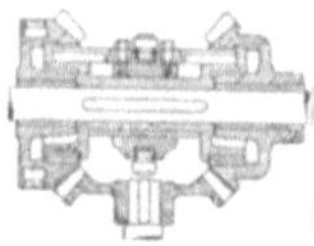

передача (f) съ перемѣной направленія вращенія механизма; передаточный механизмъ (m) съ перемѣной направленія движенія; [фрикціонъ (m)]
ingranaggio (m) ad inversione
engranaje (m) de inversión

---

2 Gußeisenrad (n)
cast iron wheel
roue (f) en fonte

чугунное колесо (n)
ruota (f) di ghisa
rueda (f) de fundición

---

3 Stahlgußrad (n)
cast steel wheel
roue (f) en acier coulé

колесо (n) [изъ] стального литья; колесо стальной отливки
ruota (f) di acciaio fuso
rueda (f) de acero fundido

---

4 Bronzerad (n)
bronze wheel
roue (f) en bronze

бронзовое колесо (n)
ruota (f) in bronzo
rueda (f) de bronce

---

5 Rohhautrad (n)
raw hide wheel
roue (f) en cuir vert

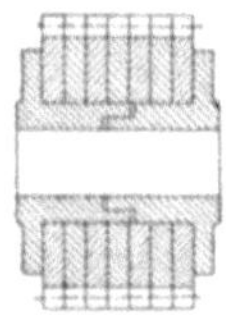

колесо (n) изъ сыромятной кожи *или* изъ сыромяти
ruota (f) di cuoio indurito
rueda (f) de cuero

---

6 Schnecken[rad]antrieb (m)
worm driving
commande (f) par roue à denture hélicoïdale et vis sans fin

червячный приводъ (m)
comando (m) a vite senza fine *o* perpetua
impulsión (f) *ó* mando (m) por rueda dentada helicoidal

---

7 Schneckengetriebe (n), Schneckentrieb (m), Wurmgetriebe, (n), Schraubengetriebe (n)
worm gear
engrenage (m) *ou* réducteur (m) à vis sans fin *ou* à vis tangente

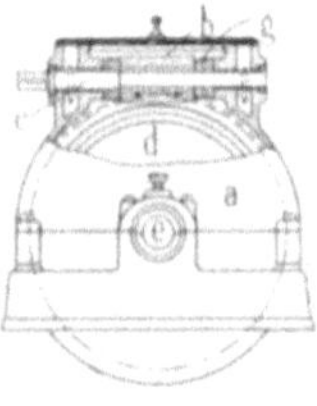

червячная передача (f); винтовая передача
ingranaggio (m) a vite senza fine *o* perpetua
engranaje (m) de tornillo sin fin

---

8 Schneckenkasten (m), Schneckengehäuse (n), Schneckentrog (m), Schneckenbock (m)
worm gear casing
boîte (f) *ou* carter (m) de vis sans fin

a

кожухъ (m) *или* коробка (f) червячной передачи
scatola (f) della vite senza fine *o* perpetua
caja (f) del tornillo sin fin

Schnecke (f), Schraube (f) ohne Ende, Wurm (m)
worm, endless screw
vis (f) sans fin, vis (f) tangente

b

червякъ (m); безконечный винтъ (m)
vite (f) senza fine *o* perpetua 1
tornillo (m) sin fin

Schneckenwelle (f)
worm shaft, spindle
arbre (m) de vis sans fin

c

червячный валъ (m)
albero (m) della vite senza fine *o* perpetua 2
árbol (m) del tornillo sin fin

Schneckenrad (n)
worm wheel, helical wheel
roue (f) hélicoïdale

d

червячное колесо (n); винтовое колесо 3
ruota (f) elicoïdale
rueda (f) helicoidal

Drucklager (n)
thrust bearing
palier (m) de butée

g

опорный *или* упорный подшипникъ (m)
sopporto (m) di spinta
soporte (m) de empuje *ó* de presión longitudinal 4

---

eingekapseltes Schnekkengetriebe (n)
cased worm gear
train (m) d'engrenage à vis sans fin dans un carter *ou* une boîte

закрытая червячная передача (f)
trasmissione (f) a vite perpetua racchiusa in scatola 5
engranaje (m) de tornillo sin fin protegido *ó* en caja

Schneckenvorgelege (n)
worm gear
renvoi (m) à vis sans fin *ou* à hélice, système réducteur (m) de vitesse, train (m) d'engrenage à vis sans fin

червячный приводъ (m)
rinvio (m) a vite senza fine *o* perpetua 6
transmisión (f) de tornillo sin fin *ó* de reducción de velocidad

---

mehrgängige Schnecke (f)
multiple thread worm
vis (f) sans fin à plusieurs entrées *ou* à plusieurs filets

многооборотный *или* многоходовой червякъ (m)
vite (f) perpetua a più vermi 7
tornillo (m) sin fin de múltiples pasos

---

zweigängiges [mehrgängiges] Schneckengetriebe (n)
double [multiple] thread worm gear
mécanisme (m) de transmission par vis sans fin à deux [plusieurs] filets *ou* à pas multiples

двухходовая (многоходовая) червячная передача (f)
ingranaggio (m) a vite perpetua a due vermi [più vermi] 8
engranaje (m) de tornillo sin fin de dos [múltiples] pasos

1 rechtsgängige Schnecke (f)
right hand worm
vis (f) sans fin dextrorsum *ou* à droite

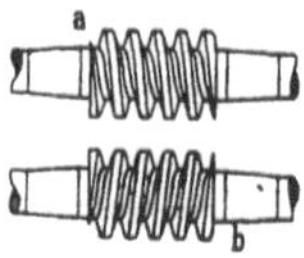

a

червякъ (m) съ правымъ ходомъ *или* съ правой рѣзьбой
vite (f) perpetua destrorsa
tornillo (m) sin fin de paso derecho

---

2 linksgängige Schnecke (f)
left-hand worm
vis (f) sans fin sinistrorsum *ou* à gauche

b

червякъ (m) съ лѣвымъ ходомъ *или* съ лѣвой рѣзьбой
vite (f) perpetua sinistrorsa
tornillo (m) sin fin de paso izquierdo

---

3 selbstsperrende Schnecke (f)
self-braking worm, worm incapable of overhauling
vis (f) sans fin à blocage automatique, vis (f) sans fin irréversible

червякъ (m) съ самоторможеніемъ; самотормазящій[ся] червякъ
vite (f) perpetua ad arresto automatico
tornillo (m) sin fin de cierre automático

---

4 Zwillingschnecke (f)
twin worm
vis (f pl) sans fin jumelles

сдвоенный червякъ (m)
vite (f) perpetua gemella
tornillo (m) sin fin gemelo

---

5 Grisson-[Zapfen-]Getriebe (n)
Grisson gudgeon gearing
engrenage (m) [à fuseaux] de Grisson

передача (f) Гриссона
ingranaggio (m) a denti alla Grisson
engranaje (m) [de husos] de Grisson

---

6 Reibungsgetriebe (n)
friction gear
transmission (f) à friction

передача (f) колёсами сцѣпленія *или* тренія; фрикціонная передача
trasmissione (f) a frizione
transmisión (f) por fricción

---

7 Reibungsrad (n), Reibrad (n)
friction wheel, friction pulley
roue (f) de friction, poulie (f) de friction

a

фрикціонное колесо (n); колесо сцѣпленія; колесо тренія
ruota (f) di frizione
rueda (f) de fricción

---

8 zylindrisches Reibungsrad (n)
cylindrical friction wheel
roue (f) cylindrique de friction

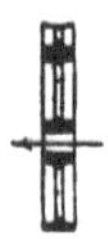

цилиндрическое фрикціонное колесо (n); цилиндрическое колесо сцѣпленія *или* тренія
ruota (f) di frizione cilindrica
rueda (f) cilindrica de fricción

Reibungskegelrad (n) friction bevel wheel roue (f) de friction conique		коническое фрикціонное колесо (n); коническое колесо сцѣпленія *или* тренія ruota(f)di frizione conica rueda (f) cónica de fricción	*1*
Keilrädergetriebe (n) wedge friction gear, multiple Y-gear, frictional grooved gearing, multiple groove friction gear engrenage (m) à friction, transmission (f) à friction par poulies à gorge	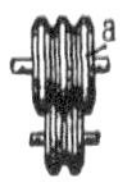	передача (f) клиновыми колёсами; передача помощью клиновыхъ колёсъ transmissione (f) con ruote a cuneo transmisión (f) de fricción por ruedas de garganta	*2*
Keilrad (n), Rillenrad (n) wedge friction wheel, grooved friction wheel roue (poulie) (f) à gorge triangulaire	a	клиновое *или* клинчатое *или* желобчатое колесо (n) ruota (f) a cuneo rueda (f) de garganta triangular	*3*
Planscheibengetriebe (n), Diskusgetriebe (n) right angle friction wheels, disc friction wheels (A), disc friction gear with shafts at right angles transmission (f) par plateaux de friction		передача (f) помощью дисковыхъ колёсъ; передача фрикціонными дисками trasmissione (f) a dischi di frizione transmisión (f) por disco *ó* platillo de fricción	*4*
Ketten[radan]trieb (m) chain drive pignon (m) à chaîne, transmission (f) par chaînes, commande (f) par roues à chaîne		приводъ (m) съ цѣпнымъ колесомъ; цѣпной приводъ comando (m) [con ruota] a catena impulsión (f) *ó* mando (m) por [ruedas de] cadena	*5*
Kettenradvorgelege (n) chain wheel gear train (m) intermédiaire de roues à chaîne, renvoi (m) pour roues à chaîne		передача (f) посредствомъ цѣпныхъ колёсъ; цѣпная передача rinvio (m) a catena contramarcha (f) de rueda de cadena	*6*
Riementrieb (m), Riemenantrieb (m) belt driving, flexible gearing (A) commande (f) par courroie	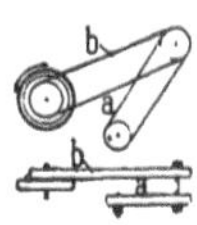	ременной приводъ (m) trasmissione (f) a cinghia transmisión (f) por correas	*7*
Riemenvorgelege (n) belt gear renvoi (m) à courroie	a	ременная передача (f) rinvio (m) a cinghia contramarcha (f) de correa	*8*
Treibriemen (m) driving belt courroie (f) de commande *ou* transmission	b	приводный ремень (m) cinghia (f) di comando correa (f) de mando *ó* impulsión	*9*

1	Antriebscheibe (f), treibende Scheibe (f), Treibscheibe (f) driving wheel *or* pulley poulie (f) de commande	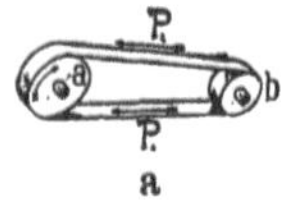	ведущій шкивъ (m) puleggia (f) di comando polea (f) motriz *ó* de impulsión
2	getriebene Scheibe (f) driven wheel *or* pulley poulie (f) commandée *ou* conduite	b	ведомый шкивъ (m) puleggia (f) comandata polea (f) impulsada *ó* mandada
3	Riemenspannung (f) belt tension tension (f) de courroie	P_1, P_2	натяженіе (n) ремня tensione (f) della cinghia tensión (f) de la correa
4	offener Riemen (m) open belt courroie (f) ouverte *ou* droite	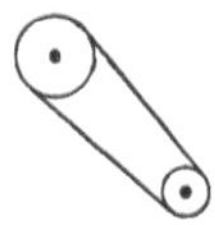	открытый ремень (m) cinghia (f) aperta correa (f) abierta
5	gekreuzter Riemen (m) crossed belt courroie (f) croisée		перекрёстный *или* скрещенный ремень (m) cinghia (f) incrociata correa (f) cruzada
6	Doppelriemen (m) double belt courroie (f) double		двойной ремень (m) cinghia (f) doppia correa (f) doble
7	mehrfacher Riemen (m) belt composed of several layers of material, multiple belting courroie (f) multiple		сложный *или* составной *или* многослойный ремень (m) cinghia (f) multipla correa (f) múltiple
8	den Riemen nähen (v) to lace the belt coudre (v) la courroie		сши-ть (-вать) ремень cucire (v) la cinghia coser (v) la correa
9	den Riemen leimen (v) to cement *or* glue the belt coller (v) la courroie		склеи-ть (-вать) ремень incollare (v) la cinghia encolar (v) la correa
10	Riemenschraube (f) screw belt fastener agrafe (f) de courroie à vis		винтовой соединитель (m) для ремней; винтовая сцѣпка (f) для ремней; винтъ (m) для соединенія концовъ ремня vite (f) per congiungere cinghie tornillo (m) para correa

Riemenkralle (f)
claw, belt fastener (A)
agrafe (f) à griffes pour courroie

пряжка (f) *или* скоба (f) для ремней
graffa (f) per cinghie
corchete (m) *ó* garra (f) para correa 1

Riem[en]scheibe (f)
belt pulley
poulie (f)

ременной шкивъ (m)
puleggia (f)
polea (f) 2

Fest- und Losscheibe (f)
fast and loose pulleys
poulie (f) fixe et poulie folle

рабочій и холостой шкивы (m pl)
puleggia (f) fissa e folle
polea (f) fija y polea loca 3

---

feste Riemscheibe (f), Festscheibe (f)
fast pulley, tight pulley
poulie (f) fixe

a

рабочій шкивъ (m)
puleggia (f) fissa
polea (f) fija 4

---

lose Riemscheibe (f), Losscheibe (f)
loose pulley
poulie (f) folle

b

холостой шкивъ (m)
puleggia (f) folle
polea (f) loca 5

Transmissionsorgane

Transmission Organs

Organes de transmission

Трансмиссіонные ***или*** **передаточные органы**

Organi di trasmissione

Órganos de transmisión 6

Achse (f)
axle
essieu (m), axe (m)

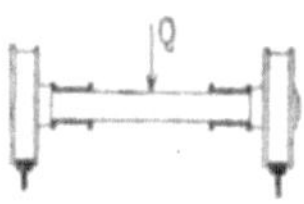

ось (f)
asse (m)
eje (m), árbol (m) 7

Achsdruck (m), Achsbelastung (f)
load on axle
charge (f) de l'essieu

Q

нагрузка (f) оси; давленіе (n) на ось
carico (m) dell'asse
carga (f) del eje 8

---

feste Achse (f)
rigid axle, stationary shaft
essieu (m) *ou* axe (m) fixe

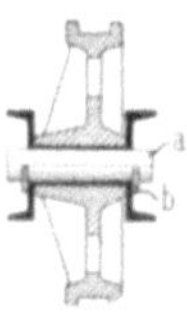

неподвижная ось (f)
asse (m) fisso
eje (m) fijo 9

1	Klemmblech (n), Arretierblech (n) stop-sheet, stop-plate plaque (f) de garde *ou* d'arrêt		зажимная планка (f): задерживающая *или* стопорная пластина (f) piastra (f) d'arresto *o* di guardia plancha (f) de retención
2	lose Achse (f), drehbare *oder* drehbar gelagerte Achse (f) movable *or* loose axle arbre (m) fou		подвижная ось (f) asse (m) folle árbol (m) loco
3	Welle (f) shaft arbre (m)	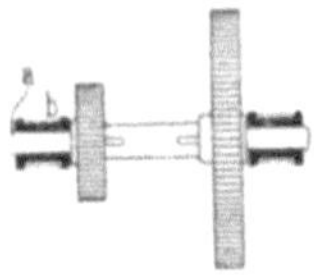	валъ (m) albero (m) árbol (m) ó eje (m) de transmisión
4	Wellenzapfen (m) journal tourillon (m)		цапфа (f) *или* шейка (f) *или* шипъ (m) вала perno (m) dell'albero gorrón (m) del árbol
5	Wellenlager (n) shaft *or* journal bearing palier (m)		подшипникъ (m) вала sopporto (m) dell'albero apoyo (m) del árbol
6	volle *oder* massive Welle (f) solid shaft arbre (m) plein *ou* massif		массивный *или* сплошной валъ (m) albero (m) pieno, albero (m) massiccio árbol (m) macizo
7	hohle Welle (f) hollow shaft arbre (m) creux		полый *или* пустотѣлый валъ (m) albero (m) cavo árbol (m) hueco
8	Vierkantwelle (f) square shaft arbre (m) carré		четырёхгранный валъ (m) albero (m) quadro árbol (m) cuadrado
9	glatte Welle (f) smooth shaft arbre (m) lisse		гладкій валъ (m) albero (m) liscio árbol (m) liso
10	abgesetzte Welle (f), Welle (f) mit abgesetzten Lagerstellen stepped shaft, shaft with journals turned down arbre (m) à fusées		валъ (m) съ уступами albero (m) a collari d'appoggio árbol (m) con gorrones
11	die Welle absetzen (v) to step *or* turn down the shaft diminuer (v) l'arbre en diamètre, tourner (v) les fusées		снабдить валъ уступами ristringere (v) l'albero estrechar (v) el árbol

gekröpfte Welle (f)
[single throw] crank shaft
arbre (m) coudé, vilebrequin (m)

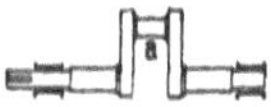

колѣнчатый *или* колѣнный валъ (m)
albero (m) a gomito
árbol (m) acodado *ó* cigüeñal 1

Kröpfung (f)
crank
coude (m), manivelle (f)

a

колѣно (n)
gomito (m)
cigüeña (f), codo (m) 2

---

kröpfen (v)
to crank, to make a crank
couder (v)

согнуть *или* сгибать колѣно
fare (v) il gomito
formar (v) el cigüeñal, acodar (v) 3

[Öl-]Spritzring (m), [Öl-]Schleuderring (m)
oil ring, oil thrower
bague (f) *ou* collet (m) de projection d'huile *ou* de graissage, larmier (m)

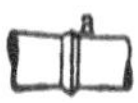

a

кольцо (n), сбрасывающее масло
anello (m) caccia-olio
anillo (m) de proyección de aceite 4

Wellenbund (m), Bund (m)
collar, swell
collet (m)

заплечикъ (m) *или* наваръ (m) вала
anello (m) fisso, collare (m)
anillo (m) fijo 5

Stellring (m)
adjusting ring, set collar, loose collar
bague (f) d'arrêt *ou* collier (m) de butée ajustable

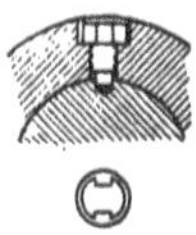

установочное кольцо (n); зажимное кольцо
anello (m) d'arresto
anillo (m) de detención regulable 6

Schrumpfring (m)
shrunk-on ring
frette (f) posée à chaud

стяжное кольцо (n); стяжной бугель (m); нажимное кольцо, насаженное въ нагрѣтомъ видѣ
anello (m) messo a caldo
zuncho (m), anillo (m) de sujeción (en caliente) 7

---

einen Ring aufschrumpfen (v) *oder* warm aufziehen (v)
to shrink a ring on
emmancher (v) une bague à chaud

надѣть кольцо въ нагрѣтомъ видѣ *или* состоянiи
infilare (v) un anello a caldo
poner (v) en caliente un anillo 8

Keilnute (f)
key way
gorge (f) *ou* rainure (f) de cale, logement (m) de clavette

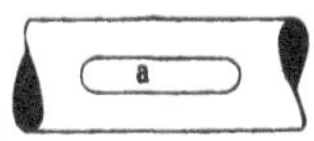

a

прорѣзъ (m) для клина; пазъ (m) для шпонки; шпоночная канавка (f)
scanalatura (f) per bietta
ranura (f) para chaveta 9

Keil (m)
wedge, key
clavette (f), coin (m), cale (f)

клинъ (m)
chiavetta (f), bietta (f), cuneo (m)
cuña (f), chaveta (f) 10

1 Anzug (m) *oder* Steigung (f) des Keiles
taper of wedge *or* key
inclinaison (f) de la clavette

tg α

уклонъ (m) клина
inclinazione (f) della chiavetta
inclinación (f) de la cuña

---

2 Keilpressung (f)
pressure on key
pression (f) sur la clavette

P

давленіе (n) клина
pressione (f) della chiavetta
presión (f) de la chaveta

---

3 Nasenkeil (m)
gibheaded key
clavette (f) à talon

клинъ (m) съ выступомъ
bietta (f) a nasello
chaveta (f) de cabeza

---

4 Tangentialkeil (m)
tangent key
clavette (f) tangentielle

касательный *или* тангенціальный клинъ (m)
bietta (f) tangenziale
chaveta (f) tangencial

---

5 Feder (f), (Keil (m) ohne Anzug)
feather, reed
languette (f)

призматическая шпонка (f); гладкая шпонка
linguetta (f)
lengüeta (f)

---

6 Zapfen (m)
journal, pin
tourillon (m)

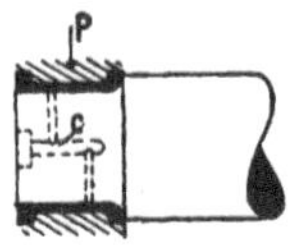

цапфа (f)
perno (m)
gorrón (m), collete (m), muñón (m), muñequilla (f)

---

7 Zapfendruck (m)
journal pressure
pression (f) sur le tourillon

P

давленіе (n) цапфы; давленіе на цапфу
carico (m) sul perno
presión (f) *ó* carga (f) en el muñón

---

8 Zapfenschmierung (f)
journal lubrication
graissage (m) de tourillon

c

смазка (f) цапфы
lubrificazione (f) del perno
engrase (m) *ó* lubrificación (f) del gorrón

---

9 Zapfenreibung (f)
journal friction
frottement (m) de tourillon

треніе (n) цапфы
attrito (m) del perno
rozamiento (m) del gorrón

---

10 eingelaufener Zapfen (m)
journal which has bedded itself, worn-in journal
tourillon (m) rodé

приработавшаяся цапфа (f)
perno (m) che si è adattato nei suoi cuscini
gorrón (m) rodado

---

11 Tragzapfen (m)
neck-journal (A), supporting journal
tourillon (m) d'appui

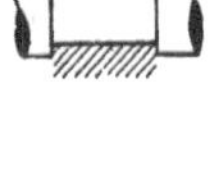

цапфа (f); шейка (f); поддерживающая цапфа
perno (m) portante, perno (m) d'appoggio
gorrón (m) de apoyo

Gabelzapfen (m)
fork pin
tourillon (m) à fourchette

цапфа (f), вставленная въ развилку *или* въ развилину
perno (m) a forchetta
gorrón (m) de horquilla 1

Spurzapfen (m), Stützzapfen (m)
vertical journal, pivot-journal (A), footstep
pivot (m)

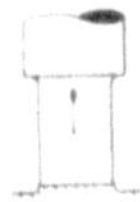

пята (f)
perno (m) di spinta, perno (m) di base
pivote (m), quicio (m) 2

Ringzapfen (m)
hollow-pivot, ring-pivot (A)
pivot (m) annulaire

кольцевая пята (f); пята съ глазомъ
perno (m) di spinta ad anello
pivote (m) anular, gorrón (m) de anillo 3

Kammzapfen (m)
thrust journal, journal with (three, four . .) collars, journal to go in a thrust-block, collar journal (A)
tourillon (m) à cannelures *ou* à collets

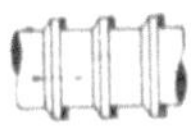

гребенчатая пята (f)
perno (m) di contro-spinta
gorrón (m) con anillos 4

Kugelzapfen (m)
ball journal, spherical journal (A)
tourillon (m) sphérique

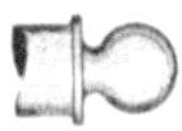

шарообразная цапфа (f); шаровая пята (f)
perno (m) sferico
gorrón (m) esférico 5

Blattzapfen (m)
flat journal, gudgeon
tourillon (m) à plaque

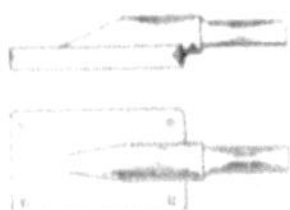

пластинчатая пята (f)
perno (m) con piastra d'attacco
gorrón (m) con extremo aplanado 6

Schildzapfen (m)
trunnion
tourillon (m) à patin

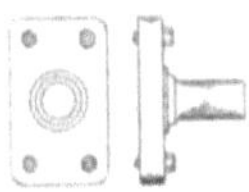

цапфа (f) со щитомъ; цапфа съ плоскимъ хвостомъ
perno (m) a scudo
gorrón (m) de patín 7

Drehzapfen (m)
journal
tourillon (m)

вращающаяся цапфа (f)
perno (m) di rotazione
gorrón (m) de rotación 8

---

sich um einen Zapfen drehen (v)
to turn on a journal *or* pivot
tourner (v) sur un pivot, pivoter (v)

вращаться на цапфѣ
rotare (v) sopra un perno, girare (v) sopra un perno
girar (m) sobre un gorrón 9

Bolzen (m)
joint pin
boulon (m), axe (m)

болтъ (m)
bullone (m)
tornillo (m), perno (m) 10

1	Unterlagscheibe (f) washer rondelle (f)	b	шайба (f); подкладка (f) rondella (f) arandela (f)
2	Splint (m) split-pin goupille (f)	c	шплинтъ (m) spillo (m) pasador (m)
3	Kupplung (f) coupling accouplement (m)		муфта (f) giunto (m) acoplamiento (m)
4	kuppeln (v) to couple accoupler (v)		соедин-ить (-ять); сцѣ-п-ить (-лять) accoppiare (v) acoplar (v)
5	feste Kupplung (f), starre Kupplung (f) fixed coupling accouplement (m) rigide		постоянная муфта (f); жёсткое соединенie (n) giunto (m) fisso acoplamiento (m) rigido
6	Muffenkupplung (f) muff-coupling, box-coupling accouplement (m) par manchon	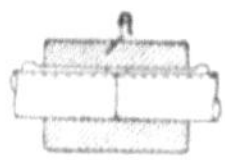	втулочная муфта (f) giunto (m) a manicotto acoplamiento (m) de manguito ó de enchufe
7	Kupplungsmuffe (f), Muffenhülse (f) box of coupling, muff manchon (m) d'accouplement	a	соединительная муфта (f); втулка (f) муфты manicotto (m) d'accoppiamento manguito (m) ó enchufe (m) de acoplamiento
8	Schalenkupplung (f) split-coupling accouplement (m) à coquilles *ou* par manchon en deux pièces	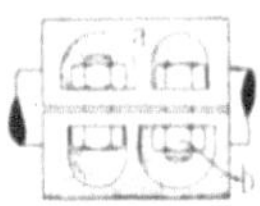	свёртная муфта (f) giunto (m) a conchiglia acoplamiento (m) de cojinetes
9	Kupplungsschale (f) half coupling coquille (f) *ou* demi-manchon (m) d'accouplement	a	полувтулка (f) муфты conchiglia (f) del giunto cojinete (m) de acoplamiento
10	Kupplungsschraube (f) coupling-bolt boulon (m) d'accouplement	b	соединительный *или* стяжной *или* скрѣпляющій болтъ (m) bullone (m) del giunto tornillo (m) de acoplamiento
11	Flanschenkupplung (f), Scheibenkupplung (f) flange-coupling, disc-coupling accouplement (m) à plateaux	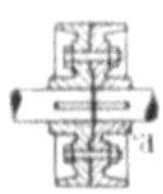	дисковая *или* тарельчатая *или* тарелочная муфта (f) giunto (m) a dischi acoplamiento (m) de disco ó de platillo ó de bridas
12	Kupplungsscheibe (f), Kupplungsflansch (m) flange of coupling plateau (m) d'accouplement	a	стяжная шайба (f); стяжной соединительный дискъ (m); стяжной фланецъ (m) disco (m) d'accoppiamento plato (m) ó brida (f) de acoplamiento

Bremskupplung (f)
brake coupling
accouplement (m) formant frein

тормазная муфта (f)
giunto (m) del freno
freno (m) de acoplamiento 1

---

elastische Kupplung (f), bewegliche *oder* gelenkige Kupplung (f)
flexible coupling
accouplement (m) élastique

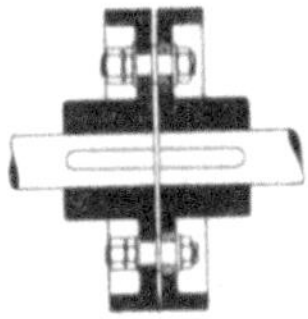

упругая муфта (f); подвижная муфта
giunto (m) elastico 2
acoplamiento (m) elástico

Lederkupplung (f)
leather packed coupling
accouplement (m) en cuir

кожаная муфта (f); муфта съ кожаными лентами
giunto (m) di cuoio 3
acoplamiento (m) de cuero

Gummikupplung (f)
rubber packed coupling
accouplement (m) en caoutchouc

резиновая муфта (f)
giunto (m) di gomma
acoplamiento (m) de caucho 4

Überlastungskupplung (f), Schleifkupplung (f)
overload *or* friction coupling
accouplement (m) à friction

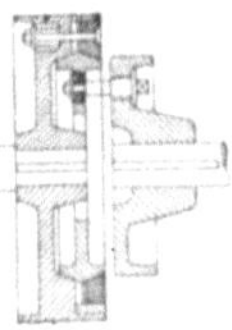

предохранительная муфта (f); муфта съ самоторможеніемъ на случай перегрузки 5
giunto (m) di sicurezza
acoplamiento (m) de fricción

---

lösbare Kupplung (f), Ausrückkupplung (f), Auslösungskupplung (f)
disengaging coupling *or* dog clutch
débrayage (m)

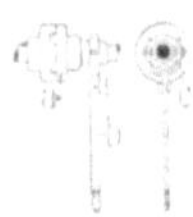

раздвижная муфта (f); сцѣпная муфта
innesto (m) mobile
acoplamiento (m) móvil *ó* de desembrague, desembrague (m) 6

Ausrückmuffe (f), lösbare Kupplungsmuffe (f)
disengaging *or* dog clutch
manchon (m) de débrayage

a

раздвижная [соединительная] муфта (f); сцѣпная муфта
manicotto (m) di disinnesto 7
manguito (m) de desembrague

Kupplungshebel (m)
clutch lever
levier (m) de débrayage *ou* d'embrayage

b

рычагъ (m) для сцѣпленія и для расцѣпленія; приводный рычагъ; разъединительный рычагъ 8
leva (f) d'innesto
palanca (f) de acoplamiento *ó* de desembrague

1	Kupplungsgestänge (n) coupling rods, links barre[s] (f[pl]) d'accouplement *ou* d'embrayage	b, c	система (f) соединительныхъ рычаговъ sistema (m) d'innesto tirantes (m pl) y palancas (f pl) de acoplamiento
2	Ausrückvorrichtung (f) disengaging gear mécanisme (m) de débrayage		механизмъ (m) для расцѣпленія meccanismo (m) di disinnesto mecanismo (m) de desembrague
3	die Kupplung einrücken (v) *oder* schließen (v) to connect, to put in gear, to throw in the clutch embrayer (v)		сцѣп-ить (-лять) муфту; привести муфту въ сцѣпленіе innestare (v) il giunto embragar (v)
4	Einrücken (n) *oder* Einrückung (f) der Kupplung putting the coupling in gear embrayage (m) de l'accouplement		включеніе (n) муфты innesto (m) del giunto embrague (m) del acoplamiento
5	die Kupplung ausrücken (v) *oder* lösen (v), entkuppeln (v) to disconnect, to throw out of gear, to throw out the clutch débrayer (v)		расцѣп-ить (-лять) муфту; привести муфту къ расцѣпленію disinnestare (v) il giunto desembragar (v), desacoplar (v)
6	Ausrücken (n) *oder* Ausrückung (f) der Kupplung throwing out of gear débrayage (m)		расцѣпленіе (n); разобщеніе (n); разъединеніе (n) disinnesto (m) del giunto desembrague (m) del acoplamiento, desacoplamiento (m)
7	Klauenkupplung (f), Zahnkupplung (f) dog *or* claw clutch, claw coupling accouplement (m) à griffes	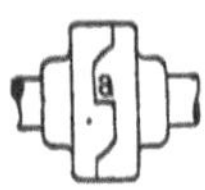	кулачная муфта (f); зубчатая муфта giunto (m) a denti acoplamiento (m) de garras
8	Klaue (f), Zahn (m) claw, tooth, dog griffe (f)	a	кулакъ (m); зубъ (m) dente (m) garra (f)
9	Reibungskupplung (f) friction coupling accouplement (m) à friction		муфта (f) сцѣпленія; фрикціонная муфта; муфта тренія giunto (m) a frizione acoplamiento (m) de fricción

Kegelkupplung (f), Konuskupplung (f)
cone coupling *or* clutch
accouplement (m) à cône de friction

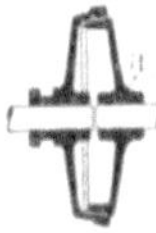

коническая муфта (f)
innesto (m) a cono di frizione 1
acoplamiento (m) cónico ó de cono de fricción

Kupplungskegel (m), Kupplungskonus (m)
coupling cone
cône (m) d'accouplement *ou* d'embrayage

a

соединительный конусъ (m); конусъ сцѣпленія; тарелка (f) 2
cono (m) d'innesto
cono (m) de acoplamiento

Bremsbandkupplung (f)
brake band coupling
accouplement (m) à friction par bande

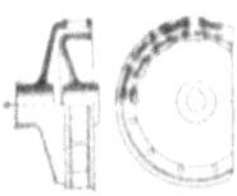

тормазная ленточная муфта (f)
accoppiamento (m) a nastro da freno 3
acoplamiento (m) de cinta de fricción

Schlitzringkupplung (f), Spreizringkupplung (f)
split ring coupling
accouplement (m) [à bague] extensible fendue

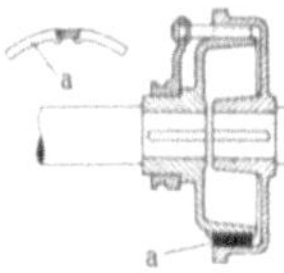

муфта (f) съ разрѣзнымъ кольцомъ
accoppiamento (m) ad anello estensibile 4
acoplamiento (m) de anillo extensible

Spreizring (m), Mitnehmerring (m), Reibring (m)
friction ring
bague (f) extensible

a

разрѣзное кольцо (n); кольцо (n) тренія
anello (m) estensibile 5
anillo (m) extensible

---

elektromagnetische Kupplung (f), Elektromagnetkupplung (f)
electro-magnetic coupling
embrayage (m) électromagnétique

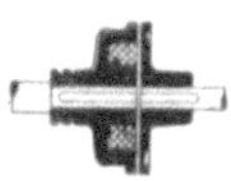

электромагнитная муфта (f)
giunto (m) elettro-magnetico 6
acoplamiento (m) electromagnético

Gelenkkupplung (f)
jointed *or* articulated coupling
accouplement (m) à articulation, joint (m) articulé

шарнирное соединеніе (n); шарнирная муфта (f)
giunto (m) articolato, giunto (m) mobile 7
acoplamiento (m) articulado

Gelenk (n)
knuckle joint
articulation (f)

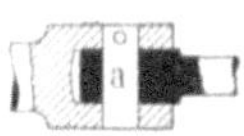

шарниръ (m)
articolazione (f) 8
articulación (f)

Gelenkbolzen (m), Gelenkzapfen (m)
joint-pin
tourillon (m) d'articulation

a

шарнирный болтъ (m); цапфа (f) шарнира
perno (m) d'articolazione 9
pasador (m) de la articulación

1 Kreuzgelenkkupplung (f)
universal joint, hooke's joint
accouplement (m) articulé, joint (m) universel, cardan (m)

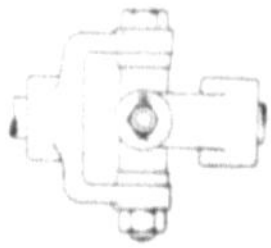

универсальная муфта (f); универсальный шарниръ (m) Кардана; шарниръ Гука
innesto (m) universale, giunto (m) universale, giunto (m) [alla] di Cardano
acoplamiento (m) de doble articulación ó de cardan, junta (f) universal

---

2 Kugelgelenk (n)
ball and socket joint
joint (m) à rotule, joint (m) sphérique

шаровое шарнирное соединеніе (n)
articolazione (f) sferica
articulación (f) esférica ó de bola ó de rótula

---

3 Lager (n)
pedestal, bearing, pillow block
palier (m)

подшипникъ (m)
sopporto (m)
soporte (m), cojinete (m), apoyo (m)

---

4 Lagerbohrung (f), Bohrung (f) des Lagers
bore of the bearing
alésage (m) du palier, diamètre (m) du palier, diamètre (m) de l'alésage du palier

b

отверстіе (n) подшипника; внутренній діаметръ (m) подшипника
diametro (m) del sopporto
diámetro (m) interior calibre (m) del soporte

---

5 Laufläche (f) des Lagers, Auflagerfläche (f)
area of bearing
surface (f) d'appui *ou* portée (f) de palier

$a \cdot b$

площадь (f) опоры
superficie (f) d'appoggio
superficie (f) de apoyo del soporte

---

6 Lagerdruck (m), Auflagerdruck (m)
pressure on bearing
pression (f) sur le palier

P

давленіе (n) на подшипникъ
pressione (f) d'appoggio
presión (f) de apoyo ó sobre el cojinete

---

7 spezifischer Auflagerdruck (m), Flächenpressung (f)
specific pressure, pressure per unit of area
pression (f) par unité de surface

$$\frac{P}{a \cdot b}$$

давленіе (n) на единицу поверхности
pressione (f) specifica, pressione (f) per unità di superficie
presión (f) específica de apoyo

---

8 das Lager läuft sich ein
the bearing runs *or* beds
le palier s'adapte par rodage

подшипникъ (m) прирабатывается
il sopporto si adatta per rotazione
el soporte se adapta

---

9 das Lager läuft sich aus
the bearing is cutting
le palier se rode *ou* s'use

подшипникъ (n) выплавляется *или* изнашивается *или* разрабатывается
il cuscinetto si logora
el cojinete se desgasta

das Lager läuft [sich] warm
the bearing runs hot
le palier chauffe

подшипникъ (m) нагрѣвается *или* грѣется
il sopporto di una macchina si riscalda 1
el cojinete se calienta

---

das Lager frißt *oder* brennt fest
the bearing seizes
le palier grippe

подшипникъ (m) заѣдается *или* задирается 2
il sopporto si ingrana
el cojinete se consume *ó* desgasta *ó* se atranca

das Lager schmieren (v)
to oil *or* to grease *or* to lubricate the bearing
graisser (v) le palier

смаз-ать (-ывать) подшипникъ
lubrificare (v) il cuscinetto 3
lubrificar (v) *ó* engrasar (v) el cojinete

Ölschmierung (f)
oil lubrication
lubrification (f) à l'huile

смазка (f) масломъ
lubrificazione (f) ad olio 4
lubrificación (f) por aceite

Schmieröl (n)
lubricating oil
huile (f) de graissage

смазочное масло (n)
olio (m) lubrificante 5
aceite (m) de engrase

Fettschmierung (f)
grease lubrication
graissage (m), lubréfaction (f) *ou* lubrification (f) à la graisse

смазка (f) саломъ
lubrificazione (f) a grasso 6
engrase (m), lubricación (f) por grasa

Schmierfett (n), Starrschmiere (f), konsistentes Fett (n)
grease, solid lubricant, consistent lubricant
graisse (f), lubrifiant (m) solide, graisse (f) consistante

сало (n) для смазки; густая смазка (f)
grasso (m) per lubrificazione, grasso (m) consistente 7
grasa (f) [consistente], lubrificante (m) sólido

Staufferschmierung (f)
Stauffer lubrication
[système (m) de] graissage (f) Stauffer

смазка (f) [маслёнками] Штауффера
lubrificazione (f) Stauffer 8
engrase (m) Stauffer

1	Spurlager (n), Stützlager (n), Drucklager (n) footstep-bearing crapaudine (f)		подпятникъ (m); упорный подшипникъ (m) sopporto (m) per perni di base tejuelo (m), rangua (f)
2	Spurplatte (f), Spurpfanne (f), Lagerspur (f) bearing disc, step, thrust-plate grain (m)	a	упорный дискъ (m); прокладная шайба (f); прокладка (f) piastra (f) di base, ralla (f) plancha (f) de apoyo
3	Ringspurlager (n) collar-step-bearing crapaudine (f) annulaire	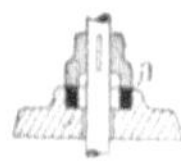	кольцевой подпятникъ (m) sopporto (m) di base ad anello tejuelo (m) ó rangua (f) anular
4	Spurring (m) collar, ring anneau (m) de fond *ou* grain	a	кольцевой вкладышъ (m) подпятника anello (m) di base anillo (m) de apoyo, corona (f) de asiento
5	Kugelspurlager (n) ball collar thrust-bearing crapaudine (f) à billes		подпятникъ (m) на шарикахъ sopporto (m) di base a palle tejuelo (m) ó quicio (m) ó quicionera (f) de bolas
6	Walzenspurlager (n), Rollenspurlager (n) roller supported footstep bearing crapaudine (f) à rouleaux	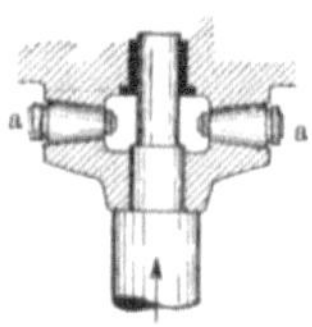	подпятникъ (m) на роликахъ sopporto (m) di base a rulli tejuelo (m) ó quicio (m) ó quicionera (f) de rodillos
7	Wälzrolle (f) roller rouleau (m)	a	роликъ (m) опоры rullo (m) rodillo (m)
8	Kammlager (n) thrust block *or* collar-thrust-bearing palier (n) à cannelures	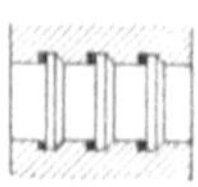	гребенчатый подшипникъ (m) cuscinetto (m) di spinta cojinete (m) de empuje longitudinal, cojinete (m) de ranuras
9	Traglager (n) supporting bearing palier (m) d'appui		подшипникъ (m) sopporto (m) d'appoggio soporte (m) ó cojinete (m) de apoyo

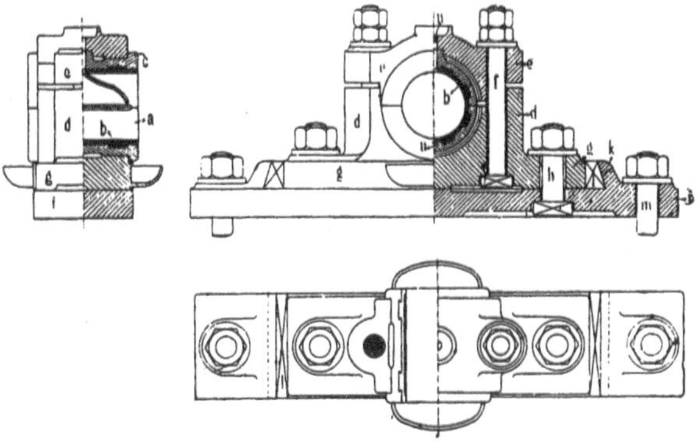

Stehlager (n) plummer-block, pedestal, pillow block palier (m) ordinaire		нормальный *или* обыкновенный подшипникъ (m) sopporto (m) ordinario, sopporto (m) ritto cojinete (m) ordinario	*1*
Lagerschale (f) bush, brass coussinet (m), coquille (f) de coussinet	a	вкладышъ (m) cuscinetto (m) cojinete (m)	*2*
nachstellbare Lagerschale (f) adjustable brass coussinet (m) réglable *ou* à ratrappage de jeu		переставной *или* регулируемый вкладышъ (m) cuscinetto(m) regolabile *ó* registrabile cojinete (m) ajustable	*3*
Lagerfutter (n) lining of the bearing, babbit garniture (f) *ou* fourrure (f) du coussinet	b	заливка (f) *или* футеровка (f) вкладыша guancialetto (m), guarnitura (f) revestimiento (m) interior, forro (m) *ó* guarnición (f) interior del cojinete	*4*
ein Lager ausfüttern (v) to line a bearing, to babbit garnir (v) un coussinet		зали-ть (-вать) вкладышъ guarnire (v) un sopporto guarnecer (v) el cojinete	*5*
ein Lager mit Weißmetall ausgießen (v) to babbit a bearing, to run a bearing with white metal garnir (v) un coussinet de métal blanc *ou* antifriction		зали-ть (-вать) вкладышъ бѣлымъ металломъ guarnire (v) un sopporto con metallo bianco revestir (v) un cojinete con metal blanco	*6*

1	Bund (m), Rand (m) der Lagerschale flange of the brasses rebord (m) du coussinet	c	бортъ (m) *или* закраина (f) вкладыша orlo (m) *o* bordo (m) del cuscinetto reborde (m) *ó* pestaña (f) del cojinete
2	Lagerkörper (m), Lagerrumpf (m) pedestal body corps (m) de palier	d	тѣло (n) *или* кузовъ (m) подшипника castello(m)del sopporto, corpo (m) del sopporto cuerpo (m) del soporte
3	Lagerdeckel (m) keep, cap, pedestal cap chapeau (m) de palier	e	крышка (f) подшипника cappello (m) del sopporto, coperchio (m) del sopporto tapa (f) del soporte
4	Deckelschraube (f) keep bolt boulon (m) de chapeau	f	болтъ (m) [отъ] крышки bullone (m) del coperchio, bullone (m) del sopporto tornillo (m) de la tapa
5	Lagerfuß (m), Lagersohle (f) pedestal base *or* sole patin (m), semelle (f)	g	основаніе (n) подшипника piede (m) del sopporto pie (m) del soporte
6	Lagerfußschraube (f) holding down bolt boulon (m) de palier	h	болтъ (m) [отъ] основанія подшипника bullone (m) al piede del sopporto tornillo (m) del pie del soporte
7	Sohlplatte (f), Grundplatte (f), Lagerplatte (f) sole-plate plaque (f) de fondation *ou* d'assire	i	основная плита (f) подшипника piastra (f) di fondazione, piastra (f) d'appoggio placa (f) de base *o* de cimentación
8	Nase (f) joggle, lip butoir (m), talon (m)	k	выступъ (m) tacchetto (m), nasello (m) taco (m)
9	Stellkeil (m) adjusting key *or* wedge cale (f), coin (m)	l	установочный *или* установительный клинъ (m) bietta (f) di aggiustamento cuña (f) de ajuste
10	Ankerschraube (f), Fundamentschraube (f) foundation-bolt boulon (m) de fondation	m	фундаментный *или* анкерный болтъ (m) bullone (m) di fondazione tornillo (m) de cimentación
11	Schmierloch (n) oil-hole trou (m) de graissage	n	смазочное отверстіе (n) foro (m) di lubrificazione agujero (m) para la lubrificación

Augenlager (n), einteiliges *oder* geschlossenes Lager (n)
solid journal-bearing, plain pedestal, solid pedestal, bush bearing
palier (m) fermé, support (m)

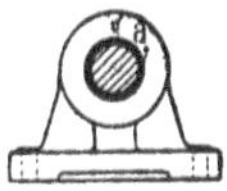

стаканъ (m); глазокъ (m)
sopporto (m) chiuso 1
cojinete (m) cerrado

Lagerbüchse (f), Lagerhülse (f)
bush, bushing, journal box
coussinet (m), bague (f)

a

втулка (f) стакана *или* подшипника
boccola (f), bossolo (m) 2
casco (m), casquillo (m)

---

das Lager ausbüchsen (v)
to bush a bearing
emboîter (v) un coussinet *ou* une bague

встав-ить(-лять) втулку въ стаканъ *или* въ подшипникъ
mettere (v) una boccola 3
poner (v) un casquillo al cojinete

---

ausgebüchstes Lager (n)
bushed bearing
palier (m) garni d'un coussinet *ou* d'une bague

стаканъ (m) со втулкою
sopporto (m) foderato 4
cojinete (m) forrado

Rosettenlager (n), Lagerrosette (f), Rosette (f)
flanged solid bearing for plate frame
palier-rosette (m)

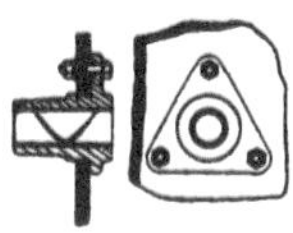

розетный *или* глухой подшипникъ (m)
sopporto (m) a rosetta 5
soporte (m) ó cojinete (m) de roseta

---

offenes Lager (n), zweiteiliges Lager (n)
open bearing, divided bearing
palier (m) ouvert, palier (m) en deux pièces

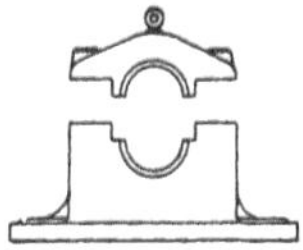

открытый подшипникъ (m); подшипникъ, состоящій изъ двухъ частей
sopporto (m) aperto, sopporto (m) diviso 6
soporte (m) abierto ó de dos piezas

Rumpflager (n)
pedestal-bearing, pillow-block-bearing, plummer-block-bearing without holding-down lugs
palier (m) ordinaire

подшипникъ (m) безъ лапокъ *или* съ короткой подошвой
sopporto (m) diritto *od* ordinario 7
soporte (m) recto ordinario

Schräglager (n)
angle-pedestal-bearing, oblique pillow-block-bearing, oblique plummer block-bearing
palier (m) oblique

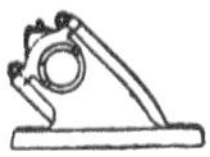

скошенный подшипникъ (m); наклонный *или* косой подшипникъ 8
sopporto (m) obliquo
soporte (m) oblicuo

1 Stehlager (n) mit Kugelbewegung, Kugelschalenlager (n), Sellerslager (n)
Sellers-bearing, swivel bearing
palier (m) à rotule, palier (m) Sellers

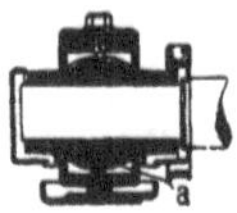

подшипникъ (m) съ подвижными вкладышами; подшипникъ Селлерса; подшипникъ съ шарообразными вкладышами
sopporto (m) Sellers, sopporto (m) a snodo sferico
soporte (m) Sellers *ó* de cojinete esférico

---

2 Kugelschale (f)
brasses *or* steps with spherical seating
coussinet (m) sphérique *ou* à rotule

a

шарообразный *или* шаровой вкладышъ (m)
cuscinetto (m) sferico
cojinete (m) esférico

---

3 Ringschmierlager (n), Lager (n) mit Ringschmierung, selbstschmierendes Lager (n)
ring lubricating bearing, self lubricating bearing, oil saving bearing
palier (m) avec graisseur à bague

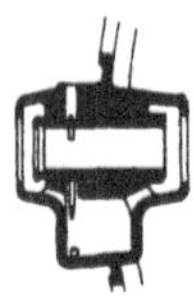

подшипникъ (m) съ кольцевой смазкой; самосмазывающійся *или* самосмазочный подшипникъ
sopporto (m) con lubrificazione automatica ad anello
soporte (m) *ó* cojinete (m) de engrase automático con anillos

---

4 Kugellager (n)
ball bearing
palier (m) à billes *ou* à roulement à billes

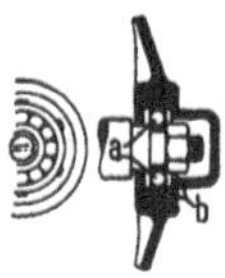

шариковый подшипникъ (m); подшипникъ съ шариками
sopporto (m) a sfere, portata (f) a biglie
soporte (m) *ó* cojinete (m) de bolas

---

5 Laufkugel (f) Kugel (f)
ball
bille (f)

a

шарикъ (m)
palla (f) scorrevole, biglia (f), sfera (f)
bola (f)

---

6 Kugelspur (f), Kugelbahn (f), Laufring (m), Laufbahn (f), Leitring (m)
ball race
chemin (m) de roulement, bague (f) *ou* anneau (m) de roulement

b

кольцо (n) *или* обойма (f) катанія
scanalatura (f) di scorrimento
ranura (f) para bolas

---

7 Distanzring (m), Kugelkäfig (m)
ball distance ring
lanterne (f) à billes, cage (f) [d'écartement *ou* de distance] des billes

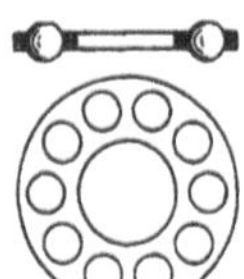

шариковый элементъ (m); кольцевая рама (f) съ шариками
anello (m) di scartamento delle biglie
linterna (f) de bolas, anillo (m) de distancia

Walzenlager (n), Rollenlager (n)
roller bearing, roller support
appui (m) à rouleaux *ou* galets

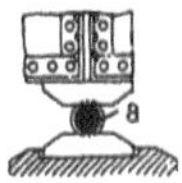

роликовая опора (f); опора на роликахъ *или* на каткахъ
sopporto (m) a rulli
soporte (m) de rodillos 1

Laufwalze (f), Rolle (f), Walze (f)
roller
rouleau (m), galet (m)

a

катокъ (m); роликъ (m)
rullo (m)
rodillo (m) 2

Walzenkäfig (m), Rollenkäfig (m), Laterne (f)
roller cage
lanterne (f) à rouleaux

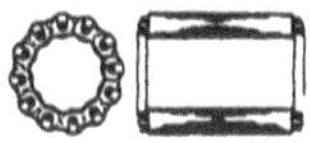

роликовый элементъ (m); рамка (f) для роликовъ
lanterna (f) di rulli
linterna (f) para rodillos 3

---

die Walzen klemmen sich
the rollers jam
les rouleaux coincent

ролики (m pl) *или* катки (m pl) защемляются
i rulli s'incastrano
los rodillos se atascan 4

---

die Walzen stellen sich schief
the rollers get in an oblique position
les rouleaux obliquent

ролики (m pl) *или* катки (m pl) перекашиваются
i rulli si dispongono obliquamente
los rodillos oblicuan 5

Schränken (n) *oder* Schiefstellung (f) der Walzen
oblique setting of rollers
obliquité (f) des rouleaux

перекашиванiе (n) роликовъ *или* катковъ
mettersi (m) obliquamente dei rulli
oblicuidad (f) de los rodillos 6

Kugelzapfenlager (n)
ball and socket bearing
support (m) à tourillon sphérique

подшипникъ (m) съ шарообразными *или* съ шаровыми вкладышами
sopporto (m) per perno sferico
soporte (m) para gorrón esférico 7

Rollenkranzlager (n), Druckrollenlager (n)
roller thrust ring bearing
[palier (m) à] couronne (f) de rouleaux *ou* de galets

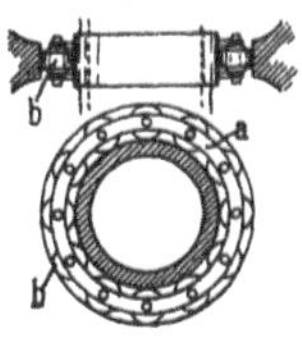

опора (f) съ роликами *или* съ катками
sopporto (m) a corona di rulli
[soporte (m) de] corona (f) de rodillos 8

Rollenkranz (m)
ring with set of rollers
couronne (f) de rouleaux *ou* de galets

a

рамка (f) для роликовъ
corona (f) di rulli
corona (f) de rodillos 9

Druckrolle (f), Lagerrolle (f)
roller
rouleau (m) *ou* galet (m) de palier

b

опорный роликъ (m); катокъ (m) для подшипника
rullo (m) da sopporto
rodillo (m) de soporte ó de apoyo 10

1 Wandlager (n), Mauerlager (n), Konsollager (n)
wall bracket-bearing, wall bracket and bearing
[palier (m) de] chaise (f) murale *ou* d'applique

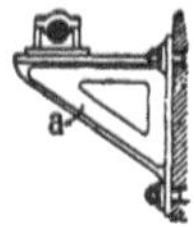

подшипникъ (m) на кронштейнѣ; стѣнной подшипникъ
sopporto (m) a mensola
soporte (m) *ó* apoyo (m) de pared *o* de silleta, palomilla (f), ménsula (f), cartela (f), cónsola (f)

---

2 Wandkonsole (f), Wandbock (m), Wandlagerstuhl (m), Lagerkonsole (f)
wall-bracket
console (f)

a

настѣнный кронштейнъ (m)
mensola (f)
soporte (m) de ménsula *ó* de cónsola *ó* de pared, soporte (m) de cartela

---

3 Lagerbock (m)
bearing block, frame *or* bed containing bearings
bâti (m) avec palier

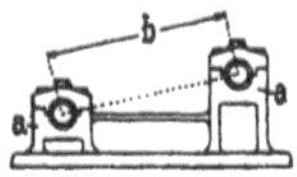

стойка (f) для подшипниковъ
sopporto (m) a cavalletto
caballete (m) de soporte

---

4 Lagerstelle (f)
point of bearing
point (m) de soutien [par un palier]

a

мѣсто (n) опоры
punto (m) di sostegno
punto (m) de apoyo

---

5 Lagerentfernung (f), Achsenzentrale (f)
distance between bearings
écartement (m) des paliers, distance (f) entre paliers

b

разстоянiе (n) между осями подшипниковъ
distanza (f) tra sopporti
distancia (f) de los soportes

6

Haltorgane

Stopping Organs, Stop Motions

Organes d'arrêt

Остановы

Organi d'arresto

Órganos de detención

---

7 Sperrwerk (n), Gesperre (n), Sperrvorrichtung (f)
stop gear, arresting device, ratchet gear
encliquetage (m)

задерживающiй *или* стопорный механизмъ (m)
arresto (m), dispositivo (m) d'arresto
mecanismo (m) de parada, trinquete (m)

---

8 Sperrung (f)
locking by means of ratchet gear
encliquetage (m), mécanisme (m) de retenue *ou* d'arrêt

остановъ (m)
arresto (m), blocco (m)
parada (f), enclavamiento (m), retenida (f)

die Sperrung auslösen (v)
to release the ratchet, to lift the pawl
déclancher (v) *ou* débloquer (v) *ou* dégager (v) le mécanisme de retenue, décliquer (v), décliqueter (v)

разобщить остановъ
disimpegnare (v) l'arresto, rilasciare (v) l'arresto
soltar (v) el enclavamiento, desenclavar (v) el trinquete 1

---

das Windwerk sperren (v)
to ratchet, to drop the pawl
bloquer (v) *ou* arrêter (v) *ou* serrer (v) le treuil *ou* l'engin de levage, encliqueter (v)

остановить воротъ *или* лебёдку
bloccare (v) *od* arrestare (v) l'argano
parar (v) el mecanismo de levantamiento, detener (v) el torno 2

Sicherheitsgesperre (n)
safety ratchet gear
encliquetage (m) de sûreté, mécanisme (m) de retenue *ou* de sûreté

предохранительный остановъ (m)
arresto (m) di sicurezza
trinquete (m) de seguridad 3

Zahngesperre (n), Klinkensperrwerk (n)
ratchet and pawl
encliquetage (m) à dents, rochet (m) *ou* mécanisme (m) de retenue à cliquet

храповой *или* храповичный механизмъ (m); зубчатый остановъ (m)
arresto (m) ad arpione *od* arpinismo
juego (m) de trinquete 4

Sperrad (n), Sperrscheibe (f), Schaltrad (n)
ratchet wheel
roue (f) à cliquet, roue (f) à rochet, rochet (m)

a

храповое колесо (n); храповикъ (m)
ruota (f) d'arresto *od* a denti di sega
rueda (f) de trinquete 5

Klinke (f), Sperrklinke (f), Zahnklinke (f), Schaltklinke (f)
pawl, click
cliquet (m) [d'arrêt], chien (m), corbeau (m), doigt (m) d'encliquetage

b

собачка (f): задержка (f); удержка (f)
nottolino (m)
trinquete (m) 6

Sperrzahn (m)
ratchet tooth
dent (f) d'arrêt

a

зубецъ (m) храповика *или* храпового колеса
dente (m) d'arresto
diente (m) de parada 7

Sperrhaken (m)
pawl, click
cliquet (m), corbeau (m), crochet (m) d'arrêt

a

собачка (f) въ видѣ крючка
gancio (m) d'arresto
gatillo (m) de parada 8

1 Sperrzahnbogen (m)
quadrant with ratchet teeth
secteur (m) à dents d'arrêt

храповичный секторъ (m)
arco (m) a denti d'arresto
curva (f) con dientes de parada

---

2 Schleppring (m)
drag ring, trail ring
bande (f) d'entraînement des cliquets

a

кольцо (n) тренія; захватное кольцо
anello (m) trascinante
cinta (f) de arrastre

---

3 Klemmgesperre (n)
friction ratchet gear
encliquetage (m) à coin *ou* à friction

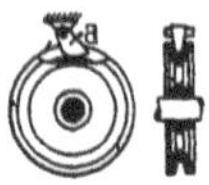

зажимъ (m); зажимающій *или* фрикціонный остановъ (m) съ кулакомъ
arresto (m) a frizione
mecanismo (m) de parada por mordiente

---

4 Reibungsklinke (f), Klemmkegel (m), Sperrdaumen (m), Klemmdaumen (m), Klemmklinke (f), Klemmbacke (f)
friction pawl
cliquet (m) à friction *ou* à coin, coin (m) *ou* doigt (m) d'encliquetage *ou* de friction

a

зажимающій конусъ (m); зажимной кулакъ (m)
cuneo (m) di frizione
lengüeta (f) *ó* trinquete (m) de fricción

---

5 die Klinke einlegen (v) *oder* einwerfen (v), einklinken (v)
to throw in the pawl
enclencher (v), bloquer (v), enrayer (v), encliqueter (v), baisser (v) le chien *ou* doigt

заложить собачку; зацѣплять собачкой
impegnare (v) *o* rimettere (v) il nottolino
aplicar (v) el trinquete *ó* la lengüeta

---

6 Einklinken (n)
falling in of the pawl
enclenchement (m), encliquetage (m)

зацѣпленіе (n)
rimettere (v), indentare (v)
aplicación (f) del trinquete

---

7 die Klinke ausrücken (v), ausklinken (v)
to throw out the pawl
déclancher (v), débloquer (v), dégager (v) le cliquet, lever (v) le chien *ou* doigt

расцѣпить (расцѣплять) собачку; разобщить собачку
togliere (v) *o* levare (v) *ó* disimpegnare (v) il nottolino
quitar (v) el trinquete

Ausklinken (n)
throwing out the pawl
déclanchement (m), déclic (m)

расцѣпленіе (n); разобщеніе (n)
togliere (n) il nottolino
desenclave (m) del trinquete ó de la lengüeta 1

Klinkeneingriff (m)
engagement of the pawl
accotement (m) *ou* accrochement (m) du cliquet

западаніе (n) *или* зацѣпленіе (n) собачки
inscrimento (m) del nottolino 2
preso (m) del trinquete ó de la lengüeta

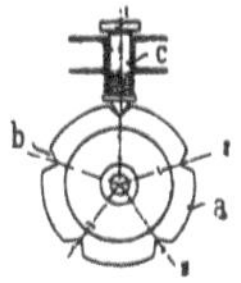

Rastsperrrad (n)
divided *or* notched wheel
roue (f) d'arrêt [à encoches]

остановъ (m) съ вырѣзами
ruota (f) d'arresto del rocchetto 3
rueda (f) de parada de muescas

---

a

Rastkerbe (f), Rast (f)
notch
encoche (f) de la roue d'arrêt

b

вырѣзъ (m)
intaglio (m) d'arresto, scanalatura (f) della ruota a rocchetto 4
intervallo (m) entre las muescas de la rueda de parada

Raststellung (f)
position of notch
position (f) de la roue d'arrêt

положеніе (n) останова
posizione (f) d'arresto
posición (f) de parada de la rueda de muescas 5

Schnappriegel (m), Schnepper (m)
spring catch *or* stop *or* plunger
verrou (m) d'arrêt

c

задвижка (f); защёлка (f); стопоръ (m)
fermaglio (m) a catenaccio su rocchetto 6
cerrojo (m) de cierre

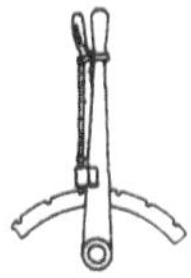

Griffederschnepper (m)
spring stop *or* pawl (attached to lever)
manette (f) avec cliquet à ressort

рукоятка (f) съ пружинной защёлкой 7
chiavistello (m) a molla
trinquete (m) de muelle

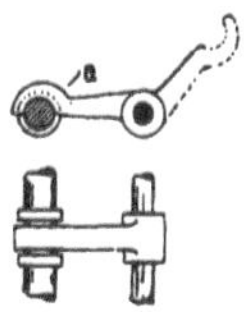

Falle (f)
distance pawl
loquet (m)

защёлкивающій механизмъ (m); установъ (n) 8
saltarello (m), saliscendi (m), nottolino (m)
pestillo (m)

Fallklinke (f)
falling pawl
loquet (m), loqueteau (m), linguet (m)

a

закладываемый крючокъ (m); закладываемая защёлка (f); закидной установъ (m) 9
saltarello (m), saliscendi (m), nottolino (m)
aldaba (f), lengüeta (f)

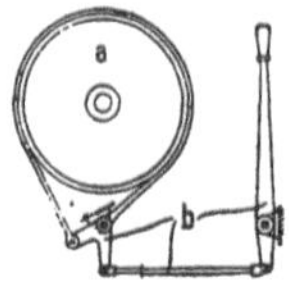

1 Bremse (f)
brake
frein (m)

тормазъ (m)
freno (m)
freno (m)

---

2 Bremsscheibe (f), Bremstrommel (f)
brake disc, brake drum
poulie (f) *ou* tambour (m) de frein

a

тормазной дискъ (m) *или* барабанъ (m)
puleggia (f) del freno
polea (f) de freno

---

3 Bremsgestänge (n)
brake rods *or* levers
timonerie (f) du frein

b

система (f) тормазныхъ рычаговъ
leve (f pl) del freno
sistema (m) de varillas y palancas del freno

---

4 Bremswiderstand (m), Widerstand (m) an der Bremsscheibe, abgebremste Umfangkraft (f)
brake resistance
résistance (m) de freinage, frottement (m) résistant à la périphérie du tambour *ou* de la poulie

тормазящее сопротивленіе (n) *или* усилiе (n); сопротивленіе на окружности тормазного диска
resistenza (f) del freno
resistencia (f) del freno, resistencia (f) al rozamiento en la superficie

---

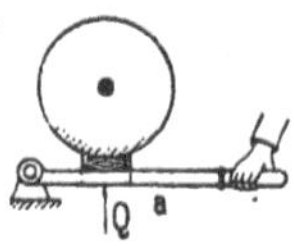

5 Bremskraft (f)
brake force *or* power
effort (m) du frein

сила (f) торможенія; тормазная сила
forza (f) del freno
fuerza (f) de freno

---

a

6 Bremsdruck (m)
brake pressure
pression (f) de freinage *ou* du frein

Q

тормазное давленіе (n)
pressione (f) del freno
presión (f) de freno

---

7 Rücktrieb (m) der Last
reaction of the load
réaction (f) de la charge

реакція (f) *или* обратное дѣйствіе (n) груза
reazione (f) del carico
reacción (f) de la carga

---

8 Rücktriebkraft (f)
reacting force
réaction (f)

сила (f) реакціи *или* обратнаго дѣйствія
forza (f) di reazione
fuerza (f) de reacción

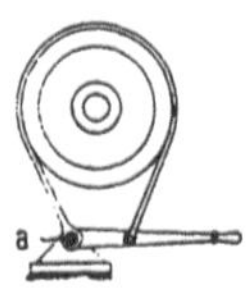

9 Bremsbolzen (m)
brake bolt
axe (m) de frein

тормазной болтъ (m)
bullone (f) del freno
tornillo (m) de freno

a

Bremsung (f), Abbremsen (n), Bremsen (n) braking freinage (m)	торможеніе (n) frenare (m), frenaggio (m) [acción de] frenar, frenado(m), frenage(m)	1
die Last abbremsen (v) *oder* bremsen (v) to brake the load freiner (v) la charge	тормазить грузъ frenare (v) il carico frenar (v) la carga	2
die Bremse steuern (v) to control the brake manœuvrer (v) *ou* commander (v) un frein	управлять тормазомъ comandare (v) il freno maniobrar (v) el freno	3
Bremssteuerung (f) brake control manœuvre (f) *ou* commande (f) du frein	управленіе (n) тормазомъ comando (m) del freno maniobra (f) del freno	4
Bremswirkung (f) brake action action (f) du frein, freinage (m)	тормазящее *или* тормазное дѣйствіе (n) azione (f) del freno *o* frenante acción (f) del freno, frenado (m)	5
Bremsstärke (f) braking force force (f) *ou* puissance (f) de freinage	сила (f) торможенія sforzo (m) frenante fuerza (f) *ó* esfuerzo (m) de frenado	6
Bremsweg (m) braking path chemin (m) parcouru pendant le freinage	путь (m) торможенія *или* затормаживанія strada (f) di frenaggio camino (m) recorrido durante el frenado	7
Bremsarbeit (f) brake work travail (m) de freinage	работа (f) торможенія; тормазная работа lavoro (m) di frenaggio trabajo (m) del freno	8
Bremsrichtung (f) brake direction direction (f) *ou* sens (m) de freinage	направленіе (n) торможенія direzione (f) del frenaggio dirección (f) del *ó* por el frenado	9
Bremsperiode (f) braking period période (f) de freinage	періодъ (m) торможенія periodo (m) di frenaggio periodo (m) de frenado	10
Bremsreglung(f), Bremsregulierung (f) brake regulation régulation (f) *ou* réglage (m) du frein *ou* par le frein	регулированіе (n) торможенія regolazione (f) del frenaggio regulación (f) del freno	11
Bremswerk (n), Bremsvorrichtung (f), Bremsmittel (n) braking device *or* gear mécanisme (m) *ou* appareil (m) de freinage *ou* de frein	тормазное приспособленіе (n); приспособленіе для торможенія; тормазной приборъ (m) dispositivo (m) di freno disposición(f) para frenar	12

1 Bremsanordnung (f)
braking arrangement
dispositif (m) *ou* agencement (m) de frein

расположенie (n) тормаза
disposizione (f) del freno
disposición (f) del freno

---

2 Bremssystem (n)
braking system
système (m) de frein

система (f) тормаза
sistema (f) di freno
sistema (f) de freno

---

3 mechanische Bremse (f)
mechanical brake
frein (m) mécanique

механическiй тормазъ (m)
freno (m) meccanico
freno (m) mecánico

---

4 Anzugbremse (f)
pulling brake
frein (m) à pression *ou* à serrage

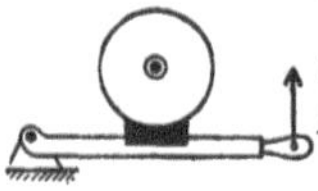

нажимной тормазъ (m)
freno (m) per trazione
freno (m) de presión

---

5 die Bremse anziehen (v) *oder* schließen (v)
to tighten the brake
serrer (v) *ou* appliquer (v) le frein

нажать *или* прижать тормазъ
chiudere (v) *o* stringere (v) il freno
poner (v) en acción, aplicar (v) el freno

---

6 Anziehen (n) *oder* Schließen (n) der Bremse
pulling *or* tightening of the brake
serrage (m) du frein, application (f) du frein

затормаживанie (n); нажатie (n) тормаза
chiusura (f) del freno
puesta (f) en acción del freno

---

7 Schließdauer (f) der Bremse
period of tightening of the brake
durée (f) nécessaire pour l'application *ou* le serrage du frein

перiодъ (m) *или* продолжительность (f) затормаживанiя
durata (f) della chiusura
duración (f) de la aplicación del freno

---

8 Lüftungsbremse (f), Lösungsbremse (f)
dead weight brake
frein (m) normalement serré, frein (m) à contrepoids, frein (m) automatique

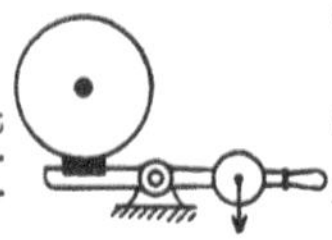

тормазъ (m) съ противовѣсомъ; автоматическiй тормазъ
freno (m) a contrappeso liberantesi
freno (m) aplicado normalmente

---

9 die Bremse lösen (v) *oder* lüften (v) *oder* öffnen (v)
to release the brake
desserrer (v) *ou* dégager (v) le frein

отпустить тормазъ; оттормаживать
aprire (v) *od* allentare (v) il freno
abrir (v) *ó* soltar (v) el freno

---

10 Lüftung (f) *oder* Lösung (f) *oder* Öffnung (f) der Bremse
releasing of the brake
défreinage (m), dégagement (m) *ou* libération (f) du frein, débloquage (m) du frein

оттормаживанie (n); разобщенie (n) тормаза
apertura (f) del freno
[acción (f) de] soltar (v) el freno, disparo (m) del freno

Bremslüftweg (m), Lüftweg (m) *oder* Lösungsweg (m) der Bremse, Lüftspiel (n) der Bremse
play of the brake
distance (f) parcourue pendant le défreinage, jeu (m) du frein

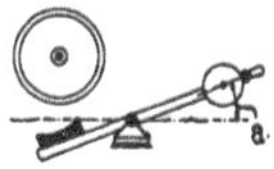

a

путь (m), проходимый во время оттормаживанія
strada (f) percorsa durante l'apertura del freno 1
distancia (f) recorrida durante el disparo del freno

Lüftdauer (f) der Bremse
duration of release
durée (f) de défreinage

продолжительность (f) оттормаживанія
durata (f) d'apertura del freno 2
duración (f) del desfreno

Einfallen (n) der Bremse, Bremsschluß (m)
tightening of brake
application (f) du frein, application (f) rapide du sabot

затормаживаніе (n); зажатіе (n) тормаза
chiusura (f) repentina del freno 3
aplicación (f) del freno

---

die Bremse fällt ein *oder* schließt sich
the brake pulls *or* seizes
le frein agit

тормазъ (m) зажимается *или* забираетъ
il freno chiude *o* si chiude 4
el freno funciona

Bremsstoß (m)
brake pull
choc (m) du frein *ou* sur le frein

толчокъ (m) при торможеніи
scossa (f) del freno 5
golpe (m) de freno

---

die Bremse zieht an
the brake pulls
le frein s'applique

тормазъ (m) зажимается *или* захватываетъ 6
il freno funziona
el freno se aplica

---

die Bremse zieht sich fest *oder* sperrt sich
the brake locks itself
le frein se bloque de lui-même

тормазъ (m) заторможёнъ
il freno si chiude da solo 7
el freno se echa

Selbstsperrung (f) der Bremse
self-locking of brake
serrage (m) automatique *ou* bloquage (m) automatique du frein

самоторможеніе (n)
chiusura (f) automatica del freno 8
cierre (m) automático del freno

Bremsüberschuß (m)
excess of brake force
excédent (m) de force (*ou* de puissance) du frein *ou* de freinage

избыточное торможеніе (n); избытокъ (m) тормазного усилія 9
frenatura (m) eccessiva
exceso (m) de fuerza del freno

Reibungsbremse (f), Friktionsbremse (f)
friction brake
frein (m) à friction

фрикціонный тормазъ (m)
freno (m) a frizione 10
freno (m) de fricción

Reibzeug (n)
friction gear
1 frotteur (m), sabot (m) de friction, plateau (m) de friction

механизмъ (m) тренія; фрикціонный механизмъ
pezzo (m) di frizione
frotador (m)

Hebelbremse (f)
2 lever brake
frein (m) à levier[s]

рычажный тормазъ (m)
freno (m) a leva
freno (m) de palanca

Handhebelbremse (f), Handbremse (f)
3 hand lever brake
frein (m) à levier à main

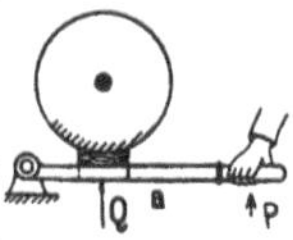

ручной рычажный тормазъ (m); ручной тормазъ
freno (m) con leva a mano
freno (m) de palanca de mano

Bremshebel (m)
4 brake lever
levier (m) du frein

a

тормазной рычагъ (m)
braccio (m) di leva del freno
palanca (f) del freno

Fußbremse (f), Fußhebelbremse (f), Fußtrittbremse (f)
5 foot brake
frein (m) à pied, frein (m) à pédale, frein-levier (m) au pied

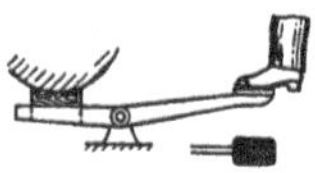

ножной тормазъ (m); тормазъ съ педалью
freno (m) a pedale
freno (m) de pedal

Gewichthebelbremse (f), Gewichtbremse (f)
6 weight brake
frein (m) à contrepoids

тормазъ (m) съ противовѣсомъ
freno (m) a contrappeso
freno (m) de contrapeso

Bremsgewicht (n), Belastungsgewicht (n)
7 der Bremse
brake weight
contrepoids (m) du frein

a

тормазный грузъ (m); противовѣсъ (m) тормаза
contrappeso (m) del freno
contrapeso (m) del freno

Gewichthebel (m)
8 weight lever
levier (m) à contrepoids

b

рычагъ (m) противовѣса
braccio (m) di leva del peso
palanca (f) de contrapeso

Kniehebelbremse (f)
toggle joint brake
9 frein (m) à leviers articulés *ou* à genouillère

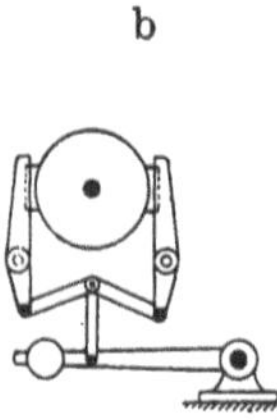

тормазъ (m) съ колѣнчатыми рычагами
freno (m) con leve a ginocchiera
freno (m) de palanca acodada

Schraubenbremse (f), Spindelbremse (f)
10 brake with spindle
frein (m) à vis

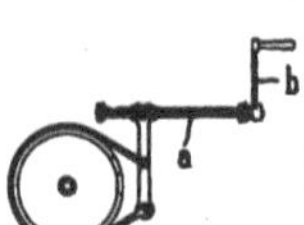

винтовой тормазъ (m); тормазъ съ винтомъ
freno (m) a vite
freno (m) de tornillo

Bremsspindel (f) brake spindle vis (f) de frein	a	тормазной винтъ (m) *или* шпиндель (m) *или* винтовой стержень (m) vite (f) del freno tornillo (m) del freno	*1*
Bremskurbel (f) brake crank manivelle (f) du frein	b	ручка (f) тормазного рычага manovella (f) del freno manivela (f) del freno	*2*
Backenbremse (f), Klotzbremse (f) block brake frein (m) à sabot[s]	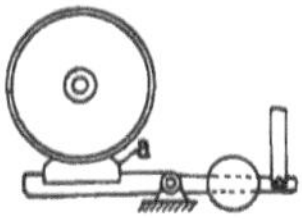	колодковый тормазъ (m); тормазъ съ колодкой freno (m) a mascella freno (m) de zapata	*3*
Bremsbacke (f), Bremsklotz (m), Bremsschuh (m) brake block sabot (m) de frein	a	тормазная колодка (f); тормазной башмакъ (m) mascella (f) *o* ceppo (m) del freno zapata (f) de freno	*4*
Doppelbackenbremse (f), doppelseitige Backenbremse (f) double block brake frein (m) à deux sabots	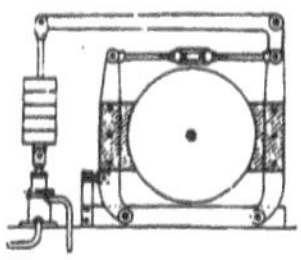	тормазъ (m) съ двумя колодками *или* башмаками freno (m) a due mascelle freno (m) de dos zapatas	*5*
Keilnutenbremse (f), Keilradbremse (f) V-shaped wheel brake frein (m) pour roue à gorge		клинчатый тормазъ (m); тормазъ съ клинчатымъ колесомъ freno (m) per ruota a scanalatura cuneiforme freno (m) para rueda de canal	*6*
Bandbremse (f) strap *or* band brake frein (m) à lame, frein (m) à bande *ou* à ruban *ou* à enroulement	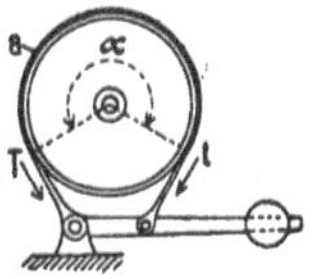	ленточный тормазъ (m) freno (m) a nastro freno (m) de cinta	*7*
Bremsband (n) brake strap *or* band collier (m), ruban (m) *ou* bande (f) *ou* lame (f) de frein	a	тормазная лента (f) nastro (m) del freno cinta (f) del freno	*8*
Umspannungsbogen (m), Umschlingungsbogen (m) grip-hold arc arc (m) embrassé	*α*	дуга (f) обхвата arco (m) abbracciato arco (m) de abrazo	*9*

1	Bremsbandspannung (f) strap *or* band tension tension (f) du ruban de frein	T, t	натяженіе (n) тормазной ленты tensione (f) del nastro del freno tensión (f) de la cinta de freno
2	Spannungskoëffizient (m), Reibungsziffer (f) ratio of tensions rapport (m) *ou* coefficient (m) de tension	$\frac{T}{t} = e^{\mu\alpha}$	коеффиціентъ (m) натяженія coefficiente (m) di tensione, rapporto di tensione coeficiente (m) de tensión
3	Gliederbremse (f) jointed *or* link brake frein (m) à bande avec blochets	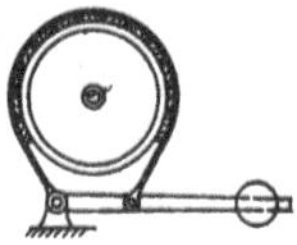	ленточный тормазъ (m) съ деревянными накладками freno (m) articolato freno (m) de cinta con forro de madera
4	Bremsband (n) mit Holzfutter brake strap with wood lining bande (f) de frein avec blochets en bois		тормазная лента (f) съ деревянными накладками nastro (m) del freno con fodera di legno cinta (f) de freno con forro de madera
5	Bremsband (n) mit Lederfutter brake strap with leather lining bande (f) de frein à fourrure de cuir		тормазная лента (f) съ кожаной подкладкой nastro (m) del freno con fodera di cuoio cinta (f) de freno con forro de cuero
6	Schlingbandbremse (f), Bandbremse (f) mit doppelter (mehrfacher) Umschlingung band brake with double embrace *or* turn frein (m) à ruban enroulé *ou* à enroulement multiple	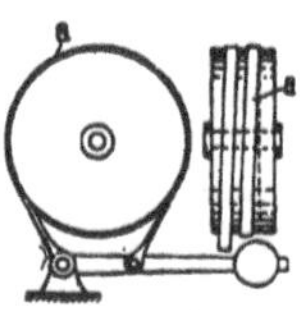 	ленточный тормазъ (m) съ двойнымъ [многократнымъ] обхватомъ freno (m) a nastro con ripetuti avvolgimenti freno (m) de cinta con muchos arrollamientos
7	Schlingband (n) brake band ruban (m) d'enroulement	a	обхватывающая лента (f) nastro (m) d'avvolgimento cinta(f) de arrollamiento
8	Spiral[band]bremse (f) spiral band brake frein (m) à ruban (enroulé) en spirale	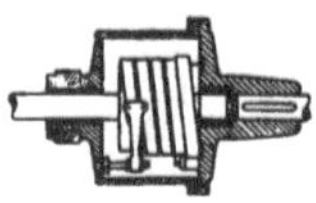	многооборотно-ленточный тормазъ (m) freno (m) a nastrospirale freno (m) de cinta en espiral

Bremsbandunterstützung (f) **supporting of brake strap** **soutien (m) du ruban d'enroulement**		**опора (f) тормазной ленты** **sopporto (m) del nastro del freno** **apoyo (m) de la cinta de freno**	*1*
Bremsbandstütze (f), Bremsbandhalter (m) **brake strap holder** **appui (m) du ruban**	a	**держатель (m)** ***или*** **поддержка (f) тормазной ленты** **attacco (m) del nastro del freno** **pieza (f) de apoyo de la cinta de freno**	*2*
Differentialbremse (f) **differential brake** **frein (m) différentiel**		**дифференціальный тормазъ (m)** **freno (m) differenziale** **freno (m) diferencial**	*3*
Scheibenbremse (f) **disc brake** **frein (m) à disque**	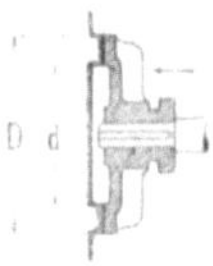	**дисковый** ***или*** **тарельчатый тормазъ (m)** **freno (m) a disco** **freno (m) de disco**	*4*
Bremsfläche (f) **braking surface** **surface (f) freinante**	$(D^2 - d^2)\frac{\pi}{4}$	**площадь (f) торможенія** **superficie (f) frenante** **superficie (f) de frenage**	*5*
Kegelbremse (f) **conical brake** **frein (m) à cône**		**коническій тормазъ (m)** **freno (m) a cono, freno (m) conico** **freno (m) cónico**	*6*
Bremskegel (m), Bremskonus (m) **brake cone** **cône (m) du frein**	a	**тормазной конусъ (m)** **cono (m) del freno** **cono (m) del freno**	*7*
Lamellenbremse (f) **multiple disc brake** **frein (m) à disques juxtaposés** ***ou*** **à lamelles**	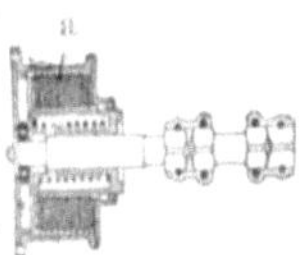	**пластинчатый тормазъ (m)** **freno (m) a lamelle** **freno (m) de láminas**	*8*
Bremslamelle (f), Reibscheibe (f) **friction disc** **disque (m) du frein**	a	**фрикціонный дискъ (m); дискъ тренія; фрикціонная тарелка (f)** **lamella (f) del freno** **lámina (f) del freno**	*9*

1 Schleuderbremse (f), Zentrifugalbremse (f)
centrifugal brake
frein (m) centrifuge

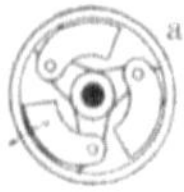

центробѣжный тормазъ (m)
freno (m) centrifugo
freno (m) centrifugo

---

2 Bremsgehäuse (n)
brake casing *or* housing
enveloppe (f) protectrice *ou* boîte (f) du frein

a

коробка (f) тормаза
cassa (f) del freno
caja (f) del freno

---

3 Fallbremse (f)
lift brake
frein (m) à chute

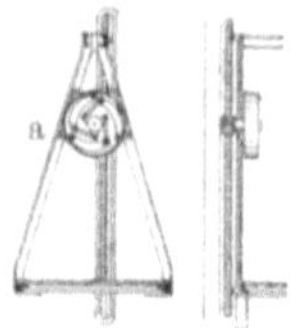

тормазъ (m) паденія
freno (m) para-cadute
freno (m) de caída

a

---

4 Lastdruckbremse (f)
load pressure brake
frein (m) automatique (actionné par le poids de la charge)

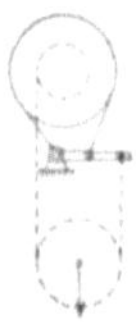

тормазъ (m), дѣйствующій подъ давленіемъ груза
freno (m) funzionante per pressione del peso
freno (m) funcionando por el peso de la carga

---

5 Drucklagerbremse (f)
thrust brake
frein (m) à disque [frottant sur le palier], frein (m) axial

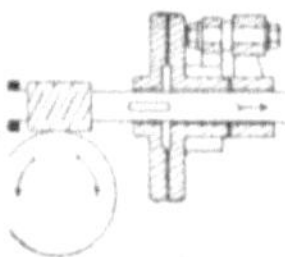

самодѣйствующій тормазъ (m) съ осевымъ давленіемъ
freno (m) automatico sopra sopporto
freno (m) de fricción sobre el apoyo *ó* axial

---

6 Westonbremse (f), Duboisbremse (f)
Dubois brake
frein (m) Weston *ou* Dubois

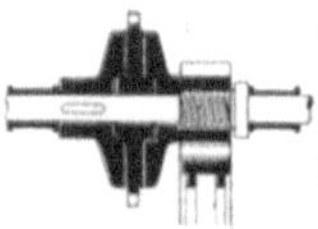

тормазъ (m) Вестона; тормазъ Дюбуа
freno (m) automatico Dubois
freno (m) Dubois *ó* Weston

---

7 [Senk-]Sperrbremse (f), Sperradbremse (f), Klinkenbremse (f)
automatic load sustained brake
frein (m) à encliquetage

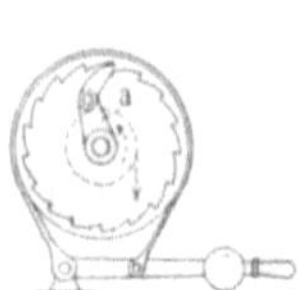

тормазъ (m) съ храповикомъ; храповичный тормазъ
freno (m) con arpionismo a nottolino
freno (m) de trinquete

---

8 Sperrklinkenhalter (m), Klinkenträger (m)
pawl holder
porte-cliquet (m)

a

державка (f) собачки
porta-nottolino (m)
porta-trinquete (m)

Seilbremse (f)
brake for rope
frein (m) à câble

канатный тормазъ (m)
freno (m) a fune
freno (m) de cable 1

Flügel[werk]bremse (f)
wing brake
frein (m) à ailettes

крыльчатый тормазъ (m)
freno (m) ad alette
freno (m) de aletas 2

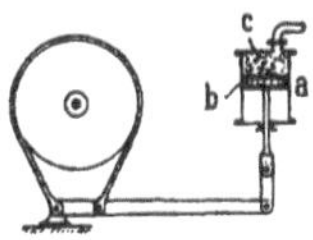

Flüssigkeitsbremse (f)
hydraulic brake
frein (m) hydraulique, frein (m) à liquide

гидравлическій тормазъ (m)
freno (m) a liquido
freno (m) hidráulico 3

Bremszylinder (m)
brake cylinder
cylindre (m) du frein

a

тормазной цилиндръ (m)
cilindro (m) del freno
cilindro (m) del freno 4

Bremskolben (m)
brake piston
piston (m) du frein

b

тормазной поршень (m)
stantuffo (m) del freno
émbolo (m) del freno 5

Bremsflüssigkeit (f)
braking fluid *or* liquid
liquide (m) pour frein

c

жидкость (f) для [гидравлическаго] тормаза
liquido (m) del freno
liquido (m) para freno 6

Ölbremse (f)
oil brake
frein (m) à huile

[гидравлическій] тормазъ (m) съ масломъ
freno (m) ad olio
freno (m) de aceite 7

Druckluftbremse (f)
pneumatic brake
frein (m) pneumatique *ou* à air comprimé

тормазъ (m), дѣйствующій сжатымъ воздухомъ; пневматическій тормазъ
freno (m) pneumatico *o* ad aria compressa
freno (m) pneumático *ó* de aire comprimido 8

Bremsluft (f)
air for brake
air (m) pour le freinage

воздухъ (m) для торможенія
aria (f) per il freno
aire (m) para el freno 9

Druckluftbremsung (f)
pneumatic braking
freinage (m) par l'air comprimé

торможеніе (n) сжатымъ воздухомъ
frenaggio (m) ad aria compressa
frenado (m) por aire comprimido 10

Dampfbremse (f)
steam brake
frein (m) à vapeur

паровой тормазъ (m)
freno (m) a vapore
freno (m) de vapor 11

1	Dampfbremsung (f) steam braking freinage (m) à vapeur		торможеніе (m) паромъ frenaggio (m) a vapore frenado (m) por vapor
2	hydraulische Bremse (f) hydraulic brake frein (m) hydraulique		гидравлическій тормазъ (m) freno (m) idraulico freno (m) hidráulico
3	hydraulische Bremsung (f) hydraulic braking freinage (m) hydraulique		гидравлическое торможеніе (n) frenaggio (m) idraulico frenado (m) hidráulico
4	elektrische Bremse (f) electric brake frein (m) électrique		электрическій тормазъ (m) freno (m) elettrico freno (m) eléctrico
5	elektrische Bremsung (f) electric braking freinage (m) électrique		электрическое торможеніе (n) frenaggio (m) elettrico frenado (m) eléctrico
6	elektrische Bremsschaltung (f) electric braking connection schéma (m) *ou* connexions (f pl) d'un frein électrique		схема (f) соединеній электрическаго тормаза collegamento (m) per il freno elettrico esquema (m) *ó* connexiones (f pl) del freno eléctrico
7	Motorbremsung (f) motor braking freinage (m) par le moteur		торможеніе двигателемъ [моторомъ] frenatura (f) a motore frenado (m) por el motor
8	[Anker-]Kurzschlußschaltung (f), Bremswiderstandschaltung (f) armature short-circuit connection, braking connection connexion (f) pour freinage avec induit en court-circuit	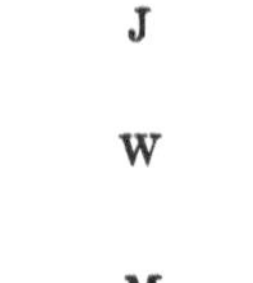	замыканіе (n) якоря на короткое, включеніе (n) тормазного сопротивленія collegamento (m) per messa in cortocircuito [dell'armatura] connexión (f) á circuito corto [del inducido]
9	Bremsstrom (m) braking current courant (m) de freinage	J	тормазной токъ (m) corrente (f) di frenaggio corriente (f) de frenado
10	Bremswiderstand (m) braking resistance résistance (f) de freinage	W	тормазное сопротивленіе (n) resistenza (f) frenante resistencia (f) de frenado
11	Bremsmoment (n) braking moment moment (m) de freinage	M	тормазной моментъ (m) momento (m) frenante momento (m) frenante
12	[Anker-]Kurzschlußbremse (f) (armature) short-circuit brake frein (m) à court-circuit d'induit, frein (m) rhéostatique		тормазъ (m) короткаго замыканія freno (m) a cortocircuito [dell'armatura] freno (m) á circuito corto [del inducido]

[Anker-]Kurzschluß-bremsung (f) (armature) short circuiting braking freinage (m) par court-circuit d'induit	торможеніе (n) короткимъ замыканіемъ якоря frenaggio (m) a corto-circuito [dell' armatura] frenado (m) por corto circuito del inducido	*1*
Selbstbremsung (f) des Motors, Selbstbremsen (n) des Motors automatic braking of motor auto-freinage (m) du moteur	самоторможеніе (n) двигателя *или* мотора auto-frenaggio (m) del motore auto-frenado (m) del motor	*2*
den Motor als Bremsgenerator schalten (v) to connect the motor as generator for braking relier (v) *ou* connecter (v) le moteur comme génératrice pour le freinage	включ-ить(-ать) двигатель *или* моторъ въ качествѣ генератора inserire (v) il motore come generatore frenante acoplar (v) el motor como generador para el frenado	*3*
elektrische Senkbremse (f) electric lowering brake frein (m) électrique de descente *ou* d'affalage	электрическій спускной тормазъ (m); электрическій тормазъ для опусканія груза freno (m) elettrico per discesa freno (m) eléctrico de descenso	*4*
Senkbremsschaltung (f) lowering brake connection connexion (f) en frein de descente	соединеніе (n) спускного тормаза; схема (f) соединенія спускного тормаза connessione (f) per freno di discesa conexión (f) para el freno de descenso	*5*
Gegenstromschaltung(f) back-current connection connexion (f) du moteur en contre-courant	включеніе (n) противотокомъ; соединеніе (n) для работы противотокомъ connessione (f) per controcorrente conexión (f) del motor en contra-corriente	*6*
Gegenstrombremse (f) back-current brake frein (m) à contre-courant	тормазъ (m) для противотока freno (m) a controcorrente freno (m) de contra-corriente	*7*

1 elektrische Bremsung (f) durch Gegenstrom, Gegenstrombremsung (f)
electric braking by means of back-current
freinage (m) électrique à contre-courant

электрическое торможеніе (n) противотокомъ
frenaggio (m) elettrico a controcorrente
frenado (m) por contracorriente

---

2 Wirbelstrombremse (f)
eddy current brake
frein (m) à courants parasites *ou* à courants de Foucault

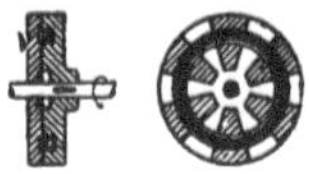

тормазъ (m), дѣйствующій токами Фуко
freno (m) a correnti di Foucault
freno (m) de corrientes parásitas *ó* de corrientes de Foucault

---

3 elektromagnetische Bremse (f), Magnetbremse (f)
electromagnetic brake
frein (m) électro-magnétique

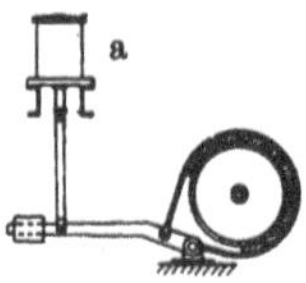

электромагнитный тормазъ (m); магнитный тормазъ
freno (m) elettromagnetico, freno (m) magnetico
freno (m) electro-magnético

---

4 Bremsmagnet (m), Bremslüftmagnet (m), Bremslüftungsmagnet (m)
brake magnet
électro-aimant (m) de frein, électro-aimant (m) [de débrayage *ou* de dégagement] du frein

a

тормазной магнитъ (m)
magnete (m) del freno
electro-imán (m) del freno

---

5 Hufeisenmagnet (m)
horse-shoe magnet
[électro-]aimant (m) en fer à cheval

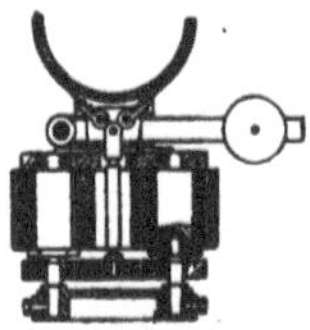

подковообразный магнитъ (m)
magnete (m) a ferro di cavallo
electro-imán (m) en [forma de] herradura *ó* en forma de U

---

6 Topfmagnet (m)
pot- *or* bell-shape-magnet
électro-aimant (m) en forme de pot (de Schuckert)

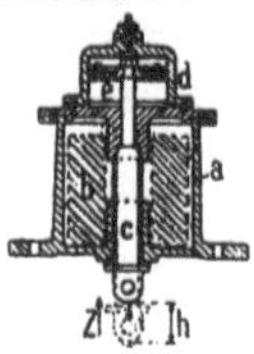

горшкообразный магнитъ (m)
magnete (m) a pentola
electro-imán (m) en forma de puchero

---

7 Magnetgehäuse (n)
magnet-casing
enveloppe (f) *ou* cuirasse (f) d'électro-aimant, anneau-inducteur (m), anneau (m) extérieur, carcasse (f) polaire *ou* inductrice

a

остовъ (m) *или* кожухъ (m) электромагнита
cassa (f) del magnete
caja (f) del imán

Tauchanker (m), Magnetkern (m) plunger *or* dipping magnet core armature (f) plongeuse, noyau (m) d'aimant	b	подвижный якорь (m); магнитный сердечникъ (m) nucleo (m) del magnete, anima (f) del magnete núcleo (m) del imán	1
Gegenpol (m), Kernanker (m), Kopfpol (m) pole head *or* shoe armature (f) intérieure [à noyau glissant *ou* coulissant] (frein magnétique Hélios)	c	арматура (f) сердечника polo (m) della cassa armadura (f) de polo con núcleo corredizo	2
Luftpuffer (m), Dämpferpumpe (f) dashpot amortisseur (m) à air *ou* pneumatique, dashpot (m) à air, cataracte (f) à air	d	воздушный буферъ (m) *или* заглушитель (m) cuscino (m) d'aria, moderatore (m) pneumatico amortiguador (m) de aire, dashpot (m)	3
Dämpferkolben (m), Pufferkolben (m) dashpot plunger piston (m) du frein à air	e	поршень (m) буфера *или* заглушителя stantuffo (m) del moderatore émbolo (m) del amortiguador	4
Lüfthub (m) air lift course (f) du frein débrayé *ou* libéré	h	ходъ (m) оттормаживанія corsa (f) di liberazione (del freno) *o* sfrenamento carrera (f) del freno desacoplado	5
Lüftkraft (f), Hubkraft (f), Zugkraft (f) pulling force, lifting force force (f) pour le débrayage du frein, force (f) de traction	Z	сила (f) оттормаживанія; оттормаживающая сила; подъёмная сила forza (f) per liberare [il freno] fuerza (f) de tracción	6
Hubarbeit (f) des Magneten, Lüftarbeit (f) lifting work travail (m) de soulèvement de l'électro-aimant	Z h	работа (f) подъёма магнита lavoro (m) di sollevamento del magnete trabajo (m) de levantamiento del imán	7
Zugmagnet (m), Bremsmagnet (m) mit Zugwirkung tension *or* pull magnet électro-aimant (m) à attraction, frein (m) électro-magnétique à attraction	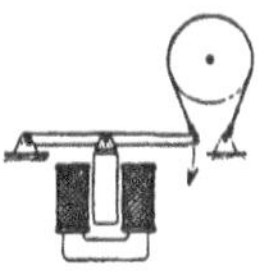	тянущій тормазной магнитъ (m) freno (m) magnetico d'attrazione [electro (m)] imán (m) de atracción, freno (m) electro-magnético de attracción	8

1 Druckmagnet (m), Stoß-magnet (m), Bremsmagnet (m) mit Druckwirkung
pressure magnet
électro-aimant (m) à répulsion, frein (m) électro-magnétique à répulsion

давящій тормазной магнитъ (m)
freno (m) magnetico di repulsione
[electro (m)] imán (m) de repulsión para freno

---

2 Kniehebel[brems]-magnet (m)
bell-crank lever brake magnet
électro-aimant (m) de frein à levier coudé

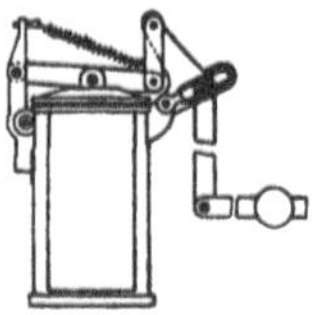

тормазной магнитъ (m) съ колѣнчатыми рычагами
magnete (m) [del freno] con leva a ginocchiera
[electro (m)] imán (m) [de freno] con palanca acodada

---

3 Hauptstrom[brems]-magnet (m)
series magnet
électro-aimant (m) [de frein électromagnétique] en série

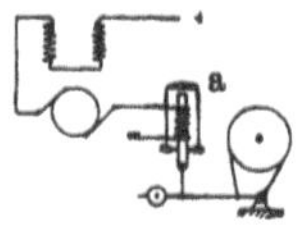

a

тормазной магнитъ(m), послѣдовательно включённый
magnete (m) [del freno] in serie
[electro (m)] imán (m) de freno en serie

---

4 Nebenschlufs[brems]-magnet (m)
shunt magnet
électro-aimant (m) [de frein électromagnétique] en dérivation

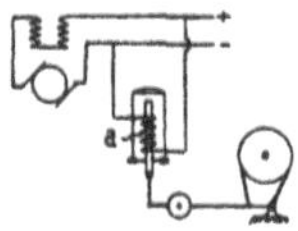

a

тормазной магнитъ (m), параллельно включённый
magnete (m) [del freno] in derivazione
electro-imán (m) de freno en derivación

---

5 Drehstrom[brems]magnet (m)
three-phase magnet
électro-aimant (m) (de frein électromagnétique] à courant triphasé

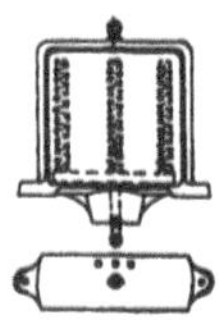

тормазной магнитъ (m) трёхфазнаго тока
magnete (m) [del freno] a corrente trifasica
[electro (m)] imán (m) de freno de corriente trifásica

---

6 Bremsmotor (m), Motorbremsmagnet (m)
brake motor
moteur-frein (m), électro-moteur (m) de commande du frein

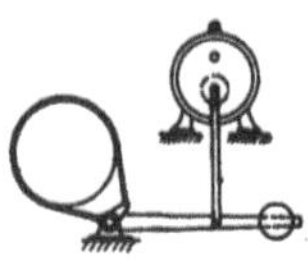

тормазной двигатель (m)
motore-freno (m), motore (m) per frenare
motor-freno (m)

---

7 der Bremsmagnet steht unter Strom
the braking magnet is traversed by a current
l'électro-aimant du frein [électro-magnétique] est [mis] en circuit

тормазной магнитъ (m) находится подъ дѣйствіемъ тока
il magneto del freno è inserito
el electro-imán de freno está intercalado [en el circuito]

der Bremsmagnet klebt
the magnet sticks
l'électro-aimant du frein [électro-magnétique] est collé *ou* bloqué

тормазной магнитъ (m) прилипъ *или* притянуть
il magnete del freno è immobilizzato 1
el electro-imán de freno está inmovilizado

Kleben[bleiben] (n) des Bremsmagneten
sticking of the magnet
bloquage (m) *ou* collage (m) de l'électro-aimant de freinage

прилипаніе (n) *или* приставаніе (n) *или* притяженіе (n) тормазного магнита
immobilizzazione (f) del magnete del freno 2
inmovilización (f) del imán de freno

Hebezeugbremse (f)
brake for lifting tackle
frein (m) d'un appareil de levage

тормазъ (m) для подъёмныхъ машинъ
freno (m) per apparecchi di sollevamento 3
freno (m) para aparatos de levantamiento

Kranbremse (f)
crane brake
frein (m) de grue

крановый тормазъ (m)
freno (m) per la gru 4
freno (m) para grúa

Lastbremse (f)
load brake
frein (m) de monte-charge

тормазъ (m) для грузовъ
freno (m) per montacarichi 5
freno (m) para montacargas

Hub[werk]bremse (f)
hoisting gear brake
frein (m) d'un appareil *ou* engin de levage, frein (m) de levage

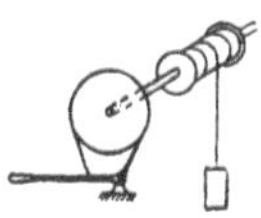

тормазъ (m) подъёмнаго механизма
freno (m) al meccanismo di sollevamento 6
freno (m) del mecanismo de levantamiento

Fahr[werk]bremse (f)
travelling gear brake
frein (m) d'un mécanisme de translation

тормазъ (m) механизма для передвиженія
freno (m) al meccanismo di traslazione
freno (m) del mecanismo de translación *ó* de movimiento horizontal 7

Drehwerkbremse (f), Schwenkwerkbremse (f)
slewing gear brake
frein (m) d'un mécanisme de rotation, frein (m) d'un appareil à mouvement de giration

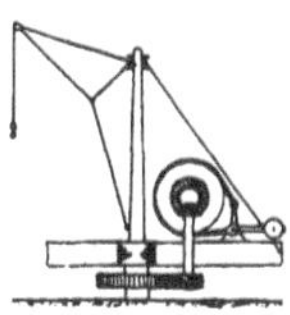

тормазъ (m) поворотнаго механизма
freno (m) al meccanismo di rotazione 8
freno (m) del mecanismo de giro

Haltebremse (f), Stoppbremse (f), Festbremse (f)
stopping brake
frein (m) d'arrêt

остановочный тормазъ (m); стопорный тормазъ
freno (m) d'arresto, freno (m) di ritegno 9
freno (m) de parada

1	die Last mit der Bremse halten (v) to hold the load by means of the brake maintenir (v) suspendue la charge au moyen du frein	удержать грузъ тормазомъ tenere (v) sospeso il carico col freno tener (v) suspendida la carga por medio del freno
2	die Last in der Schwebe halten (v) to hold the load in suspension maintenir (v) la charge suspendue	удержать грузъ на вѣсу tenere (v) sospeso il carico mantener(v) suspendida la carga
3	Senkbremse (f) lowering brake frein (m) de descente *ou* d'affalage	спускной тормазъ (m); тормазъ для спуска freno (m) di discesa freno (m) de descenso
4	die Last mit der Bremse senken (v) *oder* ablassen (v) to lower the load by releasing the brake faire descendre (v) *ou* affaler (v) la charge au moyen du frein	опус-тить (-кать) грузъ помощью тормаза fare (v) scendere il carico a mezzo del freno descender (v) *ó* bajar (v) la carga por medio del freno
5	Geschwindigkeitsbremse (f) speed brake frein (m) régulateur de vitesse, frein (m) centrifuge	центробѣжный тормазъ (m) freno (m) regolatore della velocità freno (m) de velocidad *ó* centrifugo
6	Regulierbremse (f), Manövrierbremse (f), Handhabungsbremse (f) regulating *or* controlling brake frein (m) régulateur [de la descente], frein (m) de manœuvre	регулировочный тормазъ (m); маневровый тормазъ freno (m) regolatore freno (m) regulador [del descenso]
7	selbsttätige Bremse (f) automatic brake frein (m) automatique	автоматическій *или* самодѣйствующій тормазъ (m) freno (m) automatico freno (m) automático
8	Sicherheitsbremse (f) safety brake frein (m) de sûreté	предохранительный тормазъ (m) freno (m) di sicurezza freno (m) de seguridad
9	Schutzbremse (f), Notbremse (f) emergency brake frein (m) de protection, frein (m) de secours *ou* de sécurité	тормазъ (m) на случай опасности freno (m) di protezione *o* di soccorso freno (m) de protección

Feststellbremse (f)
fixing *or* holding brake
frein (m) d'arrêt
установительный *или* стопорный тормазъ (m)
freno (m) immobilizzatore 1
freno (m) de parada *ó* de detención

Nachlaufbremse (f), Verzögerungsbremse (f)
slowing down brake
frein (m) de ralentissement, frein (m) modérateur de vitesse
тормазъ (m), замедляющій движеніе
freno (m) di rallentamento 2
freno (m) de retardo, freno (m) regulador de velocidad

Nachlaufbremsung (f)
slowing down braking
freinage (m) de ralentissement
замедляющее тормаженіе (n)
frenatura (f) di rallentamento 3
frenado (m) del retardo

---

den Nachlauf abbremsen (v)
to brake *or* to stop overrunning
freiner (v) pour ralentir
тормазить съ цѣлью замедленія хода; замедлять ходъ тормаженіемъ 4
frenare (v) per rallentare
frenar (v) para retardar

Befestigungsorgane
Fastenings
Pièces d'attache
Органы укрѣпленія
Organi d'attacco 5
Órganos de sujeción

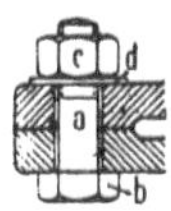

Schraube (f)
screw
vis (f)
винтъ (m)
vite (f) 6
tornillo (m)

---

a

Schraubenbolzen (m), Bolzen (m)
screw bolt
boulon (m)
болтъ (m)
bullone (m) della vite, corpo (m) della vite 7
perno (m), tornillo (m)

---

b

Schraubenkopf (m)
screw head
tête (f) de vis *ou* de boulon
головка (f) винта; головка болта
testa (f) della vite 8
cabeza (f) de tornillo

---

c

Mutter (f) (pl: Muttern), Schraubenmutter (f)
nut, screw-nut
écrou (m)
гайка (f)
dado (m), madrevite (f) 9
tuerca (f)

---

d

Unterlegscheibe (f), Unterlagscheibe (f)
washer
rondelle (f)
шайба (f); подкладная шайба
piastrina (f), ranella (f) 10
arandela (f), ovalillo (m)

1	Gewinde (n), Schraubengewinde (n) thread, screw thread filet (m)		нарѣзка (f); винтовая нарѣзка filetto (m), verme (m) filete (m)
2	Rechtsgewinde (n) right-handed thread filet (m) à droite	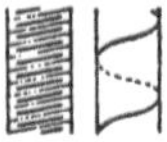	правая нарѣзка (f) filetto (m) destrorso filete (m) á la derecha
3	Linksgewinde (n) left-handed thread filet (m) à gauche	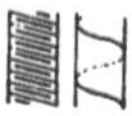	лѣвая нарѣзка (f) filetto (m) sinistrorso filete (m) á la izquierda
4	eingängiges Gewinde (n) single thread pas (m) simple, vis (f) à pas simple *ou* à un filet		однооборотная *или* одноходовая нарѣзка (f); нарѣзка въ одну нитку filetto (m) semplice, vite (f) a filetto semplice filete (m) de un paso
5	zweigängiges Gewinde (n) double thread double pas (m), vis (f) à double pas *ou* à deux filets		двухоборотная *или* двухходовая нарѣзка (f); нарѣзка въ двѣ нитки filetto (m) doppio, vite (f) a filetto doppio filete (m) doble
6	mehrgängiges Gewinde (n) multiple thread pas (m) multiple, vis (f) à pas multiple *ou* à plusieurs filets		многооборотная *или* многоходовая нарѣзка (f); нарѣзка въ нѣсколько нитокъ impanatura (f) a più filetti filete (m) múltiple
7	scharfes *oder* dreieckiges Gewinde (n), Dreieck[s]gewinde (n) triangular thread, V-thread filet (m) triangulaire, filet (m) tranchant		остроугольная *или* треугольная нарѣзка (f) impanatura (f) triangolare filete (m) triangular
8	flaches *oder* rechteckiges Gewinde (n), Flachgewinde (n) square thread filet (m) plat, filet (m) rectangulaire, filet (m) carré		прямоугольная *или* квадратная нарѣзка (f) impanatura (f) quadrangolare filete (m) cuadrado
9	rundes Gewinde (n), Rundgewinde (n) round *or* knuckle thread filet (m) rond		круглая *или* полукруглая нарѣзка (f) filetto (m) tondo filete (m) redondo

Trapezgewinde (n) trapezoid *or* buttress thread filet (m) trapézoïdal	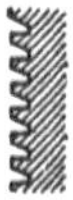	трапецевидная нарѣзка (f) filetto (m) trapeziforme filete (m) trapeciforme	1
Muttergewinde (n), Hohlgewinde (n) female thread filet (m) *ou* taraudage (m) d'écrou		нарѣзка (f) гайки; винтовыя впадины (f pl) полаго цилиндра: внутренняя нарѣзка (f) madrevite (f) filete (m) matriz	2
Gasrohrgewinde (n), Gasgewinde (n) gas-thread filet (m) des tuyaux à gaz		газовая нарѣзка (f); рѣзьба (f) газовыхъ трубъ filettatura (f) per tubi a gas filete (m) para tubos de gas	3
Feingewinde (n) fine pitch thread filet (m) fin		мелкая нарѣзка (f) filettatura (f) fine filete (m) fino	4
Sechskantmutter (f) hexagon nut écrou (m) à six pans	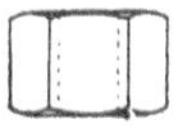	шестигранная гайка (f) dado (m) esagonale tuerca (f) hexagonal	5
gesicherte Mutter (f) locked nut écrou goupillé, écrou (m) immobilisé, écrou (m) verrouillé		закрѣплённая гайка (f) dado (m) di sicurezza tuerca (f) inmovilizada [con pasador]	6
Splint (m) split pin goupille (f)	a	шплинтъ (m) spina (f), caviglia (f) fiador (m), pasador (m)	7
Schraubensicherung (f) screw-locking device arrêt (m) de sûreté de vis; frein (m) de vis *ou* de boulon		приспособленіе (n) противъ самоотвинчиванія arresto (m) di sicurezza della vite aparato (m) de seguridad del tornillo	8
Gegenmutter (f) lock-nut, jam-nut, check-nut contre-écrou (m)		контръ-гайка (f); закрѣпная гайка; подгаешникъ (m) contro-dado (m) contra-tuerca (f), tuerca (f) de seguridad	9
Sechskantkopf (m) hexagon head tête (f) à six pans	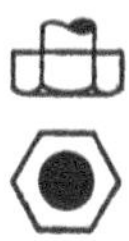	шестигранная головка (f) testa (f) esagonale cabeza (f) hexagonal	10

1	Vierkantkopf (m) square head tête (f) carrée		квадратная *или* четырёхгранная головка (f) testa (f) quarda cabeza (f) cuadrada
2	runder Kopf (m) cheese-head, fillister head tête (f) ronde	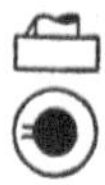	круглая головка (f) testa (f) tonda cabeza (f) redonda
3	Hammerkopf (m) T-head tête (f) à T *ou* de marteau	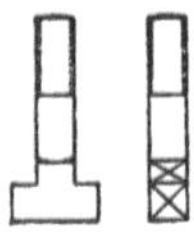	прямоугольная *или* четырёхгранная *или* тавровая головка (f) testa (f) ad ancora, testa (f) a T cabeza (f) de martillo
4	versenkter Kopf (m) counter-sunk head, machine screw (A) tête (f) noyée *ou* fraisée		потайная *или* утопленная головка (f) testa (f) incassata cabeza (f) embutida
5	Versenkschraube (f), versenkte Schraube (f), eingelassene Schraube (f) bolt with recessed head and nut boulon (m) noyé *ou* fraisé	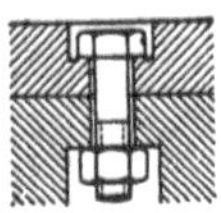	винтъ (m) съ потайной *или* съ утопленной головкой vite (f) a testa incassata tornillo (m) embutido, tornillo (m) con cabeza y tuerca empotradas *ó* embebidas
6	die Schraube versenken (v) to countersunk the head noyer (v) la vis		утопить винтъ incassare (v) la vite empotrar (v) el tornillo
7	Mutterschraube (f) bolt with head and nut boulon (m) à tête et écrou		болтъ (m) съ головкой и гайкой bullone (m) con testa e dado tuerca (f) y tornillo (m), tornillo (m) *ó* perno (m) con cabeza y tuerca
8	Stiftschraube (f) stud, stud-bolt goujon (m), prisonnier (m)		шпилька (f) vite (f) prigioniera espárrago (m), prisionero (m)
9	Kopfschraube (f) set bolt, set screw, cap screw (A) vis (f) à tête		винтъ (m) съ головкой; ввертной винтъ vite (f) a testa tornillo (m) de cabeza

Hakenschraube (f)
hook bolt
boulon (m) à crochet, crampon (m) fileté

болтъ (m) съ лапкой
vite (f) a gancio, rampone (m) filettato 1
tornillo (m) ó perno (m) de corchete ó gancho

Paßschraube (f), eingepaßte Schraube (f)
fitted *or* reamed bolt (A)
boulon (m) tourné

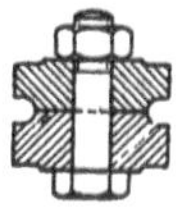

пригнанный *или* притёртый болтъ (m)
vite (m) aggiustata
tornillo (m) ajustado ó torneado 2

Paßstift (m), Prisonstift (m)
steady pin *or* dowel
prisonnier (m)

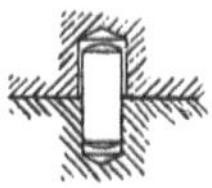

установочный штифтъ (m); презонный штифтъ
masello (m), perno (m), prigioniero (m) 3
perno (m) prisionero

Distanzschraube (f), Distanzbolzen (m)
distance-bolt
boulon (m) d'entretoisement

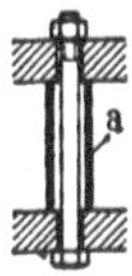

распорный болтъ (m)
tirante (m), bullone (m) di scartamento 4
tornillo (m) de distancia ó de arriostramiento

Distanzhülse (f), Paßrohr (n)
distance-tube *or* piece
douille (f) d'entretoisement

a

распорная труб[к]а (f)
viera (f) del tirante
tubo (m) de distancia ó de arriostramiento 5

Stellschraube (f), Klemmschraube (f)
clamping-screw, setscrew
vis (f) d'arrêt, vis (f) de réglage, vis (f) de serrage

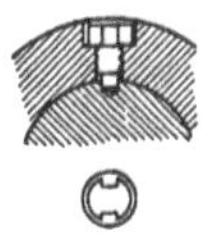

установочный винтъ (m); закрѣпный *или* стопорный винтъ
vite (f) d'arresto, vite (f) di pressione 6
tornillo (m) de presión ó sujeción ó apriete

Schnittschraube (f), Gewindestift (m), Schlitzschraube (f)
grub screw, headless screw
cheville (f) filetée

винтъ (m) съ прорѣзомъ
caviglia (f) a vite prigioniera 7
tornillo (m) con hendidura para destornillador

Knebelschraube (f)
tommy-screw
vis (f) a clef

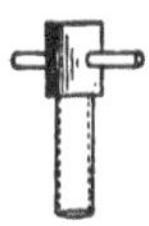

верстачный винтъ (m); тисковый винтъ
vite (f) con testa a spinetta 8
tornillo (m) de muletilla

Flügelschraube (f), Daumenschraube (f), Lappenschraube (f)
thumb-screw, wing screw
vis (f) à ailettes *ou* oreilles

винтъ (m) съ лапками; барашковый винтъ; барашекъ (m); крылатка (f) 9
vite (f) ad alette
tornillo (m) de orejas

1	Steinschraube (f) rag-bolt, stone-bolt boulon (m) de scellement		анкерный болтъ (m) bullone (m) a mazzetta, chiavarda (f) da murare perno (m) de anclaje
2	Holzschraube (f) wood screw vis (f) à bois		винтъ (m) для дерева; шурупъ (m) vite (f) da legno *o* mordente tornillo (m) de rosca de madera
3	Gewindebüchse (f) threaded bush tampon (m) de vissage, bague (f) taraudée	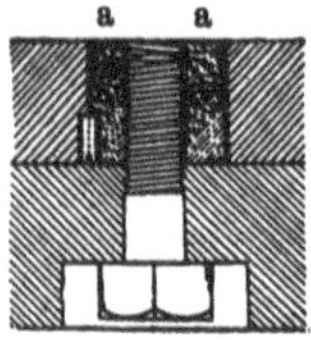	втулка (f) съ нарѣзкой boccola (f) filettata casco (m) roscado
4	Schraubenverbindung (f), Verschraubung (f), Verbolzung (f) bolted joint (A) assemblage (m) par vis, boulonnage (m)	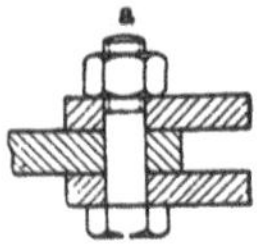	болтовое соединенiе (n); болтовое скрѣпленiе (n) collegamento (m) a vite, accoppiamento (m) a vite junta (f) *ó* acoplamiento (m) por tornillo
5	Befestigungsschraube (f) fixing screw vis (f) de fixation	a	соединительный *или* скрѣпляющiй *или* закрѣпляющiй болтъ (m) vite (f) d'attacco tornillo (m) de sujeción
6	eine Schraube anziehen (v) to screw up serrer (v) une vis		притя-нуть (-гивать) болтъ; затянуть болтъ tirare (v) *o* stringere (v) una vite apretar (v) un tornillo
7	eine Schraube nachziehen (v) to tighten a screw resserrer (v) une vis		подтя-нуть (-гивать) болтъ stringere (v) di nuovo una vite repasar (v) *ó* apretar (v) un tornillo
8	zusammenschrauben (v) to bolt together, to fasten with screws visser (v) ensemble, assembler (v) par vis *ou* boulons		свин-тить (-чивать); скрѣп-ить (-лять) болтами avvitare (v) insieme unir (v) con tornillos

verschrauben (v) to screw visser (v)		свинтить; свинчивать avvitare (v), collegare (v) con bulloni atornillar (v), unir (v) con tornillos ó pernos	1
anschrauben (v) to screw on visser (v) sur . . .		привин-тить (-чивать) avvitare (v) su . . . afianzar (v) con tornillos sobre	2
einschrauben (v) to screw in visser (v) dans . . .		ввин-тить (-чивать) avvitare (v) in atornillar (v) en . . .	3
festschrauben (v) to fasten with screws, to secure by screws visser (v) à demeure, fixer (v) à l'aide de vis *ou* de boulons		закрѣп-ить(-лять) винтомъ *или* винтами; закрѣп-ить(-лять) болтомъ *или* болтами tirare (v) a fondo fijar (v) con tornillos o pernos	4
eine Schraube lösen (v) to loosen a screw dévisser (v)		отвинтить болтъ; отвернуть винтъ svitare (v) una vite destornillar (v), quitar (v) tornillo	5
eine Schraube lockern (v) to slacken *or* loosen a screw dégager (v) une vis		отпус-тить (-кать) *или* отдать болтъ allentare (v) una vite aflojar (v) un tornillo	6
Schraubenschlüssel (m) spanner, wrench clé (f) [à écrous], clef (f) [à écrous]		гаечный *или* винтовой ключъ (m) chiave (f) per dadi llave (f) para tuercas	7
Doppelschlüssel (m) double headed spanner, double headed wrench (A) clef (f) double		двойной ключъ (m) chiave (f) doppia llave (f) doble ó de dos bocas	8
Steckschlüssel (m), Aufsatzschlüssel (m) socket-wrench, box spanner clef (f) à douille		торцовый ключъ (m); патронный ключъ chiave (f) femmina llave (f) tubular ó de vaso ó de muletilla	9
französischer [*oder* englischer] Schraubenschlüssel (m), Franzose (m), Engländer (m) coach-wrench, shifting-spanner, monkey-wrench (A) clef (f) anglaise		разводной ключъ (m); французскій *или* англійскій гаечный ключъ chiave (f) inglese llave (f) inglesa	10

1	Bewegungsschraube (f) motion screw vis (f) de commande, commande (f) par vis et écrou	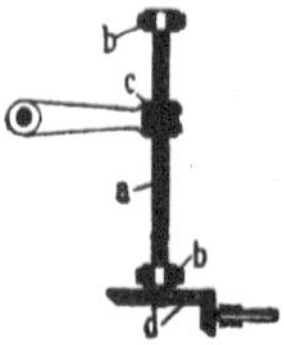	ходовой винтъ (m); винтъ, передающій движеніе vite (f) di movimento tornillo (m) de movimiento
2	Spindel (f), Schraubenspindel (f), Gewindespindel (f) spindle, screw tige (f) filetée, axe (m) fileté	a	винтовой стержень (m); шпиндель (m) asta (f) filettata huso (m), varilla (f) fileteada
3	Spindellagerung (f) bearing of spindle guide (m) de la tige	b	опора (f) *или* подшипникъ (m) шпинделя cuscinetti (m pl) dell'asta filettata montaje (m) del huso
4	Gleitmutter (f) sliding nut écrou (m) mobile	c	ходовая *или* подвижная гайка (f) dado (m) mobile *o* scorrevole tuerca (f) de deslizamiento
5	Spindelantrieb (m) spindle driving gear commande (f) de la tige filetée	d	приводъ (m) шпинделя comando (m) dell'asta filettata mando (m) del huso
6	Niet (m) *oder* (n), Niete (f) rivet, pin, clinch rivet (m)	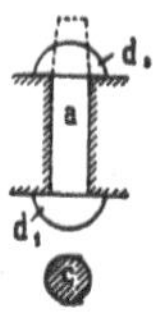	заклёпка (f) chiodo (m) remache (m), roblón (m)
7	Nietschaft (m) shank of a rivet corps (m) de rivet, tige (f) de rivet	a	стержень (m) заклёпки gambo (m) del chiodo vástago (m) del remache
8	Nietquerschnitt (m) rivet section section (f) de rivet	c	поперечное сѣченіе (n) заклёпки sezione (f) del chiodo sección (f) del remache
9	Nietkopf (m) rivet-head tête (f) de rivet	d_1 d_2	головка (f) заклёпки; заклёпочная головка testa (f) del chiodo cabeza (f) del remache
10	Setzkopf (m) swage-head, die-head tête (f) de pose *ou* de fabrication, première tête (f)	d_1	основная *или* закладная *или* начальная *или* первая головка (f) заклёпки testa (f) di posa cabeza (f) propia [de remache]

Schließkopf (m)
rivet-point, closing-head
tête (f) fermante *ou* bouterollée, seconde tête (f)

d$_2$

замыкающая *или* высадная *или* вторая 1
головка (f)
testa (f) ribadita
cabeza (f) estampada

Nietbeanspruchung (f)
strain on rivets
fatigue (f) du rivet

напряженіе (n) заклёпки
carico (m) del chiodo 2
esfuerzo (m) del remache

Nietloch (n)
rivet hole
trou (m) de rivet

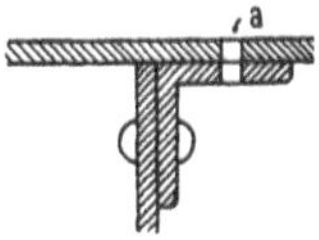

отверстіе (n) для заклёпки; заклёпочная дыра (f)
foro (m) del chiodo 3
orificio (m) ó agujero (m) del remache

Lochwandung (f), Lochleibung (f)
face of rivet hole
paroi (f) du trou de rivet

стѣнка (f) отверстія
pareti (f pl) del foro 4
paredes (f pl) del agujero del remache

Lochleibungsdruck (m)
specific pressure on face of hole
pression (f) sur la paroi du trou de rivet, travail (m) d'écrasement du corps de rivet

давленіе (n) на стѣнки отверстія
pressione (f) sulle pareti del foro 5
presión (f) sobre las paredes del agujero del roblón

---

die Nietlöcher stanzen (v)
to punch rivet holes
poinçonner (v) les trous de rivets

продавливать заклёпочныя отверстія; пробивать отверстія для заклёпокъ
punzonare (v) i fori per 6
i chiodi
punzonar (v) los agujeros para el roblonado

---

die Nietlöcher bohren (v)
to drill rivet holes
forer (v) *ou* percer (v) les trous de rivets

сверлить (высверливать) отверстія для заклёпокъ
trapanare (v) i fori per 7
i chiodi
taladrar (v) los orificios para el roblonado

---

die Nietlöcher aufreiben (v)
to reamer rivet holes
aléser (v) les trous de rivets

развёртывать отверстія для заклёпокъ
alesare (v) i fori per chiodi 8
desbarbar (v) ó alisar (v) los orificios de remachado

Nieteisen (n)
rivet iron
fer (m) à rivets

заклёпочное желѣзо (n)
ferro (m) per chiodi
hierro (m) para remaches 9

Versenkniet (m), versenkter Niet (m), Niet (m) mit versenktem Kopf
1 flush rivet, rivet with countersunk head
rivet (m) à tête noyée *ou* fraisée, rivet (m) noyé

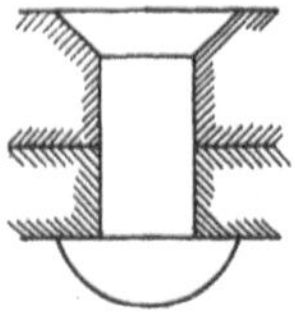

заклёпка (f) съ потайной *или* утопленной головкой
capocchia (f) incassata, capocchia (f) svasata
remache (m) de cabeza embutida *ó* achaflanada

---

halbversenkter Niet (m), Niet (m) mit halbversenktem Kopf
2 rivet with half countersunk head
rivet (m) à tête saillante *ou* mi-fraisée *ou* à goutte de suif

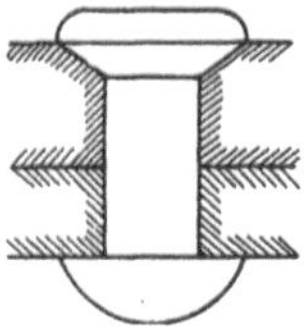

заклёпка (f) съ полупотайной *или* полуутопленной головкой
capocchia (f) semisvasata
remache (m) de cabeza semi-embutida *ó* rebajada

---

einen Niet versenken (v), einen Niet einlassen (v)
3 to countersink a rivet, to sink in a rivet
fraiser (v) le rivet

углуб-ить (-лять) заклёпку въ потай; углуб-ить (-лять) головку заклёпки
incassare (v) il chiodo
embutir (v) el remache

Scherniet (m)
rivet in shear
4 rivet (m) de cisaillement, rivet (m) travaillant au cisaillement

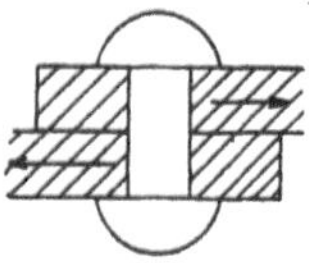

срѣзываемая заклёпка (f); заклёпка, работающая на срѣзъ
chiodo (m) sollecitato a recisione
remache (m) sometido al esfuerzo cortante

Zugniet (m)
rivet in tension
5 rivet (m) de traction, rivet (m) travaillant à l'arrachement

растягиваемая заклёпка (f); заклёпка работающая на растяжение
chiodo (m) sollecitato a trazione
remache (m) sometido á la tracción

Heftniet (m)
binding rivet, dummy
6 rivet
rivet (m) posé d'avance, rivet (m) de montage

предварительная заклёпка (f); временная заклёпка
chiodo (m) provisorio
remache (m) previo *ó* provisional

Nietverbindung (f)
riveted joint
7 rivure (f), assemblage (m) riveté

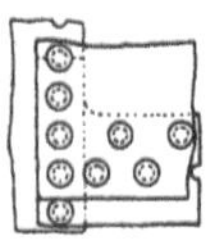

заклёпочное скрѣпленіе (n)
chiodatura (f) di collegamento
remachado (m), roblonado (m), junta (f) remachada

Nietung (f), Vernietung (f) riveting, riveted joint (A) rivure (f)	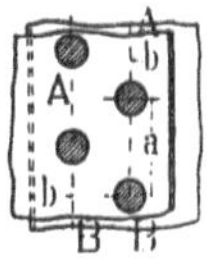	клёпка (f); склёпка (f) chiodatura (f) remachado (m), roblonado (m)	*1*
Nietnaht (f) row of rivets ligne (f) *ou* file (f) *ou* trainée (f) de rivets, rang (m) de rivets	A B	заклёпочный шовъ (m) fila (f) di chiodi, rango (m) di chiodi costura (f), hilera (f) *ó* fila (f) de remaches	*2*
Nietteilung (f) pitch of rivets écartement (m) des rivets, pas (m) des rivets	a	разстоянiе (n) между заклёпками *или* между центрами заклёпокъ; шагъ (m) *или* дѣленiе (n) заклёпочнаго шва; шагъ заклёпокъ passo (m) dei chiodi distancia (f) entre los (ejes de los) roblones	*3*
Randabstand (m) distance from edge of plate distance (f) au bord (de la tôle)	b	разстоянiе (n) заклёпки отъ края листа distanza (f) dall'orlo distancia (f) del remachado al borde de la plancha	*4*
Wurzelmaß (n), Streichmaß (n) distance from rivet centre to outside of angle distance (f) de traçage, distance (f) à la face extérieure de l'aile, cote (f) de traçage, trusquinage (m)	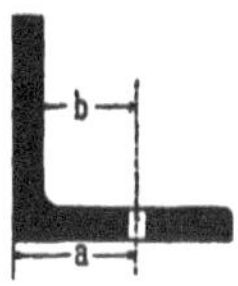 a	разстоянiе (n) заклёпки отъ внѣшней поверхности полки угольника distanza (f) dalla faccia esterna dell'ala distancia (f) del eje del remache á la cara externa del ángulo	*5*
Schenkelabstand (m) distance from rivet centre to inside of angle distance (f) à l'intérieur de l'aile	b	разстоянiе (n) отъ полки угольника distanza (f) dall'ala distancia (f) á la cara interior del ángulo	*6*
einreihige Nietung (f) single row riveting rivure (f) à un rang, rivure (f) simple		однорядный *или* простой *или* одиночный заклёпочный шовъ (m) chiodatura (f) semplice remachado (m) simple *ó* de una fila	*7*
zweireihige Nietung (f) double row riveting rivure (f) à deux rangs, rivure (f) parallèle *ou* double		двухрядный *или* двойной [заклёпочный] шовъ (m) chiodatura (f) doppia remachado (m) doble *ó* de dos filas	*8*
mehrreihige Nietung (f) multiple row riveting rivure (f) à plusieurs rangs		многорядный заклёпочный шовъ (m) chiodatura (f) multipla remachado (m) múltiple	*9*

1 einschnittige Nietung (f)
single shear riveting
rivure (f) [par des rivets] à une section de cisaillement, rivure (f) à une coupe

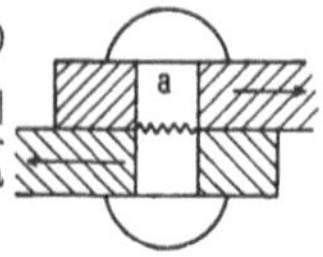

заклёпочный швъ (m) съ одиночнымъ перерѣзываніемъ; односрѣзный заклёпочный швъ
chiodatura (f) a taglio semplice
remachado (m) de una sola sección de ruptura ó rotura [esfuerzo cortante]

---

2 einschnittiger Niet (m)
single shear rivet
rivet (m) à une section de cisaillement *ou* travaillant au simple cisaillement

a

заклёпка (f) одиночнаго перерѣзыванія; односрѣзная заклёпка
chiodo (m) ad un taglio
remache (m) de una sola sección de rotura ó ruptura

---

3 zweischnittige Nietung (f)
double shear riveting
rivure (f) [par des rivets] à deux sections de cisaillement, rivure (f) à deux coupes

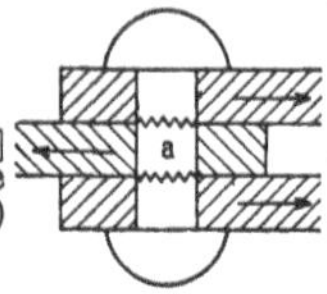

заклёпочный швъ (m) съ двойнымъ перерѣзываніемъ; двусрѣзный заклёпочный швъ
chiodatura (f) a taglio doppio
remachado (m) de dos secciones de rotura ó ruptura

---

4 zweischnittiger Niet (m)
rivet in double shear
rivet (m) à deux sections de cisaillement *ou* travaillant au double cisaillement

a

заклёпка (f) двойного перерѣзыванія; двусрѣзная заклёпка
chiodo (m) a taglio doppio
remache (m) de dos secciones de rotura ó ruptura

---

5 mehrschnittige Nietung (f)
multiple shear riveting
rivure (f) [par des rivets] à sections de cisaillement multiples, rivure (f) à plusieurs coupes

заклёпочный швъ (m) съ многократнымъ перерѣзываніемъ; многосрѣзный заклёпочный швъ
chiodatura (f) a più tagli
remachado (m) de muchas secciones de rotura ó ruptura

---

6 mehrschnittiger Niet (m)
rivet in multiple shear
rivet (m) polycisaillé, rivet (m) à plusieurs sections de cisaillement

заклёпка (f) многократнаго перерѣзыванія; многосрѣзная заклёпка
chiodo (m) a più tagli
remache (m) de muchas secciones de ruptura

---

7 nieten (v), vernieten (v)
to rivet
river (v)

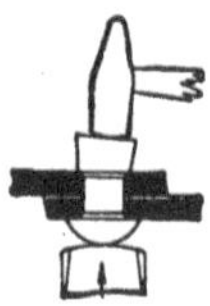

клепать; заклёпывать склепать, склёпывать
ribadire (v)
remachar (v), roblonar (v)

Nieten (n), Herstellen (n) einer Nietverbindung riveting rivetage (m)		заклёпываніе (n); склёпываніе (n) ribaditura (f) remachado (m), roblonado (m)	*1*
Nieten losschlagen (v), entnieten (v) to unrivet, to cut out the rivets, to remove rivets enlever (v) les rivets, dériver (v)		выби-ть (-вать) заклёпки; расклеп-ать (-ывать); сруб-ить (ать) заклёпку schiodare (v) deshacer (v) el roblonado	*2*
Nietarbeit (f) riveting work rivetage (m)		клепальная работа (f); склёпка (f) lavoro (m) di ribaditura trabajo (m) de remachado	*3*
Nietwerkzeug (n) riveting tool outil (m) à rive[te]r		клепальный инструментъ (m) attrezzi (m pl) per la chiodatura *o* da calderaio herramienta (f) para remachar	*4*
Niethammer (m) riveting-hammer marteau (m) à river, rivoir (m)		клепало (n); заклёпочный молотокъ (m); заклёпникъ (m) martello (m) da ribadire *o* chiodare martillo (m) de remachar	*5*
Schelleisen (n), Döpper (m) riveting-set, cup, snap-tool broche (f) chasse-rivet		обжимка (f) mandrino (m) per chiodi estampa (f) para roblones, caza-remaches (m)	*6*
Schellhammer (m) snap-dies bouterolle (f)		обжимка (f) съ глазомъ martello (m) a stampo, buttarola (f) martillo (m) de ojo	*7*
Vorhalter (m) riveting-knob, holding up tool contre-bouterolle (f), fer (m) à appuyer le rivet, tas (m) (Belgique)		клепальная поддержка (f) *или* оправка (f) contro-stampo (m), controbuttarola (f) martillo (m) para apoyo del remache, contrabuterola (f), sufridera (f)	*8*
Nietwinde (f) screw-dolly truc (m) *ou* vérin (m) à vis		клепальный домкратъ (m); заклёпный нажимъ (m) martinetto (m) per chiodi torno (m) de remachar	*9*
Nietpfanne (f) dolly bouterolle (f)	a	поддержка (f) клепальнаго домкрата cunetta (f) controbuttarola cazoleta (f), buterola (f)	*10*

1	Nietzange (f) riveting-tongs pince (f) à rivets 	заклёпочныя клещи (f pl) tanaglia (f) per chiodi tenazas (f pl) para remaches
2	Nietkluppe (f) riveting-tongs, riveting-clamp pince (f) à rivets 	заклёпочный клуппъ (m) tanaglia (f) mordente per chiodi *od* afferra chiodi tenaza (f) para remaches
3	Nietfeuer (n) riveting-hearth *or* forge forge (f) *ou* feu (m) à chauffer les rivets	горнъ (m) для нагрѣва заклёпокъ fucina (f) da chiodi, fornello (m) hornillo (m) para calentar los remaches
4	Nietenglühofen (m) rivet furnace four (m) à rivets	печь (f) для нагрѣванія заклёпокъ fucina (f) per scaldare i chiodi fragua (f) para calentar los remaches
5	Handnietung (f) hand-riveting rivure (f) à la main	ручная склёпка (f) chiodatura (f) a mano remachado (m) á mano
6	Maschinennietung (f) machine-riveting rivure (f) mécanique	машинная склёпка (f) chiodatura (f) a macchina remachado (m) á máquina ó mecánico
7	Nietmaschine (f) riveting-machine, riveter machine (f) à river, riveuse (f)	клепальная машина (f); клепальный станокъ (m) chiodatrice (f) remachadora (f), máquina (f) de remachar
8	Druckluftnietung (f), pneumatische Nietung (f) pneumatic riveting rivetage (m) pneumatique	пневматическая склёпка (f); клёпка сжатымъ воздухомъ chiodatura (f) pneumatica remachado (m) pneumático ó por aire comprimido
9	hydraulische Nietung (f), Druckwassernietung (f) hydraulic riveting rivetage (m) hydraulique	гидравлическая склёпка (f) chiodatura (f) idraulica remachado (m) hidráulico
10	Nietpresse (f) riveting press presse (f) à river	клепальный прессъ (m) pressa (f) per chiodare, strettoio (m) prensa (f) para remachar

IV.

Statik und Eisenkonstruktionen
Statics and Iron Constructions
Statique, constructions en fer
Статика и желѣзныя сооруженія
Statica e costruzioni in ferro
Estática y construcciones de hierro

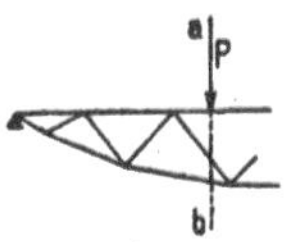

Kraft (f)
load, force
force (f)

P

сила (f)
forza (f)
fuerza (f) 1

Kraftrichtung (f), Richtung (f) der Kraft
direction of force
direction (f) *ou* sens (m) de la force

a — b

направленіе (n) силы
direzione (f) della forza
dirección (f) *ó* sentido (m) de la fuerza 2

Einzelkraft (f)
single force
force (f) isolée *ou* concentrée, force (f) unique

сосредоточенная сила (f); одна сила
forza (f) singola *od* unica *od* isolata
fuerza (f) aislada *ó* unica 3

---

die Kräfte sind gleichgerichtet
the forces are in the same direction
les forces agissent dans la même direction *ou* dans le même sens

силы (f pl) направлены въ одну сторону
le forze sono dello stesso senso
las fuerzas actuan en el mismo sentido *ó* la misma dirección 4

---

gleichgerichtete Kräfte (f pl)
forces working in same direction
forces (f pl) de même sens *ou* de même direction, forces (f pl) parallèles

P_1 P_2

силы (f pl) одного направленія; одинаково направленныя силы; силы, направленныя въ одну сторону
forze (f pl) nello stesso senso *o* concorrenti
fuerzas (f pl) del mismo sentido *ó* de la misma dirección 5

1	die Kräfte sind entgegengesetzt gerichtet the forces act in opposite directions les forces agissent en sens contraire *ou* en sens inverse		силы (f pl) направлены въ противоположныя стороны le forze sono opposte *o* contrarie las fuerzas actuan en sentido contrario
2	entgegengesetzt gerichtete Kräfte (f pl) opposed forces, oppositely acting forces forces (f pl) agissant en sens contraire	P_1 P_2	силы (f pl) противоположнаго направленія; противоположно направленныя силы; силы, направленныя въ противоположныя стороны forze (f pl) contrarie fuerzas (f pl) de sentido contrario
3	die Kräfte sind gleich und entgegengesetzt the forces are equal and opposed les forces sont égales et directement opposées	 	силы (f pl) равны и направлены въ противоположныя стороны le forze sono uguali e contrarie las fuerzas son iguales y contrarias
4	Vertikalkraft (f), senkrecht wirkende Kraft (f) vertical force force (f) perpendiculaire, force (f) verticale	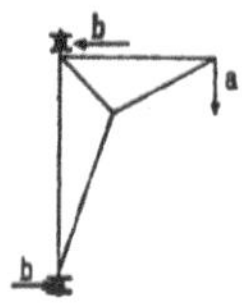 a	вертикальная сила (f) forza (f) verticale fuerza (f) vertical *ó* perpendicular
5	Horizontalkraft (f), wagerecht wirkende Kraft (f), Horizontalschub (m) horizontal force force (f) horizontale	b	горизонтальная сила (f) forza (f) orizzontale fuerza (f) horizontal
6	eine Kraft anbringen (v) to apply a force appliquer (v) une force		приложить силу applicare (v) una forza aplicar (v) una fuerza
7	eine Kraft hinzufügen (v) to add a force ajouter (v) une force		добавить силу aggiungere (v) una forza añadir (v) una fuerza
8	eine Kraft zerlegen (v) to resolve a force décomposer (v) une force	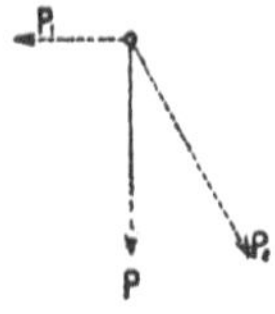 	разложить силу scomporre (v) una forza descomponer (v) una fuerza

Zerlegung (f) der Kraft, Kraftzerlegung (f)
resolution of a force
décomposition (f) de (la) force

разложенie (n) силъ
scomposizione (f) di forze
descomposición (f) de la fuerza 1

Kräfte zusammensetzen (v)
to combine forces
composer (v) des forces

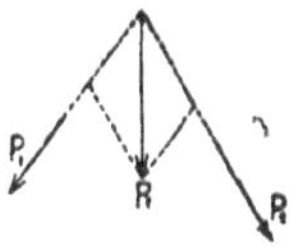

сложить силы
comporre (v) delle forze 2
componer (v) ó combinar (v) fuerzas

Zusammensetzung (f) von Kräften
combination of forces
composition (f) des forces

сложенie (n) силъ
composizione (f) di forze 3
composición (f) de fuerzas

Kräfteparallelogramm (n)
parallelogram of forces
parallélogramme (m) des forces

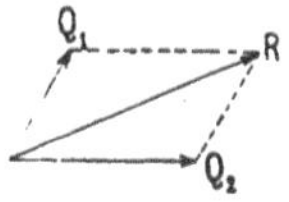

параллелограммъ (m) силъ
parallelogramma (m) delle forze 4
paralelógramo (m) de las fuerzas

Mittelkraft (f), Resultante (f)
resultant
résultante (f)

R

равнодѣйствующая (f)
risultante (f) 5
resultante (f)

Seitenkraft (f), Komponente (f)
component force
composante (f)

Q_1, Q_2

слагающая (f); составляющая (f) 6
componente (f)
componente (f)

Kräftedreieck (n)
force-triangle, triangle of forces
triangle (m) des forces

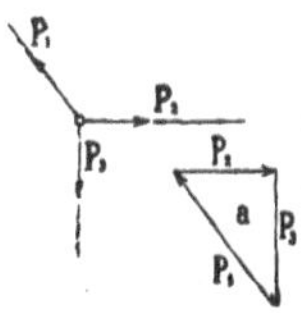

a

треугольникъ (m) силъ
triangolo (m) delle forze 7
triángulo (m) de las fuerzas

Kräftezug (m)
polygon of forces, stress diagram
polygone (m) des forces

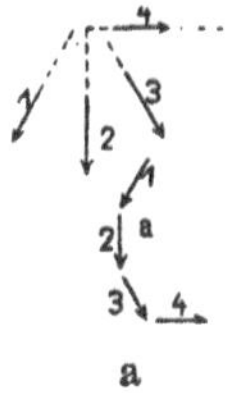

a

многоугольникъ (m) силъ
poligono (m) delle forze 8
polígono (m) de las fuerzas

1 geschlossener Kräftezug (m)
closed polygon of forces *or* stress diagram
polygone (m) fermé

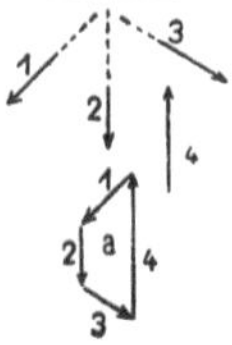

замкнутый многоугольникъ (m) силъ
poligono (m) di forze chiuso
polígono (m) cerrado de las fuerzas

---

a

2 Kräfteplan (m)
diagram of forces
polygone (m) *ou* diagramme (m) des forces

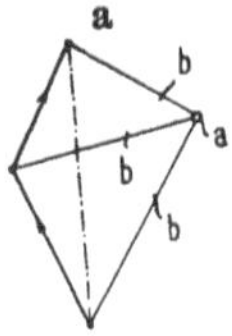

планъ (m) силъ
poligono (m), diagramma (m)
diagrama (m) de las fuerzas

---

3 Pol (m)
pole
pôle (m)

a

полюсъ (m)
polo (m)
polo (m)

---

4 Polstrahl (m)
ray, pencil
rayon (m) vecteur

b

лучъ (m) полюса; полюсный лучъ
raggio (m) polare
radio (m) polar *ó* vector

---

5 Polweite (f)
pole distance
distance (f) polaire

полюсное разстоянiе (n)
distanza (f) polare
distancia (f) polar

---

6 Seilzug (m), Seilpolygon (n), Seileck (n), Seilplan (m)
funicular polygon
polygone (m) funiculaire

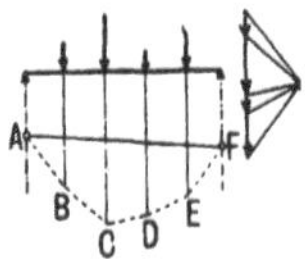

верёвочный многоугольникъ (m)
poligono (m) funicolare
polígono (m) funicular

---

7 Schlußlinie (f)
end line, closing line (of the funicular polygon)
ligne (f) de fermeture

A F

замыкающая линія (f) *или* сторона (f)
retta (f) di chiusa
línea (f) de cierre

---

8 Moment (n) der Kraft P_1 in bezug auf den Pol O
moment of force P_1 in respect to pole O *or* in relation to pole O
moment (m) de la force P_1 par rapport au pôle O

$$P_1 \cdot r_1 = M_1$$

моментъ (m) силы P_1 по отношенію къ полюсу O *или* относительно полюса O
momento (m) della forza P_1 rispetto al polo O
momento (m) de la fuerza P_1 con respecto al polo O

---

9 Hebelarm (m) der Kraft, Dreharm (m) der Kraft
lever *or* arm of the force
bras (m) de levier de la force

$$r_1,\ r_2,\ r_3$$

плечо (n) силы
braccio (m) di leva della forza
brazo (m) [de palanca] de la fuerza

---

10 rechtsdrehendes Moment (n)
right-handed moment
moment (m) tournant *ou* de rotation à droite (tournant dans le sens des aiguilles d'une montre), moment (m) positif

$$P_3 \times r_3 = M_3$$

моментъ (m), вращающій вправо
momento (m) positivo (nel senso del movimento delle lancette d'orologio)
momento (m) á la derecha *ó* positivo (en el sentido de las agujas de un reloj)

linksdrehendes Moment (n) left-handed moment moment (m) tournant *ou* de rotation à gauche (tournant en sens inverse des aiguilles d'une montre), moment (m) négatif	 $P_1 \times r_1 = M_1$ $P_2 \times r_2 = M_2$	моментъ (m), вращающій влѣво momento (m) negativo momento (m) á la izquierda ó negativo (en el sentido contrario á las agujas de un reloj)	*1*
die Kraft erzeugt ein rechtsdrehendes Moment, die Kraft dreht rechts the force produces a moment to the right *or* a right handed moment la force produit (*ou* engendre) un moment positif *ou* de rotation à droite, la force tourne à droite		сила (f) даётъ моментъ, вращающій вправо; сила вращаетъ вправо la forza produce un momento positivo la fuerza produce un momento á la derecha	*2*
die Kraft erzeugt ein linksdrehendes Moment, die Kraft dreht links the force produces a moment to the left *or* a left handed moment la force produit (*ou* engendre) un moment négatif *ou* de rotation à gauche, la force tourne à gauche		сила (f) даётъ моментъ, вращающій влѣво; сила вращаетъ влѣво la forza produce un momento negativo la fuerza produce un momento á la izquierda	*3*
Momentengleichung (f) moment equation, equation of moments équation (f) des moments	$\Sigma(P_r) = 0.$	уравненіе (n) моментовъ equazione (f) dei momenti ecuación (f) de los momentos	*4*
Angriff[s]moment (n) applied moment moment (m) sollicitant, moment (m) de rotation, couple (m) moteur		моментъ (m) приложенія силъ; моментъ дѣйствія силъ; моментъ приложенныхъ силъ momento (m) di applicazione del carico momento (m) de aplicación	*5*
Gleichgewicht (n) der Kräfte equilibrium of forces, balancing of forces équilibre (m) des forces		равновѣсіе (n) силъ equilibrio (f) delle forze equilibrio (m) de las fuerzas	*6*
die Kräfte stehen im Gleichgewicht the forces are in equilibrium, the forces balance each other les forces sont en équilibre, les forces s'équilibrent		силы (f pl) находятся въ равновѣсіи le forze si fanno equilibrio las fuerzas se hallan en equilibrio	*7*

1 Gleichgewicht[s]-bedingung (f)
condition of equilibrium
conditions (f pl) d'équilibre
условіе (n) равновѣсія
condizione (f) d'equilibrio
condición (f) de equilibrio

---

2 die Kräfte heben sich auf
the forces balance each other
les forces s'annullent *ou* se contrebalancent *ou* s'équilibrent

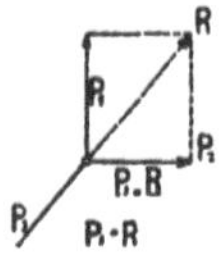

силы (f pl) взаимно уравновѣшиваются
le forze si elidono
las fuerzas se equilibran

---

3 Kräftepaar (n), Drehpaar (n)
force-couple
couple (m) des forces

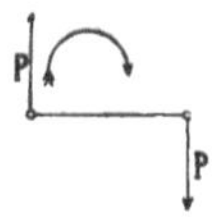

пара (f) силъ; пара вращенія
coppia (f) di forze
par (m) de fuerzas

---

4 äußere Kraft (f)
external *or* superposed force
force (f) extérieure

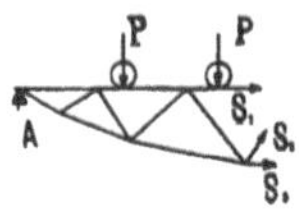

P

внѣшняя сила (f)
forza (f) esterna
fuerza (f) exterior

---

5 innere Kraft (f)
internal force
force (f) intérieure

S_1, S_2, S_3

внутренняя сила (f)
forza (f) interna
fuerza (f) interior

---

6 Gegenkraft (f), Reaktion (f)
reacting force, reaction, counter *or* opposite acting force
réaction (f)

A

противодѣйствующая сила (f); сила противодѣйствія; реакція (f)
reazione (f)
fuerza (f) de reacción

---

7 Belastung (f)
loading, load, weight
charge (f), chargement (m)
нагрузка (f)
carico (m)
carga (f)

---

8 Belastungszustand (m)
condition of loading *or* load
conditions (f pl) de chargement *ou* de sollicitation
условіе (n) нагрузки
condizioni (f pl) di carico *o* di caricamento
condiciones (f pl) de carga

---

9 ruhende Belastung (f)
dead load
charge (f) au repos, charge (f) statique

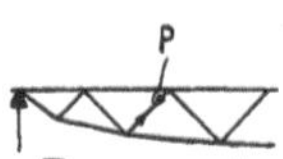

$P = \text{const.}$

[с]покойная *или* постоянная нагрузка (f)
carico (m) fisso
carga (f) constante

---

10 pulsierende Belastung (f)
varying *or* variable load, discontinuous *or* intermittent *or* pulsating load
charge (f) périodique *ou* vibratoire *ou* à chocs rhytmés

$P = 0 \ldots \max.$

быстро мѣняющаяся нагрузка (f)
carico (m) pulsatorio intermittente
carga (f) pulsatoria, carga (f) obrando de una manera periódica

wechselnde Belastung (f)
changing *or* alternating load
charge (f) intermittente *ou* alternative *ou* variable

$P =$ max.... 0.. min.

перемѣнная нагрузка (f)
carico (m) alternante
carga (f) accionando alternativamente en sentido inverso 1

---

ständige *oder* ständig wirkende Belastung (f), dauernde Belastung (f)
permanent load, constantly *or* permanently acting load, continuous load
charge (f) permanente *ou* constante

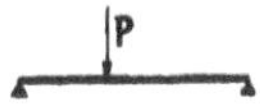

постоянная *или* длительная нагрузка (f); нагрузка постояннаго *или* непрерывнаго дѣйствія
carico (m) permanente *o* continuo
carga (f) permanente 2

Einzellast (f)
single load
charge (f) unique *ou* isolée *ou* concentrée

P

сосредоточенный грузъ (m)
carico (m) singolo *o* parziale
carga (f) aislada 3

---

stetige *oder* kontinuierliche Belastung (f)
constant load, continuous load, permanent *or* dead load
charge (f) continue

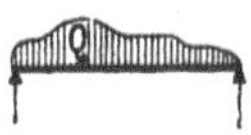

постоянная *или* сплошная нагрузка (f)
carico (m) continuo
carga (f) continua 4

Lastfeld (n)
field of load
champ (m) des charges, panneau (m) chargé

Q

поле (n) нагрузки
campo (m) del carico
campo (m) de la carga 5

Dreiecklast (f)
load represented by triangular area
charge (f) triangulaire

нагрузка (f) треугольникомъ
diagramma (m) triangolare di carico
carga (f) triangular 6

Trapezlast (f)
load represented by trapezoidal area
charge (f) trapézoïdale

нагрузка (f) трапеціей
diagramma (m) trapezio di carico
carga (f) trapecial 7

---

gleichmäßig verteilte Belastung (f)
uniformly distributed load
charge (f) uniforme, charge (f) uniformément répartie

A

равномѣрная нагрузка (f); равномѣрно распредѣлённая нагрузка
carico (m) distribuito uniformemente
carga (f) uniformemente repartida 8

---

bewegliche [*oder* mobile] Belastung (f)
moving *or* moveable *or* mobile *or* live load
charge (f) mobile, charge (f) roulante

подвижная нагрузка (f)
carico (m) mobile
carga (f) móvil *ó* de rodadura 9

1 bewegliche [*oder* mobile] Last (f)
moving *or* moveable *or* mobile *or* live load
charge (f) *ou* poids (m) mobile

P

подвижной грузъ (m)
peso (m) mobile
carga (f) *ó* peso (m) móvil

---

2 Lastengruppe (f)
group of loads
groupe (m) de charges

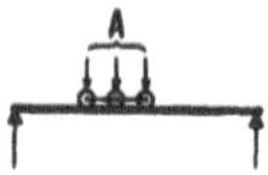

A

система (f) грузовъ
sistema (m) di pesi
grupo (m) de cargas

---

3 Lastenzug (m)
rolling load, train load
train (m) de charges, chargement (m) par un système de charges concentrées, charge (f) répartie en un certain nombre de points

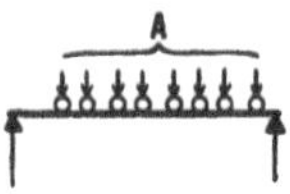

A

распредѣленіе (n) грузовъ
serie (f) di pesi
cargas (f pl) repartidas

---

4 Verkehrslast (f)
traffic load
charge (f) au passage d'un système roulant, surcharge (f) en service

подвижная нагрузка (f)
carico (m) d'esercizio
carga (f) *ó* sobrecarga (f) en servicio, sobrecarga (f) producida por el paso de un sistema rodante

---

5 Laststellung (f)
position of load, load position
position (f) de la charge

положеніе (n) груза
posizione (f) del carico
posición (f) de la carga

---

6 Belastung (f) durch Eigengewicht, Eigengewichtbelastung (f)
loading by own weight
charge (m) par le poids propre

нагрузка (f) отъ собственнаго вѣса
carico (m) per il peso proprio
carga (f) por peso propio

---

7 Gesamtbelastung (f)
total loading
charge (f) totale

полная нагрузка (f)
carico (m) totale
carga (f) total

---

8 unmittelbare Belastung (f)
direct loading, direct acting load
charge (f) directe

непосредственная нагрузка (f); нагрузка, передаваемая непосредственно
carico (m) diretto
carga (f) directa

---

9 mittelbare Belastung (f)
indirect loading
charge (f) indirecte

косвенная нагрузка (f); нагрузка, передаваемая посредствомъ промежуточныхъ частей
carico (m) indiretto
carga (f) indirecta

Belastungsvorschrift (f) loading instructions réglement (m) *ou* décrets (m pl) relatif[s] *ou* prescriptions (f pl) relatives aux charges		предписанія (n pl) относительно нагрузокъ; нормы (f pl) нагрузокъ prescrizione (f) pel carico reglamento (m) para la carga	*1*
statische Berechnung (f) static calculation, statical calculation calcul (m) statique		статическій расчётъ (m) calcolo (m) statico cálculo (m) estático	*2*
statisch bestimmt (adj), statisch bestimmbar (adj) statically determinable, statically definable évalué (adj) par la statique, déterminable (adj) par la statique		статически опредѣлённый; статически опредѣлимый *или* поддающійся статическому расчёту staticamente (agg) determinato determinado (adj) estáticamente	*3*
statisch unbestimmt (adj), statisch unbestimmbar (adj) statically undeterminable indéterminé (adj) au point de vue statique, indéterminable (adj) par la statique		статически неопредѣлённый; статически неопредѣлимый *или* неподдающійся статическому расчёту staticamente (agg) instabile, iperstatico (agg) estáticamente indeterminado (adj)	*4*
Biegungsmoment (n), Biegemoment (n) bending moment, moment of deflections moment (m) fléchissant *ou* de flexion	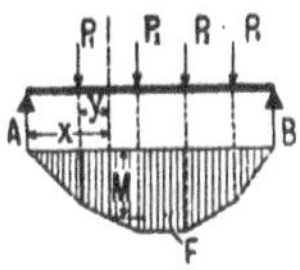 $M_x = A \cdot x - P_1 y$	изгибающій моментъ (m) momento (m) di flessione *o* flettente momento (m) de flexión	*5*
Momentenkurve (f), Momentenlinie (f) moment curve courbe (f) *ou* ligne (f) du diagramme des moments	— — — —	кривая (f) *или* линія (f) моментовъ linea (f) *o* curva (f) dei momenti, diagramma (m) dei momenti línea (f) *ó* curva (f) de los momentos	*6*
Momentenfläche (f) area of moment diagramm surface (f) *ou* superficie (f) *ou* aire (f) des moments	*F*	площадь (f) моментовъ area (f) momento área (f) de los momentos	*7*
Durchbiegung (f) bending, sagging flèche (f)		прогибъ (m) flessione (f), freccia (f) flexión (f)	*8*
Biegungslinie (f) line of sag, bending-line, curve of sag ligne (f) *ou* fibre (f) élastique [de flexion]	a — b — c	линія (f) прогиба linea (f) di flessione línea (f) de flexión	*9*

1 Querkraft (f), Schubkraft (f)
shearing force, shear *or* transverse force
effort (m) tranchant, effort (m) transversal, effort (m) de cisaillement

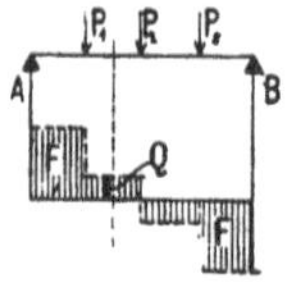

$$Q = A - P_1$$

поперечная сила (f); сдвигающая *или* срѣзывающая сила
forza (f) trasversale, forza (f) tagliente
esfuerzo (m) cortante

---

2 Querkraftlinie (f), Querkraftkurve (f)
shearing force curve, shear line, shear-curve
ligne (f) *ou* courbe (f) (du diagramme) des efforts tranchants *ou* transversaux

— — —

линія (f) сдвигающей *или* срѣзывающей силы; кривая (f) поперечной силы
curva (f) della forza trasversale, diagramma (m) degli sforzi di taglio
diagrama (m) ó linea (f) de los esfuerzos cortantes

---

3 Querkraftfläche (f)
area of shearing force, shear area
aire (f) des efforts transversaux (tranchants)

F

площадь (f) эпюры, выражающей измѣненіе сдвигающей *или* срѣзывающей силы
area (f) della forza traversale, diagramma (m) degli sforzi di taglio
área (f) de los esfuerzos cortantes

---

4 Einflußlinie (f)
influence *or* power line
ligne (f) d'influence

инфлюэнтная линія (f) *или* кривая (f); линія вліянія
linea (f) d'influenza
linea (f) de influencia

---

5 Einflußfläche (f)
influence *or* power area
aire (f) d'influence

инфлюэнтная площадь (f): площадь вліянія
area (f) racchiusa dalla linea d'influenza
área (f) de influencia

---

6 Verschiebungsplan (m)
translation *or* transposition plane
diagramme (m) de translation *ou* de cheminement

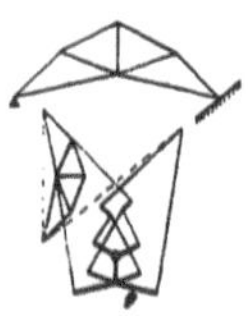

графическое построеніе (n) перемѣщеній фермы въ своей плоскости
diagramma (m) degli spostamenti
diagrama (m) de desplazamiento

---

7 Freiträger (m)
overhanging beam, beam fixed at one end
poutre (f) en porte-à-faux *ou* encastrée

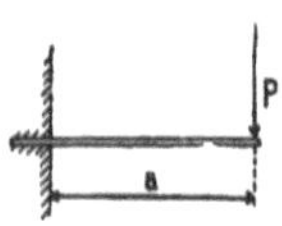

балка (f), закрѣплённая *или* задѣланная однимъ концомъ
trave (m) a sbalzo *od* a mensola
viga (f) empotrada por un extremo

---

8 Freilänge (f)
overhanging *or* unsupported length
[longueur (f) de] porte-à-faux (m)

a

свободная длина (f) *или* вылетъ (m) балки
lunghezza (f) libera portata
longitud (f) libre

frei aufliegender Balken (m) *oder* Träger (m), Balken (m) *oder* Träger (m) auf zwei Stützen
beam *or* girder supported at both ends, beam *or* girder resting on two supports
poutre (f) reposant librement sur deux appuis

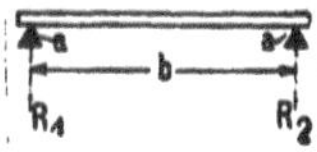

балка (f), свободно лежащая; балка на двухъ опорахъ
trave (m) appoggiato alle estremità 1
viga (f) apoyada por dos puntos

Stütze (f)
support abutment
appui (m), support (m)

a

опора (f)
appoggio (m), sopporto (m), sostegno (m) 2
apoyo (m)

Stützpunkt (m)
fulcrum, point of support
point (m) d'appui, appui (m)

точка (f) опоры
punto (m) d'appoggio 3
punto (m) de apoyo

Stützweite (f)
span, length of support
portée (f), travée (f)

b

разстояніе (n) между опорами
distanza (f) fra gli appoggi, portata (f) 4
luz (f), distancia (f) entre los apoyos

Stützendruck (m), Stützenwiderstand (m), Gegendruck (m)
reaction, support pressure, support-resistance, counter pressure
réaction (f) d'appui

R_1, R_2

опорное давленіе (n); сопротивленіе (n) опоры; реакція (f) опоры
pressione (f) *o* reazione (f) d'appoggio 5
presión (f) *ó* reacción (f) del apoyo

Stützensenkung (f)
set *or* settling (subsidence) of a prop *or* beam
affaissement (m) *ou* dénivellation (f) *ou* tassement (m) des appuis

осѣданіе (n) опоръ
abbassamento (m) *o* cedimento (m) dell'appoggio 6
hundiamento (m) *ó* descenso (m) del apoyo

---

durchlaufender [*oder* kontinuierlicher] Balken (m) *oder* Träger (m), Balken (m) *oder* Träger (m) auf mehreren Stützen
continuous beam *or* girder
poutre (f) continue *ou* à travées solidaires

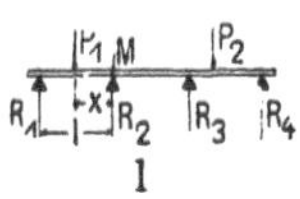

неразрѣзная балка (f); балка, лежащая на нѣсколькихъ опорахъ
trave (f) continua *od* appoggiata in più punti 7
viga (f) apoyada por varios puntos

Stützenmoment (n)
bending moment at support
moment (m) par rapport aux appuis

$M = R_1 \cdot l - P_1 \cdot x$

моментъ (m) относительно опоръ
momento (m) all'appoggio 8
momento (m) en los apoyos

1	Gerberscher Balken (m), Gerberbalken (m) Gerber's beam poutre (f) système Gerber, poutre (f) cantilever, pontgrue (m)	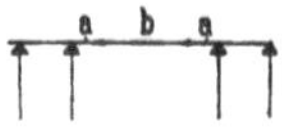	балка (f) Гербера; [теоретическая балка Гербера съ консолями и подвѣской] trave (f) continua con cerniera viga (f) Gerber
2	Kragträger (m) socle-girder, socle-post, overhung beam *or* girder poutre (f) en encorbellement, volée (f)	a	ферма (f) со свѣсомъ; консольная ферма средняго пролёта trave (f) appoggiata *od* a (ponte) mensola viga (f) colgante
3	Koppelträger (m) junction girder travée (f) indépendante	b	подвѣсная балка (f); подвѣска (f) trave (f) intermedia travesaño (m) de unión
4	versteifter *oder* armierter Balken (m) trussed-girder *or* beam poutre (f) armée		подкосная *или* затяжная ферма (f); подпружная балка (f) trave (f) armata viga (f) armada
5	Zugband (n) binding stay bride (f) de la membrure inférieure	a	затяжка (f) briglia (f) della cordonata inferiore barra (f) del cordón inferior
6	Hängewerk (n) tie bars armature (f) *ou* ferme (f) simple		подвѣсная система (f) trave (f) armata pensile viga (f) armada por la parte superior
7	Spreng[e]werk (n) strut frame, inverted triangular truss, simple-truss armature (f) *ou* assemblage (m) à contrefiches, poutre (f) américaine		шпренгельная система (f); [фиг.:] простая шпренгельная система trave (f) armata con contrafissi viga (f) armada por la parte inferior (con tirantes y virotillo)
8	Bogenträger (m), Gelenkbogen (m) arched-girder, hinged arch arc (m) métallique, pont (m) *ou* ferme (f) en (à) arc, ferme (f) sur rotules		арочная ферма (f) trave (f) ad arco viga (f) articulada de arco
9	[Pfeil-]Höhe (f) camber *or* rise of an arch flèche (f), montée (f)	a	стрѣлка (f) арки saetta (f) flecha (f)
10	Dreigelenkbogen (m) segment arch hinged at abutment and centre arc (m) à trois articulations	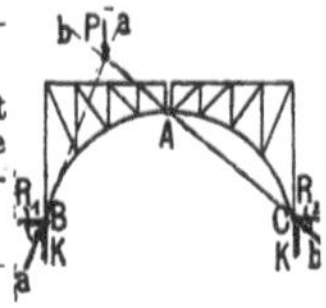	трёхшарнирная арочная ферма (f) arco (m) a tre cerniere viga (f) armada de tres articulaciones
11	Gelenk (n) hinge joint articulation (f), rotule (f)	A, B, C	шарниръ (m) snodo (m), articolazione (f), cerniera (f) articulación (f)

Scheitelgelenk (n) top *or* crown hinge *or* joint articulation (f) à la clef *ou* au sommet	A	шарниръ (m) въ ключѣ *или* въ замкѣ articolazione (f) alla chiave articulación (f) en la clave	*1*
Kämpfergelenk (n) abutment *or* hinge *or* link impost articulation (f) aux naissances, rotule (f) inférieure	B, C	шарниръ (m) въ пятѣ articolazione (f) alle imposte articulación (f) en los arranques	*2*
Kämpferdruck (m) abutment pressure réaction (f) *ou* pression (f) aux naissances	R_1, R_2	давленіе (n) въ пятѣ pressione (f) all' imposta presión (f) en los arranques	*3*
Kämpferdrucklinie (f) abutment pressure line ligne (f) des pressions sur les appuis	a — a b — b	линія (f) давленія въ пятѣ linea (f) delle pressioni delle imposte linea (f) de las presiones sobre los arranques	*4*
Kämpfer (m) abutment naissance (f), culée (f), sommier (m)	K	пята (f) imposta (f) imposta (f), estribo (m), arranque (m)	*5*
Zweigelenkbogen (m) two hinged arch, arched metal bridge arc (m) à deux articulations *ou* rotules	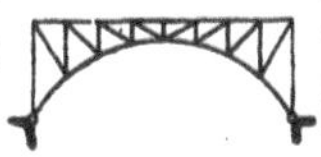	двухшарнирная арочная ферма (f) arco (m) a due cerniere arco (m) de dos articulaciones	*6*
eingespannter Träger (m) *oder* Balken (m) beam fixed at both ends poutre (f) encastrée, (solive (f))	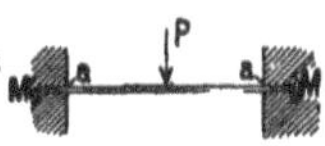	закрѣплённая балка(f); балка съ закрѣплёнными *или* съ задѣланными концами trave (f) incastrata viga (f) empotrada por sus dos extremos	*7*
Einspannungsstelle (f) fixing-point, fastening-point, bedding-point [point (m) d'] encastrement (m)	a	мѣсто (n) закрѣпленія sezione (f) d'incastro punto (m) de empotramiento	*8*
Einspannungsmoment (n) moment at fixed end moment (m) d'encastrement	M	моментъ (m) закрѣпленія momento (m) d'incastro momento (m) de empotramiento	*9*
halb eingespannter Träger (m) *oder* Balken (m) semi fixed girder *or* beam, beam fixed at one and supported at other end poutre (f) encastrée à une extrémité et sur appui simple à l'autre	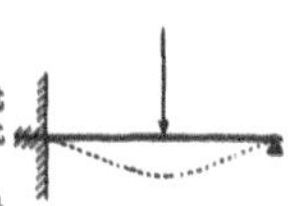	полузакрѣплённая балка (f) trave (f) incastrata ed appoggiata viga (f) empotrada por un extremo y apoyada por el otro	*10*

1	Fachwerk (n), Gitterwerk (n) frame-work, panel-work, bay-work assemblage (m), charpente (f) métallique, treillis (m), ferme (f) à treillis	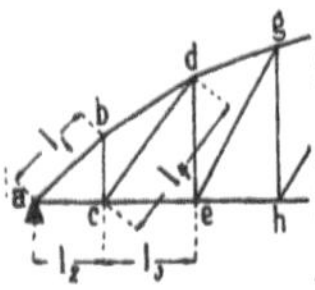	раскосная система (f) рѣшетчатая ферма (m) trave (f) a traliccio [viga (f) de] celosía (f)
2	Fachwerksystem (n), Fachwerknetz (n) frame-work system, panel-work system, bay-work system système (m) de treillis, treillis (m), réseau (m) de treillis, système (m) de charpente métallique	$a - b - c - \ldots h$	рѣшетчатая система (f) sistema (f) della trave a traliccio red (f) de celosía
3	Systemlinie (f) system line schéma (m)	$a-b$, $a-c$, $c-b$, $d-e$, $b-d$, $g-h$ etc.	линія (f) системы schema (m) del sistema diagrama (m)
4	Systempunkt (m) system point *or* centre sommet (m) du diagramme *ou* du schéma	$a, b, c \ldots$	точка (f) системы punto (m) del sistema punto (m) del diagrama
5	Netzstrecke (f), theoretische Stablänge (f) theoretical bar length longueur (f) théorique de barre	$l_1, l_2, l_3 \ldots$ etc.	теоретическая длина (f) элемента lunghezza (f) teoretica d'un asta longitud (f) teórica de las piezas
6	Feld (n) field, bay, panel panneau (m), maille (f)	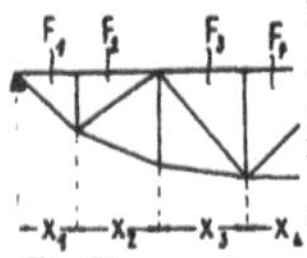 $F_1, F_2 \ldots$ etc.	панель (f) riquadro (m), campo (m), riparto (m) campo (m), recuadro (m), malla (f)
7	Feldweite (f), Feldteilung (f), Felderteilung (f) bay width, bay division longueur (f) de panneau, subdivision (f) formée par un panneau	x_1, x_2, x_3 etc....	ширина (f) панели larghezza (f) del campo, internodo (m), distanza (f) fra i momenti longitud (f) del recuadro
8	Felderzahl (f) bay *or* panel-number nombre (m) de panneaux		число (n) панелей numero (m) dei riparti número (m) de recuadros
9	Endfeld (n) end-panel *or* frame *or* bay panneau (m) de bout *ou* d'extrémité	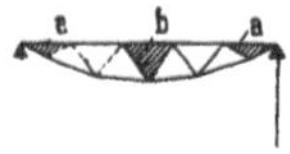 a	концевая панель (f) riparto (m) finale *o* di estremità recuadro (m) extremo
10	Mittelfeld (n) centre panel *or* frame *or* bay panneau (m) du milieu	b	средняя панель (f) riparto (m) di mezzo recuadro (m) central

Stab (m)
bar, rod, member
barre (f)

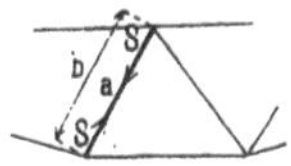

a

стержень (m); элементъ (m)
sbarra (f)
barra (f) *1*

Stabspannung (f), Stabkraft (f)
bar tension
tension (f) *ou* compression (f) de barre, effort (m) dans la barre

S

усилie (n) стержня *или* элемента
tensione (f) in un asta
tensión (f) *ó* esfuerzo (m) de la barra *2*

Stablänge (f)
bar length
longueur (f) de barre

b

длина (f) стержня *или* элемента
lunghezza (f) dell'asta
longitud (f) de la barra *3*

Stabquerschnitt (m)
bar section (cross)
section (f) de barre

[поперечное] сѣченie (n) стержня *или* элемента
sezione (f) dell'asta
sección (f) de la barra *4*

Zugstab (m), Zugglied (n), Zugband (n)
tie rod, tension member, tension strap
tirant (m), barre (f) *ou* nervure (f) tendue *ou* travaillant à l'extension

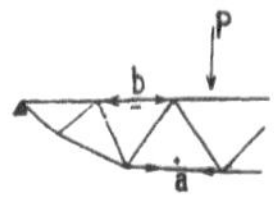

a

вытянутый стержень (m); растягиваемый элементъ (m)
tirante (m)
(según el caso:) tirante (m), péndula (f), barra (f) sometida á la tracción *5*

Druckstab (m), Druckglied (n)
strut, compression member, compression link
barre (f) *ou* nervure (f) travaillant à la compression, tronçon (m) comprimé, pièce (f) comprimée

b

сжимаемый стержень (m); сжатый элементъ (m)
asta (f) sotto pressione *o* compressa
(según el caso:) mangueta (f), par (m), barra (f) sometida á la compresión *6*

Blindstab (m)
key *or* centre bar
bride (f) centrale de la membrure supérieure

a

стержень (m) *или* элементъ (m) фермы безъ усилія
trave (f) centrale della cordonata superiore
barra (f) central del cordón superior *7*

Füllstab (m), Füllungsstab (m), Wandglied (n)
panel rod *or* member
barre (f) de treillis

1 — 1

промежуточный стержень (m); элементъ (m) рѣшетки (фермы)
asta (f) di parete
barra (f) inclinada *8*

Gurtstab (m), Gurtungsstab (m)
bar *or* rod of flange
membrure (f), bride (f), nervure (f)

2, 2, . . 3, 3 . .

поясной стержень (m); элементъ (m) пояса
asta (f) di briglia *o* corrente
barra (f) inclinada *9*

Gurtspannung (f), Gurtspannkraft (f)
flange tension
tension (f) dans une membrure

S

напряженie (n) пояса
tensione (f) *o* sforzo (m) nella briglia
tensión (f) de cordón *10*

1	Gurt (m), Gurtung (f) chord, flange, girth membrure (f), brides (f pl) (supérieures et inférieures), cadre (m)	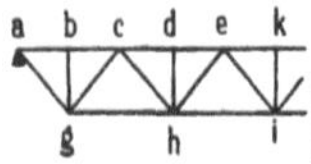 a, b, c, d, e, k a, g, h, i	поясъ (m) briglia (f), ala (f) cordón (m)
2	Gurtquerschnitt (m) flange section section (f) de membrure		[поперечное] сѣченіе (n) пояса sezione (f) della briglia sección (f) del cordón
3	Obergurt (m) top *or* upper-flange membrure (f) supérieure	a, b, c . . .	верхній поясъ (m) briglia (f) superiore cordón (m) superior
4	Untergurt (m) bottom *or* lower flange membrure (f) inférieure	a, g, h . . .	нижній поясъ (m) briglia (f) inferiore cordón (m) inferior
5	Druckgurt (m), Druckgurtung (f) compression flange, compression gird membrure (f) comprimée *ou* travaillant à la compression	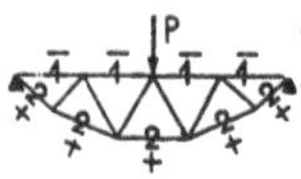 1 — 1 — 1 — 1	сжатый *или* сжимаемый поясъ (m) briglia (f) soggetta a compressione *o* compressa cordón (m) sometido á la compresión
6	Zuggurt (m), Zuggurtung (f) tension flange, tension gird membrure (f) travaillant à l'extension	2 — 2 — 2 — 2	растянутый *или* вытянутый *или* растягиваемый поясъ (m) briglia (f) soggetta a tensione *o* tesa cordón (m) sometido á la extensión
7	Diagonale (f), Schräge (f), Diagonalstab (m) diagonal, oblique, diagonal rod diagonale (f), barre (f) diagonale, diagonale (f) principale	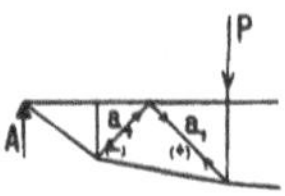 a_1 a_2	раскосъ (m); діагональ (f) diagonale (f) diagonal (f)
8	Zugdiagonale (f), Zugschräge (f) tension-diagonal, inclined tension rod *or* stay tirant (m) *ou* diagonale (f) *ou* barre (f) diagonale (f) travaillant à l'extension	a_1	растянутый *или* вытянутый раскосъ (m); растягиваемая діагональ (f) diagonale (f) di trazione *o* tesa diagonal (f) de extensión
9	Druckdiagonale (f), Druckschräge (f) compression diagonal, inclined compression rod *or* strut diagonale (f) comprimée, [barre (f)] diagonale (f) travaillant à la compression	a_2	сжатый раскосъ (m); сжимаемая діагональ (f) diagonale (m) di compressione *o* compressa diagonal (f) de compresión

Enddiagonale (f)
end diagonal
[barre (f)] diagonale (f) extrême

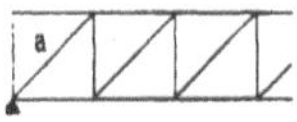

a

концевой раскосъ (m); концевая діагональ (f) 1
diagonale (f) d'estremità
diagonal (f) extrema

---

rechts steigende Diagonale (f)
diagonal rising to the right
[barre (f)] diagonale (f) montante à droite

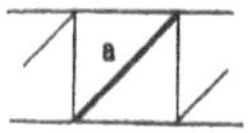

a

вправо восходящій раскосъ (m)
diagonale (f) montante *od* ascendente a destra 2
diagonal (f) ascendente á la derecha

---

links steigende Diagonale (f)
diagonal rising to the left
[barre (f)] diagonale (f) montante à gauche

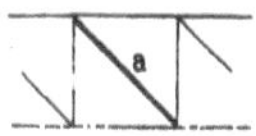

a

влѣво восходящій раскосъ (m)
diagonale (f) montante *od* ascendente a sinistra 3
diagonal (f) ascendente á la izquierda

Gegendiagonale (f), Gegenschräge (f)
counter *or* opposed diagonal
[barre (f)] contre-diagonale (f), diagonale (f) secondaire

a_1, a_2

обратный *или* перекрёстный раскосъ (m) 4
contro-diagonale (f)
contra-diagonal (f)

Vertikale (f), Lotrechte (f), Pfosten (m), Vertikalstab (m)
vertical, vertical rod, post, upright, standard
[barre (f)] verticale (f) *ou* montant (m)

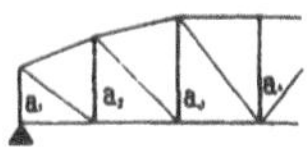

a_1, a_2, a_3

стойка (f); стяжка (f)
montante (m)
pieza (f) vertical, (según el caso:) mangueta (f), péndula (f) 5

Endvertikale (f), Endpfosten (m)
end vertical, end post
[barre (f)] verticale (f) *ou* montant (m) extrême

a_1

концевая стойка (f) *или* стяжка (f)
montante (m) finale *o* di estremità 6
pieza (f) vertical extrema

Strebenfachwerk (n)
strut frame, strut bracing
poutre (f) en V

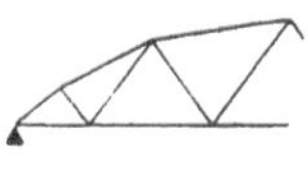

рѣшетчатая ферма (f)
traliccio (m) senza montanti *o* simmetrico 7
viga (f) poligonal articulada (de diagonales)

Ständerfachwerk (n)
vertical trussing
poutre (f) en N

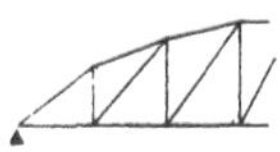

раскосная ферма (f)
traliccio (m) con montanti *o* dissimmetrico 8
viga (f) poligonal articulada de montantes y diagonales

---

räumliches Fachwerk (n)
open frame *or* bay *or* panel works
deux *ou* plusieurs systèmes (m pl) de barres non situés dans un même plan

пространственная *или* объёмная ферма (f); ферма, стержни которой не лежать въ одной плоскости
tralicci (m pl) collegati nello spazio 9
dos ó varios sistemas (m pl) de celosías no situados en un mismo plano

1 Fachwerkberechnung (f)
bay *or* panel *or* framework calculation
calcul (m) de treillis *ou* de charpente métallique

расчётъ (m) рѣшетчатой фермы
calcolo (m) di una travatura a traliccio
cálculo (m) de una viga de celosía

---

2 Cremonascher Kräfteplan (m)
Cremona's force-plan *or* polygon
diagramme (m) de Cremona, polygone (m) funiculaire des efforts dans les divers éléments d'une ferme *ou* d'une poutre à treillis, diagramme (m) des efforts

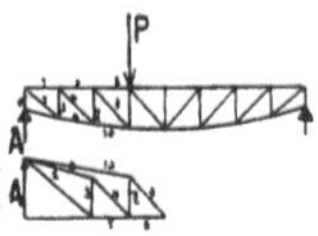

графическое построеніе (n) Кремона, опредѣляющее усиліе въ стержняхъ фермы
diagramma (m) *o* poligono (m) funicolare delle forze secondo Cremona
diagrama (m) [de los esfuerzos] de Cremona

---

3 Schnittverfahren (n), Verfahren (n) der statischen Momente, Rittersche Methode (f)
dissecting method, static moment method
méthode (f) des (*ou* par les) moments statiques, méthode (f) des coupes

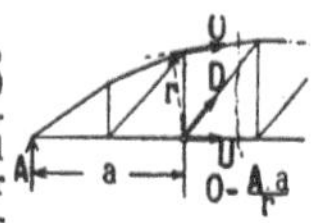

способъ (m) сѣченія; способъ статическихъ моментовъ; способъ Риттера
metodo (m) dei momenti statici
método (m) de los momentos estáticos

---

4 Träger (m)
girder
poutre (f), longeron (m)

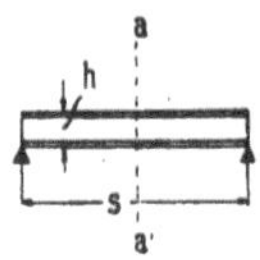

балка (f)
trave (f)
viga (f)

---

5 Spannweite (f)
span
portée (f), travée (f)

s

пролётъ (m); свободная длина (f)
portata (f)
luz (f)

---

6 Trägerhöhe (f)
girder depth
hauteur (f) de poutre

h

высота (f) балки
altezza (f) della trave
altura (f) de la viga

---

7 Trägermitte (f)
girder middle, girder centre
milieu (m) de poutre

a a

середина (f) балки
mezzaria (f), centro (m) della trave
centro (m) de la viga

---

8 Trägerberechnung (f)
girder calculation
calcul (m) des poutres, calcul (m) des fermes

расчётъ (m) балки
calcolo (m) della trave
cálculo (m) de la viga

---

9 Gitterträger (m), Fachwerkträger (m)
lattice girder, trellis-girder, panel-girder, frame-girder
poutre (f) à treillis *ou* à demi-treillis

рѣшетчатая балка (f); рѣшетчатая ферма (f)
travatura (f) a traliccio
viga (f) de celosía

Trägernetz (n) girder net work, girder reticulation système (m) réticulaire, système (m) de treillis, treillis (m) d'une poutre	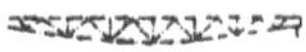	схема (f) фермы reticolato (m) della travatura red (f) de la viga	*1*
vollwandiger Träger (m) plate girder poutre (f) à âme pleine, poutre (f) en tôle, poutre (f) en tôles et cornières	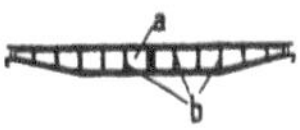	сплошная балка (f) travatura (f) con anima piena viga (f) de alma llena	*2*
Stehblech (n), Stegblech (n) stiffening plate âme (f)	a	вертикальный листъ (m); ребро (n) сплошной балки lamiera (f) verticale palastro (m) del alma	*3*
Stegversteifung (f) stiffening of the web raidisseur (m)	b	жёсткое укрѣпленіе (n) ребра *или* вертикальной стѣнки rinforzo (m) alla lamiera verticale mediante montanti refuerzo (m) del alma	*4*
Trägerquerschnitt (m) girder section (cross) section (f) de poutre	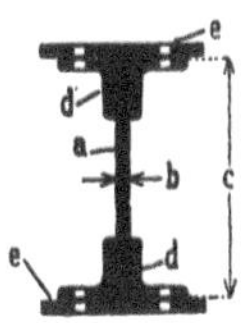	поперечное сѣченіе (n) балки sezione (f) della trave sección (f) de la viga	*5*
Steg (m) web, stay, stud âme (f)	a	ребро (n); вертикальная стѣнка (f) anima (f), lamierone (m) alma (f) llena	*6*
Stegstärke (f), Stegdicke (f) web *or* fillet *or* stay thickness épaisseur (f) d'âme	b	толщина (f) ребра spessore (f) dell'anima espesor (m) del alma	*7*
Steghöhe (f) web *or* fillet *or* stay height hauteur (f) de l'âme *ou* de la poutre	c	высота (f) ребра altezza (f) dell'anima altura (f) del alma	*8*
Gurt[ungs]winkel (m) flange angle, boom angle cornière (f) [de la membrure], cornièrebride (f), cornièrenervure (f)	d	поясной уголокъ (m) cantonale (m) di unione escuadra (f) del cordón	*9*
Gurt[ungs]eisen (n) flange *or* boom angle iron fer[s] (m *ou* m pl) (de la membrure)		поясное желѣзо (n); желѣзо для поясовъ ferro (m) di bordura hierro (m) del cordón	*10*

1 Gurt[ungs]lamelle (f), Gurtplatte (f), Kopfplatte (f)
flange *or* boom sheet, flange plate, head plate
semelle (f), plate-bande (f), table (f) [de la membrure *ou* des membrures]

e

поясной листъ (m); поясная накладка (f)
piattabanda (f)
palastro (m) del cordón, tabla (f) del cordón

---

2 Lamelle (f)
sheet, sheeting
semelle (f), plate-bande (f), table (f)

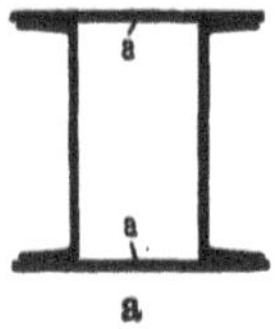

поясной листъ (m)
lamiera (f) da piattabanda, tavola (f)
palastro (m) de cordón, tabla (f)

---

3 Gurtniet (m)
flange rivet
rivet (m) de [la] membrure

поясная заклёпка (f)
chiodo (m) di piattabanda
remache (m) de cordón

---

4 Nietabzug (m)
rivet allowance *or* deduction
déduction (f) des trous de rivets

вычетъ (m) заклепочныхъ отверстій
tenere (m) conto del vuoto pei chiodi
sección (f) de los orificios que hay que deduir

---

5 Nietverlust (m)
rivet-loss
perte (f) de section par les trous de rivets

потеря (f) на заклёпки
perdita (f) per fori di chiodi
perdida (f) de sección debida á los agujeros para los remaches

---

6 Gurtversteifung (f), Gurtaussteifung (f)
flange bracing *or* strengthening *or* stiffening
renforcement (m) *ou* entretoisement (m) horizontal des membrures

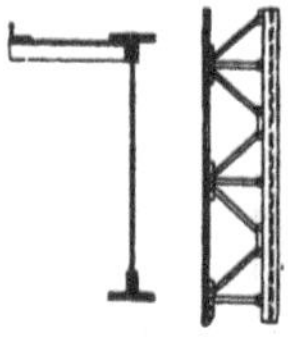

жёсткое укрѣпленіе (n) пояса
rinforzo (m) delle piattabande
refuerzo (m) horizontal de los cordones

---

7 gewalzter Träger (m)
rolled girder
poutrelle (f) laminée

прокатанная балка (f)
trave (f) in ferro profilato *o* di filiera
viga (f) de hierro perfilado

Blechträger (m) plate girder poutre (f) en tôles et cornières, poutre (f) rivée *ou* composée		балка (f), склёпанная изъ листового желѣза; клёпанная балка trave (f) composta viga (f) compuesta	*1*
Kastenträger (m) box girder poutre (f) en caisson		коробчатая балка (f) trave (f) [composta] a cassone viga (f) en forma de caja	*2*
Kastenquerschnitt (m), kastenförmiger Querschnitt (m) box section (cross) section (f) de caisson, section (f) en forme de caisson		коробчатое поперечное сѣченіе (n) sezione (f) a cassone sección (f) en caja	*3*
Parallelträger (m) parallel girder poutre (f) à membrures parallèles		ферма (f) съ параллельными поясами travatura (f) parallela viga (f) articulada de cordones paralelos	*4*
Trapezträger (m) trapezoidal girder poutre (f) trapézoïdale	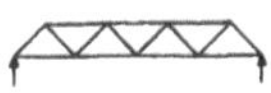	трапецевидная ферма (f) travatura (f) a trapezio viga (f) articulada trapecial	*5*
Parabelträger (m) parabolic girder poutre (f) parabolique		пароболическая ферма (f) travatura (f) parabolica, travatura (f) olandese viga (f) articulada parabólica	*6*
Sichelträger (m) sickle-shaped girder, crescent shaped girder poutre (f) parabolique en forme de croissant		серповидная ферма (f) trave (f) parabolica a falce viga (f) articulada en forma de media luna	*7*
überhöhter Träger (m), Träger (m) mit Überhöhung saddle backed girder poutre (f) surélevée, poutre (f) en arc surélevé		выпуклая *или* приподнятая ферма (f) travatura (f) rialzata viga (f) articulada peraltada	*8*
Überhöhung (f) saddle backing surélévation (f), contre-flèche (f)	a	выпуклость (f) rialzamento (m), centinatura (f) peralte (m)	*9*

1 einen Träger überhöhen (v)
to make a girder saddle backed
surélever (v) une poutre

приподнять ферму
centinare (v) una trave
dar (v) peralte á una viga

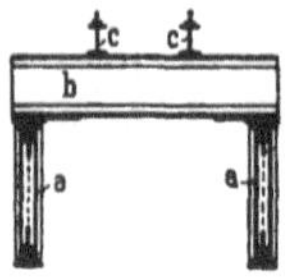

2 Hauptträger (m)
main girder
poutre (f) principale, longeron (m)

a

главная ферма (f)
trave (f) principale
viga (f) principal, larguero (m)

3 Querträger (m), Zwischenträger (m)
cross girder, intermediate *or* middle girder
traverse (f), poutre (f) transversale, entretoise (m) *ou* pièce (f) de pont

b

поперечная балка (f)
trave (f) trasversale *o* traversa
viga (f) transversal

4 Längsträger (m)
longitudinal girder
poutre (f) longitudinale, longeron (m)

c

продольная балка (f)
trave (f) longitudinale, longherone (m)
larguero (m)

5 Stoßstelle (f)
cover plate joint, fish plate joint
joint (m), assemblage (m), nœud (m)

мѣсто (n) стыка
giunto (m), giuntura (f)
juntura (f), nudo (m)

6 Stoß (m)
butt-joint, plate flush joint
joint (m), assemblage (m)

a

стыкъ (m)
giunto (m), coprigiunto (m)
junta (f), ensembladura (f)

7 stoßen (v)
to join, to butt
joindre (v), assembler (v), éclisser (v), mettre (v) bout à bout

образовать стыкъ
congiungere (v)
unir (v), ensamblar (v)

8 einen Träger *oder* einen Stab stoßen (v)
to butt *or* join a girder *or* bar
faire (v) un joint dans une poutre *ou* une barre, éclisser (v) l'âme entre deux couvre-joints, assembler (v) des fers laminés

образовать стыкъ балки *или* стержня
congiungere (v) una trave
unir (v) las partes de una viga [ó barra etc.]

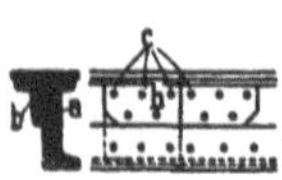

9 Stoßverbindung (f)
butt-joint
joint (m)

стыковое соединенiе (n)
unione (f) *o* collegamento (m) del giunto
junta (f)

Stoßeisen (n) butt joint iron fers (m pl) d'assemblage, couvre-joint (m)	a	желѣзо (n) для перекрытія стыковъ; стыковая накладка (f) piastra (f) di coprigiunto hierro (m) de junta	*1*
Stoßwinkel (m) butt *or* butting angle cornière (f) d'assemblage, couvre-joint (m)	b	стыковый угольникъ (m) cantonale (m) di coprigiunto escuadra (f) de junta	*2*
Stoßniet (m *oder* n) butt joint rivet rivet (m) d'assemblage, rivet (m) de couvre-joint	c	стыковая заклёпка (f) chiodo (m) pel giunto remache (m) de junta *ó* de recubrimiento	*3*
Stoßfuge (f) clearance at contact [interstice (m) de] joint (m)	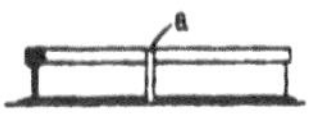 a	стыковая щель (f) giuoco (m) *od* intervallo (m) del giunto intersticio (m) de una junta	*4*
Stoßlasche (f) butt cover plate, fish plate couvre-joint (m)	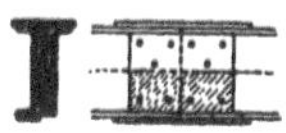	стыковая накладка (f) coprigiunto (m) cubrejunta (m)	*5*
Doppellasche (f) double cover-plate, double fish plate couvre-joint (m) double, plate-bande (f) double	 a	двойная накладка (f) doppio coprigiunto (m) cubrejunta (m) doble	*6*
verdeckter Stoß (m) covered *or* plated butt-joint joint (m) superposé *ou* couvert		перекрытый стыкъ (m) giunto (m) nascosto junta (f) cubierta	*7*
Stehblechstoß (m) web *or* rib *or* vertical cover plate joint (m) vertical de l'âme	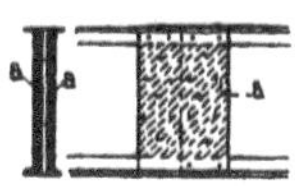	стыкъ (m) вертикальнаго листа giunto (m) del lamierone junta (f) vertical del alma	*8*
Futterstück (n), Futter (n), Futterplatte (f) liner, lining, plating piece plate fourrure (f), plaque-fourrure (f)	a	укрѣпленіе (n); прокладка (f) piastra (f) di rinforzo placa (f) de lleno	*9*
Anschluß (m) joint assemblage (m)		соединеніе (n) unione (f), attacco (m), giunzione (f) unión (f), ensamble (m)	*10*

1	anschließen (v) (einen Stab, Träger usw.) to join *or* to connect up (a bar, a girder) assembler (v), attacher (v) (une barre)		соедин-ить (-ять) (раскосъ, балку и т. п.) unire (v) (una sbarra, una trave ecc.) unir (v) (una varilla, viga etc.) con . . .
2	Anschlußstelle (f) place of joint point (m) d'assemblage *ou* d'attache des traverses *ou* des diagonales	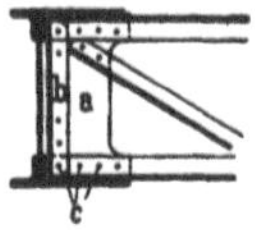	мѣсто (n) соединенія; узелъ (m) punto (m) d'attacco punto (m) de unión [de diagonales *ó* travesaños]
3	Anschlußblech (n) connecting plate, joint plate *or* gusset tôle (f) *ou* plat (m) *ou* gousset (m) *ou* plaque (f) d'assemblage	a	соединительный листъ (m) lamiera (f) *o* squadra (f) di attacco plancha (f) de unión, cartela (f)
4	Anschlußwinkel (m) connecting angle, joint angle cornière (f) d'assemblage	b	соединительный угольникъ (m) *или* уголокъ (m) cantonale (m) d'unione escuadra (f) de unión
5	Anschlußeisen (n) connecting iron, binding iron ferrure (f), patte (f) d'attache		желѣзо для соединенія ferro (m) d'unione hierro (m) de unión
6	Anschlußniet (m *oder* n) connecting rivet rivet (m) d'assemblage	c	соединительная заклёпка (f) chiodo (m) d'unione remache (m) de unión
7	Stabanschluß (m) bar connection, bar joint (mode (m) d') attache (f) *ou* connexion (f)	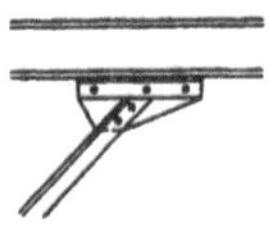	прикрѣпленіе (n) стержня unione (f) delle sbarre unión (f) de una barra
8	Trägeranschluß (m) girder connection [mode (m) d']attache (f) d'une poutre *ou* d'une traverse, mode (f) d'assemblage		соединеніе (n) балки attacco (m) delle travi unión (f) de vigas entre si
9	Knotenverbindung (f) joint connection attache (f) par nœuds	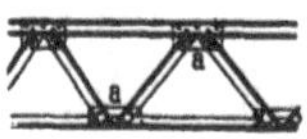	узелъ (m) unione (f) ai nodi unión (f) de nudo
10	Knotenpunkt (m) assemblage point, joint nœud (m) d'assemblage, point (m) de jonction	a	узловая точка (f) nodo (m) nudo (m) de unión
11	Knotenblech (n) gusset joint plate gousset (m)	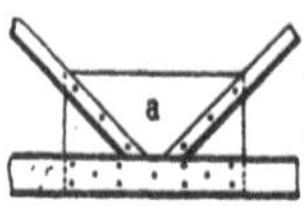 a	узловой связный листъ (m) lamiera (f) del nodo placa (f) de nudo, cartela (f)

Endknotenverbindung (f)
end joint connection, corner connection
gousset (m) d'extrémité *ou* de butée

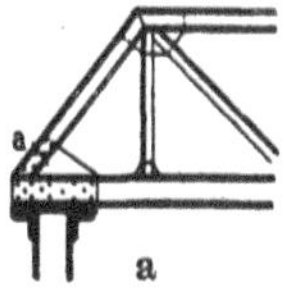
a

концевой узелъ (m)
giunzione (f) del nodo d'estremità *o* di testa
unión (f) del nudo extremo 1

Eckverbindung (f)
gusset, corner connection, corner angle plate
assemblage (m) à équerre *ou* d'angle *ou* d'encoignure

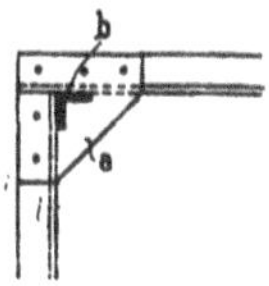

угловое соединенie (n)
unione (f) d'angolo
unión (f) de ángulo *ó* de escuadra 2

Eckblech (n)
corner plate, gusset plate
équerre (f) en tôle, plaque (f) cornière *ou* d'encoignure, gousset (m)

a

угловой листъ (m); косынка (f)
lamiera (f) d'angolo, squadra (f) di unione d'angolo
placa (f) de ángulo, cartela (f) 3

Eckwinkel (m)
corner angle
cornière (f) *ou* équerre (f) [d'encoignure]

b

уголокъ (m)
cantonale (m) d'angolo
escuadra (f) de ángulo 4

Rahmen (m)
frame
cadre (m), encadrement (m), châssis (m)

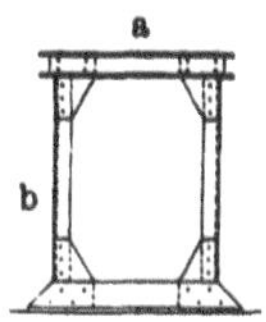

рама (f)
telaio (m)
marco (m), cuadro (m), bastidor (m) 5

Riegel (m)
cross girder
bride (f) supérieure de cadre

a

поперечина (f); распорка (f)
briglia (f) superiore del quadro
brida (f) superior del escuadro 6

Pfosten (m)
column, upright, standard
montant (m) de cadre

b

подпорка (f); стойка (f); колонна (f)
montante (m) del quadro
montante (m) *ó* pie (m) derecho de escuadra 7

---

steifer Rahmen (m), Steifrahmen (m)
rigid *or* stiff frame
cadre (m) rigide *ou* entretoisé *ou* à contreventement *ou* à croisillons

жёсткая рама (f)
telaio (m) rigido
marco (m) rigido 8

---

versteifen (v)
to stiffen, to strengthen
raidir (v), rendre (v) raide *ou* rigide, renforcer (v), entretoiser (v)

укрѣп-ить (-лять); прида-ть(-вать) жёсткость
rinforzare (v), consolidare (v)
consolidar (v), arriostrar (v), reforzar (v) 9

1 Versteifung (f), Aussteifung (f)
stiffening, strengthening
renforcement (m) latéral, armature (f) latérale, contreventement (m), poutre (f) raidisseuse

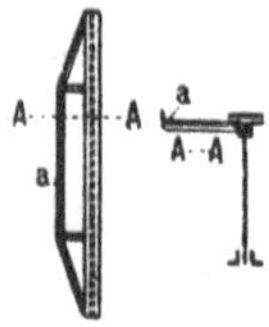

жёсткое укрѣпленіе (n)
rinforzo (m)
refuerzo (m) lateral

---

2 Versteifungswinkel (m)
stiffening angle
cornière (f) raidisseuse, cornière (f) de renfort

a

уголокъ (m) жесткости
cantonale (m) di rinforzo
ángulo (m) de refuerzo

---

3 Versteifungsträger (m)
stiffened *or* plated girder
poutre (f) de renfort, poutre (f) raidisseuse

балка (f) для укрѣпленія *или* для жёсткости
trave (f) di rinforzo
viga (f) de refuerzo

---

4 Versteifungseisen (n)
stiffening iron, stiffening-I-girder
renfort (m), pièce (f) de renfort

желѣзо (n) для укрѣпленія *или* для жёсткости
ferro (m) di rinforzo
hierro (m) de refuerzo

a

---

5 Versteifungsbühne (f)
stiffening-stage, stiffening-platform, stiffening-gallery, stiffening-bracket
passerelle (f) de renfort latérale, passerelle (f) sur console

помостъ (m) для крѣпленія *или* для жёсткости
passerella (f) di rinforzo
pasillo (m) de refuerzo

---

6 Versteifungsblech (n)
stiffening-plate, strengthening-plate
plaque (f) de renfort

a

листъ (m) для крѣпленія; листъ для жёсткости
lamiera (f) di rinforzo
plancha (f) de refuerzo

---

7 Verband (m)
fastening, fixing, bracing
entretoisement (m), entretoises (fpl)

крѣпленіе (n); связь (f)
collegamento (m)
enlace (m), ensambladura (f)

---

8 Diagonalverband (m)
diagonal bracing
entretoisement (m) à treillis en V

діагональное крѣпленіе (n); діагональная связь (f)
collegamento (m) a diagonale *od* a traliccio
enlace (m) *ó* ensambladura (f) con diagonales

Kreuzverband (m)
cross bracing, lateral bracing, transverse bracing
entretoisement (m) à treillis croisé

перекрёстная связь (f); крѣпленіе (n) перекрёстными раскосами
collegamento (m) ad incrocio *od* a doppie diagonali 1
enlace (m) ó ensambladura (f) de cruzamiento

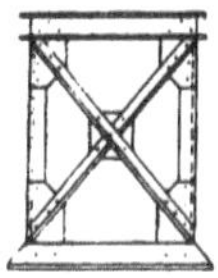

Kreuz (n)
cross
croix (f), croisillon (m), croix (f) de Saint André

крестъ (m)
croce (f) di S. Andréa, incrocio (m) 2
cruz (f) [de S. Andrés]

Querkreuz (n)
cross frame, transverse cross
entretoises (f pl) en croix

поперечный крестъ (m)
croce (f) trasversale 3
cruz (f) transversal

Pfeilverband (m)
arrow point bracing, triangular bracing
entretoisement (m) à triangles

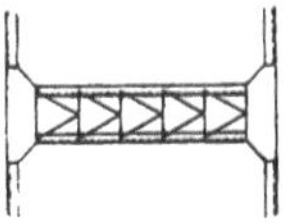

стрѣльчатая связь (f)
collegamento (m) a triangoli 4
enlace (m) de flechas ó triangulos

Horizontalverband (m)
horizontal brace
entretoisement (m) horizontal

горизонтальная связь (f)
collegamento (m) orizzontale 5
enlace (m) horizontal

Vertikalverband (m)
vertical brace
entretoisement (m) vertical

вертикальная связь (f)
collegamento (m) verticale 6
enlace (m) vertical

Eckverband (m)
corner brace, corner joint
contrefiches (f pl)

угловая связь (f)
collegamento (m) degli angoli 7
enlace (m) de los ángulos

Windverband (m)
wind bracing
contreventement (m)

вѣтровая связь (f); вѣтренница
contravvento (m) 8
paravientos (m)

Windkreuz (n)
wind cross, wind bracing
croix (m) de contreventement, tirants (m pl) de contreventement

вѣтровая связь (f) накрестъ; крестъ изъ вѣтренницъ
contravvento (m) a croce di S. Andréa 9
arriostrados (m pl) en cruz para contrarrestar los vientos, arriostras (f pl) cruzadas

---

Wind (m)
wind
vent (m)

вѣтеръ (m)
vento (m) 10
viento (m)

Windstärke (f)
wind force, wind pressure
poussée (f) *ou* force (f) du vent

сила (f) вѣтра
forza (f) del vento 11
fuerza (f) del viento

1	Windgeschwindigkeit (f) wind velocity vitesse (f) du vent		скорость (f) вѣтра velocità (f) del vento velocidad (f) del viento
2	Winddruck (m) wind pressure pression (f) du vent		давленіе (n) вѣтра pressione (f) del vento presión (f) del viento
3	Windwiderstand (m) wind resistance résistance (f) au vent		сопротивленіе (n) вѣтра resistenza (f) al vento resistencia (f) al viento
4	Windangriffsfläche (f) wind surface, wind area aire (f) *ou* surface (f) *ou* superficie (f) frappée par le vent *ou* subissant l'effort du vent		площадь (f), подвергающаяся давленію вѣтра superficie (f) esposta *o* presentata al vento superficie (f) expuesta al viento
5	Windschatten (m) part sheltered from the wind partie (f) à l'abri du vent		подвѣтренная сторона (f) sottovento (m) sotavento (m), parte (f) al abrigo del viento
6	Schneelast (f) snow load, snow weight charge (f) de neige		вѣсъ (m) снѣга carico (m) di neve carga (f) producida por la nieve
7	Auflager (n), Widerlager (n) support, bearing appui (m), naissance (f), culée (f), sommier (m)	 A, B	опоры (f pl) reazione (f) sull'appoggio apoyo (m)
8	festes Auflager (n) fixed *or* rigid bearing appui (m) fixe	A	неподвижная опора (f) appoggio (m) fisso apoyo (m) fijo
9	bewegliches Auflager (n) moving bearing, shifting bearing, free end bearing appui (m) mobile (pour la dilatation)	B	подвижная опора (f) appoggio (m) mobile apoyo (m) móvil
10	Auflagerdruck (m), Auflagerreaktion (f) bearing pressure, bearing reaction, bearing counter pressure réaction (f) (verticale) d'appui, pression (f) aux appuis	R	опорное давленіе (n); реакція (f) опоръ spalla (f), appoggio (m), testata (f) reacción (f) de apoyo
11	Verschiebung (f) des Auflagers shifting *or* moving of the bearing déplacement (m) *ou* glissement (m) de l'appui		перемѣщеніе (n) опоры spostamento (m) *o* scaricamento (m) dell'appoggio desplazamiento (m) del apoyo

Auflagerplatte (f) foundation-plate, bed-plate, base-plate sommier (m), glissière (f), semelle (f), plaque (f) d'appui, support (m), plaque (f) d'assise	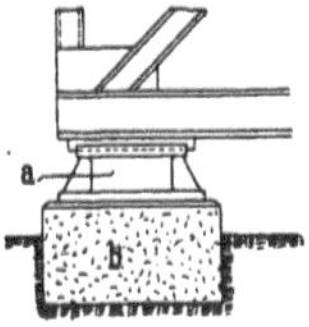 a	опорная плита (f) piastra (f) d'appoggio placa (f) de apoyo	*1*
Auflagerstein (m) bed *or* foundation stone dé (m) en pierre	b	подферменный камень (m) pietra (f) d'appoggio, pietra (f) di fondazione piedra (f) de apoyo	*2*
Tangentiallager (n) tangential bearing, tangential support plaque (f) bombée, plaque (f) d'appui à surface courbe	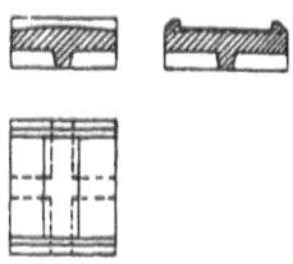	тангенціальная опора (f); выпуклая опорная плита (f) piastra (f) d'appoggio convessa placa (f) de apoyo á superficie conveso	*3*
Kipplager (n) tilting *or* tumbler- *or* pivoting- *or* pivotal bearing, swing-support appui (m) à rotule *ou* à balancier	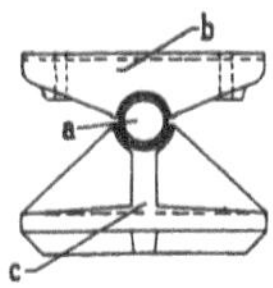	шарнирная опора (f) apparecchio (m) a bilanciere soporte (m) de báscula	*4*
Kippzapfen (m) pivot pin *or* bolt, swing pin *or* bolt rotule (f)	a	цапфа (f) шарнирной опоры perno (m) del bilanciere perno (m) del soporte de báscula, rótula (f)	*5*
Sattel (m) saddle sabot (m) *ou* balancier (m) supérieur	b	верхній балансиръ (m) sella (f), cuscinetto (m) silla (f)	*6*
Lagerstuhl (m), Lagerbock (m) chair, pedestal carriage, plummer block *or* stool sabot (m) *ou* balancier (m) inférieur	c	нижній балансиръ (m) cuscinetto (m) di fondazione soporte (m) de base	*7*
Walzenlager (n), Rollenlager (n) roller bearing appui (m) à rouleaux	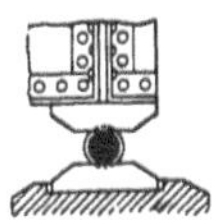	опора (f) на каткахъ appoggio (m) a rulli soporte (m) de rodillos	*8*
Pendellager (n) swing bearing, tumbler bearing appui (m) à pendule *ou* oscillant	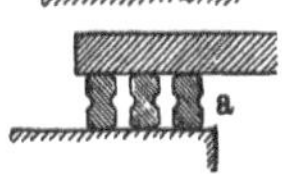	качающаяся *или* маятниковая опора (f) apparecchio (m) a segmenti soporte (m) de péndulo	*9*

1 Pendel (n), Flachwalze (f), Stelze (f)
tumbler, pendulum, flat roller, rocker
pendule (f), rouleau (m) tronqué, sabot (m)

a

катокъ (m) въ видѣ двухголовчатаго рельса
rullo segmento (m)
péndulo (m), zapata (f)

---

2 Pendelstütze (f)
gantry-column, gantry-pillar, gantry-post
pendule (f), béquille (f), montant (m) *ou* pilier (m) articulé

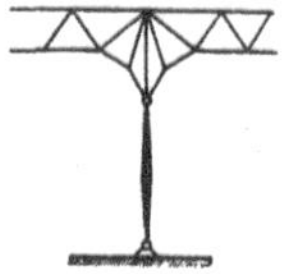

качающаяся опора (f)
sostegno (m) pendolare
puntal (m) de péndulo, montante (m) articulado

3* Kragstütze (f), Konsole (f)
bracket support, corbel
console (f), encorbellement (m)

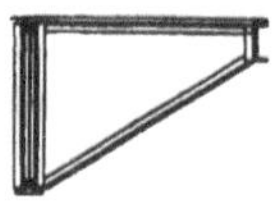

консоль (f); кронштейнъ (m)
mensola (f)
consola (f), mensula (f)

---

4 Säule (f), Stütze (f)
column, pillar, standard, upright
pilier (m), colonne (f)

стойка (f); колонна (f)
pila (f) metallica
columna (f)

---

5 Verstrebung (f)
strut, strutting
jambe (f) de force, contre-fiche (f)

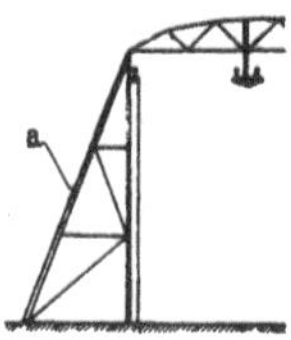

крѣпленіе (n) распорками и тяжами
saettone (m) di rinforzo a sbarre
unión (f) de refuerzo

---

6 Strebe (f)
prop, strut, stay
contre-fiche (f), jambe (f) de force, étai (m)

a

укосина (f)
saettone (m), puntone (m)
puntal (m) (de esfuerzo)

---

7 verstreben (v)
to prop, to strut, to stay
étayer (v), mettre (v) *ou* appliquer (v) des contre-fiches

укрѣп-ить (-лять) укосиной
rinforzare (v) con saettoni *o* contrafissi
apuntalar (v)

---

8 Bühne (f)
platform, stage, gallery
passerelle (f), plate-forme (f), tablier (m)

мостъ (m); помостъ (m)
passerella (f), ponte (m)
pasillo (m)

Bühnenträger (m)
platform-girder, gallery-girder
longeron (m) de plate-forme *ou* de passerelle *ou* de tablier

a

балка (f) помоста
trave (f) per la passerella
viga (f) para pasillo 1

Bühnenbelag (m)
platform covering, platform flooring
plancher (m) *ou* platelage (m) de plate-forme *ou* de passerelle, tablier (m)

b

настилъ (m) моста *или* помоста
impiantito (m) *o* tavolato (m) della passerella
revestimiento (m) del pasillo 2

Blechbelag (m)
plate covering, plate-flooring
tablier (m) en tôle, tables (f pl) en tôle

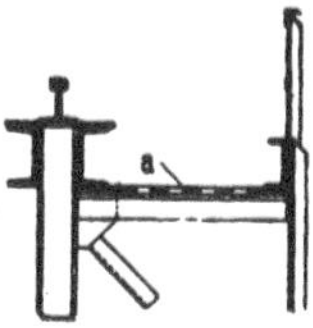

настилъ (m) изъ листового желѣза
impiantito (m) in lamiera
revestimiento (m) de chapa 3

Belagblech (n)
flooring-sheet, flooring-plate
tôle (f) de tablier

a

настилочный листъ (m)
lamiera (f) per impiantito
chapa (f) de revestimiento 4

Bohlenbelag (m)
timber *or* plank flooring *or* covering
plancher (m) en madriers

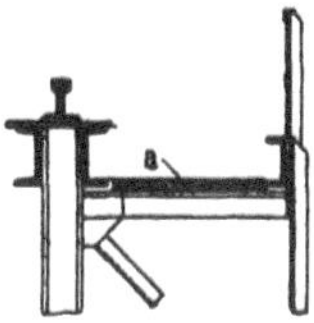

досчатый настилъ (m)
impiantito (m) di tavole
revestimiento (m) de maderos 5

Belagbohle (f)
floor plank, floor timber
madrier (m), planche (f)

a

настилочная доска (f)
tavola (f) d'impiantito
madero (m) de revestimiento 6

Bedienungsbühne (f), Bedienungsgalerie (f)
service gallery, service-platform
plate-forme (f) *ou* passerelle (f) de service

галлерея (f) для обслуживанія
passerella (f) di servizio
pasillo (m) de servicio 7

Laufbühne (f)
footpath platform
passerelle (f)

мостъ (m) *или* помостъ (m) мостового крана
passerella (f) di servizio
pasillo (m) de servicio 8

Lauf[steg] (m)
footpath pathway
passerelle (f)

мостки (m pl)
ponticello (m) di servizio
andamio (m) 9

Geländer (n)
railing, rails, parapet
garde-fou (m), rampe (f), balustrade (f), garde-corps (m)

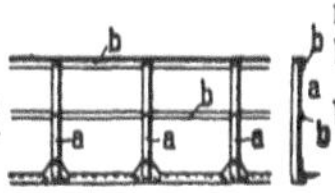

перила (n pl)
parapetto (m), ringhiera (f)
balaustrada (f), guarda (m) cuerpos, quitamiedo (m) 10

Geländerpfosten (m), Geländerstab (m)
rail-post, rail-bar
1 barreau (m) vertical de rampe *ou* de garde-corps, montant (m), balustre (m)

a

колонка (f) *или* стойка (f) *или* подпорка (f) у перилъ
colonnino (m) del parapetto
pilar (m) de balaustrada

Geländereisen (n)
2 rail iron
ferrure (f) de garde-fou, lisse (f)

b

желѣзная балясина (f) перилъ
ferro (m) del parapetto
hierro (m) de balaustrada

Treppe (f)
3 staircase
escalier (m)

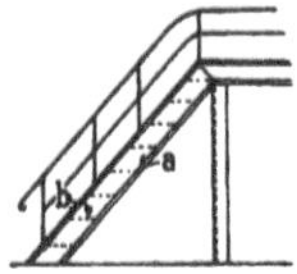

лѣстница (f)
scala (f)
escalera (f)

[Treppen-]Wange (f)
4 stair cheek
limon (m)

a

щека (f); косоуръ (m); балка (f) для опоры ступеней
corrente (m) della scala
zanta (f) [de la escalera]

[Treppen-]Stufe (f)
5 stair-step, tread
marche (f), degré (m)

b

ступень (f)
gradino (m)
grada (f) de la escalera

Leiter (f)
6 ladder
échelle (f)

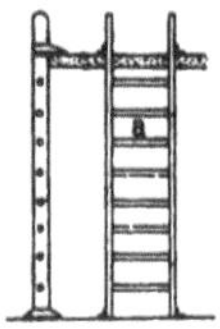

лѣстница (f)
scala (f) a piuoli
escal[er]a (f)

Sprosse (f)
rundle, tread, stave,
7 rung
échelon (m)

a

ступень (f); прутокъ (m)
piuolo (m)
escalón (m), peldaño (m)

Eisenwerk (n), Eisenkonstruktion (f)
iron work, iron-construction
8 constructions (f pl) en fer, constructions (f pl) métalliques, charpentes (f pl) métalliques

желѣзное сооруженіе (n); желѣзная конструкція (f)
costruzione (f) in ferro
construcción (f) de hierro, construcciones (f pl) metálicas

Eisenhochbau (m)
iron superstructure
9 charpentes (f pl) métalliques

желѣзное сооруженіе (n)
impalcatura (f) metallica elevata
carpintéria (f) metálica, construcciones (f pl) metálicas

Gerüst (n)
scaffolding, staging
10 échafaudage (m), ossature (f)

козлы (m pl); подмости (f pl)
armatura (f)
tablado (m), armazón (m) *ó* (f), andamio (m)

Eisengerüst (n) iron scaffold, iron-frame, iron-trestle, iron-stage échafaudage (m) métallique, ossature (f) métallique *ou* en fer		желѣзные козлы (m pl); желѣзныя подмости (f pl) armatura (f) in ferro construcción (f) de andamios de hierro	*1*
Holzgerüst (n) timber *or* wood scaffold, wood stage échafaudage (m) en bois		деревянные козлы (m pl); лѣса (m pl) armatura (f) in legno construcción (f) de andamio de madera	*2*
Holzkonstruktion (f) wood *or* timber construction, wood *or* timber structure construction (f) en bois		деревянное сооруженіе (n); деревянная конструкція (f) costruzione (f) in legno construcción (f) de madera	*3*
Brückenbau (m) bridge-building, bridge-making, bridge-construction construction (f) des ponts, exécution (f) des ponts métalliques		сооруженіе (n) *или* постройка (f) мостовъ costruzione (f) di ponti construcción (f) de puentes	*4*
Brücke (f) bridge pont (m)		мостъ (m) ponte (m) puente (m)	*5*
Brückenöffnung (f) bridge opening, bridge bay ouverture (f) de pont	a	пролётъ (m) моста въ свѣту; отверстіе (n) моста apertura (f) *o* luce (f) del ponte luz (f) del puente	*6*
Brückenträger (m) bridge girder longeron (m) *ou* poutre (f) de pont	b	мостовая балка (f); мостовая ферма (f) trave (f) *o* travata (f) del ponte viga (f) del puente	*7*
Brückenkonstruktion (f), Bauart (f) der Brücke bridge design, bridge type mode (m) *ou* forme (f) de construction (de pont), système (m) de [construction de] pont		конструкція (f) моста costruzione(f) del ponte, tipo (m) del ponte (sistema (m) de) construcción (f) del puente	*8*
Balkenbrücke (f) plank bridge, beam bridge pont (m) à poutres pleines		балочный мостъ (m) ponte (m) a trave puente (m) de viga de alma elena	*9*
Fachwerkbrücke (f) trestle bridge, lattice bridge pont (m) à treillis		рѣшетчатый раскосный мостъ (m) ponte (f) a traliccio puente (m) de celosia	*10*

1	Blechträgerbrücke (f) plate girder bridge pont (m) en tôle, pont (m) à poutre à âme pleine (en tôle)		мостъ (m) съ фермами изъ сплошныхъ клёпанныхъ балокъ ponte (f) a trave con parete piena puente (m) de viga compuesta
2	Auslegerbrücke (f) cantilever bridge pont-cantilever (m), pont (m) en encorbellement pontgrue (m)		консольный мостъ (m); мостъ съ консолями ponte (f) a sbalzo puente (m) de resalte ó cantilever
3	Bogenbrücke (f) arched-bridge pont (m) en arc[s], arche (f)		арочный мостъ (m) ponte (f) ad arco puente (m) de arco
4	Eisenkonstruktionswerkstätte (f) constructional iron-works atelier (m) de construction de charpentes métalliques		мастерская (f) желѣзныхъ сооруженій officina (f) di costruzioni in ferro taller (m) para construcciones de hierro
5	Anreißerwerkstätte (f), Anreißerbude (f) marking off shops atelier (m) des traceurs		отдѣлъ (m) для размѣтки; помѣщеніе (n) для нанесенія размѣровъ riparto (m) *o* sala (f) dei tracciamenti *o* dei tracciatori taller (m) ó local (m) de los trazadores
6	anreißen (v), vorzeichnen (v) to mark of *or* set out tracer (v)		размѣтить tracciare (v) trazar (v)
7	Anreißer (m), Vorzeichner (m) marker off traceur (m)		размѣтчикъ (m); рабочій (m), дѣлающій размѣтку частей tracciatore (m) trazador (m)
8	Zulage (f) tempory *or* trial erection assemblage (m) au chantier		сборка (f) [желѣзныхъ частей] montatura (f) in officina *od* in cantiere ensambladura (f) en los talleres
9	die Fugen auskitten (v) to cement *or* fill up joints mastiquer (v) (au minium) les points		замазывать швы замазкой; [штукатурить цементомъ] masticiare (v) al minio dei giunti llenar (v) las juntas con masilla
10	Asphaltkitt (m) asphalte filling *or* cement mastic (m) d'asphalte		асфальтовая мастика (f) *или* замазка (f) mastice (m) d'asfalto masilla (m) de asfalto

anstreichen (v)
to paint
peindre (v)

окрашивать
dipingere (v) 1
pintar (v)

Anstreicher (m)
painter
peintre (m)

красильщикъ (m); маляръ (m) 2
pittore (m)
pintor (m)

Anstrich (m)
colour, paint
couche (f) de couleur

окраска (f)
mano (f) di colore
capa (f) ó mano (f) de 3
color, pintura (f) de un solo color

Grundanstrich (m)
ground colour, first coat
couche (f) de fond

грунтовка (f)
mano (f) di fondo 4
primera capa (f)

Menniganstrich (m)
red lead paint
couche (f) de minium

грунтовка (f) сурикомъ
mano (f) di minio 5
capa (f) de minio

Ölfarbenanstrich (m)
oil paints *or* colours
couche (f) de peinture à l'huile

масляная окраска (f) *или* грунтовка (f)
mano (f) di pittura ad olio 6
capa (f) de pintura ó de color al oleo

---

firnissen (v)
to varnish
vernir (v)

покрывать лакомъ; лакировать 7
verniciare (v)
barnizar (v)

Gebäude (n)
building, structure
édifice (m), bâtiment (m)

постройка (f) *или* строеніе (n) *или* зданіе (n) 8
edificio (m)
edificio (m)

Gebäudequerschnitt (m)
cross section of building
coupe (f) de l'édifice

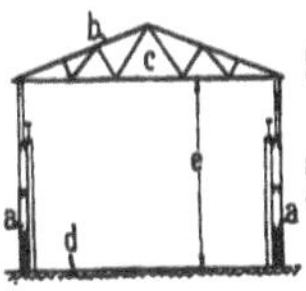

[поперечный] разрѣзъ (m) строенія *или* зданія
sezione (f) d'edifizio 9
corte (m) ó sección (f) en el edificio

Gebäudewand (f)
wall (of building)
mur (m) *ou* paroi (f) d'édifice

a

стѣна (f) строенія *или* зданія
parete (f) dell'edificio 10
pared (f) de un edificio

Dach (n)
roof
toit (m)

b

крыша (f)
tetto (m) 11
techo (m)

1	Dachbinder (m) roof girder ferme (f) de la toiture	c	[главная] стропильная ферма (f) incavallatura (f) cercha (f) del techo
2	Flur (m) floor sol (m)	d	линія (f) пола: полъ (m) suolo (m), pavimento (m) suelo (m)
3	lichte Höhe (f) von Oberkante Flur bis Unterkante Dachbinder height from floor to underside of roof girder distance (f) entre le sol et la face inférieure de l'entrait	e	высота (f) строенія въ свѣту отъ пола до стропилъ altezza (f) del pavimento dalla incavallatura altura (f) entre el suelo y el tirante de la cercha

V.

Konstruktionsmaterial und Materialfestigkeit

Materials for Construction and their Strength

Matériaux de construction et résistance des matériaux

Машиностроительный матеріалъ и сопротивленіе матеріаловъ

Materiale di costruzione e resistenza dei materiali

Materiales de construcción y resistencia de los materiales

Baustoff (m), Konstruktionsmaterial (n) material of construction matériaux (m pl) pour la *ou* de construction		машиностроительный матеріалъ (m) materiali (m pl) di costruzione materiales (m pl) de construcción	1
Eisen (n) iron fer (m)	Fe	желѣзо (n) ferro (m) hierro (m)	2
Gußeisen (n) cast iron fonte (f) de fer	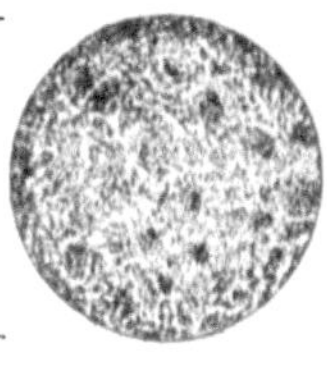	чугунъ (m) ghisa (f) hierro (m) fundido *ó* colado, fundición (f)	3
Sandguß (m) sand casting coulage (m) en sable, fonte (f) coulée en sable		отливка (f) въ пескѣ fusione (f) entro forme di sabbia fundición (f) en arena	4

1 Herdguß (m)
open sand castings
coulage (m) *ou* coulée (f) à découvert, fonte (f) coulée à découvert

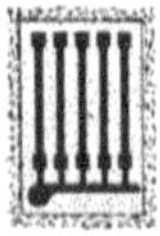

отливка (f) въ открытой песочной формѣ
fusione (f) entro forme scoperte
fundición (f) hecha en moldes abiertos

---

2 Kastenguß (m)
box casting
coulage (m) *ou* coulée (f) en châssis, fonte (f) coulée en châssis

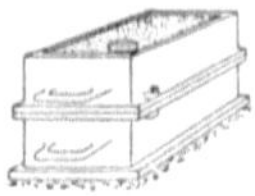

опочное литьё (n); отливка (f) въ опокахъ
fusione (f) entro staffe
fundición (f) en caja

---

3 Lehmguß (m)
loam casting
pièce (f) coulée en terre

отливка (f) въ глинѣ; глиняная отливка
getto (m) in argilla
pieza (f) de fundición colada en arcilla

---

4 Hohlguß (m)
hollow casting
pièce (f) coulée en creux

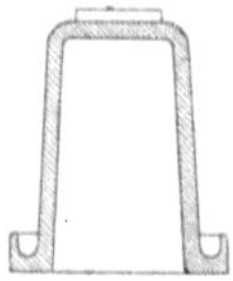

отливка (f) полыхъ предметовъ; пустотѣлая отливка
getto (m) *o* fusione (f) ad anima *o* con cavità
pieza (f) de fundición hueca

---

5 Rippenguß (m)
ribbed casting
pièce (f) coulée à nervures

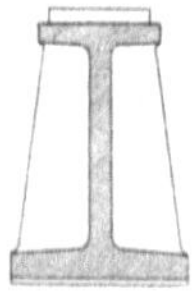

отливка (f) съ приливами; ребристая отливка
getto (m) *o* fusione (f) a nervature
pieza (f) de fundición con nervaduras

---

6 Hartguß (m)
chilled iron, case hardened casting
fonte (f) trempée, fonte (f) durcie, fonte (f) en coquille

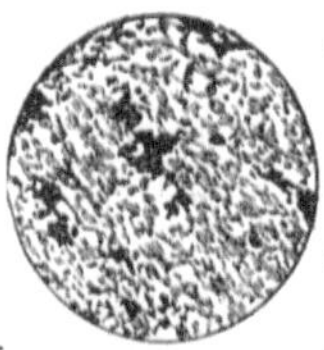

твёрдая *или* закаленная *или* отбѣлённая отливка (f); отливка съ закалённой коройghisa (f) indurita fusa in conchiglia
fundición (f) dura *ó* endurecida

---

7 schmiedbarer Guß (m), Temperguß (m)
malleable cast iron, annealed cast iron
fonte (f) malléable

ковкій чугунъ (m)
ghisa (f) malleabile
fundición (f) maleable, hierro (m) fundido maleable

---

8 schmiedbares Eisen (n), Schmied[e]eisen (n)
malleable iron, merchant iron, wrought iron
fer (m) forgé

ковкое мягкое желѣзо (n)
ferro (m) dolce
hierro (m) maleable

Flußeisen (n)
ingot iron, mild steel
fer (m) homogène (se dit en Belgique), acier (m) doux, fer (m) fin

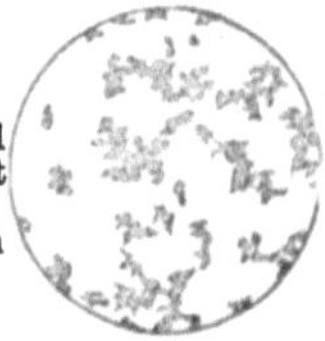

литое желѣзо (n)
ferro (m) fuso *od* omogeneo *o* colato
hierro (m) [dulce] fundido, hierro (m) homogéneo de fundición 1

Schweißeisen (n)
welding *or* wrougth iron
fer (m) soudé *ou* soudant *ou* puddlé

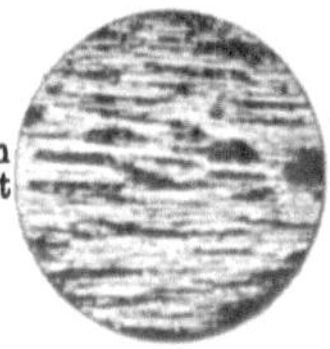

сварочное желѣзо (n)
ferro (m) saldato
hierro (m) [dulce] soldado 2

Flußstahl (m) [Gußstahl (m)]
ingot *or* mild steel
acier (m) fondu, acier (m) homogène

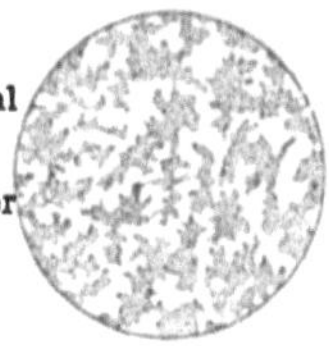

литая сталь (f)
acciaio (m) fuso 3
acero (m) fundido

Schweißstahl (m)
mild *or* welding steel
acier (m) soudé *ou* soudant *ou* puddlé

сварочная сталь (f)
acciaio (m) saldato
acero (m) batido *ó* soldado 4

Schmiedestahl (m)
malleable *or* forge-steel
acier (m) de forge *ou* forgeable

ковкая сталь (f)
acciaio (m) fucinato 5
acero (m) maleable

Walzstahl (m)
rolled steel
acier (m) laminé

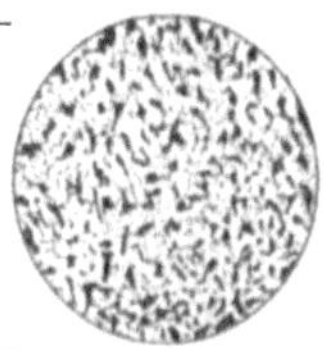

прокатная сталь (f)
acciaio (m) laminato 6
acero (m) laminado

Bessemerstahl (m)
Bessemer-steel
acier (m) Bessemer

бессемеровская сталь (f)
acciaio (m) Bessemer 7
acero (m) Bessemer

1	Thomasstahl (m) Thomas mild steel acier (m) Thomas		томасовская сталь (f) acciaio (m) Thomas acero (m) Thomas
2	Siemens-Martinstahl (m), S. M. Stahl (m) Siemens-Martin steel acier (m) Martin-Siemens	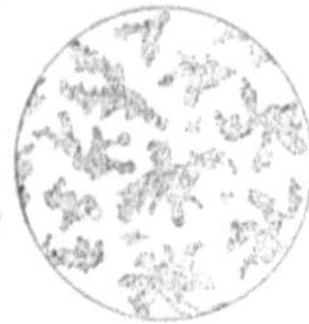	Сименсъ-Мартеновская сталь (f) acciaio (m) Siemens-Martin acero (m) Siemens-Martin
3	Tiegelstahl (m), Tiegelflußstahl (m) crucible steel acier (m) [fondu] au creuset	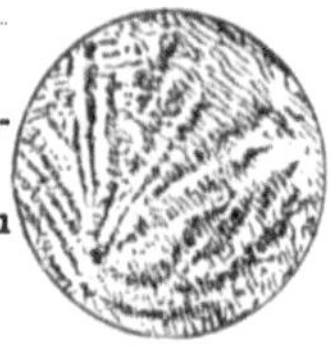	тигельная сталь (f) acciaio (m) fuso in al crogiuolio acero (m) al crisol
4	Stahlguß (m) cast steel [pièce (f) d']acier (m) coulé[e] *ou* moulé[e]	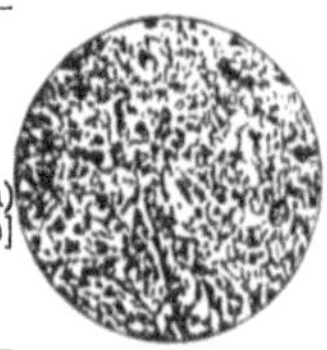	стальное литье (n); стальная отливка (f) acciaio (m) fuso acero (m) fundido
5	Stahlformguß (m) steel casting coulage (m) de l'acier, [pièce (f) d']acier (m) coulé[e]		отливка (f) стальная фасонная getto (m) di acciaio, staffa (f) in acciaio fundición (f) de acero
6	Schalenguß (m), Kokillenguß (m) chill *or* chilled casting coulage (m) en coquille, fonte (f) en coquille	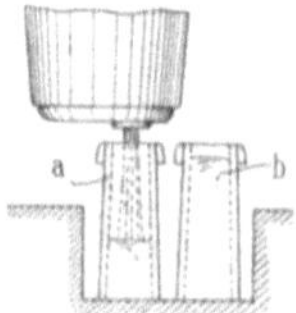	отливка (f) въ чугунныхъ формахъ *или* изложницахъ; кокильная отливка ghisa (f) in conchiglia fundición (f) en moldes
7	Blockform (f), Kokille (f) ingot mould moule (f) à lingot, coquille (f)	a	форма (f) для болванокъ; изложница (f) lingottiera (f), conchiglia (f) molde (m) para lingote
8	Block (m), Rohblock (m) ingot lingot (m)	b	[сырая] болванка (f) lingotto (m), impacco (m) di ferro lingote (m)

Bramme (f), Barren (m) ingot, bloom brame (f), paquet (m) de fer (pour la fabrication des tôles)	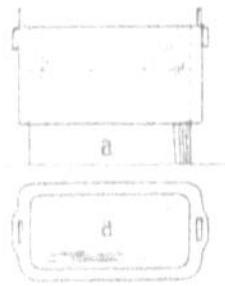 a	болванка (f) для заготовки листового желѣза impacco (m) di ferro per la confezione delle lamiere block (m) ó tocho (m) empaquetado	*1*
Walzeisen (n) rolled-iron fer (m) laminé	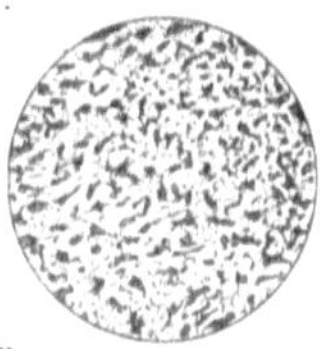	прокатное желѣзо (n) ferro (m) laminato hierro (m) laminado	*2*
Knüppel (m), Billet (n) billet lopin (m)		болванка (f); заготовка (f) blocco(m) di laminaggio lingotes (m pl) empaquetados	*3*
Platine (f) plate, plating tôle (f) de premier laminage		платина (f); мильбарсъ (m); полосы (f pl) пудлинговаго желѣза [послѣ первой прокатки] lamiera (f) di prima laminazione chapa (f) gruesa	*4*
Universaleisen (n) universal iron fer (m) marchand		универсальное желѣзо (n) ferro (m) universale hierro (m) universal	*5*
Stabeisen (n) rod *or* bar iron fer (m) en barres	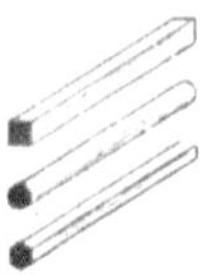	брусковое желѣзо (n); прутковое желѣзо ferro (m) in barre *o'* in verghe hierro (m) en barras, barras (f pl) de hierro	*6*
Rundeisen (n) round iron fer (m) rond		круглое желѣзо (n) ferro (m) tondo hierro (m) redondo	*7*
Quadrateisen (n), Vierkanteisen (n) square iron fer (m) carré		квадратное желѣзо (n) ferro (m) quadro hierro (m) cuadrado	*8*
Sechskanteisen (n) hexagonal iron *or* bar fer (m) hexagonal, barre (f) à six pans		шестигранное желѣзо (n) ferro (m) esagonale hierro (m) hexagonal	*9*
Flacheisen (n) flat iron fer (m) plat		плоское *или* полосовое желѣзо (n) ferro (m) piatto hierro (m) plano	*10*

1	Bandeisen (n) hoop iron fer (m) feuillard, feuillard (m)		обручное *или* шинное желѣзо (n) reggia (f) di ferro, ferro (m) a nastro hierro (m) de llanta
2	Formeisen (n), Profileisen (n) profile iron, section iron fer (m) profilé, profilé (m)		сортовое *или* профильное прокатное желѣзо (n) ferro (m) profilato hierro (m) perfilado
3	Winkeleisen (n) angle-iron fer (m) cornière, cornière (f) [en fer]		угловое желѣзо (n); угольникъ (m); уголокъ (m) ferro (m) d'angolo, cantonale (m) hierro (m) angular; ángulo (m); escuadra (f)
4	T-Eisen (n) T-iron fer (m) [en] T		тавровое желѣзо (n) ferro (m) a T hierro (m) T
5	Doppel-T-Eisen (n), I-Eisen (n) I-iron, H-iron fer (m) [en] I, poutrelle (f)		двутавровое желѣзо (n) ferro (m) a doppio T hierro (m) doble T, hierro (m) I
6	U-Eisen (n) U-iron, channel iron fer (m) [en] U		швелерное *или* корытное *или* коробчатое желѣзо (n); U-образное желѣзо ferro (m) ad U hierro (m) U
7	Z-Eisen (n) Z-iron fer (m) [en] Z		Z-образное *или* зетовое желѣзо (n) ferro (m) a Z hierro (m) Z
8	Quadranteisen (n) Phoenix column iron *or* section fer (m) en forme de quadrant		квадрантное [фасонное] желѣзо (n) ferro (m) in sbarra da quadrante hierro (m) en forma de cuadrante
9	Zoreseisen (n) trough iron, troughing fer (m) Zorès		желѣзо (n) Зоре[съ] ferro (m) Zores hierro (m) Zorés
10	Eisenblech (n) iron plate *or* sheet tôle (f) de fer		листовое желѣзо (n) lamiera (f) di ferro chapa (f) ó palastro (m) de hierro
11	Blechtafel (f) sheet iron, iron plate feuille (f) de tôle		желѣзный листъ (m) foglio (m) di lamiera di ferro placa (f) de chapa de hierro

Grobblech (n) boiler *or* rough plate tôle (f) forte, grosse tôle (f)		толстое *или* кубовое листовое желѣзо (n); котельное листовое желѣзо lamiera (f) grossa chapa (f) *ó* plancha (f) gruesa	*1*
Feinblech (n) fine *or* thin plate tôle (f) fine *ou* mince		тонкое листовое желѣзо (n) lamiera (f) sottile, latta (f) chapa (f) *ó* plancha (f) fina	*2*
verzinktes Blech (n) galvanised iron sheeting tôle (f) galvanisée *ou* zinguée		цинкованное желѣзо (n) lamiera (f) galvanizzatta *o* zincata chapa (f) de hierro galvanizado, palestro (m) galvanizado	*3*
Riffelblech (n) checquered plate tôle (f) striée		рифлёное *или* шахматное желѣзо (n) lamiera (f) striata *o* rigata chapa (f) *ó* plancha (f) estriada	*4*
gelochtes Blech (n) perforated sheet iron tôle (f) perforée		дырчатое *или* продыравленное *или* перфорированное листовое желѣзо (n) lamiera (f) perforata chapa (f) *ó* plancha (f) perforada	*5*
Wellblech (n) corrugated sheet iron tôle (f) ondulée		волнистое желѣзо (n) lamiera (f) ondulata chapa (f) ondulada	*6*
Abfalleisen (n), Schrot (m) scrap-iron mitraille (f), débris (m pl) de fer		остатки (m pl) *или* обрѣзки (m pl) желѣза truciolo (m) cortadura (f), rebabas (f pl)	*7*
Rotguß (m) red bronze, gunmetal laiton (m) rouge		бронзовая отливка (f); красное литьё (n) bronzo (m) rosso bronce (m) [rojo]	*8*
Messing (n), Gelbguß (m) brass laiton (m)		латунь (f); жёлтая мѣдь (f); жёлтое литьё (n) ottone (m) latón (m)	*9*
Bronze (f) bronze bronze (m)		бронза (f) bronzo (m) bronce (m)	*10*
Phosphorbronze (f) phosphor bronze bronze (m) phosphoreux		фосфористая бронза (f) bronzo (m) fosforoso bronce (m) fosfórico *ó* fosforoso	*11*

1 Manganbronze (f)
manganese bronze
bronze (m) manganeux

марганцовая бронза (f)
bronzo (m) manganoso
bronce (m) manganoso

---

2 Bruchfestigkeit (f)
breaking strength
résistance (f) à la rupture

сопротивленіе (n) разрыву; прочность (f) на разрывъ
resistenza (f) alla rottura
resistencia (f) á la rotura *ó* ruptura

---

3 Sicherheit (f) gegen Bruch
safety against fracture
sécurité (f) contre la rupture

запасъ (m) прочности на разрывъ
sicurezza (f) contro la rottura
seguridad (f) contra la rotura

---

4 Sicherheitszahl (f), Sicherheitskoeffizient (m)
factor of safety
coefficient (m) de sécurité

коеффиціентъ (m) безопасности *или* прочности
coefficiente (m) di sicurezza
coeficiente (m) de seguridad

---

5 [Material-] Beanspruchung (f)
stress (on material)
charge (f), fatigue (f), effort (m) supporté par *ou* auquel est soumise une matière

напряженіе (n) матеріала
sollecitazione (f), sforzo (m) specifico, lavoro (m)
influencia (f) de un esfuerzo, trabajo (m)

---

6 einen Körper auf Zug (Druck usw.) beanspruchen (v)
to put under stress of tension (compression etc.)
soumettre (v) un corps à un effort de traction (*ou* de compression)

подвергнуть тѣло растяженію, сжатію и пр.
cimentare (v) *o* sollecitare (v) un corpo alla trazione
someter (v) un cuerpo á una carga *ó* un esfuerzo; solicitar (v), cargar (v)

---

7 Zugfestigkeit (f)
tensile strength
résistance (f) à la traction

сопротивленіе (n) растяженію *или* разрыву; прочность (f) на растяженіе *или* на разрывъ
resistenza (f) alla trazione
resistencia (f) á la tracción

---

8 Zugbeanspruchung (f)
tensile stress
effort (m) de traction

нагрузка (f) отъ растяженія *или* на растяженіе
carico (m) *ó* sforzo (m) di trazione
esfuerzo (m) de tracción

---

9 Zug (m)
pull, tension
traction (f)

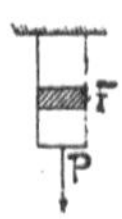

растяженіе (n)
trazione (f)
tracción (f)

Zugkraft (f) tensile force *or* load force (f) de traction	P	растягивающая сила (f); растягивающее усиліе (n) forza (f) di trazione fuerza (f) de tracción	*1*
Zugquerschnitt (m), gezogener Querschnitt (m) section under tensile stress section (f) soumise à l'effort de traction	F	поперечное сѣченіе (n), подверженное растяженію sezione (f) sottoposta alla trazione sección (f) sometida á la tracción	*2*
Zugspannung (f) intensity of tensile stress, tension tension (f) de traction par unité de surface	 $\sigma = \frac{P}{F}$	напряженіе (n) отъ растяженія coefficiente (m) di trazione tracción (f) por unidad de superficie	*3*
Druckfestigkeit (f) compressive strength résistance (f) à la compression		сопротивленіе (n) сжатію; прочность (f) на сжатіе resistenza (f) alla compressione resistencia (f) á la compresión	*4*
Druckbeanspruchung (f) crushing stress, compressive stress, load compression effort (m) *ou* charge (f) de compression		нагрузка (f) отъ сжатія *или* на сжатіе carico (m) *o* sforzo (m) di compressione esfuerzo (m) de compresión	*5*
Druck (m) compression, pressure compression (f)	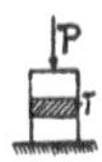	сжатіе (n) compressione (f) compresión (f)	*6*
Druckkraft (f) compressive force *or* load, force of compression force (f) de compression	P	сжимающая сила (f); сжимающее усиліе (n); сила сжатія forza (f) di compressione fuerza (f) de compresión	*7*
Druckquerschnitt (m), gedrückter Querschnitt (m) section under stress of compression section (f) soumise à un effort de compression	F	поперечное сѣченіе (n), подверженное сжатію sezione (f) di compressione sección (f) sometida á la compresión	*8*
Druckspannung (f) intensity of compressive stress tension (f) de compression par unité de surface	$\sigma_d = \frac{P}{F}$	напряженіе (n) отъ сжатія coefficiente (m) di compressione semplice compresión (f) por unidad de superficie	*9*

1 Knickung (f)
lateral flexure bending produced by axial compression, collapse
flambage (m), flexion (f) de pièces chargées de bout

продольный изгибъ (m)
flessione (f) dei solidi caricati di punta; rottura (f) per flesso-pressione
flexión (f) [provocada] por compresión; rotura (f) ó ruptura (f) por flexión

---

2 Knickkraft (f)
collapsing force
force (f) de compression axiale *ou* de flambage

P

сила (f), вызывающая продольный изгибъ
forza (f) che sollecita la flesso-pressione
fuerza (f) de flexión por compresión axial

---

3 Knicklänge (f)
collapsing length
longueur (f) au flambage

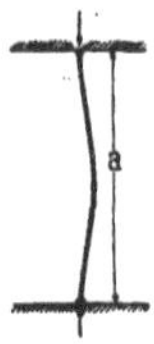

a

длина (f) стержня, подверженнаго продольному изгибу
lunghezza (f) dell'asta soggetta alla flesso-pressione
longitud (f) debida á la compresión axial

---

4 Knick[ungs]beanspruchung (f), Beanspruchung (f) auf Knickung
stress due to axial compression *or* lateral flexure, collapsing load
effort (m) *ou* fatigue (f) due au flambage

нагрузка (f) отъ продольнаго изгиба *или* на продольный изгибъ
sollecitazione (f) alla flessione per compressione assiale
esfuerzo (m) de flexión por compresión axial

---

5 Knicksicherheit (f)
safety against collapsing
précaution (f) contre le flambage, coefficient (m) de sécurité contre le flambage

степень (f) безопасности отъ продольнаго изгиба; прочность (f) противъ продольнаго изгиба
sicurezza (f) per compressione assiale
seguridad (f) contra la flexión por compresión axial

---

6 ausknicken (v), einknicken (v)
to collapse
s'infléchir (v) par compression de bout

выгибать
inflettere (v) *o* piegarsi (v) per effetto di compressione assiale *o* carico in punta
flexionarse (v) *ó* flexarse (v) por compresión axial

---

7 Dreh[ungs]festigkeit (f), Torsionsfestigkeit (f)
torsional strength
résistance (f) à la torsion

сопротивленіе (n) скручиванію
resistenza (f) alla torsione
resistencia (f) á la torsión

[Ver-]Drehungsbeanspruchung (f), Drehbeanspruchung (f)
torsional *or* loading stress
effort (m) de torsion subi par une pièce

нагрузка (f) отъ скручиванія *или* на скручиваніе
sollecitazione (f) alla torsione
esfuerzo (m) de torsión 1

Drehung (f), Verdrehung (f)
torsion, twisting
torsion (f)

крученіе (n); скручиваніе (n) 2
torsione (f)
torsión (f)

Drehkraft (f), Torsionskraft (f)
torsional *or* twisting force
force (f) de torsion

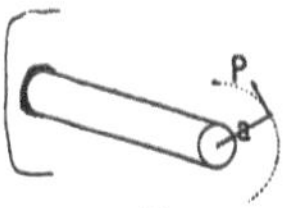

P

сила (f) крученія; скручивающее *или* крутящее усиліе (n) 3
forza (f) di torsione
fuerza (f) de torsión

Drehmoment (n)
torsional *or* twisting moment
moment (m) de torsion

$P \cdot a$

моментъ (m) крученія; крутящій *или* скручивающій моментъ 4
momento (m) di torsione
momento (m) de torsión

Drehspannung (f), Torsionsspannung (f)
intensity of torsional *or* shear stress
tension (f) de torsion par unité de surface

$$\tau = \frac{P \cdot a}{W}$$

напряженіе (n) отъ крученія *или* отъ скручиванія
tensione (f) di torsione, sforzo (m) specifico 5
torsión (f) por unidad de superficie

Drehwinkel (m), Verdrehungswinkel (m)
angle of twist
angle (m) de torsion

уголъ (m) крученія *или* скручиванія 6
angolo (m) di torsione
ángulo (m) de torsión

Schubfestigkeit (f), Scherfestigkeit (f)
transverse *or* shearing strength
résistance (f) au cisaillement

сопротивленіе (n) сдвигу *или* срѣзу; прочность (f) на сдвигъ *или* на срѣзъ 7
resistenza (f) al taglio *o* alla recisione
resistencia (f) á la cortadura

Schubbeanspruchung (f), Scherbeanspruchung (f)
shearing stress
effort (m) de cisaillement subi par un corps

нагрузка (f) отъ сдвига *или* на срѣзъ
sollecitazione (f) al taglio *o* alla recisione 8
esfuerzo (m) de cortadura *ó* cortante

Schub (m), Abscherung (f)
shearing, shear
cisaillement (m)

сдвигъ (m); срѣзъ (m)
taglio (m), recisione (f), scorrimento (m) 9
cortadura (f)

Schubkraft (f), Scherkraft (f)
shearing force
effort (m) tranchant

P

сдвигающее *или* срѣзывающее усиліе (n)
forza (f) di taglio, forza (f) tagliante 10
fuerza (f) cortante

1	Abscherungsquerschnitt (m), Schubquerschnitt (m) section under shear section (f) soumise à un effort tranchant	F	поперечное сѣченіе (n), подверженное сдвигу *или* срѣзыванію sezione (f) di taglio sección (f) de cortadura
2	Schubspannung (f), Scherspannung (f) intensity of shear *or* shearing stress tension (f) de cisaillement par unité de surface	$\tau = \frac{P}{F}$	напряженіе (n) отъ сдвига *или* отъ срѣза sforzo (m) tagliante specifico, sollecitazione (f) devuta allo sforzo tagliante intensidad (f) de cortadura
3	abscheren (v) to shear off cisailler (v)		срѣз-ать (-ывать) tagliare (v) cortar (v), cisallar (v)
4	Biegefestigkeit (f), Biegungsfestigkeit (f) bending *or* transverse strength résistance (f) à la flexion		сопротивленіе (n) изгибу; прочность (f) на изгибъ resistenza (f) alla flessione resistencia (f) á la flexión
5	Biegebeanspruchung (f), Biegungsbeanspruchung (f) bending *or* transverse stress effort (f) de flexion subi par un corps		нагрузка (f) отъ изгиба *или* на изгибъ sollecitazione (f) per flessione esfuerzo (m) á la flexión
6	Biegung (f) bending flexion (f)	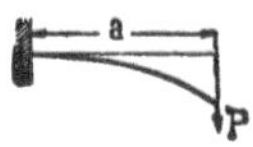	изгибъ (m) flessione (f) flexión (f)
7	Biegespannung (f), Biegungsspannung (f) intensity of stress due to bending tension (f) de flexion par unité de surface	$\sigma_b = \frac{P \cdot a}{W}$	напряженіе (n) при изгибѣ pressione (f) unitaria di flessione intensidad (f) de flexión
8	Zugfaser (f) fibre under bending stress fibre (f) soumise à la traction, fibre (f) étirée	a — a	растянутое волокно (n) fibra (f) sottoposta alla trazione, fibra (f) tesa fibra (f) sometida á la tracción
9	Druckfaser (f) fibre under compression fibre (f) soumise à la compression, fibre (f) comprimée	b — b	сжатое волокно (n) fibra (f) sottoposta alla compressione *o* compresa fibra (f) sometida á la compresión
10	neutrale Faser (f) neutral fibre fibre (f) neutre	c — c	нейтральное волокно (n) fibra (f) neutra fibra (f) neutra

gefährlicher Querschnitt (m)
dangerous section
section (f) dangereuse

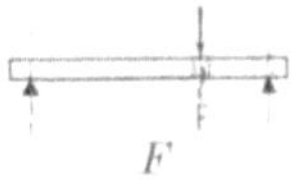

опасное *или* критическое сѣченіе (n)
sezione (f) pericolosa
sección (f) peligrosa 1

Flächeninhalt (m) (eines Querschnittes)
area of section
aire (f) *ou* superficie (f) d'une section

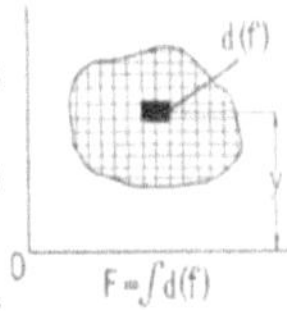

площадь (f) сѣченія
area (f) della sezione *o* superficie
área (f) de la sección 2

Schwerpunkt (m)
centre of gravity
centre (m) de gravité

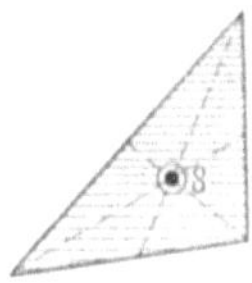

центръ (m) тяжести
centro (m) di gravità
centro (m) de gravedad 3

Trägheitsmoment (n)
moment of inertia
moment (m) d'inertie

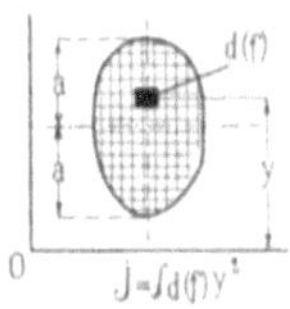

моментъ (m) инерціи
momento (m) d'inerzia
momento (m) de inercia 4

Widerstandmoment (n)
modulus of section
moment (m) résistant

$$W = \frac{J}{a}$$

моментъ (m) сопротивленія
momento (m) resistente
momento (m) resistente 5

VI.

Antriebe und Steuerungen

Driving Gears and Control

Commandes et mécanismes de manœuvre

Приводы и распредѣлительные механизмы

Meccanismi di comando e di distribuzione

Mecanismo de mando y maniobra

1	Antrieb (m) drive commande (f)		приводъ (m) comando (m) mando (m), impulsión (f), accionamiento (m)
2	antreiben (v) to drive commander (v)		привести (приводить) въ дѣйствіе comandare (v) accionar (v), mandar (v)
3	Antriebvorrichtung (f) driving gear dispositif (m) *ou* mécanisme (f) de commande		приспособленіе (n) для приведенія въ дѣйствіе meccanismo (m) di comando mecanismo (m) de mando
4	Einzelantrieb (m) single *or* individual drive commande (f) indivi duelle *ou* séparée	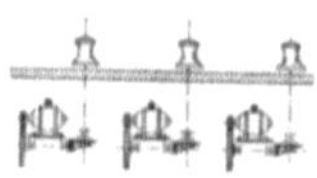	одиночный приводъ (m) comando (m) separato *od* individuale *o* speciale mando (m) *ó* impulsión (f) individual
5	Gruppenantrieb (m) group drive commande(f) par groupe		групповый приводъ (m) comando (m) a gruppi mando (m) *ó* impulsión (f) por grupos

Betrieb[s]mittel (n), Antrieb[s]mittel (n)
mean of driving
moyen (m) de commande

приспособленіе (n) для приведенія въ дѣйствіе
mezzo (m) di comando
medio (m) de impulsión 1

Betrieb[s]art (f), Antrieb[s]art (f)
type of drive
système (m) de commande

родъ (m) *или* система (f) привода
sistema (f) di comando
sistema (m) de mando 2

Betrieb[s]kraft (f), Antrieb[s]kraft (f), Triebkraft (f)
driving power
force (f) *ou* puissance (f) motrice, effort (m) moteur

движущая сила (f); движущая энергія (f)
forza (f) motrice
fuerza (f) motriz 3

Kraftverbrauch (m)
power consumption
dépense (f) de puissance, puissance (f) consommée par ....

расходъ (m) энергіи
consumo (m) di forza
consumo (m) de fuerza 4

Anzugkraft (f)
starting power
effort (m) au démarrage

вращательное усиліе (n) при пускѣ въ ходъ
forza (f) d'avviamento
fuerza (f) de arranque 5

Anzugmoment (n)
starting moment
moment (m) *ou* couple (m) de démarrage

вращательный моментъ (m) при пускѣ въ ходъ
momento (m) d'avviamento
momento (m) de arranque 6

Handantrieb
Hand Driving
Commande à la main

Ручной приводъ
Comando a mano
Mando á mano 7

[Hand-]Kurbelantrieb (m)
hand crank *or* handle *or* lever driving
commande (f) par manivelle (actionnée) à la main

приводъ (m) рукояткой; приведеніе (n) въ дѣйствіе рукояткой
comando (m) a manovella a mano
mando (m) por manivela [de mano] 8

[Hand-]Kurbel (f)
hand crank *or* handle *or* lever
manivelle (f) à main

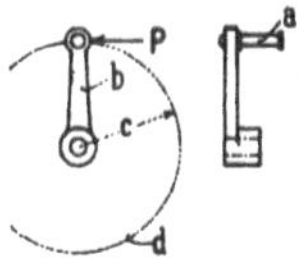

ручной кривошипъ (m); ручка (f)
manovella (f) a mano
manivela (f) [de mano] 9

1	Kurbeldruck (m) pressure on lever *or* handle effort (m) *ou* pression (f) sur la manivelle	P	давленіе (n) на рукоятку pressione (f) sulla manovella presión (f) sobre la manivela
2	Kurbelgriff (m) crank *or* lever handle poignée (f) *ou* manche (m) de manivelle	a	рукоятка (f) impugnatura (f) della manovella, perno (m) della manovella mango (m) *ó* puño (m) de manivela
3	Kurbelarm (m) crank *or* lever arm corps (m) *ou* bras (m) de manivelle	b	плечо (n) кривошипа braccio (m) della manovella brazo (m) de manivela
4	Kurbelhalbmesser (m), Kurbelradius (m) crank *or* lever radius *or* throw rayon (m) de la manivelle	c	радіусъ (m) кривошипа; радіусъ ручки raggio (m) della manovella radio (m) de manivela
5	Kurbelkreis (m) crank *or* lever circle circonférence (f) décrite par la manivelle	d	кругъ (m), описываемый рукояткой circolo (m) della manovella circunferencia (f) de manivela
6	Kurbelwelle (f) crank *or* lever shaft arbre (m) de la manivelle	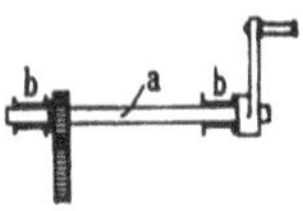 a	валъ (m) кривошипа; валъ ручки albero (m) della manovella árbol (m) de manivela, árbol (m) motor
7	Kurbel[wellen]lager (n) crank *or* lever (shaft) bearing palier (m) (de l'arbre) de manivelle	b	подшипникъ (m) вала кривошипа sopporto (m) dell'albero di manovella soporte (m) *o* cojinete (m) del árbol motor
8	Kurbelzapfen (m) crank pin bouton (m) *ou* tourillon (m) de manivelle, maneton (m)	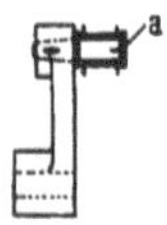 a	цапфа (f) *или* палецъ (m) кривошипа perno (m) della manovella muñón (m) de la manivela; (de una manivela frontal:) botón (m)
9	Heftkurbel (f) crank handle *or* lever with loose hand grip manivelle (f) à manche *ou* à poignée	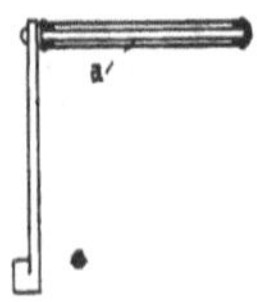	ручка (f) съ рукояткой; кривошипъ (m) съ рукояткой manovella (f) a manubrio manivela (f) de mango

Kurbelheft (n), Kurbelgriff (m), Heft (n) *oder* Griff (m) der Kurbel
hand grip
manche (m) *ou* poignée (f) de manivelle

рукоятка (f)
manubrio (m) della manovella 1
mango (m) de manivela

Einsteckkurbel (f)
removable portable crank handle lever
manivelle (f) amovible, manivelle (f) à emmancher

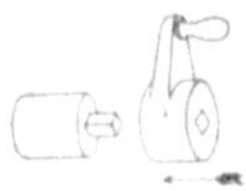

вставная *или* наставная ручка (f)
manovella (f) mobile 2
manivela (f) desmontable

---

verstellbare Kurbel (f), Kurbel (f) mit verstellbarem Radius
adjustable crank *or* lever, lever with adjustable radius
manivelle (f) à rayon variable *ou* réglable

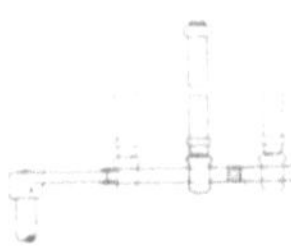

переставная ручка (f); ручка съ перемѣннымъ радіусомъ
manovella (f) a raggio variabile 3
manivela (f) de radio variable

Sicherheitskurbel (f), Rückwärtskurbel (f)
safety crank *or* lever
manivelle (f) de sûreté

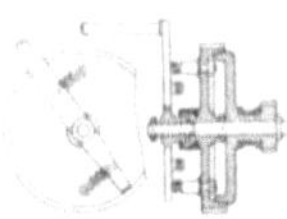

предохранительная ручка (f)
manovella (f) di sicurezza 4
manivela (f) de seguridad

---

einmännige Kurbel (f)
one-man crank *or* lever
manivelle (f) actionnée par un homme

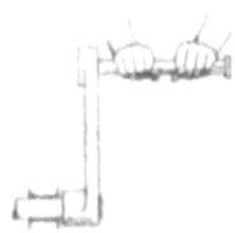

ручка (f) для одного рабочаго
manovella (f) per un uomo 5
manivela (f) para un hombre

---

zweimännige Kurbel (f)
two-men crank *or* lever
manivelle (f) actionnée par deux hommes

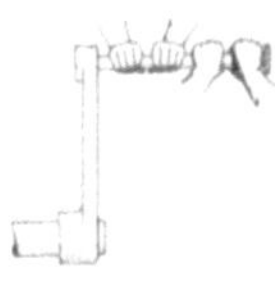

ручка (f) для двухъ рабочихъ
manovella (f) per due uomini 6
manivela (f) para dos hombres

---

kurbeln (v), die Kurbel drehen (v)
to turn the crank *or* handle *or* lever
tourner (v) la manivelle

вращать ручку
girare (v) la manovella 7
girar (v) la manivela

---

aufkurbeln (v)
to lift with the handle *or* lever
soulever (v) une charge en tournant la manivelle

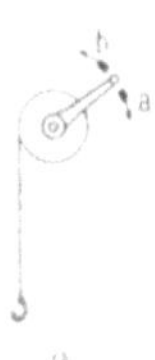

вращать ручку по направленію подъёма
sollevare (v) girando la manovella 8
levantar (v) una carga haciendo girar la manivela

b

1 abkurbeln (v)
to lower with the handle *or* lever
affaler (v) *ou* descendre (v) une charge en tournant la manivelle
вращать ручку по направленію спуска
far discendere (v) girando la manovella
bajar (v) una carga haciendo girar la manivela

---

2 vor[wärts]kurbeln (v), die Kurbel vorwärts drehen (v)
to turn the handle *or* lever forward
tourner (v) la manivelle en avant
вращать ручку впередъ
girare (v) la manovella in avanti
girar (v) la manivela por delante

---

3 rückwärts kurbeln (v), zurückkurbeln (v), die Kurbel rückwärts drehen (v)
to turn the handle *or* lever backwards
tourner (v) la manivelle en arrière
вращать ручку назадъ
girare (v) la manovella indietro
girar (v) la manivela por detrás

---

4 die Kurbel schleudert
the handle *or* lever swings
la manivelle tourne irrégulièrement
рукоятка (f) быстро вращается подъ дѣйствіемъ опускающагося груза
la manovella fionda *o* scatta *o* sbatte
la manivela salta

---

5 Schleudern (n) der Kurbel
swinging of the handle *or* lever
rotation (f) irrégulière de la manivelle
быстрое вращеніе (n) рукоятки подъ дѣйствіемъ опускающагося груза
scattare (m) della manovella
salto (m) de la manivela

---

6 die Kurbel schlägt
the handle *or* lever knocks
la manivelle bat *ou* tape
рукоятка (f) ударяетъ *или* бьётъ
la manovella sbatte
la manivela golpea

---

7 Schlagen (n) der Kurbel
knocking of the lever *or* handle
battement (m) de la manivelle
удары (m pl) рукоятки
sbattere (m) della manovella
golpeamiento (f) de la manivela

---

8 Kurbelschlag (m)
knock of the handle *or* lever
choc (m) de la manivelle
ударъ (m) рукоятки
colpo (m) di manovella
golpe (m) de manivela

---

9 Ratschenantrieb (m)
ratchet drive
commande (f) à cliquet

приводъ (m) *или* передача (f) движенія храповикомъ [въ трещёткѣ]
comando (m) del saltorello
impulsión (f) por trinqueta

Ratsche (f)
ratchet
cliquet (m)

a

трещётка (f) *или* рачка (f); коловоротъ (m) съ собачкой для подачи сверла
saltorello (m)
trinqueta (f) 1

Handradantrieb (m)
hand wheel driving
commande (f) par volant [à main]

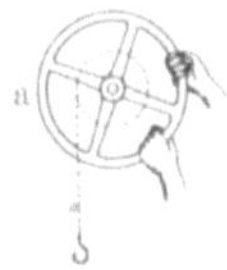

приводъ (m) маховичкомъ
comando (m) con volano-manovella 2
mando (m) ó impulsión (f) por volante [de maniobra]

Handrad (n)
hand-wheel
volant (m) [à main]

a

маховичокъ (m)
volano-manovella (m) 3
volante (m) de maniobra

Haspelbetrieb (m), Haspelradantrieb (m)
winch driving
commande (f) par treuil

приводъ (m) тяговымъ колесомъ
comando (m) ad argano 4
mando (m) por torno

Haspelrad (n)
winch wheel
roue (f) du treuil

a

тяговое колесо (n)
ruota (f), argano (m) 5
volante (m) de torno

Handkettenantrieb (m), Handkettenbetrieb (m)
hand chain-driving
commande (f) à la main par chaine

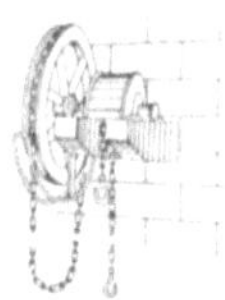

ручной цѣпной приводъ (m); ручной приводъ цѣпью
comando (m) a mano da catena 6
mando (m) por cadena de mano

Handseilantrieb (m), Handseilbetrieb (m)
hand-rope driving
commande (f) à la main par câble

ручной канатный приводъ (m); ручной приводъ канатомъ
comando (m) a mano da corda 7
mando (m) por cable de mano

1 **Elementarantrieb**
Engine Driving
Commande mécanique
Машинный приводъ
Comando meccanico
Mando mecánico

---

2 Elementarantrieb (m), Elementarbetrieb (m), maschineller Antrieb (m), Maschinenantrieb (m)
engine driving
commande (f) par mécanisme, commande (f) par machine
машинный приводъ (m)
comando (m) meccanico *od* a macchina
mando (m) mecánico *ó* por máquina

a

3 Antrieb[s]maschine (f), Betrieb[s]maschine (f)
driving engine
moteur (m), machine (f) motrice, appareil (m) moteur
двигатель (m)
macchina (f) motrice, motrice (f)
máquina (f) motriz *ó* de mando

---

4 Hilfsmaschine (f)
auxiliary engine
machine (f) auxiliaire
вспомогательная машина (f)
macchina (f) ausiliare
máquina (f) auxiliar

---

5 Reservemaschine (f), Aushilfsmaschine (f)
spare engine
machine (f) de réserve *ou* de secours
запасная машина (f)
macchina (f) di riserva
máquina (f) de reserva

---

6 die Maschine zieht an *oder* läuft *oder* springt an
the engine starts
le moteur démarre
машина (f) приходитъ въ движенiе
la macchina s'avvia
la máquina arranca

---

7 Anlaufen (n) *oder* Anziehen (n) der Maschine
starting of the engine
démarrage (m) du moteur
пускъ (m) въ ходъ машины
avviamento (m) della macchina
arranque (m) de la máquina

---

8 die Maschine überlasten (v)
to overload the engine
surcharger (v) la machine
перегрузить машину
sopraccaricare (v) la macchina
sobrecargar (v) la máquina

Überlastungsfähigkeit (f) der Maschine overload capacity of the engine capacité (f) de surcharge d'une machine	способность (f) машины нести перегрузку capacità (f) di sovraccaricamento della macchina capacidad (f) de sobrecarga de una máquina	*1*
die Maschine voll belasten (v) to load the engine fully faire travailler (v) le moteur à pleine charge, charger (v) complètement le moteur	дать машинѣ полную нагрузку caricare (v) a pieno la macchina *od* al massimo dar (v) plena carga á la máquina	*2*
die Maschine läuft unter Belastung an the engine runs loaded la machine démarre en charge	машина (f) пускается въ ходъ подъ нагрузкой [нагружённая] la macchina s'avvia sotto carico *o* corre sotto carico la máquina funciona en carga	*3*
die Maschine läuft leer an the engine runs light la machine démarre à vide	машина (f) пускается въ ходъ въ холостую *или* порожнёмъ [ненагружённая] la macchina s'avvia *o* marcia a vuoto la máquina arranca en vacio	*4*
die Maschine entlasten (v) to unload the engine diminuer (v) la charge du moteur, décharger (v) le moteur	разгру-зить (-жать) машину scaricare (v) la macchina descargar (v) la máquina	*5*
die Maschine läuft leer the engine runs without load le moteur marche à vide *ou* à blanc	машина (f) разгружена; машина работаетъ въ холостую la macchina marcia a vuoto la máquina está descargada *ó* funciona en vacio	*6*
Leerlauf (m) no-load running marche (f) à vide *ou* à blanc	холостой ходъ (m); ходъ безъ нагрузки marcia (f) a vuoto marcha (f) en vacio	*7*
leerlaufen (v) to run without load marcher (v) à vide	работать въ холостую marciare (v) a vuoto marchar (v) *ó* funcionar (v) en vacio	*8*
Leerlaufarbeit (f) no-load work travail (m) à vide	работа (f) холостого хода lavoro (m) a vuoto trabajo (m) en vacio	*9*

1 Leerlauftourenzahl (f), Umlaufzahl (f) bei Entlastung
speed *or* revolutions at no load
nombre (m) de tours [pendant la marche] à vide

число (n) оборотовъ при холостомъ ходѣ *или* при разгрузкѣ
numero (m) di giri a vuoto
número (m) de vueltas en vacío

---

2 Transmissionsbetrieb (m), Transmissionsantrieb (m)
transmission drive
commande (f) par transmission

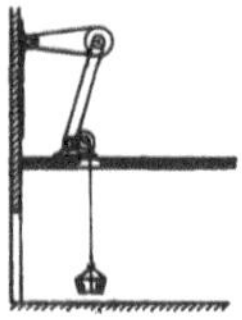

приводъ (m) отъ трансмиссіи
comando (m) a trasmissione
mando (m) ó impulsión (f) por transmisión

---

3 Wellenantrieb (m), Wellenbetrieb (m)
shaft driving
commande (f) par arbre, commande (f) prise sur un arbre

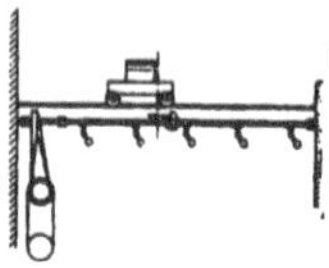

приводъ (m) *или* передача (f) движенія валомъ
comando (m) dell'albero
mando (m) por árbol [de transmisión]

---

4 Vierkantwellenantrieb (m)
square shaft drive
commande (f) par arbre de section rectangulaire

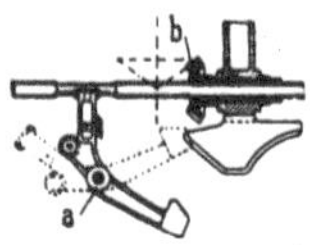

приводъ (m) четырёхграннымъ *или* квадратнымъ валомъ
comando (m) ad albero quadro
mando (m) por árbol cuadrado

---

5 Pendellager (n), Ausweichlager (n)
tumbler bearing
palier (m) oscillant

a

качающійся *или* опускающійся подшипникъ (m)
sopporto (m) a pendolo
soporte (m) de péndulo

---

6 Schlepprad (n)
sliding wheel
roue (f) d'entraînement

b

захватывающее колесо (n)
ruota (f) spostabile
rueda (f) de arrastre

---

7 Betrieb (m) mit Seil ohne Ende *oder* mit endlosem Seil
working with endless rope
commande (f) *ou* transmission (f) par câble sans fin

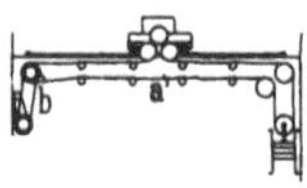

приводъ (m) безконечнымъ канатомъ
comando (m) a fune senza fine *od* a fune continua
mando (m) por cable sin fin

---

8 Antriebseil (n)
driving rope
câble (m) de transmission

a

приводный канатъ (m)
corda (f) motrice
cable (m) ó cuerda (f) de mando

---

9 Antriebscheibe (f), Treibscheibe (f)
driving pulley
poulie (f) *ou* roue (f) de transmission *ou* de commande

b

приводной шкивъ (m)
puleggia (f) di comando
polea (f) de mando ó motriz

unmittelbar *oder* direkt wirkender Kolbenantrieb (m)
direct acting piston drive
commande (f) par action directe du piston

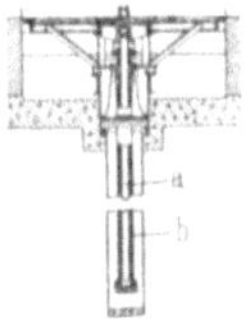

поршневой приводъ (m) прямого дѣйствія
comando (m) diretto *od* a stantuffo ad azione diretta 1
mando (m) directo por émbolo

Hubkolben (m), Hebekolben (m)
lifting piston
piston (m) de levage

a

подъёмный поршень (m)
stantuffo (m) motore di sollevamento 2
émbolo (m) de levantamiento

Hubzylinder (m), Hebezylinder (m)
lifting cylinder
cylindre (m) de levage *ou* de levée

b

рабочій цилиндръ (m); подъёмный цилиндръ
cilindro (m) motore di sollevamento 3
cilindro (m) de levantamiento

Kolbenantrieb (m), Treibkolbenantrieb (m)
piston *or* ram drive
commande (f) par piston (moteur)

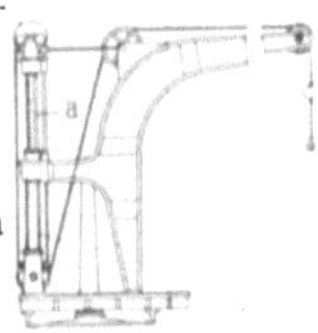

поршневой приводъ (m)
comando (m) a stantuffo 4
mando (m) por émbolo motor

Treibkolben (m)
driving piston *or* ram
piston (m) moteur

a

приводный поршень (m)
stantuffo (m) motore 5
émbolo (m) motor

Kolben (m)
piston
piston (m)

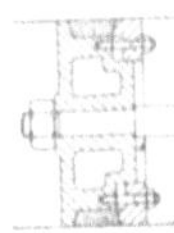

поршень (m)
stantuffo (m), embolo (m) 6
émbolo (m)

Kolbenring (m)
piston ring
segment (m) de piston, bague (f) *ou* anneau (m) de garniture

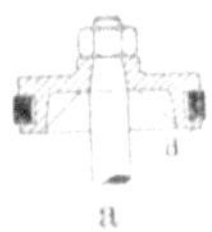

поршневое кольцо (n)
anello (m) elastico da stantuffo, guarnizione (f) dello stantuffo 7
segmento (m) del émbolo

Kolbenstange (f)
piston rod
tige (f) de piston

поршневой штокъ (m); поршневая скалка (f)
asta (f) dello stantuffo 8
vástago (m) del émbolo

Kolbenhub (m)
stroke of piston
course (f) du piston

a
b

ходъ (m) поршня
corsa (f) dello stantuffo 9
carrera (f) del émbolo

1 Kolbenkraft (f), Kolbendruck (m)
piston force, piston pressure
pression (f) (par unité de surface) du *ou* sur le piston

P

сила (f), направленная по штоку; сила, дѣйствующая на поршень; давленіе (n) на поршень
pressione (f) *o* forza (f) sullo stantuffo
fuerza (f) del émbolo

---

2 Kolbenpuffer (m)
piston buffer
amortisseur (m) *ou* dash-pot (m) à piston

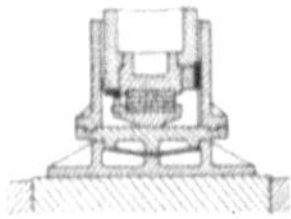

поршневой буферъ (m)
tampone-stantuffo (m)
amortiguador (m) de émbolo *ó* de pistón

---

3 einfach wirkender Kolben (m)
single-acting piston
piston (m) à simple effet

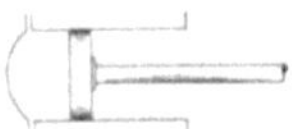

поршень (m) простого дѣйствія
stantuffo (m) a semplice effetto
émbolo (m) de simple efecto

---

4 doppeltwirkender Kolben (m)
double-acting piston
piston (m) à double effet

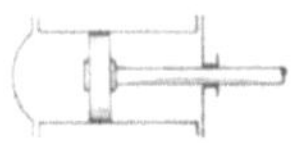

поршень (m) двойного дѣйствія
stantuffo (m) a doppio effetto
émbolo (m) de doble efecto

---

5 Scheibenkolben (m)
disc *or* flat piston
piston (m) à disque
piston (m) plat

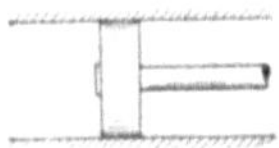

плоскій *или* дисковый поршень (m)
stantuffo (m) a disco
émbolo (m) de disco

---

6 Tauchkolben (m), Plungerkolben (m), Plunger (m)
plunger
piston (m) plongeur

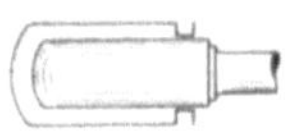

поршень (m); скалка (f); плунжеръ (m); ныряло (n)
stantuffo (m) tuffante
émbolo (m) buzo

---

7 Arbeitskolben (m)
working piston
piston (m) de travail, piston (m) moteur

рабочій поршень (m)
stantuffo-motore (m)
émbolo (m) de trabajo

a

---

8 Gegenkolben (m)
counter *or* opposite piston
contre-piston (m)

b

контръ-поршень (m)
contro-stantuffo (m)
contra-émbolo (m)

---

9 Rohrkolben (m)
hollow piston *or* plunger
piston (m) tubulaire *ou* creux *ou* cylindrique

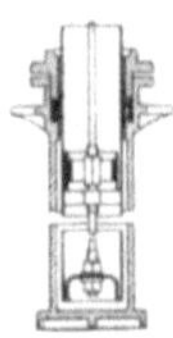

трубчатый поршень (m)
stantuffo (m) tubolare, stantuffo-cavo (m)
émbolo (m) tubular

Teleskopkolben (m)
telescopic piston *or* ram
piston (m) télescopique

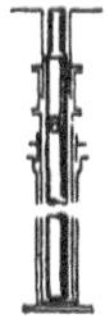

телескопическій *или* раздвижной *или* составной поршень (m)
stantuffo (m) a telescopio
émbolo (m) de telescopio 1

Kernkolben (m), Innenkolben (m)
core piston
piston (m) à noyau

a

сердечниковый *или* внутренній поршень (m) 2
stantuffo (m) ad anima
émbolo (m) interior

Differentialkolben (m)
differential piston
piston (m) différentiel

a

дифференціальный поршень (m)
stantuffo (m) differenziale 3
émbolo (m) diferencial

Aufzugkolben (m)
lifting piston
piston (m) de montecharge *ou* d'ascenseur

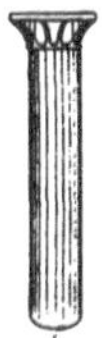

a

поршень (m) подъёмника
stantuffo (m) da montacarichi 4
émbolo (m) para ascensor

Pumpenkolben (m)
pump piston
piston (m) de pompe

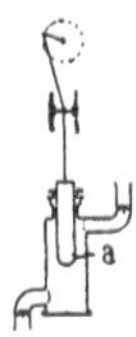

a

поршень (m) насоса; насосный поршень 5
stantuffo (m) da pompa
émbolo (m) de la bomba

Dampfkolben (m)
steam piston
piston (m) [de moteur] à vapeur *ou* actionné par la vapeur

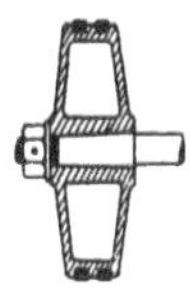

поршень (m) паровой машины; паровой поршень 6
stantuffo (m) a vapore
émbolo (m) de vapor

1	Druckwasserkolben (m), hydraulischer Kolben (m) hydraulic piston piston (m) de moteur hydraulique *ou* mû par pression hydraulique		гидравлическій поршень (m); поршень гидравлическаго подъёмника stantuffo (m) a pressione idraulica émbolo (m) de presión hidráulica
2	Druckluftkolben (m), Preßluftkolben (m) pneumatic piston piston (m) actionné par l'air comprimé, piston (m) pneumatique		пневматическій поршень (m); поршень пневматическаго подъёмника stantuffo (m) pneumatico émbolo (m) pneumático ó de aire comprimido
3	Lastkolben (m) load piston piston (m) de levage [d'une charge]	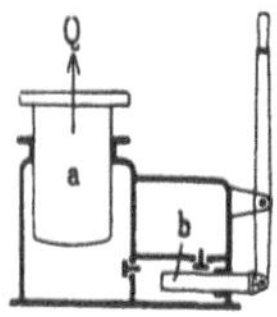 a	грузовой поршень (m) stantuffo (m) da carico émbolo (m) de carga
4	Druckkolben (m) pressure piston piston (m) compresseur	b	нагнетательный поршень (m) stantuffo(m) di pressione émbolo (m) de presión
5	Zylinder (m) cylinder cylindre (m)	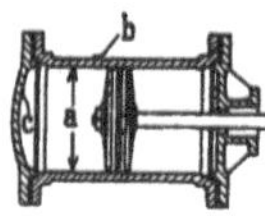	цилиндръ (m) cilindro (m) cilindro (m)
6	Zylinderdurchmesser (m), Zylinderbohrung (f) diameter *or* bore of cylinder alésage (m) *ou* diamètre (m) du cylindre	a	діаметръ (m) цилиндра diametro(m) del cilindro diámetro (m) ó calibre (m) [interior] del cilindro
7	Zylinderwandung (f), Zylindermantel (m) cylinder wall corps (m) *ou* paroi (f) du cylindre	b	стѣнки (f pl) цилиндра parete (f) del cilindro cuerpo (m) del cilindro
8	Zylinderdeckel (m) cylinder cover couvercle (m) *ou* fond (m) du cylindre	c	крышка (f) цилиндра coperchio (m) del cilindro tapa (f) del cilindro
9	Zylinderfüllung (f) admission cylindrée (f)		наполненіе (n) цилиндра cilindrata (f) admisión (f)

einfach wirkender Zylinder (m), Einkammerzylinder (m)
single-acting cylinder
cylindre (m) de machine à simple effet

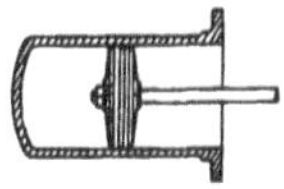

цилиндръ (m) простого дѣйствія; однокамерный цилиндръ
cilindro (m) ad effetto semplice *od* a camera unica
cilindro (m) de simple efecto 1

---

doppeltwirkender Zylinder (m), Zweikammerzylinder (m)
double-acting cylinder
cylindre (m) de machine à double effet

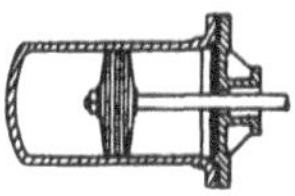

цилиндръ (m) двойного дѣйствія; двухкамерный цилиндръ (m)
cilindro (m) a doppio effetto *od* a due camere
cilindro (m) de doble efecto 2

Lastzylinder (m)
load cylinder
cylindre (m) de charge *ou* de levage

грузовой цилиндръ (m)
cilindro (m) di caricamento
cilindro (m) de carga 3

Arbeitszylinder (m)
working cylinder
cylindre (m) moteur

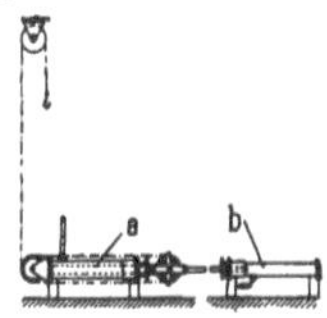

рабочій цилиндръ (m)
cilindro (m) di lavoro
cilindro (m) de trabajo 4

---

a

Gegenzylinder (m)
counter *or* return-cylinder
contre-cylindre (m)

b

контръ-цилиндръ (m)
contro-cilindro (m)
contra-cilindro (m) 5

Pumpenzylinder (m)
pump cylinder
cylindre (m) de pompe

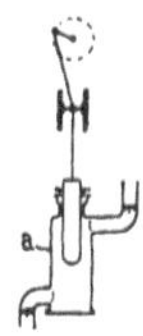

a

цилиндръ (m) насоса
cilindro (m) da pompa
cilindro (m) de bomba 6

Hubzylinder (m)
lifting cylinder
cylindre (m) de levage

a

подъёмный цилиндръ (m)
cilindro (m) di sollevamento
cilindro (n) de levantamiento 7

1 Fahrzylinder (m)
cylinder for travelling motion
cylindre (m) de commande de la translation horizontale

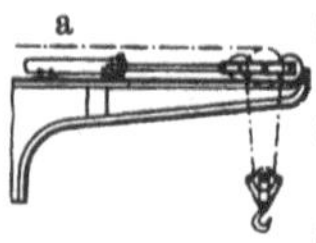

a

цилиндръ (m) для горизонтальнаго перемѣщенія
cilindro (m) per movimento orizzontale *od* a trasmissione
cilindro (m) para el movimiento horizontal

---

2 Schwenkzylinder (m), Drehzylinder (m)
cylinder for slewing motion
cylindre (m) de commande du mouvement de rotation

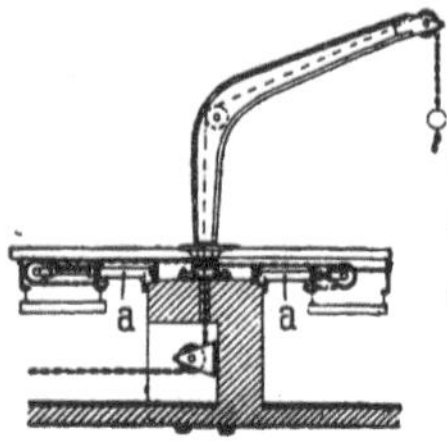

a

цилиндръ (m) поворота
cilindro (m) a trasmissione rotativa
cilindro (m) para girar

---

3 Zylinderleistung (f)
cylinder output
puissance (f) du cylindre

мощность (f) цилиндра
effetto (m) del cilindro
potencia (f) del cilindro

---

4 Zylinderarbeit (f)
cylinder work
travail (m) du cylindre

работа (f) цилиндра
lavoro (m) del cilindro
trabajo (m) del cilindro

---

5 Stopfbüchse (f)
stuffing box
boite (f) à bourrage *ou* à étoupes, presse-étoupe (m), bourrage (m), boite (f) à garniture

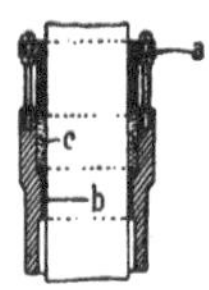

сальникъ (m)
scatola (f) a stoppa, premistoppa (f)
caja (f) de estopas, prensa-estopas (m), guarnición (f)

---

6 Brille (f)
gland
chapeau (m) *ou* bague (f) du presse-étoupe

a

нажимная втулка (f) *или* крышка (f) сальника
colare (m) della scatola a stoppa
tapa (f) del prensa-estopas

---

7 Grundring (m), Grundbüchse (f)
neck ring, collar bush
bague (f) de fond du presse-étoupe

b

основное кольцо (n); грундбукса (f)
anello (m) di fondo, collare (m) di base
anillo (m) de fondo

---

8 Packung (f), Dichtung (f), Liderung (f)
packing
garniture (f)

c

набивка (f) сальника
guarnizione (f)
guarnición (f), estopada (f), empaquetadura (f)

---

9 Drehstopfbüchse (f)
revolving stuffing box
presse-étoupe (m) tournant, boite (f) à garniture tournante

поворотный сальникъ (m)
scatola (f) a stoppa girevole
prensa-estopas (m) giratorio

Dehnungsstopfbüchse (f)
expansion stuffing box
presse-étoupe (m) *ou* boîte (f) à garniture à dilatation

расширительный *или* компенсацiонный сальникъ (m)
scatola (f) a stoppa di dilatazione, premistoppa (f) di dilatazione
prensa-estopas (m) de dilatación 1

Stulpdichtung (f)
flanged packing
garniture (f) à brides [de cuir embouti]

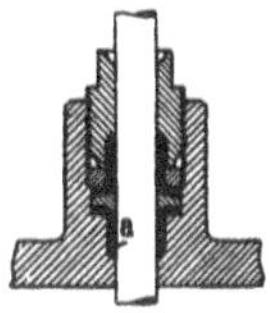

уплотненiе (n) манжетою
guarnizione (f) di cuoio ad U, manicotto (m) di dilatazione
guarnición (f) *ó* empaquetadura (f) de bridas 2

[Leder-]Stulp (m), Dichtungsstulp (m)
packing flange
garniture (f) de cuir embouti

a

кожаная манжета (f); кожаный воротникъ (m); набив[оч]ная манжета; набивочный воротникъ
cuoio (m) ad U di guarnizione
guarnición (f) *ó* empaquetadura (f) de cuero embutido 3

Manschettenring (m), Manschette (f)
U-leather ring
bague (f) de garniture, manchette (f)

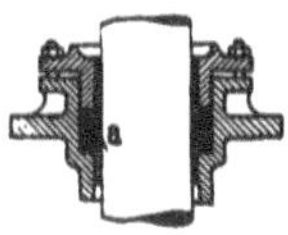

a

манжета (f)
manicotto (m)
manguito (m) 4

Winkelmanschette (f)
hat leather packing
garniture (f) conique

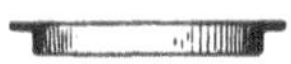

манжета (f) изъ уголка
guarnizione (f) anulare *od* a sezione anulare
manguito (m) cónico, guarnición (f) cónica 5

U-Manschette (f)
U-leather packing
manchette (f) *ou* garniture (f) en U

U-образная манжета (f)
guarnizione (f) anulare ad U
manguito (m) *ó* guarnición (f) en U 6

Gummimanschette (f)
rubber packing ring
garniture (f) *ou* manchette (f) de caoutchouc

резиновая манжета (f)
guarnizione (f) di gomma
manguito (m) *ó* guarnición (f) en caucho 7

Lederdichtung (f), Lederliderung (f)
leather packing
garniture (f) en cuir

кожаная набивка (f)
guarnizione (f) di cuoio
guarnición (f) de cuero 8

Hanfdichtung (f), Hanfliderung (f), Hanfpackung (f)
hemp packing
garniture (f) *ou* bourrage (m) en chanvre

пеньковая набивка (f)
guarnizione (f) di canape
guarnición (f) de cáñamo 9

1
Baumwollpackung (f), Baumwolldichtung (f), Baumwolliderung (f)
cotton packing
garniture (f) *ou* bourrage (m) en coton

бумажная набивка (f)
guarnizione (f) di cotone
guarnición (f) de algodón

2
Metallpackung (f), metallische Packung (f)
metallic packing
garniture (f) *ou* bourrage (m) métallique

металлическая набивка (f)
guarnizione (f) di metallo *o* metallica
guarnición (f) metálica

3
[ver]packen (v), dichten (v), lidern (v)
to pack
garnir (v), faire (v) la garniture *ou* le bourrage

наби-ть (-вать); уплот-н-ить (-ять)
guarnire (v), mettere (v) le guarnizioni
guarnecer (v)

4
Steuerung (f)
distribution
distribution (f)

распредѣленіе (n)
distribuzione (f)
distribución (f)

5
Steuer[ungs]organ (n)
organs (pl) of distribution
organes (m pl) de distribution

распредѣлительный органъ (m) *или* механизмъ (m)
organo (m) di distribuzione
órgano (m) de distribución

6
Hochdrucksteuerung (f)
high pressure distribution
distribution (f) pour *ou* à haute pression

распредѣленіе (n) высокаго давленія
distribuzione (f) ad alta pressione
distribución (f) de alta presión

7
Niederdrucksteuerung (f)
low pressure distribution
distribution (f) pour *ou* à basse pression

распредѣленіе (n) низкаго давленія
distribuzione (f) a bassa pressione
distribución (f) de baja presión

8
Schiebersteuerung (f)
valve gear
distribution (f) par tiroir

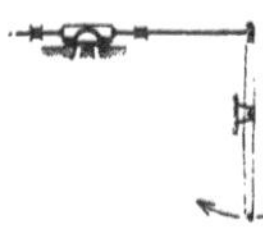

золотниковое распредѣленіе (n)
distribuzione (f) a cassetto
distribución (f) de cajón *ó* por tiroir

9
Steuerschieber (m), Manövrierschieber (m)
distributing valve
tiroir (m) de distribution

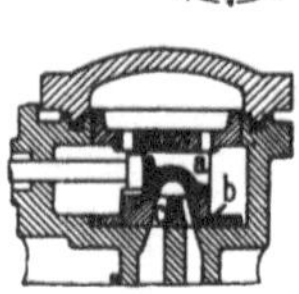

a

распредѣлительный золотникъ (m)
cassetto (m) di distribuzione
distribuidor (m) de maniobra

10
Schieberspiegel (m)
slide face, port face
glace (f) du tiroir

b

золотниковое зеркало (n); золотниковый столъ (m)
specchio (m) del cassetto
cara (f) del distribuidor

Schieberkanal (m)
valve port
lumière (f) *ou* conduit (m) de tiroir

c

золотниковый каналъ (m)
canale (m) di distribuzione
canal(m) de distribución 1

Schieberkasten (m)
steam chest
boîte (f) à tiroir *ou* de distribution

золотниковая коробка (f)
scatola (f) di distribuzione
caja (f) de distribución 2

Schieberstange (f)
valve rod
tige (f) de tiroir

a

золотниковый штокъ (m); золотниковая скалка (f)
asta (f) del cassetto
vástago (m) del distribuidor 3

Kanalquerschnitt (m)
section of steam port
section (f) du conduit *ou* de la lumière

поперечное сѣченіе (n) канала
sezione (f) del canale
sección (f) de la lumbrera 4

Schieberweg (m), Schieberhub (m), Schieberbahn (f)
valve stroke *or* travel
course (f) du tiroir, chemin (m) parcouru par le tiroir

a

путь (m) золотника; ходъ (m) золотника
corsa (f) del cassetto
carrera (f) del distribuidor 5

Schieberstellung (f)
valve position
position (f) du tiroir

положеніе (n) золотника
posizione (f) del cassetto
posición (f) del distribuidor 6

Abschlußlage (f), Abschlußstellung (f)
closing position
position (f) de fermeture

положеніе (n) [золотника въ моментъ] отсѣчки
posizione (f) di chiusura
posición (f) de cierre 7

Abschlußgeschwindigkeit (f)
closing speed
vitesse (f) de fermeture *ou* d'obturation

скорость (f) отсѣчки
velocità (f) di chiusura
velocidad (f) de cierre 8

Abschluß (m) des Schiebers
closing of the valve
obturation (f) *ou* fermeture (f) [des lumières] par le tiroir

отсѣчка (f) золотника
chiusura (f) del cassetto
cierre (m) de la lumbrera de distribución 9

---

der Schieber schließt ab
the valve closes
le tiroir ferme *ou* couvre les lumières

золотникъ (m) отсѣкаетъ
il cassetto chiude
el distribuidor cierra 10

---

der Schieber öffnet
the valve opens
le tiroir ouvre *ou* découvre les lumières

золотникъ (m) открываетъ
il cassetto apre
el distribuidor abre 11

1 Dampfschieber (m)
steam slide valve
tiroir (m) à vapeur

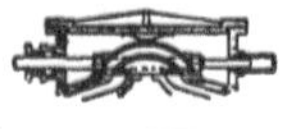

паровой золотникъ (m)
cassetto (m) a vapore
distribuidor (m) de vapor

---

2 hydraulischer Schieber (m)
hydraulic slide valve
tiroir (m) hydraulique *ou* de machine hydraulique

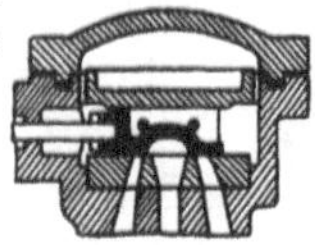

гидравлическій золотникъ (m)
cassetto (m) idraulico
distribuidor (m) hidráulico

---

3 Flachschieber (m)
flat slide valve
tiroir (m) plan *ou* plat

плоскій золотникъ (m)
cassetto (m) piatto
distribuidor (m) plano

---

4 Muschelschieber (m)
D slide valve, plain slide valve
tiroir (m) [à] coquille

коробчатый золотникъ (m); D-образный золотникъ; плоскій коробчатый золотникъ
cassetto (m) a conchiglia
distribuidor (m) en D *ó* en concha

---

5 Schiebermuschel (f)
recess in slide valve
[creux (m) en forme de] coquille (f) de tiroir

a

коробка (f) золотника
conchiglia (f) del cassetto
concha (f) del distribuidor

---

6 entlasteter Schieber (m)
relieved *or* balanced slide valve
tiroir (m) équilibré

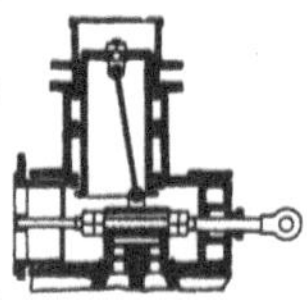

разгружённый *или* уравновѣшенный золотникъ (m)
cassetto (m) equilibrato
distribuidor (m) equilibrado

---

7 Drehschieber (m)
Corliss valve
tiroir (m) tournant *ou* circulaire *ou* rotatif

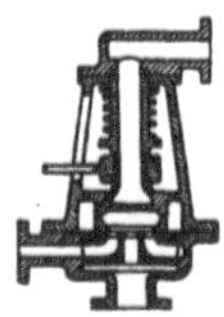

вращающійся *или* поворотный золотникъ (m)
cassetto (m) girevole *o* rotativo
distribuidor (m) giratorio

---

8 Kolbensteuerung (f), Kolbenschiebersteuerung (f)
piston valve gear
distribution (f) par piston *ou* tiroir cylindrique

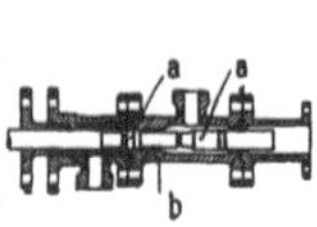

распредѣленіе (n) цилиндрическимъ *или* поршневымъ золотникомъ
distribuzione (f) a stantuffo
distribución (f) por distribuidor cilíndrico

---

9 Steuerkolben (m)
distributing piston
piston (m) de distribution

a

распредѣлительный поршень (m)
stantuffo (m) di distribuzione
émbolo (m) de distribución

Steuerzylinder (m)
distributing cylinder
cylindre (m) de distribution

b

распредѣлительный цилиндръ (m)
cilindro (m) di distribuzione 1
cilindro (m) de distribución

Doppelkolben (m)
double piston
piston (m) double

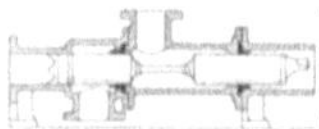

двойной поршень (m)
stantuffo (m) doppio 2
émbolo (m) doble

Kolbenschieber (m)
piston valve
tiroir (m) à piston *ou* cylindrique

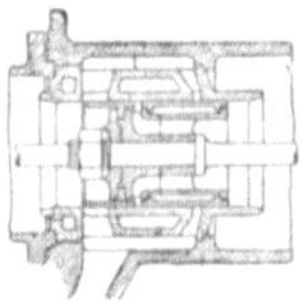

цилиндрическій *или* поршневой золотникъ (m)
cassetto (m) a stantuffo 3
distribuidor (m) cilíndrico *ó* de émbolo

Differentialkolbensteuerung (f)
differential piston distribution
distribution (f) à piston différentiel

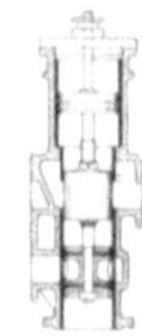

распредѣленіе (n) дифференціальнымъ поршнемъ
distribuzione (f) a stantuffo differenziale 4
distribución (f) de émbolo diferencial

Vorsteuerung (f)
pre-distribution
distribution (f) préliminaire *ou* préparatoire

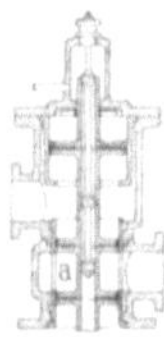

предварительное распредѣленіе (n); предраспредѣленіе (n)
distribuzione (f) preliminare 5
distribución (f) preliminar

Vorsteuerkolben (m)
pre-distribution piston
piston (m) de la distribution préliminaire *ou* préparatoire

a

поршень (m) предварительнаго распредѣленія; предраспредѣлительный поршень 6
stantuffo (m) a distribuzione preliminare
émbolo (m) de distribución preliminar

Vorsteuerapparat (m)
pre-distribution apparatus
dispositif (m) de distribution préliminaire *ou* préparatoire

приборъ (m) предварительнаго распредѣленія; предраспредѣлительное устройство (n) 7
apparecchio (m) a distribuzione preliminare
disposición (f) de distribución preliminar

Ventilsteuerung (f)
valve distribution
distribution (f) à soupapes

клапанное *или* вентильное распредѣленіе (n)
distribuzione (f) a valvola 8
distribución (f) por válvulas

1 Steuerventil (n)
distribution valve
soupape (f) de distribution

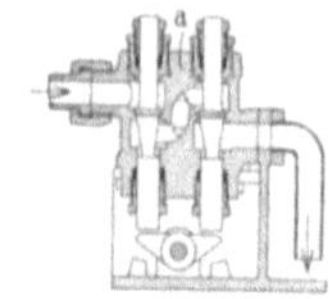

a

распредѣлительный клапанъ (m) *или* вентиль (m)
valvola (f) di distribuzione
válvula (f) de distribución

---

2 Ventilkammer (f), Ventilgehäuse (n)
valve chamber
chambre (f) de la soupape

клапанная коробка (f); коробка клапана *или* вентиля
camera (f) della valvola
cámara (f) de la válvula

---

3 Einströmventil (n)
admission valve
soupape (f) d'entrée

впускной клапанъ (m) *или* вентиль (m)
valvola (f) d'entrata
válvula (f) de admisión

---

4 Ablaufventil (n), Ausströmventil (n)
exhaust valve
soupape (f) d'évacuation

выпускной клапанъ (m) *или* вентиль (m)
valvola (f) d'uscita
válvula (f) de escape

---

5 Hahnsteuerung (f)
cock distribution
distribution (f) à tiroir rotatif *ou* à robinet

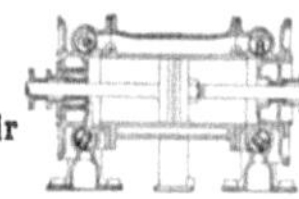

распредѣленіе (n) кранами; крановое распредѣленіе
distribuzione (f) a robinetto
distribución (f) por grifo *ó* de distribuidor giratorio

---

6 Steuerhahn (m)
distribution cock
robinet (m) distributeur

распредѣлительный кранъ (m)
robinetto (m) di distribuzione
grifo (m) de distribución

---

7 Stufensteuerung (f)
step distribution
distribution (f) à consommation variable, distribution (f) étagée

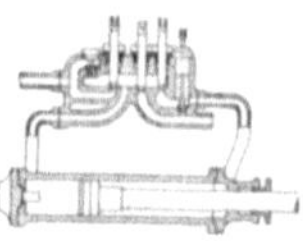

ступенчатое распредѣленіе (n); распредѣленіе по степенямъ
distribuzione (f) variable *o* per gradi
distribución (f) de consumo variable

8 **Elektrischer Antrieb**
Electric Driving
Commande électrique

Электрическій приводъ
Comando elettrico
Mando eléctrico

9 Dauerbetrieb (m)
continuous working
service (m) continu

продолжительное дѣйствіе (n)
funzionamento (m) continuo
funcionamiento (m) continuo

---

10 unterbrochener *oder* intermittierender Betrieb (m)
intermittent working
service (m) intermittent

дѣйствіе (n) съ перерывами
funzionamento (m) intermittente
funcionamiento (m) intermitente

elektrische Kraftübertragung (f)
electric transmission of power
transport (m) de force électrique

электрическая передача (f) силы
trasmissione (f) elettrica dell'energia 1
transmisión (f) de fuerza eléctrica

---

elektrische Ausrüstung (f)
electric equipment
equipement (m) électrique

электрическое оборудованіе (n); оборудованіе электричествомъ 2
equipaggiamento (m) elettrico
equipo (m) eléctrico

Kraftstation (f), Kraftwerk (n)
power station
station (f) centrale, usine (f) d'électricité

электрическая центральная станція (f)
centrale (f) per forza *o* di energia 3
estación (f) de fuerza motriz *ó* central

Dynamomaschine (f), Generator (m)
dynamo, generator
dynamo (f), génératrice (f)

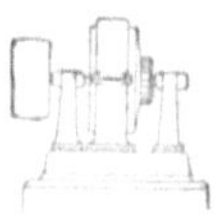

динамомашина (f); динамо (f); генераторъ (m)
dinamo (f), generatrice (f) 4
[máquina] dinamo (f), generador (m)

Akkumulator (m)
accumulator
accumulateur (m)

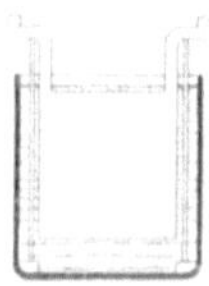

аккумуляторъ (m); вторичный элементъ (m)
accumulatore (m) 5
acumulador (m)

Akkumulatorenbatterie (f)
accumulator battery
batterie (f) d'accumulateurs

аккумуляторная батарея (f)
batteria (f) d'accumulatori 6
batería (f) de acumuladores

Pufferbatterie (f)
buffer battery
batterie (f) tampon

уравнительная *или* буферная батарея (f)
batteria (f) di ripulsione, batteria (f) tampone 7
batería (f) tampón *ó* de compensación

[elektrischer] Strom (m)
electric current
courant (m) electrique

[электрическій] токъ (m)
corrente (f) elettrica 8
corriente (f) eléctrica

Stromstärke (f)
strength of current
intensité (f) du courant, ampérage (m)

сила (f) тока
intensità (f) di corrente
intensidad (f) de corriente *ó* amperaje 9

1	Stromschwankung (f) fluctuation of current variation (f) du courant	колебанiе (n) силы тока fluttuazione (f) di corrente, oscillazioni (f pl) di corrente variación (f) *ó* fluctuación (f) [de la intensidad] de corriente
2	Stromkreis (m) circuit circuit (m) 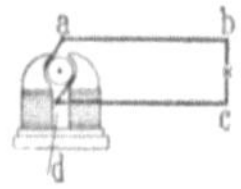 a—b—c—d	цѣпь (f) тока circuito (m) circuito (m)
3	Stromverbrauch (m) consumption of current consommation (f) de courant	расходъ (m) тока consumo (m) di corrente consumo (m) de corriente
4	Spannung (f) voltage tension (f), voltage (m)	напряженiе (n) tensione (f), voltaggio (m), potenziale (f) tensión (f), voltaje (m)
5	Spannungsverlust (m) voltage lost perte (f) de tension *ou* de voltage	потеря (f) напряженiя perdita (f) di tensione *o* di potenziale pérdida (f) de tensión *ó* de voltaje
6	Spannungsabfall (m) drop in voltage chute (f) de tension	паденiе (n) напряженiя caduta (f) di tensione caida (f) de tensión
7	Netzspannung (f) voltage of mains tension (f) du réseau	напряженiе (n) [въ] сѣти tensione (f) della rete voltaje (m) de la red
8	Klemmenspannung (f) terminal voltage tension (f) aux bornes	напряженiе (n) у зажимовъ tensione (f) ai morsetti tensión (f) entre los bornes
9	Zusatzspannung (f) additional *or* boosting voltage survoltage (m), tension (f) additionnelle	добавочное напряженiе (n) tensione (f) addizionale tensión (f) adicional
10	Gegenspannung (f) back electromotive force force (f) contre-électromotrice	противодѣйствующая электродвижущая сила (f); противоэлектродвижущая сила tensione (f) della forza contro-elettromotrice fuerza (f) contra-electromotriz
11	die Spannung umsetzen (v), transformieren (v) to transform the voltage transformer (v) la tension *ou* le voltage	преобразовать *или* трансформировать токъ trasformare (v) la tensione transformar (v) la tensión

Transformator (m)
transformer
transformateur (m)

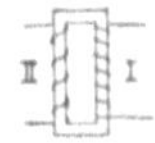

трансформаторъ (m)
trasformatore (m)
transformador (m) 1

Gleichstrom-Gleichstromumformer (m)
continuous-continuous current converter
moteur-générateur (m) à courant continu, transformateur (m) de courants continus

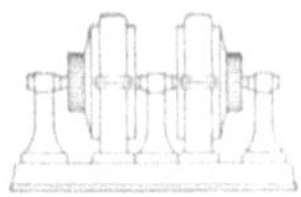

моторъ (m)-генераторъ (m) [преобразователь (m)] постояннаго тока въ постоянный
trasformatore (m) rotante *o* rotativo per corrente continua in continua 2
transformador (m) *ó* grupo (m) motor-generador de corriente continua en continua

---

Gleichstrom-Wechselstromumformer (m)
continuous-alternating current converter
transformateur (m) *ou* groupe (m) convertisseur rotatif de [courant] continu en alternatif

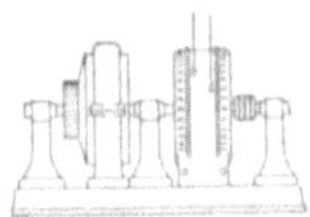

моторъ (m)-генераторъ (m) [преобразователь (m)] постоянно-перемѣннаго тока
trasformatore (m) rotante *o* rotativo per corrente continua in alternata 3
transformador (m) *ó* grupo (m) motor para la transformación de corriente continua en alterna

---

Gleichstrom-Drehstromumformer (m)
continuous-threephase converter
groupe (m) convertisseur rotatif de [courant] continu en triphasé

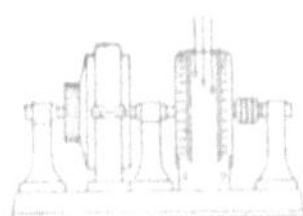

моторъ (m)-генераторъ (m) [преобразователь (m)] постоянно-трёхфазнаго тока
trasformatore (m) rotante *o* rotativo per corrente continua in trifasica 4
transformador (m) *ó* grupo (m) motor para la transformación de corriente continua en trifásica

---

[elektrischer] Widerstand (m)
electric resistance
résistance (f) [électrique]

[электрическое] сопротивленіе (n)
resistenza (f) elettrica 5
resistencia (f) eléctrica

Volt (n)
volt
volt (m)

вольтъ (m)
volt (m) 6
voltio (m)

Ampère (n)
ampere
Ampère (m)

амперъ (m)
ampère (m) 7
amperio (m)

Watt (n)
watt
Watt (m)

ваттъ (m); уаттъ (m)
watt (m) 8
vatio (m)

Ohm (n)
ohm
Ohm (m)

омъ (m)
ohm (m) 9
ohmio (m)

1	Strommesser (m), Amperemeter (n) ammeter, amperemeter ampèremètre (m)	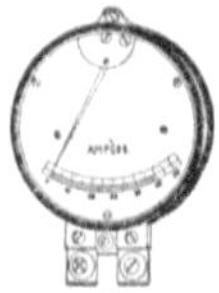	амперметръ (m) amper[o]metro (m) amperómetro (m)
2	Spannungsmesser (m), Voltmeter (n) voltmeter voltmètre (m)	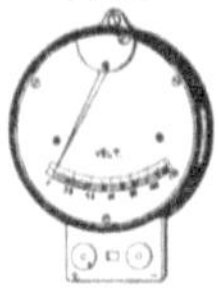	вольтметръ (m) volt[o]metro (m) voltímetro (m)
3	Leistungsmesser (m), Wattmeter (n) wattmeter wattmètre (m)	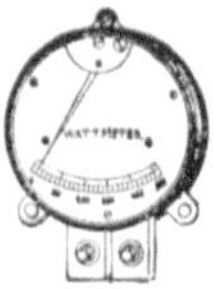	ваттметръ (m) watt[o]metro (m) vatímetro (m)
4	Wattstunde (f) watt-hour watt-heure (m)		ваттъ- (уаттъ-) -часъ (m) wattora (f) vatio-hora (m)
5	Hektowattstunde (f) hectowatt-hour hectowatt-heure (m)		гектоваттъ-часъ (m) ettowattora (f) hectovatio-hora (m)
6	Kilowattstunde (f) kilowatt-hour kilowatt-heure (m)		киловаттъ-часъ (m) chilowattora (f) kilovatio-hora (m)
7	Wattstundenverbrauch (m) watt-hour consumption consommation (f) en watt-heures		расходъ (m) въ ваттъ-часахъ consumo (m) in wattore consumo (m) en vatios-horas
8	Wattstundenzähler (m) watt-hour meter compteur (m) de watt-heures	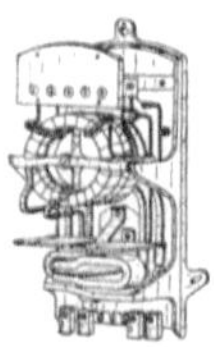	счётчикъ (m) ваттъ-часовъ contatore (m) di wattore contador (m) de vatios-horas
9	Gleichstrom (m) continuous *or* direct current courant (m) continu	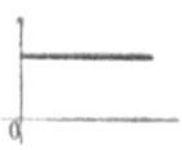	постоянный токъ (m) corrente (f) continua corriente (f) continua
10	Wechselstrom (m) alternating current courant (m) alternatif		перемѣнный токъ (m) corrente (f) alternata corriente (f) alterna

[Pol-]Wechsel (m)
alternation
alternance (f)

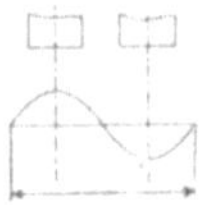

перемѣна (f) полюсовъ
alternazione (f)
alternación (f), alter- 1
nancia (f)

Einphasen[wechsel]-strom (m), einphasiger Wechselstrom (m)
single-phase alternating current
courant (m) [alternatif] monophasé

однофазный (перемѣнный) токъ (m)
corrente (f) alternata 2
monofasica
corriente (f) [alterna] monofásica

Zweiphasen[wechsel]-strom (m), zweiphasiger Wechselstrom (m)
two-phase alternating current
courant (m) (alternatif) diphasé

двухфазный (перемѣнный) токъ (m)
corrente (f) alternata 3
bifasica
corriente (f) [alterna] bifásica

Drehstrom (m), Dreiphasen[wechsel]strom (m), dreiphasiger Wechselstrom (m)
three-phase current
courant (m) [alternatif] triphasé

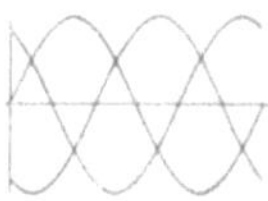

трёхфазный (перемѣнный) токъ (m)
corrente (f) trifasica *o* 4
trifase
corriente (f) trifásica

Gegenstrom (m)
counter *or* back-current
contre-courant (m)

встрѣчный токъ (m); противотокъ (m);
контръ-токъ (m) 5
contro-corrente
contra-corriente (f)

Wirbelströme (m pl)
eddy currents
courants (m pl) de Foucault

токи (m pl) Фуко; паразитные *или* вихревые токи
correnti (f pl) di Fou- 6
cault
corrientes (f pl) parásitas *ó* de Foucault

Windung (f)
winding
spire (f), enroulement (m)

витокъ (m)
spira (f) 7
espira (f)

Spule (f)
coil
bobine (f)

катушка (f)
bobina (f), rocchetto (m) 8
carrete (m), bobina (f)

Schutzspule (f)
safety coil
bobine (f) de protection, résistance (f) de protection

предохранительная катушка (f)
bobina (f) di protezione 9
carrete (m) de protección

Vorschaltspule (f)
series coil
bobine (f) en série, résistance (f) en série

добавочная катушка (f)
bobina (f) in serie
carrete (m) en serie *ó* 10
reductor

1 Drosselspule (f)
choking coil
bobine (f) de self-induction *ou* de réactance

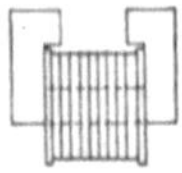

реакціонная *или* реактивная катушка (f); катушка съ самоиндукціей
bobina (f) d'autoinduzione
carrete (m) *ó* bobina (f) de reacción *ó* de autoinducción

---

2 den Strom drosseln (v)
to choke the current
introduire (v) une résistance inductive dans le circuit

уменьшить силу тока дѣйствіемъ противотока
abbassare (v) l'intensità della corrénte a mezzo dell' autoinduzione
disminuir (v) la intensidad de la corriente por un carrete de reacción

---

3 Magnet (m)
magnet
aimant (m)

магнитъ (m)
magnete (m)
imán (m), magneto (m)

---

4 Magnetpol (m)
magnet pole
pôle (m) d'aimant

N, S

магнитный полюсъ (m)
polo (m) del magnete
polo (m) del imán

---

5 Elektromagnet (m)
electro-magnet
électro-aimant (m)

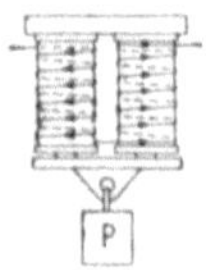

электромагнитъ (m)
elettromagnete (m)
electro-imán (m)

---

6 Leiter (m)
conductor
conducteur (m)

проводникъ (m); проводъ (m)
conduttore (m)
conductor (m)

---

7 Leitung (f)
line, lead
conducteur (m), câble (m), fil (m), canalisation (f)

линія (f); канализація (f); проводка (f)
linea (f), conduttura (f)
línea (f), canalización (f), conducción (f)

---

8 Leitungsmaterial (n)
line material
conducteurs (m pl) et accessoires (m pl), matériel (m) de ligne électrique

матеріалъ (m) для проводки
materiale (m) da conduttori *o* di condotta
material (m) para la línea eléctrica

---

9 Leitungsnetz (n)
network of mains
réseau (m) [de conducteurs]

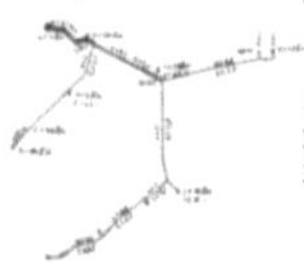

сѣть (f) проводовъ
rete (f) di conduttori
red (f) de conductores

Dreileiternetz (n) three-wire mains réseau (m) à trois fils		трёхпроводная сѣть (f) rete (m) di conduttori a tre fili red (f) de lineas trifilares ó de tres conductores ó triplar	*1*
Netzstrom (m) current in mains courant (m) du réseau		токъ (m) въ сѣти corrente (m) di linea corriente (f) de la red	*2*
Hauptleitung (f), Speiseleitung (f) feeder conducteur (m) principal, conducteur (m) d'alimentation, feeder (m)	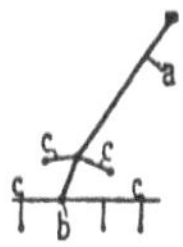 a	фидеръ (m); питательный *или* главный проводъ (m) condotta (f) principale conductor (m) principal ó de alimentación	*3*
Speisepunkt (m) feeding point point (m) d'alimentation *ou* de jonction des feeders	b	питающій пунктъ (m) *или* центръ (m) punto (m) d'alimentazione centro (m) de alimentación ó de ataque	*4*
Verteilungsleitung (f) distributing line conducteur (m) *ou* ligne (f) de distribution	c	распредѣлительные провода (m pl); магистрали (f pl) linea (f) di distribuzione linea (f) de distribución	*5*
Verteilungsstromkreis (m) distributing circuit circuit (m) de distribution		распредѣлительная цѣпь (f) тока circuito (m) di distribuzione circuito (m) de distribución	*6*
Zweigleitung (f) branch line dérivation (f), branchement (m)	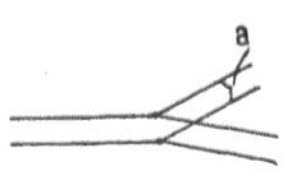 a	вѣтвь (f); отвѣтвлённая проводка (f); отвѣтвлённая линія (f); отвѣтвленіе (n) conduttura (f) in derivazione linea (f) de derivación	*7*
Anschlußleitung (f) connecting line branchement (m) [d'abonné]	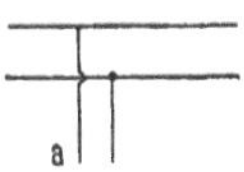 a	присоединённый проводъ (m) conduttura (f) di raccordo linea (f) de conexión ó acometida	*8*
Hinleitung (f) guidance conduction conducteur (m) d'amenée		прямой проводъ (m); проводъ уходящій menaconduttura (f) alambre (m) de conducción	*9*
Rückleitung (f) return (line) ligne (f) de retour		обратный проводъ (m); обратная линія (f) conduttore (m) di ritorno linea (f) de retorno	*10*

1 geerdete Leitung (f)
earthed line
conducteur (m) [mis] à la terre

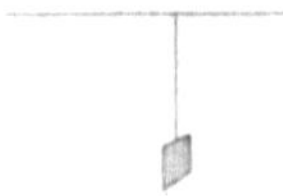

заземленный проводъ (m); заземленная линія (f)
conduttura (f) posta a terra
línea (f) puesta á tierra

---

2 erden (v)
to earth
mettre (m) *ou* relier (v) à la terre

заземлить; соединить съ землёй
porre (v) a terra
poner (v) á tierra

---

3 blanke Leitung (f)
naked *or* bare line
fil (m) nu

голый проводъ (m) *или* проводникъ (m)
conduttura (f) nuda
conductor (m) desnudo

---

4 isolierte Leitung (f)
insulated line
fil (m) *ou* conducteur (m) isolé

изолированный проводъ (m) *или* проводникъ (m)
conduttura (f) isolata
conductor (m) aislado

---

5 Isolation (f), Isolierung (f)
insulation
isolant (m), isolement (m)

изоляція (f)
isolazione (f)
aislamiento (m)

---

6 Isolator (m)
insulator
isolateur (m)

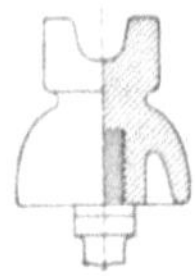

изоляторъ (m)
isolatore (m)
aislador (m)

---

7 Leitungsdraht (m)
line wire
conducteur (m), fil (m) de ligne

проводъ (m)
filo (m) di conduttura
alambre (m) conductor

---

8 Leitungsschiene (f)
line bar
barre (f) conductrice

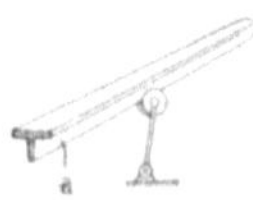

собирательная шина (f) *или* полоса (f)
sbarra (f) conduttrice
barra (f) conductora

---

9 [Strom-]Kabel (n)
cable
câble (m)

электрическій кабель (m)
cavo (m) [conduttore]
cable (m) [conductor]

---

10 verseiltes Kabel (n)
stranded cable
câble (m) à garniture tressée, conducteur (m) câblé

витой кабель (m)
cordone (m)
cable (m) de conductores cableados

---

11 Erdkabel (n)
ground cable
câble (m) souterrain

подземный кабель (m); кабель для подземной прокладки
cavo (m) sotterraneo
cable (m) subterráneo

Panzerkabel (n), Panzerader (f)
armoured cable
câble (m) armé

бронированный кабель (m)
cavo (m) armato 1
cable (m) armado

Bleikabel (n)
lead covered cable
câble (m) sous plomb *ou* armé de plomb

свинцовый кабель (m)
cavo (m) su piombo *od*
armato di piombo 2
cable (m) con envoltura de plomo

Gummiaderkabel (n)
rubber covered cable
fil (m) caoutchouté, fil (m) isolé au caoutchouc

кабель (m) съ вулканизованной резиной
filo (m) *o* cavo (m) iso-
lato su gomma 3
conductor (m) aislado con caucho

Bergmannrohr (n)
Bergmann tube
tube (m) (de) Bergmann

трубка (f) Бергмана
tubo (m) Bergmann 4
tubo (m) (de) Bergmann

---

biegsames Kabel (n), flexibles Kabel (n)
flexible cable
câble (m) flexible *ou* souple

гибкій кабель (m)
cavo (m) flessibile 5
cable (m) flexible

[Anschluß-] Klemme (f)
connecting terminal
borne (f) de raccordement *ou* de connexion

зажимъ (m); клемма (f)
morsetto (m) d'attacco 6
borne (m) de unión

Klemmschraube (f)
terminal screw
vis (f) de borne, vis (f) de connexion

зажимной винтъ (m)
vite (m) del morsetto 7
tornillo (m) de presión

Klemmbrett (n)
terminal board
tableau (m) à bornes

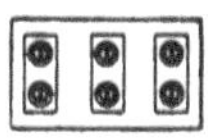

доска (f) съ зажимами *или* съ клеммами
tavoletta (f) porta- 8
morsetti
tablero (m) para bornes

Kabelschuh (m)
cable shoe
œillet (m) de câble, cosse (f) de câble, connexion (f) terminale de câble

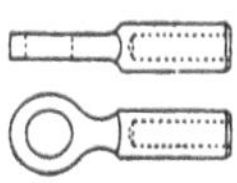

кабельный наконечникъ (m)
morsetto (m) per cavo 9
zapata (f) para cable, terminal (m) de cable

Anschlußkasten (m)
junction box
boîte (f) de connexion *ou* de jonction

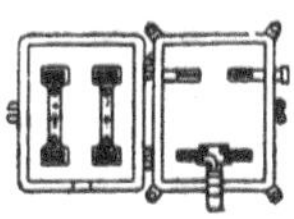

распредѣлительный ящикъ (m)
scatola (f) di giunto 10
caja (f) de empalme

Erdanschlußkasten (m)
earth junction box
boîte (f) de jonction souterraine

ящикъ (m) для подземныхъ соединеній
scatola (f) per giunto 11
sotterraneo
caja (f) de empalme subterránea

1 Steckkontakt (m)
plug contact
contact (m) à chevilles *ou* à broches, fiche (f) de prise de courant

штыковый *или* вилочный контактъ (m); штепсель (m)
contatto (m) ad innesto
interruptor (m) de clavija *ó* enchufe

---

2 oberirdische Stromzuführung (f), Stromzuführung (f) über Flur
overhead line
conducteur (m) aérien, canalisation (f) aérienne

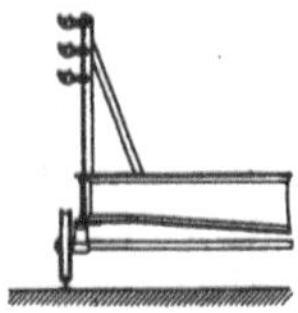

надземная *или* воздушная проводка (f)
conduttura (f) aerea
canalisación (f) aérea

---

3 unterirdische Stromzuführung (f)
underground line
conducteur (m) souterrain, canalisation (f) souterraine

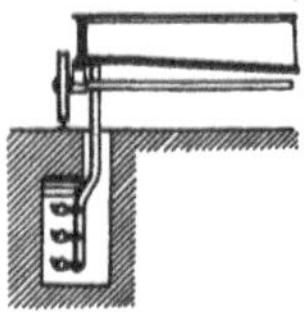

подземная проводка (f)
conduttura (f) sotterranea
canalisación (f) subterránea

---

4 Säulenstromzuführung (f)
line fixed on columns
conducteurs (m pl) sur poteaux, ligne (f) sur poteaux *ou* sur pylones

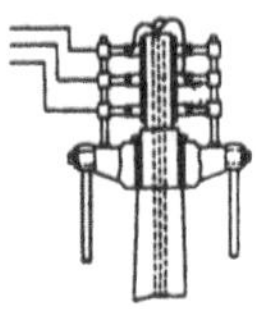

проводка (f) по столбамъ
conduttura (f) di corrente lungo colonne
canalisación (f) por conductores montados sobre postes

---

5 Stromentnahme (f), Stromabnahme (f)
taking off the current
prise (f) de courant

собиранiе (n) тока
presa (f) di corrente
toma (f) de corriente

---

6 Kontaktvorrichtung (f)
contact device
système (m) de contact

контактное приспособленiе (n); контактъ (m)
disposizione (f) di contatto
disposición (f) de contacto

---

7 Stromabnehmer (m)
current collector
contact (m) de prise de courant, balai (m)

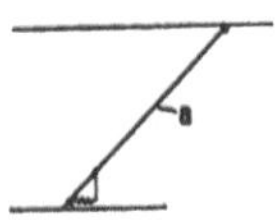

a

токособиратель (m) *или* токопрiемникъ (m)
ricevitore (m) di contatto, frottatore (m)
contacto (m) *ó* frotador (m) de toma de corriente

---

8 Schleifkontakt (m), Gleitkontakt (m)
sliding contact
contact (m) par frottement *ou* par glissement

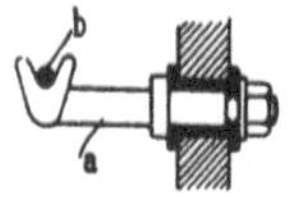

скользящiй контактъ (m)
contatto (m) a scorrimento
contacto (m) corredizo

Stromabnehmerschuh (m) shoe of current collector contact (m) à frottement *ou* curseur (m) de la prise de courant	a	токособирательный башмакъ (m); башмакъ токособирателя pattino (m) collettore di corrente frotador (m) *ó* zapata (f) de toma de corriente	*1*
Schleifleitung (f) loop line ligne (f) de contact, conducteur (m) d'amenée [parallèle au chemin de roulement]	b	проводъ (m) для скользящаго контакта condottura (f) di contatto conductor (m) de deslizamiento	*2*
Rollenkontakt (m) roller contact contact (m) *ou* prise (f) de courant à roulette, trolley (m), trôlet (m)	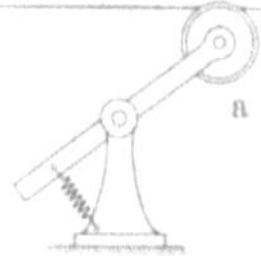	роликовый контактъ (m) contatto (m) a rotella contacto (m) por rodillo *ó* trole	*3*
Kontaktrolle (f) contact roller, trolley wheel roulette (f) *ou* galet (m) de contact	a	контактный роликъ (m) rotella (f) di contatto rodillo (m) de contacto	*4*
Drehkontakt (m) revolving contact contact (m) tournant	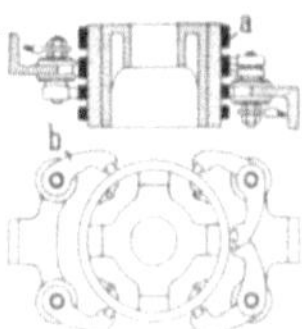	вращающійся контактъ (m) contatto (m) girevole contacto (m) giratorio	*5*
Schleifring (m) slip ring bague (f) de frottement	a	контактное кольцо (m) anello (m) collettore anillo (m) colector	*6*
Schleifbürste (f) brush balai (m), frotteur (m)	b	контактная щётка (f) spazzola (f) escobilla (f)	*7*
Leitungsstütze (f), Drahtstütze (f) line support support (m) de conducteur		опора (f) [для] провода sopporto (m) della conduttura soporte (m) de conductor	*8*
Aufhängestütze (f) suspension support support (m) de suspension [de la pince *ou* de l'oreille]	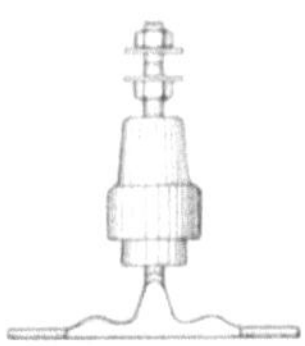	подвѣска (f); подвѣсная опора (f) sopporto (m) a sospensione soporte (m) de suspensión *ó* al aire	*9*

1	Spannschloß (n) stretching screw tendeur (m)		стяжка (f); стяжной болтъ (m) tenditore (m) [aparato (m)] tensor (m)
2	Endspanner (m) end stretcher tendeur (m) d'extrémité	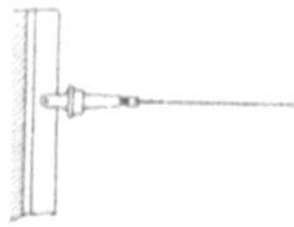	концевая натяжка (f) tenditore(m) d'estremità tensor(m) de extremidad
3	Sicherung (f) fuse coupe-circuit (m), fusible (m)		предохранитель (m) sicurezza (f) corta-circuito (m)
4	die Leitung sichern (v) to provide the line with a fuse installer (v) des coupe-circuits *ou* des fusibles dans la canalisation		защитить проводъ предохранителемъ proteggere (v) la conduttura proteger (v) la linea con fusible
5	die Leitung übersichern (v) to put in too large a fuse installer (v) des fusibles trop faibles		защитить проводъ предохранителемъ, разсчитаннымъ на силу тока, меньшую нормальной proteggere (v) una conduttura con una sicurezza debole proteger (v) la linea con un fusible demasiado débil
6	Schmelzsicherung (f), Abschmelzsicherung (f) fuse, fusible cut-out fusible (m), coupe-circuit (m) à fusible	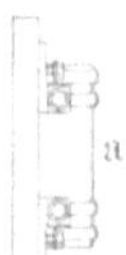	плавкій предохранитель (m) valvola (f) fusibile corta-circuito (m), fusible (m)
7	Schmelzeinsatz (m) fuse fusible (m), plomb (m) fusible	a	плавкая вставка (f) tappo (m) fusibile fusible (m)
8	[Ab-]Schmelzstreifen (m) fusing strip fil (m) *ou* lame (f) fusible		плавкая пластинка (f); плавящаяся полоска (f) striscia (f) *o* lamella (f) fusibile tira (f) fusible
9	Schmelzstöpsel (m), Sicherungsstöpsel (m) plug fuse bouchon (m) fusible	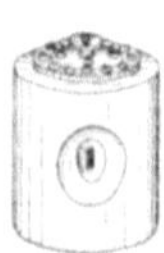	плавкій штепсель (m); предохранительный штепсель tappo (m) fusibile tapón (m) fusible
10	Patronensicherung (f) cartridge fuse coupe-circuit (m) à cartouche		патронный предохранитель (m) valvola (f) fusibile a cartuccia corta-circuito (m) de cartucho

[Elektro-]Motor (m)
electro-motor, electric motor
électro-moteur (m), moteur (m) électrique

[электро]двигатель (m); [электро]моторъ (m)
motore (m) elettrico 1
motor (m) [eléctrico]

Motorstromkreis (m)
motor circuit
circuit (m) du moteur

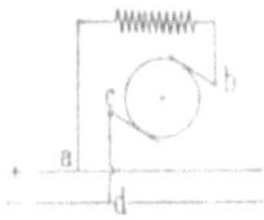

a — b — c — d

цѣпь (f) тока двигателя *или* мотора
circuito (m) del motore 2
circuito (m) del motor

Anlaufstrom (m)
starting current
courant (m) de démarrage

пусковой токъ (m); токъ при троганіи съ мѣста; токъ при пускѣ въ ходъ 3
corrente (m) d'avviamento
corriente (f) de arranque

Leerlaufstrom (m)
no-load current
courant (m) [de marche] à vide

токъ (m) при холостомъ ходѣ
corrente (m) per marcia a vuoto 4
corriente (f) de vacío

Anzugkraft (f) des Motors
starting power of the motor
effort (m) *ou* puissance (f) du moteur au démarrage

усиліе (n) двигателя при пускѣ въ ходъ; начальный моментъ (m) двигателя
sforzo (m) d'avviamento del motore 5
esfuerzo (m) de arranque del motor

Motordrehmoment (n)
motor torque
moment (m) de rotation, couple (m) du moteur

вращающій моментъ (m) двигателя; моментъ вращенія двигателя
momento (m) di rotazione del motore 6
momento (m) de rotación del motor

Dauerleistung (f)
permanent load
travail (f) continu *ou* permanent du moteur, charge (f) continue

мощность (f) продолжительной работы
potenza (f) permanente 7
trabajo (m) continuo

---

intermittierende Leistung (f)
intermittent working
charge (f) intermittente, travail (m) non constant

мощность (f) при прерывистой [повторно-кратковременной] работѣ
lavoro (m) intermittente 8
carga (f) *ó* trabajo (m) intermitente

Stundenleistung (f)
hourly output
travail (m) pendant une heure (dans les limites d'échauffement permises)

часовая мощность (f) [въ предѣлахъ допускаемаго нагрѣванія]
ora (f) di lavoro normale 9
trabajo (m) durante una hora [de prueba del calentamiento]

1 Kranleistung (f)
crane output
travail (m) d'épreuve de la grue

производительность (f) крана
lavoro (m) della gru
funcionamiento (m) de prueba de la grúa

---

2 Belastungsdauer (f)
period of loading
durée (f) de la charge *ou* du travail

продолжительность (f) нагрузки
durata (f) della carica
duración (f) de la carga

---

3 Motorlager (n)
motor bearing
palier (m) du moteur

подшипникъ (m) двигателя *или* мотора
sopporto (m) del motore
soporte (m) del motor

---

4 Lagerschild (n), Seitenschild (n)
bearing bracket *or* shield
flasque (m), flasque (m) porte-palier, plateau (m) palier

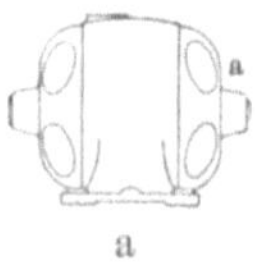

подшипниковый щитъ (m)
scudo (m) laterale, disco (m)
tapa (f) *ó* platillo (m) lateral con cojinete

---

5 Anker (m), Motoranker (m)
armature, motor armature
induit (m), armature (f), rotor (m)

якорь (m); якорь двигателя *или* мотора
ancora (f), indotto (m)
inducido (m), rotor (m)
armadura (f)

---

6 Schleifringanker (m), Spulenanker (m)
slip-ring rotor *or* armature
induit (m) à bagues collectrices *ou* à bagues (f pl) de prise de courant

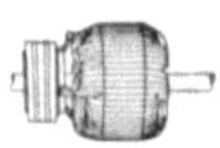

якорь (m) съ контактными кольцами
ancora (f) ad anelli collettori
inducido (m) de anillos colectores

---

7 Kurzschlußanker (m)
short-circuit rotor *or* armature
induit (m) court-circuité

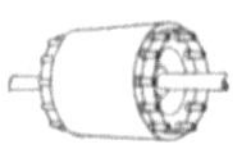

короткозамкнутый якорь (m)
ancora (f) a corto circuito
inducido (m) de corto circuito

---

8 Kollektor (m), Kommutator (m)
commutator
collecteur (m), commutateur (m)

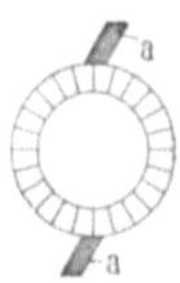

коллекторъ (m)
collettore (m)
colector (m)

---

9 [Anker-]Bürste (f)
[armature-] brush
balai (m), balai (m) d'induit

a

коллекторная щётка (f); щётка якоря
spazzola (f) [dell'ancora]
escobilla (f) [de inducido]

Bürstenhalter (m)
brush-holder
porte-balai (m)

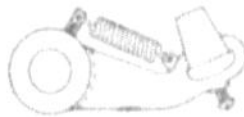

щёткодержатель (m)
porta-spazzole (m) 1
porta-escobilla (m)

Hauptstromerregung (f)
series excitation
excitation (f) en série

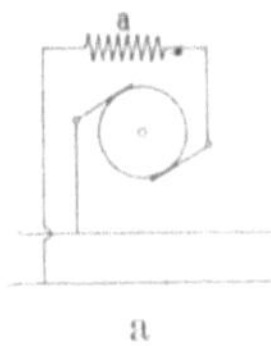

послѣдовательное воз-
буждение (n)
eccitazione (f) in serie 2
excitación (f) en serie

Nebenschlußerregung(f)
shunt-excitation
excitation (f) en déri-
vation, shunt (m)

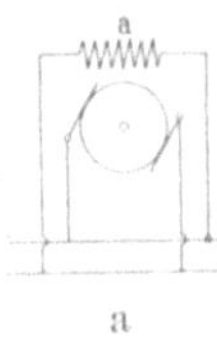

параллельное *или* от-
вѣтвлённое *или* шун-
товое возбужденіе (n)
eccitazione (f) in deri- 3
vazione
excitación (f) en deri-
vación

Selbsterregung (f)
self-excitation
auto-excitation (f)

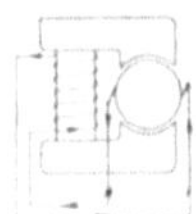

самовозбужденіе (n)
autoeccitazione (f) 4
autoexcitación (f)

Fremderregung (f)
separate excitation
excitation (f) extérieure,
excitation (f) séparée
ou indépendante

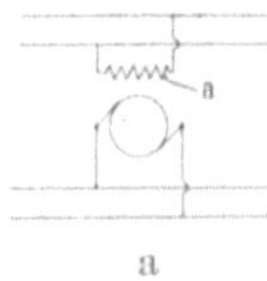

постороннее *или* внѣш-
нее возбужденіе (n)
eccitazione (f) indipen-
dente 5
excitación (f) indepen-
diente *ó* separada

Erregermaschine (f),
Erregerdynamo (f)
exciter, exciting
dynamo
excitatrice (f)

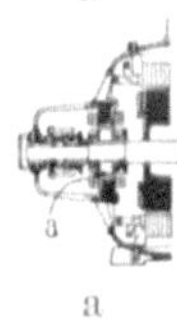

[динамо]-возбудитель
(m)
eccitatrice (f) 6
dinamo (f) excitadora,
excitatriz (f)

Erregerstrom (m)
exciting current
courant (m) d'excitation

возбуждающій токъ
(m); намагничиваю-
щій токъ 7
corrente(f) d'eccitazione
corriente (f) de excita-
ción

---

offener Motor (m)
open motor
moteur (m) ouvert

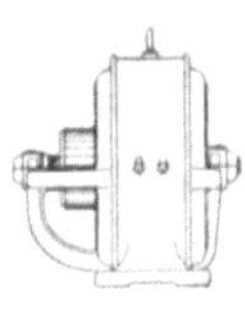

открытый двигатель
(m) *или* моторъ (m) 8
motore (m) aperto
motor (m) abierto

1 geschlossener Motor (m), gekapselter Motor (m)
enclosed motor
moteur (m) fermé, moteur (m) cuirassé

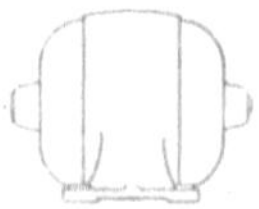

закрытый *или* капсельный двигатель (m); закрытый моторъ (m)
motore (m) chiuso *o* blindato
motor (m) acorazado

---

2 ventiliert gekapselter Motor (m)
enclosed ventilated motor
moteur (m) ventilé *ou* à ventilateur [enfermé dans une enveloppe], moteur (m) cuirassé à ventilateur

закрытый двигатель (m) *или* моторъ (m) съ вентиляціей
motore (m) chiuso e ventilato
motor (m) acorazado ventilado

---

3 Flanschmotor (m)
motor with flange
moteur (m) à bride [pour boulonnage direct]

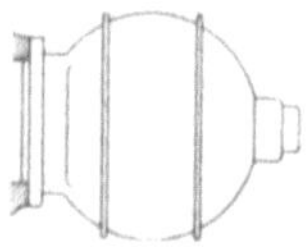

двигатель (m) *или* моторъ (m) съ фланцемъ [для непосредственнаго соединенія]
motore (m) per attacco diretto
motor (m) de brida

---

4 Gleichstrommotor (m)
continuous current motor
moteur (m) à courant continu

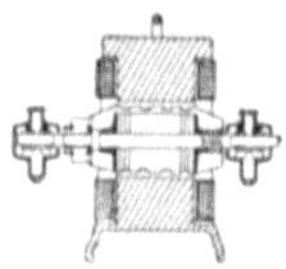

двигатель (m) *или* моторъ (m) постояннаго тока
motore (m) a corrente continua
motor (m) de corriente continua

---

5 Hauptstrommotor (m), Hauptschlußmotor (m), Reihenmotor (m), Serienmotor (m)
series motor
moteur (m) en série

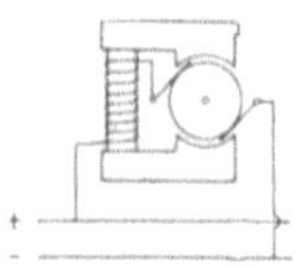

двигатель (m) съ послѣдовательнымъ возбужденіемъ; серіэсъ-двигатель
motore (m) in serie
motor (m) en serie

---

6 Nebenschlußmotor (m)
shunt-motor
moteur (m) en dérivation *ou* shunt

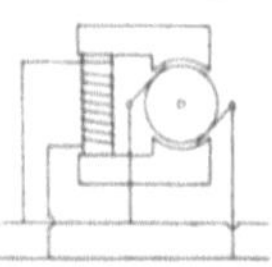

шунтовой двигатель (m)
motore (m) in derivazione
motor (m) en derivación

---

7 Verbundmotor (m), Compoundmotor (m)
compound motor
moteur (m) compound

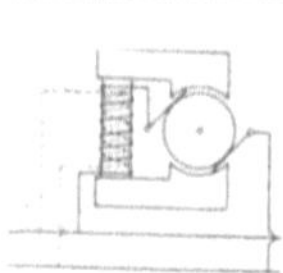

двигатель (m) со смѣшанной обмоткой возбужденія; двигатель со смѣшаннымъ возбужденіемъ: компаундъ-моторъ (m)
motore (m) compound *o* composito
motor (m) compound

---

8 Wechselstrommotor (m)
alternating current motor
moteur (m) à courant alternatif

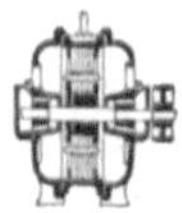

двигатель (m) *или* моторъ (m) перемѣннаго тока
motore (m) a corrente alternata
motor (m) de corriente alterna

einphasiger Wechselstrommotor (m), Einphasenmotor (m)
single phase motor
moteur (m) monophasé

двигатель (m) *или* моторъ (m) однофазнаго тока 1
motore (m) monofasico
motor (m) monofásico

Drehstrommotor (m), dreiphasiger Motor (m)
three-phase motor
moteur (m) triphasé

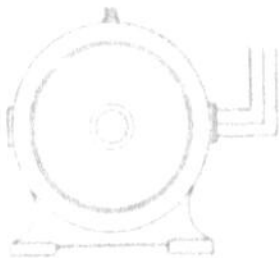

двигатель (m) *или* моторъ (m) трёхфазнаго тока 2
motore (m) trifasico
motor (m) trifásico

Wechselstromkollektormotor (m), Kommutatormotor (m)
alternating current commutator motor
moteur (m) monophasé à collecteur

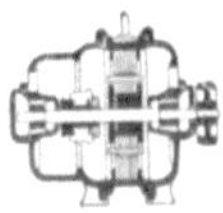

двигатель (m) *или* моторъ (m) перемѣннаго тока съ коллекторомъ; коллекторный двигатель перемѣннаго тока 3
motore (m) per corrente alternata a collettore
motor (m) de colector monofásico

Umsteuermotor (m)
reversing motor
moteur (m) à renversement de marche

реверсивный моторъ (m)
motore (m) riversibile 4
motor (m) para inversión de marcha

Antriebmotor (m)
driving motor
moteur (m) de commande *ou* d'attaque

приводный двигатель (m) *или* моторъ (m)
motore (m) di comando 5
motor (m) de impulsión *ó* de mando

Hilfsmotor (m)
auxiliary motor
moteur (m) auxiliaire, moteur (m) de réserve

вспомогательный двигатель (m) *или* моторъ (m) 6
motore (m) ausiliare
motor (m) auxiliar

Schalttafel (f), Schaltbrett (n)
switchboard
tableau (m) de distribution

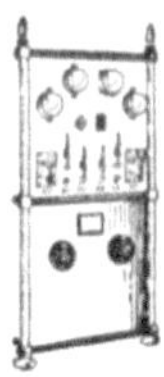

распредѣлительная *или* коммутаціонная доска (f)
quadro (m) di distribuzione 7
cuadro (m) de distribución

Schaltschrank (m)
switch cupboard
cabine (f) de distribution

распредѣлительный *или* коммутаціонный шкафъ (m)
cabina (f) di distribuzione 8
armario (m) de distribución

Schaltkurbel (f)
switch lever
manette (f) *ou* manivelle (f) de mise en circuit *ou* d'interrupteur *ou* de commutateur *ou* de connecteur

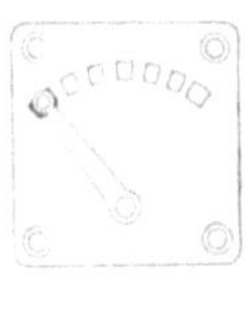

коммутаціонная рукоятка (f); распредѣлительная рукоятка
manovella (f) di manovra 9
manivela (f) de conmutación *ó* de interupción

1 Schaltstellung (f)
switch position
position (f) de mise en circuit *ou* de connexion *ou* de commutation

положеніе (n) при включеніи
posizione (f) di manovra
posición (f) de conmutación *ó* de intercalación en el circuito

---

2 einschalten (v)
to switch in
connecter (v), mettre (v) en circuit, fermer (v) le courant

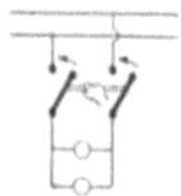

включ-ить (-ать)
inserire (v), escludere (v)
conectar (v), intercalar (v) en el circuito

---

3 ausschalten (v)
to break the circuit
mettre (v) hors circuit, déconnecter (v)

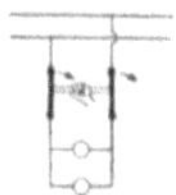

выключ-ить (-ать)
disinserire (v)
desconectar (v), interrumpir (v), poner (v) fuera de circuito

---

4 abschalten (v)
to switch off
déconnecter (v)

отключ-ить (-ать)
staccare (v) *o* togliere (v) da un circuito
desconectar (v)

---

5 umschalten (v)
to reverse, to throw over
commuter (v), renverser (v) le courant, changer (v) le sens du courant

переключ-ить (-ать)
commutare (v), invertire (v) la corrente
conmutar (v)

---

6 einpoliger [Aus-] Schalter (m)
single pole switch
interrupteur (m) unipolaire *ou* monopolaire

однополюсный выключатель (m)
interruttore (m) unipolare *o* monopolare
interruptor (m) unipolar, cuchillo (m)

---

7 zweipoliger [Aus-] Schalter (m)
two-pole switch
interrupteur (m) bipolaire

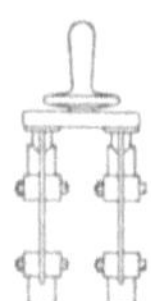

двухполюсный выключатель (m)
interruttore (m) bipolare
interruptor (m) bipolar

---

8 mehrpoliger [Aus-] Schalter (m)
multipole switch
interrupteur (m) multipolaire

многополюсный выключатель (m)
interruttore (m) multipolare
interruptor (m) multipolar

---

9 Haupt[aus]schalter (m)
main switch
interrupteur (m) principal

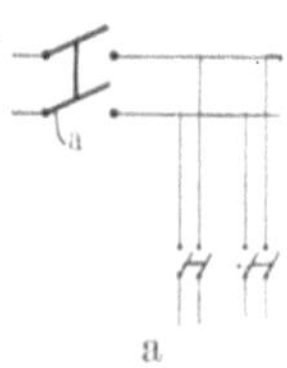

главный выключатель (m)
interruttore (m) principale
interruptor (m) principal

Druckknopfschalter (m)
press button switch
interrupteur (m) à bouton

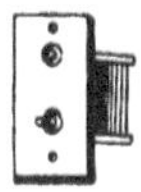

выключатель (m) съ кнопкой; кнопочный выключатель
interruttore (m) a bottone
interruptor (m) de botón 1

Hebel[aus]schalter (m)
lever switch
interrupteur (m) à levier

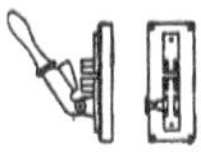

рычажный выключатель (m)
interruttore (m) a leva 2
interruptor (m) de palanca

[Hack-]Messerschalter (m)
knife switch
interrupteur (m) à couteau

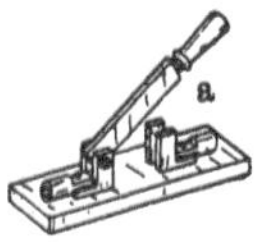

рубильникъ (m); рубящій выключатель (m)
interruttore (m) a coltello 3
interruptor (m) de cuchillo

Schaltmesser (n)
switch knife *or* blade
couteau (m) d'interrupteur

a

ножъ (m) рубильника
coltello (m) *o* lama (f) dell'interruttore 4
cuchillo (m) del interruptor

Kohlen[aus]schalter (m)
carbon switch
interrupteur (m) à charbon

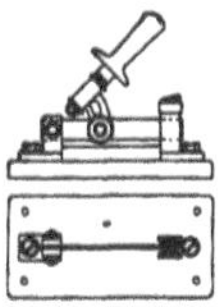

угольный выключатель (m)
interruttore (m) a carbone 5
interruptor (m) de carbón

Schnappschalter (m), Augenblickschalter (m)
quick-break switch
interrupteur (m) à rupture *ou* fermeture brusque

мгновенный выключатель (m)
interruttore (m) a scatto 6
interruptor (m) rapido

Stufenschalter (m)
stepped switch
interrupteur (m) à gradins *ou* à contacts gradúés

ступенчатый выключатель (m)
interruttore (m) a gradini 7
interruptor (m) por grados

Fußtrittschalter (m)
pedal switch
interrupteur (m) à pédale

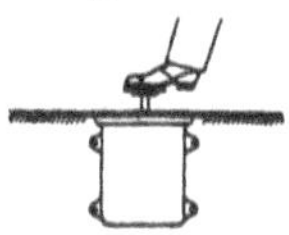

ножной выключатель (m); выключатель съ педалью 8
interruttore (m) a pedale
interruptor (m) de pedal

Selbstausschalter (m)
automatic circuit breaker
interrupteur (m) automatique, disjoncteur (m)

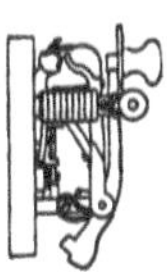

автоматическій выключатель (m)
interruttore (m) automatico 9
interruptor (m) automático

1	Nullspannungs[aus]-schalter (m) no-voltage cut-out disjoncteur (m) à minimum, interrupteur (m) automatique de circuit ouvert *ou* de tension nulle	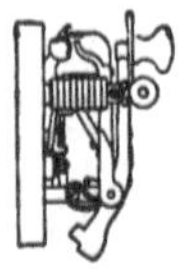	выключатель (m) при нулевомъ напряженіи *или* при паденіи вольтажа до нуля interruttore (m) automatico per tensione zero interruptor (m) de puesta á cero, disyunctor (m)
2	Höchststromausschalter (m), Maximalausschalter (m) maximum cut-out interrupteur (m) à maximum		максимальный выключатель (m) interruttore (m) a massimo interruptor (m) de máxima
3	Notschalter (m) emergency switch interrupteur (m) de secours		выключатель (m) на случай опасности interruttore (m) di soccorso interruptor (m) de socorro
4	Sicherheitsausschalter (m) safety cut-out interrupteur (m) de sûreté		предохранительный выключатель (m) interruttore (m) di sicurezza interruptor (m) de seguridad
5	Umschalter (m) throw-over switch commutateur (m), inverseur (m)		переключатель (m) invertitore (m) conmutador (m)
6	Umgehungsschalter (m) shunt switch interrupteur (m) circulaire		шунтовый выключатель (m) interruttore (m) di cortocircuito interruptor (m) circular
7	Stromwender (m), Wendeschalter (m) changing switch inverseur (m) de courant, commutateur-inverseur (m)	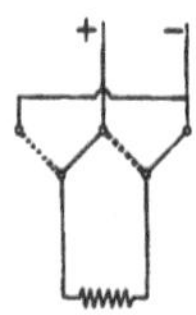 	коммутаторъ (m) commutatore (m) conmutador (m), inversor (m)
8	den Strom umkehren (v) to reverse the current inverser (v) le courant		измѣнить направленіе тока commutare (v) *o* invertire (v) la corrente invertir (v) la corriente
9	den Strom[kreis] schließen (v) to close the circuit fermer (v) le courant	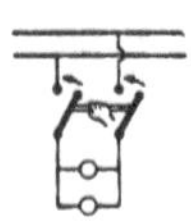	замкнуть (замыкать) цѣпь chiudere (v) il circuito cerrar (v) el circuito

Stromschluß (m)
closing of the circuit
fermeture (f) du courant
замыканіе (n) тока
chiusura (f) del circuito 1
cierre (m) de circuito

---

den Strom[kreis] unterbrechen (v) *oder* öffnen (v)
to break the circuit
interrompre (v) le courant

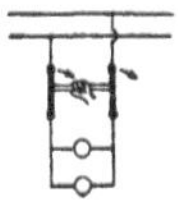

прервать *или* разомкнуть токъ
interrompere (v) il circuito 2
interrumpir (v) el circuito (v)

Stromunterbrechung (f)
breaking of the circuit
interruption (f) du courant
перерывъ (m) тока
interruzione (f) del circuito 3
interrupción (f) del circuito

Stromunterbrecher (m)
cut-out
interrupteur (m), disjoncteur (m)
прерыватель (m) тока; токопрерыватель (m)
interruttore (m) [del circuito] 4
interruptor (m), disyunctor (m)

Funkenbildung (f)
spark formation
production (f) d'étincelles
искрообразованіе (n)
formazione (f) di scintille 5
formación (f) de chispas

Ausschaltfunke (m), Unterbrechungsfunke (m), Öffnungsfunke (m)
breaking spark
étincelle (f) d'ouverture *ou* de rupture
искра (f) при размыканіи
scintilla (f) di apertura 6
chispa (f) de interrupción

Schließungsfunke (m)
closing spark
étincelle (f) de fermeture
искра (f) при замыканіи
scintilla (f) di chiusura 7
chispa (f) de cierre

[elektro]magnetischer Funkenlöscher (m) *oder* Funkenbläser (m), Blasmagnet (m)
electromagnetic blowout
extincteur (m) *ou* souffleur (m) électro-magnétique d'étincelles

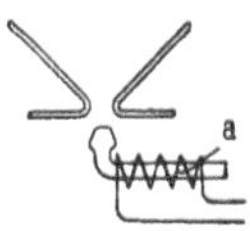

электромагнитный искротушитель (m)
estintore (m) di scintille elettromagnetico 8
apaga-chispas (m) electromagnético

Funkenlöschspule (f), Blasspule (f), Bläserspule (f)
blow-out coil
bobine (f) de soufflage

a

катушка (f) искротушителя
bobina (f) dell'estintore di scintille 9
carrete (m) de extinción de chispas

---

den Funken ausblasen (v)
to blow out the spark
souffler (v) l'étincelle
тушить искру
spegnere (v) la scintilla soffiando 10
apagar (v) la chispa

---

der Funke reißt ab
the spark is ruptured *or* broken
l'étincelle se rompt *ou* se désagrège
искра (f) срывается
la scintilla si spezza *o* si rompe 11
la chispa se rompe

1 funken (v), feuern (v)
to spark
produire (v) des étincelles

искрить; давать искры
scintillare (v)
chispar (v), producir (v) chispas

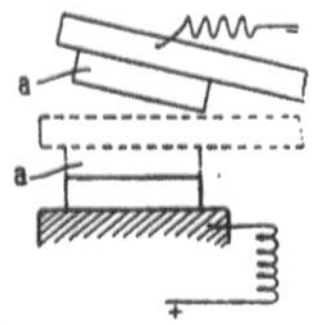

2 Kontakt (m)
contact
contact (m)

контактъ (m)
contatto (m)
contacto (m)

---

3 Kontaktstück (n)
contact piece
pièce (f) de contact

a

контактная часть (f)
pezzo (m) di contatto
pieza (f) de contacto

---

4 Kontaktfläche (f)
contact surface
surface (f) de contact

контактная поверхность (f); поверхность соприкосновенія
superficie (f) di contatto
superficie (f) de contacto

---

5 Kontaktbahn (f)
contact path
chemin (m) de contact

контактная поверхность (f)
via (f) di contatto
camino (m) ó superficie (m) de contacto

---

6 Kontakthebel (m)
contact lever
levier (m) de contact

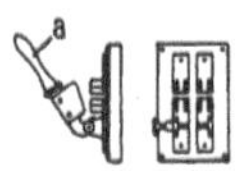

контактный рычагъ (m)
leva (f) di contatto
palanca (f) de contacto

---

7 Strombrücke (f)
bridging contact
contact (m) à lame d'interrupteur

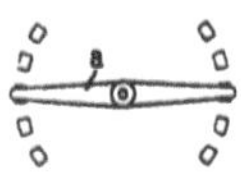

a

контактный мостикъ (m); мостикъ для тока
ponte (m) di corrente
puente (m) de corriente

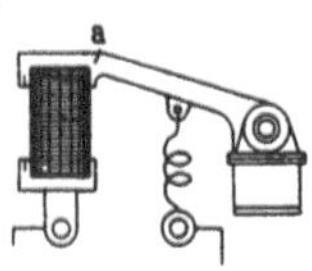

8 Hammerkontakt (m)
hammer contact
contact (m) à marteau

молотковый контактъ (m)
contatto (m) a martello
contacto (m) de martillo

---

9 Kontakthammer (m)
contact hammer
marteau (m) de contact

a

контактный молоточекъ (m)
martello (m) di contatto
martillo (m) de contacto

---

10 Ringabschnitt (m), Kontaktsegment (n)
ring segment, contact segment
segment (m) de contact

a

кольцевой сегментъ (m); контактный сегментъ
segmento (m) annulare di contatto
segmento (m) de contacto

Strom[schluß]finger (m), Schleiffinger (m), Kontaktfinger (m)
contact finger
lame (f) de contact

b

контактный палецъ (m)
lama (f) di contatto
dedo (m) de contacto 1

Anlaßvorrichtung (f), Anlaßapparat (m)
starting device
appareil (m) *ou* dispositif (m) de démarrage, rhéostat (m) de démarrage, démarreur (m)

приспособленіе (m) для пуска въ ходъ; приборъ (m) для пуска въ ходъ
avviatore (m), apparecchio (m) d'avviamento
aparato (m) de arranque 2

---

anlassen (v)
to start
démarrer (v)

пустить (пускать) въ ходъ
avviare (v)
arrancar (v) 3

---

leer anlassen (v)
to start without load
démarrer (v) à vide *ou* sans charge

пустить (пускать) въ ходъ въ холостую; пустить (пускать) въ ходъ безъ нагрузки
avviare (v) a vuoto
arrancar (v) en vacio 4

---

bei voller Belastung anlassen (v)
to start at full load
démarrer (v) en [*ou* à] pleine charge

пустить (пускать) въ ходъ при полной нагрузкѣ
avviare (v) a pieno carico
arrancar (v) á plena carga 5

Anlaßstromstärke (f)
starting current power
intensité (f) du courant de démarrage

сила (f) тока при пускѣ въ ходъ; [пусковой токъ (m)]
intensità (f) di corrente d'avviamento
intensidad (f) de la corriente de arranque 6

Anlasser (m)
starter
résistance (m) *ou* rhéostat (m) de démarrage, démarreur (m)

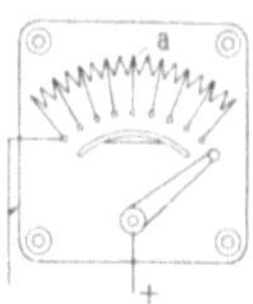

пусковой реостатъ (m)
avviatore (m)
aparato (m) ó reóstato (m) de arranque 7

Anlaßstufe (f), Schaltstufe (f)
starting step
contacts (m pl) de la résistance de démarrage

a

ступень (m) пуска въ ходъ; ступень включенія
gradino (m) d'avviamento
grado (m) de arranque 8

Selbstanlasser (m)
automatic starter
résistance (f) automatique de démarrage

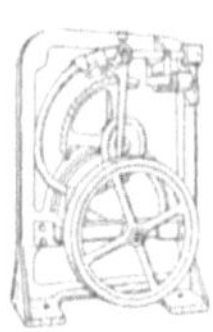

самодѣйствующій *или* автоматическій пусковой реостатъ (m)
avviatore (m) automatico
aparato (m) ó reóstato (m) de arranque automático 9

1 Wendeanlasser (m), Umkehranlasser (m)
reversing starter
résistance (f) de renversement de marche *ou* d'inversion, rhéostat (m) de changement de marche

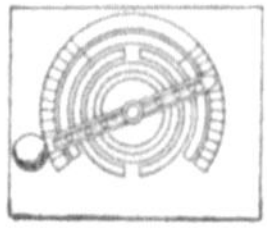

пусковой реостатъ (m) двойного направленія; пусковой реостатъ съ перемѣной направленія вращенія мотора; обратимый *или* реверсивный реостатъ
avviatore-commutatore (m)
aparato (m) *ó* reóstato (m) de arranque inversor

---

2 Steuerwalze (f), Steuerschalter (m), Kontroller (m)
controller
contrôleur (m)

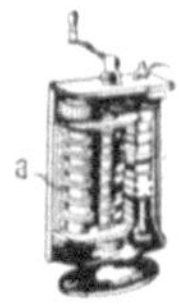

контроллеръ (m); вагонный коммутаторъ (m)
controller (m)
controler (m), combinador (m)

---

3 Schaltwalze(f), Kontaktwalze (f)
contact drum
tambour (m) du contrôleur

a

переключающій цилиндръ (m); барабанъ (m) для переключеній; контактный барабанъ
tamburo (m) del controller
tambor (m) del controler *ó* combinador

---

4 Nullstellung (f), Ausschaltstellung (f), Haltstellung (f)
zero position
position (f) d'arrêt *ou* d'interruption

положеніе (n) остановки; положеніе нуля
posizione (f) d'arresto
posición (f) de cero *ó* de interrupción

---

5 Hubstellung (f)
lifting position
position (f) de levage

положеніе (n) подъёма
posizione (f) di sollevamento
posición (f) de levantamiento

---

6 Senkstellung (f)
lowering position
position (f) de descente

положеніе (n) при опусканіи
posizione (f) di sospensione
posición (f) de bajada

---

7 Bremsstellung (f)
braking position
position (f) de freinage

положеніе (n) торможенія
posizione (f) di freno
posición (f) de frenar

---

8 Senkbremsstellung (f)
lowering brake position
position (f) du frein de descente

положеніе (n) [рукоятки] тормаза при опусканіи
posizione (f) frenante di sospensione
posición (f) del freno de bajada

---

9 Bremsstufe (f)
brake contact
contact (m) de freinage

ступень (f) торможенія
gradino (m) del freno
grado (m) del frenado

Freifallstellung (f) lowering position position (f) de descente libre *ou* sans freinage	положеніе (n) свободнаго спуска posizione (f) di discesa libera posición (f) de descenso libre	1
Stromstoßstellung (f) position on which rush of current occurs position (f) de brusque augmentation du courant	положеніе (n) толчка *или* импульса тока posizione (f) d'avviamento per la discesa posición (f) de incremento brusco de la corriente	2
Stromstoß (m) rush of current augmentation (f) brusque du courant, à-coup (m) de courant	толчокъ (m) *или* импульсъ (m) тока; быстрое повышеніе (n) тока colpo (m) di corrente incremento (m) brusco de la corriente	3
Fahrtstellung (f) running position position (f) de marche	ѣздовое положеніе (n) posizione (f) per movimento di traslazione posición (f) de marcha	4
Vorwärtsfahrt (f) running forward marche (f) en avant	ходъ (m) впередъ movimento (m) in avanti movimiento (m) adelante	5
Rückwärtsfahrt (f) running backward marche (f) en arrière, retour (m)	ходъ (m) назадъ movimento (m) indietro movimiento (m) atrás	6
Gleichstromsteuerwalze (f) continuous current controller contrôleur (m) pour courant continu	контроллёръ (m) постояннаго тока controller (m) per corrente continua combinador (m) de corriente continua	7
Drehstromsteuerwalze (f) three-phase controller contrôleur (m) pour courant triphasé	контроллёръ (m) трёхфазнаго тока controller (m) per corrente trifasica combinador (m) de corriente trifásica	8
Serienparallsteuerwalze (f) series-parallel controller contrôleur (m) en série-parallèle	контроллёръ (m) для параллельно-послѣдовательнаго включенія controller (m) per serie e parallelo combinador (m) en serie y paralelo	9
Steuerwalze (f) mit Bremsstellungen brake controller contrôleur (m) avec contacts pour le frein	тормазной контроллёръ (m) controller (m) per il freno combinador (m) de frenar	10

1 Senkbremssteuerwalze (f)
lowering brake controller
contrôleur (m) de frein de descente

тормазной контроллёръ (m) спуска
controller (m) per il freno di discesa
combinador (m) del freno de bajada

---

2 Umkehrsteuerwalze (f)
reversing controller
contrôleur (m) d'inversion *ou* de changement de marche

обратимый *или* реверсивный контроллёръ (m); контроллёръ для перемѣны хода
controller (m) d'inversione [di marcia]
combinador (m) inversor

---

3 Doppelsteuerwalze (f), Zwillingssteuerwalze (f)
double controller
contrôleur (m) double *ou* jumelé

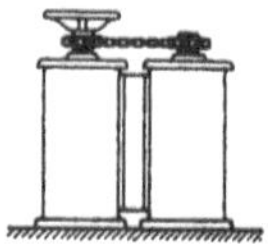

двойной контроллёръ (m)
controller (m) doppio ó gemelo
combinador (m) doble

---

4 Universalsteuerwalze (f)
universal controller
contrôleur (m) universel

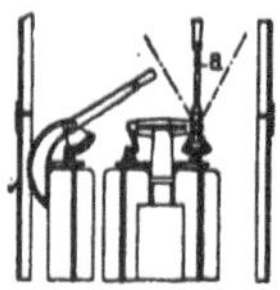

универсальный контроллёръ (m)
controller (m) universale
combinador (m) universal

---

5 Universalsteuerung (f)
universal control
commande (f) universelle, (manœuvre (f) de) commutation (f) universelle (au moyen d'un levier articulé)

a

универсальное управленіе (n) *или* распредѣленіе (n)
commutazione (f) universale
mando (f) universal

---

6 Kransteuerwalze (f)
crane controller
contrôleur (m) de grue

крановой контроллёръ (m)
controller (m) da gru
controler (m) de grúa

---

7 Hubsteuerwalze (f)
lifting controller
contrôleur (m) de levage

подъёмный контроллёръ (m); контроллёръ подъёма
controller (m) per sollevamento
controler (m) de levantamiento

---

8 Fahrsteuerwalze (f)
travelling controller
contrôleur (m) de translation *ou* de direction

контроллёръ движенія (m)
controller (m) per movimento orizzontale
controler (m) de movimiento horizontal

---

9 Kranfahrsteuerwalze (f)
crane motion controller
contrôleur (m) de translation de la grue

контроллёръ (m) для перемѣщенія крана
controller (m) per movimento longitudinale della gru
controler (m) para el movimiento de la grúa

Katzfahrsteuerwalze (f)
crab motion controller
contrôleur (m) (de translation) du chariot

контроллёръ (m) для перемѣщенія телѣжки
controller (m) per movimento trasversale del 1
carrello
controler (m) para el movimiento del carro

Schwenksteuerwalze (f)
slewing controller
contrôleur (m) du mouvement de giration *ou* d'orientation

контроллёръ (m) для поворота; поворотный контроллёръ
controller (m) per il 2
movimento di rotazione
controler (m) de rotación

Widerstand (m)
resistance (frame)
résistance (f), rhéostat (m)

сопротивленіе (n)
resistenza (f)
resistencia (f), reóstato (m) 3

Widerstandkasten (m)
resistance box
boîte (f) du rhéostat

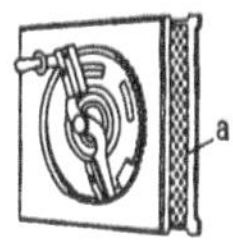

магазинъ (m) сопротивленій; ящикъ (m) съ
сопротивленіями 4
cassetta (f) di resistenza
caja (f) de reóstato

---

unterteilter Widerstand (m), abgestufter Widerstand (m)
graduated *or* stepped resistance
résistance (f) graduée

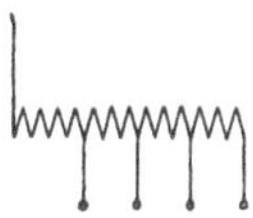

секціонированное *или* подраздѣлённое сопротивленіе (n)
resistenza (f) a gradini 5
resistencia (f) escalonada *ó* graduada

---

den Widerstand unterteilen (v)
to graduate the resistance
subdiviser (v) *ou* graduer (v) une résistance

секціонировать *или* подраздѣлить сопротивленіе
suddividere (v) la resi- 6
stenza
escalonar (v) *ó* graduar (v) la resistencia

Widerstandstufe (f)
resistance step
gradins (m pl), série (f) de contacts *ou* de plots d'une résistance

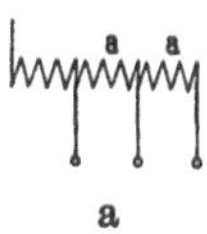

секція (f) сопротивленія *или* реостата 7
gradino (m) di resistenza
grado (m) de resistencia

Vorschaltwiderstand (m)
series resistance
résistance (f) en série, résistance (f) additionnelle

добавочное сопротивленіе (n)
resistenza (f) in serie 8
resistencia (f) adicional *ó* en serie

Parallelwiderstand (m)
parallel resistance
résistance (f) en parallèle

параллельно введённое сопротивленіе (n)
resistenza (f) in parallelo 9
resistencia (f) en paralelo

1 Anlaßwiderstand (m)
starting resistance
rhéostat (m) *ou* résistance (f) de démarrage

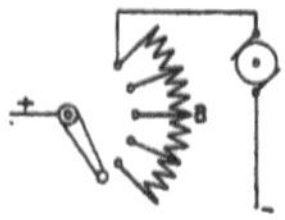
a

пусковое сопротивленіе (n); пусковой реостатъ (m)
resistenza (f) d'avviamento
resistencia (f) de arranque

---

2 Umkehranlaßwiderstand (m)
reversing starting resistance
rhéostat (m) *ou* résistance (f) de démarrage et d'inversion

обратимый *или* реверсивный пусковой реостатъ (m)
resistenza (f) d'inversione e d'avviamento
resistencia (f) de inversión y de arranque

---

3 Regulierwiderstand (m)
regulating resistance
rhéostat (m) *ou* résistance (f) régulatrice

регулировочный реостатъ (m)
resistenza (f) regolatrice
resistencia (f) reguladora

---

4 Bremsschutzwiderstand (m)
brake safety resistance
rhéostat (m) *ou* résistance (f) de protection du frein

предохранительное сопротивленіе (n) тормаза
resistenza (f) di sicurezza per freno
resistencia (f) de protección del freno

---

5 schalten (v)
to switch
connecter (v), coupler (v)

включ-ить (-ать); соедин-ить (-ять)
accoppiare (v), collegare (v)
acoplar (v), conectar (v)

---

6 Schaltweise (f)
method of connection
méthode (f) *ou* mode (m) *ou* système (m) de connexion *ou* de couplage

способъ (m) включенія
modo (m) *o* sistema (m) d'accoppiamento
modo (m) de acoplamiento

---

7 hintereinander schalten (v), in Reihe (*oder* Serie) schalten (v)
to connect in series
connecter (v) en série

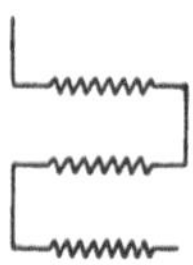

включ-ить (-ать) *или* соедин-ить (-ять) послѣдовательно
accoppiare (v) in serie
acoplar (v) en serie

---

8 Hintereinanderschaltung (f), Reihenschaltung (f), Serienschaltung (f)
series connection
connexion (f) *ou* couplage (m) en série

послѣдовательное включеніе (m) *или* соединеніе (n)
accoppiamento (m) in serie
acoplamiento (m) en serie

---

9 nebeneinander schalten (v), parallel schalten (v)
to connect in parallel
connecter (v) *ou* coupler (v) en parallèle

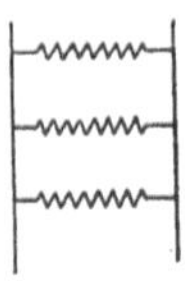

включ-ить (-ать) *или* соедин-ить (-ять) параллельно
accoppiare (v) in parallelo
acoplar (v) en paralelo

Parallelschaltung (f) parallel connection connexion (f) *ou* couplage (m) en parallèle		параллельное включеніе (n) *или* соединеніе (n) accoppiamento (m) in parallelo acoplamiento (m) en paralelo	*1*
Reihenparallelschaltung (f), Serienparallelschaltung (f) series parallel connection connexion (f) *ou* couplage (m) en série et parallèle [série-parallèle]	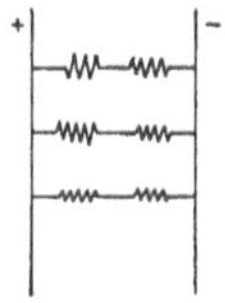	включеніе (n) послѣдовательно-параллельное; групповое включеніе; соединеніе (n) по группамъ accoppiamento (m) in serie e parallelo acoplamiento (m) en serie y paralelo	*2*
Hauptschluß (m) series série (f)		послѣдовательный serie (f) serie (f)	*3*
im Hauptschluß liegen (v) to be in series être (v) en série		включённый послѣдовательно inserito (v) in serie hallarse (v) en serie	*4*
Nebenschluß (m) shunt dérivation (f)	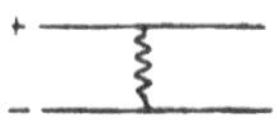	шунтъ (m); отвѣтвленіе (n) derivazione (f) derivación (f), shunt (m)	*5*
Nebenschlußschaltung (f) shunt connection connexion (f) *ou* couplage (m) en dérivation		включеніе (n) въ шунтъ *или* въ отвѣтвленіе; параллельное включеніе accoppiamento (m) in derivazione acoplamiento (m) de derivación	*6*
in Nebenschluß schalten (v) to connect in parallel, to shunt connecter (v) *ou* coupler (v) en dérivation		включ-ить (-ать) въ шунтъ *или* въ отвѣтвленіе accoppiare (v) in derivazione acoplar (v) en derivación	*7*
im Nebenschluß liegen (v) to be shunted être (v) couplé *ou* connecté en dérivation		включённый въ шунтъ *или* въ отвѣтвленіе essere (v) inserito in derivazione estar (v) en derivación	*8*
Kurzschlußschaltung (f) short-circuit connection [connexion (f) en] court-circuit (m)		замыканіе (n) на короткое accoppiamento (m) a corto circuito acoplamiento (m) de corto circuito	*9*
Kurzschluß (m) short-circuit court-circuit (m)		короткое замыканіе (n) cortocircuito (m) corto circuito (m)	*10*

1 kurz schließen (v), kurz schalten (v)
to short-circuit
court-circuiter (v)
замкнуть (замыкать) коротко *или* на короткое
chiudere (v) in corto-circuito
poner (v) en corto circuito

---

2 Dreieckschaltung (f), △-Schaltung (f)
△ connection, mesh connection
connexion (f) *ou* couplage (m) en triangle

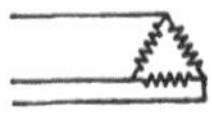

соединенiе (n) треугольникомъ
accoppiamento (m) a triangolo
acoplamiento (m) de triángulo

---

3 Sternschaltung (f), Y-Schaltung (f)
star connection, Delta connection
connexion (f) *ou* couplage (m) en étoile

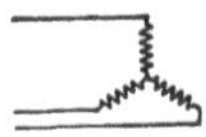

соединенiе (n) звѣздой
accoppiamento (m) a stella
acoplamiento (m) en estrella

---

4 Schaltübersicht (f) Schaltungsschema (n)
diagram of connections
schéma (m) des connexions

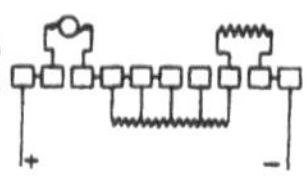

схема (f) соединенiй
schema (f) dei collegamenti
esquema (m) de las conexiones

---

5 Schaltungsskizze (f)
sketch diagram of connection
esquisse (f) des connexions
набросокъ (m) схемы соединенiй
schizzo (m) dei collegamenti
plano (m) de las conexiones

---

6 **Dampfantrieb**
Steam Driving
Commande à vapeur
Паровой приводъ
Comando a vapore
Mando por vapor

---

7 Dampfbetrieb (m)
steam working
commande (m) des appareils par la vapeur

оборудованiе (n) паромъ
esercizio (m) a vapore
impulsión (f) por vapor

---

8 Dampf (m), Wasserdampf (m)
steam
vapeur (f) [d'eau]

a

паръ (m); водяной паръ
vapore (m) [acqueo]
vapor (m) [de agua]

---

9 Dampfleitung (f)
steam main *or* piping
conduite (f) de vapeur

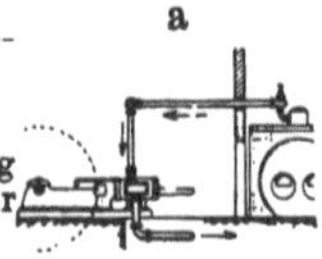

паропроводъ (m)
condotta (f) del vapore
conducto (m) de vapor

Dampfdruck (m), Dampfüberdruck (m) steam pressure above atmospheric pression (f) de vapeur, pression (f) effective *ou* manométrique de la vapeur	$p - 1$ at	давленіе (n) пара; давленіе пара сверхъ атмосфернаго; манометрическое давленіе пара; избыточное давленіе pressione (f) del vapore presión (f) del vapor	*1*
absoluter Dampfdruck (m), [absolute] Dampfspannung (f) absolute steam pressure pression (f) absolue de la vapeur, tension (f) de la vapeur, force (f) élastique de la vapeur	p	абсолютное давленіе (n) пара pressione (f) assoluta *o* tensione (f) del vapore presión (f) absoluta *ó* tensión (f) del vapor	*2*
zentrale Dampfversorgung (f) central steam supply [alimentation (f) par] distribution (f) centrale de vapeur		снабженіе (n) паромъ изъ центральнаго мѣста distribuzione (f) centrale di vapore distribución (f) central de vapor	*3*
Dampfkessel (m) steam boiler chaudière (f), générateur (m) de vapeur	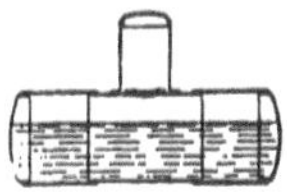	паровой котёлъ (m) caldaia (f) a vapore caldera (f) *ó* generador (m) de vapor	*4*
Kesselfeuerung (f) boiler furnace foyer (m)	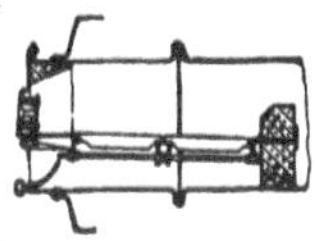	топка (f) котла focolare (m) della caldaia hogar (m) de la caldera	*5*
Feuertür (f), Heiztür (f) fire door porte (f) du foyer		топочная дверца (f) porta (f) del focolare puerta (f) del hogar	*6*
den Kessel speisen (v) to feed the boiler alimenter (v) la chaudière		питать котёлъ (m) alimentare (v) la caldaia alimentar (v) la caldera	*7*
Dampfmaschine (f) steam engine machine (f) *ou* moteur (m) à vapeur		паровая машина (f) macchina (f) a vapore máquina (f) de vapor	*8*
Zwilling[dampf]maschine (f) twin steam engine machine (f) à vapeur jumelle	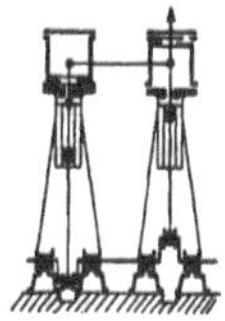	сдвоенная паровая машина (f) macchina (f) a vapore gemella máquina (f) de vapor gemela	*9*

1 Tandemmaschine (f)
tandem engine
machine (f) [à vapeur] tandem

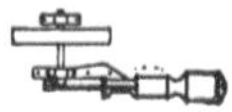

[паровая] машина (f) — тандемъ
macchina (f) in tandem
máquina (f) [de vapor] tandem

---

2 Verbund[dampf]maschine (f)
compound engine
machine (f) *ou* moteur (m) (à vapeur) compound

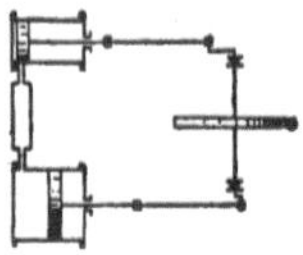

[паровая] машина (f) — компаундъ; машина съ послѣдовательнымъ расширеніемъ
macchina (f) [a vapore] compound *o* composita a doppia espansione
máquina (f) [de vapor] compound

---

3 Umsteuermaschine (f), Umkehrmaschine (f), Reversiermaschine (f)
reversing engine
machine (f) à vapeur réversible *ou* à changement de marche

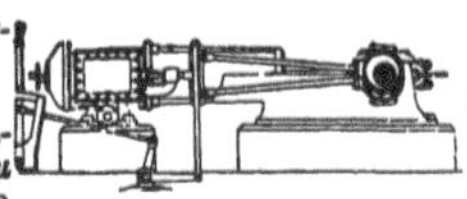

реверсивная паровая машина (f); машина съ перемѣной хода
macchina (f) riversibile *o* ad inversione di marcia
máquina (f) reversible

---

4 Kondensations[dampf]maschine (f)
combined steam engine and condenser
machine (f) à vapeur à condensation

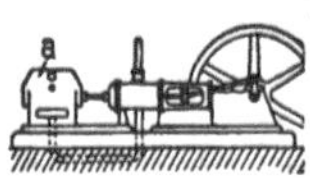

паровая машина (f) съ конденсаціей *или* съ охлажденіемъ
macchina (f) a vapore a condensazione
máquina (f) [de vapor] de condensación

---

5 Kondensator (m)
condenser
condenseur (m)

a

холодильникъ (m); конденсаторъ (m)
condensatore (m)
condensador (m)

6 **Druckwasserantrieb**
Hydraulic Driving
Commande hydraulique

Гидравлическая передача
Comando idraulico
Mando hidráulico

7 Druck[wasser]leitung (f)
hydraulic main
conduite (f) [d'eau] sous pression

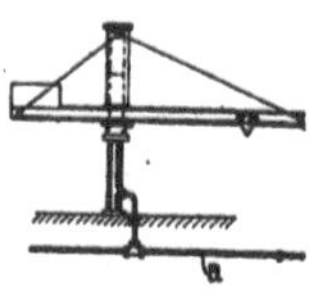

a

трубопроводъ (m) высокаго давленія; трубы (f pl), проводящія воду подъ давленіемъ
conduttura (f) d'acqua forzata *o* sotto pressione
conducto (m) de agua á presión

---

8 Druck[wasser]zentrale (f), Zentraldruckanlage (f), hydraulische Kraftzentrale (f)
central hydraulic station
centrale (f) hydraulique, centrale (f) distributrice d'eau sous pression

гидравлическая центральная станція (f) *или* установка (f)
centrale (f) di pressione idraulica
central (f) hidráulica

Druckwasserbetrieb (m)
hydraulic working
fonctionnement (m) au moyen de la pression hydraulique
гидравлическое оборудование (n)
funzionamento (m) ad acqua sotto pressione 1
funcionamiento (m) por medio del agua sometida á presión

Druckwasserverteilung (f)
distribution of pressure water
distribution (f) d'eau sous pression
распредѣленіе (n) воды [въ гидравлической передачѣ]
distribuzione (f) dell'acqua sotto pressione 2
distribución (f) del agua á presión

Druckwasserentnahme (f)
pressure water consumption
prise (f) hydraulique, prise (f) d'eau sous pression
полученіе (n) воды [для гидравлической передачи]; полученіе воды подъ давленіемъ
presa (f) dell'acqua sotto pressione 3
toma (f) del agua á presión

[Druck-]Wasserpressung (f)
hydraulic pressure
pression (f) hydraulique
гидравлическое давленіе (n)
pressione (f) dell'acqua sotto pressione 4
presión (f) del agua

Arbeitsdruck (m)
working pressure
pression (f) motrice, pression (f) de travail *ou* de fonctionnement
рабочее давленіе (n)
pressione (f) di regime 5
presión (f) de régimen

Druckhöhe (f), Druckwassersäule (f), Druckgefälle (n)
pressure head
hauteur (f) d'eau [mesurant la pression], hauteur (f) de la colonne d'eau, différence (f) de niveau

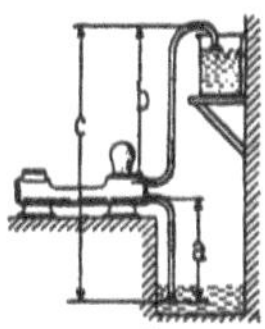

b

высота (f) напора; водяной столбъ (m)
colonna (f) d'acqua di pressione 6
altura (f) de la columna de agua

Saughöhe (f) der Pumpe
suction head *or* lift of the pump
hauteur (f) d'aspiration de la pompe

a

высота (f) всасыванія насоса
altezza (f) di aspirazione della pompa 7
altura (f) de aspiración de la bomba

Förderhöhe (f) der Pumpe
head
hauteur (f) d'élévation de la pompe

$c = a + b$

высота (f) подъёма воды насоса
prevalenza (f) della pompa 8
altura (f) de elevación de la bomba

Druckhöhenverlust (m)
loss of head
perte (f) de pression (mesurée en hauteur d'eau)
паденіе (n) *или* потеря (f) напора
perdita (f) di altezza di pressione 9
pérdida (f) de presión hidrostática

1 Widerstandhöhe (f)
resistance head
résistance (f) [mesurée en hauteur d'eau]

высота (f) сопротивленія
altezza (f) di resistenza
altitud (f) de resistencia

---

2 Betrieb[s]flüssigkeit (f), Arbeitsflüssigkeit (f)
working fluid
liquide (m) moteur *ou* servant à transmettre la pression

рабочая жидкость (f)
liquido (m) per la trasmissione della pressione
liquido (m) de trabajo

---

3 Druckwasser (n), Preßwasser (n), Kraftwasser (n)
power water
eau (f) sous pression *ou* dont on utilise la pression

a

вода (f) подъ давленіемъ *или* подъ напоромъ
acqua (f) sotto pressione, acqua (f) forzata
agua (f) sometida á presión

---

4 Wasserbedarf (m)
amount of water required
quantité (f) *ou* dépense (f) *ou* débit (m) d'eau nécessaire

потребное количество (n) воды
bisogno (m) d'acqua
cantidad (f) de agua necesaria

---

5 [Druck-]Wasserverbrauch (m)
consumption of pressure water
consommation (f) d'eau sous pression

расходъ (m) воды, находящейся подъ давленіемъ
acqua (f) forzata *o* consumata
consumo (m) de agua á presión

---

6 Verbrauch[s]wasser (n), Ab[lauf]wasser (n)
return water
eau (f) dépensée *ou* consommée, eau (f) de décharge

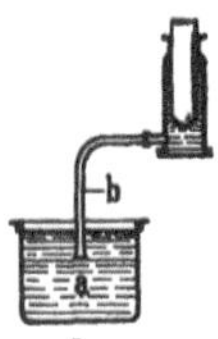

a

расходуемая вода (f); отработавшая вода
acqua (f) di scarico
agua (f) de escape

---

7 Abwasserleitung (f)
discharge pipes
conduite (f) *ou* tuyau (m) de décharge *ou* d'évacuation

b

водоспускной трубопроводъ (m); трубопроводъ для отработавшей воды
conduttura (f) d'acqua di scarico
conducto (m) del agua de escape

---

8 Sickerwasser (n)
leakage water
eau (f) provenant des fuites, fuites (f pl) d'eau

утечка (f); вода (f), теряемая отъ просачиванія
acqua (f) perduta *o* perduta per fughe
agua (f) perdida por fugas

das Wasser friert ein
the water becomes frozen
l'eau est congelée

вода (f) замерзаетъ
l'acqua gela 1
el agua se hiela

Wasserbehälter (m)
water tank
réservoir (m) *ou* bâche (f) d'eau

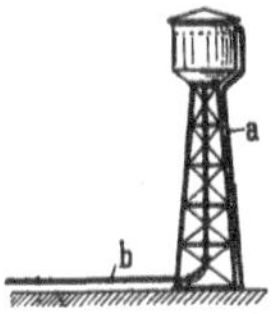

резервуаръ (m) *или* бакъ (m) для воды
serbatoio (m) d'acqua 2
recipiente (m) ó tanque (m) ó depósito (m) de agua

Überlaufrohr (n)
overflow pipe
tuyau (m) de trop-plein

a

перепускная *или* сливная труба (f)
tubo (m) di troppo pieno 3
tubo (m) de desagüe

Ablaufrohr (n)
drain pipe
tuyau (m) de vidange

b

спускная труба (f)
tubo (m) di scarico 4
tubo (m) de desagüe

Druck[wasser]windkessel (m)
hydraulic air vessel
réservoir (m) *ou* récipient (m) [à matelas] d'air

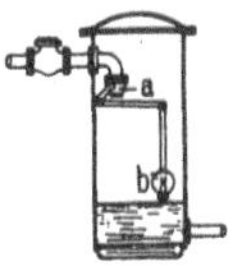

нагнетательный воздушный колпакъ (m) *или* котёлъ (m)
camera (f) d'aria per l'acqua sotto pressione 5
depósito (m) de aire

Windkesseldruck (m)
air vessel pressure
pression (f) de l'air du récipient

давленіе (n) въ воздушномъ колпакѣ *или* котлѣ
pressione (f) nella camera d'aria 6
presión (f) en el depósito de aire

Schwimmerventil (n)
float valve
soupape (f) à flotteur

a

клапанъ (m) съ поплавкомъ; поплавковый клапанъ
valvola (f) del galleggiante 7
válvula (f) de flotador

Schwimmer (m)
float
flotteur (m)

b

поплавокъ (m)
galleggiante (m) 8
flotador (m)

Druckwassersammler (m), Akkumulator (m)
hydraulic accumulator
accumulateur (m) [hydraulique]

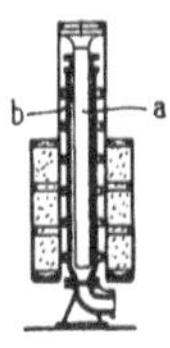

аккумуляторъ (m)
accumulatore (m) 9
acumulador (m) hidráulico

Akkumulatorkolben (m)
accumulator plunger
piston (m) d'accumulateur

a

поршень (m) *или* ныряло (n) аккумулятора; аккумуляторный поршень; аккумуляторное ныряло 10
stantuffo (m) dell'accumulatore
émbolo (m) del acumulador

1 Akkumulatorzylinder (m)
accumulator cylinder
cylindre (m) d'accumulateur

b

цилиндръ (m) аккумулятора; аккумуляторный цилиндръ
cilindro (m) dell'accumulatore
cilindro (m) del acumulador

---

2 Akkumulatorinhalt (m)
accumulator volume *or* capacity
capacité (f) *ou* volume (m) [d'eau] de l'accumulateur

ёмкость (f) аккумулятора
capacità (f) dell'accumulatore
capacidad (f) *ó* volumen (m) del acumulador

---

3 Akkumulatordruck (m)
accumulator pressure
pression (f) exercée par l'accumulateur

давленіе (n), производимое аккумуляторомъ
pressione (f) all'accumulatore
presión (f) del acumulador

---

4 Gewichtakkumulator (m)
weight accumulator
accumulateur (m) à contre-poids

грузовой аккумуляторъ (m)
accumulatore (m) a contrappeso
acumulador (m) de pesos

---

5 Gewicht[s]trommel (f) des Akkumulators
weight drum
tambour (m) à contrepoids d'accumulateur

a

грузовой цилиндръ (m) *или* барабанъ (m) аккумулятора
tamburo (m) di contrappesi dell'accumulatore
tambor (m) de carga del acumulador

---

6 Dampfdruckakkumulator (m)
steam pressure accumulator, steam intensifier
accumulateur (m) à pression de vapeur

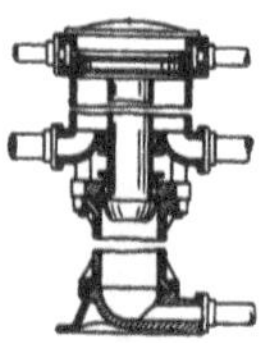

паровой аккумуляторъ (m); аккумуляторъ съ паровымъ давленіемъ; аккумуляторъ парового давленія
accumulatore (m) a pressione di vapore
acumulador (m) de presión de vapor

---

7 Luftdruckakkumulator (m)
pneumatic accumulator
accumulateur (m) pneumatique *ou* à pression d'air

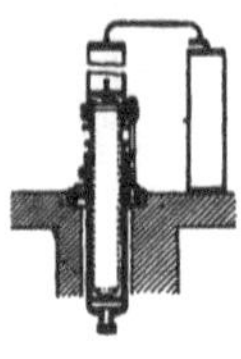

аккумуляторъ (m) воздушнаго давленія *или* съ воздушнымъ давленіемъ
accumulatore (m) a pressione d'aria
acumulador (m) de presión de aire

---

8 Hilfsakkumulator (m)
auxiliary accumulator
accumulateur (m) auxiliaire *ou* de secours

вспомогательный аккумуляторъ (m)
accumulatore (m) ausiliare
acumulador (m) auxiliar

Deutsch / English / Français		Русский / Italiano / Español	
Windkessel (m) air vessel réservoir (m) *ou* récipient (m) à matelas d'air	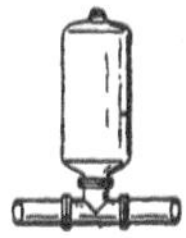	воздушный колпакъ (m) camera (f) *o* cassa (f) d'aria depósito (m) de aire	*1*
Pumpe (f) pump pompe (f)	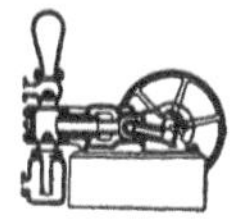	насосъ (m) pompa (f) bomba (f)	*2*
die Pumpe anstellen (v) to start the pump mettre (v) la pompe en marche, faire démarrer (v) la pompe		пустить насосъ; привести въ дѣйствіе насосъ mettere (v) in marcia la pompa poner (v) en marcha la bomba	*3*
die Pumpe abstellen (v) to stop the pump mettre (v) la pompe hors de marche *ou* de service, arrêter (v) la pompe		остановить *или* прекратить дѣйствіе насоса mettere (v) fuori di servizio *o* fermare (v) la pompa parar (v) la bomba	*4*
Preßpumpe (f), Druckpumpe (f) force pump pompe (f) foulante, pompe (f) de compression		нагнетатательный насосъ (m) pompa (f) di pressione bomba (f) impelente	*5*
Betrieb[s]pumpe (f) working pump pompe (f) de service		рабочій насосъ (m) pompa (f) di servizio bomba (f) de servicio	*6*
Akkumulatorpumpe (f) accumulator pump pompe (f) d'accumulateur		аккумуляторный насосъ (m); насосъ аккумулятора pompa (f) dell'accumulatore bomba (f) para el acumulador	*7*
Handdruckpumpe (f) hand force pump pompe (f) foulante à main *ou* à bras		ручной нагнетательный насосъ (m); нагнетательный насосъ ручного дѣйствія pompa (f) di pressione a mano bomba (f) impelente de mano	*8*
Dampfpumpe (f) steam pump pompe (f) à vapeur	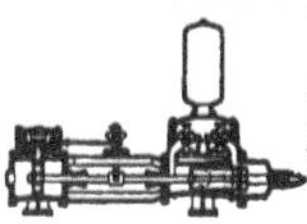	паровой насосъ (m) pompa (f) a vapore bomba (f) de vapor	*9*

1 elektrisch betriebene Pumpe (f)
electrically driven pump
pompe (f) électrique *ou* commandée électriquement

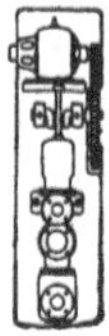

насосъ (m) съ электрическимъ приводомъ; электрическій насосъ
pompa (f) a comando elettrico
bomba (f) [de impulsión] eléctrica

---

2 Pumpwerk (n), Pumpstation (f)
pumping station
centrale (f) des pompes (bâtiment où se trouve centralisée l'alimentation), station (f) hydraulique

насосная станція (f); насосная установка (f)
centrale (f) delle pompe
estación (f) de bombas

---

3 **Druckluftantrieb**
Pneumatic Driving
Commande par l'air comprimé

Пневматическій приводъ
Comando ad aria compressa
Mando por aire comprimido

---

4 Druckluftbetrieb (m), Preßluftbetrieb (m)
pneumatic working
exploitation (f) *ou* fonctionnement (m) par l'air comprimé

дѣйствіе (n) *или* работа (f) сжатымъ воздухомъ; пневматическое оборудованіе (n)
esercizio (m) ad aria compressa
funcionamiento (m) con aire comprimido

---

5 Druckluft (f), Preßluft (f)
compressed air
air (m) comprimé

сжатый воздухъ (m)
aria (f) compressa
aire (m) comprimido

---

6 Luftdruck (m), Luftspannung (f)
air pressure
pression (f) de l'air [comprimé]

давленіе (n) воздуха
pressione (f) dell'aria
presión (f) del aire comprimido

---

7 Luftverbrauch (m)
consumption of air
consommation (f) *ou* débit (m) d'air

расходъ (m) воздуха
consumo (m) d'aria
consumo (m) de aire

---

8 Druckluftanlage (f)
pneumatic plant
installation (f) à air comprimé

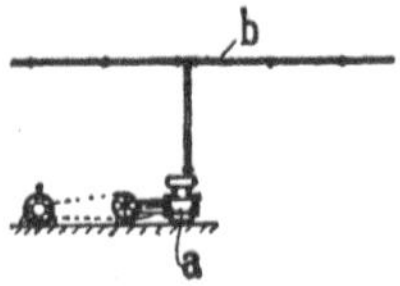

установка (f) для сжатаго воздуха; пневматическая установка
impianto (m) ad aria compressa
instalación (f) de aire comprimido

---

9 [Luft-]Kompressor (m)
[air] compressor
compresseur (m) [d'air]

a

воздушный компрессоръ (m)
compressore (m) d'aria
compresor (m) de aire

[Druck-]Luftleitung (f) air pipes conduite (f) à air comprimé	b	трубопроводъ (m) для сжатаго воздуха condotta (f) d'aria compressa conducto (m) de aire comprimido	1
Druoklufthebezeug (n) pneumatic lifting device appareil (m) de levage à air comprimé	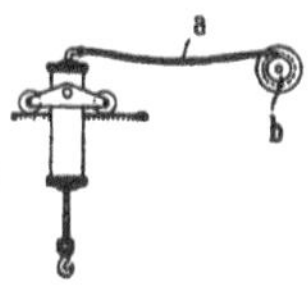	воздушный *или* пневматическій подъёмникъ (m) apparecchio (m) di sollevamento ad aria compressa, elevatore (m) aparato (m) de levantamiento mandado por aire comprimido	2
Luftschlauch (m) air hose boyau (m) *ou* tube (m) flexible à air comprimé	a	рукавъ (m) *или* кишка (f) *или* шлангъ (m) для сжатаго воздуха manica (f) d'aria tubo (m) flexible para aire	3
Schlauchtrommel (f) hose drum tambour (m) d'enroulement du boyau	b	барабанъ (m) для рукава *или* для кишки *или* для шланга tamburo (m) per la manica tambor (m) de arrollamiento	4
Druckluftzentrale (f), Druckluftwerk (n) pneumatic central station station (f) centrale à air comprimé (bâtiment où sont réunis les appareils d'alimentation)		пневматическая центральная станція (f) centrale (f) d'aria compressa estación (f) central para la producción de aire comprimido	5
Rohrleitung **Piping** **Tuyauterie**		**Трубопроводъ** **Tubazione** **Canalización**	6
[Rohr-]Leitungsdruck (m) pressure in pipes pression (f) dans la conduite	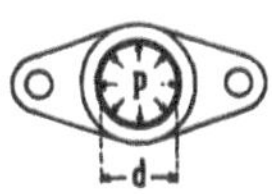P	давленіе (n) въ трубопроводѣ pressione (f) alla conduttura presión (f) en el conducto	7
Rohrleitungsquerschnitt (m) pipe section section (f) de la conduite	$\frac{d^2 \pi}{4}$	поперечное сѣченіе (n) трубопровода sezione (f) della conduttura sección (f) de la conducción ó cañería	8
Durchflußgeschwindigkeit (f) velocity of flow vitesse (f) d'écoulement		скорость (f) протекающей воды velocità (f) di passaggio velocidad (f) de paso	9

1 Durchflußmenge (f) (des Wassers)
quantity of water flowing
débit (m) [de la conduite]

количество (n) протекающей (воды)
portata (f) *o* quantità (f) d'acqua che passa
cantidad (f) de agua que pasa

---

2 Rohrnetz (n), Leitungsnetz (n)
piping, network of pipes, system of pipes
réseau (m) de tuyaux

трубопроводная сѣть(f)
rete (f) dei tubi
red (f) tubular

---

3 Rohrstrecke (f), Rohrstrang (m)
pipe line
[tronçon (m) de] ligne (f) de tuyaux, tronçon (m) de tuyauterie

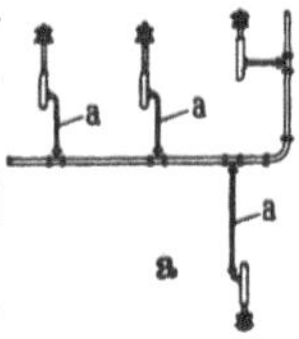

a

отвѣтвленіе (n) трубопровода
linea (f) *o* tronco (m) di tubo
trozo (m) de tubo, linea (f) de tubos

---

4 Rohrplan (m)
plan of pipes
plan (m) de la tuyauterie *ou* de l'installation de la conduite

планъ (m) трубопровода
pianta (m) dei tubi
plano (m) de la instalación de tubos

---

5 Zu[fluß]leitung (f)
flow piping
conduite (f) d'alimentation

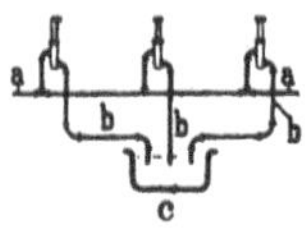

a

подводящая труба (f); питательный трубопроводъ (m)
conduttura (f) d'andata
conducto (m) de llegada

---

6 Rück[lauf]leitung (f)
return piping
conduite (f) de retour

b

обратный трубопроводъ (m); отводящая труба (f)
conduttura (f) di ritorno
conducto (m) de retorno

---

7 Sammelbehälter (m), Sammelreservoir (n), Rücklaufbassin (n)
collecting tank
réservoir (m) *ou* bassin (m) collecteur, collecteur (m) des eaux de décharge

c

собирательный *или* сборный резервуаръ (m); сборный бассейнъ (m)
bacino (m) collettore, serbatoio (m)
estanque (m) colector

---

8 Ringleitung (f)
ring main
conduite (f) circulaire, boucle (f)

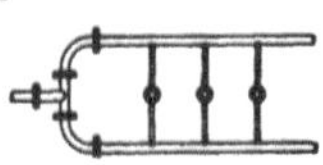

кольцевой трубопроводъ (m)
conduttura (f) annulare
conducto (m) circular

---

9 Abzweigung (f), Abzweig (m)
branch
branchement (m), dérivation (f), bifurcation (f), conduite (f) secondaire

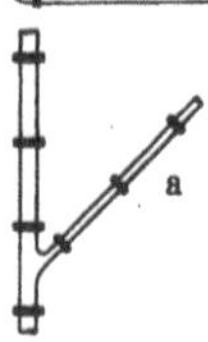

отвѣтвленіе (n); вѣтвь (f)
diramazione (f)
bifurcación (f)

[Ab-] Zweigleitung (f), Zweigrohr (n)
branch pipe
[tuyau (m) de] branchement (m), tuyau (m) de dérivation

a

отводъ (m)
tubo (m) di diramazione
conducto (m) bifurcado ó derivado 1

Rohranschluß (m)
pipe connection
raccord (m) [d'un tuyau]

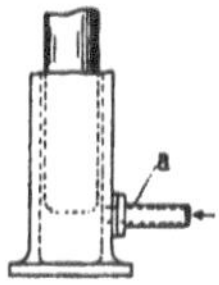

a

присоединеніе (n) трубы
attacco (m) del tubo, presa (f) del tubo
unión (f) de tubo 2

Rohranguß (m), Rohrstutzen (m)
connecting pipe
tubulure (f)

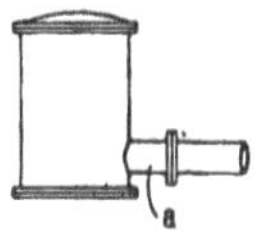

a

патрубокъ (m); приливъ (m); штуцеръ (m)
tubolatura (f)
tubuladura (f) 3

[Rohr-] Krümmung (f)
bend
courbure (f) d'un tuyau

колѣно (n) трубы; изгибъ (m) трубы
curvatura (f) del tubo
curvatura (f) del tubo 4

Krümmer (m)
bend
coude (m), tuyau (m) coudé

a

колѣно (n); отводъ (m)
gomito (m)
codo (m) 5

Knierohr (n), Kniestück (n), Rohrknie (n)
knee, elbow
genou (m) vif, coude (m) à angle droit

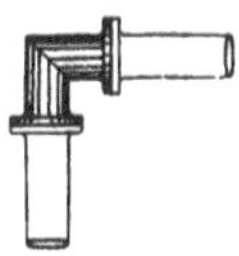

прямой угольникъ (m); прямое колѣно (n)
gomito (m) diritto
tubo (m) curvado ó acodado recto 6

Siebfilter (n)
strainer, sieve filter
crépine (f), pomme (f) d'arrosoir, filtre (m)

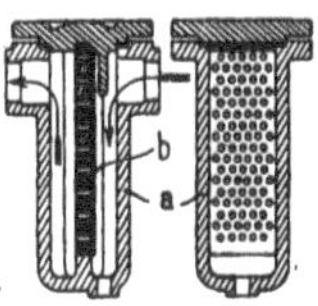

фильтръ (m); сѣтка (f)
filtro (m) a staccio
filtro-tamiz (m) 7

Siebkasten (m)
strainer box
boîte (f) à crépines, [boîte (f) contenant une série de filtres]

a

ящикъ (m) съ сѣтками
cassa (f) dello staccio
caja (f) de tamiz 8

[Schutz-] Sieb (n)
protector strainer
filtre (m) [de protection]

b

предохранительная сѣтка (f)
staccio (m) di protezione
tamiz (m) de protección 9

1 Schlammsack (m)
mud pocket
caisse (f) *ou* chambre (f) de dépôt

a

грязевикъ (m)
collettore (m) di fango, pozzetta (m)
colector (m) de sedimentos *ó* de limo

---

2 Wassersack (m)
water pocket
sac (m) d'eau, poche (f) d'eau

водяной мѣшокъ (m)
sacca (f) d'acqua
receptáculo (m) de agua

---

3 die Leitung entwässern (v)
to drain the pipes
purger (v) la conduite

удалить воду изъ трубопровода; выпустить воду
scaricare (v) *od* evacuare (v) la conduttura
evacuar (v) la cañería

---

4 Entwässerung (f) der Leitung
draining the pipes
purge (f) de la conduite

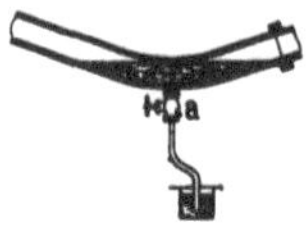

удаленіе (n) воды изъ трубопровода
scarico (m) della conduttura
desagüe (m) de la cañería

---

5 Entwässerungsventil (n)
draining valve
soupape (f) de purge

a

водоспускной вентиль (m)
valvola (f) di scarico
válvula (f) de desagüe

---

6 Entwässerungshahn (m)
draining cock
robinet (m) de purge

водоспускной кранъ (m)
robinetto (m) di scarico
grifo (m) separador de agua; grifo (m) de desagüe

---

7 Luftsack (m)
air trap *or* pocket
poche (f) d'air

a

воздушный мѣшокъ (m); воздушная полость (f)
sacca (f) *o* camera (f) d'aria
depósito (m) de aire

---

8 Entlüftungsventil (n), Luftventil (n)
air valve
soupape (f) d'évacuation, purgeur (m) d'air

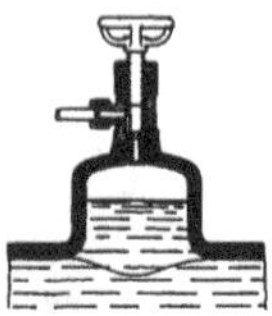

воздушный клапанъ (m)
valvola (f) d'evacuazione d'aria
válvula (f) de desaireación

---

9 die Leitung entlüften (v)
to remove the air from the pipes
évacuer (v) l'air, purger (v) la conduite de l'air [qu'elle contient]

удалить воздухъ изъ трубопровода
evacuare (v) l'aria dalla condotta
separar (v) el aire de la conducción

---

10 Entlüftung (f) der Leitung
removing the air from the pipes
purge (f) de la conduite *ou* évacuation (f) de l'air [qu'elle contient]

удаленіе (n) воздуха изъ трубопровода
scarico (m) della condotta d'aria
desaireación (f) de la conducción

Wasserschlag (m),
Wasserstoß (m)
water hammer
coup (m) de bélier

удар (m) воды
colpo (m) d'ariete
golpe (m) de ariete 1

Stoßpuffer (m)
relief piston
coussinet (m) *ou* matelas (m) d'air

ударный буферъ (m)
cuscino (m) pneumatico
colchón (m) ó almohadillo (m) de aire 2

Stoßventil (n)
relief valve
soupape (f) de sûreté

клапанъ (m) для предупреждения удара
valvola (f) di sicurezza
válvula (f) de seguridad 3

Rohr (n)
pipe
tuyau (m)

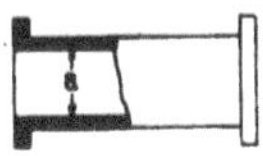

труба (f)
tubo (m)
tubo (m) 4

Lichtweite (f), lichte Weite (f), Rohrweite (f), Rohr[innen]durchmesser (m)
internal diameter of pipe
diamètre (m) intérieur du tuyau

a

внутренній діаметръ (m) трубы; діаметръ трубы въ свѣту
luce (f) del tubo, diametro (m) del tubo
diámetro (m) interior del tubo 5

Muffenrohr (n)
socket pipe
tuyau (m) à emboîtement

труба (f) съ муфтой *или* съ раструбомъ
tubo (m) a manicotto
tubo (m) de manguito ó de enchufe 6

Flanschenrohr (n)
flanged pipe
tuyau (m) à brides

труба (f) съ фланцемъ
tubo (m) a flangia
tubo (m) de brida 7

Teleskoprohr (n)
telescopic pipe
tuyau (m) télescopique

раздвижная *или* телескопическая труба (f)
tubo (m) a telescopio
tubo (m) de telescopio 8

1 Stopfbüchsenrohr (n)
pipe with stuffing box
tuyau (m) à presse-étoupes *ou* à bourrage *ou* à garniture

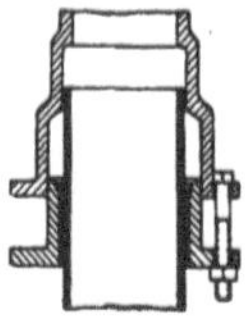

труба (f) съ сальникомъ
tubo (m) a scatola di tenuta *o* di guarnizione
tubo (m) de caja de estopas *ó* de guarnición

---

2 [Knie-]Gelenkrohr (n)
hinged *or* articulated pipe
tuyau (m) articulé *ou* à genouillère

суставчатая труба (f)
tubo (m) a gomito articolato
tubo (m) articulado

---

3 Einströmungsrohr (n), Zuströmungsrohr (n), Zuleitungsrohr (n)
inlet pipe
tuyau (m) d'entrée (m), tuyau (m) *ou* conduite (f) d'amenée, tuyau (m) d'arrivée

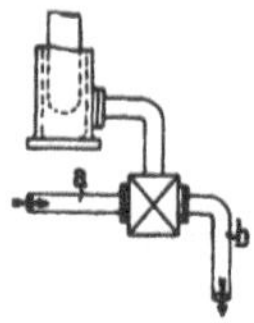

a

впускная *или* подводная *или* приводящая труба (f)
tubo (m) d'entrata
tubo (m) de llegada

---

4 Ausström[ungs]rohr (n), Ableitungsrohr (n), Ablaufrohr (n)
exhaust pipe, outlet pipe
tuyau (m) de décharge *ou* d'évacuation, tuyau (m) de sortie

b

выпускная *или* спускная *или* отводящая труба (f)
tubo (m) d'uscita
tubo (m) de evacuación *ó* de salida *ó* de descarga

---

5 Rohrverschraubung (f)
screwed pipe joint
joint (m) à vis de tuyau, assemblage (m) à vis de tuyaux

соединенiе (n) трубъ на рѣзьбѣ; винтовое соединенiе трубъ
unione (f) a vite dei tubi
unión (f) de tubos por rosca

---

6 Muffenverbindung (f)
spigot and socket joint
joint (m) *ou* assemblage (m) à emboîtement, emboîtement (m)

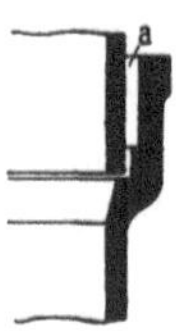

соединенiе (n) муфтами *или* раструбами
unione (f) a manicotto
junta (f) de enchufe *ó* de manguito

---

7 Muffe (f), Rohrmuffe (f)
socket
emboîtement (m) [de tuyau]

a

муфта (f); раструбъ (m)
manicotto (m)
manguito (m), enchufe (m)

Flanschverbindung (f)
flange-coupling
joint (m) à brides

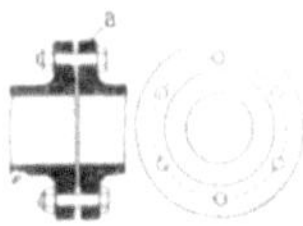

фланцевое соединенiе (n) трубъ; соединенiе фланцами
unione (f) a flangia, giunto (m) a flangia
unión (f) por bridas *ó* por platinas *1*

Flansch (m)
flange
bride (f)

a

фланецъ (m); флянецъ (m)
flangia (f)
platina (f), brida (f) *2*

Rohrverschluß (m)
pipe stopper, pipe closer, blank flange
obturateur (m) de tuyau

затворъ (m) трубы
chiusura (f) del tubo
tapón (m) de cierre del tubo *3*

Verschlußpfropfen (m), Verschlußschraube (f), Stopfen (m)
screwed plug
bouchon (m) à vis d'obturation, vis (f) d'obturation

пробка (f) съ нарѣзкой
tappo (m) di chiusura
tapón (m) roscado *4*

Blindflansch (m), Deckelflansch (m)
blank *or* blind flange
bride (f) d'obturation *ou* pleine

глухой фланецъ (m); заглушка (f)
flangia (f) cieca
brida (f) ciega *ó* tapada *5*

Rohrdichtung (f), Rohrpackung (f)
pipe packing
garniture (f) de joint de tuyau

уплотненiе (n) трубъ; набивка (f) трубъ
guarnizione (f) del tubo
empaque (m) de tubos *6*

Dichtungsscheibe (f), Dichtungsring (m)
packing ring *or* washer
anneau (m) (obturateur) de joint

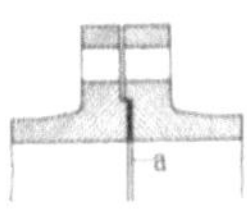

уплотняющее кольцо (n)
disco (m) di guarnizione, anello (m) a tenuta
aro (m) de empaquetadura; aro (m) de guarnición de junta *7*

Rohrbruch (m)
pipe fracture
bris (m) *ou* rupture (f) de tuyau

разрывъ (m) *или* поломка (f) трубы
rottura (f) del tubo
rotura (f) del tubo *8*

Rohrbruchventil (n)
automatic isolating valve
soupape (f) de rupture

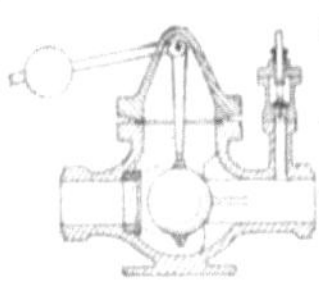

самозапорный клапанъ (m) на случай разрыва трубопровода
valvola (f) di sicurezza per tubi
válvula (f) de seguridad contra la rotura de tubos *9*

1 Ventil (n)
valve
soupape (f), valve (f)

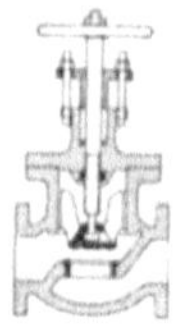

вентиль (m); клапанъ (m)
valvola (f)
válvula (f)

---

2 Absperrventil (n)
stop-valve
soupape (f) *ou* valve (f) de fermeture, soupape (f) d'arrêt

запорный *или* створный вентиль (m); стопорный клапанъ (m)
valvola (f) di chiusura
válvula (f) de cierre

---

3 Umlaufventil (n), Zirkulationsventil (n), Umgehungsventil (n)
circulation valve, by-pass valve
valve (f) *ou* soupape (f) de by-pass

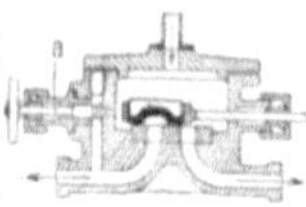

a

циркуляціонный клапанъ (m); обходной вентиль (m)
valvola (f) di circolazione
válvula (f) de circulación

---

4 Rückschlagventil (n)
non-return *or* check valve
soupape (f) de retenue

возвратный клапанъ (m)
valvola (f) di ritegno *o* di ritenuta
válvula (f) de retención

---

5 Sicherheitsventil (n)
safety valve
soupape (f) de sûreté

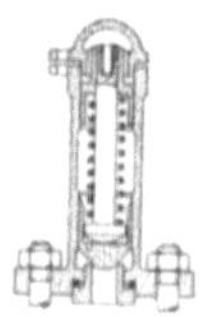

предохранительный клапанъ (m)
valvola (f) di sicurezza
válvula (f) de seguridad

---

6 Hahn (m)
cock
robinet (m)

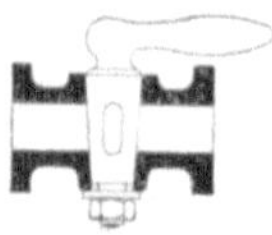

кранъ (m)
robinetto (m)
grifo (m), llave (f)

---

7 Absperrhahn (m)
stop-cock
robinet (m) d'arrêt *ou* de fermeture

запорный кранъ (m)
robinetto (m) d'arresto
grifo (m) de cierre

---

8 Schieber (m)
slide *or* sluice valve
vanne (f)

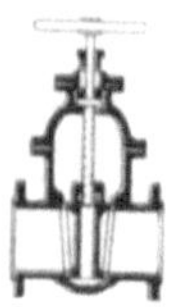

задвижка (f)
saracinesca (f)
válvula (f) corredera

Drosselvorrichtung (f)
throttle device
dispositif (m) *ou* appareil (m) pour étrangler *ou* pour rétrécir un passage

приспособленіе (n) для суженія *или* для мятія
disposizione (f) di strozzamento per riduzione di luce 1
disposición (f) de estrangulación

---

drosseln (v)
to throttle
appareil (m) d'étranglement d'un passage

сузить; мять
strozzare (v), ridurre (v) la luce 2
estrangular (v)

Drosselung (f), Drosseln (n)
throttling
étranglement (m), rétrécissement (m), laminage (m)

суженіе (n); мятіе (n)
strozzamento (m), riduzione (f) di luce 3
estrangulación (f)

Drosselklappe (f)
throttle flap *or* butterfly valve
papillon (m)

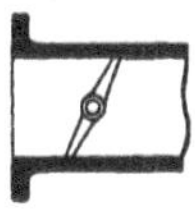

дроссельный клапанъ (m); дроссельная заслонка (f)
valvola (f) di strozzamento *o* di riduzione a farfalla 4
válvula (f) de estrangulación

Drosselschraube (f)
throttling screw valve
valve (f) d'étranglement à vis, pointeau (m) de laminage

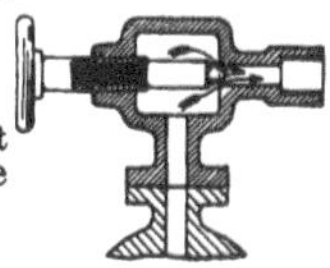

винтъ (m) для суженія *или* для мятія; игольчатый клапанъ (m)
vite (f) di strozzamento *o* di riduzione 5
tornillo (m) de estrangulación

Steuergestänge
Control Gear
Tringles de manœuvre

Распредѣлительные рычаги
Aste di distribuzione 6
Varillas de maniobra

Übertragungsgestänge (n), Steuerzug (m)
transmission gear
tiges (f pl) *ou* tringles (f pl) de commande, timonerie (f)

система (f) передаточныхъ рычаговъ; передаточные рычаги (m pl)
aste (f pl) di trasmissione 7
varillas (f pl) de transmisión

Steuerhub (m)
throw of lever control
course (f) du levier de manœuvre

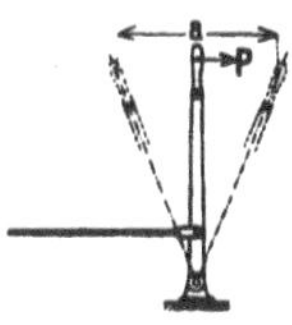

a

размахъ (m) распредѣлительнаго рычага
corsa (f) di distribuzione 8
carrera (f) de la palanca de maniobra

P

1 Steuerkraft (f)
controlling force
effort (m) nécessaire pour la manœuvre
сила (f), необходимая для управленія
forza (f) per la distribuzione
fuerza (f) de maniobra

2 steuern (v)
to control
manœuvrer (v), conduire (v) un appareil
управлять
manovrare (v)
maniobrar (v)

3 von Hand steuern (v)
to control by hand
manœuvrer (v) *ou* commander (v) à la main
управлять отъ руки *или* рукою
manovrare (v) a mano
maniobrar (v) á mano

4 selbsttätig *oder* automatisch gesteuert
controlled automatically
commandé automatiquement
самоуправляющійся; ... съ автоматическимъ управленіемъ
manovrato automaticamente
maniobrato automáticamente

5 feinfühlig steuern (v)
to control sensitively
manœuvrer (v) délicatement
управлять точно
manovrare (v) delicatamente
maniobrar (v) sensiblemente

6 die Steuerung ist feinfühlig *oder* empfindlich
the controlling gear is sensitive
la manœuvre est délicate, l'appareil de manœuvre est sensible, le maniement est délicat
точное *или* чувствительное управленіе (n)
la distribuzione è sensibile *o* delicata
la maniobra tiene una gran sensibilidad

7 Feinfühligkeit (f) *oder* Empfindlichkeit (f) der Steuerung
sensitiveness of controlling gear
délicatesse (f) de manœuvre, sensibilité (f) de l'appareil de manœuvre
чувствительность (f) управленія
sensibilità (f) *o* docilità (f) della distribuzione
sensibilidad (f) de la maniobra

8 die Steuerung hat toten Gang
the controlling gear has back play
l'appareil de manœuvre a du jeu
распредѣленіе (n) имѣетъ мёртвый ходъ
la distribuzione ha corsa morta *od* a vuoto
la distribución marcha con juego

9 umsteuern (v)
to reverse
renverser (v) la marche
перемѣнить (мѣнять) ходъ
invertire (v) la marcia
cambiar (v) la marcha

10 Umsteuerung (f)
reversing
renversement (m) de marche
перемѣна (f) хода
inversione (f) di marcia
inversión (f) ó cambio (m) de la marcha

Steuerstange (f)
controlling *or* gear lever
levier (m) de manœuvre

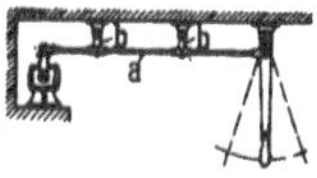

a

распредѣлительная тяга (f)
asta (f) di manovra *o* di distribuzione 1
varilla (f) de maniobra

Pendelschwinge (f), Pendelschiene (f)
swinging link
guide (m) *ou* support (m) oscillant

b

качающаяся поддержка (f)
guida (f) pendolare 2
soporte (m) pendular

Zugstange (f)
pull *or* tension rod
tringle (f), barre (f) de traction

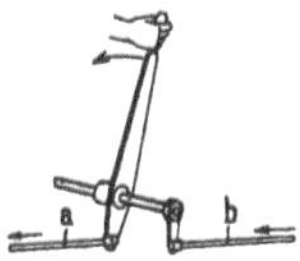

a

тяга (f)
tirante (m) 3
tirante (m)

Druckstange (f)
push rod
barre (f) exerçant une poussée *ou* une pression

b

стержень (m), подверженный сжатiю
asta (f) di pressione 4
varilla (f) de presión

Steuerwelle (f)
control spindle
arbre (m) *ou* axe (m) de l'appareil de manœuvre

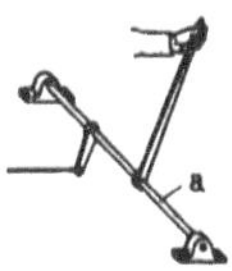

a

распредѣлительный валъ (m)
albero (m) di cambiamento di marcia 5
árbol (m) del aparato de maniobra

Hebelgestänge (n), Hebelwerk (n)
levers
[tringles (fpl) de la] commande (f) à levier

система (f) рычаговъ; рычажная система
leveraggio (m), attiraglio (m) a leve 6
las palancas (f pl)

Hebel (m)
lever
levier (m)

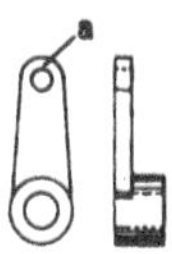

рычагъ (m)
leva (f) 7
palanca (f)

Hebelkopf (m)
lever head
tête (f) de levier

a

головка (f) рычага
testa (f) della leva 8
extremo (m) de la palanca

Hebelausschlag (m)
stroke of lever
écart (m) *ou* course (f) du levier

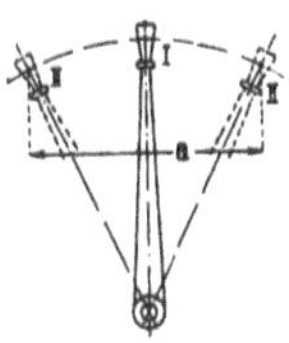

a

размахъ (m) *или* отклоненiе (n) рычага
spostamento (m) della leva 9
desviación (f) de la palanca

1	Mittellage (f) middle position position (f) moyenne	I	среднее положенiе (n) posizione (f) media posición (f) media
2	Endlage (f) end position position (f) finale *ou* extrême	II	крайнее положенiе (n) posizione (f) estrema posición (f) extrema
3	den Hebel in die Mittellage bringen (v) to bring the lever in the middle position placer (v) *ou* amener (v) le levier dans sa position moyenne		поставить рычагъ въ среднее положенiе portare (v) la leva in posizione media poner (v) la palanca en la posición media
4	den Hebel auslegen (v) *oder* in die Endlage bringen (v) to bring the lever in the end position placer (v) *ou* amener (v) le levier dans sa position extrême		поставить рычагъ въ крайнее положенiе portare (v) la leva in posizione estrema poner (v) la palanca en la posición extrema
5	Hebelübersetzung (f) leverage multiplication (f) [du levier], rapport (m) des bras de levier, transmission (f) par levier	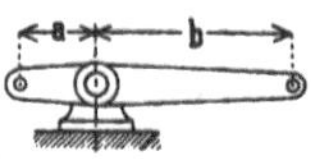 b : a	рычажная передача (f) trasmissione (f) a leve transmisión (f) por palancas
6	einarmiger Hebel (m) single armed lever levier (m) simple *ou* à un bras	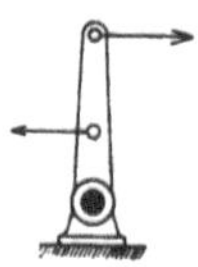	одноплечiй рычагъ (m) leva (f) ad un braccio palanca (f) de un brazo
7	zweiarmiger Hebel (m), Doppelhebel (m) double armed lever double levier (m), levier (m) à deux bras		двуплечiй рычагъ (m); двойной рычагъ leva (f) a due bracci palanca (f) de dos brazos
8	Stellhebel (m) adjustable lever levier (m) à manette *ou* à verrou	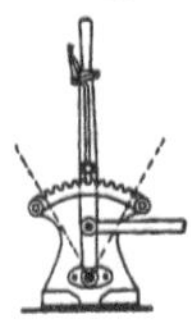	установочный *или* переводный рычагъ (m) leva (f) di manovra palanca (f) de cerrojo

Winkelhebel (m) bell crank lever levier (m) coudé	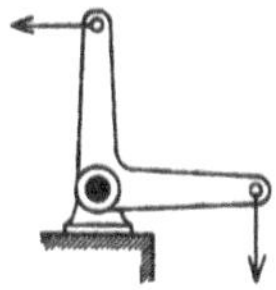	угловой рычагъ (m) leva (f) ad angolo palanca (f) angular	*1*
Kniehebel (m) toggle joint lever levier (m) coudé [à articulation], levier (m) articulé	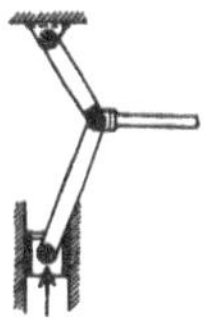	колѣнчатый рычагъ (m) leva (f) a ginocchiora palanca (f) acodada ó articulada	*2*
Kniehebelübersetzung (f) transmission by means of toggle joint lever transmission (f) [de mouvement] par levier coudé [articulé]		передача (f) колѣнчатымъ рычагомъ trasmissione (f) a ginocchiora, leva (f) a ginocchio transmisión (f) por palanca acodada	*3*
Handhebel (m) hand lever levier (m) de manœuvre, levier (m) à main		ручной рычагъ (m) leva (f) a mano palanca (f) de mano	*4*
Fußhebel (m), [Fuß-] Tritthebel (m) foot-lever, pedal [levier (m) à] pédale (f)	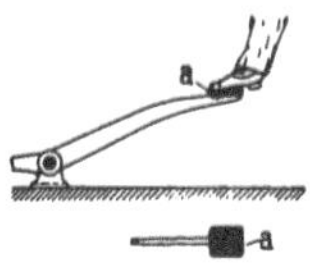	рычагъ (m) съ педалью; ножной рычагъ leva (f) da pedale palanca (f) de pedal	*5*
Fußtritt (m) treadle, pedal pédale (f)	a	педаль (f) pedale (m) pedal (m)	*6*
Hebelsteuerung (f) lever control manœuvre (f) par levier	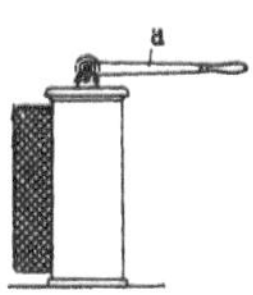	управленiе (n) рычагомъ manovra (f) a leve maniobra (f) por palancas	*7*
Steuerhändel (n), Steuerhebel (m) control lever levier (m) de manœuvre	a	рычагъ (m) для управленiя; переводный рычагъ leva (f) di manovra palanca (f) de maniobra	*8*

1 Handradsteuerung (f)
hand-wheel control
manœuvre (f) par volant

управленіе (n) маховичкомъ
manovra (f) a volantino
maniobra (f) por volante

---

2 Steuerhandrad (n)
control handwheel
volant (m) de manœuvre

a

маховичокъ (m) для управленія; переводный маховичокъ
volantino (f) di manovra
volante (m) de maniobra

---

3 Kurbelsteuerung (f)
crank control
manœuvre (f) par manivelle

управленіе (n) ручкой
manovra (f) a manovella
maniobra (f) por manivela

---

4 Steuerkurbel (f)
control crank lever
manivelle (f) de manœuvre

a

ручка (f) для управленія; переводная ручка
manovella (f) di manovra
manivela (f) de maniobra

---

5 Seilsteuerung (f)
rope control
manœuvre (f) par câble

управленіе (n) канатомъ
manovra (f) a fune
maniobra (f) por cable

---

6 Steuerseilscheibe (f)
control rope pulley
poulie (f) du câble de manœuvre

a

канатный шкивъ (m) для управленія; шкивъ для переводнаго каната
puleggia (f) di manovra per fune
polea (f) de cable de maniobra

---

7 Steuerseil (n)
control rope
câble (m) de manœuvre

b

канатъ (m) для управленія; переводный канатъ
fune (f) di manovra
cable (m) de maniobra

---

8 Kettensteuerung (f)
chain control
manœuvre (f) par chaîne

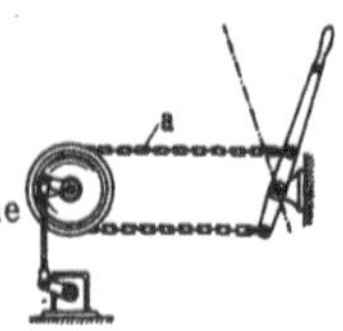

управленіе (n) цѣпью
manovra (f) a catena
maniobra (f) por cadena

---

9 Steuerkette (f)
control chain
chaîne (f) de manœuvre

a

цѣпь (f) для управленія; переводная цѣпь
catena (f) di manovra
cadena (f) de maniobra

Zentralsteuerung (f)
central control
appareil (m) *ou* dispositif (m) central de manœuvre *ou* centralisant les manœuvres
центральное управленіе (n)
manovra (f) centrale
maniobra (f) central 1

Steuerungsart (f)
system of control
système (m) de manœuvre, système (m) de commande, système (m) de distribution
система (f) управленія
modo (m) di manovra
sistema (m) de maniobra 2

VII.

Triebwerke
Gears, Gearing
Commande

Механизмы
Meccanismi di comando
Mecanismo de mando

---

1 Triebwerk (n), Getriebe (n)
gear, gearing
[mécanisme (m) de] commande (f)

приводъ (m); передача (f); механизмъ (m)
meccanismo (m) di comando, trasmissione (f)
mecanismo (m) de mando ó de impulsión ó de gobierno

---

2 Rädertriebwerk (n), Rädergetriebe (n)
spur gear, toothed gear
engrenages (m pl), commande (f) par engrenages, transmission (f) par engrenages

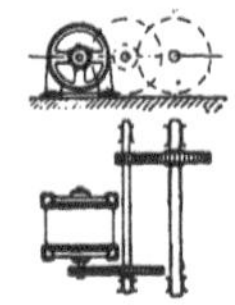

колёсная передача (f)
ruotismo (m), trasmissione (f) a ruote di ingranaggio
engranaje (m)

---

3 Schnecken[rad]getriebe (n), Schneckentriebwerk (n)
worm gear
commande (f) par vis sans fin

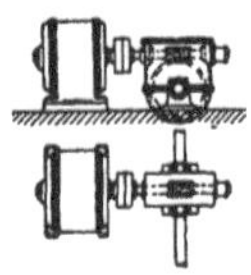

червячная *или* винтовая передача (f)
meccanismo (m) a vite perpetua
mecanismo (m) de tornillo sin fin

---

4 Triebwerkteile (m pl)
gear parts
organes (m pl) *ou* pièces (f pl) détachées du mécanisme, détails (m pl) du mécanisme de commande

части (f pl) передаточнаго механизма
pezzi (m pl) *o* parti (f pl) *od* elementi (m pl) del meccanismo di comando
órganos (m pl) del mecanismo

---

5 Hubwerk (n), Windwerk (n), Hubwindwerk (n), Lastwindwerk (n)
lifting gear
mécanisme (m) de levage, treuil (m), treuil (m) de levage *ou* élévatoire

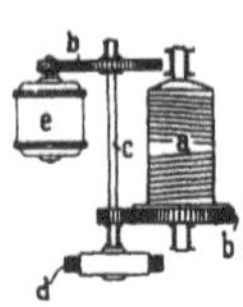

подъёмный механизмъ (m)
meccanismo (m) di sollevamento
mecanismo (m) elevador, torno (m)

Hubtrommel (f), Lasttrommel (f)
load drum *or* barrel
tambour (m) [d'appareil] de levage

a

барабанъ (m) для подъёма; барабанъ подъёмнаго механизма
tamburo (m) del meccanismo di sollevamento
tambor (m) elevador 1

Vorgelege (n)
gear (transmission)
transmission (f) intermédiaire

b

передача (f)
rinvio (m), rimando (m) 2
contramarcha (f), transmisión (f)

Vorgelegewelle (f)
gear shaft, spindle
arbre (m) [de transmission] intermédiaire *ou* de renvoi

c

промежуточный *или* передаточный валъ (m)
albero (m) di rinvio *o* di rimando 3
árbol (m) de la contramarcha

Hub[werk]bremse (f)
lifting brake
frein (m) [d'appareil] de levage

d

тормазъ (m) подъёмнаго механизма
freno (m) del meccanismo di sollevamento 4
freno (m) del mecanismo elevador

Hubmotor (m)
lifting motor
moteur (m) [d'appareil] de levage *ou* du mouvement

e

двигатель (m) для подъёма; подъёмный моторъ (m)
motore (m) per il meccanismo di sollevamento 5
motor (m) del aparato elevador

König[s]welle (f), Antriebwelle (f)
main crab shaft
arbre (m) principal, maître-arbre (m), arbre (m) de commande

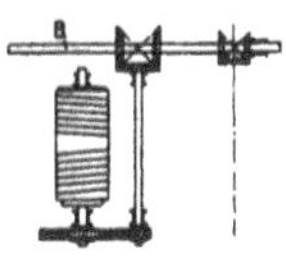

a

главный валъ (m); главный приводный валъ
albero (m) principale *o* di comando 6
árbol (m) principal *ó* de mando

Haupthubwerk (n)
main crab
mécanisme (m) principal de levage

главный подъёмный механизмъ (m)
meccanismo (m) principale di sollevamento 7
mecanismo (m) principal elevador

Hilfshubwerk (n), Hilfswindwerk (n)
auxiliary crab
mécanisme (m) auxiliaire de levage, treuil (m) auxiliaire

вспомогательный подъёмный механизмъ (m) 8
meccanismo (m) di sollevamento ausiliare
torno (m) auxiliar

1 Hubwerk (n) mit auswechselbarem *oder* umschaltbarem Vorgelege, Hubwerk (n) für zwei Geschwindigkeiten
crab with variable gear *or* purchase
[mécanisme (m) d'] appareil (m) de levage avec arbre baladeur *ou* transmission intermédiaire à mouvement de déplacement *ou* modifiable, appareil (m) de levage à deux vitesses

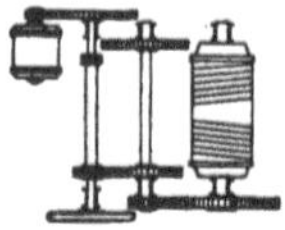

подъёмный механизмъ (m) со смѣннымъ *или* переключаемымъ приводомъ; подъёмный механизмъ на двѣ скорости
meccanismo (m) di sollevamento con albero di rinvio ricambiabile, meccanismo (m) di sollevamento a due velocità
torno (m) de contramarcha variable *ó* para dos velocidades

---

2 Zweitrommelhubwerk (n)
two-drum crab *or* lifting gear
appareil (m) de levage à double tambour

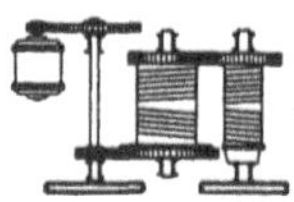

двухбарабанный подъёмный механизмъ (m); подъёмный механизмъ съ двумя барабанами
meccanismo (m) di sollevamento a due tamburi
torno (m) de dos tambores

---

3 Fahrwerk (n), Laufwerk (n), Fahrantrieb (m), Fahrgang (m), Fahrvorrichtung (f)
traversing gear
mécanisme (m) d'avancement, commande (f) de la translation *ou* de la direction

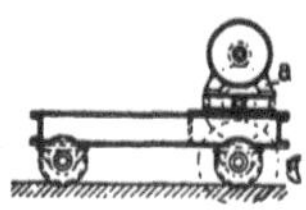

a

ходовой механизмъ (m); механизмъ для передвиженія *или* для перемѣщенія
meccanismo (m) di traslazione auto-trainante
mecanismo (m) de rodadura *ó* de translación

---

4 Fahrwindwerk (n)
hauling gear
treuil (m) d'avancement *ou* commandant la translation

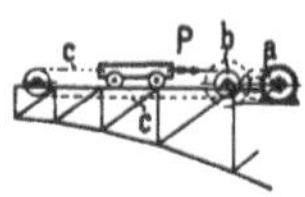

a

лебёдка (f) для перемѣщенія *или* для передвиженія
argano (m) di avanzamento, verricello (m) trainante
mecanismo (m) *ó* torno (m) de mando de la translación

---

5 Fahrtrommel (f)
drum of hauling gear
tambour (m) *ou* noix (m) d'avancement *ou* commandant la translation

b

барабанъ (m) механизма для перемѣщенія
tamburo (m) di traslazione
tambor (m) del mecanismo de translación

---

6 Fahrseil (n)
rope for hauling gear
câble (m) de translation *ou* commandant l'avancement

c

канатъ (m) для перемѣщенія
fune (f) di traslazione
cable (m) de translación

---

7 Fahrkette (f)
driving chain
chaîne (f) de translation *ou* commandant l'avancement

цѣпь (f) механизма для перемѣщенія
catena (f) di traslazione
cadena (f) de translación

Zugkraft (f), Fahrzug (m)
tractive force
force (f) de traction

P

сила (f) тяги; сила, необходимая для перемѣщенія телѣжки
forza (f) di trazione *o* traente 1
esfuerzo (m) de tracción

Antrieblaufrad (n), Lauftriebrad (n), Triebrad (n)
driven traversing wheel
roue (f) de commande de l'avancement *ou* de la translation, roue (f) motrice

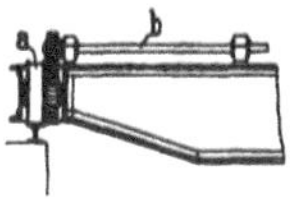

a

движущее ходовое колесо (n); ведуще ходовое колесо
ruota (f) di scorrimento comandata, trasmissione (f) *o* motrice (f) d'avanzamento 2
rueda (f) motriz

Fahrwerkwelle (f)
countershaft
arbre (m) du mécanisme d'avancement *ou* de translation

b

валъ (m) механизма для перемѣщенія; валъ ходового механизма
albero (m) del meccanismo di traslazione 3
árbol (m) del mecanismo de translación

Fahrbremse (f), Fahrwerkbremse (f)
traversing gear brake
frein (m) du mécanisme de translation

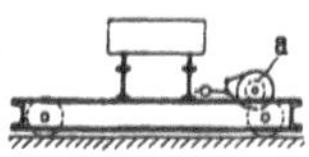

a

тормазъ (m) механизма для перемѣщенія; тормазъ ходового механизма
freno (m) della traslazione 4
freno (m) del mecanismo de translación

Fahrmotor (m), Fahrwerkmotor (m)
traversing gear motor
moteur (m) du mécanisme de translation *ou* du mouvement d'avancement

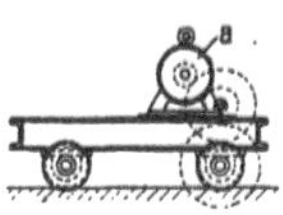

a

ходовой двигатель (m); моторъ (m) для передвиженія; двигатель ходового механизма 5
motore (m) della traslazione
motor (m) de translación

Kranfahrmotor (m)
traversing crane motor
moteur (m) commandant la translation d'une grue

a

крановой ходовой двигатель (m); моторъ (m) для передвиженія крана
motore (m) della grú scorrevole 6
motor (m) para la translación

Katzfahrmotor (m)
crab traversing motor
moteur (m) de commande de la direction d'un chariot [de pont roulant]

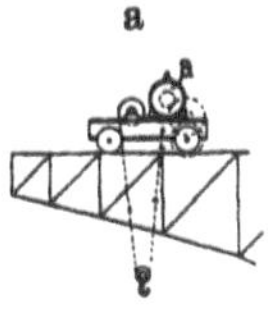

a

ходовой двигатель (m) телѣжки; моторъ (m) для передвиженія *или* для перемѣщенія телѣжки 7
motore (m) del carrello scorrevole
motor (m) para la translación del carro

1	Fahrgestell (n), Laufwagen (m) bogie wagon chariot (m) de pont roulant *ou* de grue	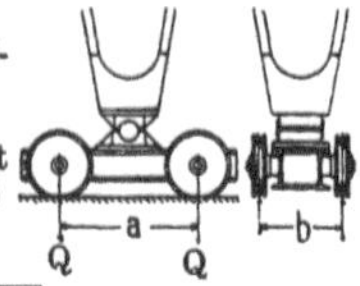 	ходовая часть (f) carro (m) mobile della gru carro (m) de grúa
2	Raddruck (m), Laufraddruck (m), Radlast (f) wheel pressure pression (f) d'une *ou* sur une roue, charge (f) de la roue motrice	Q	давленіе (n) ходового колеса; нагрузка (f) колеса; давленіе колеса pressione (f) *o* carico (m) sulle ruote presión (f) *ó* carga (f) sobre la rueda motriz
3	Radstand (m) wheel base distance (f) d'axe en axe des roues	a	база (f); разстояніе (n) между колёсами distanza (f) tra gli assi distancia (f) entre los ejes
4	Spurweite (f) width of gauge largeur (f) de la voie	b	ширина (f) колеи *или* хода scartamento (m) ancho (m) de la vía
5	Laufradbalancier (m), Laufradschwinge (f), zweiachsiges Fahrgestell (n) balancing device balancier (m) *ou* répartiteur (m) de la charge sur les essieux, truck (m) à deux essieux	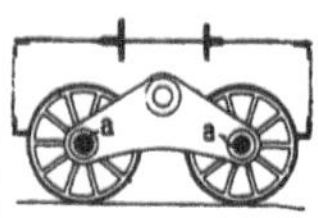 	двухколёсный балансиръ (m); двухколёсное ходовое устройство (n) accoppiamento (m) a bilanciere, carrello (m) a due assi balancín (m) del carro
6	Lagerung (f) der Laufräder in einer Schwinge bearing of the wheels in a balancing device montage (m) des roues dans les boîtes *ou* paliers du balancier		расположеніе (n) осей ходовыхъ колёсъ въ балансирѣ montaggio (m) delle ruote portanti in un bilanciere sujeción (f) de las ruedas en un balancín
7	Schwingzapfen (m) bogie pin tourillon (m), centre (m) d'oscillation	a	качающаяся цапфа (f) perno (m) di oscillazione perno (m), centro (m) de oscilación
8	Drehgestell (n), Drehschemel (m) bogie truck truck (m) de grue pivotante truck (m) de grue de chemin de fer	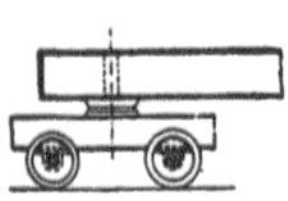	поворотная телѣжка (f) carrello (m) girevole, gru (f) girevole su carrello carro (m) giratorio

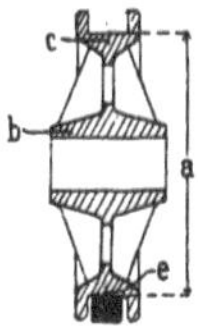

Laufrad (n)
traversing wheel
roue (f) porteuse, galet (m)

ходовое колесо (n); бѣгунокъ (m)
ruota (f) portante
rueda (f) portadora *1*

Laufraddurchmesser(m)
diameter of traversing wheel
diamètre (m) de la roue porteuse

a

діаметръ (m) ходового колеса
diametro (m) della ruota portante *2*
diámetro (m) de la rueda

Laufradnabe (f)
boss of traversing wheel
moyeu (m) de roue porteuse

b

ступица (f) ходового колеса
mozzo (m) della ruota portante *3*
cubo (m) de la rueda

Laufradkranz (m)
rim of traversing wheel
jante (f) de roue, couronne (f) de roue

c

ободъ (m) колеса тележки
corona (f) della ruota portante *4*
corona (f) de la rueda

Laufläche (f)
running surface
surface (f) de roulement [d'une roue]

e

поверхность (f) катанія
superficie (f) di scorrimento *o* portante, superficie (f) aderente *5*
superficie (f) de rodadura

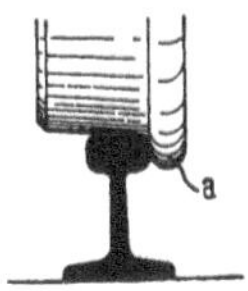

a

Spurkranz (m), Laufradflansch (m)
wheel flange
boudin (m) *ou* talon (m) de roue porteuse

реборда (f) *или* гребень (m) ходового колеса; фланецъ (m) ходового колеса
orlo (m) *o* bordino (m) della ruota *6*
borde (m) *ó* pestaña (f) de la rueda

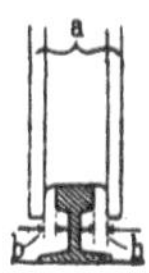

a

Doppelspurkranz (m)
double flange
double boudin (m) [de roue]

ободъ (m) съ двумя ребордами *или* съ двума гребнями
orlo (m) doppio, bordino (m) doppio *7*
borde (m) doble, doble pestéña (f)

Spiel (n) des Laufrades, Laufradspiel (n)
play *or* clearance of the wheel
jeu (m) de la roue porteuse

b

зазоръ (m) ходового колеса
giuoco (m) della ruota portante *8*
juego (m) de la rueda portadora

1 Ecken (n) des Laufrades
twisting of the traversing wheel
inclinaison (f) *ou* coincement (m) de la roue porteuse

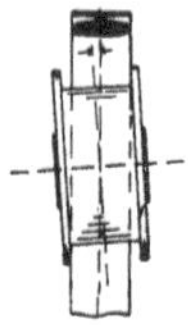

защемленіе (n) ходового колеса
inclinazione (f) della corona della ruota portante
inclinación (f) de la rueda

---

2 das Laufrad eckt
the traversing wheel binds *or* jambs
la roue porteuse s'incline

ходовое колесо (n) защемляется
la ruota portante s'inclina
la rueda se inclina

---

3 Laufrad (n) mit gerader Lauffläche, zylindrisches Laufrad (n)
cylindrical travelling wheel
roue (f) porteuse à surface de roulement plane, roue (f) porteuse cylindrique

цилиндрическое ходовое колесо (n); ходовое колесо съ прямой поверхностью катанія
ruota (f) portante a corona cilindrica
rueda (f) [de superficie de rodadura] cilíndrica

---

4 Laufrad (n) mit kegel[förm]iger *oder* konischer Lauffläche, kegel[förm]iges *oder* konisches Laufrad (n)
conical travelling wheel
roue (f) porteuse à surface de roulement conique, roue (f) porteuse conique

коническое ходовое колесо (n); ходовое колесо съ конической поверхностью катанія
ruota (f) portante a corona conica
rueda (f) [de superficie de rodadura] cónica

---

5 Laufrad (n) mit balliger *oder* kugeliger Lauffläche, kugeliges Laufrad (n)
spherical travelling wheel
roue (f) porteuse à surface de roulement bombée *ou* hémisphérique, roue (f) à profil hémisphérique

ходовое колесо (n) съ выпуклымъ ободомъ; ходовое колесо съ шаровой поверхностью катанія
ruota (f) portante a calotta sferica
rueda (f) [de superficie de rodadura] esférica

---

6 fliegendes Laufrad (n)
overhung traversing wheel
roue (f) porteuse en porte-à-faux

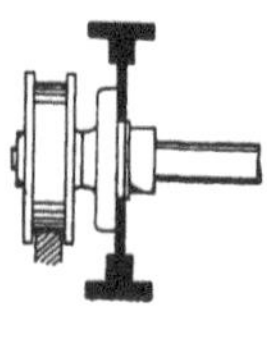

ходовое колесо (n), расположенное на вѣсу; наружное ходовое колесо
ruota (f) portante montata in sbalzo
rueda (f) montada en un extremo

---

7 das Laufrad ist fliegend auf der Achse angeordnet
the traversing wheel is overhung
la roue est [montée] en porte-à-faux

ходовое колесо (n) расположено на вѣсу
la ruota portante è callegata in sbalzo sull'asse
la rueda está montada en un extremo del árbol

Laufradachse (f), Laufachse (f)
axle of traversing wheel
essieu (m) *ou* arbre (m) de roue porteuse

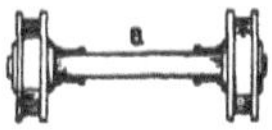

a

ось (f) ходового колеса
asse (f) portante della ruota 1
eje (m) de la rueda portadora

---

das Laufrad läuft lose auf der Achse
the travelling wheel is loose on the axle
la roue porteuse est folle sur l'essieu

ходовое колесо (n) сидитъ свободно на оси; свободное ходовое колесо 2
la ruota portante gira folle sull'asse
la rueda está móvil *ó* loca sobre el árbol

---

ausgebüchstes Laufrad (n)
bushed traversing wheel
roue (f) porteuse à boîte *ou* coussinet [de graissage]

ходовое колесо (n) со вставленной втулкой *или* буксой
ruota (f) portante con boccola di scorrimento *od* a cuscinetto 3
rueda (f) de cubo

Laufradbüchse (f)
bush of traversing wheel
boîte (f) *ou* coussinet de graissage de roue porteuse, boîte (f) à graisse de roue porteuse, bague (f) de galet

a

втулка (f) *или* букса (f) ходового колеса
boccola (f) di scorrimento della ruota portante cuscinetto 4
buje (m) de la rueda

Schleißblech (n), Anlaufscheibe (f)
faced washer *or* disc
disque (m) de friction, bague (f) de garde

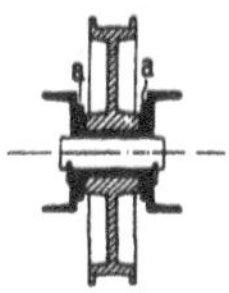

a

прокладка (f) *или* прокладной листъ (m) между ступицей и рамой 5
piastrina (f) di frizione *o* di guardia
disco (m) de rozamiento

---

gefederte *oder* abgefederte Laufradachse (f)
axle mounted on springs
essieu (m) de roue porteuse avec ressort de suspension

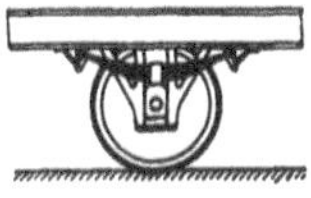

ось (f) ходового колеса телѣжки съ рессорою; подрессорная ось ходового колеса
asse (m) della ruota portante montata con molla di sospensione 6
eje (m) de la rueda con muelles de suspensión

Scheibenrad (n)
disc wheel
roue (f) pleine, disque (m)

дисковое колесо (n)
ruota (f) piena *od* a disco 7
rueda (f) de disco *ó* de platillo

1 Speichenrad (n)
wheel with arms *or* spokes
roue (f) à rais *ou* rayons *ou* bras

колесо (n) со спицами *или* съ ручками
ruota (f) a razze
rueda (f) de radios

---

2 Reifenrad (n), Bandagenrad (n)
tyred *or* tired (A) wheel
roue (f) à bandage

колесо (n) съ бандажомъ
ruota (f) a cerchione
rueda (f) de bandaje

---

3 Radreifen (m), Bandage (f)
tyre, tire (A)
bandage (m) de roue

a

бандажъ (m) колеса; бандажъ
cerchione (m) della ruota
bandaje (m) ó aro (m) de rueda

---

4 einen Radreifen aufziehen (v)
to tyre *or* tire (A) a wheel
placer (v) un bandage

насаживать *или* надѣвать бандажъ
montare (v) un cerchione della ruota
montar (v) el bandaje

---

5 verzahntes Laufrad (n), Laufrad (n) mit angegossenem Zahnkranz
traversing wheel with toothed rim cast on
roue (f) porteuse dentée, roue (f) porteuse avec couronne dentée venue de fonte, galet (m) moteur denté

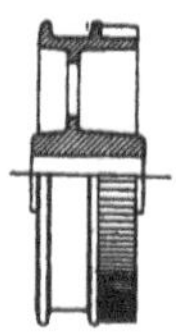

ходовое колесо (n), отлитое заодно съ зубчатымъ ободомъ *или* зубчатымъ вѣнцомъ
ruota (f) portante dentata
rueda (f) dentada motriz, rueda (f) motriz con corona dentada de fundición

---

6 Lenkrad (n)
guide wheel
roue-guide (f)

a

направляющее колесо (n); направляющій бѣгунокъ (m)
ruota-guida (f)
rueda-guía (f)

---

7 Laufrolle (f)
travelling roller
galet (m) de roulement, rouleau (m)

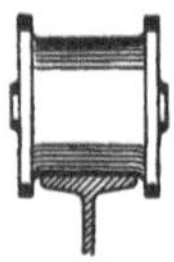

катокъ (m)
girella (f), rotella (f) di scorrimento, rocchetto (m) scorrevole
roldana (f)

Gegendruckrolle (f)
roller for opposing pressure
galet (m) de contre-pression *ou* d'équilibre de dévers

a

уравновѣшивающій катокъ (m)
girella (f) *o* rocchetto (m) di contropressione 1
polea (f) de contrapresión

Schwenkwerk (n), Drehwerk (n), Schwenkantrieb (m), Drehantrieb (m), Schwenkvorrichtung (f), Drehvorrichtung (f)
slewing *or* rotation gear
mécanisme (m) de rotation, commande (f) d'appareil de levage tournant *ou* pivotant

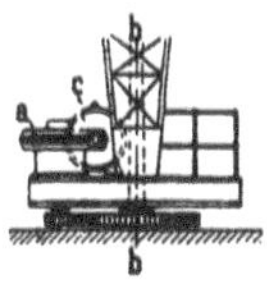

a

поворотный механизмъ (m); механизмъ для поворота; приводъ (m) поворотнаго механизма 2
meccanismo (m) di rotazione
mecanismo (m) de rotación *ó* de giro

Schwenkachse (f), Drehachse (f)
slewing *or* rotation axis
axe (m) de rotation

b — b

ось (f) поворота; ось вращенія
asse (m) di rotazione 3
eje (m) de rotación

Schwenkmotor (m)
slewing *or* rotation motor
moteur (m) pour le mouvement de rotation *ou* de giration, moteur (m) d'appareil de levage tournant *ou* pivotant

c

двигатель (m) для [быстраго] поворота
motore (m) pel movimento di rotazione 4
motor (m) del aparato de rotación

Schwenklager (n)
slewing bearing
palier (m) du pivot, crapaudine (f)

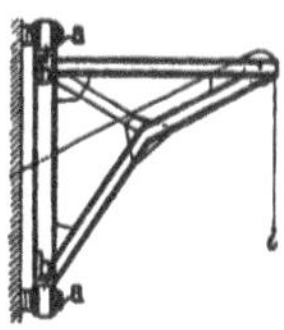

a

подшипникъ (m) [быстро] поворотной цапфы
sopporto (m) del perno di rotazione 5
soporte (m) de rotación, quicionera (f)

Schwenkzapfen (m), Drehzapfen (m)
slewing journal
tourillon (m), pivot (m)

b

поворотная цапфа (f)
perno (m) di rotazione 6
pivote (m)

Rollkranz (m), Rollenbahn (f), Schienenkranz (m)
rotation roller path
couronne (f) de roulement des galets, couronne (f) à rails, chemin (m) de roulement

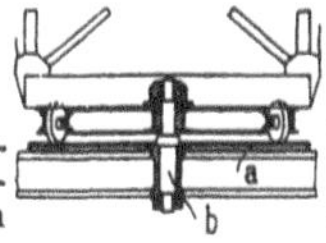

a

круговой рельсъ (m) для катковъ
guida (f) delle rotelle, corona (f) delle girelle, 7
binario (m) circolare
corona (f) de rodillos

1 König (m), König[s]-zapfen (m), Königstock (m), Mittelzapfen (m)
king journal
maître-pivot (m), tourillon (m) central

b

серединная цапфа (f); средняя цапфа
perno (m) principale
gorrón (m) principal

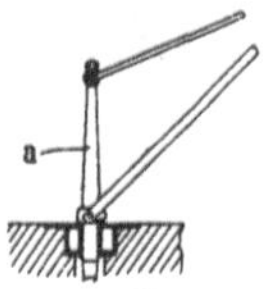

2 Drehsäule (f)
slewing column
colonne (f) tournante *ou* pivotante, fût (m) pivotant

a

поворотная стойка (f) *или* колонна (f)
colonna (f) girevole
columna (f) giratoria

---

3 Zentrier[ungs]zapfen (m)
centreing journal
pivot (m) de centrage

центрирующая цапфа (f); цапфа для центрованія
perno (m) di centratura *o* centrale
perno (m) de centrar

---

4 Einziehwerk (n), Wippwerk (n), Einziehvorrichtung (f), Wippvorrichtung (f), Auslegerzugwerk (n)
jib adjusting gear, luffing gear
mécanisme (m) de variation [de relèvement *ou* d'abaissement] de la volée

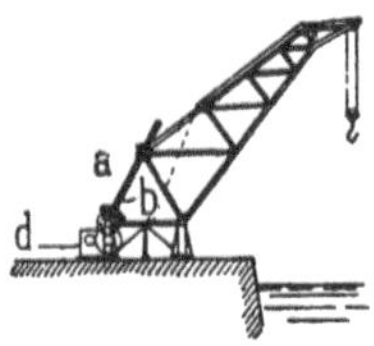

a

механизмъ (m) для перемѣщенія укосины
meccanismo (m) di sollevamento a braccio variante
mecanismo (m) de variación de vuelo *ó* de brazo

---

5 Einziehspindel (f), Wippwerkspindel (f), Auslegerspindel (f)
luffing *or* adjusting spindle *or* screw
vis (f) de relèvement *ou* abaissement de la volée *ou* de variation de la volée, béquille (f) filetée

b

шпиндель (m) укосины
vite (f) di manovra del braccio, vite (f) di sollevamento a braccio variante *o* della volata
tornillo (m) elevador para el brazo

---

6 Wippmotor (m), Einziehmotor (m)
jib adjusting *or* luffing motor
moteur (m) de commande de la volée

d

двигатель (m) *или* моторъ (m) для перемѣщенія укосины
motore (m) per la manovra del braccio *o* per il sollevamento a braccio variante
motor (m) para la variación del brazo

---

7 Einziehflaschenzug (m)
pulley block luffing gear
palan (m) de relèvement de la volée

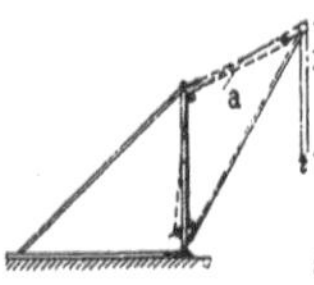

a

полиспастъ (m) *или* таль (f) для подъёма укосины
taglia (f) per manovra del braccio *o* della volata
aparejo (m) para la variación del brazo

VIII.

Einfache Hebezeuge

Simple Lifting Tackle

Appareils simples de levage

Простые грузоподъёмные приборы

Apparecchi semplici di sollevamento

Aparatos sencillos de elevación

Brechstange (f)
pinch bar
levier (m), pince (f), pied-de-biche (m), pied-de-chèvre (m)

a

ломъ (m)
leva (f), paletto (m), palanchino (m) di capra
palanca (f), alzaprima (f), pie (m) de cabra 1

Hebebaum (m)
shod bar, lever
anspect (m)

аншпугъ (m); вага (f)
albero (m) da leva 2
alzaprima (f)

Hebelade (f)
jack, hoisting jack
cric (m) à simple noix, cric (m) à crochet

рычажный подъёмъ (m); простой рычажный домкратъ (m)
verino (m) a gancio, crichetto (m) 3
gato (m)

Hubhebel (m), Lasthebel (m), Schwinge (f), Balancier (m)
inverted lever
bascule (f), levier (m) basculant, balancier (m)

a

подъёмный рычагъ (m); балансиръ (m)
leva (f) a bilanciere, bilancia (f) 4
palanca (f) basculante

1 Schraubenwinde (f)
screw jack
vérin (m)

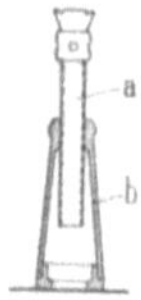

винтовой домкратъ (m)
martinetto (m), martinello (m)
gato (m) de rosca *ó* de levantar, cric (m)

---

2 Hubspindel (f), Windenschraube (f)
jack screw
vis (f) de cric

a

винтъ (m) *или* шпиндель (m) домкрата
vite (f) del martinetto
tornillo (m) *ó* vástago (m) del gato

---

3 Windenkörper (m), Windenschaft (m)
jack body
corps (m) *ou* fût (m) de cric

b

остовъ (m) *или* станина (f) домкрата
corpo (m) *o* fuso (m) della vite *o* del martinetto
cuerpo (m) del gato

---

4 Schraubenwinde (f) mit Ratsche
screw jack with ratchet
vérin (m) à rochet *ou* à cliquet

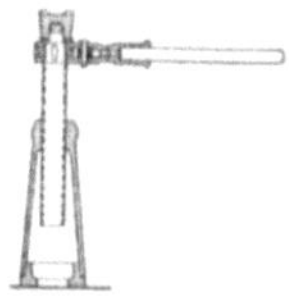

винтовой домкратъ (m) съ трещёткой
martinetto (m) a vite con nottolino *od* arresto
gato (m) de rosca con carraca

---

5 Differential[schrauben]-winde (f)
differential screw jack
vérin (m) différentiel

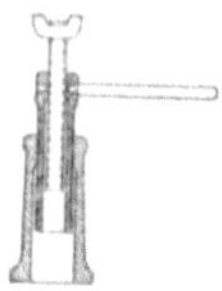

дифференціальный [винтовой] домкратъ (m)
martinetto (m) differenziale
gato (m) de rosca diferencial

---

6 Dreifußwinde (f)
tripod jack
cric (m) à trépied

треножный домкратъ (m); домкратъ въ треножникѣ
martinetto (m) a trepiedi
gato (m) de trípode

---

7 Flaschenwinde (f)
bottle jack
vérin (m) en forme de bouteille

бутылочный *или* бутыльчатый домкратъ (m)
martinetto (m) con piedestallo a bottiglia
gato (m) en forma de botella

---

8 [Schrauben-]Schlittenwinde (f)
sliding *or* traversing screw jack
vérin (m) à chariot

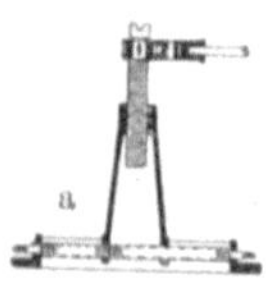

[винтовой] домкратъ (m) на салазкахъ
martinetto (m) a slitta, verino (m) a slitta *o* di traslazione
gato (m) corredero *ó* de carretón

---

9 Fußschlitten (m)
slide rails
chariot (m) de vérin

a

салазки (f pl)
slitta (f) di base
carretón (m)

Nietwinde (f)
riveting jack
truc (m) à vis, vérin (m) à riveter

клепальный домкратъ (m); заклёпный нажимъ (m)
martinetto (m) per chiodare, chiodatore (m) 1
gato (m) para remachar

Zugwinde (f)
stretching screw
vérin (m) *ou* cric (m) de traction

подвѣсный домкратъ (m)
argano (m) a vite di trazione 2
gato (m) de tracción *ó* tensor

Schraubenzugwinde (f)
stretching screw
cric (m) de traction à vis

винтовой подвѣсный домкратъ (m)
argano (m) a vite di trazione 3
gato (m) de tracción de tornillo, torno (m) tensor

Schraubenzug- und Druckwinde (f), Spreize (f)
combined tension and compression screw coupling
cric (m) de traction et de compression

нажимной и стяжной домкратъ (m)
martinetto (m) a vite di tensione e compressione 4
gato (m) de rosca de tracción y de empuje

---

hydraulische Zugwinde (f)
hydraulic draw coupling
vérin (m) hydraulique (de traction), levier (m) hydraulique

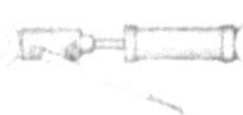

гидравлическій подвѣсный домкратъ (m)
martinetto (m) idraulico 5
gato (m) hidráulico de tracción

Schraubenbock (m)
screw jack
vérin (m)

винтовой подпоръ (m); винтовые козлы (m pl)
martinetto (m) a cavalletto 6
gato (m) de rosca

Hebebock (m), Windenbock (m)
lifting jack
vérin (m) de levage

винтовой подъёмникъ (m)
cavalletto (m) di sollevamento 7
gato (m)

Lokomotivhebebock (m)
locomotive jack
vérin (m) *ou* cric (m) de locomotive

паровозный подъёмникъ (m)
martinetto (m) a cavalletto, binda (f) per locomotive 8
gato (m) para locomotora

1 hydraulischer Hebebock (m), Daumenkraft (f)
hydraulic jack
vérin (m) hydraulique

гидравлическій домкратъ (m)
martinetto (m) idraulico a cavalletto
gato (m) hidráulico

---

2 Dreibein (n), Dreibaum (m), Dreibock (m)
tripod
trépied (m)

тренога (f)
trepiede (m), capra (f)
trípode (m)

---

3 Zahnstangenwinde (f)
rack and pinion jack
cric (m) [à crémaillère]

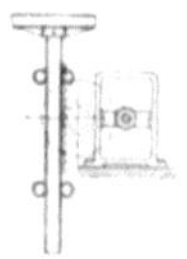

домкратъ (m) съ зубчатой рейкой
binda (f) ad asta dentata *od* a cremagliera
gato (m) de cremallera, cric (m)

---

4 Wagenwinde (f)
valey *or* cart jack
vérin (m) *ou* cric (m) de wagon *ou* de voiture

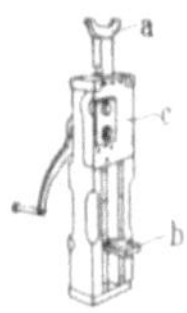

домкратъ (m) для вагоновъ; вагонный домкратъ
martinetto (m) per carri, binda (f) da carri
gato (m) para coches

---

5 Horn (n), Kopfklaue (f)
head
tête (f) de vérin *ou* de cric

a

головка (f) домкрата
testa (f) del verino *o* della binda
cuerno (m)

---

6 Fuß (m), Fußklaue (f)
foot
griffe (f) de vérin *ou* de cric

b

ножка (f) *или* лапа (f) домкрата
sperone (f), zampa (f) di presa
pie (m)

---

7 Windenmantel (m)
shell *or* body of jack
corps (m) de vérin *ou* de cric

c

тѣло (n) *или* корпусъ (m) домкрата
rivestimento (m) della binda
cuerpo (m) del gato

---

8 Lokomotivwinde (f)
locomotive winch
vérin (m) *ou* cric (m) de locomotive

паровозный домкратъ (m)
binda (f) da locomotive
gato (m) para locomotoras

---

9 Holzwinde (f)
timber winch
vérin (m) pour bois

деревянный домкратъ (m)
martinetto (m) per legnami
gato (m) para madera

Kesselwinde (f)
boiler winch
vérin (m) *ou* cric (m) pour chaudières

котельный домкратъ (m)
martinetto (m) da caldaie
gato (m) para calderas 1

Schiffswinde (f), Kahnwinde (f)
ship's winch
treuil (m) de bateaux, treuil (m) pour canots

судовая лебёдка (f)
argano (m) da battelli
torno (m) de buque 2

Steinwinde (f)
stone winch
treuil (m) *ou* cric (m) *ou* vérin (m) pour soulever les pierres

домкратъ (m) для подъёма камня
argano (m) da pietre
torno (m) para piedra 3

Faßwinde (f)
barrel winch
cric (m) pour tonneaux

домкратъ (m) для подъёма бочекъ
argano (m) da botti
torno (m) para barriles 4

Schützenwinde (f), Schützenzug (m), Schleusenwinde (f)
sluice winch *or* gear
treuil (m) *ou* vérin (m) à crémaillère pour écluses, cric (m) pour vanne

шлюзный воротъ (m); шлюзовая лебёдка (f)
binda (f) da paratoie
torno (m) de esclusa 5

IX.

Winden — Лебедки
Winches — Argani
Treuils — Tornos

---

1 Winde (f)
windlass, winch
treuil (m)

лебёдка (f); сложный воротъ (m)
argano (m)
torno (m)

---

2 aufwinden (v)
to wind up *or* hoist *or* raise
lever (v) [au moyen d'un treuil], haler (v)

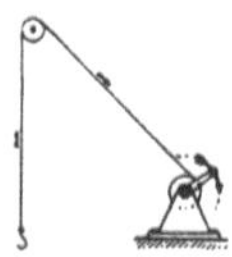

поднять (поднимать) помощью ворота *или* помощью лебёдки
sollevare (v) a mezzo dell'argano
levantar (v)

---

3 abwinden (v)
to un wind *or* lower down
descendre (v) [au moyen d'un treuil], affaler (v)

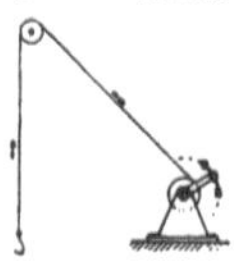

спустить (спускать) *или* травить помощью ворота *или* помощью лебёдки
far (v) discendere a mezzo dell'argano
descender (v), bajar (v)

---

4 Windentriebwerk (n)
winch driving gear
mécanisme (m) de treuil

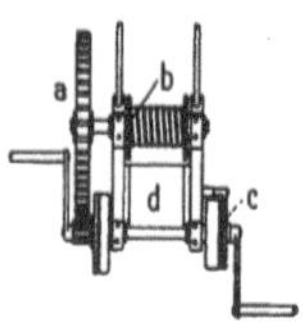

передаточный механизмъ (m) ворота *или* лебёдки
meccanismo (m) dell'argano
mecanismo (m) de mando del torno

a

---

5 Windentrommel (f)
winch drum *or* barrel
tambour (m) de treuil

b

барабанъ (m) ворота *или* лебёдки
tamburo (m) dell'argano
tambor (m) del torno

Windensperrung (f)
winch ratchet gear
encliquetage (m) de treuil

c

останова (m) ворота *или* лебёдки
arresto (m) *od* arpionismo (m) dell'argano 1
enclavamiento (m) del torno

Windengestell (n), Windengerüst (n)
winch frame
bâti (m) de treuil

d

станина (f) *или* остовъ (m) ворота *или* лебёдки 2
intelaiatura (f), affusto (m) dell'argano
armazón (f) del torno

Windenschild (m), Seitenteil (m) der Winde
side *or* cheek of winch frame
flasque (m) de treuil

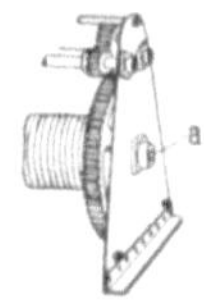

a

боковая станина (f) лебёдки *или* ворота
disco (m) *o* fiancata (f) dell'argano 3
placa (f) lateral del torno

Hubwinde (f)
lifting winch
treuil (m) de levage

подъёмный воротъ (m); подъёмная лебёдка (f)
argano (m) di sollevamento 4
torno (m) de elevación

Senkwinde (f)
lowering winch
treuil (m) de descente

спускной *или* спусковой воротъ (m); спускная *или* спусковая лебёдка (f) 5
argano (m) di discesa
torno (m) de descenso

Hauptwinde (f)
main winch
treuil (m) principal

главный воротъ (m); главная лебёдка (f) 6
argano (m) principale
torno (m) principal

Hilfswinde (f)
auxiliary winch
treuil (m) auxiliaire *ou* de secours

вспомогательный воротъ (m); вспомогательная лебёдка (f) 7
argano (m) ausiliare
torno (m) auxiliar

Sicherheitswinde (f)
safety winch
treuil (m) de sûreté

предохранительный воротъ (m); предохранительная лебёдка (f) 8
argano (m) di sicurezza
torno (m) de seguridad

Hakenwinde (f)
winch with hook
treuil (m) à crochet (de suspension)

воротъ (m) *или* лебёдка (f) съ крюкомъ
argano (m) a gancio 9
torno (m) de gancho (de suspensión)

1 Seilwinde (f), Kabelwinde (f), Kabel (n)
rope winch
treuil (m) à câble

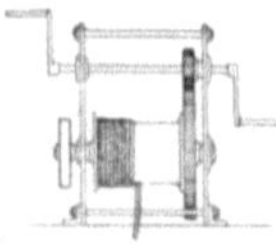

канатный воротъ (m); канатная лебёдка (f)
argano (m) a fune
torno (m) de cable

---

2 Gruben[kabel]winde (f), Grubenkabel (n), Schachtkabel (n), Schachtwinde (f), Förderkabel (n), [Förder-]Haspel (f)
pit head winch *or* winding engine
treuil (m) de mines, treuil (m) de puits de mine, treuil (m) d'extraction

рудничная лебёдка (f); рудниковый подъёмникъ (m); воротъ (m) для рудниковъ
argano (m) a fune per miniera
torno (m) de cable para pozo de minas, torno (m) de extracción

---

3 Spannkabelwinde (f), Spannkabel (n)
cable stretcher
treuil (m) de câble d'amarre

воротъ (m) *или* лебёдка (f) для натяженія каната
tenditore (m) della fune
torno (m) para cable de anclaje

---

4 Kettenwinde (f)
chain winch
treuil (m) à chaîne

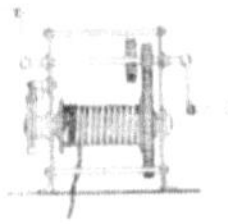

цѣпная лебёдка (f); цѣпной воротъ (m)
argano (m) a catena
torno (m) de cadena

---

5 Räderwinde (f), Stirnradwinde (f)
winch with spur gear
treuil (m) à engrenages

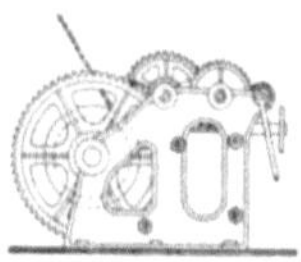

колёсная лебёдка (f); колёсный воротъ (m)
argano (m) a ruote dentate
torno (m) de engranaje

---

6 Schneckenwinde (f), Schneckenradwinde (f)
winch with worm gear
treuil (m) à vis sans fin

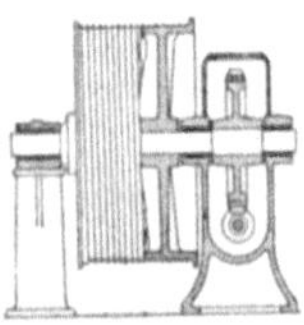

лебёдка (f) *или* воротъ (m) съ червячной передачей *или* съ винтовымъ колесомъ
argano (m) a vite senza fine *o* perpetua
torno (m) de tornillo sin fin

---

7 Reibungswinde (f)
winch with friction gear
treuil (m) à friction

фрикціонная лебёдка (f); фрикціонный воротъ (m)
argano (m) a ruote di frizione
torno (m) de fricción

---

8 Keilradreibungswinde (f)
winch with wedge friction gear
treuil (m) de friction à roues coniques

лебёдка (f) *или* воротъ (m) съ клинчатыми фрикціонными колёсами
argano (m) a ruote di frizione a cuneo
torno (m) de ruedas cónicas de fricción

Trommelwinde (f)
drum winch
treuil (m) à tambour

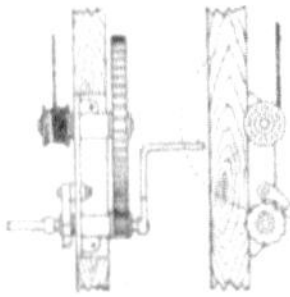

барабанная лебёдка (f)
барабанный воротъ (m)
argano (m) a tamburo
torno (m) de tambor 1

Kettenradwinde (f), Kettennußwinde (f)
chain-gear winch
treuil (m) avec pignon pour chaîne *ou* avec roue à empreinte, treuil (m) à roue dentée pour chaîne

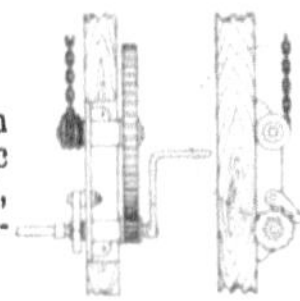

лебёдка (f) *или* воротъ (m) со звѣздочкой
argano (m) a tamburo per ruote a catena
torno (m) de rueda de engrane *ó* cadena 2

Spillwinde (f), Seilreibungswinde (f)
capstan winch
treuil (m) à moufle

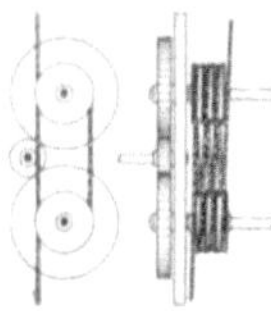

шпилевая лебёдка (f)
argano (m) a frizione
cabrestante (m) 3

Winde (f) für einfache *oder* eintrümmige Förderung
winch for single hauling
treuil (m) à un câble, treuil (m) pour simple levage

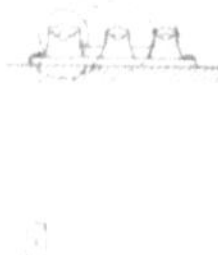

лебёдка (f) *или* воротъ (m) съ однимъ рабочимъ канатомъ
argano (m) ad un cavo
torno (m) para un cable 4

Winde (f) für Doppelförderung *oder* für doppeltrümmige Förderung
winch for double hauling
treuil (m) à deux câbles, treuil (m) pour double levage

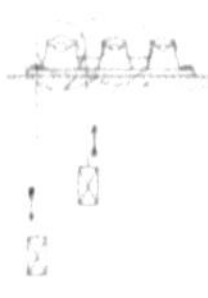

лебёдка (f) *или* воротъ (m) съ двумя рабочими канатами
argano (m) a doppio cavo
torno (m) para dos cables 5

Wellbaum (m)
well winch *or* windlass
treuil (m) de puits

простой воротъ (m)
asse (m) *od* albero (m) dell'argano
torno (m) de pozo 6

Druckspeiche (f)
bar, spoke, tommy
barre (f) de treuil

a

ручка (f) ворота
aspo (m) *o* manubrio (m) *o* sbarra (f) dell'argano
barra (f) del torno 7

1 Bockwinde (f)
simple frame winch, crab
treuil (m) à bâti, treuil (m) ordinaire à pattes

лебёдка (f)
argano (m) a cavalletto
torno (m) de caballete

---

2 Konsolwinde (f), Wandwinde (f)
bracket *or* wall winch
treuil-console (m), treuil (m) d'applique

стѣнная лебёдка (f); настѣнный воротъ (m)
argano (m) murale *o* da muro
torno (m) de consola

---

3 Kopfwinde (f)
overhung wall winch
petit treuil (m) de muraille *ou* d'applique

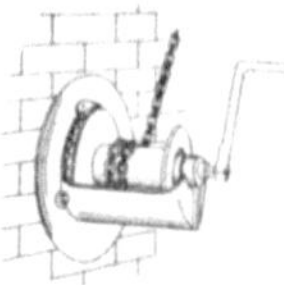

небольшая стѣнная лебёдка (f)
arganello (m) da parete murale
torno (m) de muro

---

4 Eintrommelwinde (f)
single drum winch
treuil (m) à simple tambour

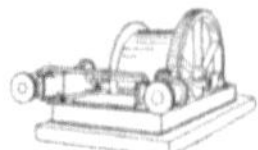

однобарабанная лебёдка (f); воротъ (m) съ однимъ барабаномъ
argano (m) ad un tamburo
torno (m) de un tambor

---

5 Zweitrommelwinde (f)
two-drum winch
treuil (m) à double tambour

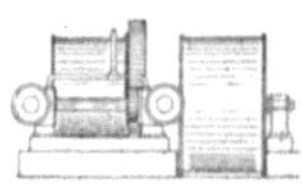

двухбарабанная лебёдка (f); воротъ (m) съ двумя барабанами
argano (m) a due tamburi
torno (m) de dos tambores

---

6 [Selbst-]Greiferwinde (f)
automatic-grab winch
treuil (m) pour drague automatique *ou* à benne-dragueuse

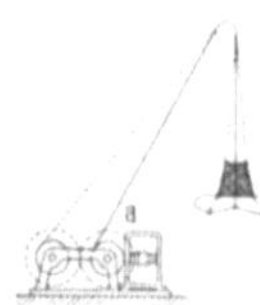

a

лебёдка (f) *или* воротъ (m) съ автоматическимъ захватомъ
argano (m) da scavo automatico
torno (m) de pala-draga automática

---

7 Wickelhaspel (f)
winding winch
treuil (m) d'enroulement, dévidoir (m)

воротъ (m) для наматыванія
tamburo (m) d'avvolgimento
devanadera (f)

---

8 Handwinde (f)
hand winch
treuil (m) à main

ручная лебёдка (f); ручной воротъ (m)
argano (m) a mano
torno (m) de mano

---

9 [Hand-]Kurbelwinde (f)
winch with hand crank *or* handle
treuil (m) à manivelle

лебёдка (f) *или* воротъ (m) съ ручкой
argano (m) a manovella
torno (m) de maniveda

Riemenwinde (f) belt driven winch treuil (m) à commande par courroie		ременная приводная лебёдка (f); ременной приводной воротъ (m) argano (m) a cinghia torno (m) impulsado por correa	*1*
hydraulische Winde (f) hydraulic winch treuil (m) *ou* monte-charge (m) hydraulique	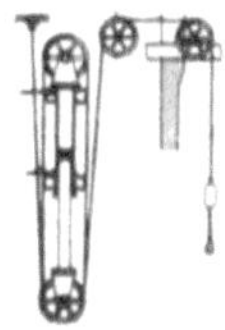	гидравлическая лебёдка (f); гидравлическій воротъ (m); [фиг] гидравлическій подъёмникъ (m) argano (m) idraulico torno (m) hidráulico	*2*
Dampfwinde (f) steam winch *or* hauler treuil (m) à vapeur	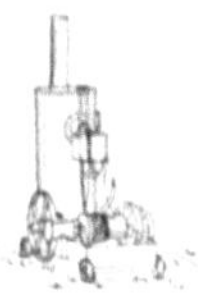	паровая лебёдка (f); паровой воротъ (m) argano (m) a vapore torno (m) de vapor	*3*
elektrische Winde (f) electric winch treuil (m) électrique		электрическая лебёдка (f); электрическій воротъ (m) argano (m) elettrico torno (m) eléctrico	*4*
Bauwinde (f) builders winch treuil (m) pour les constructions	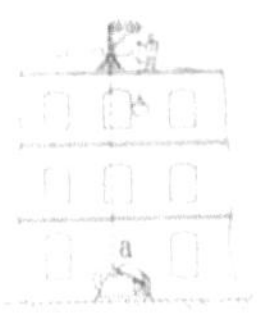 a	воротъ (m) *или* лебёдка (f) для строительныхъ работъ argano (m) per costruzioni torno (m) para construcciones	*5*
Speicherwinde (f), Magazinwinde (f) store-room *or* warehouse winch treuil (m) de magasin *ou* de dépôt	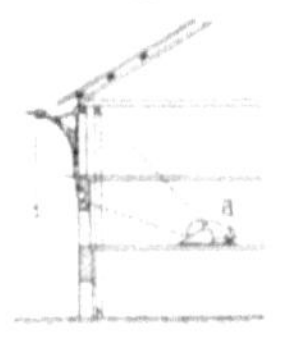 a	воротъ (m) *или* лебёдка (f) для складовъ argano (m) da magazzino torno (m) para almacén	*6*
Kranwinde (f) crane winch *or* crab treuil (m) de grue	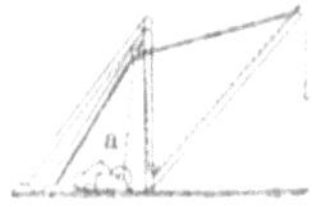 a	крановой воротъ (m); крановая лебёдка (f) argano (m) per gru torno (m) de grúa	*7*

1 Aufzugwinde (f)
lift winch
treuil (m) d'élévateur *ou* d'ascenseur

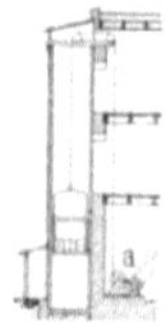

a

лебёдка (f) *или* воротъ (m) подъёмника
argano (m) da ascensore *o* da montacarichi
torno (m) de elevador *ó* ascensor

---

2 Förderwinde (f)
hauling winch
treuil (m) d'extraction

рудничный воротъ (m); рудниковая лебёдка (f)
argano (m) d'estrazione
torno (m) de extracción

---

3 Rangierwinde (f)
shunting winch
treuil (m) de manœuvre de wagon, treuil (m) de formation de trains *ou* pour triage *ou* tracteur

a

манёвренный воротъ (m); маневровая лебёдка (f)
argano (m) per manovra ferroviaria *o* di smistamento
torno (m) para maniobras [ferroviarias]

---

4 Boot[s]winde (f)
boat's winch
treuil (m) d'embarcation

лебёдка (f) для спуска лодокъ
argano (m) per imbarcazioni
torno (m) para embarcaciones

---

5 Ankerwinde (f)
anchor winch *or* windlass
treuil (m) [de manœuvre] d'ancre

лебёдка (f) *или* воротъ (m) для поднимания якоря
argano (m) [di manovra] per ancore
torno (m) de ancla

---

6 Tiefbohrwinde (f), Schachtsenkwinde (f)
boring winch
treuil (m) de sondage

бурильный воротъ (m); буровая лебёдка (f)
argano (m) per trivellazioni
torno (m) para sondajes

---

7 fahrbare Winde (f), transportable Winde (f)
portable winch
treuil (m) portatif *ou* transportable *ou* roulant

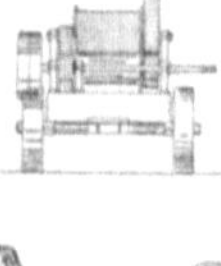

передвижной воротъ (m); подвижная лебёдка (f)
argano (m) spostabile
torno (m) móvil

---

8 Laufwinde (f)
travelling hoist *or* crab
treuil (m) roulant

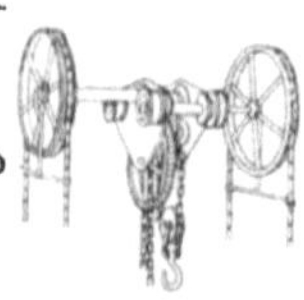

передвижной *или* катучій воротъ (m); подвижная лебёдка (f)
argano (m) su carrello
tornillo (m) transportable

Motorlaufwinde (f)
travelling motor hoist *or* crab
treuil (m) roulant à moteur, treuil (m) à chariot automoteur

моторная подвижная лебёдка (f); катучiй воротъ (m) съ двигателемъ
argano (m) scorrevole a motore 1
torno (m) móvil de motor, torno (m) de curro automotor

---

einschienige Motorlaufwinde (f), Einschienenmotorlaufwinde (f)
single rail *or* monorail motor hoist *or* crab
treuil (m) à chariot automoteur sur simple rail, treuil (m) monorail

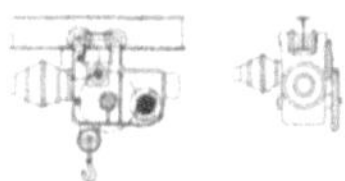

однорельсовая подвижная моторная лебёдка (f); однорельсовый катучiй воротъ (m) съ двигателемъ 2
argano (m) scorrevole a motore su guida unica *o* binario unico
torno (m) automotor de un carril

---

zweischienige Motorlaufwinde (f), Zweischienenmotorlaufwinde (f)
double-rail motor hoist *or* crab
treuil (m) à chariot automoteur sur deux rails

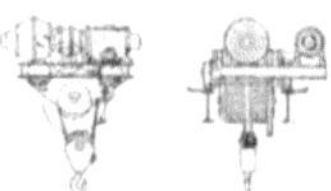

двухрельсовая подвижная моторная лебёдка (f); двухрельсовый катучiй воротъ (m) съ двигателемъ 3
argano (m) scorrevole a motore su due guide *o* binari
torno (m) automotor de dos carriles

Laufkatze (f), Katze (f)
travelling crab *or* trolley
chariot (m), treuil (m) roulant

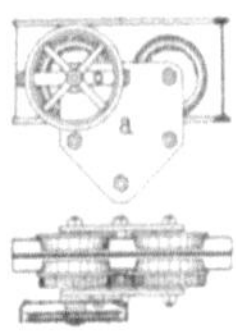

a

[подвижная] телѣжка (f); кошка (f) 4
carrello (m)
carro (m)

[Lauf-] Katzengestell (n)
trolley *or* crab frame
châssis (m) de chariot, bâti (m) de chariot

станина (f) телѣжки
intelaiatura (f) del carrello 5
bastidor (m) del carro

Katz[en]fahrwerk (n), Katzgang (m)
crab traverse *or* runway
mécanisme (m) *ou* commande (f) du déplacement *ou* de la translation *ou* de la direction du chariot

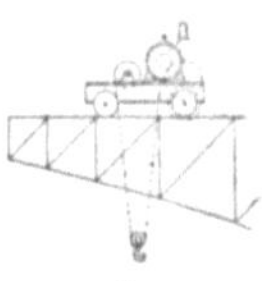

a

ходовая часть (f) телѣжки
meccanismo (m) motore del carrello 6
mecanismo (m) de rodadura del carro

Katz[en]fahrbewegung (f), Katzfahren (n), Katzen (n)
crab travel
mouvement (m) *ou* déplacement (m) du chariot

перемѣщенiе (n) телѣжки
movimento (m) longitudinale del carrello 7
movimiento (m) horizontal del carro

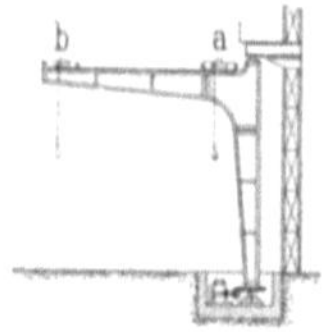

a

1 eingefahrene Katze (f)
crab moved in *or* in inner position
chariot (m) dans la position initiale

телѣжка (f) въ начальномъ положенiи
carrello (m) nella sua posizione interna *o* rientrata
carro (m) puesto en la posición interior *ó* inicial

---

2 die Katze einfahren (v)
to move the crab inwards
mettre (v) le chariot dans la position initiale

вернуть телѣжку въ начальное положенiе
porre (v) il carrello nella sua posizione interna *o* rientrata
poner (v) el carro en la posición interior *ó* inicial

---

3 ausgefahrene Katze (f)
crab in outer position
chariot (m) dans la position extrême

b

телѣжка (f) въ выдвинутомъ положенiи
carrello (m) nella sua posizione esterna
carro (m) puesto en la posición extrema

---

4 die Katze ausfahren (v)
to move the crab outwards
déplacer (v) le chariot à l'extrémité du bras

передвигать телѣжку
porre (v) il carrello nella sua posizione esterna
poner (v) el carro en la posición extrema

---

5 Katzenstellung (f)
crab position
position (f) du chariot

положенiе (n) телѣжки
posizione (f) del carrello
posición (f) del carro

---

6 die Katze befindet sich in eingefahrener (ausgefahrener) Stellung *oder* ist eingefahren (ausgefahren)
the crab is in inner (outer) position
le chariot se trouve dans sa position centrale *ou* initiale (dans sa position extérieure *ou* extrême)

телѣжка (f) находится въ начальномъ (выдвинутомъ) положенiи
il carrello si trova nella sua posizione interna (esterna)
el carro se halla en la posición interior (extrema *ó* exterior)

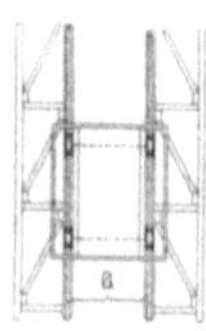

a

7 [Lauf-]Katzenbahn (f), Katzbahn (f), Fahrbahn (f) der Laufkatze
crab rails *or* track
voie (f) de roulement du chariot

путь (m) перемѣщенiя телѣжки
binario (m) del carrello
vía (f) del carro

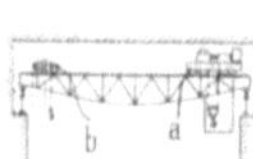

a

8 Hauptkatze (f)
main crab
chariot (m) principal

главная телѣжка (f)
carrello (m) principale
carro (m) principal

Hilfskatze (f)
auxiliary crab
chariot (m) auxiliaire

вспомогательная тележка (f)
carrello (m) ausiliare
carro (m) auxiliar 1

Seilkatze (f)
rope crab
chariot (m) à câble, chariot (m) pour levage par câble

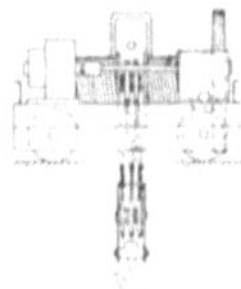

канатная тележка (f)
carrello (m) comandato da fune
carro (m) para elevación por cable 2

Kettenkatze (f)
chain crab
chariot (m) à chaîne, chariot (m) commandé par chaîne *ou* pour levage par chaîne

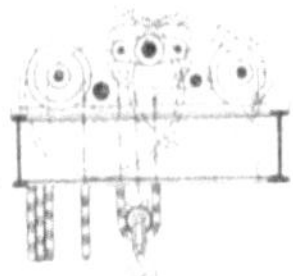

цѣпная тележка (f)
carrello (m) comandato da catena
carro (m) para elevación por cadena 3

Handlaufkatze (f)
hand driven crab
chariot (m) [manœuvré] à main

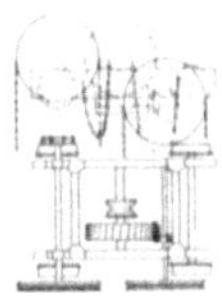

ручная тележка (f); тележка съ ручнымъ приводомъ
carrello (m) manovrato a mano
carro (m) [de maniobra] á mano 4

---

elektrisch betriebene Laufkatze (f)
electrically driven crab
chariot (m) à commande électrique

тележка (f) съ электрическимъ приводомъ *или* съ электрическимъ моторомъ
carrello (m) a comando elettrico
carro (m) [de mando] eléctrico 5

---

einrollige Laufkatze (f)
single roller crab
chariot (m) à une roue [chariot (m) pour monorail]

одноколёсная тележка (f)
carrello (m) ad una ruota
carro (m) de una rueda ó para monorail 6

---

zweirollige Laufkatze (f)
double roller crab
chariot (m) à deux roues [pour voie monorail]

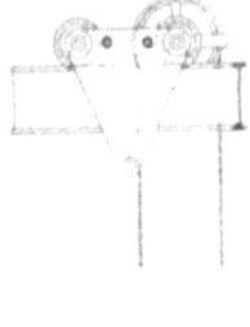

двухколёсная тележка (f)
carrello (m) a due ruote
carro (m) de dos ruedas 7

1 Laufkatze (f) mit angehängtem Flaschenzug
crab with suspended pulley blocks and falls
chariot (m) à palan suspendu *ou* à poulie de levage suspendue

телѣжка (f) съ подвѣшеннымъ полиспастомъ
carrello (m) con paranco sospeso
carro (m) con aparejo suspendido

---

2 Laufkatze (f) mit eingebautem Flaschenzug
crab with pulley block built in
chariot (m) à palan fixe *ou* monté sur le chariot

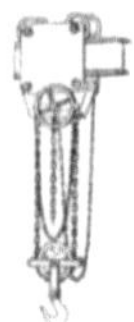

телѣжка (f) съ устроеннымъ *или* вдѣланнымъ въ ней полиспастомъ
carrello (m) con paranco fisso
carro (m) con aparejo fijo

---

3 Katze (f) mit Pendelaufhängung
crab with trolley suspension
chariot (m) à suspension pendulaire de la poulie

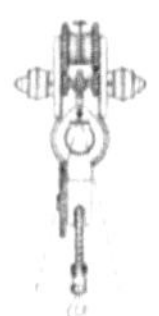

телѣжка (f) съ подвижнымъ *или* маятниковымъ подвѣсомъ
carrello (m) con sospensione a pendolo
carro (m) con suspensión pendular de la polea

---

4 Laufkatze (f) mit angebautem Führerstand
crab with driver's stand combined
chariot (m) portant la cabine de manœuvre

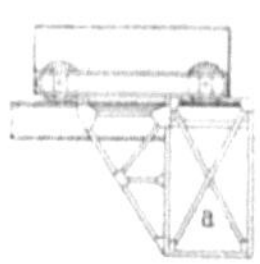

a

телѣжка (f) съ площадкой *или* съ платформой *или* съ клѣткой для машиниста
carrello (m) con cabina di manovra
carro (m) con caseta fija para el maquinista

---

5 [Selbst-]Greiferkatze (f)
crab with automatic grab
chariot (m) à benne *ou* pelle automatique

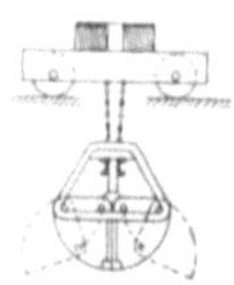

телѣжка (f) съ самозахватомъ
carrello (m) da scavo
carro (m) con pala-draga automática

---

6 Laufkatze (f) mit geführtem Laststempel *oder* Hubstempel
crab with guided load post *or* head
chariot (m) portant une tige guidée de charge *ou* de levage

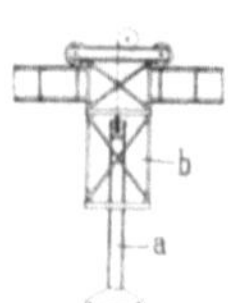

телѣжка (f) съ направляемымъ штокомъ *или* стержнемъ для груза
carrello (m) con guida di sollevamento
carro (m) con vástago guidado de carga

Laststempel (m), Hubstempel (m)
load post
tige (f) guidée de la charge, guide (m) de levage

a

грузонаправляющій стержень (m)
guida (f) del carico, portacarico (m) *1*
vástago (m) guiado de la carga

Führungsgerüst (n), Führungsschacht (m), Hängegerüst (n)
guide frame
guide (m), châssis (m) de guidage

b

направляющая рама (f)
intelaiatura (f) di guida di sollevamento *2*
bastidor (m) de guía

Drehlaufkatze (f)
crab with slewing jib
chariot (m) à pivot, chariot (m) à flèche horizontale pivotante

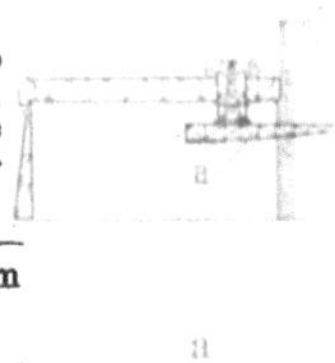

поворачивающаяся телѣжка (f)
carrello (m) girevole *3*
carro (m) con brazo horizontal giratorio

Dreharm (m), Lastarm (m), Ausleger (m)
jib
flèche (f) *ou* bras (m) à mouvement de giration

вращающаяся поперечина (f)
braccio (m) girevole *o* puntone *4*
brazo (m) giratorio

Auslegerlaufkatze (f)
traversing jib crab
chariot (m) portant un bras *ou* un bec *ou* une poutrelle rail

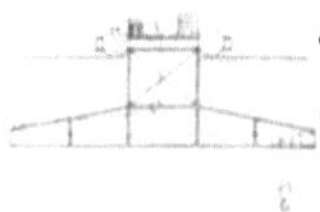

телѣжка (f) съ поперечиной
carrello (m) con binario pendente *5*
carro (m) portador de una viga-rail

Ausleger[arm] (m)
jib arm
bras (m), bec (m)

поперечина (f)
braccio (m), binario (m) pendente *6*
brazo (m)

Deckenlaufkatze (f)
ceiling crab
chariot (m) pour poutre de plafond

потолочная телѣжка (f)
carrello (m) mobile per trave da soffitto *7*
carro (m) para viga de techo

Lukenlaufkatze (f)
hatch-crab
grue (f) de lucarne

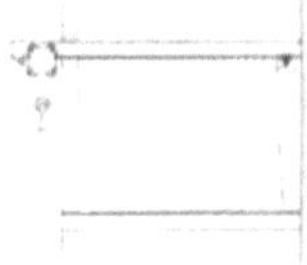

люковая телѣжка (f)
carrello (m) da abbaino *o* da solaio *8*
carro (m) de buharda

Schräglaufkatze (f)
crab on inclined plane
chariot (m) sur flèche inclinée

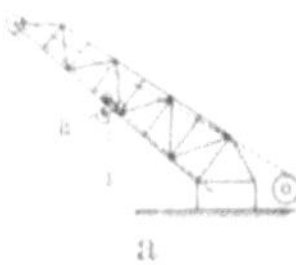

телѣжка (f) для укосины
carrello (m) su guida inclinata *9*
carro (m) sobre plano inclinado

1 Spill (n)
capstan
cabestan (m)

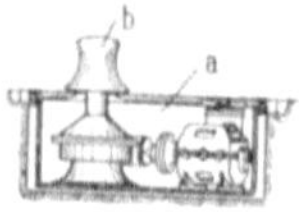

шпиль (m); кабестанъ (m)
argano (m), cabestano (m)
cabrestante (m)

---

2 Spillkasten (m)
capstan box
fosse (f) de cabestan

a

коробка (f) шпиля *или* кабестана
cassa (f) *o* custodia (f) dell'argano, camera (f)
caja (f) de cabrestante

---

3 Spillkopf (m), Spilltrommel (f)
head of capstan
cloche (f) de cabestan

b

барабанъ (m) шпиля *или* кабестана
campana (f) *o* tamburo (m) dell'argano
tambor (m) de cabrestante

---

4 einstufiger *oder* einhäuptiger Spillkopf (m)
single head of capstan
cloche (f) simple de cabestan

одноступенчатый барабанъ (m) шпиля *или* кабестана
tamburo (m) d'argano semplice
tambor (m) sencillo de cabrestante

---

5 einstufiges *oder* einhäuptiges Spill (n)
single headed capstan
cabestan (m) à simple cloche

шпиль (m) *или* кабестанъ (m) съ одноступенчатымъ барабаномъ
argano (m) ad un tamburo
cabrestante (m) de tambor sencillo

---

6 zweistufiger *oder* doppelhäuptiger *oder* zweihäuptiger Spillkopf (m)
double head of capstan
cloche (f) à double étage

двухступенчатый барабанъ (m) шпиля *или* кабестана
tamburo (m) doppio d'argano
tambor (m) doble de cabrestante

---

7 zweistufiges *oder* zweihäuptiges Spill (n)
double headed capstan
cabestan (m) à double cloche

шпиль (m) *или* кабестанъ (m) съ двухступенчатымъ барабаномъ
argano (m) a doppio tamburo
cabrestante (m) de doble tambor

---

8 Handspill (n)
hand-capstan
cabestan (m) à bras

ручной шпиль (m) *или* кабестанъ (m)
argano (m) a mano
cabrestante (m) de mano

---

9 Gangspill (n)
hand *or* bar capstan
cabestan (m) ordinaire à bras

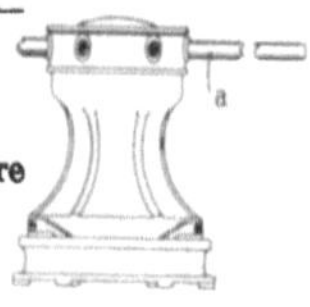

простой шпиль (m); простой кабестанъ (m)
argano (m) ad aspo
cabrestante (m) de palancas

Spake (f) spoke, bar, tommy barre (f) de cabestan	a	ручка (f) шпиля *или* кабестана aspa (f) *o* manovella (f) *o* manubrio (m) dell'argano palanca (f) de cabrestante	*1*
Dampfspill (n) steam-capstan cabestan (m) à vapeur		паровой шпиль (m) *или* кабестанъ (m) argano (m) a vapore cabrestante (m) de vapor	*2*
hydraulisches Spill (n) hydraulic capstan cabestan (m) hydraulique		гидравлическій шпиль (m) *или* кабестанъ (m) argano (m) idraulico cabrestante (m) hidráulico	*3*
elektrisches Spill (n) electric capstan cabestan (m) électrique		электрическій шпиль (m) *или* кабестанъ (m) argano (m) elettrico cabrestante (m) eléctrico	*4*
Ankerspill (n) anchor-capstan cabestan (m) d'ancre		шпиль (m) *или* кабестанъ (m) для поднимания якоря argano (m) per ancore, argano (m) verticale cabrestante (m) para áncora	*5*
Schiffspill (n) ship's capstan cabestan (m) de bateau		судовый шпиль (m); судовый кабестанъ (m) argano (m) da battello cabrestante (m) de buque	*6*
Spillanlage (f) capstan installation installation (f) de cabestan		установка (f) шпиля *или* кабестана impianto (m) d'argano instalación (f) de cabrestante	*7*

X.

Krane
Cranes
Grues et ponts-roulants
Краны
Gru
Grúas

1	Krananlage (f) crane installation installation (f) de grue	установка (f) крана impianto (m) di gru instalación (f) de grúa
2	Krananordnung (f) arrangement of crane système (m) *ou* dispositif (m) de grue	система (f) *или* устройство (n) крана sistema (f) della gru, tipo (m) di gru sistema (m) de la grúa
3	Kranbau (m), Hebezeugbau (m) crane building *or* construction construction (f) de grues, construction (f) d'appareils de levage	постройка (f) *или* построеніе (n) крановъ costruzione (f) di gru construcción (f) de grúas
4	Kranfabrik (f), Hebezeugfabrik (f) crane manufacturing works fabrique (f) *ou* atelier (m) de construction de grues *ou* d'appareils de levage	краностроительный заводъ (m); заводъ для постройки крановъ fabbrica (f) di gru fábrica (f) de grúas
5	Kranbauer (m), Krankonstrukteur (m) crane designer constructeur (m) de grues	краностроитель (m); конструкторъ (m) крановъ costruttore (m) di gru constructor (m) de grúas
6	Krankonstruktion (f) crane design construction (f) de grues	конструкція (f) *или* устройство (n) крана costruzione (f) di gru construcción (f) de grúas

einen Kran konstruieren (v) *oder* entwerfen (v) to design a crane construire (v) une grue, exécuter (v) un projet de grue	проектировать кранъ costruire (v) una gru construir (v) una grúa	*1*
Kranmonteur (m) crane fitter monteur (m) de grues	установщикъ (m) крановъ; монтёръ (m) по кранамъ montatore (m) di gru montador (m) de grúas	*2*
Kranmontage (f), Kranaufstellung (f) crane erection montage (m) d'une grue	установка (f) *или* монтажъ (m) крана montaggio (m) di gru montaje (m) de una grúa	*3*
den Kran montieren (v) *oder* aufstellen (v) to erect a crane monter (v) la grue, installer (v) la grue	устананавливать *или* ставить *или* монтировать кранъ montare (v) *od* installare (v) la gru montar (v) *ó* instalar (v) la grúa	*4*
den Kran hochziehen (v) to put up the crane dresser (v) *ou* lever (v) la grue	поднять *или* поставить кранъ drizzare (v) *od* elevare (v) la gru elevar (v) la grúa	*5*
Kranbetrieb (m) crane working service (m) au moyen d'une grue	работа (f) *или* дѣйствіе (n) крана servizio (m) *o* manubrio (m) della gru servicio (m) por grúa	*6*
den Kran in Betrieb setzen (v) to start the crane mettre (v) la grue en service *ou* en marche	пустить въ ходъ кранъ avviare (v) *o* mettere (v) in movimento la gru poner (v) la grúa en marcha	*7*
den Kran außer Betrieb setzen (v) to stop the crane mettre (v) la grue hors de service, arrêter (v) la marche de la grue	остановить кранъ arrestare (v) il movimento della gru poner (v) la grúa fuera de servicio, parar (v) la marcha de la grúa	*8*
Kranführer (m), Kranmaschinist (m) crane attendant conducteur (m) de grue, mécanicien (m) de grue	машинистъ (m), обслуживающій кранъ; крановый машинистъ manovratore (m) alla gru conductor (m) de la grúa	*9*
Bedienung (f) *oder* Wartung (f) des Kranes attendance of crane service (m) *ou* conduite (f) de la grue	обслуживаніе (n) крана servizio (m) della gru servicio (m) de la grúa	*10*
den Kran bedienen (v) to attend the crane conduire (v) une grue	обслуживать кранъ servire (v) la gru maniobrar (v) la grúa	*11*

1 den Kran steuern (v)
to control the crane
manœuvrer (v) une grue

управлять краномъ
manovrare (v) la gru
maniobrar (v) una grúa

---

2 Lenkbarkeit (f) *oder* Manövrierfähigkeit (f) des Kranes
capability for manoeuvring crane
facilité (f) de manœuvre d'une grue

легкоуправляемость (f) крана
manovrabilità (f) della gru
facilidad (f) de maniobra de la grúa

---

3 Betrieb[s]bereitschaft (f)
readiness for working
état (m) de fonctionnement, ordre (m) de marche

готовый къ дѣйствію
preparazione (f) *o* prevenzione (f) di esercizio
orden (m) de marcha

---

4 Betrieb[s]sicherheit (f)
safety of working
sûreté (f) de fonctionnement

надёжность (f) дѣйствія
funzionamento (m) sicuro, sicurezza (f) di funzionamento
seguridad (f) de funcionamiento

---

5 Arbeitspause (f), Betrieb[s]pause (f)
working interval
interruption (f) de service, repos (m) en service

пріостановка (f) дѣйствія; перерывъ (m) работы *или* дѣйствія
riposo (m)
paro (m) *ó* interrupción (m) del servicio, descanso (m)

---

6 Betrieb[s]kraft (f)
motive power
force (f) motrice

движущая энергія (f); движущая сила (f)
forza (f) motrice
fuerza (f) motriz

---

7 die Betrieb[s]kraft abstellen (v)
to stop the motive power
supprimer (v) *ou* suspendre (v) *ou* faire cesser (v) l'action de la force motrice

выключить движущую энергію *или* силу
interrompere (v) la forza motrice
interrumpir (v) la fuerza motriz

---

8 Arbeits- *oder* Kraftbedarf (m)
power required
absorption (f) de force *ou* d'énergie, énergie (f) *ou* force (f) nécessaire

потребная энергія (f); необходимая сила (f)
forza (f) necessaria
cantidad (f) de fuerza necesaria

---

9 Arbeits- *oder* Kraftverbrauch (m)
consumption of power
consommation (f) de force *ou* d'énergie

расходъ (m) энергіи *или* силы
consumo (m) di forza
consumo (m) de fuerza

---

10 Kranlast (f)
crane load
charge (f) *ou* fardeau (m) de la grue, charge (f) *ou* fardeau (m) à soulever par la grue

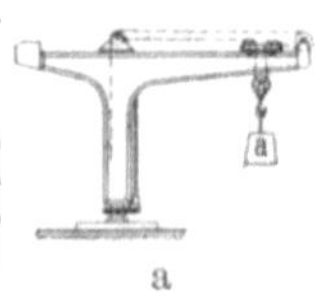

a

грузъ (m) крана
carico (m) da sollevarsi dalla gru
carga (f) de la grúa

Kranbelastung (f) crane loading charge (f) supportée par la grue	нагрузка (f) крана carico (m) da sollevarsi dalla gru carga (f) soportada por la grúa	*1*
Tragfähigkeit (f) des Kranes carrying *or* lifting capacity of crane force (f) [portante] de la grue, puissance (f) de la grue	грузоподъёмность (f) крана; подъёмная сила (f) крана portata (f) della gru potencia (f) *ó* capacidad (f) de la grúa	*2*
Kranarbeit (f) crane work travail (m) de la grue	работа (f) крана lavoro (m) della gru trabajo (m) de la grúa	*3*
Kranspiel (n) working of the crane fonctionnement (m) de la grue	дѣйствіе (n) крана lavoro (m) della gru funcionamiento (m) de la grúa	*4*
Arbeitsfeld (n) *oder* Arbeitsbereich (m) des Kranes area served by crane rayon (m) d'action de la grue, champ (m) de travail de la grue	площадь (f) обслуживанія *или* рабочая площадь крана campo (m) *o* raggio (m) d'azione della gru radio (m) de acción de la grúa	*5*
der Kran bestreicht ein Arbeitsfeld . . . . the crane serves a working area la grue possède un champ de travail *ou* un rayon d'action de . .	кранъ (m) обслуживаетъ пространство *или* площадь la gru ha un campo *od* un raggio d'azione di . . . . la grúa tiene un alcance de	*6*
Anpassungsvermögen (n) des Kranes adaptability of crane élasticité (f) de fonctionnement de la grue, champ (m) d'application de la grue	приспособляемость (f) крана adattabilità (f) della gru adaptabilidad (f) de la grúa	*7*
Kranberechnung (f) crane calculation calcul (m) de grue	расчётъ (m) крана calcolazione (f) della gru cálculo (m) de la grúa	*8*
Krangewicht (n) weight of crane poids (m) d'une grue	вѣсъ (m) крана peso (m) della gru peso (m) de la grúa	*9*
Kranbewegung (f) crane movement mouvement (m) de la grue	движеніе (n) крана movimento (m) della gru movimiento (m) de la grúa	*10*
Krantriebwerk (n) crane working gear mécanisme (m) de grue	движущій механизмъ (m) крана meccanismo (m) di comando della gru, comando (m) della gru mecanismo (m) de mando de la grúa	*11*

1 Kranform (f)
shape of crane
forme (f) de grue

форма (f) крана
forma (f) della gru
forma (f) de la grúa

---

2 Kranart (f), Krantyp (m)
type of crane
système (m) de grue, type (m) de grue

родъ (m) крана; типъ (m) крана
sistema (m) di gru
tipo (m) *ó* sistema (m) de la grúa

---

3 standfester Kran (m), ortfester Kran (m)
stationary *or* fixed crane
grue (f) fixe *ou* stationnaire

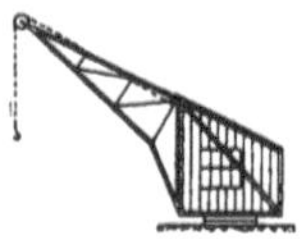

стаціонарный *или* перемѣщаемый кранъ (m)
gru (f) fissa *od* in sede stabile
grúa (f) fija

---

4 fahrbarer Kran (m)
travelling crane
grue (f) roulante *ou* mobile

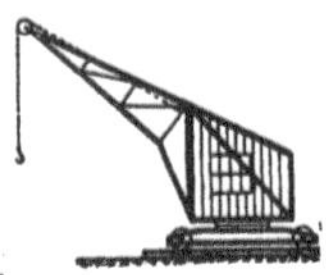

подвижной кранъ (m); ходячій кранъ
gru (f) mobile *o* locomobile
grúa (f) móvil

---

5 Standsicherheit (f) *oder* Kippsicherheit (f) *oder* Stabilität (f) des Kranes
stability of crane
résistance (f) de la grue au renversement *ou* déversement, stabilité (f) de la grue

безопасность (f) опрокидыванія крана; устойчивость (f) крана
stabilità (f) della gru
estabilidad (f) de la grúa

---

6 standsicher (adj), stabil (adj)
stable (adj)
stable (adj)

устойчивый
stabile (agg)
estable (adj)

---

7 der Kran hebt sich [von den Schienen] ab
the crane tilts off the rails
la grue se soulève sur les rails

кранъ (m) приподымается [съ рельсовъ]
la gru si solleva dalle rotaie
la grúa se levanta de los carriles

---

8 Abheben (n) des Kranes
lifting of the crane
soulèvement (m) de la grue

приподыманіе(n) крана
sollevamento (m) della gru
levantamiento (m) de la grúa

---

9 der Kran kippt
the crane tilts *or* tips
la grue se renverse

кранъ (m) опрокидывается
la gru si rovescia
la grúa da vuelco

---

10 Kippen (n) des Kranes
tilting of the crane
renversement (m) de la grue

опрокидываніе (n) крана
rovesciamento (m) della gru
vuelco (m) de la grúa

Kippbelastung (f)
tilting load
charge (f) de renversement

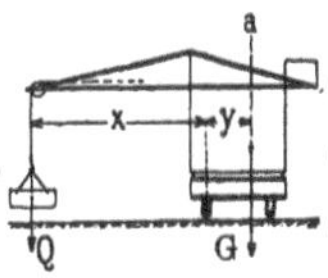

Q

опрокидывающая нагрузка (f)
carico (m) di rovesciamento
carga (f) límite de vuelco 1

Kippmoment (n)
tilting moment
moment (m) de renversement

Q · x

опрокидывающій моментъ (m)
momento (m) di rovesciamento
momento (m) de vuelco 2

Standmoment (n)
moment of stability
moment (m) de stabilité

G · y

моментъ (m) устойчивости
momento (m) di stabilità 3
momento (m) de estabilidad

Schwerpunktachse (f)
axis of centre of gravity
axe (m) passant par le centre de gravité

a

ось (f) центра тяжести
verticale (f) passante per il centro di gravità 4
eje (m) del centro de gravedad

Schienenklammer (f)
rail clamp
crampon (m) d'attache au rail

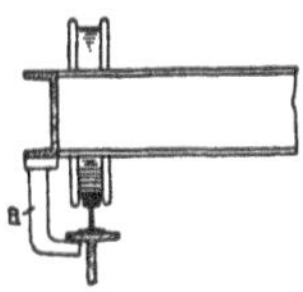

a

скоба (f) на балкѣ; подхватъ (m) къ рельсу 5
graffa (f), morsetto (m), uncino (m)
grapa (f) de carril

Schienenzange (f)
rail tongs
pince (f) *ou* tenaille (f) d'attache de la grue au rail

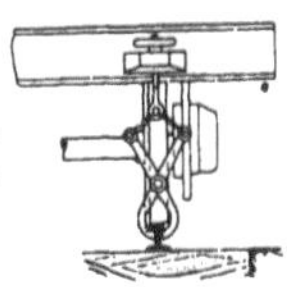

рельсовыя клещи (f pl); клещи *или* захватъ (m) для удержанія на рельсахъ 6
tanaglia (f) da rotaie
tenazas (f pl) para carriles

Seitenstütze (f)
side support
soutien (m) latéral du châssis de grue

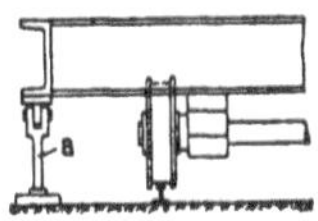

a

боковой подпоръ (m)
sostegno (m) laterale 7
soporte (m) lateral

Stützschraube (f)
support-screw
support (m) à vis

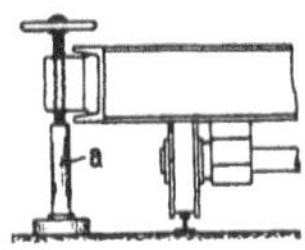

a

подпорный болтъ (m)
vite (f) di sostegno 8
tornillo (m) de soporte

1 die Last durch Gegengewichte ausgleichen (v) *oder* ausbalancieren (v)
to counterbalance the load by weights
équilibrer (v) la charge au moyen de contrepoids

уравновѣсить грузъ противовѣсомъ
controbilanciare (v) *o* equilibrare (v) il carico con un contrappeso
equilibrar (v) la carga por medio de contrapesos

---

2 Gegengewicht (n), Ballast[gewicht (n)] (m)
balance weight
contrepoids (m)

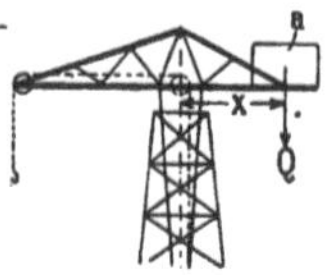

a

противовѣсъ (m)
contrappeso (m)
contrapeso (m)

---

3 Gegengewicht[s]hebelarm (m)
counterbalance lever *or* arm
bras de levier (m) du contrepoids

x

плечо (n) рычага противовѣса
braccio (m) di leva del contrappeso
brazo (m) de palanca del contrapeso

---

4 Gegengewicht[s]-moment (n)
counterbalance moment
moment (m) du contrepoids

$Q \cdot x$

моментъ (m) противовѣса
momento (m) del contrappeso
momento (m) del contrapeso

---

5 festes Gegengewicht (n)
fixed balance weight *or* counterweight
contrepoids (m) fixe

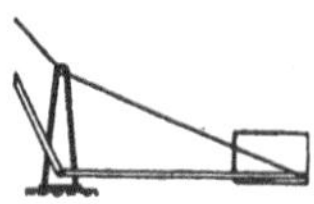

неподвижный противовѣсъ (m)
contrappeso (m) fisso
contrapeso (m) fijo

---

6 verstellbares Gegengewicht (n)
adjustable balance weight *or* counterweight
contrepoids (m) mobile *ou* déplaçable

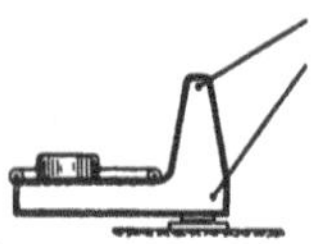

переставной противовѣсъ (m)
contrappeso (m) spostabile *o* mobile
contrapeso (m) móvil

---

7 fahrbares Gegengewicht (n)
traversable counterweight
contrepoids (m) mobile sur roues

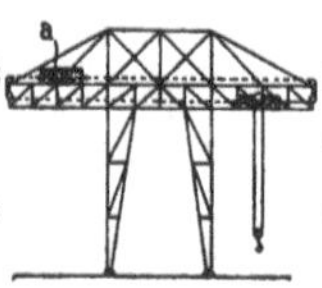

a

подвижной противовѣсъ (m)
contrappeso (m) scorrevole
contrapeso (m) móvil sobre ruedas

---

8 selbsttätig einstellbares Gegengewicht (n)
automatically adjusting counterweight
contrepoids (m) à déplacement automatique

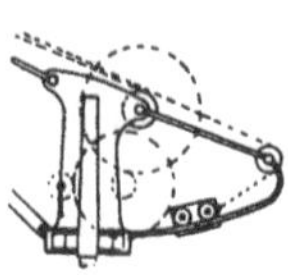

самоустанавливающійся противовѣсъ (m); автоматическій противовѣсъ
contrappeso (m) a registrazione automatica
contrapeso (m) de regulación automática

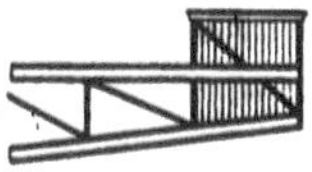

Gegengewicht[s]kasten (m)
counterweight box
caisse (f) à ballast *ou* contrepoids

ящикъ (m) противовѣса
cassa (f) del contrappeso
caja (f) del contrapeso 1

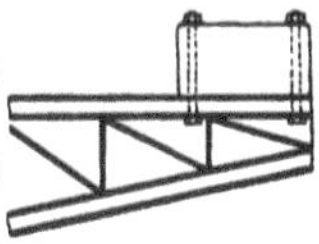

massives Gegengewicht (n)
solid counterweight
contrepoids (m) massif

массивный противовѣсъ (m)
contrappeso (m) massiccio 2
contrapeso (m) macizo

Gegengewicht[s]klotz (m)
counterweight block
bloc (m) servant de contrepoids

тѣло (n) противовѣса; массивъ (m) противовѣса
blocco (m) da contrappeso 3
bloque (m) de contrapeso

Gegengewicht (n) aus Sand und Masseln
counterweight of sand and pig-iron
contrepoids (m) formé de sable et de gueuses

противовѣсъ (m) изъ песка и свинокъ *или* болванокъ
contrappeso (m) a sabbia e masselli 4
contrapeso (m) de arena y lingotes

Gegengewicht (n) aus Beton
concrete counterweight
contrepoids (m) de béton

бетонный противовѣсъ (m); противовѣсъ изъ бетона
contrappeso (m) in calcestruzzo 5
contrapeso (m) de hormigón

Betonklotz (m)
block of concrete
bloc (m) de béton

бетонный массивъ (m) *или* блокъ (m)
blocco (m) di calcestruzzo 6
bloque (m) de hormigón

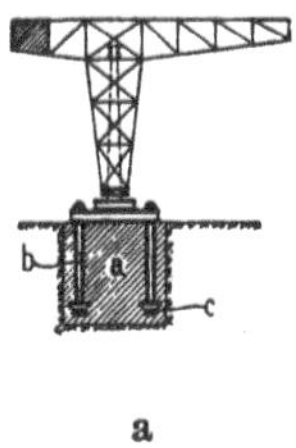

Kranfundament (n)
crane-foundation
fondation (f) de grue

фундаментъ (m) крана
fondazione (f) della gru 7
cimentación (f) de la grúa

---

a

Fundamentklotz (m), Fundamentblock (m)
foundation block
massif (m) de fondation

массивъ (m) *или* блокъ (m) фундамента
blocco (m) di fondazione 8
bloque (m) de cimentación

---

b

Fundamentschraube (f), Fundamentanker (m), Fundamentbolzen (m), Grundschraube (f)
foundation bolt
boulon (m) de fondation, boulon (m) d'ancrage

фундаментный болтъ (m); анкерный болтъ
bullone (m) di fondazione 9
perno (m) de anclaje

1 Ankerplatte (f)
anchor plate
contreplaque (f), plaque (f) d'ancrage

c

анкерная плита (f); фундаментная доска (f)
piastra (f) di fondazione
placa (f) de anclaje

---

2 verankern (v)
to anchor
ancrer (v)

закрѣп-ить (-лять) анкерными болтами
ancorare (v)
anclar (v)

---

3 Verankerung (f)
anchorage
ancrage (m)

закрѣпленіе (n) анкерными болтами
ancoraggio (m)
anclaje (m)

---

4 Fundamentdruck (m)
pressure on foundation
pression (f) *ou* charge (f) sur la fondation

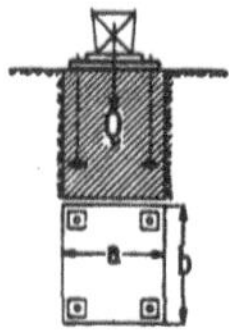

Q

давленіе (n) на фундаментъ
pressione (f) sulla fondazione
presión (f) sobre la cimentación

---

5 Fundamentsohle (f)
base of foundation
surface (f) *ou* base (f) de la fondation

$a \cdot b$

подошва (f) фундамента; нижняя площадь (f) фундамента
suolo (m) *o* superficie (f) della fondazione
base (f) de la cimentación

---

6 Bodenpressung (f), Bodendruck (m)
pressure on ground
compression (f) du terrain, pression (f) par unité de surface sur le sol

$\frac{Q}{a \cdot b}$

давленіе (n) на почву *или* на грунтъ
pressione (f) sul terreno
presión (f) sobre el terreno

---

7 Kantenpressung (f), Kantendruck (m)
edge pressure
pression (f) sur les arêtes

давленіе (n) края
pressione (f) sugli spigoli
presión (f) en los bordes

---

8 Fundamentpfeiler (m)
foundation pillar
pilier (m) de fondation

фундаментный столбъ (m)
pila (f) di fondazione
pilar (m) de cimentación

---

9 Fundamentrost (m)
foundation frame
plate-forme (f) de fondation

ростверкъ (m) фундамента
passonata (f) del fondamento
plataforma (f) de cimentación

---

10 Kranfahrwerk (n)
crane travelling gear
mécanisme (m) de roulement *ou* de déplacement de la grue

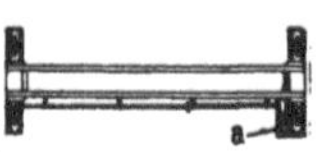

a

механизмъ (m) для перемѣщенія крана
meccanismo (m) motore della gru
mecanismo (m) de translación de la grúa

Kranfahren (n), Kran-[fahr]bewegung (f)
crane travelling
mouvement (m) de déplacement *ou* de translation de la grue

ѣзда (f) *или* перемѣщеніе (n) крана
movimento (m) della gru
movimiento (m) horizontal *ó* de translación de la grúa 1

---

der Kran stellt sich schief *oder* eckt
the crane twists *or* runs off the straight
la grue *ou* le pont prend une position oblique *ou* de coincement

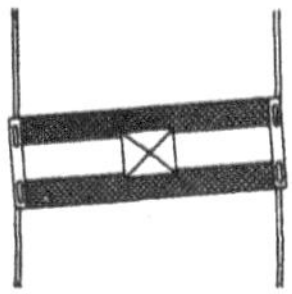

кранъ (m) перекашивается *или* защемляется
la gru si mette in sbieco
la grúa se inclina 2

Schiefstellen (n) *oder* Ecken (n) des Kranes
twisting of the crane
obliquité (f) de la grue

перекашиваніе (n) *или* защемленіе (n) крана
mettersi (m) in sbieco della gru
inclinación (f) de la grúa 3

---

der Kran entgleist *oder* springt aus den Schienen
the crane jumps off the rails
la grue déraille *ou* saute hors des rails

кранъ (m) сходитъ съ рельсовъ
la gru fuorvia *od* esce dalle rotaie
la grúa descarrila 4

[Lauf-]Kranträger (m), [Lauf-]Kranbrücke (f), Kranbalken (m)
crane girder
poutre (f) *ou* longeron (m) de pont-roulant

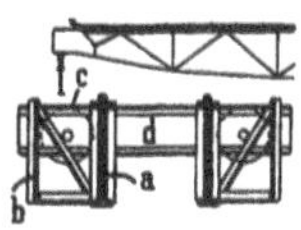

крановая балка (f); балка [мостового] крана; крановый мостъ (m)
ponte (m) della gru
larguero (m) de la puente-grúa *ó* grúa corredera 5

Lastträger (m), Hauptkranträger (m)
main girder *or* boom
poutre (f) *ou* longeron (m) support de charge, longeron (m) principal

a

грузовая балка (f); главная балка [мостового] крана
trave (f) principale
viga (f) principal 6

Bühnenträger (m)
platform girder
longeron (m) *ou* support (m) de la passerelle

b

балка (f) боковой площадки
travata (f) del ponte
viga (f) de la plataforma 7

Laufbühne (f), Laufsteg (m), Laufbrücke (f)
bridge, platform
passerelle (f) de service

c

помостъ (m); площадка (f); мостъ (m)
passarella (f), piattaforma (f) di manovra
plataforma (f) de maniobra 8

Kopfträger (m), Querträger (m), Endträger (m)
cross *or* end girder
traverse (f) de tête, entretoise (f), tête (f) de pont

d

поперечная балка (f); концевая балка
traversone (m) di testa
viga (f) transversal 9

1	Laufkran (m) travelling crane grue (f) roulante, pont (m) roulant	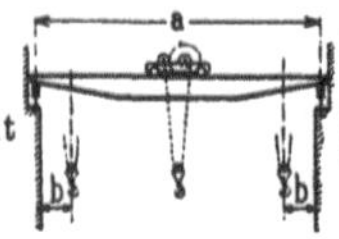	подвижной мостовой кранъ (m) gru (f) a ponte puente-grúa (f), grúa (f) corredera
2	Spannweite (f) span portée (f)	a	пролётъ (m) portata (f), scartamento (m) anchura (f) de la vía
3	Anfahrmaß (n) clearance between hook and wall espace (m) mort *ou* pour le démarrage	b	мёртвая часть (f) пролёта avviamento (m) *o* corsa (f) di . . . longitud (f) para el arranque
4	der Laufkran überspannt . . . . *oder* überbrückt . . . . the crane spans le pont roulant *ou* la grue roulante a une portée de		пролётъ (m) крана равенъ . . . la gru ha una lunghezza di . . . *o* ha una luce di . . . la grúa tiene una anchura de . . .
5	Durchgangprofil (n), Durchfahrtprofil (n), lichtes Profil (n) longitudinal section *or* form gabarit (m), section (f) de libre passage	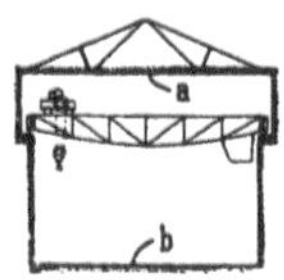	габаритъ (m); профиль (f) проѣзда; пролётъ (m) въ свѣту profilo (m) libero *o* di passaggio gabarit (m), sección (f) libre
6	Binderunterkante (f) lower edge of roof girder bord (m) inférieur des tirants *ou* entraits	a	нижній край (m) стропильной фермы orlo (m) inferiore della capriata borde (m) inferior de los tirantes
7	Fußbodenoberkante (f), Flur (m) upper edge of floor plancher (m), sol (m)	b	линія (f) пола pavimento (m) borde (m) superior del suelo
8	Wandabstand (m) distance from wall distance (f) de la muraille, espace (m) mort	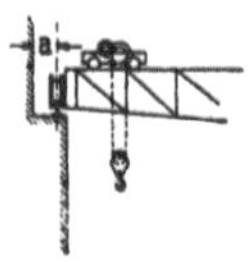 a	разстояніе (n) отъ стѣны distanza (f) dal muro distancia (f) del muro
9	Laufkran (m) mit obenliegender Katzenbahn travelling crane with upper trolley way pont (m) roulant à chariot supérieur	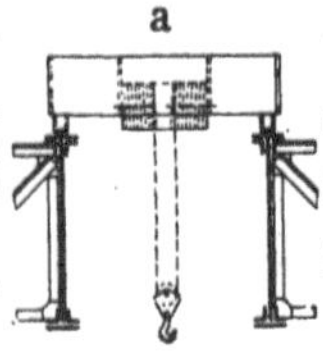	мостовой кранъ (m) съ ѣздой поверху gru (f) a ponte con carrello superiore puente-grúa (f) con carro superior

Laufkran (m) mit innenliegender Katzenbahn
travelling crane with trolley-way inside
pont (m) roulant à chariot intérieur

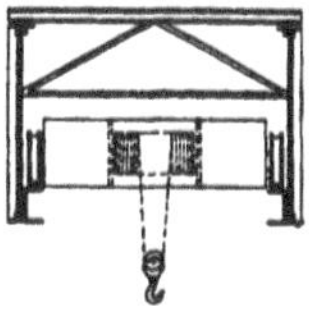

мостовой кранъ (m) съ ѣздой понизу
gru (f) a ponte con carrello tra le travi maestre 1
puente-grúa (f) *ó* grua (f) corredera con carro interior

Laufkran (m) mit angebautem Führerstand
travelling crane with driver's stand built on
pont (m) roulant à cabine *ou* cage de service montée sur le pont même

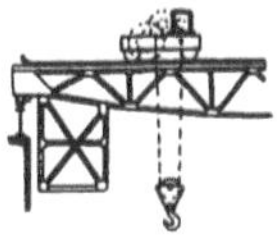

мостовой кранъ (m) съ клѣткой для машиниста
gru (f) a ponte con cabina di manovra attaccata 2
puente-grúa (f) con puesto fijo de servicio

Laufkran (m) mit Steuerung von unten
travelling crane with floor control *or* control from below
pont (m) roulant à commande d'en bas

мостовой кранъ (m), управляемый снизу
gru (f) a ponte manovrata dal basso 3
puente-grúa (f) maniobrada por debajo

Handlaufkran (m)
hand travelling crane
pont (m) roulant à commande à main

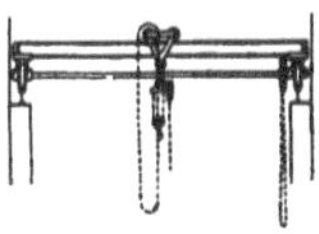

мостовой кранъ (m) ручного дѣйствія; ручной мостовой кранъ 4
gru (f) a ponte con comando a mano
puente-grúa (f) á mano

Transmissionslaufkran (m)
gearing-system travelling crane
pont (m) roulant commandé par transmission

приводный *или* трансмиссіонный мостовой кранъ (m)
gru (f) a ponte comandata a trasmissione 5
puente-grúa (f) accionada por transmisión

Transmissionslaufkran (m) mit Wellenantrieb, Wellenlaufkran (m)
shaft driven travelling crane
pont (m) roulant à commande par arbre de transmission

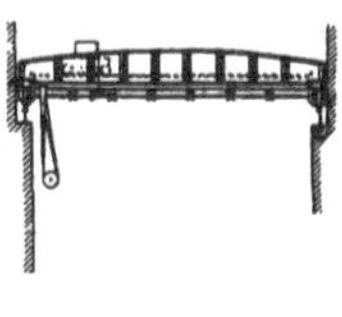

мостовой кранъ (m) съ передачей отъ вала
gru (f) a ponte con comando a trasmissione 6
puente-grúa (f) accionada por árboles

Transmissionslaufkran (m) mit Seilantrieb, Seil[lauf]kran (m)
rope-driven travelling crane
pont (m) roulant à commande par câble

мостовой кранъ (m) съ канатнымъ приводомъ
gru (f) a ponte con trasmissione a fune *o* flessibile 7
puente-grúa (f) accionada por cables

1 elektrischer Laufkran (m), elektrisch betriebener Laufkran (m)
electric travelling crane
pont (m) roulant à commande électrique *ou* commandé électriquement
электрическій мостовой кранъ (m)
gru (f) a ponte elettrica
puente-grúa (f) eléctrica

---

2 Einmotorenlaufkran (m), Laufkran (m) nach dem Einmotorensystem
single *or* one-motor travelling crane
pont (m) roulant à moteur unique

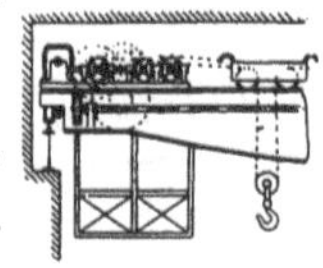

мостовой кранъ (m) съ однимъ двигателемъ; одномоторный мостовой кранъ
gru (f) a ponte ad un motore
puente-grúa (f) de un motor

---

3 Dreimotorenlaufkran (m), Laufkran (m) nach dem Dreimotorensystem
triple *or* three-motor travelling crane
pont (m) roulant [du système dit] à trois moteurs

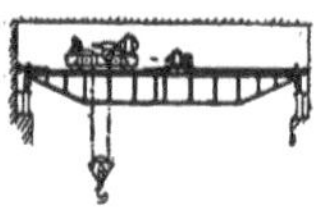

мостовой кранъ (m) съ тремя двигателями; трёхмоторный мостовой кранъ
gru (f) a ponte a tre motori
puente-grúa (f) de tres motores

---

4 Mehrmotorenlaufkran (m)
multiple-motor travelling crane
pont (m) roulant à plusieurs moteurs
мостовой кранъ (m) съ нѣсколькими двигателями; многомоторный мостовой кранъ
gru (f) a ponte a più motori
puente-grúa (f) de muchos motores

---

5 Zwilling[s]laufkran (m)
twin travelling crane
pont (m) roulant jumelé

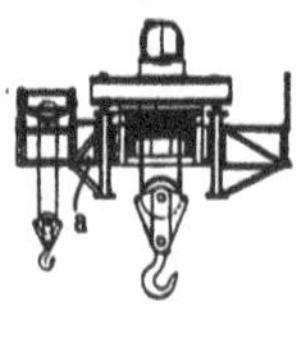

сдвоенный *или* двойной мостовой кранъ (m)
gru (f) a ponte a due travi maestre *od* a travi gemelle
puente-grúa (f) gemela

---

6 Zwilling[s]träger (m)
box *or* twin-girder
poutre (f) jumelée

a

сдвоенная балка (f)
travata (f) in due parti *od* a gemelle
viga (f) gemela

---

7 Auslegerlaufkran (m)
overhead traveller with slewing jib
pont (m) roulant à flèche

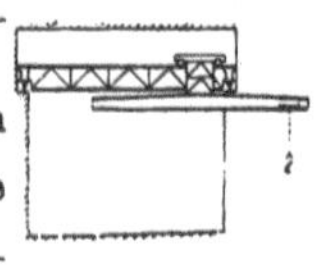

мостовой кранъ (m) съ поперечиной
gru (f) a ponte con pontone a bilanciere *o* binario pendente
puente-grúa (f) de brazo

---

8 Drehlaufkran (m)
travelling crane with slewing jib *or* gib
pont (m) roulant à bec tournant

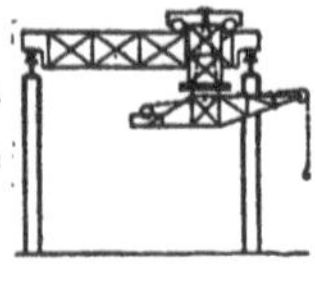

поворотный мостовой кранъ (m)
gru (f) a ponte con carrello girevole
puente-grúa (f) de brazo giratorio

Gießereilaufkran (m)
foundry traveller
pont (m) roulant de fonderie, grue (f) roulante de fonderie

литейный кранъ (m)
gru (f) a ponte per fonderie 1
puente-grúa (f) para fundición

Nietlaufkran (m)
traveller for riveting shop
grue (f) pour atelier de rivetage

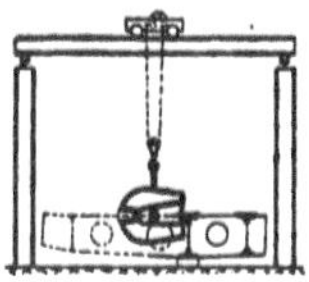

мостовой кранъ (m) для механической клёпки
gru (f) a ponte per chiodatrici 2
puente-grúa (f) para taller de remachar

Laufkran (m) mit Hilfshebevorrichtung
travelling crane with auxiliary crab
pont (m) roulant à appareil de levage auxiliaire (pour chargeuse, enfourneuse etc.)

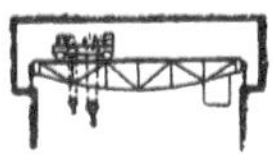

мостовой кранъ (m) со вспомогательнымъ подъёмнымъ приспособленіемъ
gru (f) a ponte con meccanismo di sollevamento ausiliare 3
puente-grúa (f) con torno auxiliar

Führerkorb (m)
driver's cage
cabine (f) du conducteur, cabine (f) du mécanicien

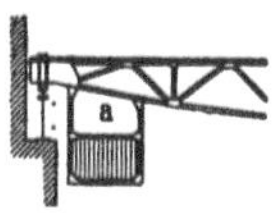

a

клѣтка (f) [для] машиниста
gabbia (f) del manovratore 4
garita (f) del conductor

Führerstand (m)
driver's stand
plate-forme (f) du conducteur

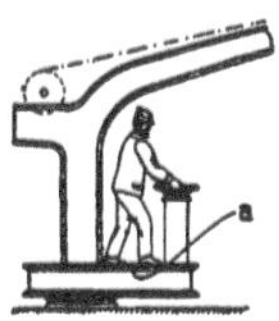

a

площадка (f) [для] машиниста
posto (m) *o* piattaforma (f) del manovratore 5
plataforma (f) del conductor

Führerhaus (n)
driver's hut *or* cabin
cabine (f) du conducteur

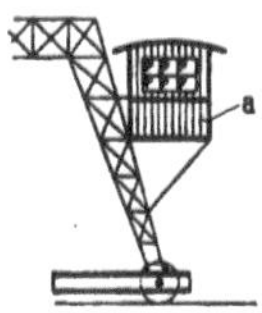

a

будка (f) [для] машиниста
cabina (f) del manovratore 6
garita (f) del conductor

---

geschlossenes Führerhaus (n)
closed driver's hut *or* cabin
cabine (f) de conducteur fermée

закрытая будка (f) машиниста
cabina (f) del manovratore chiusa 7
garita (f) cerrada

1 wetterdichtes Führerhaus (n)
weather-proof driver's hut *or* cabin
cabine (f) abritée de conducteur

будка (f) для защиты машиниста отъ непогоды
cabina (f) del manovratore protetta da le intemperie
cabina (f) de protección

---

2 verschaltes Führerhaus (n)
boarded driver's hut *or* cabin
guérite (f) fermée de conducteur

будка (f) машиниста съ глухими стѣнками
cabina (f) del manovratore rivestita
cabina (f) revestida de tablas

---

3 [Holz-] Verschalung (f)
boarding
revêtement (m) [en bois], parois (f pl) en bois

a

[деревянная] обшивка (f)
rivestimento (m) in legno
revestimiento (m) de tablas

---

4 offenes Führerhaus (n)
open driver's hut *or* cabin
cabine (f) de conducteur ouverte

открытая будка (f) машиниста
cabina (f) del manovratore aperta
garita (f) abierta

---

a

5 Schutzdach (n)
roof
toit (m) protecteur *ou* de protection

предохранительная крыша (f)
tetto (m) di ricoprimento *o* protettore
techo (m) de protección

---

a

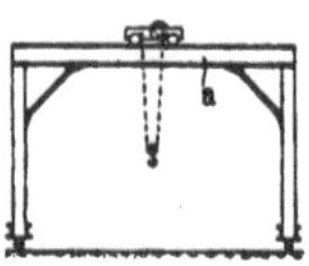

6 Bockkran (m), Gerüstkran (m)
frame *or* gantry crane
grue-portique (f) (de chemin de fer), pont (m) roulant sur pieds

кранъ (m) на козлахъ
gru (f) a cavalletto
grúa (f) de caballete

---

7 Krangestell (n), Krangerüst (n), Bockgestell (n)
crane frame
châssis (m) de grue, charpente (f) de grue

a

остовъ (m) крана
armatura (f) della gru
bastidor (m) de la grúa

---

8 Kranbein (n), Stützfuß (m) des Kranes, Kranfuß (m), Bockständer (m)
crane support *or* leg
montant (m) *ou* pied (m) de grue-portique

козлы (m pl) крана; ноги (f pl) крана
montante (m) *o* pila (f) della gru
pie (m) *ó* poste (m) de la grúa

einhüftiger Bockkran (m), Halbbockkran (m)
gantry crane with unsymmetrical supports
grue-portique (f) à un pied

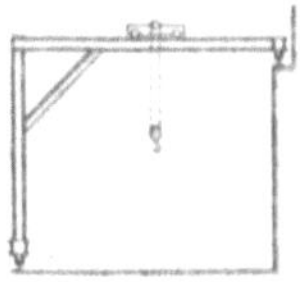

кранъ (m) на козлахъ неодинаковой высоты
gru (f) a cavalletto ad un montante
grúa (f) de caballete asimétrica 1

---

feststehender Bockkran (m)
fixed gantry crane
pont (m) fixe sur pieds à treuil roulant

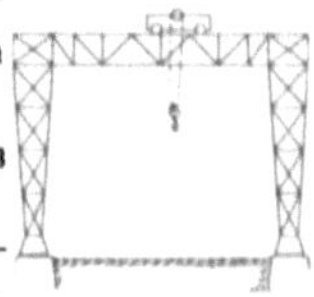

неподвижный кранъ (m) на козлахъ
gru (f) a cavalletto fissa
grúa (f) de caballete fija 2

---

fahrbarer Bockkran (m)
travelling gantry crane
pont (m) roulant sur pieds

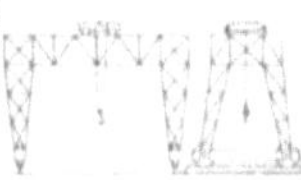

подвижной кранъ (m) на козлахъ
gru (f) a cavalletto mobile *o* su carrello
grúa (f) de caballete móvil 3

Ausleger[bock]kran (m), [Kantileverkran (m)]
cantilever crane
grue (f) à flèches horizontales, grue-cantilever (m)

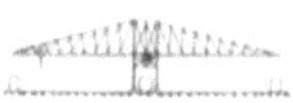

кранъ (m) на козлахъ съ вылетомъ *или* стрѣлами
gru (f) a doppio sbalzo per trasporti sporgenti
grúa (f) cantilever *ó* de dos brazos 4

Brückenkran (m), Hochbahnkran (m)
bridge crane
grand (m) portique sur piliers

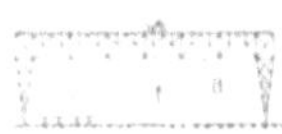

[большой] мостовой кранъ (m)
gru (f) a ponte
grúa (f) de puente 5

Kranbrücke (f)
crane bridge
pont (m) de grue

мостъ (m) крана
ponte (m) della gru
puente (m) de grúa 6

Temperleybalken (m)
Temperley beam
poutre (f) Temperley

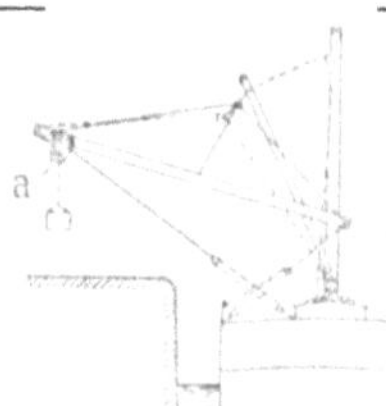

балка (f) *или* стрѣла (f) Темперлея
travo gru (f) Temperley
viga (f) Temperley 7

Temperleykatze (f)
Temperley crab
chariot (m) Temperley

тележка (f) Темперлея
carrello (m) Temperley
carro (m) Temperley 8

Drehkran (m), Schwenkkran (m)
slewing crane
grue (f) tournante, grue (f) pivotante, grue (f) à arbre fixe

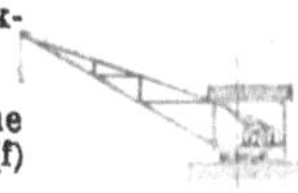

поворотный кранъ (m)
gru (f) girevole
grúa (f) giratoria *ó* de pivote 9

1	Rollenhöhe (f), Auslegerhöhe (f) height of jib hauteur (f) de poulie, hauteur (f) de flèche	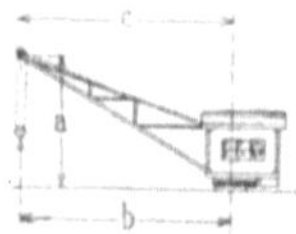 a	высота (f) головки укосины altezza (f) della carrucola altura (f) de la polea
2	nutzbare Ausladung (f), Nutzausladung (f) useful radius portée (f) utile	b	полезный вылетъ (m) sbalzo (m) utile radio (m) útil
3	Gesamtausladung (f) radius portée (f)	c	выносъ (m) sporgenza (f), volata (f), sbalzo (m) radio (m) de acción
4	Drehkran (m) mit veränderlicher Ausladung slewing crane with variable radius grue (f) pivotante à portée *ou* volée variable	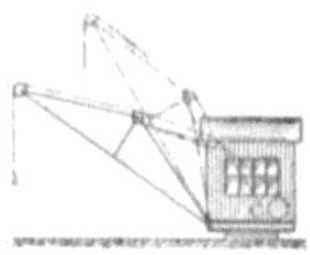	поворотный кранъ (m) съ перемѣннымъ вылетомъ gru (f) girevole con sbalzo variabile grúa (f) giratoria de radio de acción *ó* portada variable
5	Veränderung (f) der Ausladung, Verstellung (f) der Ausladung variability of the handling radius variation (f) de la portée, variation (f) de la volée		измѣненіе (n) *или* перемѣна (f) вылета variazione (f) della volata *o* della sporgenza variación (f) del radio de acción
6	den Kran drehen (v) *oder* schwenken (v) to swing *or* slew the crane tourner (v) la grue, faire pivoter (v) la grue		повернуть (поворачивать) кранъ girare (v) la gru girar (v) la grúa
7	Kranschwenken (n), Krandrehen (n) slewing of crane rotation (f) brusque *ou* giration (f) de la grue		поворачиваніе (n) крана rotazione (f) della gru giro (m) de la grúa
8	Schwenkbereich (m) slewing area rayon (m) *ou* champ (m) de rotation	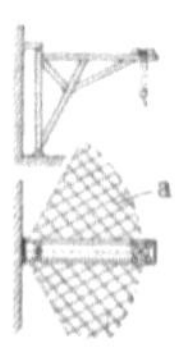 a	величина (f) размаха поворачиванія campo (m) *o* zona (f) di rotazione alcance (m) de giro
9	Schwenkprofil (n) slewing profile espace (m) libre pour la rotation (de la grue)	 a	профиль (f) *или* габаритъ (m) поворачиванія profilo (m) libero alla rotazione, periferia (f) libera della zona espacio (m) libre de rotación

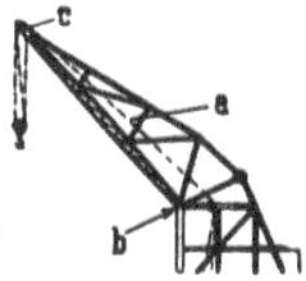

Ausleger (m)
jib, gib
bras (m), flèche (f), poinçon (m), fauconneau (m), volée (f)

a

укосина (f); стрѣла (f) 1
braccio (m), puntone (m)
brazo (m), volada (f)

Fußpunkt (m) des Auslegers
foot of jib
pied (m) de la flèche *ou* du bras

b

опора (f) укосины *или* стрѣлы 2
piede (m) *o* base (f) del puntone
pie (m) del brazo

Auslegerkopf (m), Rollenkopf (m), Kranschnabel (m)
jib head
bec (m) de la grue, tête (f) portant les poulies, extrémité (f) de la flèche

c

верхній конецъ (m) укосины; конецъ стрѣлы для укрѣпленія блока *или* ролика 3
testa (f) *o* vertice (m) del pontone, testa (f) porta carrucola
extremo (m) del brazo

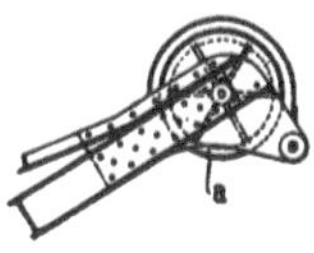

Auslegerrolle (f)
jib sheave
poulie (f) de renvoi de la chaîne

a

направляющій роликъ (m) *или* блокъ (m) укосины *или* стрѣлы 4
carrucola (f) del puntone
polea (f) del brazo

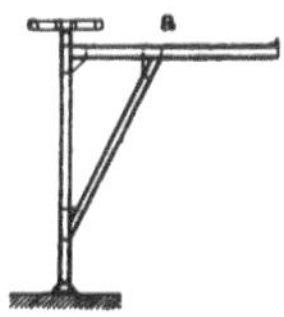

Auslegerträger (m), Auslegerbaum (m)
jib stay
poussard (m)

a

подкосъ (m) поперечины 5
contrafisso (m) del puntone
tornapunta (f) (de la grúa)

Fachwerkausleger (m)
lattice jib
flèche (f) à [poutre en] treillis

a

рѣшетчатая поперечина (f) *или* стрѣла (f) 6
puntone (m) a traliccio
brazo (m) de celosía

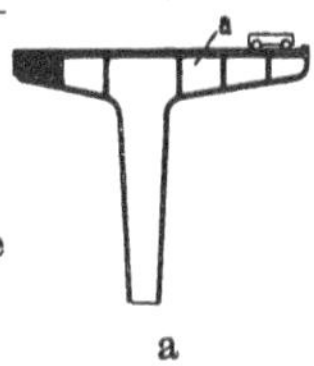

vollwandiger Ausleger (m)
solid *or* plate jib
flèche (f) à âme pleine

a

сплошная поперечина (f) *или* стрѣла (f) 7
puntone (m) in lamiera piena
brazo (m) de alma llena

1 gerader Ausleger (m)
straight jib
flèche (f) droite

прямая укосина (f); прямая стрѣла (f)
puntone (m) diritto
brazo (m) derecho

---

2 geknickter Ausleger (m)
curved jib
flèche (f) coudée, volée (f) coudée

укосина (f) *или* стрѣла (f) ломаннаго вида
puntone (f) a gomito *o* curvo
brazo (m) acodado

---

3 Fairbairnausleger (m)
Fairbairn jib *or* derrick
flèche (f) de Fairbairn *ou* à col de cygne

балка (f) Ферберна
puntone (m) Fairbairn
brazo (m) Fairbairn

---

4 beweglicher Ausleger (m)
movable jib
flèche (f) mobile

подвижная укосина (f) *или* стрѣла (f)
puntone (m) mobile
brazo (m) móvil

---

5 Auslegerbewegung (f)
jib movement
mouvement (m) de flèche

движенie (n) укосины
movimento (m) del puntone
movimiento (m) del brazo

---

6 versteckbarer Ausleger (m)
adjustable jib
flèche (f) à tirant extensible

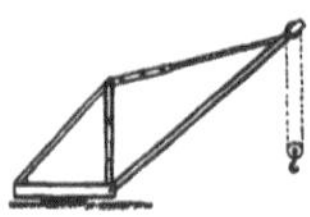

переставная укосина (f)
puntone (m) riducibile
brazo (m) de tirante extensible

---

7 den Ausleger verstecken (v)
to adjust the jib
raccourcir (v) le tirant

переставить укосину
ridurre (v) il braccio al puntone
abortar (v) el tirante

---

8 umlegbarer Ausleger (m)
reversable jib
flèche (f) à position variable, flèche (f) à rabattement

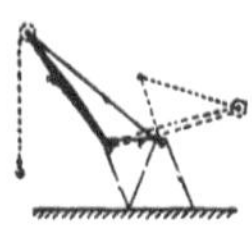

перекидная укосина (f)
puntone (m) a cerniera
brazo (m) móvil plegable

---

9 den Ausleger umlegen (v)
to reverse the jib
rabattre (v) la flèche

перекинуть *или* перевести укосину
girare (v) il puntone
girar (v) el brazo

einziehbarer Ausleger (m), Wippausleger (m)
jib of variable radius
flèche (f) à inclinaison variable *ou* à tirant de longueur variable

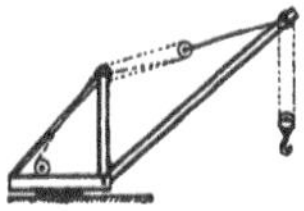

поднимаемая укосина (f)
puntone (m) variabile 1
brazo (m) de inclinación variable

---

den Ausleger einziehen (v)
to pull in the jib
relever (v) la flèche, raccourcir (v) le tirant

поднять укосину
accorciare (v) il puntone 2
disminuir (v) la inclinación del brazo

Einziehbarkeit (f) des Auslegers
luffability of jib
variabilité (f) d'inclinaison de la flèche, raccourcissement (m) du tirant

поднимаемость (f) укосины
possibilità (f) di accorciare il puntone 3
variabilidad (f) de inclinación del brazo

---

aufklappbarer *oder* hochklappbarer Ausleger (m), Klappausleger (m)
hinged jib
flèche (f) dont l'angle d'inclinaison peut s'ouvrir *ou* se fermer

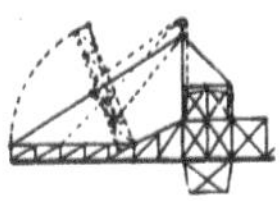

опускающаяся *или* откидная поперечина (f) 4
puntone (m) a cerniera
brazo (m) que puede levantarse

---

den Ausleger aufklappen (v) *oder* hochklappen (v)
to pull up the jib
ouvrir (v) *ou* fermer (v) l'angle d'inclinaison de la flèche

поднять *или* откинуть поперечину
rialzare (v) il puntone 5
levantar (v) ó abrir (v) el brazo

Lastausleger (m)
load jib
tirant (m) supportant l'effort de charge

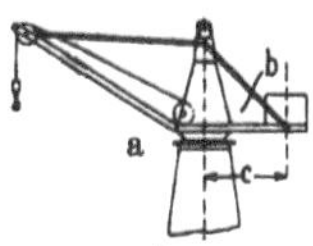

a

грузовая укосина (f)
puntone (f) *o* tirante (m) di sostegno del carico 6
tirante (m) de carga

Gegengewichtausleger (m)
counter-balance jib
tirant (m) du contrepoids

b

поперечина (f) съ противѣсомъ
puntone (m) *o* tirante (m) di sostegno del contrappeso 7
tirante (m) de contrapeso

Gegengewichtausladung (f)
counter-balance radius
portée (f) du contrepoids

c

вылетъ (m) противовѣса
braccio (m) del contrappeso 8
distancia (f) del contrapeso al eje

---

feststehender Drehkran (m)
stationary (fixed pillar) slewing crane
grue (f) pivotante fixe

стаціонарный *или* постоянный поворотный кранъ (m) 9
gru (f) girevole fissa
grúa (f) giratoria fija

1	Zapfendrehkran (m) pivot slewing crane grue (f) tournante sur pivot	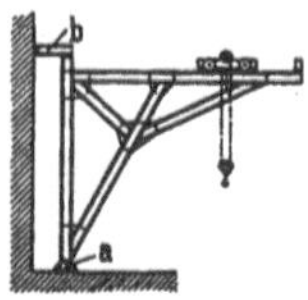	поворотный кранъ (m) на цапфахъ gru (f) girevole su perno grúa (f) giratoria de tejuelo
2	Fußlager (n) footstep bearing crapaudine (f) inférieure	a	нижній подпятникъ(m) sopporto (m) di base tejuelo (m) inferior
3	Kopflager (n) top bearing crapaudine (f) supérieure	b	верхній пятникъ (m) sopporto (m) da soffitto superiore tejuelo (m) superior
4	freistehender Drehkran (m) independent slewing crane grue (f) pivotante isolée		свободностоящій поворотный кранъ (m) gru (f) girevole indipendente grúa (f) giratoria aislada
5	Säulenkran (m) pillar crane grue (f) à fût *ou* à colonne	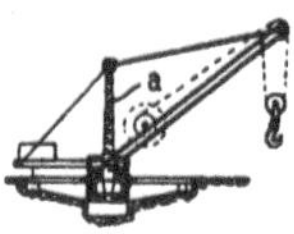	кранъ (m) на колоннѣ gru (f) a colonna grúa (f) de poste *ó* columna
6	Kran[mittel]säule (f) crane pillar fût (m) *ou* colonne (f) de grue	a	колонна (f) крана colonna (f) *o* montante (m) della gru columna (f) *ó* poste (m) de la grúa
7	Säulenkopf (m) head of pillar chapeau (m) *ou* chapiteau (m) [du fût]	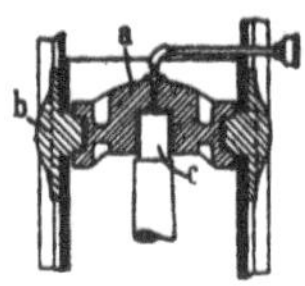	головка (f) колонны testa (f) *o* capitello (m) *o* supporto (m) superiore della colonna cabeza (f) del poste
8	Kopfplatte (f) head plate fond (m) de la crapaudine, grain (m)	a	верхняя доска (f) piastra (f) di testa placa (f) de cabeza quicionera
9	Kopfzapfen (m) head pivot tenon (m) de la crapaudine	b	верхняя цапфа (f) maschietto (m) *o* dente (f) di testa espiga (f) de la quicionera
10	Kopflager (n) head bearing crapaudine (f) supérieure	c	верхній пятникъ (m) sopporto (m) superiore tejuelo (m) *ó* quicionera (f) superior
11	Fundamentstern (m) foundation cross plaque (f) de fondation en étoile		звѣздообразная *или* спицеобразная фундаментная плита (f) stella (f) *o* piastra (f) di fondazione placa (f) de cimentación en cruz

Grundplatte (f), Fundamentplatte (f)
foundation plate
plaque (f) de fondation

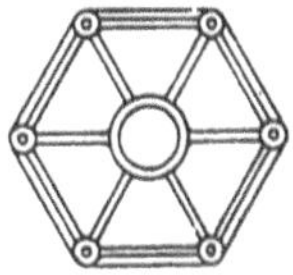

фундаментная плита (f)
piastra (f) di fondazione 1
placa (f) de cimentación

Schachtkran (m)
crane with the post in a pit
grue (f) à fosse

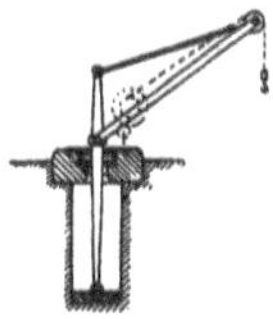

кранъ (m) въ шахтѣ
gru (f) a pozzo 2
grúa (f) de pozo

Fairbairnkran (m)
Fairbairn crane
grue (f) Fairbairn

кранъ (m) [системы] Ферберна
gru (f) Fairbairn 3
grúa (f) Fairbairn

Drehscheibenkran (m)
curb ring crane
grue (f) à plaque tournante

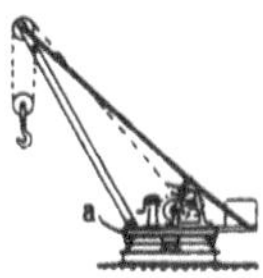

кранъ (m) съ поворотнымъ кругомъ
gru (f) a piattaforma girevole 4
grúa (f) de placa giratoria

Krandrehscheibe (f)
curb ring
plaque (f) tournante de grue

a

поворотный кругъ (m) крана
piattaforma (f) girevole della gru 5
placa (f) giratoria de la grúa

---

fahrbarer Drehkran (m)
portable slewing crane
grue (f) pivotante et roulante

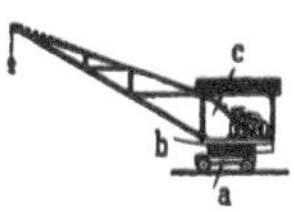

передвижной поворотный кранъ (m)
gru (f) girevole locomobile 6
grúa (f) que pivote sobre plataforma móvil

Unterwagen (m), Kranwagen (m)
bogie *or* crane truck
plate-forme (f) roulante

a

ходовая часть (f) крана; подвижная платформа (f) крана 7
carro (m) per gru
plataforma (f) rodante

Oberwagen (m)
upper carriage
plate-forme (f) supérieure

b

поворотная часть (f) крана 8
piattaforma (f) superiore
plataforma (f) superior

Kranhaus (n)
crane hut
guérite (f) *ou* cabine (f) de grue

c

будка (f) для машиниста
cabina (f) della gru 9
garita (f) de grúa

1 Handdrehkran (m)
hand-slewing crane
grue (f) tournante *ou* pivotante à main

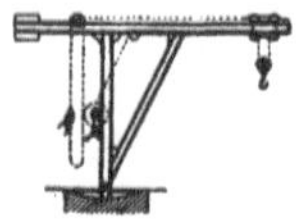

ручной поворотный кранъ (m); поворотный кранъ ручного дѣйствія
gru (f) a mano girevole
grúa (f) giratoria de mano

---

2 Dampfdrehkran (m)
steam slewing crane
grue (f) pivotante à vapeur, grue (f) à plaque tournante à vapeur

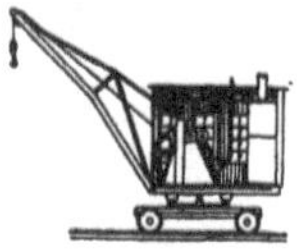

паровой поворотный кранъ (m)
gru (f) a vapore girevole
grúa (f) giratoria de vapor

---

3 hydraulischer Drehkran (m)
hydraulic slewing crane
grue (f) pivotante hydraulique

гидравлическій поворотный кранъ (m)
gru (f) idraulica girevole
grúa (f) giratoria hidráulica

---

4 elektrischer Drehkran (m)
electric slewing crane
grue pivotante (f) électrique

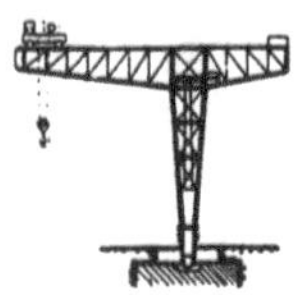

электрическій поворотный кранъ (m)
gru (f) elettrica girevole
grúa (f) giratoria eléctrica

---

5 Wand[dreh]kran (m), Mauerschwenkkran (m)
wall slewing crane
grue (f) murale pivotante, grue (f) d'applique

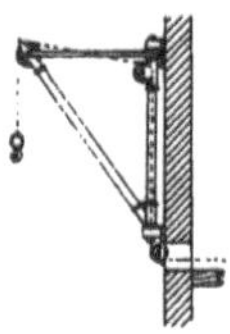

стѣнной *или* настѣнный поворотный кранъ (m)
gru (f) girevole da parete
grúa (f) giratoria mural *ó* de muro

---

6 Speicherkran (m), Schuppenkran (m)
warehouse crane
grue (f) de grenier, grue (f) de dépôt

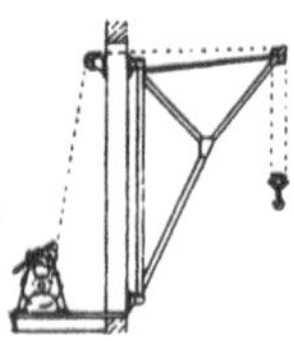

магазинный кранъ (m); кранъ для складовъ *или* для амбаровъ
gru (f) da magazzino
grúa (f) de granero *ó* de deposito

---

7 Lukenkran (m)
hatch crane
grue (f) de lucarne

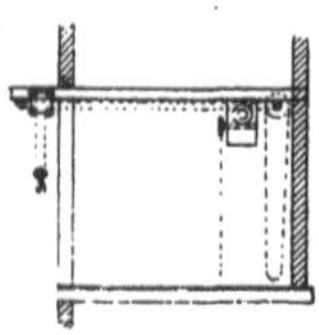

люковый кранъ (m)
gru (f) da abbaino *o* da solaio
grúa (f) de desván *ó* de buhardilla

Gießereidrehkran (m)
foundry slewing crane
grue (f) pivotante de fonderie

литейный поворотный кранъ (m)
gru (f) da fonderia girevole 1
grúa (f) giratoria para fundición

Schmiededrehkran (m)
smithy slewing crane
grue (f) pivotante de forge

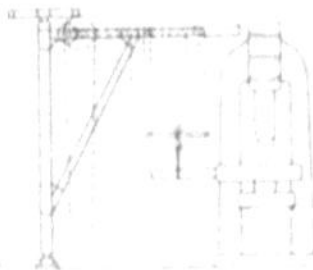

кузнечный поворотный кранъ (m)
gru (f) da fucina girevole 2
grúa (f) giratoria para forja

Hammerwerkdrehkran (m)
hammer head slewing crane
grue (f) pivotante de marteau-pilon

кранъ (m) для поворачиванія поковокъ
gru (f) girevole per maglio 3
grúa (f) giratoria para martillo-pilón

Waggonkran (m), Eisenbahndrehkran (m)
derrick waggon crane
grue (f) montée sur wagon, grue (f) roulante

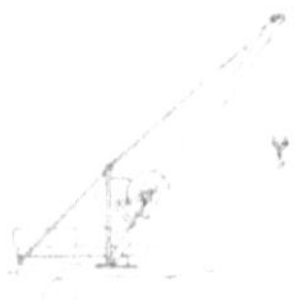

вагонный кранъ (m); желѣзнодорожный кранъ
gru (f) trasportabile *o* locomobile 4
grúa (f) [montada] sobre vagón

Lokomotivkran (m), Rangierkran (m)
locomotive *or* breakdown crane
grue (f) de manutention *ou* de manœuvre

кранъ (m) на паровозѣ; маневровый кранъ 5
gru-locomotiva (f)
grúa (f) de maniobras

Stoßklotz (m)
buffer block
butoir (m)

упорный брусъ (m)
blocco (m) paracolpi 6
tope (m)

Kranlokomotive (f)
crane locomotive
grue-locomotive (f)

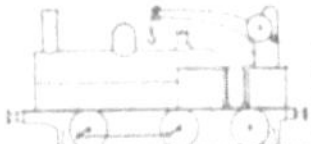

паровозъ-кранъ (m)
locomotiva (f) a gru 7
grúa-locomotora (f)

Schiffskran (m), Boot[s]-kran (m)
boat's crane *or* ship's davit
grue (f) de navire, grue (f) d'embarcation

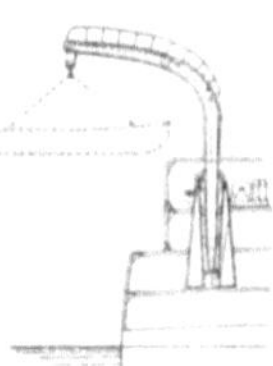

судовой кранъ (m); кранъ для лодокъ
gru (f) per imbarcazioni *o* da nave 8
grúa (f) de buque

1 Deckkran (m)
deck-crane
grue (f) de pont de navire

кранъ (m) на палубѣ; палубный кранъ
gru (f) da ponte di coperta da nave
grúa (f) de puente de buque

---

2 Hafenkran (m), Kaikran (m), Uferdrehkran (m)
quay crane
grue (f) de port, grue (f) de quai

береговой *или* набережный кранъ (m)
gru (f) da porto
grúa (f) de puerto *ó* de muelle

---

3 Portalkran (m)
portal *or* gantry crane
grue (f) à portique

поворотный кранъ (m) на подвижныхъ козлахъ; травеллеръ (m)
gru (f) a portale
grúa (f) de pórtico, grúa (f) de portada

---

4 Vollportalkran (m)
full portal *or* gantry crane
grue (f) à portique

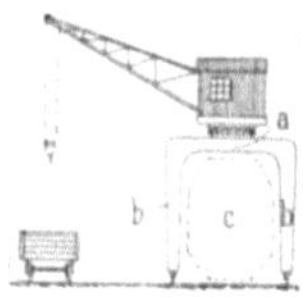

поворотный кранъ (m) на двустороннихъ козлахъ; полный травеллеръ (m)
gru (f) a portico
grúa (f) de pórtico simétrico

---

5 Portal (n)
portal gantry
portique (m), portail (m)

a

козлы (m pl)
portale (m)
pórtico (m)

---

6 Fuß (m) des Portals
leg of the portal *or* gantry
montant (m) du portique

b

ноги (fpl) козелъ
base (f) del portale
pie (m) del pórtico

---

7 Durchfahrtöffnung (f)
opening
ouverture (f) du portique

c

просвѣтъ (m); внутренній габаритъ (m)
apertura (f) *o* luce (f) del portale
abertura (f) del pórtico

---

8 Durchfahrtprofil (n)
travelling space
ouverture (m) libre

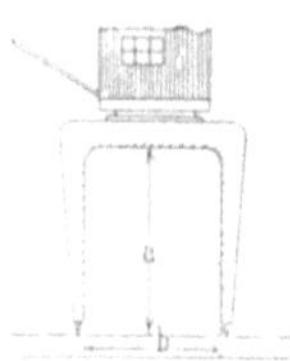

профиль (f) просвѣта
profilo (m) libero, sagoma (f) libera
perfil (m) libre

---

9 lichte Durchfahrthöhe (f) des Portals
height of travelling space of the portal *or* gantry
hauteur (f) [d'ouverture] du portique

a

высота (f) просвѣта
altezza (f) di passaggio libera del portale
altura (f) libre de abertura de la portada

lichte Durchfahrtweite (f) des Portals
width of travelling space of the portal *or* gantry
largeur (f) [d'ouverture] du portique

ширина (f) просвѣта
luce (f) libera del portale 1
anchura (f) libre de abertura de la portada

Uferportalkran (m), Hafenportalkran (m)
harbour portal *or* gantry crane
grue (f) à portique de quai, grue (f) a portique de port

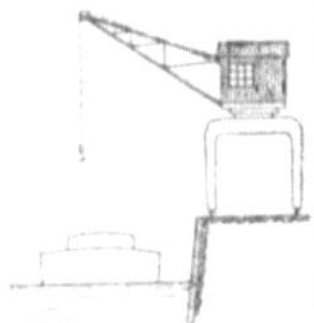

набережный поворотный кранъ (m) на подвижныхъ козлахъ; береговой травеллеръ (m) 2
gru (f) a portale da banchina *o* da porto
grúa (f) de portada para puerto

Halbportalkran (m)
semi-portal *or* gantry crane
grue (f) à demi-portique

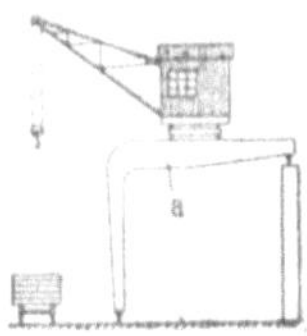

поворотный кранъ (m) на одностороннихъ козлахъ; полутравеллеръ (m)
gru (f) a portale asimmetrico 3
grúa (f) de portada asimétrica *ó* de media portada

Halbportal (n)
semi-portal *or* gantry
demi-portique (m)

односторонніе козлы (m pl)
semiportale (m), semiportico (m) 4
media portada (f)

Winkelkran (m)
angle crane
grue (f) à support triangulaire

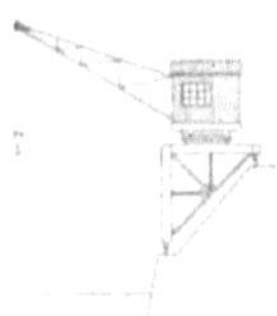

кранъ (m) на треугольныхъ козлахъ
gru (f) ad angolo *o* da scarpata *od* a sopporto triangolare 5
grúa (f) de soporte angular

Dachkran (m)
roof crane
grue (f) de toit

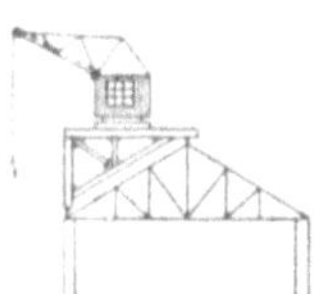

кранъ (m), установленный на крышѣ 6
gru (f) da tetto
grúa (f) de techo

Hammerkran (m)
hammer head crane
grue-marteau (f), grue (f) à volée horizontale

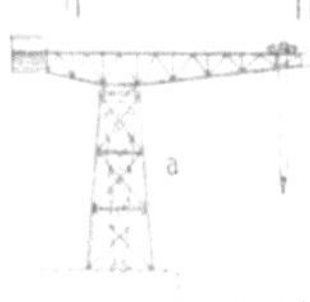

молотовидный кранъ (m)
gru (f) martelliforme 7
grúa (f) en forma de martillo *ó* en T

Stützgerüst (n)
supporting framework
charpente (f) de support, pylône (m)

остовъ (m)
armatura (f) di sostegno 8
columna (f) de apoyo

1 Pyramiden[dreh]kran (m)
pyramid crane (slewing)
grue-pyramide (f) tournante

пирамидальный поворотный кранъ (m)
gru (f) piramidale
grúa (f) piramidal giratoria

---

2 Stützpyramide (f)
supporting pyramid *or* tower
pyramide (f) de soutien

a

пирамидальная опора (f)
piramide (f) di sostegno
pirámide (f) de apoyo

---

3 Turmdrehkran (m)
tower slewing crane
grue (f) pivotante à tour, grue (f) pivotante sur haut pilier *ou* pylône

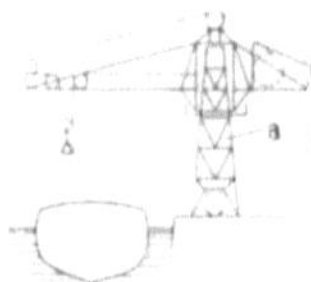

башенный поворотный кранъ (m)
gru (f) girevole a torre
grúa (f) giratoria de torre

---

4 Turmgerüst (n)
tower framework
charpente (f) de pilier *ou* pylône

a

остовъ (m) башни
armatura (f) a torre
armadura (f) de la torre

---

5 Helmkran (m)
helmet *or* visor crane
grue (f) [à casque] à volée variable

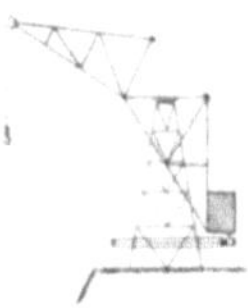

кранъ (m) въ видѣ шлема
gru (f) galeiforme *od* a risvolto
grúa (f) de casco

---

6 Velozipedkran (m)
velocipede crane
grue-vélocipède (f)

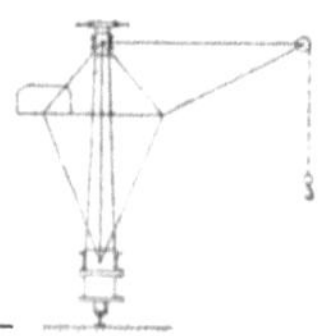

велосипедный кранъ (m)
gru (f) a monoguida *od* a velocipede
grúa-velocipedo (f)

---

7 Konsolkran (m)
bracket crane
grue (f) à console

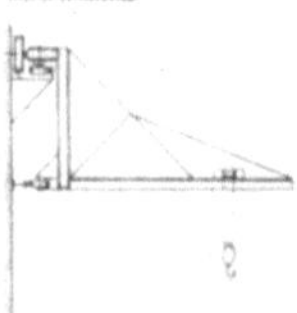

кранъ (m) на кронштейнахъ; консольный кранъ
gru (f) a mensola
grúa (f) de consola

---

8 Derrickkran (m), Derrick (m), Dreifußkran (m)
derrick-crane
grue (f) de chevalement *ou* derrick

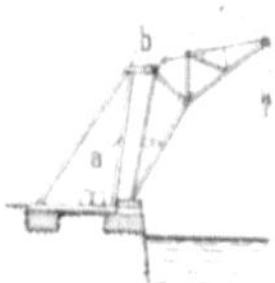

деррикъ-кранъ (m): треножный кранъ съ поворачивающейся укосиной
gru (f) derrick
grúa (f) derrick

Kranstrebe (f) crane strut tirant (m) de la grue	a	подкосъ (m) крана puntone (f) della gru puntal (m) de la grúa	*1*
Strebenkopf (m) head of strut tête (f) du tirant	b	головка (f) подкоса testa (f) del puntone extremo (m) del puntal	*2*
Handderrickkran (m) hand derrick grue (f) de chevalement à main	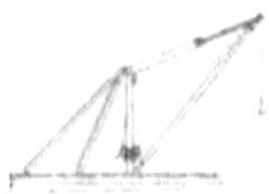	ручной деррикъ-кранъ (m) gru (f) derrick a mano grúa (f) derrick de [mando por] mano	*3*
Richtbaum (m) wharf crane flèche (f) formée d'une poutre		деревянная укосина (f) *или* стрѣла (f) palo (m) di sostegno, antenna (f) flecha (f) formada de una viga	*4*
Wippkran (m) luffing-crane grue (f) à volée *ou* à portée variable	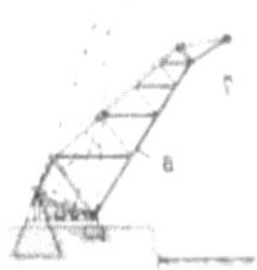	кранъ (m) съ подымающейся укосиной gru (f) a puntone oscillante *od* a inclinazione variabile grúa (f) con brazo de inclinación variable	*5*
Kranbrust (f) main girder *or* strut poitrail (m) de la charpente de grue	a	передній поясъ (m) фермы укосины крана petto (m) della gru, nervatura (f) anteriore parte (f) anterior del bastidor de la grúa	*6*
Hammerwippkran (m) hammer-headed dock crane grue-marteau (f) à volée variable		молотовидный кранъ (m) съ подымающейся укосиной gru (f) a martello con braccio variabile grúa (f) en T con volada variable	*7*
Scherenkran (m) sheer legs *or* mast crane bigue (f), grue (f) à flèche d'inclinaison variable, grue-ciseau (f)		двунога (f) gru (f) a puntone mobile articolato grúa (f) de tijera	*8*
Scherenbaum (m) sheer leg tirant (m) incliné d'une grue-ciseau, mât (m) incliné d'une grue-ciseau *ou* bigue	a	стрѣла (f) двуноги albero (m) inclinato *od* antenna (f) inclinata di una gru a cesoia tirante (m) de una grúa de tijera	*9*

1 Mastenkran (m)
mast crane
bigue (f), grue (f) à soulever les mâts *ou* à mâter

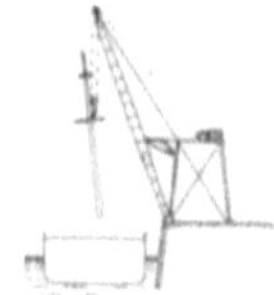

кранъ (m) для постановки мачтъ
gru (f) a palo *od* a controfisso
grúa (f) para mástiles

---

2 Riesenkran (m), Schwerlastkran (m)
giant *or* Goliath crane
grue (f) géante, grue (f) pour lourdes charges, grue (f) Titan

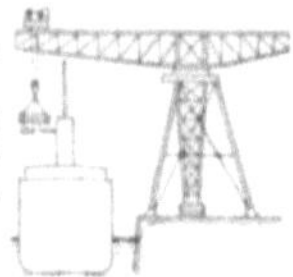

кранъ (m) громадныхъ размѣровъ; кранъ для большихъ тяжёлыхъ грузовъ
gru (f) per grossi pesi
grúa (f) para cargas pesadas

---

3 Schwimmkran (m), Pontonkran (m)
floating luffing crane
grue (f) flottante, grue-ponton (f)

плавучій кранъ (m); понтонный кранъ
gru (f) galleggiante *o* su pontone
grúa (f) flotante

---

4 Kranponton (m)
crane pontoon
ponton (m) de grue

a

понтонъ (m) крана
galleggiante (f) della gru, scafogrù (m)
pontón (m) de grúa

---

5 Kranschiff (n)
crane-ship
grue (f) flottante, bateau-grue (f)

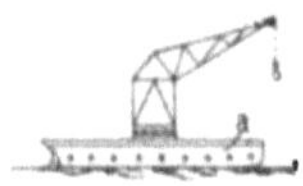

a

судно (n) крана
battello-gru (m)
grúa (f) flotante

---

6 [Ein-]Tauchtiefe (f)
draft
hauteur (f) de flottaison, calaison (f)

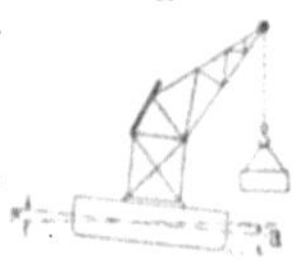

a

осадка (f)
pescaggio (m) *o* profondità (f) di inmersione
calado (m)

---

7 Neigungswinkel (m)
angle of inclination
angle (m) de plongée, inclinaison (f) du bateau dans le sens de la longeur

a

уголъ (m) наклона
angolo (m) d'inclinazione
ángulo (m) de inclinación longitudinal

---

8 Krä(e)ngungswinkel (m)
heeling angle
inclinaison (f) latérale [à babord *ou* tribord], angle (m) de bande

уголъ (m) накрена
angolo (m) d'inclinazione laterale
ángulo (m) de inclinación lateral

---

9 Handhabungskran (m)
hand crane
grue (f) pour charges légères

кранъ (m), управляемый отъ руки
gru (f) a mano
grúa (f) para cargas ligeras

Werkstattkran (m)
workshop crane
pont (m) roulant d'atelier

кранъ (m) для мастерскихъ
gru (f) d'officina
grúa (f) de taller 1

Montagekran (m)
erecting crane
pont (m) roulant de montage

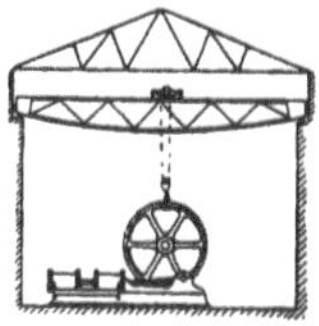

кранъ (m) для сборки и установки
gru (f) da sala di montaggio 2
grúa (f) de montaje

Hofkran (m)
yard crane
grue (f) placée à l'extérieur d'un magasin, grue (f) de cour

кранъ (m) для двора
gru (f) da cortile 3
grúa (f) de patio

Lagerkran (m)
store crane
grue (f) de magasin *ou* de dépôt

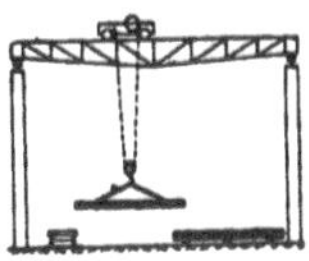

магазинный кранъ (m); кранъ для складовъ *или* для кладовыхъ 4
gru (f) da deposito
grúa (f) de almacén

Spezialkran (m)
crane for special purpose
grue (f) spéciale

кранъ (m) для особаго назначенія
gru (f) speciale *o* per usi speciali 5
grúa (f) especial

[Selbst-]Greiferkran (m)
automatic grab crane
grue (f) à benne dragueuse *ou* pelle automatique

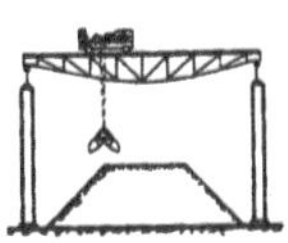

кранъ (m) съ самосхватомъ
gru (f) a cucchiaio automatico *o* di scavo automatico 6
grúa (f) de pala-draga automática

Lokomotivhebekran (m)
locomotive crane
grue (f) à soulever les locomotives

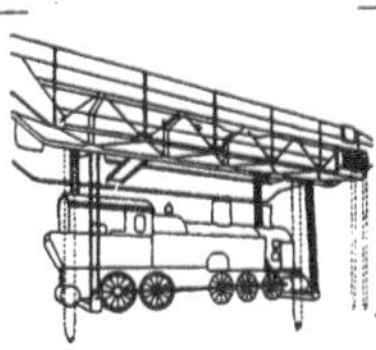

кранъ (m) для подъёма паровозовъ
gru (f) per locomotive 7
grúa (f) para levantar locomotoras

1 Baukran (m)
building crane
grue (f) de bâtiment, grue (f) de chantier de construction

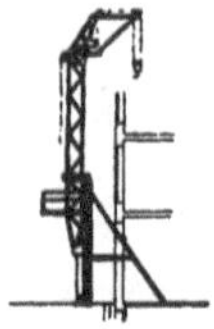

кранъ (m) для построекъ *или* для строительныхъ работъ
gru (f) per cantiere
grúa (f) para construcciones

---

2 Versatzkran (m)
transport crane
grue (f) de transbordement d'une voie à l'autre, grue (f) transbordée

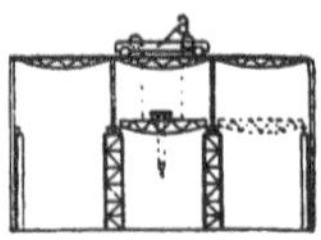

перегрузочный кранъ (m); кранъ для перегрузки съ одного пути на другой
gru (f) trasbordabile da una via all'altra
grúa (f) transbordadora, transbordador (m) de grúa

---

3 Fallwerkkran (m)
stamp work's crane
grue-mouton (f) *ou* sonnette (f)

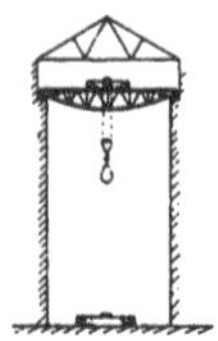

копровый кранъ (m); кранъ для подъёма бабы
gru (f) da battipalo
grúa-mutón (f)

---

4 Hüttenkran (m)
smelting works crane
grue (f) de forge

заводской кранъ (m); кранъ для металлургическихъ заводовъ
gru (f) per officine metallurgiche *o* da forgia
grúa (f) para forjos

---

5 Stahlwerkkran (m)
steel work's crane
grue (f) d'aciérie

кранъ (m) для сталелитейной
gru (f) per acciaieria
grúa (f) para fábrica de acero

---

6 Walzwerkkran (m)
rolling mill crane
grue (f) de laminoir

кранъ (m) для прокатныхъ заводовъ
gru (f) *o* colata (f) per laminatoio
grúa (f) para laminador

---

7 Gießkran (m)
foundry crane
grue (f) de coulée, grue (f) de transvasement

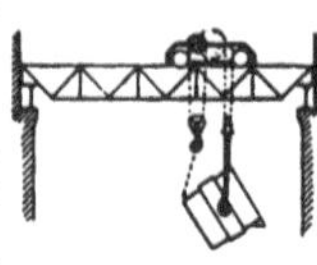

кранъ (m) для литейнаго ковша
gru (f) *o* colata (f) per fonderia
grúa (f) para fundición

---

8 Gießlaufkatze (f)
foundry crab
chariot (m) [de pont] roulant porteur de creuset de coulée

a

телѣжка (f) для литейнаго ковша
carrello (m) di gru *o* colata per fonderia
carro (m) de la grúa para fundición

[Gieß-]Pfanne (f)
ladle
poche (f), creuset (m) [de coulée], cuiller (f)

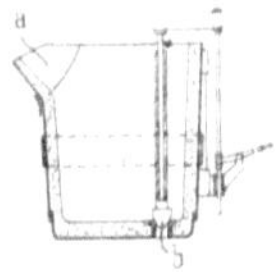

[литейный] ковшъ (m)
secchia (f) *o* pentola (f) da colata
crisol (m), caldero (m) *1*

Pfannenschnauze (f)
lip of ladle
bec (m) de creuset [de coulée]

a

носъ (m) ковша
becco (m) della secchia
pico (m) del crisol *ó* del caldero *2*

Stopfen (m) der Gießpfanne
plug of ladle
tampon (m) de creuset, quenouille (f) de la poche

b

пробка (f) литейнаго ковша
tappo (m) della secchia da colata
tapón (m) del crisol *ó* del caldero *3*

Pfannengehänge (n)
suspension of ladle
tige (f) de suspension de poche *ou* de creuset

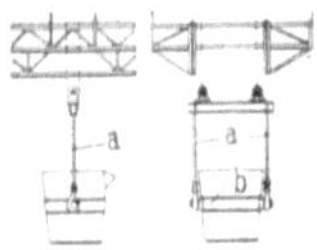

подвѣска (f) ковша
aste (f) *o* tiranti (m pl) di sospensione della secchia
suspensión (f) del crisol *ó* del caldero *4*

a

Pfannen[trag]bügel (m)
ladle hook
étrier (m) [de suspension] de poche *ou* creuset

b

подвѣсная скоба (f) для ковша; крюкъ (m) для подвѣски ковша
staffa (f) *od* anello (m) di sospensione della secchia
estribo (m) de suspensión del crisol *ó* del caldero *5*

Gießkran (m) mit starrer Pfannenführung *oder* mit starr geführter Pfanne
foundry crane with fixed ladle guide
grue (f) de coulée à guidage et suspension rigide de poche *ou* de creuset

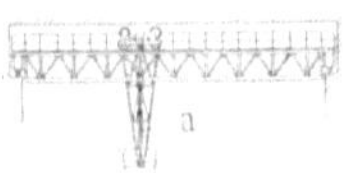

кранъ (m) для литейнаго ковша съ жёсткими направляющими
gru (f) da colate con guida rigida per la secchia
grua (f) para fundición con guía rígida del crisol *6*

Pfannenführung (f)
ladle guide
guidage (m) de la poche *ou* du creuset

a

направляющія (f pl) ковша; направленіе (n) ковша
guida (f) per la secchia
guía (f) del crisol *7*

Kippen (n) der Pfanne
tipping of ladle
renversement (m) de la poche, déversement (m) du creuset, inclinaison (f) du creuset, action (f) de faire basculer le creuset

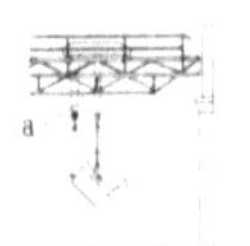

поворачиваніе (n) *или* опрокидываніе (n) *или* наклоненіе (n) ковша
rovesciamento (m) *o* rotazione (f) della secchia
inclinación (f) del crisol *8*

Kippwerk (n), Kippvorrichtung (f)
1 tipping device
bascule (f), dispositif (m) pour faire basculer

приспособленіе (n) для поворачиванія *или* для опрокидыванія
meccanismo (m) di rotazione [rovesciamento]
disposición (f) de báscula

Gießkran (m) mit selbsttätiger Kippvorrichtung
foundry crane with auto-
2 matic tipping device
grue (f) de coulée à [dispositif de] bascule *ou* renversement automatique

кранъ (m) для литейнаго ковша съ автоматическимъ опрокидывателемъ *или* съ самодѣйствующимъ приспособленіемъ для поворачиванія
gru (f) da fonderia con dispositivo di rotazione automatico
grúa (f) para fundición con disposición automática de báscula

---

durch Kippen über die Schnauze gießen (v)
to cast over the lip by
3 tipping
faire basculer (v) pour couler le métal par le bec

опрокидывая, лить черезъ носъ ковша
far colare (v) dal becco rovesciando
derramar (v) basculando por el pico

---

durch den Stopfen gießen (v)
4 to cast through the plug hole
couler (v) par la quenouille

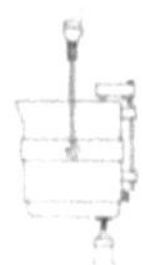

лить черезъ спускное отверстіе
colare (v) dal tappo
colar (v) por el agujero de colada

Gießwagen (m)
5 foundry car
chariot (m) de coulée

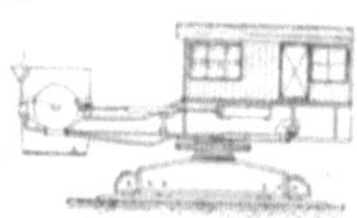

литейная телѣжка (f)
carro (m) da fonderia *o* da colata
carro (m) de fundición

[Gieß-]Pfannenwagen (m)
ladle car
6 chariot (m) porteur *ou* transporteur de la poche de coulée, chariot (m) porte-poche

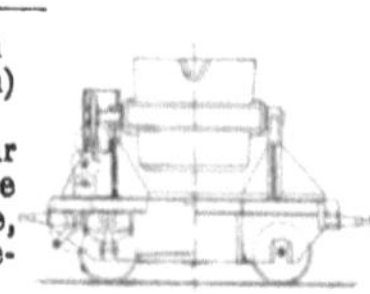

телѣжка (f) для литейнаго ковша
carro (m) per secchioni da colata *o* caldiere
carro (m) porta-crisol

[Block-] Zangenkran (m)
7 crane with tongs for ingots
grue (f) avec pince à lingot

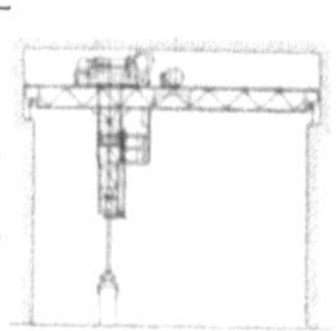

кранъ (m) съ клещами *или* со схватами для болванокъ
gru (f) a tanaglia per lingotti
grúa (f) [con tenazas] para lingotes

Tiefofenkran (m), Blockziehkran (m)
soaking pit crane, ingot drawing crane
pont (m) de pitts, chargeur (m) de lingots

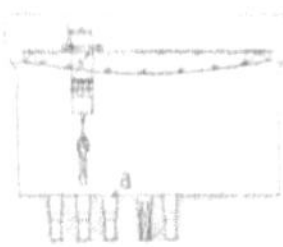

кранъ (m) для подземной калильной печи; кранъ для болванокъ
gru (f) per forni sotto suolo *od* interrati 1
grúa (f) cargadora de lingotes

Wärmegrube (f) (Gjersche Grube (f)), Tiefofen (m)
soaking pit
four (m) à réchauffer, four (m) profond, fosse (f) de réchauffage *ou* de Gjer

a

колодезь (m) *или* колодецъ (m) Джверса
fossa (f) di riscaldamento 2
foso (m) ó horno (m) de recalentamiento de Gjer

Tiefofenkran (m) mit Deckelhebevorrichtung
ingot drawing crane with cover lifting device
grue (f) pour fours profonds (pour le service des fosses de réchauffage) avec dispositif d'enlèvement des couvercles

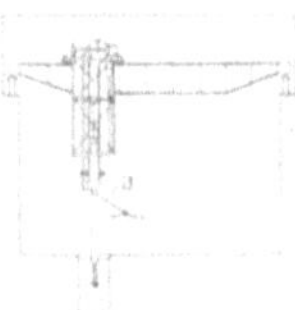

кранъ (m) для подземной калильной печи съ приспособленіемъ для подъёма крышки
gru (f) per forni sotto suolo *od* interrati con dispositivo per scoperchiare 3
grúa (f) cargadora de lingotes con disposición de levantamiento de la tapa

---

Deckel[ab]hebevorrichtung (f)
cover lifting device
dispositif (m) d'enlèvement des couvercles

a

приспособленіе (n) для подъёма крышки
dispositivo (m) per scoperchiare 4
disposición (f) para levantar la tapa

Fingerkran (m)
crane with special gripping device
grue (f) avec poinçon et pince d'accrochage

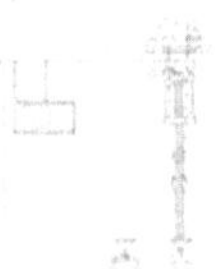

кранъ (m) съ захватами *или* со схватами
gru (f) con tenaglia da presa 5
grúa (f) de dedos prensores

Stripperkran (m)
stripping crane
grue (f) à tirants, grue (f) à chasser les blocs hors des lingotières, pont (m) roulant délogeur

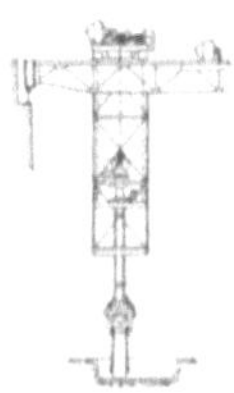

кранъ (m) для вынимания болванокъ изъ изложницъ
gru (f) per estrarre i blocchi dalle lingottiere 6
grúa (f) para sacar los lingotes de los moldes

Stripper (m), Stripperwerk (n)
stripping device
pince (f) à bloc et à lingotière, mécanisme (m) d'accrochage des lingots et des lingotières, délogeur (m)

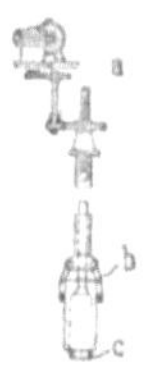

механизмъ (m) для выдавливанія *или* выжиманія болванокъ изъ изложницъ 7
tenaglia (f) da blocchi
mordaza (f) para coger lingotes

1	Stripperwindwerk (n) stripping winch treuil (m) de manœuvre de la pince, treuil (m) du delogeur	a	лебёдка (f) для выниманія болванокъ изъ изложницъ meccanismo (m) di manovra dell'estrattore torno (m) de las tenazas
2	Stripperzange (f) stripping tongs pince (f) de l'appareil de préhension *ou* d'accrochage, pince (f) de délogeur	b	клещи (f pl) для выниманія болванокъ изъ изложницъ tanaglia (f) dell'estrattore tenazas (f pl) (prensoras)
3	Preßstempel (m), Stripperstempel (m) stripper plunger poinçon-presse (m), poinçon (m) de délogeur	c	прессовый стержень (m) *или* штокъ (m) portablocchi (m) dell'estrattore punzón (m) de presión
4	strippen (v), den Block aus der Kokille ausdrücken (v) to strip, to withdraw the ingot from oven *or* furnace chasser (v) le bloc hors des lingotières, démouler (v) le lingot		выдавить болванку изъ изложницы scacciare (v) i blocchi dalle lingottiere echar (v) fuera el lingote
5	Schmiede[lauf]kran (m) forge crane (travelling) grue (f) (roulante) de forge *ou* de marteau-pilon	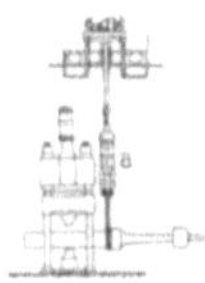	кузнечный мостовой кранъ (m) gru (f) a ponte per fucina grúa (f) [corredera] de forja
6	Wendevorrichtung (f) [für Schmiedestücke] turning gear mécanisme (m) de rotation (du lingot), vireur (m)	a	приспособленіе (n) для поворота поковокъ meccanismo (m) *o* manovra (f) di rotazione [del pezzo da fucinare] mecanismo (m) para dar vueltas à las piezas de fundición
7	Pratzenkran (m) claw crane grue (f) à griffes		кранъ (m) съ лапой gru (f) a branca grúa (f) de garras
8	Pratzenkran (m) mit losem Gehänge claw crane with loose suspension grue (f) à griffes à suspension lâche		кранъ (m) со свободно подвѣшенной лапой gru (f) a branca con sospensione libera grúa (f) de garras con suspensión floja
9	Pratzenkran (m) mit geführtem Baum *oder* Stempel claw crane with guided beam pont (m) roulant *ou* grue (f) à griffes avec poinçon guidé	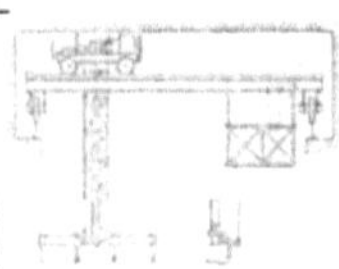	кранъ (m) съ лапами на направляемомъ стержнѣ gru (f) a branca con albero guidato grúa (f) de garras con arbol guiado

Führungsgerüst (n) guide frame châssis (m) de guidage	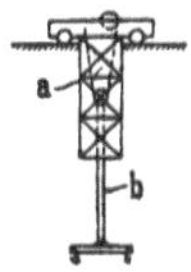	направляющая рама (f) ponte (m) *o* palco (m) di comando bastidor (m) de guía	*1*
Führungsstempel (m), Führungsbaum (m) guide plunger poinçon (m) de guidage	a b	направляющій стержень (m) albero (m) di comando árbol (m) de guía	*2*
Teleskopführung (f) telescopic guide guidage (m) à téléscope	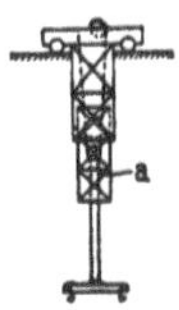	направляющія (f pl) [для подъёма груза] въ видѣ телескопообразной раздвижной рамы comando (m) a telescopio guía (f) en forma de telescopio	*3*
Führungsteleskop (n) guide casing guide (m) à emboitement	a	телескопообразная раздвижная направляющая рама (f) telescopio (m) a comando guía (f) de encaje	*4*
Magnetkran (m) magnet crane grue (f) à aimant porteur *ou* à crochet magnétique	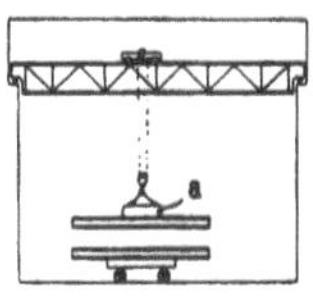	кранъ (m) съ магнитомъ gru (f) a magnete grúa (f) de imán	*5*
Kranmagnet (m) crane magnet aimant (m) de grue	a	крановой магнитъ (m); магнитъ крана magnete (m) da gru imán (m) de la grúa	*6*
Beförderungskran (m), Transportkran (m) transport crane grue (f) de transport		транспортный кранъ (m); кранъ для переноски gru (f) per trasporto grúa (f) para transporte	*7*
Blocktransportkran (m) block transport crane grue (f) pour le transport des lingots		кранъ (m) для переноски болванокъ gru (f) per trasporto di lingotti grúa (f) para el transporte de lingotes	*8*
Stabeisentransportkran (m) bar iron crane grue (f) à transporter les barres de fer		кранъ (m) для переноски брусковаго желѣза gru (f) per trasporto di sbarre di ferro grúa (f) para el transporte de barras de hierro	*9*

1 Blechtransportkran (m)
sheet iron *or* plate crane
grue (f) à transporter les tôles

кранъ (m) для переноски желѣзныхъ листовъ
gru (f) per trasporto di lamiere
grúa (f) para el transporte de palastros

---

2 Muldentransportkran (m)
crane with trough *or* tray
grue (f) à transporter les lingotières

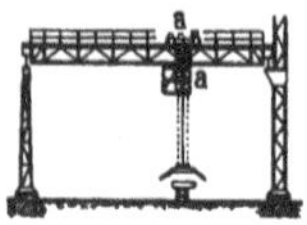

кранъ (m) для переноски литейныхъ формъ
gru (f) per trasporto di lingottiere
grúa (f) para el transporte de moldes *ó* lingoteras

---

3 Muldentransportkatze (f)
trough crab
chariot (m) [de pont-roulant] à transporter les lingotières

a

тележка (f) для переноски литейныхъ формъ
carrello (m) per trasporto di lingottiere
carro (m) [de grúa] para el transporte de moldes *ó* lingoteras

---

4 Einsetzmaschine (f), Chargiermaschine (f), Beschickmaschine (f), Chargiervorrichtung (f)
charging device
appareil (m) de chargement, enfourneuse (f), machine (f) à enfourner, machine (f) de chargement des fours, chargeur (f) mécanique

загрузочное приспособленіе (n)
macchina (f) di caricamento *o* per infornare
aparato (m) *ó* máquina (f) para cargar hornos

---

5 Chargierschwengel (m)
charging lever
bascule (f) de chargement

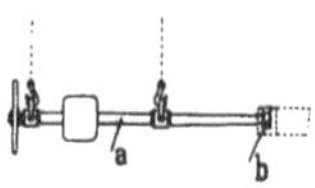

загрузочное коромысло (n)
bilancia (f) di caricamento
palanca (f) de carga

---

a

6 Schwengelkopf (m)
handle of lever
extrémité (f) *ou* tête (f) de bascule

b

головка (f) коромысла
estremità (f) della bilancia
extremo (m) de la palanca

---

7 Einsetzkran (m), Chargierkran (m)
charging crane
grue (f) de chargement, grue (f) enfourneuse

загрузочный кранъ (m)
gru (f) di caricamento
grúa (f) para cargar hornos *ó* de enhornamiento

---

8 Muldeneinsetzkran (m), Muldenchargierkran (m)
trough charging crane
grue (f) d'enfournement des lingotières, grue (f) de chargement des lingotières

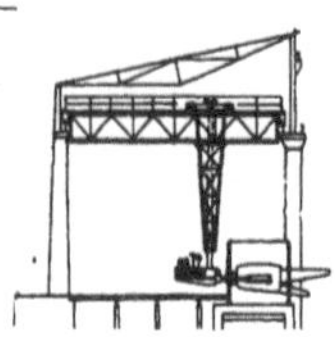

кранъ (m) съ загрузочными лотками
gru (f) per caricare *o* per infornare le lingottiere
grúa (f) para enhornar los moldes en el horno

Beschickungsmulde (f), Chargiermulde (f), Lademulde (f)
charging trough
lingotière (f) de chargement

загрузочный лотокъ (m)
lingottiera (f) di caricamento
molde (m) ó lingotera (f) de carga 1

Muldenkopf (m)
head of trough
tête (f) de lingotière

a

головка (f) лотка
testa (f) della lingottiera
extremo (m) del molde ó de la lingotera 2

Schrottmulde (f)
scrap iron trough
lingotière (f) à mitraille

лотокъ (m) для загрузки желѣзной мелочи
lingottiera (f) a mitraglia
molde (m) ó lingotera (f) para metralla 3

Beschickungslöffel (m), Chargierlöffel (m)
charging spoon
pelleton (m), cuiller (f) de chargement

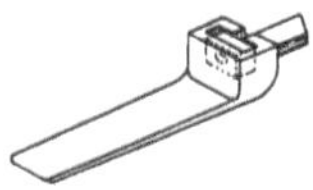

загрузочный совокъ (m)
cucchiaio (m) di caricamento
cuchara (f) de carga 4

Blockeinsetzkran (m), Blockchargierkran (m)
block *or* ingot charging crane
enfourneuse (f) de lingots, grue (f) de chargement *ou* d'enfournement des lingots

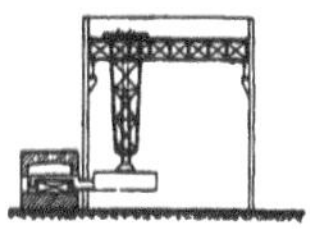

кранъ (m) для насадки *или* для загрузки болванокъ
gru (f) per caricare i lingotti
grúa (f) de carga para lingotes 5

Blockeinspannvorrichtung (f)
block *or* ingot holding device
dispositif (m) de préhension *ou* d'accrochage du lingot

приспособленіе (n) для закрѣпленія болванокъ
dispositivo (m) di presa per lingotti
disposición (f) para sujetar el lingote 6

Einspannen (n) des Blockes
holding the block *or* ingot
accrochage (m) du lingot

закрѣпленіе (n) болванки
presa (f) del lingotto
sujeción (f) del lingote 7

---

den Block einspannen (v)
to hold the block *or* ingot
accrocher (v) le lingot

закрѣплять болванку
attaccare (v) il lingotto
sujetar (v) el lingote 8

---

den Block wenden (v) *oder* wälzen (v)
to turn the block over
tourner (v) *ou* retourner (v) le lingot

перекатывать *или* поворачивать *или* кантовать болванку
far girare (v) il lingotto
girar (v) el lingote 9

Wälzen (n) *oder* Wenden (n) des Blockes
turning over of the block *or* ingot
giration (f) du lingot

перекатываніе (n) *или* поворачиваніе (n) *или* кантованіе (n) болванки
rotazione (f) del lingotto
giro (m) del lingote 10

1 Einsetzwagen (m)
charging car
chariot-enfourneur (m)

телѣжка (f) для насадки *или* для загрузки
carro (m) di caricamento
carro (m) cargador

---

2 Muldeneinsetzwagen (m), Muldenchargierwagen (m)
trough charging car
chariot (m) d'enfournement des lingotières, chariot (m) de chargement des lingotières

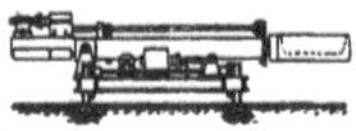

телѣжка (f) для загрузки лотковъ
carro (m) per il caricamento delle lingottiere
carro (m) cargador para moldes

---

3 Blockeinsetzwagen (m), Blockchargierwagen (m)
block *or* ingot charging car
chariot (m)-enfourneur *ou* d'enfournement des lingots, chariot (m) de chargement des lingots

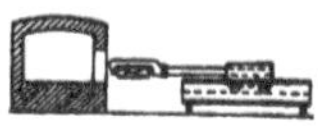

телѣжка (f) для насадки *или* для загрузки болванокъ
carro (m) per il caricamento dei lingotti
carro (m) cargador de lingotes

---

4 [Block-]Eindrückvorrichtung (f), Blockdrücker (m)
block *or* ingot pushing device
dispositif (m) d'enfournement des lingots

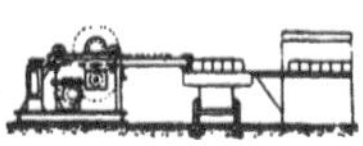

приспособленіе (n) для вдвиганія болванокъ
dispositivo (m) per introdurre *od* infornare i lingotti
disposición (f) de empuje para lingotes

---

5 [Block-] Ausziehvorrichtung (f)
block withdrawing device
dispositif (m) d'enlèvement [du lingot]

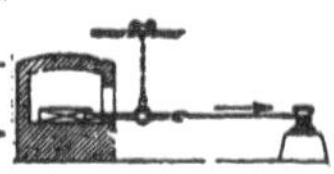

приспособленіе (n) для выниманія
dispositivo (m) per ritirare *od* estrasse i lingotti
disposición (f) para quitar [el lingote]

---

6 Werftkran (m)
dock crane
grue (f) de chantier de constructions navales

кранъ (m) для верфи
gru (f) da cantiere navale *o* da squèro
grúa (f) de astillero

---

b

7 Helling (m), Helgen (m)
slip
cale (f) sèche

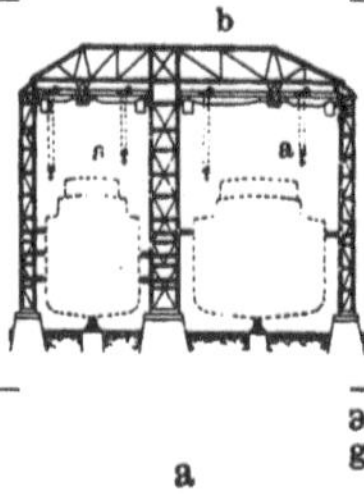

элингъ (m)
cantiere (m) di carenaggio
grada (f), dique (m)

---

8 Hellingkran (m), Helgenkran (m)
shipbuilding crane
grue (f) de cale sèche

a

элинговый кранъ (m)
gru (f) da scalo *o* da cantiere di carenaggio
grúa (f) de grada *ó* dique

Helllnggerüst (n), Helgengerüst (n)
slip framework
charpente (f) de grue de cale sèche

b

стропила (n pl) для элинговаго крана
armatura (f) dello scalo *o* della darsena
armazón (f) de grua de grada *ó* dique 1

Hellingturmkran (m)
ship building tower crane
grue (f) à pylône de cale sèche

башенный элинговый кранъ (m)
gru (f) da scalo a torre
grúa (f) de torre para grada *ó* dique 2

Ausrüstungskran (m)
equipment crane
grue (f) d'armement

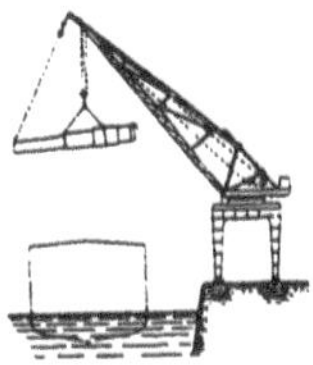

кранъ (m) для снаряженія судовъ
gru (f) d'armamento e disarmo di navi *o* d'arsenale militare
grúa (f) de equipo *ó* armamiento 3

Verladekran (m), Ladekran (m)
loading crane
grue (f) d'embarquement, grue (f) de chargement

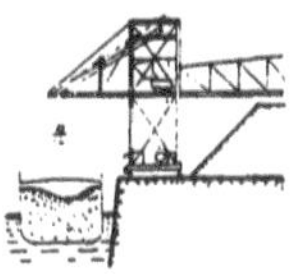

перегрузочный кранъ (m)
gru (f) di caricamento su nave
grúa (f) de carga *ó* de embarque 4

Verladebrücke (f)
loading bridge *or* platform
appontement (m) *ou* pont (m) d'embarquement, pont (m) de chargement

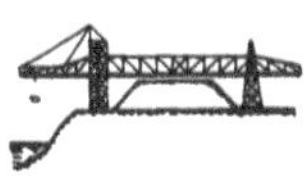

перегрузочная платформа (f)
ponte (m) di caricamento
puente (m) de carga *ó* de embarque 5

Kohlenverladekran (m)
coaling crane
grue (f) d'embarquement de charbons, grue (f) de chargement de charbons

кранъ (m) для перегрузки угля
gru (f) per imbarco di carbone
grúa (f) de carga *ó* de embarque para carbones 6

Erzverladekran (m)
ore loading crane
grue (f) de chargement de minerais

кранъ (m) для перегрузки руды
gru (f) per caricamento di minerali
grúa (f) de carga para minerales 7

Blockverladekran (m)
block crane
grue (f) d'embarquement de lingots, grue (f) de chargement de lingots

кранъ (m) для перегрузки болванокъ
gru (f) da imbarcare di lingotti
grúa (f) de carga para lingotes 8

1 Umladekran (m), Überladekran (m)
unloading *or* transhipment crane
grue (f) de transbordement, grue (f) opérant le déchargement et le rechargement

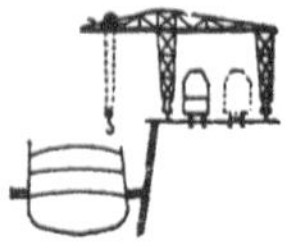

перегрузочный кранъ (m)
gru (f) di trasbordo
grúa (f) trasbordadora

---

2 verladen (v)
to load
embarquer (v) [des marchandises], charger (v) [un navire]

грузить; загружать
caricare (v), imbarcare (v)
cargar (v), embarcar (v)

---

3 entladen (v), löschen (v) (ein Schiff)
to unload, to discharge
débarquer (v) [des marchandises], décharger (v) [un navire]

разгружать; выгружать
scaricare (v), sbarcare (v)
descargar (v), desembarcar (v)

---

4 beladen (v)
to load
charger (v)

нагружать
caricare (v)
cargar (v)

---

5 umladen (v), umschlagen (v)
to tranship
charger (v) et décharger (v) en même temps, transborder (v)

перегружать
trasbordare (v)
transbordar (v)

---

6 verstauen (v)
to store *or* stow
arrimer (v)

грузить
stivare (v)
estivar (v), arrumar (v)

---

7 Laden (n), Verladen (n), Verladung (f)
loading
embarquement (m) de marchandises, chargement (m) [d'un navire]

загрузка (f) *или* погрузка (f)
caricamento (m), carico (m), imbarco (m)
carga (f), embarque (m)

---

8 Entladung (f), Entladen (n), Löschen (n)
discharging
déchargement (m), débarquement (m) de marchandises

разгрузка (f); выгрузка (f)
scaricamento (m), scarico (m), sbarco (m)
descarga (f), desembarque (m)

---

9 Beladung (f), Beladen (n)
loading
chargement (m), charge (f)

нагрузка (f)
carico (m), caricamento (m)
carga (f), cargamento (m)

---

10 Umladung (f), Umladen (n), Umschlag (m)
unloading, discharging
transbordement (m), déchargement (m) et rechargement (m) en même temps

перегрузка (f)
trasbordo (m)
transbordo (m)

Verladeeinrichtung (f), Verladevorrichtung (f), Verladeanlage (f)
loading plant
dispositif (m) d'embarquement, installation (f) d'embarquement *ou* de chargement (de navire)
приспособленіе (n) для загрузки; загрузочное приспособленіе
impianto (m) di caricamento, installazione (f) di caricamento
instalación (f) de embarque 1

Entladevorrichtung (f), Entladeeinrichtung (f), Entladeanlage (f)
discharging gear
dispositif (m) de déchargement, installation (f) de déchargement
приспособленіе (n) для разгрузки *или* для выгрузки; разгрузочное приспособленіе
impianto (m) di scaricamento
instalación (f) de desembarque 2

Beladeeinrichtung (f), Beladevorrichtung (f), Beladeanlage (f)
charging gear
dispositif (m) de chargement, installation (f) de chargement
приспособленіе (n) для нагрузки; нагрузочное приспособленіе
impianto (m) di caricamento
instalación (f) de cargamento 3

Umladevorrichtung (f), Umschlagvorrichtung (f)
unloading *or* discharging *or* transhipping gear
dispositif (m) de transbordement, installation (f) de transbordement
приспособленіе (n) для перегрузки; перегрузочное приспособленіе
impianto (m) di trasbordo
instalación (f) de trasbordo 4

Ladeverkehr (m)
charging traffic
service (m) *ou* opérations (f pl) de chargement
загрузочныя работы (f pl)
operazioni (f pl) di caricamento
servicio (m) de carga 5

Umladeverkehr (m), Umschlagverkehr (m)
transhipping traffic
service (m) *ou* opérations (f pl) de transbordement
перегрузочныя работы (f pl)
traffico (m) *od* operazioni (f pl) di trasbordo
servicio (m) de trasbordo 6

Güterverkehr (m)
goods traffic
service (m) *ou* trafic (m) de marchandises
выгрузка (f) и загрузка (f) товаровъ
traffico (m) merci
tráfico (m) de mercancías 7

Lademannschaft (f)
loading hands
équipe (f) de chargement
грузильщики (m pl); грузчикъ (m)
ciurma (f) di caricatori *o* di braccianti
personal (m) *ó* equipo (m) de carga 8

1 Ladegut (n), Verladegut (n)
loading goods
marchandise (f) à charger, marchandise (f) à embarquer, chargement (m) de navire

товарный грузъ (m)
merce (f) da caricare *od* imbarcare
mercancía (f) para cargar *ó* embarcar

---

2 Ladestelle (f)
loading place
endroit (m) *ou* lieu (m) de chargement

мѣсто (n) нагрузки
posto (m) di caricamento *o* da imbarcare
lugar (m) de carga

---

3 Entladestelle (f)
discharging place
endroit (m) *ou* lieu (m) de déchargement

мѣсто (n) разгрузки
luogo (m) di scaricamento *o* di sbarco
lugar (m) de descarga

---

4 Stückgut (n)
piece goods
colis (m)

a

штучный грузъ (m); попудный товаръ (m)
merce (f) in colli *od* in dettaglio
carga (f) de fardería

---

5 Massengut (n)
bulk goods
matières (f pl) en amas

a

навалочный грузъ (m)
merce (f) in massa *o* voluminosa
materias (f pl) á cargar en masa

---

6 Verladerampe (f), Ladebühne (f)
loading platform
plate-forme (f) de chargement

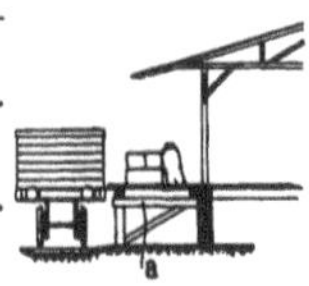

a

товарная платформа (f)
piattaforma (f) di caricamento
muelle (m) de embarque *ó* de carga

---

7 Schiffsverladung (f)
ship loading
chargement (m) de navire (opération)

грузка (f) судна
caricamento (m) di navi
cargamento (m) *ó* embarque (m) de un buque

---

8 Schiff (n)
ship
navire (m), bateau (m), bâtiment (m), vaisseau (m)

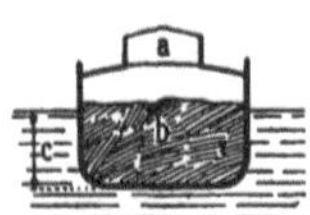

a

судно (n)
nave (m), battello (m)
buque (m), navío (m), barco (m)

---

9 Schiff[s]luke (f)
ship's hatch
écoutille (f)

судовый люкъ (m)
boccaporto (m)
escotilla (f)

Schiff[s]raum (m)
hold
cale (f)
b
трюмъ (m)
stiva (f)
bodega (f), cala (f) *1*

Tiefgang (m)
draught, draft
tirant (m) d'eau, calaison (f)
c
осадка (f) судна
pescagione (f) di una nave
calado (m) *2*

Frachtschiff (n)
cargo boat
navire (m) marchand, cargo-boat (m)
грузовое *или* товарное судно (n)
battello (m) merci
buque (m) mercante *ó* de comercio *3*

[Last-]Kahn (m)
cargo barge
embarcation (f) pour le transport de marchandises, barque (f) de chargement *ou* de déchargement
барка (f); баржа (f)
maona (f), piatta (f), chiatta (f)
gabarra (f), barco (m) de carga *4*

Leichter (m), Leichterschiff (n)
lighter
allège (f), chaland (m)
лихтеръ (m); ластовое судно (n)
navicella (f), piatta (f)
gabarra (f) *5*

Schleppschiff (n), Schleppkahn (m)
tug
remorqueur (m)
буксиръ (m)
nave (f) da rimorchio, rimorchiatore (m)
remolcador (m) *6*

Kohlenschiff (n)
coaling boat
bâteau (m) charbonnier
судно (n) для перевозки угля
piatta (f) per carbone, vapore (m) per carbone
barco (m) carbonero *7*

Kipper (m), Kippe (f)
tipping device
bascule (f), basculeur (m)

опрокидыватель (m)
scaricatore (m) a bilico, apparecchio (m) di scarico
volcador (m), basculador (m) *8*

---

kippen (v)
to tip
faire basculer (v), incliner (v)
опрокидывать
rovesciare (v), ribaltare (v)
volcar (v) *9*

Kippen (n)
tipping
mouvement (m) de bascule
опрокидываніе (n)
rovesciamento (m), ribaltamento (m)
vuelco (m) *10*

Kippgerüst (m)
tipping jetty
charpente (f) *ou* chevalet (m) de basculeur

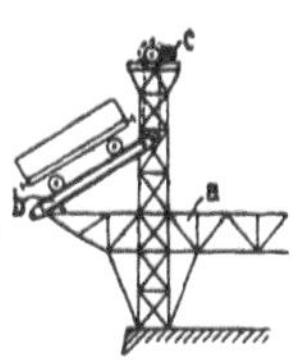

козлы (m pl) опрокидывателя
armatura (f) dello scaricatore a bilico
armazón (f) para volcar *11*

a

1	Kippbühne (f) tipping platform plate-forme (f) de basculeur	b	опрокидывающаяся платформа (f) piattaforma (f) a bilico plataforma (f) volcadora
2	Kippwindwerk (n), Kippwinde (f) tipping winch commande (f) de basculeur, treuil (m) de basculeur	c	лебёдка (f) *или* воротъ (m) для опрокидыванія argano (m) dello scaricatore a bilico torno (m) de volcador
3	Kippstellung (f) tipping position position (f) de déversement	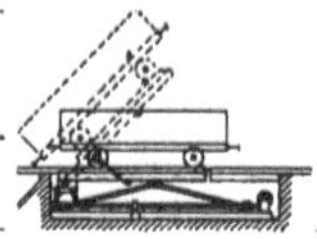	положеніе (n) опрокидыванія posizione (f) di rovesciamento posición (f) de volcadura
4	Fangvorrichtung (f), Fanggeschirr (n) holding apparatus appareil (m) *ou* dispositif (m) d'arrêt *ou* de retenue *ou* de sûreté	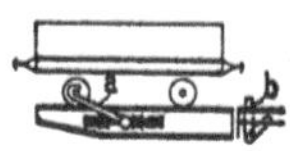	предохранительное приспособленіе (n); захватъ (m) apparecchio (m) di ritegno *o* di sicurezza disposición (f) de retenida
5	Fanghaken (m) hook crochet (m) de retenue	a	крюкъ (m) для удержанія gancio (m) di ritegno gancho (m) de retenida
6	Gleisverrieglung (f) track locking verrouillage (m) de voie	b	пути замыканіе (n) sprangatura (f) del binario enclavamiento (m) de la via
7	selbsttätige Fangvorrichtung (f) automatic holding device [appareil (m) d']arrêt (m) automatique		автоматическое предохранительное приспособленіе (n); самодѣйствующій захватъ (m) disposizione (f) di ritegno automatico disposición (f) de retenida automática
8	Waggonkipper (m) waggon tipping device basculeur (m) de wagon	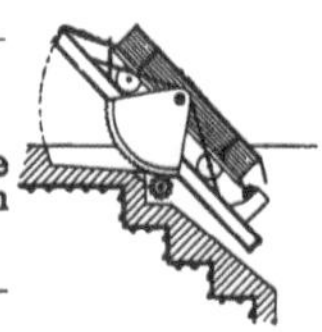	вагонный опрокидыватель (m); приспособленіе (n) для опрокидыванія вагоновъ scaricatore (m) a bilico per carri volcador (m) de vagones
9	Kohlenkipper (m), Kohlenkippe (f) coal tipping device basculeur (m) de charbon		углевысыпатель (m); опрокидывающійся угольный вагонъ (m) scaricatore (m) a bilico per carbone volcador (m) para carbón
10	Erzkipper (m) ore tipping device basculeur (m) de minerais		рудовысыпатель (m); опрокидывающійся рудничный вагонъ (m) scaricatore (m) a bilico per minerali volcador (m) para minerales

Kurvenkipper (m)
chute tipping device, curved tip
culbuteur (m) à courbe

опрокидыватель (m) [вагонетокъ] съ криволинейнымъ подъёмомъ
rovesciatore (m) in curva 1
basculador (m) de curva

Aufzugkipper (m), Krankipper (m)
crane tipping device
basculeur (m) d'élévateur *ou* de grue

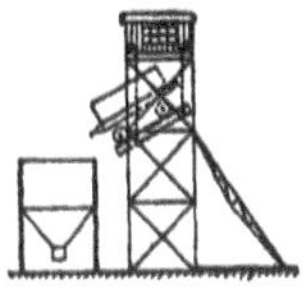

подъёмникъ (m) для опрокидыванія; кранъ (m) для опрокидыванія 2
scaricatore (m) a bilico montato su gru
basculador (m) de grúa

Sturzgerüst (n)
tipping jetty
charpente (f) de déverseur *ou* de basculeur *ou* de culbuteur

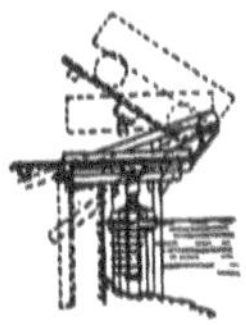

помостъ (m) для перегрузки сбрасываніемъ
armatura (f) a bilico 3
caballete (m) de basculador

Senkwippe (f)
waggon tip
appareil (m) déchargeur à inclinaison

опускной качающійся мостикъ (m); опускная люлька (f)
scaricatore (m) a bilico sollevabile 4
[aparato (m)] descargador (m) à inclinación

Kranwippe (f)
crane waggon tip
basculeur (m) de grue

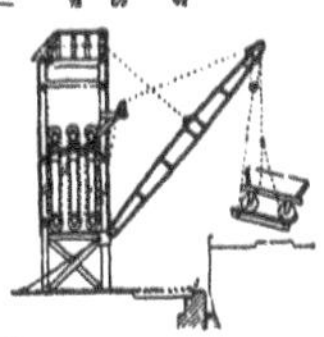

крановая люлька (f)
scaricatore (m) su gru 5
bascula (f) para grúa

Kreiselwippe (f), Kreiselkipper (m), Kreiselwipper (m)
circular waggon tip
bascule (f) circulaire

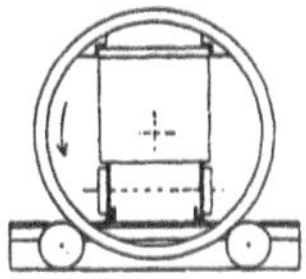

вращающаяся люлька (f)
scaricatore (m) a bilico rotativo 6
basculador (m) rotatorio

Kopfwippe(r) (f), (m)
swing tipping device
basculeur (m) à retournement

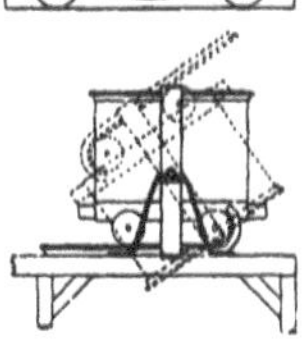

вращающійся тупикъ-опрокидыватель (m)
rovesciatore (m) di testa 7
basculador (m) de giro completo

XI.

Fahrbahnen und Gleise
Tracks and Rails
Voies de roulement et rails
Рельсовый путь
Binari e rotaie
Vías y carriles

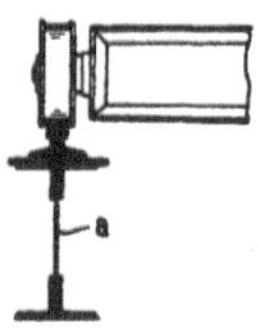

1 Fahrbahn (f), Laufbahn (f)
track
voie (f), voie (f) *ou* chemin (m) de roulement
рельсовый путь (m)
binario (m)
vía (f) de rodadura

---

2 Fahrbahnträger (m)
track girder *or* support
support (m) *ou* traverse (f) de la voie, longrine (f) *ou* longeron (m) de support de voie
балка (f), несущая *или* поддерживающая рельсовый путь
trave (f) di sostegno del binario
soporte (m) de la vía, traviesa (f)

a

---

3 Fahrbahnlänge (f)
length of track
longueur (f) de la voie
длина (f) рельсоваго пути
lunghezza (f) del binario
longitud (f) de la vía

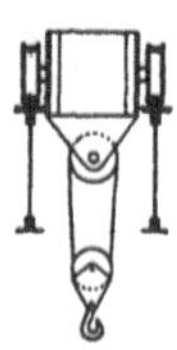

4 obenliegende Fahrbahn (f)
track above
voie (f) [sur la semelle] supérieure
рельсовый путь (m) для ѣзды поверху; расположенный сверху рельсовый путь
binario (m) superiore
vía (f) superior ó sobre los longueros

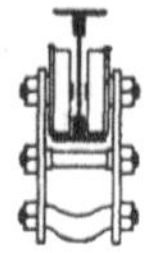

5 untenliegende Fahrbahn (f)
track below
voie (f) [sur la semelle] inférieure
рельсовый путь (m) для ѣзды понизу; расположенный снизу рельсовый путь
binario (m) inferiore
vía (f) sobre la tabla inferior

innenliegende Fahrbahn (f)
inside track
voie (f) entre les longerons

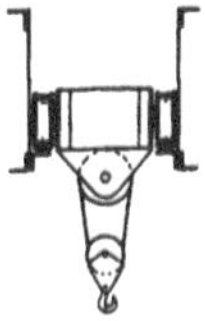

рельсовый путь (m) для ѣзды по внутреннему реборду; расположенный внутри рельсовый путь 1
binario (m) interno
via (f) interior entre largueros

Kranbahn (f)
crane track
voie (f) de roulement de chariot de pont *ou* grue

рельсовый путь (m) для крана 2
binario (m) per la gru
vía (f) [del carro] de grúa

Kranbahnträger (m)
crane track girder
longeron (m) de support de la voie de roulement

a.

подкрановая балка (f); балка, несущая рельсовый путь крана
trave (f) del binario per gru 3
soporte (m) de la vía [del carro] de la grúa

Kranbahnsäule (f), Kranbahnstütze (f)
crane track column
support (m) *ou* colonne (f) *ou* pilier (m) du chemin de roulement du pont *ou* de la grue

b

колонна (f), поддерживающая подкрановую балку
montante (m) per il binario della gru 4
columna (f) de la vía de la grúa

Prellbock (m)
stop-block
butoir (m) [d'arrêt]

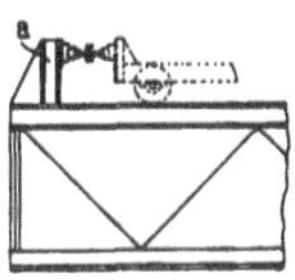

a

упоръ (m); упорный брусъ (m) 5
paracolpi (m)
tope (m) de paro

Puffer (m)
buffer
butoir (m), tampon (m) [de choc]

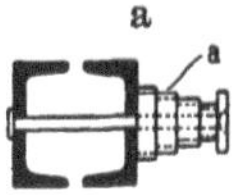

буферъ (m)
paracolpi (m) respingente 6
tope (m)

Pufferfeder (f)
buffer spring
ressort (m) de butoir

a

буферная пружина (f)
molla (f) del paracolpi *o* del respingente 7
muelle (m) del tope

Eisenbahnpuffer (m)
railway buffer
butoir (m) de chemin de fer

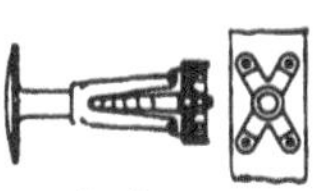

желѣзнодорожный буферъ (m)
respingente (m) da ferrovia 8
tope (m) de ferrocarril

Laufschiene (f), Fahrschiene (f)
rail
rail (m) (de roulement)

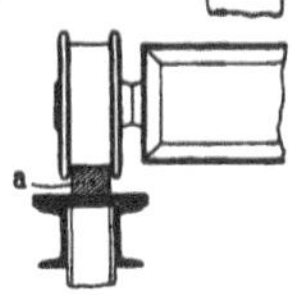

a

ходовой рельсъ (m)
rotaia (f) di scorrimento 9
carril (m)

1	Schiene (f) rail rail (m)	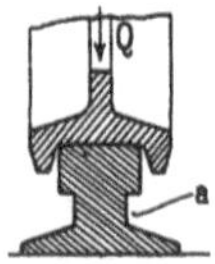	рельсъ (m) rotaia (f) carril (m)
2	Schienendruck (m) rail pressure pression (f) sur le rail	a Q	давленіе (n) на рельсъ pressione (f) sulle rotaie presión (f) sobre el carril
3	Schienenstoß (m) rail-joint joint (m) de rail	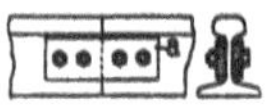	рельсовый стыкъ (m) giunto (m) delle rotaie junta (f) de carriles
4	Stoßlasche (f) fish plate éclisse (f)	a	стыковая накладка (f) stecca (f) del giunto cubrejunta (f), éclisa (f)
5	Schienenbefestigung (f) fixing of rails fixation (f) du rail	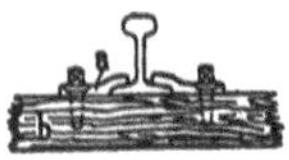	укрѣпленіе (n) рельсовъ attacco (m) delle rotaie sujeción (f) de los carriles
6	Klemmplatte (f) clip plaque (f) de serrage	a	зажимъ (m); зажимная плита (f) piastra (f) d'attacco placa (f) de aprieto
7	Schwelle (f) sleeper traverse (f), bille (f)	b	шпала (f); поперечина (f) traversa (f) traviesa (f)
8	Eisenbahnschiene (f), Vignoleschiene (f) railway rail rail (m) de chemin de fer, rail (m) Vignole		желѣзнодорожный рельсъ (m); виньолевскій рельсъ rotaia (f) da ferrovia, rotaia (f) Vignole carril (m) Vignole
9	Kranschiene (f) crane rail rail (m) pour grue *ou* pont roulant		крановой рельсъ (m) rotaia (f) per gru carril (m) para grúa
10	Flachschiene (f) flat rail rail (m) plat	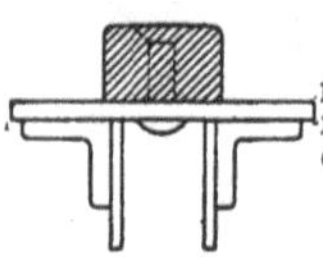	полосовой рельсъ (m) rotaia (f) piatta carril (m) plano
11	Flachstahlschiene (f) flat steel rail rail (m) d'acier plat		полосовой стальной рельсъ (m) rotaia (f) piatta d'acciaio carril (m) plano de acero

Gleis (n) track voie (f)	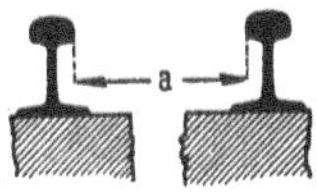 	рельсовый путь (m) binario (m) vía (f)	1
Spur (f), Spurweite (f) gauge écartement (m) de voie	a	колея (f); ширина (f) колеи scartamento (m) ancho (m) de la vía	2
Normalspur (f), Vollspur (f) standard gauge écartement (m) normal, voie (f) normale	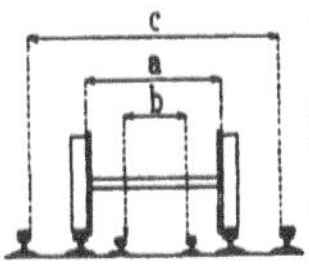 a = 1,435 m	нормальная колея (f) scartamento (m) normale vía (f) normal	3
Schmalspur (f) narrow gauge voie (f) étroite	b	узкая колея (f) scartamento (m) ridotto vía (f) estrecha	4
Breitspur (f) broad gauge voie (f) à grand écartement	c	широкая колея (f) scartamento (m) largo *od* allargato vía (f) ancha	5
Krangleis (n) crane track voie (f) pour grue	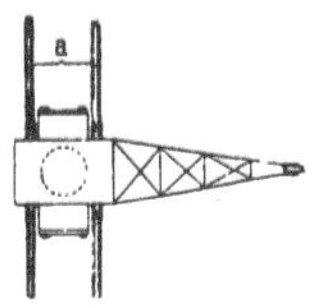 a	крановой путь (m) binario (m) per gru vía (f) para grúa	6
Gleiskrümmung (f) track curve courbe (f) de la voie	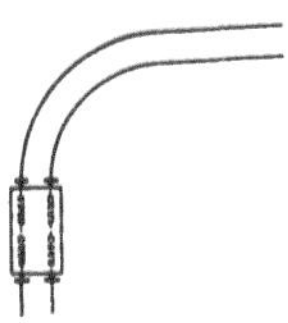	кривая (f); закругленіе (n) пути curva (f) del binario curvatura (f) de la vía	7
Gleiskreuzung (f) crossing croisement (m) [de voie]		скрещеніе (n) путей incrociamento (m) di binari cruzamiento (m) de vía	8
Gleisverzweigung (f) branching junction branchement (m), bifurcation (f)	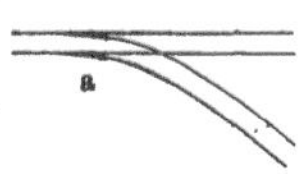 	развѣтвленіе (n) пути biforcazione (f) del binario bifurcación (f) de la vía	9
Weiche (f) switch aiguillage (f), changement (m) de voie	a	стрѣлка (f); переводъ (m) scambio (m) cambio (m) de vía, aguja (f)	10

1 Drehscheibe (f)
turn-table
plaque (f) tournante

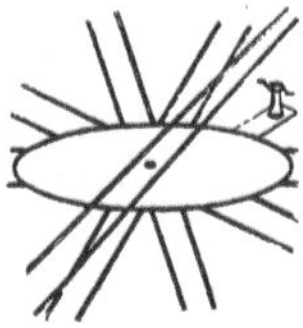

поворотный кругъ (m)
piattaforma (f) girevole
placa (f) giratoria

---

2 Schiebebühne (f)
traverser, travelling platform
transbordeur (m), chariot (m) transbordeur *ou* transporteur

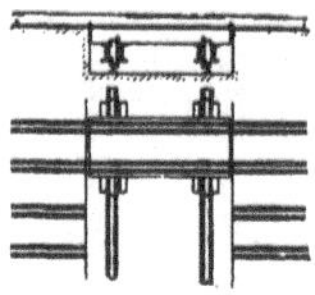

телѣжка (f); передвижная платформа (f)
carro (m) trasbordatore
transbordador (m)

---

3 Auflaufzunge (f)
ramp for climbing
aiguille (f) en rampe

a

острякъ (m) для накатки вагонетокъ
linguetta (f) di scorrimento
aguja (f) inclinada

XII.

Aufzüge

Lifts, Elevators

Ascenseurs

Подъёмники

Montacarichi, ascensori, elevatori

Ascensores, montacargas

Aufzug (m)
hoist, lift
monte-charge (m), ascenseur (m), élévateur (m)
подъёмникъ (m); лифтъ (m)
ascensore (m), montacarichi (m), elevatore (m) 1
ascensor (m), montacargas (m)

Aufzugvorrichtung (f)
hoisting *or* lifting device
dispositif (m) *ou* installation (f) d'ascenseur *ou* de monte-charge
подъёмное приспособленіе (n); подъёмный механизмъ (m)
disposizione (f) dell'ascensore 2
mecanismo (m) de ascensor

Aufzuganlage (f)
hoisting plant
installation (f) de monte-charge *ou* d'ascenseur
установка (f) подъёмника *или* лифта
impianto (m) di ascensore 3
instalación (f) de ascensor

Aufzugbedienung (f)
attendance of lift
service (m) du monte-charge *ou* de l'ascenseur
обслуживаніе (n) лифта *или* подъёмника
servizio (m) dell'ascensore 4
servicio (m) del ascensor

Aufzugwärter (m), Aufzugführer (m), Fahrstuhlführer (m)
lift attendant
conducteur (m) d'ascenseur
машинистъ (m), обслуживающій подъёмникъ *или* лифтъ
conduttore (m) dell'ascensore, manovratore (m) dell'ascensore 5
conductor (m) del ascensor

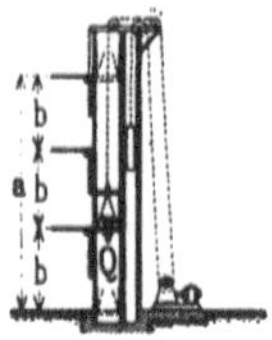

1	Förderlast (f) hoisting *or* hauling load charge (f) [à élever]	Q	подымаемый грузъ (m) carico (m) da sollevare carga (f) á elevar
2	Förderhöhe (f), Fördertiefe (f) hoisting depth hauteur (f) de levage	a	высота (f) подъёма altezza (f) di sollevamento altura (f) de elevación
3	Förderstufe (f) hoisting step degré (m) d'élévation, étage (m) où la charge doit être élevée	b	этажъ (m), на который подаётся грузъ piano (m) *o* grado (m) di sollevamento grado (m) de elevación

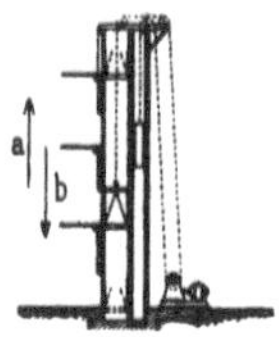

4	Auffahrt (f) upward journey ascension (f), montée (f)	a	подъёмъ (m); ходъ (m) вверхъ salita (f), ascesa (f) ascenso (m), subida (f)
5	Niederfahrt (f), Abwärtsfahrt (f) downward journey descente (f)	b	спускъ (m); ходъ (m) внизъ discesa (f) descenso (m), bajada (f)

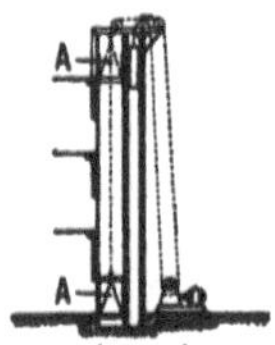

6	Fahrgrenze (f) hoisting limit limite (f) de l'ascension	A—A	предѣлы (m pl) подъёма и спуска limite (f) della corsa límite (m) de ascenso

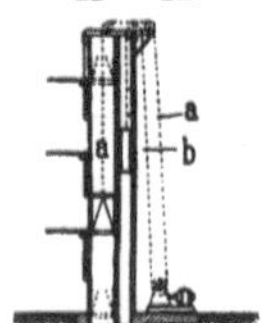

7	Aufzugseil (n) hoisting rope câble (m) de monte-charge *ou* d'ascenseur	a, b	подъёмный канатъ (m) corda (f) *o* fune (f) dell'ascensore cable (m) de ascensor *ó* de montacargas
8	Fahrstuhlseil (n) lift *or* elevator rope câble (m) de levage de la cabine	a	канатъ (m) подъёмника *или* лифта corda (f) *o* fune (f) della cabina cable (m) de la cabina

Gegengewicht[s]seil (n)
rope for counter-poise
câble (m) du contre-poids

b

канатъ (m) противовѣса
corda (f) *o* fune (f) del contrappeso
cable (m) del contrapeso *1*

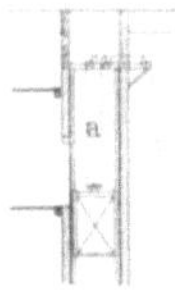

Doppelseil (n)
double rope
double câble (m)

a

двойной канатъ (m)
corda (f) *o* fune (f) doppia
cable (m) doble *2*

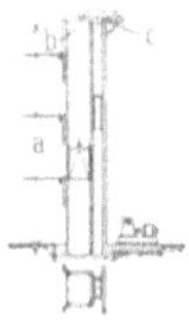

Aufzugschacht (m), Fahrschacht (m)
lift shaft
cage (f) d'ascenseur, puits (m) d'ascenseur

шахта (f) подъёмника *или* лифта
pozzo (m) *o* vano (m) dell'ascensore
pozo (m) *ó* caja (f) del ascensor *3*

Schachthöhe (f)
height of shaft
hauteur (f) de la cage *ou* du puits

a

высота (f) шахты
profondità (f) del pozzo
altura (f) de la caja, profundidad (f) del pozo *4*

Schachtkopf (m)
head of shaft
sommet (m) de la cage

b

вершина (f) шахты
sommità (f) *o* bocca (f) del pozzo
extremo (m) superior de la caja *5*

Rollengerüst (n)
roller framework
châssis (m) des poulies

c

рама (f) для роликовъ
sopporto (m) delle puleggie
soporte (m) para poleas *6*

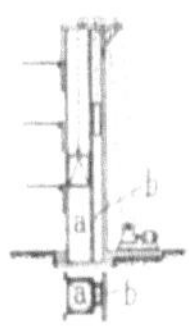

Förderbahn (f)
lifting way, path
puits (m) *ou* cage (f) de levage *ou* de la charge

a

подъёмная шахта (f)
via (f) percorsa dal carico
caja (f) del ascensor *7*

Gegengewicht[s]bahn (f)
path of balance-weight
puits (m) *ou* cage (f) du contre-poids

b

шахта (f) для противовѣса
via (f) *o* linea (f) percorsa dal contrappeso
caja (f) del contrapeso *8*

---

feuersicherer Fahrschacht (m)
fire-proof shaft
cage (f) *ou* puits (m) à l'épreuve du feu *ou* en matériaux ignifuges

безопасная отъ огня шахта (f) подъёмника; огнестойкая шахта лифта
pozzo (m) di sollevamento a prova di fuoco *od* incombustibile
pozo (m) *ó* caja (f) á prueba del fuego *9*

geschlossener Fahr-schacht (m)
1 closed shaft for lift
cage (f) d'ascenseur fermée

закрытая шахта (f) подъёмника *или* лифта
pozzo (m) chiuso
caja (f) cerrada

---

gemauerter Fahr-schacht (m)
2 walled shaft
cage (f) d'ascenseur maçonnée *ou* enclavée dans la maçonnerie

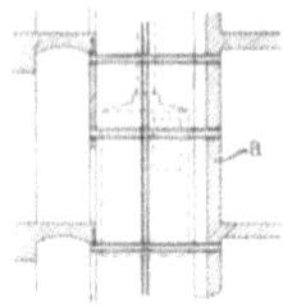

каменная шахта (f) подъёмника *или* лифта
pozzo (m) in muratura
caja (f) con obra de fábrica

Schachtmauer (f), Schachtwand (f)
3 shaft wall
paroi (m) *ou* mur (m) de la cage *ou* du puits

a

стѣна (f) шахты
muro (m) del pozzo
pared (f) del pozo *ó* de la caja

Schachtabdeckung (f)
4 shaft covering
comble (m) *ou* faîte (m) de la cage *ou* du puits

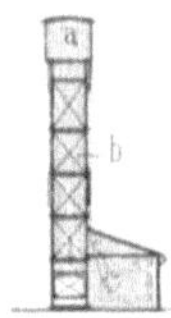

крыша (f) *или* перекрытіе (n) шахты
copertura (f) del pozzo
cubierta (f) de la caja

---

a

Schachtumkleidung (f)
5 shaft lining
revêtement (m) de la cage *ou* du puits

b

обшивка (f) шахты
rivestimento (m) del pozzo
revestimiento (m) de la caja

Aufzuggerüst (n), Schachtgerüst (n), Schachtgerippe (n)
shaft framework
6 charpente (f) de la cage *ou* du puits, ossature (f) de la cage *ou* du puits

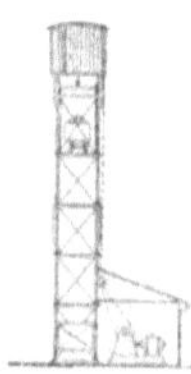

остовъ (m) шахты подъёмника *или* лифта
armatura (f) del pozzo
armazón (f) de la caja

Stockwerk (n)
7 floor, storey
étage (m)

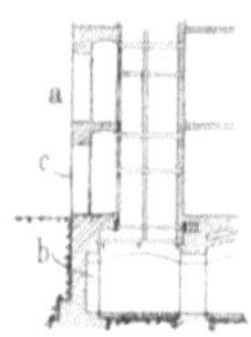

a

этажъ (m)
piano (m)
piso (m)

Kellergeschoß (n) cellar floor cave (f), souterrains (m pl)	b	подвальный этажъ (m); подвалъ (m) cantina (f), sotterraneo (m) sótano (m); piso (m) subterráneo	1
Erdgeschoß (n) ground floor rez-de-chaussée (m)	c	первый *или* нижній этажъ (m) piano (m) terreno piso (m) bajo	2
Schachtzugang (m) access *or* door to shaft entrée (f) de la cage *ou* du puits	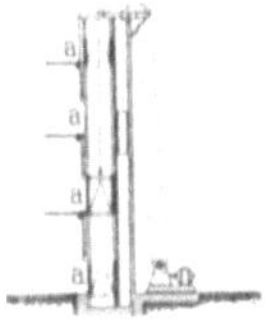 a	входъ (m) въ шахту entrata (f) nel pozzo acceso (m) de la caja	3
Schachtöffnung (f) shaft opening ouverture (f) de la cage		отверстіе (n) въ шахтѣ apertura (f) del pozzo abertura (f) del pozo *ó* de la caja	4
Ladeöffnung (f), Einladeöffnung (f) charging opening porte (f) *ou* lucarne (f) de chargement	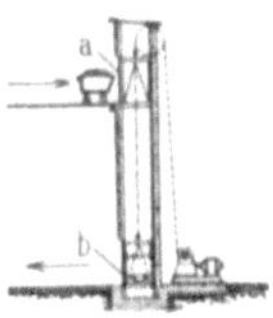 a	загрузочное отверстіе (n) apertura (f) *o* porta (f) di carico abertura (f) de carga	5
Ausladeöffnung (f) discharging opening ouverture (f) *ou* porte (f) pour le déchargement	b	выгрузочное отверстіе (n) apertura (f) *o* porta (f) di scarico abertura (f) de descarga	6
Schachtverschluß (m) closing of shaft fermeture (f) de la cage *ou* du puits		затворъ (m) шахты chiusura (f) del pozzo cierre (m) del pozo *ó* de la caja	7
Schachttür (f) shaft door porte (f) de la cage *ou* du puits	 a	дверь (f) шахты porta (f) del pozzo puerta (f) del pozo *ó* de la caja	8
Flügeltür (f), Klapptür (f) swing-door porte (f) à battants	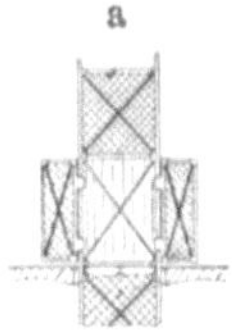	двустворчатая дверь (f) porta (f) a battente puerta (f) de hojas	9

1 einflüglige Tür (f)
single swing door
porte (f) à un battant

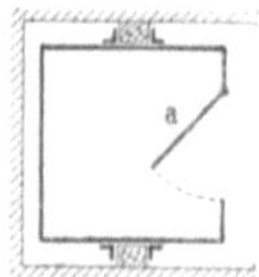

однostворчатая дверь (f)
porta (f) ad un battente
puerta (f) de una hoja

---

2 zweiflüglige Tür (f)
double swing door
porte (f) à deux battants

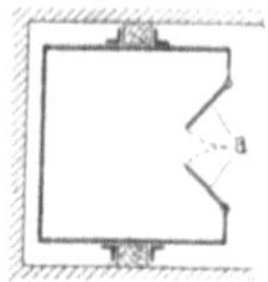

двустворчатая дверь (f)
porta (f) a due battenti
puerta (f) de dos hojas

---

3 Türflügel (m)
wing of the door
battant (m) de porte

a

створка (f) двери; полотнище (n) двери
battente (m) di porta
hoja (f) de puerta

---

4 Schiebetür (f)
sliding door
porte (f) glissante *ou* à glissière

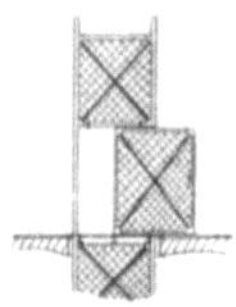

задвижная дверь (f)
porta (f) scorrevole
puerta (f) corrediza

---

5 Schiebegitter (n), Bostwickgitter (n)
sliding lattice door
barrière (f) *ou* porte (f) en treillis à glissière

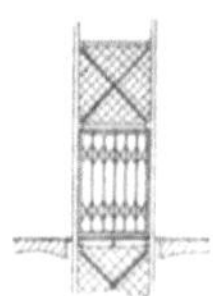

задвижная рѣшётка (f)
cancello (m) scorrevole
barrera (f) ó puerta (f) corrediza

---

6 Falltür (f)
drop-door
porte (f) à guillotine

откидная дверь (f)
porta (f) a corsoio, trabocchetto (m)
puerta (f) caediza

---

7 selbstschließende Tür (f)
self closing door
porte (f) à fermeture automatique

дверь (f) съ автоматическимъ затворомъ
porta(f)autochiudentesi, (la porta si chiude da sè)
puerta (f) de cierre automático

die Tür schlägt nach innen (außen)
the door opens inwards *or* outwards
la porte s'ouvre vers l'intérieur (vers l'extérieur)

дверь (f) открывается внутрь [наружу]
la porta si apre internamente (esternamente) *o* di dentro (di fuori) 1
la puerta se abre de dentro (de fuera)

a

b

Türangel (f)
door hinge
gond (m) de la porte

дверная петля (f)
ganghero (m) della porta 2
gozne (m) de la puerta

Türschloß (n)
door lock
serrure (f)

дверной замóкъ (m)
serratura (f) della porta 3
cerradura (f) de la puerta

Sicherheitsschloß (n)
safety lock
serrure (f) de sûreté

предохранительный замóкъ (m)
serratura (f) di sicurezza 4
cerradura (f) de seguridad

Pasquillschloß (n)
Pasquill-lock
serrure (f) de Pasquill

замóкъ (m) Пасквилля
serratura (f) di Pasquill 5
cerradura (f) de Pasquill

Schachtsicherung (f)
precautions against entering the shaft
précautions (f pl) contre l'entrée dans le puits

предохранительное приспособленіе (n) для шахты; огражденіе (n) шахты
dispositivi (m pl) di sicurezza al pozzo 6
precauciones (f pl) contra la entrada en la caja

Türverschluß (m)
door closing device
fermeture (f) pour porte

затворъ (m) дверей; закрытіе (n) дверей 7
chiusura (f) della porta
cierre (m) de la puerta

Zwangtürverschluß (m)
forced *or* automatic door locking device
fermeture (f) automatique *ou* obligée de porte

обязательный затворъ (m) дверей
chiusura (f) automatica 8
della porta
cierre (m) forzado de la puerta

Zuwerfevorrichtung (f)
catch device, closing device
appareil (m) de fermeture brusque

приспособленіе (n) для защёлкиванія дверей
apparecchio (m) a chiusura brusca 9
disposición (f) de cierre de golpe

1 Türverriegelung (f), Riegelverschluß (m)
bolt lock
verrouillage (m), fermeture (f) à verrou

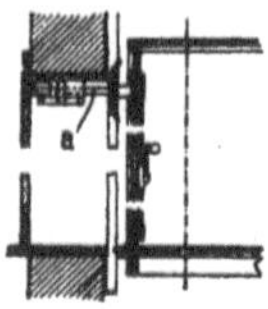

затворъ (m) задвижкой
chiusura (f) a catenaccio della porta
enclavamiento (m) de la puerta

---

2 Riegel (m)
bar, bolt
verrou (m)

a

задвижка (f); засовъ (m)
catenaccio (m)
cerrojo (m), pestillo (m)

---

3 Sicherheitsriegel (m)
safety bar *or* bolt
verrou (m) de sûreté

предохранительная задвижка (f); предохранительный засовъ (m)
catenaccio (m) di sicurezza
cerrojo (m) de seguridad

---

4 Schlagbaum (m), Vorlegestange (f), Verschlußstange (f)
locking bar
tige (f) de fermeture de la barrière

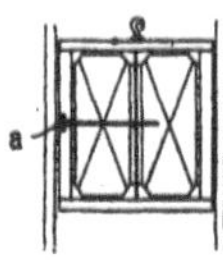

a

запорная перекладина (f); запорный брусъ (m)
sbarra (f), catenaccio (m) di chiusura
barrera (f)

---

5 Umwehrung (f)
protection
protection (f), précaution (f)

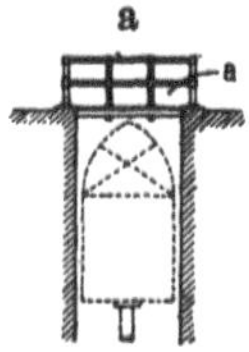

a

огражденіе (n)
protezione (f)
protección (f)

---

6 Türkontakt (m)
door-contact
contact (m) de porte

дверной контактъ (m)
contatto (m) di porta
contacto (m) de puerta

---

7 Fahrstuhlführung (f)
lift-cage guide
guidage (m) *ou* guide (f) de la cabine *ou* cage

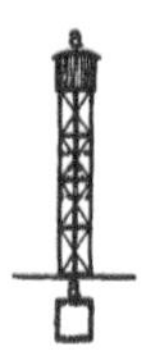

направляющія (f pl) подъёмника *или* лифта
guida (f) della cabina
guía (f) de la cabina

---

8 Führungsbahn (f), Gleitbahn (f)
guide path
guidage (m), glissière-guide (f)

a — a

направляющая поверхность (f); поверхность скольженія
guida (f), guide (f pl)
guías (f pl)

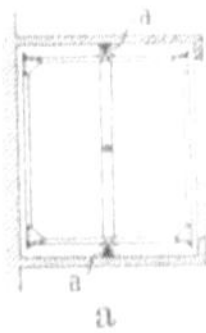

Führungsschiene (f)
guide rail *or* bar
rail (m) de guidage, glissières (f pl)

направляющій рельсъ (m)
rotaia (f) di guida
barra (f) corrediza de guia, correderas (f pl) *1*

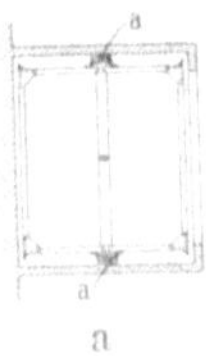

Spurlatte (f), Schachtrute (f), Leitbaum (m)
guide beam
arbre (m) de guidage

направляющій брусъ (m)
albero (m) di guida
árbol (m) de guia *2*

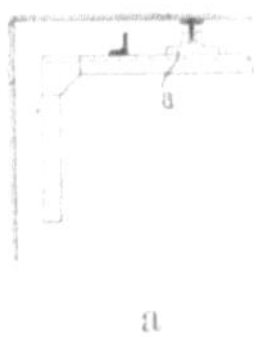

Führungsschuh (m), Führungsbacke (f), Gleitstück (n)
guiding *or* sliding shoe
piéce (f) *ou* joues (f pl) de glissement, coussinet (m) de guidage

ползунъ (m); поползушка (f); направляющая колодка (f)
pattino (m) *o* slitta (f) di contatto *o* di scorrimento
patin (m) de guia *ó* de deslizamiento *3*

selbsteinstellbare Führungsbacke (f)
self-adjusting guiding cheek
joues (f pl) *ou* coussinet (m) de glissement *ou* de guidage autorégulateur

автоматически устанавливающійся ползунъ (m); самоустанавливающаяся поползушка (f)
pattino (m) di guida autoregolatore
patin (m) de deslizamiento autoregulador *4*

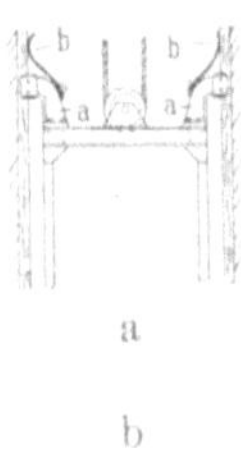

Führungsbock (m)
guide
support (m) du guidage

направляющая стойка (f)
cavalletto (m) di guida
caballete (m) de la guia *5*

Schleppfeder (f)
drag spring
ressort (m) frotteur

скользящая пружина (f)
molla (f) strisciante
muelle (m) frotador *6*

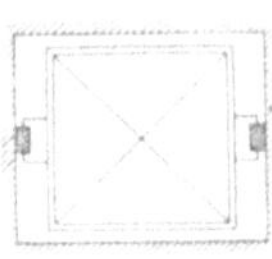

Seitenführung (f)
lateral guide
guidage (m) *ou* guide (m) latéral

боковыя направляющія (f pl)
guida (f) laterale
guia (f) lateral *7*

1 Führung (f) über Eck
guide over corners, corner guiding
guidage (m) *ou* guide (m) placé dans les angles

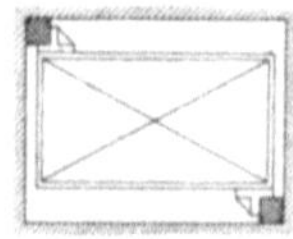

угловыя направляющія (f pl)
guida (f) su cantonale, guide (f pl) negli angoli
guia (f) en los rincones

---

2 Fördergestell (n)
winding frame
armature (f) de la plate-forme *ou* cage

рама (f) подъёмника
armatura (f) dell'ascensore
armazón (f) del ascensor

---

3 Förderschale (f)
cage
plateau (m) *ou* benne (f) *ou* plate-forme (f) de chargement

подъёмная площадка (f)
piattaforma (f) di sollevamento
plataforma (f) de carga

---

4 Lastbühne (f), Pritsche (f)
load *or* lift platform
plate-forme (f) de chargement

a

платформа (f) подъёмника *или* лифта
piattaforma (f) di carico
plataforma (f) de carga

---

5 Fahrstuhl (m)
cage
cabine (f), cage (f)

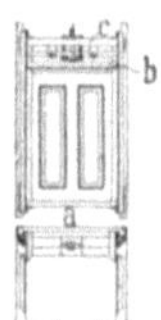

клѣтка (f) *или* люлька (f) подъёмника; кабина (f) лифта
cabina (f)
camarín (f), cabina (f)

---

6 Fahrstuhlboden (m)
bottom *or* floor of cage
plancher (m) de cabine

a

полъ (m) клѣтки *или* кабины
pavimento (m) della cabina
suelo (m) de la cabina

---

7 Fahrstuhldecke (f)
ceiling of cage
plafond (m) de cabine

b

потолокъ (m) клѣтки *или* кабины
soffitto (m) della cabina
techo (m) de la cabina

---

8 Deckenbalken (m), Tragbalken (m)
overhead beam
solive (f), poutre (f) du plafond *ou* de la charpente du toit

c

потолочная балка (f)
trave (f) del soffitto
viga (f) del armazón del techo

---

9 Königbolzen (m)
king bolt
boulon (m) principal d'attache, boulon (m) de support

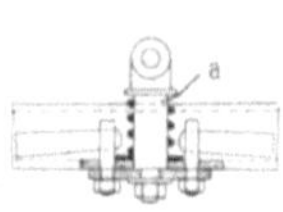

a

главный болтъ (m)
bullone (m) *o* caviglia (f) principale, perno (m)
perno (m) principal

einseiliger Fahrstuhl (m)
cage with one rope
cabine (f) d'ascenseur à câble unique

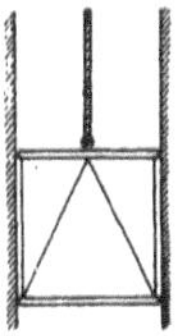

однаканатный подъёмникъ (m) *или* лифтъ (m)
cabina (f) ad una sola fune *o* corda
ascensor (m) de un cable *1*

---

zweiseiliger Fahrstuhl (m)
cage with two ropes
cabine (f) d'ascenseur à deux câbles

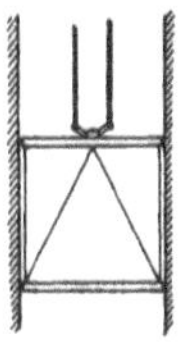

двухканатный подъёмникъ (m) *или* лифтъ (m)
cabina (f) a due funi *o* corde
ascensor (m) de dos cables *2*

Lastenfahrstuhl (m)
load cage
élévateur (m) de charge, monte-charge (m)

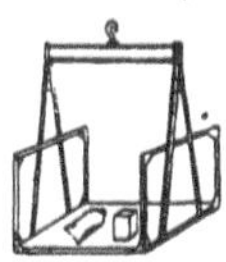

подъёмникъ (m) *или* лифтъ (m) для грузовъ
montacarichi (m)
monta-cargas (m) *3*

Fahrkorb (m), Fahrzelle (f), Fahrkammer (f), Fahrkabine (f)
cage
cage (f), cabine (f)

клѣтка (f); люлька (f); кабина (f) [подъёмника]
gabbia (f)
camarín (m), cabina (f) *4*

Fahrkorbgestell (n)
cage frame
armature (f) *ou* bâti (m) *ou* charpente (f) de cabine *ou* de cage

a

станина (f) клѣтки *или* люльки; остовъ (m) кабины
armatura (f) della gabbia
armazón (f) del camarín *5*

Fahrkorbträger (m)
cage girder
support (m) de suspension de cabine *ou* de cage

b

балка (f) клѣтки *или* люльки *или* кабины [подъёмника]
supporto (m) della gabbia
soporte (m) del camarín *6*

Förderkorb (m)
cage
cage (f) d'extraction, cuffat (m), benne (f)

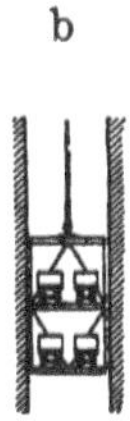

подъёмная клѣтка (f) *или* люлька (f)
gabbia (f) da miniera
jaula (f) de extracción *7*

Förderkasten (m)
cage box
cage (f) *ou* caisse (f) de monte-charge

подъёмъная клѣтка (f) *или* люлька (f) въ видѣ ящика
cassone (m) di sollevamento
caja (f) de monta-cargas *8*

1 Fangvorrichtung (f), Fangapparat (m)
gripping device, safety brake
dispositif (m) d'arrêt *ou* de parachute, arrête-cuffat (m), frein (m)

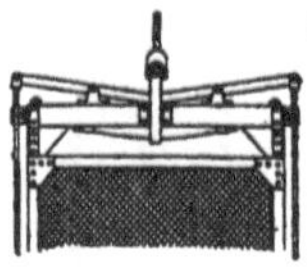

предохранитель (m); приспособленіе (n), задерживающее клѣтку въ случаѣ разрыва каната
para-cadute (m), arresto (m)
para-caídas (m)

---

2 Fangen (n) *oder* Festklemmen (n) des Fahrstuhles
gripping of the cage
action (f) d'agripper *ou* arrêt (m) par griffes *ou* serrage (m) de la cage *ou* de la cabine

удержаніе (n) клѣтки захватами
arresto (m) della cabina
acción (f) de parar la cabina mediante mordazas *ó* jaula

---

3 Fangkraft (f)
brake force *or* power
force (f) d'arrêt *ou* de prise *ou* de retenue

сила (f) [ловителей], удерживающая отъ паденія [клѣтку]
forza (f) d'arresto
fuerza (f) de detención *ó* de retenido

---

4 Fangstoß (m)
gripping shock
choc (m) dû à l'arrêt brusque

толчокъ (m) при задержаніи
colpo (m) brusco d'arresto, urto (m) all'arresto
choque (m) de parada

---

5 Fangzeug (n), Fangwerk (n), Fänger (m)
grip *or* safety gear
appareil (m) d'arrêt *ou* de sûreté, parachute (m)

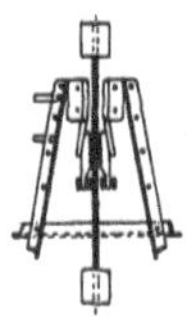

предохранитель (m); предохранительное устройство (n)
freno (m) d'arresto *o* di sicurezza, attrappo (m) di morsa
para-caídas (m)

---

6 Fangeisen (n)
grip iron
mâchoires (f pl) d'arrêt

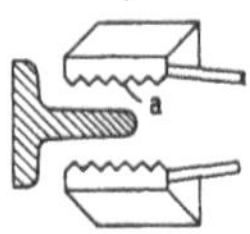

a

захватъ (m)
graffa (f) d'arresto, morsetto (m) d'arresto
grapa (f) *ó* mordazas (f pl) de paro

---

7 Fangklinke (f), Stützklinke (f)
grip pawl
verrou (m) d'arrêt *ou* de retenue

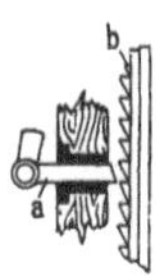

a

защёлка (f)
chiavistello (m) d'arresto
trinquete (m) de parada

---

8 Sperrzahnschiene (f)
toothed rail *or* rack
crémaillère (f) d'arrêt

b

задерживающая зубчатая рейка (f) *или* кремальера (f)
dentiera (f) *od* asta (f) dentata d'arresto
cremallera (f) de detención

Fangklotz (m)
grip block
bloc (m) *ou* taquet (m) d'arrêt

задерживающій кулакъ (m); задерживающая колодка (f) *1*
blocco (m) d'arresto
bloque (m) de paro

Klemmbacke (f)
grip-cheek
joue (f) *ou* coin (m) de serrage

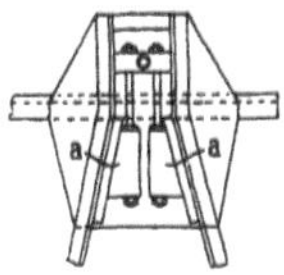

a

зажимная колодка (f)
ganascia (f) d'arresto *2*
cuña (f) de paro

Klemmrolle (f)
grip roller
galet (m) de serrage

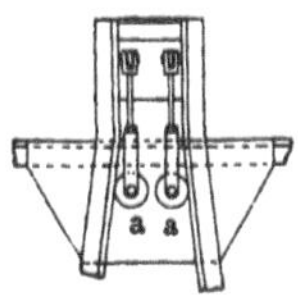

a

зажимной роликъ (m); роликовый захватъ (m) *или* зажимъ (m) *3*
rotella (f) d'arresto
roldana (f) de cierre y paro

Fangexzenter (m)
eccentric grip
excentrique (m) d'arrêt

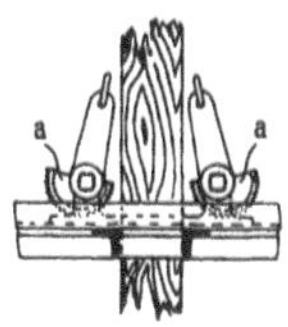

a

эксцентриковый предохранитель (m); эксцентриковой захватъ (m) *или* зажимъ (m) *4*
eccentrico (m) d'arresto
excéntrica (f) de paro

Keilfangvorrichtung (f)
wedge grip gear
parachute (m) à coin

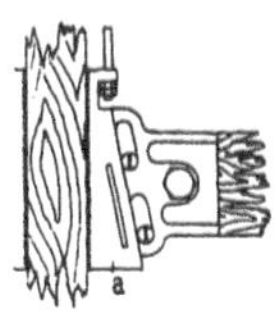

клиновой предохранитель (m)
dispositivo (m) d'arresto a cuneo *5*
para-caídas (m) de chaveta

Fangkeil (m)
grip wedge
coin (m) de parachute

a

задерживающій *или* захватывающій клинъ (m): клинъ предоранителя *6*
cuneo (m) d'arresto
chaveta (f) para-caídas

Kniehebelfangvorrichtung (f)
bell-crank *or* toggle lever grip gear
parachute (m) à levier coudé *ou* à genouillère

предохранитель (m) съ колѣнчатыми рычагами
dispositivo (m) d'arresto a ginocchiera *od* a ginocchio *7*
para-caídas (m) de palanca acodada

1 Pendelfangvorrichtung (f)
pendulum grip gear
parachute (m) à pendule

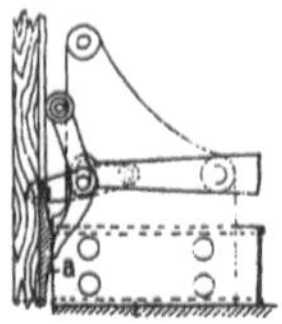

маятниковый предохранитель (m)
dispositivo (m) d'arresto a pendolo
para-caídas (m) de péndulo

---

2 Leitkurve (f)
guide curve *or* cam
courbe (f) de guidage

a

направляющая кривая (f)
curva (f) di guida
curva (f) de guía

---

3 Sicherheitsfangvorrichtung (f)
safety gripping gear
parachute (m), dispositif (m) d'arrêt de sûreté

предохранительный захватъ (m)
arresto (m) di sicurezza
disposición (f) de seguridad

---

4 Fangregulator (m)
grip regulator *or* governor
régulateur (m) de parachute

регуляторъ (m) захвата
regolatore (m) dell'arresto, moderatore (m) d'arresto
regulador (m) del paracaídas

---

5 Fangboden (m)
box of gripping gear
plateau (m) d'arrêt (porté par l'ascenseur)

a

предохранительная площадка (f) подъ кабиной; предохранительное дно (n) *или* полотно (n)
telaio (m) d'arresto
platillo (m) de detención

---

6 Aufsetzvorrichtung (f)
setting up device
dispositif (m) pour soutenir la cage

приспособленіе (n) для подпиранія клѣтки
apparecchio(m) *o* meccanismo (m) per sostenere la cabina
mecanismo (m) para el apoyo de la cabina

---

7 Fahrstuhlstütze (f)
cage support
support (m) fixe de cage *ou* de plate-forme (pendant le chargement *ou* déchargement), taquets (m pl) d'arrêt

a

опора (f) подъёмника *или* лифта во время грузки
sopporto (m) fisso della cabina
soporte (m) de la cabina

---

8 Stützriegel (m)
support bar
verrou (m) *ou* barre (f) *ou* tringle (f) d'appui

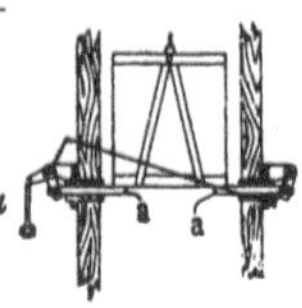

a

опорная задвижка (f)
catenaccio (m) del sopporto
cerrojo (m) de soporte

Aufsetzen (n) des Fahrstuhles
setting up of the cage
position (f) de repos de la cage *ou* cabine

постановка (f) клѣтки на опору
posizione (f) di riposo della cabina
posición (f) de descanso de la cabina 1

---

den Fahrstuhl aufsetzen (v)
to set up the cage
faire reposer (v) la cage *ou* la cabine

поставить клѣтку на опору
sostenere (v) la cabina
apoyar (v) la cabina 2

a

Aufzugmaschine (f)
hoisting engine
[mécanisme (m)] moteur (m) d'ascenseur

подъёмная машина (f); двигатель (m) подъёмника
meccanismo (m) motore dell'ascensore
motor (m) del ascensor 3

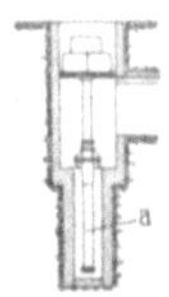

a

unmittelbar wirkende Aufzugmaschine (f)
direct acting hoisting engine
[mécanisme (m)] moteur (m) à commande directe

подъёмная машина (f) прямого дѣйствія
meccanismo (m) motore dell'ascensore ad azione diretta
máquina (f) de acción directa 4

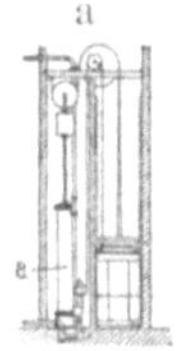

a

mittelbar wirkende Aufzugmaschine (f)
indirect acting hoisting engine
[mécanisme (m)] moteur (m) à commande indirecte

подъёмная машина (f) непрямого дѣйствія
meccanismo (m) motore dell'ascensore ad azione indiretta
máquina (f) de acción indirecta 5

Aufzugwinde (f)
hoisting winch
treuil (m) d'ascenseur

подъёмная лебёдка (f); подъёмный воротъ (m)
argano (m) dell'ascensore
torno (m) para ascensor 6

---

a

Aufzugtrommel (f)
hoisting drum
tambour (m) d'ascenseur

подъёмный барабанъ (m)
tamburo (m) dell'ascensore
tambor (m) del ascensor 7

---

b

Gegengewichttrommel (f)
balance-weight drum
tambour (m) du contrepoids

барабанъ (m) для противовѣса
tamburo (m) del contrappeso
tambor (m) para el contrapeso 8

---

c

Aufzugmotor (m)
hoisting motor
moteur (m) d'ascenseur

подъёмный двигатель (m)
motore (m) dell'ascensore
motor (m) del ascensor 9

1 Fördermaschine (f)
hauling engine
machine (f) d'extraction

шахтная подъёмная машина (f)
macchina (f) d'estrazione
máquina (f) de extracción

---

2 Fördertrommel (f)
hauling drum
tambour (m) de machine d'extraction

барабанъ (m) подъёмнаго ворота
tamburo (m) della macchina d'estrazione
tambor (m) de extracción

---

3 den Aufzug steuern (v) *oder* handhaben (v)
to control the hoist *or* lift *or* elevator (A)
manœuvrer (v) l'ascenseur

управлять подъёмникомъ *или* лифтомъ
manovrare (v) l'ascensore, maneggiare (v) l'ascensore
maniobrar (v) el ascensor

---

4 Aufzuganlasser (m)
hoisting starter
appareil (m) de démarrage d'ascenseur

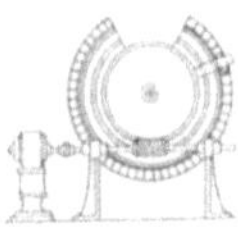

пусковой реостатъ (m) для подъёмника
avviatore (m) dell'ascensore
aparato (m) de arranque del ascensor

---

5 den Aufzug anlassen (v)
to start the hoist
faire démarrer (v) l'ascenseur, mettre (v) l'ascenseur en marche

пустить въ ходъ подъёмникъ *или* лифтъ
mettere (v) in moto l'ascensore
poner (v) en marcha el ascensor

---

6 Steuerung (f) *oder* Handhabung (f) des Aufzuges
control of hoist *or* lift *or* elevator
(commande (f) de la) manœuvre (f) de l'ascenseur

управленіе (n) подъемникомъ *или* лифтомъ
comando (m) *o* maneggio (m) dell'ascensore
maniobra (f) del ascensor

---

7 Anlassen (n) des Aufzuges
starting of the hoist
démarrage (m) de l'ascenseur

пускъ (m) въ ходъ подъёмника *или* лифта
messa (f) in moto dell'ascensore
arranque (m) del ascensor

---

8 den Aufzug abstellen (v) *oder* anhalten (v)
to stop the hoist
arrêter (v) l'ascenseur

остановить подъёмникъ *или* лифтъ
fermare (v) l'ascensore
parar (v) el ascensor

---

9 Abstellung (f) *oder* Abstellen (n) *oder* Anhalten (n) des Aufzuges
stopping of the hoist
arrêt (m) de l'ascenseur

остановка (f) подъёмника *или* лифта
fermata (f) dell'ascensore
parada (f) del ascensor

der Aufzug setzt sich in Bewegung
the hoist starts
l'ascenseur démarre

подъёмникъ (m) *или* лифтъ (m) приходитъ въ движеніе *или* трогаетъ съ мѣста
l'ascensore si mette in moto *o* si avvia
el ascensor se pone en marcha 1

---

der Aufzug hält an
the hoist stops
l'ascenseur s'arrête

подъёмникъ (m) *или* лифтъ (m) останавливается
l'ascensore si ferma
el ascensor se para 2

---

der Aufzug stellt sich selbsttätig ab
the hoist stops automatically
l'ascenseur s'arrête automatiquement

подъёмникъ (m) *или* лифтъ (m) останавливается автоматически
l'ascensore si ferma automaticamente
el ascensor se para automáticamente 3

Selbstanhalten (n), Selbstabstellung (f)
automatic stoppage
arrêt (m) automatique

автоматическая остановка (f); самоостановка (f)
fermata (f) *od* arresto (m) automatico
parada (f) automática 4

Selbstumsteuerung (f), Übersteuern (n)
automatic reversal
renversement (m) *ou* changement (m) de marche automatique

автоматическая перемѣна (f) направленія хода
inversione (m) di moto automatica
inversión (f) automática de marcha 5

---

der Aufzug stellt *oder* steuert sich selbsttätig um
the hoist reverses automatically
l'ascenseur change automatiquement de marche *ou* renverse automatiquement sa marche

подъёмникъ (m) *или* лифтъ (m) автоматически мѣняетъ направленіе
l'ascensore cambia *od* inverte automaticamente la marcia
el ascensor cambia la marcha automáticamente 6

Aufzugsteuerung (f)
hoist control
[appareil (m) de] manœuvre (f) de l'ascenseur

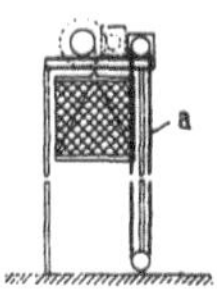

управляющій механизмъ (m) лифта; механизмъ для управленія подъёмникомъ
apparecchio (m) di manovra dell'ascensore *o* di comando
(aparato (m) de) maniobra (f) del ascensor 7

Steuerstange (f)
control rod
tringle (f) de manœuvre

a

тяга (f) управляющаго механизма
asta (f) di manovra *o* di comando
varilla (f) de maniobra 8

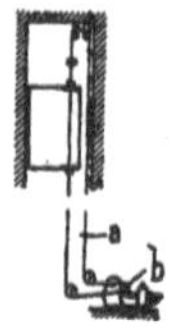

1 [Draht-]Seilsteuerung (f)
wire rope control
manœuvre (f) par câble métallique

управляющій механизмъ (m) съ металлическимъ троссомъ
manovra (f) a fune metallica *o* telodinamica
maniobra (f) por cable metálico

---

2 Steuerdrahtseil (n)
control wire rope
câble (f) métallique de manœuvre

a

металлическій троссъ (m) управляющаго механизма
fune (f) metallica di manovra
cable (m) metálico de maniobra

---

3 Steuerscheibe (f)
control disc
disque (m) *ou* poulie (f) *ou* volant (m) de manœuvre

b

шкивъ (m) управляющаго механизма
disco (m) *o* puleggia (f) di manovra
disco (m) *ó* volante (m) de maniobra

4 Hebelsteuerung (f)
lever control
commande (f) (de la manœuvre) à levier

управленіе (n) посредствомъ [при помощи] рычага
comando (m) a leva, comando (m) a leve
aparato (m) de maniobra de palanca

5 Radsteuerung (f)
wheel control
commande (f) (de la manœuvre) per volant

управленіе (n) посредствомъ [при помощи] маховичка
comando (m) della rotella
aparato (m) de maniobra de volante

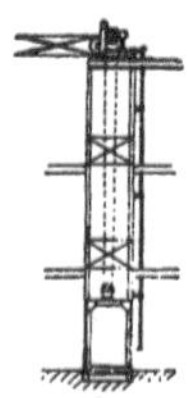

6 Außensteuerung (f)
external control
manœuvre (f) de l'extérieur (de la cabine)

управленіе (n) снаружи
manovra (f) dall'esterno [della gabbia]
maniobra (f) al exterior [de la cabina]

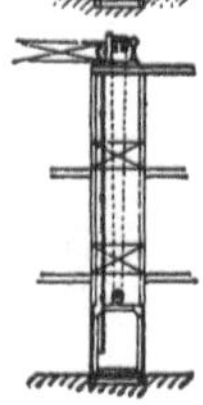

7 Innensteuerung (f)
internal control
manœuvre (f) de l'intérieur (de la cabine)

управленіе (n) извнутри клѣтки
manovra (f) dall'interno [della gabbia]
maniobra (f) en el interior de la cabina

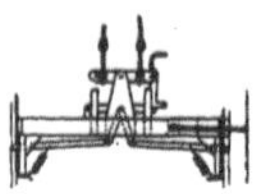

8 Stockwerksteuerung (f)
floor control
manœuvre (f) [opérée] aux étages

управленіе (n) по этажамъ
manovra (f) ai piani
maniobra (f) en los pisos

Stockwerkausrückung (f)
floor stopping device
déclenchement (m) *ou* débrayage (m) [opéré] aux étages

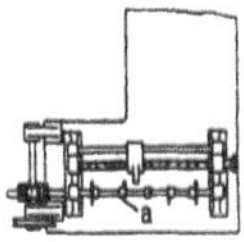

расцѣпленіе (n) по этажамъ
disinnesto (m) ai piani
desembrague (m) en los pisos 1

Stockwerkanschlag (m)
floor stop
doigt (m) pour l'arrêt aux étages

a

этажный упоръ (m)
interruzione (f) ai piani
tope (m) de detención en los pisos 2

Stockwerkschalter (m), Stockwerkeinstellvorrichtung (f), Stellapparat (m)
floor switch
commutateur (m) *ou* interrupteur (m) *ou* contact (m) à bouton d'étage

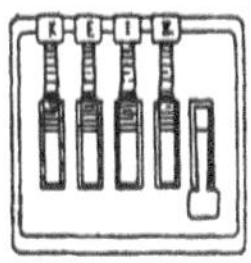

этажный выключатель (m)
interruttore (m) al piano
conmutador (m) de pisos, contacto (m) de botón en el piso 3

[Druck-]Knopfsteuerung (f)
press button control
manœuvre (f) par contact *ou* interrupteur à bouton

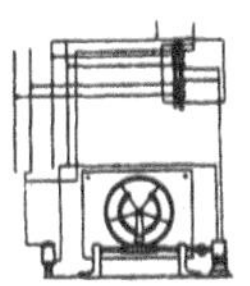

управленіе (n) посредствомъ нажимного контакта
manovra (f) a bottone di contatto
maniobra (f) por botones 4

Druckknopfapparat (m)
press button apparatus
commutateur (m) *ou* interrupteur (m) à bouton

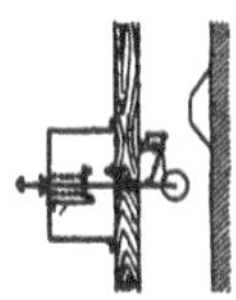

приборъ (m) съ контактной кнопкой *или* съ нажимнымъ контактомъ
commutatore (m) a bottone
aparato (m) de maniobra por botones 5

Druckknopftafel (f)
press button board
tableau (m) *ou* panneau (m) d'interrupteur à bouton

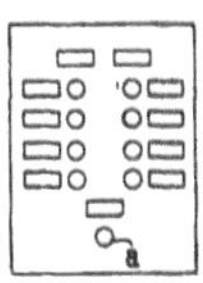

дощечка (f) съ контактными кнопками
quadro (m) di commutazione a bottoni
cuadro (m) de botones 6

Druckknopf (m)
press button
contact (m) *ou* interrupteur (m) à bouton, bouton (m)

a

контактная кнопка (f)
bottone (m)
botón (m), contacto (m), interruptor (m) 7

Steuersperrung (f), Steuerverriegelung (f), Steuersperre (f)
control locking
verrouillage (m) de l'appareil de manœuvre

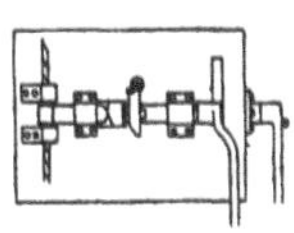

замыканіе (n) управляющаго механизма
arresto (m) della manovra, distacco (m) della manovra
enclavamiento (m) del aparato de maniobra 8

1 magnetische Steuerverriegelung (f)
magnetic locking of control device
verrouillage (m) magnétique de l'appareil de manœuvre

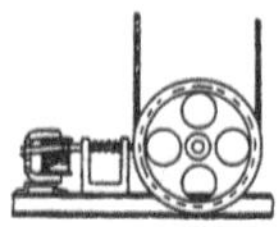

магнитное замыканіе (n) управляющаго механизма
arresto (m) magnetico della manovra
enclavamiento (m) magnético del aparato de maniobra

---

2 elektromagnetische Verriegelung (f)
electromagnetic locking
verrouillage (m) électromagnétique

электромагнитное замыканіе (n) управляющаго механизма
arresto (m) elettromagnetico
enclavamiento (m) electromagnético

---

3 Zeigervorrichtung (f), Zeigerwerk (n)
pointer, indicator
[appareil (m)] indicateur (m)

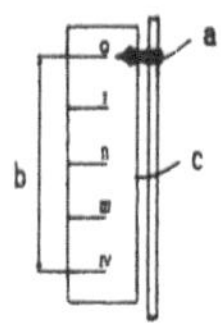

указательный механизмъ (m)
indicatore (m)
aparato (m) indicador

---

4 Zeiger (m)
pointer, finger
index (m)

a

указатель (m)
indice (m)
índice (m)

---

5 Zeigerweg (m)
path of pointer
chemin (m) parcouru par l'index

b

путь (m), проходимый указателемъ
corsa (f) dell'indice
recorrido (m) del índice

---

6 Skala (f)
scale
échelle (f)

c

шкала (f)
scala (f)
escala (f)

---

7 Stockwerkzeiger (m), Etagenzeiger (m)
floor-indicator
indicateur (m) d'étage

этажный указатель (m)
indicatore (m) dei piani
indicador (m) de pisos

---

8 Stockwerkeinteilung (f)
floor-division
subdivision (f) par étages

дѣленіе (n) по этажамъ
suddivisione (f) dei piani
división (f) por pisos

---

9 Stufenanzeiger (m)
storey indicator
indicateur (m) à degrés *ou* à échelons

указатель (m) степени подъёма
indicatore (m) a gradini
indicador (m) de escalones

---

10 Hubanzeiger (m), Hubanzeigevorrichtung (f)
lift indicator
indicateur (m) de course

указатель (m) хода
indicatore (m) di corsa
indicador (m) de carrera

---

11 Aufzugsystem (n)
lift system
système (m) d'ascenseur

система (f) подъёмника *или* лифта
sistema (m) d'ascensore
sistema (m) del ascensor

Personenaufzug (m), Aufzug (m) für Personenbeförderung
passenger lift
ascenseur (m) pour [le service de] passagers *ou* de personnes

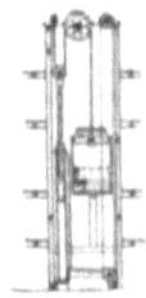

подъёмникъ (m) *или* лифтъ (m) для людей; пассажирскій подъёмникъ
ascensore (m) per persone
ascensor (m) [para el transporte] de personas 1

Lastenaufzug (m), Warenaufzug (m), Materialaufzug (m), Aufzug (m) für Lastenbeförderung
goods lift
ascenseur (m) pour charges, monte-charge (m) pour marchandises *ou* pour matériaux

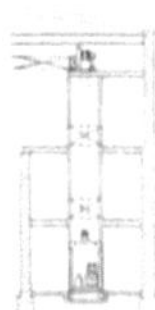

грузовой *или* товарный подъёмникъ (m); подъёмникъ *или* лифтъ (m) для грузовъ
montacarichi (m) per merci e materiali
montacargas (m) 2

Doppelaufzug (m)
double lift
ascenseur (m) double, ascenseur (m) à deux cabines, ascenseur (m) équilibré

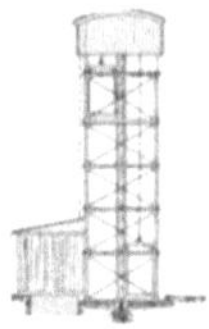

двойной подъёмникъ (m) *или* лифтъ (m)
ascensore (m) doppio
ascensor (m) doble 3

Vertikalaufzug (m), senkrechter Aufzug (m)
vertical lift
ascenseur (m) vertical

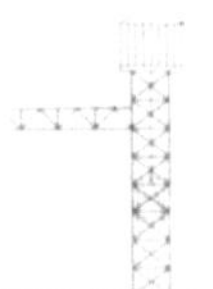

вертикальный подъёмникъ (m) *или* лифтъ (m)
ascensore (m) verticale
ascensor (m) vertical 4

Schrägaufzug (m)
inclined lift
ascenseur (m) sur plan incliné

наклонный подъёмникъ (m) *или* лифтъ (m)
ascensore (m) su piano inclinato
ascensor (m) por plano inclinado 5

Stempelaufzug (m)
ram lift
ascenseur (m) à piston

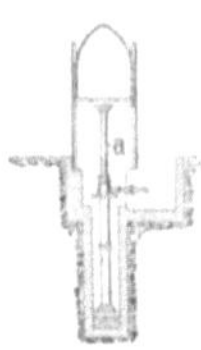

поршневой подъёмникъ (m) *или* лифтъ (m)
ascensore (m) a stantuffo *od* a pistone
ascensor (m) de émbolo 6

Aufzugkolben (m), Aufzugstempel (m)
lift ram
piston (m) d'ascenseur

a

подъёмный поршень (m)
stantuffo (m) d'ascensore, pistone (m) d'ascensore
émbolo (m) del ascensor 7

1 Plattformaufzug (m)
platform lift
ascenseur (m) à plate-forme

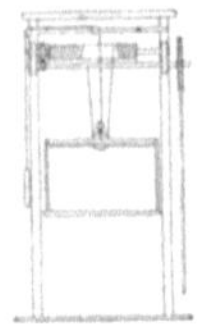

подъёмникъ (m) съ платформой
ascensore (m) a piattaforma
ascensor (m) de plataforma

---

2 Fahrstuhlaufzug (m)
cage lift
ascenseur (m) à cage *ou* à cabine

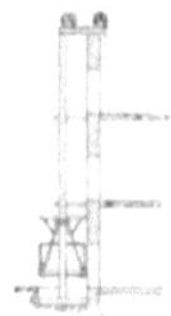

подъёмникъ (m) съ клѣткой
ascensore (m) a cabina *od* a sedia
ascensor (m) de cabina *ó* camarin

---

3 Handaufzug (m)
hand driven lift
monte-charge (m) manœuvré à la main

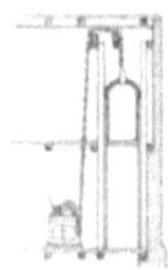

ручной подъёмникъ (m); лифтъ (m), приводимый въ движеніе отъ руки
ascensore (m) a mano
montacargas (m) de mano

---

4 Handseilaufzug (m)
hand driven rope-lift
monte-charge (m) à câble manœuvré à la main

ручной канатный подъёмникъ (m); лифтъ (m) съ канатомъ для управленія отъ руки
ascensore (m) con fune a mano
montacargas (m) de cable á mano

---

5 Transmissionsaufzug (m)
lift driven by belt transmission
ascenseur (m) commandé par transmission

приводный подъёмникъ (m) *или* лифтъ (m), приводимый въ движеніе отъ трансмиссіи
ascensore (m) [con comando] a trasmissione
ascensor (m) accionado por transmisión

---

6 Aufzug (m) mit Riemenbetrieb
lift with belt drive
ascenseur (m) à commande par courroie

подъёмникъ (m) *или* лифтъ (m) съ ременной передачей
ascensore (m) con comando a cinghia *o* flessibile
ascensor (m) con transmisión por correa

---

7 hydraulischer Aufzug (m)
hydraulic lift
élévateur (m) *ou* ascenseur (m) hydraulique

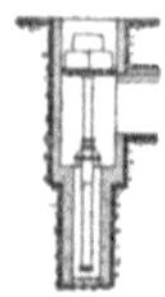

гидравлическій подъёмникъ (m); гидравлическій лифтъ (m)
ascensore (m) idraulico
ascensor (m) hidráulico

unmittelbar wirkender hydraulischer Aufzug (m)
direct acting hydraulic lift
élévateur (m) *ou* ascenseur (m) hydraulique à action directe

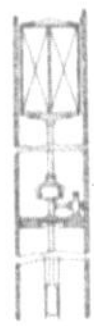

гидравлическій подъёмникъ (m) *или* лифтъ (m) прямого *или* непосредственнаго дѣйствія
ascensore (m) idraulico ad azione diretta
ascensor (m) hidráulico de acción directa 1

---

mittelbar wirkender hydraulischer Aufzug (m)
indirect acting hydraulic lift
élévateur (m) *ou* ascenseur (m) hydraulique à action indirecte

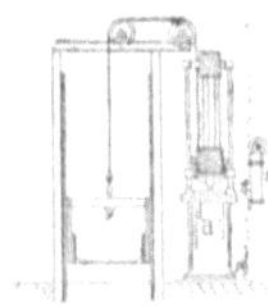

гидравлическій подъёмникъ (m) *или* лифтъ (m) непрямого *или* посредственнаго дѣйствія
ascensore (m) idraulico ad azione indiretta
ascensor (m) hidráulico de acción indirecta 2

Dampfaufzug (m)
steam driven lift
élévateur (m) *ou* ascenseur (m) à [commande à] vapeur

паровой подъёмникъ (m) *или* лифтъ (m)
ascensore (m) [comandato] a vapore
ascensor (m) de vapor 3

---

elektrischer Aufzug (m)
electric lift
ascenseur (m) *ou* élévateur (m) [à commande] électrique

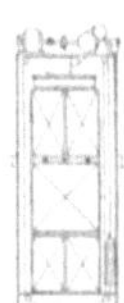

электрическій подъёмникъ (m) *или* лифтъ (m)
ascensore (m) elettrico
ascensor (m) eléctrico 4

Speicheraufzug (m)
store-lift, warehouse lift *or* hoist
monte-charge (m) de magasin

магазинный подъёмникъ (m); подъёмникъ для складовъ
ascensore (m) da magazzino
montacargas (m) para almacén 5

Auslegerspeicheraufzug (m)
gib store-hoist
monte-charge (m) à potence pour magasin *ou* grenier

магазинный подъёмникъ (m) на выступающей балкѣ
montacarichi (m) a puntone per magazzino *od* a sbalzo
montacargas (m) de consola para almacén 6

Lukenaufzug (m)
hatchway lift
monte-charge (m) de lucarne

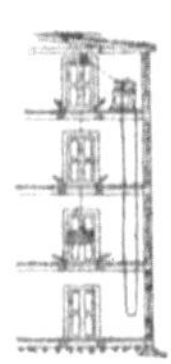

люковый подъёмникъ (m)
montacarichi (m) da tetto *o* da abbaino *o* da solaio
montacargas (m) de buhardilla 7

1 Kelleraufzug (m)
cellar lift
monte-charge (m) de cave

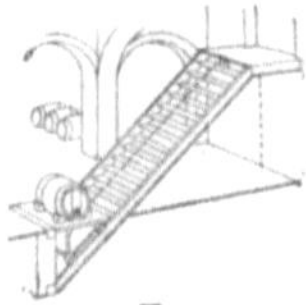

подъёмникъ (m) *или* подъёмъ (m) для погребовъ
montacarichi (m) da cantina
montacargas (m) para sótano

---

2 Bauaufzug (m)
building *or* builders lift
monte-charge (m) *ou* monte-matériaux (m) pour construction de bâtiment

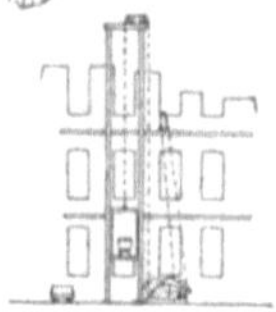

подъёмникъ (m) для строительныхъ работъ
montacarichi (m) per cantieri
montacargas (m) para edificación

---

3 Bahnhofaufzug (m), Gepäckaufzug (m)
luggage *or* station lift
table (f) de levage, monte-bagages (m)

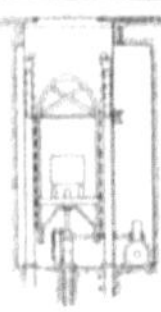

станціонный подъёмникъ (m); багажный подъёмникъ
montacarichi (m) di stazione, montabagagli (m)
montacargas (m) para equipajes

---

4 Waggonaufzug (m)
waggon lift
élévateur (m) de wagons

вагонный подъёмникъ (m)
montavagoni (m)
monta-vagones (m)

---

5 Sackaufzug (m)
sack hoist
monte-sacs (m)

подъёмникъ (m) для мѣшковъ
montasacchi (m), tirasacchi (m)
montasacos (m)

---

6 Faßaufzug (m)
barrel lift *or* hoist
monte-barils (m)

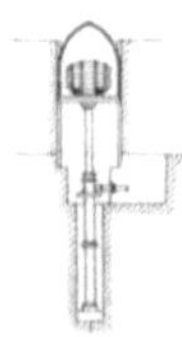

подъёмникъ (m) для бочекъ
montabotti (m)
monta-barriles (m)

---

7 Munitionsaufzug (m)
ammunition hoist
monte-charge (m) pour munitions

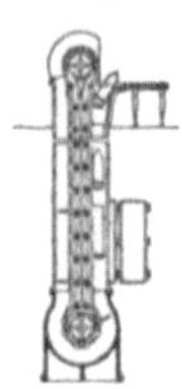

подъёмникъ (m) для военныхъ снарядовъ
elevatore (m) per munizioni
ascensor (m) para municiones, monta-municiones (m)

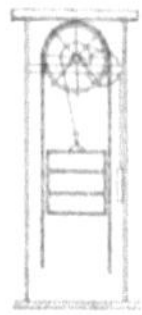

Wirtschaftsaufzug (m)
kitchen lift
monte-charge (m) pour hôtels *ou* restaurants etc.

подъёмникъ (m) для ресторановъ *или* для гостинницъ
montacarichi (m) per alberghi *o* ristoranti, montavivande (m) 1
montacargas (m) para hoteles

Speisenaufzug (m)
dinner lift
monte-plats (m)

кухонный подъёмникъ (m); подъёмникъ для кухни
montapiatti (m), montavivande (m) 2
monta-platos (m)

Briefaufzug (m)
lift for letters
monte-lettres (m)

подъёмникъ (m) для писемъ
montalettere (m) (carte e pacchi postali) 3
monta-cartas (m)

Bücheraufzug (m)
lift for books
monte-livres (m)

подъёмникъ (m) для книгъ
montalibri (m) 4
montacargas (m) para libros

Aktenaufzug (m)
lift for documents
monte-charge (m) pour archives *ou* documents etc.

подъёмникъ (m) для дѣловыхъ бумагъ
monta-atti (m) 5
montacargas (m) para archivos

Kohlenaufzug (m)
coal lift *or* hoist *or* elevator
monte-charge (m) pour charbon, élévateur (m) de wagonnets à charbon

подъёмникъ (m) для угля; элеваторъ (m) для угля
elevatore (m) di carbone 6
montacargas (m) para carbones

Erzaufzug (m)
ore hoist *or* lift *or* elevator
élévateur (m) à minerais

подъёмникъ (m) для руды
elevatore (m) per minerali 7
ascensor (m) para minerales

Hebebühne (f)
raising platform
plate-forme (f) d'élévateur, table (f) de levage

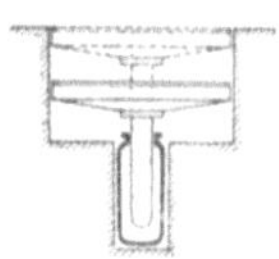

платформа (f) подъёмника
piattaforma (f) di sollevamento 8
plataforma (f) de elevación

Versenkung (f)
sinking
descente (f) sous terre

углубленіе (n); трапъ (m)
fossa (f) sotterranea 9
descenso (m) subterráneo

1 Gichtaufzug (m)
blast furnace elevator
chargeur (m) *ou* élévateur (m) de haut-fourneau

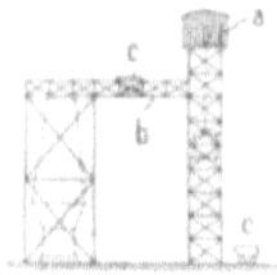

колошниковый подъёмникъ (m); доменный элеваторъ (m)
montacarichi (m) per alti forni
cargador (m) de alto horno

---

2 Gicht[aufzug]winde (f)
blast furnace elevator winch
treuil (m) d'élévateur *ou* de chargeur de haut-fourneau

a

лебёдка (f) колошниковаго подъёмника
argano (m) per montacarichi d'alti forni
torno (m) del cargador de alto horno

---

3 Gichtbühne (f)
blast furnace platform
plate-forme (f) de haut-fourneau

b

помостъ (m) вокругъ колошника; колошниковая платформа (f)
piattaforma (f) dell'alto forno
plataforma (f) de alto horno

---

4 Gichtwagen (m)
blast furnace car *or* truck
wagonnet (m) de chargement de haut-fourneau

c

колошниковая телѣжка (f)
vagoncino (m) d'alto forno
vagoneta (f) para carga de alto horno

---

5 Paternosteraufzug (m)
paternoster-work *or* buckel elevator
patenôtre (f), élévateur (m) *ou* chargeur (m) à chapelet *ou* à godets

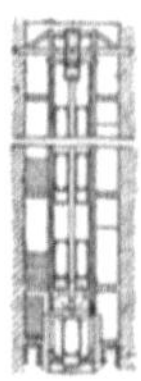

норія (f)
noria (f)
rosario (m) de carjilones

---

6 Doppelkettenaufzug (m)
double chain lift
ascenseur (m) *ou* élévateur (m) à double chaîne

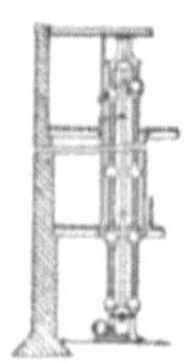

подъёмникъ (m) о двухъ цѣпяхъ
elevatore (m) a doppia catena
ascensor (m) de cadena doble

---

7 geneigte Ebene (f) für Lastenbeförderung
inclined plane for moving loads
plan (m) incliné de chargement

наклонная плоскость (f) для передвиженія грузовъ
piano (m) inclinato per trasporto di carichi
plano (m) inclinado de carga

Schiffsaufzug (m), Slip (n) slip, slipway plan (m) incliné pour bateaux		наклонная плоскость (f) для подъёма судовъ piano (m) inclinato per alzare un battello plano (m) inclinado para buques	*1*
Schiffsaufzugwinde (f) slip-winch treuil (m) de plan incliné de bateaux	a	лебёдка (f) для подъёма судовъ argano (m) per elevare un battello torno (m) del plano inclinado para buques	*2*
Schiffshebewerk (n) ship-canal lift élévateur (m) *ou* ascenseur (m) de bateaux	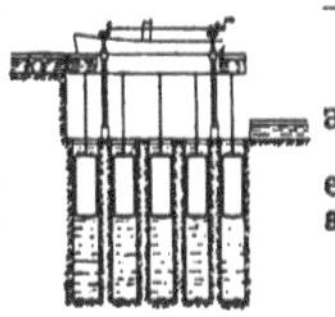	элеваторъ (m) для судовъ elevatore (m) di battelli ascensor (m) de buques	*3*
Schleusentrog (m), Schiffstrog (m) lock (canal) bac (m) d'élévateur *ou* ascenseur de bateaux	a	бассейнъ (m) элеватора для судовъ conca (f) da elevatore di battelli cuenco (m) del ascensor de buques	*4*
Trogführung (f) lock guide guidage (m) des bacs	b	направляющія (f pl) бассейна guida (f) della conca guia (f) del cuenco	*5*
Schwimmer (m) float flotteur (m)	c	поплавокъ (m) galleggiante (m) flotador (m)	*6*

XIII.

Förder- und Transport-vorrichtungen

Conveying and Transporting Devices

Transporteurs et dragues

Приспособленія для подачи и транспорта

Impianti di trasmissione e scavi

Transportadores y dragas

---

1 Beförderungswesen (n), Transportwesen (n)
transport matters
technique (f) des transports
транспортное дѣло (n)
tecnica (f) dei trasporti
técnica (f) de los transportes

2 Massenförderung (f)
conveyance in mass *or* bulk
déplacement (m) *ou* extraction (f) *ou* élévation (f) *ou* transport (m) de grandes masses *ou* en masse
устройства (m pl) для перемѣщенія массовыхъ грузовъ
estrazione (f) *o* scavo (m) in massa
extracción (f) *ó* elevación (f) de grandes masas

3 Massenbeförderung (f), Massentransport (m)
transport in mass *or* bulk
transport (m) de grandes masses
перемѣщеніе (n) массовыхъ грузовъ
trasporto (m) in masse
transporte (m) de grandes masas

4 Nahbeförderung (f), Nahtransport (m)
short-distance transport
transport (m) à courte distance
перевозка (f) *или* транспортъ (m) на короткія разстоянія
trasporto (m) per brevi distanze
transporte (m) á corta distancia

5 Fernbeförderung (f), Ferntransport (m)
long-distance transport
transport (m) à grande distance
перевозка (f) *или* транспортъ (m) на далёкія разстоянія
trasporto (m) a grandi distanze
transporte (m) á gran distancia

fördern (v)
to convey
déplacer (v), transporter (v), extraire (v), élever (v)

перемѣщать; транспортировать; подавать
estrare (v) *o* scavare (v) dalla miniera
transportar (v), extraer (v), elevar (v) 1

Förderung (f)
conveying
déplacement (m), transport (m), extraction (f), élévation (f)

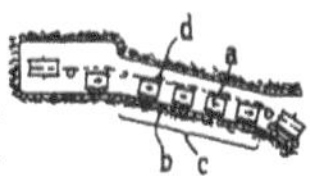

перемѣщеніе (n); транспортъ (m); подача (f)
trasporto (m) *o* estrazione (f) dalla miniera
transporte (m), desplazamiento (m) extracción (f), elevación (f) 2

Fördergefäß (n)
conveying truck *or* tank
récipient (m) *ou* cuve (f) *ou* benne (f) *ou* wagonnet (m) servant au transport, benne (f) d'extraction, cage (f) d'extraction, bâche (f), banne (f)

a

рудоставочный ящикъ (m); грузоподъёмный коробъ (m)
recipiente (m) di trasporto
cuba (f) *ó* vagoneta (f) *ó* recipiente (m) usado(a) en el transporte, jaula (f) de extracción 3

Förderbahn (f)
hauling track
voie (f) *ou* chemin (m) de transport

b

дорога (f) для подачи грузовъ; дорога для откатки рудъ
linea (f) di trasporto della miniera
vía (f) *ó* camino (m) del transporte 4

Förderlänge (f)
length of hauling track
distance (f) de transport, longueur (f) de la voie de transport

c

длина (f) пути подачи
lunghezza (f) della linea di trasporto
longitud (f) de la vía de transporte, distancia (f) del transporte 5

Fördergut (n)
goods to be hauled *or* transported
matières (f pl) *ou* objets (m pl) à transporter *ou* à élever *ou* à extraire

d

перемѣщаемый *или* подаваемый грузъ (m)
materiali (m pl) da trasportare
materias (f pl) *ó* objetos (m pl) á transportar, objetos (m pl) á elevar, mercancías (f pl) á transportar 6

Fördermenge (f)
quantity to be hauled *or* conveyed
quantité (f) à transporter *ou* à élever *ou* à extraire

количество (n) перемѣщаемаго *или* подаваемаго груза
quantità (f) da trasportare
cantidad (f) á transportar *ó* á elevar 7

Fördergeschwindigkeit (f)
haulage *or* conveying speed
vitesse (f) de transport *ou* de déplacement

скорость (f) перемѣщенія *или* подачи
velocità (f) di trasporto
velocidad (f) del transporte 8

1	Förderleistung (f) hauling out-put capacité (f) de déplacement *ou* de transport *ou* d'extraction	производительность (f) транспортнаго устройства capacità (f) di trasporto dei materiali scavati capacidad (f) de transporte
2	stetige Förderung (f) continuous haulage transport (m) ininterrompu *ou* continu	непрерывное перемѣщенiе (n); непрерывная подача (f) trasporto (m) continuo transporte (m) continuo
3	Einzelförderung (f) single haulage transport (m) *ou* déplacement (m) d'une charge par parties *ou* d'une charge isolée	перемѣщенiе (n) *или* подача (f) въ отдѣльныхъ ящикахъ trasporto (m) singolo *od* isolato transporte (m) de cargas aisladas
4	senkrechte Förderung(f) vertical haulage *or* conveying déplacement (m) *ou* transport (m) vertical, élévation (f), extraction (f)	вертикальное перемѣщенiе (n); вертикальная подача (f) trasporto (m) verticale, elevazione (f) transporte (m) vertical, elevación (f)
5	wagerechte Förderung(f) horizontal haulage *or* conveying déplacement (m) *ou* transport (m) horizontal	горизонтальное перемѣщенiе (n); горизонтальная подача (f) trasporto (m) orizzontale transporte (m) horizontal, traslación (f)
6	geneigte Förderung (f) inclined haulage *or* conveying transport (m) incliné, transport (m) *ou* traînage (m) sur plan incliné	наклонное перемѣщенiе (n); наклонная подача (f) trasporto (m) su piano inclinato transporte (m) inclinado, transporte (m) por plano inclinado
7	Förderanlage (f) haulage *or* conveying plant installation (f) de transport *ou* de traînage *ou* d'appareils élévatoires	транспортное *или* податочное устройство (n) impianto (m) di trasporto instalación (f) del aparato de elevación *ó* de transporte
8	Fördervorrichtung (f) hauling *or* conveying device appareil (m) *ou* installation (f) de transport *ou* de traînage *ou* d'extraction	транспортное *или* податочное приспособленiе (n) apparecchio (m) di trasporto aparato (m) de transporte *ó* de elevación
9	Fördermittel (n) hauling *or* conveying medium moyen (m) de transport *ou* de traînage *ou* d'élévation *ou* d'extraction	средства (n pl) для транспортированiя *или* для подачи *или* для перемѣщенiя mezzo (m) di trasporto medio (m) de transporte

gleislose Bahn (f)
railless track
voie (f) sans rails

дорога (f) безъ рельсовъ; безрельсовая дорога
via (f) senza rotaie
via (f) sin rail ó carril 1

Schubkarre (f)
wheel barrow
brouette (f)

тачка (f)
carriuola (f)
carretilla (f) 2

Kippkarre (f)
tipping *or* tilting cart
tombereau (m)

тачка (f) *или* ручная телѣжка (f) съ опрокиднымъ кузовомъ
carretta (f) a bilico *o* capovolgibile
volquete (m) 3

Gefällebahn (f)
gravity *or* inclined plane railway
plan (m) incliné [automoteur], plan (m) incliné à chaîne *ou* câble sans fin

дорога (f) съ уклонными плоскостями
piano-inclinato (m) per trazione automatica
plano (m) inclinado [automotor] 4

Bremsbergförderung (f)
haulage over a braking-incline
plan (m) incliné (automoteur) à frein

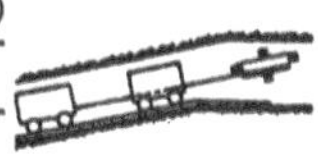

откатка (f) по наклоннымъ плоскостямъ съ тормазнымъ шкивомъ
piano-inclinato (m) per trazione frenata
plano (m) inclinado (automotor) con freno 5

Elevator (m), Becherwerk (n), Paternosterwerk (n), Schöpfwerk (n)
elevator
élévateur (m), chaîne (f) à augets, chaîne (f) à godets, transporteur (m) à augets *ou* à godets, patenôtre (f), chapelet (m)

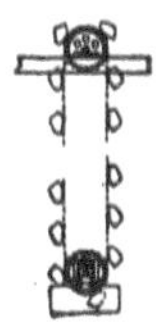

элеваторъ (m); норія (f)
elevatore (m), noria (f)
elevador (m), cadena (f) con cangilones 6

Becher (m), Elevatorbecher (m)
bucket, elevator scoop
auget (m), godet (m), seau (m)

ковшъ (m); черпакъ (m)
tazza (f)
cangilón (m) 7

Elevatorkopf (m)
elevator head
partie (f) supérieure d'élévateur

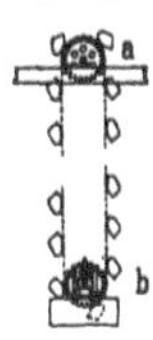

a

верхняя часть (f) элеватора
estremità (f) superiore dell'elevatore
parte (f) superior del elevador 8

1 Elevatorfuß (m)
elevator foot
partie (f) inférieure de l'élévateur

b

нижняя часть (f) *или* основаніе (n) элеватора
estremità (f) inferiore dell'elevatore, piede (m) dell'elevatore
pie (m) *ó* parte (f) inferior del elevador

---

2 Elevatorgehäuse (n), Elevatorschlauch (m), Schlot (m) des Elevators
elevator casing
enveloppe (f) d'élévateur, couloir (m) d'élévateur, tuyau (m) *ou* tube (m) d'élévateur

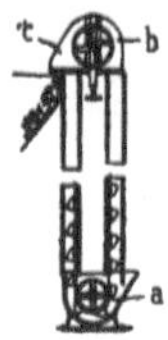

кожухъ (m) элеватора
inviluppo (m) *o* tubo (m) dell'elevatore
tubo (m) *ó* envolvente (f) del elevador

---

3 Fußkasten (m) *oder* Schöpftrog (m) des Elevators
bottom box *or* case
caisse (f) à la partie inférieure d'un élévateur

a

нижній ящикъ (m) элеватора; кожухъ (m) нижней части элеватора
cassa (f) di base dell'elevatore
caja (f) *ó* depósito (m) en la parte inferior del elevador

---

4 Kopfhaube (f) *oder* Auswurfhaube (f) des Elevators
bonnet *or* top casing of elevator
enveloppe (f) de la partie supérieure d'un élévateur, chapeau (m) d'élévateur

b

верхній ящикъ (m) элеватора; кожухъ (m) верхней части элеватора
cappello (m) dell'elevatore
envuelta (f) superior del elevador, sombrero (m) de elevador

---

5 Ablauf (m) *oder* Ablaufrohr (n) des Elevators
elevator discharge pipe
couloir (m) *ou* tuyau (m) de descente d'un élévateur

c

спускная труба (f) элеватора
condotto (m) di scarico dell'elevatore
tubo (m) de descenso del elevador

---

6 Elevatorturm (m)
elevator-tower
tour-élévatoire (f)

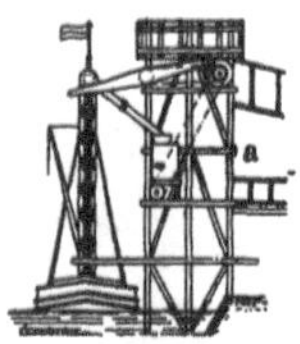

башня (f) элеватора
torre (m) elevatrice
torre (f) elevadora

a

---

7 Gurtelevator (m)
belt *or* endless band elevator
élévateur (m) à bande, bande (f) à godets

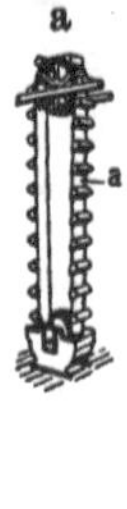

элеваторъ (m) съ плоскимъ канатомъ; ленточный элеваторъ
elevatore (m) a nastro
elevador (m) de cinta, cinta (f) con cangilones

Elevatorgurt (m)
elevator belt *or* band
bande (f) d'élévateur

a

плоскій канатъ (m) *или* лента (f) элеватора
nastro (m) dell'elevatore 1
cinta (f) del elevador

Kettenelevator (m)
chain elevator
élévateur (m) à chaîne

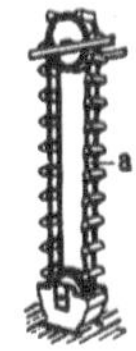

элеваторъ (m) съ цѣпью; цѣпной элеваторъ 2
elevatore (m) a catena
elevador (m) de cadena

Elevatorkette (f)
elevator chain
chaîne (f) d'élévateur

a

цѣпь (f) элеватора
catena (f) dell'elevatore 3
cadena (f) del elevador

Kippbecherwerk (n)
bucket-tipping device
chaîne (f) *ou* transporteur (m) à godets basculants

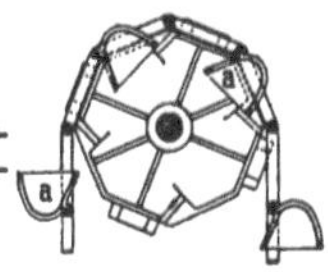

норія (f) съ опрокидывающимися ковшами
apparecchio (m) a tazze capovolgibili 4
cadena (f) ó transportador (m) de cangilones oscilantes

Kippbecher (m)
tipping bucket *or* scoop
godet (m) *ou* auget (m) basculant

a

опрокидывающійся ковшъ (m) *или* черпакъ (m) 5
tazza (f) capovolgibile
cangilón (m) oscilante

---

pneumatische Förderung (f)
pneumatic haulage *or* conveyance
transport (m) pneumatique, élévation (f) par appareil pneumatique

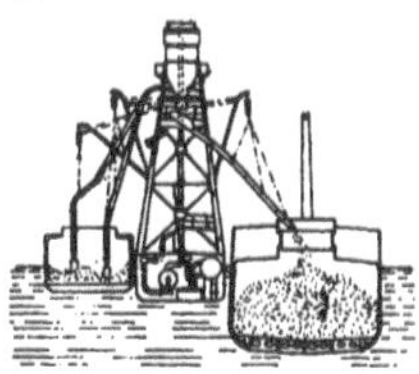

пневматическая подача (f)
trasporto (m) pneumatico 6
transporte (m) por aparato neumático

---

pneumatischer Elevator (m)
pneumatic elevator
élévateur (m) pneumatique

пневматическій элеваторъ (m)
elevatore (m) pneumatico 7
elevador (m) neumático

Saugelevator (m), Saugluftförderer (m)
suction elevator
élévateur (m) à aspiration

элеваторъ (m), дѣйствующій разрѣженіемъ воздуха; всасывающій транспортёръ (m) 8
elevatore (m) aspirante *od* ad aspirazione
elevador (m) de aspiración

1 Saugrüssel (m)
suction pipe
tube (m) aspirateur, trompe (f) aspirante

всасывающая труба (f)
tromba (f) aspirante, tubo (m) aspiratore
tubo (m) aspirador, trompa (f) aspirante

---

2 Druckluftförderer (m)
compressed air elevator
élévateur (m) à air comprimé

элеваторъ (m), дѣйствующій сжатымъ воздухомъ
trasportatore (m) ad aria compressa
elevador (m) de aire comprimido

---

3 Saugwasserförderer (m)
suction water transporter
aspirateur (m) hydraulique, drague (f) suceuse

транспортёръ (m) со всасываніемъ воды
trasportatore (m) ad aspirazione idraulica
aspirador (m) hidráulico, draga (f) de succión

---

4 Druckwasserförderer (m)
pressure water *or* hydraulic transporter
transporteur (m) à pression hydraulique

транспортёръ (m) съ нагнетаніемъ воды
trasportatore (m) a pressione idraulica
transportador (m) de presión hidráulica

---

5 Aschenejektor (m)
ash-ejector
éjecteur (m) de cendres

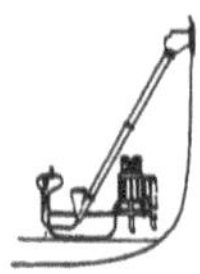

элеваторъ (m) для золы
eiettore (m) di cenere
eyector (m) de cenizas

---

6 fahrbarer Elevator (m)
portable elevator
élévateur (m) mobile

передвижной элеваторъ (m)
elevatore (m) mobile *o* carreggiabile
elevador (m) móvil

---

7 Uferelevator (m)
shore elevator
monte-charge (m) *ou* élévateur (m) pour quai

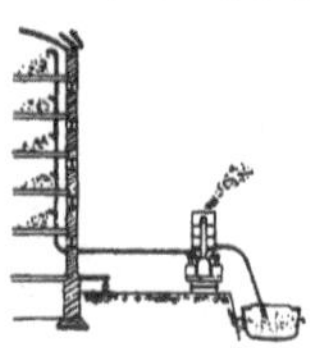

береговой *или* набережный элеваторъ (m)
elevatore (m) da banchina
montacargas (m) *ó* elevador (m) para muelle

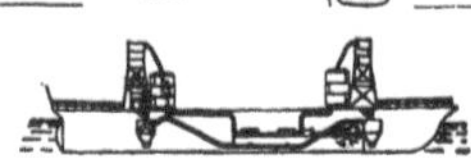

8 Schiffselevator (m)
ships elevator
monte-charge (m) *ou* élévateur (m) pour bateaux

судовой *или* корабельный элеваторъ (m)
elevatore (m) per battelli
montacargas (m) *ó* elevador (m) para buques

Getreideelevator (m)
grain elevator
élévateur (m) *ou* transporteur (m) *ou* monte-charge (m) de blé

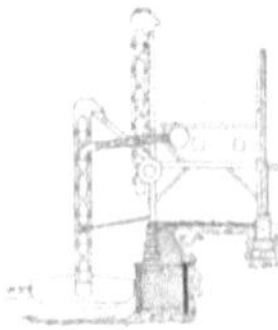

зерноподъёмъ (m); элеваторъ (m) для зерна
elevatore (m) per grano
elevador (m) de trigo 1

---

absacken (v)
to unload from sacks
décharger (v) en vrac

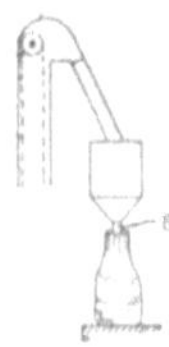

засыпать въ мѣшки
scaricare (v) per il tubo di fondo, insaccare (v)
descargar (v) á granel 2

Absackstutzen (m)
sack unloading funnel
tubulure (f) d'un déchargeur de blé en sacs

a

закромъ (m); рукавъ (m) для засыпки [зерна] въ мѣшки
tubo (m) di scolo dello scaricatore di grano
tubuladura (f) de un transportador de trigo á granel *ó* en sacos 3

Mehlelevator (m)
flour elevator
élévateur (m) à farine

элеваторъ (m) для муки; мучной элеваторъ
elevatore (m) per farina
elevador (m) de harina 4

Kohlenelevator (m)
coal elevator
élévateur (m) *ou* monte-charge (m) de charbon

элеваторъ (m) для угля; угольный элеваторъ; углеподъёмъ (m); углеподъёмникъ (m)
elevatore (m) per carbone
elevador (m) de carbón 5

Faßelevator (m), Tonnenelevator (m)
barrel elevator *or* hoist
élévateur (m) de tonneaux

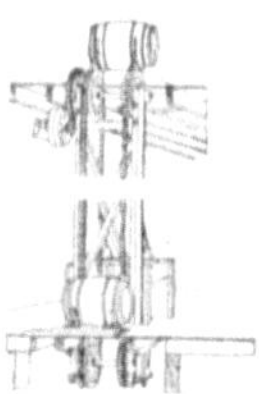

элеваторъ (m) для подъёма бочекъ; подъёмникъ (m) *или* подъёмъ (m) для бочекъ
elevatore (m) per botti
elevador (m) de toneles 6

Sackelevator (m)
sack elevator *or* hoist
élévateur (m) à sacs, monte-sa (m)

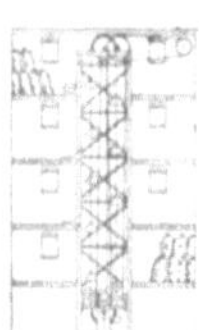

элеваторъ (m) для подъёма мѣшковъ; подъёмникъ (m) для мѣшковъ
montasacchi (m)
elevador (m) de sacos, monta-sacos (m) 7

1 Kistenelevator (m)
box elevator *or* hoist
monte-caisses (m)

элеваторъ (m) для подъёма ящиковъ: подъёмникъ (m) для ящиковъ
montacasse (m)
monta-cajas (m)

---

2 Personenelevator (m)
passenger elevator *or* lift
élévateur (m) pour le public

элеваторъ (m) для подъёма людей; подъёмникъ (m) для людей
elevatore (m) per persone
elevador (m) para el público

---

3 Fleischelevator (m)
meat elevator *or* hoist
élévateur (m) pour les viandes

элеваторъ (m) для подъёма мяса; подъёмникъ (m) для мяса
elevatore (m) per carni
elevador (m) de carnes

---

4 Munitionselevator (m)
ammunition elevator *or* hoist
élévateur (m) de munitions de guerre

элеваторъ (m) для подъёма военныхъ снарядовъ; подъёмникъ (m) для боевыхъ припасовъ
elevatore (m) per munizioni
elevador (m) de municiones de guerra

---

5 Eiselevator (m)
ice elevator *or* hoist
élévateur (m) de blocs de glace

элеваторъ (m) *или* подъёмникъ (m) для льда
elevatore (m) di blocchi di ghiaccio
elevador (m) de bloques de hielo

---

6 Sandelevator (m)
sand elevator *or* hoist
élévateur (m) à sable

песочный элеваторъ (m); элеваторъ для подъёма песка
elevatore (m) di sabbia
elevador (m) de arena

---

7 Holzelevator (m)
wood elevator *or* hoist
monte-charge (m) pour pièces de bois

элеваторъ (m) для подъёма брёвенъ и балокъ; подъёмникъ (m) для бревенъ и балокъ
elevatore (m) di legnami
montacargas (m) para piezas de madera

---

8 Hubrad (n), Schöpfwerk (n)
chain pump *or* water drawing machine
machine (f) élévatoire, noria (f), chapelet (m)

водоподъёмное *или* водоотливное *или* водочерпательное колесо (n); водоподъёмная машина (f)
noria (f), elevatore (m) a secchie
máquina (f) hidráulica, noria (f), rosario (m) hidráulico

Förderer (m), Transporteur (m) transporter transporteur (m)		транспортёръ (m); передаточникъ (m) trasportatore (m) transportador (m)	*1*
Gurtförderer (m), Gurttransporteur (m), Bandtransporteur (m) belt conveyor transporteur (m) à courroie, transporteur (m) à bande	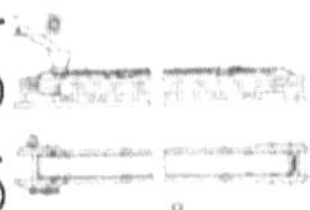	ленточный транспортёръ (m); пассъ (m) trasportatore (m) a cigna *od* a nastro transportador (m) de correa *ó* cinta	*2*
Förderband (n), Transportband (n) conveyor belt bande (f) transporteuse	a	транспортная лента (f) nastro (m) di trazione cinta (f) transportadora	*3*
Bandtransport (m) belt conveyance transport (m) par bande *ou* sur bande *ou* par ruban		перемѣщеніе (n) *или* подача (f) лентою trasporto (m) a nastro transporte (m) por cinta	*4*
Muldenrolle (f) trough roller rouleau (m) pour courber la bande	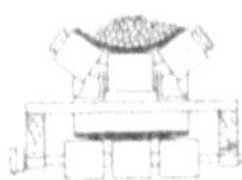	катки (m pl), придающіе лентѣ форму лотка girella (f) della conca *o* per curvare il nastro rodillo (m) para encorvar la cinta	*5*
Sammeltrumm (n) collecting end bande (f) collectrice, brin (m) collecteur (de la bande)		собирательный конецъ (m) tratto (m) di nastro collettore cinta (f) colectora	*6*
Verteilungstrumm (n) distributing end bande (f) distributrice, brin (m) distributeur (de la bande)		распредѣлительный конецъ (m) tratto (m) di nastro distributore cinta (f) distribuidora	*7*
Steigband (n) inclined belt bande (f) de transport inclinée, ruban (m) de transport incliné	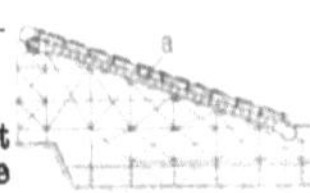	наклонно движущаяся лента (f) nastro (m) montante cinta (f) inclinada de transporte	*8*
Leseband (n) collecting band bande (f) collectrice, ruban (m) collecteur	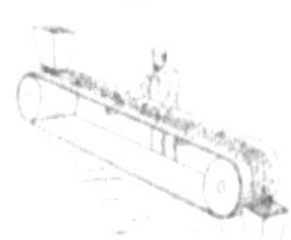	собирательная лента (f) nastro (m) collettore cinta (f) colectora	*9*
Sackförderer (m), Sacktransporteur (m) sack *or* bag conveyor transporteur (m) pour sacs	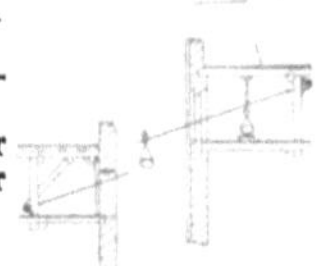	транспортёръ (m) для мѣшковъ trasportatore (m) di sacchi a nastro transportador (m) de sacos	*10*

1 Ballenförderer (m), Ballentransporteur (m)
bale transporter
transporteur (m) de balles *ou* ballots

транспортёръ (m) для тюковъ *или* для кипъ
trasportatore (m) di balle
transportador (m) de balas *ó* fardos *ó* bultos

---

2 Becherkette (f), Förderkette (f), Konveyer (m)
conveyor *or* bucket chain
chaîne (f) à godets, transporteur (m) à godets, convoyeur (m)

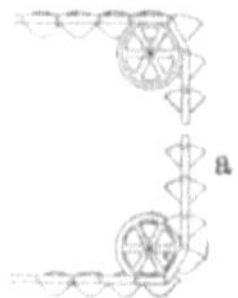

цѣпь (f) съ ковшами; конвейоръ (m)
catena (f) di tazze, trasportatore (m) con catena a secchie
cadena (f) de cangilones, transportador (m) de cangilones

---

3 Konveyerstrang (m)
conveyor span *or* strand
chaîne (f) *ou* câble (m) *ou* bande (f) d'un convoyeur *ou* transporteur

конецъ (m) транспортной цѣпи между рабочими шкивами
nastro (m) convogliatore
cadena (f) *ó* câble (m) *ó* cinta (f) de un transportador

---

4 Transportbecher (m)
transport bucket
godet (m) de transport

a

транспортный ковшъ (m)
tazza (f) di trasporto
cangilón (m) de transporte

---

5 Abwurfende (n)
throw-off *or* tipping end
extrémité (f) de déchargement

мѣсто (n) разгрузки
estremità (f) di scarico
extremo (m) de descarga

---

6 Abwurfwagen (m)
throw-off *or* tipping car
trémie (f) mobile de déchargement

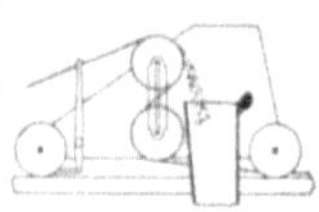

телѣжка (f) для разгрузки
vagoncino (m) a scarico automatico
tolva (f) móvil de descarga

---

7 Aufgabevorrichtung (f)
delivering device
distributeur (m), dispositif (m) de chargement

загрузочное приспособленіе (n)
distributore (m) di riempimento
disposición (f) de carga, distribuidor (m)

---

8 Füllmaschine (f), Füller (m)
filling machine
mécanisme (m) de remplissage

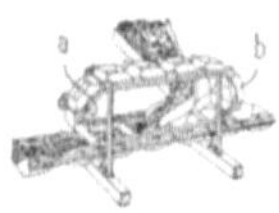

загрузочная машина (f)
meccanismo (m) di caricamento *o* di riempimento
mecanismo (m) de relleno

---

9 Trichterkette (f)
hopper chain
chaîne (f) à trémies (auxiliaire du transporteur) pour le chargement

a

цѣпь (f) изъ загрузочныхъ воронокъ
catena (f) di tramoggie
cadena (f) de tolvas (auxiliar para la carga del transportador)

---

10 Fülltrichter (m)
charging hopper
trémie (f) de chargement

b

загрузочная воронка (f)
tramoggia (f) di caricamento
tolva (f) de carga

Aufwurfwagen (m)
delivery wagon
convoyeur (m) mobile

устройство (n) для засыпки сыпучихъ тѣлъ
scivolone (m) mobile
transportador (m) móvil 1

Kratzerförderer (m), Kratzertransporteur (m)
scraping transporter
transporteur (m) à racloirs

транспортёръ (m) со скребками
trasportatore (m) a raschiatore
transportador (m) de rascadores 2

Kratzerscheibe (f), Kratzer (m)
scraper disc *or* plate
racloir (m)

скребокъ (m) *или* крешеръ (m)
raschiatore (m)
rascador (m) 3

Kratzband (n)
scraping belt
ruban (m) à racloirs

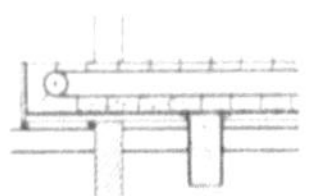

лента (f) со скребками
nastro (m) a raschiatori
cinta (f) de rascadores 4

Förderrinne (f), Transportrinne (f)
conveying trough (shaking)
gouttière (f) transporteuse *ou* de transporteur

транспортёрный жёлобъ (m); податочный лотокъ (m)
canale (m) di trasporto, scivolone (m), canalone (m)
canal (f) transportadora 5

Rinnentrog (m)
shaking trough
conduit (m) *ou* canal (m) *ou* gouttière (f) de transporteur

желобчатый лотокъ (m)
corpo (m) dello scivolone
conducto (m) *ó* canal (f) del transportador 6

Schubrinne (f), Schubförderrinne (f)
pushing-trough
gouttière (f) mobile *ou* conduit (m) mobile de transporteur à racloirs

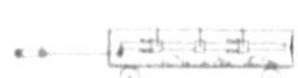

подвижной жёлобъ (m) со скребками *или* лопатками
canale (m) trasportatore a spinta
canal (f) móvil de transportador de rascadores 7

Schwingrinne (f), schwingende Rinne (f)
rocking *or* oscillating trough
conduit (m) oscillant, gouttière (f) oscillante [de transporteur]

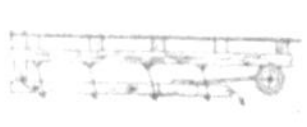

качающійся жёлобъ (m)
canale (m) trasportatore oscillante *od* a scosse
conducto (m) transportador oscilante 8

Schüttelrinne (f)
shaking trough
gouttière (f) [de transporteur] à secousse

жёлобъ (m) со встряской
canale (m) oscillante, canaletto (m) del trasportatore a scosse
canal (f) *ó* conducto (m) [de transportador] de sacudida 9

1 Propellerrinne (f)
propeller trough
gouttière (f) à propulsion mécanique, gouttière (f) à mouvement pulsatoire

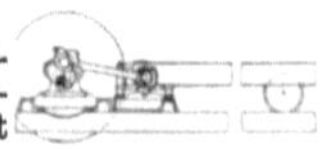

жёлобъ (m), движущійся толчками
canale (m) a propulsione meccanica
conducto (m) de impulsión mecánica

---

2 Schlepper (m), Drahtseilförderer (m)
rope conveyor
convoyeur (m) à câble métallique, convoyeur (m) par entraînement

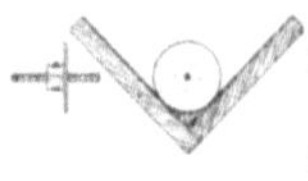

транспортёръ (m) со скребками *или* лопатками на проволочномъ канатѣ
prendi-cavo (m), trasportatore (m) a cavo metallico
arrostrador (m) *ó* transportador (m) de cable metálico

---

3 Rieseleinrichtung (f)
spraying device
déchargeur (m) par ruissellement *ou* dispersion

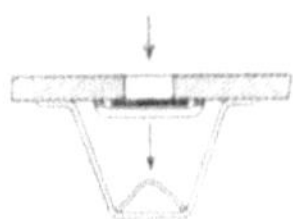

приспособленіе (n) для освѣженія зёренъ пересыпкою
dispositivo (m) per lo sgocciamento
descargador (m) por dispersión

---

4 Förderschnecke (f), Transportschnecke (f), Transportspirale (f)
conveyor worm *or* spiral
vis (f) sans fin, vis (f) transporteuse, vis (f) d'Archimède

винтовой транспортёръ (m); шнекъ (m); транспортный винтъ (m)
vite (f) *o* coclea (f) di trasporto
tornillo (m) sin fin, tornillo (m) transportador, tornillo (m) de Arquimedes

---

5 gewöhnliche Schnecke (f)
ordinary worm
vis (f) sans fin ordinaire

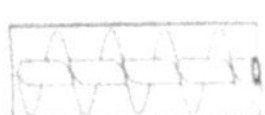

обыкновенный транспортный винтъ (m)
vite (f) continua ordinaria
tornillo (m) sin fin ordinario

---

6 verstellbare Schnecke (f)
adjustable *or* variable worm
vis (f) sans fin réglable

переставной *или* регулируемый винтъ (m)
vite (f) continua regolabile
tornillo (m) sin fin ajustable

---

7 Förderrohr (n)
conveyor tube
tuyau (m) de transport

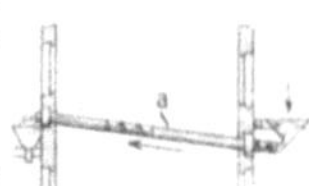

a

транспортная *или* податочная труба (f)
tubo (m) *o* condotto (m) di trasporto
tubo (m) de transporte

---

8 Bagger (m)
dredger
drague (f), excavateur (m)

землечерпательная машина (f); землечерпалка (f); экскаваторъ (m)
draga (f), cavafango (m)
draga (f), excavador (m)

---

9 baggern (v), ausbaggern (v)
to dredge
draguer (v)

черпать
scavare (v) alla draga
dragar (v)

Baggergut (n)
dredging material
matières (f pl) draguées
черпаемый матеріалъ (m)
materiali (m pl) scavati alla draga
substancias (f pl) dragadas 1

Baggerprahm (m)
dredger pontoon *or* hopper
bac (m) *ou* prame (f) *ou* radeau (m) *ou* chaland (m) de transport de la vase
баржа (f) для отвозки земли; шаланда (f)
moena (f) *o* pontone (m) della draga 2
pontón (m) de limpia, pontón (m) de draga

Handbagger (m)
hand dredger
drague (f) à bras
ручная землечерпалка (f)
draga (f) a mano 3
draga (f) de mano

Dampfbagger (m)
steam dredger
drague (f) à vapeur
паровая землечерпалка (f)
draga (f) a vapore 4
draga (f) de vapor

Spüler (m)
scourer, washer
appareil (m) de curage
размыватель (m); разрыхлитель (m)
depuratore(m), sciacquatore (m)
aparato (m) de monda, lavador (m)

Saugspüler (m)
suction scourer *or* washer
appareil (m) de curage par aspiration, aspirateur (m) de boues
размыватель (m) со всасываніемъ; всасывающій разрыхлитель (m)
depuratore(m) ad aspirazione 6
aparato (m) de monda por succión, aspirador (m) de fangos

Eimerkettenbagger (m)
bucket *or* scoop dredger
drague (f) à godets, chapelet(m) dragueur, excavateur (m) à godets
землечерпательная машина (f) съ ковшами; норія (f)
draga (f) a tazze 7
draga (f) de cadena con cangilones

Baggereimer (m)
dredging bucket *or* scoop
godet (m) de drague *ou* d'excavateur
a
черпакъ (m); ковшъ (m) черпака
tazza (f) della draga 8
cangilón (m) de draga

Füllungsgrad (m) des Eimers
fullness of the bucket
degré (m) de remplissage des godets
степень (f) наполненія черпака
capacità (f) della tazza in . . . . m 9
[limite (m) de] cabida (f) de los cangilones

Eimerleiter (f)
bucket *or* scoop chain
chaîne (f) supportant les godets
b
рама (f) съ ковшами *или* съ черпаками
catena (f) d'attacco delle tazze 10
cadena (f) de sujeción de los cangilones

1 Eimerleiterbock (m)
bucket guide frame
châssis (m) de support de la chaîne

верхняя поддержка (f) *или* верхній подхватъ (m) для черпаковой рамы
supporto (m) della catena a tazze
bastidor (m) de guía de la cadena de cangilones

a

2 Baggerkette (f), Eimerkette (f)
dredger *or* bucket chain
chaîne (f) de drague, chaîne (f) à godets

безконечная цѣпь (f) съ ковшами *или* съ черпаками
catena (f) di tazze
cadena (f) de cangilones

b

3 Schake (f), Schaken (m), Eimergelenk (n)
bucket link
tourillon (m) *ou* articulation (f) d'un godet

шарниръ (m) ковшёвой цѣпи
articolazione (f) della giuntura della tazza
articulación (f) ó unión (f) de cangilones

c

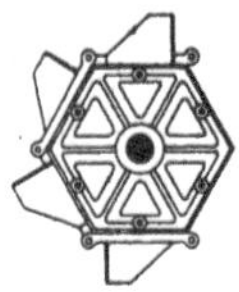

4 Baggertrommel (f), Turas (m)
dredger drum
tambour (m) de drague

цѣпной барабанъ (m) землечерпательной машины
tamburo (m) della draga
tambor (m) de draga

5 Turaswelle (f)
drum shaft
arbre (m) du tambour à chaîne

ось (f) цѣпного барабана
albero (m) del tamburo a catena
árbol (m) del tambor á cadena

6 Turasantrieb (m)
drum drive
commande (f) du tambour de la chaîne

приводъ (m) для вращенія цѣпного барабана
avviamento (m) del tamburo a catena
mecanismo (m) de impulsión de tambor á cadena

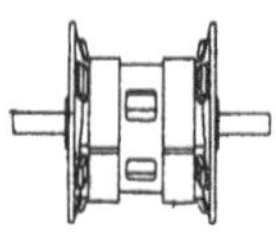

7 Unterturas (m)
bottom *or* lower drum
tambour (m) inférieur

нижній цѣпной барабанъ (m)
tamburo (m) inferiore
tambor (m) inferior

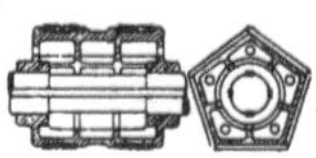

8 Oberturas (m)
upper *or* top drum
tambour (m) supérieur

верхній цѣпной барабанъ (m)
tamburo (m) superiore
tambor (m) superior

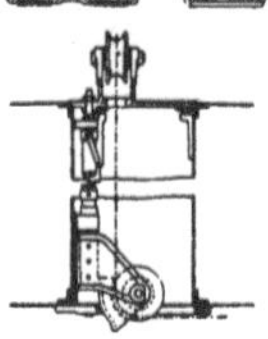

9 Kettenschacht (m)
chain race
couloir (m) de la chaîne

прорѣзъ (m) для цѣпи съ черпаками
pozzo (m) della catena
pozo (m) de la cadena

Seitenwinde (f)
side windlass *or* winch
treuil (m) latéral

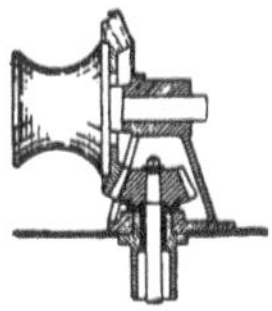

лебёдка (f) для бокового перемѣщенія землечерпалки
cabestano (m) *od* argano (m) laterale 1
cabrestante (m) *ó* torno (m) lateral

Seitentauwinde (f)
side rope windlass
treuil (m) *ou* tambour (m) à câble latéral

лебёдка (f) для боковыхъ канатовъ
argano (m) per cavo laterale 2
torno (m) de cable lateral

Vordertauwinde (f)
bow rope windlass
appareil (m) de relevage avant

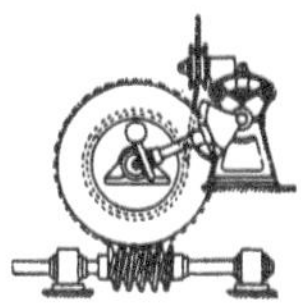

лебёдка (f) для переднихъ канатовъ
argano (m) a fune anteriore 3
torno (m) de cable delantero

Hintertauwinde (f)
stern rope windlass
appareil (m) de relevage arrière

лебёдка (f) для заднихъ канатовъ
argano (m) a fune posteriore 4
torno (m) de cable atrás

Schüttrinnenwinde (f)
hopper *or* trough windlass
treuil (m) de la manche à déblai

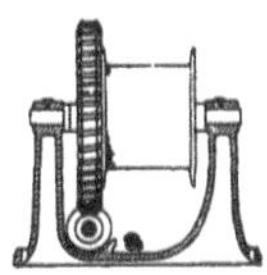

лебёдка (f), обслуживающая спускной жёлобъ
argano (m) a cinghia di scarico 5
torno (m) del conducto de derrame *ó* de descarga

Eimerleiterwinde (f)
bucket chain windlass
treuil (m) *ou* appareil (m) de commande du châssis

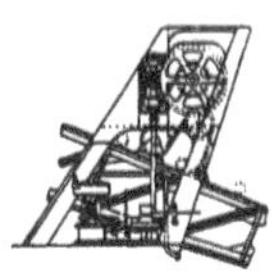

лебёдка (f) для черпаковой рамы
argano (m) di comando della catena 6
torno (m) de mando del bastidor de guia

Eimerkettenbagger (m) mit senkrechter Leiter, Vertikalbagger (m)
bucket chain dredger with vertical chain
drague (f) à godets verticale

землечерпательная машина (f) съ вертикальной рамой; вертикальная землечерпалка (f)
draga (f) a catena di tazze verticale, cavafango (m) verticale 7
draga (f) vertical de cangilones

Eimerkettenbagger (m) mit geneigter Leiter
bucket dredger with inclined chain
drague (f) à godets inclinée

землечерпательная машина (f) съ наклонной рамой
draga (f) a catena di tazze inclinata 8
draga (f) inclinada de cangilones

1	Hochbagger (m) shallow dredger drague (f) *ou* excavateur (m) en hauteur		землечерпательная машина (f) для работъ выше уровня дна котлована *или* по верху котлована draga(f) per scavo in alto excavador (m) en alto
2	Hochbaggerung (f) shallow dredging excavation (f) *ou* draguage (m) de parois *ou* talus élevé[e]s		выемъ (m) грунта черпаніемъ по верху [откоса] scavo (m) con draga in alto dragado (m) *ó* excavación (f) de taludes elevados *ó* paredes elevadas
3	Tiefbagger (m) deep dredger drague (f) de creusement, drague (f) de fond		землечерпательная машина (f) для работъ ниже уровня дна *или* со дна котлована draga (f) per scavo in basso excavador (m) de ahuecar, draga (f) de fondo
4	Tiefbaggerung (f) deep dredging dragage (m) en profondeur, approfondissement (m) *ou* creusement (m) par drague		выемъ (m) грунта черпаніемъ съ низу *или* со дна scavo (m) con draga in profondità dragado (m) de profundidad, cavadura (f) de profundidad
5	Trockenbagger (m), Exkavator (m) dry dredger, bucket excavator excavateur (m), drague (f) sèche	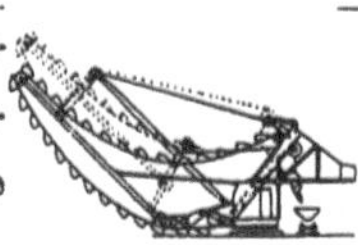	экскаваторъ (m); землечерпательная машина (f) для выема сухого грунта draga (f) a secco, scavatore (m) di terra draga (f) seca
6	Löffelbagger (m) steam navvy drague (f) à cuiller	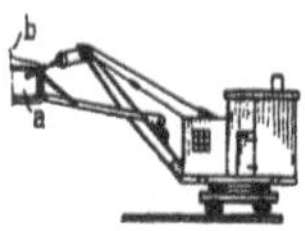 	экскаваторъ (m) съ ковшомъ *или* съ совкомъ draga (f) a cucchiaio draga (f) de cucharas *ó* cucharones
7	Löffel (m) bucket, shovel cuillère (f) *ou* cuiller (f) [de drague]	a	ковшъ (m); совокъ (m) cucchiaio (m) della draga cuchara (f) de la draga
8	Löffelschneide (f) edge *or* teeth of bucket *or* shovel tranchant (m) de cuiller	b	рѣзакъ (m) ковша; ножъ (m) совка taglio (m) del cucchiaio cortante (m) de la cuchara
9	Schlitzbaggerung (f), Schlitzen (n) slot *or* channel dredging dragage (m) par entaille, entaillage (m) à la drague		черпаніе (n) бороздками intagliare (m) colla draga dragado (m) por entalladura *ó* cortadura

schlitzen (v) to slot *or* make a channel entailler (v) (à la drague)		вынимать грунтъ бороздками intagliare (v), fare (v) degli intagli hacer (f) entallas (con la draga)	*1*
Schlitzarbeit (f), Einschnittbetrieb (m) work in slotting *or* channel making travail (m) d'entaillage		работа (f) прорѣзанія бороздками intaglio (m) trabajo (m) de hacer entallas	*2*
Seitenbaggerung (f), Seitenarbeit (f) des Baggers side dredging dragage (m) latéral		боковое черпаніе (n); боковая выемка (f) черпательной машиной scavo (m) laterale excavación (f) ó dragado (m) lateral	*3*
Naßbagger (m), Schwimmbagger (m) floating dredger drague (f) flottante		плавучая землечерпательная машина (f) draga (f) galleggiante, cavafango (m), curaporti (m) draga (f) flotante	*4*
Stielbagger (m) dredger with hand gear drague (f) à cuiller emmanchée		землечерпательная машина (f) съ черпакомъ на рычагѣ draga (f) con cucchiai a manico draga (f) de cuchara enmangada	*5*
stielloser Bagger (m) dredger without hand gear drague (f) à outil suspendu		землечерпательная машина (f) съ подвижнымъ подвѣснымъ черпакомъ draga (f) a tazze sospese draga (f) de útil suspendido	*6*
Sackbagger (m) net dredger drague (f) à sac *ou* à filet		черпательная машина (f) съ мѣшками вмѣсто жёсткихъ черпаковъ draga (f) a sacchi in fil di ferro draga (f) de saco *ó* red	*7*
Baggersack (m) dredger net sac (m) *ou* filet (m) de drague		мѣшокъ (m) черпака sacco (m) in fil di ferro per draga saco (m) *ó* red (f) de la draga	*8*
Zangenbagger (m) grab dredger excavateur (m) à tenailles		землечерпательная машина (f) съ клещами; экскаваторъ (m) съ клещами draga (f) a tenaglie di presa excavador (m) *ó* draga (f) de tenazas	*9*

1 Schwemmbagger (m)
flushing *or* sewerage dredger
drague (f) à courant d'eau [aspirant]

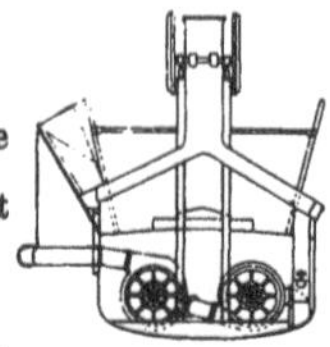

водоструйная землечерпалка (f) *или* землечерпательная машина (f)
draga (f) ad azione aspirante, smelmatrice(f)
draga (f) aspiradora

---

2 Kettenbagger (m)
chain dredger
drague (f) à chaine

цѣпная землечерпалка (f) *или* землечерпательная машина (f)
draga (f) a catena
draga (f) de cadena

---

3 Schaufelkettenbagger (m), Moddermühle (f)
bucket chain dredger
drague (f) avec chaîne à godets, drague (f) à cuillers

цѣпная землечерпалка (f) *или* землечерпательная машина (f) съ совкомъ
draga (f) a catena con cucchiai di presa
draga (f) con cadena de cangilones, draga (f) de cucharas

---

4 Pumpenbagger (m), Saugbagger (m)
pump dredger
drague (f) aspirante *ou* à pompe, drague (f) suceuse

землесосъ (m) съ поршневыми насосами
draga (f) aspirante a pompa, draga (f) con azione di stantuffi
draga (f) de bomba, draga (f) de succión

---

5 Pumpenschachtbagger (m), Hopperbagger (m)
pump *or* hopper dredger
drague (f) avec conduit d'aspiration

землечерпалка (f) для колодезныхъ [насосныхъ] шахтъ
draga (f) a tubi d'aspirazione
draga (f) con conducto de aspiración

---

6 Förderpumpe (f)
delivery pump
pompe (f) de dragage

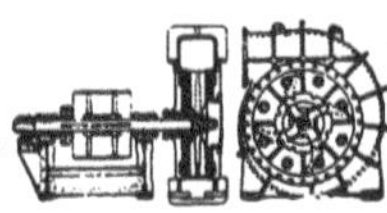

черпательный насосъ (m)
pompa (f) di spurgo della miniera
bomba (f) de dragado

---

7 Saugkopf (m) mit Druckwasserspülung
suction head with hydraulic flush
nez (m) de la conduite avec eau sous pression

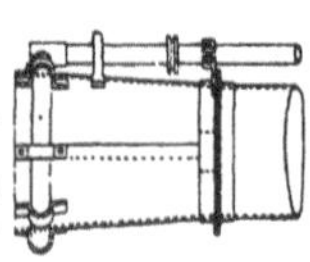

всасывающая головка (f), работающая подъ давленіемъ воды
testata (f) del tubo aspirante con depurazione a pressione
parte (f) inferior del aspirador con lavacías de presión

---

8 Saugrohr (n)
suction pipe
tuyau (m) d'aspiration

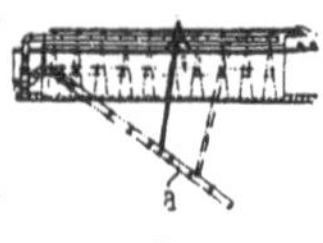

a

всасывающая труба (f)
tubo (m) aspirante
tubo (m) de succión

Panzerschlauch (m) armoured hose tuyau (m) armé	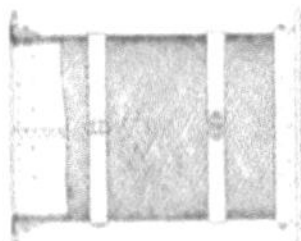	панцырная гибкая труба (f); панцырный гибкій шлангъ (m) tubo (m) aspirante armato envolvente (f) de cota de malla, tubo (m) armado	*1*
Gelenkschlauch (m) flexible joint hose tuyau (m) souple, boyau (m) articulé	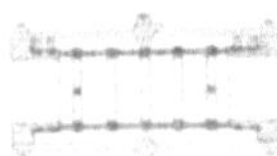	шарнирная труба (f) tubo (m) articolato *o* flessibile tubo (m) flexible *ó* articulado	*2*
Greifbagger (m) grab dredger excavateur (m) à griffes *ou* grappin		экскаваторъ (m) со схватами draga (f) a morse *od* a tenaglie excavador (m) de mordazas	*3*
Greifkorb (m) grab benne (f) ajourée à griffes		ящикъ (m) схвата tazza (f) a morso, cesta (f) a branche cesta (f) de mordazas	*4*
Beförderungswagen (m), Transportwagen (m) transport wagon chariot (m) de transport		транспортная телѣжка (f); перевозная вагонетка (f) vagone (m) *o* carro (m) da trasporto carretón (m) de transporte	*5*
Einzelwagen (m) single car wagonnet (m) isolé		одиночный вагончикъ (m); одиночная вагонетка (f) vagoncino (m) *o* carrello (m) isolato *o* singolo vagoneta (f) aislada	*6*
Wagenzug (m) row *or* train of cars train (m) de wagonnets		поѣздъ (m) изъ вагонетокъ treno (m) di vagoncini, carrelli (m pl) in convoglio tren (m) de vagonetas	*7*
Förderwagen (m), Hund (m), Förderhund (m) delivery wagon wagon (m) de transport, wagonnet (m) [de terrassement]	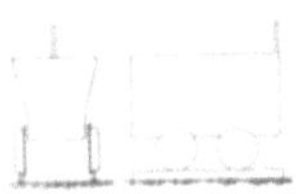	рудооткаточная телѣжка (f) *или* вагонетка (f) vagoncino (m) da miniera vagoneta (f) de transporte	*8*
Plattformwagen (m), Plateauwagen (m) flat wagon, platform wagon wagon-plate-forme (m)		вагончикъ (m); телѣжка (f) vagoncino (m) a piattaforma vagón (m) plataforma	*9*

1	Wagenladung (f) wagon load chargement (m) de wagon		нагрузка (f) *или* вмѣстимость (f) вагона carico (m) del carro carga (f) de vagón
2	Kastenwagen (m), Bordwagen (m) open wagon *or* truck, gondola car (A) wagon (m) à bords		вагонъ (m) съ бортами carro (m) a sponde vagón (m) con bordes
3	Kippwagen (m) tipping wagon wagon (m) basculant		опрокидывающаяся вагонетка (f); вагонъ (m) съ опрокиднымъ кузовомъ vagoncino (m) capovolgibile vagón (m) oscilante (que bascula)
4	Vorderkipper (m), Stirnkipper (m) front tipper wagon (m) basculant en avant	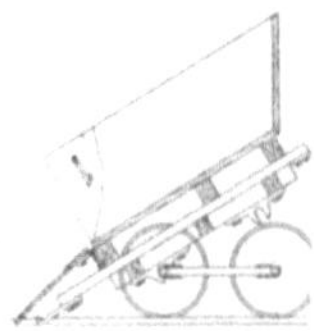	вагонетка(f), опрокидывающаяся на перёдъ vaconcino (m) capovolgibile per davanti vagón (m) basculante por delante
5	Seitenkipper (m) side tipper wagon (m) basculant latéralement *ou* en travers	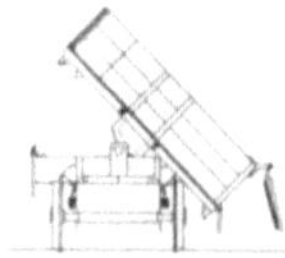	вагонетка(f), опрокидывающаяся на бокъ vagoncino (m) capovolgibile di fianco vagón (f) basculante lateralmente
6	Muldenkipper (m) trough tip wagon basculeur (m) à auge	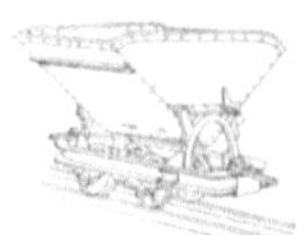	вагонъ (m) *или* вагонетка (f) съ опрокиднымъ корытообразнымъ кузовомъ vagonetto (m) ribaltabile a conca basculador (m) *ó* volquete (m) de cuba
7	Selbstentleerer (m), Selbstentlader (m), Schnellentleerer (m) automatic tipper *or* discharger déchargeur (m) automatique, wagonnet (m) basculant automatique	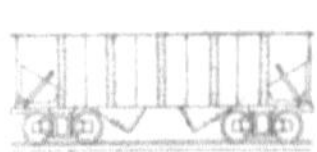	автоматически разгружающаяся вагонетка (f); саморазгружающаяся вагонетка; вагонетка Тольботъ vagoncino (m) scaricatore automatico vagón (m) descargador automático
8	Kübel (m) tub, bucket bâche (f)		ковшъ (m) tino (m), secchia (f) cubeta (f)

1

Kippkübel (m)
tipping tub *or* bucket
bâche (f) basculante

опрокидывающiйся ковшъ (m)
tino (m) capovolgibile
cubeta (f) oscilante

2

Mulde (f), Transportmulde (f)
trough
auge (f), auge (f) de transport

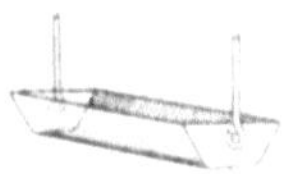

лотокъ (m); транспортёрный лотокъ; койка (f)
tinozza (f) *o* conca (f) di trasporto
artesa (f) de transporte

3

Eisenbahnwagen (m), Waggon (m)
railway wagon
wagon (m) de chemin de fer

желѣзнодорожный вагонъ (m); вагонъ
carro (m) ferroviario, vagone (m)
vagón (m) de ferrocarril

4

Normalspurwagen (m)
standard gauge wagon
wagon (m) pour voie normale

a

вагонъ (m) для нормальной колеи
carro (m) a scartamento normale
vagón (m) para vía normal

5

Schmalspurwagen (m)
narrow gauge wagon
wagon (m) pour voie étroite

b

вагонъ (m) для узкоколейныхъ дорогъ
carro (m) a scartamento ridotto
vagón (m) para vía estrecha

6

Hauptbahnwagen (m)
main line wagon
wagon (m) de grande ligne de chemin de fer

вагонъ (m) для магистральныхъ дорогъ; вагонъ для желѣзныхъ дорогъ первостепеннаго значенія
carro (m) per linea principale
vagón (m) de línea importante de ferrocarril

7

Kleinbahnwagen (m)
light railway wagon
wagon (m) de ligne d'intérêt local, wagon (m) de voie étroite

вагонъ (m) для желѣзныхъ дорогъ второстепеннаго значенія
carro (m) per linea secondaria
vagón (m) para vía estrecha secundaria

XIV.

Lagervorrichtungen
Stores and Warehouses
Entrepôts et magasins
Оборудованіе складовъ
Impianti di magazzinaggio
Depósitos y almacenes

---

1 Kai (m)
wharf, quay
quai (m)

набережная (f)
molo (m), banchina (f), fondaco (m)
muelle (m)

---

2 Verladekai (m)
loading wharf *or* quay
quai (m) de chargement

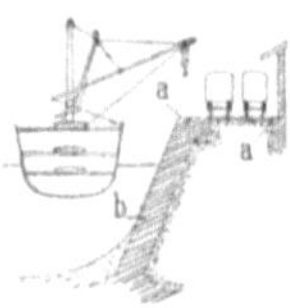

загрузочная набережная (f)
molo (m) di carico, banchina (f) d'imbarco
muelle (m) de cargamiento

---

3 Kaioberkante (f)
edge of quay
arête (f) supérieure du quai, bordure (f) du quai

a

верхняя грань (f) набережной
spigolo (m) superiore della banchina *o* del molo
arista (f) superior del muelle

---

4 Kaimauer (f)
quay wall
mur (m) de quai

b

каменная набережная (f)
muratura (f) del molo, muro (m) della calata
pared (f) de muelle

---

5 Tiefbehälter (m)
underground tank *or* store room
silo (m), fosse (f) de dépôt maçonnée

a

складочное помѣщеніе (n), лежащее ниже уровня земли
cala (f) *o* tramoggia (f) inferiore
silo (m), foso (m) de depósito de mampostería

Hochbehälter (m) elevated tank auge (f) *ou* trémie (f) surélevée	b	складочное помѣщеніе (n), расположенное вверху *или* на высотѣ tramoggia (f) elevata tolva (f) superpuesta	1
Gebäudelager (n) storage building magasin (m) dans le bâtiment d'entrepôt		зданіе-складъ (m) deposito (m) nel fabbricato almacén (m) en el edificio del depósito	2
Speicher (m), Lagerhaus (n) store house, stores, warehouse entrepôt (m), magasin (m)	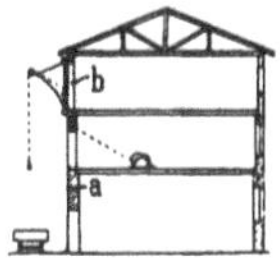	амбаръ (m); складъ (m); пакгаузъ (m) fondaco (m), magazzino (m), deposito (m) depósito (m), almacén (m)	3
Speichermauer (f), Speicherwand (f) depot *or* warehouse wall mur (m) du magasin	a	стѣна (f) амбара *или* склада muratura (f) del magazzino *o* del granaio muro (m) *ó* pared (f) del almacén	4
Speicherluke (f) depot hoist opening lucarne (f) du grenier	b	люкъ (m) амбара *или* склада abbaino (m) del magazzino lucernario (m) *ó* linternón (m) del granero	5
Schuppen (m), Lagerschuppen (m) shed hangar (m)		сарай (m) tettoia (f) tinglado (m), cobertizo (m)	6
Getreidespeicher (m) granary, grain warehouse grenier (m), silo (m) à grains		зернохранилище (n); хлѣбный амбаръ (m); складъ (m) для зерна silos (m), granaio (m) granero (m), depósito (m) de granos	7
Kohlenspeicher (m) coal depot *or* store entrepôt (m) *ou* magasin (m) de charbons, parc (m) à charbons		угольный складъ (m) magazzino (m) di carbone almacén (m) *ó* depósito (m) de carbones	8
Bodenspeicher (m) granary *or* grain warehouse built with floors entrepôt (m) *ou* grenier (m) à étages	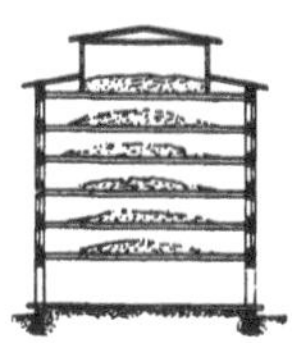	этажный зерновой амбаръ (m) granaio (m) a parecchi pavimenti, silos (m) granero (m) de diversos pisos	9

1 Silospeicher (m), Zellenspeicher (m)
silo, grain warehouse without floors
silo (m), grenier (m) à silos

силосъ (m); силосный амбаръ (m)
silos (m), magazzino (m) a molti vani e colatoi
silo (m), granero (m) de silos

---

2 Getreideschüttbodenspeicher (m)
grain-loft store
entrepôt (m) de grains en vrac, magasin (m) de grains

зернохранилище (n) для ссыпки хлѣба
granaio (m) pavimentato per grano sciolto a silos in colatoi
almacén (m) de granos

---

3 Lokomotivbekohlungsanlage (f)
locomotive coaling plant
installation (f) pour l'approvisionnement des locomotives

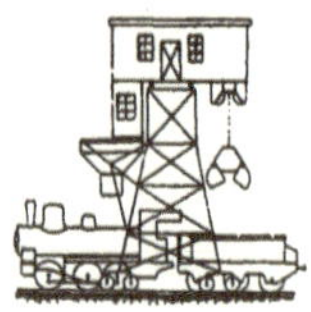

приспособленіе (n) для снабженія паровозовъ углемъ
impianto (m) per l'approvvigionamento delle locomotive
instalación (f) para el aprovisionamiento de locomotoras

---

4 schwimmender Speicher (m)
floating store *or* warehouse
entrepôt (m) flottant

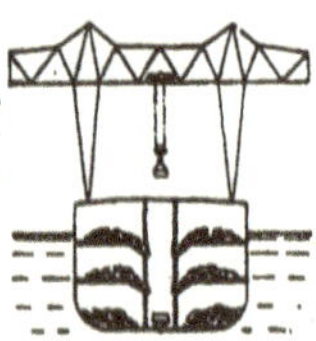

плавучій амбаръ (m) *или* складъ (m) *или* магазинъ (m)
granaio (m) galleggiante, barcone (m) carboniero
depósito (m) flotante

---

5 Lagerplatz (m)
store yard
entrepôt (m), emplacement (m) des matières entreposées

складочное мѣсто (n)
piazzale (m) dei magazzini
depósito (m), sitio (m) de las materias en el depósito

---

6 Lager (n)
warehouse, stores
dépôt (m), magasin (m)

a

складъ (m); магазинъ (m)
magazzino (m), deposito (m)
almacén (m)

---

7 Kohlenlager (n)
coal depot *or* stores
dépôt (m) de charbon

складъ (m) угля
deposito (m) del carbone
depósito (m) de carbón

---

8 Kok[s]lager (n)
coke depot *or* stores
magasin (m) à coke

складъ (m) кокса
magazzini (m pl) di coke
almacén (m) de cok

---

9 Erzlager (n)
ore stores
entrepôt (m) de minerais

складъ (m) руды
deposito (m) di minerale
depósito (m) de minerales

Eisenlager (n)
iron stores
magasin (m) *ou* entrepôt (m) à métaux

склaдъ (m) желѣза
magazzino (m) *o* deposito (m) di ferramenta
almacén (m) *ó* depósito (m) de metales 1

Roheisenlager (n)
pig iron stores
magasin (m) des fontes

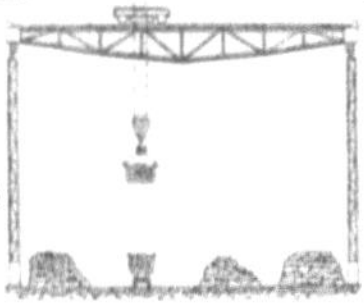

складъ (m) чугуна
magazzino (m) *o* deposito (m) di ferro greggio
almacén (m) de piezas fundidas *ó* de fundición 2

Blocklager (n)
ingot stores
magasin (m) des lingots

складъ (m) болванокъ
magazzino (m) di massi, deposito (m) di blocchi
almacén (m) de lingotes 3

Trägerlager (n)
girder stores
magasin (m) des pontrelles

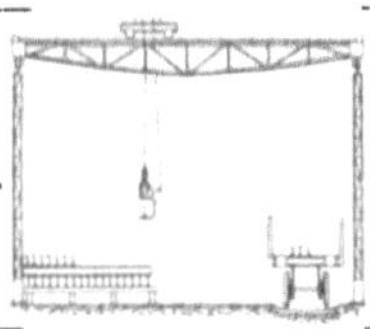

складъ (m) балокъ
magazzino (m) *o* deposito (m) di travature metalliche
almacén (m) de vigas 4

Stabeisenlager (n)
bar iron store
magasin (m) des fers en barre

складъ (m) полосового желѣза
deposito (m) di ferri in verghe
almacén (m) de hierros en barras 5

Feineisenlager (n)
sheet iron store
magasin (m) des fers fins

складъ (m) мелкаго *или* тонкаго желѣза
magazzino (m) *o* deposito (m) di ferri fini
almacén (m) de hierros terminados 6

Schienenlager (n)
rail stores
magasin (m) des rails

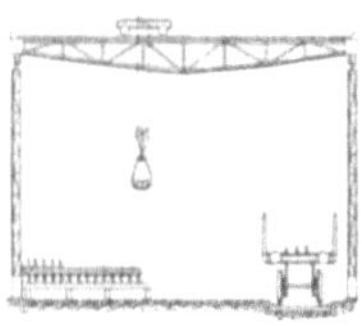

складъ (m) рельсовъ
magazzino (m) *o* deposito (m) rotaie
almacén (m) de carriles 7

Aufnehmen (n) *oder* Abziehen (n) vom Lager
taking from the stores
réception (f) du magasin

принятie (n) со склада
levare (m) dal deposito, togliere (m) dal magazzino
recepción (f) del almacén 8

Lagermittel (n)
store installation
1 installations (f pl) pour l'entreposage et l'emmagasinage

складочныя устройства (n pl)
ordegni (m pl) per l'ammagazzinamento, mezzi (m pl) per la posa delle merci
instalaciones (f pl) para el almacenaje

Massengut (n)
bulk goods
2 matières (f pl) en grandes masses

наваловный или массовый грузъ (m)
materie (f pl) in grandi masse
materias (f pl) *ó* objetos (m pl) en grandes masas

Sammelkörper (m pl)
boxed *or* baled goods
3 matières (f pl) à l'état de [grande] division

наваловный *или* массовый грузъ (m)
materie (f pl) collegate
materias (f pl) muy divididas

---

stückiger Stoff (m)
piece goods
4 matières (f pl) en morceaux, objets (m pl) à charger séparément

матеріалъ (m) въ кускахъ
materia (f) a colli divisi
materias (f pl) en pedazos, objetos (m pl) para cargar separadamente

---

körniger Stoff (m)
granular material
5 matières (f pl) en grains *ou* grenues

зерновое тѣло (n)
materia (f) granulata
materias (f pl) en granos *ó* granosas

---

mehlfeiner Stoff (m)
fine *or* powder material
6 matières (f pl) en grains fins *ou* pulvérulentes

порошкообразное тѣло (n)
materia (f) farinosa
materias (f pl) en granos finos *ó* harinaceas

Schüttgut (n)
loose *or* heapable goods
7 matières (f pl) en tas *ou* en vrac *ou* amoncelées

сыпучее тѣло (n)
materia (f) d'ammucchiarsi
materias (f pl) en montón

Staugewicht (n)
stowing weight
8 poids (m) du tas

объёмное содержаніе (n) груза
peso (m) della materia ritenuta
peso (m) del montón

---

natürlicher Böschungswinkel (m)
angle of repose, natural angle of slope
9 inclinaison (f) naturelle du tas

уголъ (m) естественнаго откоса
angolo (m) d'inclinazione naturale
inclinación (f) natural del montón

---

lose Schüttung (f)
loose piling *or* heaping
10 tas (m) de matières non comprimées

простая насыпка (f) *или* отсыпка (f)
buttata (f), ammucchiamento (m) sciolto
montón (m) de substancias *ó* materias no comprimidas

festgedrückte Schüttung (f)
packed *or* built heaping *or* piling
tas (m) de matières comprimées

трамбованная насыпка (f); уплотнённая отсыпка (f)
buttata (f), ammuchiamento (m) compresso 1
montón (m) de substancias comprimidas

Haufenlager (n)
heaping *or* piling stores
dépôt (m) *ou* emmagasinage (m) en tas

складъ (m) въ кучахъ
deposito (m) a mucchi 2
depósito (m) *ó* almacenaje (m) en montón

Lagerungseinrichtung (f)
storing device
installation (f) pour l'emmagasinage

складочное устройство (n)
ordegni (m pl) ed impianti (m pl) per l'immagazzinamento 3
instalación (f) para el almacenaje

Sammelrumpf (m), [Vorrat-]Tasche (f), Bunker (m)
bunker
soute (f), trémie (f), trémie-soute (f)

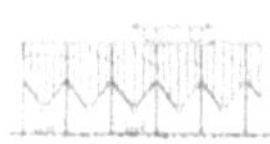

складочная яма (f)
tramoggia-collettore (m), cala-deposito (f) 4
recipiente (m) de tolva, compartimiento (m)

Füllrumpf (m), Schüttrumpf (m), Sammeltrichter (m)
storage hopper
trémie (f) de chargement

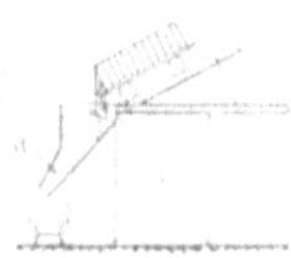

a

воронка (f) для загрузки; загрузочная воронка
tramoggia (f) di caricamento 5
tolva (f) de carga

Erdfüllrumpf (m)
earth hopper
trémie (f) dans le soussol

загрузочная воронка (f) подземнаго помѣщенія
tramoggia (f) in sottosuolo 6
tolva (f) en el sub-suelo

Verschlußklappe (f)
hinged closing trap
trappe (f), fermeture (f) à charnière

a

дверка (f); крышка (f)
botola (f) *o* falla (f) a cerniera 7
trapa (f) de bisagras *ó* de charnela

Verschlußschieber (m)
closing trap
fermeture (f) à glissière

a

задвижка (f)
catenaccio (m) di chiusura, nottolino (m) 8
della botola
trapa (f) resbaladiza

1 Umschaltklappe (f)
reversing *or* two way trap
clapet (m) à double position

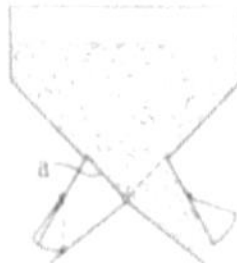

перекидная крышка (f)
botola (f) scambiabile
trapa (f) de posición doble

a

---

2 Vorratbunker (m)
storage bunker
soute (f)

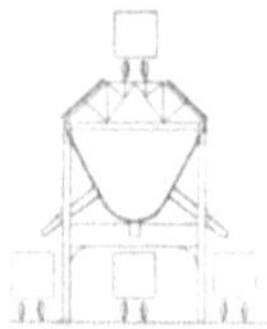

бакъ (m) для запасовъ; яма (f) для запасовъ
cala (f) di deposito, collettore (m), carbonile (m)
compartimiento (m)

---

3 Schurre (f), Rutsche (f), Schüttrinne (f), Gerinne (n)
chute
couloir (m) *ou* manche (f) de déversement, plan (m) incliné de déchargeur

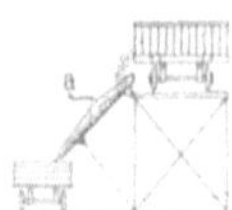

спускъ (m); спускной жёлобъ (m); рукавъ (m) для спуска *или* для ссыпки
scivolone (m), canalone (m) mobile, scaricatore (m) inclinato
plano (m) inclinado de descarga, canal (f) de derrame

---

4 Verladeschurre (f)
charging *or* loading chute
plan (m) incliné de déchargement

a

загрузочный жёлобъ (m); рукавъ (m) для загрузки
scivolone-scaricatore (m)
plano (m) inclinado de descarga

---

5 Sturzhöhe(f), Fallhöhe(f)
depth of fall *or* drop
hauteur (f) de chute *ou* de déversement

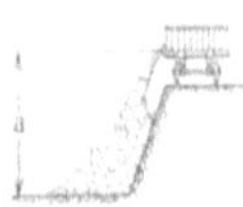

высота (f) паденія
altezza (f) di caduta
altura (f) de caida *ó* de derramamiento

a

---

6 stürzen (v)
to shoot *or* tip
déverser (v), précipiter (v)

сбрасывать
precipitare (v), riversare (v)
precipitar (v), derramar (v)

---

7 fahrbare Auslaufschurre (f)
portable drop chute
plan (m) incliné de déchargement mobile

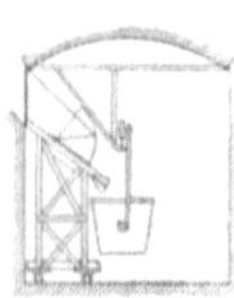

передвижная погрузочная наклонная труба (f)
piano-inclinato(m) scaricatore mobile *o* carreggiabile
plano (m) inclinado de descarga móvil

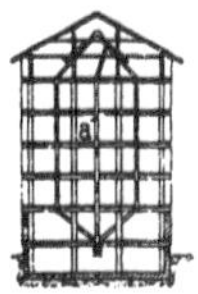

a

Fallrohr (n), Laufrohr (n)
tipping chute
tuyau (m) de déversement

труба (f) для спуска; спускная *или* ссыпная труба
scivolone (m), tubo-versatore (m) 1
tubo (m) de derramamiento

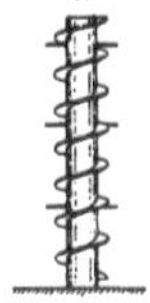

Wendelrutsche (f)
spiral chute
plan (m) incliné hélicoïdal

винтовой спускъ (m)
piano-inclinato (m) elicoidale 2
plano (m) inclinado helizoidal

Turmrutsche (f)
tower chute
tour (f) avec plan incliné

ссыпная труба (f); ссыпной жёлобъ (m)
piano-inclinato (m) a torrione 3
torre (f) con plano inclinado

XV.

Seilförderung

Rope Haulage

Traînage par câble

Перемѣщеніе канатомъ

Alaggio con fune

Transporte por cable

1	Seilförderung (f) rope haulage transport (m) par câble, traînage (m) par câble	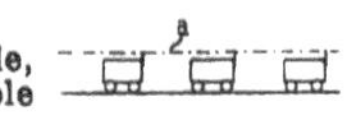	перемѣщеніе (n) канатомъ; канатная тяга (f); канатная механическая дорога (f) alaggio (m) con fune, rimorchio (m) con cavo transporte (m) por cable, arrastre (m) por cable
2	Förderseil (n) haulage rope câble (m) de transport *ou* de traînage	a	путевой *или* ведущій канатъ (m) cavo (m) d'alaggio, fune (f) a rimorchio cable (m) de transporte *ó* de arrastre
3	einfach wirkende Förderung (f) single haulage traînage (m) [sur plan incliné] à simple action		дорога (f) простого дѣйствія rimorchio (m) *o* alaggio (m) ad azione semplice arrastre (m) [sobre plano inclinado] de simple acción
4	doppelt wirkende Förderung (f) double haulage traînage (m) [sur plan incliné] à double action		дорога (f) двойного дѣйствія alaggio (m) a doppio effetto arrastre (m) [sobre plano inclinado] de doble acción
5	Förderung (f) mit offenem Seil haulage with open rope traînage (m) par câble ouvert		тяга (f) открытымъ канатомъ; дорога (f) съ конечнымъ канатомъ trasporto (m) con fune aperta arrastre (m) por cable abierto

Förderung (f) mit geschlossenem Seil
haulage with closed *or* endless rope
traînage (m) par câble sans fin

тяга (f) безконечнымъ *или* сомкнутымъ канатомъ; дорога (f) съ безконечнымъ *или* съ замкнутымъ канатомъ; сомкнутая дорога
trasporto (m) con fune chiusa, alaggio (m) con cavo senza fine
arrastre (m) por cable sin fin — *1*

Seilkreis (m)
rope circuit
boucle (f) de câble

безконечный канатъ (m)
circuito (m) della fune
bucle (m) de cable — *2*

Förderung (f) mit Seil und Gegenseil
haulage with single-rope
transport (m) par câbles traînant commandés aux deux bouts

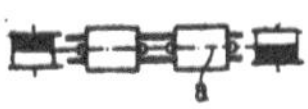

дорога (f) съ двумя отдѣльными канатами, приводимыми каждый своей машиной, для прямого и обратнаго хода
trasporto (m) con fune in andata e ritorno
transporte (m) por cable maniobrado por los dos cabos ó extremos — *3*

Gegenseil (n)
tail-rope
câble (m) tracteur des wagonnets vides, câble (m) de retour

a

канатъ (m) для обратнаго движенія
fune (f) di ritorno
cable (m) de tracción de las vagonetas vacías, cable (m) de retorno — *4*

Förderung (f) mit Vorder- und Hinterseil
haulage with main and tail rope
traînage (m) par câbles d'aller et de retour (et une machine de commande)

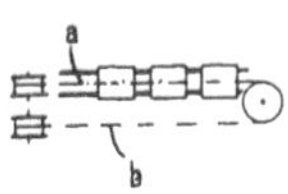

дорога (f) съ двумя канатами для прямого и обратнаго хода съ приводомъ отъ одной машины
trasporto (m) con fune anteriore e fune posteriore
arrastre (m) por cables de ida y vuelta (y mediante la acción de una máquina) — *5*

Vorderseil (n)
main rope
brin (m) des wagonnets chargés

a

передній канатъ (m); канатъ для гружёныхъ вагоновъ
fune (f) anteriore (vagoncini carichi)
cable (m) de vagonetas cargadas — *6*

Hinterseil (n)
tail-rope
brin (m) des wagonnets vides

b

задній канатъ (m); канатъ для порожнихъ вагоновъ
fune (f) posteriore (vagoncini scarichi)
cable (m) de vagonetas vacías — *7*

1 Förderung (f) mit Seil und Verbindungsseil
haulage with rope and connecting rope
traînage (m) par deux câbles d'aller et un de retour *ou* de connexion

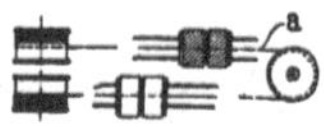

дорога (f) съ двумя передними канатами и съ однимъ заднимъ
alaggio (m) a funi e fune di connessione
arrastre (m) por dos cables de ida y uno de vuelta *ó* de conexión

---

2 Verbindungsseil (n)
connecting rope
câble (m) de connexion

a

соединительный канатъ (m)
fune (f) di connessione
cable (m) de conexión

---

3 Förderung (f) mit Oberseil
haulage with overhead rope
transport (m) *ou* traînage (m) par câble flottant

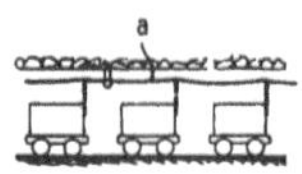

дорога (f) съ верхнимъ (тяговымъ) канатомъ *или* съ верхней тягой
trasporto (m) con fune superiore *od* aerea
arrastre (m) por cable flotante

---

4 Oberseil (n), hochliegendes Zugseil (n)
overhead hauling rope
câble (m) flottant

a

верхній [тяговой *или* тянущій] канатъ (m); верхняя тяга (f)
fune (f) di trazione superiore *od* aerea
cable (m) flotante

---

5 Förderung (f) mit Unterseil
haulage with ground rope
traction (f) par câble tracteur attaché en dessous (des wagonnets)

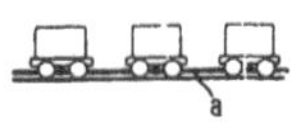

дорога (f) съ нижнимъ [тяговымъ *или* тянущимъ] канатомъ *или* съ нижней тягой
alaggio (m) con fune di trazione attaccata inferiormente
tracción (f) por cable debajo (de las vagonetas)

---

6 Unterseil (n), tiefliegendes Zugseil (n)
ground rope
câble (m) tracteur en dessous (des wagonnets)

a

нижній [тяговой *или* тянущій] канатъ (m); нижняя тяга (f)
fune (f) di trazione inferiore, cavo (m) attaccato al disotto dei vagoncini
cable (m) tractor debajo (de la vagonetas)

---

7 glattes Zugseil (n)
smooth hauling rope
câble (m) tracteur lisse

гладкій тяговой *или* тянущій канатъ (m)
cavo (m) a trazione liscio
cable (m) de tracción liso

---

8 Kettenseil (n)
chain rope
câble-chaîne (m), câble (m) à bouts de chaîne intercalés

a

цѣпной канатъ (m); канатъ съ цѣпными вставками
catena-cavo (f), catena (f) con cavi intercalati
cable-cadena (m), cable (m) con pedazos de cadena intercalados

Knotenseil (n) knotted rope câble (m) à nœuds	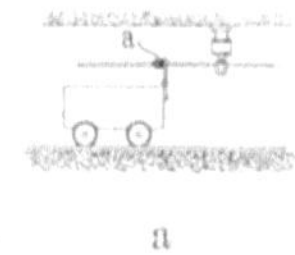	узловой канатъ (m); канатъ съ узлами catena (f) a nodi, cavo (m) a nodi cable (m) de nudos	1
[Seil-]Knoten (m), Mitnehmerknoten (m) knot, carrier nœud (m) de câble, nœud (m) d'attache		узелъ (m); узловой захватъ (m); захватывающій узелъ nodo (m) del cavo, menanodi (m) della fune nudo (m) del cable, nudo (m) de fijación	2
eingesponnener Knoten (m) spun knot *or* carrier nœud (m) faisant partie du câble *ou* formé par les torons		вплетённый (m) узелъ nodo (m di fattura, nodo (m) trafilato nella fune nudo (m) formando parte del cable	3
Hanfknoten (m) hemp knot *or* carrier nœud (m) [formé d'une enveloppe] de chanvre		пеньковый узелъ (m) nodo (m) di canape nudo (m) (formado de una envolvente *ó* envoltura) de cáñamo	4
Hanfmetallknoten (m) hemp-metal knot *or* carrier nœud (m) en chanvre avec manchon métallique		пеньковый узелъ (m) съ металлической муфтой nodo (m) di metallo e canape nudo (m) de cáñamo con manguito metálico	5
Metallknoten (m) metal knot *or* carrier nœud (m) à manchon en métal		металлическій узелъ (m); узелъ съ металлической муфтой nodo (m) metallico nudo (m) con manguito metálico	6
Doppelknoten (m) double knot *or* carrier double nœud (m)		двойной узелъ (m) nodo (m) doppio doble nudo (m)	7
Gegenknoten (m) rear knot *or* carrier contre-nœud (m)	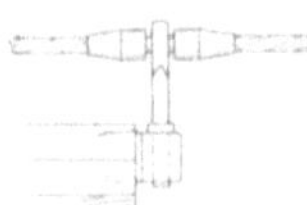	обратный узелъ (m); контръ-узелъ controнodo (m) contra-nudo (m)	8
Bremsberg (m) braking incline plan (m) incliné à traînage		канатный спускъ (m) съ тормазнымъ приспособленіемъ; бремсбергъ (m) piano-inclinato (m) arrastre (m) sobre plano inclinado	9
Blindwagen (m) dummy wagon wagon (m) tracteur	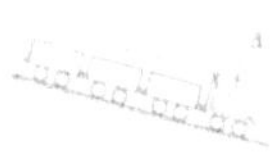	ведущая *или* тяговая вагонетка (f) vagoncino (m) di trazione a maneggio vagón (m) de tracción	10

1 Kettenförderung (f)
chain haulage
transport (m) par chaîne flottante

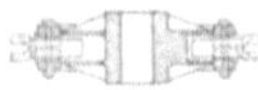

цѣпная подача (f); цѣпная дорога (f); откатка (f) съ цѣпной тягой
trasporto (m) a catena
transporte (m) por cadena flotante

---

2 Greiferscheibe (f)
grip disc
poulie (f) à griffes

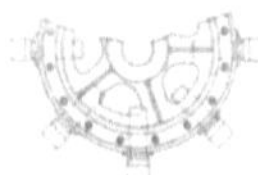

цѣпной шкивъ (m) съ выступами *или* съ зацѣпками
puleggia (f) a morsetti
polea (f) de garras

---

3 Luftseilbahn (f)
aerial cableway
transport (m) aérien par câble

проволочно-канатная дорога (f); воздушная канатная дорога
ferrovia (f) funicolare aerea
transporte (m) aéreo por cable

---

4 Seilbahnanlage (f)
cableway plant
installation (f) de transport aérien par câble

установка (f) канатной дороги
impianto (m) aereo funicolare
instalación (f) de transporte aéreo por cable

---

5 Seilbahnbau (m)
cableway construction
construction (f) d'un transport aérien par câble

устройство (n) канатной дороги; постройка (f) *или* сооруженіе (n) канатной дороги
costruzione (f) della funicolare aerea
construcción (f) de un transporte aéreo por cable

---

6 Seilbahnbetrieb (m)
working of cableway
service (m) par transport aérien

эксплоатація (f) канатной дороги
esercizio (m) di ferrovia funicolare aerea
servicio (m) por transporte aéreo

---

7 Seilbahn (f) mit hin- und hergehendem Betrieb
cableway working in two directions
transport (m) aérien avec câble d'aller et retour

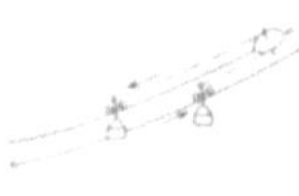

канатная дорога (f) съ движеніемъ въ оба направленія
funicolare (f) aerea agente in due direzioni *od* a fune continua
transporte (m) aéreo por cable de ida y vuelta

---

8 Seilbahn (f) mit ununterbrochenem Betrieb
continuously working cableway
transport (m) aérien avec service continu

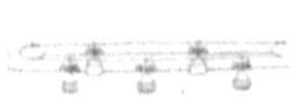

канатная дорога (f) непрерывнаго [постояннаго] дѣйствія
funicolare (f) con esercizio continuo
cable (m) aéreo con servicio continuo

Riese (f)
gravity cable
glissoir (m) à câble, câble (m) aérien incliné (transport par la gravité)

самотаска (f); откатка (f); откатъ (m)
cavo (m) di trazione aerea su piano-inclinato, scivolone (m) a 1
cavo aereo
cable (m) aéreo inclinado (transporte por la gravedad)

---

eingleisige Riese (f)
single track gravity cable
transport (m) aérien incliné à un câble

одноколейная самотаска (f) *или* откатка (f); одноколейный откатъ (m)
piano-inclinato (m) con 2
un solo cavo di trazione aerea
transporte (m) aéreo inclinado de un cable

---

zweigleisige Riese (f)
double track gravity cable
transport (m) aérien incliné à deux câbles parallèles

двухколейная самотаска (f) *или* откатка (f); двухколейный откатъ (m)
piano-inclinato (m) con
due cavi di trazione 3
aerea
transporte (m) aéreo inclinado de dos cables paralelos

Drahtriese (f)
wire gravity cable
câble (m) métallique de transport incliné

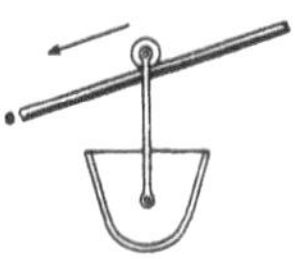

проволочная самотаска (f) *или* откатка (f); проволочный откатъ (m)
cavo (m) metallico per 4
trazione aerea su piano-inclinato
cable (m) metálico de transporte inclinado

Seilriese (f)
gravity cable
câble (m) de transport incliné

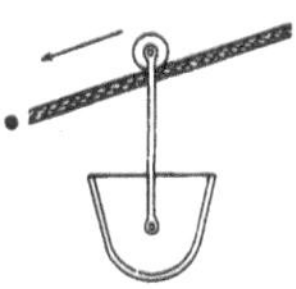

канатная самотаска (f) *или* откатка (f); канатный откатъ (m)
fune (f) per trazione su 5
piano-inclinato
cable (m) de transporte inclinado

Holzriese (f)
gravity cable for wood
câble (m) incliné pour le transport du bois

лѣсотаска (f); лѣсоспускъ (m); лѣсовозная дорога (f)
piano-inclinato (m) con
cavo per la discesa 6
dei legnami
cable (m) inclinado para el transporte de madera

Bremsdrahtseilbahn (f)
cableway with brake rope
transport (m) aérien à frein

проволочно-канатная дорога (f) съ тормазомъ
funicolare (f) aerea con 7
cavo a freno
transporte (m) aéreo de freno

1 englische Seilbahn (f), Einseilbahn (f)
cableway with single rope
transport (m) aérien anglais, câble (m) aérien sans fin

англійская канатная дорога (f); одноканатная дорога
funicolare (f) inglese con cavo senza fine
transporte (m) aéreo inglés, cable (m) aéreo sin fin

---

2 deutsche Seilbahn (f)
German cableway
transport (m) aérien allemand

нѣмецкая канатная дорога (f); трёхканатная дорога
funicolare (f) tedesca aerea
transporte (m) aéreo alemán

---

3 fahrbare *oder* transportable Seilbahn (f)
portable cableway
transport (m) aérien à déplacement *ou* mobile

переносная канатная дорога (f)
funicolare (f) trasportabile *o* smontabile
transporte (m) aéreo para trasladar *ó* movible

---

4 Verladeseilbahn (f)
wire cableway for loading
câble (m) aérien pour le chargement (des navires)

проволочно-канатная загрузочная дорога (f)
filovia (f) per caricamento delle navi
cable (m) aéreo para la carga (de buques)

---

5 Gichtseilbahn (f)
blast-furnace cableway
transport (m) aérien pour hauts-fourneaux

колошниковая канатная дорога (f)
funicolare (f) aerea d'alto forno
transporte (m) aéreo para altos-hornos

---

6 Haldenseilbahn (f)
dumping cableway
transport (m) aérien pour les amas de déchets *ou* résidus de mines *ou* haldes

канатная дорога (f), ведущая къ рудничнымъ отваламъ
funicolare (f) aerea per lo sgombro de residui e delle scorie
transporte (m) aéreo para residuos industriales *ó* de minas

---

7 Landseilbahn (f)
land cableway
transport (m) aérien terrestre

канатная дорога (f) на сушѣ
funicolare (f) aerea in terraferma
transporte (m) aéreo terrestre

---

8 Meerseilbahn (f)
maritime *or* coaling cableway
transport (m) aérien pour le service des bateaux de mer *ou* des ports

морская канатная дорога (f); канатная дорога, обслуживающая суда
funicolare (f) aerea tra navi in alto mare
transporte (m) aéreo para el servicio de buques en alta mar *ó* en los puertos

Seiltalbrücke (f)
cableway over valley
transbordeur (m) funiculaire de passage de vallées

канатная дорога (f) черезъ долину
trasbordatore (m) funicolare, cavalcavalle (m) funicolare
transbordador (m) funicular para el paso de valles
1

Bergaufzug (m)
mountain-lift
ascenseur (m) funiculaire de montagnes

горный фуникуляръ (m) *или* подъёмникъ (m)
funicolare (f) aerea su piano-inclinato in montagna
ascensor (m) funicular de montañas
2

Seilbahnstation (f)
ropeway station
station (f) de funiculaire *ou* de transporteur aerien

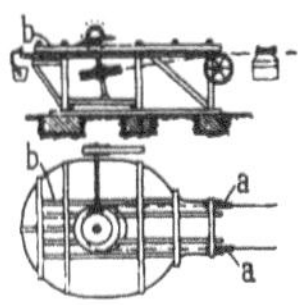

станція (f) канатной дороги
stazione (f) di ferrovia funicolare aerea
estación (f) de funicular *ó* de transportador aéreo
3

Überlaufschiene (f)
connecting rail
rail (m) supérieur de raccordement

a

переходный рельсъ (m)
rotaia (f) di raccordo superiore
rail (m) superior de unión
4

Tragschiene (f), Hängeschiene (f)
suspension rail
rail (m) de suspension *ou* de support

b

поддерживающій рельсъ (m); подвѣсный рельсъ
rotaia (f) portante *o* di sospensione
rail (m) de suspensión
5

Umkehrschleife (f)
reversing loop
boucle (f) de retour, raquette (f)

петля (f) для поворота
rotella (f) di rotorno *o* risvolto, nodo (m) rovesciato
lazo (m) *o* bucle (m) de retorno
6

Leitscheibe (f)
guide pulley *or* sheave
poulie-guide (f)

направляющій шкивъ (m)
puleggia (f) di guida
polea-guia (f)
7

Antriebstation (f)
driving station
station (f) motrice

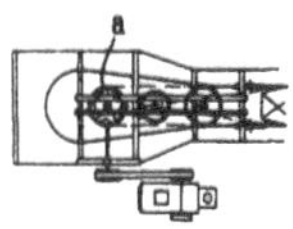

ведущая станція (f)
stazione (f) motrice *o* di avviamento
estación (f) motriz
8

Antriebscheibe (f)
driving pulley
poulie (f) motrice

a

ведущій шкивъ (m)
puleggia (f) motrice
polea (f) motriz
9

Antriebleistung (f)
driving power
force (f) *ou* puissance (f) motrice

мощность (f) ведущей станціи
lavoro (m) motore *o* di avviamento
fuerza (f) *ó* potencia (f) motriz
10

1	Beladestation (f) loading station station (f) de chargement		загрузочная станція (f) stazione (f) di carico estación (f) de carga
2	Entladestation (f) discharge station station (f) de déchargement	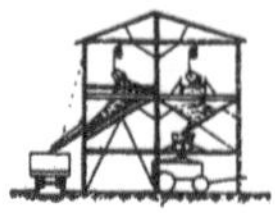	разгрузочная станція (f) stazione (f) di scarico estación (f) de descarga
3	Ausgangstation (f) initial *or* starting station station (f) de départ *ou* d'origine	 a	станція (f) отправленія stazione (f) di sortita *o* di partenza estación (f) de partida *ó* de origen
4	Zwischenstation (f) intermediate station station (f) intermédiaire	b	промежуточная станція (f) stazione (f) intermedia estación (f) intermedia
5	Endstation (f) end station station (f) terminale *ou* de tête	c	конечная станція (f) stazione (f) di testa estación (f) de término
6	Kurvenstation (f) station at a curve in the line station (f) en courbe *ou* à un point de courbure	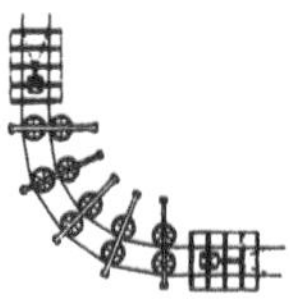	станція (f) на закругленіи stazione (f) in curva estación (f) en una curva
7	Winkelstation (f) station at line deviation point station (f) d'angle	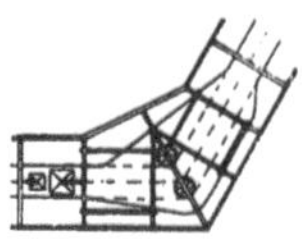	угловая станція (f) stazione (f) d'angolo estación (f) en un ángulo
8	Hauptstation (f), Zentralstation (f) central station, main station station (f) centrale	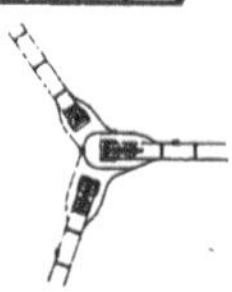	центральная станція (f); главная станція stazione (f) centrale estación (f) central
9	Übertriebstation (f) transmission station station (f) intermédiaire de transmission (de mouvement)	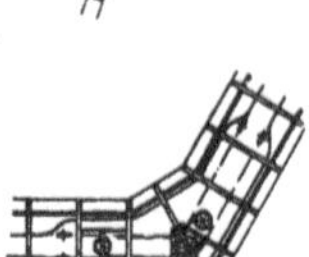	передаточная станція (f) stazione (f) di sovrapassaggio estación (f) intermedia de transmisión de movimiento
10	Übertrieb (m) transmission transmission (f) (de mouvement), renvoi (m) de mouvement		передача (f) soprassaggio (m), trasmissione (f) transmisión (f) del movimiento

Deutsch / English / Français		Русский / Italiano / Español	
Wechselstation (f) exchange station station (f) de retour [et de chargement]		промежуточная станція (f) съ разъѣздомъ stazione (f) di scambio estación (f) de retorno (y de carga)	*1*
Seilhochhaltestation (f) rope holding station station (f) de relèvement du câble	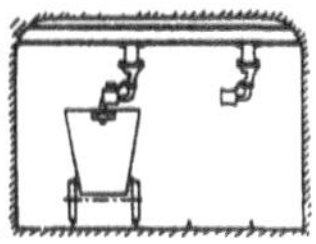	станція (f) для верхняго каната stazione (f) funicolare d'inalzamento del cavo estación (f) de relevo del cable	*2*
[Seil-]Spannstation (f) rope stretching station station (f) de tension du câble		натяжная станція (f) для каната stazione (f) di tensione della fune estación (f) de tensión del cable	*3*
das Seil spannen (v) *oder* anspannen (v) to stretch the rope tendre (v) le câble		натянуть канатъ tendere (v) la fune tender (v) el cable	*4*
Anspannung (f) *oder* Spannen (n) des Seiles stretching the rope tension (f) du câble		натяженіе (n) каната tensione (f) della fune tensión (f) del cable	*5*
Spannkraft (f) stretching force [effort (m) de] tension (f)		сила (f) натяженія tensione (f), forza (f) della tensione [esfuerzo (m) de] tensión (f)	*6*
Spannvorrichtung (f) stretching device *or* gear [appareil (m)] tendeur (m)		стяжка (f); натяжное приспособленіе (n) disposizione (f) di tensione, apparecchio (m) tenditore [aparato (m)] tensor (m)	*7*
doppelte Spannvorrichtung (f) double stretching device *or* gear [appareil (m)] tendeur (m) double	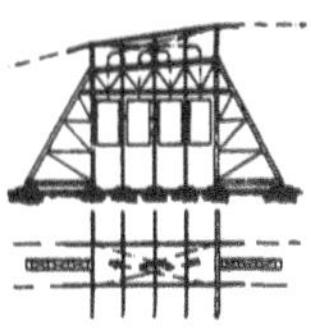	двойная стяжка (f); приспособленіе (n) изъ двухъ стяжекъ disposizione (f) di doppia tensione, apparecchio (m) doppio tenditore [aparato (m)] tensor (m) doble	*8*
Spindelspannvorrichtung (f) spindle stretching device *or* gear tendeur (m) à vis		винтовая стяжка (f); натяжное приспособленіе (n) съ винтомъ tenditore (m) con disposizione fusiforme tensor (m) de tornillo	*9*
Spanngewicht (n) stretching weight contrepoids (m) tendeur	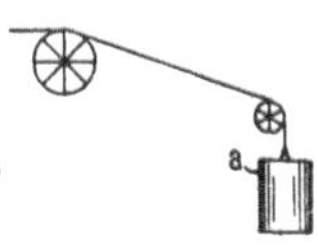	натяжной грузъ (m) peso (m) tenditore contrapeso (m) tensor	*10*

a

1 Spannscheibe (f), Spannrolle (f), Spannrad (n)
stretching pulley
poulie (f) de tension

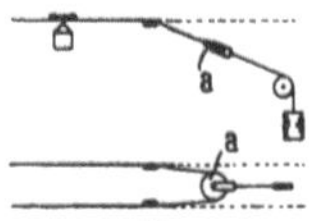

a

натяжной шкивъ (m); натяжной роликъ (m); натяжное колесо (n)
disco (m) di tensione, puleggia (f) tenditrice
polea (f) de tensión

---

2 Spannschlitten (m)
stretching slide rails
glissière (f) [de la poulie] de tension

салазки (f pl) натяжного приспособленія
pattini (m pl) di tensione
corredera (f) (de la polea) de tensión

---

3 Seilbahnstrecke (f)
cableway line
ligne (f) de transport aérien

участокъ (m) канатной дороги
linea (f) funicolare aerea
linea (f) de transporte aéreo

---

4 gerade Seilbahnstrecke (f)
straight cableway line
transport (m) aérien en ligne droite

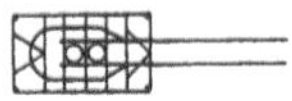

прямой участокъ (m) канатной дороги
funicolare (f) aerea in linea retta
transporte (m) aéreo en linea recta

---

5 gekrümmte *oder* gebrochene Seilbahnstrecke (f)
curved cableway line
courbe (f) de transport aérien

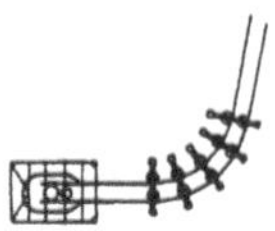

криволинейный участокъ (m) канатной дороги
linea (f) funicolare aerea in curva *od* a gomito
curva (f) de transporte aéreo

---

6 [Seil-] Bahnabzweigung (f)
cableway branching *or* junction
bifurcation (f) de transport aérien

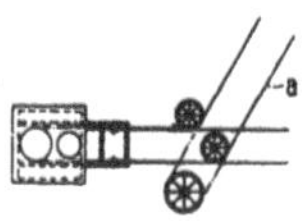

отвѣтвленіе (n) *или* вѣтвь (f) канатной дороги
biforcazione (f) della funicolare aerea
bifurcación (f) ó desvío (m) de transporte aéreo

---

7 Anschlußstrecke (f)
junction line
raccordement (m)

a

соединительный путь (m)
tronco (m) di connessione *o* di collegamento
enlace (m), unión (f)

---

8 Linienführung (f)
guiding of the line
passage (m) de la ligne

направленіе (n) линіи; направленіе каната
direzione (f) del cavo della linea
conducción (f) de la linea

---

9 Längsprofil (n)
longitudinal section
profil (m) en long

продольный профиль (m)
profilo (m) longitudinale
perfil (m) longitudinal

---

10 Seilkurve (f)
rope curve
courbe (f) du câble

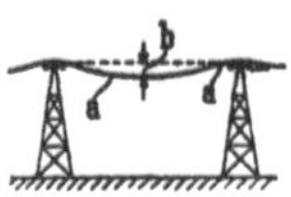

a

кривая (f) провѣса каната
curva (f) del cavo di linea
curva (f) del cable

Seildurchhang (m), Durchhang (m) des Seiles sag of the rope flèche (f) du cable	b	стрѣла (f) *или* величина (f) провѣса freccia (f) della fune flecha (f) del cable	1
Seilbahngefälle (n), Seilbahnneigung (f) inclination of cableway inclinaison (f) du câble aérien		уклонъ (m) канатной дороги inclinazione (f) della funicolare aerea inclinación (f) del cable aéreo	2
Gefällwechsel (m) change of inclination variation (f) de l'inclinaison, changement (m) d'inclinaison	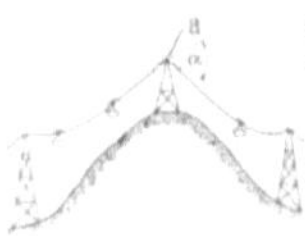	измѣненіе (n) уклона cambiamento (m) di inclinazione, angolo (m) di livelletta cambio (m) de inclinación	3
Bruchpunkt (m) point of deviation changement (m) brusque d'inclinaison	a	точка (f) перелома punto (m) *o* sezione (f) di rottura, punto (m) del cambiamento di pendenza cambio (m) busco de inclinación	4
Ablenkungswinkel (m) angle of deviation angle (m) de déviation	α	уголъ (m) отклоненія angolo (m) di derivazione ángulo (m) de desviación	5
Brechungsverhältnis (n) ratio of refraction tangente (f) d'un angle vif d'inclinaison	$\operatorname{tg} \alpha$	тангенсъ (m) угла отклоненія rapporto (m) di rottura della livelletta tangente (f) de un ángulo vivo de inclinación	6
Rundeisenlaufbahn (f) circular-rod iron track transport (m) aérien sur fer rond		висячая дорога (f) съ рельсомъ изъ круглаго желѣза circolazione (f) *o* trazione (f) su ferro tondo *o* cilindrico transporte (m) aéreo sobre hierro redondo	7
Seillaufbahn (f) ropeway, cableway câble (m) aérien de transport et de support, câble (m) aérien porteur	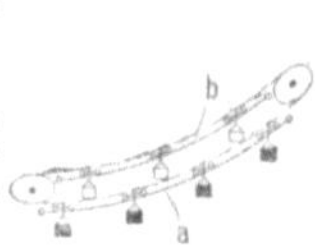	канатная дорога (f) via (f) di scorrimento della fune cable (m) aéreo de transporte y de soporte, cable (m) aéreo portador	8
beladenes Seiltrumm (n), [Lastseite (f)] loaded side brin (m) chargé, côté (m) chargé	a	нагружённый конецъ (m) каната tronco (m) del cavo caricato, lato (m) caricato della fune cable (m) cargado, lado (m) cargado	9

1	leeres Seiltrumm (n), Leerseite (f), Leerseil (n) empty side brin (m) non chargé, côté (m) non chargé	b	холостой конецъ (m) каната; ненагружённый конецъ каната tronco (m) del cavo scarico, lato (m) scarico, cavo (m) a vuoto cable (m) sin carga, lado (m) sin carga
2	Beladestrang (m) loading section tronçon (m) de câble pour le chargement		погрузочный канатъ (m) tratto (m) di fune per caricamento trozo (m) de cable para la carga
3	Entladestrang (m) discharging section tronçon (m) de câble pour le déchargement		разгрузочный канатъ (m) tratto (m) di fune di scaricamento trozo (m) de cable para la descarga
4	Tragseil (n), Laufseil (n) carrying rope câble (m) porteur	 a	главный *или* поддерживающій канатъ (m) cavo (m) di trazione *o* portante, cavo (m) di condotta *o* di scorrimento cable (m) portador ó de soporte
5	Zugseil (n) traction *or* pulling rope câble (m) tracteur	b	тяговый канатъ (m) cavo (m) di trazione *o* tirante cable (m) de tracción
6	Seilführung (f) rope guiding guidage (m) du câble		направленіе (n) каната; проводка (f) каната guida (f) fune guía (f) del cable
7	Ringkeilkupplung (f) annular wedge coupling accouplement (m) à bague et clavette		соединительная муфта (f) съ кольцевыми клиньями accoppiamento (m) a cuneo anullare acoplamiento (m) de anillo y clavija
8	Oberseilführung (f) upper rope traction passage (m) du câble par-dessus	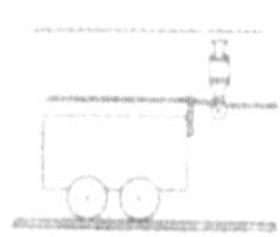	расположеніе (n) *или* проводка (f) каната поверхъ вагонетки guida (f) del cavo superiore paso (m) del cable por encima
9	Unterseilführung (f) ground-rope traction passage (m) du câble par-dessous		расположеніе (n) *или* проводка (f) каната подъ вагонеткой guida (f) del cavo inferiore paso (m) del cable por debajo

Seilunterführung (f)
under-guiding of rope
passage (m) du câble en dessous [des croisements]

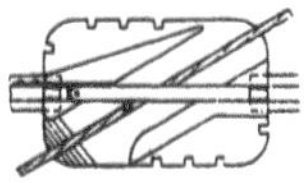

проводка (f) каната подъ крестовиной
guida (f) del cavo di sotto l'incrocio
paso (m) del cable debajo de las cruces 1

Niederdrückvorrichtung (f)
depression device
galet (m) tendeur, appareil (m) de retenue du câble

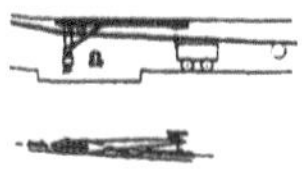

приспособленіе (n) для отжатія каната книзу
apparecchio (m) di depressione del cavo
rodillo (m) de presión, aparato (m) de retención del cable 2

Seildrücker (m)
rope tightener
dispositif (m) de pression, tendeur (m)

a

канатный отжимъ (m); канатонажиматель (m)
premifune (m)
dispositivo (m) de presión, tensor (m) 3

---

das Seil niederdrücken (v)
to depress the rope
exercer (v) une pression sur le câble

отжимать канатъ книзу
premere (v) in basso il cavo
hacer (v) una presión sobre el cable 4

Seilunterstützung (f)
rope support
support (m) inférieur du câble

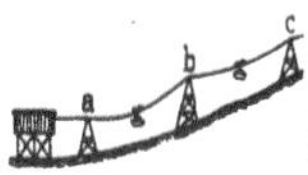

a, b, c

опора (f) для каната
sostegno (m) del cavo
soporte (m) inferior del cable 5

Zwischenunterstützung (f)
intermediate support
support (m) inférieur intermédiaire du câble

b

промежуточная опора (f)
supporto (m) intermedio del cavo
soporte (m) inferior intermedio del cable 6

---

das Seil unterstützen (v)
to support the rope
soutenir (v) le câble par dessous

подпереть *или* подпирать канатъ
sostenere (v) la fune al disotto
sostener (v) el cable por debajo 7

---

das Seil fällt ab
the rope drops
le câble tombe

канатъ (m) спадаетъ *или* соскакиваетъ
la fune cade
el cable cae 8

---

das Seil auflegen (v)
to put on the rope
replacer (v) le câble

наложить канатъ
sormontare (v) la fune, rimettere (v) il cavo
elevar (v) el cable 9

[Seil-]Auflagerschuh (m), Tragschuh (m)
supporting shoe
sabot (m) à cable, sabot (m) pivotant

подушка (f) для поддержки каната; опорная подушка
supporto (m) della fune, scarpa (f) di sostegno
pieza (f) de apoyo del cable 10

1 überhöhter Tragschuh (m)
superelevated carrying shoe
sabot (m) à câble surélevé

приподнятая опорная подушка (f)
supporto (m) sormontante della fune, scarpa (f) sopraelevata della fune
pieza (f) de apoyo sobreelevada

---

2 Seildrehschuh (m), drehbarer *oder* pendelnder Auflagerschuh (m)
swinging *or* pendulum shoe
sabot (m) à câble pivotant

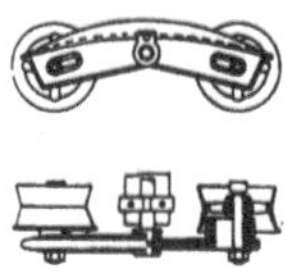

поворотная *или* вращающаяся опорная подушка (f)
supporto (m) girevole per la fune, scarpa (f) di sostegno a bilico
pieza (f) *ó* zapata (f) de apoyo oscilante

---

3 [Zugseil-] Tragrolle (f) [Zugseil-]Scheibe (f)
rope sheave
rouleau-porteur (m) *ou* galet (m) de soutien (du câble tracteur)

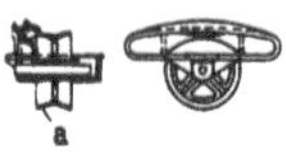

опорный шкивъ (m) *или* роликъ (m) *или* дискъ (m) тягового каната
porta-puleggia (m) della fune di trazione
rodillo (m) de apoyo (del cable de tracción)

---

4 Laufmantel (m)
running sheave tyre
surface (f) de roulement

a

рабочая поверхность (f) ролика *или* шкива
mantello (m) scorrevole
superficie (f) de rodamiento

---

5 Tandemseilscheiben (f pl)
tandem rope pulleys
rouleaux-porteurs (m pl) *ou* galets (m pl) de soutien en tandem

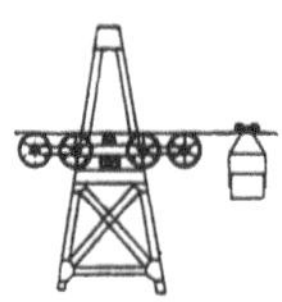

послѣдовательно поставленные канатные шкивы (m pl)
dischi (m pl) a fune in tandem
rodillos (m pl) de apoyo en tandem

---

6 Pendelrolle (f)
pendulum roller
galets (m pl) jumeaux (de guidage) suspendus

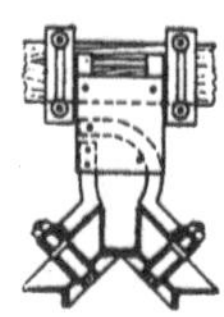

качающійся шкивъ (m) *или* роликъ (m)
puleggia (f) pendente
rodillos (m pl) gemelos (de guía) suspendidos

---

7 Sternrolle (f)
star-shaped roller
rouleau (m) (de direction) avec étoile

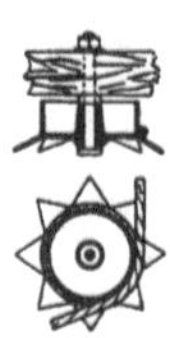

шкивъ (m) *или* роликъ (m) со звѣздой
puleggia (f) a raggi *od* a stella
rodillo (m) (de dirección) con estrella

Kurvenrolle (f)
curve-roller
galet (m) de changement de direction

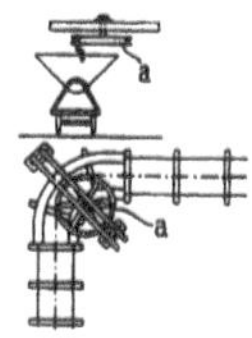

шкивъ (m) *или* роликъ (m) на закругленіяхъ
puleggia (f) per curve
rodillo (m) de cambio de dirección 1

a

Umführungs[seil]-scheibe (f), Rückleitungsscheibe (f), Endseilscheibe (f)
guide pulley for end of line
poulie (f) d'extrémité du câble, poulie (f) de renvoi du câble

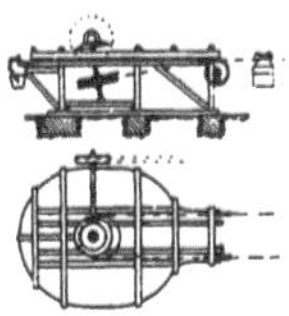

шкивъ (m) для обвода; концевой канатный шкивъ
puleggia (f) di rinvio *o* di ritorno
polea (f) de extremo del cable, polea (f) de retorno del cable 2

Umführung (f) (der Förderwagen)
guiding round of the carrying wagon
retour (m) des wagonnets de chargement

обводъ (m) *или* обращеніе (n) вагонетокъ вокругъ концевого шкива
ricondotta (f) dei carelli *o* vagoncini
retorno (m) de las vagonetas de carga 3

Tragkonstruktion (f), Stützkonstruktion (f)
supporting framework
support (m), appui (m), pilier (m), chevalet (m)

устройство (n) опоръ; конструкція (f) поддержекъ
costruzione (f) di supporto, costruzione (f) di sostegno
soporte (m), apoyo (m), pilar (m), caballete (m) 4

Seil[bahn]stütze (f)
rope support
support (m) de câble

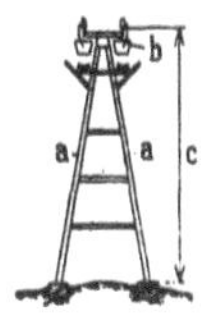

опора (f) канатной дороги; башня (f) канатной дороги
sostegno (m) del cavo della funicolare
soporte (m) de cable 5

Stützpfosten (m), Tragpfosten (m), Hauptpfosten (m)
supporting post *or* tower
pilier (m), pylône (m), poteau (m)

a

опорный столбъ (m)
pilone (m) di sostegno *o* portante
pila (f), pilar (m), poste (m) 6

Querriegel (m), Tragbalken (m)
cross bar supporting arm
traverse (f) de support

b

опорная поперечина (f)
traversa (f) portante, trave (f) portante
travesaño (m) de soporte 7

Stützenhöhe (f)
height of support
hauteur (f) du support

c

высота (f) опоры
altezza (f) del supporto *o* cavalletto portante
altura (f) del soporte 8

1 Stützenentfernung (f), Stützenabstand (m)
distance between supports
distance (f) entre les supports

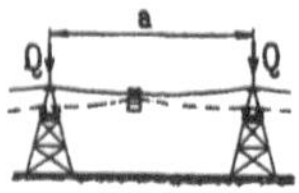

a

разстоянiе (n) между опорами
distanza (f) fra i supporti *o* cavalletti portanti
distancia (f) entre los soportes

---

2 Stützendruck (m)
pressure on supports
pression (f) sur les supports

Q

давленiе (n) на опору
pressione (f) sui supporti *o* cavalletti portanti
presión (f) sobre los soportes

---

3 hölzerne Seilstütze (f), Holzstütze (f)
wooden support
support (m) en bois pour câble

деревянная опора (f)
supporto (m) in legno per cavo, cavalletto (m) portante in legno
soporte (m) de madera para cable

---

4 eiserne Stütze (f)
iron support
support (m) en fer

желѣзная опора (f)
supporto (m) in ferro, cavalletto (m) portante in ferro
soporte (m) de hierro

---

5 zweibeinige Seilstütze (f)
two-legged support
support (m) à deux montants

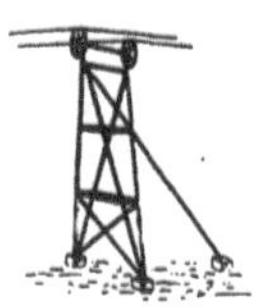

двуногая опора (f) *или* опорная двунога (f) для каната
supporto (m) del cavo a due piedi *od* a due portanti
soporte (m) de dos montantes

---

6 dreibeinige Seilstütze (f)
three-legged *or* tripod support
support (m) à trois montants *ou* à trépied

трёхногая опора (f) *или* опорная тренога (f) для каната
supporto (m) del cavo a tre piedi *od* a tre portanti
soporte (m) de tres montantes *ó* de trépode

---

7 vierbeinige Seilstütze (f)
four-legged support
support (m) à quatre montants

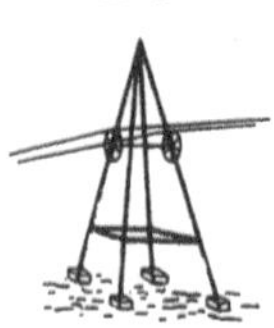

четырёхногая опора (f) для каната
supporto (m) della fune a quattro piedi *o* portanti
soporte (m) de cuatro montantes

Seilstütze (f) mit Windstrebe
rope support with wind brace
support (m) de câble à hauban

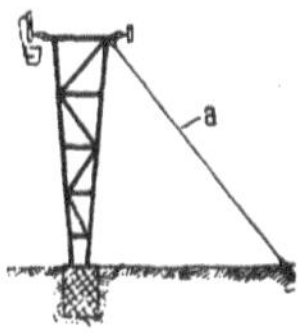

опора (f) для каната съ оттяжкой
cavalletto (m) della fune armato contro il vento, supporto (m) del cavo contraventato 1
soporte (m) de cable con tirante, soporte (m) de cable con obenque ó amante

---

Windstrebe (f)
wind-brace
hauban (m)

a

оттяжка (f)
puntello (m) a contravento 2
tirante (m), obenque (m), amante (m)

Schutzbrücke (f)
protecting bridge
pont (m) protecteur

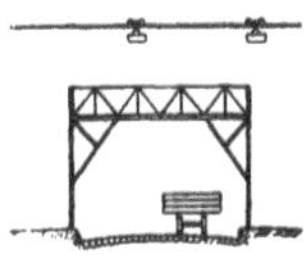

предохранительный мостъ (m); предохранительное перекрытіе (n) 3
ponte (m) di protezione
puente (m) de protección

Schutznetz (n)
protection net
filet (m) protecteur

a

предохранительная сѣтка (f) *или* сѣть (f)
rete (f) protettrice 4
red (f) protectora

Rollenlaufwerk (n)
roller gear
chariot (m) de roulement *ou* de suspension des wagonnets

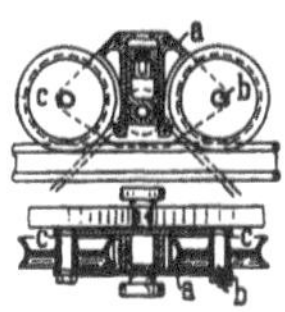

роликовый ходовой механизмъ (m)
carro (m) motore delle puleggie *o* girelle 5
carro (m) de rodamiento ó de suspensión de las vagonetas

Laufwerkgehäuse (n), Rollentraverse (f)
roller casing
chape (f) *ou* flanges (f pl) *ou* flasques (m pl) des galets de roulement

a

коробка (f) ходового механизма
custodia (f) delle puleggie *o* girelle 6
plancha (f) de los rodillos de rodamiento

Rollenlagerung (f)
roller bearing
palier (m) *ou* boite (f) de graissage des galets de roulement

b

опора (f) роликовъ
sostegno (m) delle puleggie *o* girelle
apoyo (m) de los rodillos de rodamiento, cojinete (m) de los rodillos de rodamiento 7

Laufrolle (f)
roller
galet (m) de roulement

c

ходовой роликъ (m)
puleggia (f) *o* girella (f) di condotta *o* di scorrimento 8
rodillo (m) de rodamiento

Laufrollenreibung (f)
roller friction
frottement (m) *ou* friction (f) des galets de roulement

треніе (n) ходового ролика
attrito (m) delle girelle *o* puleggie *o* rotelle di scorrimento 9
rozamiento (m) de los rodillos de rodamiento

1 gekehlte Laufrolle (f)
grooved roller
galet (m) à gorge

желобчатый ходовой роликъ (m)
puleggia (f) di scorrimento scanalata
rodillo (m) de garganta ó de canal

---

2 Laufrinne (f), Rille (f) der Laufrolle
groove
gorge (f) du galet de roulement

a

желобокъ (m) ходового ролика
scanalatura (f) della puleggia *o* rotella di scorrimento
canal (f) ó garganta (f) del rodillo de rodamiento

---

3 [Trag-]Sattel (m), Auflagerschuh (m)
supporting saddle
selle (f) de support (du chariot *ou* de la benne)

a

сѣдло (n); опорная подушка (f)
sella (f) portante, scarpa (f) di sostegno del carro, sella (f) di sostegno
silla (f) de soporte (del carro)

---

4 der Sattel rutscht auf dem Tragseil
the saddle slips on the rope
la selle glisse sur le câble

сѣдло (n) *или* опорная подушка (f) скользить по поддерживающему *или* по главному канату
la sella scivola sulla fune portante
la silla resbala sobre el cable

---

5 Rutschen (n) des Sattels
slipping of the saddle
glissement (m) de la selle

скольженіе (n) сѣдла *или* опорной подушки
scivolamento (m) della sella
deslizamiento (m) de la silla

---

6 Kippsattel (m)
tipping saddle
selle (f) pivotante *ou* oscillante

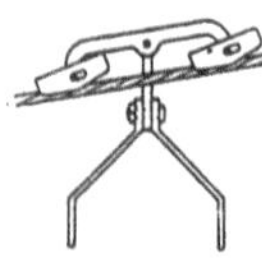

качающееся сѣдло (n), качающаяся опорная подушка (f)
sella (f) a bilico
silla (f) oscilante

---

7 federnder Sattel (m)
spring mounted saddle
selle (f) élastique

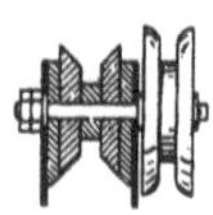

пружинящее сѣдло (n); пружинящая опорная подушка (f)
sella (f) a molla *od* elastica
silla (f) elástica

---

8 Sattel (m) mit einseitigen Rollen
saddle with rollers on one side
selle (f) de support *ou* de suspension avec galets latéraux

одностороннее роликовое сѣдло (n); однобокая роликовая опорная подушка (f)
sella (f) con puleggie unilaterali
silla (f) de soporte ó de suspensión con rodillos laterales

Lastgehänge (n)
load carrier, skip
[dispositif (m) de] suspension (f) de la charge, cadre (m) de suspension

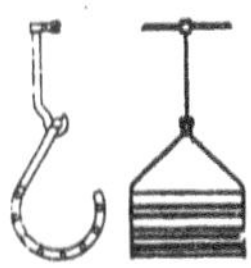

подвѣсъ (m) для груза
sospenditore (m) del carico, apparecchio (m) di sospensione del carico
[disposición (f) de] suspensión (f) de la carga 1

Seilbahnwagen (m)
cableway car
wagonnet (m) de transport aérien *ou* de câble aérien

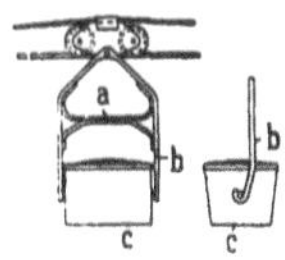

вагонетка (f) *или* вагончикъ (m) для канатной дороги
vagoncino (m) *o* veicolo (m) *o* carrello (m) per funicolare aerea 2
vagoneta (f) de transporte aéreo (por cable)

Wagengehänge (n), Kastengehänge (n)
car suspension tackle
[cadre (m) de] suspension (f) du wagonnet

a

подвѣсъ (m) *или* подвѣска (f) вагонетокъ
sospensione (f) del vagoncino 3
[marco (m) de] suspensión (f) de la vagoneta

[Auf-]Hängebügel (m), Tragbügel (m)
carrying joke
étrier (m) de suspension

b

скоба (f) для подвѣшиванія *или* для подвѣски
staffa (f) di sospensione *o* portante 4
estribo (m) de suspensión

Lastbehälter (m)
load holder *or* carrier
caisse (f) du wagonnet, benne (f) de chargement

c

ковшъ (m) *или* койка (f) для груза
cassa (f) del vagoncino *o* del carico 5
cubeta (f) de la vagoneta

Wageninhalt (m)
contents *or* capacity of wagon
contenance (f) du wagonnet

ёмкость (f) вагонетки
capacità (f) del vagoncino *o* della carrozza *o* del carrello 6
capacidad (f) *ó* cabida (f) de la vagoneta

Wagengeschwindigkeit (f)
speed of wagon
vitesse (f) du wagonnet

скорость (f) вагонетки
velocità (f) del veicolo 7
velocidad (f) de la vagoneta

Wagenfolge (f)
succession of wagons
série (f) *ou* train (m) de wagonnets

слѣдованіе (n) вагонетокъ
serie (f) del treno, intervallo (m) fra i veicoli 8
tren (m) de vagonetas

Wagenabstand (m)
distance between wagons
distance (f) entre les wagonnets

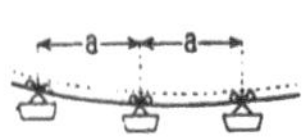

a

разстояніе (n) между вагонетками
distanza (f) fra i veicoli 9
distancia (f) entre las vagonetas

1	Zeitabstand (m) der Wagen time-interval between wagons intervalle (f) de temps entre le passage des wagonnets		разстоянiе (n) по времени между вагонетками; промежутокъ (m) времени между отдѣльными отправками вагонетокъ intervallo (m) di tempo fra il passaggio dei veicoli intervalo (m) de tiempo entre el paso de vagonetas
2	Wagenzählvorrichtung (f) wagon counter [appareil (m)] compteur (m) de wagonnets		устройство (n) для счёта вагоновъ contatore (m) di vagoncini [aparato (m)] contador (m) de vagonetas
3	einen Wagen ablassen (v) to let a wagon start expédier (v) un wagonnet		отправлять вагонетку rilasciare (v) un veicolo, far (v) partire un vagoncino expedir (v) *ó* despachar (v) una vagoneta
4	Ablassen (n) eines Wagens letting a wagon start expédition (f) d'un wagonnet		отправленiе (n) вагонетки partenza (f) di un veicolo *o* vagoncino envio (m) *ó* expedición (f) de una vagoneta
5	Wagenschieber (m) wagon starter préposé (m) à la manœuvre des wagonnets		прислуга (f), передвигающая вагонетки manovratore (m) encargado (m) de la maniobra de las vagonetas
6	Wagenkasten (m) wagon body *or* box caisse (f) de wagonnet	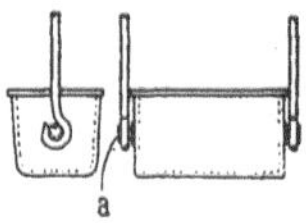	кузовъ (m) вагонетки cassa (f) del veicolo cubeta (f) *ó* caja (f) de vagoneta
7	Tragzapfen (m) journal axe (m) *ou* tourillon (m) du wagonnet	a	шейка (f) orecchione (m) *o* perno (m) portante *o* di sostegno eje (m) *ó* gorrón (m) de la vagoneta
8	Kippgefäß (n), Kippkasten (m), Kippkübel (m) tipping bucket *or* skip wagonnet (m) basculant *ou* culbutant	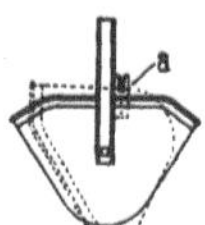	опрокидный *или* опрокидной ящикъ (m); опрокидный ковшъ (m) carro (m) a bilico, vagoncino (m) a ribalta vagoneta (f) oscilante *ó* volcadora
9	Halteklammer (f) holding clamp griffe (f) d'arrêt	a	удерживающая скоба (f) spranga (f) di arresto, morsa (f) accatenante garra (f) de detención

Auskippen (n) des Kippgefäßes
emptying the tipping bucket
déchargement (m) par mouvement de bascule

опрокидываніе (n) ящика
ribaltamento (m) del recipiente a bilico 1
descarga (f) por movimiento de bascula

---

das Kippgefäß auskippen (v)
to empty the tipping bucket
décharger (v) en faisant basculer le wagonnet *ou* la benne

опорожнить опрокидной ящикъ; вывалить изъ опрокидного ящика
ribaltare (v) il recipiente 2
o vagoncino a bilico
descargar (v) haciendo bascular la vagoneta

Auskippvorrichtung (f)
emptying device
mécanisme (m) (pour le mouvement) de bascule

опрокидное приспособленіе (n)
disposizione (f) di ribaltamento 3
mecanismo (m) para el movimiento de bascula

Auskippstelle (f)
emptying point
point (m) où s'opère le [déchargement par] mouvement de bascule

мѣсто (n) выгрузки опрокидываніемъ
posto (m) di scarico a ribaltamento 4
lugar (m) de descarga de la vagoneta oscilante *ó* volcadora

Wagen (m) mit Bodenklappen
wagon with false *or* hinged bottom
wagonnet (m) avec trappe de fond *ou* avec fond à rabattement

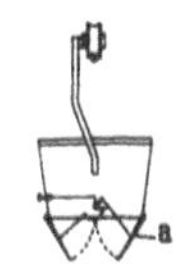

вагонетка (f) съ откиднымъ дномъ
vagoncino (m) con pavimento a botola 5
vagoneta (f) con trapa *ó* fondo de rebatimiento

Bodenklappe (f)
bottom flap
fond (m) à rabattement

a

дверца (f) откидного дна
pavimento (m) a botola 6
fondo (m) de rebatimiento

Untersatzwagen (m)
support wagon
truck (m) de transport des wagonnets *ou* des bennes

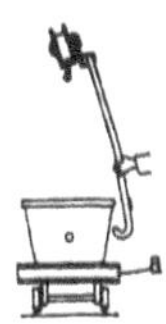

подставная телѣжка (f)
intelaiatura (f) sottostante del vagoncino 7
o sottocarro
truck (m) de transporte de vagonetas

a

Untersatzwagen (m) mit Hebewerk
supported wagon with lifting gear
truck (m) avec appareil de levage

подставная телѣжка (f) съ подъёмнымъ механизмомъ
intelaiatura (f) del vagoncino *o* sottocarro 8
con apparecchio di sollevamento
truck (m) con aparato de elevación

1 Selbstentlader (m), Selbstentleerer (m), Selbstentladegefäß (n)
automatic emptying tub
benne-drague (f) *ou* cuiller (f) à déchargement automatique

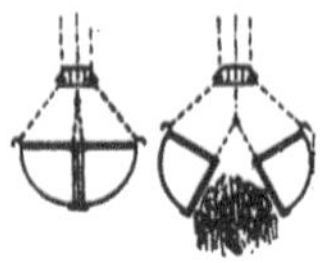

саморазгружающаяся подвѣсная койка (f); саморазгрузочный подвѣсный вагончикъ (m) *или* ящикъ (m); саморазгрузъ (m)
tazza (f) dragante *o* cucchiaio (m) per scaricamento automatico
cubeta-draga (f) de descarga automática

---

2 Selbstentleerung (f)
automatic discharge
déchargement (m) automatique

автоматическое опоражниванie (n); автоматическая разрузка (f)
scaricamento (m) automatico
descarga (f) automática

---

3 Schnellentlader (m)
rapid discharger
déchargeur (m) rapide

быстроразгружающiйся подвѣсный вагончикъ (m) *или* ящикъ (m); быстроразгружающаяся подвѣсная койка (f)
scaricatore (m) rapido
descargador (m) rápido

---

4 [Selbst-]Greiferbetrieb (m)
automatic gripping action
fonctionnement (m) par préhension (automatique) *ou* par cuiller (à griffes) automatique *ou* pelle automatique

дѣйствie (n) съ самозахватомъ
funzionamento (m) a scavo automatico
funcionamiento (m) por cuchara (de garras) automática

---

5 Selbstgreifervorrichtung (f)
self-gripping device
appareil (m) de préhension automatique *ou* à pelle automatique

приспособленie (n) для автоматическаго захвата
apparecchio (m) a escavatore automatico
disposición (f) con cuchara automática

---

6 [Selbst-] Greifer (m), Drehschaufelbagger (m), Greifbagger (m)
automatic grab
mâchoire (f) automatique, cuiller (f), benne-drague (f), pelle (f) automatique

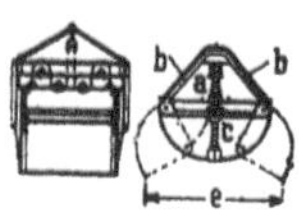

черпательная машина (f) съ поворотными ковшами *или* черпаками
mascella (f) automatica, cucchiaio (m) d'escavo
cuchara (f) ó cubeta-draga (f) automática

---

7 greifen (v), mit dem Greifer aufnehmen (v)
to lift with the grab
saisir (v), prendre (v) entre des mâchoires *ou* avec la pelle *ou* la cuiller

захватывать
afferrare (v) fra le mascelle, attanagliare (v), scavare (v), dragare (v)
coger (v) con la cuchara ó la cubeta-draga

Greifergefäß (n) grab benne-drague (f), pelle (f), cuiller (f) [de préhension], cuiller (f) à mâchoire, auget (m)	a	ковшъ (m); черпакъ (m); схватъ (m) cucchiaio (m) di presa, tazza (f) dragante, cucchiaio (m) a mascelle cubeta-draga (f), cuchara (f)	*1*
Greiferrahmen (m) grab frame châssis (m) de drague, cadre (m) de suspension de la cuiller	b	рама (f) черпака telaio (m) di draga d'escavo mano (f) de suspensión de cubeta-draga *ó* de cuchara	*2*
Greifbacken (m), Greifschaufel (f) jaws of grab mâchoires (f pl), demi-benne (f), joue (f) de cuiller	c	захватныя щеки (f pl) mascelle (f pl), pinze (f pl) di tenaglia *o* di cucchiaio mordazas (f pl) de la cubeta-draga *ó* de la cuchara	*3*
Greifweite (f), Maulweite (f) width of grab jaws ouverture (f) de mâchoire *ou* de cuiller *ou* de benne-drague	e	величина (f) раскрытія apertura (f) della mascella *o* della tazza dragante abertura (f) de cuchara *ó* de cubeta-draga	*4*
Schaufellippe (f) shovel *or* bucket lip bec (m) de cuiller *ou* de benne-drague *ou* de pelle	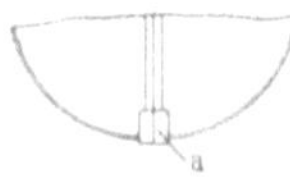 a	рѣзакъ (m) *или* ножъ (m) becco (m) di cucchiaio *o* di tazza dragante pico (m) de cuchara *ó* de cubeta-draga	*5*
Reißzahn (m) excavator teeth dent (f) de cuiller à grappin	 a	зубъ (m) схвата dente (m) di apparecchio d'escavo diente (m) de cuchara à grapas	*6*
Grabkraft (f) grab *or* gripping force effort (m) de creusement		сила (f) захвата sforzo (m) di scavamento esfuerzo (m) de cavadura	*7*
Schließkraft (f) closing force effort (m) de fermeture		сила (f) замыканія *или* закрыванія sforzo (m) di chiusura esfuerzo (m) de cierre	*8*
Hubseil (n), Schließseil (n) (Hubkette (f)) closing chain *or* rope (wire) câble (m) de soulèvement, câble (m) (chaîne (f)) de fermeture	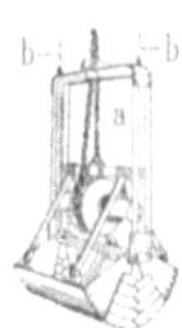 a	подъёмный канатъ (m); замыкательный канатъ cavo (m) di sollevamento, cavo (m) di chiusura cable (m) de elevación *ó* de cierre	*9*

1 Halteseil (n), Entleerungsseil (n)
emptying chain *or* rope
câble (m) d'arrêt *ou* de retenue, câble (m) de déchargement *ou* d'ouverture

b

остановочный канатъ (m); разгрузочный канатъ
cavo (m) d'arresto *o* di ritenuta, cavo (m) di scarico
cable (m) de descarga, cable (m) de retención

---

2 Einseilgreifer (m) (Einkettengreifer (m))
single chain *or* rope (wire) grab
cuiller (f) [de préhension] à un câble (à une chaîne)

одноканатный (одноцѣпный) схватъ (m)
cucchiaio (m) (di presa) su di un solo cavo (su una sola catena)
cuchara (f) de un cable (de una cadena)

---

3 Zweiseilgreifer (m) (Zweikettengreifer (m))
twin chain *or* rope (wire) grab
cuiller (f) [de préhension] à deux câbles (à deux chaînes)

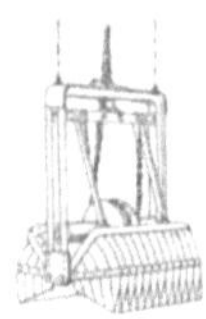

двухканатный (двухцѣпный) схватъ (m)
cucchiaio (m) (di presa) a due cavi (a due catene)
cuchara (f) de dos cables (cadenas)

---

4 Greiferkette (f)
grab chain
chaîne (f) de commande des mâchoires

цѣпь (f) схвата
catena (f) di comando per scavatore da draga
cadena (f) de maniobra de las mordazas

---

5 Kohlegreifer (m)
coal grab
cuiller (f) *ou* pelle (f) à charbons

схватъ (m) для угля
tazza (f) dragante *o* cucchiaio (m) a carbone
cubeta-draga (f) *ó* cuchara (f) para carbón

---

6 Kok[s]greifer (m)
coke grab
cuiller (f) *ou* pelle (f) à coke

схватъ (m) для кокса
tazza (f) dragante *o* cucchiaio (m) a coke
cubeta-draga (f) *ó* cuchara (f) para cok

---

7 Erzgreifer (m)
ore grab
cuiller (f) *ou* pelle (f) à minerais

схватъ (m) для руды
tazza (f) dragante *o* cucchiaio (m) da minerale
cubeta-draga (f) *ó* cuchara (f) para minerales

---

8 Erdgreifer (m)
earth grab
benne-drague (f) *ou* cuiller (f) d'excavateur

схватъ (m) для земли
tazza (f) dragante *o* cucchiaio (m) da scavatore
excavador(m) para tierra

---

9 Zinkenschaufelkübel(m)
toothed shovel *or* bucket
benne (f) *ou* cuiller (f) avec dents en queue d'aronde

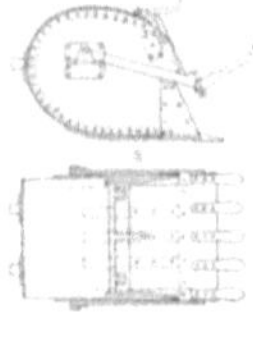

ковшъ (m) съ зубьями
tazza (f) dragante a code d'uccello
cubeta-draga (f) *ó* cuchara (f) con dientes de cola de milano

Beladestellung (f)
loading position
position (f) de chargement

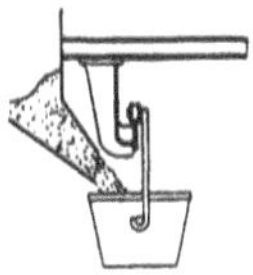

положенiе (f) загрузки
posizione (f) di caricamento 1
posición (f) de carga ó cargamento

---

beladen (v)
to load
charger (v)

загру-зить- (жать); нагру-зить- (жать) 2
caricare (v)
cargar (v)

Beladung (f)
loading
chargement (m)

загрузка (f)
caricamento (m) 3
carga (f), cargamento (m)

Beladestelle (f)
loading place
point (m) de chargement

мѣсто (n) [за]грузки
posto (m) *o* punto (m) di caricamento 4
punto (m) de cargamento

Ladezeit (f)
loading time
temps (m) nécessaire au chargement

время (n) загрузки
tempo (m) del caricamento 5
tiempo (m) necesario para la carga

Entladezeit (f)
unloading time
temps (m) nécessaire au déchargement

время (n) разгрузки
tempo (m) dello scaricamento 6
tiempo (m) necesario para la descarga

Entladestellung (f)
unloading position
position (f) de déchargement

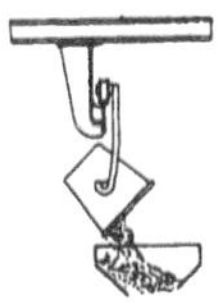

положенiе (n) при разгрузкѣ
posizione (f) di scaricamento 7
posición (f) de descarga

---

entladen (v)
to unload, to discharge
décharger (v)

разгру-зить (-жать)
scaricare (v) 8
descargar (v)

Entladung (f)
unloading, discharging
déchargement (m)

разгрузка (f)
scaricamento (m) 9
descarga (f)

Entladestelle (f)
unloading place
point (m) de déchargement

мѣсто (n) разгрузки
sito (m) *o* piazza (f) di scaricamento 10
lugar (m) de descarga

Entladung (f) auf freier Strecke
unloading at a disengaged point of the line
déchargement (m) en pleine ligne

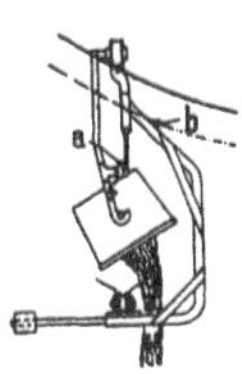

выгрузка (f) на открытомъ мѣстѣ *или* на ходу
scaricare (m) sulla via *od* in piena linea libera 11
descarga (f) en plena linea

1	Auslösevorrichtung (f) releasing device appareil (m) de décrochage [pour le mouvement de bascule]	a	расцѣпный механизмъ (m) disposizione (f) di apertura *o* di sganciamento mecanismo (m) para desenganchar *ó* descolgar, mecanismo (m) de desacoplamiento
2	Stellseil (n), Verstellseil (n) adjusting rope câble (m) de manœuvre du décrochage	b	установочный канатъ (m) fune (f) di posizione di sganciamento *o* di arresto cable (m) de desacoplamiento *ó* de desenganche
3	Wagenfangvorrichtung (f), Wagenfänger (m) wagon catching device mécanisme (m) d'arrêt *ou* de remise sur voie	 	улавливающее приспособленіе (n) для вагонетокъ, соскочившихъ съ рельсовъ apparecchio (m) *o* disposizione (f) di presa, fermacarri (m) mecanismo (m) de paro *ó* de reposición sobre la vía
4	Fanghebel (m) catch lever levier (m) d'arrêt	a	улавливающій рычагъ (m) leva (f) di presa palanca (f) de paro
5	Fangfrosch (m) catching dog *or* stop bloc (m) d'arrêt *ou* de remise sur rail		башмакъ (m) для отвода на рельсы cuneo (m) d'arresto per rimettere il carro sul binario bloque (m) de paro *ó* de reposición sobre el carril
6	den Wagen [an das Seil] anschlagen (v) *oder* ankuppeln (v) to couple the wagon to the rope attacher (v) *ou* accrocher (v) *ou* accoupler (v) le wagonnet au câble		прикрѣп-ить (-лять) вагонетку къ канату; сцѣп-ить (-лять) *или* соедин-ить (ять) вагонетку съ канатомъ inganciare (v) il vagoncino alla fune *od* al cavo aplicar (v) *ó* enganchar (v) la vagoneta al cable
7	den Wagen [von dem Seil] abschlagen (v) *oder* loskuppeln (v) to uncouple the wagon désaccoupler (v) *ou* décrocher (v) *ou* détacher (v) le wagonnet		расцѣп-ить (-лять) вагонетку; отцѣпить вагонетку отъ каната levare (v) *o* sganciare (v) il veicolo dal cavo *o* dalla fune separar (v) *ó* desenganchar (v) la vagoneta del cable

Ankupplung (f), Ankuppeln (n), Anschlagen (n)
coupling
accouplement (m), accrochage (m)

сцѣпка (f); сцѣпленіе (n); прикрѣпленіе (n)
accoppiare (v), inganciare (v), accoppiamento (m) 1
acoplamiento (m), enganche (m)

Auskupplung (f), Auskuppeln (n), Loskupplung (f), Loskuppeln (n), Abschlagen (n)
uncoupling
désaccouplement (m), décrochage (m)

расцѣпленіе (n); отцѣпка (f)
disaccoppiare (v) *o* sganciare (v) *o* levare (v) dall'accoppiamento 2
desacoplamiento (m), desenganche (m)

[An-]Kuppelstelle (f), Anschlagpunkt (m)
coupling point
point (m) d'accouplement *ou* d'accrochage

мѣсто (n) сцѣпки
posto (m) dell'accoppiamento, punto (m) di agganciamento 3
lugar (m) para el enganche

Zugseilkupplung (f), Anschlagvorrichtung (f), Kupplungsvorrichtung (f), Kupplungsapparat (m)
coupling device (cables)
mécanisme (m) d'accouplement *ou* d'accrochage au câble tracteur

сцѣпной приборъ (m)
accoppiamento (m) della fune di trazione, apparecchio (m) di inganciamento 4
mecanismo (m) de acoplamiento al cable de tracción

Oberseilapparat (m), Kupplungsvorrichtung (f) mit hochliegendem Seil
coupling device with overhead cable
mécanisme (m) d'accouplement *ou* d'accrochage au câble supérieur

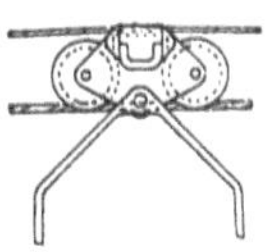

сцѣпной приборъ (m) для верхняго каната
disposizione (f) di accoppiamento *o* di congiunzione con fune superiore 5
mecanismo (m) de acoplamiento al cable superior

Unterseilapparat (m), Kupplungsvorrichtung (f) mit tiefliegendem Seil
coupling device with rope below
mécanisme (m) d'accouplement *ou* d'accrochage au câble inférieur

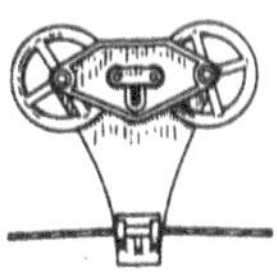

сцѣпной приборъ (m) для нижняго каната
disposizione (f) d'accoppiamento *o* di congiunzione con fune inferiore 6
mecanismo (m) de acoplamiento al cable inferior

---

selbsttätige Anschlagvorrichtung (f)
automatic coupling device
mécanisme (m) d'accouplement *ou* d'accrochage automatique

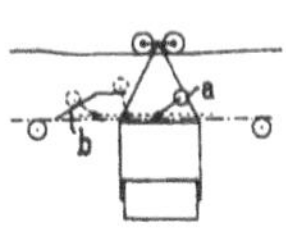

самодѣйствующій *или* автоматическій сцѣпной приборъ (m)
disposizione (f) automatica di accoppiamento *o* di autoagganciamento 7
mecanismo (m) de acoplamiento ó de enganche automático

1 Kuppelrolle (f)
coupling sheave
poulie (f) d'accouplement *ou* d'accrochage

a

сцѣпной роликъ (m)
puleggia (f) d'accoppiamento, rotella (f) d'inganciamento
polea (f) de acoplamiento

---

2 Leitschiene (f), Kuppelschiene (f)
guide rail
rail (m) de guidage, rail (m) d'accouplement *ou* d'accrochage

b

направляющій рельсъ (m); сцѣпной рельсъ
guida (f) di accoppiamento
rail (m) *o* carril (m) de guía, rail (m) de enganche *ó* de acoplamiento

---

3 Seillösungsvorrichtung (f)
rope uncoupling device
mécanisme (m) de désaccouplement *ou* de décrochage

приспособленіе (n) для отцѣпки каната
disposizione (f) di scioglimento di fune, apparecchio (m) di sganciamento del cavo
mecanismo (m) de desacoplamiento *ó* de desenganche

---

4 Wagenauslösung (f), Loskupplung (f) der Wagen
uncoupling of wagon
désaccouplement (m) *ou* décrochage (m) d'un wagonnet

отцѣпка (f) вагонетки
sganciamento (m) dei veicoli, disaccoppiamento (m) del vagoncino
desacoplamiento (m) *ó* desenganche (m) de una vagoneta

---

5 Mitnehmer (m), Seilgreifer (m)
rope gripper
griffe (f) *ou* fourche (f) d'attache

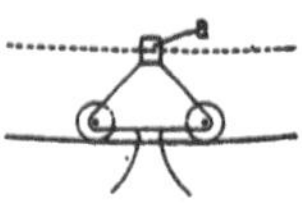

a

захватъ (m) для каната
pigliafune (m), prendicavo (m)
garra (f) de fijación, horquilla (f) de fijación

---

6 Mitnehmergabel (f), Seilgabel (f)
catch *or* gripper fork
fourche (f) de guidage [pour câble]

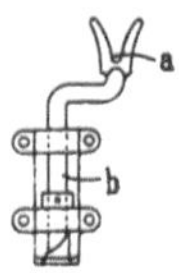

вилочный *или* вильчатый захватъ (m)
forchetta (f) prendifune, pigliacavo (m)
horquilla (f) de guía

---

7 Gabelmaul (n), Seilschlitz (m)
fork eye *or* jaws
gueule (f) de fourche

a

отверстіе (n) вилки для каната
fessura (f) per la fune, gola (f) della sella a cavo
abertura (f) de la horquilla

---

8 Gabelschaft (m)
body *or* shank of fork
tourillon (f) de fourche, tige (f) de fourche

b

стержень (m) вилки
fusto (m) della forchetta *o* della sella
eje (m) *ó* gorrón (m) de horquilla

---

9 Ausheben (n) des Seiles aus der Gabel
lifting the rope out of the fork
sortie (f) du câble de la fourche

выскакиваніе (n) каната изъ вилки
sollevamento (m) della fune dalla forchetta
levantamiento (m) del cable fuera de la horquilla

das Seil hebt sich aus der Gabel aus
the rope is jerked from the fork
le câble sort de la fourche

канатъ (m) выскакиваетъ изъ вилки
la fune si leva dalla forchetta 1
el cable sale de la horquilla

Seilhebevorrichtung (f)
rope lifting device
appareil (m) de relevage du câble

приспособленіе (n) для подъёма каната
apparecchio (m) di sollevamento del cavo 2
aparato (m) de elevación ó de relevo del cable

Seilgabel (f) mit Einsatzbacken
rope fork with inserted claws
fourche (f) de câble avec garniture intérieure

вилочный *или* вильчатый захватъ (m) со вставными щёками
forchetta (f) da fune con guancia a cuscinetto 3
horquilla (f) de cable con guarnición interior

Einsatzbacken (m), Einsatzbacke (f)
inserted claw
garniture (f) intérieure de la fourche

u

вставная щека (f)
cuscinetto (m) *o* rivestimento (m) dell'intaglio della forchetta 4
guarnición (f) interior de la horquilla

Büchsenmitnehmer (m)
socket grip *or* clip
fourche (f) à douille

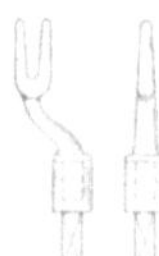

наставной захватъ (m) съ втулкой
tenaglia (f) di presa a bossolo 5
horquilla (f) de mango

Mitnehmerschloß (n)
catch-lock
attache (f) à fermeture

захватывающій замокъ (m)
attacco (m) a chiusura della tenaglia 6
disposición (f) para fijación con cierre ó de cerrojo

---

elastischer Seilgreifer (m)
spring rope grip *or* clip
griffe (f) *ou* fourche (f) à ressort

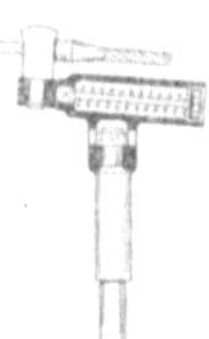

упругій захватъ (m)
agganciatore (m) di fune elastico, griffa (f) elastica del cavo 7
garra (f) ó horquilla (f) para cable de muelle

Mitnehmer (m) mit Kniehebelwirkung
catch with toggle lever action
attache (f) à levier articulé

захватъ (m) съ колѣннымъ *или* колѣнчатымъ рычагомъ
pigliafune (m) con leve a ginocchio 8
fijación (f) de palanca articulada

1 Seilgreiferwagen (m), Mitnehmerwagen (m)
rope-gripping car
wagon (m) d'attache au câble, wagon (m) tracteur

сцѣпной вагонъ (m); вагонъ съ канатнымъ захватомъ
veicolo (m) pigliafune
vagón (m) tensor, vagón (m) de fijación al cable

---

2 Knotenkupplung (f)
knot *or* carrier coupling
attache (f) à nœud

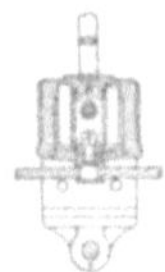

муфточный сцѣпной приборъ (m)
accoppiamento (m) a nodo
fijación (f) de nudo

---

3 Klinkenapparat (m), Klinkenkupplung (f)
pawl coupling
attache (f) à cliquets

сцѣпной приборъ (m) съ защёлками
accoppiamento (m) a saliscendi
fijación (f) de trinquete

---

4 Seilklemme (f)
rope cramp *or* clamp
griffe (f) *ou* pince (f) de serrage

канатный зажимъ (m)
morsetto (m) della fune
garra (f) de apriete, horquilla (f) de cierre

---

5 Klemmbacke(f), Klemmbacken (m)
clamp *or* cramp cheek
joue (f) de la griffe *ou* pince de serrage

зажимная щека (f); щека зажима
guancia (f) di morsetto
plancha (f) lateral de la horquilla de cierre *ó* de apriete

---

6 Klemmdruck (m)
clamp *or* cramp pressure
pression (f) de la griffe

давленіе (n) защемленія
pressione (f) del morsetto
presión (f) de la garra *ó* horquilla *ó* del garfio

---

7 Zugseilklemme (f)
pulling rope cramp *or* clamp
griffe (f) du câble tracteur

зажимъ (m) тягового каната
morsetto (m) della fune di trazione
garra (f) del cable de tracción

---

8 Klemmbackengreifer (m), Seilklemmapparat (m)
clampcheek gripper
attache (f) à griffes pour le câble

защемляющій приборъ (m) съ зажимными щёками; канатный защемляющій приборъ
apparecchio (m) pigliafune, guancia (f) dei morsetti di presa
garra (f) *ó* tenaza (f) de cierre, aparato (m) de cierre por garras para cables

Schraubenkupplung (f), Schraubenklemme (f)
screw coupling
attache (f) *ou* accouplement (m) à vis

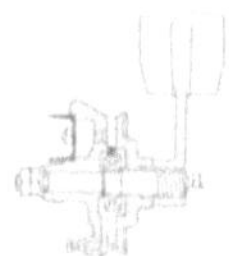

винтовая сцѣпка (f)
morsetto (m) a vite
acoplamiento (m) *ó* fijación (f) de tornillo 1

Klemmschraube (f)
clamping screw
vis (f) d'attache *ou* d'accouplement

a

зажимный винтъ (m)
vite (f) del morsetto
tornillo (m) de fijación *ó* de acoplamiento 2

Schraubstockkupplung (f)
vice coupling
attache (f) *ou* accouplement (m) à broche filetée

сцѣпка (f) въ видѣ тисковъ
accoppiamento (m) a morsa filettata 3
acoplamiento (m) *ó* cierre (m) de broca fileteada

Automat (m)
automatic device
attache (f) *ou* accouplement (m) automatique

автоматъ (m)
accoppiamento (m) automatico
cierre (m) *ó* acoplamiento (m) automático 4

Hängebahnanlage (f)
suspended railway plant
installation (f) de voie *ou* chemin de fer suspendu(e)

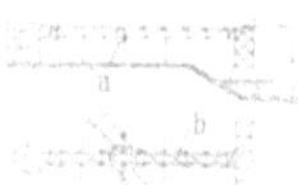

установка (f) *или* устройство (n) подвѣсной дороги
impianto (m) di ferrovia sospesa 5
instalación (f) de ferrocarril suspendido

Hängebahn (f)
suspended railway
transporteur (m) aérien, chemin (m) de fer suspendu

подвѣсная дорога (f)
ferrovia (f) sospesa, trasporto (m) aereo
transportador (m) aéreo, ferrocarril (m) suspendido 6

Hängebahnwagen (m)
wagon for suspension railway
wagonnet (m) *ou* wagon (m) *ou* voiture (f) de chemin de fer suspendu *ou* de transporteur aérien

a

вагонетка (f) подвѣсной дороги
veicolo (m) di ferrovia funicolare aerea, vagoncino (m) per trasporto aereo 7
vagón (m) *ó* vagoneta (f) de ferrocarril suspendido

Hängebahngleis (n)
suspension railway track
voie (f) de roulement de chemin de fer aérien *ou* suspendu

b

путь (m) подвѣсной дороги
binario (m) di ferrovia sospesa 8
vía (f) de rodamiento de ferrocarril suspendido

1 Hängebahnschiene (f)
rail of suspension railway
rail (m) de chemin de fer aérien *ou* suspendu

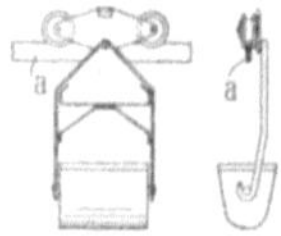

a

рельсъ (m) подвѣсной дороги
rotaia (f) di ferrovia sospesa
carril (m) de ferrocarril suspendido

---

2 Doppelkopfprofil (n)
double head section
profil (m) à double champignon

профиль (m) двухголоваго рельса
profilo (m) a doppia testa *od* a doppio fungo
perfil (m) de doble cabeza *ó* de doble hongo

---

3 Hängeschuh (m)
suspension shoe
support (m) de rail suspendu, suspension (f) de rail

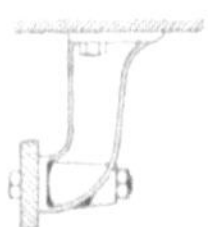

подвѣсный башмакъ (m); подвѣсная подушка (f)
supporto (m) di sospensione della rotaia
soporte (m) de suspensión del carril

---

4 Hängebahnabzweigung (f)
suspension railway branch
croisement (m) de chemin de fer suspendu *ou* aérien

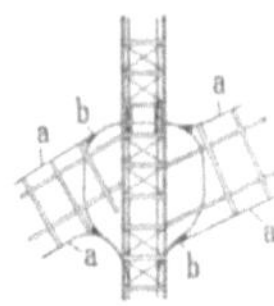

a

вѣтвь (f) *или* отвѣтвленіе (n) подвѣсной дороги
biforcazione (f) di ferrovia sospesa *od* aerea
cruzamiento (m) de ferrocarril suspendido

---

5 Hängebahnweiche (f)
suspension railway points *or* switch (A)
aiguillage (m) de chemin de fer aérien *ou* suspendu

b

стрѣлка (f) подвѣсной дороги
scambio (m) di ferrovia sospesa *od* aerea
cambio (m) de vía *ó* aguja (f) de ferrocarril suspendido

---

6 Zungenweiche (f)
tongue points *or* switch (A)
changement (m) de voie à aiguille, aiguillage (m), bifurcation (f)

стрѣлка (f) съ остряками *или* съ перьями
scambio (m) ad'ago
cambio (m) de vía de aguja

---

7 Weichenzunge (f), Drehschiene (f)
point *or* switch tongue
aiguille (f) du changement de voie

острякъ (m) *или* перо (n) стрѣлки
ago (m) dello scambio
aguja (f) de punta biselada del cambio de vía

---

8 stumpfe Weiche (f)
trailing points
aiguille (f) à pointe biseautée

противушерстная стрѣлка (f); стрѣлка, уложенная противъ шерсти
scambio (m) raccorciato
aguja (f) de punta biselada

Schleppschienenweiche (f)
drag rail points *or* switch
aiguille (f) à entrainement

стрѣлка (f) съ передвижными рельсами
scambio (m) a trascinamento
aguja (f) de arrastre 1

Weichenschiene (f)
switch rail
rail (m) d'aiguille

стрѣлочный рельсъ (m)
rotaia (f) di scambio
carril (m) de aguja 2

Klappweiche (f)
lever point *or* switch
aiguille (f) basculante

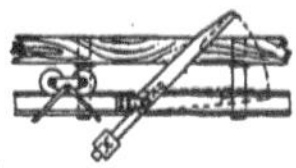

шарнирная стрѣлка (f)
scambio (m) a bilico con ago di ribaltamento
aguja (f) basculante 3

Drehweiche (f)
turning points
aiguille (f) horizontale pivotante

горизонтальная стрѣлка (f)
scambio (m) orizzontale girevole
aguja (f) horizontal que pivota 4

Kreuzweiche (f)
cross-switch
aiguille (f) de croisement

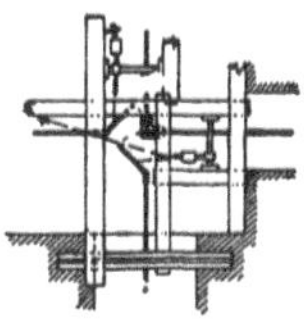

перекрёстная стрѣлка (f); стрѣлка для пересѣкающихся путей
incrociamento (m)
aguja (f) de cruce *ó* de cruzamiento 5

Weichensicherung (f)
securing of points
appareil (m) de sécurité pour aiguillages

замыкающій аппаратъ (m) *или* стопорный приборъ (m) стрѣлки
apparecchio (m) di sicurezza dello scambio
aparato (m) de seguridad para agujas 6

Hängebahnkreuzung (f)
suspension railway crossing
croisement (m) de voie suspendue

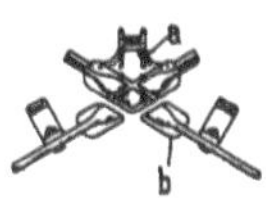

скрещеніе (n) подвѣсныхъ дорогъ
incrociamento (m) di ferrovie sospese *o* della funicolare aerea
cruzamiento (m) de vía suspendida 7

Herzstück (n)
core-piece
pointe (f) de cœur

a

крестовина (f)
cuore (m)
punta (f) de corazón 8

Anschlußstück (n)
junction piece
pièce (f) de raccordement (de croisement)

b

соединительная часть (f)
pezzo (m) d'incrocio e di collegamento
pieza (f) de unión (de cruzamiento) 9

Hängebahndrehscheibe (f)
suspension railway turntable
plaque (f) tournante de chemin de fer aérien *ou* suspendu

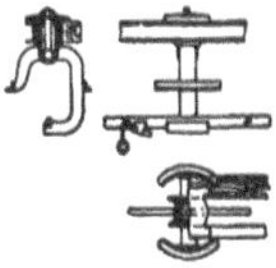

поворотный кругъ (m) подвѣсной дороги
piattaforma (f) girevole da ferrovia sospesa *o* funicolare aerea
placa (f) giratoria de vía aérea *ó* suspendida 10

1 elektrische Hängebahn (f), Elektrohängebahn (f), Telpherlinie (f)
telpher line (electric)
ligne (f) de telphérage (électrique)

электрическая подвѣсная дорога (f)
linea (f) de telferaggio elettrica
línea (f) de telferraje

---

2 Kabelhochbahnkran (m), Blondin (m)
elevated cableway crane
grue (f) à câble aérien, Blondin (m)

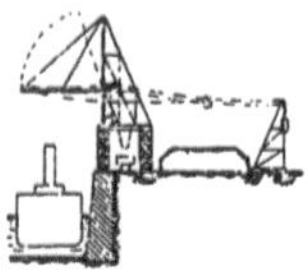

кранъ (m) въ соединенiи съ надземной канатной дорогой; перегрузчикъ (m) Блондэна
Blondin (m), gru (f) a cavo aereo
grúa (f) de cable aéreo, Blondin (m)

---

3 Seilhelling (m), Seilhelgen (m)
shipyard cableway
transporteur (m) aérien de cale de construction *ou* sèche

канатная дорога (f), обслуживающая эллингъ
trasporto (m) aereo dello squero per navi
transbordador (m) aéreo para cala seca *ó* de construcción de buques

A.

A-coup de courant 221.3
Abaisser la flèche 17.4
Abbaino, carrello da 277.8
- del magazzino 381.5
-, gru da 302.7
-, montacarichi da 353.7
Abbassamento del l'appoggio 137.6
Abbassare l'intensità della corrente a mezzo dell'autoinduzione 202.2
- la freccia . . 17.4
Abbraccia, catena - -carico 56.4
Abbracciato, arco 101.9
Abbremsen . . 97.1
-. den Nachlauf 118.4
-. die Last . . . 97.2
Abdeckung, Schacht- 334.4
Abertura, altura libre de - de la portada 304.9
-, anchura libre de - de la portada 305.1
- de carga . . . 335.5
- - cubeta-draga 411.4
- - cuchara . . 411.4
- - descarga . . 335.6
- - la caja . . . 335.4
- - - horquilla 416.7
- - las tenazas . 57.6
- del pórtico . . 304.7
- - pozo 335.4
Abfalleisen . . 169.7
-, Spannungs- . 198.6
Abfallen, das Seil fällt ab 401.8
Abgangsgeschwindigkeit 10.1
Abgebremste Umfangkraft 96.4
Abgefederte Laufradachse 257.6
Abgesetzte Welle 76.10
Abgestufter Widerstand 223.5
Abheben, der Kran hebt sich von den Schienen ab 284.7
- des Kranes . 284.8
Abhebevorrichtung, Deckel- 318.4
Abierta, cadena 29.6
Abierta, correa 74.4
-, garita 294.4
Abierto, fundición hecha en moldes -s 164.1
-, motor 211.8
-, soporte. . . . 89.6
Abkurbeln . . . 180.1
Ablassen, die Last mit der Bremse 112.4
-, einen Wagen 408.3
- eines Wagens 408.4
Ablauf 25.2
- des Elevators 362.5
-rohr . . . 231.4, 240.4
- - des Elevators 362.5
-ventil 196.4
-wasser 230.6
Ablaufender Strang 24.5
Ablaufendes Kettenende 24.5
- Seilende . . . 24.5
Ablegen, die Last 9.5
Ableitungsrohr 240.4
Ablenken, das Seil 42.1
-, die Kette . . 42.1
Ablenkung des Seiles 41.10
Ablenkungswinkel 41.11, 399.5
Abnahme, Strom- 206.5
Abnehmer, Strom- 206.7
Abnutzen, die Kette nutzt sich ab 26.5
Abnutzung der Kette 26.4
Abortar el tirante 298.7
Above, track . . 326.4
Abrazadera . . 47.8
Abrazamiento . 56.2
Abrazar la carga 56.1
Abrazo, arco de 101.9
Abreißen, der Funke reißt ab 217.11
Abrigo, parte al - del viento 154.5
Abrir el brazo 299.5
-, el distribuidor abre 193.11
- - freno 98.9
-, la puerta se abre de dentro 337.1
Abritée, cabine - de conducteur 294.1
Absacken . . . 365.2
Abschalten . . . 214.4
Abscheren . . . 174.3
Abscherung . . 173.9
Abscherungsquerschnitt 174.1
Abschlagen . . 415.2
-, den Wagen von dem Seil 414.7
Abschließen. der Schieber schließt ab 193.10
Abschluß des Schiebers 193.9
-geschwindigkeit 193.8
-lage 193.7
-stellung 193.7
Abschmelzsicherung 208.6
-streifen 208.8
Absence of twist 34.5
Absence de torsion 34.5
Absetzen, die Last 9.5
-, die Welle . . 76.11
Absolue, pression - de la vapeur 227.2
Absoluta, presión - del vapor 227.2
Absolute Dampfspannung 227.2
Absolute steam pressure 227.2
Absoluter Dampfdruck 227.2
Absorbé, travail 10.7
Absorption de force 282.8
Absperrhahn . 242.7
-ventil 242.2
Abstand, Rand- 123.4
-, Schenkel- . . 123.6
-, Stützen- . . . 404.1
-, Wagen- . . . 407.9
-, Wand- 290.8
Abstellen, den Aufzug 346.8
-, der Aufzug stellt sich selbsttätig ab 347.3
- des Aufzuges 346.9
-, die Betriebskraft 282.7
-, die Pumpe . 233.4
Abstellung des Aufzuges 346.9
Abstreicher, Ketten- 31.10
Abstreifdaumen 31.10
Absturz der Last 8.7
Abstürzen der Last 8.7
-, die Last stürzt ab 8.6
Abutment . . . 139.5
- impost 139.2
- pressure . . . 139.3
- - line 139.4
-, segment arch hinged at - and centre 138.10
-, support . . . 137.2
Abwärtsbewegung 6.5
-fahrt 332.5
-gang 6.5
Abwasser . . . 230.6
-leitung 230.7
Abweiser, Ketten- 31.10
Abwerfen, eine Last von den Pratzen 60.6
Abwickeln, das Seil von der Trommel 44.4
Abwinden . . . 266.3
Abwurfende . . 368.5
-wagen 368.6
Abziehen vom Lager 383.8
Abzug, Niet- . 146.4
Abzweig 236.9
-leitung 237.1
Abzweigung . . 236.9
-, Hängebahn- . 420.4
-, Seilbahn- . . 398.6
Acanalado, tambor 43.10
Accatenante, morsa 408.9
Acceleramento della caduta libera 21.10
- tellurico . . . 21.10
Accelerare la velocità del carico 10.2
Accelerate, to - the load 10.1
Accelerated motion, irregularly 20.6
- -, uniformly . 19.4
Accelerating force 19.9
- moment . . . 19.10
Acceleration . . 19.5
-, angular . . . 15.7
- due to earth 21.10
-, load 10.3
- of lift 10.4
- path 19.6

Acceleration, resistance against 19.8
-, resistance to . 19.8
-, starting . . . 5.5
- time 19.7
-, work for . . . 20.1
Accélération . . 19.5
- angulaire . . 15.7
-, chemin d' . . 19.6
-, - parcouru pendant la période d' 19.6
- dans la chute libre 21.10
- de démarrage 5.5
- - la vitesse de la charge 10.3
- - - - - levage 10.4
- due à la pesanteur 21.10
-, durée de l' . 19.7
- en fonction du chemin 19.6
- - - - temps . 19.7
-, moment d' . 19.10
-, résistance à l' 19.8
-, temps de l' . 19.7
-, travail d' . . 20.1
Accelerato, movimento uniformemente 19.4
-, - non uniformemente 20.6
Accélératrice, force 19.9
Accelerazione . 19.5
- angolare . . . 15.7
-, cammino percorso durante l' 19.6
- d'avviamento 5.5
- della velocità del carico 10.3
- di sollevamento 10.4
-, resistenza all' 19.8
Accéléré, mouvement irrégulièrement 20.6
-, - uniformément 19.4
Accélérer la vitesse de la charge 10.2
Acceso de la caja 335.3
Accesorios del gancho 58.6
Access to shaft 335.3
Accessoires, conducteurs et 202.8
- du crochet . . 58.6
Accessori del gancio 58.6
Acciaieria, gru per 310.5
Acciaio Bessemer 165.7
- fucinato . . . 165.5
-, fune d' 38.8, 38.11
- fuso . . 165.3, 166.4
- - al crogiuolo 166.3
-, getto di . . . 166.5
- laminato . . . 165.6
-, rotaia piatta d' 328.11
-, ruota di - fuso 70.3
- saldato . . . 165.4
- Siemens-Martin 166.2
Acciaio, staffa in 166.5
- Thomas . . . 166.1
Acción de frenar 97.1
- - poner en movimiento 13.1
- - soltar el freno 98.10
- del freno . . 97.5
- directa, ascensor hidráulico de 358.1
- indirecta, ascensor hidráulico de 358.2
-, poner en . . 98.5
-, radio de . . . 296.3
-, - - - de la grúa 283.5
Accionamiento 176.1
Accionar . . . 176.2
Accoppiamento 415.1
- a bilanciere . 254.5
- - corto circuito 225.9
- - cuneo anulare 400.7
- - morsa filettata 419.3
- - nastro da freno 83.3
- - nodo 418.2
- - saliscendi . 418.3
- - stella . . . 226.3
- - triangolo . 226.2
- - vite 118.4
- ad anello estensibile 83.4
- automatico . 419.4
- della fune di trazione 415.4
-, disco d' . . . 80.12
-, disposizione automatica di 415.7
- in derivazione 225.6
- - parallelo . . 225.1
- - serie 224.8
- - - e parallelo 225.2
-, manicotto d' 80.7
-, modo d' . . . 224.6
-, posto dell' . . 415.3
-, puleggia d' . 416.1
-, sistema d' . . 224.6
Accoppiare 80.4, 224.5, 415.1
- in derivazione 225.7
- - parallelo . . 224.9
- - serie 224.7
Accorciare il puntone 299.2
- - -, possibilità di 299.3
Accordonatura 86.2
Accotement du cliquet 95.2
Accouplement . 80.3, 415.1
- à articulation 83.7
- - bague et clavette 400.7
- - - extensible fendue 83.4
- - broche filetée 419.3
- - cône de friction 83.1
- - coquilles en deux pièces 80.8
- - friction . . 82.9
- - - par bande 83.3
- - griffes . . . 82.7
Accouplement à plateaux 80.11
- - vis 419.1
- articulé . . . 84.1
- au câble inférieur, mécanisme d' 415.6
- - - supérieur, mécanisme d' 415.5
- automatique . 419.4
- -, mécanisme d' 415.7
-, barres d' . . . 82.1
-, boulon d' . . 80.10
-, cône d' . . . 83.2
-, coquille d' . . 80.9
- de câble . . . 87.11
- élastique . . . 81.2
- en caoutchouc 81.4
- - cuir 81.3
- formant frein 81.1
-, manchon d' . 80.7
-, mécanisme d'- au câble tracteur 415.4
- par manchon 80.6
- - - en deux pièces 80.8
-, plateau d' . . 80.12
-, poulie d' . . . 416.1
- rigide 80.5
-, vis d' 419.2
Accoupler . . . 80.4
- le wagonnet au câble 414.7
Accrochage . . 415.1
- au câble inférieur, mécanisme d' 415.6
- - - tracteur, mécanisme d' 415.4
- automatique, mécanisme d' 415.7
- du lingot . . 317.7
- - -, dispositif d' 317.6
-, grue avec poinçon et pince d' 318.5
-, pince de l'appareil de l' 314.2
-, point d' . . . 415.3
-, poulie d' . . 416.1
-, rail d' 416.2
Accrochement du cliquet 95.2
Accrocher la charge 55.4
- le lingot . . . 317.8
- - wagonnet au câble 414.6
Accumulateur 197.5, 231.9
- à contre-poids 232.4
- - pression d'air 232.7
- - - de vapeur 232.6
- auxiliaire . . 232.8
-, batterie d'-s 197.6
-, capacité de l' 232.2
-, cylindre d' . 232.1
- de secours . . 232.8
- hydraulique . 231.9
-, piston d' . . 231.10
- pneumatique 232.7
-, pompe d' . . 233.7
-, pression exercé par l' 232.3
-, volume de l' . 232.2
Accumulator . 197.5
-, auxiliary . . 232.8
- battery . . . 197.6
- capacity . . . 232.2
- cylinder . . . 232.1
-, hydraulic . . 231.9
- plunger . . 231.10
-, pneumatic . . 232.7
- pressure . . . 232.3
- pump 233.7
-, steam pressure 232.6
- volume . . . 232.2
-, weight 232.4
Accumulatore . 197.5, 231.9
- a contrappeso 232.4
- - pressione d'aria 232.7
- - - di vapore 232.6
- ausiliare . . . 232.8
Accumulatori, batteria d' 197.6
Aceite de engrase 85.5
-, freno de . . . 105.7
-, lubrificación por 85.4
Aceleración . . 19.5
- angular . . . 15.7
-, camino reccorido durante la 19.6
- de arranque . 5.5
- - la velocidad de la carga 10.3
- - - - - levantamiento 10.4
- debida á la gravedad 21.10
-, duración de la 19.7
- en función del camino 19.6
- - - - tiempo . 19.7
- - la caída libre 21.10
-, fuerza de . . 19.9
-, momento de . 19.10
- negativa . . . 20.3
-, resistencia á la 19.8
-, tiempo de la . 19.7
-, trabajo de . . 20.1
Acelerado, movimiento irregularmente 20.6
-, - uniformemente 19.4
Acelerar la velocidad de la carga 10.2
Aceleratriz, resistencia 19.8
Acero al crisol 166.3
- batido 165.4
- Bessemer . . 165.7
-, cable de . . . 38.8
-, - - hilos de . 38.11
-, carril plano de 328.11
-, fundición de 166.5
- fundido 165.3, 166.4
- -, rueda de . . 70.3
-, grúa para fábrica de 310.5
- laminado . . 165.6
- maleable . . 165.5
- Siemens-Martin 166.2
- soldado . . . 165.4

Acero Thomas 166.1
Achaflanada, remache de cabeza 122.1
Achsbelastung . 75.8
-druck 75.8
Achse 75.7
-, Dreh- . . 14.5, 259.3
-, drehbare . . . 76.2
-, feste 75.9
-, Ketten- . . . 81.6
-, Lauf- 257.1
-, Laufrad- . . . 257.1
-, lose 76.2
-, Schwenk- . . 259.3
-, Schwerpunkt- 285.4
-, sich um eine - drehen 14.6
Achsenabstand 67.6
-distanz 67.6
-entfernung . . 67.6
-verbindungslinie 67.6
-zentrale . . . 92.5
Acier Bessemer 165.7
-, câble en . . . 38.8
-, coulage de l' . 166.5
- coulé, roue en 70.3
- doux 165.1
- de forge . . . 165.5
- fondu 165.3
- - au creuset . 166.3
- forgeable . . 165.5
- homogène . . 165.3
- laminé 165.6
- Martin-Siemens 166.2
-, pièce d'- coulée 166.4, 166.5
- puddlé . . . 165.4
-, rail d'- plat 328.11
- soudant . . . 165.4
- soudé 165.4
- Thomas . . . 166.1
Aciérie, grue d' 310.5
Acodada, freno de palanca 100.9
-, palanca . . . 247.2
-, tenazas de palancas -s 58.8
Acodado, árbol 77.1
-, brazo 298.2
-, tubo - recto . 237.6
Acodar 77.3
Acometida, línea de 203.8
Acoplamiento . 80.3 415.1
- articulado . . 83.7
- automático . 419.4
- cónico de fricción 83.1
- de anillo extensible 83.4
- - - y clavija 400.7
- - bridas . . . 80.11
- - broca fileteada 419.3
- - cables . . . 87.11
- - cardan . . . 84.1
- - caucho . . 81.4
- - cinta de fricción 83.3
- - cojinetes . 80.8
- - cono de fricción 83.1
- - corto circuito 225.9
Acoplamiento de cuero 81.3
- - derivación . 225.6
- - desembrague 81.6
- - disco 80.12
- - doble articulación 84.1
- - enchufe . . 80.6
- - fricción 81.5, 82.9
- - garras . . . 82.7
- - manguito . 80.6
- - platillo . . 80.11
- - tornillo . . 419.1
- - triángulo . 226.2
- élastico . . . 81.2
- electromagnético 83.6
- en estrella . . 226.3
- - paralelo . . 225.1
- - serie 224.8
- - - y paralelo 225.2
- junta universal 84.1
-, modo de . . . 224.6
- móvil 81.6
- por tornillo . 118.4
- rigido 80.5
Acoplar . 80.4, 224.5
- el motor como generador para el frenado 107.3
- en derivación 225.7
- - paralelo . . 224.9
- - serie 224.7
Acorazado, motor 212.1
-, - - ventilado 212.2
Acortamiento de la cadena por torsión 26.8
Acortar, la cadena se acorta por torsión 26.9
Acqua, bisogno d' 230.4
- consumata . . 230.5
- di scarico . . 230.6
- forzata . 230.3, 230.5
- -, conduttura d' 228.7
-, l'- gela . . . 231.1
- perduta . . . 230.8
- - per fughe . 230.8
-, serbatoio d' . 231.2
- sotto pressione 230.3
Acqueo, vapore 226.8
Action, brake . 97.5
Action d'agripper la cabine 342.2
- - - cage . . . 342.2
- de faire basculer le creuset 311.8
- directe du piston, commande par 185.1
- -, élévateur hydraulique à 353.1
- du frein . . . 97.5
- indirecte, élévateur hydraulique à 353.2
Actuar, las fuerzas actuan - en el mismo sentido 127.4
-, - - - - sentido contrario 128.1
Acumulador . . 197.5
- auxiliar . . . 232.8
-, batería de -es 197.6
Acumulador de pesos 232.4
- - presión de aire 232.7
- - - - vapor . 232.6
- hidráulico . 231.9
Adaptabilidad de la grúa 283.7
Adaptability of crane 283.7
Adaptarse, el soporte se adapta 84.8
Adatta, il sopporto si - per rotazione 84.8
Adatiabilità della gru 283.7
Add, to - a force 128.7
Addendum-circle 64.4
Additional voltage 198.9
Additionelle, résistance 223.8
Addizionale, tensione 198.9
Adelante, marcha 18.10
-, movimiento . 221.5
Ader, Panzer- . 205.1
Adicional, peso - del gancho 58.7
-, resistencia . . 223.8
-, tensión . . . 198.9
Adjust, to - the jib 298.7
Adjustable balance weight 286.6
- brass 87.3
- counterweight 286.6
- crank 179.3
- jib 298.6
- lever . . 179.3 246.8
- worm 370.6
Adjustierte Kette 29.5
Adjusting, automatically - counterweight 286.8
- gear, jib . . . 260.4
- key 88.9
- ring 77.6
- rope 414.2
- screw 260.5
- spindle . . . 260.5
- wedge 88.9
Admisión . . . 188.9
-, válvula de . . 196.3
Admission . . . 188.9
- valve 196.3
Aerea, biforcazione della funicolare 398.6
-, cavo di trazione - su piano-inclinato 393.1
-, - metallico per trazione - su piano-inclinato 393.4
-, conduttura . 206.2
-, costruzione della funicolare 392.5
-, esercizio di ferrovia funicolare 392.6
Aerea, ferrovia funicolare 392.3
-, fune di trazione 390.4
-, funicolare - con cavo a freno 393.7
-, funicolare - d'alto forno 394.5
-, - - in linea retta 398.4
-, - - - terraferma 394.7
-, - - per lo sgombro dei residui e delle scorie 394.6
-, - - su piano-inclinato in montagna 395.2
-, - tedesca . . 394.2
-, - - tra navi in alto mare 394.8
-, inclinazione della funicolare 399.2
-, linea funicolare 398.3
-, - - - a gomito 398.5
-, - - - in curva 398.5
-, piano-inclinato con due cavi di trazione 393.3
-, - - - un solo cavo di trazione 393.2
-, stazione di ferrovia funicolare 395.3
-, trasporto con fune 390.3
Aérea, canalización 206.2
Aereo, impianto - funicolare 392.4
-, scivolone a cavo 393.1
-, trasporto . . 419.6
-, - dello squero per navi 422.3
Aéreo, transporte - por cable 392.3
-, vagoneta de transporte 407.2
Aerial cableway 392.3
Aérien, conducteur 206.2
-, transport - par câble 392.3
Affaissement des appuis 137.6
Affalage, frein d' 112.3
-, - électrique d' 107.4
Affaler 266.3
- la charge . . 8.2
- - - au moyen du frein 112.4
- une charge en tournant la manivelle 180.1
Afferra, tanaglia - chiodi 126.2
Afferrare fra le mascelle 410.7
- un fardello con branche 60.5

Affusto dell'argano 267.2
Afianzar con tornillos sobre 119.2
Aflojamiento del cable 35.1
Aflojar, el cable se afloja 34.10
- un tornillo . 119.6
Agencement de frein 98.1
Agganciamento, punto di 415.3
Agganciatore di fune elastico 417.7
Aggiungere una forza 128.7
Aggiustamento, bietta di 88.9
Aggiustata, vite 117.2
Agir, le frein agit 99.4
Ago dello scambio 420.7
- di ribaltamento, scambio a bilico con 421.3
-, scambio ad . 420.6
Agrafe à griffes pour courroie 75.1
- de courroie à vis 74.10
Agripper, action d'- la cage 342.2
Agua, conducto de - á presión 228.7
- de escape . . 230.6
- perdida por fugas 230.8
-, presión del . 229.4
- sometida á presión 230.3
-, vapor de . . 226.8
Aguja 329.10
- basculante . . 421.3
- de alieso . . . 330.3
- - arrastre . . 421.1
- - cruzamiento 421.5
- - cruce . . . 421.5
- - punta biselada 420.8
- - - - del cambio de vía 420.7
- - un reloj, rotación en el sentido de las -s 14.11
- - - -, - - - - opuesto de las -s 15.1
-, variación de la 17.1
Agujero, colar por el - de colada 312.4
- del remache . 121.3
- para la lubrificación 88.11
Ahead running 13.10
Ahuecar, excavador de 374.3
Aiguillage 329.10, 420.6
- de chemin de fer aérien 420.5
- - - - - suspendu 420.5
Aiguillages, appareil de sécurité pour 421.6
Aiguille à entraînement 421.1
- - pointe biseautée 420.8
- basculante . . 421.3
-, changement de voie à 420.6
- de croisement 421.5
- du changement de voie 420.7
- en rampe . . 330.3
- horizontale pivotante 421.4
-, rail d' 421.2
Aile, distance à l'intérieur de l' 123.6
-, - - la face extérieure de l' 123.5
Ailettes, frein à 105.2
-, vis à 117.9
Aimant 202.3
- de grue . . . 315.6
-, pôle d' 202.4
- porteur, grue à 315.5
Air, compressed 234.5
- compresser . 234.9
-, consumption of 234.7
- for brake . . 105.9
- hose 235.3
- lift 109.5
- pipes 235.1
- pocket 238.7
- pressure . . . 234.6
- trap 238.7
- valve 238.8
- vessel 233.1
- -, hydraulic . 231.5
- - pressure . . 231.6
Air comprimé 234.5
- -, appareil de levage à 235.2
- -, commande par l' 234.3
- -, élévateur à 364.2
- -, exploitation par l' 234.4
- -, frein à . . 105.8
- -, freinage par l' 105.10
- -, installation à 234.8
- -, piston actionné par l' 188.2
- -, pression de l' 234.6
- -, station centrale à 235.5
- pour le freinage 105.9
-, pression de l' 234.6
-, purgeur d' . 238.8
-, réservoir d' . 231.5
Aire d'influence 136.5
- d'une section 175.2
- des efforts tranchants 136.3
- - - transversaux 136.3
- - moments . 135.7
- frappée par le vent 154.4
- subissant l'effort du vent 154.4
Aire, almohadillo de 239.2
-, amortiguador de 109.3
Aire comprimido 234.5
- -, elevador de 364.2
- -, émbolo de . 188.2
- -, frenado por 105.10
- -, freno de . . 105.8
-, depósito de . 231.5
- para il freno 105.9
-, remachado por - comprimido 126.8
-, soporte al . . 207.9
Aislada, carga 133.3
-, fuerza 127.3
-, grúa giratoria 300.4
-, transporte de cargas -s 360.3
-, vagoneta . . 377.6
Aislado, conductor 204.4
Aislador 204.6
Aislamiento . . 204.5
Ajourée, benne - à griffes 377.4
Ajouter une force 128.7
Ajustable, collier de butée 77.6
Ajustable, cojinete 87.3
-, tornillo sin fin 370.6
Ajustado, tornillo 117.2
Ajuste, cuña de 88.9
Akkumulator 197.5 231.9
-, Dampfdruck- 232.6
-druck 232.3
-, Gewicht- . . . 232.4
-, Hilfs- 232.8
-inhalt 232.2
-kolben . . . 231.10
-, Luftdruck- . 232.7
-pumpe 233.7
-zylinder . . . 232.1
Akkumulatorenbatterie 197.6
Aktenaufzug . 355.5
Ala 142.1
-, distanza dall' 123.6
-, - dalla faccia esterna dell' 123.5
Alagarda, torsión 39.8
Alaggio a doppio effetto 388.4
- - funi 390.1
- ad azione semplice 388.3
-, cavo d' . . . 388.2
- con cavo senza fine 389.1
- - fune 388.1
- - - di trazione attaccata inferiormente 390.5
Alambre, cable metálico de -s gruesos 39.3
- conductor . . 204.7
- de conducción 203.9
Alargado, arrollamiento 39.8
Alargamiento de la cadena 26.10
-, prueba de . . 27.10
Alberghi, montacarichi per 355.1
Albero . . . 58.6, 76.3
- a collari d'appoggio 76.10
- - gomito . . . 77.1
- cavo 76.7
-, comando dell' 184.3
- da catena . . 31.6
- - leva 261.2
- del meccanismo di traslazione 253.3
- - tamburo . . 43.6
- - - a catena . 372.5
- dell'argano . 269.6
- della manovella 178.6
- - vite perpetua 71.2
- - - senza fine 71.2
- di cambiamento di marcia 245.5
- - comando 251.6 315.2
- - guida . . . 339.2
- - manovella, sopporto dell' 178.7
- - rimando . . 251.3
- - rinvio . . . 251.3
- - -, meccanismo di sollevamento con - ricambiabile 252.1
- guidato, gru a branca con 314.9
- inclinato ad antenna inclinata di una gru a cesoia 307.9
- liscio 76.9
- massiccio . . 76.6
-, perno dell' . . 76.4
- pieno 76.6
- principale . . 251.6
- quadro . . . 76.8
- -, comando ad 184.4
-, ristringere l' . 76.11
-, sopporto dell' 76.5
Albertschlag . 39.8
Albert, tors . . 39.8
Albert, torcitura 39.8
Albert, arrollamiento 39.8
Alcance de giro 296.8
-, la grúa tiene un - de 283.6
Aldaba 95.9
Alésage 68.2
- du cylindre . 188.6
- - moyeu . . . 46.8
- - palier . . . 84.4
- - -, diamètre de l'- 84.4
Alesaje 68.2
Alesare i fori per chiodi 121.8
Alesatura . . . 68.2
- del mozzo . . 46.8
Aléser les trous de rivets 121.8
Aletas, freno de 105.2
Alette, freno ad 105.2
-, vite ad . . . 117.9
Algodón, cable de 38.7
-, guarnición de 192.1
Aligeramiento . 4.2
Alimentación, conductor de 203.3

Alimentar la caldera 227.7
Alimentare la caldaia 227.7
Alimentation, conducteur d' 208.3
-, conduite d' . 236.5
- par distribution centrale de vapeur 227.3
-, point d' . . . 208.4
Alimentazione, punto d' 208.4
Alimenter la chaudière 227.7
Alisar los orificios de remachado 121.8
Alivio 4.2
Allargato, scartamento 329.5
Allège 323.5
Allégement . . 4.2
Allemand, transport aérien 394.2
Allentamento della fune 35.1
Allentare il freno 98.9
- una vite . . . 119.6
Allentata, la fune è 34.10
Allongé, tors . 39.8
Allongement de la chaîne 26.10
- du câble . . . 35.7
-, épreuve d' . . 27.10
Allonger, la chaîne s'allonge 26.11
Allowance, rivet 146.4
Allungamento della fune 35.7
Allungare la catena 26.10
-, - - s'allunga 26.11
Alma, brazo de - llena 297.7
- de cáñamo . 39.6
- llena 145.6
Almacén . 381.3, 382.6
- de carbones . 381.8
- - carriles . . 383.7
- - cok 382.8
- - granos . . 382.2
- - hierros en barras 383.5
- - - terminados 383.6
- - lingotes . . 383.3
- - metales . . 383.1
- - piezas de fundición 383.2
- - - fundidas 383.2
- - vigas . . . 383.4
- en el edifico del depósito 381.2
-, grúa de . . . 309.4
-, montacargas para 353.5
-, torno para . 271.6
Almacenaje en motón 385.2
-, instalación para el 385.3
-, instalaciones para el 384.1
Almohadillo de aire 239.2
Alta pressione, distribuzione ad 192.6
Alta presión, distribución de 192.6
Alter the jib working angle, to 17.3
Alteration of path by gearing 62.6
Altering the jib working angle 17.2
Alterna, corriente 200.10
-, motor de corriente 212.8
Alternación . . 201.1
Alternance . . 201.1
Alternancia . . 201.1
Alternante, carico 133.1
Alternata, corrente 200.10
-, - - bifasica . 201.3
-, - - monofasica 201.2
-, trasformatore rotante per corrente continua in 199.3
-, - rotativo per corrente continua in 199.3
Alternatif, courant 200.10
-, - - monophasé 201.2
Alternating, continuous - current converter 199.3
- current . . 200.10
- - commutator motor 213.3
- - motor . . . 212.8
- load 133.1
-, single-phase - current 201.2
-, two-phase - current 201.3
Alternation . . 201.1
Alternativamente, carga accionando - en sentido inverso 133.1
Alternative, charge 133.1
Alternazione . 201.1
Altezza del cavalletto portante 403.8
- - pavimento dalla incavallatura 162.3
- - supporto . . 403.8
- della carrucola 296.1
- dell'anima . . 145.8
- della trave . 144.6
- di aspirazione della pompa 229.7
- - caduta . . . 386.5
- - - libera . . 9.1
- - discesa . . 7.9
- - passaggio libera del portale 304.9
- - resistenza . 230.1
- - sollevamento 332.2
-, perdita di - di pressione 229.9
Alti forni, argano per montacarichi d' 356.2
- -, montacarichi per 356.1
Alto forno, funicolare aerea d' 394.5
- -, piattaforma dell' 356.3
- -, vagoncino d' 356.4
Altitud de resistencia 230.1
Alto, excavador en 374.1
- horno, cargador de 356.1
Altos-hornos, transporte aéreo para 394.5
Altura de aspiración de la bomba 229.7
- - caída . 7.9, 386.5
- - - libre . . . 9.1
- - derramamiento 386.5
- - descenso . . 7.9
- - elevación . 332.2
- - - de la bomba 229.8
- - la cabeza . 65.4
- - - caja . . . 333.4
- - - columna de agua 229.6
- - - polea . . 296.1
- - - viga . . . 144.6
- - levantamiento 6.7
- del alma . . . 145.8
- - soporte . . 403.8
- entre el suelo y el tirante de la cercha 162.3
- libre de abertura de la portada 304.9
Alzaprima 261.1, 261.2
Alzar la carga . . 7.1
Alzare il carico 7.1, 7.2
Alzata, corsa d' . 6.7
Amante 405.2
Amarrage par nœud 56.2
Amarre 47.8
Amarre, treuil de câble d' 268.3
Amarrer la charge au crochet 55.4
Amas de déchets, transport aérien pour les 394.6
-, matières en . 322.5
Âme . . . 145.3, 145.6
- de chanvre . . 39.6
-, éclisser l' - entre deux couvre-joints 148.3
-, épaisseur d' . 145.7
-, joint vertical de l' 149.3
-, hauteur de l' 145.8
- pleine, flèche à 297.7
- -, pont à poutre à 160.1
- -, poutre à . 145.2
Amener le levier dans sa position extrême 246.4
- - - - - - moyenne 246.3
Ammagazzinamento, ordegni per l' 384.1
Ammeter . . . 200.1
Ammissibile, valore del carico 87.3
Ammucchiamento compresso 385.1
- sciolto . . . 384.10
Ammucchiarsi, materia d' 384.7
Ammunition elevator 366.4
- hoist . . 354.7, 366.4
Amoncelées, matières 384.7
Amortiguador de aire 109.3
- - émbolo . . 186.2
- - pistón . . . 186.2
Amortisseur à air 109.3
- - piston . . . 186.2
- pneumatique 109.3
Amount of water required 230.4
Ampérage . . . 197.9
Amperaje, intensidad de 197.9
Ampere 199.7
-meter 200.1
Ampère 199.7
Ampèremètre . 200.1
Amperio 199.7
Amper[o]metro 200.1
Amperómetro . 200.1
Añadir una fuerza 128.7
Anbringen, eine Kraft 128.6
Ancha, vía . . 329.5
Ancho de la vía 254.4, 329.2
- interior del eslabón 28.6
Anchor-capstan 279.5
- plate 288.1
- winch 272.5
- windlass . . . 272.5
-, to 288.2
Anchorage . . 288.3
- of chain . . . 27.4
Anchura de la vía 290.2
- libre de abertura de la portada 305.1
Ancla, torno de 272.5
Anclaje 288.3
-, perno de . . 118.1
-, torno para cable de 268.3
Anclar 288.2
Ancora 210.5
- a corto circuito 210.7
- ad anelli collettori 210.6
-, spazzola dell' 210.9
-, testa ad . . . 116.3
Áncora, cabrestante para 279.5
Ancoraggio . . 288.3
Ancorare . . . 288.2
Ancore, argano di manovra per 272.5
-, - per 279.5
Ancrage 288.3
-, boulon d' . . 287.9
-, plaque d' . . 288.1

Ancre, cabestan d' 279.5
-, treuil de manœuvre d' 272.5
Ancrer 288.2
Andamio 157.9, 158.10
Andata, conduttura d' 236.5
Andrea, contravento a croce di S. 158.9
-, croce di S. . 158.2
Anelli colletori, ancora ad 210.6
Anello a tenuta 241.7
-, accoppiamento ad - estensibile 83.4
- caccia-olio . . 77.4
- collettore . . 207.6
- d'arresto . . . 77.6
- dell'occhio . . 87.5
- di base . . . 86.4
- - fondo . . . 190.7
- - scartamento delle biglie 90.7
- -sospensione della secchia 311.5
- elastico da stantuffo 185.7
- estensibile . . 83.5
- fisso 77.5
-, infilare un - a caldo 77.8
- messo a caldo 77.7
-, perno di spinta ad 79.3
- porta gancio . 55.6
-, sopporto con lubrificazione automatica ad 90.3
-, - di base ad . 86.3
- trascinante . 94.2
Anfahrbeschleunigung 5.5
-kraft 5.7
-maß . . . 13.7, 290.3
-moment . . . 5.8
-weg 4.9
-widerstand . . 5.4
-zeit 5.2
Anfahren . . . 4.6
Anfangsgeschwindigkeit 20.10
Angebauter Führerstand, Laufkatze mit -m 276.4
Angel, Tür- . . 337.2
Anglais, transport aérien 394.1
Anglaise, clef 119.10
Angle, boom . 145.9
-, butt 149.2
-, connecting . 150.4
-, corner 151.4
- crane 305.5
-, flange 145.9
-, heeling . . . 308.8
- -iron 168.3
- -, boom . . 145.10
- -, flange . . 145.10
-, joint 150.4
-, natural - of slope 384.9
- of deflection 41.11
- - deviation . 399.5
- - friction . . 22.5
- - inclination 308.7
- - repose . . . 384.9
- - rotation . . 14.8
Angle of twist 178.6
- -pedestal-bearing 89.8
- plate, corner 151.2
-, stiffening . . 152.2
Angle, assemblage d' 151.2
- de bande . . 308.8
- - déviation . 41.11 399.5
- - frottement . 22.5
- - plongée . . 308.7
- - rotation . . 14.8
- - torsion . . . 178.6
- droit, coude à 237.6
-, engrenage d' 68.9 69.1
-, rue d' 69.2
-, station d' . . 396.7
Angolare, accelerazione 15.7
-, velocità . . . 15.6
Angoli, collegamento degli 158.7
-, guide negli . 340.1
Angolo, cantonale d' 151.4
- d'inclinazione 308.7
- - laterale . . 308.8
- - naturale . . 384.9
- di attrito . . 22.5
- - derivazione 399.5
- - deviazione 41.11
- - livelletta . . 399.3
- - rotazione . 14.8
- - torsione . . 178.6
-, ferro d' . . . 168.3
-, gru ad 305.5
-, ingranaggio conico ad - retto 69.1
-, lamiera d' . . 151.3
-, leva ad . . . 247.1
-, squadra di unione d' 151.3
-, stazione d' . 396.7
-, unione d' . . 151.2
Angriffsfläche, Wind- 154.4
-moment . . . 131.5
Angulaire, accélération 15.7
-, mouvement de déplacement 16.8
-, vitesse 15.6
Angular acceleration 15.7
- velocity . . . 15.6
Angular, aceleración 15.7
-, diente 68.6
-, grúa de soporte 305.5
-, hierro 168.3
-, palanca . . . 247.1
-, velocidad . . 15.6
Ángulo 168.3
- de desviación 41.11 399.5
- - inclinación lateral 308.8
- - - longitudinal 308.7
- - refuerzo . . 152.2
- - rotación . . 14.8
- - rozamiento 22.5
- - torsión . . 178.6
Ángulo, estación en un 396.7
- recto, engranaje cónico de 69.1
-, unión de . . 151.2
Anguß, Rohr- . 237.3
Anhalten, den Aufzug 346.5
-, der Aufzug hält an 347.2
- des Aufzuges 346.9
Anheben . . . 7.5
-, die Last . . . 7.1
-, die Last aus der Schwebe 7.3
Anhub 7.5
-moment . . . 7.6
Anillo, acoplamiento de - y clavija 400.7
- colector . . . 207.6
- de apoyo . . . 86.4
- - detención regulable 77.2
- - distancia . 90.7
- - fondo . . . 190.7
- - proyección de aceite 77.4
- - sujeción . . 77.7
- del ojal . . . 87.5
- extensible . . 83.5
- fijo 77.5
-, gorrón con -s 79.4
-, gorrón de . . 79.3
-, inducido de -s colectores 210.6
Anima 145.6
-, altezza dell' . 145.8
- del magnete . 109.1
- di canape . . 89.6
-, fusione ad . . 164.4
-, getto ad . . . 164.4
- piena, travatura con 145.2
-, spessore dell' 145.7
-, stantuffo ad . 187.2
Anker 210.5
-bürste 210.9
-, Fundament- . 287.9
-, Kern- 109.2
-, Kurzschluß- . 210.7
-kurzschlußbremse 106.12
- -bremsung . 107.1
- -schaltung . . 106.8
-platte 288.1
-spill 279.5
-, Spulen- . . . 210.6
-, Schleifring- . 210.6
-schraube . . . 88.10
-, Tauch- 109.1
-winde 272.5
Ankuppeln . . 415.1
-, den Wagen an das Seil 414.6
Ankuppelstelle 415.3
Ankupplung . 415.1
Anlage, Aufzug- 331.3
-, Belade- . . . 321.3
-, Entlade- . . . 321.2
-, Seilbahn- . . 392.4
-, Verlade- . . . 321.1
Anlaßapparat . 219.2
-stromstärke . 219.6
-stufe 219.8
-vorrichtung . 219.2
-widerstand . . 224.1
- -, Umkehr- . . 224.2
Anlassen 219.3
-, bei voller Belastung 219.5
-, den Aufzug . 346.5
- des Aufzuges 346.7
-, leer 219.4
Anlasser 219.7
-, Aufzug- . . . 346.4
-, Selbst- 219.9
-, Umkehr- . . . 220.1
-, Wende- . . . 220.1
Anlauf 4.6
-arbeit 5.6
-beschleunigung 5.5
-kraft 5.7
-moment . . . 5.8
-scheibe 257.5
-strom 209.3
-weg 4.9
-widerstand . . 5.4
-zeit 5.2
Anlaufen . . . 4.6
- der Maschine 182.7
-, die Maschine läuft an 182.6
-, die Maschine läuft leer an 183.4
-, die Maschine läuft unter Belastung an 183.3
Annealed cast iron 164.7
Anneau de fond 86.4
- - garniture . 185.7
- - joint 241.7
- - la chaine . 28.4
- - roulement . 90.6
- extérieur . . 108.7
- -inducteur . . 108.7
Annular magnet 56.7
- wedge coupling 400.7
Annulare, conduttura 236.8
Annuler, les forces s'annulent 132.2
Anpassungsvermögen des Kranes 283.7
Anreißen . . . 160.6
Anreißer 160.7
-bude 160.5
-werkstätte . . 160.5
Anschlagkette . 55.9
-punkt 415.3
-seil 55.9
-, Stockwerk- . 349.2
-vorrichtung . 415.4
- -, selbsttätige 415.7
Anschlagen . . 415.1
-, den Wagen an das Seil 414.6
- der Last . . . 56.2
-, die Last . . . 56.1
Anschließen . . 150.1
Anschlingen der Last 56.2
-, die Last . . . 56.1
Anschluß . . 149.10
-blech 150.3
-eisen 150.5
-kasten 205.10
- -, Erd- 205.11
-klemme 205.6
-leitung 203.8
-niet 150.8
-, Rohr- 237.2
-, Stab- 150.7

Anschlußstelle 150.2
-strecke 398.7
-stück 421.9
-, Träger- . . . 150.8
-winkel 150.4
Anschrauben . 119.2
Anspannen, das Seil 397.4
Anspannung des Seiles 397.5
Anspect 261.2
Anspringen, die Maschine springt an 182.6
Anstellen, die Pumpe 233.3
Anstreichen . . 161.1
Anstreicher . . 161.2
Anstrich 161.3
-, Grund- . . . 161.4
-, Mennig- . . . 161.5
-, Ölfarben- . . 161.6
Antenna 307.4
-, albero inclinato ad - inclinata di una grú a cesoia 307.9
Anterior, parte - del bastidor de la grúa 307.6
Anteriore, fune 389.6
-, nervatura . . 307.6
Anti-clockwise rotation 15.1
Anticonversione, virare 16.1
Antifriction, garnir un coussinet de métal 87.6
Antreiben . . . 176.2
Antrieb 176.1
-, Dampf- . . . 226.6
-, Druckluft- . . 234.8
-, Druckwasser- 228.6
-, Einzel- 176.4
-, elektrischer . 196.8
-, Elementar- . 182.2
-, Fahr- 252.3
-, Gruppen- . . 176.5
-, Hand- 177.7
-, Handrad- . . 181.2
-, Handketten- 181.6
-, Handseil- . . 181.7
-, Haspelrad- . 181.4
-, Ketten- . . . 33.3
-, Kettenrad- . . 73.5
-, Kolben- . . . 185.4
-, Kurbel- . . . 177.8
-laufrad 253.2
-leistung . . . 395.10
-, maschineller 182.2
-, Maschinen- . 182.2
-moment . . . 11.6
-motor 213.5
-rad 67.7
-, Ratschen- . . 180.9
-, Riemen- . . . 73.7
-ritzel 67.7
-scheibe 74.1, 184.9 395.9
-, Schneckenrad- 70.6
-seil 42.7, 184.8
-, Spindel- . . . 120.5
-station 395.8
-, Transmissions- 184.2
-, Turas- 372.6
-, Vierkantwellen- 184.4
Antriebvorrichtung 176.3
-welle 251.6
-, Wellen- . . . 184.3
-, Zahnrad- . . 63.2
Antriebsart . . 177.2
-kraft 177.3
-maschine . . . 182.3
-mittel 177.1
Anular, electro-imán 56.7
-, pivote 79.3
-, rangua . . . 86.3
-, tejuelo 86.3
Anulare, accoppiamento a cuneo 400.7
-, guarnizione . 181.5
-, - a sezione . 191.5
-, - - ad U . . . 191.6
-, magnete . . . 56.7
Anzeiger, Hub- 350.10
-, Stufen- . . . 350.9
Anzeigevorrichtung, Hub- 350.10
Anziehen der Bremse 98.6
- - Maschine . 182.7
-, die Bremse . 98.5
-, die Maschine zieht an 182.6
-, eine Schraube 118.6
Anzugbremse . 98.4
- des Keiles . . 78.1
-kraft . . . 5.7, 177.5
- - des Motors 209.5
-moment . 5.8, 177.6
Apaga-chispas electromagnético 217.8
Apagar la chispa 217.10
Aparato contador de vagonetas 408.2
- de arranque 219.2, 219.7
- - - automático 219.9
- - - del ascensor 346.4
- - - inversor . 220.1
- - cierre por garras para cables 418.8
- - elevación . 360.9
- - - del cable 417.2
- - levantamiento 1.1
- - - mandado por aire comprimido 235.2
- - maniobra, árbol de 245.5
- - - de palanca 348.4
- - - - volante 348.5
- - - por botones 349.5
- - monda . . . 371.5
- - - por succión 371.6
- - relevo del cable 417.2
- - retención del cable 401.2
- - seguridad del tornillo 115.8
- - - para agujas 421.6
- - suspensión 52.4
Aparato de suspensión de las garras 60.2
- - toma 56.5
- - transporte . 360.9
- descargador á inclinación 325.4
- elevador, motor del 251.5
- indicador . . 350.3
- para cargar hornos 316.4
- tensor . 208.1, 397.7
- - doble . . . 397.8
Aparejo 48.7
-, carro con - suspendido 276.1
- de cadena . . 51.5
- - grupos . . . 50.5
- - ruedas cilíndricas 50.8
- - tornillo sin fin 51.1
- - x poleas . . 49.6
- diferencial . 50.6
- gemelo . . . 51.8
- múltiple á potencia 50.4
- para grúa . . 52.2
- - la variación del brazo 260.7
- tensor 51.3
Aperta, cabina del manovratore 294.4
-, cinghia . . . 74.4
Aperto, motore 211.8
-, sopporto . . . 89.6
Apertura del freno 98.10
- - gancio . . . 52.7
- - ponte . . . 159.6
- - portale . . 304.7
- - pozzo . . . 335.4
- della mascella 411.4
- - tazza dragante 411.4
- di carico . . 335.5
- - scarico . . 335.6
-, disposizione di 414.1
-, scintilla di . 217.6
Aplanado, gorrón con extremo 79.6
Aplastar, la carga se aplasta 9.2
Aplicación del freno 99.3
- - trinquete . 94.6
-, duración de la - del freno 98.7
-, momento de . 131.5
Aplicado normalmente, freno 98.8
Aplicar el freno 98.5
- - trinquete . 94.5
- la lengueta . 94.5
- - vagoneta al cable 414.6
- una fuerza . 128.6
Aplicarse, el freno se aplica 99.6
Apoyada, viga - por dos puntos 187.1
-, - - - varios puntos 187.7
Apoyar la cabina 345.2
Apoyo 84.3, 187.2, 154.7 408.4
-, anillo de . . . 86.4
-, cojinete de . 86.9
-, columna de . 305.8
- de la cinta de freno 103.1
- - los rodillos de radamiento 405.7
- - pared . . . 92.1
- - silleta . . . 92.1
- del árbol . . 76.5
- fijo 154.8
-, freno de fricción sobre el 104.5
-, gorrón de . . 78.11
- móvil 154.9
-, pieza de - del cable 401.10
-, pirámide de . 306.2
-, placa de . . . 155.1
-, plancha de . 86.2
-, presión de . . 84.6
-, - del 187.5
-, - especifica de 84.7
-, punto de . . 187.3
-, reacción del . 187.5
-, soporte de . . 86.9
-, superficie de - del soporte 84.5
Apparat, Kupplungs- 415.4
-, Oberseil- . . . 415.5
-, Unterseil- . . 415.6
Apparatus, holding 324.4
-, pre-distribution 195.7
Apparecchi di sollevamento, freno per 111.3
Apparecchio a bilanciere 155.4
- - chiusura brusca 337.9
- - distribuzione preliminare 195.7
- - escavatore automatico 410.5
- - segmenti . 155.9
- - tazze capovolgibili 363.4
- d'attacco . . 52.4
- d'avviamento 219.2
- di inganciamento 415.4
- - manovra del l'ascensore 347.7
- - - di comando 347.7
- - presa . 56.5, 414.3
- - pressione del cavo 401.2
- - ritegno . . 324.4
- - scarico . . 328.8
- - sganciamento del cavo 416.3
- - sicurezza . 324.4
- - - dello scambio 421.6
- - sollevamento 1.1
- - - ad aria compressa 235.2
- - - del cavo . 417.2
- - sospensione del carico 407.1
- - - di branca 60.2
- - - - tanaglia 60.2
- - trasporto . 360.8

Apparecchio doppio tenditore 397.8
- per sostenere la cabina 344.6
- pigliafune . . 418.8
- portante . . . 52.4
- tenditore . . 397.7
Appareil central de manœuvre . 249.1
- d'arrêt 324.4
- d'extraction . 360.9
- de chargement 316.4
- - commande du châssis 373.6
- - curage . . . 371.5
- - - par aspiration 371.6
- - démarrage 219.2
- - frein 97.12
- - freinage . . 97.12
- - levage 1.1
- - - à air comprimé 235.2
- - - - deux vitesses 252.1
- - - - double tambour 252.2
- - - auxiliaire, pont roulant à 293.3
- - -, construction d'-s 280.3
- - -, fabrique d' -s 280.4
- - -, frein d'un 111.3
- - - pivotant, commande d' 259.2
- - manœuvre a du jeu, l' 244.8
- - - est sensible, l' 244.6
- - préhension 56.5
- - - automatique 410.5
- - retenue du câble 401.2
- - sécurité pour aiguillages 421.6
- - sûreté . . . 324.4
- - traînage . . 360.9
- - transport . 360.9
- déchargeur à inclinaison 325.4
-, frein d'un . . 111.6
- indicateur . . 350.3
- moteur . . . 182.3
- pour étrangler un passage 243.1
- - rétrécir un passage 243.1
- de suspension à griffes 60.2
- tendeur . . . 397.7
Applicare una forza 128.6
Application du câble sur le tambour 46.3
- - frein . . 98.6, 99.3
- rapide du sabot 99.3
Applicazione della fune sul tamburo 46.3
-, momento di - del carico 131.5
Applied moment 131.5
Applique, grue d' - 302.5
-, palier d' . . . 92.1
-, treuil d' . . . 270.2
Appliquer des contre-fiches 156.7
- le frein . . . 98.5
-, - -s'applique 99.6
- une force . . 128.6
Apply, to - a force 128.6
Appoggiata, trave 138.2
-, - - alle estremità 137.1
-, - - in più punti 137.7
-, - incastrata ed 139.10
Appoggio 137.2, 154.10
- a rulli 155.8
-, albero a collari d' 76.10
- fisso 154.8
- mobile 154.9
-, momento all' 137.8
-, perno d' . . . 78.11
-, piastra d' 88.7, 155.1
-, - - convessa . 155.3
-, pietra d' . . . 155.2
-, pressione d' . 84.6 137.5
-, punto d' . . . 137.3
-, reazione d' . 137.5
-, - sull' 154.7
-, scaricamento dell' 154.11
-, sopporto d' . 86.9
-, spostamento dell' 154.11
-, superficie d' . 84.5
Appontement . 319.5
Approfondissement par drague 374.4
Approvvigionamento, impianto per l'- delle locomotive 382.3
Aprire, il cassetto apre 193.11
- - freno . . . 98.9
-, la porta si apre di dentro 337.1
-, - - - - internamente 337.1
Appui . . 154.7, 403.4
- à balancier . 155.4
- - galets . . . 91.1
- - pendule . . 155.9
- - rotule . . . 155.4
- - rouleaux 91.1, 155.8
-, déplacement de l' 154.11
- du ruban . . 103.2
- fixe 154.8
-, moment par rapport aux -s 137.8
- mobile 154.9
- oscillant . . 155.9
-, palier d' . . . 86.9
-, plaque d'- à surface courbe 155.3
-, poutre reposant librement sur deux -s 137.1
-, pression aux -s 154.10
-, verrou d' . . 344.8
Apretar un tornillo 118.6, 118.7
Apriete, garra de 418.4
-, tornillo de . 117.6
Aprieto, placa de 328.6
Aprovisionamiento, instalación para el - de locomotoras 382.3
Apuntalar . . . 156.7
Arandela . 80.1, 113.10
Arbeit 21.3
-, Beschleunigungs- 20.1
-, Brems- 97.8
-, Hebe- 10.6
-, Hub- 10.6
-, Kran- 283.3
-, Leergangs- . 10.9
-, Leerlauf- 10.9, 189.3
-, Lüft- 109.7
-, Reibungs- . . 23.2
-, Schlitz- . . . 375.2
-, Zahnreibungs- 65.8
-, Zylinder- . . 190.4
Arbeitsaufwand 10.7
-bedarf 282.8
-bereich des Kranes 283.5
-druck 229.5
-feld, der Kran bestreicht ein 283.6
- - des Kranes 283.5
-flüssigkeit . . 230.2
-geschwindigkeit 9.9
-kolben 186.7
-last 1.3
-leistung . . . 21.5
-pause 282.5
-rolle 47.7
-verbrauch . . 282.9
-verlust 10.8
-vermögen . . 21.7
-zylinder . . . 189.4
Árbol 58.6, 75.7, 339.2
- acodado . . . 77.1
- cigüeñal . . . 77.1
- con gorrones 76.10
- cuadrado . . 76.8
- -, mando por 184.4
- de guía . . . 315.2
- - la contramarcha 251.3
- - - rueda dentada para cadena 31.6
- - mando . . . 251.6
- - manivela . 178.6
- - mecanismo de translación 253.3
- - transmisión 76.3
- del aparato de maniobra 245.5
- - tambor . . 43.6
- - tambor á cadena 372.5
- - tornillo sin fin 71.2
-, grúa de garras con - guiado 314.9
- hueco 76.7
-, la rueda esta montada en un extremo del 256.7
- liso 76.9
- loco 76.2
- macizo 76.6
Árbol, mando por - de transmisión 184.3
- motor 178.6
- porta-garras . 60.3
- principal . . 251.6
-, puente-grúa accionada por -es 291.6
Arbre 76.3
- à chaine . . . 31.6
- - fusées . . 76.10
- baladeur, mécanisme d'appareil de levage avec 252.1
- carré 76.8
-, commande par 184.3
- coudé 77.1
- creux 76.7
- de commande 251.6
- - guidage . . 339.3
- - l'appareil de manœuvre 245.5
- - la manivelle 178.6
- - renvoi . . . 251.3
- - roue porteuse 257.1
- - transmission intermédiaire 251.3
- - -, pont roulant à commande par 291.6
- - vis sans fin 71.2
- du mécanisme d'avancement 253.3
- - - de translation 253.3
- - pignon Gall 31.6
- - tambour . . 43.6
- - - à chaine . 372.5
- fou 76.2
- lisse 76.9
- massif 76.6
- plein 76.6
- principal . . 251.6
Arc, grip-hold . 101.9
- of rotation . 14.9
Arc à deux articulations 139.6
- - - rotules . . 139.6
- - trois articulations 138.10
- de rotation . 14.9
- embrassé . . 101.9
-, ferme en . . 138.8
- métallique . . 138.8
-, poutre en - surélevé 147.8
Arch, camber of an 138.9
-, hinged 138.8
-, rise of an . . 138.9
-, segment - hinged at abutment and centre 138.10
-, two hinged . 139.6
Arche 160.3
Arched-bridge . 160.3
- -girder 138.8
- metal bridge 139.6
Archimède, vis d' 370.4
Archives, monte-charge pour 355.5
Archivos, montacargas para 355.5
Arcilla, pieza de fundición colada en 164.3

Arco abbracciato 101.9
- a denti d'arresto 94.1
- - due cerniere 139.6
- - tre cerniere 138.10
- di rotazione . 14.9
- percorso nel girare 16.3
-, ponte ad . . 160.3
-, trave ad . . . 138.8
Arco de abrazo 101.9
- - dos articulaciones 139.6
- - rotación . . 14.9
-, puente de . . 160.3
-, viga articulada de 138.8
Area, influence 136.5
- of bearing . . 84.5
- - moment diagramm 135.7
- - section . . . 175.2
- - shearing force 136.3
-, power- 136.5
- served by crane 283.5
-, shear 136.3
-, slewing . . . 296.8
-, wind 154.4
Area della forza traversale 136.3
- - sezione . . 175.2
- - superficie . 175.2
- momento . . 135.7
- racchiusa dalla linea d'influenza 136.5
Área de influencia 136.5
- - la sección . 175.2
- - los esfuerzos cortantes 136.3
- - - momentos 135.7
Arena, contrapeso de - y lingotes 287.4
-, elevador de . 366.6
-, fundición en 163.4
Arêtes de la mâchoire 57.7
- - - tenaille . 57.7
-, distance entre 57.8
-, pression sur les 288.7
Arganello da parete murale 270.3
Argano . 181.5, 266.1 278.1
- a catena . . . 268.4
- - cavalletto . 270.1
- - cinghia . . 271.1
- - - di scarico 373.5
- - doppio cavo 269.5
- - - tamburo . 278.7
- - due tamburi 270.5
- - frizione . . 269.3
- - fune 268.1
- - - anteriore 373.3
- - - per miniera 268.2
- - - posteriore 373.4
- - gancio . . . 267.9
- - mano 270.8, 278.8
- - manovella . 270.9
- - ruote dentate 268.5
Argano a ruote di frizione 268.7
- - - - - a cuneo 268.8
- - tamburo . . 269.1
- - - per ruote a catena 269.2
- - vapore 271.3, 279.2
- - vite di trazione 268.2, 268.3
- - - perpetua . 268.6
- - - senza fine 268.6
- ad aspo . . . 278.9
- - un cavo . . 269.4
- - - tamburo . 270.4 278.5
-, arrestare l' . 93.2
- ausiliare . . . 267.7
-, bloccare l' . . 93.2
-, comando ad . 181.4
- d'estrazione . 272.2
- da ascensore 272.1
- - battelli . . 265.2
- - battello . . 279.6
- - botti . . . 265.4
- - magazzino 271.6
- - montacarichi 272.1
- - muro . . . 270.2
- - pietre . . . 265.3
- - scavo automatico 270.6
- dell'ascensore 345.6
- dello scaricatore a bilico 324.2
- di avanzamento 252.4
- - comando della catena 373.6
- - discesa . . 267.5
- - manvora per ancore 272.5
- - sicurezza . 267.8
- - smistamento 272.3
- - sollevamento 267.4
- elettrico 271.4, 279.4
- idraulico . 271.2, 279.3
- laterale . . . 373.1
-, meccanismo dell' 266.4
- murale 270.2
- per ancore . 279.5
- - cavo laterale 373.2
- - costruzioni 271.5
- - elevare un battello 357.2
- - gru 271.7
- - imbarcazioni 272.4
- - manovra ferroviaria 272.3
- - montacarichi d'alti forni 356.2
- - trivellazioni 272.6
- principale . . 267.6
- scorrevole a motore 273.1
- - - - su binario unico 273.2
- - - - - due binari 273.3
- - - - - - guide 273.3
- - - - - guida unica 273.2
Argano spostabile 272.7
- su carrello . . 272.8
- verticale . . . 279.5
Argilla, getto in 164.3
Aria, camera d' 233.1
-, cassa d' . . . 233.1
- compressa . . 234.5
- -, apparecchio di sollevamento ad 235.2
- -, centrale d' . 235.5
- -, comando ad 234.3
- -, condotta d' 235.1
- -, esercizio ad 234.4
- -, frenaggio ad 105.10
- -, freno ad . . 105.8
- -, impianto ad 234.8
- -, trasportatore ad 364.2
-, compressore d' 234.9
-, consumo d' . 234.7
-, cuscino d' . . 109.3
-, manica d' . . 235.3
- per il freno . 105.9
-, pressione dell' 234.6
Ariete, colpo d' 239.1
Ariete, golpe de 239.1
Arista superior del muelle 380.3
Arm, Ausleger- 277.6
-, Dreh- 277.4
-, Hebel- der Last 11.5
-, Kurbel- . . . 178.3
-, Last- . . 11.5, 277.4
-, Rad- 68.3
-, Zangen- . . . 57.5
Arm, counterbalance 286.3
-, crank 178.3
-, lever 178.3
-, jib 277.6
- of a wheel . 68.3
- - the force . 130.9
-, tong 57.5
-, wheel with -s 258.1
Armada, viga . 138.4
Armado, cable 205.1
-, tubo 377.1
Armadura . . . 210.5
- de la polea . 47.8
- - - torre . . . 306.4
- - motón . . . 49.1
- - - con gancho 49.4
- - - fijo . . . 49.2
- - - loco . . . 49.3
- - polo con núcleo corredizo 109.2
- para polea . 48.5
Armamento, gru d'- e disarmo d'arsenale militare 319.3
-, - - - - di navi 319.3
Armamiento, grúa de 319.3
Armario de distribución 213.8
Armata, trave . 138.4
-, - - con contraffissi 138.7
-, - - pensile . . 138.6
Armato, cavo . 205.1
- di piombo, cavo 205.2
Armato, tubo aspirante 377.1
Armatura . . 158.10
- a bilico . . . 324.2
- - torre 306.4
-, collegamento per messa in cortocircuito dell' 106.8
- del pozzo . . 334.6
- dell'ascensore 340.2
- della darsena 319.1
- - gabbia . . . 341.5
- - gru 294.7
- dello scalo . 319.1
- - scaricatore a bilico 323.11
- di sostegno . 305.8
-, frenaggio a cortocircuito dell' 107.1
-, freno a cortocircuito dell' 106.12
- in ferro . . . 159.1
- - legno . . . 159.2
Armature 210.5, 210.7
- brush 210.9
- short-circuit connection 106.8
Armature . . . 210.5
- à contrefiches 138.7
- de cabine . . 341.5
- de cage . . . 341.5
- - la cage . . 340.2
- - - plate-forme 340.2
- intérieure à noyau glissant 109.2
- latérale . . . 152.1
- plongeuse . . 109.1
- simple 138.6
Armazón . . 158.10
- de grúa de dique 319.1
- - la caja . . . 334.6
- - - - grada . 319.1
- del ascensor . 340.2
- - camarín . . 341.5
- - torno . . . 267.2
- para volcar 323.11
-, viga del - del techo 340.8
Armé, câble . . 205.1
-, tuyau 377.1
Armée, poutre 138.4
Armement, grue d' 319.3
Armierter Balken 138.4
Armoured cable 205.1
- hose 377.1
Aro de empaguetadura 241.7
- - guarnición de junta 241.7
- - rueda . . . 258.3
Arpione, arresto ad 93.4
Arpionismo a nottolino, freno con 104.7
-, arresto ad . . 93.4
- dell' argano . 267.1
Arquimedes, tornillo de 370.4
Arrachement, rivet travaillant à l' 122.5
Arrangement of crane 280.2
Arrancar . . . 219.3

• Arrancar á plena carga 219.5
- en vacio . . . 219.4
-, la máquina arranca 182.6
-, - - - - en vacío 183.4
Arranque . . . 139.5
-, aceleración de 5.5
-, aparato de . 219.2 219.7
-, articulación en los -s 139.2
-, camino reccorido durante el 4.9
-, corriente de . 209.3
- de la máquina 181.7
- del ascensor . 346.7
-, esfuerzo de . 5.7
-, - - - del motor 209.5
-, fuerza de . . 177.5
-, grado de . . 219.8
-, longitud para el 290.3
-, momento de 5.8, 7.6 177.6
-, reóstato de . 219.7
-, resistencia al 5.4
-, - de 224.1
-, tiempo necesario para el 5.2
-, trabajo de . . 5.6
Arrastrador de cable metálico 370.2
Arrastre, aguja de 421.1
-, cinta de . . . 94.2
- de simple acción 388.3
- por cable . . 388.1
- - - abierto . 388.5
- - - sin fin . . 389.1
- - - flotante . 390.3
- - cables de ida y vuelta 389.5
- - dos cables de ida y uno de vuelta 390.1
-, rueda de . . 184.6
- sobre plano inclinado 391.9
- - - - de doble acción 388.4
Arrestare il movimento della gru 281.8
- l'argano . . . 93.2
Arresting device 92.7
Arresto 92.7, 92.8, 342.1
- a cuneo, dispositivo d' 343.5
- - frizione . . 94.3
- - ginocchiera, dispositivo d' 343.7
- - pendolo, dispositivo d' 344.1
- ad arpinismo 93.4
- - arpione . . 93.4
-, anello d' . . . 77.8
- automatico . 11.9 12.2, 347.4
- -, meccanismo a trasmissione con 12.1
-, cavo d' . . . 412.1
- dell'argano . 267.1
- della cabina . 342.2
Arresto di sicurezza 93.3, 344.3
- - manovra . . 349.8
- - - della vite 115.8
-, dispositivo d' 92.7
- elettromagnetico 350.2
-, forza d' . . . 342.3
-, freno d' 111.9, 342.5
-, fune di posizione di 414.2
- magnetico della manovra 350.1
-, martinetto a vite con 262.4
-, organi d' . . 92.6
-, piastra d' . . 76.1
-, posizione d' . 220.4
-, robinetto d' . 242.7
-, spranga di . 408.9
-, strada percorsa dopo l' 5.1
-, tempo impiegato all' 5.3
-, vite d' 117.8
-, - perpetua ad - automatico 72.3
Arrêt, appareil d' 324.4, 342.5
- automatique . 12.2 324.7, 347.4
- -, mécanisme de transmission à 12.1
-, bague d' . . . 77.8
-, bloc d' . 343.1, 414.5
- brusque, choc dû à l' 342.4
-, butoir d' . . 327.5
-, câble d' . . . 412.1
-, cremaillère d' 342.8
-, crochet d' . . 93.8
- de l'ascenseur 346.9
- - sûreté de vis 115.8
-, dent d' . . . 93.7
-, dispositif d' . 324.1 342.4
-, excentrique d' 343.4
-, force d' . . . 342.3
-, frein d' 111.9, 113.1
-, griffe d' . . . 408.9
-, levier d' . . . 414.4
-, mâchoires d' 342.6
-, mécanisme d' 92.8
-, - - - sur voie 414.3
-, organes d' . . 92.6
- par griffes de la cabine 342.2
- - - - - cage . 342.2
-, plateau d' . . 344.5
-, robinet d' . . 242.7
-, soupape d' . . 242.2
-, temps nécessaire pour l' 5.3
-, trajet nécessaire à l' 5.1
-, verrou d' . . 342.7
-, vis d' 117.6
Arrête-cuffat . . 342.1
- supérieure du quai 380.3
Arrêter automatiquement, l'ascenseur s'arrête 347.3
- l'ascenseur . . 346.5
-, - s'arrête . . . 347.2
- l'engin de levage 93.2
Arrêter la marche de la grue 281.8
- - pompe . . . 233.4
- le treuil de levage 93.2
Arretierblech . 76.1
Arrière, marche 14.1
-, - en 221.6
-, tourner la manivelle en 180.3
-, virer en revenant en 16.2
Arrimer 320.6
Arriostrados en cruz para contrarrestar los vientos 153.9
Arriostramiento, tornillo de 117.4
-, tubo de . . . 117.5
Arriostrar . . . 151.9
Arriostras cruzadas 153.9
Arrollamiento alargado 39.8
- Albert 39.8
-, cinta de . . . 102.7
-, diámetro de - del cable 35.6
-, freno de cinta con muchos -s 102.6
- normal 39.7
-, tambor de . . 235.4
Arrollar el cable sobre el tambor 44.2
Arrosoir, pomme d' 237.7
Arrow point bracing 153.4
Arrumar 320.6
Arsenale, gru d'armamento e disarmo d' - militare 319.3
Artesa de transporte 379.2
Articolata, catena 29.7
-, tanaglia a leva 58.8
Articolato, freno 102.3
-, giunto 83.7
-, gru a puntone mobile 307.8
-, tubo 377.2
-, - a gomito . . 240.2
Articolazione . 83.8 138.11
- alla chiave . . 139.1
- - imposte . . 139.2
- della giuntura della tazza 372.3
-, perno d' . . . 83.9
- sferica 84.2
Articulación . . 83.8 138.11
- de bola . . . 84.2
- - cangilones . 372.3
- - rótula . . . 84.2
- en la clave . 139.1
- - los arranques 139.2
- esférica . . . 84.2
-, viga armada de tres -es 138.10
Articulada, cadena 29.7
-, palanca . . . 247.2
-, viga - de arco 138.8
-, - - - cordones paralelos 147.4
Articulada, viga poligonal 143.7
Articulado, acoplamiento 83.7
-, montante . . 156.2
-, tubo . . 240.2, 377.2
Articulated coupling 83.7
- pipe 240.2
Articulation . . 83.8 138.11
- à la clef . . . 139.1
-, accouplement à 83.7
Articulation, arc à deux -s 139.6
-, - - trois -s . 138.10
- au sommet . . 139.1
- aux naissances 139.2
-, chaine à -s . 29.7
- d'un godet . . 372.3
-, levier coude à 247.2
-, tourillon d' . 83.9
Articulé, boyau 377.2
-, joint 83.7
-, levier 247.2
-, montant . . . 156.2
-, tuyau 240.2
Ascendente a destra 143.2
- - sinistra . . . 143.3
Ascendente, diagonal - à la derecha 143.2
-, - - - - izquierda 143.3
Ascenseur . . . 331.1
- à cabine . . . 352.2
- - cage 352.2
- - commande à vapeur 353.3
- - - électrique 353.4
- - - par courroie 352.6
- - deux cabines 351.3
- - double chaine 356.6
- - piston . . . 351.6
- - plate-forme 352.1
-, appareil de démarrage d' 346.4
-, câble d' . 41.3, 332.7
-, cage d' 333.3
- commandé par transmission 352.5
-, conducteur d' 331.5
- de bateaux . 357.3
-, dispotif d' . . 331.2
- double 351.3
- équilibré . . 351.3
-, faire démarrer l' 346.5
- funiculaire de montagnes 395.2
- hydraulique . 352.7
- - à action indirecte 358.2
-, installation d' 331.2, 331.3
-, l'- démarre . 347.1
-, manœuvre de l' 346.,6, 347.7
-, manœuvrer l' 346.3
-, mécanisme moteur d' 345.3
-, moteur d' . . 345.9
-, piston d' 187.4, 351.7
- pour charges 351.2

Ascenseur pour le service de passagers 351.1
-, service de l'. 331.4
- sur plan incliné 351.5
-, système d'. 350.11
-, tambour d'. 345.7
-, treuil d' 272.1, 345.6
- vertical . . . 351.4
Ascension . . . 332.4
-, limite de . . 332.6
-, mouvement d' 6.4
Ascenso 332.4
-, dirección durante el 6.2
-, movimiento de 6.4
Ascensor . . . 331.1
- accionado por transmisión 352.5
-, armazón del 340.2
-, cable para . . 41.3
- con transmisión por correa 352.6
- de buques . . 357.3
- - cabina . . . 352.2
- - cadena doble 356.6
- - camarín . . 352.2
- - dos cables . 341.2
- - émbolo . . 351.6
- - personas . . 351.1
- - plataforma 352.1
- - un cable . . 341.1
- - vapor . . . 353.3
- doble 351.3
- eléctrico . . 353.4
-, émbolo para 187.4
- funicular de montañas 395.2
- hidráulico . . 352.7
- - de acción directa 353.1
- - - - indirecta 353.2
-, motor del . . 345.3
- para minerales 355.7
- - municiones 354.7
-, parada del . 346.9
- por plano inclinado 351.5
-, torno de . . . 272.1
- vertical . . . 351.4
Ascensore . . . 331.1
- a cabina . . . 352.2
- - mano . . . 352.3
- - piattaforma 352.1
- - pistone . . 351.6
- - sedia . . . 352.2
- - stantuffo . 351.6
- - trasmissione 352.5
-, argano da . . 272.1
-, armatura dell' 340.2
- comandato a vapore 353.3
-, comando dell' 346.5
- con comando a cinghia . . . 352.6
- - fune a mano 352.4
- da magazzino 353.5
- doppio 351.3
- elettrico . . . 353.4
- idraulico . . 352.7
- - ad azione diretta 353.1
- - - - indiretta 353.2
-, l'- cambia automaticamente la marcia 347.6
Ascensore, l' - inverte automaticamente la marcia 347.6
-, - si avvia . . 347.1
-, - - ferma . . 347.2
-, - - - automaticamente 347.3
-, - - - mette in moto 347.1
-, maneggio dell' 346.5
-, meccanismo motore dell'- ad azione diretta 345.4
-, - - - - - indiretta 345.5
- per persone . 351.1
- su piano inclinato 351.5
- verticale . . . 351.4
Ascesa 332.4
Aschenejektor . 364.5
Asfalto, mastice d' 160.10
-, masilla de . 160.10
Ash-ejector . . 364.5
Asiento, corona de 86.4
Asimétrica, grúa de caballete 295.1
-, - - portada . 305.3
Asimetrico, gru a portale 305.3
Aspa 55.5
Asphaltkitt . 160.10
Asphalte cement 160.10
- filling . . . 160.10
Asphalte, mastic d' 160.10
Aspiración, altura de - de la bomba 229.7
-, draga con conducto de 376.5
-, elevador de . 363.8
Aspirador de fangos 371.6
- hidráulico . . 364.3
-, parte inferior del- con lavacías de presión 376.7
-, tubo 364.1
Aspiradora, draga 376.1
Aspirante, drague 376.4
-, trompe . . . 364.1
Aspirante, draga - a pompa 376.4
-, - ad azione . 376.1
-, elevatore . . 363.8
-, testata del tubo - con depurazione a pressione 376.7
-, tromba . . . 364.1
-, tubo 376.8
-, - - armato . 377.1
Aspirante, trompa 364.1
Aspirateur de boues 371.6
- hydraulique . 364.3
-, tube 364.1
Aspiration, appareil de curage par 371.6
-, élévateur à . 363.8
-, hauteur d'- de la pompe 229.7
-, tuyau d' . . . 376.8
Aspiratore, tubo 364.1
Aspirazione, altezza di - della pompa 229.7
-, depuratore ad 371.6
-, draga a tubi d' 376.5
-, elevatore ad . 363.8
- idraulica, trasportatore ad 364.3
Aspo 269.7
-, argano ad . . 278.9
- dell'argano . 279.1
-, fune per . . . 41.5
Asse 75.7
-, carico dell' . 75.8
- dell'argano . 269.6
- della ruota portante montata con molla di sospensione 257.6
- di rotazione . 14.5 259.3
- fisso 75.9
- folle 76.2
-, girarsi attorno ad un 14.6
-, la ruota portante gira folle sull' 257.2
- portante della ruota 257.1
Assi, carrello a due 254.5
-, distanza tra gli 254.3
Assemblage point 150.10
Assemblage . . 140.1 148.5, 148.6, 149.10
- à contrefiches 138.7
- - emboîtement 240.6
- - équerre . . 151.2
- - vis de tuyaux 240.5
- au chantier . 160.8
-, cornière d' . 149.2 150.4
- d'angle . . . 151.2
- d'encoignure 151.2
-, fers d' 149.1
- par vis 118.4
-, point d' . . . 150.2
-, rivet d' 149.3, 150.6
- riveté 122.7
Assembler 148.7, 150.1
- des fers laminés 148.8
- par boulons . 118.8
- - vis 118.8
Assenza di torsione 84.5
Assiale, inflettere per effetto di compressione 172.6
-, piegarsi per effetto di compressione 172.6
-, sicurezza per compressione 172.5
Assiale, sollecitazione alla flessione per compressione 172.4
Assire, plaque d' 88.7
Assise, plaque d' 155.1
Assorbito, lavoro 10.7
Asta del cassetto 193.3
- dello stantuffo 185.8
- dentata . . . 68.8
- - d'arresto . . 342.8
- -, binda ad . 264.3
- di briglia . . 141.9
- - comando . . 347.8
- - corrente . . 141.9
- - distribuzione 243.6, 245.1
- - manovra . . 245.1 347.8
- - parete . . . 141.8
- - pressione . 245.4
- filettata . . . 120.2
- -, comando dell' 120.5
- -, cuscinetti dell' 120.3
-, lunghezza dell' 141.3
-, - teoretica d'un 140.5
- porta-branca . 60.3
-, sezione dell' . 141.4
- soggetta alla flesso-pressione, lunghezza dell' 172.3
- sotto compressa 141.6
- - pressione . 141.6
-, tensione in un' 141.2
Aste di sospensione della secchia 311.4
- - trasmissione 248.7
Astern running 14.1
Astillero, grúa de 318.6
Ataque, centro de 208.4
Atascar, los rodillos se atascan 91.4
Atelier d'appareils de levage 280.4
- de construction de charpentes métalliques 160.4
- - - des grues 280.4
- des traceurs . 160.5
-, pont roulant d' 309.1
Atmospheric, steam pressure above 227.1
Atornillar . . . 119.1
- en 119.3
Atrancarse, el cojinete se atranca 85.2
Atrás, marcha 14.1
-, movimiento . 221.6
-, torno de cable 378.4
Attaccare il carico al gancio 55.4
- - lingotto . . 317.8

Attacco . . . 149.10
- a chiusura della tenaglia 417.6
-, apparecchio d' 52.4
-, catena d'- delle tazze 371.10
- d'estremità della catena 45.8
- del nastro del freno 103.2
- - tubo 237.2
- della fune 36.8, 45.5
- delle rotaie . 328.5
- - travi 150.8
- diretto, motore per 212.3
-, lamiera di . . 150.3
-, morsetto d' . 205.6
-, organi d' . . 113.5
-, perno con piastra d' 79.6
-, piastra d' . . 328.6
-, punto d' . . . 150.2
-, squadra di . 150.3
-, vite d' 118.5
Attache 150.7
- à broche filetée 419.3
- - cliquets . . 418.3
- - fermeture . 417.6
- - griffes pour le câble 418.8
- - levier articulé 417.8
- - nœud . . . 418.2
- - vis 419.1
- automatique . 419.4
- d'une poutre 150.8
- de câbles . . 37.10
- - la chaine . 27.4
-, nœud d' . . . 391.2
- par nœuds . . 150.9
-, pièces d' . . . 113.5
-, point d'- des traverses 150.2
Attacher 150.1
- le wagonnet au câble 414.6
Attachment of chain 27.4
Attanagliare . 410.7
Attaque, moteur d' 213.5
Attelage, crochet d' 55.2
Attend, to - the crane 281.11
Attendance of crane 281.10
- - lift 331.4
Attendant, crane 281.9
-, lift 331.5
Atti, monta . . 355.5
Attiraglio a leve 245.6
Attorcimento della catena a tornichetto 28.2
Attraction, électro-aimant à 109.8
-, frein électromagnétique à 109.8
Attrappo di morsa 342.5
Attrazione, freno magnetico d' 109.8
Attrezzi da calderaio 125.4
- per la chiodatura 125.4
Attrito 22.2
- a carico massimo 23.1
- - vuoto . . . 22.9
- del perno . . 78.9
- della catena . 26.3
- - fune 35.8
- delle girelle di scorrimento 405.9
- - puleggie di scorrimento 405.9
- - rotelle di scorrimento 405.9
- fra i denti . . 65.7
-, lavoro d'- fra i denti 65.8
- nella marcia a vuoto 22.9
- radente . . . 22.7
- volvente . . . 22.8
Auffahrt 332.4
Aufgabevorrichtung 368.7
Aufgesetzter Zahnkranz 68.4
Aufhängebügel 407.4
-stütze 207.9
Aufhängung der Kette 27.4
-, Last- 52.3
Aufheben, die Kräfte heben sich auf 132.2
Aufklappbarer Ausleger 299.4
Aufklappen, den Ausleger 299.5
Aufkurbeln . . 179.8
Auflager . . . 154.7
-, bewegliches . 154.9
-druck . . 84.6, 154.10
- -, spezifischer 84.7
-, festes 154.8
-fläche 84.5
-platte 155.1
-reaktion . . 154.10
-schuh . . 401.10, 406.3
- -, drehbarer . 402.2
- -, pendelnder 402.2
-stein 155.2
Auflauf 25.3
-zunge 330.3
AuflaufenderStrang 25.1
Auflaufendes Kettenende 25.1
- Seilende . . . 25.1
Auflegen, das Seil 401.9
- des Seiles auf die Trommel 46.3
Aufnehmen, die Last 9.4
-, eine Last mit den Pratzen 60.5
-, mit dem Greifer 410.7
- vom Lager . . 383.8
Aufreiben, die Nietlöcher 121.8
Aufsatzschlüssel 119.9
Aufschrumpfen, einen Ring 77.8
Aufsetzen, den Fahrstuhl 345.2
- des Fahrstuhles 345.1
Aufsetzvorrichtung 344.6
Aufstellen, den Kran 281.4
Aufstellung, Kran- 281.3
Aufwand, Arbeits- 10.7
Aufwärtsbewegung 6.4
-gang 6.4
Aufwickellänge der Trommel 44.5
Aufwickeln, das Seil auf die Trommel 44.2
Aufwicklungsdurchmesser des Seiles 35.6
Aufwinden . . 266.2
Aufwurfwagen 369.1
Aufziehen, einen Radreifen 258.4
-, - Ring warm 77.8
Aufzug 331.1
-, Akten- 355.5
-anlage 331.3
-anlasser . . . 346.4
-, Bahnhof- . . 354.3
-, Bau- 354.2
-bedienung . . 331.4
-, Berg- 395.2
-, Brief- 355.3
-, Bücher- . . . 355.4
-, Dampf- . . . 353.3
-, Doppel- . . . 351.3
-, Doppelketten- 356.6
-, elektrischer . 353.4
-, Erz- 355.7
-, Fahrstuhl- . . 352.2
-, Faß- 354.6
-führer 331.5
- für Lastenbeförderung 351.2
- - Personenbeförderung 351.1
-, Gepäck- . . . 354.3
-gerüst 334.6
-, Gicht- 356.1
-, Hand- 352.3
-, Handseil- . . 352.4
-, hydraulischer 352.7
-, Keller- 354.1
-kipper 325.2
-, Kohlen- . . . 355.6
-kolben . 187.4, 351.7
-, Lasten- . . . 351.2
-, Luken- 353.7
-maschine . . . 345.3
- -, mittelbar wirkende 345.5
- -, unmittelbar wirkende 345.4
-, Material- . . . 351.2
- mit Riemenbetrieb 352.6
-motor 345.9
-, mittelbar wirkender hydraulischer 353.2
-, Munitions- . . 354.7
-, Paternoster- . 356.5
-, Personen- . . 351.1
-, Plattform- . . 352.1
-, Sack- 354.5
Aufzugschacht 333.3
-, Schiffs- . . . 357.1
-, Schräg- . . . 351.5
-seil . . . 41.3, 332.7
-, senkrechter . 351.4
-, Speicher- . . 353.5
-, Speisen- . . . 355.2
-stempel 351.7
-, Stempel- . . . 351.6
-steuerung . . . 347.7
-system . . . 350.11
-, Transmissions- 352.5
-trommel . . . 345.7
-, unmittelbar wirkender hydraulischer 353.1
-, Vertikal- . . . 351.4
-vorrichtung . 331.2
-, Waggon- . . 354.4
-, Waren- . . . 351.2
-wärter 331.5
-winde . . 272.1, 345.6
- -, Gicht- . . . 356.2
-, Wirtschafts- . 355.1
Auge, Laschen- 29.9
Augenblickschalter 215.6
-lager 89.1
Auge 379.2
- de transport 379.2
- surélevée . . 381.1
Auget . . 361.7, 411.1
- basculant . . 363.5
Augets, chaine à 361.6
-, transporteur à 361.6
Augmentation brusque du courant 221.3
- de vitesse par la transmission 62.2
Augmenter la vitesse 62.3
Aumentar la velocidad por multiplicación 62.3
Aumento, trasmettere il movimento con - di velocità 62.3
-, trasmissione con - di velocità 62.2
Aumento, transmisión con - de velocidad 62.2
Ausbaggern . . 370.9
Ausbalancieren, die Last durch Gegengewichte 286.1
Ausblasen, den Funken 217.10
Ausbüchsen, das Lager 89.3
Ausdrücken, den Block aus der Kokille 314.4
Ausfahren, die Katze 274.4
Ausfüttern, ein Lager 87.5
Ausgangstation 396.3
Ausgebüchstes Lager 89.4
- Laufrad . . . 257.3
Ausgefahren, die Katze ist 274.6

Ausgefahrene Katze 274.3
- Stellung, die Katze befindet sich in -r 274.6
Ausgießen, ein Lager mit Weißmetall 87.6
Ausgleichen, die Last durch Gegengewichte 286.1
Ausgleicher, Drall- 84.6
Ausgleichhebel 52.1
Ausheben, das Seil hebt sich aus der Gabel aus 417.1
- des Seiles aus der Gabel 416.9
Aushilfsmaschine 182.5
Ausiliare, accumulatore 232.8
-, carrello . . . 275.1
-, gru a ponte con meccanismo di sollevamento 293.3
-, macchina . . 182.4
-, motore 213.6
Auskippen, das Kippgefäß 409.2
- des Kippgefäßes 409.1
Auskippstelle . 409.4
-vorrichtung . 409.3
Auskitten, die Fugen 160.9
Ausklinken 94.7, 95.1
Ausknicken . 172.6
Auskuppeln . . 415.2
Auskupplung . 415.2
Ausladeöffnung 335.6
Ausladung, Drehkran mit veränderlicher 296.4
-, Gegengewicht- 299.8
-, Gesamt- . . . 296.3
-, Nutz- 296.2
-, nutzbare . . 296.2
-, Veränderlichkeit der 17.7
-, Veränderung der 296.5
-, Verstellen der 17.2
-, Verstellung der 296.5
Auslauf 4.8
-schurre, fahrbare 386.7
-weg 5.1
-zeit 5.3
Auslaufen . . . 4.8
-, das Lager läuft sich aus 84.9
Auslegen . . . 17.5
-, den Hebel . . 246.4
Ausleger 277.4, 297.1
-arm 277.6
-, aufklappbarer 299.4
-baum 297.5
-, beweglicher . 298.4
-bewegung . . 298.5
-bockkran . . . 295.4
-brücke 160.2
-, den - auslegen 17.5
-, den - einziehen 17.4
Ausleger, einziehbarer 299.1
-, Fachwerk- . . 297.6
-, Fairbairn- . . 298.3
-, Gegengewicht- 299.7
-, geknickter . 298.2
-, gerader . . . 298.1
-, hochklappbarer 299.4
-höhe 296.1
-katze 277.5
-, Klapp- 299.4
-kopf 297.3
-, Last- 299.6
-laufkran . . . 292.7
-rolle 297.4
- -Speicheraufzug 358.6
-spindel 260.5
-träger 297.5
-, umlegbarer . 298.8
-, versteckbarer 298.6
-, vollwandiger 297.7
-, Wipp- 299.1
-zugwerk . . . 260.4
Auslösen, die Sperrung 93.1
Auslösevorrichtung 414.1
Auslösung, Wagen- 416.4
Auslösungskupplung 81.6
Ausrückkupplung 81.6
-muffe 81.7
-vorrichtung . 82.2
Ausrücken der Kupplung 82.6
-, die Klinke . . 94.7
-, die Kupplung 82.5
Ausrückung der Kupplung 82.6
-, Stockwerk- . 349.1
Ausrüstung, elektrische 197.2
Ausrüstungskran 319.3
Ausschaltfunke 217.6
-stellung . . . 220.4
Ausschalten . . 214.3
Ausschalter, einpoliger 214.6
-, Haupt- . . . 214.9
-, Hebel- 215.2
-, Höchststrom- 216.2
-, Kohlen- . . . 215.5
-, Maximal- . . 216.2
-, mehrpoliger . 214.8
-, Nullspannungs- 216.1
-, Selbst- 215.9
-, Sicherheits- . 216.4
-, zweipoliger . 214.7
Ausschlag, Hebel- 245.9
Außensteuerung 348.6
-verzahnung . 67.3
Äußere Kraft . 132.4
Äußerste Laststellung 3.3
Aussteifung . . 152.1
-, Gurt- 146.6
Ausströmrohr . 240.4
-ventil 196.4
Ausströmungsrohr 240.4
Auswechselbar, Hubwerk mit -em Vorgelege 252.1
Auswechselbare Räderübersetzung 63.6
Ausweichlager 184.5
Auswurfhaube des Elevators 362.4
Ausziehvorrichtung 318.5
Auto-excitation 211.4
- -freinage du moteur 107.2
Auto-excitación 211.4
- -frenado del motor 107.2
-inducción, bobina de 202.1
Autoaggancia-mento, disposizione di 415.7
Autochiudentesi, porta 336.7
Autochiusura . 12.2
Autoeccitazione 211.4
Auto-frenaggio del motore 107.2
Autoinduzione, abbassare l'intensità della corrente a mezzo dell' 202.2
-, bobina d' . . 202.1
Automat 419.4
Automatic brake 112.7
- braking of motor 107.2
- circuit breaker 215.9
- coupling device 415.7
- device 419.4
- discharge . . 410.2
- discharger . . 378.7
- door locking device 337.8
- emptying tub 410.1
- grab 410.6
- -, crab with . 276.5
- - crane . . . 309.6
- - winch . . . 270.6
- gripping action 410.4
- holding device 324.7
- isolating valve 241.9
- load sustained brake 104.7
- reversal . . . 347.5
- starter 219.9
- stoppage . . . 347.4
- stopping . . . 11.9
- tipper 378.7
Automatica, chiusura - del freno 99.8
-, - - della porta 337.8
-, contrappeso a registrazione 286.8
-, fermata . . . 347.4
-, inversione di moto 347.5
-, piano-inclinato per trazione 361.4
-, sopporto con lubrificazione - ad anello 90.3
Automatico, accoppiamento 419.4
-, arresto 11.9, 12.2, 347.4
-, avviatore . . 219.9
-, disposizione di ritegno 324.7
-, freno 112.7
-, gru da fonderia con dispositivo di rotazione 312.2
-, - a cucchiaio 309.6
-, - di scavo . . 309.6
-, scaricamento 410.2
-, vagoncino a scarico 368.6
-, - scaricatore 378.7
-, vite perpetua ad arresto 72.3
Automática, carro con pala-draga 276.5
-, contrapeso de regulación 286.8
-, cuchara . . . 410.6
-, descarga . . . 410.2
-, detención . . 11.9
-, grúa de pala-draga 309.6
-, - para fundición con disposición de bascula 312.2
-, parada 347.4
Automático, cierre 12.2
-, - - del freno 99.8
-, freno 112.7
-, interruptor . 215.9
-, mecanismo de cierre 12.3
-, puerta de cierre 336.7
Automatically adjusting counterweight 286.8
Automaticamente, l'ascensore si ferma 347.3
-, manovrare . 244.4
Automáticamente, maniobrar 244.4
Automatique, arrêt 324.7, 347.4
-, fermeture . . 337.8
-, frein 112.7
-, mâchoire . . 410.6
-, porte à fermeture 336.7
-, wagonnet basculant 378.7
Automatisch gesteuert 244.4
Automoteur, treuil à chariot 278.1
-, - - - sur simple rail 278.2
Automotor, plano inclinado 361.4
-, torno de carro 278.1
Autoregolatore, pattino di guida 339.4
Autoregulador, patín de deslizamiento 339.4
Auto-trainante, meccanismo di traslazione 252.3

Auxiliaire, machine 182.4
–, treuil 251.8
Auxiliar, acumulador 232.8
–, carro 275.1
–, máquina . . . 182.4
–, motor 213.6
–, torno 251.8
Auxiliary accumulator 232.8
– crab . . 251.8, 275.1
– –, travelling crane with 293.3
– engine 182.4
– motor 213.6
– winch 267.7
Avancement, mécanisme d' 252.3
–, tambour d' . 252.5
–, treuil d' . . . 252.4
Avant, marche 13.10
–, – en 221.5
–, orienter en . . 16.1
–, tourner la manivelle en 180.2
–, virer en . . . 16.1
Avanti, girare la manovella in 180.2
–, marcia in . . 13.10
–, movimento in 221.5
–, virare in . . . 16.1
Avanzamento, argano di 252.4
–, motrice d' . . 253.2
–, trasmissione d' 253.2
Avanzata . . . 13.10
Average speed . 21.1
Avviamento . . 4.6
–, accelerazione d' 5.5
Avviamento, apparecchio d' 219.2
–, corrente d' . 209.3
– del tamburo a catena 372.6
– della macchina 182.7
– di 290.3
–, forza d' . . . 177.5
–, gradino d' . . 219.8
–, intensità di corrente d' 219.6
–, lavoro d' . . . 5.6
–, – di 395.10
–, momento d' 5.8, 177.6
–, posizione d'– per la discesa 221.2
–, resistenza d' . . 5.4 224.1
–, resistenza d'inversione e d' 224.2
–, sforzo d' . . . 5.7
–, – – – del motore 209.5
–, stazione di . 395.8
–, strada percorsa durante l' 4.9
–, tempo impiegato all' 5.2
Avviare 219.3
– a pieno carico 219.5
– – vuoto . . . 219.4
– in movimento la gru 281.7
–, la macchina s'avvia 182.6
–, – – – a vuoto 183.4
–, – – – sotto carico 183.3
Avviare, l'ascensore si avvia 347.1
Avviarsi, la macchina s'avvia 182.6
Avviatore 219.2, 219.7
– automatico . 219.5
– -commutatore 220.1
– dell'ascensore 346.4
Avvitare 119.1
– in 119.3
– insieme . . . 118.5
– su 119.2
Avvolgere la fune in posizione sul tamburo 44.3
– – – sul tamburo 44.2
Avvolgimenti, freno a nastro con ripetuti 102.6
Avvolgimento, diametro d'– della fune 35.6
–, lunghezza d'– del tamburo 44.1
–, nastro d' . . . 102.7
–, tamburo d' . 270.7
Avvolta, fune – a destra 34.1
–, – – – sinistra 34.2
Axe 79.10, 75.7
– de frein . . . 96.9
– – l'appareil le manœuvre 245.5
– – pivotation . 14.5
– – rotation . . 259.3
– du wagonnet 408.7
– fileté 120.2
– fixe 75.9
– passant par le centre de gravité 285.4
Axe, tourner autour d'un 14.6
Axes, distance between 67.6
Axial, frein . . 104.5
Axial, freno de fricción 104.5
Axis of centre of gravity 285.4
– – rotation . . 14.5
– – slewing . . 14.5
–, slewing . . . 259.3
–, rotation . . . 259.3
–, to rotate about an 14.6
Axle 75.7
–, chain pinion and 81.6
–, loose 76.2
– mounted on springs 257.6
–, movable . . . 76.2
– of traversing wheel 257.1
–, rigid 75.9
Azione aspirante, draga ad 376.1
– del freno . . 97.5
– di stantuffi, draga con 376.4
– diretta, ascensore idraulico ad 358.1
– indiretta, ascensore idraulico ad 358.2
– semplice, alaggio ad 388.3
– –, rimorchio ad 388.3

B.

Babbit 87.4
–, to 87.5
–, to – a bearing 87.6
Babord, inclinaison latérale à 308.8
Bac d'ascenseur de bateaux 357.4
– d'élévateur de bateaux 357.4
– de transport de la vase 371.2
–, guidage des –s 357.5
Bâche . . 359.3, 378.8
– basculante . . 379.1
– d'eau. 231.2
Bacino collettore 236.7
Back-current . 201.5
– – brake . . . 107.7
– – connection 107.6
– –, electric braking by means of 108.1
– electromotive force 198.10
– play, the controlling gear has 244.8
–, running – of the load 9.7
Backe, Brems- . 101.4
–, Einsatz- . . . 417.4
–, Führungs- . . 339.3
Backe, Klemm- 94.4, 343.2, 418.5
Backed, saddle – girder 147.8
Backenbremse 101.3
– –, doppelseitige 101.5
–, Greif- 411.3
Backing, saddle 147.9
Backward, running 221.6
Backwards, slewing 16.2
–, swinging . . 16.2
–, to turn the handle 180.3
Bag conveyor 367.10
Bagages, monte- 354.3
Bagger 370.8
–, Dampf- . . . 371.4
–, Drehschaufel- 410.6
-eimer 371.8
–, Eimerketten- 371.7
–, – – mit geneigter Leiter 373.8
–, – – mit senkrechter Leiter 373.7
–, Greif- . 377.3, 410.6
-gut 371.1
–, Hand- 371.3
–, Hoch- 374.1
Bagger, Hopper- 376.5
-kette 372.2
–, Ketten- . . . 376.2
–, Löffel- 374.6
–, Naß- 375.4
-prahm 371.2
–, Pumpen- . . . 376.4
–, Pumpenschacht- 376.5
-sack 375.8
–, Sack- 375.7
–, Saug- 376.4
–, Schaufelketten- 376.3
–, Schwemm- . 376.1
–, Schwimm- . . 375.4
–, Stiel- 375.5
–, stielloser . . 375.6
–, Tief- 374.3
–, Trocken- . . 374.5
-trommel . . . 372.4
–, Vertikal- . . 373.7
–, Zangen- . . . 375.9
Baggern 370.9
Baggerung, Hoch- 374.2
–, Schlitz- . . . 374.9
–, Seiten- 375.3
–, Tief- 374.4
Bague 89.2
– d'arrêt 77.6
Bague de fond du presseétoupe 190.7
– – frottement 207.6
– – galet 257.4
– – garde . . . 257.5
– – garniture 191.4, 185.7
– – graissage . 77.4
– – projection d'huile 77.4
– – roulement . 90.6
– du presse-étoupe 190.6
–, emmancher une – à chaud 77.8
– et clavette, accouplement à 400.7
– extensible . . 88.5
– – fendue, accouplement à 88.4
–, palier avec graisseur à 90.3
– taraudée . . . 118.3
Bahn der Bewegung 18.3
–, Fahr- . 13.8, 326.1
–, Förder- 333.7, 359.4
–, Führungs- . . 338.8
–, Gefälle- . . . 361.4
–, Gegengewicht- 338.8

Bahn, gleislose 361.1
–, Gleit- 338.8
–, Hänge- . . . 419.6
-hofaufzug . . 354.3
–, Hub- 6.9
–, Kontakt- . . 218.5
–, Kran- 327.2
–, Kugel- 90.6
–, Lauf- 18.8, 90.6, 326.1
–, Laufkatzen- . 274.7
–, Rollen- . . . 259.7
–, Schieber- . . 193.5
-widerstand . . 18.4
Baisser le chien 94.5
- - doigt . . . 94.5
Baja presión, distribución de 192.7
Bajada 332.5
–, combinador del freno de 222.1
–, posición de . 220.6
–, - del freno de 220.8
Bajar 266.3
- la carga . . . 8.2
–, - - baja . . . 8.4
- - - por medio del freno 112.4
- una carga haciendo girar la manivela 180.1
Bajo, piso . . . 335.2
Baladeur, engrenage à -s 64.1
–, pignon . . . 63.8
Baladeuse, roue dentée 63.8
Balai 206.7, 210.9, 207.7
- d'induit . . . 210.9
–, porte 211.1
Balance, the forces - each other 131.7, 132.2
- weight 286.2
- –, adjustable . 286.6
- - drum . . . 345.8
- –, fixed 286.5
- –, path of . . 333.8
Balanced slide valve 194.6
Balancier 521.1, 261.4
–, Laufrad- . . . 254.5
Balancier 521.1, 254.5 261.4
–, appui à . . . 155.4
- inférieur . . . 155.7
- supérieur . . 155.6
Balancin . . . 52.1
- del carro . . 254.5
Balancing device 254.5
- lever 52.1
- of forces . . . 131.6
Balas, transportador de 368.1
Balaustrada . 157.10
Bale transporter 368.1
Baled goods . . 384.3
Balken, armierter 138.4
- auf mehreren Stützen 137.7
- - zwei Stützen 137.1
-brücke 159.9
–, Decken- . . . 340.8
–, durchlaufender 137.7
–, eingespannter 139.7
Balken, frei aufliegender 137.1
–, halb eingespannter 139.10
–, Gerber- . . . 138.1
–, Kran- 289.5
–, Temperley- . 295.7
–, Trag- . 340.8, 403.7
–, versteifter . . 138.4
Ball 90.5
- and socket bearing 91.7
- - - joint . . . 84.2
- bearing . . . 90.4
- collar thrust-bearing 86.5
- distance ring 90.7
- journal . . . 79.5
- race 90.6
–, weight of . . 53.8
Ballastgewicht 286.2
Ballast, caisse à 287.1
Balle, trasportatore di 368.1
Ballenförderer 368.1
-transporteur . 368.1
Balles, transporteur de 368.1
Ballig, Laufrad mit -er Lauffläche 256.5
Ballots, transporteur de 368.1
Balustrade . . 157.10
Balustre 158.1
Banchina . . . 380.1
- d'imbarco . . 380.2
–, elevatore da . 364.7
–, gru a portale da 305.2
–, spigolo superiore della 380.3
Band, Brems- . 101.8
-bremse 101.7
- - mit doppelter Umschlingung 102.6
- –, Schling- . . 102.6
- –, Spiral- . . . 102.8
-eisen 168.1
–, Förder- . . . 367.3
–, Kratz- 369.4
–, Lese- 367.9
–, Schling- . . . 102.7
-seil 40.9
–, Steig- 367.8
-transport . . . 367.4
–, Transport- . . 366.3
-transporteur . 367.2
–, Zug- . . 138.5, 141.5
Band brake . . . 101.7
–, brake . 101.8, 102.7
–, brake-coupling 83.3
- –, spiral . . . 102.8
- - with double embrace 102.6
- - - - turn . . 102.6
–, collecting . . 367.9
–, elevator . . . 363.1
- tension . . . 102.1
Bandage 258.3
Bandage de roue 258.3
–, roue à 258.2
Bandagenrad . 258.2
Bandaje de rueda 258.3
Bande à godets 362.7
–, accouplement à friction par 83.3
Bande, angle de 308.8
- avec blochets, frein à 102.3
–, brin collecteur de la 367.6
- collectrice 367.6, 367.9
- d'élévateur . 363.1
- d'entrainement des cliquets 94.2
- d'un convoyeur 368.3
- - transporteur 368.3
- de frein . . . 101.8
- - - à fourrure de cuir 102.5
- - - avec blochets en bois 102.4
- - transport inclinée 367.8
- distributrice 367.7
–, élévateur à . 362.7
–, frein à 101.7
–, plate- 146.2
–, rouleau pour courber la 367.5
–, transport par 367.4
–, - sur 367.4
–, transporteur à 367.2
- transporteuse 167.3, 367.3
Banne 359.3
Bannel iron . . 168.6
Bar 141.1, 269.7, 279.1 338.2
- capstan . . . 278.9
- centre 141.7
- connection . 150.7
–, guide 339.1
–, hexagonal . . 167.9
- iron 167.6
- - crane . . . 315.9
- - store 383.5
- joint 150.7
–, key 141.7
- length 141.3
- –, theoretical . 140.5
–, line 204.8
–, locking . . . 338.4
- of flange . . 141.9
–, pinch 261.1
–, rail- 158.1
–, safety 338.3
- section . . . 141.4
–, shod 261.2
–, support . . . 344.8
- tension . . . 141.2
Barco 322.8
- carbonero . . 323.7
- de carga . . . 323.4
Barcone carboniero 382.4
Bare line . . . 204.3
Barge, cargo . 323.4
Barile, catena da 56.3
Barils, monte- . 354.6
Barnizar 161.7
Barque de chargement 323.4
- - déchargement 323.4
Barra 141.1
–, almacén de hierros en -s 383.5
- central del cordón superior 141.7
- conductora . 204.8
Barra de guía . 339.1
- del cordón inferior 138.5
- - torno . . . 269.7
–, grúa para el transporte de -s de hierro 315.9
–, hierro en -s . 167.6
- inclinada 141.8 141.9
- sometida á la compresión 141.6
- - - - tracción 141.5
Barras de hierro 167.6
Barre 141.1
- à six pans . . 167.9
- conductrice . 204.8
- d'accouplement, -s 82.1
- d'appui . . . 344.8
- d' embrayage, -s 82.1
- de cabestan . 279.1
- - traction . . 245.3
- - treillis . . . 141.8
- - treuil . . . 269.7
–, deux systèmes de -s non situés dans un même plan 143.9
- diagonale . . 142.7
- - travaillant à l'extension 142.8
- exerçant une poussée 245.4
- - - pression . 245.4
–, fer en -s . . . 167.6
–, grue à transporter les -s de fer 315.9
–, plusieurs systèmes de -s non situés dans un même plan 143.9
- tendue à l'extension 141.5
–, tension de . . 141.2
- travaillant à l'extension 141.5
- - - la compression 141.6
- verticale . . . 143.5
Barre, ferro in 167.6
Barreau vertical de garde-corps 158.1
- - - rampe . . 158.1
Barrel chain . . 56.3
–, drum 42.10
- elevator . . . 365.6
- hoist . . 354.6, 365.6
- lift 354.6
–, load 251.1
- winch 265.4
–, winch 266.5
Barren 167.1
Barrera 338.4
- corrediza . . 336.5
Barrière en treillis à glissière 336.5
–, tige de fermeture de la 338.4
Barriles, monta- 354.6
–, torno para . . 265.4
Barrow, wheel . 361.2
Bascula, descarga por movimiento de 409.1
–, disposición de 312.1

Bascula movimiento de 17.1
- para grúa 325.5
-, soporte de 155.4
Basculador 323.8
- de cuba 378.6
- - curva 325.1
- - giro completo 325.7
- - grúa 325.2
- rotatorio 325.6
Basculant en avant, wagon 378.4
-, godet 363.5
- latéralement, wagon 378.5
-, wagon 378.3
-, wagonnet 408.8
Basculante, bâche 379.1
Basculante, vagon - por delante 378.4
Bascular, descargar haciendo - la vagoneta 409.2
Bascule 261.4, 312.1 323.8
- circulaire 325.6
- de chargement 316.5
-, déchargement par mouvement de 409.1
-, extrémité de 316.6
-, grue de coulée à dispositif de 312.2
-, mécanisme de 409.3
-, mouvement de 323.10
-, tête de 316.6
Basculer, action de faire - le creuset 311.8
-, décharger en faisant - le wagonnet 409.2
-, dispositif pour faire 312.1
-, faire 323.9
-, - - la griffe 61.1
Basculeur 323.8
- à auge 378.6
- - retournement 325.7
-, charpente de 323.11 325.3
-, chevalet de 323.11
-, commande de 324.2
- d'élévateur 325.2
- de charbon 324.9
- - grue 325.5, 325.2
- - minerais 324.10
- - wagon 324.8
-, plate-forme de 324.1
-, treuil de 324.2
Base of foundation 288.5
-, pedestal 88.5
- -plate 155.1
-, wheel 254.3
Base de la fondation 288.5
-, circolo de 64.5
-, collare di 190.7
- del portale 304.6
- - puntone 297.2
Base, perno di 79.2
-, slitta di 262.9
-, sopporto di 300.2
Base de la cimentación 288.5
- del diente 65.3
-, soporte de 155.7
Bassa pressione, distribuzione a 192.7
Bassin, Rücklauf- 286.7
Bassin collecteur 286.7
Bastidor 151.5
- de guía 277.2, 315.1
- - - de la cadena de cangilones 372.1
- de la grúa 294.7
- del carro 273.5
-, parte anterior del - de la grúa 307.6
-, torno de mando del - de guía 373.6
Bateau 322.8
-, bac d'ascenseur de -x 357.4
-, - d'élévateur de -x 557.4
- charbonnier 323.7
-, élévateur de -x 357.3
- -grue 308.5
-, monte-charge pour -x 364.8
-, plan incliné pour -x 357.1
-, transport aérien pour le service des -x de mer 394.8
-, treuil de -x 265.2
-, - - plan incliné de -x 357.2
Batería de acumuladores 197.6
- - compensación 197.7
- tampón 197.7
Bâti avec palier 92.3
- de cabine 341.5
- - cage 341.5
- - chariot 273.5
- - treuil 267.2
-, treuil à 270.1
Batido, acero 165.4
Bâtiment 161.8, 322.8
-, grue de 310.1
-, monte-charge pour construction de 354.2
Battant de porte 336.3
-, porte à -s 335.9
-, - - deux -s 336.2
-, - - un 336.1
Battelli, argano da 265.2
-, conca da elevatore di 357.4
-, elevatore di 357.3
-, - per 364.8
Battello 322.8
-, argano da 279.6
Battello, argano per elevare un 357.2
- -gru 308.5
- merci 323.8
-, piano inclinato per alzare un 357.1
Battente di porta 336.3
-, porta a 335.9
-, - ad un 336.1
Battenti, porta a due 336.2
Batteria d'accumulatori 197.6
- di ripulsione 197.7
- tampone 197.7
Batterie, Akkumulatoren- 197.6
-, Puffer- 197.7
Batterie d'accumulateurs 197.6
- tampon 197.7
Battery, accumulator 197.6
-, buffer 197.7
Battipalo, gru da 310.3
Battre, la manivelle bat 180.6
Bauart der Brücke 159.8
-aufzug 354.2
-, Brücken- 159.4
-, Hebezeug- 280.3
-kran 310.1
-, Kran- 280.3
-länge 28.5
-, Seilbahn- 392.5
-stoff 163.1
-winde 271.5
Bauer, Kran- 280.5
Baum, Ausleger- 297.5
-, Führungs- 315.2
-, Hebe- 261.2
-, Leit- 339.2
-, Pratzen- 60.3
-, Richt- 307.4
-, Scheren- 307.9
-, Schlag- 338.4
-, Well- 269.6
-, Zangen- 58.5
Baumwolldichtung 192.1
-liderung 192.1
-packung 192.1
-seil 38.7
Bay 140.6
-, bridge 159.6
- calculation 144.1
-, centre 140.10
- division 140.7
-, end- 140.9
- -number 140.8
- width 140.7
- -work 140.1
- - system 140.2
- works 143.9
Beam bridge 159.9
-, claw 60.3
-, continuous 137.7
- fixed at both ends 139.7
- - - one and supported at other end 139.10
- - - one end 136.7
Beam, Gerbers 138.1
-, guide 339.2
-, overhanging 136.7
-, overhead 340.8
-, overhung 138.2
- resting on two supports 137.1
-, semi fixed 139.10
-, set of a 137.6
-, settling of a 137.6
- supported at both ends 137.1
-, Temperley 295.7
-, tong 58.6
-, trussed- 138.4
Beanspruchen, einen Körper auf Zug 170.6
Beanspruchung auf Knickung 172.4
-, Biege- 174.5
-, Dreh- 173.1
-, Druck- 171.5
-, Material- 170.5
-, Niet- 121.2
-, Scher- 173.8
-, Schub- 173.8
-, Zug- 170.8
Bearing 84.3, 154.7
-, angle pedestal 89.8
-, ball 90.4
-, ball and socket 91.7
- block 92.3
- bracket 210.4
-, bush 89.1
-, bushed 89.4
-, collar-step- 86.3
-, - -thrust- 86.8
- counter pressure 154.10
-, crank 178.7
- disc 86.2
-, divided 89.6
-, fixed 154.8
-, footstep 86.1, 300.2
-, free end 154.9
-, journal 76.5
-, head 300.10
-, lever 178.7
-, motor 210.3
-, moving 154.9
- of spindle 120.3
- - the wheels in a balancing device 254.6
-, oil saving 90.3
-, open 89.6
-, pedestal 89.7
-, pillow block 89.7
-, pivotal 155.4
-, pivoting 155.4
-, plummer-block - without holding down lugs 89.7
- pressure 154.10
- reaction 154.10
-, rigid 154.8
-, ring lubricating 90.3
-, roller 91.1, 155.8 405.7
-, - thrust ring 91.8
-, self lubricating 90.3
-, Sellers- 90.1
-, shaft 76.5
- shield 210.4
-, shifting 154.9
-, slewing 259.5
-, supporting 86.9

Bearing, swing 155.9
-, swivel 90.1
-, tangential 155.3
-, thrust 71.4
-, - block 86.8
-, tilting 155.4
-, top 300.3
-, tumbler 155.4, 155.9, 184.5
-, wall bracket and 92.1
Bec 277.6
-, chariot portant un 277.5
- de benne-drague 411.5
- - creuset de coulée 311.2
- - cuiller 411.5
- - la grue 297.3
- - pelle 411.5
- du crochet 52.7
-, faire basculer pour couler le métal par le - 312.3
- tournant, pont roulant à 292.8
Becco della secchia 311.2
- di cucchiaio 411.5
-, far colare dal - rovesciando 312.3
Becher 361.7
-, Elevator- 361.7
-kette 368.2
-, Kipp- 363.5
-, Transport- 368.4
-werk 361.6
Bed containing bearings 92.3
-, journal which has bedded itself 78.10
- -plate 155.1
- stone 155.2
-, the bearing -s 84.8
Bedarf, Arbeits- 282.8
-, Wasser- 280.4
Bedding-point 139.8
Bedienen, den Kran 281.11
Bedienung, Aufzug- 331.4
- des Kranes 281.10
Bedienungsbühne 157.7
-galerie 157.7
Bedingung, Gleichgewichts- 132.1
Befestigung, Schienen- 328.5
Befestigungsorgane 118.5
-schraube 118.5
Beförderung, Fern- 358.5
-, Massen- 358.3
-, Nah- 358.4
Beförderungskran 315.7
-wagen 377.5
-wesen 358.1
Behälter, Hoch- 3 1.1
-, Last- 407.5
-, Sammel- 236.7
-, Tief- 380.5
-, Wasser- 231.2
Beharrungszustand 4.7
Bekohlungsanlage, Lokomotiv- 382.3
Bein, Kran- 294.8
Beladeanlage 321.3
-einrichtung 321.3
-station 396.1
-stelle 413.4
-stellung 413.1
-strang 400.2
-vorrichtung 321.3
Beladen 320.4, 320.9, 413.2
Beladenes Seiltrumm 399.9
Beladung 320.9, 413.3
Belagblech 157.4
-, Blech- 157.3
-bohle 157.6
-, Bohlen- 157.5
-, Bühnen- 157.2
Belasten, die Maschine voll 183.2
-, ein Hebezeug 3.6
Belasteter Kettenstrang 27.2
Belastetes Kettentrumm 27.2
Belastung 3.7, 132.7
-, Achs- 75.8
-, bewegliche 133.9
-, dauernde 133.2
- der Kette 27.5
-, die Maschine läuft unter - an 183.3
- durch Eigengewicht 134.6
-, Gesamt- 134.7
-, gleichmäßig verteilte 133.8
-, Kipp- 285.1
-, kontinuierliche 133.4
-, Kran- 283.1
-, mittelbare 134.9
-, mobile 133.9
-, pulsierende 132.10
-, ruhende 132.9
-, ständige 133.2
-, stetige 133.4
-, unmittelbare 134.8
-, wechselnde 133.1
Belastungsdauer 210.2
-gewicht der Bremse 100.7
- - des Hakens 53.7
-vorschrift 135.1
-zustand 132.8
Bélier, coup de 239.1
Bell crank lever 247.1
- - - brake magnet 110.2
- - - grip gear 343.7
- -shape magnet 108.6
Below, coupling device with rope 415.6
-, track 326.5
Belt 42.8
- band elevator 362.7
- composed of several layers of material 74.7
- conveyance 367.4
- conveyor 367.2, 367.3
-, crossed 74.5
- -disc 47.3
- double 74.6
Belt drive, lift with 352.6
- driven winch 271.1
- driving 73.7
-, driving 73.9
-, elevator 363.1
- fastener 75.1
- -, screw 74.10
- gear 73.8
-, inclined 367.8
-, open 74.4
- pulley 75.2
-, scraping 369.4
- tension 74.3
- transmission, lift driven by 352.5
Belting, multiple 74.7
Bend 237.4, 237.5
Bending 174.6
-, intensity of stress due to 174.7
-, lateral flexure - produced by axial compression 172.1
- -line 135.9
- moment 135.5
- - at support 137.8
- of rope 35.2
- sagging 135.8
- strength 174.4
- stress 174.5
Benne 341.7
- ajourée à griffes 377.4
- automatique, chariot à 276.5
- avec dents en queue d'aronde 412.9
- d'extraction 350.3
- de chargement 340.3, 407.5
- -drague 410.6, 411.1
- - à déchargement automatique 410.1
- - d'excavateur 412.3
- dragueuse, grue à 309.6
- servant au transport 359.3
-, truck de transport des -s 409.7
Béquille 156.2
- filetée 260.5
Berechnung, Fachwerk- 144.1
-, Kran- 283.8
-, statische 135.2
-, Träger- 144.8
Bereitschaft, Betriebs- 282.3
Bergaufzug 395.2
-, Brems- 391.9
Bergmannrohr 205.4
Bergmann tube 205.4
Bergmann, tube 205.4
Bergmann, tubo 205.4
Beschickmaschine 316.4
Beschickungslöffel 317.4
-mulde 317.1
Beschleunigen, die Last 10.2
Beschleunigte Bewegung, gleichmäßig 19.4
Beschleunigte Bewegung, ungleichmäßig 20.6
Beschleunigung 19.5
-, Anfahr- 5.5
-, Anlauf- 5.5
-, Erd- 20.10
-, Freifall- 21.10
-, Hub- 10.4
-, Last- 10.3
-, Winkel- 15.7
Beschleunigungsarbeit 20.1
-kraft 19.9
-moment 19.10
-weg 19.6
-widerstand 19.8
-zeit 19.7
Bessemerstahl 165.7
Bessemer-steel 165.7
Bessemer, acier 165.7
Bessemer, acciaio 165.7
Bessemer, acero 165.7
Bestimmbar, statisch 135.3
Bestimmt, statisch 135.3
Bestreichen, der Kran bestreicht ein Arbeitsfeld 283.6
Beton, Gegengewicht aus 287.5
-klotz 287.6
Béton, bloc de 287.6
-, contrepoids de 287.5
Betrieb, Dampf- 226.7
-, Dauer- 196.9
-, den Kran außer - setzen 281.8
-, den Kran in - setzen 281.7
-, Druckluft- 234.4
-, Druckwasser- 229.1
-, Einschnitt- 375.2
-, Elementar- 182.2
-, Handketten- 181.6
-, Handseil- 181.7
-, Haspel- 181.4
-, intermittierender 196.10
-, Kran- 281.6
- mit Seil ohne Ende 184.7
-, Preßluft- 234.4
-, Seilbahn- 392.6
-, Selbstgreifer- 410.4
-, Transmissions- 184.2
-, unterbrochener 196.10
-, Wellen- 184.3
Betriebsart 177.2
-bereitschaft 282.3
-flüssigkeit 230.2
-kraft 177.3, 282.6
-maschine 182.3
-mittel 177.1
-pause 282.5
-pumpe 233.6
-sicherheit 282.4
Bevel gear system 68.9
- spur wheel 68.10
- wheel, friction 73.1
Bewegliche Belastung 133.9
- Kupplung 81.2

Bewegliche Last 134.1
- Pole, Lastmagnet mit -n -n 56.8
Beweglicher Ausleger 298.4
Bewegliches Auflager 154.9
Bewegte Massen, Energie der -n 21.11
Bewegung 18.1
- auf gekrümmter Bahn 19.1
-, Ausleger- 298.5
-, Dreh- 14.2
-, drehende 14.2
-, Fahr- 12.4
-, Kran- 283.10
-, Kranfahr- 289.1
-, Last- 4.3
-, Schwenk- 16.8
Bewegungsbahn 18.3
-richtung 6.1
-schraube 120.1
-übertragung 4.4
-vorgang 4.5
-widerstand 18.2
Biegebeanspruchung 174.5
-festigkeit 174.4
-moment 135.5
-spannung 174.7
Biegsames Kabel 205.5
- Seil 35.3
Biegung 174.6
-, Seil- 35.2
Biegungsbeanspruchung 174.5
-festigkeit 174.4
-linie 135.9
-moment 135.5
-spannung 174.7
Bietta 77.10
- a nasello 78.3
- di aggiustamento 88.9
-, scanalatura per 77.9
- tangenziale 78.4
Bifasica, corrente alternata 201.3
Bifásica, corriente alterna 201.3
Biforcazione del binario 329.9
- della funicolare aerea 398.6
- di ferrovia aerea 420.4
- - - sospesa 420.4
Bifurcación 236.9
- de la vía 329.9
- - transporte aéreo 398.6
Bifurcado, conducto 237.1
Bifurcation 236.9, 420.6, 329.9
- de transport aérien 398.6
Biglia 90.5
Biglie, anello di scartamento delle 90.7
-, portata a 90.4
Bigue 307.8
-, mât incliné d'une 307.9
Bilancia 261.4
-, branca a 60.9
- di caricamento 316.5
-, estremità della 316.6
-, tanaglia a 60.9
Bilanciare, far 17.2
-, - - la branca 61.1
-, - - la tanaglia 61.1
Bilanciere 52.1
-, accoppiamento a 254.5
-, apparecchio a 155.4
-, gru a ponte con puntone a 292.7
-, leva a 261.4
-, perno del 155.5
Bilateral, tambor 45.10
Bilico, armatura a 325.3
-, carretta a 361.3
-, carro a 408.8
-, movimento in 17.1
-, ritirare il 17.4
-, scambio a - con ago di ribaltamento 421.3
-, scarpa di sostegno a 402.2
-, sella a 406.6
-, traballare in 17.2
Bille 90.5, 328.7
-, cage de distance de -s 90.7
-, crapaudine à 86.5
-, lanterne à -s 90.7
-, palier à -s 90.4
Billet 167.3
Binari, argano scorrevole a motore su due 278.3
Binario 326.1, 329.1
- circolare 259.7
- del carrello 274.7
- di ferrovia sospesa 419.8
-, gru a ponte con puntone - pendente 292.7
- inferiore 326.5
- interno 327.1
- pendente 277.6
- -, carrello con 277.5
- per gru 329.6
- - la gru 327.2
- superiore 326.4
- unico, argano scorrevole a motore su 278.2
Bind, the traversing wheel -s 256.2
Binda a cremagliera 264.3
- ad asta dentata 264.3
- da carri 264.4
- - locomotive 264.8
- - paratoie 265.5
- per locomotive 263.8
-, rivestimento della 264.7
-, testa della 264.5
Bindekette 56.4
Binder, Dach- 162.1
-unterkante 290.6
Binding chain 56.4
- iron 150.5
Binding rivet 122.6
- stay 138.5
Bipolaire, interrupteur 214.7
Bipolar, interruptor 214.7
Bisagras, trapa de 385.7
Biselada, aguja de punta 420.3
Bipolare, interruttore 214.7
Bisogno d'acqua 230.4
Blade, switch 215.4
Blank flange 241.3, 241.5
Blanke Leitung 204.3
Blankes Drahtseil 38.12
Blasmagnet 217.8
-spule 217.9
Bläserspule 217.9
Blast-furnace cableway 394.5
- - car 356.4
- - elevator 356.1
- - - winch 356.2
- - platform 356.3
- - truck 356.4
Blattzapfen 79.6
Blé, élévateur de 365.1
Blech, Anschluß- 150.3
-belag 157.3
-, Belag- 157.4
-, Eck- 151.3
-, Eisen- 168.10
-, Fein- 169.2
-, gelochtes 169.5
-, Grob- 169.1
-, Knoten- 150.11
-, Riffel- 169.4
-, Schleiß- 257.5
-, Steg- 145.3
-, Steh- 145.8
-tafel 168.11
-träger 147.1
- -brücke 160.1
-transportkran 316.1
-, Versteifungs- 152.6
-zange 59.3
-, Well- 169.6
-, verzinktes 169.3
Bleikabel 205.2
Blindflansch 241.5
-stab 141.7
-wagen 391.10
Blind flange 241.5
Blindato, motore 212.1
Bloc, chasser le - hors des lingotières 314.4
- d'arrêt 348.1, 414.5
- de béton 287.6
- - remise sur rail 414.6
-, pince à - et à lingotière 318.7
- servant de contrepoids 287.3
Blocs de pierre, grappin de suspension pour 59.7
Blocage, vis sans fin à - automatique 72.3
Bloccare l'argano 93.2
Blocchi, deposito di 383.3
-, gru per estrarre i - dalle lingottiere 313.6
-, scacciare i - dalle lingottiere 314.4
-, tanaglia da - orizzontale 59.2
-, - per 59.1
-, tenaglia da 313.7
Blocco 92.8
- d'arresto 348.1
- da contrappeso 287.3
- di calcestruzzo 287.6
- - fondazione 287.8
- - laminaggio 167.3
- paracolpi 308.6
Blochets en bois, bande de frein avec 102.4
Block 49.1, 166.8
-ausziehvorrichtung 318.5
-chargierkran 317.5
- -wagen 318.3
-drücker 318.4
-eindrückvorrichtung 318.4
-einsetzkran 317.5
- -wagen 318.3
-form 166.7
-einspannvorrichtung 317.6
-, Fundament- 287.8
-lager 383.3
-, Roh- 166.8
-transportkran 315.8
-verladekran 319.8
-zange 59.1
- -, wagerechte 59.2
-zangenkran 312.7
-ziehkran 313.1
Block 49.1
-, bearing 92.3
-, bottom 49.3
-, brake 101.4
-brake 101.3
- -, double 101.5
-, buffer 308.6
-, chain pulley 51.5
- charging car 318.3
- - crane 317.5
-, cheek of 49.5
-, counterweight 287.3
- crane 319.8
-, - pulley 52.2
-, developed pulley 50.4
-, differential pulley 50.6
-, double pulley 51.8
-, fixed 49.2
-, foundation 287.8
-, grip 348.1
-, group pulley - s 50.5
-, high speed pulley 51.2
-, hand pulley 50.2
- holding device 317.6
-, - the 317.7
-, horizontal - tongs 59.2

Block, inserting a rope in the pulley 51.7
-, load pulley . 49.8
-, mechanically driven pulley 50.1
- of concrete . 287.6
-, pillow . . 84.3, 87.1
-, plummer 87.1, 155.7
-, pulley 48.5
-, pulley -s . . 48.7
- pushing device 318.4
-, rope 49.7
-, - pulley . . . 51.4
-, running . . . 49.3
-, side of 49.5
-, snatch 47.4
-, spur wheel pulley 50.8
-, stop 327.5
-, tension pulley 51.3
-, to insert a rope in a pulley 51.6
-, tongs for -s . 59.1
-, top 49.2
- transport crane 315.8
-, twin pulley . 51.8
- with hook . . 49.4
- - x rollers . . 49.6
- withdrawing device 318.5
-, works pulley . 50.3
-, worm and worm wheel pulley 51.1
Block empaquetado 167.1
Blondin 422.2
Bloom 167.1
Bloquage automatique du frein 99.8
- de l'électro-aimant de freinage 111.2
Bloque de cimentación 287.8
- - contrapeso 287.3
- - hormigón . 287.6
- - paro 348.1
- - - sobre el carril 414.5
- - reposición sobre el carril 414.5
Bloquer 94.5
-, l'électro-aimant du frein est bloqué 111.1
- l'engin de levage 93.2
-, le frein se bloque de lui-même 99.7
Blow-out coil . 217.9
- -, electromagnetic 217.8
-, to - out the spark 217.10
Board, press button 349.6
-, terminal . . . 205.8
Boarded drivers cabin 294.2
- - hut 294.2
Boarding . . . 294.3
Boasting voltage 198.9
Boat, cargo . . 323.3
-, coaling . . . 323.7
Boats crane . . 303.8
Boat's winch . 272.4
Bobbin 45.9
Bobina . 45.9, 201.8
- d'autoinduzione 202.1
- dell'estintore di scintille 217.9
- di protezione 201.9
- in serie . . 201.10
Bobina 201.8
- de autoinducción 202.1
- - reacción . . 202.1
Bobine . . 45.9, 201.8
- de protection 201.9
- - réactance . 202.1
- - self-induction 202.1
- - soufflage . . 217.9
- en série . . 201.10
Boca del gancho 52.7
Bocca del pozzo 333.5
Boccaporto . . 322.9
Boccola 89.2
- a cuscinetto, ruota portante con 257.3
- di scorrimento della ruota portante cuscinetto 257.4
- - -, ruota portante con 257.3
- filettata . . . 118.3
-, mettere una . 89.3
Bock, Eimerleiter- 372.1
-, Führungs- . . 339.5
- -gestell 294.7
-, Hebe- 263.7
-kran 294.6
- -, Ausleger- . 295.4
- -, einhüftiger 295.1
- -, fahrbarer . 295.3
- -, feststehender 295.2
-, Lager- . 92.3, 155.7
-, Prell- 327.5
-, Rollen- 48.6
-, Schnecken- . 70.8
-, Schrauben- . 263.6
-ständer 294.8
-, Wand- 92.2
-winde 270.1
-, Winden- . . . 263.7
Bodega 323.1
Bodendruck . . 288.6
Boden, Fahrstuhl- 340.6
-, Fang- 344.5
-klappe 409.6
- -, Wagen mit -n 409.5
-pressung . . . 288.6
-speicher . . . 381.9
Body 52.9
-, jack 262.3
- of fork . . . 416.8
- - jack 264.7
-, wagon 408.6
Bogenbrücke . 160.3
-, Dreigelenk- 138.10
-, Gelenk- . . . 138.8
-träger 138.8
-, Umdrehungs- 14.9
-, Umschlingungs- 101.9
-, Umspannungs- 101.9
-, Zweigelenk- . 139.6
Bogie pin . . . 254.7
- truck 254.8, 301.7
- wagon 254.1
Bohle, Belag- . 157.6
Bohlenbelag . . 157.5
Bohren, die Nietlöcher 121.7
Bohrung . . . 68.2
- des Lagers . 84.4
-, Zylinder- . . 188.6
Boiler furnace 227.5
-, steam 227.4
- plate 169.1
- winch 265.1
Bois, câble incliné pour le transport du 393.6
-, construction en 159.3
-, monte-charge pour pièces de 366.7
-, parois en . . 294.3
-, support en - pour câble 404.3
-, verin pour . 264.9
-, vis à 118.2
Boîte à bourrage 190.5
- - crépines . . 237.8
- - étoupes . . 190.5
- - garniture . 190.5
- - - à dilatation 191.1
- - - tournante 190.9
- - graisse de roue porteuse 257.4
- - tiroir . . . 193.2
- contenant une série de filtres 237.8
- d'engrenages 62.8
- de connexion 205.10
- - distribution 193.2
- - graissage de roue porteuse 257.4
- - graissage des galets de roulement 405.7
- - jonction . 205.10
- - - souterraine 205.11
- - vis sans fin 70.8
- du crochet . 53.1
- - frein 104.2
- - rhéostat . . 223.4
-, roue porteuse à 257.3
Bola 90.5
-, articulación de 84.2
-, peso en forma de 53.8
-, quicio de -s . 86.5
-, quicionera de -s 86.5
-, tejuelo de -s 86.5
Bolt 338.2
-, brake 96.9
-, coupling- . . 80.10
-, distance- . . . 117.4
-, fitted 117.2
-, foundation . 88.10 287.9
-, holding down 88.6
-, hook 117.1
-, keep 88.4
-, king 340.9
- lock 338.1
-, pivot 155.5
Bolt, rag- . . . 118.1
-, reamed . . . 117.2
-, safety 338.3
-, screw 113.7
-, set 116.9
-, stone- 118.1
-, stud- 116.8
-, swing 155.5
-, to - together 118.8
- with head and nut 116.7
- - recessed head and nut 116.5
Bolted joint . . 118.4
Bolzen . . 79.10, 113.7
-, Brems- 96.9
-, Distanz- . . . 117.4
-, Fundament- . 287.9
-, Gelenk- . . . 83.9
-, Ketten- . . . 29.10
-, König- 340.9
-, Schluß- . . . 30.5
Bomba 233.2
-, altura de aspiración de la 229.7
-, cilindro da . 189.8
- de dragado . 376.6
- - impulsión eléctrica 234.1
- - servicio . . 233.6
- - vapor . . . 233.9
-, draga de . . 370.4
- eléctrica . . . 234.1
-, émbolo de la 187.5
- impelente . . 233.5
- - de mano . . 233.8
- para el acumulador 233.7
Bombée, plaque 155.3
-, roue porteuse à surface de roulement 256.5
Bonnet casing of elevator 362.4
Book, lift for -s 355.4
Boom angle . . 145.9
- - iron . . . 145.10
-, main 289.6
- sheet 146.1
Bootskran . . . 303.8
-winde 272.4
Bordwagen . . 378.2
Bord, distance au 123.4
- inférieur des entraits 290.6
- - - tirants . . 290.6
-, wagon à -s . 378.2
Borde de la rueda 255.6
- doble 255.7
- inferior de los tirantes 290.6
-, presión en los -s 288.7
- superior del suelo 290.7
-, vagón con -s 378.2
Bordino della ruota 255.6
- doppio 255.7
Bordo del cuscinetto 88.1
Bordura, ferro di 145.10
Bordure du quai 380.3
Bore 68.2
- of boss . . . 46.8

Bore of cylinder 188.6
- - the bearing 84.4
Boring winch 272.6
Borne de connexion 205.6
- - raccordement 205.6
-, tableau à -s 205.8
-, tension aux -s 198.8
-, vis de 205.7
Borne de unión 205.6
-, tensión entre los -s 198.8
Böschungswinkel, natürlicher 384.9
Boss 68.1
-, bore of 46.8
- of drum 43.3
- - traversing wheel 255.3
-, pulley 46.7
-, sheave 46.7
Bossolo 89.2
-, tenaglia di presa a 417.5
Bostwickgitter 336.5
Botola a cerniera 385.7
-, nottolino della 385.8
-, pavimento a 409.6
- scambiabile 386.1
Botón 178.8, 349.7
-, interruptor de 215.1
-, maniobra por -es 349.4
Botti, argando da 265.4
-, elevatore per 365.6
Bottiglia, martinetto con piedestallo a 262.7
Bottle jack 262.7
Bottom block 49.3
- box 362.3
- case 362.3
- drum 372.7
- flange 142.4
- flap 409.6
- of cage 340.6
Bottone 349.7
-, commutatore a 349.5
- di contatto, manovra a 349.4
-, interruttore a 215.1
Bottoni, quadro di commutazione a 349.6
Bouchon à vis d'obturation 241.4
- fusible 208.9
Boucle 25.4, 37.4, 236.8
- de câble 389.2
- - chaîne 32.3
- - retour 395.6
- - suspension 55.5
-, épisser une 37.7
-, épissure d'une 37.8
Boudin de roue porteuse 255.6
-, double - de roue 255.7
Boues, aspirateur de 371.6
Boulon 79.10, 118.7
- à crochet 117.1
- - tête et écrou 116.7
Boulon d'accouplement 80.10
- d'ancrage 287.9
- d'entretoisement 117.4
- de chaîne 29.10
- - chapeau 88.4
- - fondation 88.10 287.9
- - palier 88.6
- - scellement 118.1
- - support 340.9
-, frein de 115.8
- noyé 116.5
- principal d'attache 340.9
-, tête de 113.8
- tourné 117.2
Boulonnage 118.4
Bourrage 190.5
-, boîte à 190.5
- en chanvre 191.9
- - coton 192.1
-, faire le 192.3
- métallique 192.2
-, tuyau à 240.1
Bout 24.4
- de câble 36.7
- - chaîne 27.1
- - - chargé 27.2
- libre 27.3
- montant 25.1
-, panneau de 140.9
- porteur 25.6
- tracteur 25.7
Bouterolle 125.7, 125.10
-, contre- 125.8
Bouterollée, tête 121.1
Bouton 349.7
-, contact à 349.7
- de manivelle 178.8
-, interrupteur à 215.1, 349.7
-, manœuvre par contact à 349.4
-, - - interrupteur à 349.4
-, panneau d'interrupteur à 349.6
Bow rope windlass 373.3
Box, bottom 362.3
-, cage 341.8
-, capstan 278.2
- casting 164.2
-, chain 32.1
-, counterweight 287.1
- -coupling 80.6
-, earth junction 205.11
- elevator 366.1
- girder 147.2, 292.6
- hoist 366.1
-, journal 89.2
-, junction 205.10
- of coupling 80.7
- - gripping gear 344.5
-, resistance 223.4
- section 147.3
- spanner 119.9
-, strainer 237.8
-, stuffing 190.5
-, tongs- 59.5
-, toothed wheel 62.8
-, wagon 408.6
Boxed goods 384.3
Boyau articulé 377.2
Boyau flexible à air comprimé 235.3
-, tambour d'enroulement du 235.4
Bozzello 49.1
- con gancio 49.4
- da fune 49.7
- fisso 49.2
- mobile 49.3
-, piastra del 49.5
Bracci, leva a due 246.7
Braccianti, ciurma di 321.8
Braccio 277.6, 297.1
- del contrappeso 299.6
- della manovella 178.3
- - tanaglia 57.5
- di leva del carico 11.5
- - - - contrappeso 286.3
- - - - freno 100.4
- - - - peso 100.8
- - - della forza 130.9
- girevole 277.4
-, leva ad un 246.6
-, ridurre il - al puntone 298.7
- variabile, gru a martello con 307.7
Brace, corner 158.7
-, horizontal 153.5
-, vertical 153.6
-, wind- 405.2
Bracing 152.7
-, arrow point 153.4
-, cross 153.1
-, diagonal 152.8
-, flange 146.6
-, lateral 153.1
-, strut 143.7
-, transverse 153.1
-, triangular 153.4
-, wind 153.8
Bracket, bearing 210.4
- -, wall 92.1
- crane 306.7
-, pulley 48.6
-, stiffening- 152.5
- support 156.3
-, wall- 92.2
-, wall - and bearing 92.1
- winch 270.2
Brake 96.1
- action 97.5
-, automatic 112.7
-, back-current 107.7
- band 101.8, 102.7
-, band 101.7
- - coupling 83.3
- block 101.4
-, block 101.3
- bolt 96.9
- casing 104.2
-, centrifugal 104.1
- cone 103.7
-, conical 103.6
- contact 220.9
- control 97.4
- controller 221.10
-, controlling 112.6
- coupling 81.1
-, crane 111.4
- crank 101.2
- cylinder 105.4
Brake, dead weight 98.8
-, differential 103.3
- direction 97.9
- disc 96.2, 103.4
-, double block 101.5
- drum 96.2
-, Dubois 104.6
-, eddy current 108.2
-, electric 106.4
-, - lowering 107.4
-, electromagnetic 108.3
-, emergency 112.9
-, fixing 118.1
-, foot 100.5
- for lifting tackle 111.3
- - rope 105.1
- force 342.3, 96.5
-, friction 99.10
-, hand lever 100.3
-, hoisting gear 111.6
-, holding 113.1
- housing 104.2
-, hydraulic 105.3 106.2
-, jointed 102.3
- lever 100.4
-, lever 100.2
- levers 96.3
-, lift 104.3
-, lifting 251.4
-, link 102.3
- load 111.5
-, load pressure 104.4
-, lowering 112.3
-, lowering - controller 222.1
- magnet 108.4
- -, bell-crank lever 110.2
-, mechanical 98.3
- motor 110.6
-, oil 105.7
- piston 105.5
-, pneumatic 105.8
- power 96.5, 342.3
- pressure 96.6
- pull 99.5
-, pulling 98.4
-, regulating 112.6
- regulation 97.11
- resistance 96.4
- rods 96.3
- rope, cableway with 393.7
-, safety 112.8, 342.1
- safety resistance 224.4
-, short-circuit 106.12
-, slewing gear 111.8
-, slowing down 113.2
-, speed 112.5
- spindle 101.1
-, steam 105.11
-, stopping 111.9
- strap 101.8
-, strap 101.7
- - holder 103.2
- -, supporting of 103.1
- - with leather lining 102.5
- - - wood lining 102.4
- thrust 104.5
-, to hold the load by means of the 112.1

Brake, to - the load 97.2
-, to - to stop overrunning 113.4
-, toggle joint . 100.9
-, travelling gear 111.7
-, traversing gear 253.4
- weight 100.7
-, weight 100.6
-, wing 105.2
- with spindle 100.10
Braking 97.1
- arrangement 98.1
-, automatic - of motor 107.2
- connection . 106.8
- current . . . 106.9
- device 97.12
-, electric . . . 106.5
- fluid 105.6
- force 97.6
- gear 97.12
-, hydraulic . . 106.3
- incline 391.9
- -, haulage over a 361.5
- liquid 105.6
- magnet is traversed by a current, the 110.7
- moment . . 106.11
-, motor 106.7
- path 97.7
- period 97.10
-, pneumatic . 105.10
- position . . . 220.7
- resistance . 106.10
-, short circuiting 107.1
-, slowing down 113.3
-, steam 106.1
- surface . . . 103.5
- system 98.2
- work 97.8
Brame 167.1
Bramme 167.1
Branca 60.1
- a bilancia . . 60.9
-, apparecchio di sospensione di 60.2
-, asta porta . . 60.3
-, far bilanciare la 61.1
- fissa 60.7
-, gru a 314.7
-, - - - con albero guidato 314.9
-, - - - - sospensione libera 314.8
-, punzone porta 60.3
- rotativa . . . 60.8
-, traversa di - tanaglia 60.4
Branch 236.9
- line 203.7
- pipe 237.1
-, suspension railway 420.4
Branche, afferrare un fardello con 60.5
-, cesta a 377.4
-, svincolare un peso dalle 60.6
Branchement . 203.7 236.9, 237.1, 329.9
- d'abonné . . 203.8
Branching, cableway 398.6
- junction . . . 329.9
Bras . . . 277.6, 297.1
- à mouvement de giration 277.4
- de la roue . . 68.3
- - - tenaille . 57.5
- - levier de la charge 11.5
- - - de la force 180.9
- - - du contrepoids 286.3
- - - - fardeau 11.5
- - manivelle . 178.3
-, pompe foulante à 233.8
-, roue à 258.1
Brass . . . 87.2, 169.9
-, adjustable . . 87.3
Brasses with spherical seating 90.2
Brazo . . 277.6, 297.1
- acodado . . . 298.2
- de alma llena 297.7
- - celosía . . . 297.6
- - inclinación variable 299.1
- - la rueda . . 68.3
- - las tenazas 57.5
- - manivela . 178.3
- - palanca de la fuerza 180.9
- - - del contrapeso 286.3
- - tirante extensible 298.6
- derecho . . . 298.1
- fairbairn . . 298.3
- giratorio . . 277.4
-, grúa con - de inclinación variable 307.5
-, - de dos -s . 295.4
-, mecanismo de variación de 260.4
- movil 298.4
- - plegable . . 298.8
-, palanca de un 246.6
-, puente-grúa de 292.7
Breadth, inside 28.6
Break, the rope -s 37.2
-, to - the circuit 214.3, 217.2
Breakdown crane 303.5
Breaker, automatic circuit 215.9
Breaking spark 217.6
- strength 36.10, 170.2
- stress of rope 37.3
- test 27.8
- - load 27.9
Brechen, das Seil bricht 37.2
Brechstange . . 261.1
Brechungsverhältnis 399.6
Breite, lichte - des Kettengliedes 28.6
Breitspur . . . 329.5
Bremsanordnung 98.1
-arbeit 97.8
-backe 101.4
-band 101.8
- -halter 103.2
- -kupplung . . 83.3
Bremsband mit Holzfutter 102.4
- - - Lederfutter 102.5
- -spannung . . 102.1
- -stütze 103.2
- -unterstützung 103.1
-berg 391.9
- -förderung . 361.5
-bolzen 96.9
-drahtseilbahn 393.7
-druck 96.6
-fläche 103.5
-flüssigkeit . . 105.6
-gehäuse . . . 104.2
-generator, den Motor als - einschalten 107.3
-gestänge . . . 96.3
-gewicht 100.7
-hebel 100.4
-kegel 103.7
-klotz 101.4
-kolben 105.5
-konus 103.7
-kraft 96.5
-kupplung . . . 81.1
-kurbel 101.2
-lamelle 103.9
-luft 115.9
-lüftmagnet . . 108.4
-lüftungsmagnet 108.4
-lüftweg 99.1
-magnet 108.4
- -, der - steht unter Strom 110.7
- -, Drehstrom- 110.5
- -, Hauptstrom-110.3
- -, Kniehebel- 110.2
- - mit Druckwirkung 110.1
- - - Zugwirkung 109.8
- -, Motor- . . . 110.6
- -, Nebenschluß- 110.4
-mittel 97.12
-moment . . . 106.11
-motor 110.6
-periode 97.10
-reglung 97.11
-regulierung . . 97.11
-schaltung, elektrische 106.6
-richtung . . . 97.9
-schaltung, Senk- 107.5
-scheibe 96.2
-schluß 99.3
-schuh 101.4
-schutzwiderstand 224.4
-spindel 101.1
-stärke 97.6
-stellung 220.7
-stellung, Steuerwalze mit -en 221.10
-steuerung . . . 97.4
-stoß 99.5
-strom 106.9
-stufe 220.9
-system 98.2
-trommel . . . 96.2
-überschuß . . 99.9
-vorrichtung . 97.12
-weg 97.7
Bremswerk . . 97.12
-widerstand . . 96.4 106.10
- -schaltung . . 106.8
-wirkung . . . 97.5
-zylinder . . . 105.4
Bremse 96.1
-, Ankerkurzschluß- 106.12
-, Anzug- . . . 98.4
-, Backen- . . . 101.3
-, Band- 101.7
-, Dampf- . . 105.11
-, Differential- . 103.3
-, Doppelbacken- 101.5
-, Drehwerk- . . 111.8
-, Drucklager- . 104.5
-, Druckluft- . 105.8
-, Dubois- . . . 104.6
-, elektrische . 106.4
-, elektromagnetische 108.3
-, Fahr- 253.4
-, Fahrwerk- . 111.7 253.4
-, Fall- 104.3
-, Fest- 111.9
-, Feststell- . . 113.1
-, Flügelwerk- . 105.2
-, Flüssigkeits- . 105.3
-, Friktions- . . 99.10
-, Fuß- 100.5
-, Fußhebel- . . 100.5
-, Fußtritt- . . 100.5
-, Gegenstrom- . 107.7
-, Geschwindigkeits- 112.5
-, Gewicht- . . . 100.6
-, Gewichthebel-100.6
-, Glieder- . . . 102.3
-, Hand- 100.3
-, Handhabungs- 112.6
-, Handhebel- . 100.3
-, Halte- 111.9
-, Hebel- 100.2
-, Hebezeug- . 111.3
-, Hubwerk- . . 111.6 251.4
-, hydraulische 106.2
-, Kegel- 103.6
-, Keilnuten- . . 101.6
-, Keilrad- . . . 101.6
-, Klinken- . . . 104.7
-, Klotz- 101.3
-, Kniehebel- . . 100.9
-, Kran- 111.4
-, Kurzschluß- 106.12
-, Lamellen- . . 103.8
-, Last- 111.5
-, Lastdruck- . 104.4
-, Lösungs- . . . 98.8
-, Lüftungs- . . 98.8
-, Magnet- . . . 108.3
-, Manövrier- . 112.8
-, mechanische . 98.3
-, Nachlauf- . . 113.2
-, Not- 112.9
-, Öl- 105.7
-, Regulier- . . 112.6
-, Reibungs- . . 99.10
-, Scheiben- . . 103.4
-, Schleuder- . . 104.1
-, Schlingband- 102.6
-, Schrauben- 100.10
-, Schutz- . . . 112.9
-, Schwenkwerk- 111.8

Bremse, Seil- . 105.1
-, selbsttätige . 112.7
-, Senk- 112.3
-, Senksperr- . . 104.8
-, Sicherheits- . 112.8
-, Sperr- 104.7
-, Sperrad- . . . 104.7
-, Spindel- . . 100.10
-, Spiralband- . 102.8
-, Stopp- 111.9
-, Verzögerungs- 113.2
-, Wirbelstrom- 108.2
-, Weston- . . . 104.6
-, Zentrifugal- . 104.1
Bremsen 97.1
-, ab- 97.1
-, die Last . . . 97.2
Bremsung . . . 97.1
-, Dampf- . . . 106.1
-, Druckluft- . 105.10
- durch Gegenstrom, elektrische 108.1
-, elektrische . 106.5
-, hydraulische 106.3
-, Kurzschluß- . 107.1
-, Motor- 106.7
-, Nachlauf- . . 113.3
Brennen, das Lager brennt fest 85.2
Brett, Klemm- . 205.8
-, Schalt- 213.7
Brevi distanze, trasporto per 358.4
Brida 241.2
-, acoplamiento de -s 80.11
- ciega 241.5
- de acoplamiento 80.12
- - cadena . . 29.8
- del tambor . 43.2
-, guarnición de -s 191.2
-, motor de . . 212.3
- superior del escuadro 151.6
- tapada 241.5
-, tubo de . . . 239.7
Bride . . 141.9, 241.2
- centrale de la membrure supérieure 141.7
-, cornière- . . . 145.9
- d'obturation . 241.5
- de cuir embouti, garniture à -s 191.2
- de la membrure inférieure 138.5
- du tambour . 43.2
-, joint à -s . . 241.1
- pleine 241.5
- supérieure de cadre 151.6
-, tuyau à -s . . 239.7
Brides 142.1
Bridge . . 159.5, 289.8
-, arched- . . . 160.3
-, arched metal 189.6
- bay 159.6
- beam 159.9
- -building . . 159.4
-, cantilever . . 160.2
- -construction 159.4
- crane 295.5
-, crane 295.6
- design 159.8
- girder 159.7
Bridge, lattice 159.10
-, loading . . . 319.5
- -making . . . 159.4
- opening . . . 159.6
-, plank 159.9
-, plate girder . 160.1
-, protecting . . 405.3
-, trestle . . . 159.10
- type 159.8
Bridging contact 218.7
Briefaufzug . . 355.3
Briglia 142.1
-, asta di 141.9
- della cordonata inferiore 138.5
- inferiore . . . 142.4
-, sforzo nella 141.10
-, sezione della 142.2
- soggetta a compressa 142.5
- - - compressione 142.5
- - - tensione . 142.6
- - - tesa . . . 142.6
- superiore . . 142.3
- - del quadro 151.6
-, tensione nella 141.10
Brille 190.6
Brin 24.4
- chargé 399.9
- collecteur de la bande 367.6
- de câble . . 36.7
- de chaine . . 27.1
- des wagonnets chargés 389.6
- - - vides . . 389.7
- descendant . 24.5
- distributeur de la bande 367.7
- fixé 25.1
- non chargé . 400.1
- porteur . . . 25.6
- tracteur . . . 25.7
Bring, to - the lever in the end position 246.4
-, to - the lever in the middle position 246.3
Bringen, die Räder außer Eingriff 66.5
-, - - in Eingriff 66.4
Bris de tuyau . 241.8
Broad gauge . 329.5
Broca, acoplamiento de - fileteada 419.3
Broche chasse rivet 125.6
-, contact à -s . 206.1
- filetée, accouplement à 419.3
- -, attache à . 419.3
Broken, the spark is 217.11
Bronce . . . 169.10
- fosfórico . . 169.11
- fosforoso . 169.11
- manganoso . 170.1
- rojo 169.8
-, rueda de . . 70.4
Bronze . . . 169.10
-, Mangan- . . . 170.1
-, Phosphor- . 169.11
-rad 70.4
Bronze . . . 169.10
-, manganese . 170.1
-, phosphor . 169.11
-, red 169.8
- wheel 70.4
Bronze . . . 169.10
- manganeux . 170.1
- phosphoreux 169.11
-, roue en . . . 70.4
Bronzo . . . 169.10
- fosforoso . . 169.11
- manganoso . 170.1
- rosso 169.8
-, ruota in . . . 70.4
Brouette . . . 361.2
Bruchfestigkeit 170.2
- des Seiles . . 36.10
Bruch, Ketten- 27.6
-last 36.10
-probe 27.8
- -last 27.9
-punkt 399.4
-, Rohr- 241.8
-, Seil- 37.1
-, Zahn- 65.6
Brücke 159.5
-, Ausleger- . . 160.2
-, Balken- . . . 159.9
-, Blechträger- . 160.1
-, Bogen- 160.3
-, Fachwerk- . 159.10
-, Kran- 295.6
-, Lauf- 289.8
-, Laufkran- . . 289.5
-, Schutz- . . . 405.3
-, Seiltal- 395.1
-, Strom- 218.7
-, Verlade- . . . 319.5
Brückenbau . . 159.4
-kran 295.5
-konstruktion . 159.8
-träger 159.7
-öffnung 159.6
Brusca, apparecchio a chiusura 387.9
Brusco, cambio - de inclinación 399.4
Brush 207.7
-, armature- . . 210.9
- -holder . . . 211.1
Brust, Kran- . . 307.6
Brute, dent - de fonderie 65.9
Bruto, diente fundido en 65.9
Bücheraufzug 355.4
Büchse, Gewinde- 118.3
-, Grund- . . . 190.7
-, Lager- 89.2
-, Laufrad- . . . 257.4
-, Stopf- 190.5
Büchsenmitnehmer 417.5
Buckel elevator 356.5
Bucket . 361.7, 374.7 378.8
- chain 368.2, 371.10 372.2
- - dredger . . 376.3
- - - with vertical chain 373.7
- - windlass . . 378.6
- dredger . . . 371.7
- - with inclined chain 373.8
-, dredging . . 371.8
-, edge of . . . 374.8
Bucket excavator 374.5
-, fulness of the 371.9
- guide frame . 372.1
- link 372.3
- lip 411.5
-, teeth of . . . 374.8
-, tipping 368.5, 379.1, 408.8
- - device . . . 363.4
-, toothed . . . 412.9
-, transport . . 368.4
Bucle de cable 389.2
- - retorno . . 395.6
Bude, Anreißer- 160.5
Buffer 327.6
- battery . . . 197.7
- block 303.6
-, piston 186.2
-, railway . . . 327.8
- spring 327.7
Bügel, Aufhänge- 407.4
-, Kettenführungs- 31.8
-, Last- 55.5
-, Pfannen- . . 311.5
-, Rollen- 47.8
-, Sicherheits- . 57.2
-, Trag- 407.4
Buharda, carro de 277.8
Buhardilla, grúa de 302.7
-, montacargas de 353.7
Bühne 156.8
-, Bedienungs- . 157.7
-, Gicht- 356.3
-, Hebe- 355.8
-, Kipp- 324.1
-, Lade- 322.6
-, Last- 340.4
-, Lauf- . 157.8, 289.8
-, Schiebe- . . . 330.2
-, Versteifungs- 152.5
Bühnenbelag . 157.2
-träger . 157.1, 289.7
Builders lift . . 354.2
- winch 271.5
Building 161.8
- crane 310.1
-, crane 280.3
-, cross section of 161.9
- lift 354.2
-, storage . . . 381.2
Built heaping . 385.1
- -up toothed rim 68.4
Buje de la rueda 257.4
Bulk, conveyance in 358.2
- goods . 322.5, 384.2
-, transport in . 358.3
Bullone 79.10
- al piede del sopporto 88.6
- a mazzetta . 118.1
- con testa e dado 116.7
- del coperchio 88.4
- - freno . . . 96.9
- - giunto . . . 80.10
- - sopporto . . 88.4
- della vite . . 113.7
- di chiusura . 30.5

Bullone di fondazione 88.10, 287.9
- - scartamento 117.4
- principale . . 340.9
Bulloni, avvitare in 119.3
-, - su 119.2
-, collegare con 119.1
Bultos, transportador de 368.1
Bund 88.1
-, Wellen- . . . 77.5
Bunker 385.4
-, Vorrat- . . . 386.2
Bunker 385.4
-, storage . . . 386.2
Buque 322.5
-, ascensor de -s 357.3
Buque, cabrestante de 279.6
- de comercio . 323.3
-, grúa de . . . 303.8
- mercante . . 323.3
-, monta-carga para -s 364.8
-, plano inclinado para -s 357.1
-, torno de . . . 265.2
-, transporte aéreo para el servicio de -s en alta mar 394.8
Bürste, Anker- 210.9
-, Schleif- . . . 207.7
Bürstenhalter . 211.1
Bush 87.2, 89.2
Bush bearing . 89.1
-, collar 190.7
- of traversing wheel 257.4
-, to - a bearing 89.3
-, threaded . . 118.3
Bushed bearing 89.4
- traversing wheel 257.3
Bushing 89.2
Butée, collier de - ajustable 77.6
-, palier de . . . 71.4
Buterola . . 125.10
Butoir . . 88.8, 303.6, 327.5, 327.6
- d'arrêt 327.5
-, ressort de . . 327.7
Butt angle . . . 149.2
- cover plate . 149.5
- -joint . 148.6, 148.9
- -, covered . . 149.7
- - iron 149.1
- -, plated . . . 149.7
- - rivet 149.3
Butt, to 148.7
-, to - a girder 148.8
Buttarola . . . 125.7
Buttata 384.10, 385.1
Butterfly valve, throttle 243.4
Butting angle . 149.2
Button press . . 349.7
Buttress thread 115.1
Buzo, émbolo . 186.6
Bypass valve . 242.3

C.

Caballete . . . 403.4
- de basculador 325.3
- - guia 389.5
- - soporte . . 92.3
-, grúa de . . . 294.6
-, - - - asimétrica 295.1
-, - - - fija . . . 295.2
- porta-polea . 48.6
-, torno de . . . 270.1
Caballo-vapor . 21.6
Cabestan . . . 278.1
- à bras 278.8
- - double cloche 278.6
- - simple cloche 278.5
- - vapeur . . . 279.2
-, barre de . . . 279.1
-, câble pour -s 41.5
-, cloche de . . 278.3
- d'ancre . . . 279.5
- de bateau . . 279.6
- électrique . . 279.4
-, fosse de . . . 278.2
- hydraulique . 279.3
-, installation de 279.7
- ordinaire à bras 278.9
Cabestano . . . 278.1
- laterale . . . 378.1
Cabeza, altura de la 65.4
-, chaveta de . 78.3
-, circunferencia de 64.4
- cuadrada . . 116.1
- de la malla . 29.9
- - martillo . . 116.3
- - tornillo . . 118.8
- del diente . . 65.2
- - poste 300.7
- - remache . . 120.9
- embutida . . 116.4
- -, remache de 122.1
- estampada . . 121.1
- hexagonal . 115.10
-, perfil de doble 420.2
- propia de remache 120.10
- redonda . . . 116.2
Cabeza, remache de - achaflanada 122.1
-, tornillo de . . 118.9
Cabida de la vagoneta 407.6
- - los cangilones 371.9
Cabin, closed driver's 293.7
-, driver's . . . 293.6
-, weather-proof driver's 294.1
Cabina 340.5
- a due corde . 341.2
- - - funi . . . 341.2
- ad una sola corda 341.1
- - - - fune . . 341.1
-, corda della . 332.8
- del manovratore 293.6
- - - aperta . . 294.4
- - - chiusa . . 293.7
- - - protetta dalle intemperie 294.1
- - - rivestita . 294.2
- della gru . . 301.9
- di distribuzione 213.8
- - manovra, carrello con 276.4
-, fune della . . 332.8
-, guida della . 338.7
Cabina . 340.5, 341.4
-, cable de la . 332.8
- de protección 294.1
-, guía de la . . 338.7
- revestida de tablas 294.2
-, soporte de la 344.7
Cabine . . 340.5, 341.4
- abritée de conducteur 294.1
-, armature de . 341.5
-, bâti de . . . 341.5
-, câble de levage de la 332.8
-, charpente de 341.5
- d'ascenseur à câble unique 341.1
- - à deux câbles 341.2
- de conducteur fermée 293.7
Cabine de conducteur ouverte 294.4
- - distribution 213.8
- - grue 301.9
- de manœuvre, chariot portant la 276.4
- - service, pont roulant à - montée sur le pont même 291.2
- du conducteur 293.4, 293.6
- - mécanicien 293.4
-, faire reposer la 345.2
- fermée de conducteur 293.7
-, guidage de la 338.7
-, plafond de . 340.7
-, plancher de . 340.6
-, position de repos de la 345.1
-, support de suspension de 341.6
Câblage 36.2
-, facteur de . . 36.4
Cable . . 40.3, 204.9
-, armoured . . 205.1
-, circular . . . 40.7
-, coupling device with over head 415.5
-, crane 41.2
- drum 45.3
-, flat 40.9
-, flexible . . . 205.5
-, gravity 393.1, 393.5
-, ground . . 204.11
-, hauling . . . 41.4
-, hollow 40.11
- joint 37.10
-, lead covered 205.2
-, locked 40.4
-, rubber covered 205.3
-, semi-locked . 40.5
- shoe 205.9
-, simplex . . . 40.6
-, solid 41.1
-, square 40.10
-, stranded . . 204.10
- stretcher . . 268.3
-, twisted . . . 40.8
Cableway . . . 399.8
Cableway, aerial 392.3
-, blast-furnace 394.5
- branching . . 398.6
- car 407.2
- construction 392.5
-, continuously working 392.8
- crane, elevated 422.2
-, dumping . . 394.6
-, German . . . 394.2
-, inclination of 399.2
- junction . . . 398.6
-, land 394.7
- line 398.3
- -, curved . . . 398.5
- -, straight . . 398.4
-, maritime . . 394.8
- plant 392.4
-, portable . . . 394.3
- over valley . 395.1
-, shipyard . . . 422.3
- with brake rope 393.7
- - single rope 394.1
- working in two directions 392.7
-, - of 392.6
Cable 33.6
- á dextrorsum 34.1
- - mano, montacargas de 352.4
- - sinistrorsum 34.3
- abierto, arrastre por 388.5
- aéreo con servicio continuo 392.8
- - de transporte y de soporte 399.8
- - inclinado . 393.1
- - para la carga 394.4
- - portador . . 399.8
- - sin fin . . . 394.1
- armado . . . 205.1
-, ascensor de un 341.1
- -cadena . . . 390.8
- cargado . . . 399.9
-, carro para elevación por 275.2
- cerrado . . . 40.4
- con envoltura de plomo 205.2

Cable con pedazos de cadena intercalados 390.8
- conductor . . 204.9
- cuadrado . . 40.10
- -cuerda . . . 40.3
- de acero . . . 38.8
- - alambres de hierro 38.9
- - algodón . . 38.7
- - arrastre . . 388.2
- - ascensor . . 332.7
- - cáñamo . . 38.6
- - cierre . . . 411.9
- - conductores cableados 204.10
- - conexión . 390.2
- - cordones . 39.5
- - - planos . . 39.9
- - - triangulare 40.1
- - desacoplamiento 414.2
- - descarga . . 412.1
- - desenganche 414.2
- - dobles cordones planos 39.10
- - - torones planos 39.10
- - elevación . 411.9
- - hilos de acero 38.11
- - la cabina . 332.8
- - mando 42.7, 184.8
- - maniobra . 248.7
- - montacargas 332.7
- - nudos . . . 391.1
- - retención . 412.1
- - retorno . . 389.4
- - soporte . . 400.4
- - torones . . 39.5
- - - planos . . 39.9
- - - triangulares 40.1
- - torsión derecha 34.1
- - - isquierda 34.3
- - tracción . . 36.4, 400.5
- - - de las vagonetas vacias 389.4
- - - liso . . . 390.7
- - translación 252.6
- - transmisión 42.5
- - transporte . 41.4 388.2
- - - inclinado 393.5
- - un transportador 368.3
- - vagonetas cargadas 389.6
- - - vacías . . 389.7
- del contrapeso 333.1
-, desarrollar el - del tambor 44.4
- doble 333.2
- en espiral . . 40.2
- - forma de cinta 40.9
-, estación de relevo del 397.2
- flexible . 35.3, 205.5
- flojo 34.9
- flotante . . . 390.4
-, freno de . . . 105.1
- galvanizado . 39.1
- hueco 40.11
Cable macizo . 41.1
-, mando por - de mano 181.7
-, - - - sin fin . 184.7
- metálico . . . 38.10
- - de alambres delgados 39.2
- - - - gruesos 39.3
- - - maniobra 348.2
- - - transporte inclinado 393.4
- - desundo . . 38.12
- - no galvanizado 38.12
- motor 42.5
- para ascensor 41.3
- - cabrestante 41.5
- - grúa 41.2
- - montacargas 41.3
- - tornos . . . 41.5
-, paso del - debajo de las cruces 401.1
- plano 40.9
- portador . . . 400.4
-, puente-grúa accionada por -s 291.7
- redondo . . . 40.7
- revestido . . 40.4
-, rotura del . . 37.1
-, semi-cerrado 40.5
- simplex . . . 40.6
- sin carga . . 400.1
- - fin, arrastre por 389.1
- - torsión . . 34.4
-, sistema del . 39.4
- subterráneo 204.11
-, tambor para 45.3
-, torno de . . . 268.1
-, torsión del . . 33.9
- tractor debajo 390.6
Câble 33.6, 40.3, 202.7, 204.9
- à bouts de chaîne intercalés 390.8
- - doubles torons plats 39.10
- - garniture tressée 204.10
- - nœuds . . . 391.1
- - torons . . . 39.5
- - - plats . . . 39.9
- - - triangulaires 40.1
- - - droite . . 34.1
- - - gauche . 34.3
- aérien de transport et de support 399.8
- -, grue à . . . 422.2
- -, inclinaison du 399.2
- - incliné . . 393.1
- - porteur . . 399.8
- - pour le chargement (des navires) 394.4
-, appareil de retenue du 401.2
- armé 205.1
- - de plomb . 205.2
-, boucle de 25.5, 389.2
-, brin de . . . 36.7
-, cabine d'ascenseur à deux -s 341.2
- carré 40.10
- -chaîne . . . 390.8
-, chariot à . . 275.2
Câble clos . . . 40.4
- commandant l'avancement 252.6
-, commande à la main par 181.7
-, commande par 42.2
- creux 40.11
-, crochet de . 54.2
- d'aller et retour, transport aérien avec 392.7
- d'arrêt 412.1
- d'ascenseur . 41.3, 332.7
- d'extraction . 41.4
- d'ouverture . 412.1
- d'un convoyeur 368.3
- - transporteur 368.3
- de commande 42.7
- - connexion 390.2
- - déchargement 412.1
- - fermeture . 411.9
- - grue 41.2
- - levage . . . 41.4
- - - de la cabine 332.8
- - manœuvre . 248.7
- - - du décrochage 414.2
- - -, poulie du 248.6
- - monte-charge 41.3, 332.7
- - navire . . . 41.6
- - retenue . . 412.1
- - retour . . . 389.4
- - soulèvement 411.9
- - trainage . . 388.2
- - translation 252.6
- - transmission 42.5, 184.8
- - transport . 388.2
- - transport incliné 393.5
- du contre-poids 333.1
- demi-clos . . 40.5
-, descente par extension du 9.3
- dextrorsum . 34.1
-, diamètre de . 33.7
-, double 333.2
- en acier . . . 38.8
- - chanvre . . 38.6
- - coton . . . 38.7
- - fer 38.9
- - fils d'acier . 38.11
-, équipement avec 42.2
-, fixation du . 36.8
-, flèche du . . 399.1
- flexible 35.3, 205.5
-, flexion du . . 35.2
- flottant . . . 390.4
-, frein à 105.1
-, guidage du . 400.6
- hélicoïdal . . 40.2
- incliné pour le transport du bois 393.6
-, installation de transport aérien par 392.4
- lâche 34.9
Câble, le - tombe 401.8
-, manœuvre par 248.5
- métallique . . 38.10
- -, convoyeur à 370.2
- - de manœuvre 348.2
- - - transport incliné 393.4
- - en fils minces 39.2
- - - gros fils . 39.3
- -, manœuvre par 348.1
- - nu 38.12
-, monte-charge à - manœuvré à la main 352.4
-, moufle à . . . 51.4
- non tordu . . 34.4
-, œillet de . . 205.9
- ouvert, trainage par 388.5
-, palan à . . . 51.4
- par-dessus, passage du 400.8
- par-dessous, passage du 400.9
- plat 40.9
- plein 41.1
-, pont roulant à commande par 291.7
- porteur 36.5, 400.4
- pour cabestans 41.5
- - treuils . . . 41.5
-, raideur du . . 35.4
- -remorqueur . 41.5
-, replacer le . . 401.9
- rond 40.7
- -, commettage de 40.8
-, sabot à . . 401.10
- sans fin, commande par 184.7
- - -, plan incliné à 361.4
- - -, trainage par 389.1
- - -, transmission par 184.7
- simplex . . . 40.6
- sinistrorsum . 34.3
- souple . 35.3, 205.5
- sous plomb . 205.2
-, soutenir le - par dessous 401.7
- souterrain . 204.11
-, support inférieur intermédiaire du 401.6
-, - - du 401.5
-, système du . 39.4
-, tambour à . . 45.3
-, tendre le . . . 397.4
-, tension du . . 36.9
-, tors du . . . 33.9
- tracteur 36.6, 400.5
- - des wagonnets vides 389.4
- - en dessous . 390.6
- -, galet de soutien du 402.3
- -, griffe du . . 418.7
- - lisse 390.7

Câble tracteur, rouleau-porteur de soutien du 402.3
- -, traction par - attaché en dessous 390.5
- trainant, transport par -s commandés aux deux bouts 389.3
-, transport par 388.1
-, treuil à . . . 268.1
-, - - un 269.4
-, - - deux . . . 269.5
-, - - - latéral . 373.2
- unique, cabine d'ascenseur à 341.1
-, usure du . . . 38.5
-, vitesse de . . 33.8
Câbles d'aller et de retour, trainage par 389.5
-, jonction de . 37.9
Cableado . . . 36.2
-, cable de conductores -s 204.10
-, coeficiento de 36.4
Cablear 36.3
Câbler 36.3
Cabrestan, tambor de 46.1
Cabrestante . . 269.3 278.1
- de buque . . 279.6
- - doble tambor 278.7
- - mano . . . 278.8
- - palancas . . 278.9
- - tambor sencillo 278.5
- - vapor . . . 279.2
- eléctrico . . . 279.4
- hidráulico . . 279.3
- lateral 373.1
- para áncora . 279.5
Caccia, anello - -olio 77.4
Cade, la fune . 401.8
Cadena 25.8
- abierta . . . 29.6
- articulada . . 29.7
-, ascensor de - doble 356.6
-, brida de . . . 29.3
-, cable- 390.8
- calibrada . . 29.5
-, carro para elevación por 275.3
- con cangilones 361.6
- - garras para toneles 56.3
- de cangilones 368.2 372.2
- - - oscilantes 363.4
- - carga . . . 32.6
- - dos ramales 55.9
- - eslabones . 28.3
- - - cortos . . 29.3
- - - largos . . 29.4
- - - soldados . 28.9
- - Gall 30.1
- - ganchos . . 29.6
- - mando . . . 33.4
- - maniobra 31.3 248.9
- - - de las mordazas 412.4
Cadena de sirga 33.2
- - sujección de los cangilones 371.10
- - tolvas . . . 368.9
- - tracción 32.7, 33.2
- - translación 252.7
- - transmisión 33.4
- - un transportador 368.3
- del elevador . 363.3
-, draga de . . . 376.2
-, - - - con cangilones 371.7
- flotante, transporte por 392.1
-, gancho para . 54.1
-, lazo de . . . 32.3
-, malla de . . . 29.8
-, mando por - de mano 181.6
- motriz 33.4
- para guía . . 33.1
-, pozo de la . 372.9
-, rotura de la . 27.6
-, rueda dentada para 30.7
-, suspensión de la 27.4
-, tambor para . 45.6
-, tensor de . . 30.6
-, torno de . . . 268.4
-, transmisión por 33.3
-, unión de las -s 30.3
Cader, il carico cade 8.6
Cadre . . 142.1, 151.5
- à contreventement 151.8
- - croisillons . 151.8
-, bride supérieure de 151.6
- de suspension 407.1
- - - de la cuiller 411.2
- - - du wagonnet 407.3
- entretoisé . . 151.8
-, montant de . 151.7
- rigide 151.8
Caduta a piombo del carico 8.8
- - -, periodo della 8.9
-, altezza di . . 386.5
- del carico . . 8.7
- di tensione . 198.6
- libera, accelerامento della 21.10
- -, altezza di . 9.1
- - del carico . 8.8
- -, periodo della 8.9
Cadute, freno para- 104.3
-, para- 342.1
Caediza, puerta 336.6
Caer, el cable cae 401.8
-, la carga cae . 8.6
Cage 340.3, 340.5, 341.4 341.7
-, bottom of . . 340.6
- box 341.8
-, ceiling of . . 340.7
-, driver's . . . 298.4
-, floor of . . . 340.6
- frame 341.5
- girder 341.6
Cage, gripping of the 342.2
- lift 352.2
-, load 341.3
-, roller 91.3
- support . . . 344.7
- with one rope 341.1
- - two ropes . 341.2
Cage . . . 340.5, 341.4
-, action d'agripper de la 342.2
-, armature de . 341.5
-, - de la . . . 340.2
-, arrêt par griffes de la 342.2
-, charpente de 341.5
-, charpente de la 334.6
- d'ascenseur . 333.3
- - enclavée dans la maçonnerie 334.2
- d'écartement des billes 90.7
- d'extraction . 341.7 359.3
- de distance des billes 90.7
- de la charge 333.7
- - levage . . . 333.7
- - monte-charge 341.8
- - service, pont roulant à - montée sur le pont même 291.2
-, dispositif pour soutenir la 344.6
- en matériaux ignifuges 333.9
-, entrée de la . 335.3
-, faire reposer la 345.2
-, fermeture de la 335.7
-, hauteur de la 333.4
-, ouverture de la 335.4
-, ossature de la 334.6
-, porte de la . 335.8
-, position de repos de la 345.1
-, sommet de la 333.5
-, support fixe de 344.7
Caida, altura de 7.9 386.5
- de la carga . 8.7
- - tensión . . 198.6
-, freno de . . . 104.3
- libre, aceleración en la 21.10
- -, altura de . 9.1
- - de la carga 8.8
- -, periodo de . 8.9
Caisse à ballast 287.1
- - chaine . . . 32.1
- - contrepoids 287.1
- - la partie inférieure d'un élévateur 362.3
- de monte-charge 341.8
- - wagonnet . 408.6
- du wagonnet 407.5
-, grappin de suspension pour -s 59.5
-, monte -s . . 366.1
Caisson, poutre en 147.2
-, section de . . 147.3
-, - en forme de 147.3
Caja á prueba del fuego 333.9
- cerrada . . . 334.1
- con obra de fábrica 334.2
- de cabrestante 278.2
- - distribución 193.2
- - empalme . 205.10
- - - subterránea 205.11
- - engranaje . 62.8
- - estopas . . 190.5
- - extracción . 341.8
- - reóstato . . 223.4
- - tamiz . . . 237.8
- - vagoneta . 408.6
- del ascensor . 333.3 333.7
- - contrapeso 287.1 333.8
- - freno . . . 104.2
- - gancho . . 53.1
- - imán 108.7
- - tornillo sin fin 70.8
- en la parte inferior del elevador 362.3
-, fundición en 164.2
- guarda-cadena 31.9
-, monta -s . . 366.1
- para cadena . 32.1
- - polea . . . 48.5
-, precauciones contra la entrada en la 337.7
-, tubo de - de estopas 240.1
-, viga en forma de 147.2
Cajón, distribución de 192.8
Cala-deposito . 385.4
- di deposito . 386.2
- inferiore . . . 380.5
Cala 323.1
- seca, transportador aéreo para 422.3
Calado . . 308.6, 323.2
Calaison . 308.6, 323.2
Calare il carico 8.2
Calata, movimento di 6.5
-, muro della . 380.4
-, velocità di . 10.1
Calcestruzzo, blocco di 287.6
-, contrapeso in 287.5
Calcolazione della gru 283.8
Calcolo della trave 144.8
- di una travatura a traliccio 144.1
- statico 135.2
Calcul de charpente métallique 144.1
- - grue 283.8
- - treillis . . . 144.1
- des poutres . 144.8
- - fermes . . . 144.8
- statique . . . 135.2
Calculation, bay 144.1
-, crane 283.8

Calculation, framework 144.1
-, girder 144.3
-, panel 144.1
-, static 135.2
-, statical . . . 135.2
Cálculo de la grúa 283.3
- - - viga . . . 144.3
- - una viga de celosía 144.1
- estático . . . 135.2
Caldaia a vapore 227.4
-, alimentare la 227.7
-, focolare della 227.5
Caldaie, martinetto da 265.1
Caldera de vapor 227.4
-, gato para - s 265.1
Calderaio, attrezzi da 125.4
Caldero 311.1
Caldiere 312.6
Caldo, anello messo a 77.7
-, infilare un anello a 77.8
Cale . 77.10, 88.9, 323.1
- de construction, transporteur aérien de 422.3
-, gorge de . . 77.9
- sèche 318.7
- -, charpente de grue de 319.1
- -, grue à pylône de 319.2
- -, transporteur aérien de 422.3
Calentarse, el cojinete se calienta 85.1
Calibrada, cadena 29.5
Calibrata, catena 29.5
Calibrated chain 29.5
Calibre del soporte 84.4
- interior del cilindro 188.6
Calibrée, chaîne 29.5
Calotta sferica, ruota portante a 256.5
Cam, guide . . 344.2
Cámara de la válvula 196.2
Camarín . 340.5, 341.4
Camber of an arch 138.9
Cambiamento di inclinazione 399.3
- - marcia, albero di 245.5
- - pendenza, punto del 399.4
Cambiar, el ascensor cambia la marcha automáticamente 347.6
- la marcha . . 244.9
Cambiare, l'ascensore cambia automaticamente la marcia 347.6
Cambio brusco de inclinación 399.4
- de inclinación 399.3
Cambio de la marcha 244.10
- - marcha por tren de engranajes desplazable 63.7
- - vía 329.10
- - - de aguja . 420.6
- - - - ferrocarril suspendido 420.5
-, engranaje de 64.1
-, rodillo de - de dirección 403.1
Camelles, frein à 103.8
Camera 278.2
- d'aria . 233.1, 238.7
- - per l'acqua sotto pressione 231.5
- -, pressione nella 231.6
- della valvola 196.2
- unica, cilindro a 189.1
-, cilindro a due -e 189.2
Camino . . 13.5, 20.8
- de rodadura . 13.8
- - rotación . . 16.3
- del transporte 359.4
-, multiplicación de 62.6
- perdido . . . 13.7
- recorrido . . 20.8
- - durante el arranque 4.9
- - - - frenado 97.7
- - - - rozamiento 22.6
- - - la aceleración 19.6
- - por inercia hasta la parada 5,1
- - - la carga . 6.9
Cammino de contacto 218.5
- del movimento 18.3
-, direzione del 13,9
- percorso durante l'accelerazione 19.6
Campana dell'argano 278.3
Campo 140.6
- d'azione della gru 283.5
- - di..., la gru ha un 283.6
- del carico . . 183.5
- di rotazione . 296.8
-, larghezza del 140.7
Campo 140.6
- de la carga . 183.5
Canal de transporteur 369.6
Canal de derrame 386.3
- - distribución 193.1
- - sacudida . . 369.9
- - transportador de sacudida 369.9
- del transportador 369.6
- - rodillo de rodamiento 406.2
- móvil de transportador de rascadores 369.7
- transportadora 369.5
Canale a propulsione meccanica 370.1
- di distribuzione 193.1
- - trasporto . 369.5
- oscillante . . 369.9
-, sezione del . 193.4
- trasportatore a scosse 369.8
- - - spinta . . 369.7
- - oscillante . 369.8
Canaletto del trasportatore a scosse 369.9
Canalisation . . 202.7
- aérienne . . . 206.2
- souterraine . 206.3
Canalización . 202.7 235.6
- aérea 206.2
- por conductores montados sobre postes 206.4
- subterránea . 206.3
Canalone . . . 369.5
- mobile 386.3
Cannelures, palier à 86.8
-, tourillon à . . 79.4
Cáñamo, alma de 39.6
-, cable de . . . 38.6
-, guarnición de 191.9
-, nudo de . . . 391.4
Canape, anima di 39.6
-, fune di . . . 38.6
-, guarnizione di 191.9
-, nodo di . . . 391.4
-, - - metallo e 391.5
-, puleggia per fune di 47.1
Cancello scorrevole 336.5
Cañería, sección de la 235.8
Cangilón . . . 361.7
-, cadena de -es 368.2
- de draga . . . 371.8
- - transporte . 368.4
- oscilante . . . 363.5
Canjilones, rosario de 356.5
Canots, treuil pour 265.2
Cantidad á elevar 359.7
- - transportar 359.7
- de agua necesaria 230.4
- - - que pasa 236.1
- - fuerza necesaria 282.8
Cantiere di carenaggio 318.7
- - -, gru da . . 318.8
-, gru per . . . 310.1
-, montacarichi per -i 354.2
-, montatura in 160.8
- navale, gru da 318.6
Cantilever bridge 160.2
- crane 295.4
Cantilever, grue- 295.4
-, poutre 138.1
Cantilever, grúa 295.4
-, puente 160.2
Cantina 335.1
-, montacarichi da 354.1
Cantonale . . . 168.3
- d'angolo . . . 151.4
- d'unione . . . 150.4
- di coprigiunto 149.2
- - rinforzo . . 152.2
- - unione . . . 145.9
-, guida su . . . 340.1
Caoutchouc, accouplement en 81.4
Caoutchouté, fil 205.3
Cap 88.3
-, pedestal . . . 88.3
- screw 116.9
Capa de color . 161.3
- - - al óleo . . 161.6
- - minio . . . 161.5
- - pintura al óleo 161.6
-, primera . . . 161.4
Capability for manœuvring crane 282.2
Capacidad de la grúa 283.2
- - - vagoneta 407.6
- - sobrecarga de una máquina 188.1
- - transporte . 360.1
- del acumulador 232.2
Capacità d'essere sovraccaricato 4.1
- del vagoncino 407.6
- dell' accumulatore 232.2
- della tazza in . . . m 371.9
- di sovraccaricamento della macchina 188.1
- - trasporto dei materiali scavati 360.1
Capacité d'eau de l'accumulateur 232.2
- d'extraction . 360.1
- de déplacement 360.1
- - l'accumulateur 232.2
- - surcharge d'une machine 188.1
- - transport . 360.1
Capacity 2.5
-, accumulator . 232.2
- of wagon . . 407.6
-, overload . . . 4.1
-, - - of the engine 188.1
Capaz de ser inclinado 17.6
Capitello superiore della colonna 300.7
Capo della fune 37.4
-, intrecciamento del - della fune 37.8
-, intrecciare il - della fune 37.7

Capocchia incassata 122.1
- semisvasata . 122.2
- svasata . . . 122.1
Capovolgibile, carretta 361.3
- di fianco, vagoncino 378.5
- per davanti, vagoncino 378.4
-, tazza 363.5
-, tino 379.1
-, vagoncino . . 378.3
Cappello del sopporto 88.3
- dell'elevatore 362.4
Cappio 25.4
- della fune . . 25.5
Capra 264.2
-, palanchino di 261.1
Capriata, orlo inferiore della 290.6
Capstan 278.1
-, anchor- . . . 279.5
-, bar 278.9
- box 278.2
-, double head of 278.6
-, - headed . . 278.7
-, electric . . . 279.4
-, hand . . 278.8, 278.9
-, head of . . . 278.3
-, hydraulic . . 279.3
- installation . 279.7
-, single head of 278.4
-, - headed . . 278.5
-, ship's 279.6
-, steam- 279.2
- winch 269.3
Car, blast furnace 356.4
-, block charging 318.3
-, cable way . . 407.2
-, charging . . 318.1
-, foundry . . . 312.5
-, ingot charging 318.3
-, ladle 312.6
-, open gondola 378.2
-, rope-gripping 418.1
-, row of -s . . 377.7
-, single 377.6
- suspension tackle 407.3
-, throw-off . . 368.6
-, tipping . . . 368.6
-, train of -s . . 377.7
-, trough charging 318.2
Cara del distribuidor 192.10
Carabina, gancio porta- 54.7
Carbine hook . 54.7
Carbon switch 215.5
Carbón, almacén de -es 381.8
-, cubeta-draga para 412.5
-, depósito de . 382.7
-, elevador de . 365.5
-, grúa de carga para -es 319.6
-, interruptor de 215.5
-, montacargas para -es 355.6
Carbón, volcador para 324.9
Carbone, deposito del 382.7
-, elevatore di . 355.6
-, - per 365.5
-, gru per imbarco di 319.6
-, interruttore a 215.5
-, magazzino di 381.8
-, piatta per . . 323.7
-, scaricatore a bilico per 324.9
-, tazza dragante a 412.5
-, vapore per . . 323.7
Carbonero, barco 323.7
Carboniero, barcone 382.4
Carbonile . . . 386.2
Carcasse inductrice 108.7
- polaire 108.7
Cardan 84.1
Cardan, acoplamiento de 84.1
Cardano, giunto di 84.1
Carenaggio, cantiere di 318.7
-, gru da cantiere di 318.8
Carga 1.2, 3.7, 132.7, 320.7, 320.9, 413.3
- á elevar . . . 332.1
-, abertura de . 325.5
- accionando alternativamente en sentido inverso 133.1
-, aceleración de la velocidad de la 10.3
- aislada . . . 133.3
-, brazo de palanca de la 11.5
-, cable de . . . 36.5
-, - sin 400.1
-, cadena de . . 32.6
- constante . . 132.9
- continua . . . 133.4
- de ensayo de rotura 27.9
- - fardería . . 322.4
- - la cadena . 27.5
- - - grúa . . 282.10
- - prueba . . . 2.2
- - - de alargamiento 28.1
- - rodadura . 133.9
- - vagón . . . 378.1
- del eje 75.8
-, descolgar la . . 9.5
- directa . . . 134.8
-, distribución de 368.7
- en el muñón 78.7
- - servicio . . 134.4
-, gancho porta- 52.6
-, grado de la . . 2.7
-, grúa de . . . 319.4
-, importancia de la 2.6
- indirecta . . 134.9
- intermitente 209.8
- límite 2.1
- - de vuelco . 285.1
Carga máxima . 2.1
-, molde de . . 317.1
-, momento de la 11.4
- móvil . 133.9, 134.1
-, movimiento de la 4.3
-, muelle de . . 322.6
- muerta 1.4
- nula 1.5
- obrando de una manera periódica 132.10
-, palanca de . 316.5
- para grúa . . . 2.4
- - levantar . . . 2.3
- permanente . 133.2
-, plano inclinado de 356.7
-, plataforma de 340.3 340.4
- por peso propio 134.6
-, posición de la . 2.8
-, - la más interna de la 3.4
-, - lateral de la . 3.5
-, - límite exterior de la 3.3
-, - - inferior de la 3.2
-, - - superior de la 3.1
- producida por la nieve 154.6
- pulsatoria . 132.10
-, retorno de la . 9.6
-, servicio de . 321.5
- sobre la rueda motriz 254.2
- soportada por la grúa 283.1
-, tamaño de la 2.6
-, tambor de - del acumulador 232.5
-, - para 46.2
-, tirante de . . 299.6
-, tolva de . . . 385.5
- total 134.7
- trapecial . . . 133.7
- triangular . . 133.6
- uniformente repartida 133.8
- útil 1.3, 2.3
-, vástago guiado de la 277.1
Cargas aisladas, transporte de 360.3
-, grúa para - ligeras 308.9
-, - - - pesadas 308.2
- repartidas . . 134.3
Cargado, cable 399.9
-, gancho no . . 55.3
-, lado 399.9
-, ramal 25.6
Cargador, carro 318.1
- de alto horno 356.1
Cargadora, grúa - de lingotes 313.1
Cargamento . 320.9, 413.3
- de un buque 322.7
-, instalación de 321.3
Cargamiento, muelle de 380.2
Cargar . . 170.6, 320.2, 320.4, 413.2
-, aparato para - hornos 316.4
Cargar, mercancía para 322.1
-, objetos para - separadamente 384.4
- un aparato de levantamiento 3.6
Cargo barge . 323.4
- -boat 323.3
Carica, durata della 210.2
Caricamento . 320.7, 320.9, 413.3
-, cilindro di . . 189.3
-, condizioni di 182.8
- dei lingotti, carro per il 318.3
- delle lingottiere, carro per il 318.2
- - navi, filovia per 394.4
- di navi . . . 322.7
-, meccanismo di 368.3
-, posizione di . 413.1
-, tramoggia di 368.10
Caricare 320.2, 320.4 413.2
- a pieno la macchina 183.2
- al massimo la macchina 183.2
-, gru per - i lingotti 317.5
-, - - - le lingottiere 316.3
-, merce da . . 322.1
- un apparecchio di sollevamento 3.6
Caricato, gancio non 55.3
-, lato - della fune 399.9
-, tratto 25.6
-, tronco del cavo 399.9
Caricatori, ciurma di 321.8
Carichi, taglia per 49.8
Carico . 1.2, 3.7, 132.7 320.7, 320.9
- alternante . . 133.1
-, catena abbraccia 56.4
- continuo 133.2, 133.4
-, controbilanciare il - con un contrappeso 286.1
-, corsa del . . . 6.8
- d'esercizio . . 134.4
- da sollevare . 2.3 332.1
- - sollevarsi dalla gru 282.10, 283.1
- del carro . . 378.1
- - chiodo . . . 121.2
- dell'asse . . . 75.8
- della catena . 27.5
- di compressione 171.5
- - gru 2.4
- - neve 154.8
- - prova . 2.2, 27.9
- - - per stiramento 28.1
- - rottura . . 27.9
- - rovesciamento 285.1
- - trazione . . 170.8

Carico diretto . 184.8
- distribuito uniformemente 183.8
-, equilibrare il - con un contrappeso 286.1
- fisso 182.9
-, gancio porta- 52.6
- in punta . . . 172.6
- indiretto . . . 184.9
-, la macchina corre sotto 183.3
-, - - s'avvia sotto 183.3
- limite 2.1
-, magnete leva- 56.6
- massimo . . . 2.1
- -, attrito a . 23.1
- mobile 183.9
- parziale . . . 183.3
- per il peso proprio 184.6
- permanente . 183.2
- pulsatorio intermittente 182.10
- singolo . . . 183.3
- sul perno . . 78.7
- sulle ruote . 254.2
- totale 184.7
Carnes, elevador de 366.3
Carni, elevatore per 366.3
Carpintéria metálica 158.9
Carraca, gato de rosca con 262.4
Carré, arbre . . 76.8
-, câble 40.10
-, fer 167.8
-, filet 114.8
Carrée, tête . . 116.1
Carreggiabile, elevatore 364.6
-, piano-inclinato 386.7
Carrelli in convoglio 377.7
Carrello 273.4
- a comando elettrico 275.5
- - due assi . . 254.5
- - - ruote . . 275.7
- ad una ruota 275.6
-, argano su . . 272.8
- ausiliare . . . 275.1
- comandato da catena 275.3
- - - fune . . . 275.2
- con binario pendente 277.5
- - cabina di manovra 276.4
- - guida di sollevamento 276.6
- - paranco fisso 276.2
- - - sospeso . 276.1
- - sospensione a pendola 276.3
-, controller per movimento trasversale del 223.1
- da abbaino . 277.8
- - scavo . . . 276.5
- - solaio . . . 277.8
- di gru 310.8
- girevole . . . 277.3
Carrello girevole, gru a ponte con 292.8
-, gru a cavalletto su 295.3
-, - - ponte con - tra le travi maestre 291.1
-, il - si trova nella sua posizione interna 274.6
- isolato 377.6
- manovrato a mano 275.4
- mobile per trave da soffitto 277.7
- nella sua posizione esterna 274.3
- - - - interna 274.1
- - - - rientrata 274.1
- per funicolare aerea 407.2
- - trasporto di lingottiere 316.3
-, posizione del 274.5
- principale . . 274.8
- scorrevole, motore del 253.7
- singolo 377.7
- su guida inclinata 277.9
- superiore, gru a ponte con 290.9
- Temperley . . 295.8
Carrera de la cadena 32.4
- - - carga . . . 6.8
- - - palanca de maniobra 243.8
- - levantamiento 6.7
- del cable . . . 41.7
- - distribuidor 193.5
- - émbolo . . . 185.9
- - freno desacoplado 109.5
-, multiplicación de 62.5
Carretta a bilico 361.3
- capovolgibile 361.3
Carrete 201.8
- de extinción de chispas 217.9
- - protección . 201.9
- - reacción . . 202.1
- en serie . . 201.10
- reductor . . 201.10
Carretilla . . . 361.2
Carretón 262.9
- de transporte 377.5
Carri, binda da 264.4
-, martinetto per 264.4
-, scaricatore a bilico per 324.8
Carriage, pedestal 155.7
-, upper 301.8
Carrier 391.2
- coupling . . . 418.2
-, double 391.7
-, hemp 391.4
-, - - metal. . . 391.5
-, load . . 407.1, 407.5
-, metal- 391.6
-, rear 391.8
-, spun 391.3
Carril . . 327.9, 328.1
-, almacén de -es 383.7
Carril, bloque de paro sobre el 414.5
- de aguja . . . 421.2
- - ferrocarril suspendido 420.1
- - guía 416.2
-, grapa de . . . 285.5
- para grúa . . 328.9
- plano 328.10
- - de acero . 328.11
-, torno automotor de un 273.2
-, vía sin 361.1
- Vignole . . . 328.8
Carriuola . . . 361.2
Carro a bilico . 408.8
- - scartamento normale 379.4
- - - ridotto . . 379.5
- - - sponde . . . 378.2
-, carico del . . 378.1
- da colata . . 312.5
- - fonderia . . 312.5
- - trasporto . . 377.5
- di caricamento 318.1
- ferroviario . . 379.3
- mobile della gru 254.1
- motore delle girelle 405.5
- - - puleggie . 405.5
- per gru . . . 301.7
- - il caricamento dei lingotti 318.3
- - - - delle lingottiere 318.2
- - linea principale 379.6
- - - secondaria 379.7
- - secchioni da colata 312.6
- trasbordatore 330.2
Carro 273.4
- auxiliar . . . 275.1
-, balancín del . 254.5
- cargador . . . 318.1
- - de lingotes 318.3
- - para moldes 318.2
- con aparejo fijo 276.2
- - - suspendido 276.1
- - brazo horizontal giratorio 277.3
- - caseta fija para el maquinista 276.4
- - pala-draga automática 276.5
- - suspensión pendular de la polea 276.3
- - vástago guiado de carga 276.6
-, controler para el movimiento del 223.1
- de buharda . 277.8
- - dos ruedas . 275.6
- - fundición . 312.5
- - grúa 254.1
- - - para el transporte de lingoteras 316.3
- - - - - - - moldes 316.3
- - la grúa para fundición 310.8
- - mando eléctrico 275.5
Carro de maniobra á mano 275.4
- - rodamiento de las vagonetas 405.5
- - suspensión de las vagonetas 405.5
- - una rueda . 275.6
- giratorio . . 254.8
- para elevación por cable 275.2
- - - - cadena 275.3
- - monorail . 275.6
- - viga de techo 277.7
- porta-crisol . 312.6
- portador de una viga-rail 277.5
- principal . . 274.8
-, puente-grúa con - interior 291.1
-, - - con - superior 290.9
- puesto en la posición extrema 274.3
- - - - - inicial 274.1
- - - - - interior 274.1
- sobre plano inclinado 277.9
- Temperley . . 295.8
Carrucola, altezza della 296.1
-, cavalletto porta- 48.6
- del puntone . 297.4
- differenziale . 50.7
- fissa 48.1
- folle 47.7
-, gabbia della . 48.5
-, staffa della . 47.8
-, testa porta- . 297.3
Carrucole, taglia a 49.6
Carrying capacity of crane 283.2
- rope 400.4
- shoe, superelevated 402.1
- wagon, guiding round of the 403.3
- yoke 407.4
Cart jack . . . 264.4
-, tilting 361.3
-, tipping . . . 361.3
Cartas, monta- 355.3
Cartela . . 92.1, 150.3, 150.11, 151.3
-, soporte de . . 92.2
Carter d'engrenages 62.8
- de vis sans fin 70.8
Cartouche, coupcircuit à 208.10
Cartridge fuse 208.10
Cartuccia, valvola fusibile a 208.10
Cartucho, corta -, circuito de 208.10
Casco 89.2
-, grúa de . . . 306.5
- roscado . . . 118.3
Case, bottom . 362.3
- hardened casting 164.6
-, stair- 158.3
Cased worm gear 71.5
Caseta, carro con - fija para el maquinista 276.4

Casing, brake . 104.2
-, chain guard . 31.9
-, elevator . . . 362.2
-, guide 315.4
-, magnet- . . . 108.7
-, pulley 48.5
-, roller 405.6
-, worm gear . 70.8
Casque, grue à - à volée variable 306.5
Casquillo . . . 89.2
Cassa d'aria . . 233.1
- dei veicolo . 408.6
- del carico . . 407.5
- - contrappeso 287.1
- - freno . . . 104.2
- - magnete . . 108.7
- - vagoncino . 407.5
- dell' argano . 278.2
- dello staccio 237.8
- di base dell' elevatore 362.3
- per catena . . 32.1
-, polo della . . 109.2
Casse, tanaglia per sospensione delle 59.5
Cassetta di resistenza 223.4
Cassetto a conchiglia 194.4
- - stantuffo . . 195.3
- - vapore . . . 194.1
- di distribuzione 192.9
-, distribuzione a 192.8
- equilibrato . 194.6
- girevole . . . 194.7
- idraulico . . 194.2
-, il - apre . . 193.11
-, il - chiude 193.10
- piatto 194.3
- rotativo . . . 194.7
-, specchio del 192.10
Cassone di sollevamento 341.8
-, sezione a . . 147.3
-, trave a . . . 147.2
-, - composta a 147.2
Cast-in, drum with - - grooves 45.1
- iron 163.3
- -, annealed . 164.7
- -, malleable . 164.7
- - wheel . . . 70.2
- steel 166.4
- - wheel . . . 70.3
-, to - over the lip by tipping 312.3
-, to - through the plug hole 312.4
- tooth 65.9
Castello del sopporto 88.2
Casting, box . 164.2
-, case hardened 164.6
-, chill 166.6
-, chilled 166.6
-, hollow 164.4
-, loam 164.3
-, ribbed 164.5
-, sand 163.4
- steel 166.5
Castings, open sand 164.1
Cataracte à air 109.3
Catch device . 337.9
- fork 416.6
Catch lever . . 414.4
- -lock 417.6
-, spring 95.6
- with toggle lever action 417.8
Catching dog . 414.5
-, wagon - device 414.3
Catena 25.8
- a ganci . . . 29.6
- - maglia comune 28.3
- - - corta . . . 29.3
- - - lunga . . 29.4
- - maglie saldate 28.9
- - nodi 391.1
- abbraccia-carico 56.4
-, argano a . . 268.4
-, - - tamburo per ruote a 269.2
- articolata . . 29.7
-, attacco d'estremità della 45.8
- calibrata . . 29.5
- -cavo 390.8
-, comando a mano da 181.6
-, - con ruota a 73.5
- con cavi intercalati 390.8
- d'attacco delle tazze 371.10
- da barile . . 56.3
- - imbracatura 55.9
- dell'elevatore 363.3
- della gru . . 33.1
- di comando . 33.4
- - - per scavatore da draga 412.4
- - Gall 30.1
- - manovra . . 31.3
248.9
- - tazze . 368.2, 372.2
- - tramoggie . 368.9
- - traslazione 252.7
- - trazione 32.7. 33.2
-, draga a - di tazze verticale 373.7
-, gancio da . . 54.1
-, manovra a . 248.8
- motrice . . . 33.4
- portante . . . 32.6
-, puleggia per 47.2
-, - - - di comando 33.5
-, rinvio a . . . 73.6
-, ruota a . . . 26.1
-, - di manovra a 31.2
-, spira di 45.7
-, taglia a . . . 51.5
-, tamburo per 45.6
-, trasmissione a 33.3
Catenaccio . . 338.2
-, chiusura a - della porta 338.1
- del sopporto 344.8
- di chiusura . 338.4
385.8
- - sicurezza . 338.3
-, fermaglio a - su rocchetto 95.6
Caucho, acoplamiento de 81.4
-, conductor aislado con 205.3
-, guarnición en 191.7
-, manguito en 191.7
Cava, fune . . . 40.11
Cavadura de profundidad 374.4
-, esfuerzo de . 411.7
Cavafango . . . 370.8
-, draga galleggiante 375.4
- verticale . . . 373.7
Cavalcavalle funicolare 395.1
Cavalletti portanti, distanza fra i 404.1
Cavalletto, altezza del - portante 403.8
-, argano a . . 270.1
- della fune armato contro il vento 405.1
- di guida . . . 339.5
- - sollevamento 263.7
-, gru a 294.6
-, - - - ad un montante 295.1
-, - - - fissa . . 295.2
-, - - - mobile 295.3
-, - - - su carrello 295.3
-, martinetto a 263.6
263.8
-, - idraulico a 264.1
- porta-carrucola 48.6
- portante in ferro 404.4
- - - legno . . 404.3
-, sopporto a . 92.3
Cavallo-vapore 21.6
Cave 335.1
-, monte-charge de 354.1
Cavi intercalati, catena con 390.8
-, piano-inclinato con due - di trazione aerea 393.3
Caviglia 115.7
- a vite prigioniera 117.7
- principale . . 340.9
Cavità, fusione con 164.4
-, getto con . . 164.4
Cavo 33.6, 40.3
- a freno, funicolare aerea con 393.7
- - nodi 391.1
- - trazione liscio 390.7
- - vuoto . . . 400.1
- aereo, gru a . 422.2
- -, scivolone a 393.1
-, albero 76.7
-, apparecchio di sollevamento del 417.2
-, argano a doppio 269.5
-, - ad un . . . 269.4
- armato . . . 205.1
- - di piombo . 205.2
- attaccato al disotto dei vagoncini 390.6
-, catena- . . . 390.8
- chiuso 40.4
- - rivestito . . 40.5
-, comando del 42.2
- conduttore . 204.9
- d'alaggio . . 388.2
Cavo d'arresto . 412.1
- della linea, direzione del 398.8
- di chiusura . 411.9
- - condotta . . 400.4
- - linea, curva del 398.10
- - ritenuta . . 412.1
- - scarico . . 412.1
- - scorrimento 400.4
- - sollevamento 411.9
- - trazione . . 400.4
400.5
- - - aerea su piano-inclinato 393.1
- flessibile . . . 205.5
-, griffa elastica del 417.7
- inferiore, guida del 400.9
- isolato su gomma 205.3
- laterale, argano per 373.2
- metallico per trazione aerea su piano-inclinato 393.4
- -, trasportatore a 370.2
-, morsetto per 205.9
-, nodo del . . 391.2
-, piano-inclinato con - per la discesa dei legnami 393.6
-, - - - un solo - di trazione aerea 393.2
- portante . . . 400.4
-, prendi- . . . 370.2
-, rimorchio con 388.1
- rivestito . . . 40.4
- senza fine, alaggio con 389.1
- - -, funicolare inglese con 394.1
- sistema simplex 40.6
- sotterraneo . 204.11
-, stantuffo- . . 186.9
-, stazione funicolare d'inalzamento del 397.2
- su piombo . 205.2
- superiore, guida del 400.8
- tirante 400.5
- tondo 40.7
- - non intrecciato 40.8
-, tronco del - caricato 399.9
-, - - - scarico 400.1
Caza-remaches 125.8
Cazoleta . . . 125.10
Cedimento dell'appoggio 137.6
Ceiling crab . 277.7
- of cage . . . 340.7
Celere, paranco 51.2
Celerità alla circonferenza 15.5
Cellar floor . . 335.1
- lift 354.1
Celosía 140.1
-, brazo de . . 297.6
-, puente de . 159.10
-, red de 140.2

Cement, asphalte 160.10
-, to - joints . . 160.9
-, - - the belt . 74.9
Cendre, éjecteur de -s 364.5
Cenere, elettore di 364.5
Ceñir, cadena para - la carga 56.4
Cenizas, eyector de 364.5
Centinare una trave 148.1
Centinatura . . 147.9
Central, barra - del cordón superior 141.7
-, distribución - de vapor 227.3
-, estación . . . 396.8
-, - de fuerza . 197.3
- hidráulica . . 228.8
-, maniobra . . 249.1
-, recuadro . 140.10
Central control 249.1
- station 396.8
- - -, hydraulic . 228.8
- - -, pneumatic . 235.5
- steam supply 227.3
Centrale des pompes 234.2
-, distribution - de vapeur 227.3
- distributrice d'eau sous pression 228.8
- hydraulique . 228.8
-, le chariot se trouve dans sa position 274.6
-, station . 197.3, 396.8
Centrale d'aria compressa 235.5
- delle pompe . 234.2
- di energia . . 197.3
- - pressione idraulica 228.8
-, manovra . . . 249.1
- per forza . . 197.3
-, stazione . . . 396.8
-, trave - della cordonata superiore 141.7
Centralisant les manœuvres, appareil 249.1
Centratura, perno di 260.3
Centre bar . . 141.7
- bay 140.10
- frame . . . 140.10
-, girder 144.7
- of gravity . . 175.3
- panel . . . 140.10
-, segment arch hinged at abutment and 138.10
- system 140.4
Centre d'oscillation 254.7
- de gravité . . 175.3
-, distance des -s 67.6
- du tambour . 48.5
Centreing journal 260.3
Centrifuga, forza 14.7
Centrifuga, fuerza 14.7
Centrifugal brake 104.1
Centrifugal force 14.7
Centrifuge, force 14.7
-, frein . . 104.1, 112.5
Centrifugo, freno 104.1
Centrífugo, freno 104.1, 112.5
Centro della trave 144.7
- di gravità . . 175.3
- - -, verticale passante per il 285.4
-, distanza tra - e centro 67.6
Centro de alimentación 203.4
- - ataque . . . 203.4
- - gravedad . 175.3
- - -, eje del . . 285.4
- - la viga . . 144.7
- - oscilación . 254.7
- del tambor . 48.5
Cepillado, diente 66.2
Ceppo del freno 101.4
Cercha del techo 162.1
Cerchione della ruota 258.3
-, montare un - della ruota 258.4
-, ruota a . . . 258.2
Cercle de couronne 64.4
- - fond 64.5
- - pied 64.5
- - tête 64.4
- intérieur . . 64.5
- primitif . 31.1, 64.3
Cerniera . . . 138.11
-, botola a . . . 385.7
-, falla a 385.7
-, puntone a . . 298.8 299.4
-, trave continua con 138.1
Cerniere, arco a due 139.6
-, - - tre . . . 138.10
Cero, interruptor de puesta á 216.1
-, posición de . 220.4
Cerrada, caja . 334.1
-, garita 293.7
Cerrado, cable 40.4
-, - semi- 40.5
-, cojinete . . . 89.1
-, polígono - de las fuerzas 130.1
Cerradura de la puerta 337.3
- - Pasquill . . 337.5
- - seguridad . 337.4
Cerrar el circuito 216.9
-, - distribuidor cierra 193.10
Cerrojo 338.2
- de cierre . . 95.6
- - seguridad . 338.3
- - soporte . . 344.8
-, disposición de 417.6
-, palanca de . 246.8
Cesoia, albero inclinato ad antenna inclinata di una gru a 307.9
Cesta a branche 377.4
Cesta de mordazas 377.4
Chain . . . 25.6, 28.3
Chain, anchorage of 27.4
-, attachment of 27.4
-, barrel 56.3
-, binding . . . 56.4
- box 32.1
-, bucket 368.2, 371.10 372.2
-, calibrated . . 29.5
-, climbing of the 26.8
-, closing . . . 411.9
- coil 45.7
-, conveyor . . 368.2
-, control 248.8, 248.9
- crab 275.3
-, crane 33.1
-, creeping of the 26.8
- creeps, the . 26.9
-, dredger 372.2, 376.2
- - -, bucket . . . 376.3
- drive . . . 33.3, 73.5
-, driving 33.4, 252.7
-, - - wheel . . 33.5
- drum 45.6
- elevator 363.2, 363.3
-, elongation of the 26.10
-, emptying . . 412.1
- end, unloaded 27.3
-, engagement of 26.2
-, fastening of - end 45.8
-, flat link . . . 29.7
-, fracture of . . 27.6
- friction . . . 26.3
-, Gall's 30.1
- -gear winch . 269.2
- gearing . . . 33.3
-, grab 412.4
- guard 31.8
- - casing . . . 31.9
- guide 31.10
- - pulley . . . 32.5
- guiding . . . 31.7
-, hand 31.3
-, hand - driving 181.6
- haulage . . . 392.1
- hook 54.1
-, - link 29.6
-, hopper . . . 368.9
- -iron . . . 28.4, 28.7
- - -, diameter of 28.8
- - -, strength of 28.8
- - -, thickness of 28.8
- joint . . . 30.3, 30.4
-, link . . . 28.3, 29.8
-, link of a . . . 28.4
-, load 32.6
-, load of . . . 27.5
-, long-link . . 29.4
-, loop of . . . 32.3
- magazine . . 32.2
- path 32.4
- pin 29.10
- pinion and axle 31.6
- pull . . . 27.5, 32.7
- pulley 47.2
- - block . . . 51.5
-, pulling . . . 33.2
- pump machine 366.8
- race 372.9
- rope 390.8
-, scoop . . . 371.10
- sheave . . . 47.2
Chain, short-link 29.3
- side 27.1
- - -, loaded . . . 27.2
-, sling- 55.9
-, sprocket . . . 29.7
- test 27.7
-, tested 29.5
-, the - becomes elongated 26.11
-, the - climbs . 26.9
-, the - whips . 26.7
- tightening device 30.6
-, to deflect the 42.1
- turn 45.7
-, wear of . . . 26.4
- wears, the . . 26.5
-, welded . . . 28.9
- wheel 26.1
- - gear 73.6
-, whipping of . 26.6
- winch 268.4
- windlass, bucket 373.6
- working . . . 32.8
Chaine . . . 25.8, 32.4
- à articulations 29.7
- - augets . . . 361.6
- - crochets . . 29.6
- - deux bouts tendus 55.9
- - fuseaux . . 29.7
- - godets 361.6, 368.2 372.2
- - - basculants 368.4
- - griffes pour tonneaux 56.3
- - maillons courts 29.3
- - - longs . . 29.4
- - - soudés . . 28.9
- - main 31.2
- - trémies pour le chargement 368.9
-, arbre à . . . 31.6
-, - du tambour à 372.5
-, boucle de . . 32.3
-, boulon de . . 29.10
-, brin de . . . 27.1
-, caisse à . . . 32.1
- calibrée . . . 29.5
-, charge de la 27.5
-, chariot à . . 275.3
-, châssis de support de la 372.1
- commandant l'avancement 252.7
-, commande par 32.8
-, couloir de la 372.9
-, crochet de . . 54.1
- d'élévateur . 363.3
- d'un convoyeur 368.3
- - transporteur 368.3
- de commande 33.4
- - - des mâchoires 412.4
- - drague . . 372.2
- - grue 33.1
- - halage . . . 33.2
- - manœuvre . 31.2 33.2, 248.9
- - touage . . . 33.2
- - traction . . 32.7
- - translation 252.7
-, descent par extension de la 9.3

Chaine, développement de 82.5
-, drague à 376.2
-, élévateur à double 356.6
- embrassante pour fardeau 56.4
-, engrènement de la 26.2
-, épreuve de la 27.8
-, fer de la 28.7
-, flasque de 29.8
-, flottement de la 26.6
-, frottement de la 26.3
-, fuseau de 29.10
- Gall 30.1
-, joint de 30.4
-, manœuvre par 248.8
- motrice 33.4
-, moufle à 51.5
- ordinaire 28.3
-, palan à 51.5
-, pignon à 30.7, 73.5
-, plan incliné à 361.4
- porteuse 32.6
- pour grue 33.1
-, râtelier à 32.2
-, roue à 26.1
-, - - - de manœuvre 31.2
-, rupture de la 27.6
- supportant les godets 371.10
-, suspension de 32.2
-, - - la 27.4
-, tambour à 45.6
-, taquet d'évitement de la 31.10
-, tendeur de 30.6
-, tourillon de 29.10
- tractrice 32.7
-, transmission par -s 73.5
-, treuil à 268.4
-, usure de la 26.4
Chaînon, pas du 28.5
Chair 155.7
Chaise murale, palier de 92.1
Chaland 323.5
- de transport de la vase 371.2
Chamber, valve 196.2
Chambre de dépôt 238.1
- - la soupape 196.2
Champ d'application de la grue 283.7
- de rotation 296.8
- - travail de la grue 283.5
- - -, la grue possède un 283.6
- des charges 133.5
Champignon, profil à double 420.2
Change of inclination 399.3
- wheel drive 64.1
Changement brusque d'inclinaison 399.4
- d'inclinaison 399.3
- de direction, galet de 403.1
Changement de marche automatique 347.5
- de marche, controleur de 222.2
- - -, machine à 228.3
- - -, renvoi de 63.7
- - -, rhéostat de 220.1
- de voie 329.10
- - - à aiguille 420.6
- - -, aiguille du 420.7
Changer automatiquement de marche, l'ascenseur change 347.6
- le sens du courant 214.5
Changing gear 63.7
- load 133.1
-, pulley for - direction of rope 47.4
- switch 216.7
Channel dredging 374.9
-, work in - making 375.2
Chantier, assemblage au 160.8
- de construction, grue de 310.1
- - constructions navales, grue de 318.6
Chanvre, âme de 39.6
-, bourrage en 191.9
-, câble en 38.6
-, garniture en 191.9
-, nœud en - avec manchon métallique 391.5
Chapa de hierro 168.10
- - - galvanizado 169.3
- - revestimiento 157.4
- estriada 169.4
- fina 169.2
- gruesa 167.4, 169.1
- ondulada 169.6
- perforada 169.5
-, placa de - de hierro 168.11
-, tenazas para -s 59.3
Chape de galets de roulement 405.6
- - la poulie 47.8
- - moufle 49.1
- - - fixe 49.2
- - - inférieure 49.3
- - - mobile 49.3
- - - supérieure 49.2
- - poulie 48.5
- guide-chaîne 31.9
Chapeau, boulon de 88.4
- d'élévateur 362.4
- de palier 88.3
- du fût 300.7
- - presse-étoupe 190.6
Chapelet 361.6, 366.8
- dragueur 371.7
-, élévateur à 356.5
Chapiteau du fût 300.7
Charbon, basculeur de 324.9
-, cuiller à -s 412.5
-, dépôt de 382.7
-, élévateur de 365.5
-, entrepôt de -s 381.8
-, grue de chargement de -s 319.6
-, - d'embarquement de -s 319.8
-, interrupteur à 215.5
-, monte-charge pour 355.6
Charbonnier, bâteau 323.7
Charge 1.1, 3.7, 132.7, 170.5, 320.9, 382.1
- à chocs rhytmés 132.10
- - soulever par la grue 282.10
- alternative 133.1
-, ascenseur pour -s 351.2
- au passage d'un système roulant 134.4
- - repos 132.9
- - -, mettre la 7.7
-, bras de levier de la 11.5
-, champ des -s 133.5
- concentrée 133.5
- constante 133.2
- continue 133.4, 209.7
-, cylindre de 189.3
- d'épreuve 2.2
- - de rupture 27.9
- d'essai d'allongement 28.1
- - de rupture 27.9
- d'extraction 2.3
- de compression 171.5
- - l'essieu 75.8
- - la chaîne 27.5
- - - grue 2.4, 282.10
- - - roue motrice 254.2
- - marche 1.3
- - neige 154.6
- - renversement 285.1
- - travail 1.3
-, démarrer en pleine 219.5
-, déplacement de la 4.3
-, déposer la 9.5
-, descente de la 8.3
- directe 134.8
-, durée de la 210.2
-, élévateur de 341.3
-, faire tourner une 15.8
-, freiner la 97.2
-, grandeur de la 2.6
-, groupe de -s 134.2
-, importance de la 2.6
- indirecte 134.9
- intermittente 133.1, 209.8
- isolée 133.3
- -, transport d'une 360.3
-, la - descend 8.4
-, - machine démarre en 133.3
Charge, la - tombe 8.6
-, larguer la 8.2
- limite 2.1
- maxima 2.1
- -, frottement à la 23.1
- mobile 133.9, 134.1
-, mouvement de la 4.3
- nulle 1.5
-, orienter une 15.8
- par le poids propre 134.6
- permanente 133.2
- périodique 132.10
-, pleine 2.1
-, position de la 2.8
-, - extrême et extérieure de la 3.3
-, - la moins écartée de la 3.4
-, - latérale de la 3.5
-, - limite inférieure de la 3.2
-, - - supérieure de la 3.1
-, réaction de la 96.7
-, recevoir la 9.4
- répartie en un certain nombre de points 134.3
-, retour de la 9.6, 9.7
- roulante 133.9
- statique 132.9
- supportée par la grue 283.1
- sur la fondation 288.4
- suspendue, maintenir la 112.2
-, suspension de la 52.3
-, tambour de 46.2
-, tige guidée de la 277.1
- totale 134.7
-, train de -s 134.3
-, trajet de la 6.9
- trapézoïdale 133.7
- triangulaire 133.6
- uniforme 133.8
- uniformément répartie 133.8
- unique 133.3
- utile 1.3, 2.3, 2.4
- variable 133.1
- vibratoire 132.10
-, virer une 15.8
-, vitesse de la 9.8
Chargé, bout de chaîne 27.2
-, brin 399.9
-, côté 399.9
Chargement 132.7, 320.9, 413.3
-, barque de 323.4
-, bascule de 316.5
-, benne de 407.5
-, câble aérien pour le 394.4
-, conditions de 132.8
- d'un navire 320.7
- de navire 322.1, 322.7
- - wagon 378.1
- des fours, machine de 316.4
- - lingots, grue de 317.5

Chargement, dispositif de 321.3, 368.7
- endroit de . . 322.2
-, équipe de . . 321.6
-, grue de 316.7, 319.4
-, - - - des lingotières 316.8
-, - - - de minerais 319.7
-, installation de 321.1, 321.3
-, lieu de . . . 322.2
-, opérations de 321.5
- par un système de charges concentrées 134.3
-, plate-forme de 322.6
-, pont de . . . 319.5
-, porte de . . . 335.5
-, position de . 413.1
-, quai de . . . 380.2
-, service de . . 321.5
-, station de . . 396.1
-, - - retour et de 397.1
-, temps nécessaire au 413.5
-, trémie de . 368.10, 385.5
-, tronçon de câble pour le 400.2
Charger . 320.4, 413.2
- complètement le moteur 183.2
- et décharger en même temps 320.5
-, marchandise à 322.1
- un appareil de levage 3.6
- - navire . . . 320.2
Charges légères, grue pour 308.9
Chargeur à chapelet 356.5
- - godets . . . 356.5
- de haut-fourneau 356.1
- - - -, treuil de 356.2
- de lingots . . 313.1
- mécanique . 316.4
Chargierkran . 316.7
- -, Block- . . . 317.5
- -, Mulden- . . 316.8
-löffel 317.4
-maschine . . . 316.4
-mulde 317.1
-schwengel . . 316.5
-vorrichtung . 316.4
Charging car . 318.1
- crane 316.7
- -, block . . . 317.5
- -, ingot . . . 317.5
- -, trough . . . 316.8
- chute 386.4
- device 316.4
- gear 321.3
- hopper . . . 368.10
- lever 316.5
- opening . . . 335.5
- spoon 317.4
- traffic 321.5
- trough 317.1
Chariot 273.4
- à benne . . . 276.5
- - câble . . . 275.2
- - chaîne . . . 275.3
- - commande électrique 275.5
Chariot à deux roues pour voie monorail 275.7
- - flèche horizontale pivotante 277.3
- - palan fixe . 276.2
- - - suspendu 276.1
- - - monté sur le chariot 276.2
- - pivot 277.3
- - poulie de levage suspendue 276.1
- - suspension pendulaire de la poulie 276.3
- - une roue . . 275.6
- auxiliaire . . 275.1
- automoteur, treuil à - - sur deux rails 273.3
-, bâti de . . . 273.5
-, châssis de . . 273.5
- commandé par chaîne 275.3
-, contrôleur du 223.1
- d'enfournement des lingots 318.3
- - - lingotières 318.2
-, moteur de commande de la direction d'un 253.7
- dans la position initiale 274.1
- de chargement des lingots 318.3
- - - des lingotières 318.2
- - coulée . . . 312.5
- - grue 254.1
- - pont porteur des creusets de coulée 310.8
- - - roulant . 254.1
- - - - à transporter les lingotières 316.3
- - roulement des wagonnets 405.5
- - suspension des wagonnets 405.5
- - transport . 377.5
- - vérin . . . 262.9
- - -enfourneur . 318.1
- - des lingots 318.3
- intérieur, pont roulant à 291.1
-, le - se trouve dans sa position centrale 274.6
- manœuvré à main 275.4
-, mécanisme du déplacement du 273.6
-, mouvement du 273.7
- à pelle automatique 276.5
- portant la cabine de manœuvre 276.4
- - un bec . . 277.5
- - un bras . . 277.5
- - une poutrelle rail 277.5
Chariot portant une tige guidée de charge 276.6
- - - - - - levage 276.6
- porte-poche . 312.6
- porteur de la poche de coulée 312.6
-, position du . 274.5
- pour monorail 275.6
- - levage par câble 275.2
- - - - chaîne . 275.3
- - poutre de plafond 277.7
- principal . . 274.8
- supérieur, pont roulant à 290.9
- sur flèche inclinée 277.9
- Temperley . . 295.8
- transbordeur 330.2
- transporteur . 330.2
- - de la poche de coulée 312.6
-, treuil à - automoteur 273.1
-, vérin à . . . 262.8
-, voie de roulement du 274.7
-, - - - de - de pont 327.2
Charnela, trapa de 385.7
Charnière, fermeture à 385.7
Charpente de basculeur 323.11, 325.3
- de cabine . . 341.5
- - cage 341.5
- - déverseur . 325.3
- - grue 294.7
- - - de cale sèche 319.1
- - la cage . . 334.6
- - pilier . . . 3064
- - pylône . . . 306.4
- - support . . 305.8
- du puits . . . 334.6
- métallique . . 140.1
- -, calcul de . 144.1
-, poitrail de la - de grue 307.6
-, système de - métallique 140.2
Charpentes métalliques 158.8
- -, atelier de construction de 160.4
Chasser le bloc hors des lingotières 314.4
- les blocs, grue à - - - hors des lingotières 313.6
Châssis 151.5
-, coulage en . 164.2
- de chariot . . 273.5
- - drague . . 411.2
- - guidage . . 277.2 315.1
- - grue 294.7
- - support de la chaîne 372.1
- des poulies . 333.6
-, fonte coulée en 164.2
Châssis, soutien latéral du - de grue 285.7
Chaudière . . . 227.4
-, alimenter la . 227.7
-, cric pour -s . 265.1
-, vérin pour -s 265.1
Chauffer, le palier chauffe 85.1
Chaveta 77.10
- de cabeza . . 78.3
- paracaídas . . 343.6
-, presión de la 78.2
-, ranura para . 77.9
- tangencial . . 78.4
Check-nut . . . 115.9
- valve 242.4
Checquered plate 169.4
Cheek, clamp . 418.5
-, cramp 418.5
-, grip- 343.2
- of block . . . 49.5
- - winch frame 267.3
-, stair 158.4
Cheese-head . . 116.2
Chemin 20.8
- d'accélération 19.6
- de fer aérien, aiguillage de 420.5
- - - -, croisement de 420.4
- - - -, plaque tournante de 421.10
- - - -, rail de . 420.1
- - - -, voie de roulement de 419.8
- - - suspendu 419.6
- - - -, aiguillage de 420.5
- - - -, croisement de 420.4
- - - -, installation de 419.5
- - - -, plaque tournante de 421.8
- - - -, rail de . 420.1
- - - -, voie de roulement de 419.8
- - - -, wagon de 419.7
- - frottement . 22.6
- - roulement . 90.6, 259.7, 326.1
- - - du pont, support du 327.4
- - transport . 359.4
- - troulement 18.8
- parcouru en tournant 16.3
- - par l'index 350.5
- - - le tiroir . 193.5
- - pendant le freinage 97.7
- - - - frottement 22.6
Cheminement, diagramme de 136.6
Chest, steam . 193.2
Cheval dynamique 21.6
- -vapeur . . . 21.6
Chevalement, grue de 306.8
-, - - - à main . 307.3
Chevalet 403.4

Chevalet de basculeur 323.11
- porte-poulie . 48.6
Cheville, contact à -s 206.1
- filetée 117.7
Chevron 68.6
-, dent à 68.6
-, roue à denture à -s 68.5
Chiatta 328.4
Chiavarda da murare 118.1
Chiave, articolazione alla 139.1
- doppia 119.8
- femmina . . . 119.9
- inglese . . . 119.10
- per dadi . . . 119.7
Chiavetta . . . 77.10
-, inclinazione della 78.1
-, pressione della 78.2
Chiavistello a molla 95.7
- d'arresto . . . 342.7
Chien 93.6
-, baisser le . . 94.5
-, lever le . . . 94.7
Chill casting . 166.6
Chilled casting 166.6
- iron 164.6
Chilogrammetro 21.4
Chilowattora . 200.6
Chiodare, martello da 125.5
-, martinetto per 263.1
-, pressa per . 126.10
Chiodatore . . 263.1
Chiodatrice . . 126.7
Chiodatrici, gru a ponte per 293.2
Chiodatura . . 123.1
- a macchina . 126.6
- - mano . . . 126.5
- - più tagli . . 124.5
- - taglio doppio 124.3
- - - semplice . 124.1
-, attrezzi per la 125.4
- di collegamento 122.7
- doppia 123.8
- idraulica . . 126.9
- multipla . . . 123.9
- pneumatica . 126.8
- semplice . . . 123.7
Chiodi, alesare i fori per 121.8
-, ferro per . . 121.9
-, fucina da . . 126.3
-, - per scaldare i 126.4
-, mandrino per 125.6
-, martinetto per 125.9
-, punzonare i fori per i 121.6
-, tanaglia afferra- 126.2
-, - mordente per 126.2
-, - per 126.1
-, trapanare i fori per i 121.7
Chiodo 120.6
- a più tagli . 124.6
- - taglio doppio 124.4
Chiodo ad un taglio 124.2
- d'unione . . . 150.6
- di piattabanda 146.3
- pel giunto . . 149.3
- provvisorio . 121.6
- sollecitato a recisione 122.4
- - - trazione . 122.5
Chispa de cierre 217.7
- - interrupción 217.6
-, formación de -s 217.5
Chispear 218.1
Chiudere da solo, il freno chiude da solo 99.7
-, il cassetto chiude 193.10
- - circuito . . 216.9
- - freno . . . 98.5
-, - - chiude . . 99.4
- in corto-circuito 226.1
-, la porta si chiude da sé 336.7
-, poligono di forze chiuso 130.1
Chiudersi da solo, il freno si chiude da solo 99.7
-, il freno si chiude 99.4
Chiusa, cabina del manovratore 293.7
-, fune 40.4
-, - semi- 40.5
-, retta di . . . 130.7
Chiuso, cavo . 40.4
-, cavo - rivestito 40.5
-, motore . . . 212.1
-, pozzo 334.1
-, sopporto . . . 89.1
Chiusura a catenaccio della porta 338.1
- automatica del freno 99.8
- - della porta 337.8
- brusca, apparecchio a 337.9
-, bullone di . . 80.5
-, catenaccio di 338.4, 385.8
-, cavo di . . . 411.9
- del cassetto . 193.9
- - circuito . . 217.1
- - freno . . . 98.6
- - pozzo . . . 335.7
- - tubo 241.3
- della porta . 337.7
-, durata della . 98.7
-, meccanismo di - automatica 12.3
-, posizione di . 193.7
- repentina del freno 99.3
-, scintilla di . 217.7
-, sforzo di . . 411.8
-, tappo di . . . 241.4
-, valvola di . . 242.2
-, velocità di . 193.8
Choc, charge à -s rhytmés 132.10
- de la manivelle 180.3
Choc dû à l'arrêt brusque 342.4
- du frein . . . 99.5
- sur le frein . 99.5
Choke, to - the current 202.2
Choking coil . 202.1
Choque de parada 342.4
Chord 142.1
Chute 386.3
-, charging . . 386.4
-, loading . . . 386.4
-, portable drop 386.7
-, spiral 387.2
-, tipping . . . 387.1
- - device . . . 325.1
-, tower 387.3
Chute de tension 198.6
- du fardeau . 8.7
-, frein à 104.3
-, hauteur de . 386.5
- libre, accélération dans la 21.10
- - de la charge 8.8
- -, hauteur de . . 9.1
- -, période de . . 8.9
Cicloidal, engranaje 66.7
Cicloidale, dentatura 66.7
Cieca, flangia . 241.5
Ciega, brida . . 241.5
Cierre automático 419.4
- - del freno . 99.8
- -, mecanismo de 12.3
- -, tornillo sin fin de 72.3
-, cable de . . . 411.9
-, cerrojo de . . 95.6
- de broca fileteada 419.3
- - cables . . . 37.10
- - cadena . . 30.4
- - circuito . . 217.1
- - la caja . . . 335.7
- - - lumbrera de distribución 193.9
- - - puerta . . 337.8
- del pozo . . . 335.7
- - tubo, tapón de 241.3
-, esfuerzo de . 411.8
- forzado de la puerta 337.9
-, grifo de . . . 242.7
-, horquilla de . 418.4
-, línea de . . . 130.7
-, puerta de - automático 336.7
-, roldana de - y paro 348.3
-, tornillo de . . 30.5
-, válvula de . 242.2
Cigna, trasportatore a 367.2
Cigüeña 77.2
Cigüeñal, árbol 77.1
-, formar el . . 77.3
Cilindrata . . . 188.9
Cilindrica, ruota dentata 67.8
-, - di frizione . 72.8
-, - portante a corona 256.3
Cilindriche, comando a ruote dentate 67.4
-, taglia a ruote 50.8
Cilindrico, circolazione su ferro 399.7
-, ingranaggio . 67.5
-, trazione . . . 399.7
Cilindrica, aparejo de ruedas -s 50.8
-, rueda de superficie de rodadura 256.3
-, - dentada . . 67.8
Cilindrico, distribuidor 195.3
-, engranaje . . 67.5
Cilindro 188.5
- a camera unica 189.1
- - doppio effetto 189.2
- - due camere 189.2
- - trasmissione 190.1
- - - rotativa . 190.2
- ad effetto semplice 189.1
-, contro- . . . 189.5
- da pompa . . 189.6
- del freno . . 105.4
- dell'accumulatore 232.1
- di caricamento 189.3
- - distribuzione 195.1
- - lavoro . . . 189.4
- - sollevamento 189.7
- motore di sollevamento 185.3
- per movimento orizzontale 190.1
Cilindro 188.5
- de bomba . . 189.6
- - carga . . . 189.3
- - distribución 195.1
- - doble efecto 189.2
- - levantamiento 185.3, 189.7
- - simple efecto 189.1
- - trabajo . . 189.4
- del acumulador 232.1
- - freno . . . 105.4
- para el movimiento horizontal 190.1
- - girar . . . 190.2
Cimentación de la grúa 287.7
-, placa de . . . 88.7
-, - - - en cruz 300.11
-, tornillo de . 88.10
Cimentare un corpo alla trazione 170.6
Cinetica, energia 21.7
Cinética, energia 21.7
Cinétique, énergie 21.7
Cinghia 42.8
- aperta 74.4
-, argano a . . 271.1
-, - - - di scarico 373.5
-, ascensore con commando a 352.6

Cinghia di commando 73.9
-, disco per . . 47.3
- doppia 74.6
- incrociata . . 74.5
- multipla . . . 74.7
-, rinvio a . . . 73.8
-, tamburo per 45.9
-, tensione della 74.3
-, trasmissione a 73.7
Cinghie, graffa per 75.1
-, vite per congiungere 74.10
Cinta, cable en forma de 40.9
- colectora . . 367.6, 367.9
- con cangilones 362.7
- - forro de madera, freno de 102.3
- de arrastre . 94.2
- - arrollamiento 102.7
- - freno con forro de cuero 102.5
- - - - - - madera 102.4
- - fricción, acoplamiento de 83.3
- - rascadores . 369.4
- - un transportador 368.3
- del elevador 363.1
- - freno . . . 101.8
- distribuidora 367.7
- en espiral, freno de 102.8
-, freno de . . . 101.7
- inclinada de transporte 367.8
- transportadora 367.3
Circle, addendum 64.4
-, crank 178.5
-, lever 178.5
-, pitch . . . 31.1, 64.3
-, point 64.4
-, root 64.5
Circolazione, valvola di 242.3
- su ferro cilindrico 399.7
- - - tondo . . 399.7
Circolo della manovella 178.5
- di base . . . 64.5
- - testa 64.4
- esterno . . . 64.4
- primitivo 31.1, 64.3
Circonférence décrité par la manivelle 178.5
-, vitesse à la . 15.5
Circonferenza, celerità alla 15.5
Circuit 198.2
-, automatic - breaker 215.9
-, closing of the 217.1
-, distributing . 203.6
-, motor 209.2
-, rope 389.2
-, short- . . . 225.10
-, to break the 214.3, 217.2
-, - close the . 216.9
Circuit 198.2
-, court- 225.9
- de distribution 203.6
- du moteur . . 209.2
-, mettre hors . 214.3
- ouvert, interrupteur automatique de 216.1
-, position de mise en 214.1
Circuito 198.2
-, accoppiamento a corto- 225.9
-, ancora a corto 210.7
-, chiudere in corto- 226.1
-, corto- . . . 225.10
- del motore . 209.2
- della func . . 389.2
- di distribuzione 203.6
Circuito 198.2
-, corto 225.10
- - del inducido, conexión á 106.8
- - - -, freno á 106.12
- de distribución 203.6
- del motor . . 209.2
Circulación, válvula de 243.3
Circulaire, bascule 325.6
-, déplacement . 16.5
-, trajectoire . . 16.3
Circular cable . 40.7
- -rod-iron track 399.7
- rope 40.7
- waggon tip . 325.6
Circular, conducto 236.9
-, interruptor . 216.6
-, paso 64.6
Circulation valve 242.3
Círculo de paso 31.1
Circumferencia de paso 31.1
Circunferencia de cabeza 64.4
- - manivela . 178.5
- - pie 64.5
- interna . . . 64.5
- primitiva . . 64.3
-, velocidad en la 15.5
Circumferential speed 15.5
Cisaillement . . 173.9
-, effort de . . . 136.1
-, - - - subi par un corps 173.8
-, résistance au 173.7
-, rivets à deux sections de 124.4
-, - - plusieurs sections de 124.6
-, - de 122.4
-, - travaillant au simple 124.2
-, rivure par des rivets à deux sections de 124.3
-, - - - - - à sections de - multiples 124.5
-, tension de - par unité de surface 174.2
Cisaillement, travaillant au double 124.4
Cisailler 174.3
Cisallar 174.3
Ciseau, grue- . 307.8
Ciurma di braccianti 321.8
- - caricatori . 321.8
Clamp cheek . 418.5
- -check gripper 418.8
-, holding . . . 408.9
- pressure . . . 418.6
-, pulling rope . 418.7
-, rail 285.5
-, riveting- . . . 126.2
-, rope 418.4
Clamping-screw 117.6 419.2
Clapet à double position 386.1
Clavété, tambour 43.7
Clavette 77.10
- à talon . . . 78.3
-, inclinaison de la 78.1
-, logement de . 77.9
-, pression sur la 78.2
- tangentielle . 78.4
Clavija, acoplamiento de anillo y 400.7
-, interruptor de 206.1
- para levantar piedras 59.8
Claw 60.1, 75.1, 82.8
- beam 60.3
- clutch 82.7
- coupling . . . 82.7
- crane 314.7
- - with guided beam 314.9
- - - loose suspension 314.8
-, fixed 60.7
-, inserted . . . 417.4
- -hook 55.1
-, load magnet with safety -s 57.1
-, revolvable . . 60.8
- suspension gear 60.2
-, tiltable . . . 60.9
-, to tilt the . . 61.1
- traverse . . . 60.4
Claws, to take up a load with the 60.5
-, - throw a load off the 60.6
Clé 119.7
- à écrous . . . 119.7
Clearance at contact 149.4
- between hook and wall 290.3
- of the wheel . 255.8
Clef 119.7
- à douille . . 119.9
- anglaise . . 119.10
-, articulation à la 139.1
- double 119.8
-, vis à 117.8
Click 93.6, 93.8
Climb, the chain -s 26.9
Climbing of the chain 26.8
Climbing, ramp for 330.3
Clinch 120.6
Clip 328.8
-, socket 417.5
Cliquet . 93.8, 181.1
- à coin 94.4
- - friction . . 94.4
- - ressort, manette avec 95.7
-, accrochement du 95.2
-, attache à -s . 418.3
-, bande d'entraînement des -s 94.2
-, commande á . 180.9
- d'arrêt 93.6
-, dégager le . . 94.7
-, porte- 104.8
-, rochet de retenue à 93.4
-, roue à 93.5
Cloche à double étage 278.6
-, cabestan à double 278.6
- de cabestan . 278.3
- simple de cabestan 278.4
Clockwise rotation 14.11
Clos, câble . . . 40.4
Close, the valve -s 193.10
-, to - the circuit 216.9
Closed driver's cabin 293.7
- - hut 293.7
- polygon of forces 130.1
- rope, haulage with 389.1
- shaft for lift . 334.1
- stress diagram 130.1
Closer, pipe- . . 241.3
Closing chain . 411.9
- device 337.9
- -, door 337.7
- force 411.8
- -head 121.1
- line 130.7
- of shaft . . . 335.7
- - the circuit . 217.1
- - - valve . . 193.9
- position . . . 193.7
- spark 217.7
- speed 193.8
- trap 335.8
Clutch, claw . . 82.7
-, cone 83.1
-, disengaging . 81.7
-, dog . . . 81.7, 82.7
- lever 81.8
-, to throw in the 82.3
-, - - out the . 82.5
Coach-wrench 119.10
Coal depot . . 381.8 382.7
- elevator 355.6, 365.5
- grab 412.5
- hoist 355.6
- lift 355.6
- store 381.8
- stores 382.7
- tipping device 324.9

Coaling boat . 323.7
- cableway . . 394.3
- crane 319.6
- plant, locomotive 382.3
Coarse-wire rope 89.3
Coat, first . . . 161.4
Cobertizo . . . 381.6
Coches, gato para 264.4
Cock 242.6
-, distribution . 196.5 196.6
-, draining . . . 238.6
-, stop- 242.7
Coclea di trasporto 370.4
Code d'uccello, tazza dragante a 412.9
Codo . . . 77.2, 237.5
Coefficient of friction 22.4
-, rope stiffness 85.5
-, twisting . . . 86.4
Coefficient de frottement 22.1
- - raideur du câble 85.5
- - résistance du câble 87.3
- - sécurité . . 170.4
- - - contre le flambage 172.5
- - tension . . 102.2
Coefficiente d'attrito 22.4
- di compressione semplice 171.9
- - cordonatura 86.4
- - rigidità della fune 85.5
- - sicurezza . 170.4
- - tensione . . 102.2
- - trazione . . 171.3
Coeficiente de cableado 86.4
- - resistencia del cable 87.3
- - rigidez . . 85.5
- - rozamiento 22.4
- - seguridad . 170.4
- - tensión . . 102.2
Cœur, pointe de 421.8
Coger con la cubeta-draga 410.7
- - - cuchara . 410.7
-, mordaza para - lingotes 313.7
Coil 201.8
-, blow-out . . . 217.9
-, chain 45.7
-, choking . . . 202.1
- of rope . . . 45.4
-, safety 201.9
-, series . . . 201.10
-, spare 44.6
Coiling diameter of rope 85.6
- length of drum 44.5
- the rope on the drum 44.2
Coin . . . 77.10, 88.9
-, cliquet à . . 94.4
- d'encliquetage 94.4
- de friction . . 94.4
- - parachute . 343.6
Coin de serrage 343.2
-, encliquetage à 94.3
-, parachute à . 343.5
Coincement, la grue prend une position de 289.2
- de la roue porteuse 256.2
Coincer, les rouleaux coincent 91.4
Cojinete . . 84.3, 87.2
- ajustable . . 87.3
- cerrado . . . 89.1
- de acoplamiento 80.9
- - apoyo . . . 86.9
- - bolas . . . 90.4
- - empuje longitudinal 86.8
- - los rodillos de rodamiento 405.7
- - ranuras . . 86.8
- - roseta . . . 89.5
- del árbol motor 178.7
- esférico . . . 90.2
- forrado . . . 89.4
- ordinario . . 87.1
-, platillo lateral con 210.4
-, tapa lateral con 210.4
Cok, almacén de 382.8
-, cubeta-draga para 412.6
Coke depot . . 382.8
- grab 412.6
- stores 382.8
-, cuiller à . . . 412.6
-, magasin à . . 382.8
Coke, magazzini di 382.8
-, tazza dragante a 412.6
Col de cygne, flèche à 298.3
Cola, cubeta-draga con dientes de - de milano 412.9
Colada, colar por el agujero de 312.4
-, pieza de fundición - en ancilla . 164.3
Colado, hierro . 163.3
Colar por el agujero de colada 312.4
Colare dal tappo 312.4
-, far - dal becco rovesciando 312.3
Colata, carro da 312.5
-, - per secchioni da 312.6
-, pentola da . . 311.1
- per fonderia . 310.7 310.8
- - laminatoio . 310.6
-, secchia da . . 311.1
-, tappo della secchia da 311.3
Colate, gru da - con guida rigida per la secchia 311.6
Colato, ferro . . 165.1
Colatoi, granaio pavimentato per grano sciolto a silos in 382.2
Colatoi, magazzino a molti vani e 382.1
Colchón de aire 239.2
Colector 210.8
-, anillo 207.6
- de limo . . . 238.1
- - sedimentos 238.1
-, estanque . . . 236.7
Colectora, cinta 367.6 367.9
Colgante, viga 138.2
Colgar la carga al gancho 55.4
Colis 322.4
Collage de l'électro-aimant de freinage 111.2
Collapse 172.1
-, to 172.6
Collapsing force 172.2
- length 172.3
- load 172.4
-, safety against 172.5
Collar . . . 77.5, 86.4
-, ball - thrust-bearing 86.5
- bush 190.7
- journal 79.4
-, loose 77.6
-, set 77.6
- -step-bearing . 86.3
- -thrust-bearing 86.8
Collare 77.5
- della scatola a stoppa 190.6
- di base 190.7
Collari, albero a - d'appoggio 76.10
Collecteur . . . 210.8
-, brin - de la bande 367.6
- des eaux de décharge 236.7
-, réservoir . . . 236.7
-, ruban 367.9
Collecting band 367.9
- end 367.6
- tank 236.7
Collector, current 206.7
-, shoe of current 207.1
Collectrice, bande 367.6
Collectrices, induit à bagues 210.6
Collegamenti, schema dei 226.4
-, schizzo dei . 226.5
Collegamento . 152.7
- a diagonale . 152.8
- - doppie diagonali 153.1
- - traliccio . . 152.8
- - triangoli . . 153.4
- - vite. 118.4
- ad incrocio . 153.1
-, chiodatura di 122.7
- degli angoli . 153.7
- del giunto . . 148.9
- orizzontale . . 153.5
- per il freno elettrico 106.6
- - messa in corto-circuito dell'armatura 106.8
-, pezzo d'incrocio e di 421.9
Collegamento, tronco di 398.7
- verticale . . . 158.6
Collegare . . . 224.5
- con bulloni . 119.1
Collegata in sbalzo sull'asse, la ruota portante è 256.7
Collegate, materie 384.3
Collegati, tralicci - nello spazio 148.9
Coller, l'électro-aimant du frein est collé 111.1
- la courroie. . 74.9
Collet 77.5
- de graissage . 77.4
- de projection d'huile 77.4
-, tourillon à -s 79.4
Collete 78.6
Collettore 210.8, 386.2
-, anello 207.6
-, bacino 236.7
- di corrente, pattino 207.1
- - fango . . . 238.1
-, motore per corrente alternata a 218.3
-, nastro 367.9
-, tramoggia- . . 385.4
Colli divisi, materia a 384.4
-, merce in . . . 322.4
Collier 101.8
- de butée ajustable 77.6
Collo del gancio 52.9
Colonna, capitello superiore della 300.7
- d'acqua di pressione 229.6
- della gru . . 300.6
- girevole . . . 260.2
-, gru a 300.5
-, supporto superiore della 300.7
-, testa superiore della 300.7
Colonne 156.4
- d'eau, hauteur de la 229.6
- de grue . . . 300.6
- du chemin de roulement du pont 327.4
-, grue à 300.5
- pivotante . . 260.2
- tournante . . 260.2
Colonne, conduttura di corrente lungo 206.4
Colonnino del parapetto 158.1
Color, capa de 161.3
-, - - - al oleo . 161.6
-, mano de . . . 161.3
-, pintura de un solo 161.3
Colore, mano di 161.3
Colour 161.3
-, ground . . . 161.4
Colours, oil . . 161.6
Colpo d'ariete . 239.1
- brusco d'arresto 342.4

Colpo di corrente 221.3
- - manovella . 180.8
Coltello dell'interruttore 215.4
-, interruttore a 215.3
Column . 151.7, 156.4
-, crane track . 327.4
-, gantry- . . . 156.2
- iron, Phoenix 168.8
-, slewing . . . 260.2
Columns, line fixed on 206.4
Columna . . . 156.4
-, altura de la - de agua 229.6
- de apoyo . . 305.8
- - la grúa . . 300.6
- - - via de la grúa 327.4
- giratoria . . 260.2
Comandare . . 176.2
- il freno . . . 97.3
Comandata, puleggia 74.2
-, ruota di scorrimento 253.2
-, tanaglia . . . 58.1
Comando . . . 176.1
- a cinghia, ascensore con 352.6
- - fune continua 184.7
- - - senza fine 184.7
- - gruppi . . . 176.5
- - leva 348.4
- - leve 348.4
- - macchina . 182.2
- - mano . 177.7, 177.8
- - - da catena 181.6
- - - - corda . 181.7
- - -, gru a ponte con 291.4
- - manovella . 177.8
- - ruote dentate 63.2
- - - - cilindriche 67.4
- - stantuffo . . 185.4
- - - ad azione diretta 185.1
- - telescopio . 315.3
- - trasmissione 184.2
- - vapore . . . 226.6
- - vite perpetua 70.6
- - - senza fine 70.6
- ad albero quadra 184.4
- - argano . . . 181.4
- - aria compressa 234.3
-, albero di 251.6, 315.2
-, argano di - della catena 373.6
-, asta di 347.8
-, catena di . . 33.4
-, cinghia di . . 73.9
- con ruota a catena 73.5
- - volano-manovella 181.2
- del cavo . . . 42.2
- - freno . . . 97.4
- - saltorello . 180.9
- dell'albero . . 184.3
- - ascensore . 346.5
- - asta filettata 120.5
- della gru . . 288.11
Comando della gru, meccanismo di 288.11
- - rotella . . . 348.5
- - tanaglia . . 58.2
- diretto 185.1
-, elementi del meccanismo di 250.4
- elettrico . . . 196.8
- -, carrello a . 275.5
-, fune di . . . 42.7
- idraulico . . 228.6
- individuale . 176.4
- meccanico . . 182.1 182.2
-, meccanismo di 176.3, 250.1
-, mezzo di . . 177.1
-, momento di . 11.6
-, motore di . . 213.5
-, palco di . . . 315.1
-, parti del meccanismo di 250.4
-, pezzi del meccanismo di 250.4
-, ponte di . . . 315.1
-, puleggia di 42.4, 74.1 184.9
-, - per catena di 33.5
- separato . . . 176.4
-, sistema di . . 177.2
- speciale . . . 176.4
-, telescopio a . 315.4
Combinador . . 220.2
- de corriente continua 221.7
- - - trifásica . 221.8
- - frenar . . 221.10
- del freno de bajada 222.1
- doble 222.3
- en serie y paralelo 221.9
- inversor . . . 222.2
- universal . . 222.4
Combinar fuerzas 129.2
Combination of forces 129.3
Combine, to - forces 129.2
Combined steam engine and condenser 228.4
- tension and compression screw coupling 263.4
Comble de la cage 334.4
- du puits . . . 334.4
Comercio, buque de 323.3
Commande 176.1, 250
- à cliquet . . 180.9
- - main, pont roulant à 291.4
- - la main . . 177.7
- - - - par câble 181.7
- - - - - chaine 181.6
- - levier 245.6, 348.4
- - vapeur . . . 226.8
- - -, ascenseur à 353.3
-, chaine de . . 33.4
- d'appareil de levage pivotant 259.2
- - - - tournant 259.2
Commande basculeur 324.2
- - l'avancement, roue de 253.2
- - la direction 252.3
- - - - du chariot 278.6
- - - tige filetée 120.5
- - - translation 252.3
- des appareils par la vapeur 226.7
- - mâchoires, chaine de 412.4
- directe, mécanisme moteur à 345.4
-, dispositif de . 176.3
- du châssis, treuil de 373.6
- du déplacement du chariot 278.6
- - frein 97.4
- - tambour de la chaine 372.6
- électrique . . 196.8
- -, élévateur à 353.4
- hydraulique . 228.6
- indirecte, mécanisme moteur à 345.5
- individuelle . 176.4
- mécanique . 182.1
- - de tenaille . 58.2
-, mécanisme de 176.3, 250.1
-, moteur de . . 213.5
-, moyen de . . 177.1
- par action directe du piston 185.1
- - arbre . . . 184.3
- - - de section rectangulaire 184.4
- - câble . . 42.2, 42.3
- - - sans fin . 184.7
- - chaine . . . 32.8
- - courroie . . 73.7
- - engrenages 63.2 250.2
- - groupe . . . 176.5
- - machine . . 182.2
- - l'air comprimé 234.3
- - manivelle à la main 177.8
- - mécanisme 182.2
- - piston . . . 185.4
- - roues à chaine 73.5
- - roue à denture hélicoïdale et vis sans fin 70.6
- - roues dentées 63.2
- - - - cylindriques 67.4
- - - - droites . 67.4
- - transmission 184.2
- - treuil . . . 181.4
- - vis et écrou 120.1
- - - sans fin . 250.3
- - volant à main 181.2
- per volant . . 348.5
-, pont roulant à - d'en bas 291.3
-, poulie de 42.4, 74.1
- prise sur un arbre 184.3
- séparée . . . 176.4
Commande, système de 177.2, 249.2
- universelle . 222.5
-, vis de 120.1
Commandée, poulie 74.2
-, tenaille - mécaniquement 58.1
Commander . . 176.2
- à la main . . 244.3
- automatiquement 244.4
- un frein . . . 97.3
Commettage croisé 39.7
- de câble rond 40.8
Commutare . . 214.5
- la corrente . 216.8
Commutateur . 210.8 216.5
- à bouton . . 349.5
- - - d'étage . 349.3
- - inverseur . . 216.7
-, manette de . 213.9
Commutation, position de 214.1
- universelle . 222.5
Commutator . . 210.8
Commutatore . 216.7
- a bottone . . 349.5
-, avviatore . . 220.1
Commutazione, quadro di - a bottoni 349.6
- universale . . 222.5
Commuter . . . 214.5
Compartimiento 385.4, 386.2
Compensación, batería de 197.7
Compensador de torsión 34.6
Compensateur de torsion 34.6
Compensator, twist 34.6
Compensatore della torsione 34.6
Compensazione, leve di 52.1
Completo, bascu'ador de giro 325.7
Component force 129.6
Componente . . 129.6
Componer fuerzas 129.2
Comporre delle forze 129.2
Composante . . 129.6
Composée, poutre 147.1
Composer des forces 129.2
Composición de fuerzas 129.3
Composita, macchina - a doppia espansione 228.2
Composition des forces 129.3
Composito, motore 212.7
Composizione di forze 129.3
Composta, trave 147.1
Compoundmotor 212.7

Compound engine 228.2
- motor 212.7
Compound, machine 228.2
-, moteur . . . 212.7
Compound, macchina 228.2
-, motore . . . 212.7
Compound, máquina 228.2
-, motor 212.7
Compresión . . 171.6
- axial, fuerza de flexión por 172.2
-, diagonal de . 142.9
-, esfuerzo de . 171.5
-, fibra sometida á la 174.9
-, fuerza de . . 171.7
- por unidad de superficie 171.9
-, resistencia á la 171.4
-, sección sometida á la 171.8
Compresor de aire 234.9
Compressa, aria 234.5
-, asta 141.6
-, briglia 142.5
-, centrale d'aria 235.5
-, comando ad aria 234.3
-, condotta d'aria 235.1
-, diagonale di . 142.9
-, esercizio ad aria 234.4
-, fibra 174.9
-, impianto ad aria 234.8
Compressed air 234.5
- - elevator . . 364.2
Compresseur . 234.9
- d'air 234.9
-, piston 188.4
Compression . 171.6
- diagonal . . 142.9
-, fibre under . 174.9
- flange 142.5
-, force of . . . 171.7
- gird 142.5
- link 141.6
-, load 171.5
- - member . . . 141.6
- rod, inclined 142.9
-, section under stress of 171.8
-, stress due to axial 172.4
- strut, inclined 142.9
Compression . 171.6
- axiale, force de 172.2
-, barre travaillant à la 141.6
-, charge de . . 171.5
- de barre . . . 141.2
- - bout, s'infléchir par 172.6
-, diagonale travaillant à la 142.9
- du terrain . . 288.6
-, effort de . . . 171.5
-, force de . . . 171.7
Compression, membrure travaillant à la 142.5
-, pompe de . . 233.5
-, résistance à la 171.4
-, section soumise à un effort de 171.8
-, tension de - par unité de surface 171.9
Compressione . 171.6
- assiale, inflettere per effetto di 172.6
- -, piegarsi per effetto di 172.6
- -, sicurezza per 172.5
- -, sollecitazione alla flessione per 172.4
-, briglia soggetta a 142.5
-, diagonale di 142.9
-, martinetto a vite di tensione e 263.4
Compressive force 171.7
- load 171.7
- strength . . . 171.4
- stress 171.5
- -, intensity of 171.9
Compresso, ammuchiamento 385.1
Compressor . . 234.9
Compressore d'aria 234.9
Comprimée, diagonale 142.9
-, fibre 174.9
-, membrure . . 142.5
-, pièce 141.6
-, tronçon . . . 141.6
Comprimées, tas de matières 385.1
Comprimidas, montón de substancias 385.1
Comprimidas, montón de substancias no 384.10
Comprimido, aire 234.5
-, remachado por aire 126.8
Compteur, appareil - de wagonnets 408.2
- de watt-heures 200.8
Compuesta, viga 147.1
Conca da elevatore di battelli 357.4
- di trasporto . 379.2
-, girella della . 367.5
-, guida della . 357.5
-, vagonetto ribaltabile a 378.6
Concentrée, charge 133.3
-, force 127.3
Concha del distribuidor 194.5
Conchiglia . . 166.7
-, cassetto a . . 194.4
- del cassetto . 194.5
- - giunto . . . 80.9
-, ghisa in . . . 166.6
Conchiglia, ghisa indurita fusa in 164.6
-, giunto a . . . 80.8
Concorrenti, forze 127.5
Concrete, block of 287.6
- counterweight 287.5
Condensación, máquina de 228.4
Condensador . 228.5
Condensation, machine à vapeur à 228.4
Condensatore . 228.5
Condensazione, macchina a vapore a 228.4
Condenser . . . 228.5
-, combined steam engine and 228.4
Condenseur . . 228.5
Condición de equilibrio 132.1
Condiciones de carga 132.8
Condition of equilibrium 132.1
- - loading . . 132.8
Conditions de chargement 132.8
- d'équilibre . 132.1
- de sollicitation 132.8
Condizione d'equilibro 132.1
Condizioni di caricamento 132.8
- - carico . . . 132.8
Condotta d'aria compressa 235.1
- d'aria, scarico della 238.10
-, cavo di . . . 400.4
- del vapore . 226.9
-, evacuare l'aria dalla 238.9
-, girella di . . 405.8
-, materiale di . 202.8
- principale . . 203.3
-, puleggia di . 405.8
Condotto di scarico dell'elevatore 362.5
- - trasporto . 370.7
Conducción . . 202.7
-, alambre de . 203.9
- de la línea . 398.8
-, sección de la 235.8
Conducida, parte 24.5
Conducido, ramal 24.5
Conducteur . . 202.6 204.7
- aérien 206.2
-, cabine du . . 293.4 293.6
- d'amenée . . 203.9
- - parallèle au chemin de roulement 207.2
- d'alimentation 203.3
- d'ascenseur . 331.5
- de distribution 203.5
- de grue . . . 281.9
- isolé 204.4
- mis à la terre 204.1
Conducteur, plateforme du 293.5
- principal . . 203.3
- souterrain . . 206.3
-, réseau de -s . 202.9
Conducteurs et accessoires 202.8
- sur poteaux . 206.4
Conduction, guidance 203.9
Conducto bifurcado 237.1
- circular . . . 236.8
- de agua á presión 228.7
- - aire comprimido 235.1
- - impulsión mecánica 370.1
- - llegada . . 236.5
- - retorno . . 236.6
- - sacudida . . 369.9
- - transportador de sacudida 369.9
- - vapor . . . 226.9
- del agua de escape 230.7
- - transportador 396.6
- derivado . . 237.1
-, draga con - de aspiración 376.5
-, presión en el 235.7
-, torno del - de derrame 373.5
- transportador oscilante 369.8
Conductor . . . 202.6
- aislado 204.4
- - con caucho 205.3
-, cable 204.9
- de alimentación 203.3
- - deslizamiento 207.2
- - la grúa . . 281.9
- del ascensor . 331.5
- desnudo . . . 204.3
-, garita del . . 293.4
- principal . . 203.3
Conductora, barra 204.8
-, parte 25.1
Conductrice, barre 204.8
Conduire une grue 281.11
Conduit d'aspiration, drague avec 376.5
- de tiroir . . . 193.1
- de transporteur 369.6
- oscillant . . . 369.8
-, section du . . 193.4
Conduite à air comprimé 235.1
- circulaire . . 236.8
- d'alimentation 236.5
- d'amenée . . 240.3
- d'eau sous pression 228.7
- d'évacuation 230.7
- de décharge . 230.7
- - la grue . . 281.10
- - retour . . . 236.6

Conduite de vapeur 226.9
- mobile de transporteur à racloirs 369.7
-, plan de l'installation de la 236.4
-, poulie 74.2
-, pression dans la 235.7
-, purge de la . 238.4
-, purger la . . 238.3
-, purger la - de l'air 238.9
- secondaire . . 236.9
-, section de la . 235.8
- sous pression 228.7
Conduttura . . 202.7
- aerea 206.2
- annulare . . 236.8
- d'acqua di scarico 230.7
- - forzata . . 228.7
- d'andata . . . 236.5
- di contatto . 207.2
- - corrente lungo colonne 206.4
- - raccordo . . 203.8
- - ritorno . . . 236.6
-, evacuare la . 238.3
-, filo di 204.7
- in derivazione 203.7
- isolata 204.4
- nuda 204.3
- posta a terra 204.1
-, pressione alla 235.7
-, proteggere la 208.4
-, - una - con una sicurezza debole 208.5
-, scaricare la . 238.3
-, scarico della 238.4
-, sezione della 235.8
-, sopporto della 207.8
- sotto pressione 228.7
- sotterranea . 206.3
Conduttore . . 202.6
-, cavo 204.9
- dell'ascensore 331.5
- di ritorno . 203.10
Conduttori, materiale da 202.8
-, rete di 202.9
-, - - - a tre fili 203.1
Conduttrice, sbarra 204.8
Cone, brake . . 103.7
- clutch 83.1
- coupling 83.1, 83.2
Cône d'accouplement 83.2
- d'embrayage 83.2
- de friction, accouplement à 83.1
- du frein . . . 103.7
-, freine à . . . 103.6
Conectar . 214.2, 224.5
Conexión á circuito corto del inducido 106.8
-, cable de . . . 390.2
- del motor en contra-corriente 107.6
Conexión, esquema de las -es 226.4
-, línea de . . . 203.8
- para el freno de descenso 107.5
Conexiones del freno elétrico 106.6
Confezione delle lamiere, impacco di ferro per la 167.1
Congeler, l'eau est congelée 231.1
Congiungere . 148.7
- una trave . . 148.8
-, vite per - cinghie 74.10
Congiunzione, disposizione di - con fune inferiore 415.6
-, - - - - - superiore 415.5
Conica, ruota . 68.10
-, - - ad angolo retto 69.2
-, - di frizione . 73.1
-, - portante a corona 256.4
Conico, freno . 103.6
-, ingranaggio - ad angolo retto 69.1
Cónica, guarnición 191.5
-, rueda 68.10
-, - de superficie de rodadura 256.4
Cónico, acoplamiento - de fricción 83.1
-, engranaje . . 68.9
-, freno 103.6
-, manguito . . 191.5
Conical brake . 103.6
- travelling wheel 256.4
Coniche, ingranaggio a ruote 68.9
Conique, engrenage 68.9, 69.1
-, roue 68.10
Conmutación, manivela de 213.9
-, posición de . 214.1
Conmutador . . 216.5 216.7
- de pisos . . . 349.3
Conmutar . . . 214.5
Connect, to . . 82.3
-, to - in parallel 224.9, 225.7
-, to - in series 224.7
-, to - up . . . 150.1
-, to - the motor as generator for braking 107.3
Connecté, être - en dérivation 225.8
Connecter 214.2, 224.5
- en dérivation 225.7
- - parallèle . . 224.9
- - série 224.7
- le moteur comme génératrice pour le freinage 107.3
Connecteur, manette de 213.9
Connecting angle 150.4
Connecting iron 150.5
- line 203.8
- pipe 237.3
- plate 150.3
- rail 395.4
- rivet 150.6
- rope 390.2
- -, haulage with rope and 390.1
- terminal . . . 205.6
Connection . . 226.2
-, back-current 107.6
-, braking . . . 106.8
-, corner 151.1
-, Delta 226.3
-, diagram of -s 226.4
-, electric braking 106.6
-, girder 150.8
-, joint 150.9
-, lowering brake 107.5
-, mesh- 226.2
-, method of . . 224.6
-, parallel . . . 225.1
-, pipe 237.2
-, series 224.8
-, - parallel . . 225.2
-, short-circuit . 225.9
-, shunt 225.6
-, star 226.3
Connessione, fune di 390.1, 390.2
- per controcorrente 107.6
- - freno di discesa 107.5
-, tronco di . . 398.7
Connexion . . 150.7
-, boite de . . 205.10
-, borne de . . 205.6
-, câble de . . . 390.2
- d'un frein électrique 106.6
- du moteur en contre-courant 107.6
- en court-circuit 225.9
- - dérivation . 225.6
- - frein de descente 107.5
- - parallèle . . 225.1
- - série 224.8
- - - -parallèle 225.2
- - - et parallèle 225.2
-, méthode de . 224.6
-, mode de . . . 224.6
-, position de . 214.1
- pour freinage avec induit en court-circuit 106.8
-, schéma des -s 226.4
-, système de . 224.6
- terminale de câble 205.9
Cono d'innesto 83.2
-, freno a . . . 103.6
-, innesto a - di frizione 83.1
Cono de acoplamiento 83.2
- del freno . . 103.7
Consegna, prendere in - il carico 9.4
Consistante, graisse 85.7
Consistent lubricant 85.7
Consistente, grasso 85.7
-, grasa 85.7
Cónsola . . 92.1, 156.3
-, grúa de . . . 306.7
-, montacargas de - para almacén 353.6
-, torno de . . . 270.2
Console . . 92.2, 156.3
-, grue à 306.7
-, treuil- 270.2
Consolidar . . 151.9
Consolidare . . 151.9
Consommation d'air 234.7
- d'eau sous pression 230.5
- d'énergie . . 282.9
- de courant . 198.3
- - force 282.9
- en watt-heures 200.7
- variable, distribution à 196.7
Consommée, eau 230.6
Constant load . 133.4
Constante, charge 133.2
-, carga 132.9
Constantly acting load 133.2
Construcción de andamio de madera 159.2
- - andamios de hierro 159.1
- - buques, transportador aéreo de 422.3
- - grúas 280.6, 281.3
- - hierro . . . 158.8
- - madera . . 159.3
- - puentes . . 159.4
- - un transporte aéreo por cable 392.5
- del puente . . 159.8
-, grúa para -es 310.1
-, materiales de 163.1
-, torno para -es 271.5
Construcciones metálicas 158.8, 158.9
Constructeur de grues 280.5
Construction, cableway 392.5
-, crane 280.3
-, material of . 163.1
-, rope 39.4
Construction d'appareils de levage 280.3
- d'un transport aérien par câble 392.5
- de grues 280.3, 280.6
- des ponts . . 159.4
- en bois . . . 159.3
Constructions en fer 158.8
- métalliques . 158.8
-, treuil pour les 271.5
Constructional ironworks 160.4
Constructor de grúas 280.5
Construir una grúa 281.1

Construire une grue 281.1
Consumata, acqua 230.5
Consumido, trabajo 10.9
Consumo d'aria 234.7
- della catena . 26.4
- di corrente . 198.3
- - forza . 177.4, 282.9
- in wattore . . 200.7
- de agua á presión 230.5
- - aire 234.7
- - corriente . 198.3
- - fuerza 177.4, 282.9
-, distribución de - variable 196.7
- en vatios-horas 200.7
Consumption of air 234.7
- - current . . 198.3
- - power . . . 282.9
- - pressure water 230.5
-, power 177.4
-, pressure water 229.3
-, watt-hour . . 200.7
Consumirse, el cojinete se consume 85.2
Contact 218.2
-, brake 220.9
-, bridging . . 218.7
- device 206.6
-, door- 338.6
- drum 220.3
- finger 219.1
-, hammer- 218.8, 218.9
- lever 218.6
-, path 218.5
-, piece 218.3
-, plug 206.1
-, revolving . . 207.5
- roller . 207.3, 207.4
- segment . . 218.10
-, sliding 206.8
- surface . . . 218.4
Contact 218.2
- à bouton . . 349.7
- - - d'étage . 349.3
- - broches . . 206.1
- - chevilles . . 206.1
- - curseur de la prise de courant 207.1
- - frottement de la prise de courant 207.1
- - marteau . . 218.8
- - lame d'interrupteur 218.7
-, chemin de . . 218.5
- de courant à roulette 207.2
- - freinage . . 220.9
- - la résistance de démarrage, -s 219.3
- - porte . . . 338.6
- - prise de courant 206.7
-, galet de . . . 207.4
-, lame de . . . 219.1
-, levier de . . . 218.6
-, ligne de . . . 207.2
- par frottement 206.8
- - glissement . 206.8
Contact, pièce de 218.3
-, roulette de . 207.4
-, segment de 218.10
-, surface de . . 218.4
-, système de . 206.6
- tournant . . . 207.5
Contacto . 218.2, 349.7
- corredizo . . 206.8
- de botón en el piso 349.3
- - martillo . . 218.8
- - puerta . . . 338.6
- - toma de corriente 206.7
- giratorio . . . 207.5
- por rodillo . 207.3
Contador, aparato - de vagonetas 408.2
- de vatios-horas 200.8
Contatore di vagoncini 408.2
- - wattore . . 200.8
Contatto 218.2
- a martello . . 218.8
- - rotella . . . 207.3
- - scorrimento 206.8
- ad innesto . . 206.1
- di porta . . . 338.6
-, disposizione di 206.6
- girevole . . . 207.5
-, leva di 218.6
-, pezzo di . . . 218.3
-, superficie di . 218.4
-, via di 218.5
Contenance du wagonnet 407.6
Contents of wagon 407.6
Continu, courant 200.9
-, service 196.9
-, transformateur de courants -s 199.2
-, transport . . 360.2
-, - aérien avec service 392.8
-, travail - du moteur 209.7
Continue, poutre 187.7
Continua, controller per corrente 221.7
-, corrente . . . 200.9
-, funicolare a fune 392.7
-, trasformatore rotante per corrente - in alternata 199.3
-, - - - - - - continua 199.2
-, - - - - - - trifasica 199.4
-, - rotativo per corrente - in alternata 199.3
-, - - - - - - continua 199.2
-, - - - - - - trifasica 199.4
-, trave - in più punti 187.7
-, vite - regolabile 370.6
-, - - ordinaria 370.5
Continuo, carico 183.2, 183.4
-, funicolare con esercizio 392.8
-, funzionamento 196.9
-, trasporto . . 360.2
Continua, carga 183.4
-, corriente . . 200.9
-, motor de corriente 212.4
Continuo, cable aéreo con servicio 392.8
-, funcionamiento 196.9
-, trabajo . . . 209.7
-, transporte . . 360.2
Continuous-alternating current converter 199.3
- beam 187.7
- -continuous current converter 199.2
- current . . . 200.9
- - controller . 221.7
- - motor . . . 212.4
- girder 187.7
- haulage . . . 360.2
- load . . 183.2, 183.4
- -threephase converter 199.4
- working . . . 196.9
Continuously working cableway 392.8
Contorcere, le funi si contorcono 84.8
Contorcimento della fune 84.7
Contra-buterola 125.8
- -cilindro . . . 189.5
- -corriente . . 201.5
- -diagonal . . 148.4
- -electromotriz, fuerza 198.10
- -émbolo . . . 186.8
- -nudo 391.8
- tuerca 115.9
Contracorriente, frenado por 108.1
-, freno de . . . 107.7
Contrafissi, rinforzare con 156.7
-, trave armata con 188.7
Contrafisso del puntone 297.5
Contramarcha . 251.2
- de correa . . 73.8
- - engranaje . 63.1
- - rueda de cadena 73.6
- variable, torno de 252.1
Contrapeso . . 286.2
-, cable del . . 333.1
-, caja del . . . 333.8
- de arena y lingotes 287.4
- - hormigón . 287.5
- - regulación automática 286.8
- del freno . . 100.7
- fijo 286.5
-, freno de . . . 100.6
- macizo . . . 287.2
- móvil 286.6
Contrapeso móvil sobre ruedas 286.7
-, tambor para el 345.8
- tensor . . . 397.10
-, tirante de . . 299.7
Contrappesi, tamburo di - dell'accumulatore 282.5
Contrappeso . . 286.2
- a registrazione automatica 286.8
- - sabbia e masselli 287.4
-, accumulatore a 282.4
-, blocco da . . 287.3
-, braccio del . 299.8
-, - di leva del 286.3
-, cassa del . . 287.1
-, controbilanciare il carico con un 286.1
-, corda del . . 333.1
- del freno . . 100.7
-, equilibrare il carico con un 286.1
- fisso 286.5
-, freno a . . . 100.6
-, fune del . . . 333.1
- in calcestruzzo 287.5
- liberantesi, freno a 98.8
-, linea percorsa dal 333.9
- massiccio . . 287.2
- mobile 286.6
-, momento del 286.4
-, puntone di sostegno del 299.7
- scorrevole . . 286.7
- spostabile . . 286.6
-, tamburo del . 345.3
-, tirante di sostegno del 299.7
-, via percorsa dal 333.8
Contrapresión, polea de 259.1
Contrarie, forze 128.2
-, le forze sono 128.1
-, - - - uguali e 128.3
Contrario, fuerzas de sentido 128.2
Contrarrestar, arriostrados en cruz para - los vientos 153.9
Contraventato, supporto del cavo 405.1
Contravento, puntello a 405.2
Contravvento . 153.8
- a croce di S. Andrea 153.9
Contrebalancer, les forces se contrebalancent 182.2
Contre-bouterolle 125.8
Contre-courant 201.5
- -, connexion du moteur en 107.8
- -, frein à . . . 107.7
- -, freinage électrique à 108.1

Contre-cylindre 189.5
Contre-écrou . 115.9
Contre-électromotrice, force 198.10
Contre-diagonale 143.4
Contre-fiche . . 156.5 156.6
Contre-fiche, appliquer des -s 156.7
-, armature à -s 138.7
Contrefiches . . 153.7
Contre-flèche . 147.9
Contre-nœud . 391.8
Contre-piston . 186.8
Contreplaque . 288.1
Contrepoids . . 286.2
- à déplacement automatique 286.8
-, bras de levier du 286.3
-, câble du . . . 333.1
-, caisse à . . . 287.1
- de béton . . 287.5
- déplaçable . . 286.6
- du crochet . 53.7
- du frein . . . 100.7
-, équilibrer la charge au moyen de 286.1
- fixe 286.5
- formé de sable et de gueuses 287.4
-, frein à 100.6
- massif 287.2
- mobile 286.6
- mobile sur roues 286.7
-, moment du . 286.4
-, levier à . . . 100.8
-, portée du . . 299.8
-, tambour à - d'accumulateur 232.5
-, - du 345.8
- tendeur . . 397.10
-, tirant du . . 299.7
Contreventement 152.1, 153.8
-, cadre à . . . 151.8
-, croix de . . . 153.9
-, tirants de . . 153.9
Controbilanciare il carico con un contrappeso 286.1
Controbuttarola 125.8
-, cunetta . . 125.10
Contro-cilindro 189.5
Contro-corrente 201.5
-, connessione per 107.6
-, frenaggio elettrico a 108.1
-, freno a . . . 107.7
Contro-dado . . 115.9
- -diagonale . . 143.4
- -elettromotrice, tensione della forza 198.10
Controfisso, gru a 308.1
Contronodo . . 391.8
Contropressione, girella di 259.1
Controspinta, perno di 79.4
Contro-stampo . 125.8
- -stantuffo . . 186.8
Control, brake 97.4
-, central . . . 249.1
-, chain . 248.8, 248.9
-, crank 248.3
- - lever 248.4
- device, magnetic locking of 350.1
- disc 348.3
-, external . . . 348.6
-, floor 348.8
- gear 243.6
-, hand-wheel . 248.1 248.2
-, hoist 347.7
-, internal . . . 348.7
-, lever- . 247.7, 247.8 348.4
- locking . . . 349.8
- of elevator . 346.6
- - hoist 346.6
- - lift 346.6
-, press button . 549.4
- rod 347.8
- rope . . 248.5, 248.7
- - pulley . . . 248.6
- spindle . . . 245.5
-, system of . . 249.2
-, to 244.2
-, to - automatically 244.4
-, to - by hand, 244.3
-, to - sensitively, 244.5
-, to - the brake 97.3
-, to - the crane 282.1
-, to - the elevator 346.3
-, to - the hoist 346.3
-, to - the lift . 346.3
-, tongs 58.2
-, travelling crane with floor 291.3
-, travelling crane with - from below 291.3
-, universal . . 222.5
-, wheel 348.5
-, - rope . 348.1, 348.2
Controler . . . 220.2
- de grúa . . . 222.6
- - levantamiento 222.7
- - movimiento horizontal 222.8
- - rotación . . 223.2
- para el movimiento de la grúa 222.9
- - - - del carro 223.1
Contrôleur . . 220.2
- avec contacts pour le frein 221.10
- d'inversion . 222.2
- de changement de marche 222.2
- de direction . 222.8
- - frein de descente 222.1
- - grue 222.6
- - levage . . . 222.7
- - translation 222.8
- - - de la grue 222.9
- double 222.3
- du chariot . . 223.1
- - mouvement de giration 223.2
- - - d'orientation 223.2
Contrôleur en série-parallèle 221.9
- jumelé 222.3
- pour courant continu 221.7
- - - triphasé . 221.8
-, tambour de . 220.3
- universel . . 222.4
Controller . . . 220.2
-, brake . . . 221.10
-, continuous current 221.7
-, crab motion . 223.1
-, crane 222.6
-, - motion . . . 222.9
-, double 222.3
-, lifting 222.7
-, lowering brake 222.1
-, reversing . . 222.2
-, series-parallel 221.9
-, slewing . . . 223.2
-, three-phase . 221.8
-, travelling . . 222.8
-, universal . . 222.4
Controller . . . 220.2
- d'inversione di marcia 222.2
- da gru 222.6
- doppio 222.3
- gemello . . . 222.3
- per corrente continua 221.7
- - - trifasica . 221.8
- - il freno . 221.10
- - - - di discesa 222.1
- - - movimento di rotazione 223.2
- - movimento longitudinale della gru 222.9
- - - orizzontale 222.8
- - - trasversale del carrello 223.1
- - serie e parallelo 221.9
- - sollevamento 222.7
-, tamburo del . 220.3
- universale . . 222.4
Controlling brake 112.6
- force 244.1
- lever 245.1
Conversione, movimento di 16.8
-, posizione di . 16.4
-, resistenza alla 16.9
Converter, continuous-alternating current 199.3
-, - -continuous current 199.2
-, - threephase . 199.4
Convertibile . . 16.6
Convertibilità . 16.7
Convertisseur, groupe - rotatif de courant continu en alternatif 199.3
-, - - - - - - - - triphasé 199.4
Convessa, piastra d'appoggio 155.3
Convexa, placa de apoyo de superficie 155.3
Convey, to . . 359.1
Conveyance, belt 367.4
- in bulk . . . 358.2
- in mass . . . 358.2
-, pneumatic . . 363.6
Conveyed, quantity to be 359.7
Conveying . . . 359.2
- device 360.8
-, horizontal . . 360.5
-, inclined . . . 360.6
- load 2.3
- medium . . . 360.9
- plant 360.7
- speed 359.8
- tank 359.3
- trough . . . 369.5
- truck 359.3
-, vertical . . . 360.4
Conveyor, bag 367.10
-, belt . . 367.2, 367.3
- chain 368.2
-, rope 370.2
-, sack 367.10
- span 368.3
- spiral 370.4
- strand 368.3
- tube 370.7
- worm 370.4
Convogliatore, nastro 368.3
Convoglio, carrelli in 377.7
Convoyeur . . 368.2
- à câble métallique 370.2
-, bande d'un . 368.3
-, câble d'un . . 368.3
-, chaine d'un . 368.3
- mobile 369.1
- par entrainement 370.2
Coperchio, bullone del 88.4
- del cilindro . 188.8
- - sopporto . . 88.3
Copertura del pozzo 334.4
Coppia di forze 132.3
- - ruote dentate 63.4
Coprigiunto . . 148.6 149.5
-, cantonale di . 149.2
- doppio 149.6
-, piastra di . . 149.1
Coquille 166.7
-, accouplement à -s en deux pièces 80.8
-, coulage en . 166.6
-, creux en forme de - de tiroir 194.5
- d'accouplement 80.9
- de coussinet . 87.2
-, fonte en 164.6, 166.6
-, tiroir à . . . 194.4
Corazón, guardacabos en 87.6
-, punta de . . 421.8
Corbeau . . 93.6, 93.8
Corbel 156.3
Corchete para correa 75.1

Corchete, tornillo de 117.1
Corda 33.6
-, cabina ad una sola 341.1
-, comando a mano da 181.7
- del contrappeso 333.1
- dell' ascensore 332.7
- della cabina . 332.8
- doppia 333.2
-, intrecciare la 35.10
- motrice . . . 184.8
- per marina . 41.6
Corde, cabina a due 341.2
-, fare 36.3
Corde de commande 42.7
-, machine à tordre les -s 36.1
Cordón 142.1
-, cable de -es . 39.5
-, - - dobles -es planos 39.10
-, - - -es planos 39.9
-, - - -es triangulares 40.1
- inferior . . . 142.4
- -, barra del . 138.5
- sometido á la compresión 142.5
- - - - extensión 142.6
- superior . . . 142.3
- -, barra central del 141.7
Cordonata inferiore, briglia della 138.5
- superiore, trave centrale della 141.7
Cordonatura, coefficiente di 36.4
Cordone . . . 204.10
Core, hemp . . 39.6
- -piece 421.8
- piston 187.2
Corliss valve . 194.7
Corner angle . 151.4
- - plate 151.2
- brace 153.7
- connection . 151.1 151.2
-, guide over -s 340.1
- guiding . . . 340.1
- joint 153.7
- plate 151.3
Cornière 145.9
- -bride 145.9
- d'assemblage 149.2 150.4
- d'encoignure 151.4
- de la membrure 145.9
- - renfort . . 152.2
- en fer 168.3
- -nervure . . . 145.9
- raidisseuse . 152.2
Corona a denti d'ingranaggio 69.6
- cilindrica, ruota portante a 256.3
- conica, ruota portante a 256.4
- della girella . 46.5
- - ruota portante 255.4
- - - -, inclinazione della 256.1
Corona delle girelle 259.7
- dentata . . . 67.9
- - per catena . 31.5
- di rulli . . . 91.9
- riportata . . 68.4
-, sopporto a - di rulli 91.8
Corona de asiento 86.4
- - la polea . . 46.5
- - - rueda . . 255.4
- - - - dentada para cadena 31.5
- - l'interna de husos 69.6
- - rodillos 91.9, 259.7
- - dentada . . . 67.9
- postiza . . . 68.4
Corpo del martinetto 262.3
- - sopporto . . 88.2
- - tamburo . . 42.10
- della vite 113.7, 262.3
- dello scivolone 369.6
Corps de cric . 262.3 264.7
- - manivelle . 178.3
- - palier . . . 88.2
- - rivet 120.7
- - vérin . . . 264.7
- du cylindre . 188.7
- - tambour . . 42.10
-, travail d'écrasement du - de rivet 121.5
Correa 42.8
- abierta . . . 74.4
-, contramarcha de 73.8
- cruzada . . . 74.5
- de impulsión 73.9
- - mando . . . 73.9
- doble 74.6
- múltiple . . . 74.7
-, tambor para 45.9
-, tensión de la 74.3
-, torno impulsado por 271.1
-, transmisión por -s 73.7
-, transportador de 367.2
Corredera de tensión 398.2
-, grúa . . 290.1, 291.1
-, - - de forja . 314.5
-, válvula . . . 242.8
Corrediza, barrera 336.5
-, puerta 336.4
Corredizo, contacto 206.8
Corrente alternata 200.10
- - bifasica . . 201.3
- - monofasica 201.2
- -, motore a . . 212.8
- -, - per - - a collettore 213.3
-, asta di 141.9
-, conduttura di - lungo colonne 206.4
- continua . . . 200.9
- -, controller per 221.7
- -, motore a . 212.4
Corrente continua, trasformatore rotante per - in alternata 199.3
- -, - - - - - continua 199.2
- -, - - - - - trifasica 199.4
- -, - rotativo per - - in alternata 199.3
- -, - - - - - continua 199.2
- -, - - - - - trifasica 199.4
-, contro- . . . 201.5
- d'avviamento 209.3
- -, intensità di 219.6
- d'eccitazione 211.7
- della scala . . 158.4
- di frenaggio . 106.9
- - linea 208.2
- elettrica . . . 197.8
-, pattino collettore di 207.1
- per marcia a vuoto 209.4
- trifase 201.4
- trifasica . . . 201.4
- -, controller per 221.8
- -, magnete del freno a 110.5
Correnti di Foucault 201.6
- - -, freno a . . 108.2
Correra, indicador de 350.10
Correre, la macchina corre sotto carico 183.3
Corriente alterna 200.10
- - bifásica . . 201.3
- - monofásica 201.2
- continua . . . 200.9
- -, motor de . 212.4
- de arranque . 209.3
- - excitación . 211.7
- - frenado . . 106.9
- - la red . . . 208.2
- - vacío . . . 209.4
- eléctrica . . . 197.8
-, motor de - alterna 212.8
-, toma de . . . 206.5
- trifásica . . . 201.4
- -, electro imán de freno de 110.5
Corrientes de Foucault 201.6
- - -, freno de . 108.2
- parásitas . . 201.6
- -, freno de . . 108.2
Corrugated sheet iron 169.6
Corsa d'alzata . . 6.7
- del carico . . . 6.8
- - cassetto . . 193.5
- dell'indice . . 350.5
- dello stantuffo 185.9
- di 290.3
- - distribuzione 243.8
- - liberazione 109.5
- - sfrenamento 109.5
- - sollevamento 6.7 6.9
-, indicatore di 350.10
Corsa, limite della 332.6
- perduta . . . 13.7
-, rapporto di . 62.6
Corsoio, porta a 336.6
Corta-circuito . 208.3 208.6
- - de cartucho 208.10
- distancia, transporte á 358.4
Cortado, diente 65.10
Cortadura 169.7, 173.9
-, dragado por . 374.9
-, esfuerzo de . 173.8
-, resistencia á la 173.7
-, sección de . . 174.1
Cortante de la cuchara 374.8
-, esfuerzo 136.1, 173.8
-, fuerza . . . 173.10
Cortar 174.3
Corte en el edificio 161.9
Cortile, gru da 309.3
Cortocircuito 225.10
- -, accoppiamento a 225.9
- -, ancora a . 210.7
- -, chiudere in 226.1
- - dell'armatura, collegamento per messa in 106.8
- - - -, frenaggio a 107.1
- - - -, freno a 106.12
- -, interruttore di 216.6
Corto, cadena de e-labones -s 29.3
- circuito . . 225.10
- - del inducido, frenado por 107.1
- -, inducido de 210.7
Coser la correa 74.8
Cosse 37.5
- de câble . . . 205.9
- pour estrope en cœur 37.6
Costruire una gru 281.1
Costruttore di gru 280.5
Costruzione, argano per 271.5
- del ponte . . 159.8
- della funicolare aerea 392.5
- di gru . 280.3, 280.6
- - ponti . . . 159.4
- - sostegno . . 403.4
- - supporto . . 403.4
- in ferro . . . 158.8
- - legno . . . 159.3
-, materiali di . 163.1
Costruzioni in ferro, officina di 160.4
Costura 123.2
Cota, envolvente de - de malla 377.1
Cote de traçage 123.5
Côté chargé . . 399.9
-, soudure sur . 29.2
Coton, bourrage en 192.1
-, câble en . . . 38.1
-, garniture en 192.1

Cotone, fune di 38.7
-, guarnizione di 192.1
Cotton packing 192.1
- rope 38.7
Couche de câble, enrouler une - sur le tambour 44.3
- de couleur 161.3
- de fond 161.4
- de peinture à l'huile 161.6
Coude 77.2, 237.5
- à angle droit 237.6
- du crochet 52.9
-, transmission par levier 247.3
Coudé, arbre 77.1
-, levier 247.1
-, tuyau 237.5
Coudée, flèche 298.2
-, volée 298.2
Couder 77.2
Coudre la courroie 74.8
Coulage à découvert 164.1
- de l'acier 166.5
- en châssis 164.2
- - coquille 166.6
- - sable 163.4
Coulée à découvert 164.1
-, chariot de 312.5
- en châssis 164.2
-, grue de 310.7
-, - - - à guidage et suspension rigide de poche 311.6
-, pièce - à nervures 164.5
-, - d'acier 166.4, 166.5
-, - - en creux 164.4
-, - - - terre 164.3
Couler par la quenouille 312.4
Couleur, couche de 161.3
Coulissante, tenaille 58.3
Coulisse, guidage à 58.4
-, tenaille à guidage à 58.3
Couloir d'élévateur 362.2
- de descente d'un élévateur 362.5
- de déversement 386.3
- - la chaîne 372.9
Counter acting force 132.6
- -balance jib 299.7
- - radius 299.8
- -current 201.5
- cylinder 189.5
- diagonals 143.4
- piston 186.8
- -poise, rope for 333.1
- pressure 137.5
- -, bearing 154.10
- -sunk head 116.4
-, wagon 408.2
Counterbalance arm 286.3
- lever 286.3
- moment 286.4
-, to - the load by weights 286.1
Countershaft 253.3
Countersink, to - a rivet 122.3
Countersunk, rivet with - head 122.1
-, - - half - head 122.2
-, to - the head 116.6
Counterclockwise rotation 15.1
Counterweight, adjustable 286.6
-, automatically adjusting 286.8
- box 287.1
- block 287.3
-, concrete 287.5
-, fixed 286.5
- of sand and pig-iron 287.4
-, solid 287.2
-, traversable 286.7
Coupe-circuit 208.3
- - à cartouche 208.10
- - - fusible 208.6
Coupe de l'édifice 161.9
- - bélier 239.1
-, méthode des -s 144.3
-, rivure à deux -s 124.3
-, - - plusieurs -s 124.5
-, rivure à une 124.1
Couplage en dérivation 225.6
- - étoile 226.3
- - parallèle 225.1
- - série 224.8
- - - et parallèle 225.2
- - triangle 226.2
-, mode de 224.6
-, méthode de 224.6
Couple, force- 132.3
Couple, to 80.4
-, to - the wagon to the rope 414.6
Couple 132.3
- de démarrage 5.8, 177.6
- des forces 132.3
- du moteur 209.6
- moteur 11.6, 131.5
Coupler 224.5
- en dérivation 225.7
- - parallèle 224.9
Coupling 80.4, 80.3, 415.1
-, annular wedge 400.7
-, articulated 83.7
- - bolt 80.10
-, box- 80.6
-, brake 81.1
-, - band 83.3
-, carrier 418.2
-, claw 82.7
- cone 83.1, 83.2
- device 415.4
- -, automatic 415.7
Coupling device with overhead cable 415.5
- - - rope below 415.6
-, disc 80.11
-, disengaging 81.6
-, electro-magnetic 83.6
-, fixed 80.5
-, flange 80.11, 241.1
-, flexible 81.2
-, friction 81.5, 82.9
-, half 80.9
-, jointed 83.7
-, knot 418.2
-, leather packed 81.3
-, muff 80.6
-, overload 81.5
-, pawl 418.3
- pin 80.5
- point 415.3
- rods 82.1
-, rope 87.11
-, rubber packed 81.4
-, screw 419.1
- sheave 416.1
-, split 80.8
-, - ring 83.4
-, vice 419.3
Cour, grue de 309.3
Courant, à-coup de 221.3
- alternatif 200.10
- - diphasé 201.3
- - monophasé 201.2
- -, moteur à 212.8
- - triphasé 201.4
-, consommation de 198.3
-, contact de - à roulette 207.3
- continu 200.9
- -, contrôleur pour 221.7
- -, moteur à 212.4
- -, moteur générateur à 199.2
-, contre- 201.5
- d'eau, drague à 376.1
- d'excitation 211.7
- de démarrage 209.3
-, -s de Foucault 201.6
- - -, frein à -s 108.2
- - freinage 106.9
- - marche à vide 209.4
- du réseau 203.2
- électrique 197.3
-, intensité du 197.9
-, inverser le 216.8
-, inverseur de 216.7
-, prise de 206.5
-, variation du 198.1
Courants parasites, frein à 108.2
Courbe, culbuteur à 325.1
- de guidage 344.2
- - la voie 329.7
- - transport aérien 398.5
- des efforts tranchants 136.2
- - - transversaux 136.2
- du câble 398.10
Courbe du diagramme des efforts tranchants 136.2
- - - - moments 135.6
-, plaque d'appui à surface 155.3
-, station en 396.6
Courbure d'un tuyau 237.4
Couronne à rails 259.7
-, cercle de 64.4
- de galets 91.9
- - lanterne à fuseaux 69.6
- - roue 255.4
- - - à fuseaux 69.6
- - rouleaux 91.9
- - -, palier à 91.8
- - roulements de galets 259.7
- dentée 67.9
- - pour chaîne 81.5
- - venue de fonte, roue porteuse avec 258.5
- du galet 46.5
- rapportée 68.4
Courroie, agrafe à griffes pour 75.1
-, ascenseur à commande par 352.6
-, commande par 73.7
- croisée 74.5
- de commande 73.9
- - transmission 73.9
- double 74.6
- droite 74.4
- multiple 74.7
- ouverte 74.4
-, renvoi à 73.8
-, tambour à 45.9
-, tension de 74.3
-, transporteur à 367.2
-, treuil à commande par 271.1
Course de la charge 6.8
- - levage 6.7, 6.9
- du fardeau 6.8
- - frein débrayé 109.5
- - - libéré 109.5
- - levier 245.9
- - - de manœuvre 243.8
- - piston 185.9
- - tiroir 193.5
-, fin de 13.6
-, indicateur de 350.10
-, multiplication de la 62.5
- perdue 18.7
Courseur, contact à - de la prise de courant 207.1
Court-circuit 225.9, 225.10
-, connection pour freinage avec induit en 106.8
- d'induit, frein à 106.12
- -, freinage par 107.1

Court-circuité, induit 210.7
Court-circuiter 226.1
Courte distance, transport à 358.4
Coussinet . 87.2, 89.2
- à ratrappage de jeu 87.3
- - rotule . . . 90.2
-, coquille de . 87.2
- d'air 239.2
- de guidage . 339.3
- - - autorégulateur 339.4
- - graissage de roue porteuse 257.4
-, emboiter un . 89.3
-, fourrure du . 87.4
-, garniture du 87.4
-, rebord du . . 88.1
- réglable . . . 87.3
-, roue porteuse à 257.3
- sphérique . . 90.2
Couteau d'interrupteur 215.4
-, interrupteur à 215.3
Couvercle du cylindre 188.8
Couvercles, dispositif d'enlèvement des 313.4
Couvert, joint . 149.7
Couvre-engrenages 62.8
Couvre-joint . 149.1, 149.2, 149.5
- - double . . . 149.6
- -, rivet de . . 149.3
Couvrir, le tiroir couvre les lumières 193.10
Cover, cylinder 188.8
- lifting device 313.4
- - -, ingot drawing crane with 313.3
- plate, butt . . 149.5
- -, double . . . 149.6
- - joint 148.5
- -, rib 149.8
- -, vertical . . 149.8
- -, web 149.8
Covered butt-joint 149.7
Covering, plank 157.5
-, plate 157.3
-, platform . . . 157.2
-, shaft 334.4
Crab, auxiliary 251.8 275.1
-, ceiling 277.7
-, chain 275.3
-, crane 271.7
-, double roller 275.7
-, electrically driven 275.5
-, foundry . . . 310.8
- frame 278.5
- gear, two-drum 252.2
-, hand driven . 275.4
-, hatch- 277.8
- in outer position 274.3
-, main . . 251.7, 274.8
- motion controller 223.1
Crab moved in 274.1
- - - inner position 274.1
- on inclined plane 277.9
- position . . . 274.5
- rails 274.7
-, rope 275.2
- runway . . . 273.6
- shaft, main . 251.6
-, single roller . 275.6
-, Temperley . . 295.8
-, the - is in inner position 274.6
- track 274.7
- travel 273.7
-, travelling 272.8 273.4
-, - crane with auxiliary 293.3
- traverse . . . 273.6
-, traversing jib 277.5
- - motor . . . 253.7
-, trough 316.3
- with automatic grab 276.5
- - drivers stand combined 276.4
- - guided load head 276.6
- - - - post . . 276.6
- - pulley block built in 276.2
- - slewing jib 277.3
-- suspended pulley blocks and falls 276.1
- - trolley suspension 276.3
- - variable gear 252.1
- - - purchase 252.1
Cramp cheek . 418.5
- pressure . . . 418.6
-, pulling rope 418.7
-, rope 418.4
Crampon d'attache au rail 285.5
- fileté 117.1
Crane, angle . 305.5
-, arrangement of 280.2
- attendant . . 281.9
-, automatic grab 309.6
-, bar iron . . . 315.9
-, block 319.8
-, - charging . 317.5
-, - transport . 315.8
-, boats 308.8
-, bracket . . . 306.7
-, breakdown . 308.5
- bridge . 295.5, 295.6
- building 280.3, 310.1
- cable 41.2
- calculation . 283.8
-, cantilever . . 295.4
- chain 33.1
-, charging . . 316.7
-, - ingot . . . 317.5
-, claw 314.7
-, coaling . . . 319.6
- construction . 280.3
- coutroller . . 222.6
- crab 271.7
-, curb-ring . . 301.4
-, deck- 304.1
-, derrick- . . . 306.8
Crane design . 280.6
- designer . . . 280.5
-, dock 318.6
-, equipment . . 319.3
-, erecting . . . 309.2
- érection . . . 281.3
-, Fairbairn . . 301.3
- fitter 281.2
-, fixed 284.3
-, floating luffing 308.3
- for special purpose 309.5
-, forge 314.5
- -foundation . 287.7
-, foundry . . . 310.7
-, frame . 294.6, 294.7
-, gantry . 294.6, 304.3
-, giant 308.2
- girder 289.5
-, Goliath . . . 308.2
-, hammer head 305.7
-, hand 308.9
-, hatch 302.7
-, helmet 306.5
- hut 301.9
-, ingot drawing 313.1
- installation . 280.1
- leg 294.8
-, lifting of the 284.8
- load 282.10
-, loading 283.1, 319.4
-, locomotive . 303.5 303.7, 309.7
-, luffing- 307.5
- magnet . 315.5, 315.6
- manufacturing works 280.4
-, mast . . 307.8, 308.1
- motion controller 222.9
- movement . 283.10
-, ore loading . 319.7
- output 210.1
-, pillar . 300.5, 300.6
-, plate 316.1
- pontoon . . . 308.4
-, portal 304.3
- pulley block . 52.2
-, pyramid . . . 306.1
-, quay 304.2
- rail 328.9
-, rolling mill . 310.6
-, roof 305.6
- rope 41.2
-, semi-gantry . 305.8
-, - -portal . . . 305.3
-, shape of . . . 284.1
-, sheer legs . . 307.8
-, sheet iron . . 316.1
- -ship 308.5
-, shipbuilding . 318.8
-, slewing . . . 295.9
-, smelting works 310.4
-, soaking pit . 313.1
-, stability of . 284.5
-, stamp work's 310.3
-, stationary . . 284.3
-, steel work's . 310.5
-, store 309.4
-, stripping . . 313.6
- strut 307.1
- support . . . 294.8
-, the - serves a working area 283.6
-, tilting of the 284.10
Crane tipping device 325.2
- track . . 327.2, 329.8
- - column . . 327.4
- - girder . . . 327.3
-, transhipment 320.1
-, transport 310.2, 315.7
- travelling . . 284.4 289.1, 290.1
- - gear 288.10
- truck 301.7
-, twisting of the 289.3
-, type of . . . 284.2
-, unloading . . 320.1
-, velocipede . . 306.8
-, visor 306.5
-, waggon tip . 325.5
-, warehouse . . 302.6
-, weight of . . 283.9
-, wharf 307.4
- winch 271.7
- with special gripping device 313.5
- - the post in a pit 301.2
- - tongs for ingots 312.7
- - trough . . . 316.2
-, work- 283.3
- working . . . 281.6
- - gear . . . 283.11
-, workshop . . 309.1
-, yard 309.3
Crank 77.2
-, adjustable . . 179.3
- arm 178.3
- bearing . . . 178.7
-, brake . 101.2, 111.4
- circle 178.5
- control . . . 248.3
-, hand . . 177.8, 177.9
- handle 178.2
- -, removable . 179.2
- - with loose hand grip 178.9
- lever, control 248.4
- - with loose hand grip 178.9
-, one-man . . . 179.5
- pin 178.8
- radius 178.4
-, removable handle 179.2
-, safety 179.4
- shaft 178.6
- -, single throw 77.1
- throw 178.4
-, to 77.3
-, - make a . . 77.3
-, two-men . . . 179.6
Crapaudine 86.1, 259.5
- à billes . . . 86.5
- - rouleaux . . 86.6
- annulaire . . 86.3
-, fond de la . . 300.8
- inférieure . . 300.2
- supérieure 300.3 300.10
-, tenon de la . 300.9
Creep, the chain -s 26.9
Creeping of the chain 26.8
Cremagliera . . 68.8
-, binda a . . . 264.3
-, ingranaggio ad asta 68.7
Crémaillère . . 68.8
-, cric à 264.3

Crémaillère d'arrêt 342.8
-, engrenage à . 68.7
Cremallera . . 68.8
- de detención 342.8
-, engranaje de 68.7
-, gato de . . . 264.3
Cremonascher Kräfteplan 144.2
Cremona's force-plane 144.2
- polygon . . . 144.2
Cremona, diagramma funicolare delle forze secondo 144.2
-, poligono funicolare delle forze secondo 144.2
Cremona, diagrama de 144.2
Crépine 237.7
Crépines, boite à 237.8
Crescent shaped girder 147.7
Creusement, drague de 374.3
-, effort de . . . 411.7
- par drague . 374.4
Creuset, acier fondu au 166.3
-, bec de - de coulée 311.2
- de coulée . . 311.1
- - -, pont porteur de 310.8
-, étrier de suspension de 311.5
Creux, arbre . 76.7
-, câble 40.11
- en forme de coquille de tiroir 194.5
-, pièce coulée en 164.4
Cric . . . 262.1, 264.3
Cric à crémaillère 264.3
- - crochet . . 261.3
- - simple noix 261.3
- - trépied . . 262.6
-, corps de . . . 262.3
- de locomotive 263.8 264.8
- - traction . . 263.2
- - - à vis . . . 263.3
- - - et de compression 2?8.4
- - wagon . . . 264.4
-, fût de 262.3
- pour chaudières 265.1
- - soulever les pierres 265.3
- - tonneaux . 265.4
- - vanne . . . 265.5
-, vis de 262.2
Crichetto . . . 261.3
Crisol 311.1
-, acero al . . . 166.3
Croce di S. Andrea 153.2
- - -, contravvento a 153.9
- trasversale . . 153.3
Crochet 52.5
- à œillet . . . 54.4
- - vide 55.3
Crochet à griffes 55.1
- - tourillon . . 54.5
-, accessoires du 53.6
-, bec du 52.7
-, boite du . . . 53.1
-, boulon à . . . 117.1
-, contrepoids du 53.7
-, coude du . . 52.9
-, cric à 261.3
- d'arrêt 93.8
- d'attelage . . 55.2
- de câble . . . 54.2
- - chaine . . . 54.1
- - retenue . . 324.5
- - sûreté . . . 54.8
- - traction . . 55.2
- double 54.3
- en S 54.6
-, forme du . . 52.10
-, fût du 52.8
-, gorge du . . 52.9
-, grue à - magnétique 315.5
-, moufle à . . . 49.4
-, levage à vide du 7.4
- porte-charge 52.6
- porte-mousqueton 54.7
-, position du . 53.3
-, - inférieure du 53.5
-, - supérieure du 53.4
-, trajet du . . 53.2
-, treuil à . . . 267.9
-, vitesse du . . 52.11
Crochets, chaine à 29.6
Crogiuolo, acciaio fuso al 166.3
Croisé, commettage 39.7
-, tors 39.7
Croisée, courroie 74.5
Croisement . . 329.8
-, aiguille de . . 421.5
- de chemin de fer aérien 420.4
- - - - - suspendu 420.4
- - voie suspendue 421.7
Croisillon . . . 153.2
Croisillons, cadre à 151.8
Croissant, poutre parabolique en forme de 147.7
Croix 153.2
- de contreventement 153.9
- - Saint André 153.2
-, entretoises en 153.3
Cross 153.2
- bar supporting arms 403.7
- bracing . . . 153.1
-, foundation 300.11
- frame 153.3
- girder 148.3, 151.6 289.9
- section of building 161.9
- -switch 421.5
-, transverse . . 153.3
-, wind 153.9
Crossed belt . . 74.5
Crossing 329.8
Crossing, suspension railway 421.7
Crown hinge . 139.1
- joint 139.1
Cruce, aguja de 421.5
-, paso del cable debajo de las -s 401.1
Crushing stress 171.5
Crucible steel . 166.3
Cruz de S. Andrés 153.2
-, placa de cimentación en 300.11
- transversal . 153.3
Cruzada, arriostras -s 153.9
-, correa 74.5
Cruzado, torcimiento 39.7
Cruzamiento, aguja de 421.5
- de ferrocarril suspendido 420.4
- - vía 329.8
- - - suspendida 421.7
-, enlace de . . 153.1
Cuadrada, cabeza 116.1
Cuadrado, árbol 76.8
-, cable 40.10
-, filete 114.8
-, hierro 167.8
Cuadro 151.5
- de botones . 349.6
- - distribución 213.7
Cuba, basculador de 378.6
- -draga automática 410.6
- usado en el transporte 359.3
-, volquete de . 378.6
Cubeta 378.8
- de la vagoneta 407.5
- - vagoneta . 408.6
- -draga 411.1
- - con dientes de cola de milano 412.9
- - de descarga automática 410.1
- - para carbón 412.5
- - - cok . . . 412.6
- - - minerales 412.7
- oscilante . . . 379.1
Cubierta de la caja 334.4
-, junta 149.7
Cubo de la polea 46.7
- - - rueda 68.1, 255.3
- del tambor . 43.3
-, rueda de . . 257.3
Cubre-engranaje 62.8
- -polea 48.5
Cubrejunta . 149.5, 328.4
- doble 149.6
Cucchiai di presa, draga a catena con 376.3
-, draga con - a manico 375.5
Cucchiaio a carbone 412.5
- - coke 412.6
Cucchiaio a due cavi 412.3
- - mascelle . . 411.1
- automatico, gru a 309.6
- d'escavo . . . 410.6
- da minerale . 412.7
- - scavatore . 412.8
- della draga . 374.7
- di caricamento 317.4
- - presa . . . 411.1
-, draga a . . . 374.6
-, dragante - per scaricamento automatico 410.1
-, pinze di . . . 411.3
- su di un solo cavo 412.2
-, taglio del . . 374.8
Cuchara 411.1
- automática . 410.6
- con dientes de cola de milano 412.9
- de carga . . 317.4
- - dos cables . 412.3
- - la draga . . 374.7
- - un cable . . 412.2
-, draga de -s . 376.3
- para carbón . 412.5
- - cok 412.6
- - minerales . 412.7
Cuchillo 214.6
- del interruptor 215.4
-, interruptor de 215.3
Cucire la cinghia 74.8
Cuello del gancho 52.8
Cuenco del ascensor de buques 357.4
Cuerda 33.6
- de carga . . . 36.5
- - mando . . . 184.8
- - tracción . . 36.6
- en espiral . . 40.2
- flexible . . . 35.3
- motriz 42.5
- sin torsión . . 34.4
Cuerno 264.5
Cuero, acoplamiento de 81.3
-, guarnición de 191.8
-, - - - embutido 191.3
Cuerpo del cilindro 188.7
- - gancho . . 52.9
- - gato 262.3
- - soporte . . 88.2
- - tambor . . 42.10
Cuffat 341.7
Cuffia di guida per catena 31.9
Cuiller . . 311.1, 374.7 410.6
- à charbons . 412.5
- - coke 412.6
- - déchargement automatique 410.1
- - mâchoire . 411.1
- - minerais . . 412.7
- avec dents en queue d'aronde 412.9

Cuiller, bec de 411.5
- d'excavateur 412.8
- de chargement 317.4
- - préhension 411.1
- - - à deux câbles 412.3
- - - à un câble 412.2
-, drague à -s . 374.6 376.3
- emmanchée, drague à 375.5
-, tranchant de 374.8
Cuillère 374.7
Cuir, accouplement en 81.3
-, garniture en 191.8
- vert, roue en 70.5
Cuirasse d'électro-aimant 108.7
Cuirassé, moteur 212.1
Culbuteur à courbe 325.1
-, charpente de 325.3
Culée . . 139.5, 154.7
Cuña 77.10
- de ajuste . . 88.9
- - paro 343.2
-, inclinación de la 78.1
Cuneo 77.10
-, accoppiamento a - anulare 400.7
- d'arresto . . . 343.6
- - per rimettere il carro sul binario 414.5
- di frizione . . 94.4
-, dispositivo d'arresto a 343.5
-, ruota a . . . 78.3
-, trasmissione con ruote a 78.2
Cunetta controbut-tarola 125.10
Cuolo ad U di guarnizione 191.3
-, giunto di . . 81.3
-, guarnizione di 191.8
-, - - - ad U . . 191.2
-, nastro del freno con fodera di 102.5
-, ruota di - indurito 70.5
Cuore 421.8
-, gassa del . . 37.6
Cup 125.6
Cupboard, switch 213.8
Curaporti . . . 375.4
Curb ring . . . 301.5
- - crane . . . 301.4
Current, alternating 200.10
Current, back- 201.5
- brake, eddy . 108.2
-, braking . . . 106.9
- collector . . . 206.7
- connection, back- 107.6
-, consumption of 198.3
-, continuous . 200.9
-, - alternating - converter 199.3
-, - -continuous - converter 199.2
-, counter- . . . 201.5
-, direct 200.9
-, eddy -s . . . 201.6
-, electric . . . 197.8
-, exciting . . . 211.7
-, fluctuation of 198.1
- in mains . . . 203.2
-, no-load . . . 209.4
-, position on which rush of - occurs 221.2
-, rush of . . . 221.3
-, single-phase alternating 201.2
-, starting . . . 209.3
-, starting - power 219.6
-, strength of . 197.9
-, three-phase . 201.4
-, to reverse the 216.8
-, two phase alternating 201.3
Curroie 42.8
Cursoia 42.8
Curva dei momenti 135.6
- del binario . 329.7
- - cavo di linea 398.10
- della forza trasversale 136.2
- di guida . . . 344.2
-, linea funicolare aerea in 398.5
-, rovesciatore in 325.1
-, stazione in . 396.6
Curva, basculador de 325.1
- con dientes de parada 94.1
- de guía . . . 344.2
- - los momentos 135.6
- - transporte aéreo 398.5
- del cable . 398.10
-, estación en una 396.6
Curvado, tubo . 237.6
Curvare, girella per - il nastro 367.5
Curvatura del tubo 237.4
Curvatura de la vía 329.7
- del tubo . . . 237.4
Curve gear, single 66.8
-, guide 344.2
-, moment . . . 135.6
- of sag 135.9
- - roller 403.1
-, rope 398.10
-, shear- 136.2
-, shearing force 136.2
-, station at a - in the line 396.6
-, track 329.7
Curve, puleggia per 403.1
Curved cableway line 398.5
- jib 298.2
- tip 325.1
Curviligne, mouvement 19.1
Curvilinear motion 19.1
Curvilineo, movimento 19.1
Curvilíneo, movimiento 19.1
Curvo, puntone 298.2
Cuscinetti dell' asta filettata 120.3
Cuscinetto 87.2, 155.6
-, boccola di scorrimento della ruota portante 257.4
-, bordo del . . 88.1
- dell' intaglio della forchetta 417.4
- di fondazione 155.7
- - spinta . . . 86.8
-, forchetta da fune con guancia a 417.3
-, il - si logora . 84.9
-, lubrificare il . 85.3
-, orlo del . . . 88.1
- registrabile . 87.3
- regolabile . . 87.3
-, ruota portante con boccola a 257.3
- sferico 90.2
Cuscini, perno che si è adattato nei suoi 78.10
Cuscino d'aria . 109.8
- pneumatico . 239.2
Cuspide, dente a 68.6
-, ruota con dentatura a 68.5
Custodia dell' argano 278.2
- delle girelle . 405.6
- - pullegie . . 405.6
Cut, machine - tooth 65.10
- -out 217.4
- -, fusible . . . 208.6
- -, maximum . 216.2
- -, no-voltage . 216.1
- -, safety . . . 216.4
Cut, to - out the rivets 125.2
-, tooth - from the solid wheel 66.1
Cutting, the bearing is 84.9
Cuve servant au transport 359.3
Cycloidal gear system 66.7
Cycloïdale, denture 66.7
Cylinder 188.5
-, accumulator 232.1
- brake 105.4
-, bore of . . . 188.6
-, counter . . . 189.5
- cover 188.8
-, diameter of . 188.6
-, distributing . 195.1
-, double acting 189.2
- for slewing motion 190.2
- - travelling motion 190.1
-, lifting . 185.3, 189.7
-, load 189.3
- output 190.3
-, pump 189.6
-, return- 189.5
-, single-acting 189.1
- wall 188.7
- work 190.4
-, working . . . 189.4
Cylindre 188.5
-, alésage du . . 188.6
-, contre- 189.5
-, corps du . . . 188.7
-, couvercle du 188.8
- d'accumulateur 232.1
- de charge . . 189.3
- - commande de la translation horizontale 190.1
- - - du mouvement de rotation 190.2
- - distribution 195.1
- - levage 185.3, 189.3
- - levée 185.3
- - machine à double effet 189.2
- - - à single effet 189.1
- - pompe . . . 189.6
- du frein . . . 105.4
-, fond du . . . 188.8
- moteur . . . 189.4
-, paroi du . . . 188.7
-, puissance du 190.3
-, travail du . . 190.4
Cylindrée . . . 188.9
Cylindrical friction wheel 72.8
- travelling wheel 256.3
Cylindrique, tiroir 195.3

D.

D, distribuidor en 194.4
-, grillete en forma de 55.7
D, maniglia in forma 55.7
D-shackle . . . 55.7
- slide valve . 194.4
Dach 161.11
-binder 162.1
-kran 305.6
-, Schutz- . . . 294.5
Dadi, chiave per 119.7
Dado 113.9
-, bullone con testa e 116.7
-, contro- 115.9
Dado di sicurezza 115.6
- esagonale . . 115.5
- mobile 120.4
- scorrevole . . 120.4
Dampf 226.8

Dampfantrieb . 226.6
-aufzug 353.3
-bagger 371.4
-betrieb 226.7
-bremse . . . 105.11
-bremsung . . 106.1
-drehkran . . . 302.2
-druck 227.1
- -, absoluter . 227.2
- -akkumulator 232.6
-kessel 227.4
-kolben 187.6
-leitung 226.9
-maschine . . . 227.8
- -, Kondensations- 228.4
- -, Verbund- . 228.2
- -, Zwilling- . 227.9
-pumpe 233.9
-schieber . . . 194.1
-spannung . . . 227.2
-spill 279.2
-überdruck . . 227.1
-versorgung, zentrale 227.3
-winde 271.3
Dämpferkolben 109.4
-pumpe 109.3
Dangerous section 175.1
Dar peralte á una viga 148.1
- plena carga á la máquina 183.2
Darsena, armatura della 319.1
Dashpot 109.3
Dashpot à air . 109.3
- - piston . . . 186.2
- plunger . . . 109.4
Dauer, Belastungs- 210.2
-betrieb 196.9
-leistung . . . 209.7
-, Lüft- - der Bremse 99.2
Dauernde Belastung 133.2
Daumen 30.8
-, Abstreif- . . . 31.10
-, Klemm- . . . 94.4
-kraft 264.1
-rad 31.4
-rolle 31.4
-, Sperr- 94.4
-schraube . . . 117.9
-zahl 30.9
Davanti, vagoncino capovolgibile per 378.4
Davit, ship's . . 303.8
Dé en pierre . 155.2
Dead eye . . . 37.4
- -, heart shaped 37.6
- load 1.4, 132.9, 133.4
- weight brake 98.8
Debajo, cable tractor 390.6
-, paso del cable por 400.9
-, sostener el cable por 401.7
Débarquement de marchandises 320.8
Débarquer des marchandises 320.3
Débit 236.1
- d'air 234.7
Débit d'eau nécessaire 230.4
- de la conduite 236.1
Débloquage du frein 98.10
Débloquer . . . 94.7
- le mecanisme de retenue 93.1
Débrayage 81.6, 82.6
- du frein, électro-aimant de 108.4
- - -, force pour le 109.6
-, engrenage à . 64.1
-, levier de . . . 81.8
-, manchon de . 81.7
-, mécanisme de 82.2
- opéré aux étages 349.1
Débrayer . . . 82.5
Débris de fer . 169.7
Décharge, collecteur des eaux de 236.7
-, conduite de . 230.7
-, eau de 230.6
-, tuyau de 230.7, 240.4
Déchargement . 4.2 320.8, 413.9
- automatique . 410.2
-, dispositif de . 321.2
- en pleine ligne 413.11
-, endroit de . . 322.3
- et rechargement en même temps 320.10
-, extremité de 368.5
-, installation de 321.2
-, lieu de . . . 322.3
-, ouverture pour le 335.6
- par mouvement de bascule 409.1
-, plan incliné de 386.4
-, point de - par mouvement de bascule 409.4
-, station de . . 396.2
-, temps nécessaire au 413.6
-, tronçon de câble pour le 400.3
Décharger . . . 413.8
- en faisant basculer la benne 409.2
- - - - le wagonnet 409.2
- - vrac 365.2
- le moteur . . 183.5
- un navire . . 320.3
Déchargeur à inclinaison, appareil 325.4
- automatique . 378.7
- de blé en sacs, tubulure d'un 365.3
- par dispersion 370.3
- - ruisellement 370.3
-, plan incliné de 386.3
- rapide 410.3
Déchirer, le câble se déchire 37.2
Deck-crane . . 304.1
Deckkran . . . 304.1
Decke, Fahrstuhl- 340.7
Deckelabhebevorrichtung 313.4
-flansch 241.5
-hebevorrichtung, Tiefofenkran mit 313.3
-, Lager- 88.3
-schraube . . . 88.4
-, Zylinder- . . 188.8
Deckenbalken . 340.8
-laufkatze . . . 277.7
Déclanchement 95.1
Déclancher . . 94.7
- le mecanisme de retenue 93.1
Declenchement opéré aux étages 349.1
Déclic 95.1
Décliquer . . . 93.1
Décliqueter . . 93.1
Décomposer une force 128.8
Décomposition de force 129.1
Déconnecter . . 214.3
Découvert, coulage à 164.1
-, coulée à . . . 164.1
Découvrir, le tiroir découvre les lumières 193.11
Décrets relatifs aux charges 135.1
Décrochage . . 415.2
-, appareil de - pour le mouvement de bascule 414.1
-, câble de manœuvre du 414.2
- d'un wagonnet 416.4
-, mécanisme de 416.3
Décrocher la charge 9.5
- le wagonnet . 414.7
Dedendum-line 64.5
Dedo de contacto 219.1
-, grúa de -s prensores 313.5
Déduction des trous de rivets 146.4
Deduction, rivet 146.4
Deep dredger . 374.3
- dredging . . 374.4
Definable, statically 135.3
Deflect, to - the chain 42.1
-, to - the rope 42.1
Deflection, angle of 41.11
-, moment of -s 135.5
- of the rope . 41.10
Défreinage . . 98.10
-, distance parcourue pendant le 99.1
-, durée de . . 99.2
Dégagement du frein 98.10
- - -, électro-aimant de 108.4
Dégager des griffes une charge 60.6
- le cliquet . . 94.7
- - frein 98.9
- - mécanisme de retenue 93.1
- une vis . . . 119.6
Degré 158.5
- d'élévation . 332.3
- de charge . . . 2.7
- - multiplication 61.6
- - réduction . 61.6
- - remplissage des godets 371.9
-, indicateur à -s 350.9
Dehnung, Seil- . 35.7
Dehnungsstopfbüchse 191.1
Delante, vagón basculante por 378.4
Delantero, torno de cable 373.3
Delgados, cable metálico de alambres 39.2
Delicata, la distribuzione é 244.6
Delicatamente, manovrare 244.5
Délicate, la manœuvre est 244.6
Délicatesse de manœuvre 244.7
Delivering device 368.7
Delivery pump 376.6
- wagon . 369.1, 377.3
Délivrer la charge 9.5
Délogeur. . . . 313.7
-, pince de . . . 314.2
-, treuil du . . . 314.1
-, pont roulant . 313.6
-, poinçon de . 314.3
Delta connection 226.3
Démarrage. . . . 4.6
-, accélération de 5.5
-, appareil de . 219.2
-, - - - d'ascenseur 346.4
-, couple de 5.8, 177.6
-, courant de . . 209.3
- de l'ascenseur 346.7
-, dispositif de . 219.2
- du moteur . . 182.7
-, durée de 5.2
-, effort au . . . 177.5
-, - de 5.7
-, - du moteur au 209.5
-, espace pour le 290.3
- et inversion, résistance de 224.2
-, force de 5.7
-, intensité du courant de 219.6
-, moment de 5.8, 177.6
-, parcours nécessaire au 4.9
-, puissance du moteur au 209.5
-, résistance au . 5.4
-, - automatique de 219.9
-, - de . . 219.7, 224.1
-, rhéostat de . 219.2 219.7

Démarrage trajet nécessaire au 4.9
–, travail de . . . 5.6
Démarrer . . . 219.3
- à pleine charge 219.5
- - vide 219.4
- en pleine charge 219.5
–, faire - l'ascenseur 346.5
–, - - la pompe 233.3
–, l'ascenseur démarre 347.1
–, la machine demarre à vide 183.4
–, - - démarre en charge 183.3
–, le moteur démarre 182.6
- sans charge . 219.4
Démarreur 219.2, 219.7
Demi-benne . . 411.3
- -clos, câble . 40.5
Demimanchon d'accouplement 80.9
- -portique . . . 305.4
- –, grue à . . . 305.3
- -treillis, poutre à 144.9
Démouler le lingot 314.4
Démultiplication 61.5
- par la transmission 61.9
Dénivellation des appuis 137.6
Dent 30.8, 64.9
- à chevron . . 68.6
- brute de fonderie 65.9
- d'arrêt 93.7
- de cuiller à grappin 411.6
–, face de la . . 65.1
–, flanc de la . . 65.1
- fraisée dans la masse 66.1
–, pied de la . . 65.3
–, profil de la . . 64.10
- rabotée . . . 66.2
- taillée à la fraise 65.11
–, tête de la . . 65.2
Dentada, corona 67.9
–, mando por ruedas -s 63.2
–, rueda 64.2
–, - - motriz . . 258.5
–, - - con corona - de fundición 258.5
–, - - móvil . . . 68.8
–, - - para cadena 30.7, 31.4
Dentata, asta - d'arresto 342.8
–, corona 67.9
–, - - per catena 31.5
–, ingranaggio ad asta 68.7
–, ruota 64.2
–, - - cilindrica 67.8
–, - - da catena 31.4
–, - portante . . 258.5
Dentate, comando a ruote 63.2
–, - - - - cilindriche 67.4
Dentate, coppia di ruote 63.4
–, paio di ruote 63.4
Dentatura cicloidale 66.7
- esterna 67.3
- interna . . . 67.2
–, passo della . 64.6
–, ruota con - a cuspide 68.5
Dente . 30.8, 64.9, 82.8
- a cuspide . . 68.6
- d'arresto . . . 93.7
- di apparecchio d'escavo . . 411.6
- - testa 300.9
- fresato 65.11
- - nella massa 66.1
- greggio di fusione 65.9
- lavorato . . . 66.2
- piallato . . . 66.2
–, profilo del . . 64.10
- tagliato . . . 65.10
Denté, galet moteur 258.5
Dentée, couronne 67.9
–, roue 64.2
–, - - à chaine . 31.4
Denti, arco a - d'arresto 94.1
–, giunto a . . . 82.7
–, ingranaggio a - alla Guisson 72.5
–, ruota a - di sega 93.5
Dentiera d'arresto 342.8
–, ingranaggio ad asta 68.7
Dents, encliquetage à 93.4
Denture à développante de cercle 66.8
- - fuseaux . . 66.9
- cycloïdale . . 66.7
- extérieure . . 67.3
- intérieure . . 67.2
Départ, station de 396.3
Dépense d'eau nécessaire 230.4
- de puissance 177.4
Dépensée, eau . 230.6
Déplaçable, contrepoids 286.6
Déplacement . 359.2
- angulaire . . 15.9
- –, mouvement de 16.8
- automatique, contrepoids à 286.8
- circulaire . . 16.5
- d'une charge isolée 360.3
- - - par parties 360.3
- de grandes masses 358.2
- - l'appui . . 154.11
- du chariot . 273.7
- - –, mécanisme du 273.6
- - fardeau . . 4.3
- en masse . . 358.2
- horizontal . . 360.5
–, marche du . 4.5
Déplacement vertical 360.4
–, vitesse de . . 359.8
Déplacer . 12.8, 359.1
- le chariot à l'extrémité du bras 274.4
–, se 12.6
Deporre il carico 9.5
Déposer la charge 9.5
Deposito 381.3, 382.6
- a mucchi . . 385.2
–, cala 385.4
–, - di 386.2
- del carbone . 382.7
- di blocchi . . 383.3
- - ferramenta 383.1
- - ferri fini . . 383.6
- - - in verghe 383.5
- - ferro greggio 383.2
- - minerale . . 382.9
- - travature metalliche 383.4
–, gru da 309.4
–, levare dal . . 383.8
- nel fabbricato 381.2
- rotaie 383.7
Depósito 381.3, 382.5
- de agua . . . 231.2
- - aire . 231.5, 233.1 238.7
- - carbón . . . 382.7
- - carbones . 381.8
- - granos . . . 381.7
- - metales . . 383.1
- - minerales . 382.9
- en la parte inferior del elevador 362.3
- - montón . . 385.2
- flotante . . . 382.4
–, foso de - de mampostería 380.5
–, grúa de . . . 302.6
Depot, coal 381.8, 382.7
–, coke 382.8
- hoist opening 381.5
- wall 381.4
Dépôt 382.6
–, caisse de . . 238.1
- de charbon . 382.7
- en tas 385.2
–, fosse de - maçonnée 380.5
–, grue de 302.6, 309.4
–, treuil de . . . 271.6
Depress, to - the rope 401.4
Depression device 401.2
Depressione, apparecchio di - del cavo 401.2
Depth, girder . 144.6
–, hoisting . . . 332.2
- of drop . . . 386.5
- - fall 386.5
Depuratore ad aspirazione 371.6
- sciacquatore . 371.5
Depurazione, testata del tubo aspirante con - a pressione 376.7
Dérailler, la grue déraille 289.4
Derecha, cable de torsión 34.1
–, filete à la . . 114.2
–, torsión à la . 33.10
–, momento à la 180.10
–, montante - de escuadra 151.7
Derecho, brazo 298.1
–, tambor de paso 44.7
–, tornillo sin fin de paso 72.1
Derivación . . 225.5
–, acoplamiento de 225.6
–, electroimán de freno en 110.4
–, estar en . . . 225.8
–, excitación en 211.3
–, línea de . . . 203.7
–, motor en . . 212.6
Derivado, conducto 237.1
Dérivation 236.9, 203.7 225.5
–, connexion en 225.6
–, être connecté en 225.8
–, - couplé en . 225.8
–, excitation en 211.3
–, moteur en . . 212.6
Derivazione . . 225.5
–, accoppiamento in 225.6
–, accoppiare in 225.7
–, angolo di . . 399.5
–, conduttura in 203.7
–, eccitazione in 211.3
–, essere inserito in 225.8
–, magnete del freno in 110.4
–, motore in . . 212.6
Dériver 125.2
Dérouler le câble du tambour 44.4
Derramamiento, altura de 386.5
Derramar . . . 386.6
- basculando por el pico 312.3
Derrame, canal de 386.3
–, torno del conducto de 378.5
Derrick 306.8
Derrick-crane . 306.8
-kran 306.8
- –, Hand- . . . 307.3
–, fairbairn . . 298.3
–, hand 307.3
- waggon crane 303.4
–, gru 306.8
–, - - a mano . 307.3
–, grúa 306.8
–, grue 306.8
Désaccouplement 415.2
- d'un wagonnet 416.4
–, mécanisme de 416.3
Désaccoupler le wagonnet 414.7
Desacoplamiento 82.6, 415.2
- de una vagoneta 416.4
–, mecanismo de 414.1

Desagüe de la cañeria 238.4
-, tubo de 231.3, 231.4
Desacoplar . . 82.5
Désagréger, l'étincelle se désagrège 217.11
Desaireación de la conducción 238.10
Desarrollar el cable del tambor 44.4
Desarrollo de la cadena 32.4
Desbarbar los orificios de remachado 121.8
Descansar la carga 7.7
Descanso . . . 282.5
- de la cabina, posición de 345.1
Descarga automática 410.2
Descarga . 4.2, 320.8, 413.9
-, abertura de . 335.6
-, cable de . . . 412.1
- en plena línea 413.11
-, estación de . 396.2
-, estremo de . 368.5
-, lugar de . . . 322.3
-, plano inclinado de 386.3
- por movimiento de bascula 409.1
-, torno del conducto de 373.5
-, trozo de cable para la 400.3
-, tubo de . . . 240.4
Descargada, la máquina está 183.6
Descargador á inclinación 325.4
- por dispersión 370.3
- rápido 410.3
-, vagón - automático 378.7
Descargar 320.3, 413.8
- á granel . . . 365.2
- haciendo bascular la vagoneta 409.2
- la máquina . 183.5
Descarrilar, la grúa descarrila 289.4
Descend, la charge 8.4, 9.2
Descendant, brin 24.5
Descender . . . 266.3
- la carga por medio del freno 112.4
Descendre au moyen d'un treuil 266.3
- la charge . . . 8.2
- - - au moyen du frein, faire 112.4
- le fardeau . . . 8.2
- une charge en tournant la manivelle 180.1
Descend, the load -s 8.4
Descenso . 25.2, 332.5
-, altura de . . 7.9
- de la carga 8.3, 8.5
- - - - por extensión de la cadena 9.3
- - - - - - del cable 9.3
Descenso del apoyo 137.6
-, dirección durante el 6.3
-, freno de . . . 112.3
-, freno eléctrico de 107.4
-, grado de . . 8.1
- libre de la carga 8.8
- -, posición de 221.1
-, movimiento de 6.5
-, periodo de 7.8, 8.9
- subterráneo . 355.9
-, torno de . . . 267.5
-, tubo de - del elevador 362.5
-, velocidad de . 10.1
Descent of load, free 8.8
- - the load . . 8.5
Descente 6.5, 25.2, 332.5
-, couloir de - d'un élévateur 362.5
- de la charge 8.3, 8.5, 9.3
-, direction pendant 6.3
- du fardeau 8.5, 9.3
-, frein régulateur de la 112.6
-, intervalle de 8.1
- libre de la charge 8.8
- -, position de 221.1
- par extension de la chaine 9.3
- - - du câble . 9.3
-, période de . 7.8, 8.9
-, position de . 220.6
-, - du frein de 220.8
- sans freinage, position de 221.1
- sous terre . . 355.9
-, treuil de . . 267.5
-, vitesse de . . 10.1
Descolgar la carga 9.5
-, mecanismo para 414.1
Descomponer una fuerza 128.8
Descomposición de la fuerza 129.1
Desconectar . . 214.3 214.4
Desembarcar . 320.3
Desembarque . 320.8
-, instalación de 321.2
Desembragar . 82.5
Desembrague . 81.6
-, acoplamiento de 81.6
- del acoplamiento 82.6
- en los pisos . 349.1
-, manguito de 81.7
-, mecanismo de 82.2
Desenclavar el trinquete 93.1
Desenclave de la lengueta 95.1
- del trinquete 95.1
Desenganchar la vagoneta del cable 414.7
-, mecanismo para 414.1
Desenganche . 415.2
-, cable de . . . 414.2
Desenganche de una vagoneta 416.4
Desengranar las ruedas 66.5
Désengrener . . 66.5
Desfreno, duración del 99.2
Desgarrar, el cable se desgarra 37.2
Desgastar, la cadena se desgasta 26.5
Desgastarse, el cojinete se desgasta 84.9, 85.2
Desgaste de la cadena 26.4
- del cable . . 38.5
Deshacer el roblonado 125.2
Design, bridge 159.8
-, crane 280.6
-, to - a crane . 281.1
Designer, crane 280.5
Deslizamiento, conductor de 207.2
- de la silla . . 406.5
-, rozamiento de 22.7
-, tuerca de . . 120.4
Desmontable, manivela 179.2
Desnudo, cable metálico 38.12
-, conductor . . 204.4
Despachar una vagoneta 408.3
Desplazable, piñón 68.8
Desplazamiento 359.2
- del apoyo . 154.11
-, diagrama de 136.6
Desserrer le frein 98.9
Dessous, câble tracteur en 390.6
Destornillar . . 119.5
Destra, ascendente a 143.2
-, fune avvolta a 34.1
-, tamburo elicoidale a 44.7
-, torsione a . . 33.10
Destrorsa, torsione 33.10
-, vite perpetua 72.1
Destrorso, filetto 114.2
-, tamburo elicoidale 44.7
Desván, grúa de 302.7
Desviación, ángulo de 41.11, 399.5
- de la palanca 245.9
- del cable . . 41.10
Desviador para cadena 31.10
Desviar el cable 42.1
Desvío de transporte aéreo 398.6
-, polea de . . . 47.4
Détacher le wagonnet 414.7
Détails du mécanisme de commande 250.4
Detención, anillo de - regulable 77.6
- automática . 11.9
- -, mecanismo de transmisión con 12.1
Detención, cremallera de 342.8
-, freno de . . . 113.1
-, fuerra de . . 342.8
-, garra de . . . 408.9
-, órganos de . 92.6
-, platillo de . . 344.5
Détendre, le câble se detend 34.10
Detener el torno 93.2
Determinable, statically 135.3
Déterminable par la statique 135.3
Determinato, staticamente 135.3
Determinado estáticamente 135.3
Dettaglio, merce in 322.4
Deutsche Seilbahn 394.2
Devanadera . . 270.7
Developed pulley block 50.4
Développante, denture à - de cercle 66.8
Développement de chaine 32.4
Déversement, couloir de 386.3
- du creuset . . 311.8
-, hauteur de . 386.5
-, manche de . 386.3
-, position de . 324.3
-, résistance de la grue au 284.5
-, tuyau de . . 387.1
Déverser 386.6
Deviare la fune 42.1
Deviation, angle of 399.5
- of the rope . 41.10
-, point of . . . 399.4
-, station at line - point 396.7
Déviation, angle de 41.11, 399.5
- du câble . . . 41.10
Deviatore per catena 31.10
Deviazione, angolo di 41.11
- della fune . . 41.10
Device, catch . 337.9
-, chain tightening 30.6
-, closing . . . 337.9
-, contact . . . 206.6
-, gripping . . . 56.5
-, hoisting . . . 331.2
-, lifting 331.2
-, starting . . . 219.2
-, tipping . . . 323.8
Dévidoir 270.7
Dévier le câble 42.1
Dévisser 119.5
Dextrorsum, câble 34.1
-, vis sans fin . 72.1
Dextrorsum, cable á 34.1
Diagonal . . . 142.7
Diagonalstab . 142.7
-verband . . . 152.8
Diagonal bracing 152.8
-, compression . 142.9

Diagonal, end . 143.1
- rising to the left 143.3
- - - - right . . 143.2
- rod 142.7
-, tension- . . . 142.8
- ascendente á la derecha 143.2
- de compresión 142.9
- - extensión . 142.8
- extrema . . . 143.1
Diagonale . . . 142.7
-, Druck- 142.9
-, End- 143.1
-, Gegen- 143.4
-, links steigende 143.3
-, rechts steigende 143.2
-, Zug- 142.8
Diagonale . . . 142.7
- comprimée . 142.9
-, contre- 143.4
- extrême . . . 143.1
- montante à droite 143.2
- - - gauche . 143.3
- principale . . 142.7
- secondaire . . 143.4
- travaillant à l'extension 142.8
- - - la compression 142.9
Diagonale . . . 142.7
-, collegamento a 152.8
-, contro- 143.4
- d'estremità . 143.1
- di compressa 142.9
- - compressione 142.9
- - tesa 142.8
- - trazione . . 142.8
- montante 143.2, 143.3
Diagonales, point d'attache des 150.2
Diagonali, collegamento a doppie 153.1
Diagonals . . . 142.7
-, counter . . . 143.4
-, opposed . . . 143.4
Diagram, area of moment 135.7
-, closed stress . 130.1
- of connections 226.4
- - forces . . . 130.2
-, sketch - of connection 226.5
-, stress 129.8
Diagrama . . . 140.3
- de Cremona . 144.2
- - desplazamiento 136.6
- - las fuerzas . 130.2
- - los esfuerzos cortantes 136.2
- - - - de Cremona 144.2
Diagramma . . 130.2
- degli sforzi di taglio 136.2, 136.3
- - spostamenti 136.6
- dei momenti . 135.6
- funicolare delle forze secondo Cremona 144.2
Diagramma trapezio di carico 133.7
- triangolare di carico 133.6
Diagramme de cheminement 136.6
- - Cremona . 144.2
- - translation 136.6
- des efforts . . 144.2
- - forces . . . 130.2
- - moments, courbe du 135.6
-, ligne du - des moments 135.6
-, sommet du . 140.4
Diameter, coiling - of rope 35.6
-, internal - of pipe 239.5
- of chain iron 28.8
- - cylinder . . 188.6
- - traversing wheel 255.2
-, rope 33.7
Diametral pitch 64.7
Diamètral, pas . 64.8
Diamètre d'enroulement du câble 35.6
- de câble . . . 33.7
- - l'alésage du palier 84.4
- - la roue porteuse 255.2
- du cylindre . 188.6
- - fer de la chaine 28.8
- - palier . . . 84.4
- intérieur du tuyau 239.5
Diametro d'avvolgimento della fune 35.6
- del cilindro . 188.6
- - sopporto . . 84.4
- - tubo 239.5
- della fune . . 33.7
- - ruota portante 255.2
Diámetro de arrollamiento del cable 35.6
- de la rueda . 255.2
- del cilindro . 188.6
- interior del soporte 84.4
- - - tubo . . . 239.5
Dichten 192.3
Dichtung . . . 190.8
-, Baumwoll- . . 192.1
-, Hanf- 191.9
-, Leder- 191.8
-, Rohr- 241.6
-, Stulp- 191.2
Dichtungsring 241.7
-stulp 191.3
-scheibe 241.7
Dicke, Steg- . . 145.7
Die-head . . . 120.10
Diente . . . 30.8, 64.9
- angular . . . 68.6
-, base del . . . 65.3
-, cabeza del . . 65.2
- cepillado . . 66.2
- cortado . . . 65.10
-, cubeta-draga con -s de cola de milano 412.9
- de cuchara à grapas 411.5
Diente de parada 93.7
-, flanco del . . 65.1
- fresado . . . 65.11
- - en la masa 66.1
- fundido en bruto 65.9
-, numero de -s 30.9
-, perfil del . . 64.10
-, pie del 65.3
-, trazado de -s por medio de puntas 67.1
Dies, snap- . . 125.7
Dietro, marcia in 14.1
-, virare per di 16.2
Différence de niveau 229.6
Diferencial, aparejo 50.6
-, distribución de émbolo 195.4
-, émbolo . . . 187.3
-, freno 103.3
-, polea 50.6
-, tambor . . . 45.11
Differentialbremse 103.3
-flaschenzug . 50.6
-kolben 187.3
- -steuerung . 195.4
-rolle 50.7
-schraubenwinde 262.5
-trommel . . . 45.11
Differential brake 103.3
- drum 45.11
- piston 187.3
- - distribution 195.4
- pulley 50.7
- - block . . . 50.6
- screw jack . . 262.5
- sheave 50.7
Différentiel, distribution à piston 195.4
-, frein 103.3
-, palan 50.6
-, piston 187.3
-, tambour . . . 45.11
-, verin 262.5
Différentielle, poulie 50.7
Differenziale, carrucola 50.7
-, distribuzione a stantuffo 195.4
-, freno 103.3
-, martinetto . . 262.5
-, stantuffo . . . 187.3
-, taglia . . 50.6, 50.7
-, tamburo . . . 45.11
Dilatación, prensaestopas de 191.1
Dilatation, presseétoupe à 191.1
Dilatazione, manicotto di 191.2
-, premistoppa di 191.1
-, scatola a stoppa di 191.1
Diminuer l'arbre en diamètre 76.11
- la charge du moteur 183.5
Dinamo 197.4
- excitadora . . 211.6
Dinamo, máquina 197.4
Dinner lift . . . 355.2
Diphasé, courant alternatif 201.3
Dipingere . . . 161.1
Dipping magnet core 109.1
Dique 318.7
Diramazione . 236.9
-, tubo di . . . 237.1
Dirección de la fuerza 127.2
- - - translación 13.9
- del frenado . 97.9
- durante el ascenso 6.2
- - - descenso . . 6.3
-, fuerzas de la misma 127.5
Direct acting hydraulic lift 358.1
- - hoisting engine 345.4
- - load 134.8
- - piston drive 185.1
- current . . . 200.9
- loading . . . 134.8
Directa, carga . 134.8
-, máquina de acción 345.4
Directe, charge 134.8
Direction, brake 97.9
-, forces working in same 127.5
-, cableway working in two -s 302.7
- of force . . . 127.2
- - lift 66.2
- - lowering . . 6.3
- - motion . . . 13.9
- - movement . 6.1
- - rotation . . 14.10
-, pulley for changing - of rope 47.4
-, the forces act in opposite -s 128.1
-, - - are in the same 127.4
-, twist in opposite 39.7
-, - - same . . . 39.8
Direction, commande de la 252.3
-, contrôleur de 222.8
- de freinage . 97.9
- - la descente . 6.3
- - - force . . . 127.2
- - - levée 6.2
- - - translation 13.9
- du chariot, mécanisme de la 273.6
-, forces de même 127.5
- pendant la descente 6.3
- - - levée 6.2
Direkt wirkender Kolbenantrieb 185.1
Diretto, carico 134.8
-, comando . . 185.1
Direzione del cammino 13.9
- - cavo della linea 398.8
- - frenaggio . 97.9
- - percorso . . 13.9
- - sollevamento 6.2

Direzione della discesa 6.3
- - forza . . . 127.2
- di via 18.9
-, variare di . . 15.9
-, funicolare aerea agente in due - i 392.7
Diritto, gomito 237.6
-, puntone . . . 298.1
-, sopporto . . . 89.7
Disaccoppiamento del vagoncino 416.4
Disaccoppiare . 415.2
Disarmo, gru d'armamento e - d'arsenale militare 319.3
-, - - - - di navi militari 319.3
Disc, bearing . 86.2
-, belt- 47.3
-, brake . 96.2, 103.4
- -, multiple . . 103.8
-, control . . . 348.3
- -coupling . . 80.11
-, faced 257.5
-, friction . . . 103.9
- - gear with shafts at right angles 73.4
- - wheels . . 73.4
-, grip 392.2
- piston 186.5
-, scraper . . . 389.3
- wheel 257.7
Discaricare il carico 9.5
Discarico . . . 4.2
Discendente, tratto 24.5
Discendere, far - a mezzo dell'argano 266.3
-, - - girando la manovella 180.1
-, - - il carico . . 8.2
-, il carico discende 8.4
Discesa . 25.2, 332.5
-, altezza di . . . 7.9
-, argano di . . 267.5
-, connessione per freno di 107.5
-, controller per il freno di 222.1
- del carico . 8.3, 8.5
-, direzione della 6.3
-, freno di . . . 112.3
-, - elettrico per 107.4
-, grado di 8.1
- libera, posizione di 221.1
-, movimento di . 6.5
-, piano inclinato con cavo per la - dei legnami 393.6
-, periodo di . . . 7.8
-, posizione d'avviamento per la 221.2
-, velocità di . 10.1
Discharge, automatic 410.2
- pipe, elevator 362.5
- pipes 230.7
- station 396.2
-, to . . . 320.3, 413.8
Discharger, automatic 378.7
-, rapid 409.3
Discharging . 320.8 320.10, 413.9
- gear . . 321.2, 321.4
- of load 4.2
- opening . . . 335.6
- place 322.3
- section 400.3
Dischi a fune in tandem 402.5
-, giunto a . . 80.11
-, trasmissione a - di frizione 73.4
Disco 210.4
- d'accoppiamento 80.12
- dell'argano . 267.3
- di guarnizione 241.7
- - manovra . 348.3
- - tensione . . 398.1
-, freno a . . . 103.4
- per cinghia . 47.3
-, ruota a . . . 257.7
-, stantuffo a . 186.5
Disco, acoplamiento de 80.11
- de maniobra 348.3
- - rozamiento 257.5
-, émbolo de . . 186.5
-, freno de . . . 103.4
-, rueda de . . 257.7
-, transmisión por 73.4
Disconnect, to . 82.5
Discontinuous load 132.10
Disengage, to . 66.5
Disengaged, unloading at a - point of the line 413.11
Disengaging clutch 81.7
- coupling . . . 81.6
- gear 82.2
Disimpegnare il nottolino 94.7
- l'arresto . . . 93.1
Disingranare le ruote 66.5
Disinnestare il giunto 82.5
Disinnesto ai piani 349.1
- del giunto . . 82.6
-, manicotto di 81.7
-, meccanismo di 82.2
Disinserire . . 214.3
Disjoncteur . . 215.9 217.4
- à minimum . 216.1
Diskusgetriebe 73.4
Disminuir la inclinación 17.4
- - - del brazo 299.2
- - intensidad de la corriente por un carrete de reacción 202.2
Disotto, cavo attaccato al - dei vagoncini 390.6
-, sostenere la fune al 401.7
Disparo del freno 98.10
Dispersión, descargador por 370.3
Disposición con cuchara automática 410.5
- de báscula . 312.1
- - carga . . . 368.7
- - cerrojo . . 417.6
- - cierre de golpe 337.10
- - contacto . . 206.6
- - distribución preliminar 195.7
- - empuje para lingotes 318.4
- - estrangulación 243.1
- - retenida . . 324.4
- - seguridad automática 324.7
- - suspensión de la carga 407.1
- del freno . . 98.1
- para fijación con cierre 417.6
- - frenar . . 97.12
- - levantar la tapa 313.4
- - quitar el lingote 318.5
- - sujetar el lingote 317.6
Dispositif central de manœuvre 249.1
- centralisant les manœuvres 249.1
- d'enlèvement des couvercles 313.4
- de déchargement 321.2
- - chargement 321.3
- - démarrage 219.2
- - distribution préliminaire 195.7
- - frein 98.1
- - préhension du lingot 317.6
- pour étrangler un passage 243.1
- - rétrécir un passage 243.1
Dispositivi di sicurezza al pozzo 337.6
Dispositivo d'arresto 92.7
- - a cuneo . . 343.5
- - - ginocchiera 343.7
- - - ginocchio 343.7
- - - pendolo . 344.1
- di freno . . . 97.12
- - presa per lingotti 317.6
-, gru da fonderia con - di rotazione automatico 312.2
-, - per forni interrati con - per scoperchiare 313.3
-, - - - sotto suolo con - per scoperchiare 313.3
- per estrarre i lingotti 318.5
- - infornare i lingotti 318.4
- - introdurre i lingotti 318.4
Dispositivo per lo sgocciamento 370.3
- - ritirare i lingotti 318.5
- - scoperchiare 313.4
- tenditore . . 80.6
Dispositivo de presión 401.3
- - suspensión para cadena 32.2
Disposizione automatica di accoppiamento 415.7
- d'accoppiamento con fune inferiore 415.6
- del freno . . 98.1
- dell'ascensore 331.2
- di accoppiamento con fune superiore 415.5
- - apertura . . 414.1
- - contatto . . 206.6
- - doppia tensione 397.8
- - presa . . . 414.3
- - ribaltamento 409.3
- - ritegno automatico 324.7
- - scioglimento di fune 416.3
- - sganciamento 414.1
- - strozzamento per riduzione di luce 243.1
- - tensione . . 397.7
- fusiforme, tenditore con 397.9
- generale della trasmissione a catena 32.4
Disque 257.7
- de friction . 257.5
- - manœuvre . 348.3
- du frein . . . 103.9
-, frein à 103.4
Dissecting method 144.3
Dissimmetrico, traliccio 143.8
Distacco della manovra 349.8
Distance between axes 67.6
- - bearings . . 92.5
- - supports . . 404.1
- - wagons . . 407.9
- -bolt 117.4
- from edge of plate 123.4
- - rivet centre to inside of angle 123.6
- - - - - outside of angle 123.5
- - wall 290.8
-, lowering . . 7.9
- pawl 95.8
- -piece 117.5
-, pole 180.5
- ring, ball . . 90.7
- -tube 117.5
Distance à l'intérieur de l'aile 123.6
- au bord . . . 123.4
- - - de la tôle 123.4
- à la face extérieure de l'aile 123.5

Distance d'axe en axe 67.8
- - - - des roues 254.3
- de la muraille 290.8
- - traçage . . 123.5
- - translation 13.5
- - transport . 359.5
- des centres . 67.8
- entre arêtes . 57.8
- - les supports 404.1
- - le sol et la face inférieure de l'entrait 162.3
- - les wagonnets 407.9
- - paliers . . . 92.5
- parcourue pendant le défreinage 99.1
- polaire . . . 130.5
-, transport à courte 358.4
-, - - grande . 358.5
Distancia á la cara interior del ángulo 123.6
-, anillo de . . 90.7
- de los soportes 92.5
- - translación . 13.5
- del contrapeso al eje 299.8
- - eje del remache á la cara externa del ángulo 123.5
- - muro . . . 290.8
- - remachado al borde de la plancha 123.4
- - transporte . 359.5
- entre las puntas 57.8
- - - vagonetas 407.9
- - los apoyos . 137.4
- - - ejes . 67.6, 254.3
- - - - de los roblones 123.3
- - - roblones . 123.3
- - - soportes . 404.1
- polar 130.5
- recorrida durante el disparo del freno 99.1
-, tornillo de . 117.4
-, transporte à corta 358.4
-, tubo de . . . 117.5
Distanzbolzen . 117.4
-hülse 117.5
-ring 90.7
-schraube . . . 117.4
Distanza dal muro 290.8
- dall'ala . . . 123.6
- - orlo 123.4
- dalla faccia esterna dell'ala 123.5
- fra gli appoggi 137.4
- - i cavalletti portanti 404.1
- - - momenti . 140.7
- - - supporti . 404.1
- - - veicoli . . 407.9
- polare 130.5
- tra centro e centro 67.6
Distanza tra gli assi 254.3
- - sopporti . . 92.5
Distanze, trasporto a grandi 358.5
-, - per brevi . 358.4
Distribución . . 192.4
-, armario de . 213.8
-, caja de . . . 193.2
- central de vapor 227.3
-, cuadro de . . 213.7
- de alta presión 192.6
- - baja presión 192.7
- - cajón . . . 192.8
- - consumo variable 196.7
- - émbolo diferencial 195.4
- - tiroir giratorio 196.5
- del agua á presión 229.2
-, línea de . . . 203.5
-, órgano de . . 192.5
- por distribuidor cilíndrico 194.8
- - grifo 196.5
- - tiroir . . . 192.8
- - válvulas . . 195.8
- preliminar . 195.5
Distribuidor . . 368.7
- cilíndrico . . 195.3
- de émbolo . . 195.3
- - maniobra . 192.9
- - vapor . . . 194.1
- en concha . . 194.4
- en D 194.4
- equilibrado . 194.6
- giratorio . . 194.7
- hidráulico . . 194.2
- plano 194.3
-, vástago del . 193.3
Distribuidora, cinta 367.7
Distributeur . . 368.7
-, brin - de la bande 367.7
-, robinet . . . 196.6
Distributing circuit 203.6
- cylinder . . . 195.1
- end 367.7
- line 203.5
- piston 194.9
- valve 192.9
Distribution . . 192.4
-, cock . . 196.5, 196.6
-, differential piston 195.4
-, high pressure 192.6
-, low pressure 192.7
- of pressure water 229.2
-, organs of . . 192.5
-, pre- 195.5
-, - - apparatus 195.7
-, - - piston . . 195.6
-, step 196.7
-, valve . . 195.8, 196.1
Distribution . . 192.4
- à consommation variable 196.7
- - piston différentiel 195.4
- - robinet . . 196.5
Distribution à soupapes 195.8
- - tiroir rotatif 196.5
-, boîte de . . . 193.2
- centrale de vapeur 227.3
-, circuit de . . 203.6
-, conducteur de 203.5
-, cylindre de . 195.1
- d'eau sous pression 229.2
- étagée 196.7
-, organes de . 192.5
- par piston . . 194.8
- - tiroir . . . 192.8
- - - cylindrique 194.8
-, piston de . . 194.9
- pour basse pression 192.7
- - haute pression 192.6
- préliminaire . 195.5
- préparatoire 195.5
-, système de . 249.2
Distributore di riempimento 368.7
-, tratto di nastro 367.7
Distributrice, bande 367.7
-, centrale - d'eau sous pression 228.8
Distribuzione . 192.4
- a bassa pressione 192.7
- - cassetto . . 192.8
- - robinetto . 196.5
- - stantuffo . . 194.8
- - - differenziale 195.4
- - valvola . . 195.8
- ad alta pressione 192.6
-, cabina di . . 213.8
-, canale di . . 193.1
-, cassetto di . 192.9
- centrale di vapore 227.3
-, cilindro di . 195.1
-, circuito di . . 203.6
- dell'acqua sotto pressione 229.2
-, la - è delicata 244.6
-, - - - sensibile 244.6
-, linea di . . . 203.5
-, organo di . . 192.5
- per gradi . . 196.7
- preliminare . 195.5
- -, apparecchio a 195.7
- -, stantuffo a 195.6
-, quadro di . . 213.7
-, robinetto di . 196.6
-, scatola di . . 193.2
-, stantuffo di . 194.9
-, valvola di . . 196.1
- variabile . . 196.7
Disyunctor 216.1, 217.4
Diversos, granero de - pisos 381.9
Divided bearing 89.6
- wheel 95.3
Divididas, materias muy 384.3
Divisi, materia a colli 384.4
Division 61.9
Division, bay . 140.7
-, floor- 350.8
División por pisos 350.8
Divisione a modulo 64.7
Doble acción, arrastre sobre plano inclinado de 388.4
-, aparato tensor 397.8
-, borde 255.7
-, cable 333.2
-, combinador . 222.3
-, correa 74.6
-, cubrejunta . 149.6
- efecto, émbolo de 186.4
-, émbolo . . . 195.2
-, filete 114.5
-, gancho . . . 54.3
-, llave 119.8
- nudo 391.7
- pestaña . . . 255.7
-, polea 48.3
-, - de - garganta 48.4
-, remachado . 123.8
- T, hierro . . . 168.5
-, tambor . . . 45.10
-, - - de cabrestante 278.6
-, transmisión - de ruedas dentadas 63.5
-, trapa de posición 386.1
Docilità della distribuzione 244.7
Dock crane . . 318.6
- -, hammer-headed 307.7
Document, lift for -s 355.5
Dog 82.8
-, catching . . . 414.5
- clutch . . 81.7, 82.7
- -, disengaging 81.6
Doigt, baisser le 94.5
- d'encliquetage 93.6, 94.4
- d'évitement de la chaine 31.10
- de friction . 94.4
- pour l'arrêt aux étages 349.2
Dolce, ferro . . 164.8
Dolly 125.10
-, screw- 125.9
Done, work . . 10.7
Door, automatic - locking device 337.8
- closing device 337.7
- -contact . . . 338.6
-, double swing 336.2
-, drop- 336.6
-, fire 227.6
-, forced - locking device 337.8
- hinge 337.2
- lock 337.3
-, self closing . 336.7
-, shaft 335.8
-, single swing 336.1
-, sliding 336.4
-, - lattice . . . 336.5
-, swing- 335.9

Door, the - opens inwards 337.1
-, - - - outwards 337.1
- to shaft . . . 335.3
-, wing of the . 336.3
Doppelaufzug . 351.3
-backenbremse 101.5
-förderung, Winde für 269.5
-haken 54.3
-hebel 246.7
-kettenaufzug 356.6
-knoten 391.7
-kolben 195.2
-kopfprofil . . 420.2
-lasche 149.6
-riemen 74.6
-rolle 48.3
-schlüssel . . . 119.8
-seil 333.2
-spurkranz . . 255.7
-steuerwalze . 222.3
- T-Eisen . . . 168.5
Doppelflachlitziges Seil 39.10
-häuptiger Spillkopf 278.6
-rillige Rolle . 48.4
-seitige Backenbremse 101.5
-trümmige Förderung, Winde für 269.5
Doppeltwirkende Förderung 388.4
Doppeltwirkender Kolben 186.4
- Zylinder . . . 189.2
Doppelte Räderübersetzung 63.5
- Spannvorrichtung 397.8
Döpper 125.6
Doppia, cinghia 74.6
-, corda 333.2
-, fune 333.2
-, macchina composita a - espansione 228.2
- tensione, disposizione di 397.8
- testa, profilo a 420.2
-, trasmissione a ruote dentate 63.5
Doppie diagonali, collegamento a 158.1
Doppio, bordino 255.7
-, controller . . 222.3
- coprigiunto . 149.6
- effetto, alaggio a 388.4
- -, cilindro a . 189.2
- fungo, profilo a 420.2
-, nodo 391.7
-, orlo 255.7
- -tenditore, apparecchio 397.8
Double-acting cylinder 189.2
- - piston . . . 186.4
- armed lever . 246.7
- belt 74.6
- block brake . 101.5
Double controller 222.3
- chain lift . . 356.6
- cover-plate . 149.6
- fish plate . . 149.6
- flange 255.7
- flat stranded rope 39.10
- geared transmission 63.5
- groove pulley 48.4
- haulage . . . 388.4
- head of capstan 278.6
- - section . . 420.2
- headed capstan 278.7
- - spanner . . 119.8
- - wrench . . 119.8
- helical spur wheel 68.5
- - tooth . . . 68.6
- hook 54.3
- knot 391.7
- lift 351.3
- piston 195.2
- pulley 48.3
- - block . . . 51.8
- -rail motor crab 273.3
- - - hoist . . . 273.3
- roller crab . 275.7
- rope 333.2
- row riveting 123.8
- shear riveting 124.3
- stretching device 397.8
- - gear 397.8
- swing door . 336.2
- thread 114.5
- - worm gear 71.8
- track gravity cable 393.3
Double action, trainage sur plan incliné à 388.4
-, courroie . . . 74.6
- nœud 391.7
- position, clapet à 386.1
-, tambour . . . 45.10
Douille, clef à . 119.9
- d'entretoisement 117.5
-, fourche à . . 417.5
Doux, acier . . 165.1
Dowel, steady . 117.3
Down, gearing 61.9
Downward journey 382.5
Draft . . . 308.6, 323.2
Drag rail points 421.1
- - switch . . . 421.1
- ring 94.2
- spring 339.6
Draga 370.8
- a catena . . 376.2
- - - con cucchiai di presa 376.3
- - - di tazze inclinata 373.8
- - - - - verticale 373.7
- - cucchiaio . 374.6
- - mano . . . 371.3
- - morse . . . 377.3
- - sacchi in fil di ferro 375.7
Draga a secco 374.5
- - tazze 371.7
- - - sospese . . 375.6
- - tenaglie . . 377.3
- - - di presa . 375.9
- - tubi d'aspirazione 376.5
- - vapore . . . 371.4
- ad azione aspirante 376.1
- aspirante a pompa 376.4
- con azione di stantuffi 376.4
- - cucchiai a manico 375.5
- galleggiante cavafango 375.4
- per scavo in alto 374.1
- - - - basso . 374.3
-, telaio di - d'escavo 411.2
Draga aspiradora 376.1
- con cadena de cangilones 376.3
- - conducto de aspiración 376.5
-, cubeta- . . . 411.1
-, - - de descarga automática 410.1
- de bomba . . 376.4
- - cadena . . . 376.2
- - - con cangilones 371.7
- - cuchara enmangada 375.5
- - cucharas . 374.6, 376.3
- - cucharones 374.6
- - fondo . . . 374.3
- - mano . . . 371.3
- - red 375.7
- - saco 375.7
- - succión 364.3, 376.4
- - tenazas . . 375.9
- - útil suspendido 375.6
- - vapor . . . 371.4
- flotante . . . 375.4
-, grúa de pala- automática 309.6
- inclinada de cangilones 373.8
- seca 374.5
- vertical de cangilones 373.7
Dragadas, substancias 371.1
Dragado de paredes elevadas 374.2
- - profundidad 374.4
- - taludes elevados 374.2
- lateral 375.3
- por cortadura 374.9
- - entalladura 374.9
Dragage en profondeur 374.4
- latéral 375.3
- par entaille . 374.9
-, pompe de . . 376.6
Dragante cucchiaio per scaricamento automatico 410.1
-, tazza 411.1
Dragar 370.9
Dragare 410.7
Drague 370.8
- à bras 371.3
- - chaîne . . 376.2
- - courant d'eau 376.1
- - cuiller . . . 374.6
- - - emmanchée 375.5
- - cuillers . . 376.3
- - filet 375.7
- - godets . . . 371.7
- - - inclinée . 373.8
- - - verticale . 373.7
- - outil suspendu 375.6
- - pompe . . . 376.4
- - sac 375.7
- - vapeur . . . 371.4
-, approfondissement par 374.4
- aspirante . . 376.4
- automatique, treuil pour 270.6
- avec conduit d'aspiration 376.5
-, chaîne de . . 372.2
-, châssis de . . 411.2
- de creusement 374.3
- - fond 374.3
- en hauteur . 374.1
-, entaillage à la 374.9
- flottante . . . 375.4
-, godet de . . . 371.8
-, sac de 375.8
- sèche 374.5
- suceuse 364.3, 376.4
-, tambour de . 372.4
Draguées, matières 371.1
Draguer 370.9
Dragueur, chapelet 371.7
Dragueuse, treuil à benne 270.6
Draht, Leitungs- 204.7
Drahtriese . . . 393.4
Drahtseil . . . 38.10
-bahn, Brems- . 393.7
-, blankes . . . 38.12
-förderer . . . 370
-rolle 46.4
-scheibe 46.10
-, Steuer- . . . 348.2
-steuerung . . 348.1
-, unverzinktes 38.12
-, verzinktes . . 39.1
Drahtstütze . . 207.8
Drain pipe . . . 231.4
-, to - the pipes 238.3
Draining cock 238.6
- the pipes . . 238.4
- valve 238.8
Drallausgleicher 34.6
- des Seiles . . 33.9
-freiheit 34.5
-, Links- 34.2
-, Rechts- . . . 33.10
-freies Seil . . 34.4
Draught 323.2
Draw bar hook 55.2
- coupling, hydraulic 263.5
Dredge, to . . . 370.9
Dredger 370.8
-, bucket 371.8
-, - chain . . . 376.3
-, - - - with vertical chain 373.7

Dredger, chain 372.2
376.2
-, deep 374.3
- drum 372.4
-, dry 374.5
-, floating 375.4
-, flushing 376.1
-, grab 375.9
-, grip 377.3
-, hand 371.3
- hopper 371.2
- net 375.7, 375.8
- pontoon 371.2
-, pump 376.4, 376.5
-, scoop 371.7
-, sewerage 376.1
-, shallow 374.1
-, steam 371.4
- with hand gear 375.5
- without hand gear 375.6
Dredging bucket 371.8
-, channel 374.9
-, deep 374.4
- material 371.1
- scoop 371.8
-, shallow 374.2
-, side 375.3
-, slot 374.9
Drehachse 14.5, 259.3
-antrieb 259.2
-arm 277.4
- - der Kraft 130.9
-beanspruchung 173.1
-bewegung 14.2
-gestell 254.8
-kontakt 207.5
-kraft 173.3
Drehkran 295.9
- -, Dampf- 302.2
- -, Eisenbahn- 303.4
- -, elektrischer 302.4
- -, fahrbarer 301.6
- -, feststehender 299.9
- -, freistehender 300.4
- -, Gießerei- 303.1
- -, Hammerwerk- 303.3
- -, Hand- 302.1
- -, hydraulischer 302.3
- - mit veränderlicher Ausladung 296.4
- -, Pyramiden- 306.1
- -, Schmiede- 303.2
- -, Turm- 306.3
- -, Ufer- 304.2
- -, Wand- 302.5
- -, Zapfen- 300.1
-laufkatze 277.3
- -kran 292.8
-moment 173.4
- -, Motor- 209.6
-paar 132.3
-säule 260.2
-schaufelbagger 410.6
Drehscheibe 330.1
- -, Hängebahn- 421.10
- -, Kran- 301.5
-scheibenkran 301.4
-schemel 254.8
-schiene 420.7
-schieber 194.7
-sinn 14.10
-spannung 173.5
-stopfbüchse 190.9
Drehstrom 201.4
- -bremsmagnet 110.5
- -motor 213.2
- -steuerwalze 221.8
-vorrichtung 259.2
-weg 16.3
-weiche 421.4
-werk 259.2
-bremse 111.8
-winkel 14.8, 173.6
-zapfen 79.8, 259.6
-zylinder 190.2
Drehbar 14.4
- gelagerte Achse 76.2
Drehbare Achse 76.2
- Pratze 60.8
Drehbarer Auflagerschuh 402.2
Drehen 14.3, 16.5
-, den Kran 296.6
-, die Kraft dreht links 131.3
-, - - - rechts 131.2
-, - Kurbel 179.7
-, - - rückwärts 180.3
-, - - vorwärts 180.2
-, eine Last 15.8
-, sich um eine Achse 14.6
-, - - einen Zapfen 79.9
DrehendeBewegung 14.2
Drehung 14.2, 173.2
- entgegengesetzt dem Uhrzeigersinne 15.1
- im Sinne des Uhrzeigers 14.11
Drehungsfestigkeit 172.7
Dreibaum 264.2
-bein 264.2
-bock 264.2
-eck, Kräfte- 129.7
- -last 133.6
- -schaltung 226.2
Dreiecksgewinde 114.7
Dreifußkran 306.8
- -winde 262.6
Dreigelenkbogen 138.10
Dreikantlitzenseil 40.1
Dreileiternetz 203.1
Dreimotorenlaufkran 292.3
-system, Laufkran nach dem 292.3
Dreiphasenwechselstrom 201.4
Dreibeinige Seilstütze 404.6
Dreieckiges Gewinde 114.7
Dreiphasiger Motor 213.2
- Wechselstrom 201.4
Dresser la grue 281.5
Drill, to - rivetholes 121.7
Drive 176.1
-, chain 33.3, 78.5
-, change wheel 64.1
-, drum 372.6
Drive, groupe 176.5
-, individual 176.4
-, piston 185.4
-, ram 185.4
-, ratchet 180.9
-, rope 42.3
-, single 176.4
-, square shaft 184.4
-, to 176.2
-, tooth gear 63.2
-, transmission 184.2
-, type of 177.2
Driven, mechanically - pulley block 50.1
- pulley 74.2
- traversing wheel 253.2
- wheel 74.2
Driver 42.4, 48.2, 67.7
Driver's cabin 293.6
- -, boarded 294.2
- -, closed 293.7
- -, open 294.4
- -, weather proof 294.1
- cage 293.4
- hut 293.6
- -, boarded 294.2
- -, closed 293.7
- -, open 294.4
- -, weather-proof 294.1
- stand 293.5
- - combined, crab with 276.4
- -, travelling crane with - - built on 291.2
Driving belt 73.7, 73.9
- chain 33.4, 252.7
- - wheel 33.5
- drum 42.4
-, electric 196.8
-, engine 182.1, 182.2, 182.3
- gear 176.3
- -, winch 266.4
-, hand 177.7
-, - chain- 181.6
-, - rope 181.7
-, - wheel 181.2
-, handle 177.8
-, lever 177.8
-, means of 177.1
- moment 11.6
- motor 213.5
- piston 185.5
- power 177.3, 395.10
- pulley 42.4, 48.2, 74.1, 184.9, 395.9
- ram 185.5
- rope 42.5, 42.7, 184.8
-, shaft 184.3
-, spur wheel 67.4
- station 395.8
- wheel 67.7, 74.1
-, winch 181.4
-, worm 70.6
Drizzare la gru 281.5
Droit, engrenage 67.5
Droite, courroie 74.4
-, diagonale montante à 143.2
-, filet à 114.2
-, flèche 298.1
-, roue dentée 67.8
-, tors à 33.10
Droite, torsion à 33.10
-, vis sans fin à 72.1
Drop, depth of 386.5
- -door 336.6
- in voltage 198.6
-, the rope -s 401.8
-, to - the pawl 93.2
Drosselklappe 243.4
-schraube 243.5
-spule 202.1
-vorrichtung 243.1
Drosseln 243.2, 243.3
-, den Strom 202.2
Drosselung 243.3
Druck 171.6
-, Achs- 75.8
-, Akkumulator- 232.3
-anlage, Zentral- 228.8
-, Arbeits- 229.5
-, Auflager- 84.6, 154.10
-beanspruchung 171.5
-, Boden- 288.6
-, Brems- 96.6
-, Dampf- 227.1
-diagonale 142.9
-faser 174.9
-festigkeit 171.4
-, Fundament- 288.4
-gefälle 229.6
-, Gegen- 187.5
-glied 141.6
-gurt 142.5
-gurtung 142.5
-höhe 229.6
-höhenverlust 229.9
-, Kämpfer- 139.3
-, Kanten- 287.7
-, Klemm- 418.6
Druckknopf 349.7
- -apparat 349.5
- -schalter 215.1
- -steuerung 349.4
- -tafel 349.6
Druck, Kolben- 186.1, 188.4
-kraft 171.7
-, Kurbel- 178.1
-lager 71.4, 84.6, 86.1
- -bremse 104.5
-leitung 228.7
-, Leitungs- 235.7
-linie, Kämpfer- 139.4
-, Lochleibungs- 121.5
Druckluft 234.5, 234.6
- -anlage 234.8
- -antrieb 234.3
- -betrieb 234.4
- -bremse 105.8
- -bremsung 105.10
- -förderer 364.2
- -hebezeug 235.2
- -kolben 188.2
- -leitung 235.1
- -nietung 126.8
- -werk 235.5
- -zentrale 235.5
Druckmagnet 110.1
-pumpe 233.5
- -, Hand- 233.8
-querschnitt 171.8
-, Rad- 254.2
-rolle 91.10
-rollenlager 91.8
-, Schienen- 328.2
-schräge 142.9
-spannung 171.9
-speiche 269.7

Druckstab . . . 141.6
-stange 245.4
-, Stützen- 187.5, 404.2
Druckwasser . 230.3
- -antrieb . . . 228.6
- -betrieb . . . 229.1
- -entnahme . . 229.3
- -förderer . . 364.4
- -kolben . . . 188.1
- -leitung . . . 228.7
- -nietung . . . 126.9
- -pressung . . 229.4
- -sammler . . 231.9
- -säule 229.6
- -spülung, Saugkopf mit 376.7
- -verbrauch . 230.5
- -verteilung . 229.2
- -zentrale . . 228.8
Druck, Wind- . 154.2
- -kessel . 231.5, 231.6
-winde, Schraubenzug- und 263.4
-, Zahn- 65.5
-, Zapfen- 78.7
Drücker, Block- 318.4
-, Seil- 401.3
Drum 42.9
-, balance-weight 345.8
- barrel 42.10
-, boss of . . . 43.3
-, bottom . . . 372.7
-, brake 96.2
-, cable 45.3
-, chain 45.6
-, coiling length of 44.5
Drum, coiling the rope on the 44.2
-, contact . . . 220.3
-, differential . 45.11
-, dredger . . . 372.4
- drive 372.6
-, driving . . . 42.4
-, fixed 43.6
- flange 43.2
-, friction . . . 46.1
-, front wall of . 43.1
- groove 44.1
-, grooved . . . 43.10
-, hauling . . . 346.2
-, hose 235.4
-, hoisting . . . 345.7
-, load . . 46.2, 251.1
-, loose 43.8
-, lower 372.7
- of hauling gear 252.5
-, putting the rope on the 46.3
-, rope 45.3
- shaft . . 43.6, 372.5
-, smooth . . . 43.9
- spider 43.5
- spindle . . . 43.6
- spiral 44.1
-, top 372.8
-, to uncoil the rope from the 44.4
-, twin 45.10
-, upper 372.8
-, weight 232.5
- wheel 43.4
-, winch . 266.5, 269.1
- -, single . . . 270.4
- with cast-in grooves 45.1
Drum with left hand groove 44.8
- - right hand groove 44.7
- - turned grooves 45.2
Dry dredger . 374.5
Duboisbremse . 104.6
Dubois brake . 104.6
Dubois, frein . 104.6
Dubois, freno automatico 104.6
Dubois, freno . 104.6
Due piedi, supporto del cavo a . . 404.5
- portanti, supporto del cavo a 404.5
Dulce, hierro - soldado 165.2
Dummy rivet . 122.6
- wagon . . . 391.10
Dumping cableway 394.6
Dura, fundición 164.6
Duración de la aceleración 19.7
- - - aplicación del freno 98.7
- - - carga . . 210.2
- del desfreno . 99.2
Durata d'apertura del freno 99.2
- dell'accelerazione 19.7
- della carica . 210.2
- - chiusura . . 98.7
Duration of release 99.2
Durchbiegung . 135.8
Durchfahrthöhe, lichte - des Portals 304.9
- -öffnung . . . 304.7
- -profil . 290.5, 304.8
- -weite, lichte - des Portals 305.1
Durchflußgeschwindigkeit 235.9
- -menge . . . 236.1
Durchgangsprofil 290.5
Durchhang des Seiles 399.1
- -, Seil- 399.1
Durchmesser, Rohr- 239.5
- -, Laufrad- . . 255.2
- -, Zylinder- . 188.6
Durchlaufender Balken 187.7
- Träger 137.7
Durcie, fonte . 164.6
Durée de défreinage 99.2
- - démarrage . 5.2
- - l'accélération 19.7
- - la charge . 210.2
- du travail . . 210.2
- nécessaire pour l'application du frein 98.7
- - - le serrage du frein 98.7
Dynamomaschine 197.4
-, Erreger- . . . 211.6
Dynamo 197.4
-, exciting . . . 211.6

E.

Earth, acceleration due to 21.10
- grab 412.8
- hopper 385.6
- junction box 205.11
-, to 204.2
Earthed line . . 204.1
Eau consommée 230.8
- de décharge . 230.6
- dépensée . . . 236.6
- dont on utilise la pression 230.3
-, fuites d' . . . 230.8
-, poche d' . . . 237.2
- provenant des fuites 230.8
- sous pression . 230.3
- - -, consommation d' 230.5
- - -, distribution d' 229.2
Eaux de décharge, collecteur des 236.7
Ebene, geneigte - für Lastenbeförderung 356.7
Écart du levier 245.9
Écartement de voie 329.2
- des paliers . . 92.5
- - rivets . . . 123.3
- normal 329.3
-, voie à grand 329.5
Eccentric-grip . 343.4
Eccentrico d'arresto 343.4
Eccessiva, frenatura 99.9
Eccitatrice . . . 211.6
Eccitazione, corrente d' 211.7
- in derivazione 211.3
- in serie . . . 211.2
-, indipendente 211.5
Échafaudage 158.10
- en bois . . . 159.2
- métallique . . 159.1
Echar fuera el lingote 314.4
Echarse, el freno se echa 99.7
Échelle . 158.6, 350.6
Échelon 158.7
Échelons, indicateur à 350.9
Eckblech . . . 151.3
Eck, Führung über 340.1
-verband . . . 158.7
-verbindung . . 151.2
-winkel 151.4
Ecken, das Laufrad eckt 256.2
-, der Kran eckt 289.2
- des Kranes . 289.3
- - Laufrades . 256.1
Eclisa 328.4
Éclisse 328.4
Eclisser 148.7
- l'âme entre deux couvre-joints 148.8
Écluses, treuil à crémaillère pour 265.5
Écoulement, vitesse d' 235.9
Écoutille 322.6
Écrasement, travail d'- du corps de rivet 121.5
Écrou 113.9
- à six pans . . 115.5
-, contre- 115.9
-, filet d' 115.2
- goupillé . . . 115.6
- immobilisé . 115.6
- mobile 120.4
- verrouillé . . 115.6
Ecuación de los momentos 181.4
Eddy current brake 108.2
- currents . . . 201.6
Edge, distance from - of plate 123.4
-, lower - of roof girder 290.6
- of bucket . . 374.8
- - quay 380.3
- - shovel . . . 374.8
- pressure . . . 288.7
Edge, upper - of floor 290.7
Edificación, montacargas para 354.2
Edifice 161.8
Edificio 161.8
-, almacén en el - del depósito 381.2
-, parete dell' 161.10
Edifizio, sezione d' 161.9
Efecto útil . . . 11.8
- -, pérdida de . 11.7
Effective, pression - de la vapeur 227.1
Effekt 21.5
-, Nutz- 11.8
Effet 21.5
- utile 11.8
- -, perte d' . . 11.7
Effetto del cilindro 190.3
-, perdita d' . . 11.7
- semplice, cilindro a 189.1
- utile 11.8
Efficiency . . . 11.8
Effort au démmarrage 177.5
- auquel est soumise une matière 170.5
- dans la barre 141.2
- de cisaillement 136.1

Effort de cissaillement subi par un corps 173.8
- - compression 171.5
- - -, section soumise à un 171.8
- - creusement 411.7
- - démarrage 5.7
- - fermeture . 411.8
- - flexion subi par un corps 174.5
- - tension . . 397.6
- - torsion subi par une pièce 173.1
- - traction . . 170.8
- - -, section soumise à l' 171.2
- du frein . . . 96.5
- - moteur au démarrage 209.5
- - vent. surface subissant l' 154.4
- due au flambage 172.4
- moteur . . . 177.3
- nécessaire pour la manœuvre 244.1
- supporté par une matière 170.5
- sur la manivelle 178.1
- tranchant . . 186.1 173.10
- -, section soumise à un 174.1
- transversal . 186.1
Efforts, diagramme des 144.2
- tranchants, aire des 186.3
- -, ligne des . 186.2
- transversaux, ligne des 186.2
Égales et directement opposées, les forces sont 128.3
Eiettore di cenere 364.5
Eigengewicht-belastung 184.6
-, Belastung durch 184.6
Eimer, Bagger- 371.8
-gelenk 372.3
-kette 372.2
-kettenbagger . 371.7
- - mit geneigter Leiter 373.8
- - - senkrechter Leiter 373.7
-leiter 371.10
- -bock 372.1
- -winde . . . 373.6
Einarmiger Hebel 246.6
Eindruckvorrichtung 318.4
Einfach wirkende Förderung 388.3
- wirkender Kolben 186.3
- - Zylinder . . 189.1
Einfache Förderung, Winde für 269.4
- Räderübersetzung 68.3
Einfachseil . . 40.6
Einfahren, die Katze 274.2
Einfallen der Bremse 99.3
-, die Bremse fällt ein 99.4
Einflüglige Tür 336.1
Einflußfläche . 136.5
-linie 136.4
Einfrieren, das Wasser friert ein 231.1
Eingängiges Gewinde 114.4
Eingefahren, die Katze ist 274.6
Eingefahrene Katze 274.1
- Stellung, die Katze befindet sich in -r 274.6
Eingegossen, Trommel mit -en Rillen 46.1
Eingekapseltes Schneckengetriebe 71.5
Eingelassene Schraube 116.5
Eingelaufener Zapfen 78.10
Eingepaßte Schraube 117.2
Eingespannter Träger 189.7
- -, halb . . . 189.10
Eingesponnener Knoten 391.3
Eingleisige Riese 393.2
Eingreifen, die Räder greifen ein 66.6
Eingriff der Kette 26.2
-, die Räder außer - bringen 66.5
-, - - in - bringen 66.4
-, - - stehen in 66.6
-, Klinken- . . . 95.2
-, Zahn- 66.3
Einhängen, die Last in den Haken 55.4
Einhäuptiger Spillkopf 278.4
Einhäuptiges Spill 278.5
Einhüftiger Bockkran 295.1
Einkammerzylinder 189.1
Einklinken 94,5, 94.6
Einknicken . . 172.6
Einladeöffnung 335.5
Einlassen, einen Niet 122.3
Einlaufen, das Lager läuft sich ein 84.8
Einlegen, die Klinke 94.5
Einmännige Kurbel 179.5
Einmotorenlaufkran 292.2
Einmotorensystem, Laufkran nach dem 292.2
Einphasenmotor 213.1
-wechselstrom . 201.2
Einphasiger Wechselstrom 201.2
- -motor 213.1
Einpoliger Ausschalter 214.6
Einreihige Nietung 123.7
Einrollige Laufkatze 275.6
Einrücken der Kupplung 82.4
-, die Kupplung 82.3
Einrückung der Kupplung 82.4
Einsatz, Schmelz- 208.7
-backe 417.4
-backen 417.4
- -, Seilgabel mit 417.3
Einschalten . . 214.2
-, den Motor als Bremsgenerator 107.3
Einschienenmotorlaufwinde 273.2
Einschienige Motorlaufwinde 273.2
Einschnittbetrieb 375.2
Einschnittige Nietung 124.1
Einschnittiger Niet 124.2
Einschrauben . 119.3
Einseilbahn . . 394.1
-greifer 412.2
Einseiliger Fahrstuhl 341.1
Einseitige Laststellung 3.5
- Rollen, Sattel mit -n 406.8
Einsetzkran . . 316.7
- -, Block- . . . 317.5
- -, Mulden- . . 316.8
-maschine . . . 316.4
-wagen 318.1
Einspannen, den Block 317.8
- des Blockes . 317.7
Einspannungsmoment 139.9
-stelle 139.8
Einspannvorrichtung, Block- 317.6
Einspleißen, eine Kausche 87.7
- einer Kausche 87.8
Einsteckkurbel 179.2
Einstellbares, selbsttätig - Gegengewicht 286.8
Einstellvorrichtung, Stockwerk- 349.3
Einströmungsrohr 240.3
Einströmventil 196.3
Einstufiger Spillkopf 278.4
Einstufiges Spill 278.5
Eintauchtiefe . 308.6
Einteiliges Lager 89.1
Einteilung, Stockwerk- 350.8
Eintrommelwinde 270.4
Einträmmige Förderung, Winde für 269.4
Ein- und ausrückbares Zahnrad 68.8
Einwerfen, die Klinke 94.5
Einzelantrieb . 176.4
-förderung . . 360.3
-kraft 127.3
-last 133.3
-wagen 377.6
Einziehbewegung 17.1
-flaschenzug . . 260.7
-motor 260.6
-spindel 260.5
-vorrichtung . 260.4
-werk 260.4
Einziehbar . . . 17.6
Einziehbarer Ausleger 299.1
Einziehbarkeit des Auslegers 299.3
Einziehen . . . 17.4
-, den Ausleger 299.2
- des Seiles in den Flaschenzug 51.7
-, ein Seil in den Flaschenzug 51.6
Eiselevator . . 366.5
Eisen 163.2
-, Abfall- 169.7
-, Anschluß- . . 150.5
-bahndrehkran 303.4
- -puffer 327.8
- -schiene . . . 328.8
- -wagen . . . 379.3
-, Band- 168.1
-blech 168.10
-, Doppel T- . . 168.5
-, Fang- 342.6
-, Flach- . . . 167.10
-, Fluß- 165.1
-, Form- 168.2
-, Geländer- . . 158.2
-gerüst 159.1
-, Gurt- 145.10
-, Guß- 168.3
-hochbau . . . 158.9
-, I- 168.5
-konstruktion . 158.8
-konstruktionswerkstätte 160.4
-lager 383.1
-, Niet- 121.9
-, Profil- 168.2
-, Quadrant- . . 168.8
-, Quadrat- . . . 167.8
-, Rund- 167.7
-, Schell- 125.6
-, schmiedbares 164.8
-, Schmiede- . . 164.8
-, Schweiß- . . . 165.2
-, Sechskant- . . 167.9
-seil 38.9
-, Stab- 167.6
-, Stoß- 149.1
-, T- 168.4
-, U- 168.6
-, Universal- . . 167.5
-, Versteifungs- 152.4

Eisen, Vierkant- 167.8
-, Walz- 167.2
-werk 158.8
-, Winkel- . . . 168.3
-, Z- 168.7
-, Zores- 168.9
Eiserne Stütze 404.4
Eje 75.7
- de horquilla . 416.8
- - la rueda con muelles de suspensión 257.6
- - - - portadora 257.1
- - - vagoneta 408.7
- - rotación 14.5, 259.3
- - transmisión 76.3
- del centro de gravedad 285.4
-, distancia del contrapeso al 299.8
-, - entre los -s 67.6 254.3
- fijo 75.9
-, girar alrededor de un 14.6
Éjecteur de cendres 364.5
Ejector, ash- . . 364.5
Ejektor, Aschen- 364.5
Elastica, griffa - del cavo 417.7
-, sella 406.7
Elástica, silla . 406.7
Élasticité de fonctionnement de la grue 283.7
Elastico, aggancia-tore di fune 417.7
-, giunto 81.2
Elástico, acoplamiento 81.2
Élastique, accouplement 81.2
-, force - de la vapeur 227.2
-, ligne 135.9
Elastische Kupplung 81.2
Elastischer Seilgreifer 417.7
Elbow 237.6
Electric brake . 106.4
- braking . . . 106.5
- - by means of backcurrent 108.1
- - connection 106.6
- capstan . . . 279.4
- current . . . 197.8
- driving 196.8
- equipment . . 197.2
- lift 353.4
- lowering brake 107.4
- -motor 209.1
- resistance . . 199.5
- slewing crane 302.4
- transmission of power 197.1
- travelling crane 292.1
- winch 271.4
Eléctrica, bomba 234.1
-, corriente . . . 197.8
-, grúa giratoria 302.4
-, puente grúa . 292.1
Electrically driven crab 275.5
- - pump 234.1
Électricité, usine d' 197.3
Eléctrico, ascensor 353.4
-, cabrestante . 279.4
-, carro de mando 275.5
-, freno - de descenso 107.4
-, equipo 197.2
-, frenado . . . 106.5
-, freno 106.4
-, mando 196.8
-, motor 209.1
-, torno 271.4
Électrique, ascenseur à commande 353.4
-, chariot à commande 275.5
-, commande . . 196.8
-, courant . . . 197.8
-, équipement . 197.2
-, frein 106.4
-, grue pivotante 302.4
-, moteur 209.1
-, pompe 234.1
-, pont roulant à commande 292.1
-, transport de force 197.1
-, treuil 271.4
Électriquement, pont roulant commandé 292.1
Elektrisch betriebene Laufkatze 275.5
- - Pumpe . . . 234.1
- betriebener Laufkran 292.1
Elektrische Ausrüstung 197.2
- Bremse 106.4
- Bremsschaltung 106.6
- Bremsung . . 106.5
- - durch Gegenstrom 108.1
- Hängebahn . 422.1
- Kraftübertragung 197.1
- Senkbremse . 107.4
- Winde 271.4
Elektrischer Antrieb 196.8
- Aufzug 353.4
- Drehkran . . 302.4
- Laufkran . . 292.1
- Strom 197.8
Elektrisches Spill 279.4
Électro-aimant 202.5
- - à attraction 109.8
- - - répulsion 110.1
- - annulaire . 56.7
- - de débrayage du frein 108.4
- - - dégagement du frein 108.4
- - - frein . . . 108.4
- - - - à levier coudé 110.2
- - - - électro-magnétique à courant triphasé 110.5
- - - - - - en dérivation 110.4
- - - - - - - série 110.3
Électro-aimant de préhension de fardeau avec grappin de sûreté 57.1
- - - soulèvement de fardeau à pôles mobiles 56.8
- - - suspension de la charge 56.6
- - du frein est bloqué, l' 111.1
- - - - - collé, l' 111.1
- - - - - mis en circuit, l' 110.7
- - en fer à cheval 108.5
- - - forme de pot 108.6
- -, enveloppe d' 108.7
- - pendulaire . 57.3
Electroimán . . 202.5
- anular 56.7
- de atracción . 109.8
- - elevación con estribos de seguridad 57.1
- - - - polos móviles 56.8
- - freno con palanca acodada 110.2
- - - de corriente trifásica 110.5
- - - en derivación 110.4
- - - - serie . . 110.3
- - repulsión para freno 110.1
- - suspensión de la carga 56.6
- del freno . . 108.4
- en forma de herradura 108.5
- - - - puchero 108.6
- - - - U . . . 108.5
Electro-magnet 202.5
- -magnetic coupling 83.6
- - blow-out . . 217.8
- - brake . . . 108.3
- - locking . . 350.2
-magnético, acoplamiento 83.6
- -, apaga-chispas 217.8
- -, enclavamiento 350.2
- -, freno . . . 108.3
- -, - - - de attracción 109.8
Électro-magnétique, frein 108.3
- -moteur . . . 209.1
- - de commande du frein 110.6
- -motor 209.1
-motive, back - force 198.10
Elektrohängebahn 422.1
-magnet 202.5
- -kupplung . . 83.6
Elektromagnetische Bremse 108.3
- Kupplung . . 83.6
- Verriegelung 350.2
Elektromagnetischer Funkenlöscher 217.8
Elektromotor . 209.1
Elementarantrieb 182.1, 182.2
-betrieb 182.2
Elementi del meccanismo di comando 250.4
Elettrica, corrente 197.8
-, gru a ponte . 292.1
-, - - girevole . 302.4
-, resistenza . . 199.5
-, trasmissione - dell'energia 197.1
Elettrico, frenaggio - a controcorrente 108.1
-, argano . 271.4, 279.4
-, ascensore . . 353.4
-, carrello a comando 275.5
-, comando . . 196.8
-, equipaggiamento 197.2
-, frenaggio . . 106.5
-, freno 106.4
-, motore . . . 209.1
- per discesa, freno 107.4
-, pompa a comando 234.1
Elettromagnete 202.5
Elettromagnetico, arresto 350.2
-, estintore di scintille 217.8
-, freno 108.3
-, giunto 83.6
Elettromotrice, tensione della forza contro- 198.10
Elevación 359.2, 360.4
-, altura de . . 332.2
-, - - - de la bomba 229.8
-, aparato de - del cable 417.2
-, cable de . . . 411.9
- de grandes masas 358.2
-, electro-imán de - con estribos de seguridad 57.1
-, - - - - polos móviles 56.8
-, plataforma de 355.8
-, torno de . . . 267.4
-, velocidad de - del gancho 52.11
Elevador . . . 361.6
- de aire comprimido 364.2
- - arena . . . 366.6
- - aspiración . 363.8
- - bloques de hielo 366.5
- - cadena . . 363.2
- - carbón . . . 365.5
- - carnes . . . 366.3
- - cinta 362.7
- - harina . . . 365.4
- - municiones de guerra 366.4
- - sacos 365.7

Elevador de toneles 365.6
- - trigo 365.1
-, mecanismo . 250.5
- móvil 364.6
- neumático . . 363.7
- para buques . 364.8
- - el público . 366.2
- - muelle . . . 364.7
-, tambor . . . 251.1
-, torno de . . . 272.1
Elevadora, torre 362.6
Elevados, dragado de taludes 374.2
Elevar 359.1
-, carga á . . . 322.1
- el cable . . . 401.9
- la grúa . . . 281.5
Elevare la gru 281.5
Elevated cableway crane 422.2
-, tank 381.1
Élévateur 331.1, 361.6
- à air comprimé 364.2
- - aspiration . 363.8
- - bande . . . 362.7
- - chaine . . . 363.2
- - chapelet . . 356.5
- - commande à vapeur 353.3
- - - électrique 353.4
- - double chaine 356.6
- - farine . . . 365.4
- - godets . . . 356.5
- - minerais . . 355.7
- - sable 366.6
- - sacs 365.7
-, bande d' . . . 363.1
-, basculeur d' . 325.2
-, caisse à la partie inférieure d'un 362.3
-, chaine d' . . 363.3
-, couloir d' . . 362.2
-, - de descente d'un 362.5
- de bateaux . 357.3
- - blé 365.1
- - blocs de glace 366.5
- - charbon . . 365.5
- - charge . . . 341.3
- - haut fourneau 356.1
- - munition de guerre 366.4
- - tonneaux . 365.6
- - wagonnets à charbon 355.8
- - wagons . . 354.4
-, enveloppe d' . 362.2
- hydraulique . 352.7
- - à action directe 353.1
- - - - indirecte 353.2
- mobile 364.6
-, partie inférieure de l' 362.1
-, - supérieure d' 361.8
- pneumatique 363.7
- pour bateaux 364.8
- - le public . . 366.2
- - les viandes 366.3
- - quai 364.7
-, treuil d' . . . 272.1
-, tuyau d' . . . 362.2
Elevation, tooth end 64.10
Élévation 359.2, 360.4
- de grandes masses 358.2
-, degré d' . . . 332.3
- en masse . . . 358.2
-, hauteur d' - de la pompe 229.8
-, moyen d' . 360.10
- par appareil pneumatique 363.6
Élévatoire, machine 366.8
-, tour- 362.6
-, treuil 250.5
Élévatoires, installation d'appareils 360.8
Elevator 361.6
-becher 361.7
-, Eis- 366.5
-, fahrbarer . . 364.6
-, Faß- 365.6
-, Fleisch- . . . 366.3
-fuß 362.1
-gehäuse . . . 362.2
-, Getreide- . . 365.1
-, Gurt- 362.7
-gurt 363.1
-, Holz- 366.7
-kette 363.3
-, Ketten- . . . 363.2
-, Kisten- . . . 366.1
-, Kohlen- . . . 365.5
-kopf 361.8
-, Mehl- 365.4
-, Munitions- . . 366.4
-, Personen- . . 366.2
-, pneumatischer 363.7
-, Sack- 365.7
-, Sand- 366.6
-, Saug- 363.8
-, Schiffs- . . . 364.8
-schlauch . . . 362.2
-, Tonnen- . . . 365.6
-turm 362.6
-, Ufer- 364.7
Elevator 361.6
-, ammunition . 366.4
- band 363.1
-, barrel 365.6
- belt 363.1
-, belt 362.7
-, blast furnace 356.1
-, bonnet casing of 362.4
-, box 366.1
-, buckel- . . . 356.5
- casing 362.2
- chain . 363.2, 363.3
-, coal . . 355.6, 365.5
-, compressed air 364.2
-, control of . . 346.6
- discharge pipe 362.5
-, endless band 362.7
-, flour 365.4
- foot 362.1
-, grain 365.1
- head 361.8
-, ice 366.5
-, meat 366.3
-, ove 355.7
-, passenger . . 366.2
-, pneumatic . . 363.7
Elevator, portable 364.6
- rope 332.8
-, sack 365.7
-, sand 366.6
- scoop 361.7
-, ships 364.8
-, shore 364.7
-, suction . . . 363.8
-, top casing of 362.4
- -tower 362.6
- winch, blast furnace 356.2
-, wood 366.7
Elevatore 235.2, 331.1 361.6
- a catena . . . 363.2
- - doppia catena 356.6
- - nastro . . . 362.7
- - secchie . . 366.8
- ad aspirazione 363.8
- aspirante . . 363.8
- carreggiabile 364.6
- da banchina 364.7
- di battelli . . 357.3
- - -, conca da 357.4
- - blocchi di ghiaccio 366.5
- - carbone . . 355.6
- - legnami . . 366.7
- - sabbia . . . 366.6
-, estremità superiore dell' 361.8
- mobile 364.6
- per battelli . 364.8
- - botti 365.6
- - carbone . . 365.5
- - carni . . . 366.3
- - farina . . . 365.4
- - grano . . . 365.1
- - minerali . . 355.7
- - munizioni 354.7, 366.4
- - persone . . 366.2
- pneumatico . 363.7
Elevatrice, torre 362.6
Elevazione . . 360.4
Élever 359.1
-, quantité à . . 359.7
Elicoidale, piano inclinato 387.2
-, ruota 71.3
-, tamburo - a destra 44.7
-, - - - sinistra 44.8
-, - - destrorso . 44.7
-, - - sinistrorso 44.8
Elidere, le forze si elidono 132.2
Elongated, the chain becomes 26.11
Elongation of the chain 26.10
-, rope 35.7
- test 27.10
- - load 28.1
Embarcation, grue d' 303.8
- pour le transport de marchandises 323.4
-, treuil d' . . . 272.4
Embarcaciones, torno para 272.4
Embarcar . . . 320.2
Embarcar, mercancia para 322.1
Embarque . . . 320.7
- de un buque 322.7
-, grúa de . . . 319.4
-, instalación de 321.1
-, muelle de . . 322.6
Embarquement de charbons, grue d' 319.6
- - marchandises 320.7
-, dispositif d' . 321.1
-, grue de . . . 319.4
-, installation d' 321.1
-, pont d' . . . 319.5
Embarquer des marchandises 320.2
-, marchandise à 322.1
Emboitement . 240.6 240.7
-, assemblage à 240.6
- de tuyau . . 240.7
-, guide à . . . 315.4
-, joint à 240.6
-, tuyau à . . . 239.6
Emboiter un coussinet 89.3
- une bague . . 89.3
Émbolo 185.6
- buzo 186.6
- de aire comprimido 188.2
- - carga . . . 188.3
- - disco 186.5
- - distribución 194.9
- - - preliminar 195.6
- - doble efecto 186.4
- - la bomba . 187.5
- - levantamiento 185.2
- - presión . . 188.4
- - - hidráulica 188.1
- - simple efecto 186.3
- - telescopio . 187.1
- - trabajo . . 186.7
- - vapor . . . 187.6
- del acumulador 231.10
- - amortiguador 109.4
- - ascensor . . 351.7
- - freno . . . 105.5
- diferencial . 187.3
-, distribución de - diferencial 195.4
- doble 195.2
- interior . . . 187.2
-, mando directo por 185.1
- motor 185.5
- para ascensor 187.4
- pneumático . 188.2
- tubular . . . 186.9
Embragar . . . 82.3
Embrague del acoplamiento 82.4
-, engranaje de 64.1
Embrassante, chaine - pour fardeau 56.4
Embrassé, arc . 101.9
Embrasser le fardeau par un nœud coulant 56.1
Embrayage, cône d' 83.2

Embrayage de l'accouplement 82.4
- électromagnétique 88.6
-, levier d' . . . 81.8
-, pignon d' . . 63.8
Embrayer . . . 82.3
Embutida, cabeza 116.4
Embutido, guarnición de cuero 191.3
Embutir el remache 122.3
Emergency brake 112.9
-, switch 216.3
Émerillon . 28.2, 54.5
-, crochet à . . 54.5
-, maillon d' . . 55.6
Emmagasinage en tas 385.2
-, installation pour l' 385.3
-, - - l'entreposage et l' 384.1
Emmancher une bague à chaud 77.8
Empalmar el cable 88.4
Empalme, caja de 205.10
- de cables . . 88.1
- - un cabo . . 87.8
-, longitud excedente para el 88.3
-, punto de . . . 88.2
Empaque de tubos 241.6
Empaquetado, block 167.1
-, lingotes -s . . 167.3
-, tocho 167.1
Empaquetadura 190.8
-, aro de 241.7
- de bridas . . 191.2
- - cuero embutido 191.3
Empfindlich, die Steuerung ist 244.6
Empfindlichkeit der Steuerung 244.7
Emplacement des matières entreposées 382.5
Empotrada, viga - por un extremo 136.7
Empotramiento, momento de 139.9
-, punto de . . 139.8
Empotrar el tornillo 116.6
Empreinte, roue à 26.1
Empreintes, roue à - pour chaîne 30.7
Empty hook . . 55.3
- side 400.1
-, to - the tipping bucket 409.2
Emptying, automatic - tub 410.1
- chain 412.1
- device 409.3
- point 409.4
- the tipping bucket 409.1
Empuje, disposición de - para lingotes 318.4
Empuje, gato de rosca de tracción y de 263.4
- longitudinal, cojinete de 86.8
-, soporte de . . 71.4
Encadrement . 151.5
Encaje, guía de 315.4
Encargado de la maniobra de las vagonetas 408.5
Encastrée, poutre 136.7, 139.7
-, - - à une extrémité et sur appui simple à l'autre 139.10
Encastrement . 139.8
-, moment d' . . 139.9
Enchufe 240.7
-, acoplamiento de 80.6
- de acoplamiento 80.7
-, interruptor de 206.1
-, tubo de . . . 239.6
Encima, paso del cable por 400.8
Enclavamiento 92.8
- de la puerta 388.1
- - - vía 324.6
- del aparato de maniobra 349.8
- - torno . . . 267.1
- electromagnético 350.2
- magnético del aparato de maniobra 350.1
Enclenchement 94.6
Enclencher . . 94.5
Encliquetage 92.7, 92.8, 94.6
- à coin 94.3
- - dents . . . 93.4
- - friction . . 94.3
- automatique . 12.2
- -, mécanisme d' 12.3
-, coin d' 94.4
- de sûreté . . 93.3
- - treuil . . . 267.1
-, doigt d' . 93.6, 94.4
-, frein à 104.7
Encliqueter 93.2, 94.5
Enclosed motor 212.1
- ventilated motor 212.2
Encoche de la roue d'arrêt 95.4
Encoches, roue d'arrêt à 95.3
Encoignure, cornière d' 151.4
Encolar la correa 74.9
Encorbellement 156.3
-, pont en . . . 160.2
-, poutre en . . 138.2
Encorvar, rodillo para - la cinta 367.5
Endbefestigung der Kette 45.8
-diagonale . . 143.1
-feld 140.9
-geschwindigkeit 20.11
-glied 80.2
-knotenverbindung 151.1
Endlage . . . 246.2
- -, den Hebel in die - bringen 246.4
-loses Seil, Betrieb mit -m 184.7
-pfosten 143.6
-seilscheibe . . 403.2
-spanner 208.2
-station 396.5
-stellung . . . 13.6
-träger 289.9
-vertikale . . . 143.6
End-bay 140.9
-, collecting . . 367.6
- diagonal . . . 143.1
-, distributing . 367.7
-, fastening of chain 45.8
- -frame 140.9
- girder 289.9
- joint connection 151.1
- lap weld . . . 29.1
- line 130.7
- link 80.2
- of link, enlarged 29.9
- -panel 140.9
- pin 80.5
- position 13.6, 246.2
- post 143.6
- station 396.5
- stretcher . . 208.2
-, throw-off . . 368.5
-, tipping . . . 368.5
- vertical . . . 143.6
Endless band elevator 362.7
- rope, haulage with 389.1
- -, working with 184.7
- screw 71.1
Endroit de chargement 322.2
- - déchargement 322.3
Endurecida, fundición 164.6
Energia, centrale di 197.3
- cinetica . . . 21.7
- delle masse in moto 21.11
- - - rotanti . . 22.1
-, trasmissione elettrica dell' 197.1
Energía cinética 21.7
- de las masas en movimiento 21.11
- - - - girantes 22.1
- - - - rotatorias 22.1
- mecánica . . 21.7
Energie der bewegten Massen 21.11
- - rotierenden Massen 22.1
-, kinetische . . 21.7
Énergie, absorption d' 282.8
- cinétique . . 21.7
-, consommation d' 282.9
- des masses en mouvement 21.11
- - - - rotation 22.1
- - - tournantes 22.1
- nécessaire . . 282.8
Energy, kinetic 21.7
- of moving masses 21.11
- - rotating masses 22.1
Enfournement, chariot d'- des lingotières 318.2
-, - - - - lingots 318.3
- des lingots, dispositif d' 318.4
-, grue d'- des lingotières 316.8
-, - - - - lingots 317.5
Enfourner, machine à 316.4
Enfourneur, chariot- 318.1
-, - - des lingots 318.3
Enfourneuse . 316.4
- de lingots . . 317.5
-, grue 316.7
Engage, the wheels 66.6
-, to 66.4
Engagement of chain 26.2
- - the pawl . . 95.2
- - tooth . . . 66.3
Enganchar la vagoneta al cable 414.6
Enganche . . . 415.1
Engin de levage 1.1
Engine, auxiliary 182.4
-, compound . . 228.2
- driving 182.1, 182.2, 182.3
-, hauling . . . 346.1
-, hoisting . . . 345.3
-, reversing . . 228.3
-, spare 182.5
-, steam 227.8
-, tandem . . . 228.1
-, twin steam . 227.9
Engländer . . 119.10
Englische Seilbahn 394.1
Englischer Schraubenschlüssel 119.10
Engranaje . . . 250.2
-, caja de . . . 62.8
- cicloidal . . . 66.7
- cilíndrico . . 67.5
- cónico 68.9
- - de ángulo recto 69.1
-, contramarcha de 63.1
-, cubre- 62.8
- de cambio . . 64.1
- - cremallera . 68.7
- - embrague . 64.1
- - evolvente de círculo 66.8
- - husos de Grisson 72.5
- - inversión . 70.1
- - la cadena . 26.2
- - linterna de husillos 66.9
- - tornillo sin fin 70.7
- - - - - de dos pasos 71.8
- - - - - en caja 71.5
- - - - - protegido 71.5

Engranaje exterior 67.3
- interior . . . 67.2
-, paso del . . . 64.7
- planetario . . 69.7
-, rueda de . . . 64.2
-, sistema de . . 62.7
-, torno de . . . 268.5
-, transmisión por 62.7
Engranar . . . 66.4
-, las ruedas engranan 66.6
Engrano del diente 66.3
-, torno de rueda de 269.2
Engrasar el cojinete 85.3
Engrase 85.6
-, aceite de . . . 85.5
- automático, soporte de - con anillos 90.3
- de la cuerda 35.9
- del cable . . 35.9
- - gorrón . . . 78.8
- Stauffer . . . 85.8
Engrenage à baladeurs 64.1
- - crémaillère . 68.7
- - débrayage . 64.1
- - friction . . 73.2
- - fuseaux de Grisson 72.5
- - vis sans fin 70.7
- - - tangente . 70.7
- conique . 68.9, 69.1
- d'angle . 68.9, 69.1
- de renversement de marche 70.1
- - renvoi . . . 68.1
- droit 67.5
-, multiplication double par 63.5
- planétaire . . 69.7
-, réduction variable par 63.6
-, roue d' 64.2
-, transmission double par 63.5
Engrenages . . 250.2
-, boite d' . . . 62.8
-, carter d' . . . 62.8
-, commande par 63.2 250.2
-, harnais d' . . 62.7
- intermédiaires 61.3
-, multiplication simple par 63.3
-, palan à - droits 50.8
-, transmission par 250.2
-, treuil à . . . 268.5
Engrenées, les roues sont 66.6
Engrènement de la chaine 26.2
- - - dent . . . 66.3
Engrener, faire 66.4
-, les roues engrènent 66.6
Enhornamiento, grúa de 316.7
Enhornar, grúa para - los moldes en el horno 316.8

Enlace . . 152.7, 398.7
- con diagonales 152.8
- de cables . . 37.9
- - cruzamiento 153.1
- - flechas . . . 153.4
- - los ángulos 153.7
- - triángulos . 153.4
- horizontal . . 153.5
- vertical . . . 153.6
Enlarged end of link 29.9
- eye of link . 29.9
Enlèvement des couvercles, dispositif d' 313.4
- - -, grue pour fours profonds avec dispositif d' 313.3
- du lingot, dispositif d' 318.5
Enlever les rivets 125.2
Enmangada, draga de cuchara 375.5
Enrayement automatique 11.9
Enrayer 94.5
Enrollar una tendida de cable sobre el tambor 44.3
Enroulement . 25.3 201.7
-, diamètre d'- du câble 35.6
-, frein à 101.7
-, longueur d'- sur le tambour 44.5
- multiple, frein à 102.6
-, ruban d' . . . 102.7
-, treuil d' . . . 270.7
Enrouler le câble sur le tambour 44.2
- une couche de câble sur le tambour 44.3
Ensambladura 148.6, 152.7
- con diagonales 152.8
- de cruzamiento 153.1
- en los talleres 160.8
Ensamblar . . 148.7
Ensamble . . 149.10
Ensayo de rotura 27.8
- - -, carga de . 27.9
Entaille, dragage par 374.9
Entaillage à la drague 374.9
-, travail d' . . 375.2
Entailler . . . 375.1
Entalladura, dragado por 374.9
Entallas, hacer 375.1
Entfernung, Stützen- 404.1
Entgegengesetzt, die Kräfte sind - gerichtet 128.1
-, - - - gleich und 128.3
- gerichtete Kräfte 128.2
Entgleisen, der Kran entgleist 289.4

Entità del carico 2.6
Entkuppeln . . 82.5
Entladeanlage . 321.2
-einrichtung . 321.2
-gefäß, Selbst- . 410.1
-station 396.2
-stelle . . 322.3, 413.10
-stellung 413.7
-strang 400.3
-vorrichtung . 321.2
-zeit 413.6
Entladen 320.3, 320.8 413.8
Entlader, Schnell- 410.3
-, Selbst- . 378.7, 410.1
Entladung 320.8, 413.9
- auf freier Strecke 413.11
Entlasten, die Maschine 188.5
Entlasteter Schieber 194.6
Entlastung . . . 4.2
Entleerer, Schnell- 378.7
-, Selbst- . 378.7, 410.1
Entleerung, Selbst- 410.2
Entleerungsseil 412.1
Entlüften, die Leitung 238.9
Entlüftung der Leitung 238.10
Entlüftungsventil 238.8
Entnahme, Druckwasser- 229.3
-, Strom- . . . 206.5
Entnieten . . . 125.2
Entrainement, convoyeur par 370.2
-, roue d' . . . 184.6
Entrait, distance entre le sol et la face inférieure de l' 162.3
Entraits, bord inférieur des 290.6
Entrata nel pozzo 335.3
-, tubo d' . . . 240.3
-, valvola d' . . 196.3
Entrée de la cage 335.3
- du puits . . . 335.3
-, soupape d' . 196.3
-, tuyau d' . . . 240.3
Entrées, vis sans fin à plusieurs 71.7
Entreposage, installation pour l'- et l'emmagasinage 384.1
Entrepôt 381.3, 382.5
- à étages . . . 381.9
- - métaux . . 383.1
- de charbons . 381.8
- - grains en vrac 382.2
- - minerais . . 382.9
- flottant . . . 382.4
-, magasin dans le bâtiment d' 381.2
Entretoise . . . 289.9
- de pont . . . 148.3
Entretoisé, cadre 151.8

Entretoisement 152.7
- à treillis croisé 153.1
- - - en V . . . 152.8
- - triangles . . 153.4
-, boulon d' . . 117.4
-, douille d' . . 117.5
- horizontal . . 153.5
- - des membrures 146.6
- vertical . . . 153.6
Entretoiser . . 151.9
Entretoises . . 152.7
- en croix . . 153.3
Entrelazar un lazo de cable 37.7
Entwässern, die Leitung 238.3
Entwässerung der Leitung 238.4
Entwässerungshahn 238.6
-ventil 238.5
Entwerfen, einen Kran 281.1
Enveloppe d'électroaimant 108.7
- d'élévateur . 362.2
- de chanvre, nœud formé d'une 391.4
- - la partie supérieure d'un élévateur 362.4
- - poulie . . . 48.5
- protectrice du frein 104.2
Envio de una vagoneta 408.4
Envoltura, cable con - de plomo 205.2
Envolvente de cota de malla 377.1
- del elevador . 362.2
Envuelta superior del elevador 362.4
Épaisseur d'âme 145.7
- du fer de la chaine 28.8
Épisser le câble 38.4
- une boucle . . 37.7
- - estrope . . . 37.7
Épissure d'une boucle 37.8
- - estrope . . 37.8
- de câbles . . 38.1
-, endroit d'une 38.2
-, longueur supplémentaire nécessaire pour faire une 38.3
Épreuve, charge d' 2.2
- d'allongement 27.10
- de la chaine . 27.7
- - rupture, charge d' 27.9
Equal, the forces are - and opposed 128.3
Equation, moment 131.4
- of moments . 131.4
Équation des moments . . 131.4
Equazione dei momenti 131.4

Équerre d'encoignure 151.4
- en tôle . . . 151.3
Equilibrado, distribuidor 194.6
Équilibrage, levier d' 52.1
Equilibrar la carga por medio de contrapeso . . . 286.1
-, las fuerzas se equilibran 182.2
Equilibrare il carico con un contrappeso 286.1
Equilibrato, cassetto 194.6
Équilibre, conditions d' 182.1
- des forces . . 131.6
-, état d' 4.7
-, les forces sont en 131.7
Équilibré, tiroir 194.6
Équilibrer la charge au moyen de contrepoids 286.1
- les forces s'équilibrent 131.7, 182.2
Equilibrio, condizione d' 182.1
- delle forze . 131.6
-, le forze si fanno 131.7
Equilibrio de las fuerzas 131.6
-, estado de . . . 4.7
-, las fuerzas se hallan en 131.7
Equilibrium, condition of 182.1
- of forces . . . 131.6
-, the forces are in 131.7
Equipaggiamento elettrico 197.2
Equipajes, montacargas para 354.3
Équipe de chargement 321.8
Équipement avec câble 42.2
- électrique . . 197.2
Equipment crane 319.3
-, electric 197.2
-, floor 349.1
Equipo de carga 321.8
- eléctrico . . . 197.2
-, grúa de . . . 319.3
Erdanschlußkasten 205.11
-beschleunigung 21.10
-füllrumpf . . . 385.6
-geschoß . . . 335.2
-greifer 412.8
-kabel 204.11
Erden 204.2
Erect, to - a crane 281.4
Erecting crane 309.2
Erection, crane 281.3
-, tempory . . . 160.8
-, trial 160.8
Erregerdynamo 211.6
-maschine . . . 211.6
-strom 211.7
Erregung, Fremd- 211.5
-, Hauptstrom- . 211.2
-, Nebenschluß- 211.3
-, Selbst- 211.4
Erzaufzug . . . 355.7
-greifer 412.7
-kipper . . . 324.10
-lager 382.9
-verladekran . 319.7
Esagonale, dado 115.5
-, ferro 167.9
-, testa 115.10
Esame della catena 27.7
Escala . . 158.6, 350.6
Escalera . 158.3, 158.6
Escalier 158.3
Escalón 158.7
-, indicador de -es 350.9
Escalonada, resistencia 223.5
Escalonar la resistencia 223.6
Escape, agua de 230.6
-, válvula de . 196.4
Escavatore, apparecchio a - automatico 410.5
Escavo, cucchiaio d' 410.6
Escludere . . . 214.2
Esclusa, torno de 265.5
Escobilla . . . 207.7
- de inducido . 210.9
-, porta- 211.1
Escotilla 322.9
Escuadra . . . 168.3
- de ángulo . . 151.4
- - junta . . . 149.2
- - unión . . . 150.4
- del cordón . 145.9
-, montante derecho de 151.7
Esercizio a vapore 226.7
- ad aria compressa 234.4
-, carico d' . . 134.4
- continuo, funicolare con 392.8
- di ferrovia funicolare aerea 392.6
-, preparazione di 282.3
-, prevenzione di 282.3
Esférica, articulación 84.2
-, rueda de superficie de rodadura 256.5
Esférico, cojinete 90.2
-, gorrón 79.5
-, peso 53.8
-, soporte para gorrón 91.7
Esfuerzo cortante 136.1, 173.8
- -, remache sometido al 122.4
- de arranque . . 5.7
- - - del motor 209.5
- - cavadura . 411.7
- - cierre . . . 411.8
Esfuerzo de compresión 171.5
- - cortadura . 173.8
- - flexión . . . 174.5
- - - por compresión axial 172.4
- - frenado . . 97.6
- - la barra . . 141.2
- - tensión . . 397.6
- - torsión . . 173.1
- - tracción 170.8, 253.1
- del remache . 121.2
-, influencia de un 170.5
Eslabón 28.4
-, cadena de -es 28.3
- final 30.2
- giratorio . . 55.6
- - de cadena . 28.2
Espace libre pour la rotation 296.9
- mort . . 290.3, 290.8
Espacio libre de rotación 296.9
- recorrido . . 20.8
Espansione, macchina composita a doppia 228.4
Espárrago . . . 116.8
Especial, grúa . 309.5
Específica, presión - de apoyo 84.7
Espesor del alma 145.7
- - eslabón . . 28.8
Espiga de la quicionera 300.9
Espira 201.7
- de reserva . . 44.6
- del cable . . 45.4
Espiral, cable en 40.2
-, cuerda en . . 40.2
-, freno de cinta en 102.8
Esposta, superficie 154.4
Esquema de las conexiones 226.4
- del freno eléctrico 106.6
Esquisse des connexions 226.5
Essai d'allongement, charge d' 28.1
- de la chaine . 27.8
- - rupture à la traction 27.8
- - -, charge d' 27.9
Essere inserito in derivazione 225.8
Essieu 75.7
-, charge de l' . 75.8
- de roue porteuse 257.1
- - - - avec ressort de suspension 257.6
- fixe 75.9
Essieux, balancier de la charge sur les 254.5
Estabilidad de la grúa 284.5
-, momento de . 285.3
Estable 284.6
Estación central 396.8
- - para la producción de aire comprimido 235.5
- de bombas . 234.2
- - carga . . . 396.1
- - descarga . . 396.2
- - fuerza central 197.3
- - - motriz . . 197.3
- - funicular . 395.3
- - origen . . . 396.3
- - partida . . 396.3
- - relevo del cable 397.2
- - retorno . . 397.1
- - tensión del cable 397.3
- - término . . 396.5
- - transportador aéreo 395.3
- en un ángulo 396.7
- - una curva . 396.6
- intermedia . . 396.4
- - de transmisión de movimiento 396.9
- motriz 395.8
Estado de equilibrio 4.7
- - inercia . . . 4.7
Estampa para roblones 125.6
Estampada, cabeza 121.1
Estanque colector 236.7
Estar en derivación 225.8
-, la rueda está móvil sobre el árbol 257.2
Estáticamente, determinado 135.3
- indeterminado 135.4
Estático, cálculo 135.2
-, método de los momentos -s 144.3
Estensibile, accoppiamento ad anello 83.4
-, anello . . . 83.5
Esterna, carrello nella sua posizione 274.3
-, porre il carrello nella sua posizione 274.4
Esterno, circolo 64.4
- della gabbia, manovra dall' 348.6
Estintore, bobina dell'- di scintille 217.9
- di scintille elettromagnetico 217.8
Estirar, la cadena se estira 26.11
Estivar 320.6
Estopada . . . 190.8
Estopas, caja de 190.5
-, prensa- . . . 190.5
-, tubo de caja de 240.1

Estrangulación 243.3
Estrangular . . 243.2
Estrarre dalla miniera 359.1
-, dispositivo per - i lingotti 318.5
-, gru per - i blocchi dalle lingottiere 318.6
Estrattore, meccanismo di manovra dell' 314.1
-, porta-blocchi dell' 314.3
-, tanaglia dell' 314.2
Estrazione, argano d' 272.2
- dalla miniera 359.2
-, fune per organo di 41.4
- in massa . . . 358.2
-, macchina d' . 346.1
-, tamburo della macchina d' 346.2
Estrecha, vagón para vía 379.5
-, vía 329.4
Estrechar el árbol 76.11
Estrella, acoplamiento en 226.3
-, rodillo con . 402.7
Estrema, posizione 246.2
-, - - del carico 3.3
Estremità, attacco d'- della catena 45.8
- della bilancia 316.6
- di scarico . . 368.5
-, diagonale d' . 143.1
-, giunzione del nodo d' 151.1
- inferiore dell'elevatore 362.1
-, montante di . 143.6
-, riparto di . . 140.9
- superiore dell'elevatore 361.8
-, tenditore d' . 208.2
-, trave appoggiata alle 137.1
Estriada, chapa 169.4
-, plancha . . . 169.4
Estriado, tambor 45.2
Estribo 139.5
- de seguridad 57.2
- - suspensión . 407.4
- - - del caldero 311.5
- - - - crisol . 311.5
- guía de la cadena 31.8
Estrope 37.4
-, épisser une . 37.7
-, épissure d'une 37.8
Estrovo 37.4
Étage 334.7
-, commutateur à bouton d' 349.3
-, contact à bouton d' 349.3
- de descente . 3.1
-, indicateur d' 350.7
-, interrupteur à bouton d' 349.3
- où la charge doit être élevée 332.3
Étagée, distribution 196.7
Etagenzeiger . 350.7
Étages, débrayage opéré aux 349.1
-, déclenchement opéré aux 349.1
-, doigt pour l'arrêt aux 349.2
-, entrepôt à . . 381.9
-, manœuvre opérée aux 348.8
-, subdivision par 350.8
Étai 156.6
État d'équilibre 4.7
- d'inertie . . . 4.7
- de fonctionnement 282.3
Étayer 156.7
Étincelle d'ouverture 217.6
- de fermeture 217.7
- - rupture . . 217.6
-, souffler l' . 217.10
Étincelles, production d' 217.5
-, produire des . 218.1
Étirée, fibre . . 174.8
Étoile, connexion en 226.3
-, rouleau avec 402.7
Étoupes, boîte à 190.5
Ettowattora . . 200.5
Étranglement . 243.3
Étrangler, dispositif pour - un passage 243.1
-, un passage . 243.2
Être connecté en dérivation 225.8
Étrier de sûreté 57.2
- - suspension 407.4
- - - de creuset 311.5
- - - - poche . 311.5
- guide-chaîne 31.8
Étroite, voie . . 329.4
Evacuación, tubo de 240.4
Evacuar la cañería 238.3
Evacuare l'aria dalla condotta 238.9
- la conduttura 238.3
Évacuation, conduite d' 230.7
- de l'air . . 238.10
-, soupape d' . 196.4 238.8
-, tuyau d' 230.7, 240.4
Evacuazione, valvola d' - d'aria 238.8
Évacuer l'air . 238.9
Évalué par la statique 135.3
Évitement, doigt d' - de la chaîne 31.10
Evolvente, engranaje de - de círculo 66.8
Evolventenverzahnung 66.8
Excavación de paredes elevadas 374.2
- - taludes elevados 374.2
Excavación lateral 375.3
Excavador . . 370.8
- de ahuecar . 374.3
- - mordazas . 377.3
- - tenazas . . 375.9
- en alto . . . 374.1
- para tierra . 412.8
Excavateur 370.8, 374.5
- à godets . . . 371.7
- à grappin . . 377.3
- - griffes . . . 377.3
- - tenailles . . 375.9
-, benne-drague d' 412.8
- en hauteur . 374.1
-, godet d' . . . 371.8
Excavation de parois élevées 374.2
- - talus élevés 374.2
Excavator, bucket 374.5
- teeth 411.6
Excédent de force de freinage 99.9
- - - du frein . 99.9
- - puissance du frein 99.9
Excéntrica de paro 348.4
Excentrique d'arrêt 348.4
Exceso de fuerza del freno 99.9
Excess of brake force 99.9
Exchange station 397.1
Exchangeable spur gear 68.6
Excitación, corriente de 211.7
- en derivación 211.3
- - serie 211.2
- independiente 211.5
- separada . . 211.5
Excitadora, dinamo 211.6
Excitation, auto- 211.4
-, courant d' . . 211.7
- en dérivation 211.3
- - série 211.2
- extérieure . . 211.5
- indépendante 211.5
- séparée . . . 211.5
Excitation, self- 211.4
-, separate . . . 211.5
-, series 211.2
-, shunt- 211.3
Excitatrice . . 211.6
Excitatriz . . . 211.6
Exciter 211.6
Exciting current 211.7
- dynamo . . . 211.6
Exécuter un projet de grue 281.1
Exécution des ponts métalliques 159.4
Exercer une pression sur le câble 401.4
Exhaust valve . 196.4
- pipe 240.4
Exkavator . . . 374.5
Expansion stuffing box 191.1
Expedición de una vagoneta 408.4
Expédier un wagonnet 408.3
Expedir una vagoneta 408.3
Expédition d'un wagonnet 408.4
Exploitation par l'air comprimé 234.4
Expuesta, superficie - al viento 154.4
Extensible, anillo 83.5
-, brazo de tirante 298.6
Extensible, bague 83.5
Extension du câble 35.7
-, membrure travaillant à l' 142.6
-, nervure tendue à l' 141.5
-, tirant travaillant à l' 142.8
Extensión del cable 35.7
-, diagonal de . 142.8
Extérieur, manœuvre del' 348.6
Exterior de la cabina, maniobra al 348.6
-, engranaje . . 67.3
-, fuerza 132.4
-, posición - de la carga 3.3
External control 348.6
- force 132.4
- teeth 67.3
Extinción, bobina de - de chispas 217.9
Extincteur électromagnétique d'étincelles 217.8
Extracción . . 359.2
- de grandes masas 358.2
-, jaula de . . . 341.7
-, máquina de . 346.1
-, torno de 268.2, 272.2
Extraction 359.2, 360.4
-, appareil d' . 360.9
-, câble d' . . . 41.4
-, cage d' . . . 341.7
-, charge d' . . . 2.3
- de grandes masses 358.2
- en masse . . 358.2
-, installation d' 360.9
-, machine d' . 346.1
-, treuil d' . . . 272.2
Extraer 359.1
Extraire 359.1
-, matières à . . 359.6
-, quantité à . . 359.7
Extrema, carro puesto en la posición 274.3
-, diagonal . . . 143.1
-, pieza vertical 143.6
-, posición 13.6, 246.2

Extreme position of load 3.3
Extremidad, tensor de 208.2
Extrémité de bascule 316.6
- - déchargement 368.5
- - la chaine, fixation de l' 45.8
- du bras, déplacer le chariot à l' 274.4
-, tendeur d' 208.2
Extremo de descarga 368.5
- - la lingotera 317.2
- - - palanca 245.8, 316.6
- del brazo 297.3
- - molde 317.2
- - puntal 307.2
-, fijación del - de la cadena 45.8
-, garrón con - aplanado 79.6
Extremo, polea de - del cable 403.2
-, recuadro 140.9
-, rueda montada en un 256.6
- superior de la caja 333.5
-, viga empotrada por un 136.7
Exzenter, Fang- 343.4
Eye 55.8
-, dead 37.4
Eye, fork 416.7
- hook 54.4
- of link, enlarged 29.9
- ring 37.5
-, splicing an - in 37.8
-, to splice an - in 37.7
-, triangular lifting 55.5
Eyector de cenizas 364.5

F.

Fabbrica di gru 280.4
Fabbricato, deposito nel 381.2
Fábrica, caja con obra de 334.2
- de grúas 280.4
-, grúa para - de acero 310.5
Fabrication, tête de 120.10
Fabrik, Hebezeug- 280.4
-, Kran- 280.4
Fabrique d'appareils de levage 280.4
- de construction de grues 280.4
Faccia esterna, distanza dalla - dell'ala 123.5
Face of rivet hole 121.4
- - tooth 65.1
-, port 192.10
-, slide 192.10
Face de la dent 65.1
Faced disc 257.5
- washer 257.5
Fachwerk 140.1
-ausleger 297.6
-berechnung 144.1
-brücke 159.10
-netz 140.2
-, räumliches 143.9
-, Ständer- 143.8
-, Streben- 143.7
-system 140.2
-träger 144.9
Facilidad de giro brusco 16.7
- - maniobra de la grúa 282.2
Facilité à orienter 16.7
- à virer 16.7
Facteur de câblage 36.4
Factor of safety 170.4
Fahrantrieb 252.3
-bahn 13.3, 326.1
- - der Laufkatze 274.7
- -, innenliegende 327.1
- -länge 326.3
- -, obenliegende 326.4
- -träger 326.2
- -, untenliegende 326.5
Fahrbewegung 12.4
- -, Katzen- 273.7
-bremse 111.7, 253.4
-gang 252.3
-geschwindigkeit 13.4
-gestell 254.1
- -, zweiachsiges 254.5
-grenze 332.6
-kabine 341.4
-kammer 341.4
-kette 252.7
-korb 341.4
- -gestell 341.5
- -träger 341.6
-motor 253.5
-richtung 13.9
-schacht 333.3
- -, feuersicherer 333.9
- -, gemauerter 334.2
- -, geschlossener 334.1
-schiene 327.9
-seil 252.6
-steuerwalze 222.8
-stuhl 340.5
- -aufzug 352.2
- -boden 340.6
- -decke 340.7
- -, einseiliger 341.1
- -führer 331.5
- -führung 338.7
- -, Lasten- 341.3
- -seil 332.8
- -stütze 344.7
- -, zweiseiliger 341.2
-trommel 252.5
-vorrichtung 252.3
-weg 13.5
-werk 252.3
- -bremse 111.7, 253.4
- -, Katzen- 273.6
- -, Kran- 288.10
- -motor 253.5
- -welle 253.3
-widerstand 12.5
-windwerk 252.4
-zelle 341.4
-zug 253.1
-zylinder 190.1
Fahrbar 13.2
Fahrbare Auslaufschurre 336.7
- Seilbahn 394.3
- Winde 272.7
Fahrbarer Bockkran 295.3
Fahrbarer Drehkran 301.6
- Elevator 364.6
- Kran 284.4
Fahrbares Gegengewicht 286.7
Fahrbarkeit 13.3
Fahren 12.6, 12.7
-, Katz- 273.7
-, Kran- 289.1
Fahrt, Abwärts- 332.5
-, Auf- 332.4
-, Nieder- 332.5
-, Rückwärts- 221.6
-stellung 221.4
-, Vorwärts- 13.10, 221.5
Fairbairnausleger 298.3
-kran 301.3
Fairbairn crane 301.3
- derrick 298.3
- jib 298.3
Fairbairn, flèche de 298.3
-, grue 301.3
Fairbairn, gru 301.3
-, puntone 298.3
Fairbairn, brazo 298.3
-, grúa 301.3
Faire cesser l'action de la force motrice 282.7
- descendre la charge 8.2
- un joint dans une barre 148.8
- - - - - poutre 148.8
Faite de la cage 334.4
- du puits 334.4
Faktor, Verseilungs- 36.4
Faktorenflaschenzug 50.3
Falce, trave parabolica a 147.7
Fallbremse 104.3
-höhe 7.9, 386.5
-klinke 95.9
-rohr 387.1
-tür 336.6
-werkkran 310.3
Fall, crab with suspended pulley blocks and -s 276.1
-, depth of 386.5
-, the load -s 8.6
Falla a cerniera 385.7
Falle 95.8
Fallen, das Seil fällt ab 401.8
- der Last 8.7
-, die Last fällt 8.6
Falling distance, free 9.1
- in of the pawl 94.6
- of the load 8.7
- pawl 95.9
False bottom, wagon with 409.5
Falta de torsión 34.5
Fangapparat 342.1
-boden 344.5
-eisen 342.6
-exzenter 343.4
-frosch 414.5
-geschirr 324.4
-haken 324.5
-hebel 414.4
-keil 343.6
-klinke 342.7
-klotz 343.1
-kraft 342.3
-regulator 344.4
-stock 342.4
-vorrichtung 324.4, 342.1
- -, Keil- 343.5
- -, Kniehebel 343.7
- -, Pendel- 344.1
- -, selbsttätige 324.7
- -, Sicherheits- 344.3
- -, Wagen- 414.3
-werk 342.5
-zeug 342.5
Fangen des Fahrstuhles 342.2
Fänger 342.5
-, Wagen- 414.3
Fango, collettore di 238.1
Fangos, aspirador de 371.6
Far bilanciare 17.3
- colare dal becco rovesciando 312.3
- discendere il carico 8.2
- girare il carico 15.8
- - - lingotto 317.9
- partire un vagoncino 408.3
- traballare la freccia 17.5
- variare la volata 17.4
Fardeau 1.2, 2.4
- de la grue 282.10
-, le - tombe 8.6

Fardello, afferrare un - con branche 60.5
Fardería, carga de 322.4
Fardos, transportador de 368.1
Fare corde . . 36.3
- degli intagli 375.1
- il gomito . . . 77.3
- scendere il carico a mezzo del freno 112.4
Farina, elevatore per 365.4
Farine, élévateur à 365.4
Farinosa, materia 384.6
Faser, Druck- . 174.9
-, neutrale . . 174.10
-, Zug- 174.8
Faßaufzug . . 354.6
-elevator . . . 365.6
-kette 56.3
-winde 265.4
Fast and loose pulleys 75.3
- pulley 75.4
Fasten, to - with screws 118.8, 119.4
Fastener, belt . 75.1
Fastening . . . 152.7
- of chain end 45.8
- -point 139.8
-, rope 45.5
Fastenings . . 113.5
Fatigue 170.5
- du rivet . . . 121.2
- due au flambage 172.4
Fattura, nodo di 391.3
Faucanneau . . 297.1
Feather 78.5
Feder 78.5
-, Puffer- 327.7
-, Schlepp- . . . 339.6
Federnder Sattel 406.7
Feed, to - the boiler 227.7
Feeder 203.3
Feeding point . 203.4
Feinblech . . . 169.2
Feindrähtiges Seil 39.2
Feineisenlager 383.6
Feinfühlig, die Steuerung ist 244.6
Feinfühligkeit der Steuerung 244.7
Feingewinde . 115.4
Feld 140.6
-, End- 140.9
-, Last- 133.5
-, Mittel- . . . 140.10
-teilung 140.7
-weite 140.7
Felderteilung . 140.7
-zahl 140.8
Female thread 115.2
Femmina, chiave 119.9
Fer . . . 145.10, 168.2
- à appuyer le rivet 125.8
- - cheval, électro-aimant en 108.5
- - rivets . . . 121.9
Fer, câble en . 38.9
- carré 167.8
- cornière . . . 168.3
- de la chaîne 28.7
- - - -, diamètre du 28.8
- - - -, épaisseur du 28.8
-, débris de . . 169.7
- en barres . . 167.6
- - forme de quadrant 168.8
- - T . . 168.4, 168.5
- - U 168.6
- - Z 168.7
- feuillard . . 168.1
- fin 165.1
- forgé 164.8
- hexagonal . . 167.9
- homogène . . 165.1
- laminé 167.2
- marchand . . 167.5
- plat 167.10
- profilé 168.2
- puddlé 165.2
- rond 167.7
- -, transport aérien sur 399.7
- soudant . . . 165.2
- soudé 165.2
-, support en . 404.4
-, tôle de . . . 168.10
- Zorès 168.9
Fermacarri . . 414.3
Fermaglio a catenaccio su rocchetto 95.6
Fermante, tête 121.1
Fermare l'ascensore 346.8
-, - si ferma . . 347.2
-, - - - automaticamente 347.3
- la pompa . . 238.4
Fermata automatica 347.4
- dell'ascensore 346.9
Ferme à treillis 140.1
- de la toiture 162.1
- en arc 138.8
- simple 138.6
- sur rotules . 138.8
Fermé, palier . 89.1
-, polygone . . 130.1
Fermée, guérite - de conducteur 294.2
Fermer l'angle d'inclinaison de la flèche 299.5
- le courant . . 214.2 216.9
-, - tiroir ferme les lumières 193.10
Fermeture à charnière 385.7
- - glissière . . 385.8
- - verrou . . . 338.1
-, attache à . . 417.6
- automatique . 337.8
- brusque, appareil de 337.9
-, câble de . . . 411.9
- de la cage . . 335.7
- des lumières par le tiroir 193.9
- du courant . 217.1
- - puits 335.7
-, effort de . . . 411.8
-, étincelle de . 217.7
Fermeture, ligne de 130.7
- obligée de porte 337.8
-, porte à - automatique 336.7
-, position de . 193.7
- pour porte . 337.7
-, vitesse de . . 193.8
Fernbeförderung 358.5
-transport . . . 358.5
Ferramenta, deposito de 383.1
-, magazzino di 383.1
Ferri fini, deposito di 383.6
- -, magazzino di 383.6
- in verghe, deposito di 383.5
Ferro 168.2
- a doppio T . 168.5
- - nastro . . . 168.1
- - T 168.4
- - Z 168.7
- ad U 168.6
-, armatura in . 159.1
-, cavalletto portante in 404.4
- cilindrico, circolazione su 399.7
- -, trazione su 399.7
- colato 165.1
- d'angolo . . . 168.3
- d'unione . . . 150.5
- del parapetto 158.2
- della catena . 28.7
- di bordura 145.10
- - cavallo, magnete a 108.5
- - rinforzo . . 152.4
- dolce 164.8
- esagonale . . 167.9
-, foglio di lamiera di 168.11
-, fune di . . . 38.9
- fuso 165.1
- greggio, deposito di 383.2
- -, magazzino di 383.2
-, impacco di . 166.8
-, - - - per la confezione delle lamiere 167.1
- in barre . . . 167.6
- - sbarra da quadrante 168.8
- - verghe . . . 167.6
-, lamiera di . 168.10
- laminato . . . 167.2
- omogeneo . . 165.1
- per chiodi . . 121.9
- piatto . . . 167.10
- profilato . . . 168.2
- quadro . . . 167.8
-, reggia di . . 168.1
- saldato . . . 165.2
-, supporto in . 404.4
- tondo 167.7
- -, circolazione su 399.7
- -, trazione su 399.7
-, trave in - di filiera 146.7
-, - - - profilato 146.7
- universale . . 167.5
- Zores 168.9
Ferrocarril suspendido 419.6
Ferrovia aerea, biforcazione di 420.4
- -, scambio di 420.5
-, esercizio di - funicolare aerea 392.6
- funicolare aerea 392.3
- - -, veicolo di 419.7
- -, stazione di - aerea 395.3
-, respingente da 327.8
-, rotaia da . . 328.8
- sospesa . . . 419.6
- -, biforcazione di 420.4
- -, binario di . 419.8
- -, impianto di 419.5
- -, piattaforma girevole di 421.10
- -, rotaia di . . 420.1
- -, scambio di 420.5
Ferroviaria, argano per manovra 272.3
Ferroviarias, torno para maniobras 272.3
Ferroviario, carro 379.3
Ferrovie sospese, incrociamento di 421.7
Ferrure 150.5
- de garde-fou 158.2
Fers d'assemblage 149.1
- de la membrure 145.10
- en barre, magasin des 383.5
- fins, magasin des 383.6
Fessura per la fune 416.7
Festbremse . . 111.9
-scheibe 75.4
- und Losscheibe 75.3
-wert, Seil- . . 87.3
Festbrennen, das Lager brennt fest 85.2
Feste Achse . . 75.9
- Flasche . . . 49.2
- Kupplung . . 80.5
- Pratze 60.7
- Rolle 48.1
- Riemscheibe . 75.4
- Trommel . . 48.7
Festes Auflager 154.8
- Gegengewicht 286.5
- Trumm . . . 25.1
Festgedrückte Schüttung 385.1
Festigkeit, Biege- 174.4
-, Bruch- 170.2
-, Drehungs- . . 172.7
-, Druck- 171.4
-, Scher- 173.7
-, Schub- 173.7
-, Torsions- . . 172.7
-, Zug- 170.7
Festklemmen des Fahrstuhles 342.2
Festschrauben 119.4

Feststehender Bockkran 295.2
- Drehkran . . 299.9
Feststellbremse 118.1
Festziehen, die Bremse zieht sich fest 99.7
Fett, konsistentes 85.7
-, Schmier- . . . 85.7
-schmierung . . 85.6
Feu à chauffer les rivets 126.3
Feuern 218.1
Feuer, Niet- . . 126.3
Feuersicherer Fahrschacht 333.9
Feuertür 227.6
Feuerung, Kessel- 227.5
Feuillard . . . 168.1
Feuille de tôle 168.11
Fiador 115.7
Fiancata dell'argano 267.3
Fianco del dente 65.1
-, maglia saldata di 29.2
-, vagoncino capovolgibile di 378.5
-, virare di . . . 15.9
Fibra compressa 174.9
- neutra . . . 174.10
- sottoposta alla compressione174.9
- - - trazione . 174.8
- tesa 174.8
Fibra neutra 174.10
- sometida á la compresión 177.9
- - - - tracción 174.8
Fibre, neutral 174.10
- under bending stress 174.8
- - compression174.9
Fibre comprimée 174.9
- élastique . . . 185.9
- étirée 174.8
- neutre . . . 174.10
- soumise à la compression 174.9
- - - - traction 174.8
Fiche de prise de courant 206.1
Field 140.6
- of load . . . 133.5
Fieren, die Last 8.2
Fija, garra . . 60.7
-, grúa 284.3
-, - de caballete 295.2
-, - giratoria . . 299.9
-, polea . . 48.1, 75.4
Fijación de nudo 418.2
- - palanca articulada 417.8
- - tornillo . . 419.1
- - trinquete . 418.3
- del extremo de la cadena 45.8
-, garra de . . . 416.5
-, nudo de . . . 391.2
Fijar con pernos 119.4
- - tornillos . . 119.4
Fijo, anillo . . 77.5
-, apoyo 154.8
Fijo, contrapeso 286.5
-, eje 75.9
-, tambor . . . 48.7
Fil 202.7
- caoutchouté . 205.3
- de ligne . . . 204.7
- fusible 208.8
- isolé 204.4
- - au caoutchouc 205.3
- nu 204.3
Fil di ferro, draga a sacchi in 375.7
- - -, sacco in - per draga 375.8
Fila di chiodi . 123.2
Fila de remaches 123.2
-, remachado de dos -s 123.8
-, - - una . . . 123.7
File de rivets . 123.2
Filet 114.1
- à droite . . . 114.2
- - gauche . . 114.3
- carré 114.8
- d'écrou . . . 115.2
- de drague . . 375.8
- des tuyaux à gaz 115.3
-, drague à . . 375.7
- fin 115.4
- plat 114.8
- protecteur . . 405.4
- rectangulaire 114.8
- rond 114.9
- tranchant . . 114.7
- trapézoïdal . 115.1
- triangulaire . 114.7
-, vis à un . . . 114.4
Filete 114.1
- á la derecha . 114.2
- - - izquierda 114.3
- cuadrado . . 114.8
- de un paso . 114.4
- doble 114.5
- fino 115.4
- matriz 115.2
- múltiple . . . 114.6
- para tubos de gas 115.3
- redondo . . . 114.9
- trapeciforme 115.1
- triangular . . 114.7
Fileté, axe . . . 120.2
-, crampon . . . 117.1
Fileteada, varilla 120.2
Filetée, tige . . 120.2
Filets, vis à deux 114.5
-, - - plusieurs 114.6
-, - sans fin à plusieurs 71.7
Filettata, accoppiamento a morsa 419.3
-, asta 120.2
-, boccola . . . 118.3
-, comando dell'asta 120.5
-, cuscinetti dell'asta 120.3
Filettato, rampone 117.1
Filettatura fine 115.4
- per tubi a gas 115.3
Filetti, impanatura a più 114.6
Filetto 114.1
- destrorso . . 114.2
- doppio 114.5
- -, vite a . . . 114.5
- semplice . . . 114.4
- -, vite a . . . 114.4
- sinistrorso . . 114.3
- tondo 114.9
- trapeziforme 115.1
Fili, rete di conduttori a tre 203.1
Filiera, trave in ferro di 146.7
Filin 41.6
Fill, to - up joints 160.9
Fillet height . 145.8
- thickness . . 145.7
Filling, asphalte 160.10
- machine . . . 368.8
Fillister head . 116.2
Filo di conduttura 204.7
-, fune metallica a - grosso 39.3
-, - - - - sottile 39.2
- isolato su gomma 205.3
Filovia per caricamento delle navi 394.4
Fils, câble métallique en gros 39.3
- minces, câble métallique en 39.2
-, réseau à trois 203.1
Filter, Sieb- . . 237.7
Filter, sieve . . 237.7
Filtre . . 237.7, 237.9
- de protection 237.9
Filtres, boîte contenant une série de 237.8
Filtro a staccio 237.7
Filtro-tamiz . . 237.7
Fin de course . 13.6
-, fer 165.1
-, filet 115.4
Fin de la carrera 13.6
-, tornillo sin . 71.1
Fina, chapa . . 169.2
-, plancha . . . 169.2
Final speed . . 20.11
Final, eslabón . 30.2
-, velocidad . . 20.11
Finale, position 13.6, 246.2
-, vitesse 20.11
Finale, montante 148.6
-, velocità . . . 20.11
Fine material . 384.6
- pitch thread . 115.4
- plate 169.2
- -wire rope . . 39.2
Fine, ingranaggio a vite senza 70.7
-, rinvio a vite senza 71.6
-, scatola della vite senza 70.8
-, taglia a vite senza 51.1
-, vite senza . . 71.1
Finger,Kontakt-219.1
-kran 318.5
Finger, Schleif- 219.1
-, Stromschluß- 219.1
Finger 350.4
-, contact . . . 219.1
Fini, deposito di ferri 383.6
-, magazzino di ferri 383.6
Fino, filete . . 115.4
-, materias en granos -s 384.6
Fiondare, la manovella fionda 180.4
Fire door . . . 227.6
- -proof shaft . 333.9
Firnissen . . . 161.7
First coat . . . 161.4
Fish plate 149.5, 328.4
- -, double . . . 149.6
- - joint 148.5
Fissa, branca . 60.7
-, gru 284.3
-, - a cavalletto 295.2
-, - girevole . . 299.9
-, puleggia . . . 75.4
-, - - e folle . . 75.3
-, tanaglia . . . 60.7
Fisso, anello . . 77.5
-, appoggio . . 154.8
-, asse 75.9
-, contrappeso . 286.5
-, giunto 80.5
-, sopporto - della cabina 344.7
-, tamburo . . . 48.7
Fitted bolt . . 117.2
Fitter, crane . . 281.2
Fittings, hook . 58.6
Fixation de l'extrémité de la chaîne 45.8
- du câble 86.8, 45.5
- - rail 328.5
Fixe, contrepoids 286.5
-, essieu 75.9
-, griffe 60.7
-, grue 284.3
-, poulie . . 48.1, 75.4
-, - - et poulie folle 75.3
Fixed balance weight 286.5
-, beam - at one and supported at other end 189.10
- bearing . . . 154.8
- block 49.2
- claw 60.7
- counterweight286.5
- coupling . . . 80.5
- crane 284.3
- drum 48.7
- end, moment at 189.9
- gantry crane 295.2
-, simple - pulley 48.1
Fixer à l'aide de boulons 119.4
- - - - vis . . . 119.4
Fixing 152.7
- brake 118.1
- of rails . . . 328.5
- -point 139.8
-, rope 36.8
- screw 118.5
Flacheisen . . 167.10
-gewinde . . . 114.8
-schieber . . . 194.3

Flachschiene 328.10
-seil 40.9
-stahlschiene 328.11
-walze 156.1
Flaches Gewinde 114.8
FlachlitzigesSeil 39.9
Fläche,Auflager- 84.5
-, Einfluß- . . . 136.5
-, Kontakt- . . 218.4
-, Lauf- 255.5
-, Momenten- . 135.7
-, Querkraft- . . 136.3
Flächeninhalt . 175.2
-pressung . . . 84.7
Flambage . . . 172.1
-, coefficient de sécurité contre le 172.5
-, effort due au 172.4
-, fatigue due au 172.4
-, force de . . . 172.2
-, longueur au . 172.3
-, précaution contre le 172.5
Flanco del diente 65.1
Flange . . 142.1, 241.2
- angle 145.9
- - iron . . . 145.10
-, bar of 141.9
-, blank- . 241.3, 241.5
-, blind 241.5
-, bottom . . . 142.4
- bracing . . . 146.6
-, compression . 142.5
- -coupling 80.11, 241.1
-, double 255.7
-, drum 43.2
-, lower 142.4
-, motor with . 212.3
- of coupling . 80.12
- - the brasses . 88.1
-, packing . . . 191.3
- plate 146.1
- rivet 146.3
-, rod of 141.9
- section 142.2
- sheet 146.1
- stiffening . . 146.6
- strengthening 146.6
- tension 141.10, 142.6
-, top- 142.3
-, upper- 142.3
-, wheel 255.6
Flanged packing 191.2
- pipe 239.7
- solid bearing for plate frame 89.5
Flanges des galets de roulement 405.6
Flangia 241.2
- cieca 241.5
- del tamburo . 43.2
-, giunto a . . . 241.1
-, tubo a 239.7
-, unione a . . . 241.1
Flank of a tooth 65.1
Flanke, Zahn- . 65.1
Flansch 241.2
-, Blind- 241.5
-, Deckel- . . . 241.5
-, Kupplungs- . 80.12
-, Laufrad- . . . 255.6
-motor 212.3
-, Trommel- . . 43.2
-verbindung . . 241.1
Flanschenkupplung 80.11
Flanschenrohr 239.7
Flap, bottom . . 409.6
- valve, throttle 243.4
Flasche 49.1
-, feste 49.2
-, Haken- 49.4
-, lose 49.3
-, Ober- 49.2
-, Unter- 49.3
-, x-rollige . . . 49.6
Flaschenwinde 262.7
-zug 48.7
-, Differential- . 50.6
-, Einzieh- . . . 260.7
-, Faktoren- . . 50.3
-, Gruppen- . . 50.5
-, Hand- 50.2
-, Ketten- 51.5
-, Laufkatze mit angehängtem 275.1
-, - - eingebautem 276.2
-, Potenz- . . . 50.4
-, Schnell- . . . 51.2
-, Schrauben- . 51.1
-, Seil- 51.4
-, Spann- 51.3
-, Stirnrad- . . 50.8
-, Zwillings- . . 51.8
Flasque 210.4
- de chaine . . 29.8
- - la moufle . 49.5
- - poulie . . . 48.5
- - treuil 267.3
- porte-palier . 210.4
Flasques des galets de roulement 405.6
Flat cable . . . 40.9
- iron 167.10
- journal 79.6
- link chain . . 29.7
- piston 186.5
- rail 328.10
- roller 156.1
- rope 40.9
- slide valve . . 194.3
- steel rail . . 328.11
- strand rope . 39.9
- wagon 377.9
Flecha 138.9
- del cable . . . 399.1
-, enlace de -s . 153.4
- formada de una viga 307.4
-, variación de la 17.1
Flèche . . 135.8, 138.9 297.1
- à âme pleine 297.7
- - inclinaison variable 299.1
- - mouvement de giration 277.4
- - position variable 298.8
- - rabattement 298.8
- - tirant de longueur variable 299.1
- - - extensible 298.6
- - treillis . . . 297.6
-, abaisser la . . 17.4
- coudée 298.2
- d'inclinaison variable, grue à 307.8
- de Fairbairn 298.3
- dont l'angle d'inclinaison peut se fermer 299.4
- - - - - s'ouvrir 299.4
Flèche droite . 298.1
- du câble . . . 399.1
-, extrémité de la 297.3
- formée d'une poutre 307.4
-, hauteur de . 296.1
- horizontale pivotante, chariot à 277.3
- inclinée, chariot sur 277.9
-, incliner la . . 17.5
-, mouvement de 298.5
- mobile 298.4
-, pencher la . . 17.5
-, pont roulant à 292.7
-, relever la 17.4, 299.2
Fléchissant, moment 135.5
Fleischelevator 366.3
Flessibile, cavo 205.5
-, fune 35.3
-, gru a ponte con trasmissione 291.7
-, tubo 377.2
Flessione 135.8, 174.6
- dei solidi caricati di punta 172.1
- della fune . . 35.2
-, linea di . . . 135.9
-, momento di . 135.5
-, sollecitazione alla - per compressione assiale 172.4
Flesso-pressione, forza che sollecita la 172.2
- -, lunghezza dell'asta soggetta alla 172.3
- -, rottura per . 172.1
Flettente, momento 135.5
Flexarse por compresión axial 172.6
Flexibility of rope 35.2
Flexible cable . 205.5
- coupling . . . 81.2
- gearing . . . 73.7
- joint hose . . 377.2
- rope 35.3
Flexible, boyau - à air comprimé 235.3
-, câble . 35.3, 205.5
Flexible, cable 35.3, 205.5
-, cuerda 35.3
-, tubo 377.2
-, - - para aire 235.3
Flexibles Kabel 205.5
Flexion 174.6
- de pièces chargées de bout 172.1
- du câble . . . 35.2
-, effort de - subi par un corps 174.5
-, moment de . 135.5
-, résistance à la 174.4
-, tension de - par unité de surface 174.7
Flexión . 135.8, 174.6
- de la cuerda 35.2
- del cable . . 35.2
Flexión, linea de 135.9
-, momento de . 135.5
- provocada por compresión 172.1
-, resistencia á la 174.4
-, ruptura por . 172.1
Flexionarse por compresión axial 172.6
Flexure, stress due to lateral 172.4
Fliegend, das Laufrad ist - auf der Achse angeordnet 256.7
Fliegendes Laufrad 256.6
Fliehkraft . . . 14.7
Float . . . 231.8, 357.8
- valve 231.7
Floating dredger 375.4
- luffing crane 308.3
- store 382.4
- warehouse . . 382.4
Floja, grúa de garras con suspensión 314.8
Flojo, cable . . 34.9
Floor . . 162.2, 334.7
-, cellar 335.1
- control 348.8
- -division . . . 350.8
- equipment . . 349.1
-, grain warehouse without -s 382.1
-, granary built with -s 381.9
- ground . . . 335.2
-, height from - to underside of roof girder 162.3
- -indicator . . 350.7
- of cage . . . 340.6
- plank 157.6
- -stop 349.2
- switch 349.3
- timber 157.6
Flooring, plank 157.5
- -plate 157.4
-, plate- 157.3
-, platform . . . 157.2
- -sheet 157.4
-, timber 157.5
Flotador . 231.8, 357.8
Flotante, cable 390.4
-, depósito . . . 382.4
-, draga 375.4
-, grúa 308.3
-, transporte por cadena 392.1
Flottaison, hauteur de 308.6
Flottant, câble 390.4
-, entrepôt . . . 382.4
-, transport par câble 390.3
Flottante, drague 375.4
-, grue . . 308.3, 308.5
-, transport par chaîne 392.1
Flottement de la chaîne 26.6
Flotter, la chaîne flotte 26.7
Flotteur 231.8, 357.6

Flotteur, soupape à 231.7
Flour elevator . 365.4
Flow piping . . 236.5
-, velocity of . . 235.9
Flowing, quantity of water 236.1
Fluctuación de la intensidad de corriente 198.1
Fluctuation of current 198.1
Flügelbremse . 105.2
-schraube . . . 117.9
-, Tür- 336.3
-tür 335.9
-werkbremse . 105.2
Fluid, braking . 105.6
-, working 230.2
Flur . . . 162.2, 290.7
-, Stromzuführung über 206.2
Flush, plate - joint 148.6
- rivet 122.1
-, suction head with hydraulic 376.7
Flushing dredger 376.1
Flußeisen . . . 165.1
-stahl 165.3
- -, Tiegel- . . . 166.3
Flüssigkeit, Arbeits- 230.2
-, Betrieb- . . . 230.2
-, Brems- 105.6
Flüssigkeitsbremse 105.3
Fluttuazione di corrente 198.1
Focolare della caldaia 227.5
-, porta del . . 227.6
Foderato, sopporto 89.4
Foglio di lamiera di ferro 168.11
Folge, Wagen- . 407.8
Folle, poulie . . 75.5
-, - fixe et poulie 75.3
- sur l'essieu, la roue porteuse est 257.2
Folle, asse . . . 76.2
-, carrucola . . 47.7
-, puleggia . . . 75.5
-, - fissa e . . . 75.3
-, tamburo . . . 43.8
Fonctionnement à vide 11.2
- au moyen de la pression hydraulique 229.1
- de la grue . . 283.4
-, élasticité de - de la grue 283.7
-, état de 282.3
- par cuiller automatique 410.4
- - l'air comprimé 234.4
- - pelle automatique 410.4
- - préhension automatique 410.4
- prolongé par l'inertie 4.8
-, sûreté de . . 282.4
Fonctionner avec surcharge, pouvoir de 4.1
Fond à rabattement 409.6
- - -, wagonnet avec 409.5
-, cercle de . . . 64.5
- de la crapaudine 300.8
-, drague de . . 374.3
- du cylindre . 188.8
- - tambour . . 43.1
Fondaco 380.1, 381.3
Fondamento, passonata del 288.9
Fondation, base de la 288.5
-, boulon de 88.10, 287.9
-, charge sur la 288.4
- de grue . . . 287.7
-, massif de . . 287.8
-, pilier de . . . 288.8
-, plaque de 88.7, 301.1
-, plate-forme de 288.9
-, pression sur la 288.4
-, surface de la 288.5
Fondazione, blocco di 287.8
-, bullone di 88.10, 287.9
-, cuscinetto di 155.7
- della gru . . 287.7
-, piastra di 88.7, 288.1 300.11, 301.1
-, pietra di . . . 155.2
-, pila di 288.8
-, pressione sulla 288.4
-, stella di . . 300.11
-, suolo della . . 288.5
-, superficie della 288.5
Fonderia, carro da 312.5
-, colata per 310.7, 310.8
-, gru da - con dispositivo di rotazione automatico 312.2
-, - - - girevole 303.1
-, - per 310.7
Fonderie, grue pivotante de 303.1
-, - roulante de 293.1
-, pont roulant de 293.1
-, gru a ponte per 293.1
Fondo, anello di 190.7
-, mano di . . . 161.4
-, anillo de . . . 190.7
- de rebatimiento 409.6
-, draga de . . 374.3
Fondu, acier . 165.3
Fonte coulée à découvert 164.1
- - en châssis . 164.2
- - - sable . . 163.4
- de fer 163.3
- durcie 164.6
- en coquille . 164.6 166.6
- malléable . . 164.7
-, roue en . . . 70.2
- trempée . . . 164.6
Fontes, magasin des 383.2
Foot 264.6
Foot brake . . 100.5
-, elevator . . . 362.1
- -lever 247.5
- of jib 297.2
-path 157.9
- - platform . . 157.8
-step 79.2
- - bearing 86.1, 300.2
- - -, roller supported 86.6
Force . . . 21.2, 127.1
-, accelerating . 19.9
-, back electromotive 198.10
-, brake . 96.5, 342.3
-, braking . . . 97.6
-, centrifugal . 14.7
-, closing . . . 411.8
-, collapsing . . 172.2
-, component . 129.6
-, compressive . 171.7
-, controlling . 244.1
-, counter acting 132.6
- -couple . . . 132.3
-, direction of . 127.2
-, external . . . 132.4
-, grab 411.7
-, horizontal . . 128.5
-, increasing - by gearing 62.4
-, internal . . . 132.5
-, lifting 109.6
- of compression 171.7
-, opposite acting 132.6
-, piston 186.1
- -plane, Cremona's 144.2
-, pulling . . . 109.6
- pump 233.5
- -, hand 233.8
-, reacting 96.8, 132.6
-, resolution of a 129.1
-, retarding . . 20.4
-, shear 136.1
-, shearing . . . 136.1 173.10
-, single 127.3
-, speeding-up . 5.7
-, starting 5.7
-, stretching . . 397.6
-, superposed . 132.4
-, tensile 171.1
-, the - produces a moment to the left 131.3
-, - -s are equal and opposed 128.3
-, - -s - in equilibrium 131.7
-, - -s - - the same direction 127.4
-, torsional . . . 173.3
-, tractive . . . 253.1
-, transverse . . 136.1
- -triangle . . . 129.7
-, twisting . . . 173.3
-, vertical . . . 128.4
-, wind 153.11
Force . . 21.2, 127.1
-, absorption de 282.8
- accélératrice 19.9
- centrifuge . . 14.7
- concentrée . 127.3
- contre-électromotrice 198.10
Force d'arrêt . 342.3
- de compression 171.7
- - - axiale . . 172.2
- - démarrage . . 5.7
- - flambage . 172.2
- - freinage . . 97.6
- - levage 2.5
- - prise 342.3
- - retenue . . 342.3
- - torsion . . . 173.3
- - traction . . 109.6 253.1
-, décomposition de 129.1
-, direction de la 127.2
- du vent . . 153.11
- élastique de la vapeur 227.2
- extérieure . . 132.4
- horizontale . 128.5
- intérieure . . 132.5
- isolée 127.3
-, la - engendre un moment négatif 131.3
-, - - - - - positif 131.2
-, - - produit un moment de rotation à droite 131.2
-, - - - - - - - - gauche 131.3
-, - - - - - négatif 131.3
-, - - - - - positif 131.2
-, - - tourne à droite 131.2
-, - - - - - gauche 131.3
- motrice 177.3, 282.6, 395.10
- -, supprimer l'action de 282.7
- -, suspendre l'action de la 282.7
-, multiplication de 62.4
- nécessaire . . 282.8
- perpendiculaire 128.4
- portante . . . 2.5
- - de la grue . 283.2
- pour le débrayage du frein 109.6
- retardatrice . 20.4
-, sens de la . . 127.2
-, transport de - électrique 197.1
- unique 127.3
- verticale . . . 128.4
- vive 21.7
Forced door locking device 337.8
Forcer les trous de rivets 121.7
- un appareil de levage 3.9
Forces, combination of 129.3
-, diagram of . 130.2
-, opposed . . . 128.2
-, oppositely acting 128.2
-, parallelogram of 129.4
-, polygon of . . 129.8

Forces, the - balance each other 131.7, 132.8
-, - - produce a left handed moment 131.3
-, triangle of . 129.7
- working in same direction 127.5
Forces agissant en sens contraire 128.2
-, composer des 129.2
-, composition des 129.3
- de même direction 127.5
- - - sens . . . 127.5
-, diagramme des 130.2
-, les - agissent dans la même direction 127.4
-, - - - en sens contraire 128.1
-, - - - - - inverse 128.1
-, - - s'équilibrent 131.7
-, - - sont égales et directement opposées 128.3
-, - - - en équilibre 131.7
- parallèles . . 127.5
-, parallelogramme des 129.4
-, polygone des 129.8 130.2
-, triangle des . 129.7
Forchetta, cuscinetto dell'intaglio della 417.4
- da fune con guancia a cuscinetto 417.3
-, fusto della . . 416.8
-, la fune si leva dalla 417.1
-, perno a . . . 79.1
- prendi-fune . 416.6
-, sollevamento della fune dalla 416.9
Förderanlage . 360.7
-bahn . . 333.7, 359.4
-band 367.3
-gefäß 359.3
-geschwindigkeit 359.8
-gestell 340.2
-gut 359.6
-haspel 268.2
-höhe 332.2
- - der Pumpe 229.8
-hund 377.8
-kabel 268.2
-kasten 341.8
-kette 368.2
-korb 341.7
-länge 359.5
-last 2.3, 332.1
-leistung 360.1
-maschine . . . 346.1
-menge 359.7
-mittel 360.9
-pumpe 376.6
-rinne 369.5
- -, Schub- . . . 369.7
-rohr 370.7
-schale 340.3
Förderschnecke 370.4
-seil . . . 41.4, 388.2
-stufe 332.3
-tiefe 332.2
-trommel . . . 346.2
-vorrichtung . 360.8
-wagen 377.8
-winde 272.2
Fördern 359.1
Förderer 367.1
-, Ballen- 368.1
-, Drahtseil- . . 370.2
-, Druckluft- . . 364.2
-, Druckwasser- 364.4
-, Gurt- 367.2
-, Kratzer- . . . 369.2
-, Sack- . . . 367.10
-, Saugluft- . . 363.8
-, Saugwasser- . 364.3
Förderung . . . 359.2
-, Bremsberg- . 361.5
-, doppelt wirkende 388.4
-, einfach wirkende 386.3
-, Einzel- 360.3
-, geneigte . . . 360.6
-, Ketten- . . . 392.1
-, Massen- . . . 358.2
- mit geschlossenem Seil 389.1
- - Oberseil . . 390.3
- - offenem Seil 388.5
- - Seil und Gegenseil 389.3
- - - -Verbindungsseil 390.1
- - Unterseil . 390.5
- - Vorder- und Hinterseil 389.5
-, pneumatische 363.6
-, Seil- 388.1
-, senkrechte . . 360.4
-, stetige 360.2
-, wagerechte . 360.5
Forge crane . . 314.5
-, riveting- . . . 126.3
- -steel 165.5
Forge à chauffer les rivets 126.3
-, acier de . . . 165.5
-, grue de . . . 310.4
-, - pivotante de 303.2
Forgé, fer . . . 164.8
Forgeable, acier 165.5
Forgia, gru da 310.4
Fori, alesare i - per chiodi 121.8
-, perdita per - di chiodi 146.5
-, punzonare i - per i chiodi 121.6
-, trapanare i - per i chiodi 121.7
Forja, grúa giratoria para 303.2
-, - para -s . . 310.4
Fork, body of 416.8
-, catch 416.6
- eye 416.7
-, lifting the rope out of the 416.9
- pin 79.1
-, pulley 47.8
-, shank of . . . 416.8
-, sheave 47.8
Formeisen . . . 168.2
Formguß, Stahl- 166.5
-, Kran- 284.1
Form, longitudinal 290.5
Forma del gancio 52.10
- della gru . . 284.1
Forma de la grúa 284.1
- del gancho . 52.10
Formación de chispas 217.5
Formada, flecha - de una viga 307.4
Formar el cigüeñal 77.3
Formation, spark 217.5
Formazione di scintille 217.5
Forme de grue 284.1
- du crochet . 52.10
Forme di sabbia, fusione entro 163.4
-, fusione entro - scoperte 164.1
Fornello 126.3
Forni, gru per - interrati 313.1
-, - - - - con dispositivo per scoperchiare 313.3
-, - - - sotto suolo 313.1
-, - - - - - - con dispositivo per scoperchiare 313.3
-, montacarichi per alti 356.1
Foro 68.2
- del chiodo . . 121.3
- di lubrificazione 88.11
-, pareti del . . 121.4
-, pressione sulle pareti del 121.5
Forrado, cojinete 89.4
Forro de cuero, cinta de freno con 102.5
- - madera, cinta de freno con 102.4
- - -, freno de cinta con 102.3
- interior del cojinete 87.4
Forward, running 221.5
-, to turn the handle 180.2
Forwards, slewing 16.1
-, swinging . . 16.1
Forza . . 21.2, 127.1
- d'accelerazione 19.9
- d'arresto . . . 342.3
- d'avviamento 177.5
-, centrale per . 197.3
- centrifuga . . 14.7
- che sollecita la flesso-pressione 172.2
-, consumo di . 282.9
- contro-elettromotrice, tensione della 198.10
- del freno . . 96.5
Forza del vento 153.11
- della tensione 397.6
- di compressione 171.7
- - reazione . . 96.8
- - taglio . . 173.10
- - torsione . . 173.3
- - trazione . . 171.1 253.1
- esterna . . . 132.4
- interna . . . 132.5
- isolata 127.3
-, la - produce un momento negativo 131.3
-, - - - - - positivo 131.2
- motrice 177.3, 282.6
- -, interrompere la 282.7
- necessaria . . 282.8
- orizzontale . 128.5
- per la distribuzione 244.1
- - liberare il freno 109.6
-, rapporto di . 62.4
- ritardatrice . 20.4
- singola . . . 127.3
- sullo stantuffo 186.1
- tagliante . 173.10
- tagliente . . . 136.1
- traente . . . 258.1
- trasversale . 136.1
- -, area della . 136.3
- unica 127.3
- verticale . . . 128.4
Forzado, cierre - de la puerta 337.9
Forzata, acqua 230.3 230.5
-, conduttura d'acqua 228.7
Forze, comporre delle 129.2
- concorrenti . 127.5
- contrarie . . 128.2
-, le - si fanno equilibrio 131.7
-, - - sono contrarie 128.1
-, - - - dello stesso senso 127.4
-, - - - opposte 128.1
-, - - - uguali e contrarie 128.3
- nello stesso senso 127.5
Fosfórico, bronce 169.11
Fosforoso, bronce 169.11
-, bronzo . . 169.11
Foso de depósito de mampostería 380.5
- - recalentamiento de Gjer 313.2
Fossa di riscaldamento 313.2
- sotterranea . 355.9
Fosse de cabestan 278.2
- - dépôt maçonnee 380.5
- - Gjer 313.2
- - réchauffage 313.2
-, grue à 301.2
Fou, arbre . . . 76.2

Fou, tambour . 43.8
Foucault, correnti di 201.6
-, freno a correnti di 108.2
Foucault, corrientes de 201.6
-, freno de corrientes de 108.2
Fouettement de la chaine 26.6
Fouetter, la chaine fouette 26.7
Foulante, pompe 233.5
-, - - à main . . 233.8
Foundation, base of 288.5
- block 287.8
- bolt . . 88.10, 287.9
-, crane- 287.7
- cross 300.11
- frame 288.9
- pillar 288.8
- plate . . 155.1, 301.1
-, pressure on . 288.4
- stone 155.2
Foundry car . . 312.5
- crab 310.8
- crane 310.7
- - with automatic tipping device 312.2
- - - fixed ladle guide 311.6
- slewing crane 308.1
- traveller . . . 298.1
Four à réchauffer 313.2
- - rivets . . . 126.4
- profond . . . 313.2
Four-legged support 404.7
Fourche à douille 417.5
- - ressort . . . 417.7
- d'attache . . 416.5
- de câble avec garniture intérieure 417.3
- - guidage pour câble 416.6
-, garniture intérieure de la 417.4
-, gueule de . . 416.7
-, sortie du câble de la 416.9
-, tige de . . . 416.8
-, tourillon de . 416.8
Fourchette, tourillon à 79.1
Fourrure . . . 149.9
- de cuir, bande de frein à 102.5
- du coussinet . 87.4
Foyer 227.5
-, porte du . . . 227.6
Frachtschiff . . 323.3
Fracture of chain 27.6
- - rope 87.1
- - tooth . . . 65.6
-, pipe 241.8
-, safety against 170.3
Fragua para calentar los remaches 126.4
Fraise, dent taillée à la 65.11
Fraisé, boulon . 116.5
Fraisée, dent - dans la masse 66.1
-, rivet à tête . 122.1
-, tête 116.4
Fraiser le rivet 122.3
Frame 151.5
-, cage 341.5
-, centre . . . 140.10
- containing bearings 92.3
-, crab 278.5
-, crane . 294.6, 294.7
-, cross 158.3
-, end- 140.9
-, foundation . 288.9
- -girder 144.9
-, grab 411.2
-, guide . 277.2, 315.1
-, iron- 159.1
-, rigid 151.8
-, stiff 151.8
-, strut . . 188.7, 143.7
-, trolley . . . 278.5
-, winch 267.2
-, winding . . . 340.2
- -work 140.1
- - calculation 144.1
- -, roller . . . 333.6
- -, shaft 334.6
- -, slip 319.1
- -, supporting 305.8 403.4
- - system . . . 140.2
- -, tower . . . 306.4
- works, open . 143.9
Franzose . . 119.10
Französischer Schraubenschlüssel 119.10
Freccia 135.8
-, abbassare la . 17.4
- della fune . . 399.1
-, far traballare la 17.5
-, inclinare la . 17.5
-, rialzare la . . 17.4
-, variazione della 17.1
Free descent of load 8.8
- -, period of . 8.9
- end bearing . 154.9
- falling distance 9.1
Frei aufliegender Balken 137.1
- - Träger . . . 137.1
-länge 136.8
-träger 136.7
Freie Strecke, Entladung auf -r 413.11
Freifallbeschleunigung 21.10
- der Last . . . 8.8
-höhe 9.1
-periode 8.9
-stellung . . . 221.1
Frein . . 96.1, 342.1
-, accouplement formant 81.1
- à ailettes . . 105.2
- - air comprimé 105.8
- - -, piston du 109.4
- - bande . . . 101.7
- - - avec blochets 102.3
- - câble . . . 105.1
- - chute . . . 104.3
- - cône 108.6
Frein à contre-courant 107.7
- - - poids 98.8, 100.6
- - courant de Foucault 108.2
- - courants parasites 108.2
- - court-circuit d'induit 106.12
- - deux sabots 101.5
- - disque . . . 103.4
- - disques juxtaposés 103.8
- - encliquetage 104.7
- - enroulement 101.7
- - - multiple . 102.6
- - friction . . 99.10
- - genouillère 100.9
- - huile 105.7
- - lame . . . 101.7
- - lamelles . . 103.8
- - levier à main 100.3
- - - coudé, électro-aimant de 110.2
- - leviers . . . 100.2
- - - articulés . 100.9
- - liquide . . 105.5
- - pédale . . . 100.5
- - pied 100.5
- - pression . . 98.4
- - ruban . . . 101.7
- - - (enroulé) en spirale 102.8
- - - enroulé . 102.6
- - sabots . . . 101.3
- - serrage . . 98.4
- - vapeur . . 105.11
- - vis 100.10
-, action du . . 97.5
-, application du 99.3
- automatique . 98.8, 112.7
- - (actionné par le poids de la charge) 104.4
-, axe de 96.9
- axial 104.5
-, boite du . . . 104.2
- centrifuge . 104.1, 112.5
-, choc sur le . 99.5
-, contrepoids du 100.7
-, contrôleur avec contacts pour le 221.10
-, cylindre du . 105.4
- d'affalage . . 112.3
- d'appareil de levage 251.4
- d'arrêt . 111.9, 113.1
- d'un appareil 111.6
- - - à mouvement de giration 111.8
- - - de levage 111.3
- - mécanisme de rotation 111.8
- - - - translation 111.7
- de boulon . . 115.8
- - descente . . 112.3
- - -, connexion en 107.5
- - -, contrôleur de 222.1
- - grue 111.4
- - levage 111.6, 251.4
Frein de manœuvre 112.6
- - monte-charge 111.5
- - protection . 112.9
- - ralentissement 113.2
- - secours . . 112.9
- - sécurité . . 112.9
- - sûreté . . . 112.8
- - vis 115.8
-, dégagement du 98.10
-, desserrer le . 98.9
- différentiel . 103.3
-, dispositif de . 98.1
-, disque du . . 103.9
- du mécanisme de translation 253.4
- Dubois 104.6
-, effort du . . . 96.5
- électrique . . 106.4
- - d'affalage . 107.4
- - de descente 107.4
- électro-magnétique 108.3
- - - à attraction 109.8
- - - - répulsion 110.1
-, enveloppe protectrice du 104.2
- hydraulique 105.3, 106.2
-, jeu du 99.1
-, liquide pour 105.6
-, manivelle du 101.2
-, manœuvre du 97.4
- mécanique . 98.3
-, mécanisme de 97.12
- modérateur de vitesse 113.2
- normalement serré 98.8
-, piston du . . 105.5
-, plan incliné automoteur à 361.5
- pneumatique 105.8
- pour roue à gorge 101.6
-, réglage du . 97.11
-, - par le . . . 97.11
- régulateur de la descente 112.6
- - - vitesse . . 112.5
-, résistance de protection du 224.4
-, rhéostat de protection du 224.4
- rhéostatique 106.12
-, sabot de . . . 101.4
- se bloque de lui-même, le 99.7
-, serrage du . . 98.6
-, serrer le . . . 98.5
-, système de . 98.2
-, tambour de . 96.2
-, timonerie du 96.3
-, transport aérien à 393.7
-, vis de 101.1
- Weston . . . 104.6
Freinage . 97.1, 97.5
- à vapeur . . 106.1
- avec induit en court-circuit, connexion pour 106.3

Freinage, bloquage de l'électro-aimant de 111.2
-, chemin parcouru pendant le 97.7
-, contact de . . 220.9
- de ralentissement 113.3
-, direction de . 97.9
- électrique . . 106.5
- - à contre-courant 108.1
-, excédent de force de 99.9
-, force de . . . 97.6
- hydraulique . 106.3
-, mécanisme de 97.12
- par court-circuit d'induit 107.1
- - l'air comprimé 105.10
- - le moteur . 106.7
-, période de . . 97.10
-, position de . 220.7
-, pression de . 96.6
-, puissance de . 97.6
-, résistance de . 96.4
-, sens de . . . 97.9
-, travail de . . 97.8
Freinante, surface 103.5
Freiner la charge 97.2
- pour ralentir 113.4
Freistehender Drehkran 300.4
Fremderregung 211.5
Frenado . . 97.1, 97.5
-, camino reccorido durante el 97.7
- del retardo . 113.3
- eléctrico . . . 106.5
-, fuerza de . . 97.6
-, grado del . . 220.9
- hidráulico . . 106.3
-, período de . 97.10
- por aire comprimido 105.10
- - contracorriente 108.1
- - corto circuito del inducido 107.1
- - el motor . . 106.7
- - vapor . . . 106.1
-, resistencia de 106.10
Frenage 97.1
-, superficie de 103.5
Frenaggio . . . 97.1
- a cortocircuito dell'armatura 107.1
- - vapore . . . 106.1
- ad aria compressa 105.10
- del motore, auto- 107.2
- elettrico . . . 106.5
- - a controcorrente 108.1
- idraulico . . 106.3
Frenante . . . 97.5
-, momento . 106.11
-, posizione - di sospensione 220.8
-, resistenza . 106.10
-, superficie . . 103.5
Frenar, acción de 97.1
Frenar, disposición para 97.12
- la carga . . . 97.2
- para retardar 113.4
-, posición de . 220.7
Frenare 97.1
- il carico . . . 97.2
-, motore per . 110.6
- per rallentare 113.4
Frenata, piano-inclinato per trazione 361.5
Frenatura a motore 106.7
- di rallentamento 113.3
- eccessiva . . 99.9
Freno 96.1
- a cono 103.6
- - contrappeso 100.6
- - - liberantesi 98.8
- - controcorrente 107.7
- - corrente trifasica, magnete del 110.5
- - correnti di Foucault 108.2
- - cortocircuito dell'armatura 106.12
- - disco . . . 103.4
- - due mascelle 101.5
- - frizione . . 99.10
- - fune 105.1
- - lamelle . . 103.8
- - leva 100.2
- - liquido . . 105.3
- - mascella . . 101.3
- - nastro . . . 101.7
- - nastrospirale 102.8
- - pedale . . . 100.5
- - vapore . . 105.11
- - vite . . . 100.10
-, accoppiamento a nastro da 83.3
- ad alette . . 105.2
- - aria compressa 105.8
- - olio 105.7
- al meccanismo di rotazione 111.8
- - - - sollevamento 111.6
- - - - traslazione 111.8
- articolato . . 102.3
- automatico . 112.7
- - Dubois . . . 104.6
- - sopra sopporto 104.5
- centrifugo . . 104.1
- con arpionismo a nottolino 104.7
- - leva a ginocchiera, magnete del 110.2
- - - - mano . 100.3
- - leve a ginocchiera 100.9
- conico 103.6
- d'arresto 111.9, 342.5
- del meccanismo di sollevamento 251.4
- della traslazione 253.4
- di discesa . . 112.3
Freno di discesa, connessione per 107.5
- - protezione . 112.9
- - rallentamento 113.2
- - ritegno . . 111.9
- - sicurezza . 112.8 342.5
- - soccorso . . 112.9
- differenziale . 103.3
- elettrico . . . 106.4
- -, collegamento per il 106.6
- - per discesa 107.4
- elettromagnetico 108.3
- funzionante per pressione del peso 104.4
-, gradino del . 220.9
- idraulico . . 106.2
- immobilizzatore 113.1
- magnetico . . 108.3
- - d'attrazione 109.8
- - di repulsione 110.1
- meccanico . . 98.3
-, motore- . . . 110.6
- para-cadute . 104.3
- per apparecchi di sollevamento 111.3
- - la gru . . . 111.4
- - montacarichi 111.5
- - ruota a scanalatura cuneiforme 101.6
- - trazione . . 98.4
- pneumatico . 105.8
-, posizione di . 220.7
- regolatore . . 112.6
- - della velocità 112.5
Freno 96.1
- á circuito corto del inducido 106.12
- aplicado normalmente 98.8
- automático . 112.7
- centrífugo . . 104.1 112.5
- cónico 103.6
- de aceite . . 105.7
- -acoplamiento 81.1
- - aire comprimido 105.8
- - aletas . . . 105.2
- - cable . . . 105.1
- - caída . . . 104.3
- - cinta 101.7
- - - con forro de madera 102.3
- - - - muchos arrollamientos 102.6
- - - en espiral 102.8
- - contracorriente 107.7
- - contrapeso 100.6
- - corrientes de Foucault 108.2
- - - parásitas 108.2
- - descenso . . 112.3
- - detención . 113.1
- - disco . . . 103.4
Freno de dos zapatas 101.5
- - fricción . . 99.10
- - - axial . . . 104.5
- - - sobre el apoyo 104.5
- - láminas . . 103.8
- - mecanismo de translación 111.7
- - palanca . . 100.2
- - - acodada . 100.9
- - - de mano 100.3
- - parada 111.9, 113.1
- - pedal . . . 100.5
- - presión . . 98.4
- - protección . 112.9
- - retardo . . 113.2
- - seguridad . 112.8
- - tornillo . 100.10
- - trinquete . 104.7
- - vapor . . 105.11
- - velocidad . 112.5
- - zapata . . . 101.3
- del mecanismo de giro 111.8
- - - - levantamiento 111.6
- - - - movimiento horizontal 111.7
- - - - translación 253.4
- - - elevador . 251.4
- diferencial . 103.3
-, disparo del . 98.10
- Dubois 104.6
- eléctrico . . . 106.4
- - de descenso 107.4
- electro-magnético 108.3
- - - de atracción 109.8
- funcionado por el peso de la carga 104.4
- hidráulico . . 105.3 106.2
- mecánico . . 98.3
- para aparatos de levantamiento 111.3
- - grúa 111.4
- - montacargas 111.5
- - rueda de canal 101.6
-, plano inclinado automotor con 361.5
- pneumático . 105.8
-, polea de . . . 96.2
- regulador de velocidad 113.2
- - del descenso 112.6
-, sistema de . . 98.2
-, transporte aéreo de 393.7
- Weston . . . 104.6
Fresado, diente 65.11
-, - - en la masa 66.1
Fresato, dente 65.11
-, - - nella massa 66.1
Fressen, das Lager frißt fest 85.2
Frette posée à chaud 77.7
Fricción 22.2
-, acoplamiento de 81.5

Fricción, freno de 99.10
-, rueda cilíndrica de 72.8
-, - cónica de . 73.1
-, - de 72.7
-, torno de . . . 268.7
-, transmisión de - por ruedas de garganta 73.2
-, - por 72.6
-, - - platillo de 73.4
Friction 22.2
-, angle of . . . 22.5
- at maximum load 23.1
- bevel wheel . 73.1
- brake 99.10
-, chain 26.3
-, coefficient of 22.4
- coupling . 81.5, 82.9
- disc 103.9
- drum 46.1
- gear . . . 72.6, 100.1
- -, disc - - with shafts at right angles 73.4
- -, multiple groove 73.2
- -, wedge . . . 73.2
- -, winch with 268.7
-, journal . . . 78.9
-, loss due to . 23.3
-, - of moment to overcome 11.7
-, no load . . . 22.9
- path 22.6
- pawl 94.4
- pulley 72.7
- ratchet gear . 94.3
- ring 83.5
-, roller 405.9
-, rolling 22.8
-, rope 35.8
-, sliding 22.7
-, tooth- 65.7
- wheel 72.7
- -, cylindrical 72.8
- -, disc - -s . . 73.4
- -, grooved . . 73.3
- -, right angle - -s 73.4
- -, wedge . . . 73.3
-, work due to . 23.2
Friction, accouplement à 82.9
-, cliquet à . . . 94.4
-, coin de . . . 94.4
- des galets de roulement 405.9
-, disque de . . 257.5
-, encliquetage à 94.3
-, engrenage à . 73.2
-, frein à . . . 99.10
-, poulie de . . 72.7
-, roue cylindrique de 72.8
-, - de 72.7
-, - - - conique 73.1
-, sabot de . . . 100.1
-, transmission à 72.6
-, - - - par poulies à gorge 73.2
-, treuil à . . . 268.7
Frictional grooved gearing 73.2
- resistance . . 22.3
Frieren, das Wasser friert ein 231.1
Friktionsbremse 99.10
Frizione, argano a 269.3
-, arresto a . . 94.3
-, cuneo di . . . 94.4
-, freno a . . . 99.10
-, giunto a . . . 82.9
-, innesto a cono di 83.1
-, pezzo di . . . 100.1
-, piastrina di . 257.5
-, ruota di . . . 72.7
-, - - - cilindrica 72.8
-, - - - conica . 73.1
-, tamburo a . . 46.1
-, trasmissione a 72.6
-, - - dischi di . 73.4
Front tipper . . 378.4
- wall of drum 43.1
Frosch, Fang- . 414.5
Frotador . . . 100.1
- de toma de corriente 206.7, 207.1
-, muelle 339.6
Frotamiento . . 22.2
Frottatore . . . 206.7
Frottement . . 22.2
- à la charge maxima 23.1
- - vide 22.9
-, angle de . . . 22.5
-, bague de . . 207.6
-, chemin de . . 22.6
-, - parcouru pendant le 22.6
-, coefficient de 22.4
Frottement, contact par 206.8
- de glissement 22.7
- - la chaine . 26.3
- - roulement . 22.8
- - tourillon . . 78.9
- des dents . . 65.7
- - galets de roulement 405.9
- du câble . . . 35.8
-, perte par . . 23.3
-, résistance de 22.3
- résistant à la périphérie de la poulie 96.4
- - - - - du tambour 96.4
-, tambour à - du cable 46.1
-, travail de . . 23.2
-, - - - des dents 65.8
Frotteur . 100.1, 207.7
Frozen, the water becomes 231.1
Fucina da chiodi 126.3
-, gru a ponte per 314.5
-, - da - girevole 303.2
- per scaldare i chiodi 126.4
Fucinare, manovra di rotazione del pezzo da 314.6
-, meccanismo di rotazione del pezzo da 314.6
Fucinato, acciaio 165.5
Fuego, pozo á prueba del 333.9
Fuera de servicio, poner la grúa 281.8
-, echar - el lingote 314.4
Fuerza . . 21.2, 127.1
- aislada 127.3
- centrifuga . . 14.7
-, consumo de . 282.9
- contra-electromotriz 198.10
- cortante . . 173.10
- de aceleración 19.9
- - arranque 5.7, 177.5
- - compresión 171.7
- - detención . 342.3
- - flexión por compresión axial 172.2
- - frenado . . 97.6
- - freno . . . 96.5
- - levantamiento 2.5
- - maniobra . 244.1
- - reacción 96.8, 132.6
- - retenido . . 342.3
- - torsión . . . 173.3
- - tracción . . 109.6 171.1
- del émbolo . . 186.1
- - viento . . 158.11
-, diagrama de las -s 130.2
-, dirección de la 127.2
-, estación de - central 197.3
-, - - - motriz . 197.3
- exterior . . . 132.4
- horizontal . . 128.5
- interior . . . 132.5
-, las -s son iguales y contrarias 128.3
- motriz . 177.3, 282.6 395.10
- perpendicular 128.4
- retardatriz . . 20.4
-, sentido de la 127.2
-, transmisión de 62.4
-, - - - electrica 197.1
- única 127.3
- vertical . . . 128.4
- viva 21.7
Fuerzas de la misma dirección 129.5
- - sentido contrario 128.2
- del mismo sentido 127.5
Fugas, agua perdida por 230.8
Fuge, Stoß- . . 149.4
Fughe, acqua perduta per 230.8
Fügung, Seil- . 39.4
Führer, Aufzug- 331.5
-, Fahrstuhl- . . 331.5
Führerhaus . . 293.6
-, geschlossenes 293.7
-, offenes 294.4
-, verschaltes . 294.2
-, wetterdichtes 294.1
Führerkorb . . 293.4
-, Kran- 281.9
Führerstand . . 293.5
-, Laufkatze mit angebautem 276.4
-, Laufkran mit angebautem 291.2
Führung der Kette 31.7
-, Fahrstuhl- . . 338.7
-, Linien- 398.8
-, Oberseil- . . . 400.8
-, Pfannen- . . 311.7
-, Schlitz- . . . 58.4
-, Seil- . . 41.7, 400.6
-, Seiten- 339.7
-, Teleskop- . . 315.3
-, Trog- 357.5
- über Eck . . 340.1
-, Unterseil- . . 400.9
-, Zangen- . . . 58.7
Führungsbacke 339.3
-, selbsteinstellbare 339.4
Führungsbahn 338.8
-baum 315.2
-bock 339.5
-gerüst . . 277.2, 315.1
-rolle 47.5
- -, Ketten- . . 32.5
- -, Seil- 41.8
-schacht 277.2
-schiene 389.1
-schuh 339.3
-stempel 315.2
-teleskop . . . 315.4
Fuites d'eau . . 230.8
-, eau provenant des 230.8
Fulcrum . . . 187.3
Full gantry crane 304.4
- portal crane 304.4
Füllmaschine . 368.8
-rumpf 385.5
-stab 141.8
-trichter . . . 368.10
Füller 368.8
Fullness of the bucket 371.9
Füllung, Zylinder- 188.9
Füllungsgrad des Eimers 371.9
-stab 141.8
Fully, to load the engine 183.2
Funciona, la máquina - en vacío 183.6
Funcionamiento con aire comprimido 234.4
- continuo . . . 196.9
- de la grúa . . 288.4
- - prueba de la grúa 210.1
- en vacío . . . 11.2
- intermitente 196.10
- por cuchara automática 410.4
- - inercia hasta la parada 4.8
- - medio del agua sometida á presión 229.1
-, seguridad de 282.4
Funcionar, el freno funciona 99.4
- en vacío 11.3, 183.8
-, la máquina funciona en carga 183.3
Fundamentanker 287.9
-block 287.8
-bolzen 287.9

Fundamentdruck 288.4
-klotz 287.8
-, Kran- 287.7
-pfeiler 288.8
-platte 301.1
-rost 288.9
-schraube 88.10, 287.9
-sohle 288.5
-stern 300.11
Fundición ... 163.3
-, almacén de piezas de 383.2
-, carro de ... 312.5
- de acero ... 166.5
- dura 164.6
- en arena .. 163.4
- - caja 164.2
- - moldes ... 166.6
- endurecida . 164.6
-, grúa giratoria para 303.1
-, - para 310.7
- hecha en moldes abiertos 164.1
- maleable .. 164.7
-, puente-grúa para 293.1
-, rueda de .. 70.2
Fundidas, almacén de piezas 383.2
-, tambor con gargantas 45.1
Fundido, acero 165.3 166.4
-, hierro . 163.3, 165.1
-, - - maleable 164.7
Fune 38.6
- a doppi trefoli piatti 39.10
- - mano, ascensore con 352.4
- - rimorchio . 388.2
- - spirale ... 40.2
- - trefoli ... 39.5
- - - piatti .. 39.9
- - - triangolari 40.1
- aerea, trasporto con 390.3
- anteriore .. 389.6
- -, argano a . 378.3
- -, trasporto con - - e fune posteriore 389.5
- aperta, trasporto con 388.5
- avvolta a destra 34.1
- - - sinistra . 34.3
-, cabina ad una sola 341.1
-, cappio della . 25.5
- cava 40.11
- chiusa 40.4
- -, trasporto con 389.1
- continua, comando a 184.7
- -, funicolare a 392.7
- d'acciaio 38.8, 38.11
- da imbracatura 55.9
- del contrappeso 333.1
- dell'ascensore 332.7
- della cabina . 332.8
- di canape .. 38.6
- - comando . 42.7
Fune di connessione 390.1, 390.2
- - cotone ... 38.7
- - ferro 38.9
- - manovra . 248.7
- - posizione di arresto 414.2
- - - - sganciamento 414.2
- - ritorno .. 389.4
- - traslazione 252.6
- - trazione .. 36.6
- - - aerea .. 390.4
- - - inferiore . 390.6
- - -, morsetto della 418.7
- - - superiore 390.4
- doppia 333.2
- flessibile ... 35.3
-, freno a ... 105.1
-, gru a ponte con trasmissione a 291.7
-, guida 41.3
- inferiore, disposizione d'accoppiamento con 415.6
-, la - è allentata 34.10
-, - - si leva dalla forchetta 417.1
-, - - - rompe . 37.2
-, - - - spezza . 37.2
-, manovra a . 248.5
- metallica .. 38.10
- - a filo grosso 39.3
- - - - sottile . 39.2
- - di manovra 348.2
- -, manovra a . 348.1
- - non zincata 38.12
- - nuda ... 38.12
- - zincata .. 39.1
- motrice ... 42.5
- pensile 34.9
- per aspo .. 41.5
- - gru 41.2
- - marina .. 41.6
- - montacarichi 41.3
- - organo di estrazione 41.4
- - trazione su piano-inclinato 393.5
- piatta 40.9
- piena 41.1
- portante .. 36.5
- posteriore .. 389.7
- -, argano a . 378.4
- -, trasporto con fune anteriore e 389.5
- quadra ... 40.10
-, saccare della - per il peso 9.3
- semi-chiusa . 40.5
- senza fine, comando a 184.7
- - torsione .. 34.4
- simplex ... 40.6
- sinistrorsa . 34.2
- superiore, disposizione di accoppiamento con 415.5
- -, trasporto con 390.3
- telodinamica, manovra a 348.1
- tonda .. 40.7, 40.8
Fungo, profilo a doppio 420.2
Funi, cabina a due 341.2
-, macchina per intrecciare 36.1
Funicolare a fune continua 392.7
- aerea agente in due direzioni 392.7
- -, biforcazione della 398.6
- - con cavo a freno 393.7
- - d'alto forno 394.5
- - in linea retta 398.4
- - - terraferma 394.7
- -, inclinazione della 399.2
- - per lo sgombro dei residui e delle scorie 394.6
- -, piattaforma girevole da . 421.10
- - su piano-inclinato in montagna 395.2
- - tra navi in alto mare 394.8
-, cavalcavalle 395.1
- con esercizio continuo 392.8
-, costruzione della - aerea 392.5
-, esercizio di ferrovia - aerea 392.6
-, ferrovia - aerea 392.3
-, impianto aereo 392.4
- inglese con cavo senza fine 394.1
-, linea-aerea . 398.3
-, - - - a gomito 398.5
-, - - - in curva 398.5
-, poligono ... 180.6
- smontabile . 394.3
-, stazione-d'inalzamento del cavo 397.2
-, - di ferrovia - aerea 395.3
- tedesca aerea 394.2
-, trasbordatore 395.1
- trasportabile 394.3
Funiculaire, ascenseur - de montagnes 395.2
-, polygone .. 180.6
-, station de .. 395.3
-, transbordeur - de passage de vallées 395.1
Funicular polygon 180.6
Funicular, ascensor - de montañas 395.2
-, polígono ... 180.6
-, transbordador para el paso de valles 395.1
-, transmisión . 42.3
Funke, Ausschalt- 217.6
Funke, der - reißt ab 217.11
-, Öffnungs- .. 217.6
-, Schließungs- . 217.7
-, Unterbrechungs- 217.6
Funken 218.1
-bildung 217.5
-bläser, elektromagnetischer 217.8
-löscher, elektromagnetischer 217.8
-löschspule .. 217.9
Funnel, sack unloading 365.3
Funzionamento a scavo automatico 410.4
- - vuoto ... 11.2
- ad acqua sotto pressione 229.1
- continuo ... 196.9
- intermittente 196.10
- per inerzia... 4.3
-, sicurezza di . 282.4
- sicuro 282.4
Funzionare, il freno funziona 99.6
Fuoco, pozzo di sollevamento a prova di 333.9
Fuorviare, la gru fuorvia dalle rotaie 289.4
Furnace, boiler 227.5
-, rivet 126.4
-, withdrawing ingot from 314.4
Fusa in conchiglia, ghisa indurita 164.6
Fuse 208.3, 208.6, 208.7
-, cartridge .. 208.10
-, plug 208.9
Fuseau de chaîne 29.10
- - fermeture . 30.5
- - roue dentée 69.4
Fuseaux, chaîne à 29.7
-, couronne de lanterne à 69.6
-, denture à .. 66.9
-, engrenage à - de Grisson 72.5
-, roue dentée à 69.5
Fusées, arbre à 76.10
-, tourner les . 76.11
Fusibile, lamella 208.8
-, striscia 208.8
-, tappo .. 208.7, 208.9
-, valvola.... 208.6
-, - - a cartuccia 208.10
Fusible cut-out 208.6
Fusible . 208.3, 208.6
Fusible .. 208.6, 208.7
-, bouchon ... 208.9
-, fil 208.8
-, lame 208.8
Fusibles, installer des - dans la canalisation 208.4
-, - - - trop faibles 208.5
Fusiforme, tenditore con disposizione 397.9
Fusing strip .. 208.8

Fusione a nervature 164.5
- ad anima . . 164.4
- con cavità . . 164.4
-, dente greggio di 65.9
- entro forme di sabbia 163.4
- - - scoperte . 164.1
- - staffe 164.2
Fuso, acciaio . 165.3 166.4
-, - - al crogiuolo 166.3

Fuso del martinetto 262.3
- della vite . . 262.3
-, ferro 165.1
Fuß 264.6
-bodenoberkante 290.7
-bremse 100.5
- des Portals . 304.6
-, Elevator- . . . 362.1
-hebel 247.5
- -bremse . . . 100.5
-kasten des Elevators 362.3

Fußklaue . . . 264.6
-, Kran- 294.8
-kreis 64.5
-lager . . . 88.5, 300.2
-punkt des Auslegers 297.2
-schlitten . . . 262.9
-tritt 247.6
- -bremse . . . 100.5
- -schalter . . . 215.8
-, Zahn- 65.3
Fusto del gancio 52.8
- della forchetta 416.3

Fusto della sella 416.3
Fût, chapeau du 300.7
- de cric 262.3
- - grue 300.6
- du crochet . 52.8
- - tambour . . 42.10
-, grue à 300.5
- pivotant . . . 260.2
Futter 149.9
-, Lager- 87.4
-platte 149.9
-stuck 149.9

G.

Gabarit 290.5
Gabarra . 323.4, 323.5
Gabbia 341.4
-, armatura della 341.5
- da miniera . 341.7
- del gancio . . 58.1
- - manovratore 293.4
- della carrucola 48.5
-, manovra dall'esterno della 348.6
- - -interno della 348.7
-, supporto della 341.6
Gabel, das Seil hebt sich aus der - aus 417.1
-maul 416.7
-, Mitnehmer- . 416.6
-schaft 416.3
-, Seil- 416.6
-zapfen 79.1
Galeiforme, gru 306.5
Galerie, Bedienungs- 157.7
Galet . 46.4, 91.2, 255.1
- à gorge . . . 406.1
-, appui à -s . . 91.1
-, bague de . . 257.4
-, couronne de -s 91.9
-, couronne de roulements de -s 259.7
- d'équilibre de devers 259.1
- de contact . . 207.4
- - changement de direction 403.1
- - contrepression 259.1
- - palier . . . 91.10
- - renvoi . . . 41.8
- - roulement 258.7, 405.8
- - serrage . . 343.3
- - soutien du câble tracteur 402.3
- - - en tandem, -s 402.5
-, gorge du . . 46.6
-, - - - de roulement 406.2
- guide-câble . 41.8
-, jante du . . . 46.5
- moteur denté 258.5
-, moyeu du . . 46.7
- tendeur . . . 401.2

Galets jumeaux suspendus 402.6
- latéraux, selle de support avec 406.8
- de roulement, chape des 405.6
- - -, friction des 405.9
- - -, palier de graissage des 405.7
Gall'sche Kette 30.1
Gall's chain . . 30.1
Gall, chaîne . . 30.1
Gall, catena di . 30.1
Gall, cadena de 30.1
Galleggiante 231.8, 357.6
- della gru . . . 308.4
-, draga - cavafango 375.4
-, granaio . . . 382.4
-, gru 308.3
-, valvola del . 231.7
Gallery 156.8
- -girder 157.1
-, service 157.7
-, stiffening- . . 152.5
Galvanisé, câble métallique 39.1
-, - - non . . . 38.12
Galvanised iron sheeting 169.3
- wire rope . . 39.1
Galvanisée, tôle 169.3
Galvanizado, cable 39.1
-, - metálico no 38.12
-, chapa de hierro 169.3
-, palastro . . . 169.3
Galvanizzata, lamiera 169.3
Gambo del chiodo 120.7
Ganascia d'arresto 343.2
Gancho 52.5
-, accesorios del 53.6
-, armauura de motón con 49.4
-, boca del . . . 52.7
-, cadena de -s 29.6
-, cuello del . . 52.8
-, cuerpo del . . 52.9
- de garfios . . 55.1
- - garras . . . 55.1
- - mosquetón . 54.7
- - ojal 54.4

Gancho de retenida 324.5
- - seguridad . 54.8
- - tracción . . 55.2
- doble 54.3
- en S 54.6
- giratorio . . . 54.5
- mosquetero . 54.7
- no cargado . 55.3
- para cable . . 54.2
- - cadena . . . 54.1
- porta-carga . 52.6
-, posición del . 53.3
-, - inferior del 53.5
-, - superior del 53.4
-, tornillo de . . 117.1
-, torno de . . . 267.9
-, trayecto del . 53.2
Ganci, catena a 29.6
Gancio 52.5
- a griffa . . . 55.1
-, anello porta . 55.6
-, argano a . . . 267.9
-, attaccare il carico al 55.4
- d'arresto . . . 93.8
- da catena . . 54.1
- - fune 54.2
- di ritegno . . 324.5
- - sicurezza . 54.8
- - trazione . . 55.2
- doppio 54.3
- giratorio . . . 54.5
- in forma di S 54.6
- non caricato 55.3
- porta-carabina 54.7
- - -carico . . . 52.6
-, sollevamento del - a vuoto 7.4
-, sospendere il carico al 55.4
-, vite a 117.1
Gang, Abwärts- 6.5
-, Aufwärts- . . 6.4
-, Rückwärts- . 14.1
-spill 278.9
-, Tief- 328.2
-, Trommel- . . 44.1
-, Vorwärts- . . 13.10
Ganghero della porta 337.2
Gantre crane . 294.6
Gantry 304.5
- -column . . . 156.2
- crane 304.3
- -, full 304.4
- -, harbour . . 305.2

Gantry crane with unsymmetrical supports 295.1
-, fixed - crane 295.2
-, height of travelling space of the 304.9
-, leg of the . . 304.6
- -pillar 156.2
- -post 156.2
-, semi- 305.4
-, travelling - crane 295.3
-, width of travelling of the 305.1
Garant 25.7
Garde-corps . 157.10
- -fou 157.10
- -, ferrure de . 158.2
-, plaque de . . 76.1
-, spire de . . . 44.6
Garfio de suspensión 59.4
-, gancho de -s 55.1
-, presión del . 418.6
Garganta de la polea 46.6
- del rodillo de rodamiento 406.2
- - tambor . . 44.1
-, polea de doble 48.4
-, rueda de - triangular 73.3
-, tambor con -s fundidas 45.1
-, - con -s torneadas 45.2
-, transmisión de fricción por ruedas de 73.2
Garita abierta . 294.4
- cerrada . . . 293.7
- de grúa . . . 301.9
- del conductor 293.4, 293.6
Garnir 192.3
- un coussinet 87.5
- - - de métal antifriction 87.6
- - - - - blanc 87.6
- - palan de son câble 51.6
Garniture . . . 190.8
- à brides de cuir embouti 191.2
-, bague de 185.7, 191.4
-, boîte à 190.5
- conique . . . 191.5

Garniture de caoutchouc 191.7
- - cuir embouti 191.3
- - joint de tuyau 241.6
- intérieure de la fourche 417.4
- du coussinet . 87.4
- en chanvre . 191.9
- - coton . . . 192.1
- - cuir 191.8
- - U 191.6
-, faire la . . . 192.3
- métallique . . 192.2
-, tuyau à . . . 240.1
Garra . . . 60.1, 82.8
-, árbol porta -s 60.3
-, cadena con -s para toneles 56.3
- de apriete . . 418.4
- - cierre . . . 418.8
- - detención . 408.9
- - fijación . . 416.5
- del cable de tracción 418.7
- fija 60.7
-, gancho de -s 55.1
- giratoria . . . 60.8
-, grúa de -s . . 314.7
- para cable de muelle 417.7
- - correa . . . 75.1
-, polea de -s . 392.2
- volcadora . . 60.9
Garrucha . 48.7, 49.1
- de cable . . . 51.4
- para cable . . 49.7
Gasgewinde . . 115.3
-rohrgewinde . 115.3
Gas-thread . . 115.3
Gas, filettatura per tubi a 115.3
Gas, filete para tubos de 115.3
Gassa del cuore 87.6
Gastado, trabajo 10.9
Gasto de trabajo 10.7
Gatillo de parada 93.8
Gato . . . 261.3, 263.7
- de carretón . 262.8
- - cremallera . 264.3
- - levantar . . 262.1
- - rosca . 262.1, 263.6
- - - con carraca 262.4
- - - diferencial 262.5
- - tracción . . 263.2
- - - de tornillo 263.3
- - tripode . . 262.6
- hidráulico . . 264.1
- - de tracción 263.5
- para calderas 265.1
- - coches . . . 264.4
- - locomotora 263.8
- - locomotoras 264.8
- - remachar . 263.1
- para madera 264.9
- tensor 263.2
Gauche, filet à 114.3
-, moment de rotation à 181.1
-, - tournant à 181.1
-, torsion à . . 34.2
-, vis sans fin à 72.2
Gauge 329.2
-, broad 329.5
-, narrow . . . 329.4
Gauge, standard 329.3
Gear . . . 250.1, 251.2
-, belt 73.8
-, chain wheel . 73.6
-, changing . . 63.7
-, charging . . 321.3
-, claw suspension 60.2
-, control . . . 243.6
-, crab with variable 252.1
-, discharging . 321.2
-, disengaging . 82.2
-, driving . . . 176.3
-, exchangeable spur 63.6
-, friction . . . 72.6
- graduation . 61.6
-, grip 342.5
-, hauling- . . . 252.4
-, jib 260.7
-, lantern . . . 69.6
-, lifting 250.5
- lever 245.1
- of tooth . . . 66.3
-, part of 61.7
- parts 250.4
-, piston valve . 194.8
-, putting the coupling in 82.4
-, ratchet . . . 92.7
- -ratio 61.4
-, roller 405.5
-, safety 342.5
-, self-locking . 12.3
-, - -stopping . 12.1
- shaft 251.3
-, simple 61.5
-, sluice 265.5
-, spur 250.2
-, stop 92.7
-, supporting . 24.3
- system, bevel 68.9
- -, cycloidal . 66.7
-, the wheels . . 66.6
-, throwing out of 82.6
-, to - down . . 62.1
-, - put in . . . 82.3
-, - throw into . 66.4
-, - - out of 66.5, 82.5
-, to - up . . . 62.3
-, tooth . . 62.7, 63.1
-, - - drive . . 63.2
- toothed . . . 250.2
-, transmission 243.7
-, traversing- . 252.3
-, turning . . . 70.1
-, valve 192.8
-, worm . 70.7, 250.3
Geared transmission 61.2
- - mechanism 61.3
Gearing 250.1
-, alteration of path by 62.6
-, chain 33.3
- down 61.9
-, flexible . . . 73.7
-, increasing force by 62.4
-, - lift by . . . 62.5
-, speed 61.8
- system travelling crane 291.5
- up 62.2
Gebäude 161.8
-lager 381.2
Gebäudequerschnitt 161.9
-wand 161.10
Gebrauchslast . 1.3
Gebrochene Seilbahnstrecke 398.5
Gedreht, Trommel mit gedrehten Rillen 45.2
Gedrückter Querschnitt 171.8
Geerdete Leitung 204.1
Gefährlicher Querschnitt 175.1
Gefällebahn . . 361.4
-, Druck- 229.6
-, Seilbahn- . . 399.2
Gefällwechsel . 399.3
Gefäß, Förder- 359.3
-, Greifer- . . . 411.1
-, Kipp- 408.8
-, Selbstentlade- 410.1
Gefederte Laufradachse 257.6
Gefräst, aus dem Vollen -er Zahn 66.1
Gefräster Zahn 65.11
Geführte Zange 58.5
Geführter Baum, Pratzenkran mit -em Baum 314.9
Gegendiagonale 143.4
-druck 137.5
- -rolle 259.1
-gewicht 286.2
- - aus Beton . 287.5
- -ausladung . 299.8
- -ausleger . . 299.7
- - aus Sand und Masseln 287.4
- -bahn 333.8
- -, fahrbares . 286.7
- -, festes . . . 286.5
- -hebelarm . . 286.3
- -kasten . . . 287.1
- -klotz 287.3
- -, massives . . 287.2
- -moment . . . 286.4
- -seil 333.1
- -, selbsttätig einstellbares 286.8
- -trommel . . 345.8
- -, verstellbares 286.6
-knoten 391.8
-kolben 186.8
-kraft 132.6
-mutter 115.9
-pol 109.2
-schräge . . . 143.4
-seil 389.4
- -, Förderung mit Seil und 389.3
-spannung . . 198.10
-strom 201.5
- -bremse . . . 107.7
- -bremsung . 108.1
- -, elektrische Bremsung durch 108.1
- -schaltung . . 107.6
-zylinder . . . 189.5
Gehänge, Kasten- 407.3
-, Last- 407.1
-, Pfannen- . . 311.4
Gehänge, Pratzen- 60.2
-, Wagen- . . . 407.3
Gehäuse, Brems-104.2
-, Elevator- . . 362.2
-, Haken- . . . 58.1
-, Kettenführungs- 81.9
-, Laufwerk- . . 405.6
-, Magnet- . . . 108.7
-, Rollen- 48.5
-, Schnecken- . 70.8
-, Ventil- 196.2
Gehen, Hoch- . 6.4
-, Nieder- . . . 6.5
Gehobelter Zahn 66.2
Gekapselter Motor 212.1
Gekehlte Laufrolle 406.1
Geknickter Ausleger 298.2
Gekreuzter Riemen 74.5
Gekröpfte Welle 77.1
Gekrümmte Bahn, Bewegung auf -er 19.1
- Seilbahnstrecke 398.5
Geländer . . 157.10
-eisen 158.2
-pfosten 158.1
-stab 158.1
Gelare, l'acqua gela 231.1
Gelbguß . . . 169.9
Gelenk . 83.8, 188.11
-bogen 188.3
- -, Drei- . . . 188.10
- -, Zwei- . . . 139.8
-bolzen 83.9
-, Eimer- 372.3
-, Kämpfer- . . 189.2
-kette 29.7
-, Kugel- 84.2
-kupplung . . . 83.7
-rohr 240.2
-, Scheitel- . . . 189.1
-schlauch . . . 377.2
-zapfen 83.9
Gelenkige Kupplung 81.2
Gelochtes Blech 169.5
Gemauerter Fahrschacht 334.2
Gemela, máquina de vapor 227.9
-, puente-grúa . 292.5
-, viga 292.6
Gemelo, aparejo 51.8
-, rodillos -s suspendidos 402.6
-, tornillo sin fin 72.4
Gemella, macchina a vapore 227.9
-, taglia 51.8
-, vite perpetua 72.4
Gemelle, gru a ponte a travi 292.5
-, travata a . . 292.6
Gemello, controller 222.3
-, tamburo . . . 45.10
Geneigte Ebene für Lastenbeförderung 356.7
- Förderung . 360.8
Generador . . . 197.4

Generador de vapor 227.4
Générateur de vapeur 227.4
-, moteur- - à courant continu 199.2
Génératrice . . 197.4
- pour le freinage, relier le moteur comme 107.3
Generator . . . 197.4
Generatore frenante, inserire il motore come 107.3
Generatrice . . 197.4
Genou vif . . . 237.6
Genouillère, frein à 100.9
-, tuyau à . . . 240.2
-, parachute à . 343.7
Genutete Trommel 43.10
Gepäckaufzug . 354.3
Gerade Seilbahnstrecke 398.4
Gerader Ausleger 298.1
Geradlinige Bewegung 18.5
Gerberbalken . 188.1
Gerberscher Balken 188.1
Gerber's beam 188.1
Gerber, poutre système 188.1
Gerber, viga . 188.1
Gerinne 386.3
Gerippe, Schacht- 334.6
German cableway 394.2
Gerüst 158.10
-, Aufzug- . . . 334.6
-, Eisen- 159.1
-, Führungs- . . 277.2 315.1
-, Hänge- . . . 277.2
-, Helgen- . . . 319.1
-, Helling- . . . 319.1
-, Holz- 159.2
-, Kipp- . . . 323.11
-kran . . 294.6, 294.7
-, Rollen- . . . 333.6
-, Schacht- . . . 334.6
-, Sturz- 325.3
-, Stütz- 305.8
-, Turm- 306.4
-, Winden- . . . 267.2
Gesamtausladung 296.3
-belastung . . . 184.7
Geschirr, Fang- 324.4
-, Haken- . . . 53.6
Geschlossener Fahrschacht 334.1
- Kräftezug . . 130.1
- Motor 212.1
Geschlossenes Führerhaus 293.7
- Lager 89.1
- Seil, Förderung mit -m 339.1
Geschnittener Zahn 65.10
Geschoß, Erd- . 335.2
-, Keller- 335.1
Geschweißte Kette 28.9
Geschwindigkeit 20.9
-, Abgangs- . . 10.1
-, Abschluß- . . 193.8
-, Arbeits- . . . 9.9
-, Durchfluß- . . 235.9
-, Fahr- 13.4
-, Förder- . . . 359.8
-, Haken- . . . 52.11
-, Hub- 9.10
-, Last- 9.8
-, Lasthebe- . . 9.10
-, mittlere . . . 21.1
-, Seil- 33.8
-, Senk- 10.1
-, Umfangs- . . 15.5
-, Wagen- . . . 407.7
-, Wind- 154.1
-, Winkel- . . . 15.6
Geschwindigkeitsbremse 112.5
-übersetzung . 61.8
Gesicherte Mutter 115.8
Gesperre 92.7
-, Klemm- . . . 94.3
-, Sicherheits- . 93.3
-, Zahn- 93.4
Gestänge, Brems- 96.3
-, Hebel- 245.6
-, Kupplungs- . 82.1
-, Steuer- 243.6
-, Übertragungs- 243.7
Gestell, Bock- . 294.7
-, Dreh- 254.8
-, Fahrkorb- . . 341.5
-, Förder- . . . 340.2
-, Kran- 294.7
-, Laufkatzen- . 278.5
-, Winden- . . . 267.2
Gesteuert, automatisch 244.4
-, selbsttätig . . 244.4
Gesteuerte Zange 58.1
Getreideelevator 365.1
Getreideschüttbodenspeicher 382.2
Getreidespeicher 381.7
Getriebe 250.1
-, Diskus- . . . 73.4
-, Grisson-Zapfen- 72.5
-, Kegelrad- . . 68.9
-, Kehr- 70.1
-, Keilräder- . . 73.2
-, Planetenrad- 69.7
-, Planscheiben- 73.4
-, Räder- 250.2
-, Reibungs- . . 72.6
-, Schnecken- . 70.7
-, Schneckenrad- 250.3
-, selbsthemmendes 12.1
-, selbstsperrendes 12.3
-, Stirnräder- . 67.5
-, Übersetzungs- 61.3
-, Wende- . . . 70.1
-, Winkel- . . . 69.1
-, Wurm- 70.7
-, Zahnrad- . . 62.7
-, Zahnstangen- 68.7
Getriebene Scheibe 74.2
Getto a nervature 164.5
- ad anima . . 164.4
- con cavità . . 164.4
- di acciaio . . 166.5
- in argilla . . 164.3
-, tamburo con scanalature greggie di 45.1
Gewalzter Träger 146.7
Gewicht 21.9
-akkumulator . 232.4
-, Ballast- . . . 286.2
-, Brems- 100.7
-bremse 100.6
-, Gegen- 286.2
-, Haken- . . . 53.7
-hebel 100.8
- -bremse . . . 100.6
-, Kran- 283.9
-, Kugel- 53.8
-, Spann- . . . 397.10
-, Stau- 384.8
-trommel des Akkumulators 232.5
Gewinde 114.1
-büchse 118.3
-, dreieckiges . 114.7
-, Dreiecks- . . 114.7
-, eingängiges . 114.4
-, Fein- 115.4
-, Flach 114.8
-, flaches . . . 114.8
-, Gas- 115.3
-, Gasrohr- . . . 115.3
-, Hohl- 115.2
-, Links- 114.3
-, mehrgängiges 114.6
-, Mutter- . . . 115.2
-, rechteckiges . 114.8
-, Rechts- . . . 114.2
-, Rund- 114.9
-, rundes 114.9
-, scharfes . . . 114.7
-, Schrauben- . 114.1
-spindel 120.2
-stift 117.7
-, Trapez- . . . 115.1
-, zweigängiges 114.5
Gezogener Querschnitt 171.2
Ghiaccio, elevatore di blocchi di 366.5
Ghisa 163.3
- in conchiglia 166.6
- indurita fusa in conchiglia 164.6
- malleabile . . 164.7
-, ruota di . . . 70.2
Giant crane . . 308.2
Gib 297.1
-headed key . . 78.3
- store-hoist . . 353.6
Gird, compression 142.5
Gichtaufzug . . 356.1
-winde 356.2
-bühne 356.3
-seilbahn . . . 394.5
-wagen 356.4
Gießen, durch den Stopfen 312.4
-, durch Kippen über die Schnauze 312.3
Gießereidrehkran 303.1
Gießereilaufkran 298.1
Gießkran . . . 310.7
- mit selbsttätiger Kippvorrichtung 312.2
- mit starrer Pfannenführung 311.6
- mit starr geführter Pfanne 311.6
Gießlaufkatze . 310.8
-pfanne 311.1
-pfannenwagen 312.6
-wagen 312.5
Ginocchiera, dispositivo d'arresto a 343.7
-, freno con leve a 100.9
Ginocchio, dispositivo d'arresto a 343.7
-, leva a 247.3
-, pigliafune con leve a 417.8
Ginochiora, leva a 247.2
-, trasmissione a 247.3
Girar 14.3
- alrededor de un eje 14.6
-, cilindro para 190.2
- el brazo . . . 298.9
- - lingote . . . 317.9
- la carga . . . 15.8
- - grúa 296.6
- - manivela. . 179.7
- - - por delante 180.2
- - - - detrás . 180.3
- para volver atrás 16.2
- sobre un gorrón 79.9
Girare . . . 14.3, 16.5
-, arco percorso nel 16.3
-, far - il lingotto 317.9
- il carico . . . 15.8
- - puntone . . 298.9
- la gru 296.6
- - manovella . 79.7
- - - in avanti 180.2
- - - indietro . 180.3
- sopra un perno 79.9
Girarsi attorno ad un asse 14.6
Giration 14.2, 15.9, 16.5
- angulaire, résistance à la 16.9
-, bras à mouvement de 277.4
-, contrôleur de mouvement de 223.2
- dans le sens des aiguilles d'une montre 14.11
- - - - opposé à celui des aiguilles d'une montre 15.1
- de la grue . . 296.7
- du lingot . 317.10
-, flèche à mouvement de 277.4

Giration, frein d'un appareil à mouvement de 111.8
-, moteur pour le mouvement de 259.4
- partielle, mouvement de 16.8
-, position de 16.4
Giratoire 14.4, 16.6
Giratoria, columna 260.2
-, garra 60.8
-, grúa 295.9
-, - - fija 299.9
-, - piramidal 306.1
-, placa 330.1
Giratorio 14.4, 16.6
-, brazo- 277.4
-, carro 254.8
-, contacto 207.5
-, distribución de tiroir 196.5
-, distribuidor 194.7
-, eslabón 55.6
-, gancho 54.5
-, gancio 54.5
-, movimiento 14.2
-, prensa-estopas 190.9
-, puente-grúa de brazo 292.8
Gird, tension 142.6
Girder 144.4
-, arched 138.8
-, box- 147.2, 292.6
-, bridge 159.7
-, cage 341.6
- calculation 144.8
- centre 144.7
- connection 150.8
-, continuous 137.7
-, crane 289.5
-, crescent shaped 147.7
-, cross 148.3, 151.6, 289.9
- depth 144.6
-, end 289.9
-, frame- 144.9
-, gallery- 157.1
-, intermediate 148.3
-, junction 138.3
-, lattice 144.9
-, longitudinal 148.4
-, main 148.2, 289.6, 307.6
-, middle 144.7, 148.3
- net work 145.1
-, overhung 138.2
-, panel- 144.9
-, parabolic 147.6
-, parallel 147.4
-, plate 145.2, 147.1
-, plated 152.3
-, platform 157.1, 289.7
- resting on two supports 137.1
- reticulation 145.1
-, rolled 146.7
-, roof 162.1
-, saddle backed 147.8
- section 145.5
-, semi fixed 139.10
-, sickle-shaped 147.7
-, socle- 138.2
-, stiffening 152.3
- stores 383.4
Girder supported at both ends 137.1
- tongs 59.4
-, track 326.2
-, trapezoidal 147.5
-, trellis- 144.9
-, trussed- 138.4
-, twin- 292.6
Girella 47.5, 258.7
- a gola 46.4
-, corona della 46.5
- della conca 367.5
- di condotta 405.8
- - contropressione 259.1
- - guida della fune 41.8
- - - per catena 32.5
- - rocchetto 259.1
- - scorrimento 405.8
-, gola della 46.6
- mobile 47.7
-, mozzo della 46.7
- per curvare il nastro 367.5
Girelle, carro motore delle 405.5
-, corona delle 259.7
-, custodia delle 405.6
Girer 14.3
Girevole 14.4
-, braccio 277.4
-, carrello 277.3
-, cassetto 194.7
-, colonna 260.2
-, contatto 207.5
-, gru 295.9
-, - a ponte con carrello 292.8
-, gru - a torre 306.3
-, - - con sbalzo variabile 296.4
-, - - fissa 299.9
-, - - su perno 300.1
-, piattaforma 330.1
-, scambio orizzontale 421.4
-, scatola a stoppa 190.9
-, supporto - per la fune 402.2
Giri, numero di - a vuoto 184.1
Giro 15.2
- di riserva 44.6
-, " giri per minuto 15.3
-, numero di giri 15.4
Giro 16.5
-, basculador de - completo 325.7
- brusco, facilidad de 16.7
- de la grúa 296.7
- del lingote 317.10
-, mecanismo de 259.2
-, movimiento de 16.8
-, posición de 16.4
-, resistencia al 16.9
Girth 142.1
Gitter, Bostwick- 336.5
-, Schiebe- 336.5
-träger 144.9
-werk 140.1
Giunti, masticiare al minio dei 160.9
Giunto 80.3, 148.5, 148.6
- a conchiglia 80.8
Giunto a denti 82.7
- - dischi 80.11
- - flangia 241.1
- - frizione 82.9
- - manicotto 80.6
- articolato 83.7
-, bullone del 80.10
-, conchiglia del 80.9
- del freno 81.1
- - lamierone 149.8
- della fune 37.10, 37.11
- delle rotaie 328.3
- di Cardano 84.1
- - catena 80.3
- - cuoio 81.3
- - gomma 81.4
- - sicurezza 81.5
- elastico 81.2
- elettro-magnetico 83.6
- fisso 80.5
- mobile 83.7
- nascosto 149.7
- sotterraneo, scatola per 205.11
- universale 84.1
Giuntura 148.5
-, articolazione della - della tazza 372.3
Giunzione 149.10
- del nodo d'estremità 151.1
- - - di testa 151.1
Giuoco del giunto 149.4
- della ruota portante 255.8
Gjer, fosse de 313.2
Gjer, foso de recalentamiento de 313.2
Gjersche Grube 313.2
Glace de tiroir 192.10
-, élévateur de blocs de 366.5
Gland 190.6
Glatte Trommel 43.9
- Welle 76.9
Glattes Zugseil 390.7
Gleich, die Kräfte sind - und entgegengesetzt 128.3
Gleichförmige Bewegung 10.2
Gleichgerichtet, die Kräfte sind 127.4
Gleichgerichtete Kräfte 127.5
Gleichgewicht der Kräfte 131.6
-, die Kräfte stehen im 131.7
Gleichgewichtsbedingung 132.1
Gleichmäßig beschleunigte Bewegung 19.4
- verteilte Belastung 133.8
- verzögerte Bewegung 20.2
Gleichstrom 200.9
- -Drehstromumformer 199.4
- -Gleichstromumformer 199.2
-motor 212.4
Gleichstromsteuerwalze 221.7
- -Wechselstromumformer 199.3
Gleichung, Momenten- 131.4
Gleis 329.1
-, Hängebahn- 419.8
-, Kran- 329.6
-kreuzung 329.8
-krümmung 329.7
-lose Bahn 361.1
-verrieglung 324.6
-verzweigung 329.9
Gleitbahn 338.8
-kontakt 206.8
-mutter 120.4
-stück 339.3
Gleitende Reibung 22.7
Glied, Druck- 141.6
-, Ketten- 28.4
-, Wand- 141.3
-, Zug- 141.5
Gliederbreite, lichte 28.6
-bremse 102.3
-kette 28.3
-länge, lichte 28.5
Glissante, porte 336.4
Glissement, contact par 206.8
- de l'appui 154.11
- - la selle 406.5
-, frottement de 22.7
-, joues de 339.3
-, pièce de 339.3
Glisser, la selle glisse sur le câble 406.4
Glissière 155.1
Glissières 339.1
Glissière, barrière en treillis à 336.5
- de la poulie de tension 398.2
-, fermeture à 335.8
- -guide 338.8
-, porte à 336.4
-, - en treillis à 336.5
Glissoir à câble 393.1
Glue, to - the belt 74.9
Glühofen, Nieten- 126.4
Gobierno, mecanismo de 250.1
Godet 361.7
-, bande à -s 362.7
- basculant 363.5
- basculants, chaîne à -s 363.4
-, chaîne à -s 361.6, 368.2, 372.2
-, chaîne supportant les -s 371.10
- d'excavateur 371.8
- de drague 371.8
- - transport 368.4
-, drague à -s 371.7
-, élévateur à -s 356.5
-, excavateur à -s 371.7
-, tourrillon d'un 372.3
-, transporteur à -s 368.2
Gola del tamburo 44.1

Gola della girella 46.6
- - sella a cavo 416.7
-, girella a . . . 46.4
-, puleggia a 46.4, 46.5, 46.6, 46.7
Gole, tamburo a 43.10
Goliath crane . 308.2
Golpe de ariete 239.1
- - freno . . . 99.5
- - manivela . 180.8
-, disposición de cierre de 337.10
Golpeamiento de la manivela 180.7
Golpear, la manivela golpea 180.6
Gomito . 77.2, 237.5
-, albero a . . . 77.1
- articolato, tubo a 240.2
- diritto 237.6
-, fare il 77.3
-, linea funicolare aerea a 398.5
-, puntone a . . 298.2
Gomma, cavo isolato su 205.3
-, filo isolato su 205.3
-, giunto di . . 81.4
-, guarnizione di 191.7
Gond de la porte 337.2
Gondola car, open 378.2
Goods, conveyance of 358.2
-, baled 384.3
-, boxed 384.3
-, bulk . . 322.5, 384.2
-, heapable . . 384.7
- lift 351.2
-, loading . . . 322.1
-, lose 384.7
-, piece . . 322.4, 384.4
- to be hauled 359.6
- - - transported 359.6
- traffic 321.7
Gorge brute de fonte, tambour à -s 45.1
- de cale 77.9
- du crochet . 52.9
- - galet 46.6
- - tambour . . 44.1
-, frein pour roue à 101.6
-, galet à 406.1
-, poulie à double 48.4
-, tambour à -s 43.10
- tournée, tambour à -s 45.2
- triangulaire, roue à 73.3
Gorrón 78.6
- con anillos . 79.4
- - extremo aplanado 79.6
- de anillo . . . 79.3
- - apoyo . . . 78.11
- - horquilla . 79.1, 416.3
- - la vagoneta 408.7
Gorrón de patín 79.7
- - rotación . . 79.8
- del árbol . . 76.4
- esférico . . . 79.5
- principal . . 260.1
- rodado . . . 78.10
-, soporte para - esférico 91.7
Goujon 116.8
Goupille . 80.2, 115.7
Goupillé, écrou 115.6
Gousset 150.11, 151.3
- d'assemblage 150.3
- d'extrémité . 151.1
- de butée . . . 151.1
Goutte de suif, rivet à 122.1
Gouttière à mouvement pulsatoire 370.1
- - propulsion mécanique 370.1
- - secousse . . 369.9
- de transporteur 369.5, 369.6
- mobile de transporteur à racloirs 369.7
- oscillante . . 369.8
- transporteuse 369.5
Governor, grip 344.4
Gozne de la puerta 337.2
Grab . . . 377.4, 411.1
-, automatic . . 410.6
- chain 412.4
-, coal 412.5
-, coke 412.6
- crane, automatic 309.6
- dredger . . . 375.9
-, earth 412.8
- force 411.7
- frame 411.2
-, jaws of . . . 411.3
- -, width of . . 411.4
-, ore 412.7
-, single chain . 412.2
-, - rope 412.2
-, twin chain . 412.3
-, - rope 412.3
Grabkraft . . . 411.7
Grad, Güte- . . 11.8
-, Wirkungs- . . 11.8
Grada 318.7
- de la escalera 158.5
Grade of load . . 2.7
Gradi, distribuzione per 196.7
Gradini, indicatore a 350.9
-, interruttore a 215.7
-, resistenza a . 223.5
Gradino 158.5
- d'avviamento 219.8
- del freno . . 220.9
- di resistenza 223.7
Gradins 223.7
Grado di carico 2.7
- - discesa . . . 8.1
- - sollevamento 382.3
- - trasmissione 61.6
Grado de arranque 219.8
- - descenso . . . 8.1
- - elevación . 382.3
Grado de la carga 2.7
- - resistencia . 223.7
- - transmisión 61.6
- del frenado . 220.9
-, interruptor por -s 215.7
Graduada, resistencia 223.5
Graduar la resistencia 223.6
Graduate, to - the resistance 223.6
Graduated resistance 223.5
Graduation, gear 61.6
Graduée, résistance 223.5
Gradués, interrupteur à contacts 215.7
Graduer une résistance 223.6
Graffa 285.5
- d'arresto . . . 342.6
- per cinghie . 75.1
Grain elevator 365.1
- -loft store . . 382.2
- warehouse . . 381.7
- - built with floors 381.9
- - without floors 382.1
Grain . . 300.8, 86.2
-, anneau de . . 86.4
-, magasin de -s 382.2
Grains fins, matières en 384.6
Graissage . . . 85.6
-, bague de . . 77.4
- de tourillon . 78.8
-, trou de . . . 88.11
Graisse 85.7
- consistante . 85.7
- de câble . . . 85.9
Graisser le palier 85.3
Graisseur, palier avec - à bague 90.3
Gran distancia, transporte á 358.5
Granaio 381.7
- a parecchi pavimenti 381.9
- galleggiante . 382.4
-, muratura del 381.4
- pavimentato per grano sciolto a silos in colatori 382.2
Granary 381.7
- built with floors 381.9
Grand portique sur piliers 295.5
Grandeur de la charge 2.5
Grandezza del carico 2.6
Grandi distanze, trasporto a 358.5
Granel, decargar á 365.2
Granero 381.7
- de diversos pisos 381.9
- - silos 382.1
Granero, grúa de 302.6
Grano sciolto, granaio pavimentato per - a silos in colatoi 382.2
-, elevatore per 365.1
-, tubo di scolo dello scaricatore di 365.3
Granos, almacén de 382.2
-, depósito de . 381.7
-, materias en . 384.5
Granosas, materias 384.5
Granular material 384.5
Granulata, materia 384.5
Grapa de carril 285.5
- - paro 342.6
-, diente de cuchara á -s 411.6
Grappin à leviers coudés 58.8
- de sûreté . . . 57.2
- - -, électro-aimant de préhension de fardeau avec 57.1
- - suspension 59.4
- - - pour blocs de pierre 59.7
- - - - caisses . 59.5
-, dent de cuiller à 411.6
-, excavateur à 377.3
Grasa consistente 85.7
-, lubrificación por 85.6
Grasso consistente 85.7
-, lubrificazione a 85.6
- per lubrificazione 85.7
Gravedad, aceleración debida á la 21.10
-, centro de . . 175.3
Gravità, centro di 175.3
-, verticale passante per il centro di 285.4
Gravité, axe passant par le centre de 285.4
-, centre de . . 175.3
Gravity, axis of centre of 285.4
- cable . . 398.1, 398.5
- -, double track 398.3
- - for wood . 398.6
- -, single track 398.2
- -, wire 398.4
-, centre of . . . 175.3
- plane railway 361.4
Grease 85.7
- lubrication . . 85.6
-, to - the bearing 85.3
Greggio, dente - di fusione 65.9
-, deposito di ferro 383.2
-, magazzino di ferro 383.2

Greifbacken . . 411.3
-bagger 377.3, 410.8
-korb 377.4
-schaufel . . . 411.3
-werkzeug . . . 56.5
-weite 411.4
Greifen 410.7
Greiferbetrieb, Selbst- 410.4
-, Einseil- . . . 412.2
-, Erd- 412.8
-, Erz- 412.7
-gefäß 411.1
-katze, Selbst- . 276.5
-kette 412.4
-, Klemmbacken- 418.8
-, Kohle- 412.5
-, Koks- 412.6
-kran 309.8
-, mit dem - aufnehmen 410.7
-rahmen 411.2
-scheibe 392.2
-, Seil- 416.5
-, Selbst- 410.6
-, Sicherheits- . 57.2
-vorrichtung, Selbst- 410.5
-winde 270.6
-, Zweiseil- . . . 412.3
Grenier 381.7
- à étages . . . 381.9
- - silos 382.1
-, grue de . . . 302.6
-, lucarne du . . 381.5
-, monte-charge à potence pour 353.6
Grenues, matières en 384.5
Grenze, Fahr- . 332.6
Grenzlast . . . 2.1
Griff der Kurbel 179.1
- federschnepper 95.7
-, Kurbel- . . . 178.2
Griffa 54.5
- ad occhiello . 54.4
- di sicurezza . 57.2
- elastica del cavo 417.7
-, gancio a . . . 55.1
Griffe . . . 60.1, 82.8
- à ressort . . . 417.7
-, agrafe à -s pour courroie 75.1
-, appareil de suspension à -s 60.2
-, arrêt par -s de la cabine 342.2
- basculante . . 60.9
-, benne ajourée à -s 377.4
-, crochet à -s . 55.1
- d'arrêt 408.9
- d'attache . . . 416.5
- de cric 264.6
- - serrage . . 418.4
- - vérin 264.6
- du câble tracteur 418.7
-, excavateur à -s 377.3
- fixe 60.7
-, grue à -s . . 314.7
-, poulie à -s . . 392.2
- rotative . . . 60.8
-, saisir un fardeau par des -s 60.5
-, tige porte -s . . 60.3
Griffe, traverse porte -s 60.4
Grifo 242.6
- de cierre . . . 242.7
- - desagüe . . 238.6
- - distribución 196.6
- separador de agua 238.6
Grillete 55.8
- en forma de D 55.7
Grip block . . 343.1
- -cheek 343.2
- disc 392.2
- dredger . . . 377.3
-, eccentric . . 343.4
- gear 342.5
- -, bell-crank lever 343.7
- -, pendulum . 344.1
- -, toggle lever 343.7
- -, wedge . . . 343.5
- governor . . 344.4
-, hand 179.1
- -hold arc . . 101.9
- iron 342.6
- pawl 342.7
- regulator . . 344.4
- roller 343.3
-, socket 417.5
- wedge 343.6
Gripper, clamp-check 418.8
- fork 416.6
-, rope 416.5
-, safety 57.2
Gripper, le palier grippe 85.2
Gripping, automatic - action 410.4
- device . 56.5, 342.1
- -, crane with special 313.5
- -, self 410.5
- force 411.7
- gear, box of . 344.5
- -, safety . . . 344.3
- of the cage . 342.2
- shock 342.4
Grisson-Zapfen-Getriebe 72.5
Grisson gudgeon gearing 72.5
Grisson, engrenage à fuseaux de 72.5
Grisson, ingranaggio a denti alla 72.5
Grisson, engranaje de husos de 72.5
Grobblech . . . 169.1
Grobdrähtiges Seil 39.3
Groove 406.2
-, double-pulley 48.4
-, drum 44.1
-, - with cast-in -s 45.1
-, - - left hand 44.8
-, - - right hand 44.7
-, - - turned -s 45.2
-, multiple - friction gear 73.2
- of pulley . . . 46.6
- - sheave . . . 46.6
Grooved drum 48.10
- friction wheel 78.3
- gearing, frictional 78.2
- roller 406.1
Grossa, lamiera 169.1
Grosseur de câble 33.7
Grossezza della maglia 28.8
Grossi pesi, gru per 308.2
Ground cable 204.11
- colour 161.4
- floor 335.2
-, pressure on . 288.6
- rope 390.6
- -, haulage with 390.5
- - traction . . 400.9
Group of loads 134.2
- pulley blocks 50.5
Groupe drive . 176.5
Groupe, commande par 176.5
- convertisseur rotatif de courant continu en alternatif 199.3
- convertisseur rotatif de courant continu en triphasé 199.4
- de charges . 134.2
Gru a branca . 314.7
- - - con albero guidato 314.9
- - - - sospensione libera 314.8
- - cavalletto . 294.6
- - - ad un montante 295.1
- - - fissa . . . 295.2
- - - mobile . . 295.3
- - - su carrello 295.3
- - cavo aereo 422.2
- - colonna . . 300.5
- - controfisso . 308.1
- - cucchiaio automatico 309.6
- - doppio sbalzo per trasporti sporgenti 295.4
- - inclinazione variabile 307.5
- - magnete . . 315.5
- - mano . . . 308.9
- - - girevole . 302.1
- - martello con braccio variabile 307.7
- - mensola . . 306.7
- - monoguida 306.6
- - palo 308.1
- - piattaforma girevole 301.4
- - ponte 290.1, 295.5
- - - a due travi maestre 292.5
- - - - più motori 292.4
- - - - travi gemelle 292.5
- - - - tre motori 292.3
- - - ad un motore 292.2
- - - comandata a trasmissione 291.5
- - - con cabina di manovra attaccata 291.2
- - - - carrello girevole 292.8
Gru a ponte con carrello superiore 290.9
- - - - - tra le travi maestre 291.1
- - - - comando a mano 291.4
- - - - - - trasmissione 291.6
- - - - meccanismo di sollevamento ausiliare 293.3
- - - - puntone a bilanciere 292.7
- - - - - binario pendente 292.7
- - - - trasmissione a fune 291.7
- - - - - flessibile 291.7
- - - elettrica . 292.1
- - - manovrata dal basso 291.3
- - - per chiodatrici 293.2
- - - - fonderie 293.1
- - - - fucina . 314.5
- - portale . . 304.3
- - - asimmetrico 305.3
- - - da banchina 305.2
- - - - porto . 305.2
- - portico . . 304.4
- - pozzo . . . 301.2
- - puntone mobile articolato 307.8
- - - oscillante 307.5
- - risvolto . . 306.5
- - sopporto triangolare 305.5
- - tanaglia per lingotti 312.7
- - vapore girevole 302.2
- - velocipede . 306.6
- ad angolo . . 305.5
-, argano per . 271.7
-, battello- . . . 308.5
-, carico di . . . 2.4
-, carro mobile della 254.1
-, catena della 33.1
- con tenaglia da presa 313.5
-, controller da 222.6
-, - per movimento longitudinale della 222.9
-, costruttore di 280.5
-, costruzione di 280.3, 280.6
- d'armamento e disarmo d'arsenale militare 319.3
- - - - di navi militari 319.3
- d'officina . . 309.1
- da abbaino . 302.7
- - battipalo . 310.3
- - cantiere di carenaggio 318.8
- - - navale . . 318.6
- - colate con guida rigida per la secchia 311.6
- - cortile . . . 309.3

Gru da deposito 309.4
- - fonderia con dispositivo di rotazione automatico 312.2
- - - girevole . 303.1
- - forgia . . . 310.4
- - fucina girevole 303.2
- - imbarcare lingotti 319.8
- - magazzino . 302.6
- - nave 303.8
- - ponte di coperta da nave 304.1
- - porto . . . 304.2
- - sala di montaggio 309.2
- - scalo 318.8
- - - a torre . 319.2
- - scarpata . . 305.5
- - solaio . . . 302.7
- - squero . . . 318.6
- - tetto 305.6
- derrick . . . 306.8
- - a mano . . 307.3
- di caricamento 316.7
- - - su nave . 319.4
- - scavo automatico 309.6
- - trasbordo . 320.1
- elettrica girevole 302.4
-, fabbrica di . 280.4
- Fairbairn . . 301.3
- fissa 284.3
-, forma della . 284.1
-, freno per la . 111.4
-, fune per . . . 41.2
- galeiforme . . 306.5
- galleggiante . 308.3
- girevole . . . 295.9
- - a torre . . 306.3
- - da parete . 302.5
- - con sbalzo variabile 296.4
- - fissa 299.9
- - indipendente 300.4
- - locomobile 301.6
- - per maglio 303.3
- - su perno . 300.1
- idraulica girevole 302.3
- in sede stabile 284.3
-, la - ha una luce di . . . 290.4
-, - - - - lunghezza di . . . 290.4
-, - - esce dalle rotaie 289.4
-, - - fuorvia dalle rotaie 289.4
-, - - ha un campo d'azione di . . . 283.6
-, - - - - raggio d'azione di . . . 283.6
-, - - si mette in sbieco 289.2
-, - - - rovescia 284.9
-, - - - solleva dalle rotaie 284.7
-, lavoro della . 210.1
- locomobile . 284.5 303.4
Gru-locomotiva 303.5
- martelliforme 305.7
- mobile 284.4
-, montaggio di 281.3
-, montatore di 281.2
- per acciaieria 310.5
- - cantiere . . 310.1
- - caricamento di minerali 319.7
- - caricare i lingotti 317.5
- - - le lingottiere 316.8
- - estrarre i blocchi dalle lingottiere 318.6
- - fonderia . . 310.7
- - forni interrati 313.1
- - - - con dispositivo per scoperchiare 313.3
- - - sotto suolo 313.1
- - - - - con dispositivo per scoperchiare 313.3
- - grossi pesi . 308.2
- - imbarcazioni 303.8
- - imbarco di carbone 319.6
- - informare le lingottiere 316.8
- - laminatoio 310.6
- - locomotive 309.7
- - officine metallurgiche 310.4
- - trasporto . 315.7
- - - di lamiere 316.1
- - - - lingotti 315.8
- - - - lingottiere 316.2
- - - - sbarre di ferro 315.9
- - usi speciali 309.5
- piramidale . 306.1
- scorrevole, motore della 253.6
-, servizio della - 281.6
-, sistema della 280.2
-, - di 284.2
- speciale . . . 309.5
- su pontone . 308.3
-, taglia per . . 52.2
-, tipo di 280.2
- trasbordabile da una via all'altra 310.2
- trasportabile 303.4
-, travo - Temperley 295.7
Grúa, basculador de 325.2
- cantilever . . 295.4
-, carga para . . 2.4
- cargadora de lingotes 313.1
- - - - con disposición de levantamiento de la tapa 313.3
-, carro de . . 254.1
-, cimentación de la 287.7
- con brazo de inclinación variable 307.5
Grúa con tenazas para lingotes 312.7
- corredera 290.1, 291.1
- - de forja . . 314.5
- de almacén . 309.4
- - armamiento 319.3
- - astillero . . 318.6
- - buhardilla . 302.7
- - buque . . . 303.8
- - caballete . 294.6
- - - asimétrica 295.1
- - - fija 295.2
- - - móvil . . 295.3
- - cable aéreo 422.2
- - carga . . . 319.4
- - - para carbones 319.6
- - - - lingotes 317.5 319.8
- - - - minerales 319.7
- - casco . . . 306.5
- - columna . 300.5
- - consola . . 306.7
- - dedos prensores 313.5
- - deposito . . 302.6
- - desván . . 302.7
- - dique . . . 318.8
- - dos brazos 295.4
- - embarque . 319.4
- - - para carbones 319.6
- - enhornamiento 316.7
- - equipo . . . 319.3
- - garras . . . 314.7
- - - con arbol guiado 314.9
- - - - suspensión floja 314.8
- - grada . . . 318.8
- - granero . . 302.6
- - imán 315.5
- - maniobras . 303.5
- - media portada 305.3
- - montaje . . 309.2
- - muelle . . 304.2
- - pala-draga automática 309.6
- - patio 309.3
- - pivote . . . 295.9
- - placa giratoria 301.4
- - portada . . 304.3
- - - asimétrica 305.3
- - - parapuerto 305.2
- - pórtico . . 304.3
- - - simétrico 304.4
- - poste . . . 300.5
- - pozo 301.2
- - puente . . . 295.5
- - - de buque 304.1
- - puerto . . . 304.2
- - soporte angular 305.5
- - taller . . . 309.1
- - techo . . . 305.6
- - tijera . . . 307.8
- - torre para dique 319.2
- - - - grada . 319.2
- derrick . . . 306.8
- - de mando por mano 307.3
- en forma de martillo 305.7
Grúa en T . . . 305.7
- - - con volada variable 307.7
- especial . . . 309.5
- Fairbairn . . 301.3
- fija 284.3
- flotante 308.3, 308.5
- giratoria . . 295.9
- - aislada . . 300.4
- - de mano . . 302.1
- - - muro . . . 302.5
- - - portada variable 296.4
- - - radio de acción variable 296.4
- - - tejuelo . . 300.1
- - - torre . . 306.3
- - - vapor . . 302.2
- - eléctrica . . 302.4
- - fija 299.9
- - hidráulica . 302.3
- - para forja . 303.2
- - - fundición 303.1
- - - martillo-pilón 303.3
- - mural . . . 302.5
-, instalación de 280.1
- -locomotora . 303.7
- montada sobre vagón 303.4
- móvil 284.4
- -mutón 310.3
- para cargar hornos 316.7
- - cargas ligeras 308.9
- - - pesadas . 308.2
- - construcciones 310.1
- - el transporte de barras de hierro 315.9
- - - - - lingoteras 316.2
- - - - - lingotes 315.8
- - - - - palastros 316.1
- - enhornar los moldes en el horno 316.8
- - fábrica de acero 310.5
- - forjas . . . 310.4
- - fundición . 310.7
- - - con disposición automática de báscula 312.2
- - - - guía rigida del crisol 311.6
- - laminador . 310.6
- - levantar locomotoras 309.7
- - mastiles . . 308.1
- - sacar los lingotes de los moldes 313.6
- - transporte . 315.7
- piramidal giratoria 306.1
-, torno de . . . 271.1
- transbordadora 310.2, 320.1
- -velocipedo . 306.6
Grúas para el transporte de moldes 316.2
Grub screw . . 117.7
Grube, Gjersche 318.2
-, Wärme- . . . 318.2

Grubenkabel . 268.2
-winde 268.2
Grue à aimant porteur 315.5
- - arbre fixe . 295.9
- - benne dragueuse 309.6
- - câble aérien 422.2
- - casque à volée variable 306.5
- - chasser les blocs hors des lingotières 313.6
- - colonne . . 300.5
- - console . . 306.7
- - crochet magnétique 315.5
- - demi-portique 305.3
- - flèche d'inclinaison variable 307.8
- - flèches horizontales 295.4
- - fosse 301.2
- - fût 300.5
- - griffes . . . 314.7
- - - à suspension lâche 314.8
- - mâter . . . 308.1
- - pelle automatique 309.6
- - plaque tournante 301.4
- - - - à vapeur 302.2
- - portée variable 307.5
- - portique . . 304.3 304.4
- - - de port . 305.2
- - - - quai . . 305.2
- - pylône de cale sèche 319.2
- - soulever les locomotives 309.7
- - - - mâts . . 308.1
- - support triangulaire 305.5
- - tirants . . . 313.6
- - transporter les barres de fer 315.9
- - - - lingotières 316.2
- - - - tôles . . 316.1
- - volée horizontal 305.7
- - - variable . 307.5
-, aimant de . . 315.6
-, atelier de construction de -s 280.4
- avec pince à lingot 312.7
- - poinçon et pince d'accrochage 313.5
-, basculeur de 325.2, 325.5
-, câble de . . . 41.2
-, calcul de . . 288.8
- -cantilever . . 295.4
-, chaîne de . . 33.1
-, - pour 33.1
-, champ d'application de la 288.7
-, charge de la . 2.4 282.10
-, - supportée par la 288.1
Grue, chariot de 254.1
-, charpente de 294.7
-, chassis de . . 294.7
- -ciseau 307.8
- -, tirant incliné d'une 307.9
-, conducteur de 281.9
-, conduire une 281.11
-, conduite de la 281.10
-, constructeur de -s 280.5
-, construction de -s 280.3, 280.6
-, construire une 281.1
-, contrôleur de 222.6
- d'aciérie . . . 310.5
- d'applique . . 302.5
- d'armement . 319.3
- d'embarcation 303.8
- d'embarquement 319.4
- - de charbons 319.6
- - de lingots . 319.8
- d'enfournement des lingotières 316.8
- - - lingots . 317.5
- de bâtiment . 310.1
- - cale sèche . 318.8
- - chantier de construction 310.1
- - - - -s navales 318.6
- - chargement 319.4, 316.7
- - - de charbons 319.6
- - - - lingots . 319.8
- - - - minérais 319.7
- - - des lingotières 316.8
- - - - lingots . 317.5
- - chevalement 306.8
- - - à main . 307.3
- - coulée . . . 310.7
- - - à dispositif de bascule 312.2
- - - - guidage et suspension rigide de poche 311.6
- - - - - - - - - creuset 311.6
- - - - renversement automatic 312.2
- - cour 309.3
- - dépôt 302.6, 309.4
- - forge 310.4, 314.5
- - grenier . . 302.6
- - laminoir . . 310.6
- - lucarne 302.7, 277.8
- - magasin . . 309.4
- - manœuvre . 303.5
- - manutention 305.5
- - marteau-pilon 314.5
- - navire . . . 303.8
- - pont de navire 304.1
- - port 304.2
- - quai 304.2
- - toit 305.6
- - transbordement 320.1
Grue de transbordement d'une voie à l'autre 310.2
- - transport . 315.7
- - transvasement 310.7
- derrick . . . 306.8
-, dispositif de . 280.2
-, dresser la . . 281.5
- enfourneuse . 316.7
-, exécuter un projet de 281.1
-, fabrique de construction de -s 280.4
- Fairbairn . . 301.3
- fixe 284.3
- flottante 303.3, 303.5
-, fonctionnement de la 288.4
-, fondation de 287.7
-, forme de . . 284.1
-, frein de . . . 111.4
- géante 308.2
-, installation de 280.1
-, installer la . 281.4
-, la - déraille . 289.4
-, - - prend une position de coincement 289.2
-, - - - - - oblique 289.2
-, - - saute hors des rails 289.4
-, - - se renverse 284.9
-, - - - soulève sur les rails 284.7
-, lever la . . . 281.5
- -locomotive . 303.7
-, manœuvrer une 282.1
- -marteau . . . 305.7
- - à volée variable 307.7
-, mécanicien de 281.9, 288.11
-, mécanisme de déplacement de la 288.10
-, mettre la - en service 281.7
-, - - - hors de service 281.8
- mobile 284.4
-, montage d'une 281.3
- montée sur wagon 303.4
-, monter la . . 281.4
-, monteur de -s 281.2
-, moteur commandant la translation d'une 253.6
-, moufle attachée à une 52.2
- -mouton . . . 310.3
-, mouvement de déplacement de la 289.1
-, - - la . . . 288.10
- murale pivotante 302.5
- opérant le déchargement et le rechargement 320.1
- placée à l'extérieur d'un magasin 309.3
Grue pivotante 295.9
- - à main . . 302.1
- - - portée variable 296.4
- - - tour . . . 306.3
- - - vapeur . 302.2
- - - volée variable 296.4
- - de fonderie 303.1
- - - forge . . 303.2
- - - marteau-pilon 303.3
- - électrique . 302.4
- - et roulante 301.6
- - fixe 299.9
- - hydraulique 302.3
- - isolée . . . 300.4
- - sur haut pilier 306.3
- - - - pylône . 306.3
- -, truck de . . 254.8
-, poids d'une . 283.9
- -ponton . . . 303.3
- -portique . . 294.6
- - à un pied . 295.1
- -, montant de 294.8
-, poulie attachée à une 52.2
- pour atelier de rivetage 293.2
- - charges légères 308.9
- - fours profonds avec dispositif d'enlèvement des couvercles 313.3
- - le transport des lingots 315.8
- - lourdes charges 308.2
-, puissance de la 288.2
- -pyramide tournante 306.1
-, rail pour . . 328.9
-, rayon d'action de la 288.5
-, renversement de la 284.10
- roulante 284.4, 290.1 303.4
- - de fonderie 293.1
- -, la - a une portée de 290.4
-, service au moyen d'un 281.6
-, - de la . . . 281.10
- -sonnette . . 310.3
- spéciale . . . 309.5
- stationnaire . 284.3
-, système de . 280.2 284.2
- Titan 308.2
- tournante . . 295.9
- - à main . . 302.1
- - sur pivot . 300.1
-, tourner la . . 296.6
- transbordée . 310.2
-, travail d'épreuve de la 210.1
-, - de la . . . 288.3
-, treuil de . . 271.7
-, type de . . . 284.2
- -vélocipède . 306.6
-, voie pour . . 329.6
Gruesa, chapa . 167.4 169.1
-, plancha . . . 169.1

Grueso de la cuerda 33.7
- del cable . . 33.7
Grundanstrich 161.4
-büchse 190.7
-platte . . 88.7, 301.1
-ring 190.7
-schraube . . . 287.9
Grupo, aparejo de -s 50.5
- de cargas . . 134.2
-, impulsión por -s 176.5
-, mando por -s 176.5
- motor-generador de corriente continua en continua 199.2
- - para la transformación de corriente continua en alterna 199.3
- - - - - - - - - - trifásica 199.4
Gruppe, Lasten- 134.2
Gruppenantrieb 176.5
-flaschenzug . . 50.5
Gruppi, comando a 176.5
-, taglia a . . . 50.5
Gualdera del motón 49.5
Guancia a cuscinetto, forchetta da fune con 417.3
- dei morsetti di presa 418.8
- di morsetto . 418.5
Guancialetto . 87.4
Guard, chain . 31.8
-, - - casing . . 31.9
Guardacabos en corazón 37.6
Guarda-cadena, caja 31.9
- cuerpos . . 157.10
Guardia, piastra di 76.1
-, piastrina di . 257.5
Guarnecer . . . 192.3
- el cojinete . . 87.5
Guarnición . . 190.5
- cónica 191.5
- de algodón . 192.1
- - bridas . . . 191.2
- - cáñamo . . 191.9
- - cuero . . . 191.8
- - - embutido 191.3
- - junta, aro de 241.7
- en caucho . . 191.7
- en U 191.6
- interior del cojinete 87.4
- - de la horquilla 417.4
- metálica . . . 192.2
-, tubo de . . . 240.1
Guarnire . . . 192.3
- un sopporto . 87.5
- - - con metallo bianco 87.6
Guarnitura . . 87.4
Guarnizione . . 190.8
- a sezione anulare 191.5
- anulare . . . 191.5
Guarnizioneanulare ad U 191.6
-, cuoio ad U di 191.3
- del tubo . . . 241.6
- dello stantuffo 185.7
- di canape . . 191.9
- - cotone . . . 192.1
- - cuoio . . . 191.8
- - - ad U . . . 191.2
- - gomma . . 191.7
- - metallo . . 192.2
-, disco di . . . 241.7
- metallica . . 192.2
-, tubo di . . . 240.1
Guarnizioni, mettere le 192.3
Gudgeon . . . 79.6
- gearing, Grisson 72.5
Guérite de grue 301.9
- fermée de conducteur 294.2
Gueule de fourche 416.7
Gueuses, contrepoids formé de sable et de 287.4
Guía, bastidor de 277.2
-, - de - de la cadena de cangilones 372.1
-, caballete de . 339.5
-, cadena para . 33.1
- de encaje . . 315.4
- - la cabina . 338.7
- - - cadena . 31.7
- - las tenazas 58.7
- del cable . . 400.6
- - crisol . . . 311.7
- - cuenco . . . 357.5
- en forma de telescopio 315.3
- - los rincones 340.1
-, estribo - de la cadena 31.8
-, grua para fundición con - rigida del crisol 311.6
- lateral 339.7
-, polea 47.5
-, rail de 416.2
-, rodillo de - para cadena 32.5
-, torno de mando del bastidor de 373.6
Guiadas, tenazas 58.5
Guiadera . . . 58.4
-, tenazas con . 58.3
Guiado, grúa de garras con arbol 314.9
Guías 338.8
Guida 338.8
- ad intaglio . 58.4
-, cuffia di - per catena 31.9
- del carico . . 277.1
- - cavo di sotto l'incrocio 401.1
- - - inferiore . 400.9
- - - superiore 400.8
- della cabina . 338.7
- - conca . . . 357.5
- - tanaglia . . 58.7
- delle rotelle . 259.7
- di accoppiamento 416.2
Guida di catena 31.7
- - sollevamento, carrello con 276.8
- - -, intelaiatura di 277.2
- fune . . . 41.8, 400.6
-, girella di - della fune 41.8
-, - - - per catena 32.5
-, gru da colate con - rigida per la secchia 311.6
- inclinata, carrello su 277.9
- laterale . . . 339.7
-, pattino di - autoregolatore 339.4
- pendolare . . 245.2
- per la secchia 311.7
-, puleggia di . 47.5
-, resistenza della - della fune 41.9
-, ruota - 258.6
-, scatola di - per la catena 31.9
-, staffa di - della catena 31.8
- su cantonale 340.1
-, tanaglia con - ad intaglio 58.3
- unica, argano scorrevole a motore su 273.2
Guidage 338.8
- à coulisse . . 58.4
- - téléscope . . 315.3
-, arbre de . . . 339.2
- autorégulateur, coussinet de 339.4
- -, joues de . . 339.4
-, châssis de . . 315.1
-, courbe de . . 344.2
-, coussinet de . 339.3
- de la cabine . 338.7
- - - cage . . . 338.7
- - - chaîne . . 31.7
- - - poche . . 311.7
- de tenaille . . 58.7
- des bacs . . . 357.5
- du câble . . . 400.6
- - creuset . . . 311.7
-, fourche de - pour câble 416.6
- latéral 339.7
- placé dans les angles 340.1
-, poinçon de . 315.2
-, poulie de . . 47.5
-, rail de . 339.1, 416.2
-, résistance de - du cable 41.9
-, support du . . 339.5
Guidance conduction 203.9
Guidata, tanaglia 58.5
Guidato, gru a branca con albero 314.9
Guide 339.5
- bar 339.1
- beam 339.2
- cam 344.2
- casing 315.4
-, chain 31.10
-, - - pulley . . 32.5
- curve 344.2
- frame . 277.2, 315.1
Guide frame, bucket 372.1
- ladle 311.7
-, lateral 339.7
-, lift-cage . . . 338.7
-, lock 357.5
- over corners . 340.1
- path 338.8
- plunger . . . 315.2
- pulley . 47.5, 395.7
- - for end of line 403.2
- rail . . . 339.1, 416.2
-, rope - pulley 41.8
- sheave 47.5
-, slot 58.4
-, telescopic . . 315.3
-, tongs with slot 58.3
- wheel 258.6
Guide 277.2
- à emboîtement 315.4
- de la cabine 338.7
- - - tige . . . 120.3
- - levage . . . 277.1
- latéral 339.7
- oscillant . . . 245.2
- placé dans les angles 340.1
Guidée, tenaille 58.5
Guide 338.8
-, argano scorrevole a motore su due 273.3
- negli angoli . 340.1
Guided beam, claw crane with 314.9
- tongs . . . 58.1, 58.5
Guiding, chain 31.7
- cheek, self-adjusting 339.4
-, corner 340.1
- of the line . . 398.8
-, rope . . . 41.7, 400.6
-, - - resistance 41.9
- round of the carrying wagon 403.3
- shoe 339.3
-, tongs 58.7
Guillotine, perte à 336.6
Gummiaderkabel 205.3
-kupplung . . . 81.4
-manschette . . 191.7
Gunmetal . . . 169.8
Gurt 42.8, 142.1
-aussteifung . . 146.6
-eisen 145.10
-elevator . 362.7, 363.1
-förderer 367.2
-lamelle 146.1
-niet 146.3
-, Ober- 142.3
-platte 146.1
-querschnitt . . 142.2
-scheibe 47.3
-spannkraft . 141.10
-spannung . . 141.10
-stab 141.9
-transporteur . 367.2
-trommel . . . 45.9
-, Unter- 142.4
-versteifung . . 146.6
-winkel 145.9
-, Zug- 142.6
Gurtung 142.1
-, Druck- 142.5

Gurtung, Zug- 142.6
Gurtungseisen 145.10
-lamelle 146.1
-stab 141.9
-winkel 145.9
Gußeisen . . . 163.3
-, Gelb- 169.9
-, Hart- 164.6
-, Herd- 164.1
Guß, Hohl- . . 164.4
-, Kasten- . . . 164.2
-, Kokillen- . . 166.6
-, Lehm- 164.3
-rad 70.2
-, Rippen- . . . 164.5
-, Rot- 169.8
-, Sand- 163.4
-, Schalen- . . . 166.6
Guß, schmiedbarer 164.7
-stahl . . 165.3, 166.4
-, Temper- . . . 164.7
Gusset . . 150.3, 151.2
- joint plate . 150.11
- plate 151.3
Gut, Bagger- . 371.1
-, Förder- . . . 359.6
Gut, Lade- . . . 322.1
-, Massen- . . . 322.5 384.2
-, Schütt- 384.7
-, Stück- 322.4
-, Verlade- . . . 322.1
Gütegrad . . . 11.8
-verhältnis . . 11.8
Güterverkehr . 321.7

H.

H-iron 168.5
Hacer entallas 375.1
- una presión sobre el cable 401.4
- variar la inclinación 17.3
- - - volada . . 17.3
Hackmesserschalter 215.3
Hafenkran . . . 304.2
-portalkran . . 305.2
Hahn 242.6
-, Absperr- . . . 242.7
-, Entwässerungs- 238.6
-, Steuer- 196.6
-steuerung . . 196.5
Haken 52.5
-, Doppel- . . . 54.3
-, Fang- 324.5
-flasche . . 49.3, 49.4
-form 52.10
-gehäuse . . . 53.1
-geschirr . . . 53.6
-geschwindigkeit 52.11
-gewicht 53.7
-, Heben des leeren -s 7.4
-, Karabiner- . 54.7
le 52.9
-kette 29.6
-, Ketten- . . . 54.1
-, Klauen- . . . 55.1
-, leerer 55.3
-maul 52.7
-, Ösen- 54.4
-, S- 54.6
-schaft 52.8
-schraube . . . 117.1
-, Seil- 54.2
-, Sicherheits- . 54.8
-, Sperr- 93.8
-stellung . . . 53.3
- -, höchste . . 53.4
- -, tiefste . . . 53.5
-, unbelasteter . 55.3
-weg 53.2
-weite 52.7
-winde 267.9
-, Wirbel- . . . 54.5
-, Zug- 55.2
Halage, chaine de 33.2
Halbbockkran . 295.1
- eingespannter Balken 139.10
- - Träger . . 139.10
-messer, Kurbel- 178.4
-portal 305.4
- -kran 305.3
-verschlossenes Seil 40.5
Halbversenkter Kopf, Niet mit -m 122.2
- - Niet 122.2
Haldenseilbahn 394.6
Haldes, transport aérien pour 394.6
Haler 266.2
Half coupling . 80.9
Hallar, las fuerzas se hallan en equilibrio 131.7
Hallarse, el carro se halla en la posición interior 274.6
- en serie . . . 225.4
Haltorgane . . 92.6
-stellung . . . 220.4
Haltebremse . . 111.9
-klammer . . . 408.9
-seil 412.1
Halten, die Last in der Schwebe 112.2
-, - - mit der Bremse 112.1
Halter, Bremsband- 103.2
-, Bürsten- . . . 211.1
-, Sperrklinken- 104.8
Hammerkontakt 218.8, 218.9
-kopf 116.3
-kran 305.7
-, Niet- 125.5
-, Schell- 125.7
-werkdrehkran 303.3
-wippkran . . . 307.7
Hammer contact 218.8, 218.9
- head crane . 305.7
- - slewing crane 303.3
- -headed dock crane 307.7
-, riveting- . . . 125.5
-, water 239.1
Handantrieb . 177.7
-aufzug 352.3
-bagger 371.3
-bremse 100.3
-derrickkran . 307.3
-drehkran . . . 302.1
-druckpumpe . 233.8
-flaschenzug . . 50.2
-haben, den Aufzug 346.3
-habung des Aufzuges 346.6
-habungsbremse 112.6
- -kran 308.9
-hebel 247.4
Handhebelbremse 100.3
-kette 81.3
-kettenantrieb . 181.6
- -betrieb . . . 181.6
- -rad 81.2
-kurbel 177.9
- -antrieb . . . 177.8
- -winde 270.9
-laufkatze . . . 275.4
- -kran 291.4
-nietung 126.5
-rad 181.3
- -antrieb . . . 181.2
- -, Steuer- . . . 248.2
- -steuerung . 248.1
-rollenzug . . . 50.2
-seilantrieb . . 181.7
- -aufzug . . . 352.4
- -betrieb . . . 181.7
-spill 278.8
-winde 270.8
Hand capstan . 278.8, 278.9
- chain 81.3
- - driving . . 181.6
- - wheel . . . 81.2
- crane 308.9
- crank . 177.8, 177.9
- -, winch with 270.9
- derrick . . . 307.3
- dredger . . . 371.3
- driven crab . 275.4
- - lift 352.3
- - rope-lift . . 352.4
- driving . . . 177.7
- force pump . 233.8
- gear, dredger with 375.5
- -, - without . 375.6
- grip 179.1
- lever 247.4
- - brake . . . 100.3
- pulley block 50.2
- -riveting . . . 126.5
- -rope driving 181.7
- -slewing crane 302.1
- travelling crane 291.4
- -wheel 181.3
- - control . . 248.1
- -, control . . 248.2
- - driving . . 181.2
- winch 270.8
Hands, loading 321.8
Händel, Steuer- 247.8
Handle 177.9
-, crank 178.2
- driving . . . 177.8
-, lever 178.2
- of lever . . . 316.6
-, pressure on . 178.1
-, winch with . 270.9
Hanfdichtung . 191.9
Hanfkern . . . 39.6
-knoten 391.4
-liderung . . . 191.9
-metallknoten . 391.5
-packung . . . 191.9
-seele 39.6
-seil 38.6
- -rolle 47.1
- -scheibe . . . 47.1
Hangar 381.6
Hängebahn . . 419.6
- -abzweigung 420.4
- -anlage . . . 419.5
- -drehscheibe 421.10
- -, elektrische . 422.1
- -, Elektro- . . 422.1
- -gleis 419.8
- -kreuzung . . 421.7
- -schiene . . . 420.1
- -wagen . . . 419.7
- -weiche . . . 420.5
-bügel, Auf- . . 407.4
-gerüst 277.2
-schiene 395.5
-schuh 420.3
-seil 34.9
-werk 138.6
Hängen, die Last an den Haken 55.4
Harbour gantry crane 305.2
- portal crane . 305.2
Hardened, case - casting 164.6
Harina, elevador de 365.4
Harináceas, materias 384.6
Harnais d'engrenages 62.7
-, multiplication à deux 63.5
-, transmission à deux 63.5
Hartguß 164.6
Hart-shaped dead-eye 37.6
Haspelbetrieb . 181.4
-, Förder- . . . 268.2
-kette 81.3
-rad . . . 181.5, 81.2
- -antrieb . . . 181.4
-seil 41.5
-, Wickel- . . . 270.7
Hat leather packing 191.5
Hatch-crab . . 277.8
- crane 302.7
-, ship's 322.9
-way lift . . . 358.7
Hauban 405.2
-, support de câble à 405.1
Haube, Ketten- 81.9

Haufenlager . . 385.2
Haulage, chain 392.1
–, continuous . 360.2
–, double 388.4
–, horizontal . . 360.5
–, inclined . . . 360.6
- over a braking-incline 361.5
- plant 360.7
–, pneumatic . . 363.6
–, rope . . 388.1, 388.2
–, single . 360.3, 388.3
- speed 359.8
–, vertical . . . 360.4
- with closed rope 389.1
- - ground rope 390.5
- - main and tail rope 389.5
- - open rope . 388.5
- - overhead rope 390.3
- - rope and connecting rope 390.1
- - single-rope 389.3
Hauled, goods to be 359.6
–, quantity to be 359.7
Hauler, steam . 271.3
Hauling cable . 41.4
- device 360.8
- drum 346.2
- engine 346.1
- gear 252.4
- –, drum of . . 252.5
- –, rope for . . 252.6
- load 332.1
- medium . . . 360.9
- out-put . . . 360.1
- rope 41.4
- –, overhead . 390.4
- –, smooth . . 390.7
- track 359.4
- –, length of . 359.5
- winch 272.2
–, - for double . 269.5
–, - - single . . 269.4
Hauptausschalter 214.9
-bahnwagen . . 379.6
-hubwerk . . . 251.7
-katze 274.8
-kranträger . . 289.6
-leitung 203.3
-pfosten 403.6
-schluß 225.3
- –, im - - liegen 225.4
- -motor 212.5
-station 396.8
-strombremsmagnet 110.3
- -erregung . . 211.2
- -motor 212.5
-träger 148.2
-winde 267.6
Haus, Führer- . 293.6
–, Kran- 301.9
–, Lager- 381.3
Haut-fourneau, chargeur de 356.1
- –, plate-forme de 356.3
- –, transport aérien pour -s -x 394.5
- –, wagonnet de chargement de 356.4
Hauteur d'aspiration de la pompe 226.7
- d'eau 229.6
- - mesurant la pression 229.6
- –, résistance mesurée en 230.1
- d'élévation de la pompe 229.8
- d'ouverture du portique 304.9
- de chute 7.9, 386.5
- - - libre . . . 9.1
- - descente . . 7.9
- - déversement 386.5
- - flèche . . . 296.1
- - l'âme . . . 145.8
- - la cage . . 333.4
- - - colonne d'eau 229.6
- - - poutre . . 145.8
- - levage . 6.7, 332.2
- - poulie . . . 296.1
- - poutre . . . 144.6
- du puits . . . 333.4
- - support . . 403.8
Head . . . 229.3, 264.5
- bearing . . 300.10
–, bolt with - and nut 116.7
–, cheese- . . . 116.2
–, closing- . . . 121.1
–, counter-sunk 116.4
- crane, hammer 305.7
–, die- 120.10
–, elevator . . . 361.8
–, fillister 116.2
–, hexagon . . 115.10
–, jib 297.3
–, lever 245.8
–, loss of 229.9
- of capstan . . 278.3
- - pillar . . . 300.7
- - shaft 333.5
- - strut 307.2
- - trough . . . 317.2
- pivot 300.9
- plate . . 146.1, 300.8
–, pole 109.2
–, pressure . . . 229.6
–, resistance . . 230.1
–, rivet- 120.9
–, screw 113.8
–, square 116.1
–, suction - of the pump 229.7
–, swage- . . . 120.10
–, T- 116.3
Headless screw 117.7
Heapable goods 384.7
Heaping, built 385.1
–, loose . . . 384.10
–, packed . . . 385.1
- stores 385.2
Hearth, riveting- 126.3
Hebearbeit . . 10.6
-baum 261.2
-bock 263.7
- –, hydraulischer 264.1
- –, Lokomotiv- 263.8
-bühne 355.8
-kolben 185.2
-kraft 2.5
-lade 261.3
-magnet 56.6
Hebemaschine . 1.1
-vorrichtung . 1.1
- –, Seil- 417.2
-werk 1.1
- –, Schiffs- . . 357.3
- –, Untersatzwagen mit 409.8
- -zeug 1.1
-zeug 1.1
- -bau 280.3
- -bremse . . . 111.3
- –, Druckluft- . 235.2
- -fabrik . . . 280.4
-zylinder . . . 185.3
Hebel 245.7
-arm der Kraft 130.9
- - - Last . . . 11.5
- –, Gegengewichts- 286.3
–, Ausgleich- . . 52.1
-ausschalter . . 215.2
-ausschlag . . . 245.9
–, Brems- 100.4
-bremse 100.2
- –, Fuß- 100.5
- –, Gewicht- . 100.6
- –, Hand- . . . 100.3
–, Doppel- . . . 246.8
–, einarmiger . 246.6
–, Fang- 414.4
–, Fuß- 247.5
-gestänge . . . 245.6
–, Gewicht- . . . 100.8
–, Hand- 247.4
–, Hub- 261.4
–, Knie- 247.2
–, Kontakt- . . 218.6
-kopf 245.8
–, Kupplungs- . 81.8
–, Last- 261.4
–, Stell- 246.8
–, Steuer- . . . 247.8
-steuerung 247.7, 348.4
–, Tritt- 247.5
-übersetzung . 246.5
-werk 245.6
–, Winkel- . . . 247.1
–, zweiarmiger 246.7
Heben, der Kran hebt sich von den Schienen ab 284.7
- - Last 7.2
- des leeren Hakens 7.4
–, die Kräfte - sich auf 132.2
–, - Last 7.1
Hectovatio-hora 200.5
Hectowatt-heure 200.5
Hectowatt-hour 200.5
Heeling angle . 308.8
Heft der Kurbel 179.1
-kurbel 178.9
-niet 122.6
Height, fillet . 145.8
- from floor to underside of roof girder 162.3
- of jib 296.1
- - lift 6.7
- - point . . . 65.4
- - shaft 333.4
- - support . . 403.8
- - travelling space of the portal 304.9
–, stay 145.8
Heißen, die Last 7.1
Heiztür 297.6
Hektowattstunde 200.5
Helar, el agua se hiela 231.1
Helgen 318.7
-gerüst 319.1
-kran 318.8
–, Seil- 422.3
Helical, double - spur wheel 68.5
–, double - tooth 68.6
- wheel 71.3
Hélicoidal, câble 40.2
–, plan incliné . 387.2
Hélicoïdale, roue 71.3
Helicoidal, impulsión por rueda dentada 70.6
–, plano inclinado 387.2
–, rueda 71.3
Helling 318.7
-gerüst 319.1
-kran 318.8
–, Seil- 422.3
-turmkran . . . 319.2
Helmet crane . 306.5
Helmkran . . . 306.5
Hemmung, Selbst- 11.9
Hemp core . . 39.6
- knot 391.4
- -metal knot . 391.5
- packing . . . 191.9
- rope 38.6
- - pulley . . . 47.1
- - sheave . . 47.1
Herdguß . . . 164.1
Herradura, electroimán en forma de 108.5
Herramienta para remachar 125.4
Herringbone tooth 68.6
- wheel 68.5
Herzkausche . 37.6
-stück 421.8
Heure, hectowatt- 200.5
–, kilowatt- . . 200.5
–, watt- 200.4
Hexagon head 115.10
- nut 115.5
Hexagonal bar 167.9
- iron 167.9
Hexagonal, fer 167.9
Hexagonal, cabeza 115.10
–, hierro 167.9
–, tuerca 115.5
Hidráulica, grúa giratoria 302.3
–, máquina . . . 366.8
–, transportador de presión 364.4
Hidráulico, aspirador 364.3
–, cabrestante . 279.3
–, distribuidor . 194.2
–, frenado . . . 106.3
–, freno . . 105.3, 106.2
–, mando 228.6
–, remachado . 126.9
–, rosario 366.8
–, torno 271.2

Hidrostática, pérdida de presión 229.9
Hielo, elevador de bloques de 366.5
Hierro 163.2
-, almacén de -s en barras 383.5
- angular . . . 168.3
-, cable de alambres de 38.9
- colado 163.3
- cuadrado . . 167.8
- de balaustrada 158.2
- - junta . . . 149.1
- - la cadena . 28.7
- - llanta . . . 168.1
- - refuerzo . . 152.4
- - unión . . . 150.5
- del cordón . 145.10
- doble T . . . 168.5
- dulce soldado 165.2
- en barras . . 167.6
- - forma de cuadrante 168.8
- fnndido 163.3, 165.1
- - maleable . . 164.7
-, grúa para el transporte de barras de 315.9
- hexagonal . . 167.9
- homogéneo de fundición 165.1
- I 168.5
- laminado . . 167.2
- maleable . . 164.8
- para remaches 121.9
- perfilado . . . 168.2
- plano . . . 167.10
- redondo . . . 167.7
-, soporte de . . 404.4
- T 168.4
-, transporte aéreo sobre - redondo 399.7
- U 168.6
- universal . . 167.5
- Z 168.7
- Zorés 168.9
High pressure distribution 192.6
- speed pulley block 51.2
Highest position of hook 53.4
- - - load . . . 3.1
Hilera de remaches 123.2
Hilfsakkumulator 232.8
-hebevorrichtung, Laufkran mit 293.3
-hubwerk . . . 251.8
-katze 275.1
-maschine . . . 182.4
-motor 218.6
-winde 267.7
-windwerk . . 251.8
Hinge, crown . 139.1
-, door 337.2
- impost 139.2
- joint 138.11
-, top 139.1
Hinged arch . 138.8
- bottom, wagon with 409.5
Hinged closing trap 385.7
- jib 299.4
- pipe 240.2
Hinleitung . . 203.9
Hintereinander schalten 224.7
-schaltung . . . 224.8
Hinterseil . . . 389.7
-, Förderung mit Vorder- und 389.5
Hintertauwinde 373.4
Hin- und her gehender Betrieb, Seilbahn mit -m 392.7
Hinzufügen, eine Kraft 128.7
Hißbewegung . 6.4
Hissen 7.2
-, die Last . . . 7.1
Hochbagger . . 374.1
-baggerung . . 374.2
-bahnkran . . . 295.5
- -, Kabel- . . . 422.2
-bau, Eisen- . . 158.9
-behälter . . . 381.1
-drucksteuerung 192.6
-gehen 6.4
-klappbarer Ausleger 299.4
-klappen, den Ausleger 299.5
Hochliegendes Seil, Kupplungsvorrichtung mit 415.5
- Zugseil . . . 390.4
Hochziehen, den Kran 281.5
Höchstlast . . . 2.1
- -reibung . . . 23.1
-stromausschalter 216.2
Höchste Hakenstellung 53.4
- Laststellung . . 3.1
Hofkran 309.3
Hogar de la caldera 221.5
Höhe, Ausleger- 296.1
-, Druck- 229.6
-, Fall- . . . 7.9, 386.5
-, Förder- . . . 332.2
-, Hub- 6.7
-, lichte - von Oberkante Flur bis Unterkante Dachbinder 162.3
-, Pfeil- 138.9
-, Rollen- 296.1
-, Schacht- . . . 333.4
-, Sturz- 386.5
-, Stützen- . . . 403.8
-, Träger- . . . 144.6
-, Widerstand- . 230.1
Hohlgewinde . 115.2
-guß 164.4
-seil 40.11
Hohle Welle . . 76.7
Hoist 331.1
-, ammunition . 354.7 366.4
-, barrel . 354.6, 365.6
-, box 366.1
-, coal 355.6
- control . . . 347.7
-, - of 346.6
-, ice 366.5
Hoist, meat . . 366.3
- opening depot 381.5
-, ore 355.7
-, sack . . 354.5, 365.7
- sand 366.6
-, starting of the 346.7
-, stopping of the 346.9
-, the - reverses automatically 347.6
-, the - starts . 347.1
-, the - stops . 347.2
-, the - stops automatically 347.3
-, travelling . . 272.8
-, warehouse . . 353.5
-, wood 366.7
Hoisting apparatus 1.1
- depth 332.2
- device 331.2
- drum 345.7
- engine . . . 345.3
- -, direct acting 345.4
- -, indirect acting 345.5
- gear brake . 111.6
- jack 261.3
- limit 332.6
- load 332.1
- motor 345.9
- plant 331.3
- rope 332.7
- starter 346.4
- step 332.3
- winch 345.6
Hoja de puerta 336.3
Hold 323.1
-, to - the block 317.8
-, - - - ingot . . 317.8
-, - - - load by means of the brake 112.1
-, - - - - in suspension 112.2
Holder, brake strap 103.2
-, brush- 211.1
-, load 407.5
-, pawl 104.8
Holding apparatus 324.4
- brake 113.1
- clamp 408.9
- device, automatic 324.7
- -, block . . . 317.6
- -, ingot . . . 317.6
- down bolt . . 88.6
- tackle 52.4
- the block . . 317.7
- - ingot . . . 317.7
- up tool . . . 125.8
Hole, face of rivet 121.4
-, oil- 88.11
-, rivet 121.3
Hollow cable . 40.11
- casting . . . 164.4
- piston 186.9
- -pivot 79.3
- plunger . . . 186.9
- rope 40.11
- shaft 76.7
Holzelevator . 366.7
-futter, Bremsband mit 102.4
-gerüst 159.2
-konstruktion . 159.3
Holzriese . . . 393.6
-schraube . . . 118.2
-stütze 404.3
-verschalung . 294.3
-winde 264.9
Hölzerne Seilstütze 404.3
Homogène, acier 165.3
-, fer 165.1
Homogéneo, hierro - de fundición 165.1
Hongo, perfil de doble 420.2
Hook . . . 52.5, 324.5
-, block with . . 49.4
- bolt 117.1
-, carbine . . . 54.7
-, casing 53.1
-, chain 54.1
-, claw- 55.1
-, double 54.3
-, draw bar . . 55.2
-, empty 55.3
-, eye 54.4
- fittings . . . 53.6
-, highest position of 53.4
- housing . . . 53.1
-, ladle 311.5
-, lifting the empty 7.4
- link chain . . 29.6
-, load 52.6
-, lowest position of 53.5
-, opening of . . 52.7
- position . . . 53.3
-, rope 54.2
-, S- 54.6
-, safety 54.3
-, shackle . . . 54.5
- shank 52.8
-, shape of . . . 52.10
- speed 52.11
-, swivel 54.5
-, travel of . . . 53.2
- velocity . . . 52.11
-, weight of . . 53.7
-, winch with . 267.9
Hooke's joint . 84.1
Hoop iron . . . 168.1
Hopperbagger . 376.5
Hopper chain . 368.9
-, charging . . 368.10
-, dredger . . . 371.2
-, earth 385.6
-, pump 376.5
-, storage . . . 385.5
- windlass . . . 373.5
Hora, kilovatio- 200.6
-, trabajo durante una - de prueba del calentamiento 209.9
-, vatio- 200.4
Horizontalkraft 128.5
-schub 128.5
-verband . . . 153.5
Horizontal block tongs 59.2
- brace 153.5
- conveying . . 360.5
- force 128.5
- haulage . . . 360.5
- motion, resistance against 12.5
- -, speed of . . 13.4

Horizontal travelling motion 12.4
Horizontal, entretoisement 158.5
-, transport 360.5
Horizontal, movimiento - de translación 12.4
-, enlace 158.5
-, fuerza 128.5
-, movimiento - del carro 273.7
-, refuerzo - de los cordones 146.6
-, tenazas -es para lingotes 59.2
-, transporte 360.5
Horizontale, force 128.5
Horizontally, moving 12.7
-, to move 12.6
Hormigón, bloque de 287.6
-, contrapeso de 287.5
Horn 264.5
Hornillo para calentar los remaches 126.3
Horno, aparato para cargar -s 316.4
-, cargador de alto 356.1
- de recalentamiento de Gjer 313.2
-, grúa para enhornar los moldes en el 316.8
Horquilla de cable con guarnición interior 417.3
- - cierre 418.4
- - fijación 416.5
- - guía 416.6
- - mango 417.5
-, gorrón de 79.1
- para cable de muelle 417.7
Horse-power 21.6
- -shoe magnet 108.5
Hose, air 235.3
-, armoured 377.1
- drum 235.4
-, flexible joint 377.2
Hoteles, montacargas para 355.1
Hôtels, monte-charge pour 355.1
Hour, hectowatt- 200.5
-, kilowatt- 200.6
-, watt- 200.4
Hourly output 209.9
House, store 381.3
Housing, brake 104.2
-, hook 53.1
Hub 6.7
-anzeiger 350.10
-anzeigevorrichtung 350.10
-arbeit 10.6
- - des Magneten 109.7
-bahn 6.9
-beschleunigung 10.4
-bewegung 6.4
-bremse 111.6, 251.4
-geschwindigkeit 9.10
-hebel 261.4
-höhe 6.7
-kette 32.6
-kolben 185.2, 185.9
-kraft 109.6
-, Last- 6.8
-, Lüft- 109.5
-magnet 56.6
-motor 251.5
-organ 24.2
-periode 6.6
-rad 366.8
-richtung 6.2
-, Schieber- 193.5
-seil 36.5, 411.9
-spindel 262.2
-stellung 220.5
-stempel 277.1
- -, Laufkatze mit geführtem 276.6
-, Steuer- 243.8
- -walze 222.7
-trommel 251.1
-übersetzung 62.5
-weg 6.7
-werk 250.5
- -bremse 111.6, 251.4
- - für zwei Geschwindigkeiten 252.1
- -, Haupt- 251.7
- -, Hilfs- 251.8
- - mit auswechselbarem Vorgelege 252.1
Hubwerk mit umschaltbarem Vorgelege 252.1
- -, Zweitrommel- 252.2
-winde 267.4
-windwerk 250.5
-zylinder 185.3, 189.7
Hub 68.1
Hueca, pieza de fundición 164.4
Hueco, árbol 76.7
-, cable 40.11
Hufeisenmagnet 108.5
Huile de graissage 85.5
-, frein à 105.7
Hülse, Distanz- 117.5
-, Lager- 89.2
-, Muffen- 80.7
Hund 377.8
Hundimiento de la carga 9.3
- del apoyo 137.6
Hundir, la carga se hunde 9.2
Husillo 69.4
-, engranaje de linterna de -s 66.9
-, transmisión de linterna de -s 69.3
Huso 120.2
-, corona de linterna de -s 69.6
-, engranaje de -s de Grisson 72.5
Hut, closed driver's 293.7
-, crane 301.9
-, driver's 293.6
-, weather-proof driver's 294.1
Hüttenkran 310.4
Hydraulic accumulator 231.9
- air vessel 231.5
- brake 105.3, 106.2
- braking 106.3
- capstan 279.3
- central station 228.8
- draw coupling 263.5
- driving 228.6
Hydraulic flush, suction head with 376.7
- jack 264.1
- lift 352.7
- -, direct acting 353.1
- -, indirect acting 353.2
- main 228.7
- piston 188.1
- pressure 229.4
- riveting 126.9
- slewing crane 302.3
- slide valve 194.2
- transporter 364.4
- winch 271.2
- working 229.1
Hydraulique, aspirateur 364.3
-, centrale 228.8
-, commande 228.6
-, élévateur - à action directe 353.1
-, frein 105.3, 106.2
-, grue pivotante 302.3
-, monte-charge 271.2
-, piston de moteur 188.1
-, - mû par pression 188.1
-, pression 229.4
-, prise 229.3
-, rivetage 126.9
-, station 234.2
-, tiroir 194.2
-, treuil 271.2
Hydraulische Bremse 106.2
- Bremsung 106.3
- Kraftzentrale 228.8
- Nietung 126.9
- Winde 271.2
- Zugwinde 263.5
Hydraulischer Aufzug 352.7
- -, mittelbar wirkender 353.2
- -, unmittelbar wirkender 353.1
- Drehkran 302.3
- Hebebock 264.1
- Kolben 188.1
- Schieber 194.2
Hydraulisches Spill 279.3

I.

I-Eisen 168.5
I, fer en 168.5
I, hierro 168.5
I-iron 168.5
Ice elevator 366.5
- hoist 366.5
Ida y vuelta, arrastre por cables de 389.5
Idle, running 11.2
- wheel 69.9
Idraulica, centrale di pressione 228.8
-, chiodatura 126.9
-, gru - girevole 302.3
Idraulica, stantuffo a pressione 188.1
-, trasportatore a pressione 364.4
-, - ad aspirazione 364.3
Idraulico, argano 271.2, 279.3
-, ascensore 352.7
-, - - ad azione diretta 353.1
-, - - - - indiretta 353.2
-, cassetto 194.2
-, comando 228.6
-, frenaggio 106.3
Idraulico, freno 106.2
-, martinetto 263.5
-, - - a cavaletto 264.1
Ignifuges, cage en matériaux 333.9
Iguales, las fuerzas son - y contrarias 128.3
Imán 202.3
-, caja del 108.7
- de la grúa 315.6
-, núcleo del 109.1
Imbarcare 320.2
-, gru da - lingotti 319.8
Imbarcare, merce da 322.1
-, posto da 322.2
Imbarcazioni, argano per 272.4
-, gru per 303.8
Imbarco 320.7
-, banchina d' 380.2
- di carbone, gru per 319.6
Imbracare il carico 56.1
Imbracatura 56.2
-, catena da 55.9
-, fune da 55.9

Immagazzinamento, ordegni ed impianti per l' 385.3
Immersione, profondità di 308.6
Immobilisé, écrou 115.6
Immobilizzato, il magnete del freno è 111.1
Immobilizzatore, freno 113.1
Immobilizzazione del magnete del freno 111.2
Impacco di ferro 166.8
- - - per la confezione delle lamiere 167.1
Impalcatura metallica elevata 158.9
Impalmare la fune 88.4
Impalmatura . 88.2
- della fune . . 88.1
-, lunghezza eccedente per la 88.3
Impanatura a più filetti 114.6
- quadrangolare 114.8
- triangolare . 114.7
Impegnare il nottolino 94.5
Impelente, bomba 233.5
Impianti, ordegni ed - per l'immagazzinamento 385.3
Impiantito della passerella 157.2
- di tavole . . 157.5
- in lamiera . . 157.3
-, lamiera per . 157.4
-, tavola d' . . . 157.6
Impianto ad aria compressa 234.8
- aereo funicolare 392.4
- d'argano . . 279.7
- di ascensore . 331.3
- - caricamento 321.1, 321.3
- - ferrovia sospesa 419.5
- - gru 280.1
- - scaricamento 321.2
- - trasbordo . 321.4
- - trasporto . 360.7
- per l'approvvigionamento delle locomotive 382.3
Importance de la charge 2.6
Importancia de la carga 2.6
Importante, vagón de línea - de ferrocarril 379.6
Impost, abutment 139.2
-, hinge 139.2
-, link 139.2
Imposta 139.5
Imposta 139.5
-, pressione all' 139.3
Imposte, articolazione alle 139.2
-, linea delle pressioni delle 139.4
Impugnatura della manovella 178.2
Impulsada, polea 74.2
Impulsión 176.1
-, conducto de - mecánica 370.1
-, correa de . . 73.9
- individual . . 176.4
-, mecanismo de 250.1
-, - - - de tambor á cadena 372.6
-, medio de . . 177.1
-, momento de . 11.6
-, motor de . . 213.5
-, polea de . . . 74.1
- por grupos . 176.5
- - rueda dentada helicoidal 70.6
- - ruedas cilíndricas 67.4
- - - de cadena 73.5
- - transmisión 184.2
- - trinquete . 180.9
- - vapor . . . 226.7
- - volante de maniobra 181.2
Inalzamento del cavo, stazione funicolare d' 397.2
Incassare il chiodo 122.3
- la vite 116.6
Incassata, capócchia 122.1
-, testa 116.4
-, vite a testa . 116.5
Incastrare, i rulli s'incastrano 91.4
Incastrata, trave 139.7
-, - - ed appoggiata 139.10
Incastro, momento d' 139.9
-, sezione d' . . 139.8
Incavallatura . 162.1
-, altezza del pavimento dalla 162.3
Inclina, la ruota portante s' 256.2
Inclinabile . . 17.6
Inclinabilidad . 17.7
Inclinabilité . . 17.7
Inclinable . . . 17.6
Inclinación, ángulo de - lateral 308.8
-, - - - longitudinal 308.7
- de la cuña . . 78.1
- - - grúa . . . 289.3
- - - rueda . . 256.1
- del cable aéreo 399.2
- - crisol . . . 311.8
-, descargador á 325.4
-, grúa con brazo de - variable 307.5
-, movimiento de 17.1
- natural del montón 384.9
Inclinada, barra 141.8, 141.9
-, cinta - de transporte 367.8
-, draga - de cangilones 373.8
Inclinado, arrastre sobre plano 391.9
-, capaz de ser . 17.6
-, plano - de descarga 386.3
-, transporte . . 360.7
Inclinaison, changement d' 399.3
- de la clavette 78.1
- - - portée . . 17.2
- - - volée . . 17.2
- du bateau dans le sens de la longeur 308.7
- - câble aérien 399.2
- - creuset . . 311.8
- latérale à babord 308.8
- - - tribord . 308.8
- naturelle du tas 384.9
-, tangente d'un angle vif d' 399.6
- variable, flèche à 299.1
-, variation de l' 399.3
Inclinar la flecha 17.5
-, - grúa se inclina 289.2
-, - rueda se inclina 256.2
Inclinare . . . 17.3
- la freccia . . 17.5
-, - ruota portante s'inclina 256.2
Inclinarsi, la ruota portante s'inclina 256.2
Inclinata, albero inclinato ad antenna - di una gru a cesoia 307.9
-, carrello su guida 277.9
-, draga a catena di tazze 373.8
Inclination, angle of 308.7
-, change of . . 399.3
- of cableway . 399.2
Inclinato, albero - ad antenna inclinata di una gru a cesoia 307.9
-, piano- 391.9
-, - - a torrione 387.3
-, - - carreggiabile 386.7
-, - - elicoidale 387.2
-, - - per trazione automatica 361.4
-, - - - - frenata 361.5
-, - - scaricatore mobile 386.7
-, scaricatore . 386.3
Inclinazione, angolo d' 308.7
-, cambiamento di 399.3
- della chiavetta 78.1
- - corona della ruota portante 256.1
- - funicolare aerea 399.2
- laterale, angolo d' 308.8
Inclinazione, movimento di 17.1
- naturale, angolo d' 384.9
-, traballare di . 17.2
- variabile, gru a 307.5
-, variare l' . . 17.3
Incline, braking 391.9
Incliné, ruban de transport 367.8
-, transport . . 360.7
Inclinée, drague à godets 373.8
Inclined belt . 367.8
- chain, bucket dredger with 373.8
- compression rod 142.9
- - strut 142.9
- conveying . . 360.6
- haulage . . . 360.6
- lift 351.5
- plane, crab on 277.9
- - for moving loads 356.7
- - railway . . 361.4
- tension rod . 142.8
- - stay 142.8
Incliner . . 17.3, 323.9
- la flèche . . . 17.5
-, la roue porteuse s'incline 256.2
Incollare la cinghia 74.9
Incombustibile, pozzo 333.9
Increasing force by gearing 62.4
- lift by gearing 62.5
Incremento brusco de la corriente 221.3
Incrociamento 421.5
- di binari . . 329.8
- - ferrovie sospese 421.7
Incrociata, cinghia 74.5
Incrocio 158.2
-, collegamento ad 158.1
-, guida del cavo di sotto l'- 401.1
-, pezzo d' -e di collegamento 421.9
Indentare . . . 94.6
Indépendante, travée 138.3
Independent slewing crane 300.4
Independiente, excitación 211.5
Indéterminable par la statique 135.4
Indeterminado, estáticamente 135.4
Indéterminé au point de vue statique 135.4
Index 350.4
-, chemin parcouru par l' 350.5
Indicador, aparato 350.3
- de carrera . 350.10

Indicador de escalones 350.9
- - pisos 350.7
Indicateur à degrés 350.9
- - échelons . . 350.9
-, appareil . . . 350.3
- d'étage . . . 350.7
- de course . 350.10
Indicator . . . 350.3
-, floor- 350.7
-, lift 350.10
-, storey 350.9
Indicatore . . 350.3
- a gradini . . 350.9
- dei piani . . 350.7
- di corsa . . 350.10
Indice 350.4
-, corsa dell' . 350.5
Indietro, girare la manovella 180.3
-, movimento . 221.6
Indipendente, eccitazione 211.5
-, gru girevole 300.4
Indirect acting hoisting engine 345.5
- - hydraulic lift 353.2
- loading . . . 134.9
Indirecta, carga 134.9
-, máquina de acción 345.5
Indirecte, charge 134.9
Indiretto, carico 134.9
Individual drive 176.4
Individual, impulsión 176.4
-, mando 176.4
Individuale, comando 176.4
Indotto 210.5
Inducido . . . 210.5
- de anillos colectores 210.6
- - corto circuito 210.7
Induction, bobine de self 202.1
Inductive, introduire une résistance - dans le circuit 202.2
Induit 210.5
- à bagues collectrices 210.6
- - - de prise de courant 210.6
-, balai d' . . . 210.9
- court-circuité 210.7
Indurita, ghisa - fusa in conchiglia 164.6
Industriales, transporte aéreo para residuos 394.6
Inercia, estado de 4.7
- hasta la parada, camino recorrido por 5.1
- - - -, funcionamiento por 4.8
-, momento de . 175.4
-, resistencia de - de la carga . 10.5
Inertia, moment of 175.4
- of the load . 10.5
-, state of 4.7
Inertie de la charge, résistance d' 10.5
-, état d' 4.7
-, fonctionnement prolongé par l' 4.8
-, moment d' . . 175.4
Inerzia, funzionamento per 4.8
-, momento d' . 175.4
-, resistenza d' - del carico 10.5
-, stato d' 4.7
Inférieur, tambour 372.7
Inferior, cordón 142.4
-, parte - del aspirador con lavacías de presión 376.7
-, posición - del gancho 53.5
-, tambor . . . 372.7
-, tejuelo 300.2
-, vía 326.5
Inferiore, briglia della cordonata 138.5
-, fune di trazione 390.6
-, guida del cavo 400.9
Inferiormente, alaggio con fune attaccata 390.5
Infilare un anello a caldo 77.8
- una fune in una taglia 51.6, 51.7
Infléchir, s' - par compression de bout 172.6
Inflettere per effetto di compressione assiale 172.6
Influence-area . 136.5
- line 136.4
Influence, aire d' 136.5
-, ligne d' . . . 136.4
Influencia, área de 136.5
- de un esfuerzo 170.5
-, línea de . . . 136.4
Influenza, area racchiusa dalla linea d' 136.5
-, linea d' . . . 136.4
Infornare, dispositivo per - i lingotti 318.4
-, gru per - le lingottiere 316.8
-, macchina per 316.4
Inganciamento, apparecchio di 415.4
-, rotella d' . . 416.1
Inganciare . . 415.1
- il vagoncino al cavo 414.6
- - - alla fune 414.6
Inglés, transporte aéreo 394.1
Inglesa, llave 119.10
Inglese, chiave 119.10
-, funicolare - con cavo senza fine 394.1
Ingot . . 166.8, 167.1
- charging car 318.3
- - crane . . . 317.5
-, crane with tongs for -s 312.7
- drawing crane 313.1
- - - with cover lifting device 313.3
- holding device 317.6
-, - the 317.7
- iron 165.1
- mould 166.7
- pushing device 318.4
- steel 165.3
- stores 383.3
-, withdrawing - from oven 314.4
Ingrana, il sopporto si 85.2
Ingranaggio . . 62.7
- a denti alla Grisson 72.5
- - lanterna 66.9, 69.3
- - ruote coniche 68.9
- - sviluppante 66.8
- - vite perpetua 70.7
- - - - a due vermi 71.8
- - - senza fine 70.7
- ad asta cremagliera 68.7
- - - dentata . 68.7
- - - dentiera . 68.7
- - innesto . . 64.1
- cilindrico . . 67.5
- conico ad angolo retto 69.1
-, corona a denti d' 69.6
- d'inversione . 70.1
- del dente . . 66.3
- della catena . 26.2
- di rinvio . . . 63.1
-, lanterna a denti d' 69.6
- planetario . . 69.7
-, rinvio ad . . 63.1
-, ruota d' . . . 64.2
-, scatola dell' . 62.8
-, trasmissione a ruote di 250.2
Ingranano, le ruote 66.6
Ingranare le ruote 66.4
Inhalt, Akkumulator- 232.2
-, Flächen- . . . 175.2
-, Wagen- . . . 407.6
Inicial, carro puesto en la posición 274.1
-, velocidad . . 20.10
Ininterrompu, transport 360.2
Initial speed . . 20.10
- station 396.3
Initiale, le chariot se trouve dans sa position 274.6
Initiale, vitesse 20.10
Iniziale, velocità 20.10
Inlet pipe . . . 240.3
Inmovilización del imán de freno 111.2
Inmovilizada, tuerca 115.6
Inmovilizar, el electro-imán de freno está inmovilizado 111.1
Innenkolben . 187.2
-liegende Fahrbahn 327.1
-steuerung . . . 348.7
-verzahnung . 67.2
Inner position, crab moved in 274.1
Innere Kraft . 132.5
Innermost position of load 3.4
Innerste Laststellung 3.4
Innestare il giunto 82.3
Innesto a cono di frizione 83.1
-, cono d' . . . 83.2
-, contatto ad . 206.1
- del giunto . . 82.4
-, ingranaggio ad 64.1
-, leva d' 81.8
- mobile 81.6
-, rinvio ad . . 63.7
-, rocchetto ad . 63.8
-, sistema d' . . 82.1
- universale . . 84.1
Insaccare . . . 365.2
Inserimento del nottolino 95.2
Inscrire 214.2
- il motore come generatore frenante 107.3
Inserito, il magnete del freno è 110.7
- in serie . . . 225.4
Insert, to - a rope in the pulley block 51.6
Inserted claw . 417.4
Inserting a rope in the pulley block 51.7
Inside breadth . 28.6
- length 28.5
- of angle, distance from rivet centre to 123.6
- track 327.1
Instabile, staticamente 135.4
Instalación de aire comprimido 234.8
- - ascensor . . 331.3
- - cabrestante 279.7
- - cargamento 321.3
- - desembarque 321.2
- - embarque . 321.1
- - ferrocarril suspendido 419.5
- - grúa 280.1
- - transporte aéreo por cable 392.4
- - trasbordo . 321.4
- del aparato de elevación 360.8

Instalación del aparato del transporte 360.8
- para el almacenaje 385.3
- - - aprovisionamiento de locomotoras 382.3
-, plano de la - de tubos 236.4
Instalaciones para el almacenaje 384.1
Instalar la grúa 281.4
Installare la gru 281.4
Installation, capstan 279.7
-, crane 280.1
-, store 384.1
Installation à air comprimé 234.8
- d'appareils élévatoires 360.8
- d'ascenseur . 331.2
- d'embarquement 321.1
- d'extraction . 360.9
- de chargement 321.1, 321.3
- - chemin de fer suspendu 419.5
- - déchargement 321.2
- - grue 280.1
- - monte-charge 331.3
- - traînage . . 360.8 360.9
- - transbordement 321.4
- - transport . 360.8 360.9
- - - aérien par câble 392.4
- - voie suspendue 419.5
-, plan de l'- de la conduite 236.4
- pour l'approvisionnement des locomotives 382.3
- - l'emmagasinage 385.3
- - l'entreposage et l'emmagasinage 384.1
Installazione di caricamento 321.1
Installer des coupe-circuits dans la canalisation 208.4
- - fusibles dans la canalisation 208.4
- - - trop faibles 208.5
- la grue . . . 281.4
Instructions, loading 135.1
Insulated line . 204.4
Insulation . . . 204.5
Insulator . . . 204.6
Intagli, fare degli 375.1
Intagliare . . . 375.1
- colla draga . 374.9
Intaglio 375.2
-, cuscinetto dell' - della forchetta 417.4
- d'arresto . . . 95.4
Intaglio, guida ad 58.4
-, tanaglia con guida ad 58.3
Intelaiatura del carrello 273.5
- - vagoncino con apparecchio di sollevamento 409.8
- dell'argano . 267.2
- di guida di sollevamento 277.2
- sottostante del vagoncino 409.7
Intemperie, cabina del manovratore protctta dalle 294.1
Intensidad de amperaje 197.9
- - corriente . 197.9
- - cortadura . 174.2
- - flexión . . . 174.7
- - la corriente de arranque 219.6
Intensifier, steam 232.6
Intensità della corrente, abbassare l'- - - a mezzo dell'auto-induzione 202.2
- di corrente . 197.9
- - - d'avviamento 219.6
Intensité du courant 197.9
- - - de démarrage 219.6
Intensity of compressive stress 171.9
- - shear . . . 174.2
- - - stress . . 173.5
- - shearing stress 174.2
- - stress due to bending 174.7
- - tensile stress 171.3
- - torsional stress 173.5
Intercalación, posición de - en el circuito 214.1
Intercalados, cable con pedazos de cadena 390.8
Intercalar, el electroimán de freno está intercalado 110.7
- en el circuito 214.2
Intérieur, cercle 64.5
-, manœuvre de l' 348.7
Interior, carro puesto en la posición 274.1
-, diámetro - del soporte 84.4
-, - - del tubo . 239.5
-, émbolo . . . 187.2
-, engranaje . . 67.2
-, forro - del cojinete 87.4
-, fuerza 132.5
-, guarnición - del cojinete 87.4
Interior, maniobra en el - de la cabina 348.7
-, revestimiento - del cojinete 87.4
-, vía - entre largueros 327.1
Intermedia, stazione 396.4
-, trave 138.3
Intermedia, estación 396.4
-, rueda 69.9
Intermédiaire, engrenages -s 61.3
-, station 396.4
-, transmission 251.2
Intermediaria, ruota 69.9
Intermediate girder 148.3
- station 396.4
- support . . . 401.6
- wheel 69.9
Intermedio, supporto - del cavo 401.6
Intermedio, soporte inferior - del cable 401.6
Intermitente, carga 209.8
-, funcionamiento 196.10
-, trabajo . . . 209.8
Intermittent load 132.10
- working 196.10, 209.8
Intermittent, service 196.10
Intermittente, charge 133.1, 209.8
Intermittente, carico pulsatorio 132.10
-, funzionamento 196.10
-, lavoro 209.8
Intermittierende Leistung 209.8
Intermittierender Betrieb 196.10
Interna, carrello nella sua posizione 274.1
-, il carrello si trova nella sua posizione 274.6
-, porre il carrello nella sua posizione 274.2
-, posizione la più - del carico 3.4
Interna, circunferencia 64.5
Internal control 348.7
- diameter of pipe 239.5
- force 132.5
- teeth 67.2
Interno, manovra dall' 348.7
Internodo . . . 140.7
Interrati, gru per forni 318.1
-, - - - - con dispositivo per scoperchiare 318.3
Interrompere il circuito 217.2
- la forza motrice 282.7
Interrompre le courant 217.2
Interrumpir . . 214.3
- el circuito . . 217.2
- la fuerza motriz 282.7
Interrupción del circuito 217.3
- - servicio . . 282.5
-, manivela de . 213.9
-, posición de . 220.4
Interrupteur . . 217.4
- à bouton 215.1, 349.5 349.7
- - - d'étage . . 349.3
- - charbon . . 215.5
- - contacts gradués 215.7
- - couteau . . 215.3
- - fermeture brusque 215.6
- - gradins . . 215.7
- - levier . . . 215.2
- - maximum . 216.2
- - pédale . . . 215.8
- - rupture brusque 215.6
- automatique . 215.9
- - de circuit ouvert 216.1
- bipolaire . . . 214.7
- circulaire . . 216.6
-, contact à lame d' 218.7
- de secours . . 216.3
- - sûreté . . . 216.4
- - tension nulle 216.1
-, manette d' . . 213.9
- monopolaire . 214.6
- multipolaire . 214.8
- principal. . . 214.9
- unipolaire . . 214.6
Interruption de service 282.5
- du courant . 217.3
-, position d' . . 220.4
Interruptor 217.4, 349.7
- automático . 215.9
- bipolar . . . 214.7
- circular . . . 216.6
- de botón . . . 215.1
- - carbón . . . 215.5
- - clavija . . . 206.1
- - cuchillo . . 215.3
- - máxima . . 216.2
- - palanca . . 215.2
- - pedal . . . 215.8
- - puesta á cero 216.1
- - seguridad . 216.4
- - socorro . . 216.3
- enchufe . . . 206.1
- multipolar . . 214.8
- por grados . . 215.7
- principal . . . 214.9
- rápido 215.6
- unipolar . . . 214.6
Interruttore a bottone 215.1
- - carbone . . 215.5
- - coltello . . . 215.3
- - gradini . . 215.7
- - leva 215.2
- - massimo . . 216.2
- - pedale . . . 215.8

Interruttore a scatto 215.6
- al piano . . . 349.3
- automatico . . 215.9
- - per tensione zero 216.1
- bipolare . . . 214.7
-, coltello dell' . 215.4
- del circuito . 217.4
- di corto-circuito 216.6
- - sicurezza- . 216.4
- - soccorso . . 216.3
-, lama dell' . . 215.4
- monopolare . 214.6
- multipolare . 214.8
- principale . . 214.9
- unipolare . . 214.6
Interruzione ai piani 349.2
- del circuito . 217.3
Interscambiabile, trasmissione a ruote dentate 63.6
Interstice de joint 149.4
Intersticio de una junta 149.4
Interval, working 282.5
Intervalle de descente 8.1
Intervallo del giunto 149.4
- di tempo fra il passaggio dei veicoli 408.1
- fra i veicoli . 407.8
Intervalo de tiempo entre el paso de vagonetas 408.1
- entre las muescas de la rueda de parada 95.4
Intrecciamento del capo della fune 37.8
Intrecciare il capo della fune 37.7
- la corda . . . 35.10
-, macchina per - funi 36.1
Intrecciato, cavo tondo non 40.8
Intreccio della fune 35.11
Introducción del cable en el aparejo 51.7
Introducir un cable en el aparejo 51.6
Introduction du câble dans le palan 51.7
Introduire une résistance inductive dans le circuit 202.2
Introdurre, dispositivo per - i lingotti 318.4
Inverser le courant 216.8
Inverseur . . . 216.5
- de courant . . 216.7
Inversion, contrôleur d' 222.2
Inversión automática de marcha 347.5
- de la marcha 244.10
-, engranaje de 70.1
-, motor para - de marcha 213.4
-, polea de . . 47.4
-, resistencia de - y de arranque 224.2
Inversione di marcia 244.10
- - -, controller d' 222.2
- - -, macchina ad 228.3
- - moto automatica 347.5
-, ingranaggio d' 70.1
-, resistenza d'- e d'avviamento 224.2
Inverso, carga accionando alternativamente en sentido 133.1
Inversor 216.7
-, aparato de arranque 220.1
-, combinador . 222.2
Inverted lever 261.4
- triangular truss 188.7
Invertida, polea móvil 48.2
Invertir la corriente 216.8
Invertire, l'ascensore inverte automaticamente la marcia 347.6
- la corrente . 214.5 216.8
Invertire la marcia 244.9
Invertitore . . 216.5
Inviluppo dell'elevatore 362.2
Involute teeth system 66.8
Inwards, to move the crab 274.2
Iperstatico . . . 185.4
Iron 163.2
-, H- 168.5
-, I- 168.5
-, T- 168.4
-, U- 168.6
-, Z- 168.7
-, angle- 168.3
-, bannel 168.6
-, bar 167.6
-, binding . . . 150.5
-, butt joint . . 149.1
-, cast 163.3
-, chain 28.7
-, chilled 164.6
-, connecting . 150.5
- -construction 158.8
-, flat 167.10
- -frame 159.1
-, grip 342.6
-, hexagonal . . 167.9
-, hoop 168.1
-, ingot 165.1
-, malleable . . 164.8
-, merchant . . 164.8
-, Phoenix column 168.8
- plate . 168.10, 168.11
-, profile 168.2
-, rail 158.2
-, rivet 121.9
-, rod 167.6
-, rolled 167.2
- rope 38.9
-, round 167.7
- scaffold . . . 159.1
-, scrap 169.7
-, section 168.2
- sheet . 168.10, 168.11
-, - - tongs . . 59.3
-, square 167.8
- -stage 159.1
-, stiffening . . 152.4
- stores 383.1
-, superstructure 158.9
- support . . . 404.4
- -trestle 159.1
-, trough 168.9
Iron, universal 167.5
-, welding . . . 165.2
- -work 158.8
- -works, constructional 160.4
-, wrought 164.8, 165.2
Irregular motion 19.3
Irregularly accelerated motion 20.6
Irregularmente acelerado, movimiento 20.6
Irrégulièrement accéléré, mouvement 20.6
Irréversible, vis sans fin 72.3
Isolant 204.5
Isolata, conduttura 204.4
Isolateur . . . 204.6
Isolating valve, automatic 241.9
Isolation 204.5
Isolato, carrello 377.6
-, cavo - su gomma 205.3
-, filo - su gomma 205.3
-, trasporto . . 360.3
-, vagoncino . . 377.6
Isolator 204.6
Isolatore 204.6
Isolazione . . . 204.5
Isolé au caoutchouc, fil 205.3
-, fil 204.4
Isolée, charge . 133.3
-, force 127.3
-, grue pivotante 300.4
Isolement . . . 204.5
Isolierte Leitung 204.4
Isolierung . . . 204.5
Issare il carico 7.2
Izquierda, cable de torsión 34.3
-, diagonal ascendente á la 148.3
-, filete á la . . 114.3
-, momento á la 131.1
-, torsión á la . 34.2
Izquierdo, tambor de paso 44.8
-, tornillo sin fin de paso 72.2

J.

Jack 261.3
- body 262.3
-, bottle 262.7
-, cart 264.4
-, hoisting . . . 261.3
-, hydraulic . . 264.1
-, lifting 263.7
-, locomotive . 263.8
-, riveting . . . 263.1
-, screw 262.1, 262.2, 263.6
-, tripod 262.6
-, valey 264.4
Jam-nut 115.9
-, the rollers . 91.4
Jamb, the traversing wheel -s 256.2
Jambe de force 156.5, 156.6
Jante de roue . 255.4
- du galet . . . 46.5
Jaula de extracción 341.7, 359.3
Jaw, load magnet with safety -s 57.1
-, width of . . . 57.8
Jaws, fork . . . 416.7
- of grab . . . 411.3
-, tong 57.6
-, width of grab 411.4
Jerked, the rope is - from the fork 417.1
Jetty, tipping 323.11, 325.3
Jeu de la roue porteuse 255.8
- du frein . . . 99.1
-, l'appareil de manœuvre a du 244.8
Jib 277.4, 297.1
-, adjustable . . 298.6
- adjusting gear 260.4
Jib adjusting motor 260.6
- arm 277.6
-, counter-balance 299.7
-, curved 298.2
-, Fairbairn . . 298.3
-, foot of . . . 297.2
- gear 260.7
- head 297.3
-, height of . . 296.1
-, hinged . . . 299.4
-, lattice 297.6
-, load 299.6
- motion 17.1

Jib, movable . 298.4
- movement . . 298.5
- of variable radius 299.1
-, overhead traveller with slewing 292.7
-, plate 297.7
-, reversable . . 298.8
- sheave 297.4
-, solid 297.7
- stay 297.5
-, straight . . . 298.1
-, to let out the 17.5
-, - pull up the 17.4
-, traversing - crab 277.5
- working angle, altering the 17.2
- - -, to alter the 17.3
- - -, variability of the 17.7
Jockey, rope pulley 41.8
Joggle 88.8
Join, to 148.7
-, to - a girder 148.8
-, - - up 150.1
Joindre 148.7
Joint . . 149.10, 156.10
- angle 150.4
-, ball and socket 84.2
-, bolted 118.4
-, bar 150.7
-, butt- . . 148.6, 148.9
-, cable 87.10
-, chain . . 80.3, 80.4
- connection . 150.9
- -, end 151.1
-, corner 153.7
-, cover plate . 148.5
-, crown 139.1
-, fish plate . . 148.5
Joint, hinge . 138.11
-, hooke's . . . 84.1
- hose, flexible 377.2
-, knuckle . . . 83.8
- pin . . . 79.10, 83.9
-, place of . . . 150.2
- plate 150.3
-, - flush 148.6
- -, gusset . . 150.11
-, rail- 328.3
-, riveted . 122.7, 123.1
-, rope 87.9
-, spigot and socket 240.6
-, top 139.1
-, universal . . 84.1
Joint 148,5, 148.6, 148.9 149.4
- à brides . . . 241.1
- - emboitement 240.6
- - rotule . . . 84.2
- - vis de tuyau 240.5
-, anneau de . 241.7
- couvert . . . 149.7
-, couvre- 146.2, 149.1
- de câbles . . 87.10
- - chaine . . . 80.4
- - chaines . . 80.3
- - rail 328.3
- - tuyau, garniture de 241.6
- sphérique . . 84.2
- superposé . . 149.7
- universel . . 84.1
- vertical de l'âme 149.8
Jointed brake . 102.3
- coupling . . . 83.7
Jonction, boite de 205.10
-, - - - souterraine 205.11
- de câbles . . 87.9
Jonction des feeders, point de 203.4
-, point de . . 150.10
Joue de cuiller 411.3
- - la griffe de serrage 418.5
- - glissement, - s 339.4
- - guidage autorégulateur, -s 339.4
- - la pince de serrage 418.5
- - serrage . . 343.2
- du tambour . 43.2
Journal 76.4, 78.6, 79.8 408.7
-, ball 79.5
- bearing . . . 76.5
- -, solid 89.1
- box 89.2
-, centreing . . 260.3
-, collar 79.4
-, flat 79.6
- friction . . . 78.9
-, king 260.1
- lubrication . 78.8
-, neck- 78.11
-, pivot- 79.2
- pressure . . . 78.7
-, slewing . . . 259.6
-, spherical . . 79.5
-, supporting . 78.11
-, thrust 79.4
- to go in a thrust-block 79.4
-, to turn on a 79.9
-, vertical . . . 79.2
- which has bedded itself 78.10
- with collars . 79.4
-, worn-in . . . 78.10
Journey, downward 332.5
-, upward . . . 332.4
Juego de la rueda portadora 255.8
- - poleas . . . 49.1
- - trinquete . 98.4
-, la distribución marcha con 244.8
Jumeaux, galets - suspendus 402.6
Jumelé, contrôleur 222.3
-, palan 51.8
-, pont roulant 292.5
Jumelée, poutre 292.6
Jumelle, machine à vapeur 227.9
-, vis sans fin -s 72.4
Jump, the crane -s off the rails 289.4
Junction box 205.10
-, branching . . 329.9
-, cableway . . 398.6
-, earth - box 205.11
- girder 188.3
- line 398.7
- -piece 421.9
-, rope 87.9
Junta . . 148.6, 148.9
-, aro de guarnición de 241.7
- cubierta . . . 149.7
- de cadena . . 80.3
- - carriles . . 328.3
- - enchufe . . 240.6
- - manguito . 240.6
-, hierro de . . 149.1
- por tornillo . 118.4
- remachada . 122.7
- universal, acoplamiento de 84.1
- vertical del alma 149.8
Juntura 148.5
- de cables . . 87.9

K.

Kabel 268.1
-, biegsames . . 205.5
-, Blei- 205.2
-, Erd- 204.11
-, flexibles . . . 205.5
-, Förder- . . . 268.2
-, Gruben- . . . 268.2
-, Gummiader- . 205.3
-hochbahnkran 422.2
-, Panzer- . . . 205.1
-, Schacht- . . . 268.2
-schuh 205.9
-seil 40.3
-, Spann- 268.3
-, Strom- 204.9
-, verseiltes . 204.10
-winde 268.1
- -, Gruben- . . 268.2
- -, Spann- . . . 268.3
Kabine, Fahr- . 341.4
Käfig, Kugel- . 90.7
-, Rollen- . . . 91.3
-, Walzen- . . . 91.3
Kahn 323.4
-, Last- 323.4
-, Schlepp- . . . 323.6
-winde 265.2
Kai 380.1
-kran 304.2
Kaimauer . . . 380.4
-oberkante . . 380.3
-, Verlade- . . . 380.2
Kalibrierte Kette 29.5
Kammer, Fahr- 341.4
-, Ventil- 196.2
Kammlager . . 86.8
-zapfen 79.4
Kämpfer 139.5
-druck 139.3
-drucklinie . . 139.4
-gelenk 139.2
Kanalquerschnitt 193.4
-, Schieber- . . 193.1
Kantendruck . 287.7
-pressung . . . 288.7
Kantileverkran 295.4
Karabinerhaken 54.7
Karre, Kipp- . 361.3
-, Schub- 361.2
Kasten, Anschluß- 205.10
-, Erdanschluß- 205.11
-, Förder- . . . 341.8
-förmiger Querschnitt 147.3
-, Gegengewichts- 287.1
Kastengehänge 407.3
-guß 164.2
-, Ketten- . . . 32.1
-, Kipp- 408.8
-querschnitt . . 147.3
-, Schieber- . . 193.2
-, Schnecken- . 70.8
-, Sieb- 237.8
-, Spill- 278.2
-träger 147.2
-wagen 378.2, 408.6
-, Widerstand- . 223.4
-, Zahnrad- . . 62.8
Katzbahn . . . 274.7
Katze 273.4
-, ausgefahrene 274.8
-, Ausleger- . . 277.5
-, eingefahrene 274.1
-, Gießlauf- . . 318.8
-, Haupt- 274.8
-, Hilfs- 275.1
-, Ketten- 275.3
-, Lauf- 273.4
- mit Pendelaufhängung 276.3
-, Muldentransport- 316.3
Katze, Seil- . . 275.2
-, Selbstgreifer- 276.5
-, Temperley- . 295.8
Katzen 273.7
-bahn, Lauf- . . 274.7
- -, Laufkran mit innenliegender 291.1
- -, - - obenliegender 290.9
-fahrbewegung 273.7
- -werk 273.6
-gestell 273.5
-stellung . . . 274.5
Katzfahren . . 273.7
-fahrmotor . . 258.7
- -steuerwalze . 223.1
-gang 273.6
Kausche, Herz- 37.6
-, Seil- 37.4
Kauschring . . 37.5
Keep 88.3
- bolt 88.4
Kegel, Brems- . 103.7
-bremse 103.6
-förmiges Laufrad 256.4
-, Klemm- . . . 94.4

Kegelkupplung 83.1
-, Kupplungs- . 83.2
-rad 68.10
- -getriebe . . 68.9
- -, Reibungs- . 78.1
Kehle, Haken- . 52.9
Kehrgetriebe . 70.1
Keil 77.10
-, Fang- 348.6
-fangvorrichtung 348.5
-kupplung, Ring- 400.7
-, Nasen- 78.3
-nute 77.9
-nutenbremse . 101.6
-pressung . . . 78.2
-rad 78.3
- -bremse . . . 101.6
- -reibungswinde 268.8
-rädergetriebe 78.2
-, Stell- 88.9
-, Tangential- . 78.4
Kelleraufzug . 354.1
-geschoß . . . 335.1
Kessel, Dampf- 227.4
-feuerung . . . 227.5
-, Wind- 233.1
-winde 265.1
Kerbe, Rast- . . 95.4
Kernanker . . 109.2
-, Hanf- 39.6
-kolben 187.2
-, Magnet- . . . 109.1
Kette 25.8
-, adjustierte . 29.5
-, Anschlag- . . 55.9
-, Bagger- . . . 372.2
-, Becher- . . . 368.2
-, Binde- 56.4
-, Eimer- 372.2
-, Elevator- . . 363.3
-, Fahr- 252.7
-, Faß- 56.3
-, Förder- . . . 368.2
-, Gallsche . . . 30.1
-, Gelenk- . . . 29.7
-, geschweißte . 28.9
-, Glieder- . . . 28.3
-, Greifer- . . . 412.4
-, Haken- . . . 29.6
-, Hand- 31.3
-, Haspel- . . . 31.3
-, Hub- 32.6
-, kalibrierte . . 29.5
-, Kran- 33.1
-, kurzgliedrige 29.3
-, langgriedrige 29.4
-, Laschen- . . 29.7
-, Last- 32.6
-, Lastschling- . 55.9
-, Rundeisen- . 28.3
-, Schaken- . . 28.3
-, Schlenk- . . . 55.9
-, Steuer- 248.9
-, Treib- 33.4
-, Trichter- . . . 368.9
-, Verhol- . . . 33.2
-, Zug- 32.7
Kettenablenkung 41.10
-abstreicher . . 31.10
-abweiser . . . 31.10
-achse 31.6
-antrieb 33.3
-antrieb, Hand- 181.6
-bagger 376.2
-bagger, Eimer- 371.7
Kettenbagger, Schaufel- 376.3
-betrieb 32.8
-bolzen 29.10
-bruch 27.6
-eisen 28.7
- -stärke 28.8
-elevator . . . 363.2
-ende, ablaufendes 24.5
- -, auflaufendes 25.1
- -, leeres . . . 27.3
-flaschenzug . 51.5
-förderung . . 392.1
-führung . . . 31.7
-führungsbügel 31.8
- -gehäuse . . . 31.9
- -rolle 32.5
-glied 28.4
-haken 54.1
-haube 31.9
-kasten 32.1
-katze 275.3
-lasche 29.8
-lauf 32.4
-leitrolle 32.5
-magazin . . . 32.2
-nuß 30.7
- -winde 269.2
-probe 27.7
-prüfung . . . 27.7
-rad 26.1
- -antrieb . . . 78.5
- -, Hand- . . . 31.2
- -kranz 31.5
- -, verzahntes . 31.4
- -vorgelege . . 78.6
- -winde 269.2
-reibung 26.3
-rolle 47.2
-rollenzug . . . 51.5
-schacht 372.9
-scheibe 26.1
- -, Treib- . . . 33.5
-schleife 32.3
-schlinge . . . 25.5
-schloß 30.4
-seil 390.8
-spanner 30.6
-steuerung . . . 248.8
-strang 27.1
- -, belasteter . 27.2
-teilung 28.5
-treibscheibe . 33.3
-trieb 26.1
-trommel . . . 45.6
-trumm 27.1
- -, belastetes . 27.2
-verbindung . . 30.3
-verschleiß . . 26.4
-winde 268.4
-windung . . . 45.7
-wirbel . . 28.2, 30.7
-zapfen 29.10
-zug 27.5, 32.4
Key 77.10
-, adjusting . . 88.9
- bar. 141.7
-, gibheaded . . 78.3
-, tangent . . . 78.4
- way 77.9
Kilogrammeter 21.4
Kilogrammètre 21.4
Kilográmetro . 21.4
Kilovatio-hora 200.6
Kilowatt-heure 200.6
Kilowatt-hour . 200.6
Kilowattstunde 200.6
Kinetic energy 21.7
Kinetische Energie 21.7
King bolt . . . 340.9
- journal . . . 260.1
Kippbare Pratze 60.9
-becher 363.5
- -werk 363.4
-belastung . . . 285.1
-bühne 324.1
-gefäß 408.8
-gerüst 323.11
-karre 361.3
-kasten 408.8
-kübel . . 379.1, 408.8
-lager 155.4
-moment . . . 285.2
-sattel 406.6
-sicherheit des Kranes 284.5
-stellung 324.3
-vorrichtung . 312.1
- -, Gießkran mit selbsttätiger 312.2
-wagen 378.3
-werk 312.1
-winde 324.2
-windwerk . . 324.2
-zapfen 155.5
Kippe 323.8
-, Kohlen- . . . 324.9
Kippen . 323.9, 323.10
-, der Kran kippt 284.9
- der Pfanne . 311.8
- des Kranes 284.10
-, die Pratze . . 61.1
-, durch - über die Schnauze gießen 312.3
Kipper 323.8
-, Aufzug- . . . 325.2
-, Erz- 324.10
-, Kohlen- . . . 324.9
-, Kran- 325.2
-, Kreisel- . . . 325.6
-, Kurven- . . . 325.1
-, Mulden- . . . 378.6
-, Seiten- 378.5
-, Stirn- 378.4
-, Vorder- . . . 378.4
-, Waggon- . . . 324.8
Kistenelevator 366.1
-zange 59.5
Kitchen lift . . 355.1
Kitt, Asphalt- 160.10
Klammer, Halte- 408.9
-, Schienen- . . 285.5
Klappausleger . 299.4
Klappe, Boden- 409.6
-, Drossel- . . . 243.4
Klapptür . . . 335.9
-weiche 421.3
Klappe, Umschalt- 386.1
-, Verschluß- . 385.7
Klaue 82.8
-, Fuß- 264.6
-, Kopf- 264.5
Klauenhaken . 55.1
-kupplung . . . 82.7
Kleben, der Bremsmagnet klebt 111.1
- des Bremsmagneten 111.2
Kleinbahnwagen 379.7
Klemmbacke 94.4, 348.2, 418.5
Klemmbackengreifer 418.8
-blech 76.1
-brett 205.8
-daumen . . . 94.4
-druck 418.6
-gesperre . . . 94.3
-kegel 94.4
-klinke 94.4
-platte 328.6
-rolle 343.3
-schraube 117.6, 205.7, 419.2
Klemme, Anschluß- 205.6
-, Schrauben- . 419.1
-, Seil- 418.4
-, Zugseil- . . . 418.7
Klemmen, die Walzen - sich 91.4
-spannung . . . 198.8
Klettern der Kette 26.8
-, die Kette klettert 26.9
Klinke 93.6
-, Fall- 95.9
-, Fang- 342.7
-, Klemm- . . . 94.4
-, Reibungs- . . 94.4
-, Schalt- 93.6
-, Sperr- 93.6
-, Stütz- 342.7
-, Zahn- 93.6
Klinkenapparat 418.3
-bremse 104.7
-eingriff 95.2
-halter, Sperr- . 104.8
-kupplung . . . 418.3
-sperrwerk . . 93.4
-träger 104.8
Kloben 49.1
-, Tau- 49.7
-zug 48.7
Klotz, Beton- . 287.6
-, Brems- 101.4
-bremse 101.3
-, Fang- 343.1
-, Fundament- . 287.8
-, Gegengewichts- 287.3
-, Stoß- 303.6
Kluppe, Niet- . 126.2
Knee 237.6
Knebelschraube 117.8
Knicken, aus- . 172.6
-, ein- 172.6
Knickkraft . . 172.2
-länge 172.3
-sicherheit . . . 172.5
Knickung . . . 172.1
Knickungsbeanspruchung 172.4
Kniegelenkrohr 240.2
-hebel 247.2
- -bremse . . . 100.9
- -bremsmagnet 110.2
- -fangvorrichtung 348.7
- -übersetzung 247.3
- -wirkung, Mitnehmer mit 417.8
- -zange 58.8
-rohr 237.6
-, Rohr- 237.6
-stück 237.6

Knife, switch 215.3, 215.4
Knob, riveting 125.8
Knock of the handle 180.8
- - - lever . . . 180.8
-, the handle -s 180.6
-, - lever -s . . 180.6
Knocking of the handle 180.7
- - - lever . . . 180.7
Knopf, Druck- 349.7
-steuerung . . 349.4
Knot 391.2
- coupling . . . 418.2
-, double 391.7
-, hemp 391.4
-, - -metal . . . 391.5
-, metal- 391.6
-, rear 391.8
-, spun 391.3
Knotenblech 150.11
Knoten, Doppel- 391.7
-, eingesponnener 391.3
-, Gegen- 391.8
-, Hanf- 391.4
-, Hanfmetall- . 391.5
-kupplung . . . 418.2
-, Metall- 391.6
-, Mitnehmer- . 391.2
-punkt 150.10
-seil . . . 391.1, 391.2
-verbindung . 150.9
-verbindung, End- 151.1
Knotted rope . 391.1
Knuckle joint . 83.8
- thread 114.9
Knüppel 167.3
Koëffizient, Reibungs- 22.4
-, Seilsteifigkeits- 35.5
-, Sicherheits- . 170.4
Kohlegreifer . 412.5
Kohlenaufzug . 355.6
-ausschalter . . 215.5
-elevator . . . 365.5
-kipper 324.9
-lager 382.7
-schiff 323.7
-speicher . . . 381.8
-verladekran . 319.6
Kokille 166.7
-, den Block aus der - ausdrücken 314.4
Kokillenguß . . 166.6
Koklager . . . 382.8
Koksgreifer . . 412.6
Kolben 185.6
-, Akkumulator- 231.10
-antrieb 185.4
- -, direkt wirkender 185.1
- -, unmittelbar wirkender 185.1
-, Arbeits- . . . 186.7
-, Aufzug- 187.4, 351.7
-, Brems- 105.5
-, Dampf- . . . 187.6
-, Dämpfer- . . 109.4
-, Differential- . 187.3
-, Doppel- . . . 195.2
-, doppeltwirkender 186.4
-druck . . 186.1, 188.4
-, Druckluft- . . 188.2
-, Druckwasser- 188.1
Kolben, einfach wirkender 186.3
-, Gegen- 186.8
-, Hebe- 185.2
-, Hub- . . 185.2, 185.9
-, hydraulischer 188.1
-, Innen- 187.2
-, Kern- 187.2
-kraft 186.1
-, Last- 188.3
-, Plunger- . . . 186.6
-, Preßluft- . . 188.2
-, Puffer- 109.4
-puffer 186.2
-, Pumpen- . . . 187.5
-ring 185.7
-, Rohr- 186.9
-, Scheiben- . . 186.5
-schieber . . . 195.3
- -steuerung . 194.8
-stange 185.8
-, Steuer- . . . 194.9
-steuerung . . 194.8
-, Tauch- 186.6
-, Teleskop- . . 187.1
-, Treib- 185.5
-, Vorsteuer- . 195.6
Kollektor . . . 210.8
-motor, Wechselstrom- 213.3
Kommutator . 210.8
-motor 213.3
Komponente . 129.6
Kompressor . . 234.9
Kondensationsmaschine 228.4
Kondensator . 228.5
König 260.1
-bolzen 340.9
-stock 260.1
Königswelle . . 251.6
-zapfen 260.1
Konisches Laufrad 256.4
Konsistentes Fett 85.7
Konsolkran . . 306.7
-lager 92.1
-winde 270.2
Konsole 156.3
-, Lager- 92.2
-, Wand- 92.2
Konstruieren, einen Kran 281.1
Konstrukteur, Kran- 280.5
Konstruktion, Kran- 280.6
Konstruktionsmaterial 163.1
Kontakt 218.2
-bahn 218.5
-, Dreh- 207.5
-finger 219.1
-fläche 218.4
-, Gleit- 206.8
-, Hammer- 218.8, 218.9
-hebel 218.6
-rolle 207.4
-, Rollen- . . . 207.3
-, Schleif- . . . 206.8
-segment . . 218.10
-, Steck- 206.1
-stück 218.3
-, Tür- 338.6
-vorrichtung . 206.6
-walze 220.3
Kontinuierliche Belastung 133.4
Kontinuierlicher Balken 137.7
- Träger 137.7
Kontroller . . . 220.2
Konus, Brems- 103.7
-kupplung . . . 83.1
-, Kupplungs- . 83.2
Konveyer . . . 368.2
-strang 368.3
Kopf, Ausleger- 297.3
-, Elevator- . . 361.8
-, Hammer- . . 116.3
-haube des Elevators 362.4
-, Hebel- 245.8
-höhe 65.4
-klaue 264.5
-kreis 64.4
-lager . 300.3, 300.10
-, Laschen- . . . 29.9
-, Mulden- . . . 317.2
-, Niet- 120.9
-platte . . 146.1, 300.8
-pol 109.2
-, Rollen- . . . 297.3
-, runder 116.2
-, Säulen- . . . 300.7
-, Schacht- . . . 333.5
-, Schließ- . . . 121.1
-schraube . . . 116.9
-, Schrauben- . 113.8
-schweiße . . . 29.1
-, Schwengel- . 316.6
-, Sechskant- . 115.10
-, Setz- 120.10
-, Spill- 278.3
-, Streben- . . . 307.2
-träger 289.9
-, versenkter . . 116.4
-, Vierkant- . . 116.1
-winde 270.3
-wippe 325.7
-, Zahn- 65.2
-zapfen 300.9
Koppelträger . 138.3
Korb, Fahr- . . 341.4
-, Förder- . . . 341.7
-, Führer- . . . 293.4
-, Greif- 377.4
Körnerspitze . 57.7
Körniger Stoff 384.5
Körper, Sammel- 384.3
Kraft . . 21.2, 127.1
-, Anfahr- . . . 5.7
-, Anlauf- . . . 5.7
-, Antriebs- . . 177.3
-, Anzug- . 5.7, 177.5
-, äußere 132.4
-bedarf 282.8
-, Beschleunigungs- 19.9
-, Betriebs- 177.3, 282.6
-, Brems- 96.5
-, Dreh- 173.3
-, Druck- 171.7
-, Einzel- 127.3
-, entgegengesetzt gerichtete Kräfte 128.2
-, Fang- 342.3
-, Flieh- 14.7
-, Gegen- 132.6
-, gleichgerichtete Kräfte 127.5
-, Grab- 411.7
-, Hebe- 2.5
-, Horizontal- . 128.5
Kraft, Hub- . . 109.6
-, innere 132.5
-, Knick- 172.2
-, Kolben- . . . 186.1
-, lebendige . . 21.7
-, Lüft- 109.6
-, Mittel- 129.5
-moment . . . 11.6
-, Quer- 136.1
-richtung . . . 127.2
-, Rücktrieb- . . 96.8
-, Scher- . . . 173.10
-, Schließ- . . . 411.8
-, Schub- 136.1, 173.10
-, Seiten- 129.6
-, senkrecht wirkende 128.4
-, Spann- 397.6
-, Stab- 141.2
-station 197.3
-, Torsions- . . 173.3
-, Trag- 2.5
-, Trieb- 177.3
-übersetzung . 62.4
-übertragung, elektrische 197.1
-verbrauch 177.4, 282.9
-, Vertikal- . . 128.4
-, Verzögerungs- 20.4
-, wagerecht wirkende 128.5
-wasser 230.3
-werk 197.3
-zentrale, hydraulische 228.8
-, Zentrifugal- . 14.7
-zerlegung . . 129.1
-, Zug- . . 109.6, 171.1
Kräftedreieck . 129.7
-paar 132.3
-parallelogramm 129.4
-plan 130.2
- -, Cremonascher 144.2
-zug 129.8
- -, geschlossener 130.1
Kragstütze . . 156.3
-träger 138.2
Kralle, Riemen- 75.1
Krananlage . . 280.1
-anordnung . . 280.2
-arbeit 283.3
-art 284.2
-aufstellung . . 281.3
-, Auslegerbock- 295.4
-, Ausrüstungs- 319.3
-bahn 327.2
- -säule 327.4
- -stütze 327.4
- -träger . . . 327.3
-balken 289.5
-bau 280.3
-, Bau- 310.1
-bauer 280.5
-, Beförderungs- 315.7
-bein 294.8
-belastung . . 283.1
-berechnung . 283.8
-betrieb 281.6
-bewegung . 283.10
-, Blechtransport- 316.1
-, Blockchargier- 317.5
-, Blockeinsetz- 317.5
-, Blocktransport- 315.8

Kran, Blockverlade- 319.8
–, Blockzangen- 312.7
–, Blockzieh- 313.1
–, Bock- 294.6
–, Boots- 303.8
-bremse 111.4
-brücke 295.6
- –, Lauf- 289.5
–, Brücken- 295.5
-brust 307.6
–, Chargier- 316.7
–, Dach- 305.6
–, Deck- 304.1
–, Derrick- 306.8
–, Dreh- 295.9
-drehen 296.7
-drehscheibe 301.5
, Drehscheiben- 301.4
–, Dreifuß- 306.8
–, Einsetz- 316.7
–, Erzverlade- 319.7
-fabrik 280.4
–, Fairbairn- 301.3
–, fahrbarer 284.4
-fahrbewegung 289.1
-fahren 289.1
-fahrmotor 253.6
-fahrsteuerwalze 222.9
-fahrwerk 288.10
–, Fallwerk- 310.3
–, Finger- 313.5
-form 284.1
-führer 281.9
-fundament 287.7
-fuß 294.8
-gerüst 294.7
–, Gerüst- 294.6
-gestell 294.7
-gewicht 283.9
–, Gieß- 310.7
-gleis 329.6
–, Greifer- 309.6
–, Hafen- 304.2
–, Halbbock- 295.1
–, Halbportal- 305.3
–, Hammer- 305.7
–, Handhabungs- 308.9
-haus 301.9
–, Helgen- 318.8
–, Helling- 318.8
–, Helm- 306.5
–, Hochbahn- 295.5
–, Hof- 309.3
–, Hütten- 310.4
–, Kabelhochbahn- 422.2
–, Kai- 304.2
–, Kantilever- 295.4
-kette 33.1
-kipper 325.2
–, Kohlenverlade- 319.6
–, Konsol- 306.7
-konstrukteur 280.5
-konstruktion 280.6
–, Lade- 319.4
–, Lager- 309.4
-last 2.4, 282.10
- -magnet 56.6
–, Lauf- 290.1
-leistung 210.1
–, Lokomotiv- 303.5
-lokomotive 303.7
–, Lokomotivhebe- 309.7
–, Luken- 302.7
Kran, Magnet- 315.5, 315.6
-maschinist 281.9
–, Masten- 308.1
-mittelsäule 300.6
–, Montage- 309.2
-montage 281.3
-monteur 281.2
–, Muldenchargier- 316.8
–, Muldeneinsetz- 316.8
–, Muldentransport- 316.2
–, ortfester 284.3
-ponton 308.4
–, Ponton- 308.3
–, Portal 304.3
–, Pratzen- 314.7
–, Pyramiden- 306.1
–, Rangier- 303.5
–, Riesen- 308.2
-rollenzug 52.2
–, Säulen- 300.5
–, Schacht- 301.2
–, Scheren- 307.8
-schiene 328.9
-schiff 308.5
–, Schiffs- 303.8
–, Schmiedelauf- 314.5
-schnabel 297.3
–, Schuppen- 302.6
–, Schwenk- 295.9
-schwenken 296.7
–, Schwerlast- 308.2
–, Schwimm- 308.3
-seil 41.2
–, Seillauf- 291.7
–, Speicher- 302.6
–, Spezial- 309.5
-spiel 283.4
–, Stabeisentransport- 315.9
–, Stahlwerk- 310.5
–, standfester 284.3
-steuerwalze 222.6
-strebe 307.1
–, Stripper- 313.6
–, Tiefofen- 313.1
-träger, Haupt- 289.6
- –, Lauf- 289.5
–, Transport- 315.7
-triebwerk 283.11
–, Turmdreh- 306.3
-typ 284.2
–, Überlade- 320.1
–, Uferdreh- 304.2
–, Umlade- 320.1
–, Verlade- 319.4
–, Veloziped- 306.6
–, Versatz- 310.2
–, Wanddreh- 302.5
-wagen 301.7
–, Waggon- 303.4
–, Walzwerk- 310.6
–, Werft- 318.6
–, Werkstatt- 309.1
-winde 271.7
–, Winkel- 305.5
–, Wipp- 307.5
-wippe 325.5
Krängungswinkel 308.8
Kranz, Laufrad- 255.4
–, Rollen- 46.5, 91.9
–, Schienen- 259.7
–, Spur- 255.6
Kranz, Triebstock- 69.6
–, Zahn- 67.9
Kratzband 369.4
Kratzer 369.3
-förderer 369.2
-scheibe 369.3
-transporteur 369.2
Kreis, Fuß- 64.5
–, Kopf- 64.4
–, Kronen- 64.4
–, Kurbel- 178.5
–, Seil- 389.2
–, Spitzen- 64.4
–, Strom- 198.2
–, Teil- 31.1, 64.3
–, Wurzel- 64.5
Kreiselkipper 325.6
-wippe 325.6
-wipper 325.6
Krengungswinkel 308.8
Kreuz 158.2
-gelenkkupplung 84.1
–, Quer- 158.3
-schlag 39.7
-verband 158.1
-weiche 421.5
–, Wind- 158.9
Kreuzung, Gleis- 329.8
–, Hängebahn- 421.7
Kronenkreis 64.4
Kröpfen 77.3
Kröpfung 77.2
Krümmer 237.5
Krummlinige Bewegung 19.1
Krümmung 237.4
–, Gleis- 329.7
Kübel 378.8
–, Kipp- 379.1, 408.8
–, Zinkenschaufel- 412.9
Kugel 90.5
-bahn 90.6
-bewegung, Stehlager mit 90.1
-gelenk 84.2
-gewicht 53.8
-käfig 90.7
-lager 90.4
–, Lauf- 90.5
-schale 90.2
-schalenlager 90.1
-spur 90.6
- -lager 86.5
-zapfen 79.5
- -lager 91.7
Kugelig, Laufrad mit -er Lauffläche 256.5
Kuhmaul 55.7
Kuppelrolle 416.1
-schiene 416.2
-stelle 415.3
Kuppeln 80.4
Kupplung 80.3
–, Ausrück- 81.6
–, bewegliche 81.2
–, Brems- 81.1
–, Bremsband- 83.3
–, elastische 81.2
–, elektromagnetische 83.6
–, feste 80.5
–, Flanschen- 80.11
Kupplung, Gelenk- 83.7
–, gelenkige 81.2
–, Gummi- 81.4
–, Kegel- 83.1
–, Klauen- 82.7
–, Klinken- 418.3
–, Knoten- 418.2
–, Konus- 83.1
–, Kreuzgelenk- 84.1
–, Leder- 81.3
–, lösbare 81.5
–, Muffen- 80.6
–, Reibungs- 82.9
–, Ringkeil- 400.7
–, Schalen- 80.8
–, Scheiben- 80.11
–, Schleif- 81.5
–, Schlitzring- 83.4
–, Schrauben- 419.1
–, Schraubstock- 419.3
–, Seil- 87.11
–, Spreizring- 83.4
–, starre 80.5
–, Überlastungs- 81.5
–, Zahn- 82.7
–, Zugseil- 415.4
Kupplungsapparat 415.4
-flansch 80.12
-gestänge 82.1
-hebel 81.8
-kegel 83.2
-konus 83.2
-muffe 80.7
-muffe, lösbare 81.7
-schale 80.9
-scheibe 80.12
-schraube 80.10
-vorrichtung 415.4
- - mit hochliegendem Seil 415.5
- - - tiefliegendem Seil 415.6
Kurbelarm 178.3
-antrieb, Hand- 177.8
–, Brems- 101.2
-druck 178.1
–, einmännige 179.5
–, Einsteck- 179.2
-griff 178.2, 179.1
-halbmesser 178.4
–, Hand- 177.9
-heft 179.1
–, Heft- 178.9
-kreis 178.5
- mit verstellbarem Radius 179.3
-radius 178.4
–, Rückwärts- 179.4
–, Schalt- 218.9
-schlag 180.8
–, Sicherheits- 179.4
–, Steuer- 248.4
-steuerung 248.3
–, verstellbare 179.3
-welle 178.6
-wellenlager 178.7
-winde 270.9
-zapfen 178.8
–, zweimännige 179.6
Kurbeln 179.7
–, ab- 180.1
–, auf- 179.8
–, rückwärts- 180.3
–, vorwärts- 180.2

Kurbeln, zurück- 180.3
Kurve, Leit- . . 344.2
-, Momenten- . 135.6
-, Querkraft- . . 136.2
Kurve, Seil- . 398.10
Kurvenkipper 325.1
-rolle 403.1
-station 396.6
Kurz schalten . 226.1
Kurz schließen 226.1
Kurzgliedrige Kette 29.3
Kurzschluß . 225.10
-anker 210.7
Kurzschlußbremse 106.12
-bremsung . . 107.1
-schaltung . . . 225.9
- -, Anker- . . . 106.8

L.

Lace, te - the belt 74.8
Lâche, câble . . 34.9
-, le câble devient 34.10
Ladder 158.6
Ladebühne . . 322.6
-gut 322.1
-, Hebe- 261.3
-kran 319.4
-mannschaft . 321.8
-mulde 317.1
-öffnung 335.5
-stelle 322.2
-verkehr 321.5
-zeit 413.5
Laden 320.7
Ladle 311.1
- car 312.6
- guide 311.7
- -, foundry crane with fixed 311.6
- hook 311.5
-, lip of 311.2
-, plug of . . . 311.3
-, suspension of 311.4
-, tipping of . . 311.8
Lado cargado . 399.9
- sin carga . . 400.1
-, soldadura por el 29.2
Ladung, Wagen- 378.1
Lage, Abschluß- 193.7
-, das Seil in einer - auf die Trommel wickeln 44.3
-, End- 246.2
-, Mittel- 246.1
Lage à l'épreuve du feu 333.9
- d'ascenseur fermée 334.1
- - maçonnée . 334.2
- du contre-poids 333.8
-, mur de la . . 334.3
-, paroi de la . 334.3
-, revêtement de la 334.5
Lager . . . 84.3, 382.6
-, Augen- . . . 89.1
-, ausgebüchstes 89.4
-, Ausweich- . . 184.5
-, Block- 383.3
-bock . . . 92.3, 155.7
-bohrung . . . 84.4
-büchse 89.2
-deckel 88.3
-druck 84.6
-, Druck- . . 71.4, 86.1
-, Druckrollen- . 91.8
-, einteiliges . . 89.1
-, Eisen- 383.1
-entfernung . . 92.5
-, Erz- 382.9
-, Feineisen- . . 383.6
-, Fuß- 300.2
-fuß 88.5
Lagerfußschraube 88.6
-futter 87.4
-, Gebäude- . . 381.2
-, geschlossenes 89.1
-, Haufen- . . . 385.2
-haus 381.3
-hülse 89.2
-, Kamm- . . . 86.8
-, Kipp- 155.4
-, Kohlen- . . . 382.7
-, Kok- 382.8
-, Konsol- . . . 92.1
-konsole 92.2
-, Kopf- . 300.3, 300.10
-körper 88.2
-kran 309.4
-, Kugel- 90.4
-, -schalen- . . 90.1
-, -zapfen- . . . 91.7
-, Kurbelwellen-178.7
-, Mauer- 92.1
- mit Ringschmierung 90.3
-mittel 384.1
-, Motor- 210.3
-, offenes 89.6
-, Pendel- 155.9, 184.5
-platte 88.7
-platz 382.5
-, Ringschmier- 90.3
-, Roheisen- . . 383.2
-rolle 91.10
-, Rollen- . 91.1, 155.8
-, -kranz- . . . 91.8
-rosette 89.5
-, Rosetten- . . 89.5
-rumpf 88.2
-, Rumpf- . . . 89.7
-schale 87.2
- -, nachstellbare 87.3
-, Schienen- . . 383.7
-schild 210.4
-, Schräg- . . . 89.8
-schuppen . . . 381.6
-, Schwenk- . . 259.5
-, selbstschmierendes 90.3
-, Sellers- . . . 90.1
-sohle 88.5
-spur 86.2
-, Spur- 86.1
-, Stabeisen- . . 383.5
-, Steh- 87.1
-stelle 92.4
-stuhl 155.7
- -, Wand- . . . 92.2
-, Stütz- 86.1
-, Tangential- . 155.3
-, Trag- 86.9
-, Träger- . . . 383.4
-, Walzen- . 91.1, 155.8
-, Wand- 92.1
-, Wellen- . . . 76.5
-, zweiteiliges . 89.6
Lagerung der Laufräder in einer Schwinge 254.8
Lagerung, Rollen- 405.7
-, Spindel- . . . 120.3
Lagerungseinrichtung 385.3
Laisse de dépôt 238.1
Laiton rouge . 169.9
Lama dell'interruttore 215.4
- di contatto . 219.1
Lame, contact à - d'interrupteur 218.7
- de contact . . 219.1
- - frein 101.8
-, frein à 101.7
- fusible . . . 208.8
Lamella del freno 103.9
- fusibile . . . 208.8
Lamelle 146.2
-, Brems- 103.9
-, Gurt- 146.1
Lamelle, freno a 103.8
Lamellenbremse 103.8
Lamiera d'angolo 151.3
- da piattabanda 146.2
- del nodò . 150.11
- di attacco . . 150.3
- - ferro . . . 168.10
- - -, foglio di 168.11
- - prima laminazione 167.4
- - rinforzo . . 152.6
- galvanizzata 169.3
- grossa 169.1
-, impiantito in 157.3
- ondulata . . 169.6
- per impiantito 157.4
- perforata . . 169.5
- piena, puntone in 297.7
- rigata 169.4
- sottile 169.2
- striata 169.4
-, tanaglia da . 59.3
- verticale . . . 145.3
- -, rinforzo alla - - mediante montanti 145.4
- zincata . . . 169.3
Lamiere, gru per trasporto di 316.1
-, impacco di ferro per la confezione delle 167.1
Lamierone . . . 145.6
-, giunto del . . 149.8
Lámina del freno 103.9
-, freno de -s . 103.8
Laminado, acero 165.6
-, hierro 167.2
Laminador, grúa para 310.6
Laminage . . . 243.3
-, pointeau de . 243.5
-, tôle de premier 167.4
Laminaggio, blocco di 167.3
Laminato, acciaio 165.6
-, ferro 167.2
Laminatoio, colata per 310.6
-, gru per . . . 310.6
Laminazione, lamiera di prima 167.4
Laminé, acier . 165.6
-, fer 167.2
Laminée, poutrelle 146.7
Laminoir, grue de 310.6
Landseilbahn . 394.7
Land cableway 394.7
Länge, Fahrbahn- 326.3
-, Förder- . . . 359.5
-, Frei- 136.3
-, nutzbare . . 44.5
-, Stab- 141.3
Längen der Kette 26.10
-, die Kette längt sich 26.11
Langgliedrige Kette 29.4
Langsame, die Bewegung ins - übersetzen 62.1
-, Übersetzung ins 61.9
Längsprofil . . 398.9
-schlag 39.8
-träger 148.4
Languette . . . 78.5
Lantern gear . 69.6
Lanterna . . . 69.4
- a denti d'ingranaggio 69.6
- - rulli 91.3
-, ingranaggio a 66.9 69.3
-, ruota a . . . 69.5
Lanterne à billes 90.7
- - rouleaux . 91.3
-, couronne de - à fuseaux 69.6
-, roue à 69.5
Lap weld, end . 29.1
- -, side 29.2
Lappenschraube 117.9
Largeur d'ouverture du portique 305.1
- de la voie . . 254.4
- intérieure du maillon 28.6
Larghezza del campo 140.7

Larghezza della testa 65.4
- interna della maglia 28.6
- tra mascelle. 57.8
Largo, scartamento 329.5
Largos, cadena de eslabones 29.4
Larguer la charge 8.2
Larguero 148.2, 148.4
- de la grúa corredera 289.5
- - - puente-grúa 289.5
-, vía interior entre -s 327.1
Larmier 77.4
Lasche, Doppel- 149.6
-, Ketten- . . . 29.8
-, Stoß- . . 149.5, 328.4
Laschenauge . 29.9
-kette 29.7
-kopf 29.9
Last 1.2
-, Arbeits- . . . 1.3
-arm . . . 11.5, 277.4
-aufhängung · 52.3
-ausleger . . . 299.6
-behälter . . . 407.5
-beschleunigung 10.3
-, bewegliche . 134.1
-bewegung . . . 7.3
-bremse 111.5
-, Bruch- 36.10
-bügel 55.5
-bühne 340.4
-drehen 16.5
-, Dreieck- . . . 133.6
-druckbremse . 104.4
-, Einzel- 133.3
-feld 133.5
-, Förder- . 2.3, 332.1
-, Gebrauchs- . . 1.3
-gehänge . . . 407.1
-geschwindigkeit 9.8
-, Grenz- 2.1
-größe 2.6
-haken 52.6
-hebegeschwindigkeit 9.10
- -magnet . . . 56.6
-hebel 261.4
-heben 7.2
-, Höchst- 2.1
-hub 6.8
-kahn 323.4
-kette 32.6
-kolben 188.3
-, Kran- . 2.4, 282.10
-magnet, Kran- 56.6
- - mit beweglichen Polen 56.8
- - - Sicherheitsbügeln 57.1
-, Maximal- . . . 2.1
-mittel 24.2
-, mobile 134.1
-moment . . . 11.4
-, Null- 1.5
-, Nutz- 1.3
-organ 24.2
-, Probe- 2.2
-, Rad- 254.2
-rolle 47.6
-rollenzug . . . 49.8
-rücktrieb . . . 9.6
-schlingkette . 55.9
Last, Schnee- . 154.6
-seil 36.5
-seite 399.9
-senken 8.3
-senkung 8.3
-stellung . . 2.8, 134.5
-stempel 277.1
- -, Laufkatze mit geführtem 276.6
-strang 25.6
-stufe 2.7
-sturz 8.7
-, Tot- 1.4
-träger 289.6
-, Trapez- . . . 133.7
-trommel 46.2, 251.1
-trumm 25.6
-, Verkehrs- . . 134.4
-, Voll- 2.1
-windwerk . . 250.5
-zylinder . . . 189.3
Lastenaufzug . 351.2
-beförderung, Aufzug für 351.2
-fahrstuhl . . . 341.3
-gruppe 134.2
-zug 134.3
Lateral bracing 153.1
- flexure bending produced by axial compression 172.1
- guide 339.7
Lateral, ángulo de inclinación 308.8
-, cabrestante . 373.1
-, excavación . 375.3
-, guia 339.7
-, platillo - con cojinete 210.4
-, posición - de la carga 3.5
-, refuerzo . . . 152.1
-, silla de soporte con rodillos -es 406.8
-, soporte . . . 285.7
-, tapa - con cojinete 210.4
-, torno 373.1
Latéral, dragage 375.3
Latérale, inclinaison - à babord 308.8
Laterale, angolo d'inclinazione 308.8
-, guida 339.7
-, sostegno . . . 285.7
Lateralmente, vagón basculante 378.5
Laterne 91.3
Lato caricato della fune 399.9
- scarico . . . 400.1
Latón 169.9
Latta 169.2
Latte, Spur- . . 339.2
Lattice bridge 159.10
- door, sliding 336.5
- girder 144.9
- jib 297.6
Lauf 157.9
-achse 257.1
-bahn 13.8, 90.6, 326.1
-, Rundeisen- . 399.7
-, Seil- 399.8
Laufbrücke . . 289.8
-bühne . . 157.8, 289.8
- der Rolle . . 46.6
-fläche 255.5
- - des Lagers 84.5
- -, Laufrad mit balliger 256.5
- -, - - - gerader 256.3
- -, - - - kegelförmiger 256.4
- -, - - - konischer 256.4
- -, - - - kugeliger 256.5
-katze 278.4
- -, Ausleger- . 277.5
- -, Decken- . . 277.7
- -, Dreh- . . . 277.3
- -, einrollige . 275.6
- -, elektrisch betriebene 275.5
- -, Gieß- . . . 318.8
- -, Hand- . . . 275.4
- -, Luken- . . 277.8
- - mit angebautem Führerstand 276.4
- - - angehängtem Flaschenzug 276.1
- - - eingebautem Flaschenzug 276.2
- - - geführtem Hubstempel 276.6
- - - - Laststempel 276.6
- -, Schräg- . . 277.9
- -, zweirollige 275.7
-katzenbahn . . 274.7
- -gestell . . . 273.5
-, Ketten- . . . 32.4
-kran 290.1
- -, Ausleger- . 292.7
- -brücke . . . 289.5
- -, Dreh- . . . 292.8
- -, Dreimotoren- 292.3
- -, Einmotoren- 292.2
- -, elektrischer 292.1
- -, Gießerei- . 293.1
- -, Hand- . . . 291.4
- -, Mehrmotoren- 292.4
- - mit angebautem Führerstand 291.2
- - - Hilfshebevorrichtung 293.3
- - - innenliegender Katzenbahn 291.1
- - - obenliegender Katzenbahn 290.9
- - - Steuerung von unten 291.3
- - nach dem Dreimotorensystem 292.3
- - - - Einmotorensystem 292.2
- -, Niet- 293.2
- -, Schmiede- . 314.5
- -, Seil- 291.7
- -träger . . . 289.5
- -, Transmissions- 291.5
- -, Wellen- . . 291.6
- -, Zwillings- . 292.5
-kugel 90.5
-, Leer- 11.2
-mantel 402.4
-rad 255.1
Laufradachse . 257.1
- - -, gefederte 257.6
- -, Antrieb- . . 258.2
- -, ausgebüchstes 257.3
- -balancier . . 254.5
- -büchse . . . 257.4
- -, das - läuft lose auf der Achse 257.2
- -druck 254.2
- -durchmesser 255.2
- -flansch . . . 255.6
- -, fliegendes . 256.6
- -, kegelförmiges 256.4
- -, konisches . 256.4
- -kranz 255.4
- - mit angegossenem Zahnkranz 258.5
- - - balliger Lauffläche 256.5
- - - gerader Lauffläche 256.3
- - - konischer Lauffläche 256.4
- - - kugeliger Lauffläche 256.5
- -nabe 255.3
- -schwinge . . 254.5
- -spiel 255.8
- -, verzahntes . 258.5
- -, zylindrisches 256.3
-ring 90.6
-rinne 406.2
-rohr 387.1
-rolle . . 258.7, 405.8
- -, gekehlte . . 406.1
-rollenreibung 405.9
-schiene 327.9
-seil . . . 41.7, 400.4
-steg . . . 157.9, 289.8
-triebrad . . . 253.2
-wagen 254.1
-walze 91.2
-werk 252.3
- -gehäuse . . . 405.6
- -, Rollen- . . . 405.5
-winde 272.8
- -, Einschienenmotor- 273.2
- -, Motor- . . . 273.1
- -, Zweischienenmotor- 273.3
Laufen, das Laufrad läuft lose auf der Achse 257.2
-, leer- . . . 11.3, 183.8
Lavacías, parte inferior del aspirador con - de presión 376.7
Lavador 371.5
Lavorato, dente 66.2
Lavoro . . 21.3, 170.5
- a vuoto 10.9, 183.9
- - -, perdita per 11.1
- assorbito . . . 10.7
-, cilindro di . . 189.4
- d'accelerazione 20.1
- d'attrito . . . 23.2
- - fra i denti . 65.8
- d'avviamento 5.6
- del cilindro . 190.4

Lavoro della gru 210.1, 283.3, 283.4
- di avviamento 395.10
- - frenaggio . 97.8
- - ribaditura . 125.3
- - sollevamento 10.6
- - - del magnete 109.7
- intermittente 209.8
- motore . . . 395.10
- normale, ora di 209.9
-, perdita di . . 10.8
-, velocità normale di 9.9
Lay, rope with - to the left 84.3
-, - - - - - right 84.1
Layer, to wind the rope up in one 44.3
Lazo 25.4
- de cable . 25.5, 37.4
- - cadena . . . 32.3
- - retorno . . 395.6
Lead 202.7
- covered cable 205.2
-, red - paint . 161.5
Leakage water 230.8
Leather lining, brake strap with 102.5
- packed coupling 81.3
- packing . . . 191.8
Lebendige Kraft 21.7
Lederdichtung 191.8
-futter, Bremsband mit 102.5
-kupplung . . . 81.3
-liderung . . . 191.8
-stulp 191.3
Leer anlassen . 219.4
-, die Maschine läuft - an 183.4
Leerer Haken . 55.3
Leeres Kettenende 27.3
- Seiltrumm . . 400.1
Leergangsarbeit 10.9
- -reibung . . . 22.9
-lauf . . . 11.2, 183.7
- -arbeit . 10.9, 183.9
- -reibung . . . 22.9
- -strom 209.4
- -tourenzahl . 184.1
- -verlust . . . 11.1
-laufen . . 11.3, 183.8
- -, die Maschine läuft leer 183.6
-seil 400.1
-seite 400.1
Left, diagonal rising to the 148.3
- hand, drum with - - groove 44.8
- - worm . . . 72.2
- -handed moment 131.1
- - thread . . . 114.3
- - twist 84.2
-, rope with lay to the 84.3
-, the forces produce a moment to the 131.3
Leg, crane . . . 294.8
- of the gantry 304.6
- - - portal . . 304.6
Leg, sheer . . . 307.9
Legnami, elevatore di 366.7
-, martinetto per 264.9
-, piano-inclinato con cavo per la discesa dei 393.6
Legno, armatura in 159.2
-, cavalletto portante in 404.3
-, costruzione in 159.3
-, nastro del freno con fodera di 102.4
-, rivestimento in 294.3
-, supporto in - per cavo 404.3
-, vite da 118.2
Lehmguß 164.3
Leibung, Loch- 121.4
Leibungsdruck, Loch- 121.5
Leichter 323.5
-schiff 323.5
Leimen, den Riemen 74.9
Leistung 21.5
-, Antriebs- . 395.10
-, Dauer- 209.7
-, Förder- . . . 360.1
-, intermittierende 209.8
-, Kran- 210.1
-, Stunden- . . . 209.9
-, Zylinder- . . 190.3
Leistungsmesser 200.3
Leitbaum . . . 339.2
-kurve 344.2
-ring 90.6
-rolle . . . 41.3, 47.5
- -, Ketten- . . 32.5
-scheibe 395.7
-schiene 416.2
Leiter . . 158.6, 202.6
-bock, Eimer- . 372.1
-, Eimer- . . . 371.10
-, Eimerkettenbagger mit geneigter 373.8
-, - - senkrechter 373.7
Leitung 202.7
-, Abwasser- . . 230.7
-, Anschluß- . . 203.8
-, blanke 204.3
-, Dampf- . . . 226.9
-, Druckwasser- 228.7
-, geerdete . . . 204.1
-, Haupt- 203.3
-, Hin- 203.9
-, isolierte . . . 204.4
-, Luft- 235.1
-, Ring- 236.8
-, Rohr- 235.6
-, Rück- . 203.10, 236.6
-, Schleif- . . . 207.2
-, Speise- 203.3
-, Verteilungs- . 203.5
-, Zufluß- 236.5
-, Zweig- . 203.7, 237.1
Leitungsdraht . 204.7
-druck 235.7
-material . . . 202.8
-netz . . . 202.9, 236.2
-querschnitt, Rohr- 235.8
-schiene 204.8
Leitungsstütze 207.8
Length, bar . . 141.3
-, coiling - of drum 44.5
-, collapsing . . 172.3
-, inside 28.5
- of hauling track 359.5
- - splice . . . 38.3
- - support . . 187.4
- - track . . . 326.3
-, overhanging 136.8
-, theoretical bar 140.5
-, unsupported . 136.8
Lengüeta . 78.5, 95.9
- de fricción . 94.4
Lenkbarkeit des Kranes 282.2
-rad 258.6
Leseband . . . 367.9
Let out the jib, to 17.5
-, to - a wagon start 408.3
Letter, lift for -s 355.3
Letting a wagon start 408.4
Lettres, monte- 355.3
Leva . . . 245.7, 261.1
- a bilanciere . 261.4
- - due bracci . 246.7
- - ginocchiera, magnete del freno con 110.2
- - ginocchio . 247.3
- - ginocchiora 247.2
- - mano . . . 247.4
- - -, freno con 100.3
- ad angolo . . 247.1
- - un braccio 246.6
-, albero da . . 261.2
-, braccio di - del carico 11.5
-, - - - - contrappeso 286.3
-, - - - - peso . 100.8
-, - - - della forza 130.9
- d'innesto . . 81.8
- da pedale . . 247.5
- del freno, braccio di 100.4
- di contatto . 218.6
- - manovra . . 246.8 247.8
- - presa . . . 414.4
-, freno a . . . 100.2
-, interruttore a 215.2
-, magnete - - carico 56.6
-, portare la - in posizione estrema 246.4
-, - - - in posizione media 246.3
-, tanaglia a - articolata 58.8
Leve a ginocchiera, freno con 100.9
- - ginocchio, pigliafune con 417.8
- del freno . . 96.3
- di compensazione 52.1
Levage à vide du crochet 7.4
-, appareil de . 1.1
Levage, d'appareils de atelier 280.4
-, câble de . . . 41.4
-, cage de . . . 333.7
-, contrôleur de 222.7
-, course de . . . 6.7
-, cylindre de . 185.3
- de la charge . 7.2
- du fardeau . . 7.2
-, engin de . . . 1.1
-, force de 2.5
-, frein de 111.6, 251.4
-, guide de . . . 277.1
-, hauteur de . . 6.7 332.2
-, mécanisme de 250.5
-, - principal de 251.7
-, moteur de . . 251.5
-, organe de . . 24.2
-, organes de . 24.1
- par câble, chariot pour 275.2
-, période de . . 6.6
-, piston de . . 185.2
-, position de . 220.5
-, puits de . . . 333.7
-, travail de . . 10.6
-, treuil de . . . 267.4
-, - pour simple 269.4
-, vérin de . . . 263.7
-, vitesse de - de la charge 9.10
Levantamiento, aceleración de la velocidad de 10.4
-, altura de . . . 6.7
-, aparato de . . . 1.1
-, carrera de . . . 6.7
-, cilindro de . 185.3
- de la carga . . 7.2
- - - grúa . . . 284.3
- del cable fuera de la horquilla 416.9
- - gancho no cargado 7.4
-, émbolo de . . 185.2
-, fuerza de . . . 2.5
-, máquina de . . 1.1
-, movimiento de 6.4
-, órgano de . . 24.2
-, órganos de . 24.1
-, origen del . . . 7.5
-, período de . . . 6.6
-, posición de . 220.5
-, potencia de . . 2.5
-, trabajo de . . 10.6
Levantar . . . 266.2
-, aparato para . 1.1
-, carga para . . 2.3
-, disposición para - la tapa 313.4
- el brazo . . . 299.5
-, grúa para - locomotoras 309.7
- la carga 7.1
-, - grúa se levanta de los carriles 284.7
-, máquina para . 1.1
- nuevamente la flecha 17.4
- una carga haciendo girar la manivela 179.8
Levare dal deposito 383.8

Levare dall'accoppiamento 415.2
- il nottolino 94.7
- - veicolo dal cavo 414.7
-, la fune si leva dalla forchetta 417.1
Levasassi, lupo 59.8
Levée 6.4, 6.7
-, cylindre de 185.3
-, direction pendant la 6.2
Lever 177.9, 245.7, 261.2
-, adjustable 179.3, 246.8
- arm 178.3
-, balancing 52.1
- bearing 178.7
-, bell crank 247.1
- brake 100.2, 100.4
- -, hand 100.3
-, catch 414.4
-, charging 316.5
- circle 178.5
-, clutch 81.8
-, contact 218.6
-, control 247.7, 247.8, 348.4
- -, throw of 248.8
-, controlling 245.1
-, counterbalance 286.3
-, crank - with loose hand grip 178.9
-, double armed 246.7
- driving 177.8
-, foot 247.5
-, gear 245.1
-, hand- 247.4
- handle 178.2
-, - of 316.6
- head 245.8
-, inverted 261.4
- of the force 180.9
-, one-man 179.5
- point 421.3
-, portable 179.2
-, pressure on 178.1
- radius 178.4
-, safety 179.4
- shaft 178.6
-, single armed 246.6
-, stroke of 245.9
- switch 218.9, 215.2, 421.3
- throw 178.4
-, toggle joint -s 247.2
-, - lever tongs 58.8
-, two-men 179.6
-, weight 100.8
- with adjustable radius 179.3
- - loose hand grip 178.9
Levers 245.6
-, brake 96.3
Lever au moyen d'un treuil 266.1
- la charge 7.1
- la grue 281.5
- - chien 94.7
- - doigt 94.7
- - fardeau 7.1
Leverage 246.5
- of load 11.5
Leveraggio 245.6
Levier 245.7, 261.1
- à contrepoids 100.8
- - deux bras 246.7
- - main 247.4
- - -, frein à 100.3
- - manette 246.8
- - pédale 247.5
- - un bras 246.5
- - verrou 246.8
- articulé 247.2
- articulé, frein à -s 100.9
- au pied, frein- 100.5
- basculant 261.4
-, bras de - de la force 180.9
-, commande à 348.4
- coudé 247.1
- - à articulation 247.2
- -, électro-aimant de frein à 110.2
- -, grappin à -s 58.8
- -, parachute à 343.7
- d'arrêt 414.4
- d'embrayage 81.8
- d'équilibrage 52.1
- de contact 218.6
- - débrayage 81.8
- - manœuvre 245.1, 247.4, 247.8
-, double 246.7
- du frein 100.4
-, écart du 245.9
-, frein à -s 100.2
- hydraulique 268.5
-, interrupteur à 215.2
-, manœuvre par 247.7
-, multiplication du 246.5
- simple 246.6
-, transmission par 246.5
-, tringles de la commande à 245.6
Lewis 59.8
Libera, caduta - del carico 8.8
-, gru a branca con sospensione 314.8
-, luce - del portale 305.1
-, sagoma 304.8
-, scaricare in piena linea 418.11
Liberare il freno, forza per 109.6
Libération du frein 98.10
Liberazione, corsa di 109.5
Libéré, course du frein 109.5
Libero, profilo 290.5, 304.8
Libre, brin - de la chaîne 27.3
Libre, anchura - de abertura de la portada 305.1
-, longitud 136.8
-, parte 24.5
-, perfil 304.8
-, ramal 24.5
-, sección 290.5
Libros, montacargas para 355.4
Lichte Breite des Kettengliedes 28.6
- Durchfahrthöhe des Portals 304.9
- -weite des Portals 305.1
- Gliederbreite 28.6
- Gliederlänge 28.5
- Höhe von Oberkante Flur bis Unterkante Dachbinder 162.3
- Weite 239.5
Lichtes Profil 290.5
Lichtweite 239.5
Lidern 192.3
Liderung 190.8
-, Baumwoll- 192.1
-, Hanf- 191.9
-, Leder- 191.8
Liegen, im Hauptschluß 225.4
-, - Nebenschluß 225.8
Lieu de chargement 322.2
- - déchargement 322.3
Lift 6.7, 7.5, 331.1
-, acceleration of 10.4
-, air 109.5
-, attendance of 331.4
- attendant 331.5
-, barrel 354.6
- brake 104.3
-, builders 354.2
-, building 354.2
-, cage 352.2
- - guide 338.7
-, cellar 354.1
-, closed shaft for 334.1
-, coal 355.6
-, control of 346.6
-, dinner 355.2
-, direction of 6.2
-, double 351.3
-, - chain 356.6
- driven by belt transmission 352.5
-, electric 353.4
- for books 355.4
- - documents 355.5
- - letters 355.3
-, goods 351.2
-, hand driven 352.3
-, hatchway 353.7
-, height of 6.7
-, hydraulic 352.7
-, inclined 351.5
-, increasing - by gearing 62.5
- indicator 350.10
-, kitchen 355.1
-, luggage 354.3
-, mountain- 395.2
- of load 6.8
- - the pump 229.7
-, ore 355.7
-, passenger 351.1, 366.2
-, path of 6.9
-, platform 340.4, 352.1
-, ram 351.6, 351.7
- rope 41.3, 332.8
- shaft 333.3
Lift, ship-canal 357.3
-, station 354.3
-, steam driven 353.3
-, store- 353.5
- system 350.11
-, to - the pawl 93.1
-, - - - load 7.1
-, - - - suspended load 7.3
-, - - with the grab 410.7
-, - - - - handle 179.8
-, - - - - lever 179.8
-, vertical 351.4
-, waggon 354.4
-, warehouse 353.5
- winch 272.1
- with belt drive 352.6
Lifting apparatus, to overload a 8.9
- brake 251.4
- capacity of crane 283.2
- controller 222.8
- cylinder 185.3, 189.7
- device 1.1, 331.2
- -, pneumatic 235.2
- -, rope 417.2
- -, to load a 8.6
- force 109.6
- gear 24.1, 250.5
- -, supported wagon with 409.8
- -, two drum 252.2
- jack 268.7
- machine 1.1
- magnet 56.6
- - with movable poles 56.8
- mechanism, parts of 24.2
- moment 7.6
- motor 251.5
- movement 6.4
- of the crane 284.8
- piston 185.2, 187.4
- position 220.5
- power 2.5
- speed 9.10
- tackle, brake for 111.3
- the empty hook 7.4
- - load 7.2
- - rope out of the fork 416.9
-, triangular - eye 55.5
- time 6.6
- way 338.7
- winch 267.4
- work 10.6, 109.7
Ligeras, grúa para cargas 308.9
Light, the engine runs 188.4
-, to run 11.3
- railway wagon 379.7
Lighter 328.5
Ligne d'influence 136.4
- d'intérêt local, wagon de 379.7
- de contact 207.2
- - fermeture 180.7
- - retour 203.10
- - rivets 128.2

Ligne de telphérage 422.1
- - transport aérien 398.3
- - tuyaux . . 236.3
-, déchargement en pleine 413.11
- des efforts tranchants 136.2
- - - transversaux 136.2
- - pressions sur les appuis 139.4
- du diagramme des efforts tranchants 136.2
- - - - moments 135.6
- élastique . . 135.9
- - de flexion . 135.9
-, fil de 204.7
-, passage de la 398.8
- sur poteaux . 206.4
- - pylones . . 206.4
Limit, hoisting 332.6
Limite, charge . 2.1
- de l'ascension 332.6
Limite, carico . . 2.1
- della corsa . 332.6
Límite, carga . . 2.1
- de ascenso . . 332.6
- - cabida de los cangilones 371.9
Limo, colector de 238.1
Limon 158.4
Limpia, pontón de 371.2
Line 202.7
-, abutment pressure 139.4
- bar 204.8
-, bare 204.3
-, bending- . . . 135.9
-, branch . . . 203.7
-, cableway . . 398.3
-, closing . . . 130.7
-, connecting . 203.8
-, dedendum . . 64.5
-, distributing . 203.5
-, earthed . . . 204.1
-, end 130.7
- fixed on columns 206.4
-, guide pulley for end of 403.2
-, influence . . 136.4
-, insulated . . 204.4
- impost 139.2
-, junction . . . 398.7
-, loop 207.2
- material . . . 202.8
-, naked 204.3
- of sag 135.9
-, overhead . . 206.2
-, pipe 236.3
-, pitch- 64.3
-, power 136.4
-, root 64.5
-, shear 136.2
- support . . . 207.8
-, system 140.3
-, telepher . . . 422.1
-, to - a bearing 87.5
-, underground 206.3
- wire 204.7
Linea 202.7
-, area racchiusa dalla - d'influenza 136.5
Linea, corrente di 203.2
-, curva del cavo di 398.10
- d'influenza . 136.4
- dei momenti 135.6
- delle pressioni delle imposte 139.4
- di distribuzione 203.5
- - flessione . . 135.9
- - telferaggio elettrica 422.1
- - trasporto della miniera 359.4
- - -, lunghezza della 359.5
- - tubo 236.3
-, direzione del cavo della 398.8
- funicolare aerea 398.3
- - - a gomito 398.5
- - - in curva . 398.5
- percorsa dal contrappeso 333.8
- principale, carro per 379.6
- retta, funicolare aerea in 398.4
- secondaria, carro per 379.7
Línea 202.7
-, conducción de la 398.8
- de acometida 203.8
- - cierre . . . 130.7
- - conexión . 203.8
- - derivación 203.7
- - distribución 203.5
- - flexión . . . 135.9
- - influencia . 136.4
- - las presiones sobre los arranques 139.4
- - los esfuerzos cortantes 136.2
- - - momentos 135.6
- - retorno . 203.10
- - telferraje . 422.1
- - transporte aéreo 398.3
- - tubos . . . 236.3
-, descarga en plena 413.11
- puesta á tierra 204.1
- recta, transporte aéreo en 398.4
-, vagón de - importante de ferrocarril 379.6
Liner 149.9
Lingot 166.8
-, accrochage du 317.7
-, accrocher le . 317.8
-, chargeur de -s 313.1
-, chariot de chargement des -s 318.3
-, chariot enfourneur des -s 318.3
-, démouler le . 314.4
-, dispositif de préhension du 317.6
-, enfourneuse de -s 317.5
-, giration du 317.10
Lingot, grue avec pince à 312.7
-, grue de chargement des -s 317.5
-, grue d'embarquement de -s 319.8
-, grue d'enfournement des -s 317.5
-, grue pour le transport des -s 315.8
-, magasin des -s 383.3
-, mécanisme d'accrochage des -s et des lingotières 313.7
-, moule à . . . 166.7
-, retourner le . 317.9
-, tenaille à . . 59.1
-, - horizontale pour 59.2
-, tourner le . . 317.9
Lingote 166.8
-, almacén de -s 383.3
-, contrapeso de arena y -s 287.4
-, grúa con tenazas para -s 312.7
-, - para el transporte de -s 315.8
-, tenazas horizontales para -s 59.2
-, - para -s . . 59.1
Lingotera de carga 317.1
-, grúa para el transporte de -s 316.2
- para metralla 317.3
Lingotes empaquetados 167.3
Lingotière à mitraille 317.3
-, chariot de chargement des -s 318.2
-, - d'enfournement des -s 318.2
-, - de pont-roulant à transporter les -s 316.3
-, chasser le bloc hors des -s 314.4
- de chargement 317.1
-, grue à chasser les blocs des -s 316.6
-, - de chargement des -s 316.8
-, - d'enfournement des -s 316.8
-, - à transporter les -s 316.2
-, mécanisme d'accrochage des lingots et des -s 313.7
-, pince à bloc et à 313.7
Lingottiera . . 166.7
- a mitraglia . 317.3
- di caricamento 317.1
-, testa della . . 317.2
Lingottiere, carrello per trasporto di 316.3
Lingottiere, carro per il caricamento delle 318.2
-, gru per caricare le 316.8
-, - - estrarre i blocchi dalle 313.6
-, - - infornare 316.8
-, - - trasporto di 316.2
-, scacciare i blocchi dalle 314.4
Lingotto 166.8
Linguet 95.9
Linguetta . . . 78.5
- di scorrimento 330.3
Linie, Biegungs- 135.9
-, Einfluß- . . . 136.4
-, Kämpferdruck- 139.4
-, Momenten- . 135.6
-, Querkraft- . . 136.2
-, Schluß- . . . 130.7
-, System- . . . 140.3
-, Telpher- . . . 422.1
Linienführung 398.8
Lining 149.9
- of the bearing 87.4
-, shaft 334.5
Link brake . . 102.3
-, bucket 372.3
- chain . . 28.3, 29.8
-, compression . 141.6
-, end 30.2
- of a chain . . 28.4
-, swinging . . 245.2
Links 82.1
-, die Kraft dreht 131.3
- drall 34.2
- drehendes Moment 131.1
- - -, die Kraft erzeugt ein 131.3
-gängige Schnecke 72.2
- - Trommel . 44.8
- geschlagenes Seil 34.3
-gewinde . . . 114.3
- steigende Diagonale 143.3
Linterna, corona de - de husos 69.6
- de bolas . . . 90.7
-, engranaje de - de husillos 66.9
- para rodillos 91.3
-, transmisión de - de husillos 69.3
Linternón del granero 381.5
Lip 88.8
- of ladle . . . 311.2
-, shovel 411.5
-, to cast over the - by tipping 312.3
Lippe, Schaufel- 411.5
Liquid, braking 105.6
Liquide, frein à 105.3
- moteur . . . 230.2
- pour frein . . 105.6
- servant à transmettre la pression 230.2

Liquido del freno 105.6
-, freno a . . . 105.3
- per la trasmissione della pressione 230.2
Liquido de trabajo 230.2
- para freno . 105.6
Liscio, albero . 76.9
-, cavo a trazione 390.7
-, tamburo . . . 43.9
Liso, árbol . . 76.9
-, cable de tracción 390.7
-, tambor . . . 43.9
Lisse 158.2
-, arbre 76.9
-, câble tracteur 390.7
-, tambour . . . 43.9
Litzenseil . . . 39.5
Live load 133.9, 134.1
Livelletta, angolo di 399.3
-, rapporto di rottura della 399.6
Livres, monte- 355.4
Llanta, hierro de 168.1
Llave 242.6
-, articulación en la 139.1
- de dos bocas 119.8
- - muletilla . 119.9
- - vaso 119.9
- doble 119.8
- inglesa . . . 119.10
- para tuercas . 119.7
- tubular . . . 119.9
Llegada, conducto de 236.5
-, tubo de . . . 240.3
Llena, alma . . 145.6
-, brazo de alma 297.7
Llenar las juntas con masilla 160.9
Lleno, placa de 149.9
Load 1.2, 127.1, 132.8, 137.7
- acceleration . 10.3
-, alternating . 133.1
- barrel 251.1
- brake 111.5
- cage 341.3
- carrier 407.1, 407.5
- chain 32.6
-, changing . . 133.1
-, collapsing . . 172.4
- compression . 171.5
-, compressive . 171.7
-, constant . . . 133.4
-, constantly acting 133.2
-, continuous . 133.2, 133.4
-, conveying . . 2.3
-, crane . . 2.4, 282.10
- cylinder . . . 189.3
-, dead . . 132.9, 133.4
-, descent of the 8.5
-, direct acting 134.8
-, discontinuous 132.10
- drum . . 46.2, 251.1
-, field of . . . 133.5
-, grade 2.7
-, group of -s . 134.2
Load, hauling . 332.1
- head, crab with guided 276.6
-, hoisting . . . 332.1
- holder 407.5
- hook 52.6
-, intermittent 132.10
- jib 299.6
-, leverage of . 11.5
-, lift of 6.8
-, live . . 133.9, 134.1
- magnet with safety claws 57.1
- - - - jaws . . 57.1
-, maximum . . 2.1
-, mobile . 133.9, 134.1
-, moment of . 11.4
-, moveable . . 133.9, 134.1
-, moving 133.9, 134.1
-, no 1.5
- of chain . . . 27.5
- on axle . . . 75.8
-, permanent . . 133.2, 133.4, 209.7
-, permanently acting 133.2
- piston 188.3
- platform . . . 340.4
- post 277.1
- -, crab with guided 276.6
- position . . . 134.5
-, - of . . . 2.8, 134.5
- pressure brake 104.4
- pulley 47.6
- - block . . . 49.7
-, pulsating . 132.10
- represented by trapezoidal area 133.7
- - - triangular area 133.6
-, rolling 134.3
- rope 36.5
- sheave 47.6
- side 25.6
-, single 133.3
-, size of 2.6
-, slinging of . 56.2
- skip 407.1
-, snow 154.6
-, speed of 9.8
-, suspension of 52.3
-, tensile 171.1
-, test 2.2
-, the - descends 8.4
-, - - falls 8.6
-, - - is lowered . 8.4
-, tilting 285.1
Load, to . 320.2, 320.4, 413.2
-, - - a lifting device 8.6
-, - - the engine fully 183.2
-, - sling the . . 56.1
-, - start at full 219.5
-, traffic 134.4
-, train 134.3
-, uniformly distributed 133.8
-, useful 1.3
-, variable . . 132.10
-, varying . . 132.10
-, wagon 378.1
-, working 1.3
Loaded chain side 27.2
- side 399.9
-, the engine runs 183.3
Loading . . 3.7, 132.7, 320.7, 320.9, 413.3
- bridge 319.5
- by own weight 134.6
- chute 386.4
-, condition of . 132.8
- crane 319.4
-, crane 283.1
- -, ore 319.7
-, direct 134.8
- goods 322.1
- hands 321.8
-, indirect . . . 134.9
- instructions . 135.1
-, period of . . 210.2
- place . . 322.2, 413.4
- plant 321.1
- platform 319.5, 322.6
- position . . . 413.1
- quay 380.2
- section 400.2
- ship 322.7
- station 396.1
- time 413.5
-, torsional . . . 173.1
-, total 134.7
- wharf 380.2
-, wire cableway for 394.4
Loam casting . 164.3
Loba para levantar piedras 59.8
Loca, polea 47.7, 75.5
Local de los trazadores 160.5
Lochleibung . 121.4
-leibungsdruck 121.5
-, Niet- 121.3
-, Schmier- . . . 88.11
-wandung . . . 121.4
Lock 357.4
-, bolt 338.1
-, catch- 417.6
-, door 337.3
- guide 357.5
- -nut 115.9
-, Pasquill- . . . 337.5
-, safety 337.4
-, the brake -s itself 99.7
Locked cable . 40.4
- nut 115.6
- rope 40.4
Lockern, eine Schraube 119.6
Locking bar . . 338.4
- by means of ratchet gear 92.8
-, control . . . 349.8
- device, screw 115.8
-, electromagnetic 350.2
- of brake, self- 99.8
-, self- 12.2
-, track 324.6
Loco, árbol . . 76.2
-, armadura de motón 49.3
Locomobile, gru 284.4, 303.4
-, - girevole . 301.6
Locomotiva a gru 303.7
Locomotiva, gru 303.5
Locomotive, binda da 264.8
-, - per 263.8
-, impianto per l'approvvigionamento delle 382.3
Locomotive coaling plant 382.3
-, crane . 303.5, 303.7, 309.7
- winch 264.8
-, cric de . 263.8, 264.8
-, grue 303.7
-, - à soulever les -s 309.7
-, installation pour l'approvisionnement des -s 382.3
-, vérin de . . . 263.8
Locomotora, gato para 263.8
-, grúa- 303.7
-, - para levantar -s 309.7
-, instalación para el aprovisionamiento de -s 382.3
Löffel 374.7
-bagger 374.6
-, Beschickungs- 317.4
-, Chargier- . . 317.4
-schneide . . . 374.8
Logement de clavette 77.9
Logorare, il cuscinetto si logora 84.9
-, la catena si logora 26.5
Logorio della catena 26.4
- - fune 38.5
Lokomotivbekohlungsanlage 382.3
-hebebock . . . 263.8
-hebekran . . . 309.7
-kran 303.5
-winde 264.8
Lokomotive, Kran- 303.7
Long-distance transport 358.5
- -link chain . 29.4
Longeron 144.4, 148.2, 148.4
- de la passerelle 289.7
- - passerelle . 157.1
- - plateforme 157.1
- - pont 159.7
- - - roulant . 289.5
- - support de la voie de roulement 327.3
- - - de voie . 326.2
- - tablier . . . 157.1
- principal . . 289.6
- support de charge 289.6
-, voie entre les -s 327.1
Longherone . . 148.4
Longitud de arrollamiento sobre el tambor 44.5
- - la barra . . 141.3
- - - vía 326.3

Longitud de la vía de transporte 359.5
- del recuadro 140.7
- debida á la compresión axial 172.3
- excedente para el empalme 38.3
- interior del eslabón 28.5
- libre 136.8
- para el arranque 290.3
- teórica de las piezas 140.5
- útil 44.5
Longitudinal form 290.5
- girder 148.4
- section . 290.5, 398.9
Longitudinal, ángulo de inclinación 308.7
-, perfil 398.9
Longitudinale, poutre 148.4
Longitudinale, concontroller per movimento - della gru 222.9
-, movimento - del carrello 278.7
-, profilo 398.9
-, trave 148.4
Longrine de support de voie 326.2
Longueur au flambage 172.3
- d'enroulement sur le tambour 44.5
- de barre . . . 141.3
- - la voie . . . 326.3
- - - voie de transport 359.5
- - panneau . . 140.7
- - porte-à-faux 136.8
- intérieure des maillons 28.5
- supplémentaire nécessaire pour faire une épissure 38.3
- théorique de barre 140.5
Loop 55.5
- line 207.2
- of chain . . . 32.3
-, reversing . . 395.6
-, rope 25.5
Loose axle . . 76.2
- collar 77.6
- drum 43.8
- goods 384.7
- heaping . . 384.10
- piling . . . 384.10
- pulley 75.5
- suspension, claw crane with 314.8
Loosen, to - a screw 119.5, 119.6
Lopin 167.3
Loquet . . . 95.8, 95.9
Loqueteau . . . 95.9
Lösbare Kupplung 81.6
- Kupplungsmuffe 81.7
Löschen . 320.3, 320.8
Lose Achse . . 76.2
-, das Laufrad läuft - auf der Achse 257.2
- Flasche . . . 49.3
- Riemenscheibe 75.5
- Rolle 47.7
- Schüttung . 384.10
- Trommel . . 43.8
Lösen, die Bremse 98.9
-, - Kupplung . 82.5
-, eine Schraube 119.5
Loses Gehänge, Pratzenkran mit losem Gehänge 314.8
- Trumm . . . 24.5
Loskuppeln . . 415.2
-, den Wagen von dem Seil 414.7
Loskupplung . 415.2
- der Wagen . 416.4
Losscheibe . . 75.5
Losschlagen, Nieten 125.2
Loss due to friction 23.3
-, no-load . . . 11.1
- of head . . . 229.9
- - moment to overcome friction 11.7
- - work . . . 10.8
-, rivet- 146.5
Lost, voltage . 198.5
Lösung der Bremse 98.10
Lösungsbremse 98.8
-vorrichtung, Seil- 416.3
-weg der Bremse 99.1
Lotrechte . . . 143.5
Lourdes charges, grue pour 308.2
Louve 59.8
Low pressure distribution 192.7
Lower down, to 266.3
- drum 372.7
- edge of roof girder 290.6
- flange 142.4
-, to - the load . 8.2
-, to - the load by releasing the brake 112.4
-, to - with the handle 180.1
-, to - with the lever 180.1
Lowered, the load is 8.4
Lowering brake 112.3
- - connection 107.5
- - controller . 222.1
- -, electric . . 107.4
- - position . . 220.8
-, direction of . 6.3
- distance 7.9
- movement . . . 6.5
- of the load . . 8.3
- position 220.6, 221.1
- speed 10.1
- step 8.1
- time 7.8
Lowering winch 267.5
Lowest position of hook 53.5
- - - load 3.2
Lubréfaction à la graisse 85.6
Lubricant, consistent 85.7
-, rope 85.9
-, solid 85.7
Lubricate, to - the bearing 85.3
Lubricating oil 85.5
Lubrication, grease 85.6
-, journal . . . 78.8
-, oil 85.4
-, Stauffer . . . 85.8
Lubrifiant solide 85.7
Lubrificación del gorrón 78.8
- por aceite . . 85.4
- - grasa . . . 85.6
Lubrificante, olio 85.5
- per fune . . . 85.9
Lubrificante sólido 85.7
Lubrificar el cojinete 85.3
Lubrificare il cuscinetto 85.3
Lubrification à l'huile 85.4
- - la graisse . 85.6
Lubrificazione a grasso 85.6
- ad olio . . . 85.4
- del perno . . 78.8
-, foro di . . . 88.11
-, grasso per . . 85.7
-, sopporto con - automatica ad anello 90.3
- Stauffer . . . 85.8
Lucarne de chargement 335.5
- du grenier . 381.5
-, grue de 277.3, 302.7
-, monte-charge de 353.7
Luce del ponte 159.6
- - portale . . 304.7
- - tubo 239.5
-, la gru ha una - di 290.4
- libera del portale 305.1
-, ridurre la . . 243.2
-, riduzione di . 243.3
Lucernario del granero 381.5
Luffability of jib 299.3
Luffing-crane . 307.5
- -, floating . . . 308.3
- gear 260.4
- -, pulley block 260.7
- motor 260.6
Luft, Brems- . . 105.9
-, Druck- . . . 234.5
-druck 234.6
- -akkumulator 232.7
-kompressor . 234.9
-leitung 235.1
-, Preß- 234.5
-puffer 109.3
Luftsack 238.7
-schlauch . . . 235.3
-seilbahn . . . 392.3
-spannung . . . 234.6
-ventil 238.8
-verbrauch . . 234.7
Lüftarbeit . . . 109.7
-dauer der Bremse 99.2
-hub 109.5
-kraft 109.6
-magnet, Brems- 108.4
-spiel der Bremse 99.1
-weg der Bremse 99.1
Lüften, die Bremse 98.9
Lüftung der Bremse 98.10
Lüftungsbremse 98.8
-magnet, Brems- 108.4
Lugar de carga 322.2
- - descarga 322.3 418.10
- - - de la vagoneta oscilante 409.4
- - - - - - volcadora 409.4
- para el enganche 415.3
Luggage lift . 354.3
Luke, Schiff- . 322.9
-, Speicher- . . 381.5
Lukenaufzug . 358.7
-kran 302.7
-laufkatze . . . 277.3
Lumbrera, sección de la 193.4
Lumière de tiroir 193.1
-, le tiroir couvre les -s 193.10
-, - - découvre les -s 193.11
-, - - ferme les -s 193.10
-, - - ouvre les -s 193.11
-, section de la 193.4
Luna, viga articulada en forma de media 147.7
Lunghezza d'avvolgimento del tamburo 44.5
- del binario . 326.3
- dell'asta . . . 141.3
- - - soggetta alla flessopressione 172.3
- della linea di trasporto 359.5
- eccedente per la impalmatura 38.3
-, la gru ha una - di 290.4
- libera portata 136.8
- teoretica d'un'asta 140.5
Luogo di sbarco 322.3
- - scaricamento 322.3
Lupo levasassi . 59.8
Luz . . . 137.4, 144.5
- del puente . . 159.6

M.

Macchina a vapore 227.8
- - - a condensazione 228.4
- - - compound 228.2
- - - gemella . 227.9
- ad inversione di marcia 228.3
- ausiliare . . 182.4
-, chiodatura a 126.6
- composita a doppia espansione 228.2
- compound . . 228.2
- d'estrazione . 346.1
- -, tamburo della 346.2
- di caricamento 316.4
- - riserva . . . 182.5
- - sollevamento 1.1
-, il sopporto di una - si riscalda 85.1
- in tandem . . 228.1
-, la - corre sotto carico 183.3
-, - - marcia a vuoto 183.4, 183.6
-, - - s'avvia . . 182.6
-, - - - a vuoto 183.4
-, - - - sotto carico 183.3
- motrice . . . 182.3
- per infornare 316.4
- - intrecciare funi 36.1
- riversibile . . 228.3
Machine à double effet, cylindre de 189.2
- - simple effet, cylindre de 189.1
- - river 126.7
- - tordre les cordes 36.1
- - vapeur . . . 227.8
- - - à condensation 228.4
- - - jumelle . 227.9
- - - réversible 228.3
- - - tandem . 228.1
- auxiliaire . . 182.4
-, commande par 182.2
- compound . 228.2
- d'extraction . 346.1
- -, tambour de 346.2
- de réserve . . 182.5
- - secours . . 182.5
- élévatoire . . 366.8
- hydraulique, tiroir de 194.2
- motrice . . . 182.3
-, surcharger la 182.8
- tandem . . . 228.1
Machine cut tooth 65.10
-, filling 368.8
-, riveting- 126.6, 126.7
-, rope spinning 36.1
- screw 116.4
Mâchoire, arêtes de la 57.7
- automatique . 410.6
- de tenaille . . 57.6
Mâchoire, ouverture de 411.4
Mâchoires . . . 411.3
- d'arrêt 342.6
-, prendre entre des 410.7
Macizo, árbol . 76.6
-, cable 41.1
-, contrapeso . 287.2
Maçonnée, cage d'ascenseur 334.2
Maçonnerie, cage d'ascenseur enclavée dans la 334.2
Madera, cable inclinado para el transporte de 393.6
-, construcción de 159.3
-, gato para . . 264.9
-, monta-cargas para piezas de 366.7
-, soporte de - para cable 404.3
-, tornillo de rosca de 118.2
Madero de revestimiento 157.8
Madrevite 118.9, 115.2
Madrier 157.8
-, plancher en -s 157.5
Maestre, gru a ponte a due travi 292.5
Magasin . 381.3, 382.6
- à coke 382.8
- - métaux . . 383.1
- dans le bâtiment d'entrepôt 381.2
- de charbons . 381.8
- - grains . . . 382.2
- des fers en barre 383.5
- - - fins . . . 383.6
- - fontes . . . 383.2
- - lingots . . . 383.3
- - poutrelles . 383.4
- - rails 383.7
-, grue de . . . 309.4
-, - placée à l'extérieur d'un 309.3
-, monte-charge à potence pour 358.6
-, - - de 358.5
-, mur du . . . 381.4
-, réception du 383.8
-, treuil de . . . 271.6
Magazin, Ketten- 32.2
-winde 271.6
Magazine, chain 32.2
Magazzini di coke 382.8
- di massi . . . 383.3
-, piazzale del . 382.5
Magazzino 381.3, 382.6
- a molti vani e colatoi 382.1
-, abbaino del . 381.5
-, argano da . . 271.6
-, ascensore da 358.5
- di carbone . . 381.8
- - ferro greggio 383.2
- - ferramenta 383.1
Magazzino di ferri fini 383.6
- - travature metalliche 383.4
-, gru da 302.6
-, montacarichi a puntone per 358.6
-, - - sbalzo per 358.6
-, muratura del 381.4
- rotaie 383.7
-, togliere dal . 383.8
Maglia a molinello 28.2
-, catena a -e saldate 28.9
- comune, catena a 28.3
- di catena . . 28.4
- estrema . . . 30.2
-, grossezza della 28.8
-, larghezza interna della 28.6
- saldata di fianco 29.2
- - in testa . . 29.1
Maglio, gru girevole per 303.3
Magnet 202.3
-, Blas- 217.8
-, Brems- 108.4
-bremse 108.3
-, Bremslüft- . . 108.4
-, Drehstrom- . 110.5
-, Druck- 110.1
-, Elektro- . . . 202.5
-gehäuse . . . 108.7
-, Hauptstrom- . 110.3
-, Hub- 56.6
-, Hufeisen- . . 108.5
-kern 109.1
-, Kniehebelbrems- 110.2
-kran 315.5
-, Kran- 315.6
-, Kranlast- . . 56.6
-, Lasthebe- . . 56.6
-, Motorbrems- . 110.6
-, Nebenschluß- 110.4
-, Pendel- . . . 57.3
-pol 202.4
-, Ring- 56.7
-, Stoß- 110.1
-, Topf- 108.6
-, Zug- 109.8
Magnet 202.3
-, annular . . . 56.7
-, bell-shape . . 108.6
-, brake 108.4
- -casing 108.7
- crane 315.6
-, crane 315.6
- core, dipping 109.1
- -, plunger . . 109.1
-, electro- . . . 202.5
-, horse-shoe . . 108.5
-, lifting 56.6
-, lifting - with movable poles 56.8
-, load - with safety claws 57.1
-, - - - - jaws . 57.1
-, pendulum . . 57.3
- pole 202.4
Magnet, pot-shape 108.6
-, pressure . . . 110.1
-, pull 109.8
-, ring 56.7
-, series 110.3
-, shunt 110.4
-, tension . . . 109.8
-, three-phase . 110.5
Magnete 202.3
- a ferro di cavallo 108.5
- - pendolo . . 57.3
- - pentola . . 108.6
-, anima del . . 109.1
- anulare . . . 56.7
-, cassa del . . 108.7
- da gru 315.6
- del freno . . 108.4
- - - a corrente trifasica 110.5
- - - con leva a ginocchiera 110.2
- - -, il - è inserito 110.7
- - -, - - immobilizzato 111.1
- - - in derivazione 110.4
- - -, immobilizzazione del 111.2
- - - in serie . 110.3
- di sollevamento a poli mobili 56.8
- - - con staffe di sicurezza 57.1
- - sospensione 56.6
-, elettro- . . . 202.5
-, gru a 315.5
-, lavoro di sollevamento del 109.7
- leva-carico . 56.6
-, nucleo del . . 109.1
-, polo del . . . 202.4
Magnetic locking of control device 350.1
Magnetico, freno - d'attrazione 109.8
-, freno - di repulsione 110.1
-, freno 108.3
-, giunto elettro- 88.6
Magnético, enclavamiento - del aparato de maniobra 350.1
-, péndulo . . . 57.3
Magnetische Steuerverriegelung 350.1
Magneto 202.3
Maille 140.6
-, tête de 29.9
Maillon 28.4
- court, chaîne à -s 29.3
- d'émerillon . 55.6
- de fermeture 30.4
- extrême . . . 30.2
-, largeur intérieure du 28.6
- long, chaîne à -s 29.4
-, longueur intérieure des -s 28.5

Maillon soudé, chaine à -s 28.9
- tournant . . . 28.2
Main boom . . 289.6
- crab . . 251.7, 274.8
- - shaft 251.6
-, current in -s 203.2
- girder . 148.2, 289.6 307.6
-, hydraulic . . 228.7
- line wagon . 379.6
-, network of -s 202.9
-, ring 236.8
- rope 389.6
- -, haulage with - and tail rope 389.5
- station 396.8
-, steam 226.9
- strut 307.6
- switch 214.9
-, three-wire -s 203.1
-, voltage of -s 198.7
- winch 267.6
Main, chaine à . 31.2
-, chariot manœuvré à 275.4
-, commande à la 177.7
-, levier à 247.4
-, treuil à 270.8
Maintenir la charge suspendue 112.2
- suspendue la charge au moyen du frein 112.1
Maître-arbre . . 251.6
- -pivot 260.1
Make, to - a channel 375.1
Maleable. acero 165.5
-, fundición . . 164.7
-, hierro 164.8
-, - fundido . . 164.7
Malla 140.6
-, cabeza de la 29.9
- de cadena . . 29.8
-, envolvente de cota de 377.1
-, ojo de la . . 29.9
Malleabile, ghisa 164.7
Malleable cast iron 164.7
- iron 164.8
- steel 165.5
Malléable, fonte 164.7
Mampostería, foso de depósito de 380.5
Manche à déblai, treuil de la 373.5
- de déversement 386.5
- - manivelle . 178.2 179.1
Manchette . . . 191.4
- de caoutchouc 191.7
- en U 191.6
Manchon, accouplement par 80.6
-, - - - en deux pièces 80.8
- d'accouplement 80.7
- de débrayage 81.7
- en métal, nœud à 391.6
Mandada, polea 74.2
Mandar 176.2
Mando 176.1
- á mano . . . 177.7
-, árbol de . . . 251.6
-, cable de . . . 42.7
-, cadena de . . 33.4
-, correa de . . 73.9
- de mano . . . 177.8
- de las tenazas 58.2
- del huso . . . 120.5
- - torno, mecanismo de 266.4
- directo por émbolo 185.1
- eléctrico . . . 196.8
- hidráulico . . 228.6
- individual . . 176.4
- mecánico . . 182.1 182.2
-, mecanismo de 176.3
-, - - - de la grúa 283.11
-, motor de . . 213.5
-, polea de . . . 42.4
- por aire comprimido 234.3
- - árbol cuadrado 184.4
- - - de transmisión 184.3
- - cable 42.2
- - - de mano . 181.7
- - - sin fin . . 184.7
- - cadena . . . 32.8
- - - de mano . 181.6
- - émbolo motor 185.4
- - grupos . . . 176.5
- - manivela . . 177.8
- - máquina . . 182.2
- - rueda dentada helicoidal 70.6
- - ruedas cilíndricas 67.4
- - - de cadena 73.5
- - - dentadas . 63.2
- - torno. . . . 181.4
- - transmisión 184.2
- - vapor . . . 226.6
- - volante de maniobra 181.2
-, sistema de . . 177.2
-, torno de - del bastidor de guía 373.6
- universal. . . 222.5
Mandrilnado. . 68.2
Mandrino per chiodi 125.6
Maneggiare l'ascensore 346.3
Maneggio dell'ascensore 346.5
-, vagoncino di trazione a 391.10
Maneton 178.8
Manette avec cliquet à ressort 95.7
- d'interrupteur 218.9
- de commutateur 218.9
- - connecteur 218.9
- - mise en circuit 218.9
-, levier à . . . 246.8
Manganbronze 170.1
Manganese bronze 170.1
Manganeux, bronze 170.1
Manganoso, bronce 170.1
Manganoso, bronzo 170.1
Mangle gear. . 66.9
Mango de manivela 178.2, 179.1
-, horquilla de 417.5
-, manivela de . 178.9
Mangueta 141.6, 143.5
Manguito 191.4, 240.7
-, acoplamiento de 80.6
- cónico 191.5
- de acoplamiento 80.7
- - desembrague 81.7
- en caucho . . 191.7
- - U. 191.6
- metálico, nudo con 391.6
-, tubo de . . . 239.6
Manica d'aria . 235.3
-, tamburo per la 235.4
Manico, draga con cucchiai a 375.5
Manicotto 191.4, 240.7
- d'accoppiamento 80.7
- di dilatazione 191.2
- - disinnesto . 81.7
-, giunto a . . . 80.6
-, tubo a 239.6
-, unione a . . . 240.6
Maniement est délicat, le 244.6
Maniglia in forma di D 55.7
Manille 30.4
- en forme de D 55.7
Maniobra al exterior de la cabina 348.6
-, cadena de . . 31.3
-, - - - de las mordazas 412.4
-, carro de - á mano 275.4
- central 249.1
- del ascensor . 346.5 347.7
- - freno 97.4
- en el interior de la cabina 348.7
- - los pisos . . 348.8
-, encargado de la - de las vagonetas 408.5
-, grúa de -s . . 308.5
-, plataforma de 289.8
- por botones . 349.4
- - cable . 42.2, 248.5
- - - metálico . 348.1
- - cadena 32.8, 248.8
- - manivela . . 248.3
- - palancas . . 247.7
- - volante. . . 248.1
-, varillas de . . 248.6
-, volante de . . 181.3
Maniobrada, puente-grúa - por debajo 291.3
Maniobrar . . . 244.2
- á mano . . . 244.3
- automáticamente 244.4
- el ascensor . 346.3
- - freno 97.3
Maniobrar la grúa 281.11
-, rueda para - la cadena 31.2
- sensiblemente 244.5
- una grúa. . . 282.1
Manivela de conmutación 218.9
- - interrupción 218.9
- - mango . . . 178.9
- - maniobra . 248.4
- - mano. . . . 177.9
- - radio variable 179.3
- - seguridad . 179.4
- del freno . . 101.2
- desmontable 179.2
-, mando por . 177.8
- para dos hombres 179.6
- - un hombre 179.5
-, torno de . . . 270.9
Manivelle . . . 77.2
- à la main, commande par 177.8
- - manche . . 178.9
- - main 177.9
- - poignée . . 178.9
- - rayon réglable 179.3
- - rayon variable 179.3
- actionnée par deux hommes 179.6
- - - un homme 179.5
-, arbre de la . 178.6
-, bouton de . . 178.8
-, bras de . . . 178.3
-, corps de . . . 178.3
- d'interrupteur 218.9
- de manœuvre 248.4
- de mise en circuit 218.9
- de sûreté . . 179.4
- du frein . . . 101.2
-, effort sur la 178.1
-, la - bat . . . 180.6
-, - - tape . . . 180.6
-, - - tourne irrégulièrement 180.4
-, manche de . 178.2 179.1
-, manœuvre par 248.3
-, palier de . . 178.7
-, poignée de . 179.1
-, pression sur la 178.1
-, rayon de la . 178.4
-, rotation irrégulière de la . 180.5
-, tourillon de . 178.8
-, tourner la . . 179.7
-, - - - en avant 180.2
-, treuil à . . . 270.9
Mannschaft, Lade- 321.8
Mano, argano a 270.8, 278.8
-, ascensore a . 352.3
-, carrello manovrato a 275.4
-, chiodatura a 126.5
-, comando a . 177.7 177.8
-, - - - da catena 181.6

Mano, comando a - da corda 181.7
- di colore . . 161.3
- - fondo . . . 161.4
- - minio . . . 161.5
- - pittura ad olio 161.6
-, draga a . . . 371.3
-, freno con leva a 100.3
-, gru a 308.9
-, - - - girevole 302.1
-, - derrick a . 307.3
-, leva a 247.4
-, manovella a 177.9
-, manovrare a 244.3
-, paranco a . . 50.2
-, pompa di pressione a 233.8
Mano, bomba impelente de 233.8
-, cabrestante de 278.8
-, carro de maniobra á 275.4
- de color . . . 161.3
- - suspensión de cubeta-draga 411.2
- - - - cuchara 411.2
-, draga de . . 371.3
-, freno de palanca de 100.3
-, grúa derrick de mando por 307.3
-, - giratoria de 302.1
-, mando á . . . 177.7
-, - de 177.8
-, palanca de . 247.4
-, polipasto de . 50.2
-, puente-grúa á 291.4
-, remachado á 126.5
-, torno de . . . 270.8
Manœuvre, chaîne de 31.3, 33.2
- d'une grue, facilité de 282.2
- de l'ascenseur 346.6 347.7
- - l'extérieur . 348.6
- - l'intérieur . 348.7
- des wagonnets, préposé à la 408.5
-, disque de . . 348.3
- du frein . . . 97.4
-, effort nécessaire pour la 244.1
- est délicate, la 244.6
-, frein de . . . 112.6
-, grue de . . . 303.5
-, levier de . . 247.4
- opérée aux étages 348.8
- par câble . . 248.5
- - - métallique 348.1
- - chaîne . . . 248.8
- - contact à bouton 349.4
- - interrupteur à bouton 349.4
- - levier . . . 247.7
- - manivelle . 248.3
- - volant . . . 248.1
-, poulie de . . 348.3
-, sensibilité de l'appareil de 244.7
-, tringle de . . 347.8
-, volant de . . 348.3
Manœuvrer à la main 244.2
- délicatement 244.5
- l'ascenseur . 346.3
- un frein . . . 97.3
- une grue . . 282.1
Manoeuvring, capability for - crane 282.2
Manométrique, pression - de la vapeur 227.1
Manovella a mano 177.9
- - manubrio . 178.9
- - raggio variable 179.3
-, argano a . . 270.9
-, circolo della . 178.5
-, comando a . 177.8
-, - con volano 181.2
- del freno . . 101.2
- dell'argano . 279.1
- di manovra . 213.9 248.4
- - sicurezza . 179.4
-, la - sbatte . . 180.4 180.6
-, - - scatta . . 180.4
-, - - fionda . . 180.4
-, manovra a . . 248.3
-, manubrio della 179.1
- mobile 179.2
- per due uomini 179.6
- - un uomo . 179.5
-, pressione sulla 178.1
-, sopporto dell'albero di 178.7
-, volano- . . . 181.3
Manovra a bottone di contatto 349.4
- - catena . . . 248.8
- - fune 248.5
- - - metallica 348.1
- - - telodinamica 348.1
- - leve 247.7
- - manovella . 248.3
- - volantino . 248.1
- ai piani . . . 348.8
- attaccata, gru a ponte con cabina di 291.2
-, catena di . . 31.3
- centrale . . . 249.1
- dall'esterno della gabbia 348.6
- - interno della gabbia 348.7
- del braccio, motore per la 260.6
- - -, taglia per 260.7
- - -, vite di . . 260.5
- dell'ascensore, apparecchio di 347.7
- - rotazione del pezzo da fucinare 314.6
- della volata, taglia per 260.7
- di comando, apparecchio di 347.7
- ferroviaria, argano per 272.3
-, manovella di 213.9
Manovra, meccanismo di - dell'estrattore 314.1
- per ancore, argano di 272.5
- - fune, puleggia di 248.6
-, piattaforma di 289.8
-, posizione di . 214.1
-, ruota di - a catena 31.2
Manovrabilità della gru 282.2
Manovrare . . 244.2
- a mano . . . 244.3
- automaticamente 244.4
- delicatamente 244.5
- l'ascensore . . 346.3
- la gru 282.1
Manovrato, carrello - a mano 275.4
-, gru a ponte - dal basso 291.3
Manovratore . 408.5
- alla gru . . . 281.9
-, cabina del . . 293.6
-, - - - aperta . 294.4
-, - - - chiusa . 293.7
-, - - - protetta dalle intemperie 294.1
-, - - - rivestita 294.2
- dell'ascensore 331.5
-, gabbia del . . 293.4
-, piattaforma del 293.5
-, posto del . . 293.5
Manövrierbremse 112.6
-fähigkeit des Kranes 282.2
-schieber . . . 192.9
Manschette . . 191.4
-, Gummi- . . . 191.7
-, U- 191.6
-, Winkel- . . . 191.5
Manschettenring 191.4
Mantel, Lauf- . 402.4
-, Trommel- . . 42.10
-, Winden- . . . 264.7
-, Zylinder- . . 188.7
Mantello del tamburo 42.10
- scorrevole . . 402.4
Mantener suspendida la carga 112.2
Manubrio . . . 269.7
- dell'argano . 279.1
- della gru . . 281.6
- della manovella 179.1
-, manovella a . 178.9
Manufacturing works, crane 280.4
Manutension, grue de 303.5
Maona 323.4
Máquina auxiliar 182.4
- compound . 228.2
- de acción directa 345.4
- - - indirecta 345.5
- - condensación 228.4
- - extracción . 346.1
- - levantamiento 1.1
Máquina de mando 182.3
- - remachar . 126.7
- - reserva . . 182.5
- - vapor . . . 227.8
- - - gemela . 227.9
- dinamo . . . 197.4
- hidráulica . 366.8
-, mando por . 182.2
- motriz 182.3
- para cargas hornos 316.4
- - retorcer la cuerda 36.1
- - trenzar . . 36.1
-, remachado á 126.6
- reversible . . 228.3
- tandem . . . 228.1
Maquinista, carro con caseta fija para el 276.4
Mar, transporte aéreo para el servicio de buques en alta 394.8
Marcha adelante 18.10
- atrás 14.1
-, cambio de la 244.10
-, - - - - por tren de engranajes desplazable 63.7
- del movimiento 4.5
- en vacío 11.2, 188.7
-, inversión automática de 347.5
-, motor para inversión de 213.4
-, orden de . . 282.3
-, poner en - la bomba 233.3
-, - la grúa en 281.7
-, pocición de . 221.4
Marchand, navire 323.3
Marchandise à charger 322.1
- - embarquer 322.1
Marchandises, débarquement de 320.8
-, débarquer des 320.3
-, embarquement de 320.7
-, monte-charge pour 351.2
-, service de . . 321.7
-, trafic de . . . 321.7
Marchar con juego, la distribución marcha 244.8
- en vacío . . . 188.8
Marche . 12.7, 158.5
- à blanc . . . 188.7
- - vide . 11.2, 188.7
- - -, courant de 209.4
- - -, nombre de tours pendant la 184.1
- - -, perte due à la 10.1
- arrière 14.1
- avant 18.10
- de la grue, arrêter la 281.8
- du déplacement 4.5

Marche, machine à changement de 228.3
-, mettre l'ascenseur en 346.5
-, - la grue en . 281.7
-, ordre de . . . 282.3
-, position de . 221.4
-, renversement de - automatique 347.5
-, renverser la . 244.9
Marcher 12.6
- à blanc, le moteur marche à blanc 183.6
- - vide . 11.3, 183.8
- - -, le moteur marche à vide 183.6
Marcia a vuoto 183.7
- - -, attrito nella 22.9
- - -, corrente per 209.4
-, controller d'inversione di 222.2
- in avanti . . 13.10
- - dietro . . . 14.1
-, inversione di 244.10
-, invertire la . 244.9
-, l'ascensore cambia automaticamente la 347.6
-, - inverte automaticamente la 347.6
-, macchina ad inversione di 228.3
-, mettere in - la pompa 233.3
Marciare a vuoto 11.3, 183.7
-, la macchina marcia a vuoto 183.4, 183.6
Marco 151.5
- de suspensión de la vagoneta 407.3
- rígido 151.8
Mare, funicolare aerea tra navi in alto 394.8
Marina, corda per 41.6
-, fune per . . . 41.6
Maritime cableway 394.8
Mark, to - of . 160.6
Marker off . . 160.7
Marking off shops 160.5
Marteau à river 125.5
-, contact à . . 218.8
- de contact . . 218.9
-, grue- 305.7
-, - - à volée variable 307.7
- pilon, grue de 314.5
- -, - pivotante de 303.3
Martelliforme, gru 305.7
Martello a stampo 125.7
-, contatto a . . 218.8
- da chiodare . 125.5
- - ribadire . . 125.5
- di contatto . 218.9
-, gru a - con braccio variabile 307.7
Martillo, cabeza de 116.3
-, contacto de . 218.8
- de contacto . 218.9
- - ojo 125.7
- - remachar . 125.5
-, grúa en forma de 305.7
- para apoyo del remache . . . 125.8
- - pilón, grúa giratoria para 303.3
Martin-Siemens, acier 166.2
Martinetto . . . 262.1
- a cavalletto 263.6, 263.8
- - slitta 262.8
- - trepiedi . . 262.6
- - vite con arresto 262.4
- - - - nottolino 262.4
- - - di tensione e compressione 263.4
- con piedestallo a bottiglia 262.7
-, corpo del . . 262.3
- da caldaie . . 265.1
- differenziale . 262.5
- idraulico . . . 263.5
- idraulico a cavalletto 264.1
- per carri . . 264.4
- - chiodare . . 263.1
- - chiodi . . . 125.9
- - legnami . . 264.9
Masa 21.8
- en movimiento, energía de las -s 21.11
-, extracción de grandes -s 358.2
-, materias á cargar en 322.5
-, - en grandes -s 384.2
Masas girantes, energía de las 22.1
- rotatorias, energía de las 22.1
Mascella, apertura della 411.4
- automatica . 410.6
- del freno . . 101.4
- della tanaglia 57.6
-, freno a . . . 101.3
Mascelle 411.3
-, cucchiaio a . 411.1
-, freno a due . 101.5
-, larghezza tra 57.8
Maschietto di testa 300.9
Maschine, Antriebs- 182.3
-, Aufzug- . . . 345.3
-, Aushilfs- . . . 182.5
-, Beschick- . . 316.4
-, Betriebs- . . . 182.3
-, Chargier- . . 316.4
-, Dampf- . . . 227.8
-, Einsetz- . . . 316.4
-, Erreger- . . . 211.6
-, Förder- . . . 346.1
-, Füll- 368.8
-, Hilfs- 182.4
-, Kondensations- 228.4
-, Niet- 126.7
Maschine, Reserve- 182.5
-, Reversier- . . 228.3
-, Seilschlag- . . 86.1
-, Tandem- . . . 228.1
-, Umkehr- . . . 228.3
-, Umsteuer- . . 228.3
-, Verbund- . . 228.2
-, Zwilling- . . 227.9
Maschineller Antrieb 182.2
Maschinenantrieb 182.2
-nietung 126.6
Maschinist, Kran- 281.9
Masello 117.3
Masilla de asfalto 160.10
Mass 21.8
-, conveyance in 358.2
-, resistance of - of the load 10.5
-, transport in . 358.3
Maß, Streich- . 128.5
-, Wurzel- . . . 128.5
Massa 21.8
- del carico, resistenza della 10.5
-, dente fresato nella 66.1
-, estrazione in 358.2
-, merce in . . . 322.5
-, scavo in . . . 358.2
Masse 21.8
-, déplacement en 358.2
Masses, déplacement de grandes 358.2
- en mouvement, énergie des 21.11
- - rotation, énergie des 22.1
-, extraction de grandes 358.2
-, matières en grandes 384.2
- tournantes, énergie des 22.1
-, transport de grandes 358.3
Masse in moto, energia delle 21.11
-, materie in grandi 384.2
- rotanti, energia delle 22.1
-, trasporto in . 358.3
Masselli, contrappeso a sabbia e 287.4
Masseln, Gegengewicht aus Sand und 287.4
Massenbeförderung 358.3
-förderung . . 358.2
-gut . . . 322.5, 384.2
-transport . . . 358.3
-widerstand der Last 10.5
Massi, magazzini di 383.3
Massiccio, albero 76.6
-, contrappeso . 287.2
Massif, arbre . 76.6
- de fondation 287.8
Massimo, carico 2.1
Massimo, peso . 2.1
Massive Welle . 76.6
Massives Gegengewicht 287.2
Mast crane 307.8, 308.1
Mastenkran . . 308.1
Mastic d'asphalte 160.10
Mastice d'asfalto 160.10
Masticiare al minio dei giunti 160.9
Mástiles, grúa para 308.1
Mastiquer les points 160.9
Mât incliné d'une bigue 307.9
- - - grue-ciseau 307.9
Mâts, grue à soulever les 308.1
Matelas d'air . 239.2
- -, réservoir à 231.5, 233.1
Mâter, grue à . 308.1
Materia a colli divisi 384.4
- d'ammucchiarsi 384.7
- farinosa . . . 384.6
- granulata . . 384.5
- ritenuta, peso della 384.8
Materias á cargar en masa 322.5
- - transportar 359.6
- en grandes masas 384.2
- - granos . . . 384.5
- - - finos . . . 384.6
- - montón . . 384.7
- - pedazos . . 384.4
- granosas . . . 384.5
- harináceas . . 384.6
- muy divididas 384.3
-, sitio de las - en el depósito 382.5
Materialaufzug 351.2
- -beanspruchung 170.5
Material dredging 371.1
-, fine 384.6
-, granular . . . 384.5
-, line 202.8
- of construction 163.1
-, powder . . . 384.6
Material para la línea eléctrica 202.8
Materiales de construcción 163.1
Materiale da conduttori 202.8
- di condotta . 202.8
Materiali da trasportare 359.6
-, montacarichi per merci e 351.2
- scavati alla draga 371.1
- -, capacità di trasporto dei 360.1
Matériaux, monte-charge pour 351.2
- pour la construction 163.1

Materie collegate 384.3
- in grandi masse 384.2
Matériel de ligne électrique 202.8
Matières à élever 359.6
- - extraire . . 359.6
- - l'état de division 384.3
- - - - grande division 384.3
- - transporter 359.6
- amoncelées . 384.7
- draguées . . 371.1
- en amas . . . 322.5
- - grains . . . 384.5
- - - fins . . . 384.6
- - grandes masses 384.2
- - grenues . . 384.5
- - morceaux . 384.4
- - tas 384.7
- - vrac 384.7
- entreposées, emplacement de 382.5
- non comprimées, tas des 384.10
Matriz, filete . 115.2
Matter, transport -s 358.1
Mauer, Kai- . . 380.4
-lager 92.1
-, Schacht- . . . 334.3
-schwenkkran . 302.5
-, Speicher- . . 381.4
Maul, Gabel- . . 416.7
-, Haken- . . . 52.7
-, Kuh- 55.7
-weite . . . 57.8, 411.4
-, Zangen- . . . 57.6
Máxima, carga . 2.1
-, interruptor de 216.2
Maxima, charge . 2.1
Maximalausschalter 216.2
-last 2.1
Maximum cut-out 216.2
- load 2.1
Maximum, interrupteur à 216.2
Mazzetta, bullone a 118.1
Mean speed . . 21.1
Means of driving 177.1
Meat elevator . 366.3
- hoist 366.3
Mecánica, conducto de impulsión 370.1
-, energía . . . 21.7
Mécanicien, cabine du 293.4
- de grue . . . 281.9
Mecánico, freno 98.3
-, mando . 182.1, 182.2
-, remachado . 126.6
Mécanique, commande 182.1
-, - - de tenaille 58.2
Mécanisme auxiliaire de levage 251.8
-, commande par 182.2
Mécanisme d'accrochage des lingots et des lingotières 313.7
- d'appareil de levage avec arbre baladeur 252.1
- d'arrêt 414.3
- d'avancement 252.3
- d'encliquetage automatique 12.3
- de commande 250.1
- - déplacement de la grue 288.10
- - frein 97.12
- - freinage . . 97.12
- - grue 283.11
- - levage . . . 250.5
- - multiplication 61.3
- - réduction . . 61.3
- - remplissage 368.8
- - retenue 92.8, 93.3
- - - à cliquet . 93.4
- - rotation . . 259.2
- - -, frein d'un 111.8
- - roulement 288.10
- - sûreté . . . 93.3
- - translation, frein d'un 111.7
- - -, moteur du 253.5
- - transmission 61.3
- - - à arrêt automatique 12.1
- - - par vis sans fin à deux plusieurs filets 71.8
- - - - - - - - pas multiples 71.8
- - treuil . . . 266.4
- - variation de la volée 260.4
- intermédiaire pour le renversement de marche 63.7
- moteur à commande indirecte 345.5
- - - - directe . 345.4
- - d'ascenseur 345.3
- principal de levage 251.7
Mecanismo de acoplamiento al cable de tracción 415.4
- - - - - inferior 415.6
- - - - - superior 415.5
- - - automático 415.7
- - ascensor . . 331.2
- - cierre automático 12.3
- - desacoplamiento 414.1, 416.3
- - desembrague 82.2
- - desenganche 416.3
- - enganche automático 415.7
- - giro 259.2
- - gobierno . 250.1
- - impulsión . 250.1
- - - de tambor á cadena 372.6
Mecanismo de mando 176.3, 250.1
- - - de la grúa 283.11
- - - - - translación 252.4
- - - del torno 266.4
- - multiplicación 61.3
- - parada . . . 92.7
- - - por mordiente 94.3
- - paro sobre la vía 414.3
- - relleno . . . 368.8
- - reposición sobre la vía 414.3
- - rodadura . 252.3
- - - del carro 273.6
- - rotación . . 259.2
- - tornillo sin fin 250.3
- - translación 252.3
- - - de la grúa 288.10
- - transmisión 61.3
- - - con detención automática 12.1
- - variación de brazo 260.4
- - - - vuelo . 260.4
- elevador . . . 250.5
- para dar vueltas á las piezas de fundición 314.6
- - descolgar . 414.1
- - desenganchar 414.1
- - el apoyo de la cabina 344.6
- - - movimiento de bascula . 409.3
- principal elevador 251.7
Meccanica, canale a propulsione 370.1
Meccanico, comando 182.1, 182.2
-, freno 98.3
Meccanismi di comando 250
Meccanismo a trasmissione con arresto automatico 12.1
- - vite perpetua 250.3
- dell'argano . 266.4
- di caricamento 368.8
- - chiusura automatico 12.3
- - comando . 176.3 250.1
- - - della gru 283.11
- - -, elementi del 250.4
- - -, parti del . 250.4
- - -, pezzi del 250.4
- - disinnesto . 82.2
- - manovra dell'estrattore 314.1
- - riempimento 368.8
- - rotazione . 259.2 312.1
- - - del pezzo da fucinare 314.6
- - -, freno al . 111.8
Meccanismo di sollevamento 250.5
- - - a braccio variante 260.4
- - - - due tamburi 252.2
- - - - - velocità 252.1
- - - ausiliare . 251.8
- - - con albero di rinvio ricambiabile 252.1
- - -, freno al . 111.6
- - -, - del . . 251.4
- - -, motore per il 251.5
- - -, tamburo del 251.1
- - traslazione, albero del 253.3
- - - auto-trainante 252.3
- - -, freno al . 111.8
- - trasmissione 61.3
- motore del carrello 273.6
- - dell'ascensore 345.3
- - - - ad azione diretta 345.4
- - - - - indiretta 345.5
- - della gru . 288.10
- per sostenere la cabina 344.6
- principale di sollevamento 251.7
Mechanical brake 98.3
Mechanically driven pulley block 50.1
Mechanische Bremse 98.3
Mechanism, geared transmission 61.3
Media luna, viga articulada en forma, de 147.7
- portada . . . 305.4
- posición . . . 246.1
-, velocidad . . 21.1
Media, posizione 246.1
-, velocità . . . 21.1
Medio de impulsión 177.1
- - transporte 360.10
Meerseilbahn . 394.8
Mehlelevator . 365.4
-feiner Stoff . . 384.6
Mehrfacher Riemen 74.7
-gängige Schnecke 71.7
-gängiges Gewinde 114.6
- - Schnecken-Getriebe 71.8
-motorenlaufkran 292.4
-reihige Nietung 123.9
-schnittige Nietung 124.5
-schnittiger Niet 124.6
-poliger Ausschalter 214.8

Member 141.1
–, compression- 141.6
–, panel 141.8
–, tension . . . 141.5
Membrure 141.9, 142.1
–, bride centrale de la – supérieure 141.7
– comprimée . 142.5
–, cornière de la 145.9
– inférieure . . 142.4
– –, bride de la 138.5
–, rivet de la . 146.3
–, section de . . 142.2
– supérieure . . 142.3
–, table de la . 146.1
–, tension dans une 141.10
– travaillant à l'extension 142.6
– – – la compression 142.5
Membrures, poutre à – parallèles 147.4
–, renforcement horizontal des 146.6
–, table des . . 146.1
Menaconduttura 203.9
Menanodi della fune 391.2
Menge, Durchfluß- 236.1
–, Förder- . . . 359.7
Mennigeanstrich 161.5
Mensola . 92.2, 156.3
–, gru a 306.7
–, sopporto a . 92.1
–, trave a . 136.7, 138.2
Ménsula . 92.1, 156.3
Mercancía para embarcar 322.1
–, tráfico de –s . 321.7
Mercancías á transportar 359.6
Mercante, buque 323.3
Merce da caricare 322.1
– – imbarcare . 322.1
– in colli . . . 322.4
– – dettaglio . 322.4
– – massa . . . 322.5
– voluminosa . 322.5
Merchant iron 164.8
Merci, battello 323.3
–, mezzi per la posa delle 384.1
–, montacarichi per – e materiali 351.2
–, traffico . . . 321.7
Mesh connection 226.2
– of tooth . . . 66.3
–, the wheels . . 66.6
–, to 66.4
–, to throw out of 66.5
Messa in cortocircuito dell'armatura, collegamento per 106.8
– – moto dell'ascensore 346.7
– – movimento 18.1
Messer, Leistungs- 200.3
–, Schalt- 215.4
Messerschalter, Hack- 215.3
–, Spannungs- . 200.2
–, Strom- 200.1
Messing 169.9
Metal bridge, arched 139.6
– -knot 391.6
Métal antifriction, garnir un coussinet de 87.6
– blanc, garnir un coussinet de 87.6
Metales, almacén de 383.1
Metálica, carpintéria 158.9
–, construcciones –s 158.8, 158.9
–, guarnición . 192.2
Metálico, cable 38.10
–, – – de alambres delgados 39.2
–, – – – – gruesos 39.3
–, – – – transporte inclinado 393.4
–, – – desnudo . 38.12
–, – – no galvanizado 38.12
–, nudo con manguito 391.6
Metallknoten . 391.6
-packung . . . 192.2
Metallic packing 192.2
Metallica. fune 38.10
–, – – a filo grosso 39.3
–, – – – – sottile 39.2
–, – – non zincata 38.12
–, – – nuda . . . 38.12
–, – – zincata . 39.1
–, guarnizione . 192.2
–, impalcatura – elevata 158.9
–, pila 156.4
–, puleggia per fune 46.10
Metalliche, deposito di travature 383.4
–, magazzino di travature 383.4
Metallico, cavo – per trazione aerea su piano inclinato 393.4
–, nodo 391.6
–, trasportatore a cavo 370.2
Métallique, arc 138.8
–, câble 38.10
–, – – galvanisé 39.1
–, charpente . . 140.1
–, garniture . . 192.2
Métalliques, constructions 158.8
Metallische Packung 192.2
Metallo, guarnire un sopporto con – bianco 87.6
–, guarnizione di 192.2
–, nodo di – e canape 391.5
Metallurgiche, gru per officine 310.4
Métaux, entrepôt à 383.1
–, magasin à . . 383.1
Meterkilogramm 21.4
Meter-kilogram 21.4
–, watt-hour . . 200.8
Method, dissecting 144.3
– of connection 224.6
Méthode de connexion 224.6
– – couplage . 224.6
– des coupes . 144.3
– – moments statiques 144.3
– par les moments statiques 144.3
Methode, Rittersche 144.3
Método de los momentos estáticos 144.3
Metodo dei momenti statici 144.3
Metralla, molde para 317.3
Metro, amper[o] 200.1
–, volt[o] 200.2
–, watt[o] . . . 200.3
Mettere fuori di servizio la pompa 233.4
– in marcia la pompa 233.3
– – moto l'ascensore 346.6
–, l'ascensore si mette in moto 347.1
– le guarnizioni 191.3
– una boccola . 89.3
Mettersi in sbieco della gru 289.3
– obliquamente dei rulli 91.6
Mettre à la terre 204.2
– bout à bout . 148.7
– des contre-fiches 156.7
– en circuit . . 214.2
– hors circuit . 214.3
– la charge au repos 7.7
– – grue en marche 281.7
– – – – service . 281.7
– – pompe en marche 233.3
– – – hors de marche 233.4
– – – – – service 233.4
Mezzaria . . . 144.7
Mezzi per la posa delle merci 384.1
Mezzo di comando 177.1
– – trasporto . 360.9
–, riparto di . 140.10
Middle girder . 148.3
–, girder 144.7
– position . . . 246.1
Mi-fraisée, rivet à tête 122.2
Milano, cubeta-draga con dientes de cola de 412.9
Mild steel . . . 165.1 165.3, 165.4
– –, Thomas . . 166.1
Milieu de poutre 144.7
Militare, gru d'armamento e disarmo d'arsenale 319.3
Militari, gru d'armamento e disarmo di navi 319.3
Milled tooth . . 65.11
Minas, transporte aéreo para-residuos de 394.6
Minerais, basculeur de 324.10
–, cuiller à . . . 412.7
–, élévateur à . 355.7
–, entrepôt de . 382.9
–, grue de chargement de 319.7
Minerale, deposito di 382.9
–, tazza dragante da 412.7
Minerales, ascensor para 355.7
–, cubeta-draga para 412.8
–, depósito de . 382.9
–, grúa de carga para 319.7
–, volcador para 324.10
Minerali, elevatore per 355.7
Minerali, gru per caricamento di 319.7
–, scaricatore a bilico per 324.10
Mines, treuil de 268.2
Miniera, argano a fune per . 268.2
–, estrarre dalla 359.1
–, estrazione dalla 359.2
–, linea di trasporto della 359.4
–, gabbia da . . 341.7
–, pompa di spurgo della 376.6
–, scavare dalla 359.1
–, trasporto dalla 359.2
–, vagoncino da 377.8
Minio, capa de 161.5
Minio, mano di 161.5
–, masticiare al – dei giunti 160.9
Minium, couche de 161.5
–, interrupteur à 216.1
Mise en mouvement 18.1
Mitnehmer . . 416.5
–, Büchsen- . . 417.5
-gabel 416.6
– mit Kniehebelwirkung 417.8
-knoten 391.2
-ring 83.5
-schloß 417.6
-wagen 418.1

Mitraglia, lingottiera a 317.3
Mitraille 169.7
-, lingotière à . 317.3
Mitre wheel . . 69.2
- - gearing . . 69.1
Mitte, Träger- . 144.7
Mittelbar wirkende Aufzugmaschine 345.5
- wirkender hydraulischer Aufzug 358.2
Mittelbare Belastung 184.9
Mittelfeld . . 140.10
Mittelkraft . . . 129.5
Mittellage . . . 246.1
-, den Hebel in die - bringen 246.3
Mittelzapfen . . 260.1
Mittlere Geschwindigkeit 21.1
Mobile Belastung 183.9
- Last 184.1
Mobile load . . 183.9
184.1
Mobile 18.2
-, charge 183.9
-, contrepoids . 286.6
-, élévateur . . 364.6
-, grue 284.4
-, pignon 63.8
-, poids 184.1
-, poulie 47.7
-, transport aérien 394.3
Mobile, appoggio 154.9
-, canalone . . 386.3
-, carrello - per trave da 277.7
-, contrappeso . 286.6
-, dado 120.4
-, elevatore . . 364.6
-, giunto 83.7
-, gru 284.4
-, - a cavalletto 295.3
-, - - puntone - articolato 307.8
-, innesto . . . 81.6
-, manovella . . 179.2
-, piano-inclinato scaricatore 386.7
-, puntone . . . 308.4
-, scivolone . . 369.1
Mobili, magnete di sollevamento a poli 56.8
Mobilità 18.3
Mobilité 18.3
Moddermühle . 376.3
Mode d'attache d'une poutre 150.8
- de connexion 224.6
- - construction de pont 159.8
- - couplage . . 224.6
Moderatore d'arresto 344.4
- pneumatico . 109.3
-, stantuffo del . 109.4
Modo d'accoppiamento 224.6
Modo de acoplamiento 224.6
Modo di manovra 249.2
Modul 64.8
-teilung 64.7
Module 64.8
- diamétral . . 64.8
Modulo 64.8
-, divisione a . 64.7
Módulo 64.8
Modulus of section 175.5
Moena della draga 371.2
Molde, carro cargador para -s 318.2
- de carga . . . 317.1
-, fundición en -s 166.6
-, - hecha en -s abiertos 164.1
-, grúa para el transporte de -s 316.2
-, - - sacar los lingotes de los -s 318.6
- para lingote . 166.7
- - metralla . . 317.3
Molinello, maglia a 28.2
Molla, chiavistello a 95.7
- del paracolpi 327.7
- - respingente 327.7
- di sospensione, asse della ruota portante montata con 257.6
-, sella a 406.7
- strisciante . . 339.6
Molo 380.1
- di carico . . . 380.2
-, muratura del 380.4
-, spigolo superiore del 380.3
Moment, Anfahr- 5.8
-, Angriff- . . . 181.5
-, Anhub- . . . 7.8
-, Anlauf- . . . 5.8
-, Antrieb- . . . 11.6
-, Anzug- . . 5.8, 177.6
-, Beschleunigungs- 19.10
-, Biegungs- . . 135.5
-, Brems- . . . 106.11
- der Kraft P_1 in bezug auf den Pol O 130.8
-, die Kraft erzeugt ein linksdrehendes 131.3
-, - - - - rechtsdrehendes 131.2
-, Dreh- 178.4
-, Einspannungs-189.9
-, Gegengewichts- 286.4
-, Kipp- 285.2
-, Kraft- 11.6
-, Last- 11.4
-, linksdrehendes 131.1
-, rechtsdrehendes 130.10
-, Stand- 285.3
-, Stützen- . . . 187.8
-, Trägheits- . . 175.4
-, Verzögerungs- 20.5
-, Widerstands- 175.5
Moment, accelerating 19.10
Moment, applied 131.5
- at fixed end . 189.9
-, bending . . . 135.5
-, braking . . 106.11
-, counterbalance 286.4
- curve 135.6
-, driving . . . 11.6
- equation . . . 131.4
-, left-handed . 131.1
-, lifting 7.8
- method, static 144.3
- of deflections 135.5
- - force P_1 in relation to pole O 130.8
- - - - - respect to pole O 130.8
- - inertia . . . 175.4
- - load 11.4
- - stability . . 285.3
-, retarding . . 20.5
-, right-handed 130.10
-, starting . 5.8, 177.6
-, the forces produce a - to the left 131.3
-, tilting 285.2
-, torsional . . . 178.4
-, twisting . . . 178.4
Moment d'accélération 19.10
- d'encastrement 189.9
- d'inertie . . . 175.4
- de démarrage 5.8
177.6
- - flexion . . . 135.5
- - freinage . 106.11
- - la charge . . 11.4
- - - force »P_1« par rapport au pôle »O« 130.8
- - ralentissement 20.5
- - renversement 285.2
- - rotation . . 131.5
- - - à droite 130.10
- - - - gauche . 131.1
- - - du moteur 209.6
- - soulèvement . 7.8
- - stabilité . . 285.3
- - torsion . . . 178.4
- du contrepoids 286.4
- fléchissant . . 135.5
-, la force produit un - positif 131.2
- moteur . . . 11.6
- négatif . . . 131.1
- -, la force produit un 131.3
- par rapport aux appuis 187.8
- positif . . . 130.10
- résistant 11.4, 175.5
- sollicitant . . 131.5
- tournant à droite 130.10
- - - gauche . 131.1
Momentenfläche 135.7
-gleichung . . . 131.4
-kurve 135.6
-linie 135.6
Momenti, curva dei 135.6
-, diagramma dei 135.6
Momenti, distanza fra i 140.7
-, equazione del 131.4
-, linea dei . . . 135.6
-, metodo dei - statici 144.3
Momento all'appoggio 187.8
-, area 135.7
- d'accelerazione 19.10
- d'avviamento 5.8
177.6
- d'incastro . . 189.9
- d'inerzia . . . 175.4
- del contrappeso 286.4
- della forza P_1 rispetto al polo O 130.8
- di applicazione del carico 131.5
- - comando . 11.6
- - flessione . . 135.5
- - ritardo . . 20.5
- - rotazione del motore 209.6
- - rovesciamento 285.2
- - sollevamento 7.8
- - stabilità . . 285.3
- - torsione . . 178.4
- flettente . . . 135.5
- frenante . . . 106.11
-, la forza produce un - negativo 131.3
-, - - - - - positivo 131.2
- motore . . . 11.6
- negativo . . . 131.1
- positivo . . 130.10
- prodotto dal carico 11.4
- resistente . . 175.5
Momento á la derecha 130.10
- - - izquierda 131.1
-, curva de los -s 135.6
- de aceleración 19.10
- - aplicación . 131.5
- - arranque 5.8, 7.6
177.6
- - empotramiento 189.9
- - estabilidad 285.3
- - flexión . . . 135.5
- - impulsión . 11.6
- - inercia . . . 175.4
- - la carga . . 11.4
- - - fuerza P_1 con respecto al polo O 130.8
- - retardo . . 20.5
- - rotación del motor 209.6
- - torsión . . . 178.4
- - vuelco . . . 285.2
- del contrapeso 286.4
- en los apoyos 187.8
- frenante . . 106.11
-, línea de los -s 135.6
- motor 11.6
- negativo . . . 131.1
- positivo . . 130.10
- resistente 11.4, 175.5
Moments, equation of 131.4

Moments, courbe du diagramme des 135.6
-, équation des 131.4
-, ligne du diagramme des 135.6
- statiques, méthode des 144.3
-, surface des . 135.7
Monda, aparato de 871.5
Monkey-wrench 119.10
Monofasica, corrente alternata 201.2
Monofásica, corriente alterna 201.2
Monofasico, motore 218.1
Monofásico, motor 218.1
Monoguida, gru a 306.6
Monophasé à collecteur, moteur 218.3
-, courant alternatif 201.2
-, moteur . . . 218.1
Monopolare, interruttore 214.6
Monorail motor hoist 278.2
Monorail, chariot à deux roues pour voie 275.7
-, - pour 275.6
-, treuil 278.2
-, carro para . 275.6
Monta-atti . . . 855.5
-bagagli 854.3
-botti 854.6
Montacarichi . 331.1 341.3
- a puntone per magazzino 853.6
- - sbalzo per magazzino 853.6
-, argano da . . 272.1
- da abbaino . 353.7
- - cantina . . 354.1
- - solaio . . . 353.7
- - tetto 353.7
- di stazione . 354.3
-, freno per . . 111.5
-, fune per . . . 41.3
- per alberghi 355.1
- - alti forni . 356.1
- - cantieri . . 354.2
- - merci e materiali 351.2
- - ristoranti . 355.1
-, stantuffo da . 187.4
Montacasse . . 366.1
-lettere carte e pacchi postali 355.3
-libri 355.4
-sacchi . 354.5, 365.7
-vagoni 354.4
-vivande 355.1, 355.2
Monta-barriles 354.6
- -cajas 366.1
Montacargas . 331.1 341.3, 351.2
-, cable para . . 41.3
- de buhardilla 353.7
Montacargas de cable á mano 352.4
- - consola para almacén 353.6
- - mano . . . 352.3
- para almacén 353.5
- - archivos . . 355.5
- - buques . . 364.8
- - carbones . 355.6
- - edificación 354.2
- - equipajes . 354.3
- - hoteles . . . 355.1
- - libros . . . 355.4
- - muelle . . . 364.7
- - piezas de madera 366.7
- - sótano . . . 354.1
- -cartas 355.3
- -municiones . 354.7
- -platos 355.2
- -sacos . 354.5, 365.7
- -vagones . . . 354.4
Montada en un extremo del árbol, la rueda está 256.7
- - - -, rueda . 256.6
Montador de grúas 281.2
Montados, canalisación por conductores - sobre postes 206.4
Montage, Kran- 281.3, 309.2
Montage d'une grue 281.3
- des roues dans les boites du balancier 254.6
- - - - - paliers du balancier 254.6
-, pont roulant de 309.2
-, rivet de . . . 122.6
Montaggio di gru 281.3
-, gru da sala di 309.2
Montagna, funicolare aerea su piano-inclinato in 395.2
Montagnes, ascenseur funiculaire de 395.2
Montaje de una grúa 281.3
- del huso . . . 120.3
-, grúa de . . . 309.2
Montañas, ascensor funicular de 395.2
Montant . 143.5, 158.1
- articulé . . . 156.2
-, brin 25.1
- de cadre . . . 151.7
- - grue-portique 294.8
- du portique . 304.6
- extrême . . . 143.6
Montante . . . 143.5
- del quadro . 151.7
- della gru 294.8, 300.6
- di estremità . 143.6
-, diagonale . 143.2, 143.3
- finale 143.6
-, gru a cavalletto ad un 295.1
-, nastro 367.8
Montante per il binario della gru 327.4
-, tratto 25.1
Montante-articulado 156.2
- derecho de escuadra 151.7
Montanti, rinforzo alla lamiera verticale mediante 145.4
-, traliccio con 143.8
-, - senza . . . 143.7
Montapiatti . . 355.2
Montar el bandaje 258.4
- la grúa . . . 281.4
Montare la gru 281.4
- un cerchione della ruota 258.4
Montata in sbalzo, ruota portante 256.6
Montato su gru, scaricatore a bilico 325.2
Montatore di gru 281.2
Montatura in cantiere 160.8
- - officina . . 160.8
Monte-bagages 354.3
- -barils 354.6
- -caisses . . . 366.1
Monte-charge . 331.1 341.3
- à câble manœuvré à la main 352.4
- - potence pour grenier 353.6
- - - - magasin 353.6
-, câble de . . . 41.3
-, cage de . . . 341.8
-, caisse de . . 341.8
- de blé 365.1
- - charbon . . 365.5
- - lucarne . . 353.7
- - magasin . . 353.5
-, dispositif de . 331.2
-, frein de . . . 111.5
- hydraulique 271.2
-, installation de 331.2 331.3
- manœuvré à la main 352.3
-, piston de . . 187.4
- pour archives 355.5
- - bateaux . . 364.8
- - charbon . . 355.6
- - construction de bâtiment 354.2
- - documents . 355.5
- - hôtels . . . 355.1
- - marchandises 351.2
- - matériaux . 351.2
- - munitions . 354.7
- - pièces de bois 366.7
- - quai 364.7
- - restaurants 355.1
-, service du . . 331.4
Monte-lettres . 355.3
- -livres 355.4
- -matériaux pour construction de bâtiment 354.2
- -plats 355.2
Monte-sacs . . . 354.5 365.7
Montée . 25.3, 188.9 332.4
Monter la grue 281.4
Monteur, Kran- 281.2
Monteur de grues 281.2
Montieren, den Kran 281.4
Montón de materias no comprimidas . 384.10
- - substancias comprimidas 385.1
- - - no comprimidas 384.10
-, depósito en . 385.2
-, materias en . 384.7
Morceaux, matières en 384.4
Mordaza para coger lingotes 318.7
Mordazas, cadena de maniobra de las 412.4
-, cesta de . . . 377.4
- de la cubeta-draga 411.3
- - - cuchara . 411.3
- - paro 342.6
-, excavador de 377.3
Mordente, tanaglia - per chiodi 126.2
-, vite 118.2
Mordiente, mecanismo de parada por 94.3
Morsa accatenante 408.9
-, attrappo di . 342.5
- filettata, accoppiamento a 419.3
-, punta della tanaglia 57.7
Morse, draga a 377.3
Morsetti di presa, guancia dei 418.8
-, puleggia a . . 392.2
-, tensione ai . 198.8
Morsetto 285.5
- a vite 419.1
- d'arresto . . . 342.6
- d'attacco . . 205.6
- della fune . . 418.4
- - - di trazione 418.7
-, guancia di . 418.5
- per cavo . . . 205.9
-, pressione del 418.6
-, vite del 205.7, 419.2
Morso, tazza a 377.4
Mort, poids . . . 1.4
Morto, peso . . . 1.4
Mosquetero gancho 54.7
Mosquetón, gancho de 54.7
Moteur 182.3
- à bride pour boulonnage direct 212.3
- - courant alternatif 212.8
- - - continu . 212.4
- - renversement de marche 213.4
- - vapeur . . 227.8
- - ventilateur enfermé dans une enveloppe 212.2

Moteur, appareil 182.3
- auxiliaire 213.6
-, charger complètement le 183.2
-, circuit du 209.2
- commandant la translation d'une grue 253.6
- compound 212.7, 228.2
-, couple 131.5
- cuirassé 212.1
- - à ventilateur 212.2
-, cylindre 189.4
- d'appareil de levage 251.5
- d'ascenseur 345.9
- d'attaque 213.5
- de commande 213.5
- - - de la direction d'un chariot de pont roulant 253.7
- - - - - volée 260.6
- - réserve 213.6
-, décharger le 183.5
- du mécanisme de translation 253.5
- - mouvement 251.5
-, effort 177.3
- électrique 209.1
-, électro- 209.1
- en dérivation 212.6
- - série 212.5
- fermé 212.1
- -frein 110.6
-, freinage par le 106.7
- -générateur à courant continu 199.2
-, le - démarre 182.6
-, moment 11.6
- monophasé 213.1
- - à collecteur 213.3
- ouvert 211.8
-, palier du 210.3
-, piston 185.5
- pour le mouvement de giration 259.4
- - - - - rotation 259.4
- shunt 212.6
-, treuil roulant à 273.1
- triphasé 213.2
- unique, pont roulant à 292.2
- ventilé enfermé dans une enveloppe 212.2
Motion 18.1
-, crab - controller 223.1
-, crane - controller 222.9
-, curvilinear 19.1
-, direction of 13.9
-, horizontal travelling 12.4
-, irregular 19.3
-, irregularly accelerated 20.6
-, jib 17.1
-, path of 18.3
-, process of 4.5
-, rectilinear 18.5
Motion, resistance to 18.2
-, rotating 14.2
- screw 120.1
-, slewing 16.8
-, transmission of 4.4
-, uniform 19.2
-, uniformly accelerated 19.4
-, - retarded 20.2
Motions, stop 92.6
Motive power 282.6
- -, to stop the 282.7
Moto 18.1
-, inversione di - automatica 347.5
-, l'ascensore si mette in 347.1
-, messa in - dell'ascensore 346.7
-, mettere in - l'ascensore 346.6
Motón 48.7
-, armadura de 49.1
-, - - - con gancho 49.4
-, - - - fijo 49.2
-, - - - loco 49.3
- de velocidad 51.2
- para carga 49.8
Motoranker 210.5
-, Antrieb- 213.5
-, Aufzug- 345.9
-, Brems- 110.6
-bremsmagnet 110.6
-bremsung 106.7
-, Compound- 212.7
-drehmoment 209.6
-, Drehstrom- 213.2
-, dreiphasiger 213.2
-, Einphasen- 213.1
-, Einzieh- 260.6
-, Elektro- 209.1
-, Fahr- 253.5
-, Fahrwerk- 253.5
-, Flansch- 212.3
-, gekapselter 212.1
-, geschlossener 212.1
-, Gleichstrom- 212.4
-, Hauptschluß- 212.5
-, Hauptstrom- 212.5
-, Hilfs- 213.6
-, Katzfahr- 253.7
-, Hub- 251.5
-, Kranfahr- 253.6
-, Kommutator- 213.3
-lager 210.3
-laufwinde 273.1
- -, Einschienen- 273.2
- -, einschienige 273.2
- -, zweischienige 273.3
-, Nebenschluß- 212.6
-, offener 211.8
-, Reihen- 212.5
-, Schwenk- 259.4
-, Serien- 212.5
-stromkreis 209.2
-, Umsteuer- 213.4
-, ventiliert gekapselter 212.2
-, Verbund- 212.7
-, Wechselstrom- 212.8
-, Wipp- 260.6
Motor, alternating current 212.8
Motor, alternating current commutator 213.3
- armature 210.5
-, auxiliary 213.6
- bearing 210.3
-, brake 110.6
- braking 106.7
- circuit 209.2
- crab, double-rail 273.3
- -, single rail 273.2
- -, travelling 273.1
-, - traversing 253.7
-, compound 212.7
-, continuous current 212.4
-, driving 213.5
-, electric 209.1
-, electro- 209.1
-, enclosed 212.1
-, - ventilated 212.2
- hoist, double-rail 273.3
- -, monorail 273.2
- -, travelling 273.1
-, hoisting 345.9
-, jib adjusting 260.6
-, lifting- 351.5
-, luffing 260.6
-, open 211.8
-, reversing 213.4
-, rotation 259.4
-, series 212.5
-, single phase 213.1
-, shunt- 212.6
-, slewing 259.4
-, starting power of the 209.5
-, three-phase 213.2
- torque 209.6
-, traversing crane 253.6
-, - gear 253.5
- with flange 212.3
Motor abierto 211.8
- acorazado 212.1
- - ventilado 212.2
-, árbol 178.6
- auxiliar 213.6
-, cable 42.5
- compound 212.7
- de brida 212.3
- - colector monofásico 213.3
- - corriente alterna 212.8
- - - continua 212.4
- - impulsión 213.5
- - mando 213.5
- - translación 253.5
- del aparato de rotación 259.4
- - - elevador 251.5
- - ascensor 345.3, 345.9
- eléctrico 209.1
-, émbolo 185.5
- en derivación 212.6
- - serie 212.5
-, frenado por el 106.7
- -freno 110.6
- -generador, grupo - de corriente continua en continua 199.2
-, momento 11.6
- monofásico 213.1
Motor para inversión de marcha 213.4
- - la translación 253.6
- - - - del carro 253.7
- - - variación del brazo 260.6
-, polipasto 50.1
-, soporte del 210.3
-, torno móvil de 273.1
- trifásico 213.2
Motore a corrente alternata 212.8
- - - continua 212.4
- aperto 211.8
-, argano scorrevole a 273.1
-, - - - - su binario unico 273.2
-, - - - - - due binari 273.3
-, - - - - - - guide 273.3
-, - - - - - guida unica 273.2
- ausiliare 213.6
-, auto-frenaggio del 107.2
- blindato 212.1
- chiuso 212.1
- - e ventilato 212.2
- composito 212.7
- come generatore frenante, inserire il 107.3
- compound 212.7
- del carrello scorrevole 253.7
- dell'ascensore 345.9
- della gru scorrevole 253.8
- - traslazione 253.5
- di comando 213.5
- elettrico 209.1
-, frenatura a 106.7
- -freno 110.6
-, gru a ponte ad un 292.2
- in derivazione 212.6
- - serie 212.5
-, meccanismo - del carrello 273.6
-, - - della gru 288.10
-, momento 11.6
- monofasico 213.1
- pel movimento di rotazione 259.4
- per attacco diretto 213.5
- - corrente alternata a collettore 213.3
- - frenare 110.6
- - il meccanismo di sollevamento 251.5
- - - sollevamento a braccio variante 260.6
- - la manovra del braccio 260.6
- riversibile 213.4
-, stantuffo 185.5, 186.7
- trifasico 213.2
Motori, gru a ponte a più 292.4
-, - - - - tre 292.3

Motrice, chaine 33.4
-, force . . 177.3, 282.6 395.10
-, machine . . . 182.3
-, poulie 42.4, 48.2, 395.9
-, puissance . . 177.3
-, roue 253.2
-, - dentée . . . 67.7
-, station 395.8
Motrice 182.3
-, catena 33.4
-, corda 184.8
- d'avanzamento 253.2
-, forza . . 177.3, 282.6
-, fune 42.5
-, interrompere la forza 282.7
-, macchina . . 182.3
-, puleggia . 42.4, 48.2 395.9
-, stazione . . . 395.8
-, taglia 50.1
Motriz, cadena 33.4
-, cuerda 42.5
-, estación . . . 395.8
-, - de fuerza . 197.3
-, fuerza . 177.3, 282.6 395.10
-, máquina . . . 182.3
-, polea 48.2, 74.1, 184.9 395.9
-, presión sobre la rueda 254.2
-, rueda . 67.7, 253.2
Mouflage à plusieurs brins 50.3
- - - groupes . 50.5
- étagé 50.4
Moufle à câble 49.7 51.4
- - chaine . . . 51.5
- - crochet . . 49.4
- - x poulies . 49.6
- attachée à une grue 52.2
-, chape de . . . 49.1
-, - - - fixe . . 49.2
-, - - - inférieure 49.3
-, - - - mobile . 49.3
-, - - - supérieure 49.2
- du bas 49.4
-, flasque de la 49.5
- mobile 49.4
- motrice . . . 50.1
- porteuse . . . 49.8
-, treuil à . . . 269.3
Mould, ingot . 166.7
Moule à lingot 166.7
Moulée, pièce d'acier 166.4
Mountain-lift . 395.2
Mousqueton, crochet porte- 54.7
Mouvement . . 18.1
- curviligne . . 19.1
- d'inclinaison . 17.1
- de bascule . . 17.1
- - déplacement angulaire 16.8
- - - de la grue 289.1
- - giration partielle 16.8
- - la charge . 4.3
- - - grue . . 283.10
- - translation 12.4
- - - de la grue 289.1
Mouvement de variation de la flèche 71.1
- du chariot . . 273.7
- - fardeau . . 4.3
- irrégulièrement accéléré 20.6
-, mise en . . . 13.1
- non uniforme 19.3
- rectiligne . . 18.5
-, résistance au 18.2
-, - de la voie au 18.4
-, sens de. 6.1
- uniforme . . . 19.2
- uniformément accéléré 19.4
- - retardé . . . 20.2
- varié 19.3
Movable axle . 76.2
- jib 298.4
Move, to - horizontally 12.6
-, - - the crab inwards 274.2
-, - - - - outwards 274.4
Moveable load 133.9 134.1
Movement, crane 283.10
-, direction of . . 6.1
-, jib 298.5
- lifting 6.4
-, lowering 6.5
- of load 4.3
Mover 12.8
Movible, transporte aéreo 394.3
Móvil 13.2
-, acoplamiento 81.6
-, apoyo 154.9
-, brazo 298.4
-, canal - de transportador de rascadores 369.7
-, carga . . 133.9, 134.1
-, contrapeso . . 286.6
-, electroimán de elevación con polos -es 56.8
-, elevador . . . 364.6
-, grúa 284.4
-, - de caballete 295.3
-, peso 134.1
-, plano inclinado de descarga 386.7
-, polea 47.7
-, - - invertida . 48.2
-, rueda dentada 63.8
-, torno 272.7
-, - - de motor 273.1
-, transportador 369.1
Movilidad . 13.3, 16.7
Movimento . . . 18.1
- a catena . . . 32.8
-, arrestare il - della gru 281.8
-, avviare in - la gru 281.7
- curvilineo . . 19.1
- del carico . . . 4.3
- puntone . . . 298.5
- della gru 283.10, 289.1
- di calata 6.5
- - conversione 16.8
- - discesa 6.5
- - inclinazione 17.1
- - sollevamento 6.4
- - traslazione 12.4
Movimento in avanti 221.5
- - bilico . . . 17.1
- indietro . . . 221.6
- longitudinale del carrello 273.7
-, messa in . . . 13.1
- non uniformemente accelerato 20.6
- orizzontale . 12.7
- -, cilindro per 190.1
- -, controller per 222.8
-, procedimento di 4.5
- rettilineo . . 18.5
- rotatorio . . . 14.2
-, senso del. . . . 6.1
-, sospendere il - del carico 7.7
-, trasmettere il - con aumento di velocità 62.3
-, - - - - riduzione di velocità 62.1
-, trasmissione del 4.4
- uniforme . . . 19.2
- uniformemente accelerato 19.4
- - ritardato . . 20.2
- vario 19.3
-, vite di 120.1
Movimiento . . 18.1
- adelante . . . 221.5
- atrás 221.6
- curvilíneo . . 19.1
- de ascenso . . . 6.4
- - báscula . . 17.1
- - descenso . . . 6.5
- - giro 16.8
- - inclinación 17.1
- - la carga . . . 4.3
- - - grúa . . 283.10
- - levantamiento 6.4
- - subida 6.4
- - translación de la grúa 289.1
- del brazo . . 298.5
-, descarga por - de báscula 409.1
- giratorio . . . 14.2
- horizontal, cilindro para el 190.1
- -, controler de 222.8
- - de la grúa . 289.1
- - - translación 12.4
- - - -, resistencia al 12.5
- - del carro . 273.7
- irregularmente acelerado 20.6
-, marcha del . 4.5
- no uniforme . 19.3
-, poner en . . 12.8
- rectilíneo . . 18.5
-, resistencia al 18.2
-, sentido del . 6.1
-, tornilo de . . 120.1
-, transmisión del 4.4 396.10
-, trayecto del . 18.3
- uniforme . . 19.2
- uniformemente acelerado 19.4
- - retardado . 20.2
- variable . . . 19.3
Moving bearing 154.9
- horizontally . 12.7
Moving load . 133.9 134.1
- loads, inclined plane for 356.7
- masses, energy of 21.11
- of the bearing 154.11
Moyen de commande 177.1
- - transport . 360.10
Moyenne, position 246.1
-, vitesse 21.1
Moyeu, alésage du 46.8
- de la roue . . 68.1
- - roue porteuse 255.3
- du galet . . . 46.7
- - tambour . . 43.3
Mozzo, alesatura del 46.8
- del tamburo . 43.3
- della girella . 46.7
- - ruota . . . 68.1
- - - portante . 255.3
Mucchi, deposito a 385.1
Mud pocket . . 238.1
Muelle 380.1
- de carga . . 322.6
- - cargamiento 380.2
- - embarque . 322.6
- - suspensión, eje de la rueda con -s 257.6
- del tope . . . 327.7
- frotador . . . 339.6
-, garra para cable de 417.7
-, grúa de . . . 304.2
-, monta-carga para 364.7
-, trinquete de . 95.7
Muerta, carga . 1.4
Muescas, rueda de parada de 95.3
Muff 80.7
- -coupling . . 80.6
Muffe 240.7
-, Ausrück- . . 81.7
-, Kupplungs- . 80.7
Muffenhülse . . 80.7
-kupplung . . . 80.6
-rohr 239.6
-verbindung . . 240.6
Mühle, Modder- 376.3
Mulde 379.2
-, Beschickungs- 317.1
-, Chargier- . . 317.1
-, Lade- 317.1
-, Schrott- . . . 317.3
Muldenchargierkran 316.3
-chargierwagen 318.2
-einsetzkran . . 316.8
-einsetzwagen . 318.2
-kipper 378.6
-kopf 317.2
-rolle 367.5
-transportkatze 316.3
-transportkran 316.2
Muletilla, llave de 119.9
-, tornillo de . . 117.8
Multipla, cinghia 74.7

Multipla, taglia 50.3
Multiple belting 74.7
- disc brake . . 103.8
- groove friction gear 73.2
- -motor travelling crane 292.4
- row riveting 123.9
- shear riveting 124.5
- thread 114.6
- - worm . . . 71.7
- Y-gear 73.2
Multiple, courroie 74.7
-, pas 114.6
Múltiple, aparejo - á potencia 50.4
-, correa 74.7
-, filete 114.6
- remachado . 123.9
Multiplicación . 61.5
- de camino . . 62.6
- - carrera . . 62.5
-, mecanismo de 61.3
-, relación de . 61.4
Multiplicador, polipasto 50.3
Multiplication . 61.5
- de force . . . 62.4
Multiplication de la course 62.5
- - vitesse . . . 61.8
- - - par la transmission 62.2
-, degré de . . . 61.6
- double par engrenage 63.5
- du levier . . 246.5
- - trajet . . . 62.6
-, mécanisme de 61.3
-, rapport de . . 61.4
- simple par engrenages 63.3
- variable par engrenages 63.6
Multiplier la vitesse 62.3
Multipolaire, interrupteur 214.8
Multipolar, interruptor 214.8
Multipolare, interruttore 214.8
Multipole switch 214.8
Muñequilla . . 78.6
Municiones, ascensor para 354.7
Municiones, de guerra, elevador de 366.4
Munitionsaufzug 354.7
-elevator . . . 366.4
Munitions de guerre, élévateur de 366.4
-, monte-charge pour 354.7
Munizioni, elevatore per 354.7, 366.4
Muñón 78.6
-, carga en el . 78.7
- de la manivela 178.8
-, presión en el 78.7
Muovere in senso orizzontale 12.6
Mur d'édifice 161.10
- de la cage . . 334.3
- - quai 380.4
- du magasin . 381.4
- - puits 334.3
Muraille, petit treuil de 270.3
Mural, grúa giratoria 302.5
Murale, argano 270.2
Murale, grue - pivotante 302.5
Murare, chiavarda da 118.1
Muratura del granaio 381.4
- - magazzino 381.4
- - molo 380.4
-, pozzo in . . . 334.2
Muro, argano da 270.2
- del pozzo . . 334.3
- della calata . 380.4
-, distanza dal . 290.8
Muro del almacén 381.4
-, distancia del 290.9
-, grúa giratoria de 302.5
-, torno de . . . 270.3
Muschel, Schieber- 194.4, 194.5
Mutón, grúa- . 310.3
Mutter 113.9
-, Gegen- 115.9
-, gesicherte . . 115.6
-gewinde . . . 115.2
-, Gleit- 120.4
-schraube . . . 116.7
-, Sechskant- . . 115.5

N.

N, poutre en . . 143.8
Nabe, Laufrad- 255.3
-, Rad- 68.1
-, Rollen- . . . 46.7
-, Trommel- . . 43.3
Nabenbohrung 46.8
Nachlauf . . . 4.8
-bremse 113.2
-bremsung . . 113.3
-, den - abbremsen 113.4
-weg 5.1
Nachspannvorrichtung 30.6
Nachstellbare Lagerschale 87.3
Nachziehen, eine Schraube 118.7
Nahbeförderung 358.4
-transport . . . 358.4
Naht, Niet- . . 123.2
Nähen, den Riemen 74.8
Naissance 139.5, 154.7
Naissances, articulation aux 139.2
-, pression aux 139.3
-, réaction aux 139.3
Naked line . . 204.3
Narrow gauge . 329.4
- - wagon . . . 379.5
Nascosto, giunto 149.7
Nase 88.8
Nasello 88.8
-, bietta a . . . 78.3
Nasenkeil . . . 78.3
Naßbagger . . 375.4
Nastro a raschiatori 369.4
-, accoppiamento a - da freno 88.3
Nastro collettore 367.9
- -, tratto di . . 367.6
- con ripetuti avvolgimenti, freno a 102.6
- convogliatore 368.3
- d'avvolgimento 102.7
- del freno . . 101.8
- - -, attacco del 103.2
- - - con fodera di cuoio 102.5
- - - - - - legno 102.4
- - -, sopporto del 103.1
- - -, tensione del 102.1
- dell' elevatore 363.1
- di trazione . 367.3
- distributore, tratto di 367.7
-, elevatore a . 362.7
-, ferro a 168.1
-, freno a . . . 101.7
-, girella per curvare il 367.5
- montante . . 367.8
-, trasportatore a 367.2
-, trasporto a . 367.4
-, - di sacchi a 367.10
-spirale, freno a 102.8
Natural angle of slope 384.9
-, inclinación - del montón 384.9
Naturale, angolo d'inclinazione 384.9
Natürlicher Böschungswinkel 384.9
Navale, gru da cantiere 318.6
Nave 68.1
Nave 322.8
- da rimorchio 323.6
-, gru da 303.8
-, - - ponte di coperta da 304.1
-, - di caricamento su 319.4
-, prescagione di una 323.2
Navi, caricamento di 322.7
-, filovia per caricamento delle 394.4
-, funicolare aerea tra - in alto mare 394.8
-, gru d'armamento e disarmo di - militari 319.3
-, trasporto aereo dello squero per 422.3
Navicella . . . 323.5
Navio 322.8
Navire 322.8
-, câble de . . . 41.6
-, chargement d'un 320.7
-, - de . . 322.1, 322.7
-, charger un . 320.2
-, décharger un 320.3
-, grue de . . . 303.8
- marchand . . 323.3
Navvy, steam . 374.6
Nebeneinanderschalten 224.9
Nebenschluß . 225.5
Nebenschlußbremsmagnet 110.4
-erregung . . . 211.3
-, im - liegen . 225.8
-, in - schalten 225.7
-motor 212.6
-schaltung . . . 225.6
Necesaria, cantidad de agua 230.4
-, - - fuerza . . 282.8
Necesario, tiempo - para la carga 413.5
Necessaire, énergie 282.8
Necessaria, forza 282.8
Neck-journal . 78.11
- ring 190.7
Négatif, moment 181.1
Negativa, aceleración 20.3
Negativo, la forza produce un momento 181.3
-, momento . . 181.1
Neige, charge de 154.6
Neigungswinkel 308.7
Nervaduras, pieza de fundición con 164.5
Nervatura anteriore 307.6
Nervature, fusione a 164.5
-, getto a 164.5
Nervure 141.9
-, cornière- . . . 145.9
- tendue à l'extension 141.5

Nervure travaillant à l'extension 141.5
- - - la compression 141.6
Nervures du tambour 43.5
-, pièce coulée à 164.5
Net dredger . . 375.7
-, dredger . . . 375.8
-, protection . . 405.4
Network, girder 145.1
- of mains . . . 202.9
- - pipes 236.2
Netz, Dreileiter- 203.1
-, Fachwerk- . . 140.2
-, Leitungs- . . 202.9 236.2
-, Rohr- 236.2
-, Schutz- . . . 405.4
-spannung . . . 198.7
-strecke 140.5
-strom 203.2
-, Träger- . . . 145.1
Neumático, elevador 368.7
-, transporte por aparato 363.6
Neutra, fibra 174.10
Neutral fibre 174.10
Neutrale Faser 174.10
Neutre, fibre 174.10
Neve, carico di 154.6
Nez de la conduite avec eau sous pression 376.7
Niederdrucksteuerung 192.7
Niederdrückvorrichtung 401.2
Niederdrücken, das Seil 401.4
Niederfahrt . . 332.5
Niedergang der Last 8.5
Niedergehen . . 6.5
-, die Last geht nieder 8.4
- lassen, die Last 8.2
Niedersinken der Last 8.5
Niet 120.6
-abzug 146.4
-, Anschluß- . . 150.6
-arbeit 125.3
-beanspruchung 121.2
-, einschnittiger 124.2
-eisen 121.9
-feuer 126.3
-, Gurt- 146.3
-, halbversenkter 122.2
-hammer . . . 125.5
-, Heft- 122.6
-kluppe 126.2
-kopf 120.9
-laufkran . . . 298.2
-loch 121.3
-maschine . . . 126.7
-, mehrschnittiger 124.6
Niet mit halbversenktem Kopf 122.2
- - versenktem Kopf 122.1
-naht 123.2
-pfanne . . . 125.10
-presse 126.10
-querschnitt . . 120.8
-schaft 120.7
-, Scher- 122.4
-, Stoß- 149.3
-teilung 123.3
-verbindung . 122.7
- -, Herstellen einer 125.1
-verlust 146.5
-, Versenk- . . . 122.1
-, versenkter . . 122.1
-werkzeug . . . 125.4
-winde . . 125.9, 263.1
-zange 126.1
-, Zug- 122.5
-, zweischnittiger 124.4
Niete 120.6
Nieten . . 124.7, 125.1
-glühofen . . . 126.4
Nietung 123.1
-, Druckluft- . . 126.8
-, Druckwasser- 126.9
-, einreihige . . 123.7
-, einschnittige 124.1
-, Hand- 126.5
-, hydraulische 126.9
-, Maschinen- . 126.6
-, mehrreihige . 123.9
-, mehrschnittige 124.5
-, pneumatische 126.8
-, zweireihige . 123.5
-, zweischnittige 124.3
Nieve, carga producida por la 154.6
Niveau, différence de 229.6
No load 1.5
- - current . . 209.4
- - friction . . 22.9
- - loss 11.1
- - running . . 183.7
- - work . 10.9, 183.9
- -voltage cut-out 216.1
Noce della catena 30.7
Nodi, catena a 391.1
-, cavo a 391.1
-, unione ai . . 150.9
Nodo 150.10
-, accoppiamento a 418.2
- del cavo . . . 391.2
- di canape . . 391.4
- - fattura . . . 391.3
- - metallo e canape 391.5
- - sospensione della catena 32.3
- - testa, giunzione del 151.1
- doppio 391.7
Nodo, giunzione del - d'estremità 151.1
-, lamiera del 150.11
- metallico . . 391.6
- rovesciato . . 395.6
- trafilato nella fune 391.3
Nœud 148.5
- à manchon en métal 391.6
-, amarrage par 56.2
-, attache à . . 418.2
- d'assemblage 150.10
- d'attache . . 391.2
- de câble . . . 391.2
-, double 391.7
- en chanvre avec manchon métallique 391.5
- faisant partie du câble 391.3
- formé d'une enveloppe de chanvre 391.4
- - par les torons 391.3
Nœuds, attache par 150.9
Noix 30.7
-, cric à simple 261.3
- d'avancement 252.5
Nombre de dents 30.9
- - tours 15.4
Non-return valve 242.4
Noria 356.5, 361.6, 366.8
Normal, arrollamiento 39.7
-, torsión 39.7
-, vagón para vía 379.4
-, vía 329.3
Normale, voie . 329.3
Normale, carro a scartamento 379.4
-, scartamento . 329.3
-, torcitura . . . 39.7
Normalspur . . 329.3
-wagen 379.4
Notbremse . . . 112.9
-schalter 216.3
Notch 95.4
-, position of . 95.5
Notched wheel 95.3
Nottolina . . . 93.6
Nottolino . 95.8, 95.9
- della botola . 385.8
-, disimpegnare il 94.7
-, impegnare il 94.5
-, inscrimento del 95.2
-, levare il . . . 94.7
-, martinetto a vite con 262.4
-, porta- 104.8
-, rimettere il . 94.5
-, togliere il 94.7, 95.1
Noyau d'aimant 109.1
- glissant, armature intérieure à 109.2
Noyé, boulon . 116.5
Noyée, tête . . 116.4
Noyer la vis . . 116.6
Nu, fil 204.3
Nucleo del magnete 109.1
Núcleo corredizo, armadura de polo con 109.2
- del imán . . . 109.1
Nuda, conduttura 204.3
-, fune metallica 38.12
Nudo 148.5
- con manguito metálico 391.6
- de cáñamo . 391.4
- - - con manguito metálico 391.5
- - fijación . . 391.2
- - unión . . 150.10
- del cable . . 391.2
-, doble 391.7
-, fijación de . . 418.2
- formando parte del cable 391.3
-, unión de . . . 150.9
Nula, carga . . 1.5
Nullast 1.5
-spannungsausschalter 216.1
-stellung . . . 220.4
Nullo, peso . . 1.5
Nulo, peso . . . 1.5
Number, bay- . 140.8
- of revolutions 15.4
- - teeth 30.9
-, panel- 140.8
Numero dei denti 30.9
- - riparti . . . 140.8
- di giri 15.4
- - - a vuoto . 184.1
Número de dientes 30.9
- - recuadros . 140.8
- - revoluciones 15.4
- - vueltas . . . 15.4
- - - en vacío . 184.1
Nuß, Ketten- . 30.7
Nut 113.9
-, bolt with head and 116.7
-, check- 115.9
-, hexagon . . . 115.5
-, jam- 115.9
-, lock- 115.9
-, locked 115.6
-, screw- 113.9
-, sliding 120.4
Nute 46.6
-, Keil- 77.9
-, Trommel- . . 44.1
Nutenbremse, Keil- 101.6
Nutzausladung 296.2
-effekt 11.8
-last 1.3
Nutzbare Ausladung 296.2
- Länge 44.5

O.

Obenliegende Fahrbahn 326.4
Obenque . . . 405.2
Oberflasche . . 49.2
Obergurt . . . 142.3
Oberirdische Stromzuführung 206.2
Oberkante, Fußboden- 290.7
-, Kai- 380.3
Oberseil 390.4
-apparat 415.5
-, Förderung mit 390.3
-führung . . . 400.8
Oberturas . . . 372.8
Oberwagen . . 301.8
Objetos á elevar 359.6
- - transportar 359.6
- en grandes masas 384.2
- para cargar separadamente 384.4
Objets à charger séparément 384.4
- - élever . . . 359.6
- - transporter 359.6
Oblicuar, los rodillos oblicuan 91.5
Oblicuidad de los rodillos 91.6
Oblicuo, soporto 89.8
Oblique 142.7
- pillow-block bearing 89.8
- plummer block bearing 89.8
- position, the rollers get in an 91.5
- setting of rollers 91.6
Obliquer, les rouleaux obliquent 91.5
Obliquité de la grue 289.3
- des rouleaux 91.6
Obliquo, sopporto 89.8
Obra, caja con - de fábrica 334.2
Obturateur de tuyau 241.3
Obturation, bouchon à vis d' 241.4
- des lumières par le tiroir 193.9
-, vitesse d' . . 193.8
Occhiello . . . 55.8
-, griffa ad . . . 54.4
- triangolare . 55.5
Occhio, anello dell' 37.5
- della fune . . 37.4
Occurs, position on which rush of current 221.2
Œillet 55.8
- de câble . . . 205.9
- - maille . . . 29.9
- - suspension 55.5
Ofen, Tief- . . 313.2
Offener Motor . 211.8
- Riemen . . . 74.4
Offenes Führerhaus 294.4
- Lager 89.6
- Seil, Förderung mit -m 388.5
Officina di costruzioni in ferro 160.4
-, gru d' 309.1
-, montatura in 160.8
Officine metallurgiche, gru per 310.4
Öffnen, den Stromkreis 217.2
-, der Schieber öffnet 193.11
-, die Bremse . 98.9
Öffnung, Auslade- 335.6
-, Brücken- . . 159.6
- der Bremse . 98.10
-, Durchfahrt- . 304.7
-, Einlade- . . . 335.5
-, Lade- 335.5
-, Schacht- . . . 335.4
Öffnungsfunke 217.6
Ohm 199.9
Ohmio 199.9
Oil brake . . . 105.7
- colours . . . 161.6
- -hole 88.11
-, lubricating . 85.5
- lubrication . 85.4
- paints 161.6
- ring 77.4
- saving bearing 90.3
- thrower . . . 77.4
-, to - the bearing 85.3
Ojal 55.8
- del cable . . 37.4
-, gancho de . . 54.4
Ojo de la malla 29.9
-, martillo de . 125.7
Ojuelo 55.5
Olandese, travatura 147.6
Ölbremse . . . 105.7
-farbenanstrich 161.6
-schleuderring 77.4
-, Schmier- . . . 85.5
-schmierung . 85.4
-spritzring . . 77.4
Olco, capa de pintura al 161.6
Olio, anello caccia- 77.4
-, freno ad . . 105.7
- lubrificante . 85.5
-, lubrificazione ad 85.4
-, mano di pittura ad 161.6
Omogeneo, ferro 165.1
Ondulada, chapa 169.6
Ondulata, lamiera 169.6
Ondulée, tôle . 169.6
One-man crank 179.5
- - lever 179.5
One-motor travelling crane 292.2
Open bearing . 89.6
- belt 74.4
- driver's cabin 294.4
- - hut 294.4
- frame works . 143.9
- gondola car . 378.2
- motor 211.8
- rope, haulage with 388.5
- sand castings 164.1
-, the door -s inwards 337.1
-, - - -s outwards 337.1
-, - valve -s . 193.11
- truck 378.2
- wagon 378.2
Opening . . . 304.7
-, bridge 159.6
-, charging . . 335.5
-, depot hoist . 381.5
-, discharging . 335.6
- of hook . . . 52.7
-, shaft 335.4
Opérations de chargement 321.5
- -' transbordement 321.6
Operazioni di caricamento 321.5
- - trasbordo . 321.6
Opposed diagonals 143.4
- forces 128.2
-, the forces are equal and 128.3
Opposing pressure, roller for 259.1
Opposite acting force 132.6
- directions, the forces act in 128.1
- piston 186.8
Oppositely acting forces 128.2
Opposte, le forze sono 128.1
Ora di lavoro normale 209.9
Ordegni ed impianti per l'immagazzinamento 385.3
- per l'ammagazzinamento 384.1
Orden de marcha 282.3
Ordinaire, palier 87.1
Ordinaria, vite continua 370.5
Ordinario, sopporto 87.1, 89.7
Ordinario, cojinete 87.1
-, soporte recto 89.7
-, tornillo sin fin 370.5
Ordinary worm 370.5
Ordre de marche 282.3
Ore elevator . . 355.7
- grab 412.7
- hoist 355.7
- lift 355.7
- loading crane 319.7
Ore stores . . . 382.9
- tipping device 324.10
Orecchione di sostegno 408.7
- portante . . . 408.7
Oreille, support de suspension de l' 207.9
Oreilles, vis à . 117.9
Orejas 47.8
-, tornillo de . . 117.9
Organe de levage 24.2
- - suspension . 24.3
- - transmission 61.7
- porteur . . . 24.3
Organes d'arrêt 92.6
- de distribution 192.5
- - levage . . . 24.1
- - préhension 56.5
- - suspension 52.4
- - transmission 61.2 75.6
- détachées du mécanisme 250.4
Organi d'arresto 92.6
- d'attacco . . 118.5
- di trasmissione 61.2, 75.6
Organo di distribuzione 192.5
- - sollevamento 24.2
- - trasmissione 61.7
- portante . . . 24.3
Órgano de distribución 192.5
- - levantamiento 24.2
- - suspensión . 24.3
- - transmisión . 61.7
- portante . . . 24.3
Órganos de detención 92.6
- - levantamiento 24.1
- - sujeción . . 113.5
- - transmisión 61.2 75.6
- del mecanismo 250.4
Organs of distribution 192.5
Orientation . . 15.9
-, résistance à l' 16.9
Orienter en avant 16.1
- - revenant en arrière 16.2
-, facilité à . . 16.7
- une charge . 15.8
Orificio del remache 121.3
-, sección de los -s que hay que deduir 146.4
Origen del levantamiento 7.5
-, estación de . 396.3
Origine, station d' 396.3
Orizzontale, movimento 12.7
-, scambio - girevole 421.4

Orizzontale, tanaglia da blocchi 59.2
-, trasporto . . 360.5
Orlo del cuscinetto 88.1
- della ruota . 255.6
-, distanza dall' 123.4
- doppio 255.7
- inferiore della capriata 290.6
Ortfester Kran 284.3
Oscilación, centro de 254.7
Oscilante, cangilón 363.5
-, conducto transportador 369.8
-, cubeta 379.1
-, silla 406.6
-, vagón 378.3
-, vagoneta . . 408.8
-, zapata de apoyo 402.2
Oscillant, conduit 369.8
-, guide 245.2
-, palier 184.5
-, support . . . 245.2
Oscillante, selle 406.6
Oscillante, canale 369.9
-, - trasportatore 369.8
Oscillante, gru a puntone 307.5
Oscillating trough 369.8
Oscillation, centre d' 254.7
Oscillazioni di corrente 198.1
Öse 55.8
Ösenhaken . . 54.4
Ossature . . . 158.10
- de la cage . . 334.6
- du puits . . . 334.6
- en fer 159.1
- métallique . . 159.1
Ottone 169.9
Out, running . 4.8
Outer position, crab in 274.3
Outil à river . 125.4
- - riveter . . . 125.4
-, drague à - suspendu 375.6
Outlet pipe . . 240.4
Output 21.5
-, crane 210.1
-, cylinder . . . 190.3
-, hauling . . . 360.1
-, hourly 209.9
Outside of angle, distance from rivet centre to 123.5
Outwards, to move the crab 274.4
Ouverte, cabine de conducteur 294.4
-, courroie . . . 74.4
Ouverture . . . 52.7
-, câble d' . . . 412.1
- de benne-drague 411.4
- - cuiller . . . 411.4
- - la cage . . . 335.4
- - mâchoire . 411.4
- - pont 159.6
- - tenaille . . 57.8
- du portique . 304.7
- - -, hauteur d' 304.9
- - -, largeur d' 305.1
-, étincelle d' . 217.6
- libre 304.8
- pour le déchargement 335.6
Ouvrir l'angle d'inclinaison de la flèche 299.5
-, la porte s'ouvre vers l'intérieur 337.1
-, le tiroir ouvre les lumières 193.11
Ovalillo . . . 113.10
Oven, withdrawing ingot from 314.4
Overcome friction, loss of moment to 11.7
Overflow pipe . 231.3
Overhanging beam 136.7
Overhanging length 136.9
Overhauling, worm incapable of 72.8
Overhead beam 340.8
- cable, coupling device with 415.5
- hauling rope 390.4
- line 206.2
- rope, haulage with 390.3
- traveller with slewing jib 292.7
Overhung beam 138.2
- girder 138.2
-, the traversing wheel is 256.7
- traversing wheel 256.6
- wall winch . 270.3
Overload capacity 4.1
- - of the engine 183.1
- coupling . . . 81.5
-, to - a lifting apparatus 8.9
-, - - the engine 182.8
Overloading . . 3.8
Overrunning, to brake to stop 118.4
Own weight, loading by 184.6

P.

Paar, Dreh- . . 132.3
-, Kräfte- . . . 132.3
Pack, to 192.3
Packed heaping 385.1
Packing 190.8
-, cotton 192.1
- flange 191.3
-, flanged . . . 191.2
-, hat leather . 191.5
-, hemp 191.9
-, leather 191.8
-, metallic . . . 192.2
-, pipe 241.6
- ring 241.7
- -, rubber . . . 191.7
-, U-leather . . 191.6
- washer . . . 241.7
Packung 190.8
-, Baumwoll- . . 192.1
-, Hanf- 191.9
-, Metall- 192.2
-, Rohr- 241.6
Paint 161.3
-, oil -s 161.6
-, red lead . . . 161.5
-, to 161.1
Painter 161.2
Palo di ruote dentate 63.4
Pair of toothed wheels 63.4
Paire de roues d'engrenage 63.4
- - - dentées . 63.4
Pala-draga, carro con - - automática 276.5
Pala-draga, grúa de - - automática 309.6
- -, torno de - - automática 270.6
Palan 48.7
- à câble . . . 51.4
- - chaine . . . 51.5
- - engrenages droits 50.8
- - main 50.2
- - vis sans fin 51.1
-, chariot à - suspendu 276.1
- de relèvement de la volée 260.7
- - vitesse . . . 51.2
- différentiel . 50.6
- fixe, chariot à 276.2
-, garnir un - de son câble 51.6
-, introduction du câble dans le 51.7
- jumelé 51.8
- porteur . . . 49.8
- tendeur . . . 51.3
Palanca . 245.7, 261.1
- acodada . . . 247.2
- -, freno de . . 100.9
- -, paracaidas de 343.7
- angular . . . 247.1
- articulada . . 247.2
- basculante . . 261.4
-, brazo de - del contrapeso 286.3
- de acoplamiento 81.8
- - cabrestante 279.1
Palanca de carga 316.5
- - cerrojo . . 246.8
- - contacto . . 218.6
- - contrapeso 100.8
- - desembrague 81.8
- - dos brazos 246.7
- - maniobra . 247.8
- - -, carrera de la 243.8
- - mano . . . 247.4
- - -, freno de . 100.3
- - paro 414.4
- - pedal . . . 247.5
- - un brazo . 246.6
- del freno . . 100.4
-, fijación de - articulada 417.8
-, freno de . . . 100.2
-, interruptor de 215.2
-, las -s 245.6
-, sistema de varillas y -s del freno 96.3
-, tenazas de -s acodadas 58.8
-, tirantes y -s de acoplamiento 82.1
Palanchino di capra 261.1
Palastro de cordón 146.2
- - hierro . . 168.10
- del alma . . 145.3
- - cordón . . 146.1
- galvanizado . 169.3
-, grúa para el transporte de -s 316.1
Palco di comando. 315.1
Paletto 261.1
Palier . . . 76.5, 84.3
- à billes . . . 90.4
- - cannelures . 86.8
- - couronne de rouleaux 91.8
- - rotule . . . 90.1
- - roulement à billes 90.4
-, alésage du . 84.4
- avec graisseur à bague 90.3
-, bâti avec . . 92.3
-, chapeau de . 88.3
-, corps de . . . 88.2
- d'applique . . 92.1
- d'appui . . . 86.9
- de butée . . . 71.4
- - chaise murale 92.1
- - graissage des galets de roulement 405.7
- - manivelle . 178.7
-, diamètre du . 84.4
- du moteur . . 210.3
- - pivot . . . 259.5
- en deux pièces 89.6
- fermé 89.1
- garni d'un coussinet 89.4
- - d'une bague 89.4
-, le - s'adapte par rodage 84.8
- oblique . . . 89.8
- ordinaire 87.1, 89.7
- oscillant . . . 184.5
- ouvert 89.6

Palier, portée de 84.5
-, pression sur le 84.6
- -rosette . . . 89.5
- Sellers 90.1
Paliers, distance entre 92.5
Palla, peso a . 53.8
- scorrevole . . 90.5
Palle, sopporto di base a 86.5
Palo di sostegno 307.4
-, gru a 308.1
Palomilla . . . 92.1
Panel 140.6
- calculation . 144.1
-, centre . . . 140.10
-, end- 140.9
- -girder 144.9
- member . . . 141.8
- -number . . . 140.8
- rod 141.8
- -work 140.1
- - system . . . 140.2
- works 143.9
Panneau 140.6
- chargé 133.5
- d'extrémité . 140.9
- d'interrupteur à bouton 349.6
- de bout . . . 140.9
- du milieu . 140.10
-, longueur de . 140.7
Panneaux, nombre de 140.8
Pans, barre à six 167.9
-, écrou à six . 115.5
-, tête à six . 115.10
Panzerader . . 205.1
-kabel 205.1
-schlauch . . . 377.1
Papillon 248.4
Paquet de fer . 167.1
Par 141.6
- de fuerzas . . 132.3
- - ruedas dentadas 63.4
Parabelträger . 147.6
Parabolic girder 147.6
Parabolica, travatura 147.6
-, trave - a falce 147.7
Parabólica, viga articulada 147.6
Parabolique, poutre 147.6
Para-cadute . . 342.1
- -, freno . . . 104.3
Paracaídas . . 342.1, 342.5
- de chaveta . 343.5
- - palanca acodada 343.7
- - péndulo . . 344.1
- - seguridad . 344.3
Parachute 342.5, 344.3
- à coin 343.5
- - genouillère 343.7
- - levier coudé 343.7
- - pendule . . 344.1
-, coin de . . . 343.6
-, dispositif de . 342.1
-, régulateur de 344.4
Paracolpi . . . 327.5
-, blocco 303.6
-, molla del . . 327.7
- respingente . 327.6
Parada 92.8
- automática . 347.4
-, camino recorrido por inercia hasta la 5.1
-, choque de . . 342.4
- del ascensor . 346.9
-, diente de . . 93.7
-, freno de 111.9, 113.1
-, funcionamiento por inercia hasta la 4.8
-, gatillo de . . 93.8
-, mecanismo de 92.7
-, - - - por mordiente 94.8
-, posición de - de la rueda de muescas 95.5
-, rueda de - de muescas 95.3
-, tiempo necesario para la 5.3
-, trinquete de . 342.7
Paralelo, acoplamiento en 225.1
-, acoplar . . . 224.9
-, combinador en serie y 221.9
-, resistencia en 223.9
-, transporte aéreo inclinado de dos cables -s 393.3
Paralelógramo de las fuerzas 129.4
Parallel schalten 224.9
Parallelschaltung 225.1
- -, Reihen- . . 225.2
- -, Serien- . . . 225.2
-träger 147.4
-widerstand . . 223.9
Parallel connection 225.1
- -, series . . . 225.2
- girder 147.4
- resistance . . 223.9
-, to connect in 224.9, 225.7
Parallela, travatura 147.4
Parallèle, connecter en 224.9
-, connexion en 225.1
-, couplage en . 225.1
-, résistance en 223.9
Parallèles, forces 127.5
Parallelo, accoppiamento in 225.2
-, - - serie e . . 225.2
-, accoppiare in 224.9
-, controller per serie e 221.9
-, resistenza in 223.9
Parallelogram of forces 129.4
Parallelogramm, Kräfte- 129.4
Parallelogramma di forze 129.4
Parallélogramme des forces 129.4
Paranco 48.7
- a mano . . . 50.2
- celere 51.2
- fisso, carrello con 276.2
Paranco sospeso, carrello con 276.1
Parapet . . . 157.10
Parapetto . . 157.10
-, colonnino del 158.1
-, ferro del . . 158.2
Parar automáticamente, el ascensor se para automáticamente 347.3
- el ascensor . 346.8
-, - - se para . 347.2
- - mecanismo de levantamiento 93.2
- la bomba . . 233.4
- - cabina mediante mordazas 342.2
- - marcha de la grúa 281.8
Parásitas, corrientes 201.6
Paratoie, binda da 265.5
Paravientos . . 153.8
Parc à charbons 381.8
Parcours . . . 18.3
- nécessaire à l'arrêt 5.1
- - au démarrage 4.9
Pared de la caja 334.3
- - muelle . . . 380.4
- - un edificio 161.10
- del almacén . 381.4
- - pozo 334.3
-, dragado de -es elevadas 374.2
- frontal de tambor 43.1
-, soporte de . . 92.1
Paredes del agujero del remache 121.4
Parete, asta di 141.8
- del cilindro . 188.7
- dell'edificio 161.10
- frontale del tamburo 43.1
-, gru girevole da 302.5
- murale, arganello da 270.3
- piena, ponte a trave con 160.1
Pareti del foro 121.4
-, pressione sulle - del foro 121.5
Paro, bloque de 343.1
-, cuña de . . . 343.2
- del servicio . 282.5
-, grapa de . . 342.6
-, mecanismo de - sobre la vía 414.3
-, mordazas de 342.6
-, tope de . . . 327.5
Paroi d'édifice 161.10
- de boût du tambour 43.1
- - la cage . . 334.3
- du cylindre . 188.7
- - puits 334.3
- - trou de rivet 121.4
Paroi, pression sur la - du trou de rivet 121.5
Parois en bois 294.3
Part, gear -s . 250.4
- of gear . . . 61.7
Parte al abrigo del viento 154.5
- anterior del bastidor de la grúa 307.6
- conducida . . 24.5
- conductora . 25.1
- inferior del aspirador con lavacías de presión 376.7
- - - elevador . 362.1
- libre 24.5
- superior del elevador 361.8
Partenza di un veicolo 408.4
-, stazione di . 396.3
Parti del meccanismo di comando 250.4
-, travata in due 292.6
Partida, estación de 396.3
Partie à l'abri du vent 154.5
- inférieure de l'élévateur 362.1
- supérieure d'élévateur 361.8
Partire, far - un vagoncino 408.3
Parts of lifting mechanism 24.2
Pas à droite, tambour avec 44.7
- - gauche, tambour avec 44.8
- circulaire 64.6, 64.7
- de la chaine . 28.5
- - - denture . 64.7
- - rivets . . . 123.3
- diamétral . . 64.8
-, double 114.5
- du chainon . 28.5
- multiple . . . 114.6
- -, vis à 114.6
-, simple 114.4
- -, vis à 114.4
-, vis à double 114.5
Pasador . . 80.2, 115.7
- de la articulación 83.9
Pasar, cantidad de agua que pasa 236.1
Pasillo 156.8
- de refuerzo . 152.5
- - servicio 157.7, 157.8
Paso circular . 64.6
-, círculo de . . 81.1
-, circunferencia de 81.1
- del cable debajo de las cruces 401.1
- - - por debajo 400.9
- - - - encima 400.8
- - engranaje . 64.7
- derecho, tornillo sin fin de 72.1
-, filete de un . 114.4

Paso interior del eslabón 28.5
-, intervalo de tiempo entre el - de vagonetas 408.1
-, izquierdo tornillo sin fin de 72.2
-, tambor de - derecho 44.7
-, - - - izquierdo 44.8
-, velocidad de 235.9
Pasquillschloß 337.5
Pasquill-lock . 337.5
Pasquill, serrure de 337.5
Pasquill, serratura di 337.5
Pasquill, cerradura de 337.5
Passage d'un système roulant, charge au 134.4
- de la ligne . 398.8
- des wagonnets, intervalle de temps entre le 408.1
- du câble en dessous des croisements 401.1
- - - par-dessous 400.9
- - - - -dessus . 400.8
-, section de libre 290.5
Passaggio, altezza di - libera del portale 304.9
-, intervallo di tempo fra il - dei veicoli 408.1
-, profilo di . . 290.5
-, velocità di . 235.9
Passenger elevator 366.2
- lift . . . 351.1, 366.2
Passerella 156.8, 289.8
- di rinforzo . 152.5
- - servizio 157.7, 157.8
-, impiantito della 157.2
-, tavolato della 157.2
-, trave per la . 157.1
Passerelle 156.8, 157.8, 157.9
- de renfort latérale 152.5
- - service 157.7, 289.8
-, longeron de la 289.7
-, plancher de . 157.2
-, support de la 289.7
- sur console . 152.5
Passo dei chiodi 123.3
- della catena . 28.5
- - dentatura . 64.6
Passonata del fondamento 288.9
Paßrohr 117.5
-schraube . . . 117.2
-stift 117.3
Patenôtre 356.5, 361.6
Paternosteraufzug 356.5
-werk 361.6
Patemoster-work 356.5
Path . . . 20.8, 333.7
-, acceleration . 19.6
Path, alteration of - by gearing 62.6
-, braking . . . 97.7
-, chain 82.4
-, contact . . . 218.5
-, friction . . . 22.6
-, guide 338.8
- of balance-weight 333.8
- - lift 6.9
- - motion . . . 18.3
- - pointer . . 350.5
-, resistance of 18.4
-, rotation roller 259.7
-, slewing . . . 16.3
-, slowing-down . 5.1
-, speeding up . . 4.9
-, swinging . . 16.3
Pathway 157.9
Patin 88.5
-, tourillon à . 79.7
Patín autoregulador 339.4
- de guía . . . 339.3
-, gorron de . . 79.7
Patio, grúa de 309.3
Patronensicherung 208.10
Patte d'attache 150.5
Pattes, treuil ordinaire à 270.1
Pattini di tensione 398.2
Pattino 339.3
- collettore di corrente 207.1
- di guida autoregolatore 339.4
Pause, Arbeits- 282.5
-, Betriebs- . . 282.5
Pavimentato, granaio - per grano sciolto a silos in colatoi 382.2
Pavimenti, granaio a parecchi 381.9
Pavimento 162.2, 290.7
- a botola . . . 409.6
-, altezza del - dalla incavallatura 162.3
- della cabina . 340.6
Pawl 93.6, 93.8
- coupling . . 418.3
-, distance . . . 95.8
-, falling 95.9
-, friction . . . 94.4
-, grip 342.7
- holder 104.8
-, ratchet and . 93.4
-, spring 95.7
Pedal . . 247.5, 247.6
- switch 215.8
Pedal 247.6
-, freno de . . . 100.5
-, interruptor de 215.8
Pédale 247.6
-, frein à 100.5
-, interrupteur à 215.8
-, levier à . . . 247.5
Pedale 247.6
-, freno a . . . 100.5
-, interruttore a 215.8
-, leva da . . . 247.5
Pedazos, materias en 384.4
Pedestal . 84.3, 87.1
Pedestal, angle - bearing 89.8
- base 88.5
- -bearing . . . 89.7
- body 88.2
- cap 88.3
- carriage . . . 155.7
-, plain 89.1
- sole 88.5
-, solid 89.1
Peindre 161.1
Peintre 161.2
Peinture, couche de - á l'huile 161.6
Peitschen der Kette 26.6
-, die Kette peitscht 26.7
Peldaño 158.7
Peligrosa, sección 175.1
Pelle 411.1
- à charbons . 412.5
- - coke 412.6
- - minerais . . 412.7
- automatique 410.6
- -, appareil à . 410.5
- -, chariot . . 276.5
- -, grue à . . . 309.6
-, fonctionnement par-automatique 410.4
Pelleton 317.4
Pencher la flèche 17.5
Pencil 180.4
Pendel 156.1
-aufhängung, Katze mit 276.3
-fangvorrichtung 344.1
-lager . . 155.9, 184.5
-magnet 57.3
-rolle 402.6
-schiene 245.2
-schwinge . . . 245.2
-stütze 156.2
Pendelnder Auflagerschuh 402.2
Pendente, binario 277.6
-, carrello con binario 277.5
-, puleggia . . . 402.6
Pendenza, punto del cambiamento di 399.4
Pendolare, guida 245.2
-, sostegno . . . 156.2
Pendolo, carrello con sospensione a 276.3
-, dispositivo d'arresto a 344.1
-, magnete a . . 57.3
-, sopporto a . . 184.5
Péndula . 141.5, 143.5
Pendulaire, électro-aimant 57.3
Pendular, carro con suspensión - de la polea 276.3
-, soporte . . . 245.2
Pendule . 156.1, 156.2
-, appui à . . . 155.9
-, parachute à . 344.1
Péndulo 156.1
- magnético . . 57.3
Péndulo, paracaídas de 344.1
-, soporte de . . 184.5
Pendulum . . . 156.1
- grip gear . . 344.1
- magnet . . . 57.3
- roller 402.6
- shoe 402.2
Pensile, fune . 34.9
-, trave armata 138.6
Pentola da colata 311.1
-, magnete a . . 108.6
Peraltada, viga articulada 147.8
Peralte 147.9
-, dar - á una viga 148.1
Percer les trous de rivets 121.7
Percorrere, via da 13.8
Percorribile . . 13.2
Percorsa, linea - dal contrappeso 333.8
-, via - dal carico 333.7
-, - - - contrappeso 333.8
Percorso . . . 13.5
- della fune . . 41.7
-, direzione del 13.9
Perdida, agua - por fugas 230.8
- de efecto útil 11.7
- - presión hidrostática 229.9
- - sección debida á los agujeros para los remaches 146.5
- - tensión . . 198.5
- - trabajo . . 10.8
- - voltaje . . . 198.5
- por rozamiento 23.3
- - trabajo en vacío 11.1
Perdido, camino 13.7
-, trabajo . . . 11.7
Perdita d'attrito 23.3
- d'effetto . . . 11.7
- di altezza di pressione 229.9
- - lavoro . . . 10.8
- - potenziale . 198.5
- - tensione . . 198.5
- per fori di chiodi 146.5
- - lavoro a vuoto 11.1
Perduta, acqua 230.8
-, - - per fughe 230.8
-, corsa 13.7
Perfil de doble cabeza 420.2
- - - hongo . . 420.2
- del diente . . 64.10
- libre 304.8
- longitudinal . 398.9
Perfilado, hierro 168.2
-, viga de hierro 146.7
Perforada, chapa 169.5
-, plancha . . . 169.5
Perforata, lamiera 169.5

Perforated sheet iron 169.5
Perforée, tôle . 169.5
Pericolosa, sezione 175.1
Periferia libera della zona 296.9
Periferia 64.4
Period, braking 97.10
- of free descent 8.9
- - loading . . 210.2
- - tightening of the brake 98.7
-, slowing . . . 5.3
-, starting . . . 5.2
Periode, Freifall- 8.9
-, Hub- 6.6
-, Senk- 7.8
Période de chute libre 8.9
- - descente 7.8, 8.9
- - freinage . . 97.10
- - levage . . . 6.6
Periódica, carga obrando de una manera 132.10
Périodique, charge 132.10
Periodo della caduta a piombo 8.9
- - - libera . . 8.9
- di discesa . . 7.8
- - frenaggio . 97.10
- - sollevamento 6.6
Periodo de caída libre 8.9
- - descenso 7.8, 8.9
- - frenado . . 97.10
- - levantamiento 6.6
Permanent load 133.2 133.4, 209.7
Permanent, travail - du moteur 209.7
Permanente, carga 133.2
Permanente, carico 133.2
-, potenza . . . 209.7
Permanente, charge 133.2
Perni, sopporto per - di base 86.1
Perno 78.6, 117.3, 340.9
- a forchetta . 79.1
- - scudo . . . 79.7
-, attrito del . . 78.9
-, carico sul . . 78.7
- centrale . . . 260.3
- che si è adattato nei suoi cuscini 78.10
- con piastra d'attacco 79.6
- d'appoggio . 78.11
- d'articolazione 83.9
- del bilanciere 155.5
- dell'albero . . 76.4
- della catena 29.10
- - manovella . 178.2 178.3
- di base . . . 79.2
- - centratura . 260.3
- - controspinta 79.4
- - rotazione . 79.8 259.6
- - sostegno . . 408.7
- - spinta . . . 79.2
- - - ad anello 79.3
Perno, girare sopra un 79.9
-, gru girevole su 300.1
-, lubrificazione del 78.8
- portante 78.11, 408.7
- principale . . 260.1
-, rotare sopra un 79.9
- sferico 79.5
-, sopporto per - sferico 91.7
Perno 79.10, 113.7, 254.7
- con cabeza y tuerca 116.7
- de anclaje . . 118.1 287.9
- - centrar . . 260.3
- - corchete . . 117.1
- - gancho . . 117.1
- - la cadena . 29.10
- del soporte de báscula 155.5
- principal . . 340.9
- prisionero . . 117.3
Perpendiculaire, force 128.4
Perpendicular, fuerza 128.4
Perpetua, albero della vite 71.2
-, ingranaggio a vite 70.7
-, - - - - a due vermi 71.8
-, meccanismo a vite 250.3
-, rinvio a vite 71.6
-, scatola della vite 70.8
-, trasmissione a vite - racchiusa in scatola 71.5
-, vite 71.1
-, - - a più vermi 71.7
Personal de carga 321.8
Personas, ascensor de 351.1
Persone, ascensore per 351.1
-, elevatore per 366.2
Personenaufzug 351.1
-beförderung, Aufzug für 351.1
-elevator . . . 366.2
Personnes, ascenseur pour le service de 351.1
Perte d'effet utile 11.7
- de pression . 229.9
- - - mesurée en hauteur d'eau 229.9
- - section par les trous de rivets 146.5
- - tension . . 198.5
- - travail . . . 10.8
- - voltage . . 198.5
- due à la marche à vide 11.1
- par frottement 23.3
Pesadas, grúa para cargas 308.2
Pesanteur, accélération due à la 21.10
Pescaggio . . . 308.6
Pesi, gru per grossi 308.2
-, serie di . . . 134.3
-, sistema di . . 134.2
Peso 1.2, 21.9
- a palla 53.8
-, braccio di leva del 100.8
- del gancio . . 53.7
- della gru . . 283.9
- - materia ritenuta 384.8
-, freno funzionante per pressione del 104.4
- massimo . . . 2.1
- mobile 134.1
- morto 1.4
- nullo 1.5
- proprio, carico per il 134.6
-, puleggia di sospensione del 47.6
-, saccare della fune per il 9.3
-, svincolare un - dalle branche 60.6
- tenditore . . 397.10
- utile 1.3
Peso 1.2, 21.9
-, acumulador de -s 232.4
- adicional del gancho 53.7
- de carga . . . 53.7
- - la carga, freno funcionado por el 104.4
- - - grúa . . . 283.9
- del montón . 384.8
- en forma de bola 53.8
- esférico . . . 53.8
- móvil 134.1
- nulo 1.5
- propio, carga por 134.6
- útil 1.3
Pestaña de la rueda 255.6
- del cojinete . 88.1
Pestillo . 95.8, 338.2
Petto della gru 307.6
Pezzi del meccanismo di comando 250.4
Pezzo 24.4
- d'incrocio e di collegamento 421.9
- da fucinare, manovra di rotazione del 314.6
- - -, meccanismo di rotazione del 314.6
- di contatto . 218.3
- - frizione . . 100.1
Pfanne, Gieß- . 311.1
-, Niet- 125.10
-, Spur- 86.2
Pfannenführung 311.7
-gehänge . . . 311.4
-schnauze . . . 311.2
-tragbügel . . 311.5
-wagen 312.6
Pfeilhöhe . . . 138.9
-rad 68.5
Pfeilverband . 158.4
Pfeiler, Fundament- 288.8
Pferdekraft . . 21.6
-leistung 21.6
-stärke 21.6
Pfosten . 148.5, 151.7
-, End- 148.6
-, Geländer- . . 158.1
-, Haupt- 403.6
-, Stütz- 403.6
-, Trag- 403.6
Pfropfen, Verschluß- 241.4
Phoenix column iron 168.8
- - section . . . 168.8
Phosphorbronze 169.11
Phosphor bronze 169.11
Phosphoreux, bronze 169.11
Piallato, dente . 66.2
Piani, disinnesto ai 349.1
-, indicatore dei 350.7
-, interruzione ai 349.2
-, manovra ai . 348.8
-, suddivisione dei 350.8
Piano 334.7
- di sollevamento 332.3
- -inclinato . . 391.9
- - a torrione . 387.3
- -, ascensore su 351.5
- - carreggiabile 386.7
- - con cavo per la discesa dei legnami 393.6
- - - due cavi di trazione aerea 393.3
- - - un solo cavo di trazione aerea 393.2
- - elicoidale . 387.2
- - per alzare un battello 357.1
- - - trazione automatica 361.4
- - - - frenata 361.5
- - scaricatore mobile 386.7
- -, trasporto su 360.6
-, interruttore al 349.3
- terreno . . . 335.2
Pianta dei tubi 236.4
Piastra d'appoggio 88.7, 155.1
- - convessa . . 155.3
- d'arresto . . 76.1
- d'attacco . . 328.6
- del bozzello . 49.5
- della catena . 29.3
- di base . . . 86.2
- - coprigiunto 149.1
- - fondazione 88.7, 288.1, 300.11, 301.1
- - guardia . . 76.1
- - rinforzo . . 149.9
- - testa 300.8
-, perno con - d'attacco 79.6

Piastrella, testa della 29.9
Piastrina 113.10
- di frizione 257.5
- - guardia 257.5
Piatta 323.4, 323.5
-, fune 40.9
- per carbone 323.7
-, rotaia 328.10
-, - - d'acciaio 328.11
Piattabanda 146.1
-, chiodo di 146.3
-, lamiera da 146.2
Piattaforma a bilico 324.1
-, ascensore a 352.1
- del manovratore 293.5
- dell'alto forno 356.3
- di caricamento 322.6
- - carico 340.4
- - manovra 289.8
- - sollevamento 340.3, 355.8
- girevole 330.1
- - da ferrovia sospesa 421.10
- - - funicolare aerea 421.10
- - della gru 301.5
- -, gru a 301.4
- superiore 311.8
-, vagoncino a 377.9
Piattebande, rinforzo delle 146.6
Piatti, fune a doppi trefoli 39.10
-, - - trefoli 39.9
Piatto, cassetto 194.3
-, ferro 167.10
Piazza di scaricamento 418.10
Piazzale del magazzini 382.5
Pick, to - up the load 9.4
Pico de cubetadraga 411.5
- - cuchara 411.5
- del caldero 311.2
- - crisol 311.2
Pie 264.6
-, circunferencia de 64.5
- de cabra 261.1
- - la grúa 294.8
- del brazo 297.2
- - diente 65.3
- - pórtico 304.6
- - soporte 88.5
- derecho de escuadra 151.7
- inferior del elevador 362.1
Piece, core- 421.8
- goods 322.4, 384.4
-, junction- 421.9
Pièce comprimée 141.6
- coulée à nervures 164.5
- - en creux 164.4
- - - terre 164.3
- d'acier coulée 166.4, 166.5
- - moulée 166.4
- de glissement 339.3
Pièce de pont 148.3
- - raccordement 421.9
- - renfort 152.4
Pièces d'attache 118.5
- détachées du mécanisme 250.4
Pied, cercle de 64.5
- -de-biche 261.1
- - -chèvre 261.1
- - grue-portique 294.8
- - la dent 65.3
- - - flèche 297.2
- du bras 297.2
Piede, bullone al - del sopporto 88.6
- del dente 65.3
- - puntone 297.2
- - sopporto 88.5
- dell'elevatore 362.1
Piedestallo a bottiglia, martinetto a 262.7
Piedra, clavija para levantar -s 59.8
- de apoyo 155.2
-, loba para levantar -s 59.8
-, tenazas para bloques de -s 59.7
-, - - levantar -s 59.8
-, torno para 265.3
Piegarsi per effetto di compressione assiale 172.6
Piena, fune 41.1
-, ruota 257.7
Pieno, albero 76.6
Pierre, dé en 155.2
Pietra d'appoggio 155.2
- di fondazione 155.2
Pietre, argano da 265.3
-, tanaglia per la sospensione delle 59.7
Pieza, almacén de -s fundidas 383.2
- de apoyo de la cinta de freno 103.2
- - - del cable 401.10
- - - oscilante 402.2
- - - sobreelevada 402.1
- - contacto 218.3
- - fundición colada en arcilla 164.3
- - - con nervaduras 164.5
- - - hueca 164.4
- - unión 421.9
-, mecanismo para dar vueltas á las -s de fundición 314.6
- vertical 148.5
- - extrema 148.6
Pig-iron, counterweight of sand and 287.4
- - stores 383.2
Pigliacavo 416.6
Pigliafune 416.5
-, apparecchio 418.8
- con leve a ginocchio 417.8
-, veicolo 418.1
Pignon 67.7
- à chaîne 30.7, 73.5
- baladeur 63.8
- d'embrayage 63.8
- mobile 63.8
- pour chaîne 31.4
- - - Gall 31.4
Pignone 67.7
Pila 403.6
Pila della gru 294.8
- di fondazione 288.8
- metallica 156.4
Pilar 403.4, 403.6
- de balaustrada 158.1
- - cimentación 288.8
Pilier 156.4, 403.4, 403.6
- articulé 156.2
-, charpente de 306.4
- de fondation 288.8
- du chemin de roulement de la grue 327.4
- - - - - du pont 327.4
-, grue pivotante sur haut 306.3
Piliers, grand portique sur 295.5
Piling, built 385.1
-, loose 384.10
-, packed 385.1
- stores 385.2
Pillar 156.4
- crane 300.5, 300.6
-, foundation 288.8
-, gantry 156.2
-, head of 300.7
Pillow-block 84.3, 87.1
- - bearing 89.7
- - -, oblique 89.8
Pilone di sostegno 403.6
- portante 403.6
Pin 78.6, 120.6
-, bogie 254.7
-, chain 29.10
-, coupling 30.5
-, crank 178.8
-, end 30.5
-, fork 79.1
-, joint 79.10, 83.9
- of pin wheel 69.4
-, pivot 155.5
-, split 80.2, 115.7
-, steady 117.3
-, swing 155.5
- wheel 69.5
- - gear 66.9, 69.3
Pince 57.4, 261.1
- à bloc et à lingotière 313.7
- - lingot, grue avec 312.7
- - rivets 126.1, 126.2
- - soulever les pierres 59.8
- d'attache de la grue au rail 285.6
- de delogeur 314.2
- - l'appareil d'accrochage 314.2
- - - de préhension 314.2
Pince de serrage 418.4
- - suspension pour blocs de pierre 59.7
- - - - caisses 59.5
-, joue de la - de serrage 418.5
- pour sacs 59.6
-, support de suspension de la 207.9
-, treuil de manœuvre de la 314.1
Pinch bar 261.1
Pinion, chain - and axle 31.6
-, rack and - jack 264.3
-, toothed rack and 68.7
Piñón 67.7
- desplazable 63.8
- planetario 69.8
Pintar 161.1
Pintor 161.2
Pintura, capa de - al oleo 161.6
- de un solo color 161.3
Pinze di cucchiaio 411.3
- - tenaglia 411.3
Piombo, caduta a - del carico 8.8
-, cavo armato di 205.2
-, - su 205.2
-, periodo della caduta a 8.9
Pipe 239.4
-, air -s 235.1
-, articulated 240.2
-, branch 237.1
- closer 241.3
-, connecting 237.3
- connection 237.2
-, discharge -s 230.7
-, drain 231.4
-, exhaust 240.4
-, flanged 239.7
- fracture 241.8
-, hinged 240.2
-, inlet 240.3
- joint, screwed 240.5
- line 236.3
-, outlet 240.4
-, overflow 231.3
- packing 241.6
-, plan of -s 236.4
- section 235.8
-, socket 239.6
- stopper 241.3
-, suction 364.1, 376.8
-, system of -s 236.2
-, telescopic 239.8
- with stuffing box 240.1
Piping 235.6, 236.2
-, flow 236.5
-, return 236.6
-, steam 226.9
Piramidal, grúa - giratoria 306.1
Piramidale, gru 306.1
Piramide di sostegno 306.2
Pirámide de apoyo 306.2

Piso 334.7
- bajo 335.2
-, granero de diversos -s 381.9
-, maniobra en los -s 348.8
- subterráneo . 335.1
Piston 185.6
-, brake 105.5
- buffer 186.2
-, core 187.2
-, counter . . . 186.8
-, differential . 187.3
-, - - distribution 195.4
-, disc 186.5
-, distributing . 194.9
-, double 195.2
-, - -acting . . . 186.4
- drive 185.4
- -, direct acting 185.1
-, driving . . . 185.5
-, flat 186.5
- force 186.1
-, hollow 186.9
-, hydraulic . . 188.1
-, lifting . 185.2, 187.4
-, load 188.3
-, opposite . . . 186.8
-, pneumatic . . 188.2
-, pre-distribution 195.6
- pressure 186.1, 188.4
-, pump 187.5
-, relief 239.2
- ring 185.7
- rod 185.8
-, single-acting 186.3
-, steam 187.6
-, stroke of . . 185.9
-, telescopic . . 187.1
- valve 195.3
- - gear 194.8
-, working . . . 186.7
Piston 185.6
- à disque . . . 186.5
- - double effet 186.4
- - noyau . . . 187.2
- - simple effet 186.3
- actionné par l'air comprimé 188.2
-, ascenseur à . 351.6
-, commande par 185.4
- compresseur . 188.4
-, course du . . 185.9
- creux 186.9
- cylindrique . 186.9
- d'accumulateur 231.10
- d'ascenseur 187.4 351.7
- de distribution 194.9
- - la distribution préliminaire 195.6
- - - - préparatoire 195.6
- - levage . . . 185.2
- - - d'une charge 188.3
- - monte-charge 187.4
- - moteur à vapeur 187.6
- - - actionné par la vapeur 187.6
- - - hydraulique 188.1
Piston de pompe 187.5
- - travail . . . 186.7
- différentiel . 187.3
- -, distribution à 195.4
-, distribution par 194.8
- double 195.2
- du frein . . . 105.5
- - - à air . . . 109.4
- moteur 185.5, 186.7
- mû par pression hydraulique 188.1
- plat 186.5
- plongeur . . 186.6
- pneumatique 188.2
-, pression du . 186.1
-, - sur le . . . 186.1
- télescopique . 187.1
-, tiroir à . . . 195.3
- tubulaire . . 186.9
Pistón, amortiguador de 186.2
Pistone, ascensore a 351.6
- d'ascensore . 351.7
Pit, crane with the post in a 301.2
- head winch . 268.2
- - winding engine 268.2
-, soaking . . . 313.2
Pitch circle 31.1, 64.3
-, diametral . . 64.7
- - line 64.3
- of rivets . . . 123.3
- - teeth 64.6
Pittore 161.2
Pitts, pont de . 313.1
Pittura ad olio, mano di 161.6
Piuoli, scala a . 158.6
Piuolo 158.7
Pivot bolt . . . 155.5
-, head 300.9
-, hollow- 79.3
- -journal . . . 79.2
- pin 155.5
-, ring- 79.3
- slewing crane 300.1
-, to turn on a . 79.9
Pivot . . . 79.2, 259.6
- annulaire . . . 79.3
-, chariot à . . 277.3
- de centrage . 260.3
-, grue tournante sur 300.1
-, tourner sur un 79.9
Pivotal bearing 155.4
Pivotant, sabot 401.10
-, - à câble . . . 402.2
Pivotante, aiguille horizontale 421.4
- et roulante, grue 301.6
-, grue 295.9
-, - - fixe 299.9
-, selle 406.6
Pivotar, aguja horizontale que pivota 421.4
-, grúa que pivote sobre plataforma móvil 301.6
Pivotation . . . 14.2
Pivote . . 79.2, 259.6
- anular 79.3
-, grúa de . . . 295.9
Pivoter . . 14.6, 79.9
-, faire - la grue 296.6
Pivoting-bearing 155.4
Placa de anclaje 288.1
- - ángulo . . . 151.3
- - apoyo . . . 155.1
- - - de superficie convexa 155.3
- - aprieto . . . 328.6
- - base 88.7
- - cabeza . . . 300.8
- - chapa de hierro 168.11
- - cimentación 88.7 301.1
- - - en cruz . 300.11
- - lleno 149.9
- - nudo . . . 150.11
- giratoria . . . 330.1
- - de la grúa . 301.5
- - - vía aérea 421.10
- - - - suspendida 421.10
- lateral del torno 267.3
Place, discharging 322.3
-, loading 322.2, 413.4
- of joint . . . 150.2
-, unloading . 413.10
Placer le levier dans sa position moyenne 246.3
- un bandage . 258.4
Plafond, chariot pour poutre de 277.7
- de cabine . . 340.7
-, poutre du . . 340.8
Plain pedestal . 89.1
Plan, Kräfte- . 130.2
-, Rohr- 236.4
-scheibengetriebe 73.4
-, Seil- 130.6
-, Verschiebungs- 136.6
Plan of pipes . 236.4
Plan de l'installation de la conduite 236.4
- - la tuyauterie 236.4
- incliné 361.4
- - à câble sans fin 361.4
- - - chaîne . . 361.4
- - - frein . . . 361.5
- - - trainage . 391.9
- -, ascenseur sur 351.5
- - de chargement 356.7
- - - déchargement 386.4
- - - - mobile . 386.7
- - - déchargeur 386.3
- - hélicoïdal . 387.2
- - pour bateaux 357.1
- -, tour avec . 387.3
- -, trainage sur - - à double action 388.4
- -, - - - - - - simple action 388.3
- -, transport sur 360.7
Plan, tiroir . . 194.3
Plancha de apoyo 86.2
- - los rodillos de rodamiento 405.6
- - refuerzo . . 152.6
- - retención . 76.1
- - unión . . . 150.3
- estriada . . . 169.4
- fina 169.2
- gruesa 169.1
- lateral de la horquilla de apriete 418.5
- - - - - - cierre 418.5
- perforada . . 169.5
Planche 157.5
Plancher 290.7
- de cabine . . 340.6
- - passerelle . 157.2
- - plate-forme 157.2
- en madriers . 157.5
Plane, translation 136.6
-, transposition 136.6
Planed tooth . . 66.2
Planet, sun and - wheel gear 69.7
- wheel 69.8
Planétaire, engrenage 69.7
-, roue 69.8
Planetaria, ruota 69.8
Planetario, ingranaggio 69.7
Planetario, engranaje 69.7
-, piñón 69.8
Planetenrad . . 69.8
-getriebe . . . 69.7
Plank bridge . 159.9
-, floor 157.6
- flooring . . . 157.5
Plano, cable . 40.9
-, - de dobles torones -s 39.10
-, - - torones -s 39.9
-, carril . . . 328.10
- de la instalación de tubos 236.4
- - las conexiones 226.5
-, distribuidor . 194.3
-, hierro . . . 167.10
- inclinado, arrastre sobre 391.9
- -, ascensor por 351.5
- - automotor . 361.4
- - - con freno 361.5
- -, carro-sobre 277.9
- - de carga . 356.7
- - - descarga 386.3 386.4
- - - - móvil . 386.7
- - helizoidal . 387.2
- - para buques 357.1
- -, transporte por 360.7
Plant, cableway 392.4
-, conveying . . 360.7
-, haulage . . . 360.7
-, hoisting . . . 331.3
-, loading . . . 321.1
-, pneumatic . . 284.8
Plaque bombée 155.3
- cornière . . . 151.3
- d'appui . . . 155.1

Plaque d'appui à surface courbe 155.3
- d'arrêt 76.1
- d'assemblage 150.3
- d'assire . . . 88.7
- d'assise . . . 155.1
- d'encoignure 151.3
- de fondation 301.1 88.7
- - - en étoile 300.11
- - garde . . . 76.1
- - renfort . . 152.6
- - serrage . . 328.6
- -fourrure . . 149.9
-, tourillon à . . 79.6
- tournante . . 330.1
- - de chemin de fer aérien 421.10
- - - - - - suspendu 421.8
- - - grue . . . 301.5
- -, grue à . . . 301.4
Plat, câble . . 40.9
- d'assemblage 150.3
-, fer 167.10
-, filet 114.8
-, rail 328.10
Plataforma de alto horno 356.3
- - carga . . . 340.3
- - cimentación 288.9
- - elevación . 355.8
- - maniobra . 289.8
- del conductor 293.5
- rodante . . . 301.7
- superior . . . 301.8
-, vagón 377.9
- volcadera . . 324.1
Plate 167.4
-, anchor . . . 288.1
-, base- 155.1
-, bed- 155.1
-, boiler 169.1
-, chequered . 169.4
-, connecting . 150.3
-, corner 151.3
- covering . . . 157.3
- crane 316.1
-, fine 169.2
-, fish . . . 149.5, 328.4
-, flange 146.1
- flooring 157.3, 157.4
- flush joint . . 148.6
-, foundation 301.1 155.1
- frame, flanged solid bearing for 89.5
- girder . 145.2, 147.1
- - bridge . . 160.1
-, gusset 151.3
-, - joint . . 150.11
-, head . . 146.1, 300.8
-, iron . 168.10, 168.11
- jib 297.7
-, joint 150.3
-, rough 169.1
-, scraper . . . 369.3
-, sole- 88.7
-, stiffening- . . 145.3 152.6
-, stop- 76.1
-, strengthening- 152.6
-, thin 169.2
-, thrust- 86.2
Plate-bande . . 146.1 146.2
Plate-forme . . 156.8
- - d'elévateur 355.8
- - de basculeur 324.1
- - - chargement 322.6, 340.3, 340.4
- - - fondation 288.9
- - - haut-fourneau 356.3
- - - service . 157.7
- - du conducteur 293.5
- -, longeron de 157.1
- - roulante . . 301.7
- - supérieure . 301.8
- -, support fixe de 344.7
- -, wagon- . . 377.9
Plateau d'accouplement 80.12
- d'arrêt 344.5
- de chargement 340.3
- - friction . . 100.1
--palier 210.4
Plateauwagen 377.9
Plateaux, accouplement à 80.11
- de friction, transmission par 73.4
Plated butt-joint 149.7
- girder 152.3
Platelage de plate-forme 157.2
Platform . 156.8, 289.8
-, blast furnace 256.3
- covering . . . 157.2
- flooring . . . 157.2
-, footpath . . . 157.8
- girder . 157.1, 289.7
-, lift . . . 340.4, 352.1
- load 340.4
-, loading 319.5, 322.6
-, raising . . . 355.8
-, service- . . . 157.7
-, stiffening- . . 152.5
-, tipping . . . 324.1
-, travelling . . 330.2
- wagon . . . 377.9
Platillo, acoplamiento de 80.11
- de detención 344.5
- lateral con cojinete 210.4
-, rueda de . . 257.7
-, transmisión por - de fricción 73.4
Platina 241.2
Platine 167.4
Plating 167.4
- piece 149.9
Plato de acoplamiento 80.12
Plats, monte- . 355.2
Platte, Anker- . 288.1
-, Auflager- . . 155.1
-, Fundament- . 301.1
-, Futter- 149.9
-, Grund- . 88.7, 301.1
-, Gurt- 146.1
-, Klemm- . . . 328.6
-, Kopf- . 146.1, 300.8
-, Lager- 88.7
-, Sohl- 88.7
-, Spur- 86.2
Plattformaufzug 352.1
-wagen 377.9
Platz, Lager- . 382.5
Play of the brake 99.1
- - - wheel . . 255.8
-, the controlling gear has back 244.8
Plegable, brazo móvil 298.8
Plein, câble . . 41.1
Pleine charge . 2.1
-, faire travailler le moteur à 183.2
Plomb, câble sous 205.2
- fusible 208.7
Plomo, cable con envoltura de 205.2
Plongée, angle de 308.7
Plongeur, piston 186.6
Plongeuse, armature 109.1
Plots, série de - d'une résistance 223.7
Plug contact . 206.1
- fuse 208.9
- hole, to cast through the 312.4
- of ladle . . . 311.3
-, screwed . . . 241.4
Plummer block 87.1 155.7
- - bearing, oblique 89.8
- - - without holding down lugs 89.7
- stool 155.7
Plunger 186.6
-kolben 186.6
Plunger 186.6
-, accumulator 231.10
-, dashpot . . . 109.4
-, guide 315.2
-, hollow 186.9
- magnet core . 109.1
-, spring 95.6
-, stripper . . . 314.3
Plusieurs moteurs, pont roulant à 292.4
Pneumatic accumulator 232.7
- brake 105.8
- braking . . 105.10
- central station 235.5
- conveyance . 363.6
- driving . . . 234.3
- elevator . . . 363.7
- haulage . . . 363.6
- lifting device 235.2
- piston 188.2
- plant 234.8
- riveting . . . 126.8
- working . . . 234.4
Pneumatica, chiodatura 126.8
Pneumatico, cuscino 239.2
-, elevatore . . 363.7
-, freno 105.8
-, stantuffo . . . 188.2
-, trasporto . . 363.6
Pneumatico, moderatore 109.3
Pneumático, émbolo 188.2
-, freno 105.8
-, remachado . 126.8
Pneumatique, accumulateur 232.7
-, élévateur . . 363.7
-, élévation par appareil 363.6
-, frein 105.8
-, rivetage . . . 126.8
-, transport . . 363.6
Pneumatische Förderung 363.6
- Nietung . . . 126.8
Pneumatischer Elevator 363.7
Poche 311.1
-, chariot porte- 312.6
-, - porteur de la - de coulée 312.6
-, - transporteur de la - de coulée 312.6
- d'air 238.7
- d'eau 237.2
-, étrier de suspension de 311.5
-, guidage de la 311.7
-, quenouille de la 311.3
-, renversement de la 311.8
-, tige de suspension de 311.4
Pocket, air . . 238.7
-, mud 238.1
-, water 238.2
Poder, brazo que puede levantarse 299.4
- de funcionar con una sobrecarga 4.1
Poids 21.9
- additionel . . 58.7
- d'entrainement 58.7
- d'une grue . 288.9
- du tas 384.8
- mobile 134.1
- mort 1.4
- propre, charge par le 134.6
- utile 2.3, 2.4
Poignée de manivelle 178.2, 179.1
-, manivelle à . 178.9
Poinçon 297.1
- de delogeur . 314.3
- - guidage . . 315.2
-, grue avec - et pince d'accrochage 313.5
- guidé, pont roulant à griffes avec 314.9
- -, pont grue à griffes avec 314.9
- porte-griffes . 60.3
- - -tenaille . . 58.6
- -presse 314.3
Poinçonner les trous de rivets 121.6

Point, bedding- 139.8
- circle 64.4
-, coupling . . . 415.3
-, drag rail -s . 421.1
-, fastening- . . 139.8
-, feeding . . . 208.4
-, fixing- 139.8
- gear 67.1
-, height of . . 65.4
-, lever 421.3
- of bearing . . 92.4
- - deviation . 399.4
- - support . . 137.3
- - tooth . . . 65.2
-, rivet- 121.1
-, securing of -s 421.6
-, system 140.4
-, tong 57.7
- tongue 420.7
-, tongue -s . . 420.6
-, trailing -s . . 420.8
-, turning -s . . 421.4
Point d'accouplement 415.3
- d'accrochage 415.3
- d'alimentation 208.4
- d'appui . . . 137.3
- d'assemblage 150.2
- d'attache des traverses 150.2
- d'encastrement 139.8
- de chargement 413.4, 413.10
- - déchargement par mouvement de bascule 409.4
- - jonction . 150.10
- - - des feeders 208.4
- - soutien par un palier 92.4
Pointe de cœur 421.8
Pointeau de laminage 243.5
Pointer . 350.3, 350.4
-, path of . . . 350.5
Poitrail de la charpente de grue 307.6
Pol 130.3
-, Gegen- 109.2
-, Magnet- . . . 202.4
-, Kopf- 109.2
-, Moment der Kraft P_1 in bezug auf den - O 130.8
-strahl 130.4
-wechsel 201.1
-weite 130.5
Polaire, distance 130.5
Polar, distancia 130.5
-, radio 130.4
Polare, distanza 130.5
-, raggio 130.4
Pole 130.3
- distance . . . 130.5
- head 109.2
-, magnet . . . 202.4
-, moment of force P_1 in relation to - O 130.8
-, - - - - - respect to - O 130.8
- shoe 109.2
Pôle 130.3
- d'aimant . . . 202.4
Polea . . . 46.4, 75.2
Polea, altura de la 296.1
-, aparejo de x -s 49.6
-, armadura de la 47.3
-, - para 48.5
-, caballete porta- 48.6
-, carro con suspensión pendular de la 276.3
-, corona de la 46.5
-, cubo de la . . 46.7
-, cubre- 48.5
- de acoplamiento 416.1
- - cable de maniobra 248.6
- - cadena . . 26.1
- - contrapresión 259.1
- - desvío . . . 47.4
- - doble garganta 48.4
- - extremo del cable 403.2
- - freno . . . 96.2
- - garras . . . 392.2
- - impulsión . 75.5
- - inversión . 47.4
- - mando . 42.4, 184.9
- - retorno del cable 403.2
- - suspensión de la carga 47.6
- - tensión . . 398.1
- del brazo . . 297.4
- diferencial . 50.6
- doble 48.3
- fija 48.1, 75.4
- - y polea loca 75.3
-, garganta de la 46.6
- guía . . 47.5, 395.7
- impulsada . . 74.2
-, juego de -s . 49.1
- loca . . . 47.7, 75.5
- mandada . . 74.2
- móvil 47.7
- - invertida . 48.2
- motriz . . 48.2, 74.1, 184.9, 395.9
- para cable . . 46.9
- - - de cáñamo 47.1
- - cables metálicos 46.10
- - cadena . . 47.2
- - correa . . . 47.3
- - la cadena de mando 33.5
-, soporte para -s 333.6
Poli, magnete di sollevamento a - mobili 56.8
Poligonal, viga - articulada 143.7
Poligono . . . 130.2
- delle forze . . 129.8
- di forze chiuso 130.1
- funicolare . . 130.6
- - delle forze secondo Cremona 144.2
Polígono cerrado de las fuerzas 130.1
- de las fuerzas 129.8
- funicular . . 130.6
Polipasto . . . 48.7
- de mano . . . 50.2
Polipasto motor 50.1
- multiplicador 50.3
Polo 130.3
- del magnete . 202.4
- della cassa . 109.2
- O, momento della forza P_1 rispetto al 130.8
Polo 130.3
- con núcleo corredizo, armadura del 109.2
- del imán . . . 202.4
-, electroimán de elevación con -s móviles 56.8
-, momento de la fuerza P_1 con respecto al - O 130.8
Polycisaillé, rivet 124.6
Polygon, Seil- . 130.6
Polygon, closed - of forces 130.1
-, Cremona's . . 144.2
-, funicular . . 130.6
- of forces . . . 129.8
Polygone des forces 129.8, 130.2
- fermé 130.1
- funiculaire . 130.6
- - des efforts dans les divers éléments d'une ferme 144.2
- - - - - - - - - poutre à treillis 144.2
Pomme d'arrosoir 237.7
Pompa 233.2
- a comando elettrico 234.1
- - vapore . . . 233.9
-, altezza di aspirazione della 229.7
-, cilindro da . 189.6
- dell'accumulatore 233.7
- di pressione . 233.5
- - - a mano . 233.8
- - servizio . . 233.6
- - spurgo della miniera 376.6
-, draga aspirante a 376.4
-, fermare la . . 233.4
-, mettere fuori di servizio la 233.4
-, - in marcia la 233.3
-, prevalenza della 229.8
-, stantuffo da . 187.5
Pompe, centrale delle 234.2
Pompe 233.2
- à vapeur . . 233.9
-, arrêter la . . 233.4
- commandée électriquement 234.1
-, cylindre de . 189.6
- d'accumulateur 233.7
- de compression 183.5
- - dragage . . 376.6
- - service . . 233.6
-, drague à . . 376.4
Pompe électrique 234.1
-, faire démarrer la 233.3
- foulante . . . 233.5
- - à bras . . . 233.8
- - - main . . . 233.8
-, mettre la - hors de marche . 233.4
-, piston de . . 187.5
Pompes, centrale des 234.2
Poner á tierra . 204.2
- el carro en la posición extrema 274.4
- - - - - - inicial 274.2
- - - - - - interior 274.2
- en acción el freno 98.5
- - caliente un anillo 77.8
- - corto-circuito 226.1
- - marcha el ascensor 346.5
- - -, el ascensor se pone 347.1
- - - la bomba 233.3
- - movimiento 12.8
- - -, acción de 13.1
- fuera de circuito 214.3
- la grúa en marcha 281.7
- - - fuera de servicio 281.8
- - palanca en la posición extrema 246.3
- - - - - - media 246.3
- un casquillo al cojinete 89.3
Pont 159.5
- à poutre à âme pleine 160.1
- - -s pleines . 159.9
- - treillis . . 159.10
- d'embarquement 319.5
- de chargement 319.5
- - grue 295.6
- - navire, grue de 304.1
- - pitts 318.1
- en arc 188.8
- - arcs 160.3
- - encorbellement 160.2
- - tôle 160.1
-, entretoise de 148.3
- fixe sur pieds à treuil roulant 295.2
- -grue . 188.1, 160.2
-, le - prend une position de coincement 289.2
-, - - - - - oblique 289.2
-, longeron de . 159.7
-, - - - roulant 289.5
-, ouverture de 159.6
-, pièce de . . . 148.3
-, poutre de . . 159.7
-, - - - roulant 289.5

Pont protecteur 405.3
- roulant . . . 290.1
- - à appareil de levage auxiliaire 293.3
- - - cabine de service montée sur le pont même 291.2
- - - cage de service montée sur le pont même 291.2
- - - chariot intérieur 291.1
- - - - supérieur 290.9
- - - commande à main 291.4
- - - - d'en bas 291.3
- - - - électrique 292.1
- - - - par arbre de transmission 291.6
- - - - - - câble . 291.7
- - - flèche . . 292.7
- - - griffes avec poinçon guidé 314.9
- - - moteur unique 292.2
- - - plusieurs moteurs 292.4
- -, le - a une portée de 290.4
- -, chariot de . 254.1
- - commandé électriquement 292.1
- - - par transmission 291.5
- - d'atelier . . 309.1
- - de fonderie 293.1
- - - montage . 309.2
- - délogeur . . 313.6
- - du système dit à trois moteurs 292.3
- - jumelé . . . 292.5
- - sur pieds . 294.6 295.3
-, support du chemin de roulement du 327.4
-, système de construction de 159.8
-, voie de roulement de chariot de 327.2
Ponts, construction des 159.4
Ponte . . . 156.8, 159.5
- a sbalzo . . . 160.2
- - traliccio . 159.10
- - trave . . . 159.9
- - - con parete piena 160.1
- ad arco . . . 160.3
-, apertura del 159.6
- della gru 289.5, 295.6
- di caricamento 319.5
- - comando . 315.1
- - coperta, gru da - da nave 304.1
- - corrente . . 218.7
- - protezione . 405.3
-, gru a . 290.1, 295.5
-, - - - per fucina 314.5
-, travata del . 289.7
Ponticello di servizio 157.9
Ponton de grue 308.4
-, grue- 308.3
Pontón de draga 371.2
- - grúa 308.4
- - limpia . . . 371.2
Pontone della draga 371.2
-, gru su 308.3
Pontonkran . . 308.3
Ponton, Kran- . 308.4
Pontoon, crane 308.4
-, dredger . . . 371.2
Pontrelles, magasin des 383.4
Porre a terra . 204.2
- il carrello nella sua posizione esterna 274.4
- - - - - - interna 274.2
- - - - - - rientrata 274.2
Port face . . 192.10
-, valve 193.1
Port, grue à portique de 305.2
-, - de 304.2
Porta a battente 335.9
- - corsoio . . 336.6
- - due battenti 336.2
- ad un battente 336.1
- autochiudentesi 336.7
-, battente di . 336.3
- del focolare . 227.6
- - pozzo . . . 335.8
- di carico . . 335.5
- - scarico . . 335.6
-, la - si apre di dentro 337.1
-, - - - - internamente 337.1
-, - - - chiude da sè 336.7
- -nottolino . . 104.8
- -puleggia della fune di trazione 402.3
- scorrevole . . 336.4
- -spazzole . . 211.1
- -tanaglia . 58.6, 60.3
Porta, caballete - -polea 48.6
- -cadenas . . . 32.2
- -crisol, carro 312.6
- -escobilla . . 211.1
- -tenazas . . . 58.6
- -trinquete . . 104.8
Portability . . 13.3
Portable 13.2
- cableway . . 394.3
- drop chute . 386.7
- elevator . . . 364.6
- lever 179.2
- slewing crane 301.6
- winch 272.7
Portablocchi dell'estrattore 314.3
Portacarico . . 277.1
Portada, anchura libre de abertura de la 305.1
-, grúa de . . . 304.3
-, variabilidad de la 17.7
Portador, cable 400.4
-, - aéreo . . . 399.8
-, carro - de una viga-rail . . 277.5
Portadora, eje de la rueda 257.1
-, rueda 255.1
Portail 304.5
Portal 304.5
-, Halb- 305.4
-kran 304.3
- -, Hafen- . . 305.2
- -, Halb- . . . 305.3
- -, Ufer- 305.2
- -, Voll- . . . 304.4
Portal 304.5
- crane 304.3
- -, full 304.4
- -, harbour . . 305.2
-, height of travelling space of the 304.9
-, leg of the . . 304.6
-, semi- 305.4
-, width of travelling space of the 305.1
Portale 304.5
-, altezza di passaggio libera del 304.9
-, apertura del 304.7
-, base del . . . 304.6
-, gru a 304.3
-, - - - asimmetrico 305.3
-, - - - da banchina 305.2
-, - - - - porto 305.2
-, luce del . . . 304.7
-, - libera del . 305.1
-, semi- 305.4
Portamorsetti, tavoletta 205.8
Portante, apparecchio 52.4
-, catena 32.6
-, cavo 400.4
-, corona della ruota 255.4
-, diametro della ruota 255.2
-, fune 36.5
-, giuoco della ruota 255.8
-, la ruota - gira folle sull'asse 257.2
-, mozzo della ruota 255.3
-, orecchione . 408.7
-, organo . . . 24.3
-, perno 78.11
-, pilone 403.6
-, rotaia 395.5
-, ruota 255.1
-, - - con boccola a cuscinetto 257.3
-, - - - - di scorrimento 257.3
-, la ruota - s'inclina 256.2
-, sella 406.3
-, staffa 407.4
-, superficie . . 255.5
-, tratto 25.6
-, trave 403.7
-, traversa . . . 403.7
Portante, órgano 24.3
Portare la leva in posizione estrema 246.3
- - - - - media 246.3
Portata 2.5, 187.4, 144.5 290.2
- a biglie . . . 90.4
- d'acqua che passa 236.1
- della gru . . 283.2
-, lunghezza libera 186.8
-, variare la . . 17.3
Porte à battants 335.9
- - deux battants 336.2
- - faux 136.8
- - -, la roue est montée en 256.7
- - -, poutre en 136.7
- - -, roue porteuse en 256.6
- - fermeture automatique 336.7
- - glissière . . 336.4
- - guillotine . 336.6
- - un battant . 336.1
- -balai 211.1
-, battant de . . 336.3
- -cliquet . . . 104.8
- de chargement 335.5
- - la cage . . 335.8
- du foyer . . . 227.6
- - puits 335.8
- en treillies à glissière 336.5
-, fermeture obligée de 337.8
-, - pour 337.7
- glissante . . . 336.4
-, gond de la . 337.2
-, la - s'ouvre vers l'intérieur . 337.1
- -poulies, chevalet 48.6
- pour le déchargement 335.6
Portée . 137.4, 144.5 290.2, 296.3
- de palier . . 84.5
- du contrepoids 299.8
-, faire varier la 17.3
-, inclinaison de la 17.2
-, la grue roulante a une - de 290.4
- utile 296.2
-, variabilité de la 17.7
- variable, grue pivotante à 296.4
-, variation de la 17.2, 296.5
Porteur, bout . 25.6
-, brin 25.6
-, câble . . 36.5, 400.4
-, organe . . . 24.3
Porteuse, chaine 32.6
-, roue 255.1
Portico, gru a . 304.4
-, semi- 305.4
Pórtico 304.5
-, grúa de . . . 304.3
Portique 304.5
-, demi- 305.4
-, grue- 294.6

Portique, grue à 304.3, 304.4
-, - à - de port 305.2
-, - à - de quai 305.2
-, largeur d'ouverture du 305.1
-, montant du . 304.6
-, ouverture du 304.7
Porto, gru a portale da 305.2
-, - da 304.2
Ports, transport aérien pour le service des 394.5
Posa delle merci, mezzi per la 384.1
-, testa di . . 120.10
Pose, tête de . 120.10
Posición de bajada 220.6
- - carga . . . 413.1
- - cargamento 413.1
- - cero 220.4
- - cierre . . . 193.7
- - commutación 214.1
- - descanso de la cabina 345.1
- - descarga . 413.7
- - descenso libre 221.1
- - frenar . . . 220.7
- - giro 16.4
- - incremento brusco de la corriente 221.2
- - intercalación en el circuito 214.1
- - interrupción 220.4
- - la carga 2.8, 134.5
- - levantamiento 220.5
- - marcha . . 221.4
- - parada de la rueda de muescas 95.5
- - volcadura . 324.3
- del carro . . 274.5
- - distribuidor 193.6
- - freno de bajada 220.8
- - gancho . . 58.3
-, doble trapa de 386.1
- extrema 18.6, 246.2
- inferior del gancho 58.5
- la más interna de la carga 8.4
- lateral de la carga 8.5
- límite exterior de la carga 8.3
- - inferior de la carga 8.2
- - superior de la carga 8.1
- media 246.1
- superior del gancho 58.4
Positif, la force produit un moment 131.2
-, moment . . 130.10
Position, braking 220.7
-, closing . . . 193.7
-, crab 274.5
-, end . . 18.6, 246.2
Position, highest - of hook 58.4
-, hook 58.3
-, lifting 220.5
-, load 134.5
-, loading . . . 413.1
-, lowering 220.6, 221.1
-, - brake . . . 220.8
-, lowest - of hook 58.5
-, middle 246.1
- of load . 2.8, 134.5
- - -, extrem . 8.3
- - -, highest . 8.1
- - -, innermost 8.4
- - -, lowest . . 8.2
- - -, unilateral 8.5
- - notch . . . 95.5
- on which rush of current occurs 221.2
-, running . . . 221.4
-, slewing . . . 16.4
-, splice 38.2
-, switch 214.1
-, tipping . . . 324.3
-, unloading . . 413.7
-, valve 193.6
-, zero 220.4
Position centrale, le chariot se trouve dans sa 274.6
- d'arrêt 220.4
- de brusque augmentation du courant 221.2
- - chargement 413.1
- - déchargement 413.7
- - descente . . 220.6
- - - libre . . . 221.1
- - - sans freinage 221.1
- - déversement 324.3
- - freinage . . 220.7
- - giration . . 16.4
- - la charge 2.8, 134.5
- - - roue d'arrêt 95.5
- - levage . . . 220.5
- - mise en circuit 214.1
- - marche . . 221.4
- - repos de la cabine 345.1
- - - - - cage . 345.1
- du chariot . . 274.5
- - crochet . . 58.3
- - fardeau . . 2.8
- - frein de descente 220.8
- - tiroir . . . 193.6
- extrême . . . 246.2
- -, chariot dans la 274.3
- - et extérieure de la charge 8.3
- -, placer le levier dans sa 246.4
- finale . 18.6, 246.2
- inférieure du crochet 58.5
- initiale, chariot dans la 274.1
- -, le chariot se trouve dans sa 274.6
- -, mettre le chariot la 274.2
Position la moins écartée de la charge 8.4
- latérale de la charge 8.5
- limite inférieure de la charge 8.2
- - - du fardeau 8.2
- - supérieure de la charge 8.1
- - - du fardeau 8.1
- moyenne . . 246.1
- -, placer le levier dans sa 246.3
- oblique, la grue prend une 289.2
- supérieure du crochet 58.4
Positivo, momento 130.10
-, la forza produce un momento 131.2
Positivo, momento 130.10
Posizione d'arresto 95.5, 220.4
- d'avviamento per la discesa 221.2
- del carico 2.8, 134.5
- - carrello . . 274.5
- - cassetto . . 193.6
- - gancio . . 58.3
- di caricamento 413.1
- - chiusura . . 193.7
- - conversione 16.4
- - discesa libera 221.1
- - freno . . . 220.7
- - manovra . 214.1
- - riposo della cabina 345.1
- - rovesciamento 324.3
- - scaricamento 413.7
- - sollevamento 220.5
- - sospensione 220.6
- esterna, carrello nella sua 274.3
- -, porre il carrello nella sua 274.4
- estrema . 18.6, 246.2
- - del carico . 8.3
- -, portare la leva in 246.4
- frenante di sospensione 220.8
- interna, carrello nella sua 274.1
- -, il carrello si trova nella sua 274.6
- -, porre il carrello nella sua 274.2
- la più interna del carico 8.4
- limite inferiore del carico 8.2
- - superiore del carico 8.1
- maggiore del gancio 58.4
- media 246.1
- -, portare la leva in 246.3
- minore del gancio 58.5
Posizione per movimento di traslazione 221.4
- rientrata, carrello nella sua 274.1
- -, porre il carrello nella sua 274.2
- unilaterale del carico 8.5
Possibilità di accorciare il puntone 299.3
Post 148.5
-, end 148.6
-, gantry- . . . 156.2
-, load 277.1
-, rail- 158.1
-, socle- 188.2
-, supporting . 408.8
Poste 408.6
-, canalización por conductores montados sobre - s 206.4
- de la grúa . . 294.3 300.6
Posteriore, fune 389.7
Postiza, corona 68.4
Posto da imbarcare 322.2
- del manovratore 298.5
- dell'accoppiamento 415.3
- di caricamento 322.2, 413.4
- - scarico a ribaltamento 409.4
Pot, dash- . . . 109.3
-shape magnet 108.6
Poteau 408.6
Poteaux, conducteurs sur 206.4
-, ligne sur . . 206.4
Potence, montecharge à - pour grenier 358.6
Potencia 21.5
- de la grúa . . 288.2
- - levantamiento 2.5
- del cilindro . 190.3
- motriz . . . 395.10
Potenza 21.5
- permanente . 209.7
-, taglia a . . . 50.4
Potenzflaschenzug 50.4
Potenziale . . . 198.4
-, perdita di . . 198.5
Poulie . . . 46.4, 75.2
- à câble . . . 46.9
- - - de chanvre 47.1
- - - métallique 46.10
- - chaîne . . . 47.2
- - double gorge 48.4
- - griffes . . . 392.2
- attachée à une grue 52.2
- commandée . 74.2
- conduite . . . 74.2
- d'accouplement 416.1
- d'extrémité du câble 408.2
- de commande 42.4 74.1, 184.9
- - déviation . 47.4
- - frein 96.2

Poulie de friction 72.7
- - guidage . . 47.5
- - - pour chaine 32.5
- - la chaine de commande 33.5
- - levage suspendue, chariot à 276.1
- - manoeuvre 348.3
- - renvoi . . . 47.4
- - - de la chaine 297.4
- - - du câble . 403.2
- - - pour chaine 32.5
- - suspension de la charge 47.6
- - tension . . 398.1
- - -, glissière de la 398.2
- - transmission 184.9
- différentielle 50.7
- double 48.3
- du câble de manoeuvre 248.6
- fixe . . . 48.1, 75.4
- - et poulie folle 75.3
- folle 75.5
- -guide 395.7
- mobile . . . 47.7
- - renversée . 48.2
- motrice . 42.4, 48.2 395.9
- pour courroie 47.3
Poulies à gorge, transmission à friction par 73.2
-, châssis des . 333.6
-, moufle à x . 49.6
-, transmission par 47.9
Poussard . . . 297.5
Poussée du vent 153.11
Poutre 144.4
- à âme pleine 145.2
- - demi-treillis 144.9
- - membrures parallèles 147.4
- - travées solidaires 137.7
- - treillis . . . 144.9
- américaine . 138.7
- armée 138.4
-, attache d'une 150.8
- cantilever . . 138.1
- composée . . 147.1
- continue . . . 137.7
- de la charpente du toit 340.8
- - pont 159.7
- - - roulant . 280.5
- - renfort . . 152.3
- du plafond . 340.8
- en caisson . . 147.2
- - encorbellement 138.2
- - N 143.8
- - porte-à-faux 136.7
- - tôle 145.2
- - tôles et cornières 145.2, 147.1
- - V 143.7
- encastrée 136.7, 139.7
- - à une extrémité et sur appui simple à l'autre 139.10
Poutre, hauteur de 144.6
- jumelée . . . 292.6
- longitudinale 148.4
-, milieu de . . 144.7
- parabolique . 147.6
- - en forme de croissant 147.7
- principale . . 148.2
- raidisseuse . 152.1 152.3
- reposant librement sur deux appuis 137.1
- rivée 147.1
-, section de . . 145.5
- support de charge 289.6
- surélevée . . 147.8
-, surélever une 148.1
- système Gerber 138.1
- Temperley . . 295.7
- transversale . 148.3
- trapézoïdale 147.5
-, treillis d'une 145.1
Poutrelle . . . 168.5
- laminée . . . 146.7
- rail, chariot portant une 277.5
Poutres pleines, pont à 159.9
Pouvoir de fonctionner avec surcharge 4.1
Powder material 384.6
Power-area . . 136.5
-, brake . 96.5, 342.3
- consumption 177.4
-, - of 282.9
-, driving 177.3, 395.10
-, electric transmission of 197.1
-, horse- 21.6
-, lifting 2.5
- line 136.4
-, motive 282.6
- required . . . 282.8
-, starting . . . 177.5
-, - current . . 219.6
-, starting - of the motor 209.5
- station 197.3
- water 230.3
Pozo á prueba del fuego 333.9
- de la cadena 372.9
- - minas, torno de cable para 268.2
- del ascensor 333.3
-, grúa de . . . 301.2
-, torno de . . . 269.6
Pozzetta 238.1
Pozzo chiuso . 334.1
- dell'ascensore 333.3
- della catena . 372.9
- di sollevamento a prova di fuoco 333.9
-, gru a 301.2
- in muratura . 334.2
- incombustibile 333.9
Prahm, Bagger- 371.2
Prame de transport de la vase 371.2
Pratze 60.1
-, drehbare . . 60.8
Pratze, feste . . 60.7
-, kippbare . . 60.9
Pratzenbaum . 60.3
-gehänge . . . 60.2
-kran 314.7
- - mit geführtem Baum 314.9
- - - - Stempel 314.9
- - - losem Gehänge 314.8
-stempel 60.3
-traverse . . . 60.4
Precauciones contra la entrada en la caja 337.7
Précaution . . 338.5
- contre le flambage 172.5
Precautions contre l'entrée dans le puits 337.6
Precautions against entering the shaft 337.6
Precipitar . . . 386.6
Precipitare . . 386.6
Précipiter . . . 386.6
Pre-distribution 195.5
- - apparatus . 195.7
- - piston . . . 195.6
Préhension, appareil de 56.5
Preliminar, distribución 195.5
Preliminare, apparecchio a distribuzione 195.7
-, distribuzione 195.5
-, stantuffo a distribuzione 195.6
Prellbock . . . 327.5
Premere in basso il cavo 401.4
Premifune . . . 401.3
Premistoppa . 190.5
- di dilatazione 191.1
Prendere in consegna il carico 9.4
Prendi-cavo . . 370.2 416.5
- -fune, forchetta 416.6
Prendre avec la cuiller 410.7
- - - pelle . . . 410.7
- entre des mâchoires 410.7
Prensa-estopas . 190.5
- - de dilatación 191.1
- - giratorio . 190.9
- para remachar 126.10
Prensores, grúa de dedos 313.5
Preparazione di esercizio 282.3
Préposé à la manoeuvre des wagonnets 408.5
Presa, apparecchio di 56.5, 414.3
-, cucchiaio di . 411.1
- del lingotto . 317.7
- - tubo 287.2
- dell'acqua sotto pressione 228.3
- di corrente . 206.5
Presa, dispositivo di - per lingotti 317.6
-, disposizione di 414.3
-, draga a catena con cucchiai di 376.3
-, - - tenaglie di 375.9
-, gru con tenaglia da 313.5
-, guancia dei morsetti di 418.8
-, leva di . . . 414.4
-, tenaglia di - a bossolo 417.5
-, zampa di . . 264.6
Prescagione di una nave 322.2
Prescriptions relatives aux charges 135.1
Prescrizione pel carico 135.1
Presión absoluta del vapor 227.2
-, acumulador de - de aire 232.7
-, - - - - vapor 232.6
-, conducto de agua á 228.7
- de apoyo . . 84.6
- - freno . . . 96.6
- - la chaveta . 78.2
- - - garra . . 418.6
- - - horquilla 418.6
- - régimen . . 229.5
- del acumulador 232.3
- - agua 229.4
- - aire comprimido 284.6
- - apoyo . . . 187.5
- - garfio . . . 418.6
- - vapor . . . 227.1
- - viento . . . 154.2
- en el conducto 235.7
- - - depósito de aire 231.6
- - - muñón . . 78.7
- - los arranques 139.3
- - - bordes . . 288.7
- específica de apoyo 84.7
-, freno de . . . 98.4
- hidráulica, émbolo de 188.1
- -, transportador de 364.4
-, parte inferior del aspirador con lavacías de 376.7
-, punzón de . . 314.3
-, rodillo de . . 401.2
- sobre el carril 328.2
- - - cojinete . 84.6
- - - diente . . 65.5
- - - terreno . 288.6
- - la cimentación 288.4
- - - manivela 178.1
- - - rueda motriz 254.2
- - las paredes del agujero del roblón 121.5
- - los soportes 404.2

Presión, tornillo de 117.8, 205.7
-, varilla de . . 245.4
Preso de la lengueta 95.2
- del trinquete 95.2
Press button . . 349.7
- - apparatus . 349.5
- - board . . . 349.6
- - control . . 549.4
- - switch . . . 215.1
-, riveting . . 126.10
Preßluft 234.5
- -betrieb . . . 234.4
- -kolben . . . 188.2
-pumpe 233.5
-stempel 314.3
-wasser 230.3
Pressa per chiodare 126.10
Presse à river 126.10
- -étoupe . . . 190.5
- - à dilatation 191.1
- -, bague de fond du 190.7
- -, - du 190.6
- -, chapeau du 190.8
- - tournant . . 190.9
- -étoupes, tuyau à 240.1
Presse, Niet- . 126.10
Pression absolue de la vapeur 227.2
- aux appuis 154.10
- - naissances . 139.3
-, barre exerçant une 245.4
-, conduite sous 228.7
- d'une roue . . 254.2
- dans la conduite 235.7
- de fonctionnement 229.5
- - freinage . . 96.6
- - l'air 234.6
- - - comprimé 234.6
- - - du récipient 231.6
- - la griffe . . 418.6
- - travail . . . 229.5
- - vapeur . . . 227.1
-, dispositif de . 401.3
- du frein . . . 96.6
- - piston . . . 186.1
- - vent 154.2
-, eau sous . . . 230.3
- effective de la vapeur 227.1
- exercée par l'accumulateur 232.3
-, exercer une - sur le câble 401.4
-, frein à 98.4
- hydraulique . 229.4
- -, fonctionnement au moyen de la 229.1
- -, transporteur à 364.4
- manométrique de la vapeur 227.1
- motrice . . . 229.5
- par unité de surface 84.7
- - - - - sur le sol 288.6
-, perte de . . . 229.9
- sur la clavette 78.2
- - - dent . . . 65.5
Pression sur la fondation 288.4
- - - manivelle 178.1
- - - parol du trou de rivet 121.5
- - le palier . . 84.6
- - - piston . . 186.1
- - - rail . . . 328.2
- - - tourillon . 78.7
- - les arêtes . 288.7
- - - supports . 404.2
- - une roue . 254.2
Pressions sur les appuis, ligne des 139.4
Pressione a mano, pompa di 233.8
- all'accumulatore 232.3
- - imposta . . 139.3
- alla conduttura 235.7
- assoluta del vapore 227.2
-, asta sotto . . 141.6
- d'appoggio . 84.6, 137.5
- del freno . . 96.6
- - morsetto . . 418.6
- - peso, freno funzionante per 104.4
- - vapore . . . 227.1
- - vento . . . 154.2
- dell'acqua sotto pressione 229.4
- - aria 234.6
- della chiavetta 78.2
- di regime . . 229.5
-, distribuzione a bassa 192.7
-, - ad alta . . 192.6
- idraulica, centrale di 228.8
- -, stantuffo a 188.1
- -, trasportatore a 364.4
- nella camera d'aria 231.6
- per unità di superficie 84.7
- specifica . . . 84.7
- sugli spigoli . 288.7
- sui cavalletti portanti 404.2
- - supporti . . 404.2
- sul dente . . 65.5
- - terreno . . 288.6
- sulla fondazione 288.4
- - manovella . 178.1
- sulle pareti del foro 121.5
- - rotaie . . . 328.2
- - ruote . . . 254.2
- sullo stantuffo 186.1
-, testata del tubo aspirante con depurazione a 376.7
- unitaria di flessione 174.7
-, vite di 117.6
Pressioni, linea delle - delle imposte 139.4
Pressung, Boden- 288.6
-, Flächen- . . . 84.7
-, Kanten- . . . 288.7
-, Keil- 78.2
Pressung, Wasser- 229.4
Pressure 171.6
-, abutment . . 139.3
-, accumulator . 232.3
-, air 234.6
-, - vessel . . . 231.6
-, bearing . . 154.10
-, brake 96.6
- -, load 104.4
-, clamp 418.6
-, counter . . . 137.5
-, cramp 418.6
-, edge 288.7
- head 229.6
-, hydraulic . . 229.4
- in pipes . . . 235.7
-, journal . . . 78.7
- magnet . . . 110.1
- on bearing . 84.6
- - foundation 288.4
- - ground . . 288.6
- - handle . . . 178.1
- - key 78.2
- - lever 178.1
- - supports . . 404.2
- - tooth . . . 65.5
- per unit of area 84.7
-, piston . 186.1, 188.4
-, rail 328.2
-, specific . . . 84.7
-, - - on face of hole 121.5
-, steam - above atmospheric 227.1
-, support . . . 137.5
- water consumption 229.3
- - transporter 364.4
-, wheel 254.2
-, wind 153.11, 154.2
-, working . . . 229.5
Prevalenza della pompa 229.8
Prevenzione di esercizio 282.3
Previo, remache 122.6
Prigioniera, caviglia a vite 117.7
-, vite 116.8
Prigioniero . . 117.3
Primera capa . 161.4
Primitif, cercle 31.1, 64.3
Primitiva, circunferencia 64.3
Primitivo, circolo 31.1, 64.3
Principal, arbol 251.6
-, carro 274.8
-, conductor . . 203.3
-, interruptor . 214.9
-, viga . . 148.2, 289.6
Principal, arbre 251.6
-, interrupteur . 214.9
Principale, poutre 148.2
Principale, albero 251.6
-, carrello . . . 274.8
-, carro per linea 379.6
-, condotta . . . 203.3
-, interruttore . 214.9
-, trave . . 148.2, 289.6
Prise d'eau sous pression 229.3
Prise de courant' 206.5
- - - à roulette 207.3
- hydraulique . 229.3
-, mettre en . . 66.4
Prisionero . . . 116.8
-, perno 117.3
Prisonnier 116.8, 117.3
Prisonstift . . . 117.3
Pritsche 340.4
Probe, Bruch- . 27.8
-, Ketten- . . . 27.7
-last 2.2
- -, Bruch- . . . 27.9
- -, Reck- . . . 28.1
-, Reck- 27.10
-, Zerreiß- . . . 27.8
Procedere . . . 12.8
Procedimento di movimento 4.5
Process of motion 4.5
Producida, carga - por la nieve 154.6
Producir chispas 218.1
-, la fuerza produce un momento á la derecha 131.2
-, - - - - - - - izquierda 131.3
Production d'étincelles 217.5
Produire des étincelles 218.1
Profil à double champignon 420.2
- de la dent . . 64.10
- en long . . . 398.9
Profil, Durchfahrt- 290.5, 304.8
-, Durchgangs- 290.5
-eisen 168.2
-, Längs- 398.9
-, lichtes 290.5
-, Schwenk- . . 296.9
Profilato, ferro 168.2
-, trave in ferro 146.7
Profilé 168.2
-, fer 168.2
Profile iron . . 168.2
-, slewing . . . 296.9
Profilierte Trommel 43.10
Profilo a doppia testa 420.2
- - doppio fungo 420.2
- del dente . . 64.10
- di passaggio . 290.5
- libero . 290.5, 304.8
- - alla rotazione 296.9
- longitudinale 398.9
Profond, four . 313.2
Profondità del pozzo 333.4
- di immersione 308.6
-, scavo con draga in 374.4
Profundidad del pozo 333.4
-, dragado de . 374.4
Projection d'huile, collet de 77.4
Projet de grue, exécuter un 281.1
Prop 156.8
-, set of a . . . 137.8

Prop, settling of a 187.6
-, to 156.7
Propellerrinne 370.1
Propeller trough 370.1
Propulsion, gouttière à - mécanique 370.1
Propulsione meccanica, canale a 370.1
Protección . . 338.5
-, cabina de . . 294.1
-, carrete de . . 201.9
-, freno de . . . 112.9
-, puente de . . 405.3
-, tamiz de . . . 287.9
-, techo de . . . 294.5
Protecteur, filet 405.4
-, pont 405.3
Protecting bridge 405.3
Protection . . . 338.5
- net 405.4
Protection . . . 338.5
-, filtre de . . . 287.9
-, frein de . . . 112.9
-, résistance de 201.9
Protector strainer 287.9
Protectora, red 405.4
Proteger la linea con fusible 208.4
- - - - un fusible demasiado débil 208.5
Proteggere la conduttura 208.4
- una conduttura con una sicurezza debole 208.5
Protetta dalle intemperie, cabina del manovratore 294.1
Protettore, tetto 294.5
Protettrice, rete 405.4
Protezione . . 338.5
-, bobina di . . 201.9
-, freno di . . . 112.9
-, ponte di . . . 405.3
-, staccio di . . 287.9
Prova, carico di 2.2, 27.9
- della catena . 27.7
- di rottura . . 27.8
- - stiramento . 27.10
- per stiramento, carico di 28.1
-, pozzo di sollevamento a - di fuoco 333.9
Provide, to - the line with a fuse 208.4
Provisional, remache 122.6
Provvisorio, chiodo 122.6
Proyección, anillo de - de aceite 77.4
Prueba, carga de 2.2
- de alargamiento 27.10
- - -, carga de . 28.1
- la cadena . 27.7
- rotura . . . 27.8
Prueba, pozo á - del fuego 333.9
Prüfung, Ketten- 27.7
Public, élévateur pour le 366.2
Público, elevador para el 366.2
Puchero, electroimán en forma de 108.6
Puddlé, acier . 165.4
-, fer 165.2
Puente 159.5
- cantilever . . 160.2
- de arco . . . 160.3
- - carga . . . 319.5
- - celosía . . 159.10
- - corriente . 218.7
- - embarque . 319.5
- - grúa 295.6
- - protección . 405.3
- - resalte . . . 160.2
- - viga compuesta 160.1
- - - de alma elena 159.9
- -grúa 290.1
- - á mano . . 291.4
- - accionada por árboles 291.6
- - - - cables . 291.7
- - - - transmisión 291.5
- - con carro interior 291.1
- - - - superior 290.9
- - - puesto fijo de servicio 291.2
- - - torno auxiliar 293.3
- - de brazo . . 292.7
- - - - giratorio 292.8
-, - - - de buque 304.1
- - - muchos motores 292.4
- - - tres motores 292.3
- - - un motor 292.2
- - eléctrica . . 292.1
- - gemela . . 292.5
- - maniobrada por debajo 291.3
- - para fundición 293.1
- - - taller de remachar 293.2
Puerta caediza 336.6
- corrediza 336.4, 336.5
- de cierre automático 336.7
- - dos hojas . 336.2
- - la caja . . . 335.8
- - una hoja . . 336.1
- del hogar . . 227.6
Puerto del poro 335.8
-, grúa de . . . 304.2
-, - - portada para 305.2
-, transporte aéreo para el servicio de buques en los -s 394.8
Puesta en acción del freno 98.6
-, interruptor de - á cero 216.1
Puffer 327.6
-batterie 197.7
-, Eisenbahn- . 327.8
-feder 327.7
-, Kolben- 109.4, 186.2
-, Luft- 109.3
-, Stoß- 239.2
Puleggia . . . 75.2
- a doppia gola per fune 48.4
- - gola 46.4, 46.5, 46.6, 46.7
- - morsetti . . 392.2
- - raggi . . . 402.7
- - stella 402.7
- comandata . . 74.2
- d'accoppiamento 416.1
- del freno . . 96.2
- di comando . 42.4, 74.1, 184.9
- - condotta . . 405.8
- - guida . 47.5, 395.7
- - manovra . . 348.3
- - - per fune . 248.6
- - rinvio 47.4, 403.2
- - ritorno . . . 403.2
- - scorrimento 405.8
- - - scanalata 406.1
- - sospensione del peso 47.6
- doppia 48.3
- fissa 75.4
- - e folle . . . 75.3
- folle 75.5
- motrice . 42.4, 48.2, 395.9
- pendente . . 402.6
- per catena . . 47.2
- - - di comando 33.5
- - curve . . . 403.1
- - fune 46.9
- - - di canape 47.1
- - - metallica 46.10
- tenditrice . . 398.1
Puleggie, carro motore delle 405.5
-, custodia delle 405.6
-, sopporte delle 333.6
-, trasmissione a 47.9
- unilaterali, sella con 406.8
Puissance . . 2.5, 21.5
- consommée par 177.4
- de freinage . 97.6
- - la grue . . 283.2
-, dépense de . 177.4
- du cylindre . 190.3
- - moteur au démarrage 209.5
- motrice 177.3, 395.10
- vive 21.7
Puits à l'épreuve du feu 333.9
-, charpente du 334.6
-, comble du . . 334.4
- d'ascenseur . 333.3
- de la charge 333.7
- - levage . . . 333.7
- - mine, treuil de 268.2
- du contre-poids 333.8
-, faite du . . . 334.4
-, hauteur du . 333.4
-, paroi du . . . 334.3
Puits, précautions contre l'entrée dans le 337.6
-, treuil de . . . 269.6
Pull 170.9
-, brake 99.5
- chain . . 27.5, 32.7
- magnet . . . 109.8
- rod 245.3
- rope 36.6
- side 25.7
-, the brake -s . 99.4, 99.6
-, to - in the jib 299.2
-, to - up the jib 17.4, 299.5
Pulley 46.4
-, belt 75.2
- block 48.5
- -, crab with - - built in 276.2
- - luffing gear 260.7
- blocks 48.7
- -, crab with suspended - - and falls 276.1
- boss 46.7
- bracket . . . 48.6
- casing 48.5
-, chain 47.2
-, - - block . . 51.5
-, - guide . . . 32.5
-, crane - block 52.2
-, developed - block 50.4
-, differential . 50.7
-, - - block . . 50.6
-, double 48.3
-, - - block . . 51.8
-, - groove . . 48.4
-, driven 74.2
- driving 42.4, 48.2, 74.1, 184.9, 395.9
-, fast 75.4
-, - and loose -s 75.3
- for changing direction of rope 47.4
- fork 47.8
-, friction . . . 72.7
-, groove of . . 46.6
- group - blocks 50.5
-, guide . . 47.5, 395.7
-, hand - block 50.2
-, hemp rope . . 47.1
-, high speed - block 51.2
-, inserting a rope in the - block 51.7
-, load 47.6
-, - - block . . 49.8
-, loose 75.5
-, mechanically driven - block 50.1
-, rope 46.9
-, - - block . . 51.4
-, - guide . . . 41.8
-, - jockey . . . 41.8
-, rim of 46.5
-, simple fixed . 48.1
-, stretching . . 398.1
- support . . . 48.6
-, spur wheel - block 50.8
- tackle 48.7
-, tension - block 51.3
-, tight 75.4

Pulley, to insert a rope in a - block 51.6
- transmission . 47.9
-, twin - block 51.8
-, wire rope . . 46.10
-, working . . . 47.7
-, works - block 50.3
-, worm and worm wheel - block 51.1
Pulling brake . 98.4
- chain 33.2
- force 109.6
- of the brake . 98.6
- rope 400.5
- - clamp . . . 418.7
- - cramp . . . 418.7
Pulsating load 132.10
Pulsatoire, gouttière à mouvement 370.1
Pulsatoria, carga 132.10
Pulsatorio, carico - intermittente 132.10
Pulsierende Belastung 132.10
Pulvérulentes, matières en grains 384.6
Pump 233.2
-, accumulator . 233.7
- cylinder . . . 189.6
-, delivery . . . 376.6
- dredger 376.4, 376.5
-, electrically driven 234.1
-, force 233.5
-, hand force . 233.8
- hopper 376.5
- piston 187.5
-, steam 233.9
-, working . . . 233.6
Pumpstation . 234.2
-werk 234.2
Pumpe 233.2
-, Akkumulator- 233.7
-, Betrieb- . . . 233.6
-, Dampf- . . . 233.9
-, Dämpfer- . . 109.3
-, Druck- 233.5
Pumpe, elektrisch betriebene 234.1
-, Förder- . . . 376.6
-, Handdruck- . 233.8
-, Preß- 233.5
Pumpenbagger 376.4
-kolben 187.5
-schachtbagger 376.5
-zylinder . . . 189.6
Pumping station 234.2
Punch, to - rivet holes 121.6
Punkt, Anschlag- 415.3
-, Bruch- 399.4
-, System- . . . 140.4
-verzahnung . 67.1
Puño de manivela 178.2
Punta biselada, aguja de 420.8
- de corazón . 421.8
- - las tenazas 57.7
Punta, carico in 172.6
- della tanaglia morsa 57.7
-, flessione dei solidi caricati di 172.1
Puntal 156.6
- de la grúa . . 307.1
- - péndulo . . 156.2
Punte, traccia dei denti per 67.1
Puntello a contravento 405.2
Punto d'alimentazione 203.4
- d'appoggio . 137.3
- d'attacco . . 150.2
- del cambiamento di pendenza 399.4
- - sistema . . 140.4
- di aggancia-mento 415.3
- - caricamento 413.4
- - rottura . . . 399.4
- - sostegno . . 92.4
Punto de apoyo 92.4 137.3
- - cargamento 413.4
Punto de empalme 88.2
- - empotramiento 139.8
- - unión de diagonales 150.2
- - - - travesaños 150.2
- del diagrama 140.4
Puntone . 156.6, 277.4 297.1
- a bilanciere, gru a ponte con 292.7
- - cerniera . . 298.8 299.4
- - gomito . . . 298.2
- - traliccio . . 297.6
- curvo 298.2
- della gru . . 307.1
- di sostegno del carico 299.6
- - - - contrappeso 299.7
- diritto 298.1
- Fairbairn . . 298.3
-, gru a ponte con - binario pendente 292.7
- in lamiera piena 297.7
- mobile 298.4
- - articolato, gru a 307.8
-, montacarichi a - per magazzino 353.6
- oscillante, gru a 307.5
- riducibile . . 298.6
-, testa del . . . 307.2
- variabile . . 299.1
Punzón de presión 314.3
Punzonar los agujeros para el roblonado 121.6
Punzonare i fori per i chiodi 121.6
Punzone porta-branca 60.3
Purchase, crab with variable 252.1
Purge de la conduite 238.4
- - - - de l'air 238.10
-, robinet de . . 238.6
-, soupape de . 238.5
Purger la conduite 238.3
- - - de l'air . 238.9
- - - - - qu'elle contient 238.9
Purgeur d'air . 238.8
Push rod . . . 245.4
Pushing device, block 318.4
- -, ingot . . . 318.4
- -trough . . . 369.7
Put, to - down the load 7.7, 9.5
-, - - in gear . 82.3
-, - - - too large a fuse 208.5
-, - - on the rope 401.9
-, - - the load on the hook 55.4
-, - - under stress of tension 170.6
- up, to - - the crane 281.5
Putting the coupling in gear 82.4
- - rope on the drum 46.3
Pylône . . 305.8, 403.6
-, charpente . . 306.4
-, grue à - de cale sèche 319.2
-, - pivotante sur haut 306.3
Pylones, ligne sur 206.4
Pyramid crane 306.1
-, supporting . 306.2
Pyramide de soutien 306.2
Pyramide, Stütz- 306.2
Pyramidendrehkran 306.1

Q.

Quadra, fune . 40.10
-, testa 116.1
Quadrangolare, impanatura 114.8
Quadrant with ratchet teeth 94.1
Quadrant, fer en forme de 168.8
Quadrante, ferro in sbarra da 168.8
Quadranteisen 168.8
Quadrateisen . 167.8
Quadro, albero 76.8
-, briglia superiore del 151.6
- di commutazione a bottoni 349.6
- - distribuzione 213.7
-, ferro 167.8
-, montante del 151.7
Quai 380.1
-, arrête supérieure du 380.3
Quai de chargement 380.2
-, grue à portique de 305.2
-, - de 304.2
-, monte-charge pour 364.7
-, mur de . . . 380.4
Quantità d'acqua che passa 236.1
- da trasportare 359.7
Quantité à élever 359.7
- - extraire . . 359.7
- - transporter 359.7
- d'eau nécessaire 230.4
Quantity of water flowing 236.1
- to be conveyed 359.7
- - - hauled . . 359.7
Quattro piedi, supporto della fune a 404.7
- portanti, supporto della fune a 404.7
Quay 380.1
- crane 304.2
-, edge of . . . 380.3
-, loading . . . 380.2
- wall 380.4
Quenouille, couler par la 312.4
- de la poche . 311.3
Querkraft . . . 136.1
- -fläche 136.3
- -kurve 136.2
- -linie 136.2
-kreuz 153.3
-riegel 403.7
-schnitt, gedrückter 171.8
- -, gefährlicher 175.1
- -, gezogener . 171.2
Querschnitt, Gurt- 142.2
- -, kastenförmiger 147.3
- -, Stab- 141.4
-träger . 148.3, 289.9
Queue d'aronde, benne avec dents en 412.9
Quicio 79.2
- de bolas . . . 86.5
- - rodillos . . 86.6
Quicionera 259.5 300.8
- de bolas . . . 86.5
- - rodillos . . 86.6
- superior . . 300.10
Quick-break switch 215.6
Quitamiedo . 157.10
Quitar, disposición para - el lingote 318.5
- el trinquete , 94.7
- tornillo . . . 119.5

R.

Rabattement, flèche à 298.8
-, fond à 409.6
Rabattre la flèche 298.9
Rabotée, dent . 66.2
Raccorciato, scambio 420.8
Raccord 237.2
- d'un tuyau . 237.2
Raccordement . 398.7
-, borne de . . 205.6
- de chaines . . 30.3
-, pièce de . . . 421.9
-, rail supérieur de 395.4
Raccordo, conduttura di 203.8
-, rotaia di - superiore 395.4
Raccourcissement de la chaine par torsion 26.8
- du tirant . . 299.3
Raccourcir le tirant 298.7, 299.2
-, la chaine se raccourcit par torsion 26.9
Race, ball . . . 90.6
-, chain 372.9
Rack and pinion jack 264.3
-, toothed 68.8, 342.8
-, - - and pinion 68.7
Racloir 369.3
Racloirs, ruban à 369.4
-, transporteur à 369.2
Rad, Antrieb- . 67.7
-arm 68.3
-, Bandagen- . . 258.2
-, Bronze- . . . 70.4
-, Daumen- . . . 31.4
-druck 254.2
-, Gußeisen- . . 70.2
-, Hand- 181.3
-, Haspel- 31.2, 181.5
-, Hub- 366.8
-, Kegel- 68.10
-, Keil- 73.3
-, Ketten- . . . 26.1
-kranz, Ketten- 31.5
-last 254.2
-, Lauf- 255.1
-, Lenk- 258.6
- mit Winkelzähnen 68.5
-nabe 68.1
-, Pfeil- 68.5
-, Planeten- . . 69.8
-, Reibungs- . . 72.7
-, Reifen- 258.2, 258.3
-, Rillen- 73.3
-, Rohhaut- . . . 70.5
-, Schalt- 93.5
-, Scheiben- . . 257.7
-, Schlepp- . . . 184.6
-, Schnecken- . 71.3
-, Spann- 398.1
-, Speichen- . . 258.1
-, Sperr- 93.5
-stand 254.3
-, Stahlguß- . . 70.3
-steuerung . . . 348.5
Radsteuerung, Hand- 248.1
-, Stirn- 67.8
-, Treib- 67.7
-, Trieb- 258.2
-, Triebstock- . 69.5
-, Trommel- . . 43.4
-, Winkel- . . . 69.2
-, Zahn- 64.2
-, Zwischen- . . 69.9
Radeau de transport de la vase 371.2
Radente, attrito 22.7
Rädergetriebe . 250.2
-schutzkasten . 62.8
-triebwerk . . . 250.2
-übersetzung . 62.7
- -, auswechselbare 63.6
- -, doppelte . . 63.5
- -, einfache . . 63.3
- -, umschaltbare 63.6
-werk 62.7
-winde 268.5
Radio de acción 296.3
- - - de la grúa 283.5
- - la rueda . . 68.3
- - manivela . . 178.4
- polar 130.4
-, rueda de -s . 258.1
- útil 296.2
- vector 130.4
Radius 296.3
-, counter-balance 299.8
-, crank 178.4
-, lever 178.4
-, slewing crane with variable 296.4
-, useful 296.2
-, variability of the handling 296.5
Radius, Kurbel- 178.4
Rag-bolt 118.1
Raggi, puleggia a 402.7
Raggio d'azione della gru 283.5
- - di . . ., la gru ha un 283.6
- della manovella 178.4
- polare 130.4
- variabile, manovella a 179.3
Rahmen 151.5
-, Greifer- . . . 411.2
-, steifer 151.8
Raideur du câble 35.4
Raide, rendre . 151.9
Raidir 151.9
Raidisseur . . . 145.4
Raidisseuse, poutre 152.1, 152.3
Rail . . . 327.9, 328.1
- -bar 158.1
- clamp 285.5
-, connecting . 395.4
-, crab -s . . . 274.7
-, crane 328.9
-, fixing of -s . 328.5
-, flat 328.10
-, - steel . . . 328.11
Rail, guide 339.1, 416.2
- iron 158.2
- -joint 328.3
- of suspension railway 420.1
- -post 158.1
- pressure . . . 328.2
-, railway . . . 328.8
-, single 278.2
-, slide -s . . . 262.9
- stores 383.7
-, suspension . . 395.5
-, switch 421.2
- tongs 285.6
-, toothed . . . 342.8
Rail 328.1
-, bloc de remise sur 414.5
- d'accouplement 416.2
- d'accrochage 416.2
- d'acier plat 328.11
- d'aiguille . . 421.2
- de chemin de fer 328.8
- - - - - aérien 420.1
- - - - - suspendu 420.1
- de guidage . 339.1, 416.2
- - roulement . 327.9
- - support . . 395.5
- - suspension . 395.5
-, fixation du . 328.5
-, joint de . . . 328.3
- plat 328.10
- pour grue . . 328.9
- - pont roulant 328.9
-, pression sur le 328.2
- supérieur de raccordement 395.4
- suspendu, support de 420.3
-, suspension de 420.3
-, tenaille d'attache de la grue au 285.6
- Vignole . . . 328.8
Rail de acoplamiento 416.2
- - enganche . 416.2
- - guía 416.2
- - suspensión 395.5
- superior de unión 395.4
-, vía sin 361.1
Railing . . . 157.10
Railless track . 361.1
Rails 157.10
Rails, magasin des 383.7
Railway buffer 327.8
-, gravity plane 361.4
-, inclined plane 361.4
- plant, suspended 419.5
- points, suspension 420.5
- rail 328.8
-, suspended . . 419.6
Railway, switch, suspension 420.5
- wagon 379.3
Rainure de cale 77.9
- du tambour . 44.1
Rais 68.3
-, roue à 258.1
Raise, to 266.2
Raising platform 355.8
Ralentir, freiner pour 113.4
Ralentissement 20.3
-, frein de . . . 113.2
-, freinage de . 113.3
-, moment de . 20.5
Ralla 86.2
Rallentamento, frenatura di 113.3
-, freno di . . . 113.2
Rallentare, frenare per 113.4
Ram drive . . . 185.4
-, driving . . . 185.5
- lift 351.6
-, lift 351.7
-, telescopic . . 187.1
Ramal 24.4
-, cadena de dos -es 55.9
- cargado . . . 25.6
- - de la cadena 27.2
- conducido . . 24.5
- de la cadena 27.1
- - tiro 25.7
- fijo 25.1
- del cable . . 36.7
- libre 24.5
- - de la cadena 27.3
Ramp for climbing 330.3
Rampe 157.10
-, aiguille en . 330.3
-, barreau vertical de 158.1
Rampe, Verlade- 322.6
Rampicare della catena 26.8
-, la catena rampica 26.9
Rampone filettato 117.1
Ramshorn, double 54.3
Randabstand . 123.4
- der Lagerschale 88.1
Ranella . . . 113.10
Rang de rivets 123.2
-, rivure à un . 123.7
Rangierkran . 303.5
-winde 272.3
Rango di chiodi 123.2
Rangua 86.1
- anular 86.3
Ranura, cojinete de -s 86.8
- del tambor . 44.1
- para bolas . . 90.6
- - chaveta . . 77.9
Rapid discharger 410

Rapide, déchargeur 410.3
Rápido, descargador 410.3
-, interruptor . 215.6
Rapido, scaricatore 410.3
Rapport de multiplication 61.4
- - tension . . 102.2
- - transmission 61.4
- - - en fonction de la course 62.5
- des bras de levier 246.5
Rapportée, couronne 68.4
Rapporto di corsa 62.6
- - forza . . . 62.4
- - rottura della livelletta 399.6
- - sollevamento 62.5
- - tensione . . 102.2
- - trasmissione 61.4
Raquette . . . 395.6
Rascador . . . 369.3
Raschiatore . . 369.3
-, trasportatore a 369.2
Raschiatori, nastro a 369.4
Rast 95.4
-kerbe 95.4
-sperrad 95.3
-stellung . . . 95.5
Rastrelliera per catena 32.2
Ratchet 181.1
- and pawl . . 93.4
- drive 180.9
- gear 92.7
- -, friction . . 94.3
- -, locking by means of 92.8
- -, safety . . . 93.3
- -, winch . . . 267.1
-, screw jack with 262.4
- teeth, quadrant with 94.1
-, to 93.2
- tooth 93.7
- wheel 93.5
Râtelier à chaine 32.2
Ratio, gear- . . 61.4
- of refraction 399.6
- - tensions . . 102.2
Ratrappage de jeu, coussinet à 87.3
Ratsche 181.1
-, Schraubenwinde mit 262.4
Ratschenantrieb 180.9
Raum, Schiff- . 323.1
Räumliches Fachwerk 143.9
Raw hide wheel 70.5
Ray 130.4
Rayon 68.3
- d'action de la grue 283.5
- -, la grue possède un - - de... 283.6
Rayon de la manivelle 178.4
- - rotation . . 296.8
- réglable, manivelle à 179.3
- variable, manivelle à 179.3
- vecteur . . . 130.4
Rayons, roue à 258.1
Razza 68.3
Razze, ruota a 258.1
-, stella di - del tamburo 43.5
Reacción, bobina de 202.1
-, carrete de . . 202.1
- de apoyo . 154.10
- - la carga . . 96.7
- del apoyo . . 137.5
-, fuerza de 96.3, 132.6
Réactance, bobine de 202.1
Reacting force 96.8 132.6
Reaction 132.6, 137.5
-, bearing . . 154.10
- of the load . 96.7
Réaction . 96.8, 132.6
- aux naissances 139.3
- d'appui 137.5, 154.10
- de la charge . 96.7
Readiness for working 282.3
Reaktion . . . 132.6
-, Auflager- . 154.10
Reamed bolt . 117.2
Reamer, to - rivet holes 121.8
Rear knot . . . 391.8
Reazione . . . 132.6
- d'appoggio . 137.5
- del carico . . 96.7
-, forza di . . . 96.8
- sull'appoggio 154.7
Rebabas 169.7
Rebatimiento, fondo de 409.6
Rebord du coussinet 88.1
Reborde del cojinete 88.1
Recalentamiento, foso de - de Gjer 313.2
Recepción del almacén 383.8
Receptáculo de agua 238.2
Réception du magasin 383.8
Recess in slide valve 194.5
Recessed, bolt with - head and nut 116.5
Recevoir la charge 9.4
Réchauffage, fosse de 313.2
Réchauffer, four à 313.2
Rechteckiges Gewinde 114.8
Rechts, die Kraft dreht 131.2
-drall 33.10
- drehendes Moment 130.10
Rechts drehendes Moment, die Kraft erzeugt ein 131.2
-gängige Schnecke 72.1
- - Trommel . . 44.7
- geschlagenes Seil 34.1
-gewinde . . . 114.2
- steigende Diagonale 143.2
Reckprobe . . . 27.10
-last 28.1
Recibir la carga 9.4
Récipient d'air 231.5
- à matelas d'air 231.5, 233.1
-, pression de l'air du 231.6
- servant au transport 359.3
Recipiente de agua 231.2
- - tolva 385.4
- usado en el transporte 359.3
Recipiente di trasporto 359.3
Recisione . . . 173.9
-, chiodo sollecitato a 122.4
-, resistenza alla 173.7
-, sollecitazione alla 173.8
Recorrido, camino 20.8
- del indice . . 350.5
-, espacio . . . 20.8
Recta, rueda dentada 67.8
Rectangulaire, filet 114.8
Rectiligne, mouvement 18.5
Rectilinear motion 18.5
Rectilineo, movimiento 18.5
Recto, soporte ordinario 89.7
-, tubo acodado 237.6
Recuadro . . . 140.6
- central . . 140.10
- extremo . . . 140.9
Red bronze . . 169.8
- lead paint . . 161.5
Red de celosía 140.2
- - conductores 202.9
- - la draga . . 375.8
- - - viga . . . 145.1
- - líneas trifilares 203.1
- - tres conductores 203.1
- protectora . . 405.4
- trifilar 203.1
- tubular . . . 236.2
-, voltaje de la 198.7
Redescente de la charge 9.7
Redonda, cabeza 116.2
Redondo, cable 40.7
-, filete 114.9
-, hierro 167.7
-, transporte aéreo sobre hierro 399.7
Reducción de velocidad, transmisión de 71.6
Reducir la velocidad por transmisión 62.1
Réducteur à vis sans fin 70.7
- - - tangente . 70.7
-, système - de vitesse 71.6
Réduction . . . 61.5
-, degré de . . . 61.6
- de vitesse . . 61.8
- de vitesse par la transmission 61.9
-, mécanisme de 61.3
Reductor, carrete 201.10
Reduire la vitesse du mouvement par la transmission 62.1
Reed 78.5
Reforzar 151.9
Refraction, ratio of 399.6
Refuerzo del alma 145.4
- horizontal de los cordones 146.6
- lateral 152.1
Reggia di ferro 168.1
Regime, pressione di 229.5
Régimen, presión de 229.5
Registrabile, cuscinetto 87.3
Registrazione automatica, contrappeso a 286.8
Réglable, coussinet 87.3
Réglage du frein 97.11
- par le frein 97.11
-, vis de 117.6
Reglamento para la carga 135.1
Réglement relatif aux charges 135.1
Reglung, Brems- 97.11
Regolabile, cuscinetto 87.3
-, vite continua 370.6
Regolatore dell'arresto 344.4
-, freno 112.6
Regolatrice, resistenza 224.3
Regolazione del frenaggio 97.11
Regulación, contrapeso de - automática 286.8
- del freno . 97.11
Regulador del descenzo, freno 112.6
- - paracaídas 344.4
Reguladora, resistencia 224.3
Régulateur de parachute 344.4
Regulating brake 112.6
- resistance . . 224.3

Regulation, brake 97.11
Régulation du frein 97.11
- par le frein 97.11
Regulator, Fang- 344.4
Regulator, grip 344.4
Regulierbremse 112.6
-widerstand . . 224.3
Regulierung, Brems- 97.11
Reibrad 72.7
-ring 83.5
-scheibe 103.9
-zeug 100.1
Reibung 22.2
-, gleitende . . 22.7
-, Höchstlast- . 23.1
-, Ketten- . . . 26.3
-, Laufrollen- . 405.9
-, Leergang- . . 22.9
-, Leerlauf- . . 22.9
-, rollende . . . 22.8
-, Seil- 35.8
-, Zahn- 65.7
-, Zapfen- . . . 78.9
Reibungsarbeit 23.2
-bremse 99.10
-getriebe . . . 72.6
-kegelrad . . . 73.1
-klinke 94.4
-koeffizient . . 22.4
-kupplung . . . 82.9
-rad 72.7
- -, zylindrisches 72.8
-trommel . . . 46.1
-verlust 23.3
-weg 22.6
-widerstand . . 22.3
-winde 268.7
- -, Keilrad- . . 268.8
-winkel 22.5
-zahl 22.4
-ziffer 102.2
Reifenrad 258.2, 258.3
Reihe, in - schalten 224.7
Reihenmotor . 212.5
-parallelschaltung 225.2
-schaltung . . . 224.8
Reißen, das Seil reißt 37.2
- des Seiles . . 37.1
Reißzahn . . . 411.6
Relâchement du câble 35.1
Relación de multiplicación 61.4
- - transmisión 61.4
Release, duration of 99.2
-, to - the brake 98.9
-, to - the ratchet 93.1
Releasing device 414.1
- of the brake 98.10
- the brake, to hold the load by 112.4
Relevage, appareil de - arrière 373.4
-, - - - avant . 373.3
- du câble, appareil de 417.2
Relèvement du câble, station de 397.2
Relever la flèche 17.4 299.2
Relevo del cable, aparato de 417.2
-, estación de - del cable 397.2
Relief piston . . 239.2
- valve 239.3
Relier le moteur comme génératrice pour le freinage 107.3
Relieved slide valve 194.6
Relleno, mecanismo de 368.8
Remachado 122.7, 123.1 125.1
- á mano . . . 126.5
- de dos filas . 123.8
- - - secciones de rotura 124.3
- - muchas secciones de rotura 124.5
- - una fila . . 123.7
- - - sola sección de ruptura 124.1
- doble 123.8
- hidráulico . . 126.9
- mecánico . . 126.6
- múltiple . . . 123.9
- pneumático . 126.8
- por aire comprimido 126.8
- simple 123.7
Remachadora . 126.7
Remachar . . . 124.7
-, gato para . . 263.1
-, puente-grúa para taller de 293.2
Remache 120.6
- de cabeza achaflanada 122.1
- - - embutida 122.1
- - - semi-embutida 122.2
- - - - -rebajada 122.2
- - cordón . . . 146.3
- - dos secciones de rotura 124.4
- - junta 149.3
- - muchas secciones de ruptura 124.6
- - recubrimiento 149.3
- - una sola sección de rotura 124.2
- - unión . . . 150.6
- previo 122.6
- provisional . 122.6
- sometido á la tracción 122.5
- - al esfuerzo cortante 122.4
Remise sur rail, bloc de 414.5
- sur voie, mécanisme de 414.3
Remolcador . . 323.6
Remonter la charge suspendue 7.3
- le fardeau suspendu 7.3
Remorqueur . . 323.6
Removable crank handle 179.2
- handle crank 179.2
Remove, to - the air from the pipes 238.9
-, to - the rivets 125.2
Removing the air from the pipes 238.10
Remplissage des godets, degré de 371.9
-, mécanisme de 368.8
Rendement . . 11.8
Rendimento . . 11.8
Rendimiento 11.8, 21.5
Rendre rigide . 151.9
Renforcement horizontal des membrures 146.6
- latéral 152.1
Renforcer . . . 151.9
Renfort 152.4
-, cornière de . 152.2
-, passerelle de - latérale 152.5
-, plaque de . . 152.6
-, poutre de . . 152.3
Renversement automatique, grue de coulée à 312.2
-, charge de . . 285.1
- de marche . 244.10
- - - automatique 347.5
- - -, mécanisme intermédiaire pour le 63.7
- - -, moteur à . 213.4
- - -, résistance de 220.1
- de la grue . 284.10
- - - poche . . 311.8
-, moment de . 285.2
-, résistance de la grue au 284.5
Renverser sa marche, l'ascenseur renverse automatiquement 347.6
-, la grue se renverse 284.9
- - marche . . . 244.9
- le courant . . 214.5
Renvoi à courroie 73.8
- - engrenages 63.1
- - hélice . . . 71.6
- - vis sans fin 71.6
-, arbre de . . . 250.3
- de changement de marche 63.7
- - mouvement 396.10
-, engrenage de 63.1
-, galet de . . . 41.8
-, poulie de . . 47.4
-, poulie de - du câble 403.2
-, - - - pour chaîne 32.5
- pour roues à chaîne 73.6
Reóstato 223.3
- de arranque . 219.7
- - - automático 219.9
- - - inversor . 220.1
Repartidas, cargas 134.3
Répartiteur de la charge sur les essieux 254.5
Repasar un tornillo 118.7
Replacer le câble 401.9
Repos, charge au 132.9
- en service . . 282.5
-, position de - de la cabine 345.1
-, - - - de la cage 345.1
Repose, angle of 384.9
Reposer, faire - la cage 345.2
Reposición, mecanismo de - sobre la vía 414.3
Répulsion, électroaimant à 110.1
Repulsione, freno magnetico di 110.1
Required, power 282.8
Resalte, puente de 160.2
Resbaladiza, trapa 385.8
Resbalar, la silla resbala sobre el cable 406.4
Réseau à trois fils 203.1
-, courant du . 203.2
- de conducteurs 202.9
- - treillis . . . 140.2
- - tuyaux . . . 236.2
-, tension du . . 198.7
Reserva, espira de 44.5
-, máquina de . 182.5
-, vuelta de . . 44.6
Reservemaschine 182.5
-windung . . . 44.6
Réserve, machine de 182.5
-, moteur de . . 213.6
-, spire de . . . 44.6
Réservoir à matelas d'air 231.5, 233.1
- collecteur . . 236.7
- d'air 231.5
- d'eau 231.2
Reservoir, Sammel- 236.7
Residui, funicolare aerea per lo sgombro dei - e delle scorie 394.6
Residuos, transporte aéreo para - industriales 394.6
Resistance . . . 223.3
- against acceleration 19.8
- - horizontal motion 12.5
- - slewing . . 16.9
- box 223.4
-, brake 96.4
-, - safety . . . 224.4
-, braking . . 106.10
-, electric . . . 199.5
-, frictional . . 22.3
-, graduated . . 223.5
- head 230.1

Resistance of mass of the load 10.5
- - path 18.4
-, parallel . . . 223.9
-, regulating . . 224.3
-, reversing starting 224.2
-, rope guiding 41.9
-, series 223.8
-, starting . 5.4, 224.1
- step 223.7
-, stepped . . . 223.5
-, support- . . . 187.5
- to acceleration 19.8
-, to graduate the 223.6
- - motion . . . 18.2
-, wind 154.3
Résistance 223.3, 230.1
- à l'accélération 19.8
- - l'orientation 16.9
- - la compression 171.4
- - - flexion . . 174.4
- - - giration angulaire 16.9
- - - rupture . 170.2
- - - - du câble 36.10
- - - torsion . 172.7
- - - traction . 170.7
- - - translation 12.5
- additionelle . 223.8
- au cisaillement 173.7
- - démarrage . 5.4
- - mouvement 18.2
- - vent 154.3
- automatique de démarrage 219.9
- aux surcharges 4.1
- d'inertie de la charge 10.5
- d'inversion . 220.1
- de démarrage 219.7, 224.1
- - -, contacts de la 219.8
- - freinage . . 96.4 106.10
- - frottement . 22.3
- - guidage du câble 41.9
- - la grue au déversement 284.5
- - - - au renversement 284.5
- - - voie au mouvement 18.4
- - protection . 201.9
- - - du frein . 224.4
- - renversement de marche 220.1
- du câble, coefficient de 37.3
- électrique . . 199.5
- en série 201.10, 223.8
- - parallèle . . 223.9
- graduée . . . 223.5
-, graduer une . 223.6
- mesurée en hauteur d'eau 230.1
- régulatrice . 224.3
-, série de contacts d'une 223.7
-, subdiviser une 223.6
Résistant, moment 11.4, 175.5
Resistencia . . 223.3
- á la aceleración 19.8
- - - compresión . 171.4
- - - cortadura 173.7
- - - flexión . . 174.4
- - - rotura . . 170.2
- - - - del cable 36.10
- - - torsión . . 172.7
- - - tracción . 170.7
- - las sobrecargas 4.1
- aceleratriz . . 19.8
- adicional . . 223.8
- al arranque . 5.4
- - giro 16.9
- - movimiento 18.2
- - - horizontal de translación 12.5
- - rozamiento en la superficie 96.4
- - viento . . . 154.3
-, altitud de . . 230.1
-, coeficiente de - del cable 37.3
- de arranque . 224.1
- - frenado . 106.10
- - inercia de la carga 10.5
- - inversión y de arranque 224.2
- - la guia del cable 41.9
- - - masa de la carga 10.5
- - protección del freno 224.4
- - rozamiento . 22.3
- del camino á la translación 18.4
- - freno . . . 96.4
- eléctrica . . . 199.5
- en paralelo . 223.9
- - serie 223.8
- escalonada . 223.5
- graduada . . 223.5
- reguladora . 224.3
Resistente, momento 11.4, 175.5
Resistenza . . . 223.3
- a gradini . . 223.5
- al movimento 18.2
- - taglio . . . 173.7
- - vento . . . 154.3
- all'accelerazione 19.8
- alla compressione 171.4
- - conversione 16.9
- - flessione . . 174.4
- - recisione . 173.7
- - rottura . . 170.2
- - torsione . . 172.7
- - trazione . . 170.7
-, altezza di . . 230.1
-, cassetta di . . 223.4
- d'attrito . . . 22.3
- d'avviamento 5.4, 224.1
- d'inerzia del carico 10.5
Resistenza d'inversione e d'avviamento 224.2
- del freno . . 96.4
- della fune alla rottura 36.10
- - guida della fune 41.9
- - massa del carico 10.5
- di scorrimento 18.4
- - sicurezza per freno 224.4
- - traslazione 12.5
- elettrica . . . 199.5
- frenante . . 106.10
-, gradino di . . 223.7
- in parallelo . 223.9
- - serie 223.8
- regolatrice . 224.3
-, suddividere la 223.6
-, valore di - della fune 37.3
Resolution of a force 129.1
Resolve, to - a force 128.8
Respingente da ferrovia 327.8
-, molla del . . 327.7
-, paracolpi . . 327.6
Resserrer une vis 118.7
Ressort de butoir 327.7
- de suspension, essieu de roue porteuse avec 257.6
- frotteur . . . 339.6
-, griffe à . . . 417.7
Restaurants, monte-charge pour 355.1
Resultant . . . 129.5
Resultante . . . 129.5
Résultante . . . 129.5
Retardado, movimiento uniformemente 20.2
Retardation . . 20.3
Rétardation . . 20.3
Retardatrice, force 20.4
Retardatriz, fuerza 20.4
Retardé, mouvement uniformément 20.2
Retarded motion, uniformly 20.2
Retarding force 20.4
- moment . . . 20.5
Retardo 20.3
-, freno de . . . 113.2
-, momento de 20.5
Rete dei tubi . 236.2
- di conduttori 202.9
- - - a tre fili . 203.1
- protettrice . . 405.4
-, tensione della 198.7
Retención, aparato de - del cable 401.2
-, cable de . . . 412.1
-, plancha de . 76.1
-, válvula de . . 242.4
Retenida . . . 92.8
-, disposición de 324.4
Retenido, fuerza de 342.3
Retenue, appareil de 324.4
-, - - - du câble 401.2
-, câble de . . . 412.1
-, crochet de . . 324.5
-, dispositif de . 324.4
-, force de . . . 342.3
-, mécanisme de 92.8, 93.3
-, soupape de . 242.4
-, verrou de . . 342.7
Reticolato della travatura 145.1
Réticulaire, système 145.1
Reticulation, girder 145.1
Retirar la carga 9.5
Retorno, cable de 389.4
-, conducto de . 236.6
- de la carga 9.6, 9.7
- - las vagonetas de carga 403.3
-, estación de . 397.1
-, lazo de . . . 395.6
-, línea de . . 203.10
-, polea de - del cable 403.2
Retour 221.6
-, boucle de . . 395.6
-, câble de . . . 389.4
-, conduite de . 236.6
- de la charge 9.6, 9.7
- des wagonnets de chargement 403.3
- du fardeau . . 9.6
-, ligne de . . 203.10
Retournement, basculeur à 325.7
Retourner le lingot 317.9
Rétrécissement 243.3
Retroconversione, virare 16.2
Retta di chiusa 130.7
-, funicolare aerea in linea 398.4
Rettilineo, movimento 18.5
Retto, ingranaggio conico ad angolo 69.1
Return 203.10
- -cylinder . . 189.5
- of the load . . 9.6
- piping 236.6
- water 230.6
Reversable jib 298.8
Reversal, automatic 347.5
Reverse, the hoist -s automatically 347.6
-, to . . . 214.5, 244.9
-, to - the current 216.8
-, to - the jib . 298.9
Reversible . 14.4, 16.6
-, máquina . . . 228.3
Réversible, machine à vapeur 228.3
Reversiermaschine 228.3
Reversing . . 244.10
- controller . . 222.2
- engine 228.3
- loop 395.6
- motor 213.4

Reversing starter 220.1
- starting resistance 224.2
- trap 386.1
Revestida, cabina - de tablas 294.2
Revestido, cable 40.4
Revestimiento de chapa 157.3
- - la caja . . . 334.5
- - maderos . . 157.5
- - tablas . . . 294.3
- del pasillo . . 157.2
- interior del cojinete 87.4
Revestir un cojinete con metal blanco 87.6
Revêtement de la cage 334.5
- du puits . . . 334.5
- en bois . . . 294.3
Revolución . . 15.2
-, „ revoluciones por minuto 15.3
-, número de -es 15.4
Révolution . . 15.2
Revolution . . 15.2
-, „r"-s per minute 15.3
Revolutions at no load 184.1
-, number of . 15.4
Revolvable . . 14.4
- claw 60.8
Revolving contact 207.5
- stuffing box . 190.9
Rez-de-chaussée 335.2
Rhéostat 223.3
-, boite du . . . 223.4
- de changement de marche 220.1
- - démarrage . 219.2 219.7, 224.1
- - - et d'inversion 224.2
- - protection du frein 224.4
Rhéostatique, frein 106.12
Rialzamento . 147.9
Rialzare il puntone 299.5
- la freccia . . 17.4
Rialzata, travatura 147.8
Rib cover plate 149.8
Ribadire 124.7
-, martello da . 125.5
Ribadita, testa 121.1
Ribaditura . . 125.1
-, lavoro di . . 125.3
Ribalta, vagoncino a 408.8
Ribaltabile a conca, vagonetto 378.6
Ribaltamento 323.10
- del recipiente a bilico 409.1
-, disposizione di 409.3
-, posto di scarico a 409.4
-, scambio a bilico con ago di 421.3
Ribaltare . . . 323.9
Ribaltare il recipiente a bilico 409.2
Ribbed casting 164.5
Ricambiabile, meccanismo di sollevamento con albero di rinvio 252.1
Ricevitore di contatto 206.7
Richtbaum . . 307.4
Richtung, Bewegungs- 6.1
- der Kraft . . 127.2
-, Fahr- 13.9
-, Umdrehungs- 14.10
-, Umlauf- . . . 14.10
Ricondotta dei carelli 403.3
- - vagoncini . 403.3
Ricoprimento, tetto di 294.5
Ridotto, carro a scartamento 379.5
-, scartamento . 329.4
Riducibile, puntone 298.6
Ridurre il braccio al puntone 298.7
- la luce 243.2
Riduzione a farfalla, valvola di 243.4
- di luce . . . 243.3
- - -, disposizione di strozzamento per 243.1
-, trasmettere il movimento con - di velocità 62.1
-, trasmissione con - di velocità 61.9
-, vite di 243.5
Riegel . . 151.6, 338.2
-, Quer- 403.7
-, Schnapp- . . 95.6
-, Sicherheits- . 338.3
-, Stütz- 344.8
-verschluß . . . 338.1
Riemenantrieb 73.7
-betrieb, Aufzug mit 352.6
-, Doppel- . . . 74.6
-, gekreuzter . 74.5
-kralle 75.1
-, mehrfacher . 74.7
-, offener 74.4
-schraube . . . 74.10
-spannung . . . 74.3
-, Treib- 73.9
-trieb 73.7
-vorgelege . . 73.8
-winde 271.1
Riempimento, distributore di 368.7
-, meccanismo di 368.8
Riemscheibe . . 75.2
-, feste 75.4
-, lose 75.5
Rientrata, carrello nella sua posizione 274.1
-, porre il carrello nella sua posizione 274.2
Riese 393.1
-, Draht- 393.4
-, eingleisige . 393.2
Riese, Holz- . . 393.6
-, Seil- 393.5
-, zweigleisige 393.3
Rieseleinrichtung 370.3
Riesenkran . . 308.2
Riffelblech . . 169.4
Rigata, lamiera 169.4
Right angle friction wheels 78.4
-, diagonal rising to the 143.2
- hand, drum with - - groove 44.7
- - worm . . . 72.1
- -handed moment 130.10
- - thread . . . 114.2
- - twist 33.10
-, rope with lay to the 34.1
-, the force produces a moment to the 131.2
Rigid axle . . . 75.9
- bearing . . . 154.8
- frame 151.8
Rigida, gru da colate con guida - per la secchia 311.6
Rígida, grúa para fundición con guía - del crisol 311.6
Rigide, accouplement 80.5
Rigidez, coeficiente de 35.5
- de la cuerda 35.4
- del cable . . 35.4
Rigidità della fune 35.4
Rigido, acoplamiento 80.5
Rigido, telaio . 151.8
Rilasciare l'arresto 93.1
- un veicolo . . 408.3
Rille 46.6
- der Laufrolle 406.2
-, Trommel- . . 44.1
Rillenrad . . . 78.3
-trommel . . . 43.10
-, Trommel mit eingegossenen 45.1
-, - - gedrehten 45.2
Rim of chain wheel 31.5
- - pulley . . . 40.5
- - sheave . . . 46.5
- - traversing wheel 255.4
-, spur 67.9
-, toothed . . . 67.9
Rimando . . . 251.2
-, albero di . . 251.3
Rimettere . . . 94.6
-, cuneo d'arresto per - il carro sul binario 414.5
- il cavo . . . 401.9
- - nottolino . 94.5
Rimorchiatore . 323.6
Rimorchio ad azione semplice 388.3
- con cavo . . 388.1
-, fune a 388.2
-, nave da . . . 323.6
Rincón, guía en los -es 340.1
Rinforzare . . . 151.9
- con contrafissi 156.7
- - saettoni . . 156.7
Rinforzo 152.1
- a sbarre, saettone di 156.5
- alla lamiera verticale mediante montanti 145.4
-, cantonale di . 152.2
- delle piattebande 146.6
-, ferro di . . . 152.4
-, lamiera di . . 152.6
-, passerella di . 152.5
-, piastra di . . 149.9
-, trave di . . . 152.3
Ring 86.4
-, adjusting . . 77.6
-, curb 301.5
-, drag 94.2
-, eye 37.5
-, friction . . . 83.5
- lubricating bearing 90.3
- magnet . . . 56.7
- main 236.8
-, neck 190.7
-, oil 77.4
-, packing . . . 241.7
-, piston 185.7
- -pivot 79.3
- segment . . 218.10
-, shrunk-on . . 77.7
-, slip 207.6
-, trail 94.2
-, U-leather . . 191.4
- with set of rollers 91.9
Ringabschnitt 218.10
-, Dichtungs- . 241.7
-, Distanz- . . . 90.7
-, Grund- . . . 190.7
-, Kausch- . . . 37.5
-keilkupplung . 400.7
-, Kolben- . . . 185.7
-, Lauf- 90.6
-, Leit- 90.6
-leitung 236.8
-magnet 56.7
-, Manschetten- 191.4
-, Mitnehmer- . 83.5
-, Reib- 83.5
-, Schleif- . . . 207.6
-, Schlepp- . . . 94.2
-schmierlager . 90.3
-schmierung, Lager mit 90.3
-, Schrumpf- . . 77.7
-, Spreiz- . . . 88.5
-, Spur- 86.4
-spurlager . . 86.3
-, Stell- 77.6
-zapfen 79.3
Ringhiera . . 157.10
Rinne, Förder- 369.5
-, Lauf- 406.2
-, Propeller- . . 370.1
-, Schub- . . . 369.7
-, Schütt- . . . 386.3
-, Schüttel- . . 369.9
-, Schwing- . . 369.8
-, schwingende 369.8
-, Transport- . . 369.5
Rinnentrog . . 369.6

Rinvio 251.2
- a catena . . . 73.6
- - cinghia . . 73.8
- - vite perpetua 71.6
- - - senza fine 71.6
- ad ingranaggio 63.1
- - innesto . . 63.7
-, albero di . . 251.3
-, ingranaggio di 63.1
-, puleggia di . 47.4, 403.2
Riparti, numero dei 140.8
Riparto 140.6
- dei tracciamenti 160.5
- di estremità . 140.9
- - mezzo . . 140.10
- finale 140.9
Riportata, corona 68.4
Riposo 282.5
- della cabina, posizione di 345.1
Rippenguß . . 164.5
Ripulsione, batteria di 197.7
Riquadro . . . 140.6
Riscalda, il sopporto di una macchina si 85.1
Riscaldamento, fossa di 313.2
Rise of an arch 138.9
Riserva, giro di 44.6
-, macchina di . 182.5
-, spira di . . . 44.6
Rising, diagonal - to the left 143.3
-, - - to the right 143.2
Ristoranti, montacarichi per 355.1
Ristringere l'albero 76.11
Risultante . . . 129.5
Risvolto, gru a 306.5
-, rotella di . . 395.6
Ritardato, movimento uniformemente 20.2
Ritardatrice, forza 20.4
Ritardo 20.3
-, momento di . 20.5
Ritegno, apparecchio di 324.4
- automatico, disposizione di 324.7
-, freno di . . . 111.9
-, gancio di . . 324.5
-, valvola di . . 242.4
Ritenuta, cavo di 412.1
-, peso della materia 384.8
-, valvola di . . 242.4
Ritirare, dispositivo per - i lingotti 318.5
- il bilico . . . 17.4
Ritirata 14.1
Ritorno, conduttore di 203.10
-, conduttura di 236.6
Ritorno del carico 9.6, 9.7
-, fune di . . . 389.4
-, puleggia di . 403.2
-, rotella di . . 395.6
Rittersche Methode 144.3
Ritto, sopporto 87.1
Ritzel 67.7
River 124.7
-, machine à . . 126.7
-, marteau à . . 125.5
-, outil à 125.4
-, presse à . . 126.10
Riversare . . . 386.6
Riversibile, macchina 228.3
-, motore . . . 213.4
Rivestimento del pozzo 334.5
- della binda . 264.7
- in legno . . . 294.3
Rivestita, cabina del manovratore 294.2
Rivestito, cavo 40.4
Rivet 120.6
Rivet allowance 146.4
-, binding . . . 122.6
-, butt joint . . 149.3
- centre, distance from - - to inside of angle 123.6
- -, - - - - - - outside of angle 123.5
-, connecting . 150.6
- deduction . . 146.4
-, dummy . . . 122.6
-, flange 146.3
-, flush 122.1
- furnace . . . 126.4
- -head 120.9
- hole 121.3
- in double shear 124.4
- - multiple shear 124.6
- - shear . . . 122.4
- - tension . . 122.5
- iron 121.9
- -loss 146.5
- -point 121.1
- section . . . 120.8
-, single shear . 124.2
-, to 124.7
- with countersunk head 122.1
- - half countersunk head 122.2
Rivet 120.6
- à deux sections de cisaillement 124.4
- - goutte de suif 122.2
- - plusieurs sections de cisaillement 124.6
- - tête fraisée 122.1
- - - mi-fraisée 122.2
- - - noyée . . 122.1
- - - saillante . 122.2
- - une section de cisaillement 124.2
-, corps de . . . 120.7
- d'assemblage 149.3, 150.6
- de cisaillement 122.4
Rivet de couvre-joint 149.3
- - la membrure 146.3
- - montage . . 122.6
- - traction . . 122.5
-, fatigue du . . 121.2
-, fer à appuyer le 125.8
-, fraiser le . . 122.3
- noyé 122.1
-, paroi du trou de 121.4
- polycisaillé . 124.6
- posé d'avance 122.6
-, pression sur la paroi du trou de 121.5
-, tige de . . . 120.7
-, travail d'écrasement du corps de 121.5
- travaillant à l'arrachement 122.5
- - au cisaillement 122.4
- - - double cisaillement 124.4
- - - simple cisaillement 124.2
-, trou de . . . 121.3
Rivets, aléser les trous de 121.8
-, déduction des trous de 146.4
-, écartement des 123.3
-, enlever les . 125.2
-, fer à 121.9
-, file de 123.2
-, forcer les trous de 121.7
-, forge à chauffer les 126.3
-, four à 126.4
-, ligne de . . . 123.2
-, pas des . . . 123.3
-, pince à . 126.1, 126.2
-, perte de section par les trous de 146.5
-, poinçonner les trous de 121.6
-, rang de . . . 123.2
-, trainée de . . 123.2
Rivetage . 125.1, 125.3
-, grue pour atelier de 293.2
- hydraulique . 126.9
- pneumatique 126.8
Riveté, assemblage 122.7
Riveted joint . 122.7, 123.1
Riveter 126.7
-, outil à 125.4
-, vérin à . . . 263.1
Riveting . 123.1, 125.1
- -clamp 126.2
-, double row . 123.8
-, - shear . . . 124.3
- -forge 126.3
-, hand- 126.5
- -hammer . . . 125.5
- -hearth 126.3
-, hydraulic . . 126.9
- jack 263.1
- -knob 125.8
- -machine 126.6, 126.7
-multiple row 123.9
Riveting, multiple shear 124.5
-, pneumatic . . 126.8
- press . . . 126.10
- -set 125.6
-, single row . . 123.7
-, - shear . . . 124.1
- stop, traveller for 293.2
- -tongs . 126.1, 126.2
- tool 125.4
- work 125.3
Riveuse 126.7
Rivoir 125.5
Rivure . . 122.7, 123.1
- à deux coupes 124.3
- - - rangs . . 123.8
- - - sections de cisaillement 124.3
- - la main . . 126.5
- - plusieurs coupes 124.5
- - - rangs . . 123.9
- - sections de cisaillement multiples 124.5
- - un rang . . 123.7
- - une coupe . 124.1
- - - section de cisaillement 124.1
- double 123.8
- mécanique . 126.6
- parallèle . . . 123.8
- simple 123.7
Robinet 242.6
- d'arrêt 242.7
- de fermeture 242.7
- - purge . . . 238.6
- distributeur . 196.6
-, distribution à 196.5
Robinetto . . . 242.6
- d'arresto . . . 242.7
- di distribuzione 196.6
- - scarico . . 238.6
-, distribuzione a 196.5
Roblón 120.6
Roblonado 122.7, 123.1, 125.1
Roblonar . . . 124.7
Rocchetto 67.7, 201.8
- ad innesto . . 63.8
- da catena . . 30.7
-, fermaglio a catenaccio su 95.6
-, girella di . . 259.1
-, ruota d'arresto del 95.3
-, scanalatura della ruota a 95.4
- scorrevole . . 258.7
- spostabile . . 63.8
Rochet 93.5
- de retenue à cliquet 93.4
-, roue à 93.5
Rocker 156.1
Rocking trough 369.8
Rod 141.1
-, brake -s . . . 96.3
-, control . . . 347.8
-, coupling -s . 82.1
-, diagonal . . . 142.7
- iron 167.6
- of flange . . 141.9

Rod, panel . . 141.8
-, piston 185.8
-, pull- 245.3
-, push- 245.4
-, tension . . . 245.3
-, tie 141.5
-, valve 193.3
-, vertical . . . 143.5
Rodado, gorrón 78.10
Rodadura . . . 12.7
-, camino de . . 13.8
-, carga de . . 133.9
-, mecanismo de 252.3
-, - - - del carro 273.6
-, superficie de 255.5
-, vía de 326.1
Rodage, le palier s'adapte par 84.8
Rodamiento, carro de - de las vagonetas 405.5
-, rodillo de . . 405.8
-, superficie de 402.4
Rodante plataforma 301.7
Rodar 12.6
Rodé, tourillon 78.10
Roder, le palier se rode 84.9
Rodilla-guía del cable 41.8
Rodillo 46.4, 86.7, 91.2
- con estrella . 402.7
-, contacto por 207.3
-, corona de -s 91.9 259.7
- de apoyo 91.10, 402.3
- - cambio de dirección 403.1
- - canal . . . 406.1
- - contacto . . 207.4
- - garganta . 406.1
- - guía para cadena 32.5
- - presión . . 401.2
- - rodamiento 405.8
- - soporte . . 91.10
- para encorvar la cinta 367.5
-, quicio de -s . 86.6
-, quicionera de -s 86.6
-, soporte de -s 155.8
-, tejuelo de -s 86.6
Rodillos de apoyo en tandem 402.5
- gemelos suspendidos 402.6
- laterales, silla de soporte con 406.8
Rohblock . . . 166.8
-eisenlager . . 383.2
- gegossener Zahn 65.9
-hautrad . . . 70.5
Rohr 239.4
-, Ableitungs- . 240.4
-, Ablauf- 231.4, 240.4
-anguß 237.3
-anschluß . . . 237.2
-, Ausström- . . 240.4
-, Bergmann- . 205.4
-bruch 241.8
- -ventil 241.9
-dichtung . . . 241.6
-durchmesser . 239.5
-, Einströmungs- 240.3
Rohr, Fall- . . 387.1
-, Flanschen- . 239.7
-, Förder- . . . 370.7
-, Gelenk- . . . 240.2
-innendurchmesser 239.5
-knie 237.6
-kolben 186.9
-krümmung . . 237.4
-, Lauf- 387.1
-leitung 235.6
-leitungsdruck 235.7
- -querschnitt . 235.8
-muffe 240.7
-, Muffen- . . . 239.6
-netz 236.2
-packung . . . 241.6
-, Paß- 117.5
-plan 236.4
-, Saug- 376.8
-, Stopfbüchsen- 240.1
-strang 236.3
-strecke 236.3
-stutzen 237.3
-, Teleskop- . . 239.8
-, Überlauf- . . 231.3
-verschluß . . . 241.3
-verschraubung 240.5
-weite 239.5
-, Zuleitungs- . 240.3
-, Zuströmungs- 240.3
-, Zweig- 237.1
Rojo, bronce . 169.8
Roldana de cierre y paro 343.3
Rolle 46.4, 91.2
-, Arbeits- . . . 47.7
-, Ausleger- . . 297.4
-, Daumen- . . . 31.4
-, Differential- . 50.7
-, Doppel- . . . 48.3
-, doppelrillige 48.4
-, Drahtseil- . . 46.10
-, Druck- 91.10
-, feste 48.1
-, Führungs- . . 47.5
-, Gegendruck- 259.1
-, Hanfseil- . . 47.1
-, Ketten- . . . 47.2
-, Klemm- . . . 343.3
-, Kontakt- . . . 207.4
-, Kurven- . . . 403.1
-, Kuppel- . . . 416.1
-, Lager- . . . 91.10
-, Last- 47.6
-, Lauf- . . 258.7, 405.8
-, Leit- . . . 41.8, 47.5
-, lose 47.7
-, Seil- 46.9
-, Mulden- . . . 367.5
-, Pendel- . . . 402.6
-, Spann- 398.1
-, Stern- 402.7
-, Treib- . . 42.4, 48.2
-, umgekehrte lose 48.2
-, Umlenk- . . . 47.4
-, Wälz- 86.7
Rolled girder . 146.7
- -iron 167.2
- steel 165.6
Rollenbahn . . 259.7
-block 49.1
-bock 48.6
-bügel 47.8
-gehäuse . . . 48.5
-gerüst 333.6
-höhe 296.1
-käfig 91.3
Rollenkloben . 49.1
-kontakt 207.3
-kopf 297.3
-kranz . . . 46.5, 91.9
- -lager 91.8
-lager . . 91.1, 155.8
-lagerung . . . 405.7
-laufwerk . . . 405.5
-nabe 46.7
-reibung, Lauf- 405.9
-spurlager . . . 86.6
-traverse . . . 405.6
-übersetzung . 47.9
-zug 48.7
- -, Hand- . . . 50.2
- -, Ketten- . . 51.5
- -, Kran- . . . 52.2
- -, Last- 49.8
- -, Seil- 51.4
- -, Treib- . . . 50.1
Rollende Reibung 22.8
Rollkranz . . . 259.7
Roller . 46.4, 86.7, 91.2 91.10, 405.8
- bearing . 91.1, 155.8 405.7
-, block with x -s 49.6
- cage 91.3
- casing 405.6
- contact . . . 207.3
-, contact . . . 207.4
-, curve 403.1
-, flat 156.1
- for opposing pressure 259.1
- framework . 383.6
- friction . . . 405.9
- gear 405.5
-, grip 343.3
-, grooved . . . 406.1
-, pendulum . . 402.6
-, saddle with -s on one side 406.8
-, star-shaped . 402.7
- support . . . 91.1
- supported footstep bearing 86.6
- thrust ring bearing 91.8
-, travelling . . 258.7
-, trough 367.5
Rollig, x- -e Flasche 49.6
Rolling friction 22.8
- load 184.3
- mill crane . . 310.6
Romper, el cable se rompe 37.2
-, la chispa se rompe 217.11
Rompere, la fune si rompe 37.2
-, - scintilla si rompe 217.11
Rompre, le câble se rompt 37.2
-, l'étincelle se rompt 217.11
Rond, câble . . 40.7
-, filet 114.9
Ronde, tête . . 116.2
Rondella . . . 80.1
Rondelle . 80.1, 113.10
Roof . . 161.11, 294.5
- crane 305.6
- girder 162.1
Root-circle . . 64.5
- -line 64.5
- of tooth . . . 65.3
Rope 33.6
-, adjusting . . 414.2
-, becoming slack of the -s 35.1
-, bending of . 35.2
- block 49.7
-, breaking stress of 37.3
-, cage with one 341.1
-, carrying . . . 400.4
-, chain 390.8
- circuit 389.2
-, circular . . . 40.7
- clamp 418.4
- clip, spring . 417.7
-, closing . . . 411.9
-, coarse-wire . 39.3
-, coil of 45.3
-, coiling diameter of 35.6
-, - the - on the drum 44.2
-, connecting . 390.2
- construction . 39.4
- control . . 248.5
-, control . . . 248.7
- conveyor . . 370.2
-, cotton 38.7
- coupling . . . 37.11
- crab 275.2
- cramp 418.4
-, crane 41.2
- curve . . . 398.10
-, deflection of the 41.10
-, deviation of the 41.10
-, double 333.2
- diameter . . 33.7
-, double flat stranded 39.10
- drive 42.3
- -driven travelling crane 291.7
-, driving . . 42.5, 42.7 184.8
- drum 45.3
-, elevator . . . 332.8
- elongation . . 35.7
-, emptying . . 412.1
- fastening . . 45.5
-, fine-wire . . . 39.2
- fixing 36.8
-, flat 40.9
-, - strand . . . 39.9
-, flexibility of 35.2
-, flexible . . . 35.3
- for counter-poise 333.1
- - hauling gear 252.6
- fork with inserted claws . . 417.1
-, fracture of . 37.1
- friction . . . 35.8
-, galvanised wire 39.1
- grip, spring . 417.7
- gripper . . . 416.5
- -gripping car 418.1
-, ground . . . 390.6
- guide pulley . 41.8
- guiding 41.7, 400.6
- - resistance . 41.9
-, hand - -driving 181.7
- haulage . . . 388.1
-, haulage . . . 388.2

Rope, hauling . 41.4
-, hemp 38.6
-, - - pulley . . 47.1
-, - - sheave . . 47.1
-, hoisting . . . 332.7
- holding station 397.2
-, hollow 40.11
- hook 54.2
-, iron 38.9
-, inserting a - in the pulley block 51.7
- jockey pulley 41.8
- joint 37.9
- junction . . . 37.9
-, knotted . . . 391.1
-, lift . . . 41.3, 332.8
- -lift, hand driven 352.4
- lifting device 417.2
-, load 36.5
-, locked 40.4
- loop 25.5
- lubricant . . 35.9
-, main 389.6
-, pull 36.6
- pulley 46.9
- - block . . . 51.4
- -, control . . . 248.6
-, - for changing direction of 47.4
- pulleys, tandem 402.5
-, putting the - on the drum 46.3
-, sag of the . . 399.1
- sheave . . 46.9, 402.3
-, ships 41.6
-, side of 36.7
-, simplex . . . 40.6
-, slack 34.9
-, solid 41.1
-, spin of the . . 35.11
- spinning machine 36.1
-, spiral 40.2
- splicing . . . 38.1
-, square 40.10
-, steel 38.8
-, - -wire 38.11
- stiffness coefficient 35.5
-, - of 35.4
-, stranded . . . 39.5
- stretching station 397.3
- support 401.5, 403.5
- - with wind brace 405.1
- suspension . . 36.8
-, tail- . . 389.4, 389.7
- tension . . 36.9, 42.6
-, the -s are twisting 34.8
-, the - becomes slack 34.10
-, the - breaks . 37.2
-, the - drops . . 401.8
- tightener . . . 401.3
-, to deflect the 42.1
-, - insert a - in a pulley block 51.6
-, - spin the . . 35.10
-, - splice a . . 38.4
-, - twist the . . 35.10
-, - uncoil the - from the drum 44.4
Rope, to wind the - up in one layer 44.3
-, traction . . . 400.5
-, transmission . 42.5
-, turn of . . . 45.3
-, twist of the . 33.9
-, twisted 40.2
-, twisting of the -s 34.7
- uncoupling device 416.3
-, under-guiding of 401.1
-, ungalvanised wire 38.12
- velocity . . . 33.8
-, wear of . . . 38.5
-, winch . 41.5, 268.1
-, wire 38.10
-, wire - -pulley 46.10
-, - - -sheave . . 46.10
- with lay to the left 34.3
- - - - - right . 34.1
- - strands of triangular section 40.1
- without twist 34.4
- working . . . 42.2
Ropeway 399.8
- station 395.3
Rosario de canjilones 356.5
- hidráulico . . 366.8
Rosca, gato de . 263.6
-, tornillo de - de madera 118.2
-, unión de tubos por 240.5
Roscado, casco 118.3
-, tapón 241.4
Roseta, cojinete de 89.5
-, soporte de . . 89.5
Rosetta, sopporto a 89.5
Rosette 89.5
-, Lager- 89.5
Rosettenlager . 89.5
Rosso, bronzo . 169.8
Rost, Fundament- 288.9
Rotación . . 14.2, 16.5
-, ángulo de . . 14.8
-, arco de . . . 14.9
-, camino de . . 16.3
-, controler de . 223.2
-, eje de . . 14.5, 259.3
- en el sentido de las agujas de un reloj 14.11
- - - - opuesto de las agujas de un reloj 15.1
-, espacio libre de 296.9
-, gorrón de . . 79.8
-, mecanismo de 259.2
-, momento de - del motor 209.6
-, rozamiento de 22.8
-, sentido de la 14.10
Rotaia 328.1
- da ferrovia . 328.8
- di ferrovia sospesa 420.1
- - guida . . . 339.1
Rotaia di raccordo superiore 395.4
- - scambio . . 421.2
- - scorrimento 327.9
- - sospensione 395.5
- per gru . . . 328.9
- piatta . . . 328.10
- - d'acciaio . 328.11
- portante . . . 395.5
-, supporto di sospensione della 420.3
- Vignole . . . 328.8
Rotaie, deposito 383.7
-, la gru si solleva dalle 284.7
-, magazzino . . 383.7
-, tanaglia da . 285.6
-, via senza . . 361.1
Rotante, trasformatore - per corrente continua in alternata 199.3
-, - - - - - - continua 199.2
-, - - - - - - trifasica 199.4
Rotare sopra un perno 79.9
Rotate, to - about an axis 14.6
Rotatif, distribution à tiroir 196.5
-, tiroir 194.7
Rotating masses, energy of 22.1
- motion 14.2
Rotation 14.2
-, angle of . . . 14.8
-, anti-clockwise 15.1
-, arc of 14.9
- axis 259.3
-, axis of 14.5
-, clockwise . . 14.11
-, counterclockwise 15.1
-, direction of . 14.10
- gear 259.2
- motor 259.4
- roller path . . 259.7
Rotation . . 14.2, 16.5
-, angle de . . . 14.8
-, arc de 14.9
-, axe de . 14.5, 259.3
- brusque de la grue 296.7
-, champ de . . 296.8
-, cylindre de commande du mouvement de 190.2
- dans le sens des aiguilles d'une montre 14.11
- - - - opposé à celui des aiguilles d'une montre 15.1
-, énergie des masses en 22.1
-, espace libre pour la 296.9
- irrégulière de la manivelle 180.5, 180.7
-, la force produit un moment de 131.3
-, - - - - - - - à droite 131.2
-, mécanisme de 259.2 314.6
Rotation, moment de 131.5
-, - - - à droite 130.10
-, - - - - gauche 131.1
-, rayon de . . 296.8
-, sens de 14.10
Rotativa, branca 60.8
-, cilindro a trasmissione 190.2
-, tanaglia . . . 60.8
Rotativo, cassetto 194.7
-, scaricatore a bilico 325.6
-, trasformatore - per corrente continua in alternata 199.3
-, - - - - - - continua 199.2
-, - - - - - - trifasica 199.4
Rotatorio, basculador 325.6
Rotatorio, movimento 14.2
Rotazione . . . 14.2
-, angolo di . . 14.8
-, arco di . . . 14.9
-, asse di 14.5
-, campo di . . 296.8
-, controller per il movimento di 223.2
- del lingotto 317.10
- della gru . . 296.7
- - secchia . . 311.8
-, freno al meccanismo di 111.8
-, gru da fonderia con dispositivo di - automatico 312.2
-, il sopporto si adatta per 84.8
-, manovra di - del pezzo da fucinare 314.6
-, meccanismo di 312.1
-, - - - del pezzo da fucinare 314.6
-, momento di - del motore 209.6
- nel senso contrario di una sfera d'orologio 15.1
- - - di una sfera. d'orologio 14.11
-, perno di . . . 79.8
-, profilo libero alla 296.9
-, senzo di . . 14.10
-, zona di . . . 296.8
Rotella, comando della 348.5
-, contatto a . . 207.3
- d'arresto . . . 343.3
- d'inganciamento 416.1
- di contatto . 207.4
- - risvolto . . 395.6
- - ritorno . . 395.6
- - scorrimento 258.7
Rotelle, guida delle 259.7
Rotguß 169.8
Rotierende Massen, Energie der -n 22.1

Rotor, slip-ring 210.6
-, short-circuit 210.7
Rotor 210.5
Rottura, carico di 27.9
- del dente . . 65.6
- - tubo 241.8
- della catena . 27.6
- - fune 87.1
- - livelletta, rapporto di 399.6
- per flesso-pressione 172.1
-, prova di . . . 27.8
-, punto di . . . 399.4
-, resistenza alla 170.2
-, - della fune alla 36.10
-, sicurezza contro la 170.3
Rótula 155.5
-, articulación de 84.5
Rotule . . 138.11, 155.5
-, appui à . . . 155.4
-, arc à deux -s 139.6
-, coussinet à . 90.2
-, ferme sur -s . 138.8
- inférieure . . 139.2
-, joint à 84.2
-, palier à . . . 90.1
Rotura de la cadena 27.6
- del cable . . 87.1
- - diente . . . 65.6
- - tubo 241.8
-, ensayo de . . 27.8
- por flexión . 172.1
-, prueba de . 27.8
-, resistencia á la 170.2
-, - - - - del cable 36.10
-, seguridad contra la 170.3
Roue à bandage 258.2
- - bras 258.1
- - calotte sphérique 256.5
- - chaine . . . 26.1
- - - de manœuvre 81.2
- - cliquet . . . 93.5
- - denture à chevrons 68.5
- - empreinte . 26.1
- - empreintes pour chaine 30.7
- - gorge, frein pour 101.6
- - - triangulaire 73.3
- - lanterne . . 69.5
- - rais 258.1
- - rayons . . 258.1
- - rochet . . . 93.5
-, bandage de . 258.3
-, bras de la . . 68.2
- conique . . 68.10
Roue, couronne de 255.4
-, - - - à fuseaux 69.6
- cylindrique de friction 72.8
Roue d'angle . 69.2
- d'arrêt à encoches 95.3
- d'engrenage 64.2
- d'entrainement 184.6
- de commande 184.9
- - - de l'avancement 258.2
- - - - la translation 258.2
- - friction . . 72.7
- - - conique . 73.1
- - tambour . . 43.4
- - transmission 184.9
- dentée 64.2
- - à chaine . . 31.4
- - - fuseaux . 69.5
- - baladeuse . 68.8
- - droite . . . 67.8
- - motrice . . 67.7
- - du treuil . . 181.5
- - en acier coulé 70.3
- - bronze . . 70.4
- - cuir vert . 70.5
- - fonte . . . 70.2
- -guide 258.6
- hélicoïdale . 71.3
- intermédiaire 69.9
- motrice . . . 258.2
- -, charge de la 254.2
- planétaire . . 69.8
- pleine 257.7
- porteuse . . . 255.1
- - à boite . . 257.3
- - - coussinet de graissage 257.3
- - - surface de roulement bombée 256.5
- - - - - - conique 256.4
- - - - - - hémisphérique 256.5
- - - - - - plane 256.3
- -, arbre de . . 257.1
- - avec couronne dentée venue de fonte 258.5
- -, boite à graisse de 257.4
- -, - de graissage de 257.4
- -, coincement de la 256.2
- - conique . . 256.4
- -, coussinet de graissage de 257.4
- - cylindrique 256.3
- - dentée . . . 258.5
- - en porte-à faux 256.6
- -, essieu de . 257.1
- -, jeu de la . 255.8
Roues à chaine, commande par 73.5
- coniques, treuil de friction à 268.8
-, contrepoids mobile sur 286.7
- dentées, commande par 68.2
- - à fuseau, transmission à 69.3
- - cylindriques, commande par 67.4
Roues dentées droites, commande par 67.4
- d'engrenage, paire de 63.4
Rouge, laiton . 169.8
Rough plate . . 169.1
- tooth 65.9
Roulant, pont . 290.1
-, treuil 273.4
-, - - à moteur 273.1
Roulante, charge 183.9
-, grue 284.4
Rouleau 86.7, 91.2, 258.7
- avec étoile . 402.7
- de chaîne . . 80.7
- - palier . . . 91.10
- -porteur de soutien du câble tracteur 402.3
- pour courber la bande 367.5
- tronqué . . . 156.1
Rouleaux, appui à 91.1, 155.8
-, crapaudine à 86.6
-, lanterne à . . 91.3
-, les - coincent 91.4
-, - - obliquent 91.5
- -porteurs de soutien en tandem 402.5
Roulement . . 12.7
- à billes, palier à 90.4
-, bague de . . 90.6
-, chemin de 90.6, 326.1
-, surface de - d'une roue 255.5
-, frottement de 22.8
-, galet de . . . 258.7
-, mécanisme de 288.10
-, résistance de la voie au 18.4
-, support du chemin de - du pont 327.4
-, surface de . . 402.4
-, voie de . . . 326.1
-, - - - de chariot de pont 327.2
Rouler 2.6
Roulette de contact 207.4
-, prise de courant à 207.3
Round iron . . 167.7
- thread 114.9
Rovesciamento 312.1 323.10
-, carico di . . 285.1
- della gru . 284.10
- - secchia . . 311.8
-, momento di . 285.2
-, posizione di . 324.3
Rovesciando, far colare dal becco 312.3
Rovesciare . . 323.9
-, la gru si rovescia 284.9
Rovesciarsi, la gru si rovescia 284.9
Rovesciato, nodo 395.6
Rovesciatore di testa 325.7
- in curva . . . 325.1
Row, double - riveting 123.8
-, multiple - riveting 123.9
- of cars 377.7
- - rivets . . . 123.2
-, single - riveting 123.7
Rozamiento . . 22.2
-, ángulo di . . 22.5
-, camino recorrido durante del 22.6
-, coefficiente de 22.4
- con carga máxima 23.1
- de deslizamiento 22.7
- - la cadena . 26.3
- - los rodillos de rodamiento 405.9
- - rotación . . 22.8
- del cable . . . 35.8
- - diente . . . 65.7
- - gorrón . . . 78.9
-, disco de . . . 257.5
- en la marcha en vacío 22.9
- - vacío . . . 22.9
-, pérdida por . 23.3
-, resistencia al - en la superficie 96.4
-, - de 22.3
-, trabajo de . . 23.2
-, - - - del diente 65.8
Ruban à racloirs 369.4
-, appui du . . . 103.2
- collecteur . . 367.9
- d'enroulement 102.7
- -, soutien du . 103.1
- de frein . . . 101.8
- - -, tension du 102.1
- - transport incliné 367.8
- enroulé, frein à 102.6
- - en spirale, frein à 102.8
-, frein à 101.7
-, transport par 367.4
Rubber covered cable 205.3
- packed coupling 81.4
- packing ring 191.7
Rücklaufbassin 236.7
-- der Last . . 9.7
--leitung . . . 236.6
-leitung . 203.10, 236.6
-leitungsscheibe 403.2
-schlagventil . 242.4
-trieb der Last 96.7
--kraft 96.8
--, Last- 9.8
-wärtsfahrt 14.1, 221.6
--gang 14.1
--kurbel 179.4
--kurbeln . . . 180.3
--schwenken . 16.2
Rueda, aparejo de -s cilíndricas 50.8
-, carro de una 275.6
- cilíndrica de fricción 72.8
- cónica 68.10
- - de ángulo recto 69.2

Rueda cónica de fricción 73.1
–, contrapeso móvil sobre –s 286.7
- de acero fundido 70.3
- - arrastre . . 184.6
- - bandaje . . 258.2
- - bronce . . . 70.4
- - canal, freno para 101.6
- - cubo 257.3
- - cuero . . . 70.5
- - dientes angulares 68.5
- - disco 257.7
- - engranaje . 64.2
- - fricción . . 72.7
- - fundición . 70.2
- - garganta triangular 73.3
- - parada de muescas 95.3
- - platillo . . . 257.7
- - radios . . . 258.1
- - superficie de rodadura cilíndrica 256.3
- - - - - cónica 256.4
- - - - - esférica 256.5
- - trinquete . 93.5
- del tambor . . 43.4
- dentada . . . 64.2
- - cilíndrica . 67.8
- - de linterna de husillos 69.5
- - motriz . . . 258.5
- - móvil . . . 63.8
- - para cadena 80.7 81.4
- - recta 67.8
- en un balancín, sujección de las –s 254.6
- -guía 258.6
- helizoidal . . 71.3
- intermedia . . 69.9
- montada en un extremo 256.6
- motriz . 67.7, 253.2
- - con corona dentada de fundición 258.5
- –, presión sobre la 254.2
- para maniobrar la cadena 81.2
- portadora . . 255.1
- –, eje de la . . 257.1
Ruhende Belastung 132.9
Ruissellement, déchargeur par 370.3
Rulli, appoggio a 155.8
–, corona di . . 91.9
–, i - s'incastrano 91.4
–, - - si dispongono obliquamente 91.5
–, lanterna di . 91.3
–, mettersi obliquamente del 91.6
Rulli, sopporto a 91.1
–, - - corona di 91.8
–, - di base a . 86.6
Rullo . . . 86.7, 91.2
- da sopporto . 91.10
- segmento . . 156.1
Rumpf, Erdfüll- 385.6
–, Füll- 385.5
–, Lager- . . 88.2, 89.7
–, Sammel- . . . 385.4
–, Schütt- . . . 385.5
Run, being . . 13.1
- hot, the bearing –s 85.1
–, the bearing –s 84.8
–, - crane –s off the straight 289.2
–, - engine –s light 183.4
–, - - - –s loaded 183.3
–, - - - –s without load 183.6
–, to 12.8
–, - - a bearing with white metal 87.6
–, - - without load 183.8
Rundeisen . . . 167.7
- -kette 28.3
- -laufbahn . . 399.7
-gewinde . . . 114.9
-schlag 40.8
-seil 40.7
Runder Kopf . 116.2
Rundes Gewinde 114.9
Rundle 158.7
Rung 158.7
Running, ahead 13.10
–, astern 14.1
- back of the load 9.7
- backward . . 221.6
- block 49.3
- forward . . . 221.5
- idle 11.2
–, no-load . . . 183.7
- of side 24.5
- on 25.3
- - side 25.1
- out . . . 4.8, 25.2
- position . . . 221.4
- sheave tyre . 402.4
- surface . . . 255.5
- unloaded . . 11.2
Runway 18.8
–, crab 273.6
Ruota 181.5
- a catena . . . 26.1
- - cerchione . 258.2
- - cuneo . . . 73.3
- - denti di sega 93.5
- - disco 257.7
- - lanterna . . 69.5
- - razze . . . 258.1
- - scanalatura cuneiforme, freno per 101.6
–, comando con - a catena 73.5
Ruota con dentatura a cuspide 68.5
- conica 68.10
- - ad angolo retto 69.2
- d'arresto . . . 93.5
- - del rocchetto 95.3
- d'ingranaggio 64.2
- del tamburo . 43.4
- dentata . . . 64.2
- - cilindrica . 67.8
- - da catena . 81.4
- di acciaio fuso 70.3
- - cuoio indurito 70.5
- - frizione . . 72.7
- - - cilindrica 72.8
- - - conica . . 73.1
- - ghisa . . . 70.2
- - manovra a catena 81.2
- - scorrimento comandata 253.1
- elicoidale . . 71.3
- -guida 258.6
- in bronzo . . 70.4
- intermediaria 69.9
–, mozzo della . 68.1
- piena 257.7
- planetaria . . 69.8
- portante . . . 255.1
- - a calotta sferica 256.5
- - - corona cilindrica 256.3
- - - - conica . 256.4
- - con boccola a cuscinetto 257.3
- - - - di scorrimento 257.3
- –, corona della •255.4
- - cuscinetto, boccola di scorrimento della 257.4
- - dentata . . 258.5
- –, diametro della 255.2
- –, giuoco della 255.8
- –, inclinazione della corona della 256.1
- –, la - è collegata in sbalzo sull'asse 356.7
- –, - - gira folle sull'asse 257.2
- –, - - s'inclina 256.2
- - montata con molla di sospensione, asse della 257.6
- –, mozzo della 255.3
- - montata in sbalzo 256.6
–, scanalatura della - a rocchetto 95.4
- spostabile . . 184.6
Ruote, carico sulle 254.2
Ruote, comando a - dentate 63.2
–, - - - - cilindriche 67.4
–, coppia di - dentate 63.4
- dentate, argano a 268.5
- di frizione a cuneo, argano a 268.8
- - –, argano a . 268.7
- - ingranaggio, trasmissione a 250.2
–, disingranare le 66.5
–, ingranaggio a - coniche 68.9
–, ingranare le . 66.4
–, le - ingranano 66.6
–, paio di - dentate 63.4
–, pressione sulle 254.2
–, taglia a - cilindriche 50.8
–, trasmissione a - dentate doppia 63.5
–, - - - - interscambiabile 63.6
–, - - - - semplice 63.3
–, - con - a cuneo 73.2
Ruotismo . . . 250.2
Ruptura por flexión 172.1
–, remachado de una sola sección de 124.1
–, resistencia á la 170.2
Rupture à la traction, essai de 27.8
- brusque, interrupteur à 216.6
- de dent . . . 65.6
- - la chaîne . 27.6
- - tuyau . . . 241.8
- du câble . . . 37.1
–, étincelle de . 217.6
–, résistance à la - du câble 36.10
–, sécurité contre la 170.3
Ruptured, the spark is 217.11
Rush of current 221.3
- - –, position on which - occurs 221.2
Rüssel, Saug- . 364.1
Rute, Schacht- 339.2
Rutoir de chemin de fer 327.8
Rutsche 386.3
–, Turm- 387.3
–, Wendel- . . . 387.2
Rutschen, der Sattel rutscht auf dem Tragseil 406.4
- des Sattels . 406.5

S.

S-Haken 54.6
S-hook 54.6
S, crochet en . 54.6
S, gancio in forma di 54.6
S, gancho en . . 54.6
S. M. Stahl . . . 166.2
Sabbia, contrappeso a - e masselli 287.4
-, elevatore di . 366.6
-, fusione entro forme di 163.4
Sable, élévateur à 366.6
Sabot 156.1
- à câble . . 401.10
- - - pivotant . 402.2
- - - surélevé . 402.1
- de frein . . . 101.4
- - friction . . 100.1
- inférieur . . . 155.7
- pivotant . . 401.10
- supérieur . . 155.6
Sabots, frein à 101.3
-, - - deux . . . 101.5
Sac d'eau . . . 238.2
- de drague . . 375.8
-, drague à . . 375.7
Sacs, élévateur à 365.7
-, monte- . 354.5, 365.8
-, pince pour . 59.6
-, transporteur pour 367.10
Sacar, grúa para - los lingotes de los moldes 318.6
Sacca d'acqua . 238.2
- d'aria 238.7
Saccare della fune per il peso 9.3
-, il carico sacca 9.2
Sacchi, draga a - in fil di ferro 375.7
-, tanaglia per . 59.6
-, trasportatore di - a nastro 367.10
Sacco, il carico fa 9.2
- in fil di ferro per draga 375.8
Sackaufzug . . 354.5
Sack, Bagger- . 375.7 375.8
-elevator . . . 365.7
-förderer . . 367.10
-, Luft- 238.7
-, Schlamm- . . 238.1
-transporteur 367.10
-, Wasser- . . . 238.2
-zange 59.6
Sack conveyor 367.10
- elevator . . . 365.7
- hoist . . 354.5, 365.7
- tongs 59.6
-, to unload from -s 365.2
- unloading funnel 365.3
Sacken der Last 9.3
-, die Last sackt 9.2
Saco de la draga 375.8
-, elevador de -s 365.7
-, tenazas para -s 59.6
Saco, transportador de -s 367.10
Sacudida, canal de 369.9
Saddle 155.6
- backed girder 147.8
- -, to make a girder 148.1
- backing . . . 147.9
-, spring mounted 406.7
-, supporting . 406.3
-, the - slips on the rope 406.4
-, tipping . . . 406.6
- with rollers on one side 406.8
Saetta 138.9
Saettone 156.6
- di rinforzo a sbarre 156.5
Saettoni, rinforzare con 156.7
Safety against collapsing 172.5
- - fracture . . 170.3
- bar 338.3
- bolt 338.3
- brake . 112.8, 342.1
-, - - resistance 224.4
- claws, load magnet with 57.1
- coil 201.9
- crank 179.4
- cut-out . . . 216.4
-, factor of . . 170.4
- gear 342.5
- gripper . . . 57.2
- gripping gear 344.3
- hook 54.8
- jaws, load magnet with 57.1
- lever 179.4
- lock 337.4
- of working . 282.4
- ratchet gear . 93.3
- valve 242.5
- winch 267.8
Sag, curve of . 135.9
-, line of 135.9
- of the rope . 399.1
Sags, the load . . 9.2
Sagging, bending 135.8
- of the load . 9.3
Sagoma libera 304.8
Saisir 410.7
- un fardeau par des griffes 60.5
Sala dei tracciamenti 160.5
- - tracciatori . 160.5
- di montaggio, gru da 309.2
Saldata in testa, maglia 29.1
-, maglia - di fianco 29.2
Saldato, acciaio 165.4
-, catena a maglie -e 28.9
-, ferro 165.2
Salida, tubo de 240.4
Salir, el cable sale de la horquilla 417.1
Saliscendi . 95.8, 95.9
-, accoppiamento a 418.3
Salita 332.4
Saltar, la cadena salte 26.7
-, - manivela salta 180.4
Saltarello . 95.8, 95.9
Salto de la cadena 26.6
- - - manivela 180.5
Saltorello . . . 181.1
-, comando del 180.9
Same direction, forces working in 127.5
Sammelbehälter 236.7
-körper 384.3
-reservoir . . . 236.7
-rumpf 385.4
-trichter 385.5
-trumm 367.6
Sammler, Druckwasser- 231.9
Sandelevator . 366.6
-, Gegengewicht aus - und Masseln 287.4
-guß 163.4
Sand casting . 163.4
- castings, open 164.1
-, counterweight of - and pig-iron 287.4
- elevator . . . 366.6
- hoist 366.6
Sans charge, démarrer 219.4
Saracinesca . . 242.8
Sattel 155.6
-, federnder . . 406.7
-, Kipp- 406.6
- mit einseitigen Rollen 406.8
-, Trag- 406.3
Saugbagger . . 376.4
-elevator . . . 363.8
-höhe der Pumpe 229.7
-kopf mit Druckwasserspülung 376.7
-luftförderer . 363.8
-rohr 376.8
-rüssel 364.1
-spüler 371.6
-wasserförderer 364.3
Säule 156.4
-, Dreh- 260.2
-, Druckwasser- 229.6
-, Kranbahn- . . 327.4
-, Kranmittel- . 300.6
Säulenkopf . . 300.7
-kran 300.5
-stromzuführung 206.4
Sauter, la grue saute hors des rails 289.4
Saving, oil - bearing 90.3
Sbalzo 296.3
-, gru a doppio - per trasporti sporgenti 295.4
Sbalzo, montacarichi a - per magazzino 353.6
-, ponte a . . . 160.2
-, ruota portante montata in 256.6
- sull'asse, la ruota portante è collegata in 256.7
-, trave a . . . 136.7
- utile 296.2
- variabile, gru girevole con 296.4
Sbarcare 320.3
Sbarco 320.8
-, luogo di . . . 322.3
Sbarra . . 141.1, 338.4
- conduttrice . 204.8
- dell'argano . 269.7
Sbarre di ferro, gru per trasporto di 315.9
-, saettone di rinforzo a 156.5
-, unione delle . 150.7
Sbattere della manovella 180.7
-, la catena sbatte 26.7
-, - manovella sbatte 180.4, 180.6
Sbattimento della catena 26.6
Sbieco, la gru si mette in 289.2
-, mettersi in - della gru 289.3
Scaffold, iron . 159.1
-, timber 159.2
-, wood 159.2
Scaffolding . 158.10
Scafogru . . . 308.4
Scala . . . 158.3, 350.6
- a piuoli . . . 158.6
-, corrente della 158.4
Scaldare, fucina per - i chiodi 126.4
Scale 350.6
Scalo a torre, gru da 319.2
-, armatura dello 319.1
-, gru da 318.8
Scambiabile, botola 386.1
Scambio . . . 329.10
- a bilico con ago di ribaltamento 421.3
- - trascinamento 421.1
- ad ago 420.6
-, ago dello . . 420.7
-, apparecchio di sicurezza dello 421.6
- di ferrovia aerea 420.5
- - - sospesa . 420.5
- orizzontale girevole 421.4
- raccorciato . 420.8
-, rotaia di . . . 421.2
-, stazione di . 397.1

Scanalata, puleggia di scorrimento 406.1
Scanalato, tamburo 43.10
Scanalatura cuneiforme, freno per ruota a 101.6
- del tamburo . 44.1
- della puleggia di scorrimento 406.2
- - rotella di scorrimento 406.2
- - ruota a rocchetto 95.4
- di scorrimento 90.6
- per bietta . . 77.9
Scanalature, tamburo con - greggie di getto 45.1
-, - - - tornite . 45.2
Scaricamento . 320.8 413.9
- automatico . 410.2
- dell'appoggio 154.11
-, impianto di . 321.2
-, luogo di . . . 322.3
-, tratto di fune di 400.3
Scaricare 320.3, 413.8
- i blocchi dalle lingottiere 314.4
- in piena linea libera 413.11
- la conduttura 238.3
- - macchina . 183.5
- per il tubo di fondo 365.2
- sulla via . . . 413.11
Scaricatore a bilico 323.8
- - -, argano dello 324.2
- - -, armatura dello 323.11
- - - per carbone 324.9
- - - - carri . . 324.8
- - - - minerali 324.10
- - - montato su gru 325.2
- - - rotativo . 325.6
- - - sollevabile 325.4
- di grano, tubo di scolo dello 365.3
- inclinato . . 386.3
-, piano-inclinato - mobile 386.7
- rapido 410.3
-, scivolone- . . 386.4
-, su gru 325.5
-, vagoncino - automatico 378.7
Scarico 320.8
-, acqua di . . . 230.6
-, apertura di . 335.6
-, apparecchio di 323.8
-, argano a cinghia di 373.5
- automatico, vagoncino 368.6
-, cavo di . . . 412.1
-, condotto di - dell'elevatore 362.5
-, conduttura d'acqua di 230.7
Scarico della condotta d'aria 238.10
- - conduttura 238.4
-, estremità di . 368.5
-, lato 400.1
-, porta di . . . 335.6
-, robinetto di . 238.6
-, stazione di . 396.2
-, tronco del cavo 400.1
-, tubo di . . . 231.4
-, valvola di . . 238.5
Scarpa di sostegno 401.10
- - - a bilico . 402.2
- - - del carro 406.3
- sopraelevata della fune 402.1
Scarpata, gru da 305.5
Scartamento . . 254.4 290.2, 329.2
- allargato . . 329.5
-, anello di - delle biglie 90.7
-, bullone di . . 117.4
- largo 329.5
- normale . . . 329.3
- -, carro a . . 379.4
- ridotto 329.4
- -, carro a . . 379.5
Scatola a stoppa 190.5
- - -, collare della 190.6
- - - di dilatazione 191.1
- - - girevole . 190.9
- dell'ingranaggio 62.8
- della vite perpetua 70.8
- - - senza fine 70.8
- di distribuzione 193.2
- - giunto . . 205.10
- - guida per la catena 81.9
- - tenuta, tubo a 240.1
- per giunto sotterraneo 205.11
-, trasmissione a vite perpetua racchiusa in 71.5
Scattare della manovella 180.5
-, la manovella scatta 180.4
Scatto, interruttore a 215.6
Scavamento, sforzo di 411.7
Scavare 410.7
- alla draga . . 370.9
- dalla miniera 359.1
Scavati, capacità di trasporto dei materiali 360.1
-, materiali - alla draga 371.1
Scavatore, catena di comando per - da draga 412.4
- di terra . . . 374.5
-, tazza dragante da 412.8
Scavo automatico, argano da 270.6
Scavo automatico, gru di 309.6
-, carrello da . 276.5
- con draga in alto 374.2
- - - - profondità 374.4
-, draga per - in alto 374.1
-, funzionamento á - automatico 410.4
- in massa . . . 358.2
- laterale . . . 375.3
Scellement, boulon de 118.1
Schachtabdeckung 334.4
-, Aufzug- . . . 333.3
-bagger, Pumpen- 376.5
-, Fahr- 333.3
-, Führungs- . . 277.2
-gerippe 334.6
-gerüst 334.6
-höhe 333.4
-kabel 268.2
-, Ketten- . . . 372.9
-kopf 333.5
-kran 301.2
-mauer 334.3
-öffnung 335.4
-rute 339.2
-senkwinde . . 272.6
-sicherung . . . 337.6
-tür 335.8
-umkleidung . 334.5
-verschluß . . . 335.7
-wand 334.3
-winde 268.2
-zugang 335.3
Schaft, Gabel- . 416.8
-, Haken- . . . 52.8
-, Niet- 120.7
-, Winden- . . . 262.3
Schake . 28.4, 372.3
Schäkel 55.6
Schaken 372.3
-kette 28.3
Schale, Förder- 340.3
-, Kugel- 90.2
-, Kupplungs- . 80.9
-, Lager- 87.2
Schalenguß . . 166.6
-kupplung . . . 80.8
Schaltbrett . . 213.7
-klinke 93.6
-kurbel 213.9
-messer 215.4
-rad 93.5
-schrank 213.8
-stellung . . . 214.1
-stufe 219.8
-tafel 213.7
-walze 220.3
-weise 224.6
-übersicht . . . 226.4
Schalten 224.5
-, hintereinander 224.7
-, in Nebenschluß 225.7
-, in Reihe . . . 224.7
-, - Serie 224.7
-, kurz 226.1
-, nebeneinander 224.9
-, parallel . . . 224.9
Schalter, Augenblick- 215.6
-, Druckknopf- . 215.1
-, einpoliger . . 214.6
-, Fußtritt- . . . 215.8
-, Hackmesser- . 215.3
-, Haupt- 214.9
-, Hebel- 215.2
-, Kohlen- . . . 215.5
-, mehrpoliger . 214.8
-, Not- 216.3
-, Nullspannungs- 216.1
-, Schnapp- . . 215.6
-, Steuer- 220.2
-, Stockwerk- . 349.3
-, Stufen- . . . 215.7
-, Umgehungs- . 216.6
-, Wende- . . . 216.7
-, zweipoliger . 214.7
Schaltung, Bremswiderstand- 106.8
-, Dreieck- . . . 226.2
-, △- 226.2
-, Gegenstrom- . 107.6
-, Hintereinander- 224.8
-, Kurzschluß- . 106.8 225.9
-, Nebenschluß- 225.6
-, Parallel- . . . 225.1
-, Reihen- . . . 224.8
-, -parallel- . . 225.2
-, Senkbrems- . 107.5
-, Serien- 224.8
-, -parallel- . . 225.2
-, Stern- 226.3
-, Y- 226.3
Schaltungsschema 226.4
-skizze 226.5
Scharfes Gewinde 114.7
Schatten, Wind- 154.5
Schaufel, Greif- 411.3
-kettenbagger 376.3
-lippe 411.5
Scheibe, Anlauf- 257.5
-, Antrieb- . 74.1, 184.9 395.9
-, Brems- 96.2
-, Dichtungs- . . 241.7
-, Drahtseil- . . 46.10
-, Dreh- 330.1
-, Endseil- . . . 403.2
-, Fest- und Los- 75.3
-, getriebene . . 74.2
-, Greifer- . . . 392.2
-, Gurt- 47.3
-, Hanfseil- . . . 47.1
-, Ketten- 26.1
-, Kratzer- . . . 369.3
-, Kupplungs- . 80.12
-, Leit- 395.7
-, Reib- 103.9
-, Riem- 75.2
-, Rückleitungs- 403.2
-, Seil- 46.9
-, Spann- 398.1
-, Sperr- 93.5
-, Steuer- 348.3
-, Treib- 42.4, 74.1, 189.9
-, treibende . . 74.1
-, Umführungsseil- 403.2
-, Unterlag- 80.1, 118.10

Scheibe, Zugseil- 402.8
Scheibenbremse 103.4
-kolben 186.5
-kupplung . . . 80.11
-rad 257.7
Scheitelgelenk 139.1
Schelleisen . . 125.6
-hammer . . . 125.7
Schema, Schaltungs- 226.4
Schema dei collegamenti 226.4
- del sistema . 140.3
Schéma 140.3
- d'un frein électrique 106.6
- des connexions 226.4
-, sommet du . 140.4
Schemel, Dreh- 254.8
Schenkelabstand 123.6
-, Zangen- . . . 57.5
Scherbeanspruchung 173.8
-festigkeit . . . 173.7
-kraft 173.10
-niet 122.4
-spannung . . . 174.2
Scherenbaum . 307.9
-kran 307.8
Schiebebühne . 330.2
-gitter 336.5
-tür 336.4
Schieber 242.8
-bahn 193.5
-, Dampf- . . . 194.1
-, Dreh- 194.7
-, entlasteter . . 194.6
-, Flach- 194.3
-hub 193.5
-, hydraulischer 194.2
-kanal 193.1
-kasten 193.2
-, Kolben- . . . 195.3
-, Manövrier- . 192.9
-muschel 194.5
-, Muschel- . . 194.4
-spiegel . . . 192.10
-stange 193.3
-stellung 193.6
-, Steuer- 192.9
-steuerung . . . 192.8
-, Verschluß- . . 385.8
-, Wagen- . . . 408.5
-weg 193.5
Schiefstellen, der Kran stellt sich schief 289.2
- des Kranes . 289.3
-, die Walzen stellen sich schief 91.5
Schiefstellung der Walzen 91.6
Schiene 328.1
-, Dreh- 420.7
-, Eisenbahn- . 328.8
-, Fahr- 327.9
-, Flach- . . . 328.10
-, Flachstahl- 328.11
-, Führungs- . . 339.1
-, Hänge- . . . 395.5
-, Hängebahn- . 420.1
-, Kran- 328.9
-, Kuppel- . . . 416.2
-, Lauf- 327.9
-, Leit- 416.2
Schiene, Leitungs- 204.8
-, Pendel- . . . 245.2
-, Sperrzahn- . 342.8
-, Trag- 395.5
-, Überlauf- . . 395.4
-, Vignole- . . 328.8
-, Weichen- . . 421.2
Schienenbefestigung 328.5
-druck 328.2
-klammer . . . 285.5
-kranz 259.7
-lager 388.7
-stoß 328.3
-zange 285.6
Schiff 322.8
-aufzug 357.1
-aufzugwinde . 357.2
-elevator . . . 364.8
-, Fracht- . . . 323.3
-hebewerk . . . 357.3
-, Kohlen- . . . 323.7
-kran 308.8
-, Kran- 308.5
-, Leichter- . . 323.5
-luke 322.9
-raum 323.1
-, Schlepp- . . . 323.6
-seil 41.6
-spill 279.6
-trog 357.4
-verladung . . 322.7
-winde 265.2
Schild, Lager- . 210.4
-, Seiten- 210.4
-, Winden- . . . 267.3
-zapfen 79.7
Schiodare . . . 125.2
Schizzo dei collegamenti 226.5
Schlaff, das Seil wird 34.10
-seil 34.9
-werden des Seiles 35.1
Schlag, Albert- 39.8
-baum 338.4
- des Seiles . . 35.11
-, Kreuz- 39.7
-, Kurbel- . . . 180.8
-, Längs- 39.8
-, Rund- 40.8
-, Trossen- . . . 39.7
-, Wasser- . . . 239.1
Schlagen, das Seil 35.10
- der Kette . . 26.6
- - Kurbel . . 180.7
-, die Kette schlägt 26.7
-, - Kurbel schlägt 180.6
-, - Tür schlägt nach außen 337.1
-, - - - - innen 337.1
Schlammsack . 238.1
Schlapp, das Seil wird 34.10
-seil 34.9
-werden des Seiles 35.1
Schlauch, Elevator- 362.2
-, Gelenk- . . . 377.2
-, Luft- 235.3
-, Panzer- . . . 377.1
-trommel . . . 235.4
Schlaufe 55.5
Schleifbürste . 207.7
-finger 219.1
-kontakt 206.8
-kupplung . . . 81.5
-leitung 207.2
-ring 207.6
- -anker 210.6
Schleife, Ketten- 32.3
-, Umkehr- . . . 395.6
Schleifenaufhängung der Kette 32.2
Schleißblech . 257.5
Schlenkkette . 55.9
Schleppfeder . 339.6
-kahn 323.6
-rad 184.6
-ring 94.2
-schienenweiche 421.1
-schiff 323.6
Schlepper . . . 370.2
Schleuderbremse 104.1
-ring, Öl- . . . 77.4
Schleudern der Kurbel 180.5
-, die Kurbel schleudert 180.4
Schleusentrog 357.4
-winde 265.5
Schließdauer der Bremse 98.7
-kraft 411.8
-kopf 121.1
-seil 411.9
Schließen, den Stromkreis . 216.9
- der Bremse . 98.6
-, die Bremse . 98.5
-, - - schließt sich 99.4
-, - Kupplung . 82.3
-, kurz 226.1
Schließungsfunke 217.7
Schlingband . 102.7
- -bremse . . . 102.6
-kette 55.9
Schlinge 25.4
Schlitten, Fuß- 262.9
-, Spann- 398.2
-winde 262.8
Schlitzarbeit . 375.2
-baggerung . . 374.9
-führung . . . 58.4
- -, Zange mit . 58.3
-ringkupplung 88.4
-schraube . . . 117.7
-, Seil- 416.7
Schlitzen 374.9, 375.1
Schloß, Ketten- 30.4
-, Mitnehmer- . 417.6
-, Pasquill- . . . 337.5
-, Seil- 37.10
-, Sicherheits- . 337.4
-, Spann- 30.6, 208.1
-, Tür- 337.3
Schlot des Elevators 362.2
Schlußbolzen . 30.5
-, Brems- 99.3
-linie 180.7
-, Strom- 217.1
Schlüssel, Aufsatz- 119.9
-, Doppel- . . . 119.8
-, Schrauben- . 119.7
-, Steck- 119.9
Schmalspur . . 329.4
-wagen 379.5
Schmelzeinsatz 208.7
-sicherung . . 208.6
-stöpsel 208.9
-streifen . . . 208.8
Schmiedbarer Guß 164.7
Schmiedbares Eisen 164.8
Schmiededrehkran 303.2
-eisen 164.8
-laufkran . . . 314.5
-stahl 165.5
Schmierfett . . 85.7
-loch 88.11
-öl 85.5
Schmiere, Seil- 85.9
-, Starr- 85.7
Schmieren, das Lager 85.3
Schmierung, Fett- 85.6
-, Öl- 85.4
-, Stauffer- . . . 85.8
-, Zapfen- . . . 78.8
Schnabel, Kran- 297.3
Schnappriegel . 95.6
-schalter 215.6
Schnauze, durch Kippen über die - gießen 312.3
-, Pfannen- . . 311.2
Schnecke . . . 71.1
-, Förder- . . . 370.4
-, gewöhnliche 370.5
-, linksgängige 72.2
-, mehrgängige 71.7
-, rechtsgängige 72.1
-, selbstsperrende 72.3
-, Transport- . . 370.4
-, verstellbare . 370.6
-, Zwillings- . . 72.4
Schneckenbock 70.8
-gehäuse . . . 70.8
-getriebe . . . 70.7
- -, eingekapseltes 71.5
- -, mehrgängiges 71.8
- -, zweigängiges 71.8
-kasten 70.8
-rad 71.3
- -antrieb . . . 70.6
- -getriebe . . 250.3
- -winde 268.6
-trieb 70.7
- -werk 250.3
-trog 70.8
-vorgelege . . 71.6
-welle 71.2
-winde 268.6
Schneelast . . . 154.6
Schneide, Löffel- 374.8
Schnellentlader 410.3
-entleerer . . . 378.7
-flaschenzug . . 51.2
Schnelle, die Bewegung ins - übersetzen 62.3
-, Übersetzung ins 62.2
Schnepper . . . 95.6
-, Griffeder- . . 95.7

Schnittschraube 117.7
-verfahren . . . 144.3
Schöpftrog des Elevators 362.3
-werk . . 361.6, 366.8
Schrägaufzug . 351.5
-lager 89.8
-laufkatze . . . 277.9
Schräge 142.7
-, Druck- 142.9
-, Gegen- 143.4
-, Zug- 142.8
Schrank, Schalt- 213.8
Schränken der Walzen 91.6
Schraube . . . 113.6
-, Anker- 88.10
-, Befestigungs- 118.5
-, Bewegungs- . 120.1
-, Daumen- . . 117.9
-, Deckel- . . . 88.4
-, Distanz- . . . 117.4
-, Drossel- . . . 243.5
-, eingelassene . 116.5
-, eingepaßte . 117.2
-, Flügel- 117.9
-, Fundament- 88.10, 287.9
-, Grund- . . . 287.9
-, Haken- . . . 117.1
-, Holz- 118.2
-, Klemm- 117.6, 205.7 419.2
-, Knebel- . . . 117.8
-, Kopf- 116.9
-, Kupplungs- . 80.10
-, Lagerfuß- . . 88.6
-, Lappen- . . . 117.9
-, Mutter- . . . 116.7
- ohne Ende . 71.1
-, Paß- 117.2
-, Riemen- . . . 74.10
-, Schlitz- . . . 117.7
-, Schnitt- . . . 117.7
-, Stein- 118.1
-, Stell- 117.6
-, Stift- 116.8
-, Stütz- 285.8
-, Verschluß- . 241.4
-, Versenk- . . . 116.5
-, versenkte . . 116.5
-, Winden- . . . 262.2
Schraubenbock 263.6
-bolzen 113.7
-bremse . . . 100.10
-, fest- 119.4
-flaschenzug . 51.1
-getriebe . . . 70.7
-gewinde . . . 114.1
-klemme 419.1
-kopf 113.8
-kupplung . . . 419.1
-mutter 113.9
-schlittenwinde 262.8
-schlüssel . . . 119.7
- -, englischer 119.10
- -, französischer 119.10
-sicherung . . . 115.8
-spindel 120.2
-verbindung . 118.4
-winde 262.1
- -, Differential- 262.5
- - mit Ratsche 262.4
-zug- und Druckwinde 263.4
- -winde 263.3
Schraubstockkupplung 419.3
Schrot 169.7
Schrottmulde . 317.3
Schrumpfring . 77.7
Schub 173.9
-beanspruchung 173.8
-festigkeit . . . 173.7
-förderrinne . . 369.7
-, Horizontal- . 128.5
-karre 361.2
-kraft . 136.1, 173.10
-querschnitt . . 174.1
-rinne 369.7
-spannung . . . 174.2
Schuh, Auflager- 406.3
-, Brems- 101.4
-, Führungs- . . 339.3
-, Hänge- . . . 420.3
-, Kabel- 205.9
-, Stromabnehmer- 207.1
-, Seilauflager- 401.10
-, Seildreh- . . . 402.2
-, Trag- 401.10
Schuppen . . . 381.6
-kran 302.6
Schurre 386.3
-, fahrbare Auslauf- 386.7
-, Verlade- . . . 386.4
Schüttbodenspeicher, Getreide- 382.2
-gut 384.7
-rinne 386.3
-rinnenwinde . 378.5
-rumpf 285.5
Schüttelrinne . 369.9
Schüttung, festgedrückte 385.1
-, lose 384.10
Schutzbremse . 112.9
-brücke 405.3
-dach 294.5
-kasten, Räder- 62.8
-netz 405.4
-sieb 237.9
-spule 201.9
Schützenwinde 265.5
-zug 265.5
Schwankung, Strom- 198.1
Schwebe, die Last aus der - anheben 7.3
-, - - in der - halten 112.2
Schweißeisen . 165.2
-stahl 165.4
Schweiße, Kopf- 29.1
-, Seiten- 29.2
Schwelle 328.7
Schwemmbagger 376.1
Schwengel, Chargier- 316.5
-kopf 316.6
Schwenkachse . 259.3
-antrieb 259.2
-bereich 296.8
-bewegung . . 16.8
-kran 295.9
- -, Mauer- . . . 302.5
-lager 259.5
-motor 259.4
-profil 296.9
Schwenkstellung 16.4
-steuerwalze . 223.2
-vorrichtung . 259.2
-weg 16.3
-werk 259.2
- -bremse . . . 111.8
-widerstand . . 16.9
-zapfen 259.6
-zylinder . . . 190.2
Schwenkbar . . 16.6
Schwenkbarkeit 16.7
Schwenken . . 16.5
-, eine Last . . 15.8
-, den Kran . . 296.6
-, rückwärts . . 16.2
-, vorwärts . . . 16.1
-, zurück- . . . 16.2
Schwenkung . 15.9
Schwerlastkran 308.2
-punkt 175.3
- -achse 285.4
Schwimmbagger 375.4
-kran 308.3
Schwimmender Speicher 382.4
Schwimmer . . 231.8 357.6
-ventil 231.7
Schwingrinne . 369.8
-zapfen 254.7
Schwinge . . . 261.4
-, Lagerung der Laufräder in einer 254.6
-, Laufrad- . . . 254.5
-, Pendel- . . . 245.2
Schwingende Rinne 369.8
Sciacquatore, depuratore 371.5
Scintilla di apertura 217.6
- - chiusura . 217.7
-, la - si rompe 217.11
-, - - - spezza 217.11
-, spegnere la - soffiando 217.10
Scintillare . . . 218.1
Scintille, bobina dell'estintore di 217.9
-, estintore di - elettromagnetico 217.8
-, formazione di 217.5
Scioglimento, disposizione di - di fune 416.3
Sciolto, ammucchiamento 384.10
-, granaio' pavimentato per grano - a silos in colatoi 382.2
Scivolamento della sella 406.5
Scivolare, la sella scivola sulla fune portante 406.4
Scivolone 386.4, 387.1
- a cavo aereo 393.1
- canalone . . . 369.5
-, corpo dello . 369.6
- mobile 369.1
- -scaricatore . 386.4
Scolo, tubo di - dello scaricatore di grano 365.3
Scomporre una forza 128.8
Scomposizione di forze 129.1
Scoop chain . 371.10
- dredger . . . 371.7
-, dredging . . 371.8
-, elevator . . . 361.7
-, tipping . . . 363.5
Scoperchiare, dispositivo per 313.4
-, gru per forni interrati con dispositivo per 313.3
-, - - - sotto suolo; con dispositivo per 313.3
Scoperte, fusione entro forme 164.1
Scorrevole, argano; - a motore 278.1
-, - - - - su binario unico 278.2
-, - - - - - due binari 278.3
-, - - - - - - guide 278.3
-, - - - - - guida unica 278.2
-, cancello . . . 336.5
-, contrappeso . 286.7
-, dado 120.4
-, mantello . . . 402.4
-, palla 90.5
-, porta 336.4
-, rocchetto . . 258.7
Scorie, funicolare; aerea per lo sgombro dei residui e delle 394.6
Scorrimento . . 178.9
-, cavo di . . . 400.4
-, contatto a . . 206.8
- della fune, via di 399.8
- - ruota portante cuscinetto, boccola di 257.4
-, linguetta di . 330.3
-, puleggia di . 405.8
-, resistenza di. 18.4
-, rotaia di . . 327.9
-, rotella di . . 258.7
-, ruota comandata di 253.1
-, - portante con boccola di 257.3
-, scanalatura di 90.6
-, slitta di . . . 339.3
-, superficie di . 255.5
Scossa del freno 99.5
Scosse, canale trasportatore a 369.8
-, canaletto del trasportatore a 369.9
Scourer 371.5
-, suction . . . 371.6
Scrap-iron . . . 169.7
- - trough . . 317.3
Scraper disc . 369.3
- plate 369.3
Scraping belt . 369.4
- transporter . 369.2
Screw . . 113.6, 120.2
-, adjusting . . 260.5
- belt fastener . 74.10
- bolt 113.7
-, cap 116.9
-, clamping 117.6, 419.2

Screw coupling 419.1
- -, combined tension and compression 263.4
- -dolly 125.9
-, endless . . . 71.1
-, fixing 118.5
-, grub 117.7
- head 113.8
-, headless . . . 117.7
-, jack . . 262.1, 263.6
-, jack 262.2
- -, differential 262.5
- -, sliding . . . 262.8
- -, traversing . 262.8
- - with ratchet 262.4
- -locking device 115.8
-, machine . . . 116.4
-, motion . . . 120.1
- -nut 113.9
-, set . . . 116.9, 117.6
-, stretching 80.6, 208.1, 263.2, 263.3
-, support- . . . 285.8
-, terminal . . . 205.7
- thread 114.1
-, thumb- . . . 117.9
-, to 119.1
-, to - in 119.3
-, to - on . . . 119.2
-, to - up . . . 118.6
-, tommy- . . . 117.8
- valve, throttling 248.5
-, wing 117.9
-, wood 118.2
Screwed pipe joint 240.5
- plug 241.4
Scudo laterale 210.4
-, perno a . . . 79.7
Seating, brasses with spherical 90.2
Seau 361.7
Seca, draga . . 374.5
Secchia 378.8
-, anello di sospensione della 311.5
-, aste di sospensione della 311.4
-, becco della . 311.2
- da colata . . 311.1
- - -, tappo della 311.3
-, guida per la . 311.7
-, rotazione della 311.8
-, rovesciamento della 311.8
-, staffa di sospensione della 311.5
-, tiranti di sospensione della 311.4
Secchie, elevatore a 366.8
-, trasportatore con catena a 368.2
Secchioni, carro per - da colata 312.6
Sección, área de la 175.2
- de cortadura 174.1
- - la barra . . 141.4
- - - cañería . 235.8
- - - conducción 235.8
- - - lumbrera 193.4
- - - viga . . . 145.5
Sección de los orificios que hay que deducir 146.4
- del cordón . . 142.2
- - remache . . 120.8
- en caja . . . 147.3
- - el edificio . 161.9
- libre 290.5
- peligrosa . . 175.1
-, perdida de - debida á los agujeros para los remaches 146.5
-, remachado de una sola - de ruptura 124.1
- sometida á la compresión 171.8
- - - - tracción 171.2
Secco, draga a 374.5
Sèche, cale . . 318.7
-, drague . . . 374.5
Sechskanteisen 167.9
-kopf 115.10
-mutter 115.5
Secondaria, carro per linea 379.7
Seconde tête . . 121.1
Secours, frein de 112.9
-, machine de . 182.5
Secousse, gouttière à 369.9
Secteur à dent d'arrêt 94.1
Section, area of 175.2
-, bar 141.4
-, dangerous . . 175.1
-, discharging . 400.3
-, double head . 420.2
-, flange 142.2
- iron 168.2
-, loading . . . 400.2
-, longitudinal . 290.5, 398.9
-, modulus of . 175.5
- of steam port 193.4
-, Phoenix column 168.8
-, pipe 235.8
-, rope with strands of triangular 40.1
- under shear . 174.1
- - stress of compression 171.8
- - tensile stress 171.2
Section de cisaillement, rivet à une 124.2
- dangereuse . 175.1
- de barre . . . 141.4
- - caisson . . 147.3
- - cisaillement, rivure [par des rivets] à une 124.1
- - la conduite 235.8
- - - lumière . 193.4
- - libre passage 290.5
- - membrure . 142.2
- - poutre . . . 145.5
- - rivet 120.8
- du conduit . 193.4
- en forme de caisson 147.3
Section soumise à l'effort de traction 171.2
- - - un effort de compression 171.8
- - - - effort tranchant 174.1
Secundaria, vagón para vía estrecha 379.7
Secure, to - by screws 119.4
Securing of points 421.6
Sécurité, coefficient de 170.4
-, - - - contre le flambage 172.5
- contre la rupture 170.3
-, frein de . . . 112.9
Sedia, ascensore a 352.2
Sedimentos, colector de 288.1
Seele, Hanf- . . 39.6
Sega, ruota a denti di 93.5
Segment, Kontakt- 218.10
Segment arch hinged at abutment and centre 188.10
-, contact . . 218.10
-, ring 218.10
Segment de contact 218.10
- - piston . . . 185.7
Segmenti, apparecchio 155.9
Segmento annulare di contatto 218.10
-, rullo 156.1
Segmento de contacto 218.10
- del émbolo . 185.7
Seguir levantando la carga suspendida 7.3
Seguridad, cerradura de 337.5
-, cerrojo de . . 338.3
-, coeficiente de 170.4
- contra la flexión por compresión axial 172.5
- - - rotura . . 170.3
- de funcionamiento 282.4
-, estribo de . . 57.2
-, freno de . . . 112.8
-, gancho de . . 54.8
-, interruptor de 216.4
-, manivela de . 179.4
-, paracaídas de 344.3
-, torno de . . . 267.8
-, trinquete de . 93.3
-, tuerca de . . 115.9
-, válvula de . . 239.3, 242.5
Seil 33.6
-ablenkung . . 41.10
-, Anschlag- . . 55.9
-, Antrieb- 42.7, 184.8
- -, Hand- . . . 181.7
- -, Transmissionslaufkran mit 291.7
-art 39.4
-auflagerschuh 401.10
Seilaufhängung 36.8
-, Aufzug- 41.3, 332.7
-bahnabzweigung 398.6
- -anlage . . . 392.4
- -bau 392.5
- -betrieb . . . 392.6
- -, deutsche . . 394.2
- -, englische . 394.1
- -, fahrbare . . 394.3
- -gefälle . . . 399.2
- -, Gicht- . . . 394.5
- -, Halden- . . 394.6
- -, Land- . . . 394.7
- -, Luft- 392.3
- -, Meer- . . . 394.8
- - mit hin- und hergehendem Betrieb 392.7
- - - ununterbrochenem Betrieb 392.8
- -neigung . . 399.2
- -station . . . 395.3
- -strecke . . . 398.3
- - -, gebrochene 398.5
- - -, gekrümmte 398.5
- - -, gerade . . 398.4
- -stütze 403.5
- -, transportable 394.3
- -, Verlade- . . 394.4
- -wagen . . . 407.2
-, Band- 40.9
-, Baumwoll- . . 38.7
-befestigung 36.8, 45.5
-betrieb 42.2
-, biegsames . . 35.3
-biegung . . . 35.2
-bremse 105.1
-bruch 37.1
-dehnung . . . 35.7
-, Doppel- . . . 333.2
-, -flachlitziges 39.10
-, Draht- 38.10
-drehschuh . . 402.2
-, Dreikantlitzen- 40.1
-drücker 401.3
-durchhang . . 399.1
-durchmesser . 38.7
-eck 180.6
-, Einfach- . . . 40.6
-, Eisen- 38.9
-ende, ablaufendes 24.5
- -, auflaufendes 25.1
-, Entleerungs- 412.1
-, Fahr- 252.6
-, Fahrstuhl- . . 332.8
-, feindrähtiges 39.2
-festwert . . . 37.3
-, Flach- 40.9
-, flachlitziges . 39.9
-flaschenzug . . 51.4
-, Förder- . 41.4, 388.2
-förderung . . 388.1
-fügung 39.4
-führung . 41.7, 400.6
- -, Ober- . . . 400.8
- -, Unter- . . . 400.9
-führungsrolle 41.8
-gabel 416.6
- - mit Einsatzbacken 417.3
-, Gegengewicht- 333.1
-geschwindigkeit 33.8

Seilgreifer . . . 416.5
- -, elastischer . 417.7
- -wagen . . . 418.1
-, grobdrähtiges 39.3
-haken 54.2
-, halbverschlossenes 40.5
-, Halte- 412.1
-, Hanf- 38.6
-, Hänge- . . . 34.9
-, Haspel- . . . 41.5
-hebevorrichtung 417.2
-helgen 422.3
-helling 422.3
-, Hinter- . . . 389.7
-hochhaltestation 397.2
-, Hohl- 40.11
-, Hub- . . 36.5, 411.9
-, Kabel- 40.3
-katze 275.2
-kausche . . . 37.4
-, Ketten- . . . 390.8
-klemmapparat 418.8
-klemme 418.4
-knoten 391.2
-, Knoten- . . . 391.1
-konstruktion . 39.4
-, Kran- 41.2
-kreis 389.2
-kupplung . . . 37.11
-kurve 398.10
-, Last- 36.5
-, Lauf- . . 41.7, 400.4
-laufbahn . . . 399.8
- -kran 291.7
-, Leer- 400.1
-leitungswiderstand 41.9
-, links geschlagenes 34.3
-, Litzen- 39.5
-lösungsvorrichtung 416.3
-, Ober- 390.4
- ohne Ende, Betrieb mit 184.7
-plan 130.6
-polygon . . . 130.6
-, rechts geschlagenes 34.1
-reibung 35.8
-reibungswinde 269.3
-riese 393.5
-rolle 46.9
-rollenzug . . . 51.4
-, Rund- 40.7
-scheibe 46.9
- -, End- 403.2
- -, Steuer- . . . 248.6
-scheiben, Tandem- 402.5
-, Schiff- 41.6
-, Schlaff- . . . 34.9
-schlag 35.11
- -maschine . . 36.1
-, Schlapp- . . . 34.9
-, Schließ- . . . 411.9
-schlinge . . . 25.5
-schlitz 416.7
-schloß 37.10
-schmiere . . . 35.9
-spannstation . 397.3
-spannung 36.9, 42.6
-spleißung . . . 38.1
-, Spiral- 40.2
-, Stahl- 38.8
-, Stahldraht- . 38.11
Seilstärke . . . 33.7
-steifigkeit . . . 35.4
-steifigkeitskoëffizient 35.5
-, Stell- 414.2
-, Steuer- . . . 248.7
-steuerung 248.5, 348.1
-strang 36.7
-stütze, dreibeinige 404.6
- -, hölzerne . . 404.3
- - mit Windstrebe 405.1
- -, vierbeinige 404.7
- -, zweibeinige 404.5
-talbrücke . . . 395.1
-, Trag- 400.4
-, Transmissions- 42.5
-, Treib- 42.5
-trieb 42.3
-, Triebwerk- . 42.5
-trommel . . . 45.3
-trumm 36.7
- -, beladenes . 399.9
- -, leeres . . . 400.1
-, Unter- 390.6
-unterführung 401.1
- -stützung . . 401.5
-verbindung . . 37.9
-, Verbindungs- 390.2
-verschleiß . . 38.5
-, verschlossenes 40.4
-, Verstell- . . . 414.2
-, Vierkant- . . 40.10
-, Voll- 41.1
-, vollschlächtiges 40.4
-, Vorder- . . . 389.6
-winde 268.1
-windung . . . 45.4
-zug . 36.9, 41.7, 130.6
-, Zug- . . 36.8, 400.5,
Seitenarbeit des Baggers 375.3
-baggerung . . 375.3
-führung . . . 339.7
-kipper 378.5
-kraft 129.6
-schild 210.4
-schweiße . . . 29.2
-stütze 285.7
-tauwinde . . . 378.2
-teil der Winde 267.3
-winde 378.1
Seize, the bearing -s 85.2
-, - brake -s . . 99.4
Selbstabstellung 347.4
-anhalten . . . 347.4
-anlasser . . . 219.9
-ausschalter . . 215.9
-bremsen des Motors 107.2
-bremsung des Motors 107.2
-einstellbare Führungsbacke 339.4
-entladegefäß . 410.1
-entlader 378.7, 410.1
-enteerer . 378.7, 410.1
-entleerung . . 410.2
-erregung . . . 211.4
-greifer 410.6
- -betrieb . . . 410.4
- -katze 276.5
- -kran 309.6
- -vorrichtung . 410.5
Selbstgreiferwinde 270.6
-hemmendes Getriebe 12.1
-hemmung . . 11.9
-schließende Tür 336.7
-schmierendes Lager 90.3
-sperrende Schnecke 72.3
-sperrendes Getriebe 12.3
-sperrung . . . 12.2
- - der Bremse 99.8
-tätig einstellbares Gegengewicht 286.8
- - gesteuert . . 244.4
-tätige Anschlagvorrichtung 415.7
- - Bremse . . . 112.7
- - Fangvorrichtung 324.7
-umsteuerung . 347.5
Self-adjusting guiding cheek 339.4
- -braking worm 72.3
- closing door . 336.7
- -excitation . . 211.4
- -gripping device 410.5
- -locking . . . 12.2
- - gear 12.3
- - of brake . . 99.8
- lubricating bearing 90.3
- -stopping gear 12.1
Sella 155.6
- a bilico . . . 406.6
- - molla . . . 406.7
- con puleggie unilaterali 406.8
- di sostegno . 406.3
- elastica . . . 406.7
-, fusto della . . 416.7
-, gola della - a cavo 416.7
- portante . . . 406.3
Selle de support 406.3
- - - avec galets latéraux 406.8
- - suspension avec galets latéraux 406.8
- élastique . . . 406.7
-, glissement de la 406.5
-, la - glisse sur le câble 406.4
- oscillante . . 406.6
- pivotante . . 406.6
Sellerslager . . 90.1
Sellers-bearing 90.1
Sellers, palier . 90.1
Sellers, sopporto 90.1
Sellers, soporte 90.1
Semelle 88.5, 146.1 146.2, 155.1
- inférieure, voie sur la 326.5
- supérieure, voie sur la 326.4
Semi fixed beam 139.10
- - girder . . 139.10
- -gantry . . . 305.4
- - crane . . . 305.3
- -locked cable 40.5
- -portal 305.4
Semi-portal crane 305.3
Semi-portale . . 305.4
- -portico . . . 305.4
-svasata, capocchia 122.2
Semi-embutida, remache de cabeza 122.2
Semplice, coefficiente di compressione 171.9
-, trasmissione a ruote dentate 63.3
Sencilla, transmisión - de ruedas dentadas 63.3
Sencillo, tambor - de cabrestante 278.4
Senkbewegung 6.5
-bremsschaltung 107.5
- -stellung . . . 220.8
- -steuerwalze . 222.1
-bremse 112.3
- -, elektrische . 107.4
-geschwindigkeit 10.1
-periode 7.8
-richtung . . . 6.3
-sperrbremse . 104.7
-stellung 220.6
-stufe 8.1
-weg 7.9
-winde 267.5
-wippe 325.4
Senken der Last 8.3
-, die Last 8.2
-, - - mit der Bremse 112.4
Senkrecht wirkende Kraft 128.4
Senkrechte Förderung 360.4
Senkrechter Aufzug 351.4
Senkung, Last- . 8.3
-, Stützen- . . . 137.6
Sens de freinage 97.9
- - la force . . 127.2
- - mouvement . 6.1
- - rotation . . 14.10
-, forces de même 127.5
-, les forces agissent dans le même 127.4
-, - - - en - contraire 128.1
Sensibile, la distribuzione è 244.6
Sensibilidad de la maniobra 244.7
Sensibilità della distribuzione 244.7
Sensibilité de l'appareil de manœuvre 244.7
Sensible, l'appareil de manœuvre est 244.6
Sensiblemente, maniobrar 244.5
Sensitive, the controlling gear is 244.6
Sensitively, to control 244.5

Sensitiveness of controlling gear 244.7
Senso del movimento 6.1
- di rotazione . 14.10
-, forze nello stesso 127.5
-, le forze sono dello stesso 127.4
- orizzontale, muovere in 12.6
Sentido de la fuerza 127.2
- - - rotación . 14.10
- del movimiento 6.1
-, fuerzas de - contrario 128.2
-, - del mismo . 127.5
Separada, excitación 211.5
Separadamente, objetos para cargar 384.4
Separador, grifo - de agua 238.6
Separar el aire de la conducción 238.9
- la vagoneta del cable 414.7
Separate excitation 211.5
Separato, comando 176.4
Serbatoio . . . 236.7
- d'acqua . . . 231.2
Serie, in - schalten 224.7
Serienmotor . . 212.5
-parallelschaltung 225.2
-parallsteuerwalze 221.9
-schaltung . . . 224.8
Serie 225.3
-, accoppiamento in 224.8
-, - - - e parallelo 225.2
-, accoppiare in 224.7
-, bobina in . 201.10
-, controller per - e parallelo 221.9
- del treno . . 407.8
-, eccitazione in 211.2
- di pesi 134.3
-, inserito in . . 225.4
-, magnete del freno in 110.3
-, motore in . . 212.5
-, resistenza in 223.8
Serie 225.3
-, acoplamiento en 224.8
-, acoplar en . . 224.7
-, combinador en - y paralelo 221.9
-, carrete en . 201.10
-, electroimán de freno en 110.3
-, excitación en 211.2
-, motor en . . 212.5
-, resistencia en 223.8
Série 225.3
-, bobine en . 201.10
-, connecter en 224.7
-, connexion en 224.8
- de contacts d'une résistance 223.7
Série de plots d'une résistance 223.7
- de wagonnets 407.8
- et parallèle, connexion en 225.2
-, être en . . . 225.4
-, excitation en 211.2
-, moteur en . . 212.5
- -parallel, contrôleur en 221.9
-, résistance en 223.8
Series 225.3
- connection . 224.8
- coil 201.10
- excitation . . 211.2
- magnet . . . 110.3
- motor 212.5
- parallel connection 225.2
- - controller . 221.9
- resistance . . 223.8
-, to be in . . . 225.4
-, to connect in 224.7
Serrage automatique du frein 99.8
- de la cabine 342.2
- - - cage . . . 342.2
- du frein . . . 98.6
- - -, durée nécessaire pour le 98.7
-, frein à 98.4
-, galet de . . . 343.3
-, griffe de . . . 418.4
-, joue de . . . 343.2
-, plaque de . . 328.6
-, vis de 117.6
Serratura della catena 30.4
- - porta . . . 337.3
- di Pasquill . 337.5
- - sicurezza . 337.4
Serré, frein normalement 98.8
Serrer l'engin de levage 93.2
- le frein . . . 98.5
- - treuil de levage 93.2
- une vis . . . 118.6
Serrure 337.3
- de Pasquill . 337.5
- - sûreté . . . 337.3
Service gallery 157.7
- -platform . . 157.7
Service au moyen d'une grue 281.6
- continu . . . 196.8
- -, transport aérien avec 392.8
- de chargement 321.5
- - l'ascenseur 331.4
- - la grue . 281.10
- - marchandises 321.7
- - transbordement 321.6
- du monte-charge 331.4
- intermittent 196.10
-, interruption de 282.5
-, mettre la grue hors de 281.8
- par transport aérien 392.6
-, pompe de . . 233.6
-, repos en . . . 282.5
Servicio, bomba de 233.6
-, carga en . . . 134.4
- continuo, cable aéreo con 392.8
- de carga . . . 321.5
- - la grúa . 281.10
- - trasbordo . 321.6
- del ascensor . 331.4
-, pasillo de . . 157.7 157.8
-, poner la grúa fuera de 281.8
- por grúa . . 281.6
- - transporte aéreo 392.6
Servire la gru 281.11
Servizio dell'ascensore 331.4
- della gru 281.6, 281.10
-, mettere fuori di - la pompa 233.4
-, passerella di 157.7 157.8
-, pompa di . . 233.6
-, ponticello di 157.9
Set bolt 116.9
- collar 77.6
- of a beam . . 137.6
- - - prop . . . 137.6
- - rollers, ring with 91.9
-, riveting- . . . 125.6
- screw . 116.9, 117.6
-, to - out . . . 160.6
-, to - up the cage 345.2
Setting up device 344.6
- - of the cage 345.1
Settling of a beam 137.6
- - - prop . . . 137.6
Setzkopf . . . 120.10
Setzen, den Kran außer Betrieb 281.8
-, - - in Betrieb 281.7
-, der Aufzug setzt sich in Bewegung 347.1
Sewerage dredger 376.1
Sezione a cassone 147.3
- anulare, guarnizione a 191.5
-, area della . . 175.2
- d'edifizio . . 161.9
- d'incastro . . 139.8
- del canale . . 198.4
- - chiodo . . . 120.8
- dell'asta . . . 141.4
- della briglia 142.2
- - conduttura 235.8
- - trave . . . 145.5
- di compressione 171.7
- - rottura . . 399.4
- - taglio . . . 174.1
- pericolosa . . 175.1
- sottoposta alla trazione 171.2
Sfera 90.5
- d'orologio, rotazione nel senso contrario di una 15.1
- -, - - - di una 14.11
Sfere, sopporto a 90.4
Sferica, articolazione 84.2
-, ruota portante a calotta 256.5
Sferico, cuscinetto 90.2
-, perno 79.5
-, sopporto a snodo 90.1
-, - per perno . 91.7
Sforzi, diagramma degli - di taglio 136.2, 136.3
Sforzo d'avviamento 5.7
- - del motore . 209.5
- di chiusura . 411.8
- - compressione 171.5
- - scavamento 411.7
- - trazione . . 170.8
- frenante . . . 97.6
- nella briglia 141.10
- specifico 170.5, 173.5
- tagliante, sollecitazione dovuta allo 174.2
- - specifico . . 174.2
Sfrenamento, corsa di 109.5
Sganciamento, apparecchio di - del cavo 416.3
- dei veicoli . . 416.4
-, disposizione di 414.1
-, fune di posizione di 414.2
Sganciare dall'accoppiamento 415.2
- il veicolo dal cavo 414.7
Sgocciamento, dispositivo per lo 370.3
Sgombro, funicolare aerea per lo - dei residui e delle scorie 394.6
Shackle 55.6
-, D- 55.7
- hook 54.5
Shaft 76.3
-, access to . . . 335.3
- bearing . . . 76.5
-, closed - for lift 334.1
-, closing of . . 335.7
- covering . . . 334.4
-, crank 178.6
- door 335.8
-, - to 335.3
- driven travelling crane 291.6
- driving . . . 184.3
-, drum . 43.6, 372.5
- framework . . 334.6
-, fire-proof . . 333.9
-, gear- 251.3
-, head of . . . 333.5
-, height of . . 333.4
-, hollow 76.7
-, lever 178.6
-, lift 333.3
- lining 334.5
- opening . . . 335.4

Shaft, precautions against entering the 337.6
-, single throw crank 77.1
-, smooth 76.9
-, solid 76.6
-, square 76.8
-, stationary 75.9
-, stepped 76.10
- wall 334.3
-, walled 334.2
- with journals turned down 76.10
-, worm 71.2
Shaking trough 369.6 369.9
Shallow dredger 374.1
- dredging 374.2
Shank, hook 52.8
- of a rivet 120.7
- - fork 416.8
Shape of crane 284.1
- - hook 52.10
Shear 173.9
- area 136.3
- -curve 136.2
-, double - riveting 124.3
- force 136.1
-, intensity of 174.2
- -line 136.2
-, multiple - riveting 124.5
-, rivet in 122.4
-, - - double 124.4
-, - - multiple 124.6
-, section under 174.1
-, single - rivet 124.2
-, - - riveting 124.1
- stress, intensity of 173.5
-, to - off 174.3
Shearing 173.9
- force 136.1, 173.10
- -, area of 136.3
- - curve 136.2
- strength 173.7
- stress 173.8
- -, intensity of 174.2
Sheave 46.4
- boss 46.7
-, chain 47.2
-, coupling 416.1
-, differential 50.7
- fork 47.8
-, groove of 46.6
-, guide 47.5, 395.7
-, hemp rope 47.1
-, jib 297.4
-, load 47.6
-, rim of 46.5
-, rope 46.9, 402.3
- transmission 47.9
-, wire rope 46.10
-, working 47.7
Shed 381.6
Sheer leg 307.9
- legs crane 307.8
- mast crane 307.8
Sheet 146.2
-, boom 146.1
-, flange 146.1
-, flooring- 157.4
-, iron 168.10, 168.11
- -, corrugated 169.6
- - crane 316.1
- -, perforated 169.5
Sheet iron store 383.6
- - tongs 59.3
-, stop- 76.1
Sheeting 146.2
-, galvanised iron 169.2
Shell of jack 264.7
Sheltered, part - from the wind 154.5
Shield, bearing 210.4
Shifting bearing 154.9
- -spanner 119.10
- of the bearing 154.11
Ship 322.8
-building crane 318.8
- - tower crane 319.2
- -canal lift 357.3
-, crane- 308.5
- loading 322.7
-yard cableway 422.3
Ship's capstan 279.6
- davit 303.8
- elevator 364.8
- hatch 322.9
- rope 41.6
- winch 265.2
Shock, gripping 342.4
Shod bar 261.2
Shoe, cable 205.9
-, guiding 339.3
- of current collector 207.1
-, pendulum 402.2
-, pole 109.2
-, sliding 339.3
-, supporting 401.10
-, suspension 420.3
-, swinging 402.2
Shoot, to 386.6
Shop, marking off -s 160.5
-, traveller for riveting 293.2
Shore elevator 364.7
Short-circuit 225.10
- - brake 106.12
- - connection 225.9
- - -, armature 106.8
- - rotor 210.7
- -, to 226.1
- circuiting braking 107.1
- -distance transport 358.4
- -link chain 29.3
Shovel 374.7
-, edge of 374.8
- lip 411.5
-, teeth of 374.8
-, toothed 412.9
Shrink, to - a ring on 77.8
Shrunk-on ring 77.7
Shunt 225.5
- connection 225.6
- -excitation 211.3
- magnet 110.4
- -motor 212.6
- switch 216.6
-, to 225.7
Shunt, moteur 212.6
Shunted, to be 225.8
Shunting winch 272.3
Sichelträger 147.7
Sicherheit, Betriebs- 282.4
Sicherheit gegen Bruch 170.3
-, Knick- 172.5
Sicherheitsausschalter 216.4
-bremse 112.8
-bügel 57.2
- -, Lastmagnet mit -n 57.1
-fangvorrichtung 344.3
-gesperre 93.3
-greifer 57.2
-haken 54.8
-koeffizient 170.4
-kurbel 179.4
-riegel 338.3
-schloß 337.4
-ventil 242.5
-winde 267.8
-windung 44.6
-zahl 170.4
Sichern, die Leitung 208.4
Sicherung 208.3
-, Abschmelz- 208.6
-, Patronen- 208.10
-, Schacht- 337.6
-, Schmelz- 208.6
-, Schrauben- 115.8
-, Weichen- 421.6
Sicherungsstöpsel 208.9
Sickerwasser 230.8
Sickle-shaped girder 147.7
Sicurezza 208.3
-, apparecchio di 324.4
-, argano di 267.8
-, arresto di 93.3, 344.3
-, - - - della vite 115.8
-, catenaccio di 338.3
-, coeffiziente di 170.4
- contro la rottura 170.3
-, dado di 115.6
- debole, proteggere una conduttura con una 208.5
- dello scambio, apparecchio di 421.6
- di funzionamento 282.4
-, dispositivi di - al pozzo 337.6
-, freno di 112.8, 342.5
-, gancio di 54.8
-, giunto di 81.5
-, griffa di 57.2
-, interruttore di 216.4
-, magnete di sollevamento con staffe di 57.1
-, manovella di 179.4
- per compressione assiale 172.5
- - tubi, valvola di 241.9
-, resistenza di - per freno 224.4
-, serratura di 337.4
-, staffa di 57.2
-, valvola di 239.3 242.5
Sicuro, funzionamento 282.4
Side 24.4
-, chain 27.1
- dredging 375.3
-, empty 400.1
- lap weld 29.2
-, load 25.6
-, loaded 399.9
- of block 49.5
- - rope 36.7
- - winch frame 267.3
-, pull 25.7
- rope windlass 373.2
-, running of 24.5
-, - on 25.1
- support 285.7
- tipper 378.5
- winch 373.1
- windlass 373.1
Sieb 237.9
-filter 237.7
-kasten 237.8
Siemens-Martin-stahl 166.2
Siemens-Martin steel 166.2
Siemens-Martin, acciaio 166.2
Siemens-Martin, acero 166.2
Sieve filter 237.7
Silla 155.6
- de soporte 406.3
- - - con rodillos laterales 406.8
- - suspensión con rodillos laterales 406.8
- elástica 406.7
- oscilante 406.6
Silleta, soporte de 92.1
Silo 380.5, 382.1
- à grains 381.7
Silos, grenier à 382.1
Silos 381.7, 381.9, 382.1
-, granaio pavimentato per grano sciolto a - in colatoi 382.2
Silospeicher 382.1
Simmetrico, traliccio 143.7
Simple fixed pulley 48.1
- frame winch 270.1
- gear 61.5
- geared transmission 63.3
- -truss 138.7
Simple action, trainage sur plan incliné à 388.3
-, pas 114.4
-, rivure 123.7
Simple acción, arrestre de 388.3
- efecto, émbolo de 186.3
-, remachado 123.7
Simplex cable 40.6
- rope 40.6
Simplex câble 40.6
Simplex, cavo sistema 40.6
-, fune 40.6
Simplex, cable 40.6

Single-acting cylinder 189.1
- - piston . . . 186.3
- armed lever . 246.6
- car 377.6
- chain grab . 412.2
- curve gear . 66.8
- drive 176.4
- drum winch . 270.4
- force 127.3
- haulage 360.3, 388.3
- head of capstan 278.4
- headed capstan 278.5
- load 133.3
- motor travelling crane 292.2
- - phase alternating current 201.2
- - motor . . . 213.1
- pole switch . 214.6
- rail 273.2
- - motor crab 273.2
- roller crab . 275.6
- rope, cableway with 394.1
- - grab 412.2
- -, haulage with 389.3
- row riveting . 123.7
- shear rivet . . 124.2
- - riveting . . 124.1
- swing door . 336.1
- thread 114.4
- throw crank shaft 77.1
- track gravity cable 393.2
Singolo, trasporto 360.3
Sinistra, diagonale ascendente a 148.3
-, fune avvolta a 34.3
-, tamburo elicoidale a 44.8
-, torsione a . . 34.2
Sinistrorsa, fune 34.2
-, vite perpetua 72.2
Sinistrorso, filetto 114.3
-, tamburo elicoidale 44.8
Sinistrorsum, câble à 34.3
-, vis sans fin . 72.2
Sink, to - in a rivet 122.3
Sinken, die Last sinkt 8.4
- lassen, die Last 8.2
Sinking 355.9
Sinn, Dreh- . . 14.10
Sirga, cadena de 33.2
Sistema d'accoppiamento 224.6
- d'ascensore 350.11
- d'innesto . . 82.1
- della fune . . 39.4
- - gru 280.2
- - trave a traliccio 140.2
- di comando . 177.2
- - freno . . . 98.2
- - gru 284.2
- - pesi 134.2
-, punto del . . 140.4
-, schema del . 140.3
Sistema de engranaje 62.7
- - freno . . . 98.2
- - la grúa 280.2, 284.2
- - mando . . . 177.2
- - maniobra . 249.2
- - varillas y palancas del freno 96.3
- del ascensor 350.11
- - cable . . . 39.4
Sistemas de celosías no situados en un mismo plano 143.9
Sitio de las materias en el depósito 382.5
Sito di scaricamento 413.10
Size of load . . 2.6
Skala 350.6
Sketch diagram of connection 226.5
Skip, load . . . 407.1
-, tipping . . . 408.8
Skizze, Schaltungs- 226.5
Slack, becoming - of the ropes 35.1
- rope 34.9
-, the rope becomes 34.10
Slacken, to - a screw 119.6
Sleeper 328.7
Slew a load, to 15.8
-, to - the crane 296.6
Slewability . . 16.7
Slewable 16.6
Slewing 14.2, 15.9, 16.5
- area 296.8
- axis 259.3
-, - of 14.5
- backwards . . 16.2
- bearing . . . 259.5
- column . . . 260.2
- controller . . 223.2
- crane 295.9
- -, electric . . 302.4
- -, foundry . . 303.1
- -, hand- . . . 302.1
- -, hammer head 303.3
- -, hydraulic . 302.3
- -, independent 300.4
- -, pivot- . . . 300.1
- -, portable . . 301.6
- -, smithy . . . 303.2
- -, stationary . 299.9
- -, steam . . . 302.2
- -, tower . . . 306.3
- -, wall 302.5
- - with variable radius 296.4
- forwards . . 16.1
- gear 259.2
- - brake . . . 111.8
- jib, crab with 277.3
- -, overhead traveller with 292.7
- -, travelling crane with 292.8
- journal . . . 259.6
- motion 16.3
- -, cylinder for 190.2
- motor 259.4
- of crane . . . 296.7
- path 16.3
- position . . . 16.4
Slewing profile 296.9
-, resistance against 16.9
Slide, balanced - valve 194.6
-, D - valve . . 194.4
- face 192.10
-, flat - valve . 194.3
-, hydraulic - valve 194.2
- rails 262.9
- -, stretching . 398.2
-, recess in - valve 194.5
-, steam - valve 194.1
- valve 242.8
- -, balanced . 194.6
- -, relieved . . 194.6
Sliding contact 206.8
- door 336.4
- friction . . . 22.7
- lattice door . 336.5
- nut 120.4
- screw jack . . 262.8
- shoe 339.3
- spur wheel . 63.8
- wheel 184.6
Sling chain . . 55.9
-, to - the load 56.1
Slinging of load 56.2
Slip 13.7, 318.1, 357.1
- framework . 319.1
- ring 207.6
- - rotor 210.6
-, the saddle -s on the rope 406.4
- -winch 357.2
-way 357.1
Slipping of the saddle 406.5
Slitta di base . 262.9
- - contatto . . 339.3
- - scorrimento 339.3
-, martinetto a . 262.8
-, verino a . . . 262.8
Slope, natural angle of 384.9
Slot dredging . 374.9
- guide 58.4
-, to - a channel 375.1
-, tongs with - guide 58.3
Slotting, work in 375.2
Slowing down brake 113.2
- - braking . . 113.3
- - path 5.1
- period 5.3
- time 5.3
Sluice gear . . 265.5
- valve 242.8
- winch 265.5
Smelmatrice . . 376.1
Smelting works crane 310.4
Smistamento, argano di 272.3
Smithy slewing crane 303.2
Smontabile, funicolare 394.3
Smooth drum . 43.9
- hauling rope 390.7
- shaft 76.9
Snap-dies . . . 125.7
- tool 125.6
Snatch block . 47.4
Snodo 138.11
-, sopporta a - sferide dos -s 404.5
Snow load . . . 154.6
- weight . . . 154.6
Soaking pit . . 313.2
- - crane . . . 313.1
Sobrecarga . . 3.8
-, capacidad de - de una máquina 183.1
- en servicio . 134.4
-, poder de funcionar con una 4.1
- producida por el paso de un sistema rodante 134.4
-, resistencia á las -s 4.1
Sobrecargar la máquina 182.8
- un aparato de levantamiento 3.9
Sobreelevada, pieza de apoyo 402.1
Soccorso, freno di 112.9
-, interruttore di 216.3
Socket 240.7
-, ball and - bearing 91.7
-, ball and - joint 84.2
-, clip 417.5
- grip 417.5
- pipe 239.6
-, spigot and - joint 240.6
- -wrench . . . 119.9
Socle-girder . . 138.2
- -post 138.2
Socorro, interruptor de 216.3
Soffitto, carrello mobile per trave da 277.7
- della cabina . 340.7
-, sopporto da - superiore 300.3
-, trave del . . 340.8
Sohlplatte . . . 88.7
Sohle, Fundament- 288.5
-, Lager- 88.5
Sol 162.2, 290.7
-, pression par unité de surface sur le 288.6
Solaio, carrello da 277.8
-, gru da 302.7
-, montacarichi da 353.7
Soldado, acero 165.4
-, cadena de eslabones -s 28.9
-, hierro dulce . 165.2
Soldadura en un extremo 29.1
- por el lado . 29.2
Sole, pedestal . 88.5
- -plate 88.7
Solicitar 170.6
Solid cable . . 41.1
- counterweight 287.2
- jib 297.7

Solid journal bearing 89.1
- lubricant . . 85.7
- pedestal . . . 89.1
- rope 41.1
- shaft 76.6
Solidi caricati di punta, flessione del 172.1
Sólido, lubrificante 85.7
Solive 340.8
Sollecita, forza che - la flesso-pressione 172.2
Sollecitare un corpo alla trazione 170.6
Sollecitato, chiodo - a recisione 122.4
-, - - - trazione 122.5
Sollecitazione . 170.5
- al taglio . . . 173.8
- alla flessione per compressione assiale 172.4
- - recisione . . 173.8
- - torsione . . 173.1
- dovuta allo sforzo tagliante 174.2
- per flessione . 174.5
Sollevabile, scaricatore a bilico 325.4
Sollevamento . 7.5
- a braccio variante, motore per il 260.6
- - - -, vite di . 260.5
-, accelerazione di 10.4
-, altezza di . . 332.2
-, apparecchio di 1.1
-, - - - ad aria compressa 235.2
-, argano di . . 267.4
- ausiliare, meccanismo di 251.8
-, carrello con guida di 276.6
-, cassone di . . 341.8
-, cavaletto di . 263.7
-, cavo di . . . 411.9
-, cilindro di . . 189.7
-, - motore di . 185.3
-, controller per 222.7
-, corsa di . . 6.7, 6.9
- del cavo, apparecchio di 417.2
- - gancio a vuoto 7.4
- - magnete, lavoro di 109.7
- della fune dalla forchetta 416.9
- - gru 284.8
- - volata, vite di 260.5
-, direzione del 6.2
-, freno al meccanismo di 111.6
-, - del meccanismo di 251.4
-, - per apparecchi di 111.3
-, grado di . . . 332.3
-, gru a ponte con meccanismo di - ausiliare 298.3
-, intelaiatura del vagoncino con apparecchio di 409.8
Sollevamento, intelaiatura di guida di 277.2
-, lavoro di . . 10.6
-, macchina di . 1.1
-, magnete di - a poli mobili 56.8
-, - - - con staffe di sicurezza 57.1
-, meccanismo di 250.5
-, - - - a braccio variante 260.4
-, - - - a due tamburi 252.2
-, - - - - - velocità 252.1
-, - - - con albero di rinvio ricambiabile 252.1
-, - principale di 251.7
-, momento di . 7.6
-, motore per il meccanismo di 251.5
-, movimento di 6.4
-, organo di . . 24.2
-, periodo di . . 6.6
-, piano di . . . 332.3
-, piattaforma di 340.3, 355.8
-, posizione di . 220.5
-, pozzo di - a prova di fuoco 333.9
-, rapporto di . 62.5
-, stantuffo motore di 185.2
-, tamburo del meccanismo di 251.1
-, velocità di - del carico 9.10
-, - - - - gancio 52.11
Sollevare a mezzo dell'argano 266.2
-, carico da 2.3, 332.1
- girando la manovella 179.8
- il carico . . 7.1, 7.2
- - - già sospeso 7.3
-, la gru si solleva dalle rotaie 284.7
Sollevarsi, carico da - dalla gru 282.10, 283.1
-, la gru si solleva dalle rotaie 284.7
Sollicitant, moment 131.5
Sollicitation, conditions de 132.8
Soltar, acción de - el freno 98.10
- el enclavamiento 98.1
- - freno . . . 98.9
- los garfios una carga 60.6
Sombrero de elevador 362.4
Someter un cuerpo á un esfuerzo 170.6
- - - - una carga 170.6
Sometida, sección - á la compresión 171.8
-, - - - - tracción 171.2
Sommet, articulation au 139.1
- de la cage . . 333.5
- du diagramme 140.4
- - schéma . . 140.4
Sommier 139.5, 154.7, 155.1
Sommità del pozzo 333.5
Sondage, treuil de 272.6
Sondajes, torno para 272.6
Soportada, carga - por la grúa 283.1
Soporte . . 84.3, 403.4
- abierto . . . 89.6
- al aire 207.9
-, cable aéreo de transporte y de 399.8
-, - de 400.4
- de apoyo . . 86.9
- - báscula . . 155.4
- - base 155.7
- - bolas 90.4
- - cable . . . 403.5
- - - con amante 405.1
- - - - obenque 405.1
- - - - tirante . 405.1
- - cartela . . . 92.2
- - cojinete esférico 90.1
- - conductor . 207.8
- - cónsola . . 92.2
- - corona de rodillos 91.8
- - cuatro montantes 404.7
- - dos montantes 404.5
- - - piezas . . 89.6
- - empuje . . 71.4
- - engrase automático con anillos 90.3
- - hierro . . . 404.4
- - la cabina . 344.7
- - - vía 326.2
- - - - de la grúa 327.3
- - - - del carro de la grúa 327.3
- - madera para cable 404.3
- - ménsula . . 92.2
- - pared . 92.1, 92.2
- - péndulo 155.9, 184.5
- - presión longitudinal 71.3
- - rodillos 91.1, 155.8
- - roseta . . . 89.5
- - rotación . . 259.5
- - silleta . . . 92.1
- - suspensión . 207.9
- - - del carril 420.3
- - tres montantes 404.6
- - trípode . . 404.6
- del árbol motor 178.7
- - camarín . . 341.6
- - motor . . . 210.3
-, grúa de - angular 305.5
Soporte inferior del cable 401.5
- - intermedio del cable 401.6
- lateral 285.7
- oblicuo . . . 89.8
- para gorrón esférico 91.7
- - poleas . . . 333.6
- pendular . . 245.2
- recto ordinario 89.7
- Sellers 90.1
-, silla de . . . 406.3
Sopporto . 84.3, 187.2
- a cavalletto . 92.3
- - corona di rulli 91.8
- - mensola . . 92.1
- - pendolo . . 184.5
- - rosetta . . . 89.5
- - rulli 91.1
- - sfere 90.4
- - snodo sferico 90.1
- - sospensione 207.9
- aperto 89.6
- chiuso 89.1
- con lubrificazione automatica ad anello 90.3
- d'appoggio . 86.9
- da soffitto superiore 300.3
- del motore . 210.3
- - nastro del freno 103.1
- - perno di rotazione 259.5
- dell'albero . . 76.5
- - - di manovella 178.7
- della conduttura 207.8
- delle puleggie 333.6
- di base . . . 300.2
- - - a palle . . 86.5
- - - - rulli . . 86.6
- - - ad anello 86.3
- - spinta . . . 71.4
-, diametro del 84.4
- diritto 89.7
- fisso della cabina 344.7
- foderato . . . 89.4
-, freno automatico sopra 104.5
-, il - di una macchina si riscalda 85.1
-, - - si adatta per rotazione 84.8
-, - - - ingrana 85.2
- obliquo . . . 89.8
- ordinario 87.1, 89.7
- per perni di base 86.1
- - perno sferico 91.7
- ritto 87.1
- Sellers 90.1
- superiore . 300.10
- triangolare, gru a 305.5
Sopraccaricare la macchina 182.8
Sopraelevata, scarpa - della fune 402.1
Sormontante, supporto - della fune 402.1

Sormontare della catena 26.8
-, la catena sormonta 26.9
- la fune . . . 401.9
Sortie du câble de la fourche 416.9
-, tuyau de . . 240.4
Sortir de la fourche, la câble sort 417.1
Sortita, stazione di 398.3
Sospendere il carico al gancio 55.4
- - movimento del carico 7.7
Sospenditore del carico 407.1
Sospensione a pendolo, carrello con 276.3
-, anello di - della secchia 311.5
-, apparecchio di - del carico 407.1
-, - - - di branca 60.2
-, - - - - tanaglia 60.2
-, asse della ruota portante montata con molla di 257.6
-, aste di - della secchia 311.4
- del carico . . 52.3
- - vagoncino . 407.3
- della catena 27.4 32.2
- - fune 36.8
- - rotaia, supporto di 420.3
- libera, gru a branca con 314.8
-, magnete di . 56.6
-, nodo di - della catena 32.3
-, posizione di . 220.6
-, - frenante di 220.8
-, puleggia di - del peso 47.6
-, rotaia di . . 395.5
-, sopporto a . 207.9
-, staffa di . . . 407.4
-, - - - della secchia 311.5
-, tanaglia di . 59.4
-, - per - delle casse 59.5
-, - - la - delle pietre 59.7
-, tiranti di - della secchia 311.4
Sospesa, ferrovia 419.6
-, impianto di ferrovia 419.5
Sospese, draga a tazze 375.6
Sospeso, sollevare il carico già 7.3
Sostegno . . . 137.2
-, armatura di 305.8
-, costruzione di 403.4
- del cavo . . . 401.5
- - - della funicolare 403.5
- delle girelle . 405.7
- - puleggie . . 405.7
- laterale . . . 285.7
-, orecchione di 408.7
Sostegno, palo di 307.4
- pendolare . . 156.2
-, pilone di . . 403.6
-, piramide di . 306.2
-, punto di . . . 92.4
-, scarpa di . 401.10
-, - - - a bilico 402.2
-, - - - del carro 406.3
-, trave di - del binario 326.2
-, vite di 285.8
Sostener el cable por debajo 401.7
Sostenere, apparecchio per - la cabina 344.6
- la cabina . . 345.2
- - fune al disotto 401.7
-, meccanismo per - la cabina 344.6
Sótano 335.1
-, montacargas para 354.1
Sotavento . . . 154.5
Sotterranea, conduttura 206.3
-, fossa 355.9
Sotterraneo . . 335.1
-, cavo 204.11
-, scatola per giunto 205.11
Sottile, lamiera 169.2
Sottocarro, intelaiatura sottostante del 409.8
Sottoposta, fibra - alla compressione 174.9
-, - - - trazione 174.8
-, sezione - alla trazione 171.2
Sottostante, intelaiatura - del vagoncino 409.7
Sottosuolo, gru per forni 318.1
- -, - - - - con dispositivo per scoperchiare 318.3
-, tramoggia in 385.6
Sottovento . . . 154.5
Soudant, acier 165.4
-, fer 165.2
Soudé, acier . . 165.4
-, fer 165.2
Soudure en haut 29.1
- latérale . . . 29.2
- sur côté . . . 29.2
Soufflage, bobine de 217.9
Souffler l'étincelle 217.10
Souffleur électromagnétique d'étincelles 217.8
Soulèvement, câble de 411.9
- de la grue . . 284.8
- du fardeau . 7.5
-, moment de . 7.6
Soulever, charge à - par la grue 282.10
- les pierres, pince à 59.8
Soulever une charge en tournant la manivelle 179.8
Soumettre un corps à un effort de traction 170.6
Soupape 242.1
- à flotteur . . 231.7
- d'arrêt 242.2
- d'entrée . . . 196.3
- d'évacuation 196.4
- - d'air 238.8
- de by-pass . . 242.3
- - distribution 196.1
- - fermeture . 242.2
- - purge . . . 238.5
- - retenue . . 242.4
- - rupture . . 241.9
- - sûreté 239.3, 242.5
Soupapes, distribution à 195.8
Souple, câble 35.3, 205.5
-, tuyau 377.2
Sous-sol, trémie dans le 385.6
Soute . . 385.4, 386.2
Soutenir le câble par dessous 401.7
Souterrain, câble 204.11
-, conducteur . 206.3
Souterrains . . 335.1
Soutien du ruban d'enroulement 108.1
- latéral du châssis de grue 285.7
-, rouleau-porteur de - du câble tracteur 402.3
Sovraccaricamento, capacità di - della macchina 188.1
Sovraccaricare un apparecchio di sollevamento 3.9
Sovraccaricato, capacità d'essere 4.1
Sovraccarico . 3.8
Sovrapassaggio 396.10
-, stazione di . 396.9
Space, travelling 304.8
Spake 279.1
Spalla 154.10
Span 137.4, 144.5, 290.2
-, conveyor . . 368.3
-, the crane -s . 290.4
-, working . . . 13.5
Spannflaschenzug 51.3
-gewicht . . . 397.10
-kabel 268.3
- -winde 268.3
-kraft 397.6
- -, Gurt- . . . 141.10
- - im Seil . . . 36.9
-rad 398.1
-rolle 398.1
-scheibe 398.1
-schlitten . . . 398.2
-schloß . . 30.6, 208.1
-station, Seil- . 397.3
-vorrichtung . 30.6, 397.7
- -, doppelte . . 397.8
Spannvorrichtung, Spindel- 397.9
-weite . . 144.5, 290.2
Spannen, das Seil 397.4
- des Seiles . . 397.5
Spanner, End- . 208.2
-, Ketten- . . . 30.6
Spanner 119.7
-, box 119.9
-, double headed 119.8
-, shifting- . . 119.10
Spannung . . . 198.4
-, Biege- 174.7
-, Bremsband- . 102.1
-, Dampf- . . . 227.2
-, Dreh- 173.5
-, Druck- 171.9
-, Gegen- . . . 198.10
-, Gurt- . . . 141.10
-, Klemmen- . . 198.8
-, Luft- 234.6
-, Netz- 198.7
-, Riemen- . . . 74.3
-, Scher- 174.2
-, Schub- 174.2
-, Seil- . . . 36.9, 42.6
-, Stab- 141.2
-, Torsions- . . 173.5
-, Zug- 171.3
-, Zusatz- . . . 198.9
Spannungsabfall 198.6
-koëffizient . . 102.2
-messer 200.2
-verlust 198.5
Spare coil . . . 44.6
- engine 182.5
Spark, breaking 217.8
-, closing . . . 217.7
- formation . . 217.5
-, the - is broken 217.11
-, - - - ruptured 217.11
-, to - 218.1
-, to blow out the 217.10
Spazio, tralicci collegati nell 148.9
Spazzola 207.7
- dell'ancora . 210.9
Spazzole, porta- 211.1
Specchio del cassetto 192.10
Special purpose, crane for 309.5
Speciale, comando 170.4
-, gru 309.5
Speciali, gru per usi 309.5
Specific pressure 84.7
- - on face of hole 121.5
Specifica, pressione 84.7
Specifico, sforzo 170.5, 173.5
-, - tagliante . 174.2
Speed . . . 15.4, 20.9
- at no load . . 184.1
-, average . . . 21.1
- brake 112.5
-, circumferential 15.5

Speed, closing . 193.8
-, conveying . . 359.8
-, final 20.11
- gearing . . . 61.8
-, haulage . . . 359.8
-, hook 52.11
-, initial 20.10
-, lifting 9.10
-, lowering . . 10.1
-, mean 21.1
- of horizontal motion 13.4
- - load 9.8
- - wagon . . . 407.7
- - winding . . . 9.8
- up, work to . . 5.6
-, working 9.9
Speeding up . . . 4.6
- - force 5.7
- - path 4.9
Spegnere la scintilla soffiando 217.10
Speiche 68.3
-, Druck- 269.7
Speichenrad . . 258.1
Speicher 381.3
-aufzug 353.5
- -, Ausleger- . 353.6
-, Boden- 381.9
-, Getreide- . . 381.7
-, -schüttboden- 382.2
-, Kohlen- . . . 381.8
-kran 302.6
-luke 381.5
-mauer 381.4
-, schwimmender 382.4
-, Silo- 382.1
-wand 381.4
-winde 271.6
-, Zellen- 382.1
Speiseleitung . 203.3
-punkt 203.4
Speisenaufzug . 355.2
Speisen, den Kessel 227.7
Sperone 264.6
Sperrbremse . 104.7
-daumen 94.4
-haken 93.8
-klinke 93.6
-klinkenhalter . 104.8
-rad 93.5
- -bremse . . . 104.7
- -, Rast- 95.3
-scheibe 93.5
-vorrichtung . 92.7
-werk 92.7
- -, Klinken- . . 93.4
-zahn 93.7
- -bogen 94.1
- -schiene . . . 342.8
Sperre, Steuer- 349.8
Sperren, das Windwerk 93.2
-, die Bremse sperrt sich 99.7
Sperrung . . . 92.8
- der Bremse, Selbst- 99.8
-, Selbst- 12.2
-, Steuer- 349.8
-, Winden- . . . 267.1
Spessore dell'anima 145.7
Spezialkran . . 309.5
Spezifischer Auflagerdruck 84.7
Spezzare, la fune si spezza 87.2
-, - scintilla si spezza 217.11
Spherical, brasses with - seating 90.2
- journal . . . 79.5
-, steps with - seating 90.2
- travelling wheel 256.5
Sphérique, coussinet 90.2
-, joint 84.2
-, tourillon . . . 79.5
Spider, drum . 43.5
Spiegel, Schieber- 192.10
Spiel des Laufrades 255.8
-, Kran- 283.4
Spigoli, pressione sugli 288.7
Spigolo superiore del molo 380.3
- - della banchina 380.3
Spigot and socket joint 240.6
Spill 278.1
-anlage 279.7
-, Anker- 279.5
-, Dampf- 279.2
-, einhäuptiges 278.5
-, einstufiges . . 278.5
-, elektrisches . 279.4
-, Gang- 278.9
-, Hand- 278.8
-, hydraulisches 279.3
-kasten 278.2
-kopf 278.3
- -, doppelhäuptiger 278.6
- -, einhäuptiger 278.4
- -, einstufiger . 278.4
- -, zweihäuptiger 278.6
- -, zweistufiger 278.6
-, Schiff- 279.6
-trommel . . . 278.3
-winde 269.3
-windentrommel 46.1
-, zweihäuptiges 278.7
-, zweistufiges . 278.7
Spillo 80.2
Spin of the rope 35.11
-, to - the rope 35.10
Spina 115.7
Spindel 120.2
-antrieb 120.5
-, Ausleger- . . 260.5
-, Brems- 101.1
-bremse . . . 100.10
-, Einzieh- . . . 260.5
-, Gewinde- . . . 120.2
-, Hub- 262.2
-lagerung . . . 120.3
-, Schrauben- . 120.2
-spannvorrichtung 397.9
-, Wippwerk- . 260.5
Spindle 71.2, 120.2, 251.3
-, adjusting . . 260.5
-, bearing of . . 120.3
-, brake 101.1
-, - with . . . 100.10
-, control . . . 245.5
- driving gear . 120.5
Spindle drum . 43.6
- of pin wheel . 169.4
- stretching device 397.9
- - gear 397.9
Spinetta, vite con testa a 117.8
Spinta, canale trasportatore a 369.7
-, cuscinetto di 86.8
-, perno di . . . 79.2
-, - - - ad anello 79.3
-, sopporto di . 71.4
Spira 201.7
- di catena . . 45.7
- - fune 45.4
- - riserva . . . 44.6
Spiralbandbremse 102.8
-bremse 102.8
-seil 40.2
Spiral band brake 102.8
- chute 387.2
-, conveyor . . 370.4
-, drum 44.1
- rope 40.2
Spirale, Transport- 370.4
Spirale, frein à ruban (enroulé) en 102.8
Spirale, fune a 40.2
Spire 201.7
- de câble . . . 45.4
- - chaine . . . 45.7
- - garde . . . 44.6
- - réserve . . 44.6
Spitze, Körner- 57.7
-, Zangen- . . . 57.7
Spitzenentfernung 57.8
-kreis 64.4
Spleißstelle . . 88.2
-überlänge . . 88.3
Spleißen, das Seil 88.4
Spleißung, Seil- 88.1
Splice, length of 88.3
- position . . . 88.2
-, to - a rope . 88.4
-, to - an eye in 87.7
Splicing an eye in 87.8
-, rope 88.1
Splint . . 80.2, 115.7
Split-coupling . 80.8
- ring coupling 83.4
- -pin . . 80.2, 115.7
Spoke 68.3, 269.7, 279.1
Spokes, wheel with 258.1
Sponde, carro a 378.2
Spoon, charging 317.4
Sporgenti, gru a doppio sbalzo per trasporti 295.4
Sporgenza . . . 296.3
-, variazione della 296.5
Spostabile, argano 272.7
-, contrappeso . 286.6
-, rocchetto . . 63.8
-, ruota 184.6
Spostamenti, diagramma degli 186.6
Spostamento dell'appoggio 154.11
- della leva . , 245.9
Spranga di arresto 408.9
Sprangatura del binario 324.6
Spraying device 370.3
Spreize 263.4
Spreizring . . . 83.5
-kupplung . . . 83.4
Sprengwerk . . 138.7
Spring, axle mounted on -s 257.6
-, buffer 327.7
- catch 95.6
-, drag 339.6
- mounted saddle 406.7
- pawl 95.7
- plunger . . . 95.6
- rope clip . . . 417.7
- - grip 417.7
- stop . . . 95.6, 95.7
Springen, der Kran springt aus den Schienen 289.4
Spritzring, Öl- 77.4
Sprocket . . . 26.1
- chain 29.7
- wheel 30.7
Sprosse 158.7
Spule 201.8
-, Blas- 217.9
-, Bläser- 217.9
-, Drossel- . . . 202.1
-, Funkenlösch- 217.9
-, Schutz- . . . 201.9
-, Vorschalt- . 201.10
Spulenanker . 210.6
Spüler 371.5
-, Saug- 371.6
Spun knot . . . 391.3
Spur 329.2
-, Breit- 329.5
-kranz 255.6
- -, Doppel- . . 255.7
-, Kugel- 90.6
-, Lager- 86.2
-lager 86.1
- -, Kugel- . . . 86.5
- -, Ring- . . . 86.3
- -, Rollen- . . 86.6
- -, Walzen- . . 86.6
-latte 339.2
-, Normal- . . . 329.3
-pfanne 86.2
-platte 86.2
-ring 86.4
-, Schmal- . . . 329.4
-, Voll- 329.3
-weite . . 254.4, 329.2
-zapfen 79.2
Spur, exchangeable - gear 68.6
- gear 250.2
- -, winch with 268.5
- rim 67.9
-, sliding - wheel 63.8
- wheel 67.8
- -, bevel . . . 68.10
- -, double helical 68.5
- - driving . . 67.4
- - gear 67.5
- - pulley block 50.8
Spurgo, pompa di - della miniera 376.6
Squadra di attacco 150.3
- - unione d'angolo 151.3

Square cable 40.10
- head 116.1
- iron 167.8
- rope 40.10
- shaft 76.8
- - drive 184.4
- thread 114.8
Squero, gru da 318.6
- per navi, trasporto aereo dello 422.3
Stab 141.1
-anschluß 150.7
-, Blind- 141.7
-, Diagonal- 142.7
-, Druck 141.6
-eisen 167.6
- -lager 383.5
- -transportkran 315.9
-, Füll- 141.8
-, Geländer- 158.1
-, Gurt- 141.9
-kraft 141.2
-länge 141.3
- -, theoretische 140.5
-querschnitt 141.4
-spannung 141.2
-, Vertikal- 143.5
-, Zug- 141.5
Stabil 284.6
Stabile 284.6
-, gru in sede 284.3
Stabilità della gru 284.5
-, momento di 285.3
Stabilität des Kranes 284.5
Stabilité de la grue 284.5
-, moment de 285.3
Stability, moment of 285.3
- of crane 284.5
Stable 284.6
Staccare da un circuito 214.4
Staccio, cassa dello 237.8
- di protezione 237.9
-, filtro a 237.7
Staffa della carrucola 47.8
- di guida della catena 81.8
- - sicurezza 57.2
- - sospensione 407.4
- - - della secchia 311.5
- in acciaio 166.5
- portante 407.4
Staffe, fusione entro 164.2
-, magnete di sollevamento con - di sicurezza 57.1
Stage 156.8
-, iron 159.1
-, stiffening- 152.5
-, wood 159.2
Staging 158.10
Stahl, Bessemer- 165.7
-drahtseil 38.11
-, Fluß- 165.3
-formguß 166.5
-, Guß- 165.3, 166.4
-guß 166.4
- -rad 70.3
Stahl, Schmiede- 165.5
-, Schweiß- 165.4
-seil 38.8
-, Siemens-Martin- 166.2
-, S. M. 166.2
-, Thomas- 166.1
-, Tiegel- 166.3
-, Walz- 165.6
-werkkran 310.5
Stair-case 158.3
- cheek 158.4
- -step 158.5
Stamp work's crane 310.3
Stampo, contro- 125.8
-, martello a 125.7
Stand, Führer- 293.5
-moment 285.3
Stand, driver's 293.5
Standard 143.5, 151.7 156.4
- gauge 329.3
- - wagon 379.4
Ständer, Bock- 294.8
-fachwerk 143.8
Standfester Kran 284.3
Ständig wirkende Belastung 133.2
Ständige Belastung 133.2
Standsicher 284.6
Standsicherheit des Kranes 284.5
Stange, Brech- 261.1
-, Druck- 245.4
-, Kolben- 185.8
-, Schieber- 193.3
-, Steuer- 245.1, 347.8
-, Verschluß- 338.4
-, Vorlege- 338.4
-, Zahn- 68.8
-, Zug- 245.3
Stantuffi, draga con azione di 376.4
Stantuffo 185.6
- a disco 186.5
- - distribuzione preliminare 195.6
- - doppio effetto 186.4
- - pressione idraulica 188.1
- - semplice effetto 186.3
- - telescopio 187.1
- - vapore 187.6
- ad anima 187.2
-, ascensore a 351.6
- -cavo 186.9
-, comando a 185.4
-, - - - ad azione diretta 185.1
-, contro- 186.8
- d'ascensore 351.7
- da carico 188.3
- - montacarichi 187.4
- - pompa 187.5
- del freno 105.5
- - moderatore 109.4
- dell'accumulatore 231.10
- di distribuzione 194.9
- - pressione 188.4
- differenziale 187.3
Stantuffo differenziale, distribuzione a 195.4
-, distribuzione a 194.8
- doppio 195.2
- motore 185.5, 186.7
- - di sollevamento 185.2
- pneumatico 188.2
-, tampone- 186.2
- tubolare 186.9
- tuffante 186.6
Stanzen, die Nietlöcher 121.6
Star connection 226.3
- -shaped roller 402.7
Stärke, Brems- 97.6
-, Ketteneisen- 28.8
-, Seil- 33.7
-, Wind- 153.11
Starr geführte Pfanne, Gießkran mit - -r 311.6
-schmiere 85.7
Starre Kupplung 80.5
- Pfannenführung, Gießkran mit -r 311.6
Start, letting a wagon 408.4
-, the engine -s 182.6
-, the hoist -s 347.1
-, to 219.3
-, to - at full load 219.5
-, to let a wagon 408.3
-, to - the crane 281.7
-, to - the hoist 346.5
-, to - the pump 233.3
-, to - without load 219.4
-, work to 5.6
Starter 219.7
-, automatic 219.9
-, hoisting 346.4
-, reversing 220.1
-, wagon 408.5
Starting 4.8
- acceleration 5.5
- current 209.3
- - power 219.6
- device 219.2
- force 5.7
- moment 5.8, 177.6
- of the engine 182.7
- - - hoist 346.7
- period 5.2
- power 177.5
- - of the motor 209.5
- resistance 5.4, 224.1
-, reversing - resistance 224.2
- station 396.3
- step 219.8
- time 5.2
State of inertia 4.7
Static calculation 135.2
- moment method 144.3
Statical calculation 135.2
Statically definable 135.3
- determinable 135.3
- undeterminable 135.4
Staticamente determinato 135.3
- instabile 135.4
Statici, metodo dei momenti 144.3
Statico, calcolo 135.2
Station, Antrieb- 395.8
-, Ausgang- 396.3
-, Belade- 396.1
-, End- 396.5
-, Entlade- 396.2
-, Haupt- 396.8
-, Kraft- 197.3
-, Kurven- 396.6
-, Pump- 234.2
-, Seilbahn- 395.3
-, Seilhochhalte- 397.2
-, Seilspann- 397.3
-, Übertrieb- 396.9
-, Wechsel- 397.1
-, Winkel- 396.7
-, Zentral- 396.8
-, Zwischen- 396.4
Station at a curve in the line 396.6
- - line deviation point 396.7
-, central 396.8
-, discharge 396.2
-, driving 395.8
-, end 396.5
-, exchange 397.1
-, initial 396.3
-, intermediate 396.4
- lift 354.3
-, loading 396.1
-, power 197.3
-, pumping 234.2
-, rope holding 397.2
-, - stretching 397.3
-, ropeway 395.3
-, transmission 396.9
Station à un point de courbure 396.6
- centrale 197.3, 396.8
- - à air comprimé 235.5
- d'angle 396.7
- d'origine 396.3
- de chargement 396.1
- - déchargement 396.2
- - départ 396.3
- - funiculaire 395.3
- - relèvement du câble 397.2
- - retour et de chargement 397.1
- - tension du câble 397.3
- - tête 396.5
- - transporteur aérien 395.3
- en courbe 396.6
- hydraulique 234.2
- intermédiaire 396.4
- - de transmission 396.9
- -motrice 395.8
- terminale 396.5
Stationary crane 284.3
- shaft 75.9
- slewing crane 299.9
Stationnaire, grue 284.3

Statique, calcul 135.2
-, charge 132.9
-, déterminable par la 135.3
-, évalué par la 135.3
-, indéterminable par la 135.4
-, indéterminé au point de vue 135.4
Statisch bestimmbar 135.3
- bestimmt . . 135.3
- unbestimmbar 135.4
- unbestimmt . 135.4
Statische Berechnung 135.2
- Momente, Verfahren der -n 144.3
Stato d'inerzia . 4.7
Staufferschmierung 85.8
Stauffer lubrication 85.8
Stauffer, système de graissage 85.8
Stauffer, lubrificazione 85.8
Stauffer, engrase 85.8
Staugewicht . . 384.8
Stave 158.7
Stay . . . 145.6, 156.6
-, binding . . . 138.5
-, height 145.8
-, jib 297.5
- thickness . . 145.7
-, to 156.7
Stazione centrale 396.8
- d'angolo . . . 396.7
- di avviamento 395.8
- - carico . . . 396.1
- - ferrovia funicolare aerea 395.3
- - partenza . . 396.3
- - scambio . . 397.1
- - scarico . . . 396.2
- - sortita . . . 396.3
- - sovrapassaggio 396.9
- - tensione della fune 397.3
- - testa 396.5
- funicolare d'inalzamento del cavo 397.2
- in curva . . . 396.6
- intermedia . . 396.4
-, montacarichi di 354.3
- motrice . . . 395.8
Steady dowel . 117.3
- pin 117.3
Steam 226.8
- boiler 227.4
-, brake . . . 105.11
- braking . . . 106.1
- -capstan . . . 279.2
- chest 193.2
- dredger . . . 371.4
- driven lift . . 353.3
- driving . . . 226.6
- engine 227.8
- -, combined - - and condenser 228.4
- -, twin 227.9
- hauler 271.3
- intensifier . . 232.6
- main 226.9
- navvy 374.6
Steam piping . 226.9
- piston 187.6
- port, section of 193.4
- pressure above atmospheric 227.1
- -, absolute . . 227.2
- - accumulator 232.6
- pump 233.9
- slewing crane 302.2
- slide valve . 194.1
- supply, central 227.3
- winch 271.3
- working . . . 226.7
Stecca del giunto 328.4
Steckkontakt . 206.1
-schlüssel . . . 119.9
Steel, Bessemer- 165.7
-, cast 166.4
- casting . . . 166.5
-, crucible . . . 166.3
-, forge 165.5
-, ingot 165.3
-, malleable- . . 165.5
-, mild 165.1, 165.3, 165.4
- rail, flat . . 328.11
-, rolled 165.6
- rope 38.8
-, Siemens-Martin 166.2
-, welding . . . 165.4
- -wire-rope . . 38.11
- work's crane 310.5
Steg 145.6
-blech 145.3
-dicke 145.7
-höhe 145.8
-, Lauf- . . 157.9, 289.8
-stärke 145.7
-versteifung . . 145.4
Stehblech . . . 145.3
- -stoß 149.8
-lager 87.1
- - mit Kugelbewegung 90.1
Stehen, die Räder - in Eingriff 66.6
Steifer Rahmen 151.8
Steifigkeit, Seil- 35.4
Steifrahmen . . 151.8
Steigband . . . 367.8
Steigung des Keiles 78.1
Stein, Auflager- 155.2
-schraube . . . 118.1
-winde 265.3
-wolf 59.8
-zange 59.7
Stellapparat . . 349.3
-hebel 246.8
-keil 88.9
-ring 77.6
-schraube . . . 117.6
-seil 414.2
Stella, accoppiamento a 226.3
- di fondazione 300.11
- - razze del tamburo 43.5
-, puleggia a . 402.7
Stelle, Ankuppel- 415.3
-, Belade- . . . 418.4
-, Entlade- . . 418.10
Stellung, Belade- 418.1
Stellung, Entlade- 413.7
-, Katzen- . . . 274.5
-, Last- 134.5
Stelze 156.1
Stempelaufzug 351.6
-, Aufzug- . . . 351.7
-, Führungs- . . 315.2
-, Hub- 277.1
-, Last- 277.1
-, Pratzen- . . . 60.3
-, Preß- 314.3
-, Stripper- . . . 314.3
-, Zangen- . . . 58.6
Step 86.2
- bearing, collar 86.3
- distribution . 196.7
-, hoisting . . . 332.3
-, lowering . . 8.1
-, resistance . . 223.7
-, stair- 158.5
-, starting . . . 219.8
-, to - the shaft 76.11
Steps with spherical seating 90.2
Stepped resistance 223.5
- shaft 76.10
- switch 215.7
Stern, Fundament- 300.11
-rolle 402.7
-schaltung . . 226.3
-, Trommel- . . 43.5
Stern rope windlass 373.4
Stetige Belastung 133.4
- Förderung . 360.2
Steuerdrahtseil 348.2
-gestänge . . . 243.6
-hahn 196.6
-händel 247.8
-handrad . . . 248.2
-hebel 247.8
-hub 243.8
-kette 248.9
-kolben 194.9
-kraft 244.1
-kurbel 248.4
-schalter 220.2
-scheibe 348.3
-schieber . . . 192.9
-seil 248.7
- -scheibe . . . 248.6
-sperre 349.8
-sperrung . . . 349.8
-stange . 245.1, 347.8
-ventil 196.1
-verriegelung . 349.8
- -, magnetische 350.1
-walze 220.2
- -, Doppel- . . 222.3
- -, Drehstrom- 221.8
- -, Fahr- . . . 222.8
- -, Gleichstrom- 221.7
- -, Hub- 222.7
- -, Katzfahr- . 223.1
- -, Kran- . . . 222.6
- -, Kranfahr- . 222.9
- - mit Bremsstellungen 221.10
- -, Schwenk- . 223.2
- -, Senkbrems- 222.1
- -, Serienparall- 221.9
- -, Umkehr- . . 222.2
- -, Universal- . 222.4
Steuerwalze, Zwillings- 222.3
-welle 245.5
-zug 243.7
-zylinder . . . 195.1
Steuern 244.2
-, den Aufzug . 346.3
-, den Kran . . 282.1
-, die Bremse . 97.3
-, feinfühlig . . 244.5
-, von Hand . . 244.3
Steuerung . . . 192.4
-, Aufzug- . . . 347.7
-, Außen- 348.6
-, Brems- 97.4
- des Aufzuges 346.6
-, Differentialkolben- 195.4
-, Drahtseil- . . 348.1
-, Druckknopf- 349.4
-, Hahn- 196.5
-, Handrad- . . 248.1
-, Hebel- . 247.7, 348.4
-, Hochdruck- . 192.6
-, Innen- 348.7
-, Ketten- . . . 248.8
-, Kolben- . . . 194.8
-, Kurbel- . . . 248.3
-, Laufkran mit - von unten 291.3
-, Niederdruck- 192.7
-, Rad- 348.5
-, Schieber- . . 192.8
-, Seil- 248.5
-, Stockwerk- . 348.8
-, Stufen- . . . 196.7
-, Universal- . . 222.5
-, Ventil- 195.8
-, Vor- 195.5
-, Zangen- . . . 58.2
-, Zentral- . . . 249.1
Steuerungsart . 249.2
-organ 192.5
Stichzahl . . . 64.8
Stick, the magnet -s 111.1
Sticking of the magnet 111.2
Stielbagger . . 375.5
Stielloser Bagger 375.6
Stiff frame . . 151.8
Stiffen, to . . . 151.9
Stiffened girder 152.3
Stiffening . . . 152.1
- angle 152.2
- -bracket . . . 152.5
-, flange 146.6
- -gallery . . . 152.5
- -I-girder . . . 152.4
- iron 152.4
- of the web . 145.4
- -plate . 145.3, 152.6
-, -platform . . 152.5
- -stage 152.5
Stiffness of rope 35.4
Stift, Gewinde- 117.7
-, Paß- 117.3
-, Prison- . . . 117.3
-schraube . . . 116.8
Stillsetzen, die Last 7.7
Stiramento, prova di 27.10
Stirnkipper . . 378.4
Stirnrad 67.8
- -antrieb . . . 67.4
- -flaschenzug . 50.8
- -winde 268.5

Stirnrädergetriebe 67.5
-wand der Trommel 43.1
Stiva 323.1
Stivare 320.6
Stock, Königs- 260.1
-werk 334.7
- -anschlag 349.2
- -ausrückung 349.1
- -einstellvorrichtung 349.3
- -einteilung 350.8
- -zeiger 350.7
- -schalter 349.3
- -steuerung 348.8
Stoff, körniger 384.5
-, mehlfeiner 384.6
-, stückiger 384.4
Stone, bed 155.2
- -bolt 118.1
-, foundation 155.2
- tongs 59.7
- winch 265.3
Stool, plummer 155.7
Stop-block 327.5
-, catching 414.5
- -cock 242.7
-, floor 349.2
- gear 92.7
- motions 92.6
- -plate 76.1
- -sheet 76.1
-, spring 95,6, 95.7
-, the hoist -s 347.2
-, - - -s automatically 347.3
-, to - the crane 281.8
-, - - - hoist 346.8
-, - - - motive power 282.7
-, - - - pump 233.4
- -valve 242.2
Stopfbüchse 190.5
-, Dehnungs- 191.1
-, Dreh- 190.9
Stopfbüchsenrohr 240.1
Stopfen 241.4
- der Gießpfanne 311.3
-, durch den - gießen 312.4
Stoppbremse 111.9
-weg 5.1
-zeit 5.3
Stoppa, scatola a 190.5
Stoppage, automatic 347.4
Stopper, pipe 241.3
Stopping, automatic 11.9
- brake 111.9
- of the hoist 346.9
- organs 92.6
Stöpsel, Schmelz- 208.9
-, Sicherungs- 208.9
Storage building 381.2
- bunker 386.2
- hopper 385.5
Store coal 381.8
- crane 309.4
-, floating 382.4
-, grain-loft 382.2
- -hoist, gib 358.6
Store house 381.3
- installation 384.1
- -lift 353.5
- -room, underground 380.5
- - winch 271.6
-, sheet iron 383.6
-, to 320.6
- yard 382.5
Stores 381.3, 382.6
-, bar iron 383.5
-, coal 382.7
-, coke 382.8
- girder 383.4
-, heaping 385.2
-, ingot 383.3
-, iron 383.1
-, ore 382.9
-, pig iron 383.2
-, piling 385.2
-, rail 383.7
-, taking from the 383.8
Storey 334.7
- indicator 350.9
Storing device 385.3
Stoß 148.6
-, Brems- 99.5
-eisen 149.1
-, Fang- 342.4
-fuge 149.4
-klotz 303.6
-lasche 149.5, 328.4
-magnet 110.1
-niet 149.3
-puffer 289.2
-, Schienen- 328.3
-, Stehblech- 149.8
-stelle 148.5
-, Strom- 221.3
-ventil 239.3
-verbindung 148.9
-, verdeckter 149.7
-, Wasser- 239.1
-winkel 149.2
Stoßen 148.7
-, einen Träger 148.8
Stow, to 320.6
Stowing weight 384.8
Strada 13.5, 20.8
- da farsi 13.8
- di frenaggio 97.7
- percorsa doppo l'arresto 5.1
- - durante l'apertura del freno 99.1
- - - l'avviamento 4.9
Strahl, Pol- 130.4
Straight cableway line 398.4
- jib 298.1
Strain on rivets 121.2
Strainer 237.7
- box 237.8
-, protector 237.9
Strand, conveyor 368.3
-, flat-rope 39.9
-, rope with -s of triangular section 40.1
Stranded cable 204.10
-, double flat - rope 39.10
- rope 39.5
Strang 24.4
-, ablaufender 24.5
-, auflaufender 25.1
Strang, Belade- 400.2
-, Entlade- 400.3
-, Ketten- 27.1
-, Konveyer- 368.3
-, Last- 25.6
-, Rohr- 236.3
-, Seil- 36.7
-, Zug- 25.7
Strap, brake 101.7, 101.8
- holder, brake 103.2
-, tension 102.1, 141.5
Strebe 156.6
-, Kran- 307.1
-, Wind- 405.2
Strebenfachwerk 143.7
-kopf 307.2
Strecke, Anschluß- 398.7
-, Netz- 140.5
-, Rohr- 236.3
-, Seilbahn- 398.3
Streichmaß 123.5
Streifen, Abschmelz- 208.8
Strength, bending 174.4
-, breaking 36.10, 170.2
-, compressive 171.4
- of chain iron 28.8
- - current 197.9
-, shearing 173.7
-, tensile 170.7
-, torsional 172.7
-, transverse 173.7, 174.4
Strengthen, to 151.9
Strengthening 152.1
-, flange 146.6
- -plate 152.6
Stress 170.5
-, bending 174.5
-, closed - diagram 130.1
-, compressive 171.5
-, crushing 171.5
- diagram 129.8
- due to axial compression 172.4
- - - lateral flexure 172.4
-, shearing 173.8
-, tensile 170.8
-, torsional 173.1
-, transverse 174.5
Stretch, to - the rope 397.4
Stretcher, cable 268.3
- end 208.2
Stretching device 397.7
-, double - device 397.8
-, - - gear 397.8
- force 397.6
- gear 397.7
- pulley 398.1
-, rope - station 397.3
- screw 30.6, 208.1, 263.2, 263.3
- slide rails 398.2
-, spindle - device 397.9
-, - - gear 397.9
- the rope 397.5
- weight 397.10
Strettoio 126.10
Striata, lamiera 169.4
Striée, tôle 169.4
Stringere di nuovo una vite 118.7
- il freno 98.5
- una vite 118.6
Strip, fusing 208.8
Strippen 314.4
Stripper 313.7
-kran 313.6
-stempel 314.3
-werk 313.7
-windwerk 314.1
-zange 314.2
Stripper plunger 314.3
Stripping 314.4
- crane 313.6
- device 313.7
- tongs 314.2
- winch 314.1
Striscia fusibile 208.8
Strisciante, molla 339.6
Stroke of lever 245.9
- - piston 185.9
-, valve 193.5
Stromabnahme 206.5
-abnehmer 206.7
- -schuh 207.1
-, Anlauf- 209.3
-, Brems- 106.9
-brücke 218.7
-, der Bremsmagnet steht unter 110.7
-, elektrischer 197.8
-entnahme 206.5
-, Erreger- 211.7
-, Gegen- 201.5
-, Gleich- 200.9
-kabel 204.9
-kreis 198.2
- -, Motor- 209.2
- -, Verteilungs- 203.6
-, Leerlauf- 209.4
-messer 200.1
-, Netz- 203.2
-schluß 217.1
- -finger 219.1
-schwankung 198.1
-stärke 197.9
- -, Anlaß- 219.6
-stoß 221.3
- -stellung 221.2
-unterbrecher 217.4
-unterbrechung 217.3
-verbrauch 198.3
-, Wechsel- 200.10
-wender 216.7
-, Wirbel- 201.6
-zuführung, oberirdische 206.2
- -, Säulen- 206.4
- - über Flur 206.2
- -, unterirdische 206.3
Strozzamento 243.3
- per riduzione di luce, disposizione di 243.1
-, valvola di 243.4
-, vite di 243.5
Strozzare 243.2
Structure 161.8
-, timber 159.3
-, wood 159.3
Strut 141.6, 156.5, 156.6
- bracing 143.7

Strut, crane . . 307.1
- frame . 138.7, 148.7
-, head of . . . 307.2
-, main 307.6
-, to 156.7
Strutting . . . 156.5
Stückgut . . . 322.4
Stückiger Stoff 384.4
Stud . . . 116.8, 145.6
- -bolt 116.8
Stufe 158.5
-, Anlaß- 219.8
-, Brems- 220.9
-, Förder- . . . 332.3
-, Schalt- 219.8
-, Senk- 8.1
-, Übersetzungs- 61.6
-, Widerstand- . 223.7
Stufenanzeiger 350.9
-schalter 215.7
-steuerung . . 196.7
Stuffing box . 190.5
- -, expansion . 191.1
- -, pipe with . 239.1
- -, revolving . 190.9
Stuhl, Fahr- . 340.5
-, Lager- 155.7
Stulpdichtung . 191.2
-, Dichtungs- . 191.3
-, Leder- 191.3
StumpfeWeiche 420.8
Stunde, Hektowatt- 200.5
-, Kilowatt- . . 200.6
-, Watt- 200.4
Stundenleistung 209.9
Sturzgerüst . . 325.3
-höhe 386.5
-, Last- 8.7
Stürzen 386.6
Stützfuß des Kranes 294.8
-gerüst 305.8
-klinke 342.7
-konstruktion . 403.4
-lager 86.1
-pfosten 403.6
-punkt 137.3
-pyramide . . . 306.2
-riegel 344.8
-schraube . . . 285.8
-weite 137.4
-zapfen 79.2
Stütze . . 187.2, 156.4
-, Aufhänge- . . 207.9
-, Balken auf mehreren -n 187.7
-, - - zwei -n . 187.1
-, Bremsband- . 103.2
-, Draht- 207.8
-, eiserne . . . 404.4
-, Fahrstuhl- . . 344.7
-, Holz- 404.3
-, Krag- 156.3
-, Kranbahn- . 327.4
-, Leitungs- . . 207.8
-, Pendel- . . . 156.2
-, Seilbahn- . . 403.5
-, Seiten- 285.7
-, Träger auf zwei -n 187.1
Stutzen, Absack- 365.3
-, Rohr- 287.3
Stützenabstand 404.1
-druck . . 187.5, 404.2
-entfernung . . 404.1
-höhe 403.8
Stützenmoment 187.8
-senkung . . . 187.6
-widerstand . . 187.5
Sub-suelo, tolva en el 385.6
Subdiviser une résistance 223.6
Subdivision formée par un panneau 140.7
- par étages . . 350.8
Subida 332.4
-, movimiento de 6.4
Substancias comprimidas, montón de 385.1
- dragadas . . 371.1
-, montón de - non comprimidas 384.10
Subterránea, caja de empalme 205.11
-, canalización . 206.3
Subterráneo, cable 204.11
-, descenso . . . 355.9
-, piso 335.1
Succession of wagons 407.8
Succión, aparato de monda por 371.6
-, draga de 364.3, 376.4
-, tubo de . . . 376.8
Suceuse, drague 364.3, 376.4
Suction elevator 363.8
- head of the pump 229.7
- - with hydraulic flush 376.7
- pipe . . 364.1, 376.8
- scourer . . . 371.6
- washer . . . 371.6
- water transporter 364.3
Suddividere la resistenza 223.6
Suddivisione dei piani 350.8
Suelo 162.2
-, borde superior del 290.7
- de la cabina 340.6
Sufridera . . . 125.8
Sujeción, anillo de 77.7
-, cadena de - de los cangilones 371.10
- de cable . . . 45.5
- - las ruedas en un balancín 245.6
- - los carriles 328.5
- del cable . . 36.8
- - lingote . . . 317.7
-, órganos de . 113.5
-, tornillo de 117.6 118.5
Sujetar el lingote 317.8
Sun and planet wheel gear 69.7
Suolo 162.2
- della fondazione 288.5
-, gru per forni sotto 313.1
-, - - - - - con dispositivo per scoperchiare 313.3
Superelevated carrying shoe 402.1
Superficie d'une section 175.2
- des moments 135.7
- frappée par le vent 154.4
Superficie, area della 175.2
- d'appoggio . 84.5
- della fondazione 288.5
- di contatto . 218.4
- - scorrimento 255.5
- esposta . . . 154.4
- frenante . . . 103.5
- portante . . . 255.5
- presentata al vento 154.4
-, pressione per unità di 84.7
Superficie, compresión por unidad de 171.9
- de apoyo del soporte 84.5
- - contacto 218.4 218.5
- - frenage . . 103.5
- - rodadura . 255.5
- - - cilíndrica, rueda de 256.3
- - - cónica, rueda de 256.4
- - rodamiento 402.4
- expuesta al viento 154.4
-, tracción por unidad de 171.3
Superior, arista - del muelle 380.3
-, cordón . . . 142.3
-, extremo - de la caja 333.5
-, plataforma . 301.8
-, posición - del gancho 58.4
-, quincionera 300.10
-, tambor . . . 372.8
-, tejuelo 300.3, 300.10
-, vía 326.4
Superiore, fune di trazione 390.4
-, guida del cavo 400.8
-, piattaforma . 301.8
-, sopporto . . 300.10
-, trasporto con fune 390.3
-, trave centrale della cordonata 141.7
Superposed force 132.4
Superpuesta, tolva 381.1
Superstructure, iron 158.9
Support 154.7
- abutment . . 137.2
- bar 344.8
-, beam resting on two -s 137.1
-, bending moment at 137.8
-, bracket . . . 156.3
-, cage 344.7
-, crane 294.8
Support, distance between -s 404.1
-, four-legged . 404.7
-, girder resting on two -s 137.1
-, height of . . 403.8
-, intermediate 401.6
-, iron 404.4
-, length of . . 137.4
-, line 207.8
-, point of . . . 137.3
- pressure . . . 137.5
-, - on -s . . . 404.2
-, pulley 48.6
- -resistance . . 137.5
-, roller 91.1
-, rope . . 401.5, 403.5
- -screw 285.8
-, side 285.7
-, suspension . . 207.9
-, swing- 155.4
-, tangential . . 155.3
-, three-legged . 404.6
-, to - the rope 401.7
-, track 326.2
-, two-legged . 404.5
- wagon 409.7
-, wooden 404.3
Support 89.1, 137.2 155.1, 403.4
- à deux montants 404.5
- - quatre montants 404.7
- - tourillon sphérique 91.7
- - trépied . . . 404.6
- - trois montants 404.6
- - vis 285.8
-, boulon de . . 340.9
-, câble aérien de transport et de 399.8
- de câble . . . 403.5
- - - à hauban 405.1
- - conducteur 207.8
- - la passerelle 289.7
- - - voie . . . 326.2
- - rail suspendu 420.3
- - suspension de cabine 341.6
- - - - cage . . 341.6
- - - de l'oreille 207.9
- - - de la pince 207.9
- du chemin de roulement de la grue 327.4
- - - - - du pont 327.4
- - guidage . . 339.5
- en bois pour câble 404.3
- - fer 404.4
- fixe de cage . 344.7
- - - plate-forme 344.7
- inférieur du câble 401.5
- - intermédiaire du câble 401.6
- oscillant . . . 245.2
-, rail de 395.5
-, selle de . . . 406.3
-, traverse de . 403.7
- triangulaire, grue à 305.5

Supports, distance entre les 404.1
-, pression sur les 404.2
Supported, beam fixed at one and - at other end 139.10
- wagon with lifting gear 409.8
Supporting arms, cross bar 403.7
-- bearing . . . 86.9
- framework . 305.8, 403.4
- gear 24.3
- journal . . . 78.11
- of brake strap 103.1
- post 403.6
- pyramid . . . 306.2
- saddle 406.3
- shoe 401.10
- tower . 306.2, 403.6
Supporti, distanza fra i 404.1
Supporto, costruzione di 403.4
- del cavo a due piedi 404.5
- - - - tre piedi 404.6
- - - contraventato 405.1
- della catena a tazze 372.1
- - fune . . . 401.10
- - - a quattro piedi 404.7
- - gabbia . . . 341.6
- di sospensione della rotaia 420.3
- girevole per la fune 402.2
- in ferro . . . 404.4
- - legno per cavo 404.3
- intermedio del cavo 401.6
- sormontante della fune 402.1
- superiore della colonna 300.7
Supprimer l'action de la force motrice 282.7
Surcharge . . . 3.8
-, capacité de - d'une machine 183.1
- en service . . 134.4
-, pouvoir de fonctionner avec 4.1
Surcharger la machine 182.8
- un appareil de levage 3.9
Surcharges, résistance aux 4.1
Surélevée, poutre 147.8
Surélever une poutre 148.1
Surélévation . 147.9
Sûreté, appareil de 324.4, 342.5
-, crochet de . . 54.8
- de fonctionnement 282.4
-, dispositif de . 324.4
-, - d'arrêt de . 344.3
Sûreté, encliquetage de 93.3
-, étrier de . . . 57.2
-, frein de . . . 112.8
-, interrupteur de 216.4
-, manivelle de 179.4
-, serrure de la 337.4
-, soupape de . 239.3, 242.5
-, treuil de . . . 267.8
Surface, braking 103.5
-, contact . . . 218.4
-, running . . . 255.5
-, wind 154.4
Surface d'appui 84.5
- de la fondation 288.5
- - roulement . 402.4
- - - conique, roue porteuse à 256.4
- - - d'une roue 255.5
- des moments 135.7
- frappée par le vent 154.4
- freinante . . 103.5
- subissant l'effort du vent 154.4
Surmener un appareil de levage 3.9
Survoltage . . 198.9
Suspendet load, to lift the 7.3
- railway . . . 419.6
- - plant 419.5
Suspender la carga al gancho 55.4
-, tenazas para - las cajas 59.5
Suspendida, seguir levantando la carga 7.3
Suspendido, draga de útil 375.6
-, rodillos gemelos -s 402.6
Suspendre l'action de force motrice 282.7
- la charge au crochet 55.4
Suspendu, drague à outil 375.6
Suspendue, remonter la charge 7.3
Suspension, car - tackle 407.3
-, claw - gear . 60.2
- of ladle . . . 311.4
- - load 52.3
- rail 395.5
- railway branch 420.4
- - crossing . . 421.7
- - points . . . 420.5
- -, rail of . . . 420.1
- - switch . . . 420.5
- - track . . . 419.8
- - turntable 421.10
- -, wagon for . 419.7
-; rope 36.8
- shoe 420.3
- support . . . 207.9
-, to hold the load in 112.2
Suspension, appareil de 52.4
-, cadre de . . 407.1
Suspension de chaine 82.2
- - la charge . 52.3
- - - chaine . . 27.4
- - rail 420.3
-, dispositif de - de la charge 407.1
- du câble . . . 36.8
- wagonnet, cadre de 407.3
-, étrier de . . . 407.4
- lâche, grue à griffes à 314.8
-, œillet de . . . 55.5
-, organe de . . 24.3
- pendulaire de la poulie, chariot à 276.3
-, tenaille de . . 59.4
Suspensión, aparato de 52.4
-, - - - de las garras 60.2
-, carro de - de las vagonetas 405.5
- de la cadena . 27.4
- - - carga . . 52.3
- del cable . . 36.8
- - caldero . . 311.4
- - crisol . . . 311.4
-, dispositivo de - para cadena 82.2
-, eje de la rueda con muelles de 257.6
-, electroimán de - de la carga 56.6
-, garfio de . . 59.4
-, grúa de garras con - floja 314.8
-, mano de - de cubeta-draga 411.2
-, órgano de . . 24.3
-, polea de - de la carga 47.6
-, rail de 395.5
-, silla de - con rodillos laterales 406.8
-, soporte de . . 207.9
-, tenazas de . . 59.4
-, - - - para cajas 59.5
Svasata, capocchia 122.1
Sviluppante, ingranaggio a 66.8
Svincolare un peso dalle branche 60.6
Svitare una vite 119.5
Svolgere la fune dal tamburo 44.4
Swagehead . 120.10
Swell 77.5
Swing a load, to 15.8
- bearing . . . 155.9
- bolt 155.5
- -door 335.9
- -, double . . . 336.2
- -, single . . . 336.1
- pin 155.5
- -support . . . 155.4
-, the handle -s 180.4
-, the lever -s . 180.4
- tipping device 325.7
-, to - the crane 296.6
Swinging . . . 16.5
- backwards . 16.2
- forwards . . 16.1
- link 245.2
- of the handle 180.5
- - - lever . . . 180.5
- path 16.3
- shoe 402.2
Switch 329.10
- blade 215.4
-board 213.7
-, carbon 215.5
-, changing . . 216.7
-, cross- 421.5
- cupboard . . 213.8
-, drag rail . . 421.1
-, emergency . 216.3
-, floor 349.3
-, knife . 215.3, 215.4
-, lever . . 213.9, 215.2, 421.3
- main 214.9
-, multipole . . 214.8
-, pedal 215.8
- position . . . 214.1
-, press button . 215.1
-, quick-break . 215.6
- rail 421.2
-, shunt 216.6
-, single pole . 214.6
-, stepped . . . 215.7
-, throw-over . 216.5
-, to 224.5
-, - - in 214.2
- tongue . 420.6, 420.7
-, two-pole . . . 214.7
Swivel 28.2
- bearing . . . 90.1
- hook 54.5
System, Aufzug- 350.11
-linie 140.3
-punkt 140.4
System, bay-work 140.2
- centre 140.4
-, frame-work . 140.2
-, lift 350.11
- line 140.3
- of control . . 249.2
- - pipes . . . 236.2
-, panel-work . 140.2
- point 140.4
Système d'ascenseur 350.11
- de charges concentrées, chargement par un 134.3
- - charpente métallique 140.2
- - commande 177.2, 249.2
- - connexion . 224.6
- - construction de pont 159.8
- - contact . . 206.6
- - distribution 249.2
- - frein 98.2
- - graissage Stauffer 85.8
- - grue . 280.2, 284.2
- - manœuvre . 249.2
- - treillis 140.2, 145.1
- du câble . . . 39.4
- réducteur de vitesse 71.6
- réticulaire . . 145.1

T.

T-Eisen 168.4
T, fer en 168.4
T, ferro a . . . 168.4
T, ferro a doppio 168.5
T-head 116.3
T-iron 168.4
T, testa a . . . 116.3
T, tête à 116.3
Tabla 146.2
- del cordón . 146.1
-, cabina revestida de -s 294.2
Tablado . . . 158.10
Table . . 146.1, 146.2
- de la membrure 146.1
- - levage 354.3, 355.8
- des membrures 146.1
Tables en tôle . 157.3
Table, turn- . . 330.1
Tableau à bornes 205.8
- d'interrupteur à bouton 349.6
- de distribution 218.7
Tablero para bornes 205.8
Tablier . 156.8, 157.2
- en tôle 157.3
Tacchetto . . . 88.8
Tackle, car suspension 407.3
-, holding . . . 52.4
-, pulley 48.7
Taco 88.8
Tafel, Blech- . 168.11
-, Druckknopf- 349.6
-, Schalt- 218.7
Tagli, chiodatura a più 124.5
-, chiodo a più 124.6
Taglia . . . 48.7, 51.2
- a catena . . . 51.5
- - fune 51.4
- - gruppi . . . 50.5
- - potenza . . 50.4
- - ruote cilindriche 50.8
- - vite senza fine 51.1
- -x carrucole . 49.6
- differenziale . 50.6 50.7
- gemella . . . 51.8
-, infilare una fune in una 51.6, 51.7
- motrice . . . 50.1
- multipla . . . 50.3
- per carichi . 49.8
- - gru 52.2
- - manovra del braccio 260.7
- - - della volata 260.7
- tenditrice . . 51.3
Tagliante, forza 173.10
-, sforzo - specifico 174.2
-, sollecitazione dovuta allo sforzo 174.2
Tagliare 174.3
Tagliato, dente 65.10
Tagliente, forza 136.1
Taglio 173.9
-, chiodo ad un 124.2
- del cucchiaio 374.8
-, diagramma degli sforzi di 136.2, 136.3
- doppio, chiodatura a 124.3
- -, chiodo a . . 124.4
-, forza di . . 173.10
-, resistenza al . 173.7
- semplice, chiodatura a 124.1
-, sezione di . . 174.1
-, sollecitazione al 173.8
Tail-rope . 389.4, 389.7
- -, haulage with main and 389.5
Taillée, dent . . 65.10
Take, to - up a load with the claws 60.5
Taking from the stores 383.8
- of the current 206.5
Taladrar los orificios para el roblonado 121.7
Taladro del cubo 46.8
Talbrücke, Seil- 395.1
Talje 48.7
Taller de los trazadores 160.5
-, grúa de . . . 309.1
- para construcciones de hierro 160.4
Talon 88.8
-, clavette à . . 78.3
- de roue porteuse 255.6
Taludes, dragado de - elevados 374.2
Talus, excavation de - élevés 374.2
Tamaño de la carga 2.6
Tambor 42.9
- acanalado . . 43.10
-, árbol del . . . 43.6
- bilateral . . . 45.10
-, centro del . . 43.5
- con gargantas fundidas 45.1
- - - torneadas 45.2
-, cubo del . . . 43.3
-, cuerpo del . . 42.10
- de arrollamiento 235.4
- - cabrestan . 46.1
- - cabrestante 278.3
- - carga del acumulador 232.5
- - draga . . . 372.4
- - extracción . 346.2
- - gargantas . 43.10
- - paso derecho 44.7
- - - izquierdo 44.8
- - ranuras . . 43.10
- - rozamiento 46.1
- del ascensor . 345.7
Tambor del combinador 220.3
- - controler . 220.3
- - mecanismo de translación 252.5
- - torno . . . 266.5
- diferencial . . 45.11
- doble 45.10
- - de cabrestante 278.6
- elevador . . . 251.1
- estriado . . . 45.2
- fijo 43.7
- inferior . . . 372.7
- liso 43.9
- loco 43.8
- para cable . . 45.3
- - cadena . . 45.6
- - carga . . . 46.2
- - correa . . . 45.9
- - el contrapeso 345.8
-, rueda del . . 43.4
- sencillo de cabrestante 278.4
- superior . . . 372.8
-, torno de un . 270.4
-, - del 269.1
Tambores, torno de dos 252.2
Tambour . . 42.9, 46.2
- à câble 45.3
- - - latéral . . 373.2
- - chaîne . . . 45.6
- - contre-poids d'accumulateur 232.5
- - courroie . . 45.9
- - frottement du câble 46.1
- - gorges . . . 43.10
- - - brutes de fonte 45.1
- - - tournées 45.2
-, appareil de levage à double 252.2
-, arbre du . . . 43.6
-, - - - à chaîne 372.5
- avec pas à droite 44.7
- - - à gauche 44.8
-, bride du . . . 43.2
-, centre du . . 43.5
- claveté 43.7
- commandant la translation 252.5
-, commande du - de la chaîne 372.6
-, corps du . . . 42.10
- d'ascenseur . 345.7
- d'enroulement du boyau 235.4
- de cabestan . 46.1
- - charge . . . 46.2
- - drague . . 372.4
- - frein 96.2
- - levage . . . 251.1
- - machine d'extraction 346.2
- - treuil . . . 266.5
- différentiel . 45.11
- double 45.10
- du contre-poids 345.8
- - contrôleur . 220.3
Tambour, fond du 43.1
- fou 43.8
-, gorge du . . 44.1
- inférieur . . . 372.7
-, joue du . . . 43.2
- lisse 43.9
-, moyeu du . . 43.3
-, nervures du . 43.5
-, paroi de boût du 43.1
-, roue de . . . 43.4
-, treuil à . . . 269.1
-, treuil à double 270.5
-, - - simple . . 270.4
Tamburi, argano a due 270.5
-, meccanismo di sollevamento a due 252.2
Tamburo . . . 42.9
- a frizione . . 46.1
- - gole 43.10
-, albero del - a catena 372.5
-, argano a . . 269.1
-, - - doppio . . 278.7
-, - ad un 270.4, 278.5
-, avviamento del - a catena 372.6
- con scanalature greggie di getto 45.1
- - - tornite . . 45.2
- d'argano semplice 278.4
- d'avvolgimento 270.7
- del contrappeso 345.8
- - controller . 220.3
- - meccanismo di sollevamento 251.1
- dell-argano 266.5, 278.3
- - ascensore . 345.7
- della draga . 372.4
- - macchina d'estrazione 346.2
- di contrappesi dell' accumulatore 232.5
- - traslazione 252.5
- differenziale . 45.11
- doppio 45.10
- - d'argano . . 278.6
- elicoidale a destra 44.7
- - - sinistra . 44.8
- - destrorso . 44.7
- - sinistrorso . 44.8
- fisso 43.7
- folle 43.8
- gemello . . . 45.10
- inferiore . . . 372.7
- liscio 43.9
- per carico . . 46.2
- - catena . . . 45.6
- - cinghia . . 45.9
- - fune 45.3
- - la manica . 235.4
- scanalato . . 43.10
- superiore . . 372.8

Tamiz de protección 237.9
-, filtro- 237.7
Tampón, batería 197.7
Tampon, batterie 197.7
- de choc . . . 327.6
- - creuset . . 311.3
- - vissage . . 118.3
Tampone, batteria 197.7
- -stantuffo . . 186.2
Tanaglia . 57.4, 60.1
- a bilancia . . 60.9
- - leva articolata 58.8
- afferra-chiodi 126.2
- comandata . 58.1
- con guida ad intaglio 58.3
- da blocchi orrizzontale 59.2
- - lamiera . . 59.3
- - rotaie . . . 285.6
- dell'estrattore 314.2
- di sospensione 59.4
- fissa 60.7
-, gru a - per lingotti 312.7
- guidata . . . 58.5
- mordente per chiodi 126.2
- per blocchi . . 59.1
- - chiodi . . . 126.1
- - la sospensione delle pietre 59.7
- - sacchi . . . 59.6
- - sospensione delle casse 59.5
-, porta . . . 58.6, 60.3
- rotativa . . . 60.8
Tandemmaschine 228.1
-seilscheiben . 402.5
Tandem, dischi a fune in 402.5
-, macchina in . 228.1
Tandem engine 228.1
- rope pulleys . 402.5
Tandem, machine 228.1
-, rouleaux-porteurs de soutien en 402.5
Tandem, máquina 228.1
-, rodillos de apoyo en 402.5
Tangencial, chaveta 78.4
Tangent key . . 78.4
Tangente d'un angle vif d'inclinaison 399.6
- de un ángulo vivo de inclinacion 399.6
-, vis 71.1
Tangentialkeil 78.4
-lager 155.3
Tangential bearing 155.3
- support . . . 155.3
Tangentielle, clavette 78.4
Tangenziale, bietta 78.4
Tank, collecting 236.7
-, conveying . . 359.3
-, elevated . . . 381.1
Tank, underground 380.5
-, water 231.2
Tanque de agua 231.2
Tapa del cilindro 188.8
- - prensaestopas 190.6
- - soporte . . 88.3
-, disposición para levantar la 313.4
- lateral con cojinete 210.4
Tapada, brida . 241.5
Taper, la manivelle tape 180.6
Taper of key . 78.1
- - wedge . . . 78.1
Tapón de cierre del tubo 241.3
- del caldero . 311.3
- - crisol . . . 311.3
- fusible 208.9
- roscado . . . 241.4
Tappo, colare dal 312.4
- della secchia da colata 311.3
- di chiusura . 241.4
- fusibile 208.7, 208.9
Taquet d'arrêt 343.1
- d'évitement de la chaîne 31.10
Taraudage d'écrou 115.2
Taraudée, bague 118.3
Tas 125.8
- de matières comprimées 385.1
- - - non comprimées 384.10
-, dépôt en . . . 385.2
-, emmagasinage en 385.2
-, inclinaison naturelle du 384.9
-, matières en . 384.7
-, poids du . . . 384.8
Tasche, Vorrat- 385.4
Tasse, la charge se 9.2
-, le fardeau se 9.2
Tassement de la charge 9.3
- des appuis . . 137.6
- du fardeau . 9.3
Tauchanker . . 109.1
-tiefe 308.6
-kolben 186.6
Taukloben . . . 49.7
Tavola 146.2
- d'impiantito . 157.6
Tavolato della passerella 157.2
Tavole, impiantito di 157.5
Tavoletta portamorsetti 205.8
Tazza 361.7
- a morso . . . 377.4
-, capacità della - in . . . . m 371.9
- capovolgibile 363.5
- della draga . 371.8
- di trasporto . 368.4
- dragante . . . 411.1
- - a carbone . 412.5
- - - code d'uccello 412.9
Tazza dragante a coke 412.6
- -, apertura della 411.4
- - da minerale 412.7
- - - scavatore 412.8
- per scaricamento automatico 410.1
Tazze capovolgibili, apparecchio a 363.4
-, draga a . . . 371.7
- sospese, draga a 375.6
Technique des transports 358.1
Techo 161.11
-, carro para viga de 277.7
- de la cabina 340.7
- - protección . 294.5
-, grúa de . . . 305.6
Técnica de los transportes 358.1
Tecnica dei trasporti 358.1
Tedesca, funicolare - aerea 394.2
Teeth, excavator 411.6
-, external . . . 67.3
-, internal . . . 67.2
-, number of . . 30.9
- of bucket . . 374.8
- - shovel . . . 374.8
-, pitch of . . . 64.6
- system, cycloidal 66.7
- -, involute . . 66.8
Teilkreis . . 31.1, 64.3
Teilung des Zahnrades 64.6
-, Feld- 140.7
-, Ketten- . . . 28.5
-, Modul- 64.7
-, Niet- 128.3
-, Zahn- 64.6
Tejuelo 86.1
- anular 86.3
- de bolas . . . 86.5
- - rodillos . . 86.6
- inferior . . . 300.2
- superior 300.3, 300.10
Telaio 151.5
- d'arresto . . . 344.5
- di draga d'escavo 411.2
- rigido 151.8
Telepher line . 422.1
Téléscope, guidage à 315.3
Telescopic guide 315.3
- pipe 239.8
- piston 187.1
- ram 187.1
Telescopio a comando 315.4
-, comando a . 315.3
-, stantuffo a . . 187.1
-, tubo a 239.8
Telescopio, émbolo de 187.1
-, guia en forma de 315.3
-, tubo de . . . 239.8
Télescopique, tuyau 239.8
Teleskopführung 315.3
-, Führungs- . . 315.4
-kolben 187.1
-rohr 239.8
Telferaggio, linea di - elettrica 422.1
Telferraje, linea de 422.1
Tellurico, acceleramento 21.10
Telphérage, ligne de 422.1
Telpherlinie . . 422.1
Temperguß . . . 164.7
Temperleybalken 295.7
-katze 295.8
Temperley beam 295.7
- crab 295.8
Temperley, carrello 295.8
-, travo gru . . 295.7
Temperley, carro 295.8
-, viga 295.7
Temperley, chariot 295.8
-, poutre 295.7
Tempo 20.7
- del caricamento 413.5
- dello scaricamento 413.6
- impiegato all'arresto 5.3
- - all'avviamento 5.2
-, intervallo di - fra il passaggio dei veicoli 408.1
Tempo necessario para la descarga 413.6
Tempory erection 100.8
Temps 20.7
-, accélération en fonction du 19.7
- de l'accélération 19.7
-, intervalle de - entre le passage des wagonnets 408.1
- nécessaire au chargement 413.5
- nécessaire au déchargement 413.6
- - pour l'arrêt 5.3
Tenaglia, attacco a chiusura della 417.6
- da blocchi . . 313.7
- - presa, gru con 313.5
- di presa a bossolo 417.5
-, pinze di . . . 411.3
Tenaglie di presa, draga a 375.9
-, draga a 377.3
Tenaille 57.4
- à guidage à coulisse 58.3
- - lingot . . . 59.1
-, arêtes de la . 57.7
-, bras de la . . 57.5
-, commande mécanique de 58.2

Tenaille commandée mécaniquement 58.1
- coulissante . . 58.3
- d'attache de la grue au rail 285.6
- de suspension 59.4
-, guidage de . 58.7
- guidée 58.5
- horizontale pour lingot 59.2
-, mâchoire de . 57.6
-, ouverture de 57.8
-, poinçon porte- 58.6
- pour tôle . . 59.3
Tenailles 57.4
-, excavateur à 375.9
Tenaza de cierre 418.8
- para remaches 126.2
Tenazas . 57.4, 314.2
-, abertura de las 57.6
-, brazo de las . 57.5
- con guiadera 58.3
- de palancas acodadas 58.8
- - suspensión . 59.4
- - - para cajas 59.5
-, excavador de 375.9
-, grúa con - para lingotes 312.7
- guiadas . . . 58.5
- horizontales para lingotes 59.2
- mandadas mecánicamente 58.1
- para carriles 285.6
- - chapas . . . 59.3
- - bloques de piedras 59.7
- - levantar piedras 59.8
- - lingotes . . 59.1
- - remaches . 126.1
- - sacos . . . 59.6
- - suspender las cajas 59.5
-, porta 58.6
-, punta de las . 57.7
Tender el cable 397.4
Tendere la fune 397.4
Tendeur . 208.1, 401.3
- à vis 397.9
-, appareil . . . 397.7
-, - - double . . 397.8
-, contrepoids 397.10
- d'extrémité . 208.2
- de chaine . . 30.6
-, galet 401.2
-, palan 51.3
Tenditore . . . 208.1
-, apparecchio . 397.7
-, - - doppio . 397.8
- con disposizione fusiforme 397.9
- d'estremità . 208.2
- della fune . . 268.3
-, dispositivo . 30.6
- per catene . 30.6
-, peso 397.10
Tenditrice, puleggia 398.1
-, taglia 51.3
Tendre le câble 397.4
Tener, la grúa tiene una anchura de 290.4
-, - maniobra tiene una gran sensibilidad 244.6
Tener suspendida la carga por medio del freno 112.1
Tenere conto del vuoto pei chiodi 146.4
- sospeso il carico 112.2
- - - - col freno 112.1
Tenon de la crapaudine 300.9
Tensile force . 171.1
- load 171.1
- strength . . . 170.7
- stress 170.8
- -, intensity of 171.3
- -, section under 171.2
Tension . 170.9, 171.3
- and compression screw coupling, combined 263.4
-, band 102.1
-, bar 141.2
-, belt 74.3
- -diagonal . . 142.8
-, flange 141.10, 142.6
- gird 142.6
- magnet . . . 109.8
- member . . . 141.5
- pulley block 51.3
-, ratio of -s . . 102.2
-, rivet in . . . 122.5
- rod 245.3
- -, inclined . . 142.8
-, rope . . . 36.9, 42.6
- stay, inclined 142.8
- strap . . 102.1, 141.5
-, to put under stress of 170.6
Tension 198.4
- additionnelle 198.9
- aux bornes . 198.8
-, coefficient de 102.2
-, chute de . . . 198.6
- dans une membrure 141.10
- de barre . . . 141.2
- - cisaillement par unité de surface 174.2
- - compression par unité de surface 171.9
- - courroie . . 74.3
- - flexion par unité de surface 174.7
- - la vapeur . 227.2
- - torsion par unité de surface 173.5
- - traction par unité de surface 171.3
- du câble 36.9, 42.6 397.5
- - -, station de 397.3
- - réseau . . . 198.7
- - ruban de frein 102.1
-, effort de . . . 397.6
-, glissière de la poulie de 398.2
- nulle, interrupteure de 216.1
-, perte de . . . 198.5
Tension, poulie de 398.1
-, transformer la 198.11
Tensión 198.4
- adicional . . 198.9
-, coeficiente de 102.2
- de cordón . 241.10
- - la barca . . 141.2
- - - cinta de freno 102.1
- - - correa . . 74.3
- del cable 36.9, 42.6 397.5
- - vapor . . . 227.2
- entre los bornes 198.8
-, estación de - del cable 397.3
Tensione 198.4, 397.6
- addizionale . 198.9
- di morsetti . 198.8
-, briglia soggetta a 142.6
-, caduta di . . 198.6
-, coefficiente di 102.2
- del nastro del freno 102.1
- - vapore . . 227.2
- della cinghia . 74.3
- - forza controelettromotrice 198.10
- - fune . . 36.9, 42.6 397.5
- - -, stazione di 397.3
- - rete . . . 198.7
- di torsione . 173.5
- in un'asta . . 141.2
-, interruttore automatico per - zero 216.1
-, martinetto a vite di - e compressione 263.4
- nella briglia 141.10
-, perdida di . . 198.5
-, rapporto di . 102.2
-, trasformare la 198.11
Tensor 401.3
-, aparato 208.1, 397.7
-, aparejo . . . 51.3
-, contrapeso 397.10
- de cadena . 30.6
- - extremidad 208.2
- - tornillo . 397.9
-, gato 263.2
-, vagón 418.1
Tenuta, anello a 241.7
Teoretica, lunghezza - d'un'asta 140.5
Teórica, longitud - de las piezas 140.5
Terminados, almacén de hierros 388.6
Terminal board 205.8
-, connecting . 205.6
- screw 205.7
- voltage . . . 198.8
Terminal de cable 205.9
Terminale, station 396.5
Término, estación de 396.5
Terra, conduttura posta a 204.1
-, porre a . . . 204.2
-, scavatore di . 374.5
Terraferma, funicolare aerea in 394.7
Terrain, compression du 288.6
Terre, conducteur mis à la 204.1
-, mettre à la . 204.2
-, pièce coulée en 164.3
Terreno, piano 335.2
-, pressione sul 288.6
Terreno, presión sobre el 288.6
Terrestre, transport aérien 394.7
Terrestre, transporte aéreo 394.7
Tesa, briglia soggetta a 142.6
-, diagonale di 142.8
-, fibra 174.8
Test, breaking 27.8
-, chain 27.7
-, elongation . . 27.10
- load 2.2
- -, breaking . 27.9
- -, elongation . 28.1
Testa a spinetta, vite con 117.8
- - T 116.3
- ad ancora . . 116.3
-, bullone con - e dado 116.7
-, circolo di . . 64.4
- del chiodo . . 120.9
- - dente . . . 65.2
- - puntone . . 297.3 307.2
- - verino . . . 264.5
- della binda . 264.5
- - leva 245.8
- - lingottiera . 317.2
- - piastrella . . 29.9
- - vite 113.8
-, dente di . . . 300.9
- di posa . . 120.10
- esagonale . 115.10
-, giunzione del nodo di 151.1
- incassata . . 116.4
-, larghezza della 65.4
-, maglia saldata in 29.1
-, maschietto di 300.9
-, piastra di . . 300.8
- porta-carrucola 297.3
-, profilo a doppia 420.2
- quadra . . . 116.1
- ribadita . . . 121.1
-, rovesciatore di 325.7
-, stazione di . 396.5
- superiore della colonna 300.7
- tonda 116.2
-, traversone di 289.9
-, vite a 116.9
-, - - - incassata 116.5
Testata . . . 154.10

Testata del tubo aspirante con depurazione a pressione 876.7
Tested chain . 29.5
Tête à six pans 115.10
- - T 116.3
- bouterollée . 121.1
- carrée 116.1
-, cercle de . . 64.4
- de bascule . 316.6
- - boulon . . 113.8
- - cric 264.5
- - fabrication 120.10
- - la dent . . 65.2
- - levier . . . 245.8
- - lingotière . 317.2
- - maille . . . 29.9
- - marteau . . 116.3
- - pont 289.9
- - pose . . . 120.10
- - rivet 120.9
- - vérin . . . 264.5
- - vis 113.8
- du tirant . . 307.2
- fermante . . 121.1
- fraisée 116.4
-, hauteur de la 65.4
- noyée 116.4
- -, rivet à . . . 122.1
- portant les poulies 297.3
-, première . . 120.10
- ronde 116.2
- saillante, rivet à 122.2
-, seconde . . . 121.1
-, station de . . 396.5
-, vis à 116.9
Tetto 161.11
- di ricoprimento 294.5
-, gru da 305.6
-, montacarichi da 353.7
- protettore . . 294.5
Tettoia 381.6
Theoretical bar length 140.5
Theoretische Stablänge 140.5
Théorique, longueur - de barre 140.5
Thickness, fillet 145.7
- of chain iron 28.8
-, stay 145.7
T, hierro . . . 168.4
Thin plate . . . 169.2
Thomas, acciaio 166.1
Thomas, acero 166.1
Thomas, acier . 166.1
Thomas mild steel 166.1
Thomasstahl . . 166.1
Thread 114.1
-, buttress . . . 115.1
-, double 114.5
-, - - worm gear 71.8
-, female 115.2
-, fine pitch . . 115.4
-, gas- 115.3
-, knuckle . . . 114.9
-, left-handed . 114.3
-, multiple . . . 114.6
-, - - worm . . 71.7
-, right-handed 114.2
-, round 114.9
-, single 114.4
-, square 114.8
Thread, trapezoid 115.1
-, triangular . . 114.7
-, V- 114.7
Threaded bush 118.3
Three-legged support 404.6
- -motor travelling crane 292.3
-phase, continuous - converter 199.4
- - controller . 221.8
- - current . . 201.4
- - magnet . . 110.5
- - motor . . . 213.2
- -wire mains . 203.1
Throttle butterfly valve 243.4
- device 243.1
- flap valve . . 243.4
-, to 243.2
Throttling screw valve 243.5
Throw, crank . 178.4
-, lever 178.4
- of lever control 243.8
- -off-car . . . 368.6
- - end 368.5
- -over switch . 216.5
-, to - a load off the claws 60.6
-, to - in the clutch 82.3
-, to - in the pawl 94.5
-, to - into gear 66.4
-, to - out of gear 66.5, 82.5
-, to - out of mesh 66.5
-, to - out the clutch 82.5
-, to - out the pawl 94.7
-, to - over . . 214.5
Thrower, oil . . 77.4
Throwing out of gear 82.6
- - the pawl . . 95.1
Thrust bearing 71.4
- -, ball collar . 86.5
- -, collar . . . 86.8
- block bearing 86.8
- -, journal to go in a 79.4
- brake 104.5
- journal . . . 79.4
- -plate 86.2
-, roller - ring bearing 91.8
Thumb-screw . 117.9
Tie bars 138.6
- rod 141.5
Tiefbagger . . 374.3
-baggerung . . 374.4
-behälter . . . 380.5
-bohrwinde . . 272.6
-gang 323.2
-liegendes Seil, Kupplungsvorrichtung mit -m 415.6
- - Zugseil . . 390.6
-ofen 313.2
- -kran 313.1
- - - mit Deckelhebevorrichtung 313.3
Tiefe, Eintauch- 308.6
-, Förder- . . . 332.2
Tiefste Hakenstellung 58.5
- Laststellung . 8.2
Tiegelflußstahl 166.3
-stahl 166.3
Tiempo 20.7
- de la aceleración 19.7
-, intervalo de - entre el paso de vagonetas 408.1
- necesario para el arranque 5.2
- - - la carga . 418.5
- - - la parada 5.3
Tierra, excavador para 412.8
-, linea puesta á 204.1
Tige de commande, -s 243.7
- - fermeture de la barrière 338.4
- - fourche . . 416.8
- - piston . . . 185.8
- - rivet 120.7
- - suspension de creuset 311.4
- - - - poche . 311.4
- - tiroir . . . 193.3
- du crochet . . 52.8
- filetée 120.2
- guidée, chariot portant une - - de charge 276.6
- - de la charge 277.1
- porte-griffes . 60.3
- - -tenaille . . 58.6
Tight pulley . . 75.4
Tighten, to - a screw 118.7
-, to - the brake 98.5
Tightener, rope 401.3
Tightening device, chain 30.6
- of brake . . . 99.3
- - the brake . 98.6
- - - -, period of 98.7
Tijera, grúa de 307.5
Tilt, the crane -s 284.9
-, - -s of the rails 284.7
-, to - the claw 61.1
Tiltable claw . 60.9
Tilting bearing 155.4
- cart 361.3
- load 285.1
- moment . . . 284.2
- of the crane 284.10
Timber construction 159.3
-, floor 157.6
- flooring . . . 157.5
- scaffold . . . 159.2
- structure . . 159.3
- winch 264.9
Time 20.7
-, acceleration . 19.7
- -interval between wagons 408.1
-, lifting 6.6
-, loading . . . 418.5
-, lowering . . . 7.9
-, slowing . . . 5.3
-, starting . . . 5.2
-, unloading . . 418.6
Timonerie . . . 243.7
Timonerie du frein 96.3
Tinglado . . . 381.6
Tino 378.8
- capovolgibile 379.1
Tinozza di trasporto 379.2
Tip, curved . . 325.1
-, the crane -s . 284.9
-, waggon . . . 325.4
- -, trough . . . 378.6
-, to . . . 323.9, 386.6
Tipo de la grúa 284.2
Tipo del ponte 159.8
- di gru 280.2
Tipper, automatic 378.7
-, front 378.4
-, side 378.5
Tipping . . . 323.10
- bucket 363.5, 379.1 408.8
- -, emptying the 409.1
- car 368.6
- cart 361.3
- chute 387.1
- device . 312.1, 323.8
- -, chute . . . 325.1
- -, coal 324.9
- -, crane . . . 325.2
- -, foundry crane with automatic 312.2
- -, ore 324.10
- -, swing . . . 325.7
- -, waggon . . 324.8
- end 368.5
- jetty . 323.11, 325.3
- of ladle . . . 311.8
- platform . . . 324.1
- position . . . 324.3
- saddle 406.6
- scoop 368.5
-, to cast over the lip by 312.3
- tub 379.1
- wagon 378.3
- winch 324.2
Tira fusible . . 208.8
Tirant 141.5
-, bord inférieur des -s 290.6
- d'eau 323.2
- de contreventement, -s 153.9
- - la grue . . 307.1
- - longueur variable, flèche à 299.1
- du contrepoids 299.7
- extensible, flèche à 298.6
-, grue à -s . . 313.6
- incliné d'une grue-oiseau 307.9
-, raccourcir le 299.2
-, racourcissement du 299.3
- supportant l'effort de charge 299.6
-, tête du . . . 307.2
- travaillant à l'extension 142.8
Tirante 117.4, 141.5, 245.3
-, cavo 400.5

Tirante di sostegno del carico 299.6
- - - - contrappeso 299.7
-, viera del . . . 117.5
Tirante . . 141.5, 245.3 405.2
-, borde inferior de los -s 290.6
-, brazo de - extensible 298.6
- de carga . . . 299.6
- - contrapeso 299.7
- - una grúa de tijera 307.9
Tirantes y palancas de acoplamiento 82.1
Tiranti di sospensione della secchia 311.4
Tirare a fondo 119.4
- una vite . . . 118.6
Tirasacchi . . . 354.5
Tire 258.3
-, to - a wheel 258.4
Tired wheel . . 258.2
Tiro, tratto in . 25.7
Tiroir à coquille 194.4
- - piston . . . 195.3
- - vapeur . . . 194.1
-, boite à 193.2
-, chemin parcouru par le 193.5
- circulaire . . 194.7
-, course du . . 193.5
- cylindrique . 195.3
- -, distribution par 194.8
- de distribution 192.9
- - machine hydraulique 194.2
-, distribution par 192.8
- équilibré . . 194.6
-, glace de . . 192.10
- hydraulique . 194.2
-, lumière de . . 193.1
- plan 194.3
- plat 194.3
-, position du . 193.6
- rotatif 194.7
-, tige de 193.3
- tournant . . . 194.7
Tiroir, distribución de - giratorio 196.5
-, - por 192.8
Titan, grue . . 308.2
Tocho empaquetado 167.1
Toggle joint brake 100.9
- - lever, transmission by means of 247.3
- - levers . . . 247.2
- lever action, catch with 417.8
- - grip gear . 343.7
- - tongs . . . 58.8
Togliere da un circuito 214.4
- dal magazzino 383.8
- il nottolino . 94.7, 95.1
Toit 161.11
Toit de protection 294.5
-, grue de . . . 305.6
- protecteur . . 294.5
Toiture, ferme de la 162.1
Tôle d'assemblage 150.3
- - fer 168.10
- - premier laminage 167.4
- - tablier . . . 157.4
- fine 169.2
-, feuille de . 168.11
- forte 169.1
- galvanisée . . 169.3
-, grosse 169.1
-, grue à transporter les -s 316.1
- mince 169.2
- ondulée . . . 169.6
- perforée . . . 169.5
-, poutre en . . 145.2
- striée 169.4
-, tablier en . . 157.3
-, tenaille pour 59.3
- zinguée . . . 169.3
Tôles et cornières, poutre en 145.2
Tolva de carga 368.10 385.5
- en el sub-suelo 385.6
- móvil de descarga 368.6
-, recipiente de 385.4
- superpuesta . 381.1
Toma, aparato de 56.5
- de corriente . 206.5
- del agua á presión 229.3
Tomar una carga con la garra 60.5
Tombe, la charge 8.6
Tombée du fardeau 8.7
Tomber, le câble tombe 401.8
Tombereau . . 361.3
Tommy . 269.7, 279.1
- -screw 117.8
Tonda, fune . . 40.7
-, testa 116.2
Tondo, cavo . . 40.7
-, - non intrecciato 40.8
-, circolazione su ferro 399.7
-, ferro 167.7
-, filetto 114.9
-, trazione su ferro 399.7
Toneles, cadena con garras para 56.3
-, elevador de . 365.6
Tong arm . . . 57.5
- beam 58.6
- jaws 57.6
- point 57.7
Tongs 57.4
-, box 59.5
- control . . . 58.2
-, crane with - for ingots 312.7
- for blocks . . 59.1
-, girder 59.4
-, guided . . 58.1, 58.5
- guiding . . . 58.7
Tongs, horizontal block 59.2
-, rail 285.6
-, riveting- 126.1, 126.2
-, sack 59.6
-, sheet iron . . 59.3
-, stone- 59.7
-, stripping . . 314.2
-, toggle lever . 58.8
- with slot guide 58.3
Tongue, point . 420.7
- points 420.6
- switch 420.6
-, switch 420.7
Tonneaux, cric pour 265.4
-, élévateur de 365.6
Tonnenelevator 365.6
Tool, holding up 125.8
-, riveting . . . 125.4
-, snap- 125.6
Tooth . 30.8, 64.9, 82.8
-, cast 65.9
- cut from the solid wheel 66.1
-, double helical 68.6
- end elevation 64.10
- -friction . . . 65.7
- -, work done against 65.8
- gear . . . 62.7, 63.1
- - drive 63.2
-, herringbone . 68.6
-, machine cut . 65.10
-, milled 65.11
-, planed 66.2
-, ratchet . . . 93.7
-, rough 65.9
Toothed chain wheel 31.4
- gear 250.2
-, pair of - wheels 63.4
- rack . . . 68.8, 342.8
- - and pinion 68.7
- rail 342.8
- rim 67.9
- -, built-up . . 68.4
- shovel 412.9
- wheel 64.2
- - box 62.8
Top bearing . . 300.3
- block 49.2
- casing of elevator 362.4
- drum 372.8
- -flange 142.3
- hinge 139.1
- joint 139.1
Tope . . . 303.6, 327.6
- de detención en los pisos 349.2
- - ferrocarril 327.8
- - paro 327.5
Topfmagnet . . 108.6
Torcer el cable 35.10
- la cuerda . . 35.10
-, los cables se tuercen 34.8
Torcimiento cruzado 39.7
- del cable . . 35.11
Torcitura Albert 39.8
- normale . . . 39.7
Tordre le câble 35.10
-, les câbles se tordent 34.8
-, machine à - les cordes 36.1
Tornapunta . . 297.5
Torneadas, tambor con gargantas 45.2
Torneado, tornillo 117.2
Tornichetto, attorcimento della catena a 28.2
Tornillo . 79.10, 118.6 118.7
-, acoplamiento de 419.1
- ajustado . . 117.2
-, aparejo de - sin fin 51.1
- con cabeza y tuerca 116.7
- - - - - embebidas 116.5
- - - - - empotradas 116.5
- - hendidura para destornillador 117.7
- de acoplamiento 80.10, 419.2
- - apriete . . . 117.6
- - Arquimedes 370.4
- - arriostramiento 117.4
- - cabeza . . . 116.9
- - cierre . . . 80.5
- - cimentación 88.10
- - corchete . . 117.1
- - distancia . 117.4
- - estrangulación 243.5
- - fijación . . 418.2
- - freno . . . 96.9
- - gancho . . 117.1
- - la cadena . 29.10
- - - tapa . . . 88.4
- - movimiento 120.1
- - muletilla . . 117.3
- - orejas . . . 117.9
- - presión 117.6, 205.7
- - rosca de madera 118.2
- - soporte . . 285.8
- - sujeción . . 117.3 118.5
- del freno . . 101.1
- - gato 262.2
- - pie del soporte 88.6
- elevador para el brazo 260.5
- embutido . . 116.5
-, freno de . . 100.10
- para correa . 74.10
- sin fin . 71.1, 370.4
- - - ajustable 370.6
- - - de cierre automático 72.3
- - - - múltiples pasos 71.7
- - - - paso derecho 72.1
- - - - paso izquierdo 72.2
- - -, engranaje de 70.7
- - - gemelo . 72.5
- - -, mecanismo de 250.3
- - - ordinario 370.5
- - -, torno de . 268.6
-, tensor de . . 397.9
- torneado . . 117.2
- transportable 272.8

Tornillo transportador 370.4
Tornite, tamburo con scanalature 45.2
Torno . . 250.5, 266.1
- automotor de dos carriles 273.3
- - - un carril 273.2
- auxiliar 251.8, 267.7
- de ancla . . . 272.5
- - ascensor . . 272.1
- - buque . . . 265.2
- - cable . . . 268.1
- - - atrás . . 373.4
- - - delantero 373.3
- - - lateral . . 373.2
- - - para pozo de minas 268.2
- - caballete . 270.1
- - cadena . . 268.4
- - carro automotor 273.1
- - consola . . 270.2
- - contramarcha para dos velocidades 252.1
- - - variable . 252.1
- - descenso . . 267.5
- - dos tambores 252.2, 270.5
- - elevación . 267.4
- - elevador . . 272.1
- - engranaje . 268.5
- - esclusa . . . 265.5
- - extracción . 268.2 272.2
- - fricción . . 268.7
- - gancho . . 267.9
- - grúa 271.7
- - las tenazas 314.1
- - mando de la translación 252.4
- - - del bastidor de guía 373.6
- - manivela . 270.9
- - mano . . . 270.8
- - muro . . . 270.3
- - pala-draga automática 270.6
- - pozo 269.6
- - remachar . 125.9
- - rueda de cadena 269.2
- - - - engrane 269.2
- - ruedas cónicas de fricción 268.8
- - seguridad . 267.8
- - tambor . . 269.1
- - tornillo sin fin 268.6
- - un tambor 270.4
- - vapor . . . 271.3
- - volcador . . 324.2
- del cargador de alto horno 356.2
- - conducto de derrame 373.5
- - - - descarga 373.5
- - plano inclinado para buques 357.2
- eléctrico . . . 271.4
- hidráulico . . 271.2
- impulsado por correa 271.1
- lateral 373.1
-, mando por . 181.4
- móvil 272.7
Torno móvil de motor 273.1
- para almacén 271.6
- - ascensor . . 345.6
- - barriles . . 265.4
- - cable de anclaje 268.3
- - construcciones 271.5
- - dos cables 269.5
- - embarcaciones 272.4
- - maniobras ferroviarias 272.3
- - piedra . . . 265.3
- - sondajes . . 272.6
- principal . . 267.6
-, puente-grúa con - auxiliar 298.3
- tensor 263.3
-, volante de . . 181.5
Torons, câble à 39.5
-, - - doubles - plats 39.10
- plats, câble a . 39.9
- triangulaires, câble à 40.1
Torones, cable de 39.5
-, - de dobles - planos 39.10
-, - - - planos . 39.9
-, - - - triangulares 40.1
Torque, motor 209.6
Torre, armatura a 306.4
- elevatrice . . 362.6
-, gru da scalo a 319.2
-, - girevole a . 306.3
Torre con plano inclinado 387.3
- elevadora . . 362.6
-, grúa de - para grada 319.2
-, - giratoria de 306.3
Torrione, piano-inclinato a 387.3
Tors à droite . 33.10
- - gauche . . 34.2
- Albert 39.8
- allongé . . . 39.8
- croisé 39.7
- du câble . . . 33.9
Torsionsfestigkeit 172.7
-kraft 173.3
-spannung . . . 173.5
Torsion . 36.2, 173.2
-, absence de . 34.5
- à droite . . . 33.10
- - gauche . . 34.2
-, angle de . . . 173.6
-, compensateur de 34.6
- droite, câble à 34.1
- du câble 33.9, 35.11
- - - sur lui-même 34.7
-, effort de - subi par une pièce 173.1
-, force de . . . 173.3
-, moment de . 173.4
-, résistance à la 172.7
Torsion, tension de - par unité de surface 173.5
Torsión . 36.2, 173.2
- á la derecha 33.10
- - - izquierda 34.2
- alagarda . . . 39.8
-, ángulo de . . 173.6
-, cable sin . . 34.4
-, - de - derecha 34.1
-, - - - izquierda 34.3
-, compensador de 34.6
-, cuerda sin . . 34.4
- de la cuerda . 34.7
- - un cable redondo 40.8
- del cable 33.9, 34.7 35.11
-, esfuerzo de . 173.1
-, falta de . . . 34.5
-, fuerza de . . 173.3
-, momento de . 173.4
- normal . . . 39.7
- por unidad de superficie 173.5
-, resistencia á la 172.7
Torsional force 173.3
- loading . . . 173.1
- moment . . . 173.4
- strength . . . 172.7
- stress 173.1
- -, intensity of 173.5
Torsione 173.2
- a destra . . . 33.10
- - sinistra . . 34.2
-, assenza di . . 34.5
-, compensatore della 34.6
- della fune . . 33.9
- destrorsa . . 33.10
-, fune senza . 34.4
Total, carga . . 134.7
Total loading . 134.7
Totale, carico . 134.7
Totale, charge . 134.7
Totlast 1.4
Toter Gang, die Steuerung hat -n 244.8
Touage, chaîne de 33.2
Tour 15.2
- avec plan incliné 387.3
- de câble . . . 45.4
- - chaîne . . . 45.7
- - garde . . . 44.6
- - réserve . . 44.6
- -élévatoire . 362.6
-, grue pivotante à 306.3
-, n tours par minute 15.3
Tour, n -en in der Minute 15.3
Tourenzahl, Leerlauf- 184.1
Tourillon . 76.4, 78.6 79.8, 254.7, 259.4
- à collets . . . 79.4
- - cannelures 79.4
- - fourchette . 79.1
- - patin . . . 79.7
- - plaque . . 79.6
- central . . . 260.1
-, crochet à . . 54.5
- d'appui . . 78.11
- d'articulation 83.9
Tourillon d'un godet 372.3
- de chaîne . . 29.10
- - fourche . . 416.8
- - manivelle . 178.8
- du wagonnet 408.7
-, graissage de . 78.8
-, pression sur le 78.7
- rodé 78.10
- sphérique . . 79.5
- -, support à . 91.7
Tournant, chemin parcouru en 16.3
-, contact . . . 207.5
-, moment - à droite 180.10
-, tiroir 194.7
Tournante, plaque 330.1
Tournantes, énergie des masses 22.1
Tourné, boulon 117.2
-, qui peut être 14.4
- vivement, qui peut être 16.6
Tourner autour d'un axe 14.6
-, faire 14.3
- irrégulièrement, la manivelle tourne 180.4
-, la force tourne à droite 181.2
-, - - - - gauche 181.3
- - grue 296.6
- - manivelle . 179.7
- - - en arrière 180.3
- - - - avant . 180.2
- le lingot . . . 317.9
- les fusées . . 76.11
- sur un pivot 79.9
- une charge, faire 15.8
Tours, nombre de 15.4
-, nombre de - pendant la marche à vide 184.1
Tower chute . 387.3
- crane, ship building 319.2
-, elevator- . . 362.6
- framework . 306.4
- slewing crane 306.3
-, supporting . 306.2 403.6
Trabajo . . 21.3, 170.5
-, cilindro de . 189.4
- consumido . 10.9
- continuo . . . 209.7
- de aceleración 20.1
- - arranque . . 5.6
- - hacer entallas 375.2
- - la grúa . . 288.3
- - levantamiento 10.6
- - - del imán 109.7
- - remachado 125.3
- - rozamiento 23.2
- - - del diente 65.8
- del cilindro . 190.4
- del freno . . 97.8
- durante una hora de prueba del calentamiento 209.9

Trabajo en vacío 10.9, 188.9
- - -, pérdita por 11.1
- gastado . . . 10.9
-, gasto de . . . 10.7
- intermitente . 209.8
-, liquido de . . 230.2
-, pérdida de . 10.8
- perdido . . . 11.7
-, velocidad de 9.9
Traballabile . . 17.6
Traballabilità . 17.7
Traballare . . . 17.3
- di inclinazione 17.2
-, far - la freccia 17.5
- in bilico . . . 17.2
Trabocchetto . 336.6
Traçage, cote de 123.5
-, distance de . 123.5
Traccia dei denti per punte 67.1
Tracciamenti, sala dei 160.5
-, riparto dei . 160.5
Tracciare . . . 160.6
Tracciatore . . 160.7
Tracciatori, sala dei 160.5
Tracción 170.9
-, cable de 36.6, 400.5
-, cadena de 32.7, 33.2
-, cuerda de . . 36.6
- de tornillo, gato de 263.3
-, esfuerzo de . 170.8 253.1
-, fuerza de 109.6, 171.1
-, gancho de . . 55.2
-, gato de . . . 263.2
-, - - rosca de - y de empuje 263.4
- por cable debajo 390.5
- - unidad de superficie 171.3
-, remache sometido á la 122.5
-, resistencia á la 170.7
-, sección sometida á la 171.2
Tracé des dents par points 67.1
Tracer 160.6
Traceur 160.7
-, atelier des -s 160.5
Track . . 326.1, 329.1
- above 326.4
- below 326.5
-, circular-rod-iron 399.7
-, crab 274.7
-, crane . 327.2, 329.6
- curve 329.7
- girder 326.2
- -, crane . . . 327.3
-, hauling . . . 359.4
-, inside 327.1
-, length of . . 326.3
- locking . . . 324.6
-, railless . . . 361.1
- support . . . 326.2
-, suspension railway 419.8
Tracteur, brin . 25.7
-, câble . 36.6, 400.5
-, treuil 272.3
Tracteur, wagon 391.10, 418.1
Traction . . . 170.9
-, barre de . . . 245.3
-, chaîne de . . 32.7
-, cric de . . . 263.2
-, - - - à vis . . 263.3
-, effort de . . . 170.8
-, force de . . . 109.6
- par câble tracteur attaché en dessous 390.5
-, résistance à la 170.7
-, soumettre un corps à un effort de 170.6
-, tension de - par unité de 171.3
-, vérin de . . . 263.2
Traction, groundrope 400.9
- rope 400.5
-, upper rope . 400.8
Tractive force . 253.1
Tractor, cable - debajo 390.6
Tractrice, chaîne 32.7
Traente, forza . 253.1
Traffic, charging 321.5
-, goods 321.7
- load 134.4
-, transhipping 321.6
Traffico di trasbordo 321.6
- merci 321.7
Trafic de marchandises 321.7
Tráfico de mercancías 321.7
Tragbalken . . 340.8 403.7
-bügel 407.4
- -, Pfannen- . 311.5
-fähigkeit 2.5
- - des Kranes 283.2
-kraft 2.5
-konstruktion . 403.4
-lager 86.9
-organ 24.3
-pfosten 403.6
-rolle, Zugseil- 402.3
-sattel 406.3
-schiene 395.5
-schuh 401.10
- -, überhöhter 402.1
-seil 400.4
-werkzeug . . . 52.4
-zapfen . 78.11, 408.7
Träger 144.4
-anschluß . . . 150.8
- auf mehreren Stützen 137.7
- auf zwei Stützen 137.1
-, Ausleger- . . 297.5
-berechnung . 144.8
-, Blech- 147.1
-, Bogen- 138.8
-, Brücken- . . . 159.7
-, Bühnen- 157.1, 289.7
-, durchlaufender 137.7
-, eingespannter 139.7
-, End- 289.9
-, Fahrbahn- . . 326.2
-, Fahrkorb- . . 341.6
-, Fachwerk- . . 144.9
Träger, Frei- . 136.7
-, frei aufliegender 137.1
-, gewalzter . . 146.7
-, Gitter- 144.9
-, halb eingespannter 139.10
-, Haupt- 148.2
-, Hauptkran- . 289.6
-höhe 144.6
-, Kasten- . . . 147.2
-, Kopf- 289.9
-, Koppel- . . . 138.3
-, Krag- 138.2
-, Kranbahn- . 327.3
-lager 388.4
-, Längs- 148.4
-, Last- 289.6
-, Laufkran- . . 289.5
-mitte 144.7
- mit Überhöhung 147.8
-netz 145.1
-, Parabel- . . . 147.6
-, Parallel- . . . 147.4
-, Quer- . 148.3, 289.9
-querschnitt . . 145.5
-, Sichel- 147.7
-, Trapez- . . . 147.5
-, überhöhter . 147.8
-, Versteifungs- 152.3
-, vollwandiger 145.2
-zange 59.4
-, Zwillings- . . 292.6
-, Zwischen- . . 148.3
Trägheitsmoment 175.4
Traiettoria del movimento 18.3
Trail ring . . . 94.2
Trailing points 420.8
Train load . . . 134.3
- of cars 377.7
- d'engrenage à vis sans fin 71.6
- - - - - - dans une boîte 71.5
- - - - - - - un carter 71.5
- de charges . . 134.3
- - wagonnets . 377.7 407.8
- intermédiaire de roues à chaîne 78.6
Trainage, appareil de 360.9
-, câble de . . . 388.2
-, installation de 360.8, 360.9
-, moyen de . 360.10
- par câble . . 388.1
- - - flottant . 390.3
- - - ouvert . . 388.5
- - - sans fin . 389.1
- - câbles d'aller et de retour 389.5
- - deux câbles d'aller et un de connexion 390.1
- - - - - - - - retour 390.1
-, plan incliné à 391.9
- sur plan incliné 360.7
- - - - à double action 388.4
- - - - à simple action 388.3
Trainante, verricello 252.4
Trainée de rivets 128.2
Trajectoire circulaire 16.3
Trajet 18.3
- de la charge 6.9
- du cable . . . 41.7
- - crochet . . 58.2
- - fardeau . . 6.9
-, multiplication du 62.6
- nécessaire à l'arrêt 5.1
- - au démarrage 4.9
Tralicci collegati nello spazio 148.9
Traliccio, calcolo di una travatura a 144.1
-, collegamento a 152.8
- con montanti 148.8
- dissimmetrico 148.8
-, ponte a . . 159.10
-, puntone a . . 297.6
- senza montanti 148.7
- simmetrico . 148.7
-, sistema della trave a 140.2
-, travatura a . 144.9
-, trave a . . . 140.1
Tramoggia-collettore 385.4
- di caricamento 368.10, 385.5
- elevata . . . 381.1
- in sottosuolo 385.6
- inferiore . . . 380.5
Tramoggie, catena di 368.9
Tranchant de cuiller 374.8
-, effort . 186.1, 173.10
-, filet 114.7
Transbordador 330.2
- de grúa . . . 310.2
- funicular para el paso de valles 395.1
Transbordar . . 320.5
Transbordée, grue 310.2
Transbordement 320.10
-, dispositif de . 321.4
-, grue de . . . 320.1
-, - - - d'une voie à l'autre 310.2
-, installation de 321.4
-, opérations de 321.6
-, service de . . 321.6
Transborder . . 320.5
Transbordeur . 330.2
- funiculaire de passage de vallées 395.1
Transform, to - the voltage 198.11
Transformación, transformador motor para la - de corriente continuá en alterna 199.3

Transformador 199.1
- de corriente continua en continua 199.2
- para la transformación de corriente continua en alterna 199.3
- - - - - - - - trifásica 199.4
Transformar la tensión 198.11
Transformateur 199.1
- de courants continus 199.2
- rotatif de courant continu en alternatif 199.3
Transformator 199.1
Transformer . . 199.1
Transformer la tension 198.11
- le voltage . 198.11
Transformieren 198.11
Tranship, to . . 320.5
Transhipment crane 320.1
Transhipping gear 321.4
- traffic 321.6
Translación . . 12.7
-, dirección de la 13.9
-, distancia de . 13.5
-, mecanismo de 252.3
-, - - - de la grúa 288.10
-, movimiento horizontal de 12.4
-, velocidad de 13.4
Translation . . 12.7
-, arbre du mécanisme de 253.3
-, câble de . . . 252.6
-, chaîne de . . 252.7
-, chemin de . . 18.3
-, commande de la 252.3
-, contrôleur de 222.8
- de la grue, contrôleur de 222.9
- - - -, mouvement de 289.1
-, direction de la 13.9
-, distance de . 13.5
- du chariot, mécanisme de la 273.6
-, frein d'un mécanisme de 111.7
-, - du mécanisme de 253.4
- horizontale, cylindre de commande de la 190.1
-, mouvement de 12.4
-, résistance à la 12.5
-, treuil commandant la 252.4
-, vitesse de . . 13.4
Translation plane 136.6
Transmisión 61.5, 251.2
-, árbol de . . . 76.3
-, ascensor accionado por 352.5
-, cable de . . . 42.5
-, cadena de . . 33.4
Transmisión con aumento de velocidad 62.2
- - reducción de velocidad 61.9
- de fricción por ruedas de garganta 73.2
- - fuerza . . . 62.4
- - - eléctrica . 197.1
- - linterna de husillos 69.3
- - reducción de velocidad 71.6
- - tornillo sin fin 71.6
- - velocidad . 61.8
- del movimiento 4.4, 396.10
- doble de ruedas dentadas 63.5
-, eje de 76.3
- funicular . . 42.3
-, grado de . . 61.6
-, impulsión por 184.2
-, mando por . 184.2
-, mecanismo de 61.3
-, órgano de . . 61.7
-, órganos de 61.2, 75.6
- por cable . . 42.3
- - cadena . . 33.3
- - correas . . 73.7
- - correa, ascensor con 352.6
- - cuerda . . . 42.3
- - disco . . . 73.4
- - engranaje . 62.7
- - fricción . . 72.6
- - palancas . . 246.5
- - palanca acodada 247.3
- - platillo de fricción 73.4
- - poleas . . . 47.9
-, puente-grúa accionada por 291.5
-, relación de . 61.4
- sencilla de ruedas dentadas 63.3
-, varillas de . . 243.7
- variable de ruedas dentadas 63.6
Transmissionsantrieb 184.2
-aufzug 352.5
-betrieb 184.2
-laufkran . . . 291.5
- - mit Seilantrieb 291.7
- - mit Wellenantrieb 291.6
-organe 75.6
-seil 42.5
Transmission 396.10
- by means of toggle joint lever 247.3
-, double geared 63.5
- drive 184.2
-, electric - of power 197.1
- gear 243.7
-, geared 61.2
-, geared - mechanism 61.3
- of motion . . 4.4
- organs 75.6
-, pulley 47.9
- rope 42.5
-, sheave . . . 47.9
Transmission, simple geared 63.3
- station 396.9
Transmission . 61.5, 396.10
- à deux harnais 63.5
- - friction . . 72.6
- - - par poulies à gorge 73.2
- - roues dentées à fuseau 69.3
-, ascenseur commandé par 352.5
-, câble de . . . 42.5
-, commande par 184.2
- de mouvement 4.4
- - - par levier coudé articulé 247.3
- double par engrenage 63.5
- intermédiaire 251.2
- - à mouvement de déplacement 252.1
- - à mouvement modifiable 252.1
-, mécanisme de 61.3
-, - - - par vis sans fin à deux filets 71.8
-, organe de . . 61.7
-, organes de . 61.2
- par câble sans fin 184.7
- - chaîne . . . 33.3
- - chaînes . . . 73.5
- - engrenage . 62.7
- - engrenages 250.2
- - levier . . . 246.5
- - plateaux de friction 73.4
- - poulies . . 47.9
-, pont roulant commandé par 291.5
-, rapport de . 61.4
-, rapport de - en fonction de la course 62.5
- simple par engrenages 63.3
-, station intermédiaire de 396.9
Transport . . . 359.2
- à courte distance 358.4
- - grande distance 358.5
- aérien à déplacement 394.3
- - - frein . . . 393.7
- - allemand . . 394.2
- - anglais . . 394.1
- - avec câble d'aller et retour 392.7
- - - service continu 392.8
- -, bifurcation de 398.6
- -, construction d'un - - par câble 392.5
- -, courbe de . 398.5
- - en ligne droite 398.4
- - incliné à deux câbles parallèles 393.3
Transport aérien incliné à un câble 393.2
- -, installation de - - par câble 392.4
- -, ligne de . . 398.3
- - mobile . . . 394.3
- - par câble . 392.3
- - pour haldes 394.6
- - - hauts-fourneaux 394.5
- - - le service des bateaux de mer 394.8
- - - - - - ports . 394.8
- - - les amas de déchets 394.6
- - - résidus de mines 394.6
- -, service par 392.6
- - sur fer rond 399.7
- - terrestre . . 394.7
- -, wagonnets de 407.2
-, appareil de . 360.9
-, capacité de . 360.1
-, chariot de . . 377.5
-, chemin de . . 359.4
- continu . . . 360.2
- d'une charge isolée 360.3
- - - - par parties 360.3
- de force électrique 197.1
- - grandes masses 358.2, 358.3
- des lingots, grue pour le 315.8
-, distance de . 359.5
- en masse . . 358.2
-, grue de . . . 315.7
- horizontal . . 360.5
- incliné 360.7
- ininterrompu 360.2
-, installation de 360.8, 360.9
-, moyen de . 360.10
- par bande . . 367.4
- - câble . . . 388.1
- - - flottant . 390.3
- - câbles traînants commandés aux deux bouts 389.3
- - chaîne flottante 392.1
- - ruban . . . 367.4
- pneumatique 368.6
- sur bande . . 367.4
- - plan incliné 360.7
-, technique des -s 358.1
-, tuyau de . . . 370.7
- vertical . . . 360.4
-, vitesse de . . 359.8
-, voie de . . . 359.4
Transport bucket 368.4
- crane . 310.2, 315.7
- in bulk . . . 358.3
- - mass 358.3
-, long-distance 358.5
- matters . . . 358.1
-, short-distance 358.4
- wagon 377.5
Transportband 367.3
-, Band- 367.4
-becher 368.4

Transport, Fern- 358.5
-kran 315.7
-, Massen- . . . 358.3
-mulde 379.2
-, Nah- 358.4
-rinne 369.5
-schnecke . . . 370.4
-spirale 370.4
-wagen 377.5
-wesen 358.1
Transportable . 18.2
-, tornillo . . . 272.8
Transportable Seilbahn 394.3
- Winde 272.7
Transportador 367.1
- aéreo 419.6
- - de construcción de buques 422.3
- - para cala seca 422.3
- de balas . . . 368.1
- - bultos . . . 368.1
- - cable metálico 370.2
- - cangilones 368.2
- - cangilones oscilantes 363.4
- - cinta 367.2
- - correa . . . 367.2
- - fardos . . . 368.1
- - presión hidráulica 364.4
- - rascadores 369.2
- - sacos . . . 367.10
- móvil 369.1
-, tornillo . . . 370.4
Transportadora, canal 369.5
-, cinta 367.3
Transportar . . 359.1
Transporte . . 359.2
- á corta distancia 358.4
- - gran distancia 358.5
- aéreo alemán 394.2
- - de freno . . 393.7
- - en línea recta 398.4
- - inclinado de dos cables paralelos 393.3
- - inclinado de un cable 393.2
- - inglés . . . 394.1
- - movible . . 394.3
- - para altos-hornos 394.5
- - - el servicio de buques en alta mar 394.8
- - - - - - - - los puertos 394.8
- - - residuos de minas 394.6
- - - residuos industriales 394.6
- - - trasladar 394.3
- - por cable . 392.3
- - - - de ida y vuelta 392.7
- - sobre hierro redondo 399.7
- - terrestre . . 394.7
-, carretón de . 377.5
- continuo . . . 360.2
Transporte de cargas aisladas 360.3
- - grandes masas 358.3
-, grúa para . . 315.7
- horizontal . . 360.5
- inclinado . . 360.7
- por aparato neumático 363.6
- - cable . . . 388.1
- - - maniobrado por los dos cabos 389.3
- - - - - - extremos 389.3
- - cadena flotante 392.1
- - cinta 367.4
- - plano inclinado 360.7
-, técnica de los -s 358.1
-, tubo de . . . 370.7
-, vagoneta de - aéreo 407.2
- vertical . . . 360.4
Transported, goods to be 359.6
Transporter . . 367.1
-, bale 368.1
-, hydraulic . . 364.4
-, pressure water 364.4
-, scraping . . . 369.2
-, suction water 364.3
Transporter . . 359.1
-, grue à - les barres de fer 315.9
-, quantité à . . 359.7
Transporteur . 367.1
-, Ballen- 368.1
-, Band- 367.2
-, Gurt- 367.2
-, Kratzer- . . . 369.2
-, Sack- . . . 367.10
Transporteur . 367.1
- à augets . . . 361.6
- - bande . . . 367.2
- - courroie . . 367.2
- - godets 361.6, 368.2
- - - basculants 363.4
- - pression hydraulique 364.4
- - racloirs . . 369.2
- - -, gouttière mobile de 369.7
- aérien 419.6
- - de cale de construction 422.3
- - - - sèche . 422.3
- -, wagon de . 419.7
-, bande d'un . 368.3
-, chariot . . . 330.2
-, conduit de . 369.6
- de balles . . . 368.1
- - ballots . . . 368.1
- - blé 365.1
-, gouttière de 369.5
Transporteuse, gouttière 369.5
-, vis 370.4
Transposition plane 136.6
Transvasement, grue de 310.7
Transversal, cruz 158.3
-, viga . . 148.3, 289.9
Transversal, effort 136.1
Transversale, poutre 148.3
Transverse bracing 158.1
- cross 158.3
- force 136.1
- strength 173.7, 174.4
- stress 174.5
Trap, air . . . 238.7
-, closing . . . 385.8
-, hinged closing 385.7
-, reversing . . 386.1
-, two way . . . 386.1
Trapa de bisagras 385.7
- - charnela . . 385.7
- - posición doble 386.1
- resbaladiza . 385.8
-, vagoneta con - de rebatimiento 409.5
Trapanare i fori per i chiodi 121.7
Trapecial, carga 133.7
-, viga articulada 147.5
Trapeciforme, filete 115.1
Trapezgewinde 115.1
-last 133.7
-träger 147.5
Trapeziforme, filetto 115.1
Trapezio, diagramma - di carico 133.7
-, travatura a . 146.5
Trapezoid thread 115.1
Trapezoidal area, load represented by 133.7
- girder 147.5
Trapézoïdal, filet 115.1
Trapézoïdale, charge 133.7
-, poutre 147.5
Trappe 385.7
-, wagonnet avec - de fond 409.5
Trasbordabile, gru - da una via all'altra 310.2
Trasbordadora, grúa 320.1
Trasbordare . . 320.5
Trasbordatore, carro 330.2
- funicolare . . 395.1
Trasbordo . . 320.10
-, gru di 320.1
-, impianto di . 321.4
-, instalación de 321.4
-, operazioni di 321.6
-, traffico di . . 321.6
Trascinamento, scambio a 421.1
Trascinante, anello 94.2
Trasformare la tensione 198.11
Trasformatore . 199.1
- rotante per corrente continua in alternata 199.3
- - - - - - continua 199.2
- - - - - - trifasica 199.4
- rotativo per corrente continua in alternata 199.3
- - - - - - continua 199.2
- - - - - - trifasica 199.4
Traslación . . . 360.5
Trasladar, transporte aéreo para 394.3
Traslazione . . 12.7
-, albero del meccanismo di 253.3
- auto-trainante, meccanismo di 252.3
-, catena di . . 252.7
-, freno al meccanismo di 111.8
-, - della 253.4
-, fune di . . . 252.6
-, motore della . 253.5
-, movimento di 12.4
-, posizione per movimento di 221.4
-, resistenza di . 12.5
-, tamburo di . 252.5
-, velocità di . . 13.4
-, verino di . . 262.8
Trasmettere il movimento con aumento di velocità 62.3
- - - - riduzione di velocità 62.1
Trasmissione 61.5, 250.1, 396.10
- a catena . . . 88.3
- - cinghia . . 78.7
- - dischi di frizione 78.4
- - frizione . . 72.6
- - fune 42.3
- - ginocchiera 247.3
- - leve 246.5
- - puleggie . . 47.9
- - ruote dentate doppia 68.5
- - - - intercambiabile 68.6
- - - - semplice 68.3
- - - di ingranaggio 250.2
- - vite perpetua racchiusa in scatola 71.5
-, comando a . 184.2
- con aumento di velocità 62.2
- - riduzione di velocità 61.9
- - ruote a cuneo 78.2
- d'avanzamento 253.2
- del movimento 4.4
- di velocità . . 61.8
-, disposizione generale della - a catena 82.4

Trasmissione elettrica dell'energia 197.1
-, gru a ponte comandata a 291.5
-, - - - con comando a 291.6
-, liquido per la - della pressione 230.2
-, meccanismo a - con arresto automatico 12.1
-, - di 61.3
-, organo di . . 61.7
- rotativa, cilindro a 190.2
Trasportabile, funicolare 394.3
-, gru 303.4
Trasportare, materiali da 359.6
-, quantità da . 359.7
Trasportatore . 367.1
- a cavo metallico 370.2
- - cigna . . . 367.2
- - nastro . . . 367.2
- - pressione idraulica 364.4
- - raschiatore 369.2
- ad aria compressa 364.2
- - aspirazione idraulica 364.3
-, canale - a scosse 369.8
-, - - - spinta . 369.7
-, - - oscillante 369.8
-, canaletto del - a scosse 369.9
- con catena a secchie 368.2
- di balle . . . 368.1
- - sacchi a nastro 367.10
Trasporti sporgenti, gru a doppio sbalzo per 295.4
-, tecnica del . 358.1
Trasporto a catena 392.1
- - grandi distanze 358.5
- - nastro . . . 367.4
- aereo 419.6
- - dello squero per navi 422.3
- -, vagoncino per 419.7
-, apparecchio di 360.8
-, canale di . . 369.5
-, capacità di - dei materiali scavati 360.1
-, carro da . . . 377.5
-, coclea di . . . 370.4
- con fune aerea 390.3
- - - anteriore e fune posteriore 389.5
- - - aperta . . 388.5
- - - chiusa . . 389.1
- - - in andata e ritorno 389.3
- - - superiore 390.3
-, conca di . . . 379.2
Trasporto, condotto di 370.7
- continuo . . 360.2
- dalla miniera 359.2
- di lingotti, gru per 315.8
- - lingottiere, carrello per 316.3
-, gru per . . . 315.7
-, - - - di lamiere 316.1
-, - - - - lingottiere 316.2
-, - - - - sbarre di ferro 315.9
-, impianto di . 360.7
- in masse . . . 358.3
- isolato 360.3
-, linea di - della miniera 359.4
-, lunghezza della linea di 359.5
-, mezzo di . . 360.9
- orizzontale . 360.5
- per brevi distanze 358.4
- pneumatico . 363.6
-, recipiente di 359.3
- singolo . . . 360.3
- su piano inclinato 360.6
-, tazza di . . . 368.4
-, tinozza di . . 379.2
-, tubo di . . . 370.7
-, vagone da . . 377.5
-, velocità di . . 359.8
- verticale . . . 360.4
-, vite di 370.4
Trasversale, croce 153.3
-, curva della forza 136.2
-, forza 136.1
-, trave 148.3
Tratto 24.4
- caricato . . . 25.6
- di catena . . 27.1
- - - caricato . 27.2
- - - libero . . 27.3
- - - non caricato 27.3
- - fune 36.7
- - - di scaricamento 400.3
- - - per caricamento 400.2
- - nastro collettore 367.6
- - - distributore 367.7
- - trazione . . 25.7
- discendente . 24.5
- in tiro 25.7
- montante . . 25.1
- portante . . . 25.6
Travail. 21.3
- absorbé . . . 10.7
- à vide . 10.9, 183.9
-, charge de . . 1.3
- continu du moteur 209.7
- d'accélération 20.1
- d'écrasement du corps de rivet 121.5
- d'entaillage . 375.2
- d'épreuve de la grue 210.1
- de démarrage 5.6
- - freinage . . 97.3
Travail de frottement 23.2
- - - des dents 65.8
- - la grue . . . 283.3
- - levage . . . 10.6
- - soulèvement de l'électro-aimant 109.7
- du cylindre . 190.4
-, durée du . . 210.2
- non constant 209.8
- par unité de temps 21.5
- pendant une heure 209.9
- permanent du moteur 209.7
-, perte de . . . 10.8
-, vitesse de . . 9.9
Travata a gemelle 292.6
- del ponte 159.7, 289.7
- in due parti . 292.6
Travatura a traliccio 144.9
- - -, calcolo di una 144.1
- - trapezio . . 147.5
- con anima piena 145.2
- olandese . . . 147.6
- parabolica . . 147.6
- parallela . . . 147.4
-, reticolato della 145.1
- rialzata . . . 147.8
Travature metalliche, deposito di 383.4
- -, magazzino di 383.4
Trave 144.4
- a cassone . . 147.2
- - mensola . . 136.7 138.2
- - sbalzo . . . 136.7
- - traliccio . . 140.1
- - -, sistema della 140.2
- ad arco . . . 138.8
- appoggiata . 138.2
- - alle estremità 137.1
- - in più punti 137.7
- armata . . . 138.4
- - con contrafissi 138.7
- - pensile . . . 138.6
- centrale della cordonata superiore 141.7
- composta . . 147.1
- - a cassone . 147.2
- continua con cerniera 138.1
- - in più punti 137.7
- da soffitto, carrello mobile per 277.7
- del binario per gru 327.3
- - ponte . . . 159.7
- - soffitto . . . 340.8
- di rinforzo . 152.3
- - sostegno del binario 326.2
- in ferro di filiera 146.7
- - - profilato , 146.7
Trave incastrata 139.7
- - ed appoggiata 139.10
- intermedia. . 138.3
- longitudinale 148.4
- parabolica a falce 147.7
- per la passerella 157.1
- portante . . . 408.7
- principale . . 148.2 289.6
-, sezione della 145.5
- trasversale. . 148.3
Travée . 137.4, 144.5
- indépendante 138.3
Travées solidaires, poutre à 137.7
Travel, crab . . 278.7
- of hook . . . 53.2
-, valve 193.5
Traveller for riveting shop 293.2
-, foundry . . . 293.1
-, overhead - with slewing jib 292.7
Travelling controller 222.8
- crab . . 272.8, 278.4
- crane . 284.4, 289.1 290.1
- -, electric . . 292.1
- -, gearing-system 291.5
- -, hand 291.4
- -, multiple-motor 292.4
- -, one-motor . 292.2
- -, rope-driven 291.7
- -, shaft driven 291.6
- -, single motor 292.2
- -, three-motor 292.3
- -, triple motor 292.3
- -, twin 292.5
- - with auxiliary crab 293.3
- - - control from below 291.3
- - - driver's stand built on 291.2
- - - floor control 291.3
- - - slewing jib 292.8
- - - trolley way inside 291.1
- - - upper trolley way 290.9
- gantry crane 295.3
- gear brake . 111.7
- -, crane . . 288.10
- hoist 272.8
- motion, cylinder for 190.1
- -, horizontal . 12.4
- motor crab . 278.1
- - hoist 278.1
- platform . . . 330.2
- roller 258.7
- space 304.8
- -, height of - of the portal 304.9
- -, width of - of the portal 305.1
- trolley 278.4
- wheel, conical 256.4
- -, cylindrical 256.3

Travelling wheel, spherical 256.5
- -, the - is loose on the axle 257.2
Traversa 148.3, 328.7
- di branca tanaglia 60.4
- portante . . . 403.7
Traversable counter-weight 286.7
Traversale, area della forza 136.3
Traverse 148.3, 328.7
- de la voie . . 326.2
- - support . . 403.7
- - tête 289.9
- porte-griffes . 60.4
-, claw 60.4
-, crab 273.6
Traverse, Pratzen- 60.4
-, Rollen- . . . 405.6
Traverser . . . 330.2
Traversing crane motor 253.6
- gear 252.3
- - brake . . . 253.4
- - motor . . . 253.5
- jib crab . . . 277.5
- screw jack . 262.8
- wheel 255.1
- -, axle of . . 257.1
- -, boss of . . 255.3
- -, bush of . . 257.4
- -, bushed . . 255.3
- -, diameter of 257.2
- -, driven . . . 253.2
- -, overhung . 256.6
- -, rim of . . . 255.4
- -, the - - binds 256.2
- -, the - - jambs 256.2
- -, twisting of the 256.1
- - with toothed rim cast on 258.5
Traversone di testa 289.9
Travesaño de soporte 403.7
- - unión . . . 138.3
Travi gemelle, gru a ponte a 292.5
- maestre, gru a ponte a due 292.5
Traviesa . 326.2, 328.7
- de la garra . 60.4
Travo gru Temperley 295.7
Trayecto del gancho 53.2
- - movimiento 18.3
Trayectoria . . 18.3
Trazado de dientes por medio de puntos 67.1
Trazador . . . 160.7
Trazar 160.6
Trazione 170.9
-, argano a vite di 263.2, 263.3
- automatica, piano-inclinato per 361.4
-, catena di 32.7, 33.2
-, cimentare un corpo alla 170.6
-, chiodo sollecitato a 122.5
-, diagonale di 142.8
Trazione, forza di 253.1
- frenata, piano-inclinato per 361.5
-, freno per . . 98.4
-, fune di . . . 36.6
-, gancio di . . 55.2
-, nastro di . . 367.3
- su ferro cilindrico 399.7
- - - tondo . . 399.7
Tread . . 158.5, 158.7
Treadle 247.6
Trefoli, fune a 39.5
-, - - doppi - piatti 39.10
-, - - - piatti . 39.9
-, - - - triangolari 40.1
Treibkette . . . 33.4
-kettenscheibe 33.5
-kolben . . . 185.5
- -antrieb . . . 185.4
-rad 67.7
-riemen 73.9
-rolle . . . 42.4, 48.2
-rollenzug . . . 50.1
-scheibe 42.4, 74.1, 184.9
-seil 42.5
Treibende Scheibe 74.1
Treillis . . 140.1, 140.2
-, barre de . . . 141.8
-, barrière en - à glissière 336.5
-, calcul de . . 144.1
- croisé, entretoisement à 153.1
- d'une poutre 145.1
-, entretoisement à - en V 152.8
-, flèche à poutre en 297.6
-, pont à . . . 159.10
-, porte en - à glissière 336.5
-, réseau de . . 140.2
-, système de . 140.2 145.1
Trellis-girder . 144.9
Trémie 385.4
- dans le sous-sol 385.6
- de chargement 368.10, 385.5
- mobile de déchargement 368.6
- -soute 385.4
- surélevée . . 381.1
Trempée, fonte 164.6
Tren de vagonetas 377.7, 407.8
Treno, serie del 407.8
- di vagoncini 377.7
Trenzar, máquina para 36.1
Trépied 264.2
-, cric à 262.6
-, support à . . 404.6
Trepiede 264.2
Tre piedi, martinetto a 262.6
- -, supporto del cavo a 404.6
- portanti, supporto del cavo a 404.6
Treppe 158.3
Treppenstufe . 158.5
Treppenwange 158.4
Trestle bridge 159.10
-, iron- 159.1
Treuil . . 250.5, 266.1
- à bâti 270.1
- - benne-dragueuse 270.6
- - câble . . . 268.1
- - - latéral . . 378.2
- - chaîne . . . 268.4
- - chariot automoteur 273.1
- - - automoteur sur deux rails 273.3
- - - automoteur sur simple rail 273.2
- - commande par courroie 271.1
- - crémaillère pour écluses 265.5
- - crochet . . 267.9
- - deux câbles 269.5
- - double tambour 270.5
- - engrenages 268.5
- - friction . . 268.7
- - main 270.8
- - manivelle . 270.9
- - moufle . . . 269.3
- - roue dentée pour chaîne 269.2
- - simple tambour 270.4
- - tambour . . 269.1
- - un câble . . 269.4
- - vapeur . . . 271.3
- - vis sans fin 268.6
-, arrêter le - de levage 93.2
- auxiliaire 251.8, 267.7
- avec roue à empreinte 269.2
- - pignon pour chaîne 269.2
-, barre de . . . 269.7
-, bâti de . . . 267.2
-, câble pour -s 41.5
- commandant la translation 252.4
-, commande par 181.4
- -console . . . 270.2
- d'applique . . 270.2
- d'ascenseur . 272.1 345.6
- d'avancement 252.4
- d'élévateur . 272.1
- - de haut-fourneau 356.2
- d'embarcation 272.4
- d'enroulement 270.7
- d'extraction 268.2 272.2
- de basculeur 324.2
- - bateaux . . 265.2
- - câble d'amarre 268.3
- - chargeur de haut-fourneau 356.2
- - commande du châssis 373.6
- - dépôt . . . 271.6
- - descente . . 267.5
- - formation de trains 272.3
- - friction à roues coniques 268.8
Treuil de grue 271.7
- - la manche à déblai 373.5
- - levage 250.5, 267.4
- - magasin . . 271.6
- - manœuvre d'ancre 272.5
- - - de la pince 314.1
- - - de wagon 272.3
- - mines . . . 268.2
- - plan incliné de bateaux 357.2
- - puits 269.6
- - - de mine . 268.2
- - secours . . 267.7
- - soudage . . 272.6
- - sûreté . . . 267.8
- du delogeur 314.1
- électrique . . 271.4
-, encliquetage de 267.1
-, flasque de . . 267.3
- hydraulique 271.2
- latéral 378.1
- monorail . . 273.2
- ordinaire à pattes 270.1
-, petit - d'applique 270.3
-, - - de muraille 270.3
- pour canots . 265.2
- - double levage 269.5
- - drague automatique 270.6
- - les constructions 271.5
- - simple levage 269.4
- - soulever les pierres 265.3
- - triage . . . 272.3
- portatif . . . 272.7
- principal . . 267.6
-, roue du . . . 181.5
- roulant 272.7, 272.8 273.4
- - à moteur . 273.1
-, tambour de . 266.5
- tracteur . . . 272.3
- transportable 272.7
Triage, treuil pour 272.3
Trial erection . 160.8
Triangle, connexion en 226.2
- des forces . . 129.7
Triangle, force- 129.7
- of forces . . . 129.7
Triangolare, diagramma - di carico 138.6
-, gru a sopporto 305.5
-, impanatura . 114.7
-, occhiello . . . 55.5
Triangoli, collegamento a 158.4
Triangolo, accoppiamento a 226.2
- delle forze . . 129.7
Triangulaire, charge 138.6
-, filet 114.7
Triangular area, load represented by 138.6

Triangular bracing 153.4
- lifting eye . . 55.5
-, thread 114.7
- truss, inverted 138.7
Triangular, carga 133.6
-, filete 114.7
-, rueda de garganta 73.3
Triángulo, acoplamiento de 226.2
- de las fuerzas 129.7
Triángulos, enlace de 153.4
Tribord, inclinaison latérale à 308.8
Trichter, Füll- 368.10
-kette 368.9
-, Sammel- . . . 385.5
Trieb 67.7
-, Ketten- . . . 33.3
-kraft 177.3
-rad 253.2
-, Seil- 42.3
-stock 69.4
- -kranz . . . 69.6
- -rad 69.5
- -verzahnung 66.9
- -vorgelege . 69.3
Triebling . . . 67.7
Triebwerk . . 250.1
-, Kran- . . . 283.11
-, Räder- 250.2
-, Schnecken- . 250.3
-seil 42.5
-teile 250.4
-, Winden- . . . 266.4
Trifase, corrente 201.4
Trifásica, combinador de corriente 221.8
-, corriente . . 201.4
Trifasica, controller per corrente 221.8
-, corrente . . . 201.4
-, trasformatore rotante per corrente continua in 199.4
-, - rotativo per corrente continua in 199.4
Trifásico, motor 213.2
Trifasico, motore 213.2
Trifilar, red . . 203.1
Trifilares, red de lineas 203.1
Trigo, elevador de 365.1
Tringle 245.3
- d'appui . . . 344.8
- de manœuvre 347.8
- - commande, -s 243.7
- - la commande à levier, -s 245.6
- - manœuvre, -s 243.6
Trinqueta, impulsión por 180.9
Trinquete 92.7, 93.6 180.1
- de fricción . 94.4
- - muelle . . . 95.7
- - parada . . 342.7
- - seguridad . 93.3
-, fijación de . . 418.3
-, freno de . . . 104.7
Trinquete, juego de 93.4
-, preso del . . 95.2
Triphasé, contrôleur pour courant 221.8
-, courant alternatif 201.4
-, groupe convertisseur rotatif de courant continu en 199.4
-, moteur . . . 213.2
Triple motor travelling crane 292.3
Tripod 264.2
- jack 262.6
- support . . . 404.6
Tripode 264.2
-, gato de 262.6
-, soporte de . . 404.6
Trittbremse, Fuß- 100.5
-, Fuß- 247.6
-hebel 247.5
Trivellazioni, organo per 272.6
Trockenbagger 374.5
Trogführung . 357.5
-, Rinnen- . . . 369.6
-, Schiffs- . . . 357.4
-, Schleusen- . . 357.4
-, Schnecken- . 70.8
Trois moteurs, pont roulant du système dit à 292.3
Trole, contacto por 207.1
Trôlet 207.3
Trolley 207.3
Trolley frame . 273.5
- suspension, crab with 276.3
-, travelling . . 273.4
- way, travelling crane with upper 290.9
- -, - - - - - inside 291.1
- wheel 207.4
Tromba aspirante 364.1
Trommel . . . 42.9
-, Aufzug- . . . 345.7
-, Bagger- . . . 372.4
-, Brems- 96.2
-, Differential- . 45.11
-, Fahr- 252.5
-, feste 43.7
-flansch 43.2
-, Förder- . . . 346.2
-gang 44.1
-, Gegengewicht- 345.8
-, genutete . . . 43.10
-, Gewicht- - des Akkumulators 232.5
-, glatte 43.9
-, Gurt- 45.9
-, Hub- 251.1
-, Ketten- . . . 45.6
-, Last- . . 46.2, 251.1
-, linksgängige 44.8
-, lose 43.8
-mantel 42.10
- mit eingegossenen Rillen 45.1
- mit gedrehten Rillen 45.2
-nabe 43.3
Trommelnute . 44.1
-, profilierte . . 43.10
-rad 43.4
-, rechtsgängige 44.7
-, Reibungs- . . 46.1
-rille 44.1
-, Rillen- 43.10
-, Schlauch- . . 235.4
-, Seil- 45.3
-, Spill- 278.3
-, Spillwinden- . 46.1
-stern 43.5
-welle 43.6
-winde 269.1
-, Winden- . . 266.5
-windung . . . 44.1
-, zweiseitige . 45.10
-, Zwilling- . . 45.10
Trompa aspirante 364.1
Trompe aspirante 364.1
Tronco del cavo caricato 399.9
- - - scarico . 400.1
- di collegamento 398.7
- - connessione 398.7
- - tubo 236.3
Tronçon comprimé 141.6
- de chaine chargé 27.2
- - câble pour le chargement 400.2
- - - - - déchargement 400.3
- - ligne de tuyaux 236.3
- - tuyauterie 236.3
Trop-plein, tuyau de 231.3
Trosse 41.6
Trossenschlag . 39.7
Trotting . . . 243.3
Trou de graissage 38.11
- - rivet . . . 121.3
-, forcer les -s de rivets 121.7
-, pression sur la paroi du - de rivet 121.5
Trough 379.2
-, charging . . 317.1
- - car 318.2
- - crane . . . 316.8
-, conveying . 369.5
- crab 316.3
-, crane with . 316.2
-, head of . . . 317.2
- iron 168.9
-, oscillating . . 369.8
-, propeller . . 370.1
-, pushing- . . . 369.7
-, rocking . . . 369.8
- roller 367.5
-, shaking 369.6, 369.9
-, scrap iron . . 317.3
- tip wagon . . 378.6
- windlass . . 373.5
Troughing . . 168.9
Troulement, chemin de 13.8
Trozo 24.4
- de cable para la carga 400.2
- - - - - descarga 400.3
Trozo de tubo . 236.3
Truc à vis 125.9, 363.1
Truciolo 169.7
Truck à deux essieux 254.5
- avec appareil de levage 409.8
- de grue de chemin de fer 254.8
- - - pivotante 254.8
- - transport des bennes 409.7
- - - - wagonnets 409.7
Truck, blast furnace 356.4
-, bogie . 254.8, 301.7
-, conveying . . 359.3
-, crane 301.7
-, open 378.2
Truck con aparato de elevación 409.8
- de transporte de vagonetas 409.7
Trumm 24.4
-, beladenes Seil- 399.9
-, festes 25.1
-, Ketten- . . . 27.1
-, Last- 25.6
-, leeres Seil- . 400.1
-, loses 24.5
-, Sammel- . . . 367.6
-, Seil- 36.7
-, Verteilungs- . 367.7
-, Zug- 25.7
Trunnion . . . 79.7
Trusquinage . 123.5
Truss, inverted triangular 138.7
-, simple- 138.7
Trussed-beam . 138.4
- -girder 138.4
Trussing, vertical 143.8
Tub 378.8
-, automatic emptying 410.1
-, tipping . . . 379.1
Tubazione . . . 235.6
Tube aspirateur 364.1
- Bergmann . . 205.4
- d'élévateur . 362.2
- flexible à air comprimé 235.3
Tube, Bergmann 205.4
-, conveyor . . 370.7
-, distance- . . . 117.5
Tubo 239.4
- a flangia . . . 239.7
- - gomito articolato 240.2
- - manicotto . 239.6
- - scatola di tenuta 240.1
- - telescopio . 239.8
- articolato . . 377.2
- aspirante . . 376.8
- - armato . . 377.1
- -, testata del - con depurazione a pressione 376.7
- aspiratore . . 364.1
- Bergmann . . 205.4
Tubi d'aspirazione, draga a 376.5
Tubo d'entrata 240.3
- d'uscita . . . 240.4
- dell'elevatore 362.2

Tubo di diramazione 237.1
- - fondo, scaricare per il 365.2
- - guarnizione 240.1
- - scarico . . . 231.4
- - scolo dello scaricatore di grano 365.3
- - trasporto . 370.7
- - troppo pieno 231.3
- flessibile . . . 377.2
-, guarnizione del 241.6
- -versatore . . 387.1
Tubo 239.4
- acodado recto 237.6
- armado 377.1
- articulado . . 240.2 377.2
- aspirador . . 364.1
- Bergmann . . 205.4
- curvado . . . 237.6
- de arriostramiento 117.5
- - brida 239.7
- - caja de estopas 240.1
- - derramamiento 387.1
- - desagüe . . 231.3 231.4
- - descarga . . 240.4
- - descenso del elevador 362.5
- - distancia . 117.5
- - enchufe . . 239.6
- - evacuación 240.4
- - guarnición 240.1
- - llegada . . 240.3
- - manguito . 239.6
- - succión . . 376.8
- - telescopio . 239.8
- - transporte . 370.7
- del elevador . 362.2
- flexible . . . 377.2
- - para aire . 235.3
Tubolare, stantuffo 186.9
-, tapón de cierre del 241.3
Tubolatura . . 237.3
Tubuladura . . 237.3
- de un transportador de trigo á granel 365.3
- - - - - - en sacos 365.3
Tubular, émbolo 186.9
-, llave 119.9
-, red 236.2
Tubulure . . . 237.3
- d'un déchargeur de blé en sacs 365.3
Tuerca 113.9
- de deslizamiento 120.4
- - seguridad . 115.9
- hexagonal . . 115.5
- inmovilizada 115.6
- y tornillo . . 116.7
Tuffante, stantuffo 186.6
Tug 323.6
Tumbler 156.1
- bearing 155.4, 155.9 184.5
Türangel . . . 337.2
-, einflüglige . . 336.1
-, Fall- 336.6
-, Feuer- 227.6
-, Flügel- . . . 335.9
-flügel 336.3
-, Heiz- 227.6
-, Klapp- 335.9
-kontakt 338.6
-, Schacht- . . . 335.8
-, Schiebe- . . . 336.4
-schloß 337.3
-, selbstschließende 336.7
-verriegelung . 338.1
-verschluß . . . 337.7
- -, Zwang- . . 337.8
-, zweiflüglige . 336.2
Turas 372.4
-antrieb 372.6
-, Ober- 372.8
-, Unter- 372.7
-welle 372.5
Turmdrehkran 306.3
Turm, Elevator- 362.6
-gerüst 306.4
-kran, Helling- 319.2
-rutsche 387.3
Turn 15.2
- a load, to . . 15.8
-, chain 45.7
- of rope . . . 45.4
- -table 330.1
- -, suspension railway 421.10
-, to 14.3
-, to - down the shaft 76.11
-, to - on a journal 79.9
-, to - on a pivot 79.9
-, to - the block over 317.9
-, to - the crank 179.7
Turn, to - the handle 179.7
-, to - the handle backwards 180.3
-, to - the handle forward 180.2
-, to - the lever 179.7
-, to - the lever backwards 180.3
-, to - the lever forward 180.2
Turned, drum with - grooves 45.2
Turning gear . 70.1 314.6
- over of the block 317.10
- - - - ingot 317.10
- points 421.4
Tuyau 239.4
- à bourrage . 240.1
- - brides . . . 239.7
- - emboitement 239.6
- - garniture . 240.1
- - genouillère 240.2
- - presse-étoupes 240.1
- armé 377.1
- articulé . . . 240.2
- coudé 237.5
-, courbure d'un 237.4
- d'amenée . . 240.3
- d'arrivée . . . 240.3
- d'aspiration . 376.8
- d'élévateur . 362.2
- d'entrée . . . 240.3
- d'évacuation 230.7 240.4
- de branchement 237.1
- - décharge . 230.7 240.4
- - descente d'un élévateur 362.5
- - dérivation . 237.1
- - déversement 387.1
- - sortie . . . 240.4
- - transport . 370.7
- - trop-plein . 231.3
- - vidange . . 231.4
-, diamètre intérieur du 239.5
-, emboitement de 240.7
- souple 377.2
- télescopique . 239.8
Tuyaux à gaz, filet des 115.3
-, ligne de . . . 236.3
Tuyaux, réseau de 236.2
Tuyauterie. . . 235.6
-, plan de la . . 236.4
-, tronçon de . 236.3
Twin chain grab 412.3
- drum 45.10
- -girder 292.6
- pulley block 51.8
- rope grab . . 412.3
- steam engine 227.9
- travelling crane 292.5
- worm 72.4
Twist, absence of 84.5
-, angle of . . . 178.6
- compensator 84.6
- in opposite direction 89.7
- - same direction 89.8
-, left-handed . 84.2
- of the rope . 83.9
-, right-handed 83.10
-, rope without 84.4
-, the crane -s off the straight 289.2
-, to 86.3
-, to - the rope 85.10
Twisted cable . 40.8
- rope 40.2
Twisting . 86.2, 178.2
- coefficient . . 86.4
- force 178.3
- moment . . . 178.4
- of the crane . 289.3
- - - ropes . . 84.7
- - - traversing wheel 256.1
-, the ropes are 84.8
Two-drum crab gear 252.2
- - lifting gear 252.2
- - winch . . . 270.5
- hinged arch . 189.6
- -legged support 404.5
- -men crank . 179.6
- - lever 179.6
- -phase alternating current 201.3
- -pole switch . 214.7
- way trap . . 386.1
Type de grue . 284.2
Type of crane . 284.2
- - drive 177.2
Tyre 258.3
-, running sheave 402.4
-, to - a wheel 258.4
Tyred wheel . . 258.2

U.

U-Eisen 168.6
- -Manschette . 191.6
U-iron 168.6
- -leather packing 191.6
- - ring 191.4
U, fer en 168.6
-, garniture en 191.6
-, manchette en 191.6
U, cuoio ad - di guarnizione 191.3
-, ferro ad . . . 168.6
-, guarnizione anulare ad 191.6
-, - di cuoio ad 191.2
U, electroimán en forma de 108.5
-, guarnición en 191.6
-, hierro 168.6
U, manguito en 191.6
Überbrücken, der Laufkran überbrückt . . . 290.4
Überdruck, Dampf- 227.1
Überhöhen, einen Träger 148.1
Überhöhter Träger 147.8
Überhöhter Tragschuh 402.1
Überhöhung . . 147.9
-, Träger mit . 147.8
Überladekran . 320.1
Überlänge, Spleiß- 38.3
Überlasten, die Maschine 182.8
-, ein Hebezeug 8.9

Überlastung . . 3.8
Überlastungsfähigkeit 4.1
- - der Maschine 188.1
-kupplung . . . 81.5
Überlaufrohr . 231.3
-schiene 395.4
Überschuß, Brems- 99.9
Übersetzen, die Bewegung ins Langsame 62.1
-, - - - Schnelle 62.3
Übersetzung . . 61.5
-, Geschwindigkeits- 61.3
-, Hebel- 246.5
-, Hub- 62.5
- ins Langsame 61.9
- - Schnelle . . 62.2
-, Kniehebel- . . 247.3
-, Kraft- 62.4
-, Räder- 62.7
-, Rollen- 47.9
-, Weg- 62.6
-, Zahnrad- . . 62.7
Übersetzungsgetriebe 61.3
-organ 61.7
-stufe 61.6
-teile 61.2
-verhältnis . . . 61.4
Übersichern, die Leitung 208.5
Übersicht, Schalt- 226.4
Überspannen, der Laufkran überspannt 290.4
Übersteuern . 347.5
Übertragung, Bewegungs- 4.4
Übertragungsgestänge 248.7
Übertrieb . . 396.10
-station 396.9
Uccello, tazza dragante a code d' 412.9
Uferdrehkran . 304.2
-elevator . . . 364.7
-portalkran . . 305.2
Ugna 60.1
Uguali, le forze sono - e contrarie 128.8
Uhrzeiger, Drehung im Sinne des - s 14.11
-sinn, Drehung entgegengesetzt dem -e 15.1
Umdrehung . . 15.2
-, „s" - en in der Minute 15.3
Umdrehungsbogen 14.9
-richtung . . . 14.10
-winkel 14.8
Umfangkraft, abgebremste 96.4
Umfangsgeschwindigkeit 15.5
Umformer, Gleichstrom-Drehstrom- 199.4
-, - -Gleichstrom- 199.2
-, - -Wechselstrom- 199.3
Umführung . . 408.3
Umführungsseilscheibe 408.2
Umgehungsschalter 216.6
-ventil 242.3
Umgekehrte lose Rolle 48.2
Umkehranlasser 220.1
-anlaßwiderstand 224.2
-maschine . . . 228.3
-schleife 395.6
-steuerwalze . 222.2
Umkehren, den Strom 216.8
Umkleidung, Schacht- 334.5
Umladekran . . 320.1
-verkehr 321.6
-vorrichtung . 321.4
Umladen 320.5, 320.10
Umladung . . 320.10
Umlauf 15.2
-, „s" Umläufe in der Minute 15.3
-richtung . . . 14.10
-ventil 242.3
-zahl 15.4
- - bei Entlastung 184.1
Umlegbarer Ausleger 298.8
Umlegen, den Ausleger 298.9
Umlenkrolle . . 47.4
Umschaltbar, Hubwerk mit - em Vorgelege 252.1
Umschaltbare Räderübersetzung 63.6
Umschalten . . 214.5
Umschalter . . 216.5
Umschaltklappe 386.1
Umschlag . . 320.10
-verkehr 321.6
-vorrichtung . 321.4
Umschlagen . . 320.5
Umschlingung, Bandbremse mit doppelter 102.6
Umschlingungsbogen 101.9
Umsetzen, die Spannung 198.11
Umspannungsbogen 101.9
Umstellen, der Aufzug stellt sich selbsttätig um 346.6
Umsteuermaschine 228.3
-motor 23.4
Umsteuern . . 244.9
-, der Aufzug steuert sich selbsttätig um 347.6
Umsteuerung . 244.10
Umwehrung . . 338.5
Unbelasteter Haken 55.3
Unbestimmbar, statisch 185.4
Unbestimmt, statisch 185.4
Uncino 285.5
Uncoil, to - the rope from the drum 44.4
Uncouple, to - the wagon 414.7
Uncoupling . . 415.2
- device, rope . 416.3
- of wagon . . 416.4
Under-guiding of rope 401.1
Underground line 206.3
- store room . 380.5
- tank 380.5
Undeterminable, statically 185.4
Ungalvanised wire rope 38.12
Ungleichförmige Bewegung 19.3
Ungleichmäßig beschleunigte Bewegung 20.6
- verzögerte Bewegung 20.6
Unica, fuerza . 127.3
Unidad de superficie, torsión por 173.5
Uniform motion 19.2
Uniforme, charge 133.8
-, mouvement . 19.2
-, - non 19.3
Uniforme, movimento 19.2
Uniforme, movimiento 19.2
-, - no 19.3
Uniformément accéléré, mouvement 19.4
- répartie, charge 133.8
- retardé, mouvement 20.2
Uniformemente acelerado, movimiento 19.4
- retardado, movimiento 20.2
Uniformente, carico distribuito 133.8
Uniformemente repartida, carga 133.8
Uniformly accelerated motion 19.4
- distributed load 133.8
- retarded motion 20.2
Unilateral position of load 3.5
Unilaterale, posizione - del carico 3.5
Unión . . 149.10, 398.1
-, borne de . . 205.6
- de ángulo . . 151.2
- - cables . . . 37.9
- - cangilones . 372.3
- - escuadra . . 151.2
- - las cadenas 80.3
- - nudo 150.9
- - refuerzo . . 156.5
- - tubo 237.2
- - tubos por rosca 240.5
- - una barra . 150.7
Unión de vigas entre sí 150.8
- del nudo extremo 151.1
-, hierro de . . 150.5
-, pieza de . . . 421.9
-, plancha de . 150.3
- por bridas . . 241.1
- - platinas . . 241.1
-, rail superior de 395.4
-, travesaño de 188.3
Unione . . . 149.10
- a flangia . . . 241.1
- - manicotto . 240.6
- - vite dei tubi 240.5
- ai nodi . . . 150.9
-, cantonale d' . 150.4
-, - di 145.9
-, chiodo d' . . 150.6
- d'angolo . . . 151.2
- -, squadra di 151.3
- del giunto . . 148.9
- della fune . . 37.9
- delle sbarre . 150.7
-, ferro d' . . . 150.5
Unipolaire, interrupteur 214.6
Unipolar, interruptor 214.6
Unipolare, interruttore 214.6
Unique, charge 133.3
Unir . . . 148.7, 150.1
- con pernos . 119.1
- - tornillos . . 118.8
119.1
- las partes de una barra 148.8
- - - - - viga . 148.8
Unire 150.1
Unit, pressure per - of area 84.7
Unità, pressione per - di superficie 84.7
Unitaria, pressione - di flessione 174.7
Universaleisen 167.5
-steuerung . . . 222.5
-steuerwalze . 222.4
Universal control 222.5
- controller . . 222.4
- iron 167.5
- joint 84.1
Universal, combinador 222.4
-, hierro 167.5
-, mando 222.5
Universale, ferro 167.5
-, giunto 84.1
-, innesto . . . 84.1
Universel, contrôleur 222.4
-, joint 84.1
Universelle, commande 222.5
Unload, to 320.3, 418.8
-, - - from sacks 365.2
-, - - the engine 188.5
Unloaded chain end 27.3
-, running . . . 11.2
Unloading 320.10, 418.9
- at a disengaged point of the line 418.1

Unloading crane 320.1
- gear 321.4
- place 418.10
- position . . . 418.7
- time 418.6
Unmittelbar wirkende Aufzugmaschine 345.4
- wirkender hydraulischer Aufzug 353.1
- - Kolbenantrieb 185.1
Unmittelbare Belastung 134.8
Unrivet, to . . 125.2
Unsupported length 136.8
Unsymmetrical, gantry crane with - supports 295.1
UntenliegendeFahrbahn 326.5
Unterbrechen, dem Stromkreis 217.2
Unterbrecher, Strom- 217.4
Unterbrechung, Strom- 217.3
Unterbrechungsfunke 217.6
Unterbrochener Betrieb 196.10
- -, Seilbahn mit -m 392.8
Unterflasche . . 49.3
Unterführung-Seil- 401.1
Untergurt . . . 142.4
Unterirdische Stromzuführung 206.3
Unterkante, Binder- 290.6
Unterlagscheibe 80.1 113.10
Unterlegscheibe 113.10
Untersatzwagen 409.7
- mit Hebewerk 409.8
Unterseil . . . 390.6
-apparat 415.6
-, Förderung mit 390.5
Unterseilführung 400.9
Unterstützen, das Seil 401.7
Unterstützung, Seil- 401.5
-, Zwischen- . . 401.6
Unterteilen, den Widerstand 223.6
Unterteilter Widerstand 223.5
Unterturas . . 372.7
Unterwagen . . 301.7
Unverzinktes Drahtseil 38.12
Unwind, to . . 266.3
Up, speeding . . 4.6
Upper carriage 301.8
- drum 372.8
- edge of floor 290.7
- -flange 142.3
- rope traction 400.8
Upright . 143.5, 151.7 156.4
Upward journey 332.4
Urtò all'arresto 342.4
Usar, la cadena se usa 26.5
Uscire, la gru esce dalle rotaie 289.4
Uscita, tubo d' 240.4
-, valvola d' . . 196.4
Useful load . . . 1.3
- radius 296.2
User, la chaine s'use 26.5
-, le palier s'use 84.9
Usi speciali, gru per 309.5
Usine d'électricité 197.3
Usure de la chaine 26.4
- du câble . . . 38.5
Util, carga . . 1.3, 2.3
-, draga de - suspendido 375.6
-, longitud . . . 44.5
-, peso 1.3
-, radio 296.2
Utile, charge . . 2.4
-, poids 2.3, 2.4
Utile, peso 1.3
-, sbalzo 296.2

V.

V, poutre en . 143.7
V-shaped wheel brake 101.6
V-thread 114.7
Vacío, arrancar en 219.4
-, corriente de . 209.4
-, funcionamiento en 11.2
-, funcionar en . 11.3 183.8
-, la máquina arranca en 183.4
-, marcha en 11.2, 183.7
-, marchar en . 183.8
-, rozamiento . 22.9
-, trabajo en 10.9, 183.9
Vagón basculante lateralmente 378.5
- - por delante 378.4
- con bordes . 378.2
- de ferrocarril 379.3
- - - suspendido 419.7
- - fijación al cable 418.1
- - línea importante de ferrocarril 379.6
- - tracción . 391.10
- descargador automático 378.7
-, grúa montada sobre 303.4
-, monta -es . . 354.4
- oscilante . . . 378.3
- para vía estrecha 379.5
- - - - secundaria 379.7
- - - normal . 379.4
- plataforma . 377.9
- tensor 418.1
-, volcador de -es 324.8
Vagoncini, cavo attaccato al disotto dei 390.6
Vagoncini, treno di 377.7
Vagoncino a piattaforma 377.9
- - ribalta . . . 408.8
- - scarico automatico 368.6
- capovolgibile 378.3
- - di fianco . . 378.5
- - per davanti 378.4
- con pavimento a botola 409.5
- d'alto forno . 356.4
- da miniera . 377.8
- di trazione a maneggio 391.10
- isolato 377.6
- per funicolare aerea 407.2
- - trasporto aereo 419.7
- scaricatore automatico 378.7
- singolo . . . 377.6
Vagone 379.3
- da trasporto . 377.5
Vagoneta aislada 377.6
- con fondo de rebatimiento 409.5
- - trapa de rebatimiento 409.5
- de carga, retorno de las -s 403.3
- - ferrocarril suspendido 419.7
- - transporte . 377.8
- - - aéreo . . 407.2
- oscilante . . . 408.8
- para carga de alto horno 356.4
- usado en el transporte 359.3
- volcadora . . . 408.8
Vagonetto ribaltabile a conca 378.6
Vaisseau 322.8
Valey jack . . 264.4
Vallées, transbordeur funiculaire de passage de 395.1
Valles, transbordador funicular para el paso de 395.1
Valley, cableway over 395.1
Valore del carico ammissibile 87.3
- di resistenza della fune 87.3
Valve 242.1
-, admission . . 196.3
-, air 238.8
-, automatic isolating 241.9
-, bypass 242.3
- chamber . . . 196.2
-, check 242.4
-, circulation . 242.3
-, closing of the 193.9
-, Corliss 194.7
-, D slide . . . 194.4
-, distributing . 192.9
-, distribution . 195.8 196.1
-, draining . . . 238.5
-, exhaust . . . 196.4
-, flat slide . . . 194.3
-, float 231.7
- gear 192.8
-, hydraulic slide 194.2
-, non-return . 242.4
-, piston 195.3
-, - - gear . . . 194.8
- port 193.1
- position . . . 193.6
Valve, recess in slide 194.5
-, relief 239.3
- rod 193.3
-, safety 242.5
-, slide 242.8
-, sluice 242.8
-, steam slide . 194.1
-, stop- 242.2
- stroke 193.5
- travel 193.5
Valve 242.1
- d'étranglement à vis 243.5
- de by-pass . . 242.3
- - fermeture . 242.2
Valvola 242.1
- d'entrata . . 196.3
- d'evacuazione d'aria 238.8
- d'uscita . . . 196.4
- del galleggiante 231.7
- di chiusura . 242.2
- - circolazione 242.3
- - distribuzione 196.1
- - riduzione a farfalla 243.4
- - ritegno . . 242.4
- - ritenuta . . 242.4
- - scarico . . 238.5
- - sicurezza . 239.3 242.5
- - - per tubi . 241.9
- - strozzamento 243.4
-, distribuzione a fusibile 195.8
- fusibile . . . 208.6
- - a cartuccia 208.10
Válvula 242.1
- corredera . . 242.8
- de admisión . 196.3
- - cierre . . . 242.2

Válvula de circulación 242.3
- - desagüe . . 238.5
- - desaireación 238.8
- - distribución 196.1
- - escape . . . 196.4
- - estrangulación 243.4
- - flotador . . 231.7
- - retención . 242.4
- - seguridad . 239.3, 242.5
- - - contra la rotura de tubos 241.9
Vani, magazzino a molti - e colatoi 382.1
Vanne 242.8
-, cric pour . . 265.5
Vano dell'ascensore 333.3
Vapeur 226.8
-, commande à 226.6
-, - des appareils par la 226.7
-, conduite de . 226.9
- d'eau 226.8
-, distribution centrale de 227.3
-, force élastique de la 227.2
-, frein à . . 105.11
-, freinage à . . 106.1
-, générateur de 227.4
-, grue pivotante à 302.2
-, machine à . . 227.8
-, - - - jumelle 227.9
-, moteur à . . 227.8
-, piston de moteur à 187.6
-, pression de . 227.1
-, tension de la 227.2
-, tiroir à . . . 194.1
-, treuil à . . . 271.3
Vapor 226.8
-, ascensor de . 353.3
-, caballo- . . . 21.6
-, cabrestante de 279.2
-, caldera de . . 227.4
-, conducto de . 226.9
- de agua . . . 226.8
-, distribución central de 227.3
-, distribuidor de 194.1
-, draga de . . 371.4
-, émbolo de . . 187.6
-, frenado por . 106.2
-, freno de . . 105.11
-, generador de 227.4
-, grúa giratoria de 302.2
-, impulsión por 226.7
-, mando por . 226.6
-, máquina de . 227.8
-, presión absoluta del 227.2
-, - del - 227.1
-, torno de . . . 271.3
Vapore 226.8
- acqueo 226.8
-, argano a 271.3, 279.2
-, cassetto a . . 194.1
-, cavallo . . . 21.6
-, frenaggio a . 106.1
Vapore, freno a 105.11
-, gru - a girevole 302.2
- per carbone . 323.7
Variabile . . . 17.6
-, distribuzione 196.7
-, gru a inclinazione 307.5
-, - - martello con braccio 307.7
-, - girevole con sbalzo 296.4
-, manovella a raggio 179.3
-, puntone . . . 299.1
Variabilidad de inclinación del brazo 299.3
- - la portada . 17.7
- - - volada . . 17.7
Variabilité d'inclinaison de la flèche 299.3
- de la portée . 17.7
- - - volée . . . 17.7
Variability of the handling radius 296.5
- - - jib working angle 17.7
Variable gear, crab with 252.1
- load 132.10
- radius, jib of 299.1
- worm 370.6
Variable, charge 133.1
-, réduction - par engrenage 63.6
Variable 17.6
-, distribución de consumo 196.7
-, grúa con brazo de inclinación 307.5
-, - en T con volada 307.7
-, manivela de radio 179.3
-, movimiento . 19.3
-, torno de contramarcha 252.1
-, transmisión - de ruedas dentadas 63.6
Variación de la aguja 17.1
- - - flecha . . 17.1
- - - intensidad de corriente 198.1
- - - volada . . 17.2
- del radio de acción 296.5
Variare di direzione 15.9
- l'inclinazione 17.3
- la portata . . 17.3
Variation de l'inclinaison 399.3
- - la flèche, mouvement de 17.1
- - - portée 17.2, 296.5
- - - volée 17.2, 296.5
- du courant . 198.1
Variazione dell'inclinazione 17.2
- della freccia . 17.1
- - portata 17.2, 17.7
- - sporgenza . 296.5
Variazione della volata 296.5
Varié, mouvement 19.3
Varier la volée, faire 17.4
Varilla de maniobra 245.1, 347.8
- - presión . . 245.4
- fileteada . . . 120.2
-, sistema de -s y palancas del freno 96.3
Varillas de maniobra 243.6
- - transmisión 243.7
Vario, movimento 19.3
Varnish, to . . 161.7
Varying load 132.10
Vaso, llave de . 119.9
Vástago del distribuidor 193.3
- - émbolo . . 185.3
- - gato 262.2
- - remache . . 120.7
- guiado de la carga 277.1
Vatimetro . . . 200.3
Vatio 199.8
- -hora 200.4
Vecteur, rayon 130.4
Vector, radio . 130.4
Veicolo di ferrovia funicolare aerea 419.7
- per funicolare aerea 407.2
- pigliafune . . 418.1
Velocidad . . . 20.9
- angular . . . 15.6
- de cierre . . . 193.8
- - descenso . . 10.1
- - elevación del gancho 52.11
- - la carga . . . 9.8
- - - -, aceleración de la 10.3
- - - cuerda . . 33.8
- - - vagoneta 407.7
- - levantamiento, aceleración de la 10.4
- - - de la carga 9.10
- - paso 235.9
- - trabajo . . . 9.9
- - translación 13.4
- del cable . . 33.8
- - transporte . 359.8
- - viento . . . 154.1
- en la circunferencia 15.5
- final 20.11
-, freno de . . . 112.5
- inicial 20.10
- media 21.1
-, motón de . . 51.2
-, torno de contramarcha para dos -es 252.1
-, transmisión con aumento de 62.2
-, - de 61.8
Velocipede crane 306.6
Velocipede, gru a 306.6
Vélocipède, grue- 306.6
Velozipedkran 306.6
Velocípedo, grúa- 306.6
Velocità 20.9
- angolare . . . 15.6
- del carico . . . 9.8
- - -, accelerare la 10.2
- - -, accelerazione della 10.3
- - veicolo . . 407.7
- - vento . . . 154.1
- della fune . . 33.8
- di calata . . 10.1
- - chiusura . . 193.8
- - discesa . . . 10.1
- - passaggio . 235.9
- - sollevamento del carico 9.10
- - - - gancio . 52.11
- - traslazione . 13.4
- - trasporto . 359.8
- finale 20.11
-, freno regolatore della 112.5
- iniziale . . . 20.10
-, meccanismo di sollevamento a due 252.1
- media 20.1
- normale di lavoro 9.9
-, trasmettere il movimento con aumento di 62.3
-, - - - - riduzione di 62.1
-, trasmissione con aumento di 62.2
-, - - riduzione di 61.9
-, - di 61.8
Velocity 20.9
-, angular . . . 15.6
-, hook 52.11
- of flow . . . 235.9
-, rope 33.8
-, wind 154.1
Vent 153.10
-, aire frappée par le 154.4
-, partie à l'abri du 154.5
-, poussée du . 153.11
-, pression du . 154.2
-, vitesse du . . 154.1
Ventil 242.1
-, Ablauf- . . . 196.4
-, Absperr- . . . 242.2
-, Ausström- . . 196.4
-, Einström- . . 196.3
-, Entlüftungs- . 238.8
-, Entwässerungs- 238.5
-gehäuse . . . 196.2
-kammer . . . 196.2
-, Luft- 238.8
-, Rohrbruch- . 241.9
-, Rückschlag- . 242.4
-, Schwimmer- . 231.7
-, Sicherheits- . 242.5
-, Steuer- 196.1
-steuerung . . 195.8
-, Stoß- 239.3
-, Umgehungs- . 242.3
-, Umlauf- . . . 242.3
-, Zirkulations- 242.3

Ventilated, enclosed - motor 212.2
Ventilateur, moteur à - enfermé dans une enveloppe 212.2
Ventilé, moteur - enfermé dans une enveloppe 212.2
Ventiliert gekapselter Motor 212.2
Vento 153.10
-, cavalletto della fune armato contro il 405.1
-, forza del . . 153.11
-, pressione del 154.2
-, resistenza al . 154.3
-, superficie presentata al 154.4
-, velocità del . 154.1
Veränderung der Ausladung 296.5
Verankern . . . 288.2
Verankerung . 288.3
Verband 152.7
-, Diagonal- . . 152.8
-, Eck- 153.7
-, Horizontal- . 153.5
-, Kreuz- 153.1
-, Pfeil- 153.4
-, Vertikal- . . . 153.6
-, Wind- 153.8
Verbindung, Ketten- 30.3
-, Muffen- . . . 240.6
Verbindungslinie, Achsen- 67.6
-seil 390.2
- -, Förderung mit Seil und 390.1
Verbolzung . . 118.4
Verbrauch, Arbeits- 282.9
-, Kraft- . 177.4, 282.9
-, Luft- 234.7
-wasser 230.6
-, Wasser- . . . 230.5
-, Wattstunden- 200.7
Verbunddampfmaschine 228.2
-motor 212.7
Verdeckter Stoß 149.7
Verdrehen der Seile 34.7
-, die Seile - sich 34.8
Verdrehung . . 173.2
Verdrehungsbeanspruchung 173.1
-winkel 173.6
Verfahren . 12.8, 13.1
- der statischen Momente 144.3
Verghe, deposito di ferri in 388.5
-, ferro in . . . 167.6
Verhältnis, Brechungs- 399.6
-, Übersetzungs- 61.4
Verholkette . . 33.2
Vérin . . 262.1, 263.6
- à chariot . . 262.8
- - cliquet . . . 262.4
- - crémaillère pour écluses 265.5
- - riveter . . . 263.1
- - rochet . . . 262.4
- - vis 125.9
Vérin, chariot de 262.9
- de levage . . 263.7
- - locomotive 263.8
- - traction . . 263.2
- - wagon . . . 264.4
- différentiel . 262.5
- en forme de bouteille 262.7
- hydraulique . 263.5 264.1
- pour bois . . 264.9
- - chaudières . 265.1
- - soulever les pierres 265.3
Verino a gancio 261.3
- - slitta 262.8
- di traslazione 262.8
-, testa del . . . 264.5
Verkehr, Güter- 321.7
-, Lade- 321.5
-, Umlade- . . . 321.6
-, Umschlag- . . 321.6
Verkehrslast . . 134.4
Verladeanlage . 321.1
-brücke 319.5
-einrichtung . . 321.1
-gut 322.1
-kai 380.2
-kran 319.4
- -, Block- . . . 319.8
- -, Erz- 319.7
- -, Kohlen- . . 319.6
-rampe 322.6
-schurre 386.4
-seilbahn . . . 394.4
-vorrichtung . 321.1
Verladen . 320.2, 320.7
Verladung . . 320.7
-, Schiffs- . . . 322.7
Verlorener Weg 18.7
Verlust, Arbeits- 10.8
-, Druckhöhen- 229.9
-, Leerlauf- . . 11.1
-, Niet- 146.5
-, Reibungs- . . 23.3
-, Spannungs- . 198.5
-, Wirkungs- . 11.7
Verme 114.1
Vermi, ingranaggio a vite perpetua a due 71.8
-, vite perpetua a più 71.7
Verniciare . . . 161.7
Vernieten . . . 124.7
Vernietung . . 123.1
Vernir 161.7
Verpacken . . 192.3
Verricello trainante 252.4
Verriegelung, elektromagnetische 350.2
-, Tür- 338.1
-, Gleis- 324.6
-, Steuer- . . . 349.8
Verrou 338.2
- d'appui . . . 344.8
- d'arrêt 95.6, 342.7
- de retenue . 342.7
- - sûreté . . . 338.3
-, fermeture à . 338.1
-, levier à . . . 246.8
Verrouillage . 338.1
- de l'appareil de manoeuvre 349.8
Verrouillage de voie 324.6
- électromagnétique 350.2
- magnétique de l'appareil de manœuvre 350.1
Verrouillé, écrou 115.6
Versatore, tubo 387.1
Versatzkran . 310.2
Verschaltes Führerhaus 294.2
Verschalung, Holz- 294.3
Verschiebung des Auflagers 154.11
Verschiebungsplan 136.6
Verschleiß, Ketten- 26.4
-, Seil- 38.5
Verschleißen, die Kette verschleißt 26.5
Verschlingen der Seile 34.7
Verschlossenes Seil 40.4
Verschlußklappe 385.7
-pfropfen . . . 241.4
-, Riegel- 338.1
-, Rohr- 241.3
-, Schacht- . . . 335.7
-schieber . . . 385.8
-schraube . . . 241.4
-stange 338.4
-, Tür- 337.7
Verschrauben . 119.1
Verschraubung 118.4
-, Rohr- 240.5
Verseilen . . . 36.3
Verseiltes Kabel 204.10
Verseilung . . . 36.2
Verseilungsfaktor 36.4
Versenken, die Schraube 116.6
-, einen Niet . . 122.3
Versenkniet . . 122.1
-schraube . . . 116.5
Versenkte Schraube 116.5
Versenkter Kopf 116.4
- -, Niet mit -m 122.1
- Niet 122.1
Versenkung . . 355.9
Verspleißen, das Seil 38.4
Verstauen . . . 320.6
Versteckbarer Ausleger 298.6
Verstecken, den Ausleger 298.7
Versteifen . . . 151.9
Versteifter Balken 138.4
Versteifung . . 152.1
-, Gurt- 146.6
-, Steg- 145.4
Versteifungsblech 152.6
-bühne 152.5
-eisen 152.4
-träger 152.3
-winkel 152.2
Verstellbare Kurbel 179.3
- Schnecke . . 370.6
Verstellbares Gegengewicht 286.6
Verstellen der Ausladung 17.2
-, die Ausladung 17.3
Verstellseil . . 414.2
Verstellung der Ausladung 296.5
Verstreben . . 156.7
Verstrebung . . 156.5
Verteilung, Druckwasser- 229.2
Verteilungsleitung 208.5
-stromkreis . . 208.6
-trumm 367.7
Vertical 148.5
- brace 153.6
- chain, bucket chain dredger with 378.7
- conveying . . 360.4
- cover plate . 149.8
-, end 148.6
- force 128.4
- haulage . . . 360.4
- journal . . . 79.2
- lift 351.4
- rod 148.5
- trussing . . . 148.8
Vertical, déplacement 360.4
-, entretoisement 153.6
Vertical, draga - de cangilones 378.7
-, enlace 153.6
-, fuerza 128.4
-, junta - del alma 149.8
-, pieza 148.5
-, - - extrema . 148.6
-, transporte . . 360.4
Verticale . . . 148.5
-, drague à godets 378.7
- extrême . . . 148.6
-, force 128.4
Verticale, argano 279.5
- passante per il centro di gravità 285.4
-, trasporto . . 360.4
Vertice del puntone 297.3
Vertikalaufzug 351.4
-bagger 378.7
-kraft 128.4
-stab 148.5
-verband . . . 153.6
Vertikale 148.5
-, End- 148.6
Verzahntes Kettenrad 31.4
- Laufrad . . . 258.5
Verzahnung, Außen- 67.3
-, Evolventen- . 66.8
-, Innen- 67.2
-, Punkt- 67.1
-, Triebstock- . 66.9
-, Zykloiden- . 66.7
Verzinktes Blech 169.3
- Drahtseil . . 39.1

Verzögerte Bewegung, gleichmäßig 20.2
- -, ungleichmäßig 20.6
Verzögerung 20.3
Verzögerungsbremse 118.2
-kraft 20.4
-moment 20.5
Verzweigung, Gleis- 329.9
Vessel, air 233.1
Via 18.5
- da percorrere 18.8
- del gancio 53.2
- della frizione 22.6
- di contatto 218.5
- - scorrimento della fune 399.8
-, direzione di 18.9
- percorsa dal carico 333.7
- - - contrappeso 333.8
-, scaricare sulla 418.11
- senza rotaie 361.1
Vía 329.1
- ancha 329.5
-, ancho de la 254.4
-, anchura de la 290.2
- de grúa 327.2
- - rodadura 326.1
- - rodamiento de ferrocarril suspendido 419.8
- del carro 274.7
- - - de grúa 327.2
- - transporte 359.4
-, enclavamiento de la 324.6
- estrecha 329.4
- inferior 326.5
- interior entre largueros 327.1
-, mecanismo de paro sobre la 414.3
- normal 329.3
- para grúa 329.6
- sin carril 361.1
- - rail 361.1
- superior 326.4
-, vagón para - normal 379.4
Viabile 18.2
Viandes, élévateur pour les 366.3
Vibratoire, charge 132.10
Vice coupling 419.3
Vidange, tuyau de 231.4
Vide, demarrer à 219.4
-, frottement à 22.9
-, la machine démarre à 188.4
-, marche à 11.2, 188.7
-, marcher à 11.3
-, travail à 10.9, 188.9
Viento 153.10
-, fuerza del 153.11
-, presión del 154.2
-, superficie expuesta al 154.4
Viera del tirante 117.5
Vierbeinige Seilstütze 404.7
Vierkanteisen 167.8
-kopf 116.1
-seil 40.10
-welle 76.8
-wellenantrieb 184.4
Viga 144.4
-, almacén de -s 383.4
- apoyada por dos puntos 137.1
- - - varios puntos 137.7
- armada 138.4
- - de tres articulaciones 138.10
- - por la parte inferior 138.7
- - - - - - con tirantes y virotillo 138.7
- - - - - superior 138.6
- articulada de arco 138.8
- - - cordones paralelos 147.4
- - parabólica 147.6
- - peraltada 147.8
- - trapecial 147.5
-, carro para - de techo 277.7
- colgante 138.2
- compuesta 147.1
- de alma llena 145.2
- - celosía 140.1, 144.9
- - hierro perfilado 146.7
- - la plataforma 289.7
- - refuerzo 152.3
- del armazón del techo 340.8
- - puente 159.7
- empotrada por sus dos extremos 139.7
- - - un extremo y apoyada por el otro 136.7, 139.10
- en forma de caja 147.2
-, flecha formada de una 307.4
- gemela 292.6
- Gerber 138.1
- para pasillo 157.1
- poligonal articulada 143.7
- - - de diagonales 143.7
- - - - montantes y diagonales 143.8
- principal 148.2, 289.6
- -rail, carro portador de una 277.5
- Temperley 295.7
- transversal 148.3 289.9
Vignole, carril 328.8
Vignole, rail 328.8
Vignole, rotaia 328.8
Vignoleschiene 328.8
Vilebrequin 77.1
Virage 16.5
Virar 15.9
- adelante 16.1
Virar la carga 15.8
Virare 16.5
- anticonversione 16.1
- di fianco 15.9
- in avanti 16.1
- per di dietro 16.2
- retroconversione 16.2
Virer 14.3
- en avant 16.1
- - revenant en arrière 16.2
-, facilité à 16.7
- pour effectuer le travail 16.1
- un fardeau 15.8
- une charge 15.8
Vireur 314.6
Vis 118.6
- à ailettes 117.9
- - bois 118.2
- - clef 117.8
- - deux filets 114.5
- - double pas 114.5
- - oreilles 117.9
- - pas multiple 114.6
- - - simple 114.4
- - plusieurs filets 114.6
- - tête 116.9
- - un filet 114.4
-, agrafe de courroie à 74.10
-, attache à 419.1
- d'accouplement 419.2
- d'Archimède 370.4
- d'arrêt 117.6
- d'attache 419.2
- d'obturation 241.4
- de borne 205.7
- - commande 120.1
- - connexion 205.7
- - cric 262.2
- - fixation 118.5
- - frein 101.1
- - réglage 117.6
- - relèvement 260.5
- - serrage 117.8
- - variation de la volée 260.5
-, frein à 100.10
-, frein de 115.8
-, palan à - sans fin 51.1
- sans fin 71.1, 370.4
- - - à blocage automatique 72.3
- - - - droite 72.1
- - - - gauche 72.2
- - - - pas multiples, mécanisme de transmission par 71.8
- - - - plusieurs entrées 71.7
- - - - - filets 71.7
- - -, carter de 70.8
- - -, commande par 250.3
- - - dextrorsum 72.1
- - - irréversible 72.3
- - - jumelles 72.4
- - - ordinaire 370.5
- - - réglable 370.6
- - - sinistrorsum 72.2
Vis sans fin, treuil à 268.6
-, support à 285.8
- tangente 71.1
- -, engrenage à 70.7
-, tendeur à 397.9
-, tête de 118.8
- transporteuse 370.4
Vissage, tampon de 118.3
Visser 119.1
- à demeure 119.4
- dans 119.3
- ensemble 118.8
- sur 119.2
Visor crane 306.5
Vite 118.6
- a filetto doppio 114.5
- - - semplice 114.4
- - gancio 117.1
- - testa 116.9
- - - incassata 116.5
- ad alette 117.9
- aggiustata 117.2
- con testa a spinetta 117.8
- continua ordinaria 370.5
- - regolabile 370.6
- d'arresto 117.6
- d'attacco 118.5
- da legno 118.2
- del freno 101.1
- - martinetto 262.2
- - morsetto 205.7 419.2
- di manovra del braccio 260.5
- - movimento 120.1
- - pressione 117.6
- - riduzione 248.5
- - sollevamento a braccio variante 260.5
- - - della volata 260.5
- - sostegno 285.8
- - strozzamento 248.5
- - tensione e compressione, martinetto a 263.4
- - trasporto 370.4
- - trazione, argano a 263.2, 263.3
-, freno a 100.10
- mordente 118.2
- per congiungere cinghie 74.10
- perpetua 71.1
- - a più vermi 71.7
- - ad arresto automatico 72.3
- - -, argano a 268.6
- - -, comando a 70.6
- - destrorsa 72.1
- - gemella 72.4
- - -, meccanismo a 250.3
- - sinistrorsa 72.2
- prigioniera 116.8
- -, caviglia a 117.7
- senza fine 71.1
- - -, argano a 268.6
- - -, comando a 70.6
- - -, rinvio a 71.6
-, taglia a - senza fine 51.1

Vitesse 20.9
- à la circonférence 15.5
- angulaire . . 15.6
- d'écoulement 235.9
- d'obturation . 193.8
- de câble . . . 33.8
- - corde . . . 33.8
- - déplacement 359.8
- - descente . . 10.1
- - fermeture . 193.8
- - la charge . 9.3
- - - -, accélération de la 10.3
- - - -, accélérer la 10.2
- - levage, accélération de la 10.4
- - - de la charge 9.10
- - translation 13.4
- - transport . 359.8
- - travail . . . 9.9
- du crochet . 52.11
- - fardeau . . 9.8
- - vent 154.1
- - wagonnet . 407.7
- finale 20.11
-, frein modérateur de 113.2
-, - régulateur de 112.5
- initiale 20.10
- moyenne . . 21.1
-, multiplication de 61.8
-, - - - par la transmission 62.2
-, multiplier la . 62.3
Viva, fuerza . . 21.7
Vive, force . . 21.7
-, puissance . . 21.7
Vivo, tangente de un ángulo - de inclinación 399.6
Voie . . . 326.1, 329.1
- à grand écartement 329.5
-, changement de 329.10
-, courbe de la 329.7
- de roulement 326.1
- - - de chariot de grue 327.2
- - - - - - - pont 327.2
- - - - chemin de fer aérien 419.8
- - - - - - - - suspendu 419.8
- - - du chariot 274.7
- - -, longeron de support de la 327.3
- - transport . 359.4
-, écartement de 329.2
- entre les longerons 327.1
- étroite 329.4
- -, wagon pour 379.5
Voie inférieure 326.5
-, largeur de la 254.4
-, longeron de support de 326.2
-, longrine de support de 326.2
-, longueur de la 326.3
- normale . . . 329.3
- -, wagon pour 399.4
- pour grue . . 329.6
- sans rails . . 361.1
- supérieure . . 326.4
-, support de la 326.2
- sur la semelle inférieure 326.5
- - - - supérieure 326.4
- suspendue, croisement de 421.7
- -, installation de 419.5
-, verrouillage de 324.6
Voiture de chemin de fer suspendu 419.7
Volada 297.1
-, grúa en T con - variable 307.7
-, variabilidad de la 17.7
-, variación de la 17.2
Volano-manovella 181.3
- -, comando con 181.2
Volant à main 181.3
- - -, commande par 181.2
-, commande per 348.5
- de manœuvre 248.2 348.3
-, manœuvre par 248.1
Volante de maniobra 181.3, 248.2, 348.3
- - torno . . . 181.5
-, mando por - de maniobra 181.2
Volantino di manovra 248.2
-, manovra a . 248.1
Volata 296.3
-, far variare la 17.4
-, variazione della 296.5
Volcador . . . 323.8
- de vagones . 324.8
- para carbón . 324.8
- - minerales 324.10
-, torno de . . . 324.2
Volcadora, garra 60.9
-, plataforma . 324.1
-, posición de . 324.3
-, vagoneta . . 408.8
Volcar 323.9
- la garra . . . 61.1
Volée . . 188.2, 297.1
- coudée 298.2
-, faire varier la 17.3 17.4
-, inclinaison de la 17.2
-, moteur de commande de la 260.6
-, palan de relèvement de la 260.7
- variable, grue à 307.5
- -, - pivotante à 296.4
-, variation de la 17.2 296.5
Voll, die Maschine - belasten 183.2
-last 2.1
-portalkran . . 304.4
-schlächtiges Seil 40.4
-seil 41.1
-spur 329.3
-wandiger Ausleger 297.7
- - Träger . . . 145.2
Volle Welle . . 76.6
Vollen, aus dem - gefräster Zahn 66.1
Volquete . . . 361.3
- de cuba . . . 378.6
Volt 199.6
Voltage 198.4
-, additional . . 198.9
-, boasting . . . 198.9
-, drop in . . . 198.6
- lost 198.5
- of mains . . . 198.7
-, terminal . . . 198.8
-, transformer le 198.11
Voltaggio . . . 198.4
Voltaje 198.4
- de la red . . 198.7
Voltimetro . . 200.2
Voltio 199.6
Voltmeter . . . 200.2
Voltmètre . . . 200.2
Volt[o]metro . 200.2
Volume, accumulator 232.2
Volume d'eau de l'accumulateur 232.2
- de l'accumulateur 232.2
Volumen del acumulador 232.2
Voluminosa, merce 322.5
Volvente, attrito 22.8
Volver atrás, girar para 16.2
Vorderkipper . 378.4
-seil 389.6
- -, Förderung mit - - und Hinterseil 389.5
Vordertauwinde 373.3
Vorgelege . . . 251.2
-, Kettenrad- . . 73.6
-, Riemen- . . . 73.8
-, Schnecken- . 71.6
-, Triebstock- . 69.3
-, Wechsel- . . . 63.7
-welle 251.3
-, Zahnrad- . . 63.1
Vorhalter . . . 125.8
Vorlegestange . 338.4
Vorratbunker . 386.2
-tasche 385.4
Vorschaltspule 201.10
-widerstand . . 223.8
Vorschrift, Belastungs- 185.1
Vorsteuerapparat 195.7
-kolben 195.6
Vorsteuerung . 195.5
Vorwärtsfahrt 13.10 221.5
-gang 13.10
-kurbeln 180.2
-schwenken . . 16.1
Vorzeichnen . . 160.6
Vorzeichner . . 160.7
Vrac, entrepôt de grains en 382.2
-, matières en . 384.7
Vuelco 323.10
- de la grúa . 284.10
-, la grúa da . . 284.9
Vuelo, mecanismo de variación de 260.4
Vuelta 15.2
- de cadena . . 45.7
- - reserva . . 44.6
-, mecanismo para dar -s á las piezas de fundición 314.6
-, *n* ueltas por minuto 15.3
-, número de -s 15.4
Vuoto, attrito nella marcia 22.9
-, avviare a . . 219.4
-, cavo a 400.1
-, funzionamento a 11.2
-, la macchina marcia a 183.4, 183.6
-, - - s'avvia a 183.4
-, lavoro a 10.9, 183.9
-, marcia a . . 183.7
-, marciare a . 11.3 183.8
-, numero di giri a 184.1
-, perdita per lavoro a 11.1
-, tenere conto del - pei chiodi 146.4

W.

Wagenabstand 407.9
-, Abwurf- . . . 368.6
-, Aufwurf- . . 369.1
-auslösung . . 416.4
-, Beförderungs- 377.5
-, Blind- . . . 391.10
Wagen, Blockchargier- 318.3
-, Blockeinsetz- 318.3
-, Bord- 378.2
-, Einsetz- . . . 318.1
-, Einzel- . . . 377.6
Wagen, Eisenbahn- 379.3
-fänger 414.3
-fangvorrichtung 414.3
-folge 407.8
Wagen, Förder- 377.8
-gehänge . . . 407.3
-geschwindigkeit 407.7
-, Gicht- 356.4
-, Gieß- 312.5

Wagen, Gießpfannen- 812.6
-, Hängebahn- . 419.7
-, Hauptbahn- . 879.6
-inhalt 407.6
-kasten . 878.2, 408.6
-, Kipp- 878.3
-, Kleinbahn- . 879.7
-, Kran- 801.7
-ladung 878.1
-, Lauf- 254.1
- mit Bodenklappen 409.5
-, Mitnehmer- . 418.1
-, Muldenchargier- 818.2
-, Muldeneinsetz- 818.2
-, Normalspur- . 879.4
-, Ober- 801.8
-, Plateau- . . . 877.9
-, Plattform- . . 877.9
-schieber . . . 408.5
-, Schmalspur- 879.5
-, Seilbahn- . . 407.2
-, Seilgreifer- . 418.1
-, Transport- . . 877.5
-, Unter- 801.7
-, Untersatz- . . 409.7
-winde 264.4
-zählvorrichtung 408.2
-zug 877.7
Wagerecht wirkende Kraft 128.5
Wagerechte Förderung 860.5
Waggon 879.3
-aufzug 854.4
-kipper 824.8
-kran 808.4
Waggon see wagon
Wagon body . 408.6
-, bogie 254.1
- box 408.6
- catching device 414.3
-, contents of . 407.6
- counter . . . 408.2
- crane, derrick 808.4
-, delivery 869.1, 877.8
-, distance between -s 407.9
-, dummy . . . 891.10
-, flat 877.9
- for suspension railway 419.7
- lift 854.4
-, light railway 879.7
- load 878.1
-, main line . . 879.6
-, narrow gauge 879.5
-, open 878.2
-, platform . . . 877.9
-, railway . . . 879.3
-, speed of . . . 407.7
-, standard gauge 879.4
- starter 408.5
-, succession of -s 407.8
-, support . . . 409.7
-, time-interval between -s 408.1
- tip 825.4
- -, circular . . 825.6
- -, crane . . . 825.5
-, tipping . . . 878.3
Wagon tipping device 824.8
-, transport . . 877.5
-, uncoupling of 416.4
- with false bottom 409.5
- - hinged bottom 409.5
Wagon à bords 878.2
- basculant . . 878.3
- - en avant . 878.4
- - - travers . . 878.5
- - latéralement 878.5
-, basculeur de 824.8
-, chargement de 878.1
- d'attache au câble 418.1
- de chemin de fer 879.3
- - - - - suspendu 419.7
- - grande ligne de chemin de fer 879.6
- - ligne d'intérêt local 879.7
- - transport . 877.8
- - voie étroite 879.7
Wagon, élévateur de -s 854.4
-, grue montée sur 808.4
- plate-forme . 877.9
- pour voie étroite 879.5
- - - normale . 879.4
- tracteur 891.10, 418.1
-, vérin de . . . 264.4
Wagonnet . . . 877.8
-, attacher le - au câble 414.6
- avec trappe de fond 409.5
-, axe du 408.7
- basculant . . 408.8
- - automatique 878.7
-, caisse de . . 408.6
-, caisse du . . 407.5
-, contenance du 407.6
- culbutant . . 408.8
- de câble aérien 407.2
- - chargement de haut-fourneau 856.4
- - chemin de fer suspendu 419.7
- - transport aérien 407.2
- - transporteur aérien 419.7
- isolé 877.6
- servant au transport 859.3
-, vitesse du . . 407.7
Wagonnets de chargement, retour des 403.3
-, distance entre les 407.9
-, série de . . . 407.8
-, train de . . . 407.8
Wall 161.10
- -bracket . . . 92.2
- - and bearing 92.1
- - -bearing . . 92.1
-, cylinder . . . 188.7
-, depot 381.4
-, distance from 290.8
Wall, front - of drum 84.1
-, quay 880.4
-, shaft 884.3
- slewing crane 802.5
-, warehouse . . 881.4
- winch 270.2
- -, overhung . 270.3
Walled shaft . 884.2
Walzeisen . . . 167.2
-stahl 165.6
-werkkran . . . 810.6
Walze 91.2
-, Flach- 156.1
-, Kontakt- . . . 220.3
-, Lauf- 91.2
-, Schalt- 220.3
-, Steuer- . . . 220.2
Walzenkäfig . . 91.3
-lager . . 91.1, 155.8
-spurlager . . 86.6
Wälzen, den Block 817.9
- des Blockes 817.10
Wälzrolle 86.7
Wandabstand . 290.8
-bock 92.2
-drehkran . . . 802.5
-, Gebäude- . 161.10
-glied 141.8
-konsole . . . 92.2
-lager 92.1
- -stuhl 92.2
-, Schacht- . . 884.3
-, Speicher- . . 881.4
-winde 270.2
Wandung, Loch- 121.4
-, Zylinder- . . 188.7
Wange 158.4
- der Flasche . 49.5
Warehouse 881.3, 882.6
- crane 802.6
-, floating . . . 882.4
-, grain 881.7
-, - - built with floors 881.9
-, - - without floors 882.1
- hoist 853.5
- lift 853.5
- winch 271.6
- wall 881.4
Warenaufzug . 851.2
Warm aufziehen, einen Ring 77.8
- laufen, das Lager läuft sich warm 85.1
Wärmegrube . 813.2
Wärter, Aufzug- 881.5
Wartung des Kranes 281.10
Washer . 80.1, 118.10 871.5
-, faced 257.5
-, packing . . . 241.7
-, suction . . . 371.6
Wasser, Ablauf- 280.6
-bedarf 280.4
-behälter . . . 281.2
-dampf 226.8
-, Druck- 280.3
-, Kraft- 280.3
-leitung, Druck- 228.7
-, Preß- 280.3
Wasserpressung 229.4
-sack 238.2
-schlag 289.1
-, Sicker- 280.8
-stoß 289.1
-verbrauch . . 280.5
-, Verbrauch- . 280.6
Water, amount of - required 280.4
- drawing machine 866.8
- hammer . . . 289.1
-, leakage . . . 280.8
- pocket . . . 238.2
-, power 280.3
-, quantity of - flowing 286.1
-, return 280.6
- tank 281.2
Watt 199.8
-meter 200.3
-stunde 200.4
-stundenverbrauch 200.7
- -zähler 200.8
Watt 199.8
- -hour 200.4
- - consumption 200.7
- - meter . . . 200.8
-meter 200.3
Watt 199.8
- -heure 200.4
- -heures, compteur de 200.8
- -, consommation en 200.7
-mètre 200.3
Watt[o]metro . 200.3
Wattora 200.4
Wattore, consumo in 200.7
-, contatore di . 200.8
Way, key . . . 77.9
-, lifting 833.7
Wear of chain 26.4
- - rope 38.5
Wears, the chain 26.5
Weather-proof driver's cabin 294.1
- - - hut . . . 294.1
Web 145.6
- cover plate . 149.3
- height 145.8
- thickness . . 145.7
Wechsel, Gefäll- 399.3
-, Pol- 201.1
-rädergetriebe 64.1
- -werk 64.1
-station 397.1
-strom . . . 200.10
- -, Dreiphasen- 201.4
- -, Einphasen- 201.2
- -kollektormotor 213.3
- -motor 212.8
- - -, einphasiger 213.1
- -, Zweiphasen- 201.3
-vorgelege . . 63.7
Wechselnde Belastung 133.1
Wedge 77.10
-, adjusting . . 88.9
-, annular -coupling 400.7
- -friction gear 78.2
- - -, winch with 268.8

Wedge-friction wheel 78.3
-, grip 343.6
- grip gear . . 343.5
Weg 20.8
-, Anfahr- 4.9
-, Anlauf- 4.9
-, Auslauf- 5.1
-, Beschleunigungs- 19.6
-, Brems- 97.7
-, Dreh- 16.3
-, Fahr- 18.5
-, Haken- . . . 53.2
-, Hub- 6.7
-, Nachlauf- . . . 5.1
-, Reibungs- . . 22.6
-, Schwenk- . . 16.3
-, Senk- 7.9
-, Stopp- 5.1
-übersetzung . 62.6
-, verlorener . . 13.7
-, Zeiger- . . . 350.5
Weiche . . . 329.10
-, Dreh- 421.4
-, Hängebahn- . 420.5
-, Klapp- 421.3
-, Kreuz- 421.5
-, Schleppschienen- 421.1
-, stumpfe . . . 420.8
-, Zungen- . . . 420.6
Weichenschiene 421.2
-sicherung . . . 421.6
-zunge 420.7
Weight . 21.9, 132.7
- accumulator . 232.4
-, balance . . . 286.2
- brake 100.6
-, brake 100.7
- drum 232.5
- lever 100.8
-, loading by own 134.6
- of ball 58.8
- - crane . . . 283.9
- - hook 58.7
-, snow 154.6
-, stowing . . . 384.8
-, stretching . 397.10
Weights, to counterbalance the load by 286.1
Weißmetall, ein Lager mit - ausgießen 87.6
Weite, Feld- . . 140.7
-, Greif- 411.4
-, Haken- 52.7
-, lichte 239.5
-, Maul- 411.4
-, Pol- 130.5
-, Rohr- 239.5
-, Spann- . 144.5, 290.2
-, Spur- 329.2
-, Stütz- 137.4
Weld, end lap . 29.1
-, side lap . . . 29.2
Welded chain . 28.9
Welding iron . 165.2
- -steel 165.4
Wellbaum . . . 269.8
-blech 169.6
Well winch . . 269.6
- windlass . . . 269.6
Welle 76.3
-, abgesetzte . . 76.10
-, Antrieb- . . . 251.6
-, Fahrwerk- . . 253.3
Welle, gekröpfte 77.1
-, glatte 76.9
-, hohle 76.7
-, Königs- . . . 251.6
-, Kurbel- . . . 178.8
-, massive . . . 76.6
- mit abgesetzten Lagerstellen 76.10
-, Schnecken- . 71.2
-, Steuer- 245.5
-, Trommel- . . 48.6
-, Turas- 372.5
-, Vierkant- . . 76.8
-, volle 76.6
-, Vorgelege- . 251.3
Wellenantrieb . 184.3
- -, Transmissionslaufkran mit 291.6
-betrieb 184.3
-bund 77.5
-lager 76.5
-laufkran . . . 291.6
-zapfen 76.4
Wendeanlasser 220.1
-getriebe . . . 70.1
-schalter . . . 216.7
-vorrichtung für Schmiedestücke 314.6
Wendelrutsche 387.2
Wenden, den Block 317.9
- des Blockes 317.10
Wender, Strom- 216.7
Werftkran . . . 318.6
Werkstätte, Anreißer- 160.5
-, Eisenkonstruktions- 160.4
Werkstattkran 309.1
Werkzeug, Greif- 56.5
-, Niet- 125.4
Westonbremse 104.6
Weston, frein . 104.6
Weston, freno . 104.6
Wetterdichtes Führerhaus 294.1
Wharf 380.1
- crane 307.4
-, loading . . . 380.2
Wheel barrow 361.2
- base 254.3
- brake, V-shaped 101.6
-, bronze 70.4
-, cast iron . . 70.2
-, - steel 70.3
-, chain 26.1
-, change - drive 64.1
-, clearance of the 255.8
- control . . . 348.5
-, divided . . . 95.3
-, disc 257.7
-, driven 74.2
-, driving . 67.7, 74.1
-, - chain . . . 83.5
- -, hand 181.2
-, drum 43.4
- flange 255.6
-, friction . . . 72.7
-, guide 258.6
-, hand 181.3
-, - chain . . . 81.2
-, helical 71.3
-, heringbone . 68.5
-, idle 69.9
Wheel, intermediate 69.9
-, mitre 69.2
-, notched . . . 95.3
-, pair of toothed -s 63.4
-, pin 69.5
-, planet 69.5
-, play of the . 255.8
- pressure . . . 254.2
-, ratchet . . . 93.5
-, raw hide . . . 70.5
-, rim of chain 31.5
-, sliding 184.6
-, - spur 63.8
-, sprocket . . . 30.7
-, spur 67.8
-, tired 258.2
-, toothed . . . 64.2
-, - chain . . . 31.4
-, traversing . . 255.1
-, trolley 207.4
-, tyred 258.2
-, winch 181.5
- with arms . . 258.1
- - spokes . . . 258.1
-, worm 71.3
Whip, the chain -s 26.7
Whipping of chain 26.6
White metal, to run a bearing with 87.6
Wickelbreite . 44.5
-haspel 270.7
Wickeln, das Seil in einer Lage auf die Trommel 44.3
Widderkopf . . 54.3
Widerlager . . 154.7
Widerstand . . 223.3
-, abgestufter . 223.5
- an der Bremsscheibe 96.4
-, Anfahr- . . . 5.4
-, Anlaß- 224.1
-, Anlauf- . . . 5.4
-, Bahn- 18.4
-, Beschleunigungs- 19.8
-, Bewegungs- . 18.2
-, Brems- . 96.4, 106.10
-, Bremsschutz- 224.4
-, elektrischer . 199.5
-, Fahr- 12.5
-höhe 230.1
-kasten 223.4
-moment . . . 175.5
-, Parallel- . . . 223.9
-, Regulier- . . 224.3
-, Reibungs- . . 22.3
-schaltung, Brems- 106.8
-, Schwenk- . . 16.9
-, Seilleitungs- . 41.9
-stufe 223.7
-, Stützen- . . . 187.5
-, unterteilter . 223.5
-, Vorschalt- . . 223.8
-, Wind- 154.3
Width, bay . . 140.7
- of grab jaws 411.4
- - gauge . . . 254.4
- - jaw 57.8
- - travelling space of the portal 305.1
Winch 266.1
-, anchor 272.5
Winch, automatic-grab 270.6
-, auxiliary . . 267.7
-, barrel . 265.4, 266.5
-, belt driven . 271.1
-, blast furnace elevator 356.2
-, boat's 272.4
-, boiler 265.1
-, boring 272.6
-, bracket . . . 270.2
-, builders . . . 271.5
-, capstan . . . 269.3
-, chain 268.4
-, - -gear 269.2
-, cheek of - frame 267.3
-, crane 271.7
- driving . . . 181.4
- - gear 266.4
- drum . 266.5, 269.1
-, electric . . . 271.4
- for double hauling 269.5
- - single hauling 269.4
- frame 267.2
-, hand 270.8
-, hauling . . . 272.2
-, hoisting . . . 345.6
-, hydraulic . . 271.2
-, lift 272.1
-, lifting 267.4
-, locomotive . 264.8
-, lowering . . 267.5
-, main 267.6
-, pit head . . . 268.2
-, portable . . . 272.7
- ratchet gear . 267.1
- rope . . . 41.5, 268.1
-, safety 267.8
-, ship's 265.2
-, shunting . . . 272.3
-, side 373.1
-, - of - frame . 267.3
-, simple frame 270.1
-, single drum . 270.4
-, slip- 357.2
-, sluice 265.5
-, steam 271.3
-, stone 265.3
-, store-room . . 271.6
-, stripping . . 314.1
-, timber 264.9
-, tipping . . . 324.2
-, two-drum . . 270.5
-, wall 270.2
-, warehouse . . 271.6
-, well 269.6
- wheel 181.5
-, winding . . . 270.7
- with friction gear 268.7
- - hand crank 270.9
- - handle . . . 270.9
- - hook 267.9
- - spur gear . 268.5
- - wedge friction gear 268.8
- - worm gear 268.6
Wind 153.10
-angriffsfläche . 154.4
-druck 154.2
-geschwindigkeit 154.1
-kessel 238.1
- -druck 231.6
- -, Druck- . . . 231.5
-kreuz 158.9

Windschatten . 154.5
-stärke 158.11
-strebe 405.2
- -, Seilstütze mit 405.1
-verband . . . 158.8
Windwerk . . . 250.5
-, das - sperren 93.2
-, Fahr- 252.4
-, Hilfs- 251.8
-, Hub- 250.5
-, Kipp- 324.2
-, Last- 250.5
-, Stripper- . . . 314.1
Windwiderstand 154.3
Wind 158.10
- area 154.4
- -brace 405.2
- -, rope support with 405.1
- bracing . . . 158.8
- cross 158.9
- force 158.11
-, part sheltered from the 154.5
- pressure 158.11, 154.2
- resistance . . 154.3
- surface . . . 154.4
-, to - the rope up in one layer 44.3
-, to - up . . . 266.2
- velocity . . . 154.1
Winde 266.1
-, Anker- 272.5
-, Aufzug- 272.1, 345.6
-, Bau- 271.5
-, Bock- 270.1
-, Boots- 272.4
-, Dampf- . . . 271.3
-, Dreifuß- . . . 262.6
-, Eimerleiter- . 373.6
-, Eintrommel- . 270.4
-, elektrische . 271.4
-, fahrbare . . . 272.7
-, Faß- 265.4
-, Flaschen- . . 262.7
-, Förder- . . . 272.2
- für Doppelförderung 269.5
- - doppeltrümmige Förderung 269.5
- - einfache Förderung 269.4
- - eintrümmige Förderung 269.4
-, Gicht- 356.2
-, Gruben- . . . 268.2
-, Haken- . . . 267.9
-, Hand- 270.8
-, -kurbel- . . . 270.9
-, Haupt- 267.6
-, Hilfs- 267.7
-, Hintertau- . . 373.4
-, Holz- 264.9
-, Hub- 267.4
-, hydraulische 271.2
-, Kabel- 268.1
-, Kahn- 265.2
-, Kessel- 265.1
-, Ketten- . . . 268.4
-, -nuß- 269.2
-, -rad- 269.2
-, Kipp- 324.2
-, Konsol- . . . 270.2
-, Kopf- 270.3
-, Kran- 271.7
-, Lauf- 272.8
-, Lokomotiv- . 264.8
Winde, Magazin- 271.6
-, Niet- . . 125.9, 263.1
-, Räder- 268.5
-, Rangier- . . . 272.3
-, Reibungs- . . 268.7
-, Riemen- . . . 271.1
-, Schacht- . . . 268.2
-, -senk- 272.6
-, Schiffs- . . . 265.2
-, -aufzugs- . . 357.2
-, Schleusen- . . 265.5
-, Schlitten- . . 262.8
-, Schnecken- . 268.6
-, Schrauben- . 262.1
-, -zug- und Druck- 263.4
-, Schüttrinnen- 373.5
-, Schützen- . . 265.5
-, Seil- 268.1
-, -reibungs- . . 269.3
-, Seiten- 373.1
-, -tau- 373.2
-, Selbstgreifer- 270.6
-, Senk- 267.5
-, Sicherheits- . 267.8
-, Spannkabel- . 268.3
-, Speicher- . . 271.6
-, Spill- 269.3
-, Stein- 265.3
-, Stirnrad- . . 268.5
-, Tiefbohr- . . 272.6
-, transportable 272.7
-, Trommel- . . 269.1
-, Vordertau- . 373.3
-, Wagen- . . . 264.4
-, Wand- 270.2
-, Zahnstangen- 264.3
-, Zug- 263.2
-, Zweitrommel- 270.5
Windenbock . 263.7
-gerüst 267.2
-gestell 267.2
-körper 262.3
-mantel 264.7
-schaft 262.3
-schild 267.3
-schraube . . . 262.2
-sperrung . . . 267.1
-triebwerk . . . 266.4
-trommel . . . 266.5
Winding 201.7
- engine, pit head 268.2
- frame 340.2
-, speed of . . . 9.8
- winch 270.7
Windlass . . . 266.1
-, anchor . . . 272.5
-, bow rope . . 373.3
-, bucket chain 373.6
-, hopper 373.5
- side 373.1
-, - rope . . . 373.2
-, stern rope . . 373.4
-, well 269.6
Windung . . . 201.7
-, Ketten- . . . 45.7
-, Reserve- . . . 44.6
-, Seil- 45.4
-, Sicherheits- . 44.6
-, Trommel- . . 44.1
Wing brake . . 105.2
- of the door . 336.3
- screw 117.9
Winkel, Ablenkungs- 41.11, 399.5
-, Anschluß- . . 150.4
-beschleunigung 15.7
Winkel, Dreh- . 14.8 178.6
-, Eck- 151.4
-eisen 168.3
-geschwindigkeit 15.6
-getriebe . . . 69.1
-, Gurt- 145.9
-hebel 247.1
-kran 305.5
-, Krängungs- . 308.8
-manschette . . 191.5
-, Neigungs- . . 308.7
-rad 69.2
-, Reibungs- . . 22.5
-station 396.7
-, Stoß- 149.2
-trieb 69.1
-, Umdrehungs- 14.8
-, Verdrehungs- 178.6
-, Versteifungs- 152.2
-zahn 68.6
- -, Rad mit Winkelzähnen 68.5
Wippausleger . 299.1
Wippbar . . . 17.6
Wippbarkeit . 17.7
-bewegung . . 17.1
-kran 307.5
- -, Hammer- . . 307.7
-motor 260.6
-vorrichtung . 260.4
-werk 260.4
- -spindel . . . 260.5
Wippe, Kopf- . 325.7
-, Kran- 325.5
-, Kreisel- . . . 325.6
-, Senk- 325.4
Wippen . . 17.2, 17.3
Wipper, Kreisel- 325.6
Wirbel 28.2
-haken 54.5
-, Ketten- . . . 130.7
-strombremse . 108.2
-ströme 201.6
Wire cableway for loading 394.4
- gravity cable 393.4
-, line 204.7
- rope 38.10
- - control . . 348.1
- -, control . . 348.2
- - pulley . . . 46.10
- - sheave . . . 46.10
-, three- - mains 203.1
Wirkungsgrad 11.8
-verlust 11.7
Wirtschaftsaufzug 355.1
Withdrawing device, block 318.5
- ingot from oven 314.4
Wolf, Stein- . . 59.8
Wood construction 159.3
- elevator . . . 366.7
-, gravity cable for 393.6
- hoist 366.7
- lining, brake strap with 102.4
- scaffold . . . 159.2
- screw 118.2
- stage 159.2
- structure . . 159.3
Wooden support 404.3
Work 21.3
-, braking . . . 97.8
-, crane 283.3
-, cylinder . . . 190.4
- done 10.7
- - against tooth friction 65.8
- due to friction 23.2
- for acceleration 20.1
- in channel making 375.2
- - slotting . . 375.2
-, lifting . 10.6 109.7
-, loss of 10.8
-, no-load 10.9, 183.9
-, paternoster . 356.5
- per second . 21.5
-shop crane . . 309.1
- to speed up . 5.6
- - start 5.6
Working area, the crane serves a 283.6
-, chain 82.8
-, continuous . 196.9
-, crane 281.6
- cylinder . . . 189.4
- fluid 230.2
- gear, crane 283.11
-, intermittent 196.10 209.3
- interval . . . 282.5
- load 1.3
- of cableway . 392.6
- - the crane . 283.4
- piston 186.7
- pressure . . . 229.5
- pulley 47.7
- pump 233.6
-, readiness for 282.3
-, rope 42.2
-, safety of . . . 282.4
- sheave 47.7
- span 18.5
- speed 9.9
- with endless rope 184.7
Works, bay . . 148.9
-, crane manufacturing 280.4
-, panel 148.9
- pulley block 50.3
Worm 71.1
-, adjustable . . 370.6
- and worm wheel pulley block 51.1
-, conveyor . . 370.4
- driving . . . 70.6
- gear 70.7, 71.6, 250.3
- -, cased . . . 71.5
- - casing . . . 70.8
- -, double thread 71.8
- -, multiple thread 71.8
- -, winch with 268.6
- incapable of overhauling 72.3
-, left-hand . . . 72 :
-, multiple thread 71.7
-, ordinary . . 370.5
-, right hand . 72.1
-, self-braking . 72.3
- shaft 71.2
-, twin 72.4

Worm, variable 870.6
- wheel 71.3
- -, worm and - pulley block 51.1
Worn-in journal 78.10
Wrench 119.7
-, coach 119.10
-, double headed 119.8
Wrench, monkey 119.10
-, socket 119.9
Wrought iron 164.8, 165.2
Wurm 71.1
-getriebe 70.7
Wurzelkreis 64.5
-maß 123.5

Y.

Y-gear, multiple 78.2
Y-Schaltung 226.3
Yard crane 309.3
-, store 382.5
Yoke 47.8
-, carrying 407.4

Z.

Z-Eisen 168.7
Z-iron 168.7
Z, fer en 168.7
Z, ferro a 168.7
Z, hierro 168.7
Zahl, Reibungs- 22.4
Zähler, Wattstunden- 200.8
Zählvorrichtung, Wagen- 408.2
Zahn 30.8, 64.9, 82.8
-, aus dem Vollen gefräster 66.1
-bogen, Sperr- 94.1
-bruch 65.6
-druck 65.5
-eingriff 66.3
-flanke 65.1
-form 64.10
-fuß 65.3
-, gefräster 65.11
-, gehobelter 66.2
-, geschnittener 65.10
-gesperre 98.4
-klinke 98.6
-kopf 65.2
Zahnkranz 67.9
-, aufgesetzter 68.4
-, Laufrad mit angegossenem 258.5
Zahnkupplung 82.7
-profil 64.10
Zahnrad 64.2
-antrieb 68.2
-, ein- und ausrückbares 68.8
-getriebe 62.7
-kasten 62.8
-teilung 64.6
-übersetzung 62.7
-vorgelege 63.1
-zug 50.8
Zahnräderpaar 68.4
-reibung 65.7
-reibungsarbeit 65.8
Zahn, Reiß- 411.6
-, roh gegossener 65.9
-schiene, Sperr- 342.8
-, Sperr- 93.7
-stange 68.8
-stangengetriebe 68.7
- -winde 264.3
-teilung 64.6
-trieb 67.7
-, Winkel- 68.6
-zahl 80.9
hnezahl 80.9
Zampa di presa 264.6
Zange 57.4
-, Blech- 59.3
-, Block- 59.1
-, geführte 58.5
-, gesteuerte 58.1
-, Kisten- 59.5
-, Kniehebel- 58.8
- mit Schlitzführung 58.3
-, Niet- 126.1
-, Sack- 59.6
-, Schienen- 285.6
-, Stein- 59.7
-, Stripper- 314.2
-, Träger- 59.4
Zangenarm 57.5
-bagger 375.9
-baum 58.5
-führung 58.7
-kran 312.7
-maul 57.6
-schenkel 57.5
-spitze 57.7
-stempel 58.6
-steuerung 58.2
Zanta 158.4
Zapata 156.1
- de apoyo oscilante 402.2
- - freno 101.4
- - toma de corriente 207.1
-, freno de 101.3
-, - - dos -s 101.5
- para cable 205.9
Zapfen 78.6
-, Blatt- 79.6
-, Dreh- 79.8, 259.6
-drehkran 300.1
-druck 78.7
-, eingelaufener 78.10
-, Gabel- 79.1
-, Gelenk- 83.9
-getriebe, Grisson- 72.5
-, Kamm- 79.4
-, Ketten- 29.10
-, Kipp- 155.5
-, Königs- 260.1
-, Kopf- 300.9
-, Kugel- 79.5
-, Kurbel- 178.8
-, Mittel- 260.1
-reibung 78.9
-, Ring- 79.3
-, Schild- 79.7
-schmierung 78.8
Zapfen, Schwenk- 259.6
-, Schwing- 254.7
-, sich um einen - drehen 79.9
-, Spur- 79.2
-, Stütz- 79.2
-, Trag- 78.11, 408.7
-, Wellen- 76.4
-, Zentrierungs- 260.3
Zarpa 60.1
Zeiger 350.4
-, Etagen- 350.7
-, Stockwerk- 350.7
-vorrichtung 350.3
-weg 350.5
-werk 350.3
Zeit 20.7
-abstand der Wagen 408.1
-, Entlade- 418.6
-, Lade- 413.5
Zelle, Fahr- 341.4
Zellenspeicher 382.1
Zentraldruckanlage 228.3
-station 396.8
-steuerung 249.1
Zentrale 67.6
-, Achsen- 92.5
- Dampfversorgung 227.3
-, Druckluft- 235.5
-, -wasser- 228.3
-, hydraulische Kraft- 228.8
Zentrierungszapfen 260.3
Zentrifugalbremse 104.1
-kraft 14.7
Zerlegen, eine Kraft 128.8
Zerlegung der Kraft 129.1
Zero, interruttore automatico per tensione 216.1
Zero position 220.4
Zerreißprobe 27.8
Ziehen, die Bremse zieht an 99.6
-, - - - sich fest 99.7
Zincata, fune metallica 89.1
-, - - non 88.12
-, lamiera 169.3
Zingué, câble métallique 89.1
Zingué, câble métallique non 88.12
Zinguée, tôle 169.3
Zinkenschaufelkübel 412.9
Zirkulationsventil 242.3
Zona di rotazione 296.8
-, periferia libera della 296.9
Zoreseisen 168.9
Zorès, fer 168.9
Zorès, ferro 168.9
Zorès, hierro 168.9
Zuflußleitung 236.5
Zug 179.9
-band 188.5, 141.5
-beanspruchung 170.8
-diagonale 142.8
-, einen Körper auf - beanspruchen 170.6
-, Fahr- 258.1
-faser 174.8
-festigkeit 170.7
-glied 141.5
-gurt 142.6
-gurtung 142.6
-haken 55.2
-, Ketten- 27.5, 82.4
-kette 82.7
-kraft 109.6, 171.1, 258.1
-, Kräfte- 129.8
-, Lasten- 184.3
-magnet 109.8
-niet 122.5
-querschnitt 171.2
-schräge 142.8
-, Schützen- 265.5
Zugseil 36.6, 86.9, 41.7, 130.6, 400.5
-, glattes 390.7
-, hochliegendes 390.4
-klemme 418.7
-kupplung 415.4
-scheibe 402.3
-, tiefliegendes 390.6
-tragrolle 402.8
Zugspannung 171.3
-stab 141.5
-stange 245.3
-strang 25.7
-trumm 25.7
-, Wagen- 377.7
-werk, Ausleger- 260.4

Zugwinde . . . 263.2
–, hydraulische 263.5
–, Schrauben- . 263.3
Zugang, Schacht- 335.3
Zulage 160.8
Zuleitung . . . 236.5
Zuleitungsrohr 240.3
Zuncho 77.7
Zunge, Auflauf- 330.3
–, Weichen- . . 420.7
Zungenweiche . 420.6
Zurückkurbeln 180.3
Zurückschwenken 16.2
Zusammenschlagen, das Seil 35.10
Zusammenschrauben 118.8
Zusammensetzen, Kräfte 129.2
Zusammensetzung von Kräften 129.3
Zusatzspannung 198.9
Zustand, Belastungs- 132.8
Zuströmungsrohr 240.3
Zuwerfevorrichtung 337.9
Zwangtürverschluß 337.8

Zweiachsiges Fahrgestell 254.5
-armiger Hebel 246.7
-beinige Seilstütze 404.5
-flüglige Tür . 336.2
-gängiges Gewinde 114.5
- - Schneckengetriebe 71.8
-gelenkbogen . 139.6
-gleisige Riese 398.3
-häuptiger Spillkopf 278.6
-häuptiges Spill 278.7
-kammerzylinder 189.2
-männige Kurbel 179.6
-phasenwechselstrom 201.3
-phasiger Wechselstrom 201.3
-poliger Ausschalter 214.7
-reihige Nietung 123.8
-rollige Laufkatze 275.7
-schienenmotorlaufwinde 273.3
-schienige Motorlaufwinde 273.3

Zweischnittige Nietung 124.3
-schnittiger Niet 124.4
-seilgreifer . . 412.3
-seiliger Fahrstuhl 341.2
-seitige Trommel 45.10
-stufiger Spillkopf 278.6
-stufiges Spill . 278.7
-teiliges Lager 89.6
-trommelhubwerk 252.2
- -winde . . . 270.5
Zweigleitung . 203.7, 237.1
-rohr 237.1
Zwillingdampfmaschine 227.9
-trommel . . . 45.10
Zwillingsflaschenzug 51.8
-laufkran . . . 292.5
-schnecke . . . 72.4
-steuerwalze . 222.3
-träger 292.6
Zwischenrad . 69.9
-station 396.4
-träger 148.3
-unterstützung 401.6

Zykloidenverzahnung 66.7
Zylinder 188.5
–, Akkumulator- 232.1
-arbeit 190.4
–, Arbeits- . . . 189.4
-bohrung . . . 188.6
–, Brems- 105.4
-deckel 188.8
–, doppeltwirkender 189.2
–, Dreh- 190.2
-durchmesser . 188.6
–, einfach wirkender 189.1
–, Einkammer- 189.1
–, Fahr- 190.1
-füllung 188.9
–, Gegen- . . . 189.5
–, Hebe- 185.3
–, Hub- . . 185.3, 189.7
–, Last- 189.3
-leistung . . . 190.3
-mantel 188.7
–, Pumpen- . . 189.6
–, Schwenk- . . 190.2
–, Steuer- . . . 195.1
-wandung . . . 188.7
–, Zweikammer- 189.2
Zylindrisches Laufrad 256.3
- Reibungsrad 72.8

А.

Абсолютное давленіе пара 227.2
Автоматическая остановка 347.4
- перемѣна направленія хода 347.5
- разгрузка . 410.2
Автоматически разгружающаяся вагонетка 378.7
- устанавливающійся ползунъ 339.4
Автоматическій выключатель 215.9
- противовѣсъ 286.8
- пусковой реостатъ 219.9
Автоматическій сцѣпной приборъ 415.7
- тормазъ 98.8, 112.7
Автоматическое опоражниваніе 410.2
- предохранительное приспособленіе 324.7
Автоматъ . . 419.4
Аккумуляторная батарея 197.6
-ное ныряло 231.10
-ный насосъ 233.7
- поршень . 231.10
- цилиндръ . 232.1
Аккумуляторъ 197.5, 231.9
- воздушнаго давленія 232.7
Аккумуляторъ вспомогательный 232.8
- грузовой . . 232.4
- парового давленія 232.6
- паровой . . 232.6
- съ воздушнымъ давленіемъ 232.7
- - паровымъ давленіемъ 232.6
Амбаръ . . . 381.3
- плавучій . . 382.4
- силосный . 382.1
- хлѣбный . . 381.7
- этажный верновой 381.9
Амперметръ . 200.1
Амперъ . . . 199.7
Англійская канатная дорога 394.1
Англійская цѣпь 29.3
-скій гаечный ключъ 119.10
Анкерная плита 288.1
-ный болтъ 88.10 118.1, 287.9
Аншпугъ . . 261.2
Аппаратъ замыкающій стрѣлки 421.6
Арматура сердечника 109.2
Арочная двухшарнирная ферма 189.6
- ферма . . . 188.8
-ный мостъ . 160.3
Асфальтовая замазка 160.10
- мастика . 160.10

Б.

Багажный подъемникъ 354.3
База 254.3
Бакъ для воды 231.2
- - запасовъ . 336.2
Балансиръ 52.1, 261.4
- верхній . . 155.6
- двухколесный 254.5
- нижній . . 155.7
Балка 144.4
- боковой площадки 289.7
- Гербера . . 138.1
- главная мостового крана 289.6
- грузовая . . 289.6
- для жесткости 152.3
- - опоры ступеней 158.4
- - укрѣпленія 152.3
Балка, задѣланная однимъ концомъ 136.7
- закрѣпленная 139.7
-, - однимъ концомъ 136.7
- кабины подъемника 341.6
- клепанная . 147.1
- клѣтки подъемника 341.6
- концевая . 289.9
- коробчатая 147.2
- крановая мостового крана 289.5
-, лежащая на нѣсколькихъ опорахъ 137.7
- люльки подъемника 341.6
- мостовая . . 159.7
- на двухъ опорахъ 137.1
Балка неразрѣзная 137.7
-, несущая рельсовый путь 326.2
-, - - - крана . 327.3
- подвѣсная . 138.3
-, поддерживающая рельсовый путь 326.2
- подкрановая 327.3
- подпружная 138.4
- полузакрѣпленная 139.10
- помоста . . 157.1
- поперечная 148.3 289.9
- потолочная 340.3
- продольная 148.4
- прокатанная 146.7
- рѣшетчатая 144.9
-, свободно лежащая 137.1
- сдвоенная . 292.6
Балка, склепанная изъ листового желѣза 147.1
- сплошная . 145.2
- съ задѣланными концами 139.7
- - закрѣпленными концами 139.7
- Темперлея . 295.7
- Ферберна . 298.3
Балки высота 144.6
- расчетъ . . 144.8
- свободная длина 136.8
- середина . . 144.7
Балочный мостъ 159.9
Балясина желѣзная перилъ 158.2
Бандажъ . . 258.3
- колеса . . . 258.3

Барабанная лебедка 269.1
-ное колесо . 43.4
-ный воротъ 269.1
Барабанъ . . 42.9
- бороздчатый 43.10
- ворота . . . 266.5
- гладкій . . 42.9
- грузовой . . 46.2
- - аккумулятора 232.5
- грузоподъемный 46.2
- двойной . . 45.10
- двухступенчатый кабестана 278.6
- - шпиля . . 278.6
- дифференціальный 45.11
- для кишки 235.4
- - переключеній 220.3
- - плоскаго ремня 45.9
- - подъема . 251.1
- - противовѣса 345.8
- - рукава . . 235.4
- - шланга . 235.4
- желобчатый 43.10
- заклиненный 43.7
- кабестана 46.1, 278.3
- канатный . 45.3
- контактный 220.3
- лебедки . . 266.5
- механизма для перемѣщенія 252.5
- одноступенчатый кабестана 278.4
- - шпиля . . 278.4
- подъемнаго механизма 251.1
- подъемника 346.2
- подъемный 345.7
- свободнонадѣтый 43.8
- сдвоенный . 45.10
- съ выточенными бороздками 45.2
- съ лѣвой ниткой 44.8
- - лѣвымъ ходомъ 44.8
- - отлитыми бороздками 45.1
- - правой ниткой 44.7
- - правымъ ходомъ 44.7
- цѣпной . . 45.6
Барабанъ цѣпной верхній 372.3
- - землечерпательной машины 372.4
- - нижній . 372.7
- шпиля 46.1, 278.3
Барашекъ . . 117.9
Барашковый винтъ 117.9
Баржа 323.4
- для отвозки земли 371.2
Барка 323.4
Бассейнъ сборный 236.7
- элеватора для судовъ 357.4
Батарея аккумуляторная 197.6
- буферная . 197.7
- уравнительная 197.7
Башенный поворотный кранъ 306.3
- элинговый кранъ 319.2
Башмакъ для отвода на рельсы 414.5
- подвѣсный 420.3
- токособирательный 207.1
- токособирателя 207.1
- тормазной . 101.4
Башня канатной дороги 403.5
- элеватора . 362.6
Безконечная цѣпь съ черпаками 372.2
- - - ковшами 372.2
-ный винтъ . 71.1
- канатъ . . 389.2
Безопасная отъ огня шахта подъемника 333.9
Безопасность опрокидыванія крана 284.5
Безрельсовая дорога 361.1
Безъ нагрузки 1.5
Бергмана трубка 205.4
Береговой кранъ 304.2
- травеллеръ 305.2
- элеваторъ . 364.7
Бессемеровская сталь 165.7
Бетонный блокъ 287.6
Бетонный массивъ 287.6
-противовѣсъ 287.5
Бить, рукоятка бьетъ 180.6
-, цѣпь бьетъ 26.7
Блокъ . . 46.4, 49.1
- бетонный . 287.6
- быстроходный 51.2
- верхній . . 49.2
- винтовой . . 51.1
- глухой . . . 48.1
- грузоподъемный 47.6
- движущій . 48.2
- двойной . . 48.3
- дифференціальный 50.6
- для пеньковаго каната 47.1
- - пеньковыхъ канатовъ 49.7
- - проволочнаго каната 46.10
- канатный 46.9, 51.4
- - двухбороздчатый 48.4
- крановый . 52.2
- направляющій 47.5, 297.4
-, - цѣпь . . 82.5
- натяжной . 51.3
- неподвижный 48.1, 49.2
- нижній . . 49.3
- обращенный подвижной 48.2
- отводящій . 47.4
- подвижной 47.7, 49.3
- сдвоенный . 51.8
- сложный . 48.7
- съ зубчатыми колесами 50.8
- - крюкомъ . 49.4
- - х роликами 49.6
- - цилиндрическими колесами 50.8
- фундамента 287.8
- цѣпной 47.2, 51.5
Блондэна перегрузчикъ 422.2
Боковая выемка черпательной машины 375.3
- поверхность зуба 64.10, 65.1
- сварка . . . 29.2
- станина ворота 267.3
- - лебедки . 267.3
-вое черпаніе 375.3
-вой подпоръ 285.7
Боковыя направляющія 339.7
Болванка . . 167.3
- для заготовки листового желѣза 167.1
- сырая . . . 166.8
Болтовое скрѣпленіе 118.4
- соединеніе . 118.4
Болтъ . 79.10, 118.7
- анкерный . 88.10, 118.1, 287.9
- главный . . 340.9
- закрѣпляющій 118.5
- замыкающій 80.5
- отъ крышки 88.4
- - основанія подшипника 88.6
- подпорный 285.8
- пригнанный 117.2
- притертый . 117.2
- распорный . 117.4
- скрѣпляющій 80.10, 118.5
- смычковый 80.5
- соединительный 80.5, 80.10, 118.5
- стяжной . 80.10, 208.1
- съ головкой и гайкой 116.7
- - лапкой . 117.1
- тормазной . 96.9
- фундаментный 88.10, 287.9
- цѣпи . . . 29.10
- шарнирный 88.9
Большой мостовой кранъ 295.5
Бороздка барабана 44.1
- блока . . . 46.6
Бороздчатый барабанъ 43.10
Бортъ вкладыша 88.1
Брать съ мѣста 4.6
Бремсбергъ . 391.9
Бронза . . 169.10
- марганцовая 170.1
- фосфористая 169.11
Бронзовая отливка 169.3
-вое колесо . 70.4
Бронированный кабель 205.1
Брусковое желѣзо 167.6
Брусъ запорный 333.4
- направляющій 339.2

Брусъ упорный 303.6, 327.5
Бугель грузовой 55.5
- направляющій цѣпной передачи 31.8
- стяжной . . 77.7
Будка для защиты машиниста отъ непогоды 294.1
- - машиниста 293.6, 301.9
- машиниста закрытая 293.7
- - открытая 294.4
- - съ глухими стѣнками 294.2
Букса ходового колеса 257.4
Буксиръ . . 323.6
Бумажная набивка 192.1
Бурильный воротъ 272.6
Буровая лебедка 272.6
Буртикъ барабана 43.2
Бутылочный домкратъ 262.7
Бутыльчатый домкратъ 262.7
Буферная батарея 197.7
- пружина . . 327.7
Буферъ . . . 327.6
Буферъ воздушный 109.3
- желѣзнодорожный 327.8
- поршневой 186.2
- ударный . . 239.2
Быстрое вращеніе рукоятки подъ дѣйствіемъ опускающагося груза 180.5
- поворотное движеніе 16.8
- повышеніе тока 221.3
Быстро мѣняющаяся нагрузка 132.10
- повернуть впередъ 16.1
Быстро повернуть назадъ 16.2
Быстроразгружающаяся подвѣсная койка 410.3
Быстроразгружающійся подвѣсный вагончикъ 410.3
- - ящикъ . . 410.3
Быстроходная таль 51.2
-ный блокъ . 51.2
- полиспастъ 51.2
Быстрый поворотъ 15.9
Бѣгунокъ . . 255.1
- направляющій 258.6

B.

Вага 261.2
Вагонетка ведущая 391.10
- для канатной дороги 407.2
- одиночная . 377.6
- опрокидывающаяся 378.3
- - на бокъ . 378.5
- - - передъ . 378.4
- паровозная 377.5
- подвѣсной дороги 419.7
- разгружающаяся автоматически 378.7
- рудооткаточная 377.8
- саморазгружающаяся 378.7
- съ опрокидывающимся корытообразнымъ кузовомъ 378.6
- - откиднымъ дномъ 409.5
- Тольботъ . 378.7
- тяговая . 391.10
Вагонный домкратъ 264.4
- коммутаторъ 220.2
- кранъ . . . 303.4
- опрокидыватель 324.8
- подъемникъ 354.4
Вагончикъ . 377.9
- для канатной дороги 406.2
- одиночный 377.6
Вагончикъ подвѣсный быстроразгружающійся 410.3
- саморазгрузочный подвѣсный 410.1
Вагонъ . . . 379.3
- для желѣзныхъ дорогъ второстепеннаго значенія 379.7
- - - - первостепеннаго значенія 379.6
- - магистральныхъ дорогъ 379.6
- - нормальной колеи 379.4
- - узкоколейныхъ дорогъ 379.5
- желѣзнодорожный 379.3
- опрокидывающійся угольный 324.9
- рудничный опрокидывающійся 324.10
- сцѣпной . . 418.1
- съ бортами 378.2
- - канатнымъ захватомъ 418.1
- - опрокиднымъ кузовомъ 378.3
- - опрокидывающимся корытообразнымъ кузовомъ 378.6
Валикъ цѣпи 29.10
Валъ 76.3
- барабана . 48.6
- главный . . 251.6
- - приводный 251.6
- гладкій . . 76.9
- колѣнный . 77.1
- колѣнчатый 77.1
- кривошипа . 178.6
- массивный . 76.6
- механизма для перемѣщенія 253.3
- передаточный 251.3
- полый . . . 76.7
- промежуточный 251.3
- пустотѣлый 76.7
- распредѣлительный 245.5
- ручки . . . 178.6
- сплошной . 76.6
- съ уступами 76.10
- ходового механизма 253.3
- цѣпной . . 31.6
- червячный 71.2
- четырехгранный 76.8
Ваттметръ . . 200.3
Ваттъ 199.8
- часовъ счетчикъ 200.3
- -часъ . . . 200.4
Ввертной винтъ 116.9
Ввинтить . . 119.3
Ввинчивать . 119.3
Вводить канатъ въ полиспастъ 51.6
- цѣпь въ полиспастъ 51.6
Вдвижное и выдвижное зубчатое колесо 68.8
Ведомый шкивъ 74.2
Ведущая вагонетка 391.10
- станція . . 395.8
Ведущее колесо 67.7
- - ходовое . 258.2
Ведущій канатъ 388.2
- моментъ . . 11.6
- шкивъ . 42.4, 74.1 395.9
Векша 47.7
Величина груза 2.6
- нагрузки . 2.6
- передачи . 61.6
- провѣса . . 399.1
- размаха поворачиванія 296.3
- раскрытія . 411.4
Велосипедный кранъ 306.6
Вентиль . . . 242.1
- водоспускной 238.5
- впускной . 196.3
- выпускной . 196.4
- запорный . 242.2
- обходной . . 242.3
- распредѣлительный 196.1

Вентиль створный 242.2
Вентильное распредѣленіе 195.3
Веревочный многоугольникъ 180.6
Вернуть телѣжку въ начальное положеніе 274.2
Вертикальная землечерпалка 373.7
- подача . . 360.4
- связь . . . 153.6
- сила 128.4
- стѣнка . . . 145.6
Вертикальное перемѣщеніе 360.4
Вертикальный листъ 145.3
- лифтъ . . . 351.4
- подъемникъ 351.4
Вертлюгъ . . 28.2
Вертлюжный крюкъ 54.5
Верстачный винтъ 117.8
Верхній балансиръ 155.6
- блокъ . . . 49.2
- конецъ укосины 297.3
- пятникъ . . 300.3 300.10
- подхватъ для черпаковой рамы 372.1
- поясъ . . . 142.3
- тяговой канатъ 390.4
- тянущій канатъ 390.4
- цѣпной барабанъ 372.8
- ящикъ элеватора 362.4
Верхняя грань набережной 380.3
- доска . . . 300.8
- коробка . . 49.2
- поддержка для черпаковой рамы 372.1
- тяга 390.4
- цапфа . . . 300.9
- часть элеватора 361.8
Вершина шахты 333.5
Вестона тормазъ 104.6
Вилки стержень 416.7
Вилочный захватъ 416.6
- - со вставными щеками 417.3 417.2
- контактъ . 206.1
Вильчатый захватъ 416.6
- - со вставными щеками 417.3
Винтовая нарѣзка 114.1
- передача . . 70.7 250.3
- стяжка . . 397.9
- сцѣпка . . 419.1
- - для ремней 74.10
- таль 51.1
Винтовое колесо 71.3
- соединеніе трубъ 240.5
Винтовой блокъ 51.1
- домкратъ . 262.1
- - на салазкахъ 262.3
- - съ трещеткой 262.4
- ключъ . . . 119.7
- подвѣсный домкратъ 263.3
- подпоръ . . 263.6
- подъемникъ 263.7
- полиспастъ 51.1
- соединитель для ремней 74.10
- спускъ . . 387.2
- стержень . 101.1 120.2
- тормазъ . 100.10
- транспортеръ 370.4
Винтовые козлы 263.6
Винтовыя впадины полаго цилиндра 115.2
Винтъ 118.6
- барашковый 117.9
- безконечный 71.1
- ввертной . 116.9
- верстачний 117.8
- для дерева . 118.2
- - мятія . . . 243.5
- - соединенія концовъ ремня 74.10
- - суженія . 243.5
- домкрата . . 262.2
- зажимной . 419.2 205.7
- закрѣпный 117.6
- обыкновенный транспортный 370.5
Винтъ, передающій движеніе 120.1
- переставной 370.6
- регулируемый 370.6
- стопорный . 117.6
- съ головкой 116.9
- - лапками . 117.9
- - потайной головкой 116.5
- - прорѣзомъ 117.7
- - утопленной головкой 116.5
- тисковый . 117.8
- тормазной . 101.1
- транспортный 370.4
- установочный 117.6
- ходовой . . 120.1
Виньолевскій рельсъ 328.3
Висячая дорога съ рельсомъ изъ круглаго желѣза 399.7
Витка лѣвый ходъ 34.2
- правый ходъ 33.10
Витки запасные намотки 44.6
Витой кабель 204.10
Витокъ . . . 201.7
- каната . . . 45.4
- цѣпи 45.7
Вихревые токи 201.6
Вкладышъ . . 87.2
- кольцевой подпятника 86.4
- переставной 87.3
- регулируамый 87.3
- шаровой . . 90.2
- шарообразный 90.2
Включаемое и выключаемое зубчатое колесо 63.8
Включать 214.2, 224.5
- въ отвѣтвленіе 225.7
- моторъ въ качествѣ генератора 107.3
- параллельно 224.9
- нослѣдовательно 224.7
Включеніе въ отвѣтвленіе 225.6
- - шунтъ . . 225.6
- групповое . 225.2
- муфты . . . 82.4
- параллельное 225.1, 225.6
Включеніе послѣдовательное 224.8
- -но-параллельное 225.3
- противотокомъ 107.6
- тормазного сопротивленія 106.8
Включенія способъ 224.6
Включенный въ отвѣтвленіе 225.8
- - шунтъ . . 225.8
- послѣдовательно 225.4
Включить 214.2, 224.5
- въ шунтъ . 225.7
- двигатель въ качествѣ генератора 107.3
- параллельно 224.9
- послѣдовательно 224.7
Влѣво восходящій раскосъ 142.3
Вмѣстимость вагона 378.1
Внутреннее зацѣпленіе 67.2
Внутренній габаритъ 304.7
- діаметръ подшипника 84.4
- - трубы . . 239.5
- поршень . . 187.2
Внутренняя нарѣзка 115.2
- сила 132.5
Внѣшнее возбужденіе 211.5
- зацѣпленіе . 67.3
Внѣшняя сила 132.4
Вода отработавшая 230.6
- подъ давленіемъ 230.3
- - напоромъ . 230.3
- расходуемая 230.6
-,теряемая отъ просачиванія 230.8
Водоотливное колесо 366.3
Водоподъемная машина 366.3
Водоподъемное колесо 366.3
Водоспускной вентиль 238.5
- кранъ . . . 238.6
- трубопроводъ 230.7
Водоструйная землечерпалка 376.1
Водочерпательное колесо 366.3

Водяной мѣшокъ 238.2
- паръ 226.8
- столбъ . . . 229.6
Возбуждающій токъ 211.7
Возбужденіе внѣшнее 211.5
- отвѣтвленное 211.3
- параллельное 211.3
- послѣдовательное 211.2
- постороннее 211.5
- шунтовое . . 211.3
Возвратный клапанъ 242.4
Воздухъ для торможенія 105.9
- сжатый . . . 234.5
Воздушная канатная дорога 392.3
- полость . . 238.7
- проводка . . 206.2
Воздушный буферъ 109.3
- заглушитель 109.3
- клапанъ . . 238.8
- колпакъ . . 238.1
- компрессоръ 234.9
- мѣшокъ . . 238.7
- подъемникъ 285.2
Возможность перегрузки 4.1
Вокансона цѣпь 29.7
Волнистое желѣзо 169.6
Волокно нейтральное 174.10
- растянутое . 174.8
- сжатое . . . 174.9
Вольтметръ . 200.2
Вольтъ 199.6
Воронка для нагрузки 385.5
- загрузочная 368.10 385.5
- - подземнаго помѣщенія 385.6
Воротникъ кожаный 191.3
- набивочный 191.3
Воротъ барабанный 269.1
- бурильный 272.6
- вспомогательный 267.7
- гидравлическій 271.2
- главный . . 267.6
- двухрельсовый катучій съ двигателемъ 273.3
Воротъ для наматыванія 270.7
- - натяженія каната 268.3
- - опрокидыванія 324.2
- - подниманія якоря 272.5
- - рудниковъ 268.2
- - складовъ . 271.6
- - строительныхъ работъ 271.5
- канатный . 268.1
- катучій . . 272.8
- - однорельсовый съ двигателемъ 273.3
- - съ двигателемъ 273.1
- колесный . 268.5
- крановой . 271.7
- маневренный 272.3
- настѣнный . 270.2
- паровой . . 271.3
- передвижной 272.7, 272.8
- подъемника 272.1
- подъемный 267.4
- предохранительный 267.8
- приводной ременной 271.1
- простой . . 269.6
- рудничный 272.2
- ручной . . 270.8
- сложный . 266.1
- со звѣздочкой 269.2
- спускной . 267.5
- спусковой . 267.5
- съ автоматическимъ захватомъ 270.6
- - винтовымъ колесомъ 268.6
- - двумя барабанами 270.5
- - - рабочими канатами 269.5
- - клинчатыми фрикціонными колесами 268.8
- - крюкомъ . 267.9
- - однимъ барабаномъ 270.4
- - - рабочимъ канатомъ 269.4
- - ручкой . . 270.9
- - червячной передачей 268.6
- фрикціонный 268.7
- цѣпной . . 268.4
- шлюзный . 265.5
- электрическій 271.4
Впадинъ кругъ 64.5
Впадины винтовыя полаго цилиндра 115.2
Вплетаніе коуша 87.8
Вплетать коушъ 87.7
Вплетенный узелъ 391.3
Вправо восходящій раскосъ 148.2
Впускная труба 240.3
Впускной вентиль 196.3
- клапанъ . . 196.3
Вращаемый . 14.4
Вращательное движеніе 14.2
- усиліе при пускѣ въ ходъ 177.5
Вращательный моментъ при пускѣ въ ходъ 177.6
Вращать . . . 14.3
- ручку . . . 179.7
- - впередъ . 180.2
- - назадъ . . 180.3
- - по направленію подъема 179.8
- - - - спуска 180.1
Вращаться вокругъ оси 14.6
- на цапфѣ . 79.9
Вращающаяся люлька 325.6
- опорная подушка 402.2
- поперечина 277.4
- цапфа . . . 79.8
Вращающихся массъ энергія 22.1
Вращающій моментъ двигателя 209.6
Вращающійся золотникъ 194.7
- контактъ . 207.5
- тупикъ-опрокидыватель 325.7
Вращеніе . . 14.2
- въ направленіи, обратномъ движенію часовой стрѣлки 15.1
- груза . . . 16.5
- по направленію часовой стрѣлки 14.11
Временная заклепка 122.6
Время 20.7
- движенія по инерціи 5.3
- загрузки . . 418.5
- опусканія . 7.8
- остановки . 5.3
- разгрузки . 418.6
- троганія съ мѣста 5.2
- ускоренія . 19.7
- ускореннаго движенія 5.2
Всасыванія насоса высота 229.7
Всасывающая головка, работающая подъ давленіемъ воды 376.7
- труба 376.8, 346.1
Всасывающій разрыхлитель 371.6
- транспортеръ 363.8
Вспомогательная лебедка 267.7
- машина . . 182.4
- телѣжка . . 275.1
Вспомогательный аккумуляторъ 232.8
- воротъ . . . 267.7
- двигатель . 218.6
- моторъ . . 218.6
- подъемный механизмъ 251.8
Вставить втулку въ подшипникъ 89.3
- втулку въ стаканъ 89.3
Вставка плавкая 208.7
Вставлять втулку въ стаканъ 89.3
Вставная ручка 179.2
- щека . . . 417.4
Встращиваніе коуша 87.8
Встращивать коушъ 87.7
Встрѣчный токъ 201.5
Вторая головка 121.1
Вторичный элементъ 197.5
Втулка барабана 43.3
- блока . . . 46.7
- колеса . . . 68.1
- муфты . . . 80.7
- нажимная сальника 190.6

Втулка подшипника 89.2
- стакана . . 89.2
- съ нарѣзкой 118.3
- ходового колеса 257.4
Втулки отверстіе 46.8
Втулочная муфта 80.6
Входъ въ шахту 335.3
Выбивать заклепки 125.2
Выбить заклепки 125.2
Вываживаніе груза 7.2
Вываживать грузъ 7.1
Вывалить изъ опрокиднаго ящика 409.2
Выводить грузъ 7.1
Выгибать . . 172.6
Выгружать . 320.3
Выгрузка . . 320.3
- и загрузка товаровъ 321.7
- на открытомъ мѣстѣ 413.11
- - ходу . . . 413.11
Выгрузочное отверстіе 335.6
Выдавить болванку изъ изложницы 314.4
Выемка боковая черпательной машины 375.3
Выемъ грунта черпаніемъ по верху откоса 374.2
- - - со дна . 374.4
- - - съ низу 374.4
Выключатель автоматическій 215.9
- главный . . 214.9
- двухполюсный 214.7
- кнопочный 215.1
- максимальный 216.2
- мгновенный 215.6
- многополюсный 214.8
- на случай опасности 216.3
- ножной . . 215.8
- однополюсный 214.6
- предохранительный 216.4
- при нулевомъ напряженіи 216.1
- - паденіи вольтажа до нуля 216.1
- рубящій . . 215.3
- рычажный . 215.2
- ступенчатый 215.7
- съ кнопкой 215.1
- - педалью . 215.8
- угольный . 215.5
- шунтовый . 216.6
- этажный . 349.3
Выключить движущую силу 282.7
- - - энергію 282.7
Вылета измѣненіе 17.2, 296.5
- перемѣна . 296.5
Вылетъ балки 136.8
- мѣнять . . 17.3
- полезный . 296.2
- противовѣса 299.3
Вынимать грунтъ бороздками 375.1
Выносъ . . . 296.3
Выплавляться, подшипникъ выплавляется 84.9
Выпуклая опорная плита 155.3
- ферма . . . 147.8
Выпуклость . 147.9
Выпускная труба 240.4
Выпускной вентиль 196.4
Выпустить воду 238.3
Вырѣзъ . . . 95.4
Высадная головка 121.1
Высверливать отверстія для заклепокъ 121.7
Выскакиваніе каната изъ вилки 416.9
Выскакивать, канатъ выскакиваетъ изъ вилки 417.1
Высота балки 144.6
- всасыванія насоса 229.7
- выступа зубца 65.4
- головки зубца 65.4
- - укосины . 296.1
- напора . . . 229.6
- опоры . . . 403.8
- опусканія . 7.9
- паденія 7.9, 386.5
- подъема 6.7, 332.2
- - воды насоса 229.3
- просвѣта . . 304.9
- ребра . . . 145.8
- свободнаго паденія 9.1
- сопротивленія 230.1
- строенія въ свѣту отъ пола до стропилъ 162.3
Высота травленія 7.9
- шахты . . . 333.4
Выступовъ кругъ 64.4
- окружность 64.4
Выступъ . . 88.8
- зуба 65.2
Высшее положеніе груза 8.1
- - крюка 8.1, 58.4
Вытравленіе каната 25.2
Вытравлять канатъ барабана 44.4
- цѣпь барабана 44.4
Вытягиваніе цѣпи 26.10
Вытягиваться, цѣпь вытягивается 26.11
Вытянутый поясъ 142.6
- раскосъ . . 142.8
- стержень . 141.5
Вычетъ заклепочныхъ отверстій 146.4
Вышарошенный зубъ 65.11
Вѣнецъ зубчатый 67.9
- - для цѣпи 81.5
Вѣсъ . . . 21.9
- крана . . . 268.9
- снѣга . . . 154.5
Вѣтвь . 203.7, 236.9
- канатной дороги 398.6
- подвѣсной дороги 420.4
Вѣтеръ . . 153.10
Вѣтренница . 153.8
Вѣтровая связь 153.8
- - накрестъ . 153.9

Г.

Габаритъ . . 290.5
- внутренній . 304.7
- поворачиванія 296.9
Гаечный ключъ 119.7
Газовая нарѣзка 115.3
Гайка 113.9
- закрѣпленная 115.6
- закрѣпная . 115.9
- подвижная . 120.4
Гайка ходовая 120.4
- шестигранная 115.5
Галлерея для обслуживанія 157.7
Галля цѣпь . 80.1
Гектоваттъ-часъ 200.5
Генераторъ . 197.4
Гербера балка 188.1
Гербера теоретическая балка съ консолями и подвѣской 188.1
Гибкая панцырная труба 377.1
-кій кабель . 205.5
- канатъ . . . 85.3
- панцырный шлангъ 377.1
Гидравлическая лебедка 271.2
Гидравлическая передача 228.6
- склепка . . 126.9
- центральная станція 228.8
- - установка 228.8
Гидравлическій воротъ 271.2
- домкратъ . 264.1
- золотникъ . 193.4
- кабестанъ . 279.3
- лифтъ . . . 352.7

Гидравлическій лифтъ непосредственнаго дѣйствія 853.1
- - посредственнаго дѣйствія 853.2
- - непрямого дѣйствія 853.2
- - прямого дѣйствія 853.1
- поворотный кранъ 302.3
- подвѣсный домкратъ 263.5
- подъемникъ 271.2 852.7
- - непосредственнаго дѣйствія 853.1
- - непрямого дѣйствія 853.2
- - посредственнаго дѣйствія 853.2
- - прямого дѣйствія 853.1
- поршень . . 188.1
- тормазъ 105.3, 106.2
- - съ масломъ 105.7
- шпиль . . . 279.3
Гидравлическое давленіе 229.4
- оборудованіе 229.1
- торможеніе 106.3
Главная балка мостового крана 289.6
- лебедка . . 267.6
- станція . . 396.3
- стронильная ферма 162.1
- тележка . . 274.3
- ферма . . . 148.2
Главный болтъ 340.9
- валъ 251.6
- воротъ . . . 267.6
- выключатель 214.9
- канатъ . . . 400.4
- подъемный механизмъ 251.7
- приводный валъ 251.6
- проводъ . . 203.3
Гладкая шпонка 78.5
-кій барабанъ 43.9
- валъ 76.9
- тяговой канатъ 390.7
- тянущій канатъ 390.7
Глазокъ . . . 89.1
Глиняная отливка 164.3
Глухой блокъ 48.1
- подшипникъ 89.5
- фланецъ . . 241.5
Головка болта 118.8
- винта . . . 118.8
- вторая . . . 121.1
- всасывающая, работающая подъ давленіемъ воды 376.7
- высадная . 121.1
- домкрата . 264.5
- закладная заклепки 120.10
- заклепки . 120.9
- заклепочная 120.9
- замыкающая 121.1
- зубца . . . 65.2
- квадратная 116.1
- колонны . . 300.7
- коромысла . 316.6
- круглая . . 116.2
- накладки . 29.9
- лотка . . . 317.2
- начальная заклепки 120.10
- основная заклепки 120.10
- первая заклепки 120.10
- пластинки . 29.9
- подкоса . . 307.2
- потайная . 116.4
- прямоугольная 116.3
- рычага . . 245.8
- тавровая . . 116.3
- утопленная 116.4
- четырехгранная 116.1, 116.3
- шестигранная 115.10
Головки укосины высота 296.1
Головокъ кругъ 64.4
Голый проводникъ 204.3
- проводъ . . 204.3
Горизонтальная подача 360.5
- связь . . . 158.5
- сила 128.5
- стрѣлка . . 421.4
Горизонтальное передвиженіе 12.4
- перемѣщеніе 360.5
-ные схваты для болванокъ 59.2
-ныя клещи для болванокъ 59.1
Горнъ для нагрѣва заклепокъ 126.3
Горный подъемникъ 395.2
- фуникуляръ 395.2
Горшкообразный магнитъ 108.6
Готовый къ дѣйствій 282.3
Грань набережной верхняя 380.3
Графическое построеніе Кремона, опредѣляющее усиліе въ стержняхъ фермы 144.2
- - перемѣщеній фермы въ своей плоскости 186.6
Гребенчатая пята 79.4
-тый подшипникъ 86.8
Гребень ходового колеса 255.6
Гриссона передача 72.5
Груза положеніе 184.5
Грузило крюка 53.7
- шаровое . . 53.8
Грузильщики 321.8
Грузить 320.2, 326.6
Грузка судна 322.7
Грузовая балка 289.6
- укосина . . 299.6
- цѣпь . . 32.6, 55.9
Грузовое плечо рычага 11.5
- судно . . . 323.3
Грузовой аккумуляторъ 232.4
- барабанъ . 46.2
- - аккумулятора 232.5
- бугель . . . 55.5
- канатъ . 36.5, 55.9
- конецъ . . . 25.6
- - цѣпи . . . 27.2
- крюкъ . . . 52.6
- магнитъ . . 56.6
- - съ подвижными полюсами 56.8
- - - предохранительными скобами 57.1
- - - - схватами 57.1
- моментъ . . 11.4
Грузовой подъемникъ 351.2
- поршень . . 188.3
- роликъ . . 47.6
- цилиндръ . 189.3
- - аккумулятора 232.5
Грузовъ система 184.2
Грузонаправляющій стержень 277.1
Грузоподъемная машина 1.1
- цѣпь . . . 32.6
-ное приспособленіе 1.1
Грузоподъемность 2.5
- крана . . . 283.2
Грузоподъемный барабанъ 46.2
- блокъ . . . 47.6
- канатъ . . 36.5
- коробъ . . 359.3
- крюкъ . . . 52.6
- магнитъ . . 56.6
- - съ подвижными полюсами 56.8
- - - предохранительными скобами 57.1
- - - - схватами 57.1
- полиспастъ 49.8
- шкивъ . . 47.6
Грузчикъ . 321.8
Грузъ 1.2
- подымаемый 332.1
- крана . . . 282.10
- максимальный 2.1
- массовый 384.2, 384.3
- мертвый . . 1.4
- навалочный 322.5, 384.2, 384.3
- натяжной 397.10
- перемѣщаемый 359.6
- подаваемый 359.6
- подвижной . 134.1
- подымаемый 2.3
- полезный . 1.3
- полный . . 2.1
- предѣльный 2.1
- пробный . . 2.2
- рабочій . 1.3, 2.3
- сосредоточенный 133.3
- тормазный . 100.7
- товарный . 322.1
- шаровой . . 53.8
- штучный . 322.4

Грундбукса . 190.7
Грунтовка . . 161.4
- масляная . 161.6
- сурикомъ 161.5
Групповое включеніе 225.2
-вый полиспастъ 50.5
Групповый приводъ 176.5
Грѣться, подшипникъ грѣется 85.1
Грязевикъ . . 238.1
Гука шарниръ 84.1
Густая смазка 85.7

Д.

Давать искры 218.1
Давленіе воздуха 234.8
- въ воздушномъ колпакѣ 231.6
- - - котлѣ . 231.6
- - пятѣ . . . 189.3
- - трубопроводѣ 235.7
- вѣтра . . . 154.2
- гидравлическое 229.4
- защемленія 418.6
- избыточное 227.1
- клина . . . 78.2
- колеса . . . 254.2
- края 288.7
- на грунтъ . 288.6
- - единицу поверхности 84.7
- - зубецъ . . 65.5
- - зубъ . . . 65.5
- - опору . . 404.2
- - ось 75.8
- - подшипникъ 84.6
- - поршень . 186.1
- - почву . . 288.6
- - рельсъ . . 328.2
- - рукоятку . 178.1
- - стѣнки отверстія 121.5
- - фундаментъ 288.4
- - цапфу . . 78.7
- опорное . 187.5, 154.10
- пара 227.1
- - абсолютное 227.2
- - манометрическое 227.1
- - сверхъ атмосфернаго 227.1
-, производимое аккумуляторомъ 232.8
- рабочее . . 229.5
- тормазное . 96.6
- ходового колеса 254.2
- цапфы . . . 78.7
Давящій тормазной магнитъ 110.1
Дать машинѣ полную нагрузку 183.2
Дверка . . . 385.7
Дверная петля 387.2
-ной замокъ . 387.3
- контактъ . 388.6
Дверца откидного дна 409.6
- топочная . 227.6
Дверь двустворчатая 385.9, 386.2
- задвижная 386.4
- одностворчатая 386.1
- откидная . 386.6
- открывается внутрь 387.1
- - наружу . 387.1
- съ автоматическимъ затворомъ 386.7
- шахты . . . 385.8
Двигатель . . 182.3
- вспомогательный 213.6
- для быстраго поворота 259.4
- - перемѣщенія укосины 260.6
- - подъема . 251.5
- закрытый . 212.1
- - съ вентиляціей 212.2
- капсельный 212.2
- коллекторный перемѣннаго тока 213.3
- крановой ходовой 253.6
- однофазнаго тока 213.1
- открытый . 211.8
- перемѣннаго тока 212.8
- - - съ коллекторомъ 213.3
- подъемника 345.3
- подъемный 345.9
- постояннаго тока 212.4
- приводный . 213.5
- со смѣшанной обмоткой возбужденія 212.7
Двигатель со смѣшаннымъ возбужденіемъ 212.7
- съ послѣдовательнымъ возбужденіемъ 212.5
- - фланцемъ для непосредственнаго соединенія 212.3
- тормазной . 110.6
- трехфазнаго тока 213.2
- ходового механизма 253.5
- ходовой . . 253.5
- шунтовой . 212.6
Движеніе . . 18.1
- быстрое поворотное 16.8
- вверхъ . . 6.4
- внизъ . . . 6.5
- вращательное 14.2
- груза обратное 9.7
- крана . . 288.10
- криволинейное 19.1
- неравномѣрное 19.3
- по инерціи . 4.8
- - кривой . . 19.1
- прямолинейное 18.5
- равномѣрное 19.2
- равноускоренное 19.4
- стрѣлы . . 17.1
- укосины 17.1, 298.5
Движенія направленіе 6.1
Движущая сила 177.3, 282.6
- энергія 177.3, 282.6
-щее ходовое колесо 253.2
Движущихся массъ энергія 21.11
Движущій блокъ 48.2
- механизмъ крапа 288.11
- моментъ . . 11.6
- полиспастъ 50.1
Двойная зубчатая передача 63.5
- накладка . 149.6
- колесная передача 63.5
- стяжка . . 397.8
Двойной барабанъ 45.10
- блокъ . . . 48.3
- заклепочный швъ 123.8
- канатъ . . . 333.2
- ключъ . . 119.8
- контроллеръ 222.3
- крюкъ . . . 54.3
- лифтъ . . . 351.3
- мостовой кранъ 292.5
- подъемникъ 351.3
- поршень . . 195.2
- ремень . . . 74.6
- рычагъ . . 246.7
- узелъ . . . 391.7
Двунога . . . 307.8
- опорная для каната 404.5
Двуногая опора для каната 404.5
Двуплечій рычагъ 246.7
Двусрѣзная заклепка 124.4
-ный заклепочный швъ 124.3
Двустворчатая дверь 385.9, 386.2
Двутавровое желѣзо 168.5
Двухбарабанная лебедка 270.5
-ный подъемный механизмъ 252.2
Двухбороздчатый канатный блокъ 48.4
Двухкамерный цилиндръ 189.2
Двухканатный лифтъ 341.2
- подъемникъ 341.2
- схватъ . . 412.3
Двухколейная откатка 393.3
- самотаска . 393.3
-ный откатъ . 393.3

Двухколесная тележка 275.7
-ное ходовое устройство 254.5
-ный балансиръ 254.5
Двухоборотная нарѣзка 114.5
Двухполюсный выключатель 214.7
Двухрельсовая подвижная моторная лебедка 278.3
-вый катучій воротъ съ двигателемъ 278.3
Двухрядный заклепочный шовъ 123.3
Двухступенчатый барабанъ кабестана 278.6
- барабанъ шпиля 278.6
Двухфазный токъ 201.3
Двухходовая нарѣзка 114.5
- червячная передача 71.3
Двухцѣпный схватъ 412.3
Двухшарнирная арочная ферма 139.6
Деревянная конструкція 159.3
- обшивка . . 294.3
- опора . . . 404.3
- стрѣла . . . 307.4
- укосина . . 307.4
-ное сооруженіе 159.3
-ные козлы . 159.2
-ный домкратъ 264.9
Державка собачки 104.8
Держатель тормазной ленты 103.2
Деррикъ-кранъ 306.8
- - - ручной . 307.2
Динамо . . . 197.4
Динамовозбудитель 211.6
Динамомашина 197.4
Дисковая муфта 80.11
-вое колесо . 257.7
-вый поршень 186.5
- тормазъ . . 103.4
Дискъ опорный тягового каната 402.3
- стяжной соединительный 80.12
- тормазной . 96.2
- тренія . . . 103.9
- упорный . . 86.2
- фрикціонный 103.9
Дифференціальная таль 50.6
-ный барабанъ 45.11
- блокъ . . . 50.6
- винтовой домкратъ 262.5
- полиспастъ 50.6
- поршень . . 187.3
- тормазъ . . 103.3
Діагональ . . 142.7
- концевая . 143.1
- растягиваемая 142.8
Діагональная связь 152.8
-ное крѣпленіе 152.8
Діаметральный шагъ 64.8
Діаметръ каната 33.7
- окружности наматыванія каната 35.6
- трубы въ свѣту 239.5
- ходового колеса 255.2
- цилиндра . 188.6
Длина добавочная на сплетеніе 38.3
- звена въ свѣту 28.5
- наматыванія 44.5
- обмоточная барабана 44.5
- пути перемѣщенія 18.5
- - подачи . . 859.5
- - тренія . . 22.6
- рельсоваго пути 826.3
- свободная . 144.5
- стержня . . 141.3
- - подверженнаго продольному изгибу 172.3
- элемента . 141.3
- - теоретическая 140.5
Длительная нагрузка 183.2
Дно предохранительное 844.5
Добавить силу 128.7
Добавочная длина на сплетеніе 38.3
- катушка . 201.10
-ное напряженіе 198.9
- сопротивленіе 223.8
Доменный элеваторъ 856.1
Домкратъ бутылочный 262.7
- бутыльчатый 262.7
- вагонный . 264.4
- винтовой . . 262.1
- - на салазкахъ 262.8
- - съ трещеткой 262.4
- въ треножникѣ 262.6
- гидравлическій 264.1
- - подвѣсный 263.5
- деревянный 264.9
- дифференціальный винтовой 362.5
- для вагоновъ 264.4
- - подъема бочекъ 265.4
- - - камня . 265.3
- клепальный 125.9, 263.1
- котельный . 265.1
- нажимной и стяжной 263.4
- паровозный 264.8
- подвѣсный 263.2
- - винтовой . 263.3
- простой рычажный 261.3
- съ зубчатой рейкой 264.3
- треножный 262.6
Дорога безрельсовая 861.1
- безъ рельсовъ 861.1
- висячая съ рельсомъ изъ круглаго желѣза 899.7
- двойного дѣйствія 888.4
- для откатки рудъ 859.4
- - подачи грузовъ 859.4
- канатная . 899.8
- - англійская 894.1
- -, ведущая къ рудничнымъ отваламъ 894.6
Дорога канатная воздушная 892.3
- - колошниковая 894.5
- - механическая 888.1
- - морская . 894.7
- - на сушѣ . 894.7
- - непрерывнаго дѣйствія 892.8
- - нѣмецкая 894.2
- -, обслуживающая суда 894.8
- -, - эллингъ 422.3
- - переносная 894.3
- - съ движеніемъ въ оба направленія 892.7
- черезъ долину 895.1
- лѣсовозная 893.6
- одноканатная 894.1
- подвѣсная . 419.6
- - электрическая 422.1
- проволочноканатная 892.3
- - - загрузочная 894.4
- - - съ тормазомъ 893.7
- простого дѣйствія 888.3
- сомкнутая . 889.1
- съ безконечнымъ канатомъ 889.1
- - верхней тягой 890.7
- - верхнимъ тяговымъ канатомъ 890.3
- - двумя канатами для прямого и обратнаго хода съ приводомъ отъ одной машины 889.4
- - - отдѣльными канатами, приводимыми каждый своей машиной, для прямого и обратнаго хода 889.3
- - - передними канатами и съ однимъ заднимъ 890.1
- - замкнутымъ канатомъ 889.1
- - конечнымъ канатомъ 888.5

Дорога съ нижней тягой 390.5
- - нижнимъ тяговымъ канатомъ 390.5
- - - тянущимъ канатомъ 390.5
- - уклонными плоскостями 361.4
- - уклонными плоскостями 361.4
- трехканатная 394.2
- цѣпная . . . 392.1
Доска верхняя 300.8
Доска коммутаціонная 213.7
- настилочная 157.6
- распредѣлительная 213.7
- съ зажимами 205.8
- клеммами . 205.8
- фундаментная 288.1
Досчатый настилъ 157.5
Дощечка съ контактными кнопками 349.6
Дроссельная заслонка 243.4
Дроссельный клапанъ 243.4
Дуга обхвата 101.9
- поворота . . 14.9
Дужка D-образная 55.7
- крюка . . . 55.6
Дыра заклепочная 121.3
Дырчатое листовое желѣзо 169.5
Дѣйствіе груза обратное 96.7
- крана . 281.6, 288.4
- сжатымъ воздухомъ 284.4
Дѣйствіе съ перерывами 196.10
- - самозахватомъ 410.4
- тормазное . 97.5
- тормазящее 97.5
Дѣленіе заклепочнаго шва 123.3
- по этажамъ 350.8
Дѣлительная окружность 64.3
-ный кругъ . 31.1
Дѣло транспортное 358.1
Дюбуа тормазъ 104.6

Е.

Емкость аккумулятора 232.2
Емкость вагонетки 407.6

Ж.

Желобокъ ходового ролика 406.2
Желобчатое колесо 78.3
Желобчатый барабанъ 43.10
- лотокъ . . . 369.6
- ходовой роликъ 406.1
Желобъ барабана 44.1
- блока . . . 46.6
-, движущійся толчками 370.1
- загрузочный 386.4
- качающійся 369.8
- подвижной съ лопатками 369.7
- со встряской 369.9
- спускной . . 386.3
- ссыпной . . 387.3
- транспортерный 369.5
Желтая мѣдь 169.9
Желтое литье 169.9
Желѣзная балясина перилъ 158.2
- конструкція 158.8
- опора . . . 404.4
Желѣзнодорожный буферъ 327.8
- вагонъ . . . 379.3
- кранъ . . . 303.4
- рельсъ . . . 328.8
Желѣзное сооруженіе 158.8, 158.9
Желѣзные козлы 159.1
Желѣзный канатъ 38.9
- листъ . . 168.11
Желѣзныя подмости 159.1
Желѣзо . . . 163.2
- брусковое . 167.6
- волнистое . 169.6
- двутавровое 168.5
- для жесткости 152.4
- - перекрытія стыковъ 149.1
- - поясовъ 145.10
- - соединенія 150.5
- - укрѣпленія 152.4
- дырчатое листовое 169.5
- заклепочное 121.9
Желѣзо Z-образное 168.7
- зетовое . . . 168.7
Желѣзо Зоресъ 168.9
- квадратное 167.8
- - фасонное . 168.8
- ковкое мягкое 164.8
- коробчатое . 168.6
- корытное . 168.6
- котельное листовое 169.1
- круглое . . 167.7
- кубовое листовое 169.1
- листовое . 168.10
- - толстое . . 169.1
- - тонкое . . 169.2
- литое . . . 165.1
- обручное . 168.1
- перфорированное листовое 169.5
- плоское . 167.10
- полосовое 167.10
- поясное . 145.10
- продырявленное листовое 169.5
- прокатное . 167.2
- профильное прокатное 168.2
- прутковое . 167.6
- рифленое . 169.4
Желѣзо сварочное 165.2
- сортовое прокатное 168.2
- тавровое . . 168.4
- угловое . . 168.3
- универсальное 167.5
- U-образное . 168.6
- цинкованное 169.3
- цѣпное . . 28.7
- шахматное . 169.4
- швелерное . 168.6
- шестигранное 167.9
- шинное . . 168.1
Жесткость каната 35.4
Жесткая рама 151.3
Жесткое соединеніе 80.5
- укрѣпленіе 152.1
- - вертикальной стѣнки 145.4
- - пояса . . 146.6
- - ребра . . 145.4
Живая сила . 21.7
Жидкость для гидравлическаго тормаза 105.6
- рабочая . . 280.2

З.

Забирать, тормазъ забираетъ 99.4
Заварная цѣпь 28.9
Заводской кранъ 310.4
Заводъ для постройки крановъ 280.4
- краностроительный 280.4
Заглушитель воздушный 109.3
Заглушка . . 241.5
Заготовка . . 167.3
Загружать . 320.2 413.2
Загрузить . . 413.2
Загрузка . . 413.3 320.7

Загрузочная воронка 368.10, 385.5
- - подземнаго помѣщенія 385.6
- машина . . 368.8
- набережная 380.2
- проволочно-канатная дорога 394.4
- станція . . 396.1
Загрузочное коромысло 316.5
- отверстіе . . 335.5
- приспособленіе 316.4, 321.1, 368.7
Загрузочный желобъ 386.4
- кранъ . . . 316.7
- лотокъ . . . 317.1
- совокъ . . . 317.4
Загрузочныя работы 321.5
Задвижка 95.6, 242.8 338.2, 385.8
- опорная . . 344.8
- предохранительная 338.3
Задвижная дверь 336.4
- рѣшетка . . 336.5
Задерживающая зубчатая рейка 342.8
- колодка . . 343.1
- кремальера 342.8
- пластина . . 76.1
Задерживающій клинъ 343.6
- кулакъ . . 343.1
- механизмъ . 92.7
Задержка . . 93.6
Задираться, подшипникъ задирается 85.2
Задній канатъ 389.7
- ходъ 14.1
Зажатіе тормаза 99.3
Зажиматься, тормазъ зажимается 99.4 99.6
Зажимающій конусъ 94.4
- остановъ съ кулакомъ 94.3
Зажимная колодка 343.2
- планка . . 76.1
- плита . . . 328.6
- щека . . . 418.5
-ное кольцо . 77.6
Зажимной конусъ 94.4
- роликъ . . 343.3
-ный винтъ 205.7, 419.2
Зажимъ 94.3, 205.6, 328.6
- канатный . 418.4
- роликовый . 343.3
- тягового каната 418.7
- эксцентриковый 343.4
Заземленная линія 204.1
-ный проводъ 204.1
Заземлить . . 204.2
Зазоръ ходового колеса 255.8
Закаленная отливка 164.6
Закидной установъ 95.9
Закладная головка заклепки 120.10
Закладываемая защелка 95.9
-мый крючокъ 95.9
Заклепка . . 120.6
- временная . 122.6
- двойного перерѣзыванія 124.4
- двусрѣзная 124.4
- многократнаго перерѣзыванія 124.6
- многосрѣзная 124.6
- одиночнаго перерѣзыванія 124.2
- односрѣзная 124.2
- поясная . . 146.3
- предварительная 122.6
-, работающая на растяженіе 122.5
-, - - срѣзъ . 122.4
- растягиваемая 122.5
- соединительная 150.6
- срѣзываемая 122.4
- стыковая . 149.3
- съ полупотайной головкой 122.2
- - полуутопленной головкой 122.2
- - потайной головкой 122.1
- - утопленной головкой 122.1
Заклепникъ . 125.5
Заклепный нажимъ 125.9, 263.1
Заклепочная головка 120.9
- дыра . . . 121.3
Заклепочное желѣво 121.9
- скрѣпленіе 122.7
Заклепочный клуппъ 126.2
- молотокъ . 125.5
- шовъ . . . 123.2
- - съ двойнымъ перерѣзываніемъ 124.3
- - - многократнымъ перерѣзываніемъ 124.5
- - - одиночнымъ перерѣзываніемъ 124.1
-ныя клещи . 126.1
Заклепываніе 125.1
Заклепывать 124.7
Заклиненный барабанъ 48.7
Закраина барабана 48.2
- вкладыша . 88.1
Закромъ . . . 365.3
Закругленіе пути 329.7
Закрыванія сила 411.8
Закрытая будка машиниста 293.7
- червячная передача 71.5
- шахта лифта 334.1
- - подъемника 334.1
Закрытіе дверей 337.7
Закрытый двигатель 212.1
- - съ вентиляціей 212.2
- канатъ . . 40.4
- моторъ . . 212.1
- - съ вентиляціей 212.2
Закрѣпить анкерными болтами 288.2
- болтомъ . . 119.4
- винтомъ . . 119.4
Закрѣпленіе анкерными болтами 288.3
- болванки . 317.7
- каната . . . 36.3
- конца цѣпи 45.8
Закрѣпленія моментъ 139.9
- мѣсто . . . 139.8
Закрѣпленная балка 139.7
- гайка . . 115.6
Закрѣплять анкерными болтами 288.2
- болванку . 317.3
- болтами . . 119.4
- винтами . . 119.4
Закрѣпляющій болтъ 118.5
Закрѣпная гайка 115.9
-ный винтъ . 117.6
Заливать вкладышъ 87.5
- - бѣлымъ металломъ 87.6
Заливка вкладыша 87.4
Залить вкладышъ 87.5
- - бѣлымъ металломъ 87.6
Заложить собачку 94.5
Замазка асфальтовая 160.10
Замазывать швы замазкой 160.9
Замедленіе . 20.3
Замедленная передача 61.9
Замедленное неравномѣрно движеніе 20.6
- равномѣрно движеніе 20.2
Замедлительная передача 61.9
Замедлить движеніе посредствомъ передачи 62.1
Замедлять ходъ торможеніемъ 113.4
Замедляющая сила 20.4
-щее торможеніе 113.3
-щій моментъ 20.5
Замерзать, вода замерзаетъ 231.1
Замкнутый многоугольникъ 130.1
Замкнуть коротко 226.1
- на короткое 226.1
- цѣпь . . . 216.9
Замокъ дверной 337.3
- для канатовъ 37.10
- - цѣпи . . . 30.4
- захватывающій 417.6
- Пасквилля . 337.5

Замокъ предохранительный 337.4
- цѣпной . . 30.4
Замыканіе короткое 225.10
- магнитное управляющаго механизма 350.1
- на короткое 225.9
- тока 217.1
- управляющаго механизма 349.8
- электромагнитное управляющаго механизма 350.2
- якоря на короткое 106.8
Замыканія сила 411.8
Замыкательный канатъ 411.9
Замыкать коротко 226.1
- на короткое 226.1
- цѣпь 216.9
Замыкающая головка 121.1
- линія . . . 130.7
- сторона . . 130.7
Замыкающій аппаратъ стрѣлки 421.6
- болтъ . . . 30.5
Западаніе собачки 95.2
Запасная машина 132.5
-ныя витки намотки 44.6
Запасъ прочности на разрывъ 170.3
Заплечикъ вала 77.5
Запорная перекладина 338.,4
Запорный брусъ 338.4
- вентиль . . 242.2
- кранъ . . . 242.7
Заслонка дроссельная 243.4
Засовъ . . . 338.2
- предохранительный 338.8
Засыпать въ мѣшки 365.2
Затворъ дверей 337.7
- - обязательный 337.8
- трубы . . . 241.3
- задвижкой . 338.1
- шахты . . . 335.7
Затормаживаніе 98.6, 99.3
Затормаживанія періодъ 98.7
Затормозить, тормазъ заторможенъ 99.7
Затрата работы 10.7
Затяжка . . . 138.5
Затяжная ферма 138.4
Затянуть болтъ 118.6
Захвата сила 411.7
Захватное кольцо 94.2
-ныя щеки . 411.3
Захватъ 324.4, 342.6
- вилочный . 416.6
- - со вставными щеками 417.2
- вильчатый . 416.6
- - со вставными щеками 417.3
- для каната 416.5
- - удержанія на рельсахъ 285.6
- наставной съ втулкой 417.5
- предохранительный 344.3
- роликовый . 343.3
- самодѣйствующій 324.7
- съ колѣннымъ рычагомъ 417.8
- - колѣнчатымъ рычагомъ 417.8
- узловой . . 391.2
- упругій . . 417.7
- эксцентриковый 343.4
Захватывать . 410.7
-,тормазъ захватываетъ 99.6
Захватывающее колесо 134.6
Захватывающій замокъ 417.6
- клинъ . . . 343.6
- узелъ . . . 391.2
Захлестываніе цѣпи 26.6
Захлестывать цѣпь захлестываетъ 26.7
Зацѣпленіе . 94.6
- внутреннее 67.2
- внѣшнее . . 67.3
- зуба 66.3
- разверточное 66.8
- собачки . . 95.2
- точечное . . 67.1
Зацѣпленіе циклоидальное 66.7
- цѣвочное . 66.9
- эвольвентное 66.8
Зацѣпленія шагъ 64.6
Зацѣплять собачкой 94.5
Защелка 95.6, 342.7
- закладываемая 95.9
Защелкивающій механизмъ 95.8
Защемленіе крана 289.3
- ходового колеса 256.1
Защемленія давленіе 418.6
Защемляться, катки защемляются 91.4
-,кранъ защемляется 289.2
-,ролики защемляются 91.4
-, ходовое колесо защемляется 256.2
Защемляющій канатный приборъ 418.8
- приборъ съ зажимными щеками 418.8
Защитить проводъ предохранителемъ 208.4
- - -,разсчитаннымъ на силу тока, меньшую нормальной 208.5
Заѣдаться, подшипникъ заѣдается 85.2
Звено концевое 30.2
- крайнее . . 30.2
- соединительное 30.4
- цѣпи . . . 28.4
Звенышко . . 29.8
Звѣздообразная фундаментная плита 300.11
Звѣздочка . . 30.7
Зданіе . . . 161.8
- -складъ . . 381.2
Землесосъ съ поршневыми насосами 376.4
Землечерпалка 370.8
- вертикальная 378.7
Землечерпалка водоструйная 376.1
- для колодезныхъ насосныхъ шахтъ 376.5
- паровая . . 371.4
- ручная . . 371.3
- цѣпная . . 376.2
- - съ совкомъ 376.3
Землечерпательная машина 370.8, 376.1, 376.2
- - плавучая 375.4
- - для выема сухого грунта 374.5
- - - работъ выше уровня дна котлована 374.1
- - - - ниже уровня дна котлована 374.3
- - - - по верху котлована 374.1
- - - - со дна котлована 374.3
- - съ вертикальной рамой 373.7
- - - клещами 375.9
- - - ковшами 371.7
- - - наклонной рамой 373.3
- - - подвижнымъ подвѣснымъ черпакомъ 375.6
- - - совкомъ 376.3
- - - черпакомъ на рычагѣ 375.5
Зеркало золотниковое 192.10
Зерновое тѣло 384.5
-вой этажный амбаръ 381.9
Зерноподъемъ 365.1
Зернохранилище 381.7
- для ссыпки хлѣба 382.2
Зетовое желѣзо 168.7
Золотниковая коробка 193.2
- скалка . . . 193.3
Золотниковое зеркало 192.10
- распредѣленіе 192.8
Золотниковый каналъ 193.1
- столъ . . 192.10
- штокъ . . . 193.3
Золотникъ вращающійся 194.7

Золотникъ гидравлическій 194.2
- D-образный 194.4
- коробчатый 193.4
- - плоскій . 194.4
- паровой . . 194.1
- плоскій . . 194.3
- поворотный 194.7
- поршневой . 195.3
- разгруженный 194.6
- распредѣлительный 192.9
- уравновѣшенный 194.6
- цилиндрическій 195.3
Зоресъ желѣзо 168.9
Зуба боковая поверхность 64.10, 65.1
- шагъ . . . 64.6
Зубецъ . 30.8, 64.9
-, вышарошенный изъ цѣлаго 66.1
- литой необработанный 65.9
- строганный 66.2
- угловой . . 68.6
- фрезированный 65.11
- храповика . 93.7
- храповаго колеса 93.7
- шевронный 68.6
Зубца очертаніе 65.1
- профиль . . 64.10
Зубчатая задерживающая рейка 342.8
- муфта . . . 82.7
- передача 62.7, 63.1
- - двойная . 63.5
- рейка . . . 63.8
Зубчатое колесо 64.2
- - вдвижное и выдвижное 63.8
- - включаемое 63.8
-и выключаемое - цѣпное колесо 31.4
Зубчатый вѣнецъ 67.9
Зубчатый вѣнецъ для цѣпи 31.5
Зубчатый ободъ 67.9
- приводъ . . 63.2
- остановъ . . 93.4
Зубчатыхъ колесъ пара 63.4
Зубъ . 30.8, 64.9, 82.8
- вышарошенный 65.11
- литой необработанный 65.9
- нарѣзанный 65.10
- схвата . . . 411.6
- строганный 66.2
- угловой . . 68.6
-, фрезированный изъ диска . 66.1
Зѣвъ клещей . 57.6

И.

Игольчатый клапанъ 243.5
Избытокъ тормазнаго усилія 99.9
Избыточное давленіе 227.1
- торможеніе . 99.9
Изгибающій моментъ 135.5
Изгибъ . . . 174.6
- каната . . . 35.2
- продольный 172.1
- трубы . . . 237.4
Изложница . 166.7
Измѣненіе вылета 17.2, 296.5
- уклона . . . 399.3
Измѣнить направленіе тока 216.8
Измѣняемость вылета 17.7
Измѣнять наклонъ способный 17.6
- - стрѣлы способность 17.7
Изнашиваніе каната 38.5
- цѣпи 26.4
Изнашиваться, подшипникъ изнашивается 84.9
-, цѣпь изнашивается 26.5
Износъ каната 38.5
- цѣпи . . . 26.4
Изолированный проводникъ 204.4
Изоляторъ . . 204.6
Изоляція . . . 204.5
Инерціи моментъ 175.4
Инструментъ клепальный 125.4
Инфлюэнтная кривая 136.4
- линія 136.4
- площадь . . 136.5
Импульса тока положеніе 221.2
Импульсъ тока 221.3
Искра при замыканіи 217.7
- - размыканіи 217.8
Искрить . . . 218.1
Искрообразованіе 217.5
Искротушитель электромагнитный 217.8
Испытаніе на разрывъ 27.8
- - растяженіе 27.10
- цѣпи 27.7

К.

Кабель бронированный 205.1
- витой . . 204.10
- гибкій . . . 205.5
- для подземной прокладки 204.11
- подземный 204.11
- свинцовый . 205.7
- съ вулканизованной резиной 205.3
- электрическій 204.9
Кабельный канатъ 40.3
- наконечникъ 205.9
Кабестанъ . . 278.1
- гидравлическій 279.3
Кабестанъ для подниманія якоря 279.5
- паровой . . 279.2
- простой . . 278.9
- ручной . . . 278.8
- судовый . . 279.6
- съ двухступенчатымъ барабаномъ 278.7
- одноступенчатымъ барабаномъ 278.5
- электрическій 279.4
Кабина лифта 340.5
- подъемника 341.4
Калиброванная цѣпь 29.5
Каменная набережная 380.4
- шахта лифта 334.2
- - подъемника 334.2
Камень подферменный 155.2
Канавка барабана 44.1
- блока . . . 46.6
- шпоночная . 77.9
Канализація . 202.7
Каналъ золотниковый 193.1
Каната діаметръ 33.7
- жесткости коэффиціентъ 35.5
- конструкція 39.4
- направленіе 41.7
Канатная дорога 399.9
- - англійская 394.1
- -, ведущая къ рудничнымъ отваламъ 394.6
- - воздушная 392.3
- - колошниковая 394.5
- - морская . 394.7
- - на сушѣ . 394.7
- - непрерывнаго дѣйствія 392.8
- - нѣмецкая 394.2
- -, обслуживающая суда 394.8
- -, - эллингъ 422.3
- - переносная 394.2
- - постояннаго дѣйствія 392.8

Канатная дорога съ движеніемъ въ оба направленія 392.7
- - черезъ долину 395.1
- лебедка . . 268.1
- механическая дорога 388.1
- откатка. . . 398.5
- передача . . 42.3
- петля . . . 25.5
- самотаска . 393.5
- сцѣпка . . . 37.10
- таль 51.4
- телѣжка . . 275.2
- тяга 388.1
Канатные шкивы, послѣдовательно поставленные 402.5
Канатный барабанъ 45.3
- блокъ . 46.9, 51.4
- воротъ . . . 268.1
- зажимъ . . 418.4
- защемляющій приборъ 418.3
- крюкъ . . . 54.2
- отжимъ . . 401.3
- откатъ . . . 378.5
- полиспастъ 51.4
- приводъ . . 42.2
- роликъ направляющій 41.3
- ручной подъемникъ 352.4
- - приводъ . 181.7
- соединитель 37.10
- спускъ съ тормазымъ приспособленіемъ 391.9
- станокъ . . 36.1
- тормазъ . . 105.1
- шкивъ . . . 46.9
- - для управленія 248.6
- - концевой . 403.2
Канатонажиматель 401.3
Канатъ . . . 38.6
- безконечный 389.2
- ведущій . . 388.2
- верхній тянущій 390.4
- гибкій . . . 35.3
- главный . . 400.4
- грузовой 36.5, 55.9
- грузоподъемный 36.5
- двойной . . 388.2
- для воротовъ 41.5
- - груженыхъ вагоновъ 389.6
- - крановъ . 41.2
Канатъ для обратнаго движенія 389.4
- - перемѣщенія 252.6
- - подъемниковъ 41.3
- - порожнихъ вагоновъ 389.7
- - управленія 248.7
- - шахтныхъ подъемниковъ 41.4
- желѣзный . 38.9
- задній . . . 389.7
- закрытый . 40.4
- замыкательный 411.9
- изъ прядей 39.5
- - стренгъ . 39.5
- - толстыхъ проволокъ 39.3
- - тонкихъ проволокъ 39.2
- кабельный . 40.3
- круглый . . 40.7
- ленточный . 40.9
- лифта . . . 332.8
- массивный . 41.1
- натянуть . . 397.4
- ненатянутый 34.9
- остановочный 412.1
- оцинкованный проволочный 39.1
- пеньковый . 38.6
- переводный 248.7
- передаточный 42.7
- передній . . 389.6
- плоскій . . 40.9
- погрузочный 400.2
- поддерживающій 400.4
- подъемника 332.8
- подъемный 332.7, 411.9
- полузакрытый 40.5
- полый . . . 40.11
- приводный 42.5, 184.3
- проводный . 42.7
- проволочный 38.10
- противовѣса 333.1
- путевой . . 388.2
- разгрузочный 400.3, 412.1
-, свитый влѣво 34.3
-, - вправо . . 34.1
- симплексъ . 40.6
- соединительный 390.2
- спиральный 40.2
- сплошной . 41.1
Канатъ стальной 38.8
- съ двойными плоскими прядями 39.10
- - плоскими прядями 39.9
- - треугольными прядями 40.1
- - узлами . . 391.1
- - цѣпными вставками 390.7
- тяговой 36.6, 400.5
- - верхній . 390.4
- - гладкій . 390.7
- тяговый см. канатъ тяговой
- тянущій гладкій 390.7
- узловой . . 391.1
- установочный 414.2
- хлопчатобумажный 38.7
- цѣпной . . 390.3
- четырехгранный 40.10
- четырехугольнаго сѣченія 40.10
- элеватора плоскій 363.1
Кантованіе болванки 317.10
Кантовать болванку 317.9
Капсельный двигатель 212.2
Кардана шарниръ универсальный 84.1
Касательный клинъ 78.4
Катаніе . 12.7, 13.1
Катанія поверхность 255.5
Катить . . . 12.3
Катиться . . 12.6
Катки, придающіе лентѣ форму лотка 367.5
Катокъ . 91.2, 258.7
- въ видѣ двухголовчатаго рельса 156.1
- для подшипника 91.10
- уравновѣшивающій 259.1
Катучій . . . 13.2
- воротъ . . 272.8
- - съ двигателемъ 273.1
- двухрельсовый воротъ съ двигателемъ 273.3
Катучій однорельсовый воротъ съ двигателемъ 273.2
Катушка . . 201.3
- добавочная 201.10
- искротушителя 217.9
- предохранительная 201.9
- реактивная 202.1
- реакціонная 202.1
- съ самоиндукціей 202.2
Катящее треніе 22.3
Качающаяся опора 155.9, 156.2
- опорная подушка 406.6
- поддержка . 245.2
- цапфа . . . 254.7
Качающееся сѣдло 406.6
Качающійся желобъ 369.3
- магнитъ . . 57.3
- опускной мостикъ 325.4
- помшипникъ 184.5
- роликъ . . 402.6
- шкивъ . . . 402.6
Каченіе . 12.7, 13.1
Квадратная головка 116.1
- нарѣзка . . 114.3
Квадратное желѣзо 167.3
Квадрантное фасонное желѣзо 168.3
Киловаттъ часъ 200.6
Килограммометръ 21.4
Кинетическая энергія 21.7
Кишка для сжатаго воздуха 235.3
Клапанная коробка 196.2
-ное распредѣленіе 195.3
Клапанъ . . 242.1
- возвратный 242.4
- воздушный 238.3
- впускной . 196.3
- для предупрежденія удара 239.3
- дроссельный 243.4
- игольчатый 243.5
- поплавковый 231.7
- предохранительный 242.5

Клапанъ распредѣлительный 196.1
- самозапорный на случай разрыва трубопровода 241.9
- стопорный . 242.2
- съ поплавкомъ 231.7
- циркуляціонный 242.3
Клемма . . . 205.6
Клепало . . . 125.5
Клепка . . . 123.1
- сжатымъ воздухомъ 126.8
Клепальная машина 126.7
- оправка . 125.8
- поддержка . 125.8
- работа . . . 125.3
Клепальный домкратъ 125.9, 263.1
- инструментъ 125.4
- прессъ . . 126.10
- станокъ . . 126.7
Клепанная балка 147.1
Клепать . . . 124.7
Клещей направляющія 58.7
Клещи . . . 57.4
- для балокъ 59.4
- - болванокъ 59.1
- - выниманія болванокъ изъ изложницъ 314.2
- - камней . . 59.7
- - удержанія на рельсахъ 285.6
- - ящиковъ . 59.5
- заклепочныя 126.1
- направляемыя 58.5
- рельсовыя . 285.6
- съ колѣнчатыми рычагами 58.8
- - направляющей кулиссой 58.3
- - направляющимъ прорѣзомъ 58.3
- управляемыя 58.1
Клиновое колесо 73.3
-вой предохранитель 343.5
Клинчатое колесо 73.3
-тый тормазъ 101.6
Клинъ . . . 77.10
Клинъ для отвода звеньевъ 31.10
- задерживающій 343.6
- захватывающій 343.6
- касательный 78.4
- предохранителя 343.6
- тангенціальный 78.4
- съ выступомъ 78.3
- установительный 88.9
- установочный 88.9
Клуппъ заклепочный 126.2
Клѣтка . . . 341.4
- для машиниста 293.4
- подъемная . 341.7
- - въ видѣ ящика 341.8
- подъемника 340.5
Ключъ англійскій гаечный 119.10
- винтовой . . 119.7
- гаечный . . 119.7
- двойной . . 119.8
- патронный . 119.9
- разводной 119.10
- торцовый . 119.9
- французскій гаечный 119.10
Кнопка контактная 349.7
Кнопочный выключатель 215.1
Ковкая сталь 165.5
-кое мягкое желѣзо 164.8
-кій чугунъ . 164.7
Ковша направленіе 311.7
Ковшъ . 361.7, 374.7, 378.8, 411.1
- для груза . 407.5
- литейный . 311.1
- опрокидный 408.8
- опрокидывающійся 363.5, 379.1
- съ зубьями 412.8
- транспортный 368.4
- черпака . . 371.8
Когтеобразный крюкъ 55.1
Коеффиціентъ безопасности 170.4
- жесткости каната 35.5
- натяженія . 102.2
Коеффиціентъ полезнаго дѣйствія 11.8
- прочности . 170.4
- - каната . . 37.3
- свиванія . . 36.4
- скручиванія 36.4
- тренія . . . 22.4
Кожаная манжета 191.3
- муфта . . . 81.3
- набивка . . 191.3
Кожаный воротникъ 191.3
Кожухъ верхней части элеватора 362.4
- для зубчатыхъ колесъ 62.8
- съ блоками 48.6
- нижней части элеватора 362.3
- червячной передачи 70.8
- элеватора . 362.2
- электромагнита 108.7
Козлы . 158.10, 304.5
- винтовые . 263.6
- деревянные 159.2
- желѣзные . 159.1
- крана . . . 294.8
- опрокидывателя 323.11
- односторонніе - съ блоками 305.4
Койка 379.2
- для груза . 407.5
- подвѣсная быстроразгружающаяся 410.3
- - саморазгружающаяся 410.1
Кокильная отливка 166.6
Колебаніе силы тока 198.1
Колеса сцѣплены 66.6
Колесная лебедка 268.5
- передача 62.7, 250.2
- - двойная . 63.5
- - переключаемая 63.6
Колесный воротъ 268.5
Колесо барабанное 43.4
- бронзовое . 70.4
- ведущее . . 67.7
- винтовое . . 71.3
- водоотливное 366.8
- водоподъемное 366.8
Колесо водочерпательное 366.8
- дисковое . . 257.7
- желобчатое 73.3
- захватывающее 184.6
- зубчатое . . 64.2
- - цѣпное . . 31.4
- изъ стального литья 70.3
- - сыромяти . 70.5
- - сыромятной кожи 70.5
- клиновое . 73.3
- клинчатое . 73.3
- коническое 68.10
- - зубчатой передачи подъ прямымъ угломъ 69.2
- - сцѣпленія 73.1
- - тренія . . 73.1
- натяжное . 398.1
- направляющее 258.6
- планетарное 69.8
- планетное . 69.8
- приводное . 67.7
- промежуточное 69.9
- свободное ходовое 257.2
- со спицами . 258.1
- - стрѣльчатыми зубьями 68.5
- стальной отливки 70.3
- сцѣпленія . 72.7
- съ бандажомъ 258.2
- - ручками . 258.1
- - угловыми зубцами 68.5
- тренія . . . 72.7
- тяговое 31.2, 181.5
- фрикціонное 72.7
- - коническое 73.1
- - цилиндрическое 72.8
- ходовое . . 255.1
- - ведущее . 258.2
- - движущее 258.2
- - коническое 256.4
- - наружное 256.6
- -, отлитое заодно съ зубчатымъ вѣнцомъ 258.5
- -, - - - - ободомъ 258.5
- - расположено на вѣсу 256.7
- -, расположенное на вѣсу 256.6
- - сидитъ свободно на оси 257.2

Колесо ходовое со вставленной буксой 257.3
- - - втулкой 257.3
- съ выпуклымъ ободомъ 256.5
- - конической поверьностью катанія 256.4
- - прямой поверхностью катанія 256.3
- - шаровой поверхностью катанія 256.5
- - цилиндрическое 256.3
- храповое . . 93.5
- цилиндрическое 67.8
- цѣвочное . 69.5
- цѣпного привода 83.5
- цѣпное . 26.1, 30.7
- червячное . 71.3
- чугунное . 70.2
- шевронное . 68.5
Колея 329.2
- нормальная 329.3
- узкая . . . 329.4
- широкая . . 329.5
Количество воды потребное 230.4
- перемѣщаемаго груза 359.7
- подаваемаго груза 359.7
- протекающей воды 236.1
Коллекторная щетка 210.9
-ный двигатель перемѣннаго тока 213.3
Коллекторъ . 210.8
Коловоротъ съ собачкой для подачи сверла 181.1
Колодезь Джверса 313.2
Колодецъ Джверса 313.2
Колодка задерживающая 343.1
- зажимная . 343.2
- направляющая 339.3
- тормазная . 101.4
Колодковый тормазъ 101.3
Колонка у перилъ 158.1
Колонна 151.7, 156.4
- крана . . . 300.6
- поворотная 260.2
Колонна, поддерживающая подкрановую балку 327.4
Колошниковая канатная дорога 394.5
- платформа . 356.3
- телѣжка . . 356.4
Колошниковый подъемникъ 356.1
Колпакъ воздушный 233.1
- нагнетательный воздушный 231.5
Кольцевая пята 79.3
- рама съ шариками 90.7
- цѣпь 28.3
Кольцевой вкладышъ подпятника 86.4
- магнитъ . . 56.7
- подпятникъ 86.3
- сегментъ . 218.10
- трубопроводъ 236.8
Кольцо зажимное 77.6
- захватное . 94.2
- катанія . . 90.6
- контактное 207.6
- коушное . . 87.5
- нажимное, насаженное въ нагрѣтомъ видѣ 77.7
- основное . . 190.7
- поршневое . 185.7
- разрѣзное . 83.5
-, сбрасывающее масло 77.4
- стяжное . . 77.7
- тренія . 83.5, 94.2
- уплотняющее 241.7
- установочное 77.6
Колѣнный валъ 77.1
Колѣно . 77.2, 237.5
- прямое . . 237.6
- трубы . . . 237.4
Колѣнчатый валъ 77.1
- рычагъ . . 247.2
Коммутаторъ 216.7
- вагонный . 220.2
Коммутаціонная доска 213.7
- рукоятка . 213.9
-ный шкафъ 213.8
Компаундъ-моторъ 212.7
Компенсаціонный сальникъ 191.1
Компрессоръ воздушный 234.9
Конвейоръ . 368.2
Конецъ . . . 24.4
- каната . . . 36.7
- - нагруженный 399.9
- - холостой . 400.1
- распредѣлительный 367.7
- собирательный 367.6
- стрѣлы для укрѣпленія блока 297.3
- - - - ролика 297.3
- транспортной цѣпи между рабочими шкивами 368.3
- укосины верхній 297.3
- цѣпи . . 27.1
Конечная скорость 20.11
- станція . . 396.5
-ное положеніе 13.6
Коническая зубчатая передача 68.9
- - - подъ прямымъ угломъ 69.1
- муфта . . . 83.1
Коническое колесо 68.10
- - зубчатой передачи подъ прямымъ угломъ 69.2
- - сцѣпленія 78.1
- - тренія . . 78.1
- - фрикціонное 78.1
- - ходовое . 256.4
Коническій тормазъ 103.6
Консоль . . . 156.3
Консольная ферма средняго пролета 138.2
Консольный кранъ 306.7
- мостъ . . . 160.2
Конструкторъ крановъ 280.5
Конструкція деревянная 159.3
- желѣзная 158.8
- каната . . . 39.4
- крана . 280.6
- моста . . . 159.8
- поддержекъ 403.4
Контактная кнопка 349.7
Контактная поверхность 218.4, 218.5
- часть . . . 218.3
- щетка . . . 207.7
Контактное кольцо 207.6
- приспособленіе 206.8
Контактный барабанъ 220.3
- молоточекъ 218.9
- мостикъ . . 218.7
- палецъ . . 219.1
- роликъ . . 207.4
- рычагъ . . 218.6
- сегментъ . 218.10
Контактъ 206.6, 218.2
- вилочный . 206.1
- вращающійся 207.5
- дверной . . 338.6
- молотковый 218.8
- роликовый . 207.3
- скользящій 206.8
- штыковой . 206.1
Контроллеръ 220.2
- движенія . 222.8
- двойной . . 222.3
- для параллельно-послѣдовательнаго включенія 221.9
- - перемѣны хода 222.2
- - перемѣщенія крана 222.9
- - - телѣжки 223.1
- - поворота . 223.2
- крановой . 222.6
- обратимый . 222.2
- подъема . . 222.7
- поворотный 223.3
- подъемный 222.7
- постояннаго тока 221.7
- реверсивный 222.2
- тормазной 221.10
- - спуска . . 222.1
- трехфазнаго тока 221.3
- универсальный 222.4
Контръ-гайка 115.9
- -поршень . 186.3
- -токъ . . . 201.5
- -узелъ . . . 391.3
- -цилиндръ . 189.5
Конусъ зажимающій 94.4
- зажимной . 94.4
- соединительный 83.2
- сцѣпленія . 83.2
- тормазный . 103.7

Концевая балка 289.9
- діагональ . 143.1
- натяжка . . 208.2
- панель . . . 140.9
- сварка . . . 29.1
- стойка . . . 143.6
- стяжка . . 143.6
Концевое звено 30.2
Концевой канатный шкивъ 403.2
- раскосъ . . 143.1
- узелъ . . . 151.1
Копровый кранъ 310.3
Корабельный элеваторъ 364.3
Корневая окружность 64.5
Коробка блока 48.5, 49.1
- вентиля . . 196.2
- верхняя . . 49.2
- для зубчатыхъ колесъ 62.3
- золотника . 194.5
- золотниковая 193.2
- кабестана . 278.2
- клапана . . 196.2
- клапанная . 196.2
- крюка . . . 53.1
- нижняя . . 49.3
- съ крюкомъ 49.4
- тормаза . . 104.2
- ходового механизма 405.6
- червячной передачи 70.3
- шпиля . . . 278.2
Коробчатая балка 147.2
Коробчатое желѣзо 168.6
- поперечное сѣченіе 147.3
Коробчатый золотникъ 194.4
- - плоскій . 194.4
Коробъ грузоподъемный 359.3
Коромысло загрузочное 316.5
Короткое замыканіе 225.10
Короткозамкнутый якорь 210.7
Корпусъ домкрата 264.7
Корытное желѣзо 168.6
Косвенная нагрузка 134.9
Косой подшипникъ 89.8
Косоуръ . . . 158.4
Косынка . . 151.3
Котелъ нагнетательный воздушный 231.5
- паровой . . 227.4
Котельное листовое желѣзо 169.1
-ный домкратъ 265.1
Коушное кольцо 37.5
Коушъ . . . 37.4
- сердцевидный 37.6
Кошка . . . 273.4
Край нижній стропильной фермы 290.6
Крайнее верхнее положеніе груза 3.1
- - - крюка 3.1, 58.4
- звено . . . 30.2
- нижнее положеніе груза 3.2
- - - крюка 3.2, 58.5
- положеніе . 13.6 246.2
- - груза . . . 3.3
Крана дѣйствіе 281.6
- конструкція 280.6
- работа . . . 281.6
- родъ 284.2
- система . . 280.2
- типъ 284.2
- установка . 280.1
- устройство . 280.2 280.6
- форма . . . 284.1
Крановая балка мостового крана 289.5
- лебедка . . 271.7
- люлька . . 325.5
- таль 52.2
- цѣпь . . . 33.1
Крановое распредѣленіе 196.5
Крановой воротъ 271.7
- контроллеръ 222.6
- магнитъ . . 315.6
- путь 329.6
- рельсъ . . . 328.9
- ходовой двигатель 258.6
Крановый блокъ 52.2
- машинистъ 281.9
- мостъ . . . 289.5
- полиспастъ 52.2
- тормазъ . . 111.4
Крановъ постановка 280.3
- построеніе . 280.3
Краностроитель 280.5
Краностроительный заводъ 280.4
Кранъ 242.6
- береговой . 304.2
- большой мостовой 295.5
- вагонный . 303.4
- велосипедный 306.6
- водоспускной 238.6
- въ видѣ шлема 306.5
- - соединеніи съ надземной канатной дорогой 422.2
- - шахтѣ . . 301.2
- гидравлическій поворотный 302.3
- громадныхъ размѣровъ 308.2
- для амбаровъ 302.6
- - болванокъ 318.1
- - большихъ тяжелыхъ грузовъ 308.2
- - верфи . . 318.6
- - выниманія болванокъ изъ изложницъ 313.6
- - двора . . 309.3
- - загрузки болванокъ 317.5
- - кладовыхъ 309.4
- - литейнаго ковша 310.7
- - - - съ автоматическимъ опрокидывателемъ 312.2
- - - - - жесткими направляющими 311.6
- - - - - самодѣйствующимъ приспособленіемъ для поворачиванія 312.2
- - лодокъ . . 303.8
- - мастерскихъ 309.1
- - металлургическихъ заводовъ 310.4
- - насадки болванокъ 317.5
- - опрокидыванія 325.2
- - особаго назначенія 309.5
- - перегрузки болванокъ 319.3
- - - руды . . 319.7
- - - съ одного пути на другой 310.2
Кранъ для перегрузки угля 319.6
- - переноски 315.7
- - - болванокъ 315.8
- - - брускового желѣза 315.9
- - - желѣзныхъ листовъ 316.2
- - - литейныхъ формъ 316.1
- - поворачиванія поковокъ 303.3
- - подземной калильной печи 318.1
- - - - - съ приспособленіемъ для подъема крышки 313.3
- - подъема бабы 310.3
- - - паровозовъ 309.7
- - постановки мачтъ 303.1
- для построекъ 310.1
- - прокатныхъ заводовъ 310.6
- - сборки и установки 309.2
- - складовъ . 309.4 392.6
- - снаряженія судовъ 319.3
- - сталелитейной 310.5
- - строительныхъ работъ 310.1
- желѣзнодорожный 303.4
- заводской . 310.4
- загрузочный 316.7
- запорный . 242.7
- консольный 306.7
- копровый . 310.3
- литейный . 293.1
- люковый . 302.7
- магазинный 302.6 309.4
- молотовидный 305.7
- - съ подымающейся укосиной 307.7
- маневровый 303.5
- многомоторный мостовой 292.4
- мостовой двойной 292.5
- - для механической клепки 293.2
- - кузнечный 314.5

ранъ мостовой одномоторный 292.2
- ручного дѣйствія 291.4
- сдвоенный 292.5
- со вспомогательнымъ подъемнымъ приспособленіемъ 293.3
- съ канатнымъ приводомъ 291.7
- - клѣткой для машиниста 291.2
- - нѣсколькими двигателями 292.4
- - однимъ двигателемъ 292.2
- - передачей отъ вала 291.6
- - поперечиной 292.7
- - тремя двигателями 292.3
- - ѣздой поверху 290.9
- - - понизу 291.1
- трехмоторный 292.3
-, управляемый снизу 291.3
на козлахъ 294.6
- - неодинаковой высоты 295.1
- - съ вылетомъ 295.4
- - со стрѣлами 295.4
на колоннѣ 300.5
- кронштейнахъ 306.7
- палубѣ . . 304.1
- паровозѣ . 303.5
- треугольныхъ козлахъ 305.5
набережный 304.2
- поворотный на подвижныхъ козлахъ 305.2
неподвижный на козлахъ 295.2
обслуживаетъ площадь 283.6
- пространство 283.6
палубный . 304.1
паровой поворотный 302.2
перегрузочный 310.2, 319.4, 320.1
передвижной поворотный 301.6
перемѣщаемый 284.3
Кранъ пирамидальный поворотный 306.1
- плавучій . . 303.3
- поворотный 295.9
- - башенный 306.3
- - кузнечный 303.2
- - литейный 303.1
- - мостовой . 292.3
- - на двусторонникъ козлахъ 304.4
- - - одностороннихъ козлахъ 305.3
- - - подвижныхъ козлахъ 304.3
- - - цапфахъ 300.1
- - настѣнный 302.5
- - ручного дѣйствія 302.1
- - свободностоящій 300.4
- - стѣнной . 302.5
- - съ перемѣннымъ вылетомъ 296.4
- подвижной . 284.4
- - мостовой . 290.1
- - на козлахъ 295.3
- понтонный . 303.3
- постоянный поворотный 299.9
- приводный мостовой 291.5
- приподымается съ рельсовъ 284.7
- распредѣлительный 196.6
- ручной мостовой 291.4
- - поворотный 302.1
- системы Ферберна 301.3
- со схватами 313.5
- - - для болванокъ 312.7
- - свободно подвѣшенной лапой 314.8
- стаціонарный 284.3
- - поворотный 299.9
- судовой . . 303.3
- съ загрузочными лотками 316.3
- - захватами 313.5
- - клещами для болванокъ 312.7
- - лапами на направляемомъ стержнѣ 314.9
Кранъ съ лапой 314.7
- - магнитомъ 315.5
- - поворотнымъ кругомъ 301.4
- - подымающейся укосиной 307.5
- - самохватомъ 309.6
- трансмиссіонный мостовой 291.5
- транспортный 315.7
- треножный съ поворачивающейся укосиной 306.8
-, управляемый отъ руки 308.9
-, установленный на крышѣ 305.6
- ходячій . . 284.4
- электрическій мостовой 292.1
- - поворотный 302.4
- элинговый . 318.8
- - башенный 319.2
Красильщикъ 161.2
Красное литье 169.8
Кремальера задерживающая 342.8
Кремона графическое построеніе, опредѣляющее усиліе въ стержняхъ фермы 144.2
Крестовина . 421.3
Крестъ . . . 153.2
- изъ вѣтренницъ 153.9
- поперечный 153.3
Крешеръ . . 369.3
Кривая . . . 329.7
- инфлюэнтная 136.4
- моментовъ . 135.6
- направляющая 344.2
- поперечной силы 136.2
- провѣса каната 398.10
Криволинейное движеніе 19.1
-ный участокъ канатной дороги 398.5
Кривошипъ ручной 177.9
- съ рукояткой 178.9
Критическое сѣченіе 175.1
Кронштейнъ 156.3
- настѣнный . 92.2
Круглая головка 116.2
- нарѣзка . . 114.9
- свивка . . . 40.8
- скрутка . . 40.8
Круглое желѣзо 167.7
-лый канатъ . 40.7
Круговой рельсъ для катковъ 259.7
Кругъ впадинъ 64.5
- выступовъ . 64.4
- головокъ . 64.4
- дѣлительный 31.1
- ножекъ . . 64.5
-, описываемый рукояткой 178.5
- крана поворотный 301.5
Крутка каната 33.9, 35.11
- - влѣво . . 34.2
- - вправо . . 33.10
- накрестъ . . 39.7
- по способу Альберта 39.8
Крутки родъ 35.11
- уравнитель 34.6
- характеръ . 35.11
Крутящее усиліе 178.3
-щій моментъ 178.4
Крученіе . . 178.2
Крученія уголъ 178.6
Крылатка . . 117.9
Крыльчатый тормазъ 105.2
Крыша . . 161.11
- предохранительная 294.5
- шахты . . . 334.4
Крышка . . . 385.7
- нажимная сальника 190.6
- перекидная 386.1
- подшипника 88.3
- цилиндра . 188.8
Крѣпленіе . 152.7
- діагональное 152.8
- перекрестными раскосами 153.1
- распорками и тяжами 156.5
Крюка высшее положеніе 53.4
- низшее положеніе 53.5
- положеніе . 53.3
- форма . . . 52.10

Крюкъ . . . 52.5
- вертлюжный 54.5
- грузовой . . 52.6
- грузоподъемный 52.6
- двойной . . 54.3
- для подвѣски ковша 311.5
- - удержанія 324.5
- канатный . 54.2
- когтеобразный 55.1
Крюкъ ненагруженный 55.3
- предохранительный 54.8
- поворотный 330.1
- - подвѣсной дороги 421.10
- пустой . . . 55.3
- S-образный . 54.6
- съ замкомъ 54.7
- - карабиномъ 54.7
- - ушкомъ . 54.4
Крюкъ тяговый 55.2
- цѣпной . . 54.1
Крючковая цѣпь 29.6
Крючокъ закладываемый 95.9
Кубовое листовое желѣзо 169.1
Кузнечный мостовой кранъ 314.5
- поворотный кранъ 303.2
Кузовъ вагонетки 403.6
- подшипника 83.2
Кулакъ . . . 83.8
- задерживающій 343.1
Кулачная муфта 82.7
Кулисса направляющая 58.4
Кухонный подъемникъ 355.2

Л.

Лакировать . 161.7
Лапа 60.1
- домкрата . 264.6
- неподвижная 60.7
- опрокидывающаяся 60.9
- поворотная . 60.8
Ластовое судно 323.5
Латунь . . . 169.9
Лебедка 266.1, 270.1
- барабанная 269.1
- буровая . . 272.6
- вспомогательная 267.7
- гидравлическая 271.2
- главная . . 267.6
- двухбарабанная 270.5
- двухрельсовая подвижная моторная 273.3
- для бокового перемѣщенія 373.1
- - боковыхъ канатовъ 373.2
- - выниманія болванокъ изъ изложницъ 314.1
- - заднихъ канатовъ 373.4
- - натяженія каната 268.3
- - опрокидыванія 324.2
- - передвиженія 252.4
- - переднихъ канатовъ 373.3
- - перемѣщенія 252.4
- - подниманія якоря 272.5
- - подъема судовъ 357.2
- - складовъ . 271.6
Лебедка для спуска лодокъ 272.4
- - строительныхъ работъ 271.5
- - черпаковой рамы 373.6
- канатная . 268.1
- колесная . . 268.5
- колошниковаго подъемника 356.2
- крановая . . 271.7
- маневровая 272.3
- моторная подвижная 273.1
- небольшая стѣнная 270.3
-, обслуживающая спускной желобъ 373.5
- однобарабанная 270.4
- однорельсовая подвижная моторная 273.2
- паровая . . 271.3
- подвижная 272.7, 272.8
- подъемная 267.4, 345.6
- подъемника 272.1
- предохранительная 267.8
- ременная приводная 271.1
- рудниковая 272.2
- рудничная . 268.2
- ручная . . 270.8
- со звѣздочкой 269.2
- спускная . 267.5
- спусковая . 267.5
- стѣнная . . 270.2
- судовая . . 265.2
- съ автоматическимъ захватомъ 270.6
Лебедка съ винтовымъ колесомъ 268.6
- - двумя рабочими канатами 269.5
- - клинчатыми фрикціонными колесами 268.8
- - крюкомъ . 267.9
- - однимъ рабочимъ канатомъ 269.4
- - ручкой . . 270.9
- - червячной передачей 268.6
- фрикціонная 268.7
- цѣпная . . 268.4
- шлюзовая . 265.5
- шпилевая . 269.3
- электрическая 271.4
Легкоуправляемость крана 282.2
Лента 42.8
-, движущаяся наклонно 367.8
- обхватывающая 102.7
- со скребками 369.4
- собирательная 367.9
- тормазная . 101.8
- - съ деревянными накладками 102.4
- - - кожаной подкладкой 102.5
- транспортная 367.3
- элеватора . 363.1
Ленточный канатъ 40.9
- тормазъ . . 101.7
- - съ деревянными накладками 102.3
Ленточной тормазъ съ двойнымъ обхватомъ 102.6
- - - многократнымъ обхватомъ 102.6
- транспортеръ 367.2
- элеваторъ . 362.7
Линіи направленіе 398.8
Линія . . . 202.7
- вліянія . . 186.4
- давленія въ пятѣ 189.4
- заземленная 204.1
- замыкающая 130.7
- инфлюэнтная 186.4
- моментовъ . 185.6
- обратная . 203.10
- пола . 162.2, 290.7
- прогиба . . 185.9
- сдвигающей силы 186.2
- системы . . 140.3
- срѣзывающей силы 186.2
- цѣпной передачи 82.4
Листовое желѣзо 168.10
Листъ вертикальный 145.3
- для жесткости 152.6
- - крѣпленія 152.6
- желѣзный 168.11
- настилочный 157.4
- поясной 146.1, 146.2
- прокладной между ступицей и рамой 257.5
- соединительный 150.3

Листъ угловой 151.3
- узловой связный 150.11
Литая сталь 165.3
Литейная тележка 312.5
Литейный ковшъ 311.1
- кранъ . . . 298.1
- поворотный кранъ 303.1
Литое желѣзо 165.1
Литой необработанный зубецъ 65.9
- - зубъ . . . 65.9
Лить черезъ носъ ковша, опрокидывая 312.3
- - спускное отверстіе 312.4
Литье желтое 169.9
- красное . . 169.8
- опочное . . 164.2
- стальное . . 166.4
Лифта система 350.11
Лифтъ . . . 331.1
Лифтъ автоматически мѣняетъ направленіе 347.6
- вертикальный 351.4
- гидравлическій 352.7
- - непосредственнаго дѣйствія 353.1
- - непрямого дѣйствія 353.2
- - прямого дѣйствія 353.1
- двойной . . 351.3
- двухканатный 341.2
- для грузовъ 341.3, 351.2
- - людей . . 351.1
- наклонный 351.5
- одноканатный 341.1
- останавливается 347.2
- - автоматически 347.3
- паровой . . 353.3
- поршневой . 351.6
-, приводимый въ движеніе отъ руки 352.3
Лифтъ приводимый въ движеніе отъ трансмиссіи 352.5
- приходитъ въ движеніе 347.1
- съ канатомъ для управленія отъ руки 352.4
- - ременной передачей 352.6
- трогаетъ съ мѣста 347.1
- электрическій 353.4
Лихтеръ . . . 328.5
Лобовая стѣнка барабана 43.1
Ломъ 261.1
Лотокъ . . . 379.2
- для загрузки желѣзной мелочи 317.3
- желобчатый 369.6
- загрузочный 317.1
- податочный 369.5
- подвижной со скребками 369.7
- транспортерный 379.2
Лошадиная сила 21.6
Лучъ полюса 130.4
Лѣвая нарѣзка 114.3
- свивка . . . 34.2
-вый ходъ витка 34.2
Лѣса 159.2
Лѣсовозная дорога 393.6
Лѣсопускъ . 393.6
Лѣсотаска . . 393.6
Лѣстница 158.3, 158.6
Люковая тележка 277.3
Люковый кранъ 302.7
- подъемникъ 358.7
Люкъ амбара 381.5
- склада . . . 381.5
- судовый . . 322.9
Люлька . . . 341.4
- вращающаяся 325.6
- крановая . . 325.5
- опускная . . 325.4
- подъемная . 341.7
- - въ видѣ ящика 341.3
- подъемника 340.5

M.

Магазинный кранъ 302.6, 309.4
- подъемникъ 358.5
- - на выступающей балкѣ 358.6
Магазинъ . . 382.6
- плавучій . . 382.4
- сопротивленій 228.4
- цѣпной . . 32.2
Магистрали . 203.5
Магнитное замыканіе управляющаго механизма 350.1
Магнитный полюсъ 202.4
- сердечникъ 109.1
- тормазъ . . 108.3
Магнитъ . . . 202.3
- горшкообразный 108.6
- грузовой . . 56.6
- грузоподъемный 56.6
- давящій тормазной 110.1
- качающійся 57.3
- кольцевой . 56.7
- крановой . . 315.6
Магнитъ подковообразный 108.5
- тормазной . 108.4
- - находится подъ дѣйствіемъ тока 110.7
- - параллельно включенный 110.4
- -, послѣдовательно включенный 110.3
- - съ колѣнчатыми рычагами 110.2
- - трехфазнаго тока 110.5
- тянущій тормазной 109.8
Мазь для канатовъ 35.9
Максимальный выключатель 216.2
- грузъ 2.1
Маляръ . . . 161.2
Маневренный воротъ 272.3
Маневровая лебедка 272.3
Маневровый кранъ 303.5
Маневровый тормазъ 112.6
Манжета . . 191.4
- изъ уголка . 191.5
- кожаная . . 191.3
- набивочная 191.3
- резиновая . 191.7
- U-образная . 191.6
Манометрическое давленіе пара 227.1
Марганцовая бронза 170.1
Масло смазочное 35.5
Масляная грунтовка 161.6
- окраска . . 161.6
Масса 21.3
Массивный валъ 76.6
- канатъ . . . 41.1
- противовѣсъ 287.2
Массивъ бетонный 287.6
- противовѣса 287.3
- фундамента 287.3
Массовый грузъ 384.2, 384.3
Мастерская желѣзныхъ сооруженій 160.4
Мастика асфальтовая 160.10
Матеріалъ въ кускахъ 384.4
- для проводки 202.3
- машиностроительный 168.1
- черпаемый . 371.1
Маховичокъ . 181.3
- для управленія 248.2
- переводный 248.2
Машина водоподъемная 366.3
- вспомогательная 182.4
- грузоподъемная 1.1
- загрузочная 368.3
- запасная . . 182.5
- землечерпательная 370.3, 376.1, 376.2
- - для выема сухого грунта 374.5

Машина землечерпательная для работъ выше уровня дна котлована 374.1
- - - - ниже уровня дна котлована 374.3
- - - - по верху котлована 374.1
- - - - со дна котлована 374.3
- - съ вертикальной рамой 373.7
- - - клещами 375.9
- - - ковшами 371.7
- - - наклонной рамой 373.8
- - - подвижнымъ подвѣснымъ черпакомъ 375.6
- - - совкомъ 376.3
- - - черпакомъ на рычагѣ 375.5
- клепальная 126.7
-компаундъ паровая 228.2
- паровая . . 227.8
- - съ конденсаціей 228.4
- - - охлажденіемъ 228.4
- плавучая землечерпательная 375.4
- подъемная . 345.3
- - непрямого дѣйствія 345.5
- - прямого дѣйствія 345.4
- приходитъ въ движеніе 182.6
- пускается въ ходъ въ холостую 183.4
- - - - нагруженная 183.3
- - - - ненагруженная 183.4
- - - - подъ нагрузкой 183.3
- - - - порожнемъ 183.4
- работаетъ въ холостую 183.6
- разгружена 183.6
- реверсивная паровая 228.3
- сдвоенная паровая 227.8
- съ перемѣнной хода 228.3
- - послѣдовательнымъ расширеніемъ 228.2
Машина-тандемъ паровая 228.1
- черпательная съ мѣшками вмѣсто жесткихъ черпаковъ 375.7
- - съ поворотными захватами 410.6
- - - - черпаками 410.6
- шахтная подъемная 346.1
Машинистъ крановый 281.9
-, обслуживающій лифтъ 331.5
-,- кранъ . . 281.9
-,- подъемникъ 331.5
Машинная склепка 126.6
-ный приводъ 182.2
Машиностроительный матеріалъ 163.1
Машины способность нести перегрузку 183.1
Маятниковая опора 155.9
-вый предохранитель 344.1
Мгновенный выключатель 215.6
Мелкая нарѣзка 115.4
Металлическій троссъ управляющаго механизма 348.2
Мертвая часть пролета 290.3
-вый грузъ . 1.4
Металлическая набивка 192.2
-скій узелъ . 391.6
Механизмъ . 250.1
- вспомогательный подъемный 251.8
- главный подъемный 251.7
- двухбарабанный подъемный 252.2
- для выдавливанія болванокъ изъ изложницъ 313.7
- - выжиманія болванокъ изъ изложницъ 313.7
Механизмъ для передвиженія 252.3
- - перемѣщенія 252.3
- - - крана . 288.10
- - - укосины 260.4
- - поворота . 259.2
- - расцѣпленія 82.2
- - управленія подъемникомъ 347.7
- задерживающій 92.7
- защелкивающій 95.8
- лифта управляющій 347.7
- передаточный 61.3
- - ворота . . 266.4
- - лебедки . 266.4
- поворотный 259.2
- подъемный 250.5 331.2
- - на двѣ скорости 252.1
- - со смѣннымъ приводомъ 252.1
- - съ двумя барабанами 252.2
- - - переключаемымъ приводомъ 252.1
- распредѣлительный 192.5
- расцѣпный 414.1
- стопорный . 92.7
- тренія . . . 100.1
- указательный 350.3
- управляющій съ металлическимъ троссомъ 348.1
- фрикціонный 100.1
- ходовой . . 252.3
- - роликовый 405.5
- храповичный 93.4
- храповой . 93.4
Механическая канатная дорога 338.1
-скій тормазъ 93.3
Мильбарсъ . 167.4
Многомоторный мостовой кранъ 292.4
Многооборотная нарѣзка 114.6
Многооборотно-ленточный тормазъ 102.8
Многооборотный червякъ 71.7
Многополюсный выключатель 214.8
Многорядный заклепочный шовъ 123.9
Многослойный ремень 74.7
Многосрѣзная заклепка 124.6
-ный заклепочный шовъ 124.5
Многоугольникъ веревочный 130.6
- замкнутый . 130.1
- силъ 129.8
Многоходовая нарѣзка 114.6
- червячная передача 71.8
-вой червякъ 71.7
Модуль . . . 64.8
Молотковый контактъ 218.8
Молотовидный кранъ 305.7
- - съ подымающейся укосиной 307.7
Молотокъ заклепочный 125.5
Молоточекъ контактный 218.9
Моментъ ведущій 11.6
- вращательный при пускѣ въ ходъ 177.6
-, вращающій влѣво 131.1
-,- вправо . 130.10
- вращенія двигателя 209.6
- груза . . . 11.4
- двигателя вращающій 209.6
- движущій . 11.6
- дѣйствія силъ 181.5
- закрѣпленія 139.9
- замедленія . 20.5
- изгибающій 135.5
- инерціи . . 175.4
- крученія . . 173.4
- начальный двигателя 209.5
- опрокидывающій 285.2
- относительно опоръ 137.8
- подъема . . 7.8
- приложенія силъ 181.5
- приложенныхъ силъ 181.5

Моментъ противовѣса 286.4
- пуска въ ходъ 5.8
- силы P_1 относительно полюса O 180.8
- - - по отношенію къ полюсу O 180.8
- сопротивленія 175.5
- тормазной 106.11
- троганія съ мѣста 5.8
- ускоренія 19.10
- устойчивости 285.8
Монтажъ крана 281.3
Монтеръ по кранамъ 281.2
Монтировать кранъ 281.4
Морская канатная дорога 394.8
Моста конструкція 159.8
- отверстіе 159.6
Мостикъ для тока 218.7
- качающійся опускной 325.4
- контактный 218.7
Мостки 157.9
Мостовая балка 159.7
- ферма 159.7
Мостовой большой кранъ 295.5
- двойной кранъ 292.5
- кранъ для механической клепки 293.2
- - ручного дѣйствія 291.4
- - со вспомогательнымъ подъемнымъ приспособленіемъ 293.3
- - съ канатнымъ приводомъ 291.7
- - - клѣткой для машиниста 291.2
- - - нѣсколькими двигателями 292.4
- - - однимъ двигателемъ 292.2
- - - передачей отъ вала 291.6
- - - поперечиной 292.7
Мостовой кранъ съ тремя двигателями 292.3
- - - ѣздой поверху 290.9
- - - - понизу 291.1
- -, управляемый снизу 291.3
- кузнечный кранъ 314.5
- многомоторный кранъ 292.4
- одномоторный кранъ 292.2
- поворотный кранъ 293.8
- подвижной кранъ 290.1
- приводный кранъ 291.5
- ручной кранъ 291.4
- сдвоенный кранъ 292.5
- трехмоторный кранъ 292.3
- электрическій кранъ 292.1
Мостъ 156.8, 159.5, 289.8
- арочный 160.3
- балочный 159.9
- консольный 160.2
- крана 205.6
- крановый 289.5
- мостового крана 157.8
- предохранительный 405.3
- рѣшетчатый раскосный 159.10
- съ консолями 160.2
- - фермами изъ сплошныхъ клепанныхъ балокъ 160.1
Моторная однорельсовая подвижная лебедка 273.2
- подвижная двухрельсовая лебедка 273.3
- подвижная лебедка 273.1
Моторъ вспомогательный 213.6
- -генераторъ постояннаго тока въ постоянный 199.2
- - постоянно-перемѣннаго тока 199.3
Моторъ-генераторъ постоянно-перемѣннаго-трехфазнаго тока 199.4
- для передвиженія 258.5
- - передвиженія крана 253.6
- - - телѣжки 258.7
- - перемѣщенія телѣжки 253.7
- - - укосины 260.6
- закрытый 212.1
- - съ вентиляціей 212.2
- однофазнаго тока 213.1
- открытый 211.8
- перемѣннаго тока 212.8
- - - съ коллекторомъ 213.3
- подъемный 251.5
- постояннаго тока 212.4
- приводный 218.5
- реверсивный 213.4
- съ фланцемъ для непосредственнаго соединенія 212.3
- трехфазнаго тока 213.2
Мощность 21.5
- ведущей станціи 395.10
- при повторно-кратковременной работѣ 209.8
- - прерывистой работѣ 209.8
- продолжительной работы 209.7
- цилиндра 190.3
- часовая въ предѣлахъ допускаемаго нагрѣванія 209.9
Мультипликаторный полиспастъ 50.3
Муфта 80.3, 240.7
- втулочная 80.6
- дисковая 80.11
- для соединенія канатовъ 87.11
- зубчатая 82.7
- кожаная 81.3
- коническая 83.1
- кулачная 82.7
- ленточная тормазная 83.3
- подвижная 81.2
- постоянная 80.5
Муфта предохранительная 81.5
- раздвижная 81.6
- - соединительная 81.7
- резиновая 81.4
- свертная 80.8
- соединительная 80.7
- - съ кольцевыми клиньями 400.7
- сцѣпленія 82.9
- сцѣпная 81.6, 81.7
- съ кожаными лентами 81.3
- - разрѣзнымъ кольцомъ 83.4
- - самоторможеніемъ на случай перегрузки 81.5
- тарелочная 80.11
- тарельчатая 80.11
- тормазная 81.1
- тренія 82.9
- универсальная 84.1
- упругая 81.2
- фрикціонная 82.9
- шарнирная 83.7
- электромагнитная 83.6
Муфтами соединеніе 240.6
Муфточный сцѣпной приборъ 418.2
Мучной элеваторъ 365.4
Мѣдь желтая 169.9
Мѣнять вылетъ 17.3
Мѣсто выгрузки опрокидываніемъ 409.4
- грузки 418.4
- загрузки 418.4
- закрѣпленія 139.8
- нагрузки 322.2
- опоры 92.4
- разгрузки 322.3, 363.5, 413.10
- складочное 382.5
- соединенія 150.2
- сплетенія 38.2
- сращенія 38.2
- стыка 148.5
- сцѣпки 415.3
Мѣшокъ водяной 238.2
- воздушный 238.7
- черпака 375.8
Мягкое ковкое желѣзо 164.8
Мятіе 248.3
Мять 248.2

Н.

Набережная . 380.1
- загрузочная 380.2
- каменная . 380.4
Набережный кранъ 304.2
- поворотный кранъ на подвижныхъ козлахъ 305.2
- элеваторъ . 364.7
Набивать . . 192.3
Набивка бумажная 192.1
- кожаная . . 191.8
- металлическая 192.2
- пеньковая . 191.9
- сальника . 190.8
- трубъ . . . 241.6
Набивочная манжета 191.3
-ный воротникъ 191.3
Набить . . . 192.3
Наборъ цѣпи 32.3
Набросокъ схемы соединеній 226.5
Набѣганіе каната 25.3
- цѣпи . . . 25.3
Набѣгающій конецъ 25.1
Навалочный грузъ 322.5, 384.2 384.3
Наваръ вала 77.5
Навиваніе цѣпи 26.3
Навиваться, цѣпь навивается 26.9
Нагнетательный воздушный колпакъ 231.5
- - котелъ . . 231.5
- насосъ . . . 233.5
- - ручного дѣйствія 233.8
- поршень . . 188.4
- ручной насосъ 233.8
Нагружать . 320.4 413.2
- подъемную машину 3.6
Нагруженный конецъ 25.6
- - каната . . 399.9
- - цѣпи . . . 27.2
Нагрузить . . 413.2
- подъемную машину 3.6
Нагрузка 3.7, 132.7 320.9
- быстро мѣняющаяся 132.10
- вагона . . . 378.1
- длительная 133.2
- для испытанія на растяженіе 33.1
- колеса . . . 254.2
- косвенная . 134.9
- крана . 2.4, 283.1
- на изгибъ . 174.5
- - продольный изгибъ 172.4
- - растяженіе 170.8
- - сжатіе . . 171.5
- - скручиваніе 173.1
- - срѣзъ . . 173.8
- непосредственная 134.8
- непрерывнаго дѣйствія 133.2
- нулевая . . 1.5
- опрокидывающая 285.1
- отъ изгиба . 174.5
- - продольнаго изгиба 172.4
- - растяженія 170.8
- - сдвига . . 173.8
- - сжатія . . 171.5
- - скручиванія 173.1
- - собственнаго вѣса 134.6
- оси 75.8
-, передаваемая непосредственно 134.8
-, передаваемая посредствомъ промежуточныхъ частей 134.9
- перемѣнная 133.1
- подвижная 133.9, 134.4
- покойная . 132.9
- полная . . 134.7
- постояннаго дѣйствія 133.2
Нагрузка постоянная 132.9, 133.2 133.4
- пробная . . 2.2
- равномѣрная 133.8
Нагрузка разрушающая 27.9
- разрывная . 27.9
- сплошная . 133.4
- трапеціей . 133.7
- треугольникомъ 133.6
- цѣпи . . . 27.5
Нагрузки мѣсто 322.2
Нагрузочное приспособленіе 321.3
Нагрѣватвся, подшипникъ нагрѣвается 85.1
Надежность дѣйствія 282.4
Надземная проводка 206.2
Надѣваніе каната на барабанъ 46.3
- - на полиспастъ 51.7
- цѣпи на полиспастъ 51.7
Надѣвать бандажъ 253.4
- канатъ на полиспастъ 51.6
- цѣпь на полиспастъ 51.6
Надѣть канатъ на полиспастъ 51.6
- кольцо въ нагрѣтомъ видѣ 77.3
- - - - состояніи 77.3
Нажатіе тормаза 98.6
Нажать тормазъ 98.5
Нажимная втулка сальника 190.6
- крышка сальника 190.6
Нажимное кольцо, насаженное въ нагрѣтомъ видѣ 77.7
Нажимной и стяжной домкратъ 263.4
- тормазъ . . 98.4
Нажимъ заклепный 125.9, 263.1
Накидываніе цѣпи на грузъ 56.2
Накинуть цѣпь на грузъ 56.1
Накладка двойная 149.6
- поясная . . 146.1
- стыковая 149.5, 323.4
- цѣпи . . . 29.8
Наклона уголъ 303.7
- укосины измѣненіе 17.2
Наклоненіе ковша 311.3
Наклонить укосину 17.5
Наклонная плоскость для подъема судовъ 357.1
- - - передвиженія грузовъ 356.7
- подача . . . 360.6
- труба передвижная погрузочная 336.7
Наклонно движущаяся лента 367.3
Наклонное перемѣщеніе 360.6
Наклонный лифтъ 351.5
- подшипникъ 89.8
- подъемникъ 351.5
Наклонъ укосины мѣнять 17.3
Наклонять стрѣлу 17.5
Наконечникъ кабельный 205.9
Накрена уголъ 308.8
Наложить канатъ 401.9
Намагничивающій токъ 211.7
Наматыванія длина 44.5
- каната діаметръ окружности 35.6
Наматывать цѣпь на барабанъ 44.2
- канатъ на барабанъ въ одинъ слой 44.3

Намотать канатъ на барабанъ 44.2
- - - - въ одинъ слой 44.3
Наполненіе цилиндра 188.9
Напора высота 229.6
Направленіе вращенія 14.10
- движенія . . 6.1
- каната 400.6, 41.7 398.8
- ковша . . . 311.7
- линіи . . . 398.8
- перемѣщенія 13.9
- подъема . . 6.2
- силы . . . 127.2
- спуска . . . 6.3
- торможенія 97.9
- цѣпи 82.4
Направляемыя клещи 58.5
Направляющая колодка 339.3
- кривая . . . 344.2
- кулисса . . 58.4
- поверхность 338.8
- рама . 277.2, 315.1
- стойка . . . 339.5
- телескопообразная раздвижная рама 315.4
- цѣпная коробка 31.9
Направляющее колесо 258.6
Направляющій блокъ 47.5, 297.4
- брусъ . . . 339.2
- бугель цѣпной передачи 31.8
- бѣгунокъ . 258.6
- канатный роликъ 41.8
- прорѣзъ . . 58.4
- рельсъ 339.1, 416.2
- роликъ 47.5, 297.4
- стержень . 315.2
- хомутъ цѣпной передачи 31.8
- цѣпной роликъ 32.5
- шкивъ 47.5, 395.7
Направляющія бассейна 357.5
- боковыя . . 339.7
- для подъема груза въ видѣ телескопообразной раздвижной рамы 315.3
- клещей . . 58.7
- ковша . . . 311.7
- лифта . . . 338.7
- подъемника 338.7
Направляющія угловыя 340.1
- цѣпи 31.7
Напряженіе . 198.4
- въ сѣти . . 198.7
- добавочное 198.9
- заклепки . 121.2
- матеріала . 170.5
- отъ крученія 173.5
- - растяженія 171.3
- - сдвига . . 174.2
- - сжатія . . 171.9
- - скручиванія 173.5
- - срѣза . . 174.2
- пояса . . 141.10
- при изгибѣ 174.7
- сѣти 198.7
- у зажимовъ 198.8
Напряженія паденіе 198.6
- потеря . . . 198.5
Наружное ходовое колесо 256.6
Нарѣзанный зубъ 65.10
Нарѣзка . . . 114.1
- винтовая . . 114.1
- внутренняя 115.2
- въ двѣ нитки 114.5
- - нѣсколько нитокъ 114.6
- - одну нитку 114.4
- газовая . . 115.3
- гайки . . . 115.2
- двухоборотная 114.5
- двухходовая 114.5
- квадратная 114.8
- круглая . . 114.9
- лѣвая . . . 114.3
- мелкая . . 115.4
- многооборотная 114.6
- многоходовая 114.6
- однооборотная 114.4
- одноходовая 114.4
- остроугольная 114.7
- полукруглая 114.9
- правая . . . 114.2
- прямоугольная 114.8
- трапецевидная 115.1
- треугольная 114.7
Насаженный ободъ 68.4
Насаживать бандажъ 258.4
Насосная станція 234.2
- установка . 234.2
Насосный поршень 187.5
Насосъ . . . 233.2
- аккумулятора 233.7
- аккумуляторный 233.7
- нагнетательный 233.5
- - ручного дѣйствія 233.8
- - ручной . . 233.8
- паровой . . 233.9
- рабочій . . 233.6
- съ электрическимъ приводомъ 234.1
- черпательный 376.6
- электрическій 234.1
Наставная ручка 179.2
Наставной захватъ съ втулкой 417.5
- ободъ . . . 68.4
Настилочная доска 157.6
-ный листъ . 157.4
Настилъ досчатый 157.5
- изъ листового желѣза 157.3
- моста . . . 157.2
- помоста . . 157.2
Настѣнный воротъ 270.2
- кронштейнъ 92.2
- поворотный кранъ 302.5
Насыпка простая 384.10
- трамбованная 385.1
Натяженіе каната 36.9, 42.6, 397.5
- ремня . . . 74.3
- тормазной ленты 102.1
- цѣпи . . . 27.5
Натяженія сила 397.6
Натяжка концевая 208.2
Натяжная станція для каната 397.3
Натяжное колесо 398.1
- приспособленіе 397.7
- - съ винтомъ 397.9
Натяжной блокъ 51.3
Натяжной грузъ 397.10
- роликъ . . 398.1
- шкивъ . . . 398.1
Натянуть канатъ 397.4
Начальная головка заклепки 120.10
- окружность 31.1, 64.3
- скорость . . 20.10
Начальный моментъ двигателя 209.5
Небольшая стѣнная лебедка 270.3
Нейтральное волокно 174.10
Некрученый канатъ 34.4
Ненагруженный крюкъ 55.3
- конецъ каната 400.1
Ненатянутый канатъ 34.9
Необходимая сила 282.8
Неоцинкованный проволочный канатъ 38.12
- тросъ . . . 38.12
Неподвижная лапа 60.7
- обойма . . . 49.2
- обоймица . 39.2
- опора . . . 154.8
- ось 75.9
Неподвижный блокъ 48.1, 49.2
- кранъ на ковлакъ 295.2
- противовѣсъ 286.5
Неподдающійся статическому расчету 135.4
Непосредственная нагрузка 134.8
Непрерывная подача 360.2
-ное перемѣщеніе 360.2
Неравнозамедленное движеніе 20.6
Неравномѣрно замедленное движеніе 20.6
- ускоренное движеніе 20.6
-ное движеніе 19.3
Неравноускоренное движеніе 20.6

Неразрѣзная балка 137.7
Несвитый канатъ 34.4
Нижній балансиръ 155.7
- блокъ . . . 49.3
- край стропильной фермы 290.6
- подпятникъ 300.2
- поясъ . . . 142.4
- тяговой канатъ 390.6
- тянущій канатъ 390.6
- цѣпной барабанъ 372.7
Нижній этажъ 335.2
- ящикъ элеватора 362.3
Нижняя коробка 49.3
- площадь фундамента 288.5
- тяга 390.6
- часть элеватора 362.1
Низшее положеніе груза 3.2
- - крюка . . . 3.2, 53.5
Ноги козелъ 304.6
- крана . . . 294.8
Ножка домкрата 264.6
- зубца . . . 65.3
Ножной выключатель 215.8
- рычагъ . . 247.5
- тормазъ . . 100.5
Ножъ 411.5
- рубильщика 215.4
- совка . . . 374.8
Норія . 356.5, 361.6, 371.7
- съ опрокидывающимися ковшами 363.4
Нормальная колея 329.3
Нормальный подшипникъ 87.1
Нормы нагрузокъ 185.1
Носъ ковша . 311.2
Нулевая нагрузка 1.5
Ныряло . . . 186.6
- аккумулятора 231.10
- аккумуляторное 231.10
Нѣмецкая канатная дорога 394.2
- цѣпь . . . 29.4

O.

Обводъ вагонетокъ вокругъ концевого шкива 403.3
Обжимка . . 125.6
- съ глазомъ . 125.7
Обмоточная длина барабана 44.5
Ободъ блока . 46.5
- зубчатый . 67.9
- колеса телѣжки 255.4
- насаженный 68.4
- наставной . 68.4
- съ двумя гребнями 255.7
- - - ребордами 255.7
- цѣвочнаго колеса 69.6
Обойма блока 47.8, 48.5, 49.1
- катанія . . 90.6
- крюка . . . 53.1
- неподвижная 49.2
- подвижная . 49.3
- съ х блоками 49.6
- - крюкомъ . 49.4
- - х роликами 49.6
Обоймица блока 48.5, 49.1
- неподвижная 49.2
- подвижная . 49.3
- съ х блоками 49.6
- - крюкомъ . 49.4
- - х роликами 49.6
Оборотовъ число при разгрузкѣ 184.1
- - - холостомъ ходѣ 184.1
Оборотъ . . . 15.2
Оборудованіе гидравлическое 229.1
Оборудованіе паромъ 226.7
- пневматическое 234.4
- цѣпями . . 32.8
- электричествомъ 197.2
Образовать стыкъ 148.7
- - балки . . 148.8
- - стержня . 148.8
Обратимый контроллеръ 222.2
- реостатъ . . 220.1
- - пусковой . 224.2
Обратная линія 203.10
Обратное движеніе груза 9.7
- дѣйствіе груза 96.7
Обратный проводъ 203.10
Обратный раскосъ 143.4
- трубопроводъ 236.6
- узелъ . . . 391.8
- ходъ груза . 9.7
Обращеніе вагонетокъ вокругъ концевого шкива 403.3
Обращенный подвижной блокъ 48.2
Обручное желѣзо 168.1
Обрываться, грузъ обрывается 8.6
Обрывъ груза 8.7
Обрѣзки желѣза 169.7
Обслуживаніе крана 281.10
- лифта . . . 331.4
- подъемника 331.4
Обслуживать кранъ 281.11
Обхватъ цѣпи 26.2
Обхватывающая лента 102.7
Обходной вентиль 242.3
Обшивка деревянная 294.3
- шахты . . . 334.5
Объемная ферма 143.9
-ное содержаніе груза 384.8
Обыкновенная цѣпь 28.3
-ный подшипникъ 87.1
- транспортный винтъ 370.5
Обязательный затворъ дверей 337.8
Огнестойкая шахта лифта 333.9
Огражденіе . 338.5
- шахты . . . 337.6
Одинаково направленныя силы 127.5
Одиночная вагонетка 377.6
Одиночный вагончикъ 377.6
- заклепочный шовъ 123.7
- приводъ . . 176.4
Одна сила . . 127.3
Однобарабанная лебедка 270.4
Однобокая роликовая опорная подушка 406.3
Однокамерный цилиндръ 189.1
Одноканатная дорога 394.1
Одноканатный лифтъ 341.1
- подъемникъ 341.1
- схватъ . . . 412.2
Одноколейная откатка 393.2
- самотаска . 393.2
-ный откатъ . 393.2
Одноколесная телѣжка 275.6
Одномоторный мостовой кранъ 292.2
Однооборотная нарѣзка 114.4
Одноплечій рычагъ 246.6
Однополюсный выключатель 214.6
Однорельсовая подвижная моторная лебедка 273.2
-вый катучій воротъ съ двигателемъ 273.2
Однорядный заклепочный шовъ 123.7
Односрѣзная заклепка 124.2
-ный заклепочный шовъ 124.1
Одностворчатая дверь 336.1

Одностороннее положеніе груза 3.5
- роликовое сѣдло 406.8
Односторонніе козлы 305.4
Одноступенчатый барабанъ кабестана 378.4
- - шпиля . . 278.4
Однофазный токъ 201.2
Одноходовая нарѣзка 114.4
Одноцѣпный схватъ 412.2
Окраска . . . 161.3
- масляная . 161.6
Окрашивать . 161.1
Окружная скорость 15.5
Окружность выступовъ 64.4
- дѣлительная 64.3
- корневая . 64.5
- начальная . 31.1 64.3
Омъ 199.9
Опасное сѣченіе 175.1
Опора 187.2
- деревянная 404.3
- для каната . 401.5
- - - двуногая 404.5
- - - съ оттяжкой 405.1
- - - трехногая 404.6
- - - четырехногая 404.7
- - провода . 207.8
- желѣзная . 404.4
- канатной дороги 403.5
- качающаяся 155.9 156.2
- лифта во время грузки 344.7
- маятниковая 155.9
- на каткахъ 91.1 155.8
- - роликахъ 91.1
- неподвижная 154.8
- пирамидальная 306.2
- подвижная . 154.9
- подвѣсная . 207.9
- подъемника во время грузки 344.7
- промежуточная 401.6
- роликовая . 91.1
- роликовъ . 405.7
Опора стрѣлы 297.2
- съ катками 91.3
- - роликами 91.3
- тангенціальная 155.3
- тормазной ленты 103.1
- укосины . . 297.2
- шарнирная 155.4
- шпинделя . 120.3
Опоражниваніе автоматическое 410.2
Опорная выпуклая плита 155.3
- двунога для каната 404.5
- задвижка . 344.8
- плита . . . 155.1
- подушка . 401.10 406.3
- - вращающаяся 402.2
- - качающаяся 406.6
- - однобокая роликовая 406.8
- - поворотная 402.2
- - приподнятая 402.1
- - пружинящая 406.7
- поперечина 403.7
- тренога для каната 404.6
Опорное давленіе 137.5, 154.10
Опорный дискъ тягового каната 402.3
- подшипникъ 71.4
- роликъ . . 91.10
- - тягового каната 402.3
- столбъ . . . 403.6
- шкивъ тягового каната 402.3
Опорожнить опрокидной ящикъ 409.2
Опоръ устройство 403.4
Опоры . . . 154.7
- мѣсто . . . 92.4
- точка . . . 137.3
Опочное литье 164.2
Оправка клепальная 125.8
Опрокидное приспособленіе 409.3
-ной ящикъ . 408.8
Опрокидный ковшъ 408.8
- ящикъ . . . 408.8
Опрокидываніе 323.10
- ковша . . . 311.3
- крана . . 284.10
- ящика . . . 409.1
Опрокидыванія положеніе 324.3
Опрокидыватель 323.8
- вагонетокъ съ криволинейнымъ подъемомъ 325.1
- вагонный . 324.8
Опрокидывать 323.9
- лапу 61.1
Опрокидываться, кранъ опрокидывается 284.9
Опрокидывающая нагрузка 285.1
Опрокидывающаяся вагонетка 378.3
- лапа 60.9
- платформа . 324.1
Опрокидывающій моментъ 285.2
Опрокидывающійся ковшъ 363.5 379.1
- рудничный вагонъ 324.10
- угольный вагонъ 324.9
- черпакъ . . 363.5
Опрокидывая, лить черезъ носъ ковша 312.3
Опрокинуть лапу 61.1
Опусканіе . . 6.5
- груза . . . 8.3, 8.5
Опусканія время 7.3
- высота . . . 7.9
- періодъ . . 7.8
- ступень . . 8.1
Опускать грузъ 8.2
- - помощью тормаза 112.4
Опускаться, грузъ опускается 8.4
Опускающаяся поперечина 299.4
-щійся подшипникъ 184.5
Опускная люлька 325.4
Опускной качающійся мостикъ 325.4
Опустить грузъ 8.2
- - помощью тормаза 112.4
Органъ для подвѣшиванія 24.3
- передаточный 61.7
- подвѣса . . 24.3
- подъема . . 24.2
- распредѣлительный 192.5
Органы передаточные 75.6
- трансмиссіонные 75.6
- укрѣпленія 113.5
Осадка . . . 308.6
- судна . . . 323.2
Осажденіе груза 9.3
Освободить грузъ 9.5
Ослабить, канатъ ослабъ 43.10
-, цѣпь ослабла 34.10
Ослабѣваніе каната 35.1
- цѣпи . . . 35.1
Основаніе зуба 65.3
- подшипника 88.5
- элеватора . 362.1
Основная головка заклепки 120.10
- плита подшипника 88.7
Основное кольцо 190.7
Останова положеніе 95.5
Остановить воротъ 93.2
- грузъ . . . 7.7
- дѣйствіе насоса 233.4
- кранъ . . . 281.8
- лебедку . . 93.2
- лифтъ . . . 346.8
- подъемникъ 346.8
Остановка . . 4.8
- автоматическая 347.4
- лифта . . . 346.9
- подъемника 346.9
Остановочный канатъ 412.1
- тормазъ . . 111.9
Остановы . . 92.6
Остановъ . . 92.8
- ворота . . . 267.1
- зажимающій съ кулакомъ 94.3
- зубчатый . 93.4
- лебедки . . 267.1
- предохранительный 93.3
- съ вырѣзами 95.3
- фрикціонный съ кулакомъ 94.3

Остатки желѣза 109.7
Остовъ . . . 305.8
- башни . . . 306.4
- ворота . . . 267.2
- домкрата . . 262.3
- кабины . . 341.5
- крана . . . 294.7
- лебедки . . 267.2
- шахты лифта 334.6
- - подъемника 334.6
- электромагнита 108.7
Остріе клещей 57.7
Остроугольная нарѣзка 114.7
Острякъ для накатки вагонетокъ 330.3
- стрѣлки . . 420.7
Ось 75.7
- вращенія . 14.5 259.3
- неподвижная 75.9
- поворота 14.5, 259.3
- подвижная . 76.2
- подрессорная ходового колеса 257.6
- ходового колеса 257.1
- - - телѣжки съ рессорою 257.6
- центра тяжести 285.4
- цѣпная . . 81.6
- цѣпного барабана 372.5
Осѣданіе опоръ 187.6
Отбѣленная отливка 164.6
Отвернуть винтъ 119.5
Отверстіе вилки для каната 416.7
- втулки . . . 46.8
- въ ступицѣ 68.2
- - шахтѣ . . 335.4
- выгрузочное 335.6
- загрузочное 335.5
Отверстіе для заклепки 121.3
- крюка . . . 52.7
- моста . . . 159.6
- подшипника 84.4
- смазочное . 88.11
- ступицы . . 46.8
Отвинтить болтъ 119.5
Отводъ . 237.1, 237.5
Отводящая труба 236.6, 240.4
-щій блокъ . 47.4
Отвѣтвленіе . 203.7 225.5, 236.9
- канатной дороги 398.6
- подвѣсной дороги 420.4
- трубопровода 236.3
Отвѣтвленная линія 203.7
- проводка . . 203.7
-ное возбужденіе 211.3
Отдать болтъ 119.6
Отдача . . . 11.3
Отдѣлъ для размѣтки 160.5
Отжимать канатъ къ низу 401.3
Отжимъ канатный 401.3
Откатка . . . 393.2
- двухколейная 393.3
- канатная . . 373.5
- одноколейная 393.2
- по наклоннымъ плоскостямъ съ тормазнымъ шкивомъ 361.5
- проволочная 393.4
- съ цѣпной тягой 392.2
Откатъ . . . 393.1
- двухколейный 393.3
- канатный . 373.5
Откатъ одноколейный 393.2
- проволочный 393.4
Откидная дверь 336.6
- поперечина 299.4
Откинуть поперечину 299.5
Отклоненіе каната 41.10
- рычага . . 245.9
- цѣпи . . . 41.10
Отклоненія уголъ 41.11, 399.5
Отклонить канатъ 42.1
- цѣпь 42.1
Отклонять канатъ 42.1
- цѣпь 42.1
Отклоняющій роликъ 47.4
- шкивъ . . . 47.4
Отключать . 214.4
Отключить . 214.4
Открывать, золотникъ открываетъ 191.11
Открытая будка машиниста 294.4
Открытый двигатель 211.3
- моторъ . . . 211.3
- подшипникъ 89.6
- ремень . . . 74.4
Отливка бронзовая 169.3
- въ глинѣ . 164.3
- - опокахъ . 164.2
- - открытой песочной формѣ 164.1
- - пескѣ . . 163.4
- - чугунныхъ изложницахъ 166.6
- - - формахъ 166.6
- глиняная . 164.3
- закаленная 164.6
- кокильная . 166.6
- отбѣленная 164.6
- полыхъ предметовъ 164.4
Отливка пустотѣлая 164.4
- ребристая . 164.5
- стальная . . 166.4
- - фасонная . 166.5
- съ закаленной корой 164.6
- - приливами 164.5
- твердая . . 164.6
Отношеніе . . 61.4
Отправленіе вагонетки 408.4
Отправлять вагонетку 408.3
Отпускать болтъ 119.6
Отпустить болтъ 119.6
- тормазъ . . 98.9
Отработавшая вода 230.6
Отсутствіе свивки 34.5
- скрутки . . 34.5
Отсыпка простая 384.10
- уплотненная 385.1
Отсѣкать, золотникъ отсѣкаетъ 193.10
Отсѣчка золотника 193.9
Отсѣчки скорость 193.8
Оттормаживаніе 98.10
Оттормаживать 98.9
Оттормаживающая сила 109.6
Оттяжка . . . 405.2
Отцѣпить вагонетку отъ каната 414.7
Отцѣпка . . . 415.2
- вагонетки . 416.4
Оцинкованный проволочный канатъ 39.1
- тросъ . . . 39.1
Очертаніе зубца 65.1

П.

Падать, грузъ падаетъ 8.6
Паденіе груза 8.7
- - свободное . 8.8
- напора . . . 292.9
- напряженія 198.6
Паденія высота 7.9, 386.5
- свободнаго ускореніе 21.10
Пазъ для шпонки 77.9
Пакгаузъ . . 381.3
Палецъ контактный 219.1
- кривошипа 178.3
Палубный кранъ 304.1
Панелей число 140.8
Панели ширина 140.7
Панель . . . 140.6
- концевая . 140.9
- средняя . 140.10
Панцырная гибкая труба 377.1

Панцырный гибкій шлангъ 377.1
Пара вращенія 132.3
- зубчатыхъ колесъ 63.4
- силъ 132.3
Параболическая ферма 147.6
Паразитные токи 201.6
Параллелограммъ силъ 129.4
Параллельно введенное сопротивленіе 223.9
Параллельное включеніе 225.1, 225.6
- возбужденіе 211.3
- соединеніе 225.1
Паровая землечерпалка 371.4
- лебедка . . 271.3
- машина . . 227.8
- - компаундъ 228.2
- - реверсивная 228.3
- - сдвоенная 227.8
- - съ конденсаціей 228.4
- - - охлажденіемъ 228.4
- - тандемъ . 228.1
Паровозный домкратъ 264.8
- подъемникъ 263.8
Паровозъ-кранъ 308.7
Паровой аккумуляторъ 232.6
- воротъ . . . 271.3
- золотникъ . 194.1
- кабестанъ . 279.2
- котелъ . . . 227.4
- лифтъ . . . 358.3
- насосъ . . . 233.9
- поворотный кранъ 302.2
- подъемникъ 353.3
- поршень . . 187.6
- приводъ . . 226.6
- тормазъ . 105.11
- шпиль . . . 279.2
Паропроводъ 226.9
Паръ 226.8
- водяной . . 226.8
ПаскВилля замокъ 337.5
Пассажирскій подъемникъ 351.1
Пассъ 367.2
Пасть клещей 57.6
Патронный ключъ 119.9
- предохранитель 208.10
Патрубокъ . 237.3
Педаль . . . 247.6
Пеньковая набивка 191.9
- сердцевина 39.6
-вый канатъ . 38.6
- узелъ . . . 391.4
- - съ металлической муфтой 391.5
Первая головка заклепки 120.10
-вый этажъ . 335.2
Перевести укосину 298.9
Переводная ручка 248.4
- цѣпь . . . 248.9
-ный канатъ 248.7
- маховичокъ 248.2
- рычагъ 246.3, 247.8
Переводъ . 329.10
Перевозка на далекія разстоянія 358.5
- - короткія разстоянія 358.4
Перевозная вагонетка 377.5
Перегружать 320.5
- подъемную машину 3.9
Перегрузить машину 182.8
- подъемную машину 3.9
Перегрузка 3.8, 320.10
Перегрузочная платформа 319.5
-ное приспособленіе 321.4
-ный кранъ 310.2, 319.4, 320.1
-ныя работы 321.6
Перегрузчикъ Влондэна 422.2
Передаточнаго механизма части 250.4
Передаточная станція 396.9
Передаточникъ 367.1
Передаточное число 61.4
-ные органы 75.6
-ный валъ . . 251.3
- канатъ . . . 42.7
- механизмъ . 61.3
- - ворота . . 266.4
- - лебедки . 266.4
Передаточный механизмъ съ перемѣной направленія движенія 70.1
- органъ . . 61.7
-ныхъ рычаговъ система 248.7
Передача 61.2, 61.5, 250.1, 251.2, 396.10
- блока 47.9
- винтовая 70.7, 250.3
- гидравлическая 228.6
- Гриссона . 72.5
- движенія . 4.4
- - валомъ . . 184.3
- - раповикомъ въ трещеткѣ 180.9
- двухходовая червячная 71.8
- замедленная 61.9
- замедлительная 61.9
- зубчатая 62.7, 63.1
- зубчатой рейкой 68.7
- зубчатыми колесами 63.1
- канатная . 42.3
- клиновыми колесами 73.2
- колесами сцѣпленія 72.6
- - тренія . . 72.6
- колесная 62.7, 250.2
- колѣнчатымъ рычагомъ 247.3
- коническая зубчатая 68.9
- коническими колесами подъ прямымъ угломъ 69.1
- перемѣщенія 62.5
- планетарная 69.7
- подъема . . 62.5
- помощью дисковыхъ колесъ 73.4
- - клиновыхъ колесъ 73.2
- посредствомъ цѣпныхъ колесъ 73.6
- простая зубчатая 63.3
- - колесная . 63.3
- пути 62.6
- ременная . 73.8
- рычажная . 246.5
- силы . . . 62.4
- скорости . . 61.8
- со смѣнными колесами 64.1
- съ перемѣнными скоростями 64.1
Передача съ перемѣной направленія вращенія механизма 70.1
- ускоренная 62.2
- ускорительная 62.2
- фрикціонная 72.6
- фрикціонными дисками 73.4
- хода 62.5
- цилиндрическая зубчатая . 67.5
- цилиндрическими колесами 67.5
- цѣпная 33.3, 73.6
- червячная . 70.7, 250.3
- частичная . 61.6
- частная . . 61.6
- червячная закрытая 71.5
Передвигать . 12.8
- тележку . . 274.4
Передвигаться 12.6
Передвиженіе груза 4.3
- горизонтальное 12.4
- кѣмъ-нибудь 12.7
- чего-нибудь 13.1
Передвижная платформа 330.2
- погрузочная наклонная труба 386.7
Передвижной 13.2
- воротъ 272.7, 272.5
- поворотный кранъ 301.6
- элеваторъ . 364.6
Передній канатъ 389.6
- поясъ фермы укосины крана 307.6
- ходъ 13.10
Перекатываніе болванки 317.10
Перекашиваться, катки перекашиваются 91.5
Перекатывать болванку . 317.9
Перекашиваніе крана 289.3
-, кранъ перекашивается 289.2
-, ролики перекашиваются 91.5
Перекидная крышка 386.1
- укосина . . 298.8
Перекинуть укосину 298.9

Перекладина запорная 338.4
Переключаемая колесная передача 63.6
Перекючатель 216.5
Переключать 214.5
Переключающій цилиндръ 220.3
Переключить 214.5
Перекрестная связь 153.1
- стрѣлка . . 421.4
-ный раскосъ 143.4
- ремень . . . 74.5
Перекручиваніе канатовъ 34.7
Перекрытіе предохранительное 405.3
- шахты . . . 334.4
Перекрытый стыкъ 149.7
Перелома точка 399.4
Перемѣна автоматическая направленія хода 347.5
- вылета . . 296.5
- полюсовъ . 201.1
- хода . . . 244.10
Перемѣнить ходъ 244.9
Перемѣнная нагрузка 133.1
-ный токъ . 200.10
- - двухфазный 201.3
- - однофазный 201.2
- - трехфазный 201.4
Перемѣнять ходъ 244.9
Перемѣщаемый грузъ 359.6
- кранъ . . . 284.3
Перемѣщать 12.8 359.1
Перемѣщаться 12.6
Перемѣщеніе 12.4 12.7, 13.1, 359.2
- вертикальное 360.4
- впередъ . . 13.10
- въ отдѣльныхъ ящикахъ 360.3
- горизонтальное 360.5
- груза . . . 4.3
- канатомъ . 388.1
- крана . . . 289.1
- лентою . . 367.4
- массовыхъ грузовъ 358.3
Перемѣщеніе назадъ 14.1
- наклонное . 360.6
- непрерывное 360.2
- опоры . . 154.11
- телѣжки . . 273.7
Переносная канатная дорога 394.3
Перепускная труба 281.3
Перерывъ дѣйствія 282.5
- работы . . 282.5
- тока 217.3
Переставить укосину 298.7
Переставная ручка 179.3
- укосина . . 298.6
-ной винтъ . 370.6
- вкладышъ . 87.3
- противовѣсъ 286.6
Переходный рельсъ 395.4
Перила . . . 157.10
Періодъ затормаживанія 98.7
- опусканія . 7.3
- подъема . . 6.6
- свободнаго паденія 8.9
- торможенія 97.10
- травленія . 7.3
Перо стрѣлки 420.7
Перфорированное листовое желѣзо 169.5
Песочный элеваторъ 366.6
Петля 25.4, 55.5, 55.3
- дверная . . 337.2
- для поворота 395.6
- канатная . 25.5
- цѣпная . . 25.5
Печь для нагрѣванія заклепокъ 126.4
Пирамидальная опора 306.2
-ный поворотный кранъ 306.1
Питательный проводъ 203.3
- трубопроводъ 236.5
Питать котелъ 227.7
Питающій пунктъ 203.4
- центръ . . 203.4
Плавкая вставка 208.7
Плавкая пластинка 208.3
-кій предохранитель 208.6
- штепсель . 208.9
Плавучая землечерпательная машина 375.4
-чій амбаръ . 382.4
- кранъ . . . 303.3
- магазинъ . 382.4
- складъ . . 382.4
Плавящаяся полоска 208.3
Планетарная передача 69.7
-ное колесо . 69.8
Планетное колесо 69.8
-ный приводъ 69.7
Планка зажимная 76.1
Планъ трубопровода 236.4
- силъ 130.2
Платина . . . 167.4
Платформа колошниковая 356.3
- лифта . . . 340.4
- опрокидывающаяся 324.1
- перегрузочная 319.5
- передвижная 330.2
- подвижная крана 301.7
- подъемника 340.4
- 355.3
- товарная . . 322.6
Пластина задерживающая 76.1
- стопорная . 76.1
Пластинка плавкая 208.6
- цѣпи 29.3
-ки головка . 29.9
Пластинчатая пята 79.6
-тый тормазъ 103.3
Плечо груза . 11.5
- клещей . . 57.5
- кривошипа . 178.3
- рычага противовѣса 286.3
- силы . . . 130.9
Плита анкерная 388.1
- зажимная . 328.6
- опорная . . 155.1
- - выпуклая 155.3
- основная подшипника 88.7
- фундаментная 301.1
Плита фундаментная звѣздообразная 300.11
- - спицеобразная 300.11
Плоскій золотникъ 194.3
- канатъ . . . 40.9
- - элеватора 363.1
- коробчатый золотникъ 194.4
- поршень . . 186.5
- ремень . . . 42.3
-ское желѣзо 167.10
Плоскость наклонная для передвиженія грузовъ 356.7
- - - подъема судовъ 357.1
Площадка . . 289.3
- для машиниста 293.5
- подъемная . 340.3
- предохранительная подъ кабиной 344.5
Площадь вліянія 136.5
- инфлюэнтная 136.5
- моментовъ . 135.7
- обслуживанія крана 283.5
- опоры . . . 84.5
-, подвергающаяся давленію вѣтра 154.4
- рабочая крана 283.5
- сѣченія . . 175.2
- торможенія 103.5
- фундамента нижняя 288.5
- эпюры, выражающей измѣненіе сдвигающей силы 133.3
- -, - - срѣзывающей силы 133.3
Плунжеръ . . 186.6
Пневматическая подача 363.6
- склепка . . 126.3
- установка . 234.3
- центральная станція 235.5
-ское оборудованіе 234.4
-скій подъемникъ 235.2
- поршень . . 188.2
- приводъ . . 234.3
- тормазъ . . 105.3
- элеваторъ . 363.7
Повернуть . . 14.3

Повернуть быстро впередъ 16.1
- - назадъ . . 16.2
- грузъ . . . 15.8
- кранъ . . . 296.6
Поверхность катанія 255.5
- контактная 218.4 218.5
- направляющая 388.8
- рабочая ролика 402.4
- - шкива . . 402.4
- скольженія 388.8
- соприкосновенія 218.4
Поворачиваніе 14.2
- болванки 317.10
- груза . . . 16.5
- ковша . . . 311.8
- крана . . . 296.7
Поворачивать болванку 317.9
- впередъ . . 16.1
- грузъ . . . 15.8
- кранъ . . . 296.6
- назадъ . . . 16.2
-ться быстро способный 14.6
- вокругъ оси 14.6
Поворачивающаяся телѣжка 277.3
Поворота быстраго положеніе 16.4
- дуга 14.9
- уголъ . . . 14.8
Поворотная колонна 260.2
- лапа 60.8
- опорная подушка 402.2
- стойка . . . 260.2
- телѣжка . . 254.8
- цапфа . . . 259.6
- часть крана 301.8
Поворотный башенный кранъ 306.3
- гидравлическій кранъ 302.3
- золотникъ . 194.7
- контроллеръ 223.2
- кранъ . . . 295.9
- - на двустороннихъ козлахъ 304.4
- - - одностороннихъ козлахъ 305.3
- - - подвижныхъ козлахъ 304.3
- - - цапфахъ 300.1
- - ручного дѣйствія 302.1
Поворотный кранъ съ перемѣннымъ вылетомъ 296.4
- кругъ . . . 330.1
- - крана . . . 301.3
- - подвѣсной дороги 421.10
- кузнечный кранъ 303.2
- литейный кранъ 303.1
- механизмъ . 259.2
- мостовой кранъ 292.3
- набережный кранъ на подвижныхъ козлахъ 305.2
- настѣнный кранъ 302.5
- паровой кранъ 302.2
- передвижной кранъ 301.6
- пирамидальный кранъ 306.1
- постоянный кранъ 299.9
- ручной кранъ 302.1
- сальникъ . 190.9
- свободностоящій кранъ 300.4
- стаціонарный кранъ 299.9
- стѣнной кранъ 302.5
- электрическій кранъ 302.4
Поворотъ . . 15.2
- быстрый . . 15.9
Повышеніе тока быстрое 221.3
Погрузка . . 320.7
Погрузочный канатъ 400.2
Подаваемый грузъ 359.6
Подавать . . 359.1
Податочная труба 370.7
-ное приспособленіе 360.7
- устройство . 360.7
-ный лотокъ 369.5
Подача . . . 359.2
- вертикальная 360.4
- въ отдѣльныхъ ящикахъ 360.3
- горизонтальная 360.5
- лентою . . 367.4
- наклонная . 360.6
- непрерывная 360.2
Подача пневматическая 363.6
- цѣпная . . 392.1
Подвалъ . . 335.1
Подвальный этажъ 335.1
Подвергнуть тѣло растяженію 170.6
Подвижная гайка 120.4
- лебедка . . 272.7 272.8
- моторная двухрельсовая лебедка 273.3
- - лебедка . 273.1
- муфта . . . 81.2
- нагрузка . . 133.9 134.4
- обойма . . . 49.3
- обоймица . 49.3
- однорельсовая моторная лебедка 273.2
- опора . . . 154.9
- ось 76.2
- платформа крана 301.7
- стрѣла . . . 298.4
- телѣжка . . 273.4
- укосина . . 298.4
Подвижной . 13.2
- блокъ . 47.7, 49.3
- грузъ . . . 134.1
- желобъ съ лопатками 369.7
- кранъ . . . 284.4
- - на козлахъ 295.3
- лотокъ со скребками 369.7
- мостовой кранъ 290.1
- обращенный блокъ 48.2
- противовѣсъ 286.7
- якорь . . . 109.1
Подводная труба 240.3
Подводящая труба 236.5
Подвѣса органъ 24.3
Подвѣсить грузъ къ крюку 55.4
Подвѣска 138.3, 207.9
- вагонетокъ 407.3
- ковша . . . 311.4
- лапы . . . 60.2
Подвѣсная балка 138.3
- дорога . . . 419.6
- - электрическая 422.1
- опора . . . 207.9
- подушка . . 420.3
Подвѣсная система 138.6
- скоба для ковша 311.5
Подвѣсный башмакъ 420.3
- вагончикъ саморазгрузочный 410.1
- винтовой домкратъ 263.3
- гидравлическій домкратъ 263.5
- домкратъ . 263.2
- рельсъ . . . 395.5
- ящикъ быстроразгружающійся 410.3
- - саморазгрузочный 410.1
Подвѣсъ вагонетокъ 407.3
- груза . . . 52.3
- для груза . 407.1
- цѣпи . . . 27.4
Подвѣтренная сторона 154.5
Подвѣшиваніе цѣпи 27.4
Подгаечникъ 115.9
Поддающійся статическому расчету 135.3
Поддержекъ конструкція 403.4
Поддерживающая цапфа 78.11
-щій канатъ . 400.4
- рельсъ . . . 395.5
Поддержка верхняя для черпаковой рамы 372.1
- качающаяся 245.2
- клепальнаго домкрата 125.10
- клепальная 125.8
- тормазной ленты 103.2
Подземная проводка 206.3
-ный кабель 204.11
Подкладка . 80.1
Подкладная шайба 113.10
Подковообразный магнитъ 108.5
Подкосная ферма 138.4
Подкосъ крана 307.1
- поперечины 297.5
Подкрановая балка 327.3
Подмости . 158.10
- желѣзныя . 159.1

Поднимаемая укосина 299.1
Поднимаемость укосины 299.3
Поднимать грузъ 7.1
- помощью ворота 266.2
- - лебедки . 266.2
Поднятіе . . . 7.5
- ненагруженнаго крюка 7.4
- порожняго крюка 7.4
Поднять грузъ 7.1
- - на лапѣ . 60.5
- кранъ . . . 281.5
- помощью ворота 266.2
- - лебедки . 266.2
- поперечину 299.5
- укосину . . 299.2
Подошва фундамента 288.5
Подпереть канатъ 401.7
Подпирать канатъ 401.7
Подпорка . . 151.7
- у перилъ . 158.1
Подпорный болтъ 285.8
Подпоръ боковой 245.7
- винтовой . . 263.6
Подпружная балка 138.4
Подпятникъ . 86.1
- кольцевой . 86.3
- на роликахъ 86.6
- - шарикахъ 86.5
- нижній . . 300.2
Подраздѣлить сопротивленіе 223.6
Подрессорная ось ходового колеса 257.6
Подставная телѣжка 409.7
- - съ подъемнымъ механизмомъ 409.8
Подтягивать болтъ 118.7
Подтянуть болтъ 118.7
Подушка для поддержки каната 410.10
- опорная 401.10 406.3
- - вращающаяся 402.2
- - качающаяся 406.6
Подушка опорная однобокая роликовая 406.8
- - поворотная 402.2
- подвѣсная . 420.3
- - приподнятая 402.1
- - пружинящая 406.7
Подферменный камень 155.2
Подхватъ верхній для черпаковой рамы 872.1
- къ рельсу . 285.5
Подшипника діаметръ внутренній 84.4
- отверстіе . . 84.4
Подшипниковый щитъ 210.4
Подшипникъ 84.3 86.9
- безъ лапокъ 89.7
- быстро поворотной цапфы 259.5
- вала 76.5
- - кривошипа 178.7
- глухой . . . 89.5
- гребенчатый 86.8
- двигателя . 210.3
- качающійся 184.5
- косой . . . 89.8
- мотора . . . 210.3
- на кронштейнѣ 92.1
- наклонный . 89.8
- нормальный 87.1
- обыкновенный 87.1
- опорный . . 71.4
- опускающійся 184.5
- открытый . 89.6
- прирабатывается 84.8
- розетный . 89.5
- самосмазочный 90.3
- самосмазываю-юійся 90.3
- Селлерса . 90.1
- скошенный 89.8
-, состоящій изъ двухъ частей 89.6
- стѣнной . . 92.1
- съ кольцевой смазкой 90.3
- - короткой подошвой 89.7
- - подвижными вкладышами 90.1
- - шариками 90.4
- - шаровыми вкладышами 91.7
Подшипникъ съ шарообразными вкладышами 90.1, 91.7
- упорный 71.4, 86.1
- шариковый 90.4
- шпинделя . 120.3
Подъема высота 832.2
- направленіе 6.2
- періодъ . . 6.6
- работа . . . 10.6
Подъемная клѣтка 841.7
- - въ видѣ ящика 841.8
- лебедка 267.4, 845.6
- люлька . . 841.7
- - въ видѣ ящика 841.8
- машина . . 845.3
- - прямого дѣйствія 845.4
- площадка . 840.3
- сила . . 2.5, 109.6
- - крана . . 288.2
- шахта . . . 833.7
- шахтная машина 846.1
Подъемника система 850.11
Подъемникъ 831.1
- автоматически мѣняетъ направленіе 847.6
- багажный . 854.3
- вагонный . 854.4
- вертикальный 851.4
- винтовой . . 263.7
- воздушный 235.2
- гидравлическій 271.2, 852.7
- - непосредственнаго дѣйствія 853.1
- - непрямого дѣйствія 853.2
- - посредственнаго дѣйствія 853.2
- - прямого дѣйствія 853.1
- горный . . 834.2
- грузовой . . 851.2
- двойной . . 851.3
- двухканатный 841.2
- для боевыхъ припасовъ 866.4
- - бочекъ . . 854.6 865.6
- - бревенъ и балокъ 866.7
- - военныхъ снарядовъ 854.7
- - гостинницъ 855.1
Подъемникъ для грузовъ 841.3, 851.2
- - дѣловыхъ бумагъ 855.5
- - книгъ . . 855.4
- - кухни . . 855.2
- - льда . . . 866.5
- - людей 851.1, 866.2
- - мѣшковъ . 854.5 865.7
- - мяса . . . 866.3
- - опрокидыванія 825.2
- - писемъ . . 855.3
- - погребовъ 854.1
- - ресторановъ 855.1
- - руды . . . 855.7
- - складовъ . 853.5
- - строительныхъ работъ 854.2
- - угля . . . 855.6
- - ящиковъ . 866.1
- колошниковый 856.1
- кухонный . 855.2
- люковый . 853.7
- магазинный 853.5
- - на выступающей балкѣ 853.6
- наклонный 851.5
- о двухъ цѣпяхъ 856.6
- одноканатный 841.1
- останавливается 847.2
- - автоматически 847.3
- паровозный 263.3
- паровой . . 853.3
- пассажирскій 851.1
- пневматическій 235.2
- поршневой . 851.6
- приводный . 852.5
- приходитъ въ движеніе 847.1
- рудниковый 268.2
- ручной . . 852.3
- - канатный 852.4
- станціонный 854.3
- съ клѣткой 852.2
- - платформой 852.1
- - ременной передачей 852.6
- товарный . 851.2
- трогаетъ съ мѣста 847.1
- электрическій 853.4
Подъемное приспособленіе 831.2

Подъемный барабанъ 345.7
- воротъ . . . 267.4
- вспомогательный механизмъ 251.8
- главный механизмъ 251.7
- двигатель . 345.9
- двухбарабанный механизмъ 252.2
- канатъ 332.7, 411.9
- контроллеръ 222.7
- механизмъ . 250.5, 331.2
- - на двѣ скорости 252.1
- - со смѣннымъ приводомъ 252.1
- - съ двумя барабанами 252.2
- - - переключаемымъ приводомъ 252.1
- моментъ . . 7.6
- моторъ . . 251.5
- органъ . . . 24.2
- поршень 185.2, 351.7
- рычагъ . . 261.4
- цилиндръ . 185.8, 189.7
Подъемъ 6.4, 6.7, 7.5, 332.4
- груза . . 6.8, 7.2
- для бочекъ 365.6
- - погребовъ 354.1
- рычажный 261.3
- нитки витого каната 33.9
Подымаемый грузъ 2.3, 332.1
Подымающійся конецъ каната 25.1
- - цѣпи . . . 25.1
Покойная нагрузка 132.9
Покрывать лакомъ 161.7
Пола линія . 290.7
Поле нагрузки 133.5
Полезнаго дѣйствія коэффиціентъ 11.8
Полезный вылетъ 296.2
- грузъ 1.3
Ползунъ . . 339.3
-, автоматически устанавливающійся 339.4
Полиспастъ . 48.7
- быстроходный 51.2
- винтовой . . 51.1
Полиспастъ групповый 50.5
- грузоподъемный 49.8
- движущій . 50.1
- дифференціальный 50.6
- для подъема укосины 260.7
- канатный . 51.4
- крановый . 52.2
- мультипликаторный 50.3
- потенціальный 50.4
- ручной . . 50.2
- сдвоенный . 51.8
- съ цилиндрическими колесами 50.8
- цѣпной . . 51.5
Полная нагрузка 134.7
-ный грузъ . 2.1
- травеллеръ 304.4
Положеніе быстраго поворота 16.4
- груза . . 2.8, 134.5
- загрузки . . 413.1
- золотника . 193.6
- - въ моментъ отсѣчки 193.7
- импульса тока 221.2
- конечное . 13.6
Положеніе крайнее 13.6, 246.2
- крюка . . . 53.3
- нуля 220.4
- опрокидыванія 324.3
- останова . . 95.5
- остановки . 220.4
- подъема . . 220.5
- при включеніи 214.1
- - опусканіи 220.6
- - разгрузкѣ 413.7
- рукоятки тормаза при опусканіи 220.8
- свободнаго спуска 221.1
- среднее . . 246.1
- тележки . . 274.5
- торможенія 220.7
- толчка тока 221.2
- ѣздовое . . 221.4
Поломка зуба 65.6
- зубца . . . 65.6
- трубы . . . 241.8
Полоска плавящаяся 208.8
Полосовое желѣзо 167.10
Полосовой стальной рельсъ 328.11
Полость воздушная 238.7
Полосы пудлинговаго желѣза послѣ первой прокатки 167.4
Полотнище двери 336.3
Полотно предохранительное 344.5
Полувтулка муфты 80.9
Полузакрытый канатъ 40.5
Полузакрѣпленная балка 139.10
Полукруглая нарѣзка 114.9
Полутравеллеръ 305.3
Полученіе воды для гидравлической передачи 229.3
- - подъ давленіемъ 229.3
Полъ 162.2
- кабины . . 340.6
- клѣтки . . 340.6
Полый валъ 76.7
- канатъ . . . 40.11
Полюсное разстояніе 130.5
-ный лучъ . 130.4
Полюсъ . . . 130.3
- магнитный . 202.4
Помостъ 156.3, 289.8
- вокругъ колошника 356.3
- для жесткости 152.5
- - крѣпленія 152.5
- - перегрузки сбрасываніемъ 325.3
- мостового крана 157.8
Помѣщеніе для нанесенія размѣровъ 160.5
- складочное, лежащее ниже уровня земли 380.5
- - расположенное вверку 381.1
- - - на высотѣ 381.1
Понтонный кранъ 308.3
Понтонъ крана 308.4
Поперечина 151.6, 277.6, 328.7
Поперечина вращающаяся 277.3
- лапы . . . 60.4
- опорная . . 403.7
- опускающаяся 299.4
- откидная . 299.4
- рѣшетчатая 297.6
- сплошная . 297.7
- съ противовѣсомъ 299.7
Поперечная балка 148.3, 289.9
- сила 136.1
Поперечное сѣченіе балки 145.5
- - заклепки . 120.8
- - канала . . 193.4
- - коробчатое 147.3
- -, подверженное растяженію 171.2
- -, - сдвигу . 174.1
- -, - сжатію . 171.8
- -, - срѣзыванію 174.1
- - пояса . . 142.2
- - стержня . 141.4
- - трубопровода 235.8
- - элемента . 141.4
Поперечный крестъ 153.3
- разрѣзъ зданія 161.9
- - строенія . 161.9
Поплавковый клапанъ 231.7
Поплавокъ . 231.8, 357.6
Поползушка . 339.3
- самоустанавливающаяся 339.4
Попудный товаръ 322.4
Порошкообразное тѣло 384.6
Поршень 185.6, 186.6
- аккумулятора 231.10
- аккумуляторный 231.10
- буфера . . 109.4
- внутренній . 187.2
- гидравлическаго подъемника 188.1
- гидравлическій 188.1
- грузовой . . 188.3
- двойного дѣйствія 186.4
- двойной . . 195.2
- дисковый . 186.5
- дифференціальный 187.3

Поршень заглушителя 109.4
- нагнетательный 188.4
- насоса . . . 187.5
- пасосный . 187.5
- паровой . . 187.6
- - машины . 187.6
- плоскій . . 186.5
- пневматическаго подъемника 188.2
- пневматическый 188.2
- подъемника 187.4
- подъемный 185.2 351.7
- предварительнаго распредѣленія 195.6
- предраспредѣлительный 195.6
- приводный . 185.5
- простого дѣйствія 186.3
- рабочій . . 186.7
- раздвижной 187.1
- распредѣлительный 194.9
- сердечниковый 187.2
- составной . 187.1
- телескопическій 187.1
- тормазной . 105.5
- трубчатый . 186.9
Поршневая скалка 185.8
-вое кольцо . 185.7
-вой буферъ . 186.2
- золотникъ . 195.3
- лифтъ . . . 351.6
- подъемникъ 351.6
- приводъ . . 185.4
- - прямого дѣйствія 185.1
- штокъ . . . 185.8
Послѣдовательно-параллельное включеніе 225.2
- поставленные канатные шкивы 402.5
Послѣдовательное включеніе 224.8
- возбужденіе 211.2
- соединеніе . 224.8
Послѣдовательный 225.3
Поставить клѣтку на опору 345.2
- кранъ . . . 281.5
Поставить рычагъ въ крайнее положеніе 246.4
- - - среднее положеніе 246.3
Постановка клѣтки на опору 345.1
Постороннее возбужденіе 211.5
Постоянная муфта 80.5
- нагрузка . . 132.9 133.2, 133.4
-ный поворотный кранъ 299.9
- токъ 200.9
Построеніе графическое перемѣщеній фермы въ своей плоскости 136.6
- крановъ . . 280.3
Постройка . . 161.8
- канатной дороги 392.5
- крановъ . . 280.3
- мостовъ . . 159.4
Потайная головка 116.4
Потенціальный полиспастъ 50.4
Потери при холостомъ ходѣ 11.1
Потеря дѣйствія 11.7
- на заклепки 146.5
- - треніе . . 23.3
- напора . . . 229.9
- напряженія 198.5
- отъ тренія . 23.3
- при передачѣ 11.7
- работы . . . 10.8
Потерянный путь 13.7
Потолокъ кабины 340.7
- клѣтки . . 340.7
Потолочная балка 340.8
- телѣжка . . 277.7
Потребная энергія 282.8
-ное количество воды 230.4
Поѣздъ изъ вагонетокъ 377.7
Поясная заклепка 146.3
- накладка . 146.1
-ное желѣзо 145.10
-ной листъ 146.1, 146.2
- стержень . 141.9
- уголокъ . . 145.9
Поясъ 142.1
Поясъ верхній 142.3
- вытянутый 142.6
- нижній . . 142.4
- передній фермы укосины крана 307.8
- растягиваемый 142.6
- растянутый 142.6
- сжатый . . 142.5
- сжимаемый 142.5
Правая нарѣзка 114.2
- свивка . . . 33.10
-вый ходъ витка 33.10
Предаварительная заклепка 112.6
-ное распредѣленіе 195.5
Предохранитель 208.3, 342.1, 342.5
- клиновой . 343.5
- маятниковый 344.1
- патронный 208.10
- плавкій . . 208.6
Предохранитель
- съ колѣнчатыми рычагами 343.7
- эксцентриковый 343.4
Предохранительная задвижка 338.3
- катушка . . 201.9
- крыша . . . 294.5
- лебедка . . 267.8
- муфта . . . 81.5
- площадка подъ кабиной 344.5
- ручка . . . 179.4
- скоба . . . 57.2
- сѣтка 237.9, 405.4
- сѣть 405.4
Предохранительное автоматическое приспособленіе 324.7
- дно 344.5
- перекрытіе 405.3
- полотно . . 344.5
- приспособленіе 324.4
- - для шахты 337.6
- сопротивленіе тормаза 224.4
- устройство . 342.5
Предохранительный воротъ 267.8
- выключатель 216.4
- замокъ . . 337.4
- засовъ . . . 338.3
Предохранительный захватъ 344.3
- клапанъ . . 242.5
- крюкъ . . . 54.8
- мостъ . . . 405.3
- остановъ . . 93.3
- тормазъ . . 112.8
- схватъ . . . 57.2
- штепсель . 208.9
Предписанія относительно нагрузокъ 135.1
Предраспредѣленіе 195.5
Предраспредѣлительное устройство 195.7
-ный поршень 195.6
Предѣлы подъема и спуска 332.6
Предѣльный грузъ 2.1
Презонный штифтъ 117.3
Прекратить дѣйствіе насоса 233.4
Преобразователь постоянно-перемѣннаго тока 199.3
- постояннаго тока въ постоянный 199.2
- постоянно-трехфазнаго тока 199.4
Преобразовать токъ 198.11
Прервать токъ 217.2
Прерыватель тока 217.4
Прессовый стержень 314.3
- штокъ . . . 314.3
Прессъ клепальный 126.10
Приближать укосину къ стойкѣ 17.4
Приборъ для натяженія цѣпи 30.6
- для пуска въ ходъ 219.2
- защемляющій канатный 418.8
- - съ зажимными щеками 418.8
- предварительнаго распредѣленія 195.7
- стрѣлки стопорный 421.6
- сцѣпной . . 415.4
- - автоматическій 415.7

Приборъ сцѣпной для верхняго каната 415.5
- - - нижняго каната 415.6
- - муфточный 418.2
- - самодѣйствующій 415.7
- - съ защелками 418.3
- съ контактной кнопкой 349.5
- - нажимнымъ контактомъ 349.5
- тормазной . 97.12
Приведеніе въ дѣйствіе рукояткой 177.8
Привести въ дѣйствіе 176.2
- - - насосъ . 233.3
- муфту въ сцѣпленіе 82.3
- - къ расцѣпленію 82.5
Привинтить . 119.2
Привинчивать 119.2
Привода родъ 177.2
- система . . 177.2
Приводить въ дѣйствіе 176.2
Приводная ременная лебедка 271.1
- цѣпь . . . 33.4
-ное колесо . 67.7
-ной ременной воротъ 271.1
- шкивъ . . . 184.9
-ный главный валъ 251.6
- двигатель . 213.5
- канатъ 42.5, 42.7 184.8
- мостовой кранъ 291.5
- моторъ . . . 213.5
- подъемникъ 352.5
- поршень . . 185.5
- ремень . . 73.9
- рычагъ . . 81.8
Приводъ . 176.1 250.1
- безконечнымъ канатомъ 184.7
- групповый . 176.5
- движенія валомъ 184.3
- - храповикомъ въ трещеткѣ 180.9
- для вращенія цѣпного барабана 372.6
- зубчатый . 68.2
- канатный . 42.2
Приводъ квадратнымъ валомъ 184.4
- маховичкомъ 181.2
- машинный . 182.2
- одиночный 176.4
- отъ трансмиссіи 184.2
- паровой . . 226.6
- планетный . 69.7
- пневматическій 234.3
- поворотнаго механизма 259.2
- поршневой . 185.4
- - прямого дѣйствія 185.1
- ременной . 73.7
- рукояткой . 177.8
- ручной . . 177.7
- - канатный 181.7
- - цѣпной . 181.6
- самозадерживающійся 12.3
- самоостанавливающійся 12.3
- самотормазящій 12.1
- со смѣнной передачей 63.7
- съ планетнымъ колесомъ 69.7
- - цилиндрическими колесами 67.4
- - цѣпнымъ колесомъ 73.5
- тяговымъ колесомъ 181.4
- цѣвочный . 69.3
- цѣпной 32.8, 73.5
- червячный 70.6, 71.6
- четырехгранным валомъ 184.4
- шпинделя . 120.5
Приводящая труба 240.3
Пригнанный болтъ 117.2
Придавать жесткость 151.9
Придать жесткость 151.9
Прижать тормазъ 98.5
Призматическая шпонка 78.5
Прикрѣпить вагонетку къ канату 414.6
Прикрѣпленіе 415.1
- стержня . . 150.7
Прикрѣплять вагонетку къ канату 414.6
Приливъ . . 237.3
Прилипаніе тормазнаго магнита 111.2
Прилипать, тормазной магнитъ прилипъ 111.1
Приложить силу 128.6
Принадлежности къ крюку 53.6
Принятіе со склада 383.8
Принять грузъ 9.4
Приподнимать грузъ 7.1
Приподнятая опорная подушка 402.1
- ферма . . . 147.8
Приподнять грузъ 7.1
- подвѣшенный грузъ 7.3
- ферму . . . 148.1
Приподыманіе крана 284.8
Приработавшаяся цапфа 78.10
Прислуга, передвигающая вагонетки 408.5
Присоединеніе трубы 237.2
Присоединенный проводъ 203.8
Приспособленіе грузоподъемное 1.1
- для автоматическаго захвата 410.4
- - вдвиганія болванокъ 318.4
- - выгрузки 321.2
- - выниманія 318.5
- - загрузки . 321.1
- - закрѣпленія болванокъ 317.6
- - захвата . 56.5
- - защелкиванія дверей 337.9
- - мятія . . 243.1
- - нагрузки . 321.3
- - опрокидыванія 312.1
- - - вагоновъ 324.8
- - освѣженія зеренъ пересыпкою 370.3
- - отжатія каната къ низу 401.2
Приспособленіе для отцѣпки каната 416.3
- - перегрузки 321.4
- - поворачиванія 312.1
- - поворота поковокъ 314.6
- - подвѣшиванія 52.4
- - подпиранія клѣтки 344.6
- - подъема каната 417.2
- - - крышки 313.4
- - приведенія въ дѣйствіе 176.3 177.1
- - пуска въ ходъ 219.2
- - разгрузки 321.2
- - снабженія паровозовъ углемъ 382.3
- - суженія. . 243.1
- - торможенія 97.12
- - управленія клещами 58.2
- загрузочное 316.4 321.1, 368.7
-, задерживающее клѣтку въ случаѣ разрыва каната 342.1
- изъ двухъ стяжекъ 397.8
- нагрузочное 321.3
- натяжное. . 397.7
- опрокидное 409.3
- перегрузочное 321.4
- податочное . 360.7
- подъемное . 331.2
- предохранительное 324.4
- - автоматическое 324.7
- - для шахты 337.6
- противъ самоотвинчиванія 115.8
- разгрузочное 321.2
- транспортное 360.8
- улавливающее для вагонетокъ, соскочившихъ съ рельсовъ 414.3
Приспособляемость крана 283.7
Приставаніе тормазного магнита 111.2
Притертый болтъ 117.2
Притягивать болтъ 118.6

Притягивать стрѣлу къ стойкѣ 17.4
Притяженіе тормазнаго магнита 111.2
Притянуть болтъ 118.6
-, тормазной магнитъ притянутъ 111.1
Прицѣпить грузъ къ крюку 55.4
Пріостановка дѣйствія 282.5
Проба на разрывъ 27.8
- - растяженіе 27.10
Пробивать отверстія для заклепокъ 121.6
Пробка литейнаго ковша 311.3
- съ нарѣзкой 241.4
Пробная нагрузка 2.2
-ный грузъ . . 2.2
Провода распредѣлительные 203.5
Проводка . . 202.7
- воздушная . 206.2
- каната . . . 400.6
- - поверхъ вагонетки 400.8
- - подъ вагонеткой 400.9
- - - крестовиной 401.1
- надземная . 206.2
- отвѣтвленная 203.7
- подземная . 206.3
- по столбамъ 206.4
Проводникъ . 202.6
- голый . . . 204.3
- изолированный 204.4
Проводъ 202.6, 204.7
- главный . . 203.3
- голый . . . 204.3
- для скользящаго контакта 207.2
- заземленный 204.1
- обратный . 203.10
- питательный 203.3
- присоединенный 203.8
- прямой . . . 203.9
- уходящій . . 203.9
Проволочная откатка 393.4
- самотаска . 393.4
Проволочно-канатная дорога 392.3
Проволочно канатная дорога съ тормазомъ 393.7
- - загрузочная дорога 394.4
-ный канатъ 38.10
- - неоцинкованный 38.12
- - оцинкованный 39.1
- откатъ . . . 398.4
Провѣса величина 399.1
- каната кривая 398.10
- стрѣла . . . 399.1
Прогибъ . . . 135.8
Продавливать заклепочныя отверстія 121.6
Продолжительное дѣйствіе 196.9
Продолжительность движенія по инерціи 5.3
- затормаживанія 98.7
- нагрузки . . 210.2
- оттормаживанія 99.2
- свободнаго паденія 8.9
Продольная балка 148.4
-ный изгибъ . 172.1
- профиль . . 398.9
Продыравленное листовое желѣзо 169.5
Проектировать кранъ 281.1
Производительность 21.5
- крана . . . 210.1
- транспортнаго устройства 360.1
Прокатанная балка 146.7
Прокатная сталь 165.6
-ное желѣзо . 167.2
Прокладка 86.2, 149.9
- между ступицей и рамой 257.5
Прокладная шайба 86.2
-ной листъ между ступицей и рамой 257.5
Пролетъ 144.5, 290.2
- въ свѣту . . 290.5
- крана равенъ . . . 290.4
- моста въ свѣту 159.6
Промежутокъ времени между отдѣльными отправками вагонетокъ 408.1
Промежуточная опора 401.6
- станція . . 396.4
- - съ разъѣздомъ 397.1
Промежуточное колесо 69.9
- положеніе груза 3.4
-ный валъ . . 251.3
- стержень . 141.8
Прорѣзъ для клина 77.9
- - цѣпи съ черпаками 372.9
-направляющій 58.4
Просвѣта высота 304.9
Просвѣтъ . . 304.7
- звена . . . 28.6
Приспособленіе натяжное съ винтомъ 397.9
Простая зубчатая передача 63.3
- колесная передача 63.3
- насыпка . 384.10
- отсыпка . 384.10
- шпренгельная система 138.7
Простой воротъ 269.6
- заклепочный шовъ 128.7
- кабестанъ 278.9
- рычажный домкратъ 261.3
- шпиль . . . 278.9
Пространственная ферма 143.9
Противовѣса моментъ 286.4
Противовѣсъ 286.2
- автоматическій 286.8
- бетонный . 287.5
- изъ бетона . 287.5
- - болванокъ 287.4
- - песка и свинокъ 287.4
- неподвижный 286.5
- массивный . 287.2
- переставной 286.6
- подвижной . 286.7
- самоустанавливающійся 286.8
- тормаза . . 100.7
Противодѣйствующая сила 132.6
Противодѣйствующая электродвижущая сила 198.10
Противоположно направленныя силы 128.2
Противотокъ 201.5
Противоэлектродвижущая сила 198.10
Противушерстная стрѣлка 420.3
Профиль двухголоваго рельса 420.2
- зубца . . . 64.10
- поворачиванія 296.9
- продольный 398.9
- просвѣта . 304.8
- проѣзда . . 290.5
Профильное прокатное желѣзо 168.2
Процессъ передвиженія 4.5
- перемѣщенія 4.5
Прочности каната коеффиціентъ 37.3
Прочность на изгибъ 174.4
- - разрывъ 170.2, 170.7
- - растяженіе 170.7
- - сдвигъ . . 173.7
- - сжатіе . . 171.4
- - срѣзъ . . 173.7
- противъ продольнаго изгиба 172.5
Пружина буферная 327.7
- скользящая 339.6
Пружинящая опорная подушка 496.7
-щее сѣдло . 406.7
Прутковое желѣзо 167.6
Прутокъ . . 158.7
Прядей свиваніе обыкновеннымъ способомъ 39.7
Пряжка для ремней 75.1
Прямая стрѣла 298.1
- укосина . . 298.1
-мое колѣно . 237.6
-мой проводъ 203.9
- угольникъ . 287.6
- участокъ канатной дороги 398.4

Прямолинейное движеніе 18.5
Прямоугольная головка 116.3
- нарѣзка . . 114.8
Пускать въ ходъ 219.3
- - - безъ нагрузки 219.4
- - - въ холостую 219.4
- - - при полной нагрузкѣ 219.5
Пусковое сопротивленіе 224.1
-вой реостатъ 219.7, 224.1
- - автоматическій 219.9
- - двойного направленія 220.1
- - для подъемника 346.4
- - самодѣйствующій 219.9
- - съ перемѣной направленія вращенія мотора 220.1
Пусковой токъ 209.3, 219.6
Пускъ въ ходъ 4.6
- - - лифта . 346.7
- - - машины 182.7
- - - подъемника 346.7
Пустить въ ходъ 219.3
- - - безъ нагрузки 219.4
- - - въ холостую 219.4
- - - кранъ . 281.7
- - - лифтъ . 346.5
- - - подъемникъ 346.5
- - - при полной нагрузкѣ 219.5
- насосъ . . . 233.3
Пустой крюкъ 55.3
Пустотѣлая отливка 164.4
-лый валъ . 76.7
Путевой канатъ 388.2
Пути замыканіе 324.6
- сопротивленіе 18.4
Путь 20.3
- движенія . 18.3
- затормаживанія 97.7
- золотника . 193.5
- крановой . 329.6
- крюка . . . 53.2
- перемѣщенія 13.8
- - тележки . 274.7
- поворота . . 16.3
- подвѣсной дороги 419.3
- подъема . . 6.9
- потерянный 18.7
-, проходимый во время остановки 5.1
-, - - - оттормаживанія 99.1
-, - - - подъема груза 6.7
-, - по инерціи 5.1
Путь, проходимый указателемъ 350.5
- разбѣга . . 4.9
- рельсовый . 326.1 329.1
- - для крана 327.2
- - - ѣзды по внутреннему ребору 327.1
- - - - поверху 326.4
- - - - понизу 326.5
- соединительный 398.7
- торможенія 97.8
- ускореннаго движенія 4.9
- ускоренія . 19.6
Пята . . 79.2, 139.5
- гребенчатая 79.4
- кольцевая . 79.3
- пластинчатая 79.6
- съ глазомъ 79.3
- шаровая . . 79.5
Пятникъ верхній 300.3, 300.10

Р.

Работа 21.3
- въ холостую 10.9
- клепальная 125.3
- крана 281.6, 283.3
- подъема . . 10.6
- - магнита . 109.7
- прорѣзанія бороздками 375.2
- разбѣга . . 5.6
-, расходуемая при пускѣ въ ходъ 5.6
- сжатымъ воздухомъ 234.4
- торможенія 97.8
- тормазная . 97.8
- тренія . . . 23.2
- - на зубцахъ 65.8
- - - зубьяхъ 65.8
- троганія съ мѣста 5.6
- ускоренія . 20.1
- холостого хода 10.9, 183.9
- цилиндра . 190.4
Работать безъ нагрузки 11.3
- въ холостую 11.3 183.8
Работы загрузочныя 321.5
- перегрузочныя 321.6
Рабочая жидкость 230.2
- площадь крана 283.5
- поверхность ролика 402.4
- - шкива . . 402.4
- скорость . . 9.9
Рабочее давленіе 229.5
Рабочій грузъ 1.3 2.3
-, дѣлающій разметку частей 160.7
- и холостой шкивы 75.3
- насосъ . . . 233.6
- поршень . . 186.7
- цилиндръ . 185.3 189.4
- шкивъ . . . 75.4
Равновѣсіе силъ 131.6
Равнодѣйствующая 129.5
Равнозамедленное движеніе 20.2
Равномѣрная нагрузка 133.8
Равномѣрно замедленное движеніе 20.2
Равномѣрно распредѣленная нагрузка 133.8
- укоспительное движеніе 20.2
- ускоренное движеніе 19.4
Равномѣрное движеніе 19.2
Равноускоренное движеніе 19.4
Радіусъ кривошипа 178.4
- ручки . . . 178.4
Разбѣга работа 5.6
Разверточное зацѣпленіе 66.8
Развертывать отверстія для заклепокъ 121.8
Разводной ключъ 119.10
Развѣтвленіе пути 329.9
Разгружать . 320.8 413.8
- машину . . 183.5
Разгруженный золотникъ 194.6
Разгрузить . 413.8
- машину . . 183.5
Разгрузка 4.2, 320.8 413.9
Разгрузка автоматическая 410.2
-ки мѣсто 322.3, 368.5
Разгрузочная станція 396.2
-ное приспособленіе 321.2
-ный канатъ 400.3 412.1
Раздвижная муфта 81.6
- - соединительная 81.7
- телескопообразная направляющая рама 315.4
- труба . . . 289.8
-ной поршень 187.1
Разложеніе силъ 129.1
Разложить силу 128.8
Размаха поворачиванія величина 296.3
Размахъ распредѣлительнаго рычага 243.8
- рычага . . 245.9
Размыватель 371.5
- со всасываніемъ 371.6

Размѣтить . . 160.6
Размѣтчикъ . 160.7
Разобщеніе 82.6, 95.1
- тормаза . . 98.10
Разобщить остановъ 98.1
- собачку . . 94.7
Разомкнуть токъ 217.2
Разрабатываться, подшипникъ разрабатывается 84.9
Разрушающая нагрузка 27.9
-щій грузъ . 27.9
Разрывать, канатъ разрывается 87.2
Разрывная нагрузка 27.9
Разрыву каната сопротивленіе 86.10
Разрывъ каната 87.1
- трубы . . . 241.8
- цѣпи . . . 27.6
Разрыхлитель 371.5
- всасывающій 371.6
Разрѣзное кольцо 88.5
Разрѣзъ поперечный зданія 161.9
- - строенія . 161.9
Разстояніе заклепки отъ внѣшней поверхности полки угольника 123.5
- - - края листа 123.4
- между вагонетками 407.9
- - заклепками 123.3
- - колесами . 67.6 254.3
- - опорами . 187.4 404.1
- - осями подшипниковъ 92.5
- - центрами заклепокъ 123.3
- отъ полки угольника 123.6
- - стѣны . . 290.8
- по времени между вагонетками 408.1
- полюсное . 180.5
Разъединеніе 82.6
Разъединительный рычагъ 81.8
Рама 151.5
Рама для роликовъ 333.6
- жесткая . . 151.8
- кольцевая съ шариками 90.7
- направляющая 277.2, 315.1
- подъемника 340.2
- съ ковшами 371.10
- - черпаками 371.10
- телескопообразная раздвижная направляющая 315.4
- черпака . . 411.2
Рамка для роликовъ 91.3, 91.9
Расклепать . 125.2
Расклепывать 125.2
Раскосная система 140.1
- ферма . . . 143.8
-ный рѣшетчатый мостъ 159.10
Раскосъ . . . 142.7
- восходящій влѣво 143.3
- - вправо . . 143.2
- вытянутый 142.8
- концевой . 143.1
- обратный . 143.4
- перекрестный 143.4
- растянутый 142.8
- сжатый . . 142.9
Расположеніе каната подъ вагонеткой 400.9
- - поверхъ вагонетки 400.8
- осей ходовыхъ колесъ въ балансирѣ 254.6
- тормаза . . 98.1
Расположенный внутри рельсовый путь 327.1
- свеху рельсовый путь 326.4
- снизу рельсовый путь 326.5
Распорка . . 151.6
Распорная трубка 117.5
-ный болтъ . 117.4
Распредѣленіе 192.4
- вентильное 195.8
- воды въ гидравлической передачѣ 229.2
- высокаго давленія 192.6
- грузовъ . . 134.3
Распредѣленіе дифференціальнымъ поршнемъ 195.4
- имѣетъ мертвый ходъ 244.8
- золотниковое 190.8
- клапанное . 195.8
- кранами . . 196.5
- крановое . . 196.5
- низкаго давленія 192.7
- по степенямъ 197.7
- поршневыхъ золотникомъ 194.8
- предварительное 195.5
- ступенчатое 197.7
- универсальное 222.5
- цилиндрическимъ золотникомъ 194.8
Распредѣлительная доска 213.7
- рукоятка . 213.9
- тяга 245.1
- цѣпь тока . 203.6
Распредѣлительные провода 203.5
- рычаги . . 243.6
Распредѣлительный валъ 245.5
- вентиль . . 196.1
- золотникъ . 192.9
- клапанъ . . 196.1
- конецъ . . 367.7
- кранъ . . . 196.6
- механизмъ . 192.5
- органъ . . . 192.5
- поршень . . 194.9
- цилиндръ . 195.1
- шкафъ . . . 213.8
- ящикъ . . 205.10
Растворъ клещей 57.8
Раструбами соединеніе 240.6
Раструбъ . . 240.7
Растягиваемая діагональ 142.8
- заклепка . 122.5
-мый поясъ . 142.6
- элементъ . 141.5
Растягивающая сила 171.1
-щее усиліе . 171.1
Растяженіе . 170.9
Растянутое волокно 174.8
-тый поясъ . 142.6
- раскосъ . . 142.8
Расходуемая вода 230.6
Расходъ воды, находящейся подъ давленіемъ 230.5
- воздуха . . 234.7
- въ ваттъ-часахъ 200.7
- силы . . . 282.9
- тока 198.3
- энергіи 177.4, 282.9
Расцѣпить вагонетку 414.7
- колеса . . . 66.5
- муфту . . . 82.5
- собачку . . 94.7
Расцѣпленіе . 82.6, 95.1, 415.2
- по этажамъ 349.1
Расцѣплять вагонетку 414.7
- колеса . . . 66.5
- муфту . . . 82.5
- собачку . . 94.7
Расцѣпный механизмъ 414.1
Расчетъ балки 144.8
- крана . . . 283.3
- рѣшетчатой фермы 144.1
- статическій 135.2
Расширительный сальникъ 191.1
Рачка 181.1
Реактивная катушка 202.1
Реакціонная катушка 202.1
Реакція . . . 182.6
- груза . . . 96.7
- опоръ . . 154.10
- опоры . . . 187.5
Реборда ходового колеса 255.6
Ребристая отливка 164.5
Ребро 145.6
- сплошной балки 145.3
Реверсивная паровая машина 228.3
-ный контроллеръ 222.2
- моторъ . . 218.4
- пусковой реостатъ 224.2
- реостатъ . . 220.1
Регулированіе торможенія 97.11
Регулировочный реостатъ 324.3
- тормазъ . . 112.6
Регулируемый винтъ 370.6
- вкладышъ . 87.3
Регуляторъ захвата 344.4

Резервуаръ для воды 231.2
- сборный . . 236.7
- собирательный 236.7
Резиновая манжета 191.7
- муфта . . . 81.4
Рейка зубчатая 68.8
- - задерживающая 342.8
Рельсовый путь 326.1, 329.1
- - для крана 327.2
- - - ѣзды поверху 326.4
- - - - по внутреннему реборду 327.1
- - - - понизу 326.5
- -, расположенный внутри 327.1
- -, - сверху . 326.4
- -, - снизу . . 326.5
- стыкъ . . . 328.3
-выя клещи . 285.6
Рельсъ . . . 328.1
- виньолевскій 328.8
- желѣзнодорожный 328.8
- крановой . 328.9
- круговой для катковъ 259.7
- направляющій 339.1, 416.2
- подвѣсной дороги 420.1
- подвѣсный 395.5
- поддерживающій 395.5
- полосовой стальной 328.11
- переходный 395.3
- стрѣлочный 421.2
- сцѣпной . . 416.2
- ходовой . . 327.9
Ременная передача 73.8
- приводная лебедка 271.1
-ной приводной воротъ 271.1
- приводъ . . 73.7
- шкивъ . . . 75.2
Ремень двойной 74.6
- многослойный 74.7
- открытый . 74.4
- плоскій . . 42.8
- перекрестный 74.5
- приводный . 73.9
- скрещенный 74.5
Ремень сложный 74.7
- составной . 74.7
Реостатъ обратимый 220.1
- - пусковой . 224.2
- пусковой 219.7, 224.1
- - автоматическій 219.9
- - двойного направленія 220.1
- - для подъемника 346.4
- - самодѣйствующій 219.9
- - съ перемѣной направленія вращенія мотора 220.1
- реверсивный 220.1
- - пусковой . 224.2
- регулировочный 224.3
Риттера способъ 144.3
Рифленое желѣзо 169.4
Родъ крана . 284.2
- крутки . . . 35.11
- привода . . 177.2
Розетный подшипникъ 89.5
Роликовая опора 91.1
-вое сѣдло одностороннее 406.8
-вый зажимъ 343.3
- захватъ . . 343.3
- контактъ . 207.3
- ходовой механизмъ 405.5
- элементъ . 91.3
Роликъ . . . 91.2
- грузовой . . 47.6
- дифференціальнаго блока 50.7
- зажимной . 343.3
- канатный направляющій 41.8
- качающійся 402.6
- контактный 207.4
- на закругленіяхъ 403.1
- направляющій 47.5, 297.4
- - цѣпь . . 32.5
- натяжной . 396.1
- опорный . . 91.10
- - тягового каната 402.3
- опоры . . . 36.7
- отклоняющій 47.4
- со звѣздой . 402.7
- сцѣпной . . 416.1
- ходовой . . 405.8
Роликъ ходовой желобчатый 406.1
Ростверкъ фундамента 288.9
Рубильникъ . 215.3
Рубящій выключатель 215.3
Рудниковая лебедка 272.2
-вый подъемникъ 268.2
Рудничная лебедка 268.2
-ный воротъ 272.2
- опрокидывающійся вагонъ 324.10
Рудовысыпатель 324.10
Рудооткаточная вагонетка 377.8
- телѣжка . . 377.8
Рудоставочный ящикъ 359.3
Рукавъ для загрузки 386.4
- - засыпки зерна въ мѣшки 365.3
- - сжатаго воздуха 235.3
- - спуска . . 386.3
- - ссыпки . 386.3
Рукоятка 178.2, 179.1
- быстро вращается подъ дѣйствіемъ опускающагося груза 180.4
- коммутаціонная 213.9
- распредѣлительная 213.9
- съ пружинной защелкой 95.7
Ручка . . 68.3, 177.9
- ворота . . . 269.7
- вставная . . 179.2
- для двухъ рабочихъ 179.6
- - одного рабочаго 179.5
- - управленія 248.4
- кабестана . 279.1
- наставная . 179.2
- переводная 248.4
- переставная 179.3
- предохранительная 179.4
- съ перемѣннымъ радіусомъ 179.3
- - рукояткой 178.9
- тормазнаго рычага 101.2
Ручка шпиля 279.1
Ручки барабана 43.5
Ручная землечерпалка 371.3
- лебедка . . 270.8
- склепка . . 126.5
- телѣжка . . 275.4
- - съ опрокиднымъ кузовомъ 361.3
- цѣпь 31.3
Ручной воротъ 270.8
- деррикъ-кранъ 307.3
- кабестанъ . 278.8
- канатный подъемникъ 352.4
- - приводъ . 181.7
- кривошипъ 177.9
- мостовой кранъ 291.4
- нагнетательный насосъ 233.8
- поворотный кранъ 302.1
- подъемникъ 352.3
- полиспастъ 50.2
- приводъ . . 177.7
- - канатомъ . 181.7
- - цѣпью . . 181.6
- рычагъ . . 247.4
- рычажный тормазъ 100.3
- тормазъ . . 100.3
- цѣпной приводъ 181.6
- шпиль . . . 278.8
Рычаги распредѣлительные 243.6
Рычаговъ система 245.6
Рычагъ . . . 245.7
- двойной . . 246.7
- двуплечій . 246.7
- для сцѣпленія и для расцѣпленія 81.8
- - управленія 247.3
- колѣнчатый 247.2
- контактный 218.6
- ножной . . 247.5
- одноплечій . 246.6
- переводный 246.3, 247.3
- подъемный 261.4
- приводный . 81.8
- противовѣса 100.8
- разъединительный 81.8
- ручной . . 247.4
- угловой . . 247.1
- тормазной . 100.4

Рычагъ съ педалью 247.5
- улавливающій 414.4
- уравнительный 52.1
- установочный 246.8
Рычажная передача 246.5
- система . . 245.6
-ный выключатель 215.2
- подъемъ . . 261.3
- простой домкратъ 261.3
- тормазъ . . 100.2
Рѣзакъ . . . 411.5
- ковша . . . 374.8
Рѣзьба газовыхъ трубъ 115.3
Рѣшетка задвижная 336.5
Рѣшетчатая балка 144.9
- поперечина 297.6
Рѣшетчатая система 140.2
- стрѣла . . . 297.6
- ферма . . . 143.7 144.9
-той фермы расчетъ 144.1
-тый раскосный мостъ 159.10

С.

Садиться, грузъ садится 9.2
Салазки . . . 262.9
- натяжного приспособленія 398.2
Сало для смазки 85.7
Сальникъ . . 190.5
- компенсаціонный 191.1
- поворотный 190.9
- расширительный 191.1
Самовозбужденіе 211.4
Самозадерживающійся приводъ 12.3
Самодѣйствующій захватъ 324.7
- пусковой реостатъ 219.9
- сцѣпной приборъ 415.7
- тормазъ . . 112.7
- - съ осевымъ давленіемъ 104.5
Самозапорный клапанъ на случай разрыва трубопровода 241.9
Самоостанавливающійся приводъ 12.3
Самоостановъ 12.2 347.4
Саморазгружающаяся вагонетка 378.7
- подвѣсная койка 410.1
Саморазгрузочный подвѣсный вагончикъ 410.1
- - ящикъ . . 410.1
Саморазгрузъ 410.1
Самосмазочный подшипникъ 90.3
Самозмазывающійся подшипникъ 90.3
Самотаска . . 393.1
- двухколейная 393.3
- одноколейная 393.2
- канатная . . 393.5
- проволочная 393.4
- двигателя . 107.2
Самоторможеніе 11.9, 99.8
- мотора . . . 107.2
Самотормазящій приводъ 12.1
-ся червякъ . 72.3
Самоуправляющійся 244.4
Самоустанавливающаяся ползушка 339.4
-щійся противовѣсъ 286.8
Сарай 381.6
Сборка желѣзныхъ частей 160.8
Сборный бассейнъ 236.7
- резервуаръ 236.7
Сбрасывать . 386.6
Сбросить грузъ съ лапы 60.6
Сбѣгающій конецъ 24.5
Сваренная цѣпь 28.9
Сварка боковая 29.2
- въ загибъ . 29.1
- концевая . 29.1
- сбоку . . . 29.2
Сварочная сталь 165.4
-ное желѣзо . 165.2
Сверлить отверстія для заклепокъ 121.7
Свертная муфта 80.8
Свиваніе канатовъ 36.2
- прядей обыкновеннымъ способомъ 39.7
Свиванія коеффиціентъ 36.4
Свивать канатъ 36.3
Свивка каната 33.9
- круглая . . 40.8
- лѣвая . . . 34.2
- правая . . . 33.10
Свивки остсутствіе 34.5
Свивокъ уравнитель 34.6
Свинтить 118.8, 119.1
Свинцовый кабель 205.2
Свинчивать 118.8, 119.1
Свить канатъ 36.3
Свободнаго паденія періодъ 8.9
- - продолжительность 8.9
- - ускореніе 21.10
- спуска положеніе 221.1
Свободная длина 144.5
- - балки . . 136.8
Свободное паденіе груза 8.8
- ходовое колесо 257.2
Свободнонадѣтый барабанъ 43.8
Свободностоящій поворотный кранъ 300.4
Свободный конецъ цѣпи 27.3
Свѣтлый неоцинкованный проволочный канатъ 38.12
Связный узловой листъ 150.11
Связь 152.7
- вертикальная 153.6
- вѣтровая . 153.8
- - накрестъ . 153.9
- горизонтальная 153.5
Связь діагональная 152.8
- перекрестная 153.1
- стрѣльчатая 153.4
- угловая . . 153.7
Сгибать колѣно 77.3
Сдвигающая сила 136.1
-щее усиліе 178.10
Сдвигъ . . . 173.9
Сдвоенная балка 292.6
- паровая машина 227.9
Сдвоенный барабанъ 45.10
- блокъ . . . 51.8
- мостовой кранъ 292.5
- полиспастъ 51.8
- червякъ . . 72.4
Сегментъ кольцевой 218.10
- контактный 218.10
Секторъ храповичный 94.1
Секціонированное сопротивленіе 223.5
Секціонировать сопротивленіе 223.6
Секція реостата 223.7
- сопротивленія 223.7
Селлерса подшипникъ 90.1
Сердечниковый поршень 187.2
Сердечникъ магнитный 109.1
Сердцевидный коушъ 37.6
Сердцевина пеньковая 39.6
Середина балки 144.7
Серединная цапфа 260.1

Серіэсъ-двигатель 212.5
Серповидная ферма 147.7
Серьга блока 48.5
Сжатіе . . . 171.6
Сжатое волокно 174.9
- тый воздухъ 284.5
- поясъ . . . 142.5
- раскосъ . . 142.9
- элементъ . 141.6
Сжимаемый поясъ 142.5
- стержень . 141.6
Сжимаемая діагональ 142.9
Сжимающая сила 171.7
-щее усиліе . 171.7
Сила . 21.2, 127.1
- вертикальная 128.4
- внутренняя 132.5
- внѣшняя . . 132.4
- вращаетъ влѣво 131.3
- - вправо . . 131.2
-, вызывающая продольный изгибъ 172.2
- вѣтра . . 153.11
- горизонтальная 128.5
- даетъ моментъ, вращающій влѣво 131.3
- - -, вращающій вправо 131.2
- движущая . 177.3 282.6
-, дѣйствующая на поршень 186.1
- живая . . . 21.7
- закрыванія 411.8
- замедленія . 20.4
- замедляющая 20.4
- замыканія . 411.8
- захвата . . . 411.7
- крученія . . 173.3
- ловителей, удерживающая отъ паденія клѣтку 342.3
-, направленная по штоку 186.1
- натяженія . 397.6
- необходимая 282.8
-, - для перемѣщенія телѣжки 253.1
-, - - управленія 244.1
- обратнаго дѣйствія 96.8
Сила оттормаживанія 109.6
- оттормаживающая 109.6
- подъемная . . 2.5 109.6
- - крана . . . 283.2
- поперечная . 136.1
- при пускѣ въ ходъ 5.7
- противодѣйствія 132.6
- противодѣйствующая 132.6
- реакціи . . 96.8
- растягивающая 171.1
- сдвигающая 136.1
- сжатія . . . 171.7
- сжимающая 171.7
- сосредоточенная 127.3
Сила срѣзывающая 136.1
- тока 197.9
- - при пускѣ въ ходъ 219.6
- торможенія 96.5, 97.6
- тормазная . 96.5
- тяги 253.1
- ускоренія . 19.9
- центробѣжная 14.7
Силосный амбаръ 382.1
Силосъ . . . 382.1
Силъ пара . . 132.3
Силы взаимно уравновѣшиваются 132.2
- направлены въ одну сторону 127.4
- - - противоположныя стороны 128.1
-, направленныя въ одну сторону 127.5
-, - - противоположныя стороны 128.2
- находятся въ равновѣсіи 131.7
- одного направленія 127.5
- противоположнаго направленія 128.2
- равны и направлены въ противоположныя стороны 128.3
Сименсъ-Мартеновская сталь 166.2
Симплексъ канатъ 40.6
Система грузовъ 134.2
- крана . . . 280.2
- лифта . . 350.11
- передаточныхъ рычаговъ 243.7
- подвѣсная . 138.6
- подъемника 350.11
- привода . . 177.2
- простая шпренгельная 138.7
- раскосная . 140.1
- рычаговъ . 245.6
- рычажная . 245.6
- рѣшетчатая 140.2
- соединительныхъ рычаговъ 82.1
- тормаза. . . 98.2
- тормазныхъ рычаговъ 96.3
- управленія . 249.2
- шпренгельная 138.7
Скалка. . . . 186.6
- золотниковая 193.3
- поршневая . 185.8
Складочная яма 385.4
Складочное мѣсто 382.5
- помѣщеніе, лежащее ниже уровня земли 380.5
- -, расположенное вверху 381.1
- -, - на высотѣ 381.1
- устройство . 385.3
-ныя устройства 384.1
Складъ . 381.3, 382.6
- балокъ . . . 383.4
- болванокъ . 383.3
- въ кучахъ . 385.2
- для зерна . 381.7
- желѣза. . . 383.1
- кокса. . . . 382.8
- мелкаго желѣза 383.6
- плавучій . . 382.4
- полосового желѣза 383.5
- рельсовъ . . 383.7
- руды 382.9
- тонкаго желѣза 383.6
- угольный . 381.8
- угля 382.7
- чугуна . . 383.2
Склеивать ремень 74.9
Склеить ремень 74.9
Склепать . . 124.7
Склепка 123.1, 125.3
- гидравлическая 126.9
- машинная . 126.6
- пневматическая 126.8
- ручная . . 126.5
Склепываніе 125.1
Склепывать . 124.7
Скоба для подвѣски 407.4
- - подвѣшиванія 407.4
- - ремней . . 75.1
- на балкѣ . . 285.5
- подвѣсная для ковша 311.5
- предохранительная 57.2
- удерживающая 408.9
Скольженіе опорной подушки 406.5
- сѣдла . . . 406.5
-нія поверхность 338.8
Скользить, опорная подушка скользитъ по главному канату 406.4
- сѣдло скользитъ по поддерживающему канату 406.4
Скользящая пружина 339.6
-щее треніе . 22.7
-щій контактъ 206.8
Скорости передача 61.8
Скорость . . 20.7
- вагонетки . 407.7
- вѣтра . . . 154.1
- груза . . . 9.8
- каната . . . 33.8
- конечная . 20.11
- крюка . . . 52.11
- начальная . 20.10
- окружная . 15.5
- опусканія . 10.1
- отсѣчки . . 193.8
- перемѣщенія 13.4, 359.8
- подачи . . . 359.8
- подъема груза 9.10
- протекающей воды 235.9
- рабочая . . 9.9
- средняя . . 21.1
- угловая . . 15.6

Скошенный подшипникъ 89.8
Скребокъ 81.10, 869.8
Скрещеніе подвѣсныхъ дорогъ 421.7
- путей . . . 829.8
-ный ремень . 74.5
Скрутить канатъ 85.10
Скрутка круглая 40.8
Скрутки отсутствіе 84.5
Скручиваніе . 178.2
- каната . . . 85.11
Скручиванія коеффиціентъ 86.4
- уголъ . . . 178.6
Скручивать канатъ 85.10
-ся, канаты скручиваются 84.8
Скручивающее усиліе 178.3
-щій моментъ 178.4
Скрѣпить болтами 118.8
Скрѣпленіе болтовое 118.4
- заклепочное 122.7
Скрѣплять болтами 118.8
Скрѣпляющій болтъ 80.10, 118.5
Слагающая . 129.6
Сливная труба 231.3
Сложеніе силъ 129.3
Сложить силы 129.2
Сложный блокъ 48.7
- воротъ . . . 266.1
- ремень . . . 74.7
Слѣдованіе вагонетокъ 407.8
Смазать подшипникъ 85.3
Смазка густая 85.7
- масленками Штауффера 85.8
- масломъ . . 85.4
- саломъ . . . 85.6
- цапфы . . . 78.8
Смазочное масло 85.5
- отверстіе . . 88.11
Смазывать подшипникъ 85.3
Сматывать цѣпь барабана 44.4
Смычка . . . 80.4
Смотать канатъ барабана 44.4
Смычковый болтъ 80.5
Снабдить валъ уступами 76.11
Снабженіе паромъ изъ центральнаго мѣста 227.3
Собачка . . . 93.6
- въ видѣ крючка 93.8
Собираніе тока 206.5
Собирательная лента 367.9
- полоса . . . 204.8
- шипа . . . 204.8
Собирательный конецъ 367.6
- резервуаръ 236.7
Совокъ . . . 374.7
- загрузочный 317.4
Согнуть колѣно 77.3
Содержаніе груза объемное 384.8
Соединеніе 149.10
- балки . . . 150.8
- болтовое . . 118.4
- для работы противотокомъ 107.6
- жесткое . . 80.4
- звеньевъ . . 80.3
- звѣздой . . 226.3
- канатовъ . 87.9
- муфтами . . 240.6
- параллельное 225.1
- по группамъ 225.2
- послѣдовательное 224.8
- раструбами 240.6
- спускного тормаза 107.5
- стыковое . 148.9
- треугольникомъ 226.2
- трубъ винтовое 240.5
- - на рѣзьбѣ 240.5
- угловое . . 151.2
- фланцами . 241.1
- фланцевое трубъ 241.1
- шарнирное . 83.7
- шаровое шарнирное 84.2
Соединитель винтовой для ремней 74.10
- для цѣпи . 80.4
- канатный . 87.10
Соединительная заклепка 150.6
- муфта . . . 80.7
Соединительная муфта съ кольцевыми клиньями 400.7
- часть . . . 421.9
-ное звено . . 80.4
Соединительный болтъ 80.5, 80.10 118.5
- канатъ . . 390.2
- конусъ . . 83.2
- листъ . . . 150.3
- путь 398.7
- уголокъ . . 150.4
- угольникъ . 150.4
Соединить 80.4, 224.5
- вагонетку съ канатомъ 414.6
- параллельно 224.9
- послѣдовательно 224.7
- раскосъ . . 150.1
- съ землей . 204.2
Соединять 80.4, 224.5
- балку . . . 150.1
- вагонетку съ канатомъ 414.6
- параллельно 224.9
- послѣдовательно 224.7
Сомкнутая дорога 389.1
Сооруженіе деревянное 159.3
- желѣзное . 158.8 158.9
- канатной дороги 392.5
- мостовъ . . 159.4
Сопротивленіе 199.5, 223.3
- быстрому поворачиванію 16.9
-, введенное параллельно 223.9
-, вызываемое направленіемъ каната 41.9
- вѣтра . . . 154.3
- движенію . 18.2
- - при пускѣ въ ходъ 5.4
- добавочное 223.8
- изгибу . . . 174.4
- массъ груза 10.5
- на окружности тормазнаго диска 96.4
- направляющихъ канатовъ 41.9
- опоры . . . 137.5
- отъ инерціи груза 10.5
- при перемѣщеніи 12.5
Сопротивленіе пусковое 224.1
- пути 18.4
- разрыву 170.2, 170.7
- - каната . . 86.10
- растяженію 170.7
- сдвигу . . . 178.7
- секціонированное 223.5
- сжатію . . 171.4
- скручиванію 172.7
- срѣзу . . . 178.7
- тормаза предохранительное 224.4
- тормазное 106.10
- тормазящее 96.4
- тренія . . . 22.3
- ускоренію . 19.8
Сопротивленія высота 230.1
- моментъ . . 175.5
Сортовое прокатное желѣзо 168.2
Соскакивать, канатъ соскакиваетъ 401.8
Сосредоточенная сила 127.3
-ный грузъ . 133.3
Составляющая 129.6
Составной поршень 187.1
- ремень . . . 74.7
Состояніе стаціонарное 4.7
- установившееся 4.7
Спадать, канатъ спадаетъ 401.8
Спиральный канатъ 40.2
Спица 68.3
Спицеобразная фундаментная плита 300.11
Спицы барабана 48.5
Сплетать канатъ 88.4
Сплетеніе канатовъ 88.1
-нія мѣсто . . 88.2
Сплошная балка 145.2
- нагрузка . . 133.4
- поперечина 297.7
- стрѣла . . . 297.7
Сплошной валъ 76.6
- канатъ . . 41.1
Спокойная нагрузка 132.9
Способность къ перегрузкѣ 4.1

Способность машины нести перегрузку 183.1
- нести перегрузку 4.1
- перемѣщаться 18.3
- стрѣлы измѣнять наклонъ 17.7
- укосины измѣнять наклонъ 17.7
Способный быстро поворачиваться 16.6
- измѣнять наклонъ 17.6
- перемѣщаться 18.2
Способъ включенія 224.6
- Риттера . . 144.3
- статическихъ моментовъ 144.3
- сѣченія . . 144.3
Спуска направленіе 6.3
- свободнаго положеніе 222.1
Спускать помощью ворота 266.3
- - лебедки . 266.3
Спускающійся конецъ каната 24.5
- - цѣпи . . . 24.5
Спускная лебедка 267.5
- труба 231.4, 240.4, 387.1
- - элеватора 362.5
Спускной воротъ 267.5
- желобъ . . 386.3
- тормазъ . . 112.3
Спусковая лебедка 267.5
-вой воротъ . 267.5
Спустить помощью ворота 266.3
- - лебедки . 266.3
Спускъ 382.5, 386.3
- винтовой . . 387.2
- канатный съ тормазнымъ приспособленіемъ 391.9
- цѣпи . . . 25.2
Сращивать канатъ 38.4
Среднее положеніе 246.1
Средняя панель 140.10
- скорость . . 21.1
Средняя цапфа 260.1
Средства для перемѣщенія 360.9
- - подачи . . 360.9
- - транспортированія 360.9
Сростить канатъ 38.4
Срощеніе канатовъ 38.1
-нія мѣсто . 38.2
Срубить заклепку 125.2
Срываніе груза 8.7
Срываться, грузъ срывается 8.6
-, искра срывается 217.11
Срѣзать . . . 174.3
Срѣзываемая заклепка 122.4
Срѣзывать . 174.3
Срѣзывающая сила 136.1
-щее усиліе 173.10
Срѣзъ 173.9
Ссыпная труба 387.1, 387.3
Ставить кранъ 281.4
Стаканъ . . . 89.1
- со втулкою 89.4
Сталь бессемеровская 165.7
- ковкая . . . 165.5
- литая . . . 165.3
- прокатная . 165.6
- сварочная . 165.4
- Сименсъ-Мартеновская 166.2
- тигельная . 166.3
- томасовская 166.1
Стальная отливка 166.4
-ное литье . . 166.4
Стальной канатъ 38.8
- отливки колесо [70.8
- полосовой рельсъ 328.11
- проволочный канатъ 38.11
Станина боковая ворота 267.3
- - лебедки . 267.3
- ворота . . . 267.2
- домкрата . . 262.3
- клѣтки . . 341.5
- лебедки . 267.2
- люльки . 341.5
- телѣжки . . 273.5
Станокъ канатный 36.1
- клепальный 126.7
Станціонный подъемникъ 354.3
Станція ведущая 395.8
- главная . . 396.8
- для верхняго каната 397.2
- загрузочная 396.1
- канатной дороги 395.3
- конечная . 396.5
- на закругленіи 396.6
- насосная . . 234.2
- натяжная для каната 397.3
- отправленія 396.3
- передаточная 396.9
- промежуточная 396.4
- - съ разъѣздомъ 397.1
- разгрузочная 396.2
- угловая . . 396.7
- центральная 396.7
- - гидравлическая 228.8
- - пневматическая 235.5
- - электрическая 197.3
Статически неопредѣленный 135.3, 135.4
- неопредѣлимый 135.4
- опредѣлимый 135.3
-скихъ моментовъ способъ 144.3
-скій расчетъ 135.2
Статическому расчету неподдающійся 135.4
- - поддающійся 135.3
Стаціонарное состояніе 4.7
Стаціонарный кранъ 284.3
- поворотный кранъ 299.9
Створка двери 336.3
Створный вентиль 242.2
Степень безопасности отъ продольнаго изгиба 172.5
- нагрузки . 2.7
- наполненія черпака 371.9
Стержень . . 141.1
- вилки . . . 416.3
Стержень винтовой 101.1 120.2
- вытянутый 141.5
- грузонаправляющій 277.1
- заклепки . 120.7
- крюка . . . 52.9
- направляющій 315.2
-, несущій клещи 58.6, 60.3
-, подверженный сжатію 245.4
- поясной . . 141.9
- прессовый . 314.3
- промежуточный 141.3
Стержень сжимаемый 141.6
- фермы безъ усилія 141.7
Стойка 143.5, 151.7, 156.4
- для подшипниковъ 92.3
- концевая . 143.6
- направляющая 339.5
- поворотная 260.2
- у перилъ . 158.1
Столбъ водяной 229.6
- опорный . . 403.6
- фундаментный 288.3
Столъ золотниковый 192.10
Стопорная пластина 76.1
Стопорный винтъ 117.6
- клапанъ . . 242.2
- приборъ стрѣлки 421.6
- механизмъ . 92.7
- тормазъ . 111.9, 113.1
Стопоръ . . . 95.6
Сторона замыкающая 130.7
- подвѣтренная 154.5
Стремленіе груза вращать подъемный механизмъ по направленію спуска 9.6
Строганный зубецъ 66.2
- зубъ 66.2
Строеніе . . . 161.3
Стропила для эллинговаго крана 319.1

Стропильная главная ферма 162.1
Стрѣла . . . 297.1
- деревянная 307.4
- двуноги . . 307.9
- ломаннаго вида 298.2
- подвижная . 298.4
- провѣса . . 399.1
- прямая . . 298.1
- рѣшетчатая 297.6
- сплошная . 297.7
- Темперлея . 295.7
Стрѣлка . . 329.10
- арки 134.9
- горизонтальная 421.4
- для пересѣкающихся путей 421.5
- перекрестная 421.5
- противушерстная 420.8
- подвѣсной дороги 420.5
- съ остряками 420.6
- - передвижными рельсами 421.1
- - перьями . 420.6
-, уложенная противъ шерсти 420.8
- шарнирная 421.3
Стрѣлочный рельсъ 421.1
Стрѣлу къ стойкѣ притягивать 17.4
Стрѣлы движеніе 17.1
- наклона измѣненіе 17.2
- наклонъ мѣнять 17.3
- конецъ для укрѣпленія блока 297.3
- - - - ролика 297.3
Стрѣльчатая связь 153.4
Ступенчатое распредѣленіе 196.7
-тый выключатель 215.7
Ступень . . . 154.7
- включенія . 219.3
- нагрузки . . 2.7
- опусканія . 3.1
- передачи . 61.6
- пуска въ ходъ 219.8
- торможенія 220.9
Ступица барабана 48.3
- блока . . . 46.7
Ступица колеса 68.1
- ходового колеса 255.3
Ступицы отверстіе 46.8
Стыка мѣсто 148.5
Стыковая заклепка 149.3
- накладка . 149.5 328.4
- щель . . . 149.4
-вое соединеніе 148.9
-вый угольникъ 149.2
Стыкъ . . . 148.6
- вертикальнаго листа 149.8
- перекрытый 149.7
- рельсовый . 328.3
Стѣна амбара 381.4
- зданія . . 161.10
- склада . . . 381.4
- строенія . 161.10
- шахты . . . 334.3
Стѣнка барабана 42.10
- - лобовая . 43.1
- вертикальная 145.6
- отверстія . . 121.4
Стѣнки цилиндра 188.7
Стѣнная лебедка 270.2
- небольшая лебедка 270.3
Стѣнной поворотный кранъ 302.5
- подшипникъ 92.1
Стяжка 148.5, 208.1 387.7
- винтовая . . 397.9
- двойная . . 397.8
- концевая . 143.6
Стяжная шайба 80.12
-ное кольцо . 77.7
Стяжной болтъ 80.10, 208.1
- бугель . . . 77.7
- соединительный дискъ 80.12
- фланецъ . . 80.12
Судно 322.8
- грузовое . . 323.3
- для перевозки угля 323.7
- крана . . . 308.5
- ластовое . . 323.5
- товарное . . 323.3
Судовая лебедка 265.2
-вой кранъ . 303.8
Судовой элеваторъ 364.8
-вый кабестанъ 279.6
- люкъ . . . 322.9
- шпиль . . . 279.6
Суженіе . . . 243.3
Сузить . . . 243.2
Суставчатая труба 240.2
Схватъ . 56.5, 411.1
- двухканатный 412.3
- двухцѣпный 412.3
- для земли . 412.8
- - кокса . . 412.6
- - подниманія камней 59.8
- - руды . . 412.7
- - угля . . . 412.4
- одноканатный 412.2
- одноцѣпный 412.2
- предохранительный 57.2
Схваты для балокъ 59.4
- - болванокъ 59.1
- - камней . . 59.7
- - листовъ . 59.3
- - мѣшковъ . 59.6
- - тюковъ . . 59.6
- - ящиковъ . 59.5
- съ колѣнчатыми рычагами 58.8
Схема соединеній 226.4
- - электрическаго торможенія 106.6
- соединенія спускного тормаза 107.5
- фермы . . . 145.1
Сходить съ рельсовъ, кранъ сходитъ съ рельсовъ 289.4
Сцѣпить . . . 80.4
- вагонетку съ канатомъ 414.6
- колеса . . . 66.4
- муфту . . . 82.3
Сцѣпка . . . 415.1
- винтовая . . 419.1
- - для ремней 74.10
- въ видѣ тисковъ 419.3
- канатная . . 87.10
Сцѣпленіе . . 415.1
Сцѣплять . . 80.4
- вагонетку съ канатомъ 414.6
- колеса . . . 66.4
- муфту . . . 82.3
Сцѣпная муфта 81.6, 81.7
-пой вагонъ . 418.1
- приборъ . . 415.4
- - автоматическій 415.7
- приборъ для верхняго каната 415.5
- - для нижняго каната 415.6
- - муфточный 418.2
- - самодѣйствующій 415.7
- - съ защелками 418.3
- рельсъ . . . 416.2
- роликъ . . 416.1
Счетчикъ ваттъ-часовъ 200.3
Сшивать ремень 74.8
Сшить ремень 74.8
Съ автоматическимъ управленіемъ 244.4
Сыпучее тѣло 384.7
Сырая болванка 166.8
Сѣдло 406.3
- качающееся 406.7
- пружинящее 406.7
- роликовое односторонние 406.8
Сѣтка 287.7
- предохранительная 237.9, 405.4
Сѣть предохранительная 405.4
- проводовъ . 202.9
- трехпроводная 203.1
- трубопроводная 236.2
Сѣченіе балки поперечное 145.5
- критическое 175.1
- опасное . . 175.1
- поперечное заклепки 120.8
- - коробчатое 147.3
- -, подверженное сдвигу 174.1
- -, - сжатію . 171.8
- -, - срѣзыванію 174.1
- - пояса . . 142.2
- - стержня . 141.4
- - трубопровода 235.8
- - элемента . 141.4
Сѣченія способъ 144.3
- четырехугольнаго канатъ 40.10

Т.

Тавровая головка 116.3
-вое желѣзо . 168.4
Таль 48.7
- быстроходная 51.2
- винтовая . . 51.1
- дифференціальная 50.6
- для подъема укосины 260.7
- канатная . . 51.4
- крановая . . 52.2
- съ цилиндрическими колесами 50.8
- цѣпная . . 51.5
Тангенсъ угла отклоненія 399.6
Тангенціальная опора 155.3
-ный клинъ . 78.4
Тарелка . . . 88.2
- фрикціонная 108.9
Тарелочная муфта 80.11
Тарельчатая муфта 80.11
-тый тормазъ 108.4
Тауэрная цѣпь 83.2
Тачка 361.2
- съ опрокиднымъ кузовомъ 361.3
Твердая отливка 164.6
Телескопическая труба 289.8
-скій поршень 187.1
Телескопообразная раздвижная направляющая рама 315.4
Телѣжка 330.2, 377.9
- вспомогательная 275.1
- въ выдвинутомъ положеніи 274.3
- - начальномъ положеніи 274.1
- главная . . 274.8
- двухколесная 275.7
- для загрузки 318.1
- - - болванокъ 318.3
- - - лотковъ 318.2
- - литейнаго ковша 310.8, 312.6
- - насадки . 318.1
Телѣжка для насадки болванокъ 318.3
- - переноски литейныхъ формъ 316.3
- - разгрузки 368.6
- - укосинъ . 277.9
- канатная . 275.2
- колошниковая 356.4
- литейная . 312.5
- люковая . . 277.8
- находится въ выдвинутомъ положеніи 274.6
- - - начальномъ положеніи 274.6
- одноколесная 275.6
- поворачивающаяся 277.3
- поворотная 254.8
- подвижная . 278.4
- подставная 409.7
- - съ подъемнымъ механизмомъ 409.8
- потолочная 277.7
- рудооткаточная 377.8
- ручная . . 275.4
- - съ опрокиднымъ кузовомъ 361.3
- съ вдѣланнымъ въ ней полиспастомъ 276.2
- - клѣткой для машиниста 276.4
- - маятниковымъ подвѣсомъ 276.3
- - направляемымъ стержнемъ для груза 276.6
- - - штокомъ для груза 276.6
- - платформой для машиниста 276.4
- - площадкой для машиниста 276.4
- - подвижнымъ подвѣсомъ 276.3
- - подвѣшеннымъ полиспастомъ 276.1
- - поперечиной 277.5
- - ручнымъ приводомъ 275.4
Телѣжка съ самозахватомъ 276.5
- - устроеннымъ въ ней полиспастомъ 276.2
- - электрическимъ моторомъ 275.5
- - - приводомъ 275.5
- Темперлея . 295.8
- транспортная 377.5
- цѣпная . . 275.3
Темперлея балка 295.7
- стрѣла . . . 295.7
- телѣжка . . 295.8
Теоретическая балка Гербера съ консолями и подвѣской 138.1
- длина элемента 140.5
Типъ крана . 284.2
Тигельная сталь 166.3
Тисковый винтъ 117.8
Товарная платформа 322.6
-ное судно . 323.3
Товарный грузъ 322.1
- подъемникъ 351.2
Товаръ попудный 322.4
Токи вихревые 201.6
- паразитные 201.6
- Фуко . . . 201.6
Токопрерыватель 217.4
Токопріемникъ 206.7
Токособиратель 206.7
-ный башмакъ 207.1
Токъ 197.8
- возбуждающій 211.7
- встрѣчный . 201.5
- намагничивающій 211.7
- перемѣнный 200.9
- - двухфазный 201.3
- - однофазный 201.2
Токъ перемѣнный трехфазный 201.4
- постоянный 200.9
- при пускѣ въ ходъ 209.3
- - трогапіи съ мѣста 209.3
- - холостомъ ходѣ 209.4
- пусковой . 209.3 219.6
- сѣти 208.2
- тормазной . 106.9
Толстое листовое желѣзо 169.1
Толчка тока положеніе 221.2
Толчокъ при задержаніи 342.4
- - торможеніи 99.5
- тока 221.3
Толщина каната 83.7
- ребра . . . 145.7
- цѣпного желѣза 23.8
Тольботъ вагонетка 378.7
Томасовская сталъ 166.1
Тонкое листовое желѣзо 169.2
Топка котла . 227.5
Топочная дверца 227.6
Торможеніе . 97.1
- гидравлическое 106.3
- двигателемъ 106.7
- замедляющее 113.3
- избыточное 99.9
- короткимъ замыканіемъ якоря 107.1
- моторомъ . 106.7
- паромъ . . 106.1
- сжатымъ воздухомъ 105.10
- электрическое 106.5
- - противотокомъ 108.1
Торможенія положеніе 220.7
- ступень . . 220.9
Тормазить грузъ 97.2
- съ цѣлью замедленія хода 118.4
Тормазная колодка 101.4

Тормазная лента 101.8
- - съ деревянными накладками 102.4
- - - кожаной подкладкой 102.5
- ленточная муфта 83.3
- муфта . . . 81.1
- работа . . . 97.8
- сила 96.5
Тормазное давленіе 96.6
- дѣйствіе . . 97.5
- приспособленіе 97.12
- сопротивленіе 106.10
Тормазной башмакъ 101.4
- болтъ . . . 96.9
- винтъ . . . 101.1
- двигатель . 110.6
- дискъ . . . 96.2
- контроллеръ 221.10
- - спуска . . 222.1
- конусъ . . 103.7
- магнитъ . . 108.4
- - находится подъ дѣйствіемъ тока 110.7
- -, параллельно включенный 110.4
- -, послѣдовательно включенный 110.3
- - съ колѣнчатыми рычагами 110.2
- - трехфазнаго тока 110.5
- моментъ . 106.11
- поршень . . 105.5
- приборъ . . 97.12
- рычагъ . . 100.4
- токъ 106.9
- шпиндель . 101.1
- цилиндръ . 105.4
Тормазный грузъ 100.7
-ныхъ рычаговъ система 96.3
Тормазъ . . . 96.1
- автоматическій 98.8, 112.7
- Вестона . . 104.6
- винтовой . 100.10
- гидравлическій 105.3, 106.2
- - съ масломъ 105.7
- дисковый . 108.4
- дифференціальный 108.3
- для грузовъ 111.5
Тормазъ для подъемныхъ машинъ 111.3
- - противотока 107.7
- - спуска . . 112.3
-, дѣйствующій подъ давленіемъ груза 104.4
-, - сжатымъ воздухомъ 105.8
-, - токами Фуко 108.2
- Дюбуа . . . 104.6
-, замедляющій движеніе 118.2
- канатный . 105.1
- клинчатый . 101.6
- колодковый 101.3
- коническій . 108.6
- короткаго замыканія 106.12
- крановый . 111.4
- крыльчатый 105.2
- ленточный . 101.7
- - съ двойнымъ обхватомъ 102.6
- - - деревянными накладками 102.3
- - - многократнымъ обхватомъ 102.6
- магнитный 108.3
- маневровый 112.6
- механизма для передвиженія 111.7
- - для перемѣщенія 253.4
- механическій 98.3
- многооборотно-ленточный 102.8
- на случай опасности 112.9
- нажимной . 98.4
- ножной . . 100.5
- остановочный 111.9
- паденія . . 104.3
- паровой . 105.11
- пластинчатый 108.8
- пневматическій 105.8
- поворотнаго механизма 111.8
- подъемнаго механизма 111.6 251.4
- предохранительный 112.8
- регулировочный 112.6
- ручной . . . 100.3
- - рычажный 100.3
Тормазъ рычажный 100.2
- самодѣйствующій 112.7
- - съ осевымъ давленіемъ 104.5
- спускной . 112.3
- стопорный . 111.9 113.1
- съ винтомъ 100.10
- - двумя башмаками 101.5
- - - колодками 101.5
- - клинчатымъ колесомъ . 101.6
- - колодкой . 101.3
- - колѣнчатыми рычагами 100.9
- - педалью . 100.5
- - противовѣсомъ 98.8, 100.6
- - храповикомъ 104.7
- тарельчатый 108.4
- установительный 113.1
- фрикціонный 99.10
- ходового механизма 253.4
- храповичный 104.7
- центробѣжный 104.1, 112.5
- электрическій 106.4
- - для опусканія груза 107.4
- - спускной . 107.4
- электромагнитный 108.3
Тормазящее дѣйствіе 97.5
- сопротивленіе 96.4
- усиліе . . . 96.4
Торцовый ключъ 112.9
Точечное зацѣпленіе 67.1
Точка опоры 187.3
- перелома . 399.4
- узловая . 150.10
- системы . . 140.4
Точное управленіе 244.6
Травеллеръ . 304.3
- береговой . 305.2
- полный . . 304.4
Травить помощью ворота 266.3
- - - лебедки 266.3
- грузъ . . 6.5, 8.2
Травленіе . . 6.5
- груза . . . 8.3
Травленія высота 7.9
- періодъ . . 7.8
Траекторія движенія 18.3
- ускоренія . 19.6
Трамбованная насыпка 885.1
Трансмиссіонные органы 75.6
-ный мостовой кранъ 291.5
Транспортерный желобъ 869.5
- лотокъ . . . 879.2
Транспортеръ 867.1
- винтовой . 870.4
- всасывающій 868.8
- для мѣшковъ 867.10
- - кипъ . . . 868.1
- - тюковъ . 868.1
- ленточный . 867.2
- со всасываніемъ воды 864.3
- - скребками 869.2
- - - на проволочномъ канатѣ 870.2
- съ лопатками на проволочномъ канатѣ 870.2
- - нагнетаніемъ воды 864.4
Транспортировать 859.1
Транспортная лента 867.3
- телѣжка . . 877.5
- труба . . . 870.7
Транспортное дѣло 858.1
- приспособленіе 860.7
- устройство . 860.7
Транспортный винтъ 870.4
- ковшъ . . . 868.4
- кранъ . . . 815.7
- обыкновенный винтъ 870.5
Транспортъ . 859.2
- на далекія разстоянія 858.5
- - короткія разстоянія 858.4
Трансформаторъ 199.1
Трансформировать токъ 198.11
Трапецевидная нарѣзка 115.1
Трапъ 855.9
- ферма . . . 147.5
Треніе 22.2

Треніе второго рода 22.8
- каната . . . 85.8
- на зубцахъ 65.7
- - зубьяхъ . 65.7
- перваго рода 22.7
- при катаніи 22.8
- - каченіи . 22.8
- - перекатываніи 22.8
- - полной нагрузкѣ 23.1
- - скольженіи 22.7
- - холостомъ ходѣ 22.9
- ходового ролика 405.9
- цапфы . . . 78.9
- цѣпи . . . 26.8
Тренія коэффиціентъ 22.4
- работа . . . 23.2
- уголъ . . . 22.5
Тренога . . . 264.2
- опорная для каната 404.5
Треножный домкратъ 262.6
- кранъ съ поворачивающейся укосиной 306.8
Треугольная нарѣзка 114.7
Треугольникъ силъ 129.7
Трехканатная дорога 394.2
Трехмоторный мостовой кранъ 292.3
Трехногая опора для каната 404.5
Трехпроводная сѣть 208.1
Трехфазный токъ 201.4
Трехшарнирная арочная ферма 188.10
Трещетка . . 181.1
Трогапіе съ мѣста 4.6
Троганія съ мѣста время 5.2
- - - работа . 5.6
Тросъ 88.10, 88.11 41.6
- металлическій управляющаго механизма 348.2
- неоцинкованный 88.12
- оцинкованный 89.1
- стальной проволочный 88.11
Труба 289.4
- впускная . 240.3
- всасывающая 364.1, 376.8
- выпускная . 240.4
- гибкая панцырная 377.1
- для спуска 387.1
- наклонная передвижная погрузочная 386.7
- отводящая . 236.6 240.4
- перепускная 231.3
- податочная 370.7
- подводная . 240.3
- подводящая 236.5
- приводящая 240.3
- раздвижная 239.8
- сливная . . 231.3
- спускная 231.4 240.4, 387.1
Труба спускная элеватора 362.5
- ссыпная 387.1, 387.3
- суставчатая 240.2
- съ муфтой . 239.6
- - раструбомъ 239.6
- - сальникомъ 240.1
- - фланцемъ 239.7
- телескопическая 239.8
- транспортная 370.7
- шарнирная . 377.2
Трубка Бергмана 205.4
- распорная . 117.5
Трубопроводная сѣть 236.2
Трубопроводъ 235.6
- водоспускной 230.7
- высокаго давленія 228.7
- для сжатаго воздуха 235.1
- - отработавшей воды 230.7
- кольцевой . 236.8
- обратный . 236.6
- питательный 236.5
Трубчатый поршень 186.9
Трубы внутренній діаметръ 239.5
- діаметръ въ свѣту 239.5
-, проводящія воду подъ давленіемъ 228.7
Трюмъ . . . 323.1
Тупикъ-опрокидыватель вращающійся 325.7
Тушить искру 217.10
Тѣло домкрата 264.7
- зерновое . . 384.5
- подшипника 88.2
- порошкообразное 384.6
- противовѣса 287.3
- сыпучее . . 384.7
Тяга 245.3
- безконечнымъ канатомъ 389.1
- верхняя . . 390.4
- канатная . 388.1
- нижняя . . 390.6
- открытымъ канатомъ 388.5
- распредѣлительная 245.1
- сомкнутымъ канатомъ 389.1
- управляющаго механизма 347.3
Тяговая вагонетка 391.10
- цѣпь . . 81.3, 82.7
-вое колесо 81.2, 181.5
Тяговой канатъ верхній 390.4
- - гладкій . 390.7
- конецъ . . 25.7
Тяговый канатъ 36.6, 400.5
- крюкъ . . . 55.2
Тяжести силы ускореніе 21.10
- центръ . . 175.3
Тянущій канатъ гладкій 390.7
- тормазной магнитъ 109.8

У.

Уаттъ 199.8
- -часъ . . . 200.4
Угловысыпатель 324.9
Углеподъемникъ 365.5
Углеподъемъ 365.5
Угловая связь 158.7
- скорость . . 15.6
- станція . . 396.7
Угловое желѣзо 168.3
- соединеніе . 151.2
- ускореніе . 15.7
Угловой зубецъ 68.6
Угловой зубъ 68.6
- листъ . . . 151.3
- рычагъ . . 247.1
Угловыя направляющія 340.1
Углубить заклепку въ потай 122.3
Углубленіе . 355.9
Углублять головку заклепки 122.3
Уголокъ 151.4, 168.3
- жесткости . 152.2
- поясной . . 145.9
- соединительный 150.4
Уголъ естественнаго откоса 384.9
- крученія . 178.6
- наклона . . 308.7
- накрена . . 308.8
- отклоненія 41.11, 399.5
- поворота . . 14.8
- скручиванія 178.6
- тренія . . . 22.5
Угольникъ . 168.3
- прямой . . 287.6
- соединительный 150.4
- стыковый . 149.2
Угольный выключатель 215.5
- опрокидывающійся вагонъ 324.9
- складъ . . 381.8
- элеваторъ . 365.5
Удаленіе воды изъ трубопровода 238.4
- воздуха изъ трубопровода 238.10
Удалить воду изъ трубопровода 238.9

Удалить воздухъ изъ трубопровода 288.9
Ударный буферъ 239.2
Ударъ воды . 239.1
- рукоятки . 180.8
Удары рукоятки 180.7
Ударять, рукоятка ударяетъ 180.6
Удержаніе клѣтки захватами 312.2
Удержать грузъ на вѣсу 112.2
- - тормазомъ 112.1
Удерживающая скоба 408.9
Удержка . . 93.6
Удлиненіе каната 85.7
Узелъ . 150.2, 150.9, 891.2
- вплетенный 891.3
- двойной . . 891.7
- захватывающій 891.2
- концевой . 151.1
- металлическій 891.6
- обратный . 891.8
- пеньковый . 891.4
- - съ металлической муфтой 891.5
- съ металлической муфтой 891.6
Узкая колея . 829.4
Узловая точка 150.10
Узловой захватъ 891.2
- канатъ . . . 891.1
- связный листъ 150.11
Указатель . . 850.4
- степени подъема 850.9
- хода . . . 850.10
- этажный . . 850.7
Указательный механизмъ 850.3
Уклона измѣненіе 899.3
Уклонъ канатной дороги 899.2
- клина . . . 78.1
Укосина 156.6, 297.1
- грузовая . . 299.6
- деревянная 307.4
- ломаннаго вида 298.2
- перекидная 298.8
- переставная 298.6
Укосина подвижная 298.4
- поднимаемая 299.1
- прямая . . 298.1
Укосины верхній конецъ 297.3
- движеніе . 17.1
- наклонъ мѣнять 17.3
Укоснительное равномѣрно движеніе 20.2
Укрѣпить . . 151.9
- укосиной . 156.7
Укрѣпленіе . 149.9
- жесткое . . 152.1
- каната . 86.8, 45.5
- конца цѣпи 45.8
- пояса жесткое 146.6
- рельсовъ . 828.5
Укрѣпленія органы 118.5
Укрѣплять . 151.9
- укосиной . 156.7
Улавливающее приспособленіе для вагонетокъ, соскочившихъ съ рельсовъ 414.3
Улавливающій рычагъ 414.4
Уменьшить силу тока дѣйствіемъ противотока 202.2
Универсальная муфта 84.1
Универсальное желѣзо 167.5
- распредѣленіе 222.5
- управленіе 222.5
Универсальный контроллеръ 222.4
- шарниръ Кардана 84.1
Уплотненіе манжетою 191.2
- трубъ . . . 241.8
Уплотненная отсыпка 885.1
Уплотнить . . 192.3
Уплотнять . . 192.3
Уплотняющее кольцо 241.7
Упорный брусъ 803.8, 827.5
- дискъ . . . 86.2
- подшипникъ 71.4, 86.1
Упоръ 827.5
- этажный . 849.2
Управленіе извнутри клѣтки 848.7
Управленіе канатомъ 248.5
- лифтомъ . . 846.6
- маховичкомъ 248.1
- по этажамъ 348.8
- подъемникомъ 846.6
- посредствомъ маховичка 848.5
- - нажимного контакта 849.4
- - рычага . . 848.4
- при помощи маховичка 848.5
- - - рычага . 848.4
- ручкой . . 248.3
- рычагомъ . 247.7
- снаружи . . 848.6
- тормазомъ . 97.4
- точное . . . 244.6
- универсальное 222.5
- центральное 249.1
- цѣпью . . . 248.8
- чувствительное 244.6
Управленія система 249.2
Управляемыя клещи 58.1
Управлять . . 244.2
- краномъ . . 282.1
- лифтомъ . . 846.3
- отъ руки . 244.3
- подъемникомъ 846.3
- рукою . . . 244.3
- тормазомъ . 97.3
- точно . . . 244.5
Управляющій механизмъ лифта 847.7
- - съ металлическимъ тросомъ 848.1
Упругая муфта 81.2
-гій захватъ . 417.7
Упряжка крюка 58.6
Уравненіе моментовъ 181.4
Уравнитель крутки 84.8
- свивокъ . . 84.6
Уравнительная батарея 197.7
-ный рычагъ 52.1
Уравновѣсить грузъ противовѣсомъ 286.1
Уравновѣшенный золотникъ 194.8
Уравновѣшивающій катокъ 259.1
Усиліе вращательное при пускѣ въ ходъ 177.5
- двигателя при пускѣ въ ходъ 209.5
- крутящее . 178.3
- при троганіи съ мѣста 5.7
- растягивающее 171.1
-, - канатъ . . 86.9
- сдвигающее 178.10
- сжимающее 171.7
- скручивающее 178.3
- срѣзывающее 178.10
- стержня . . 141.2
- тормазящее 96.4
- элемента . . 141.2
Ускореніе . . 19.5
- груза . . . 10.3
- подъема . . 10.4
- разбѣга . . 5.5
- свободнаго паденія 21.10
- силы тяжести 21.10
- угловое . . 15.7
Ускореннаго движенія время 5.2
Ускоренная передача 62.2
Ускоренное неравномѣрно движеніе 20.6
- равномѣрно движеніе 19.4
Ускорительная передача 62.2
Ускорить движеніе груза 10.2
- - посредствомъ передачи 62.3
Ускорять движеніе груза 10.2
Ускоряющій моментъ 19.10
Условіе нагрузки 182.8
- равновѣсія 182.1
Устанавливать кранъ 281.4
Установившееся состояніе 4.7
Установительный клинъ 88.9
- тормазъ . . 118.1
Установка гидравлическая центральная 228.8
- для сжатаго воздуха 284.3
- кабестана . 279.7

Установка канатной дороги 892.4
- крана . 280.1, 281.3
- лифта . . . 881.3
- насосная . . 284.2
- пневматическая 284.8
- подвѣсной дороги 419.5
- подъемника 881.3
- шпиля . . . 279.7
Установочное кольцо 77.8
Установочный винтъ 117.8
- канатъ . . . 414.2
- клинъ . . . 88.9
Установочный рычагъ 246.8
- штифтъ . . 117.3
Установщикъ крановъ 281.2
Установъ . . 95.8
- закидной . 95.9
Устойчивости моментъ 285.3
Устойчивость крана 284.5
Устойчивый . 284.6
Устройства для перемѣщенія массовыхъ грузовъ 858.2
- складочныя 384.1
Устройство двухколесное ходовое 254.5
- для засыпки сыпучихъ тѣлъ 869.1
- - счета вагонетокъ 408.2
- канатной дороги 892.5
- крана . 280.2, 280.6
- опоръ . . . 403.4
- податочное 860.7
- подвѣсной дороги 419.5
- предохранительное 842.5
Устройство складочное 885.3
- транспортное 860.7
Утечка . . . 230.8
Утопить винтъ 116.6
Утопленная головка 116.4
Участокъ канатной дороги 898.3
- - - криволинейный 898.5
- - - прямой . 898.4
Ушко 55.8
- крюка . . . 55.6

Ф.

Фасонная стальная отливка 166.5
Ферберна балка 298.3
Ферма арочная 188.8
- выпуклая . 147.8
- главная . . 148.2
- - стропильная 162.1
- двухшарнирная арочная 189.6
- затяжная . 188.4
- консольная средняго пролета 188.2
- мостовая . . 159.7
- объемная . 148.9
- пароболическая 147.6
- подкосная . 188.4
- приподнятая 147.8
- пространственная 148.9
- раскосная . 148.8
Ферма рѣшетчатая 143.7, 144.9
- серповидная 147.7
- со свѣсомъ 188.2
-, стержни которой не лежатъ въ одной плоскости 148.9
- съ параллельными поясами 147.4
- трапецевидная 147.5
- трехшарнирная арочная 188.10
Фидеръ . . . 208.3
Фильтръ . . 287.7
Фланецъ . . 241.2
- барабана . . 48.2
- глухой . . . 241.5
- стяжной . . 80.12
- ходового колеса 255.6
Фланцевое соединеніе трубъ 241.1
Форма для болванокъ 166.7
- крана . . . 284.1
- крюка . . . 52.10
Фосфористая бронза 169.11
Французскій гаечный ключъ 119.10
Фрезированный зубецъ 65.11
Фрикціонная лебедка 268.7
- муфта . . . 82.9
- передача . . 72.6
- тарелка . . 108.9
Фрикціонное колесо 72.7
Фрикціонный воротъ 268.7
Фрикціонный дискъ 108.9
- механизмъ . 100.1
- остановъ съ кулакомъ 94.3
- тормазъ . . 99.10
Фуко токи . 201.6
Фундаментная доска 288.1
- звѣздообразная плита 300.11
- плита . . . 301.1
- - спицеобразная 300.11
Фундаментный болтъ 88.10 287.9
- столбъ . . . 288.8
Фундаментъ крана 287.7
Фуникуляръ горный 895.2
Футеровка вкладыша 87.4

Х.

Характеръ крутки 35.11
Хлопчатобумажный канатъ 88.7
Хлѣбный амбаръ 881.7
Ходовая гайка 120.4
- часть . . . 254.1
- - крана . . 301.7
- - телѣжки . 278.6
Ходового колеса діаметръ 255.2
Ходовое ведущее колесо 258.2
Ходовое движущее колесо 258.2
- двухколесное устройство 254.5
- колесо . . . 255.1
- -, отлитое заодно съ зубчатымъ вѣнцомъ 258.5
- -, - - - - ободомъ 258.5
- -, расположенное на вѣсу 256.6
- - расположено на вѣсу 256.7
Ходовое колесо сидитъ свободно на оси 257.2
- - со вставленной втулкой 257.3
- - съ вставленной буксой 257.3
- - - выпуклымъ ободомъ 256.5
- - - конической поверхностью катанія 256.4
- - - прямой поверхностью катанія 256.3
Ходовое колесо съ шаровой поверхностью катанія 256.5
- коническое колесо 256.4
- наружное колесо 256.6
- свободное колесо 257.2
- цилиндрическое колесо 256.3
Ходовой винтъ 120.1
- двигатель . 253.5

Ходовой двигатель тележки 253.7
- крановой двигатель 253.6
- механизмъ 252.3
- - роликовый 405.5
- рельсъ 327.9
- роликъ 405.8
- - желобчатый 406.1
Ходъ безъ нагрузки 183.7
- вверхъ 6.4, 332.4
Ходъ витка 33.9
- - лѣвый 34.2
- - правый 33.10
- внизъ 332.5
- впередъ 221.5
- груза 6.9
- задній 14.1
- золотника 193.5
- назадъ 221.6
- обратный груза 9.7
- оттормаживанія 109.5
- передній 13.10
Ходъ поршня 185.9
- холостой 11.2, 183.7
Ходячій кранъ 284.4
Холодильникъ 228.5
Холостая работа 10.9
Холостого хода работа 183.9
Холостой конецъ каната 400.1
- и рабочій шкивы 75.3
Холостой ходъ 11.2 183.7
- шкивъ 75.5
Хомутъ направляющій цѣпной передачи 31.8
Храповикъ 93.5
Храповичный механизмъ 93.4
- секторъ 94.1
- тормазъ 104.7
Храповое колесо 93.5
-вой механизмъ 93.4

Ц.

Цапфа 78.6, 78.11
- вала 76.4
- верхняя 300.9
- вращающаяся 79.8
-, вставленная въ развилину 79.1
-, - въ развилку 79.1
- для центрованія 260.3
- качающаяся 254.7
- кривошипа 178.8
- крюка 52.8
- поворотная 259.6
- поддерживающая 78.11
- приработавшаяся 78.10
- серединная 260.1
- со щитомъ 79.7
- средняя 260.1
- съ плоскимъ хвостомъ 79.7
- центрирующая 260.3
- шарнира 88.9
- шарнирной опоры 155.5
- шарообразная 79.5
Центральная станція 396.8
- - электрическая 197.8
-ное управленіе 249.1
Центрирующая цапфа 260.3
Центробѣжная сила 14.7
-ный тормазъ 104.1 112.5
Центръ тяжести 175.3
Циклоидальное зацѣпленіе 66.7
Цилиндра діаметръ 188.6
- наполненіе 188.9
Цилиндрическая зубчатая передача 67.5
-скій золотникъ 195.3
-ское колесо 67.8
- - сцѣпленія 72.8
- - тренія 72.8
- фрикціонное колесо 72.8
- ходовое колесо 256.3
Цилиндръ 188.5
- аккумулятора 282.1
- аккумуляторный 282.1
- грузовой 189.3
- - аккумулятора 282.5
- двойного дѣйствія 189.2
- двухкамерный 189.2
- для горизонтальнаго перемѣщенія 190.1
- насоса 189.6
- однокамерный 189.1
- переключающій 220.3
- поворота 190.2
- подъемный 185.3 189.7
- простого дѣйствія 189.1
- рабочій 185.3, 189.4
- распредѣлительный 195.1
- тормазной 105.4
Цинкованное желѣзо 169.3
Циркуляціонный клапанъ 242.3
Цѣвка 69.4
- цѣпи 29.10
Цѣвочное зацѣпленіе 66.9
- колесо 69.5
-ный приводъ 69.3
Цѣпи направляющія 31.7
Цѣпная дорога 392.1
- землечерпалка 376.2, 376.3
- коробка направляющая 31.9
- лебедка 268.4
- ось 3.6
- подача 392.1
- передача 33.3, 73.6
- петля 25.5
- таль 51.5
- тележка 275.3
- шестерня 30.7
Цѣпного привода колесо 33.5
- желѣза толщина 28.3
Цѣпное желѣзо 28.7
- звено 28.4
- колесо 26.1, 30.7
Цѣпной барабанъ 45.6
- - землечерпательной машины 372.4
- блокъ 47.2, 51.5
- валъ 31.6
- верхній барабанъ 372.3
- воротъ 268.4
- замокъ 30.4
- канатъ 390.8
- крюкъ 54.1
Цѣпной магазинъ 32.2
- нижній барабанъ 372.7
- передачи линія 32.4
- полиспастъ 51.5
- приводъ 32.8, 73.5
- роликъ направляющій 32.5
- ручной приводъ 181.6
- шкивъ съ выступами 392.2
- - - зацѣпками 392.2
- элеваторъ 363.2
- ящикъ 32.1
Цѣпь 25.8
- англійская 29.3
- безконечная съ ковшами 372.2
- - - черпаками 372.2
- Вокансона 29.6
- Галля 30.1
- грузовая 32.6, 55.9
- грузоподъемная 32.6
- для подвѣшиванія 56.4
- - подвѣшиванія бочекъ 56.3
- - управленія 248.9
- заварная 28.9
- изъ загрузочныхъ воронокъ 368.9
- калиброванная 29.5
- кольцевая 28.3
- крановая 33.1
- крючковая 29.6
- механизма для перемѣщенія 252.7

Цѣпь нѣмецкая 29.4
- обыкновенная 28.3
- переводная 248.9
- приводная . 33.4
Цѣпь ручная 81.3
- сваренная . 28.9
- схвата . . . 412.4
- съ длинными звеньями 29.4
- - ковшами . 368.2
Цѣпь съ короткими звеньями 29.3
- тауэрная . 33.2
- тока 198.2
- - двигателя 209.2
- - мотора . 209.2
Цѣпь тока распредѣлительная 203.6
- тяговая . 81.3
- шарнирная 29.8
- элеватора 363.3

Ч.

Часовая мощность въ предѣлахъ допускаемаго нагрѣванія 209.9
Части передаточнаго механизма 250.4
Частичная передача 61.6
Частная передача 61.6
Часть контактная 218.3
- крана ходовая 301.7
- поворотная крана 301.8
- пролета мертвая 290.3
- ходовая . . 254.1
- - телѣжки . 273.6
Червякъ . . 71.1
- многооборотный 71.7
Червякъ многоходовой 71.7
- самотормазящійся 72.3
- сдвоенный . 72.4
- съ лѣвой рѣзьбой 72.2
- - лѣвымъ ходомъ 72.2
- - правой рѣзьбой 72.1
- - правымъ ходомъ 72.1
- - самоторможеніемъ 72.3
Червячная многоходовая передача 71.8
- передача 70.7, 250.3
-ное колесо . 71.3
-ный валъ . . 71.2
- приводъ 70.6, 71.6
Черпаемый матеріалъ 371.1
Черпакъ 361.7, 371.8, 411.1
- опрокидывающійся 363.5
Черпаніе боковое 375.3
- бороздками 374.9
Черпательная машина съ мѣшками вмѣсто жесткихъ черпаковъ 375.7
- - съ поворотными захватами 410.6
- - - - черпаками 410.6
-ный насосъ 378.8
Черпать . . . 370.9
Четырехгранная головка 116.1, 116.3
-ный валъ 76.8
- канатъ 40.10
Четырехногая опора для каната 404.7
Четырехугольнаго сѣченія канатъ 40.10
Число зубцовъ 30.9
- оборотовъ . 15.4
- - при разгрузкѣ 184.1
- - - холостомъ ходѣ 184.1
- панелей . . 140.8
- передаточное 61.4
Чувствительное управленіе 244.6
Чувствительность управленія 244.7
Чугунное колесо 70.2
Чугунъ . . . 163.3
- ковкій . . 164.7

Ш.

Шагъ, выраженный въ π 64.7
- діаметральный 64.8
- заклепокъ . 123.3
- заклепочнаго шва 123.3
- зацѣпленія 64.6
- зуба . . 64.6
- зубца . . . 64.6
Шайба . 80.1, 118.10
- подкладная 118.10
- прокладная 86.2
- стяжная . . 80.12
Шаланда . . 371.2
Шариковый подшипникъ 90.4
- элементъ . 90.7
Шарикъ . . . 90.5
Шарнирная муфта 88.7
- опора . . . 155.4
- стрѣлка 421.3
- труба . . 377.2
- цѣпь . . . 29.7
Шарнирное соединеніе 88.7
-ный болтъ 88.9
Шарниръ 88.8, 138.11
- въ замкѣ 139.1
- - ключѣ 139.1
- - пятѣ . . . 139.2
- Гука . . . 84.1
- ковшевой цѣпи 372.3
Шаровая пята 79.5
Шаровое грузило 53.8
- шарнирное соединеніе 84.2
Шаровой вкладышъ 90.2
Шаровый грузъ 53.8
Шарообразная цапфа 79.5
-ный вкладышъ 90.2
Шахматное желѣзо 169.4
Шахта для противовѣса 333.8
- каменная лифта 334.2
- - подъемника 334.2
- лифта . . 333.3
- - закрытая . 334.1
- - огнестойкая 333.9
- подъемная . 333.7
- подъемника 333.3
- - безопасная отъ огня 333.9
- - закрытая 334.1
Шахтная подъемная машина 346.1
Шахты вершина 333.5
- высота . . 333.4
Швелерное желѣзо 168.6
Шевронное колесо 68.5
-ный зубецъ . 68.6
Шейка 78.11, 408.7
- вала . 76.4
Шестерня 67.7
- цѣпная 30.7
Шестигранная гайка 115.5
- головка . 115.10
-ное желѣзо . 167.9
Шина собирательная 204.8
Шинное желѣзо 168.1
Шипъ вала 76.4
Ширина звена въ свѣту 28.6
- колеи . 254.4, 329.2
- отверстія звена 28.6
- панели . . 140.7
- просвѣта . 305.1
- хода . . . 254.4
Широкая колея 329.5
Шкала . . 350.6
Шкафъ коммутаціонный 218.8

Шкафъ распредѣлительный 213.8
Шкивъ . . . 46.4
- ведомый . . 74.2
- ведущій 42.4, 74.1 395.9
- грузоподъемный 47.6
- для обвода . 403.2
- - переводнаго каната 248.6
- - плоскаго ремня 47.3
- канатный . 46.9
- - концевой . 403.2
- качающійся 402.6
- на закругленіяхъ 403.1
- направляющій 47.5, 395.7
-,- канатъ . . 41.8
- натяжной . 398.1
- опорный тягового каната 402.3
- отклоняющій 47.4
- приводной . 184.9
- рабочій . . 75.4
- ременный . 75.2
- со звѣздой . 402.7
- управляющаго механизма 348.3
- холостой . . 75.5
- цѣпной съ выступами 392.2
- - - зацѣпками 392.2
Шкивы канатные, послѣдовательно поставленные 402.5
Шлангъ для сжатаго воздуха 235.3
- панцырный гибкій 377.1
Шлюзный воротъ 265.5
Шлюзовая лебедка 265.5
Шнекъ . . . 370.4
Шовъ двойной заклепочный 123.8
- двусрѣзный заклепочный 124.3
- двухрядный заклепочный 123.8
- заклепочный 123.2
- - съ двойнымъ перерѣзываніемъ 124.3
- - - многократнымъ перерѣзываніемъ 124.5
- - - одиночнымъ перерѣзываніемъ 124.1
- многорядный заклепочный 123.9
- многосрѣзный заклепочный 124.5
Шовъ одиночный заклепочный 123.7
- однорядный заклепочный 123.7
- односрѣзный заклепочный 124.1
- простой заклепочный 123.7
Шпала . . . 328.1
Шпилевая лебедка 269.3
Шпилька . . 116.8
Шпиль . . . 278.1
- для подниманія якоря 279.5
- гидравлическій 279.3
- паровой . . 279.2
- простой . . 278.9
- ручной . . 278.8
- судовый . . 279.8
- съ двухступенчатымъ барабаномъ 278.7
- - одноступенчатымъ барабаномъ 278.5
- электрическій 279.4
Шпиндель . 120.2
- домкрата . 262.2
- тормазной . 101.1
- укосины . . 260.5
Шплинтъ . . 80.2 115.7
Шпонка гладкая 78.5
- призматическая 78.5
Шпоночная канавка 77.9
Шпренгельная система 138.7
Штауффера масленками смазка 85.8
Штепсель . . 206.1
- предохранительный 208.9
- плавкій . . 208.9
Штифтъ прессный 117.3
- установочный 117.3
Штокъ золотниковый 193.3
- поршневой . 185.8
- прессовый . 314.3
Штукатурить цементомъ 160.9
Штуцеръ . . 237.3
Штучный грузъ 322.4
Штыковой контактъ 206.1
Шунтовое возбужденіе 211.3
-вой двигатель 212.6
-вый выключатель 216.6
Шунтъ . . . 225.5
Шурупъ . . 118.2

Щ.

Щека 158.4
- вставная . . 417.4
- зажима . . 418.5
- зажимная . 418.4
- обоймицы . 49.5
Щека обоймы 49.5
Щеки захватныя 411.3
Щель стыковая 149.4
Щетка коллекторная 210.9
- контактная 207.7
- якоря . . . 210.9
Щеткодержатель 211.1
Щитъ подшипниковый 210.4

Ѣ.

Ѣзда крана 289.1
Ѣздовое положеніе . . 291.4

Э.

Эвольвентное зацѣпленіе 66.8
Экскаваторъ . 370.8 374.5
- со схватами 377.3
- съ ковшомъ 374.6
- - клещами . 375.9
- - совкомъ . 374.6
Эксплуатація канатной дороги 392.6
Эксцентриковый зажимъ 348.4
- захватъ . . 348.4
- предохранитель 348.4
Элеватора верхняя часть 361.3
- нижняя часть 362.1
Элеваторъ . . 361.4
- береговой . 364.7
- для зерна . 365.1
- - золы . . . 364.5
Элеваторъ для льда 366.5
- - муки . . . 365.4
- - подъема бочекъ 365.6
- - - бревенъ и балокъ 366.7

Элеваторъ для подъема военныхъ снарядовъ 366.4
- - - людей . 366.2
- - - мѣшковъ 365.7
- - - мяса . . 366.3
- - - песка . . 366.6
- - - ящиковъ 366.1
- - судовъ . . 357.3
- - угля 355.6, 365.5
- доменный . 356.1
-, дѣйствующій разрѣженіемъ воздуха 363.8
-, - сжатымъ воздухомъ 364.2
- корабельный 364.8
- ленточный . 362.7
- мучной . . 365.4
- набережный 364.7
- передвижной 364.6
- песочный . 366.6
- пневматическій 363.7
- судовой . . 364.8
- съ плоскимъ канатомъ 362.7
- - цѣпью . . 363.2
- угольный . 365.5
- цѣпной . . 363.2
Электрическая лебедка 271.4
- передача силы 197.1
- подвѣсная дорога 422.1
- центральная станція 197.3
Электрическій воротъ 271.4
- кабель . . . 204.9
- кабестанъ . 279.4
- лифтъ . . . 358.4
- мостовой кранъ 292.1
- насосъ . . . 234.1
- поворотный кранъ 302.4
- подъемникъ 358.4
- приводъ . . 196.8
- спускной тормазъ 107.4
- токъ 197.8
- тормазъ . . 106.4
- - для опусканія груза 107.4
- шпиль . . . 279.4
Электрическое торможеніе противотокомъ 108.1
Электрическое оборудованіе 197.2
- сопротивленіе 199.5
- торможеніе 106.5
Электродвигатель 209.1
Электродвижущая сила противодѣйствующая 198.10
Электромагнитная муфта 88.6
-ное замыканіе управляющаго механизма 350.2
Электромагнитный искротушитель 217.8
- тормазъ . . 108.3
Электромагнитъ 202.5
Электромоторъ 209.1
Элементъ . . 141.1
- пояса . . . 141.9
- растягиваемый 141.5
- роликовый . 91.3
- рѣшетки . . 141.8
- сжатый . . 141.6
Элементъ фермы 141.8
- - безъ усилія 141.7
- шариковый 90.7
Элинговый кранъ 318.8
- - башенный 319.2
Элингъ . . . 318.7
Энергія расходъ 177.4
Энергія вращающихся массъ 22.1
- движущая . 177.3 282.6
- движущихся массъ 21.11
- кинетическая 21.7
- потребная . 282.8
Этажный выключатель 349.3
- зерновой амбаръ 381.9
- указатель . 350.7
- упоръ . . . 349.2
Этажъ 384.7
-, на который подается грузъ 382.3
- нижній . . 385.2
- первый . . 385.2
- подвальный 385.1

Я.

Якорь 210.5
- двигателя . 210.5
- короткозамкнутый 210.7
- мотора . . . 210.5
- подвижной . 109.1
- съ контактными кольцами 210.6
Яма для запасовъ 386.2
Яма складочная 385.4
Ящикъ для зубчатыхъ колесъ 62.8
- - подземныхъ соединеній 205.11
- опрокидный 408.8
Ящикъ подвѣсный быстроразгружающійся 410.3
- - саморазгрузочный 410.1
- противовѣса 287.1
- распредѣлительный 205.10
Ящикъ рудоставочный 859.3
- схвата . . . 377.4
- съ сопротивленіями 223.4
- - сѣтками . 237.8
- цѣпной . . . 82.1
- элеватора верхній 362.4
- - нижній . . 362.3

D-образная дужка 55.7
- -ный золотникъ 194.4
N-оборотовъ въ минуту 15.3
S-образный крюкъ 54.6
U-образная манжета 191.6
- -ное желѣзо 168.6
Z-образное желѣзо 168.7

R. Oldenbourg, München.